献给伯克利

《明日之城》以往版本的评论

这是一部贯穿整个世纪的、有关城市规划意识形态及其实践的历史……所有内容都包含在这样一本极具观赏性的力作之中,它建构了一整个系列的精妙联系。

——《建筑评论》(*The Architectural Review*)

这是一本必须要读的书。

——《美国规划协会学刊》(*American Planning Association Journal*)

彼得·霍尔以其关于城市规划与城市研究的批判性文章而享誉世界,这本新版的《明日之城》也不例外。彼得·霍尔以极大的热忱和天赋来进行写作,他用城市规划的历史将读者带上了一次愉快的旅程!

——《地理学刊》(*The Geographical Journal*)

伴随着新世纪的来临,这部关于现代城市规划的经典历史著作已经更新到第三版。《明日之城》是有关 20 世纪城市发展的一本极为精彩的导读,同时也是如何看待21 世纪发展的一个良好平台。

——《城市用地》(*Urban Land*)

世界城市规划经典译丛

明日之城
1880 年以来城市规划与设计的思想史
第四版

CITIES OF TOMORROW
An Intellectual History of Urban Planning and Design Since 1880

（英）彼得·霍尔 著
Peter HALL
童明 译

同济大学出版社·上海
TONGJI UNIVERSITY PRESS·SHANGHAI

Cities of Tomorrow: An Intellectual History of Urban Planning and Design Since 1880,
Fourth Edition by Peter Hall, ISBN: 978-1-118-45647-7
© 2014 Peter Hall. Published 2014 by John Wiley & Sons, Ltd.

著作权合同登记号 图字:09-2021-0109 号

图书在版编目(CIP)数据

明日之城:1880 年以来城市规划与设计的思想史/
(英)彼得·霍尔(Peter Hall)著;童明译.—上海:同济大
学出版社,2017.7(2024.12 重印)
(世界城市规划经典译丛)
书名原文:Cities of Tomorrow: An Intellectual History
of Urban Planning and Design Since 1880
ISBN 978 - 7 - 5608 - 7122 - 6

Ⅰ.①明… Ⅱ.①彼… ②童… Ⅲ.①城市规划—城
市史—世界—近现代 Ⅳ.①TU984

中国版本图书馆 CIP 数据核字(2017)第 144383 号

明日之城:1880 年以来城市规划与设计的思想史
彼得·霍尔 著 童 明 译

责任编辑 朱笑黎 **责任校对** 徐春莲 **封面设计** 张 微

出版发行	同济大学出版社 www.tongjipress.com.cn
	(地址:上海市四平路 1239 号 邮编:200092 电话:021 - 65985622)
经 销	全国各地新华书店
排 版	南京新翰博图文制作有限公司
印 刷	启东市人民印刷有限公司
开 本	787 mm×960mm 1/16
印 张	37.75
字 数	755 000
版 次	2017 年 7 月第 1 版
印 次	2024 年 12 月第 4 次印刷
书 号	ISBN 978 - 7 - 5608 - 7122 - 6
定 价	120.00 元

来自译者的阅读说明书

一

请注意本书的副标题：1880年以来城市规划与设计的思想史。

为什么会是1880年？在《明日之城》第2章的一开头，作者彼得·霍尔提到了一位英国维多利亚时期的诗人詹姆斯·汤姆逊（James Thomson），他于1880年出版了一本以《梦魇之城》为名的打油诗集，尽管其中的诗句并不华彩，但却准确地捕捉到了当时伦敦、利物浦、曼彻斯特的现实情形，或许还有巴黎、纽约、柏林。无论是夜晚还是白天，它们中的贫民窟不仅浊秽鄙陋，而且令人感到不寒而栗。

这就是现代城市规划与设计的起源：为了弄清楚其中的原因，需要进行大量缜密的调研和分析，并且依此提出切实可行的操作方案。

虽然说将1880年作为一个起点多少有些偶然，但需要更加注意的是，这是一部思想史，而不是一部单纯的城市发展史，或者规划技术史。这是关于一个多世纪以来人类如何应对错综繁杂、层出不穷城市问题的一段思想历程。就如在本书扉页所附的《建筑评论》（*The Architectural Review*）评语所言："这是一部贯穿整个世纪的、有关城市规划意识形态及其实践的历史……所有内容都包含在这样一本极具观赏性的力作之中，它建构了一整个系列的精妙联系。"

有关人类思想轨迹的叙述永远是艰难的，因为智慧的结晶不可能无中生有，思想总是源自某处，并接受他人思想的影响。它们从不遵循任何一种事先安排好的顺序，而是以非常复杂的方式分叉或者交融、蛰伏或者复苏，于是很难采取某种清晰的逻辑方式来进行描述。因此，有关城市规划与设计的理论研究始终是一件令人深感繁复而难成体系的工作，这是因为它的复合性与庞杂性。关于城市的话题不可能从某种单一角度来得以穷尽，城市发展的因果关系更不可能于某一瞬间彻底道明。对于城市规划，我们确实无法达成一种共识，甚至很难为它厘清一个清晰轮廓，或者编撰一种令人信服的理论秩序。

于是这也就促成了《明日之城》一书的内容结构：为了尽可能清晰而客观地展现现代城市规划思想的演进及其相互作用的逻辑关系，平行并分头叙述现代城市规划与设计中的每一个主题，并针对其中的思想内容进行追根溯源。在有时长达60年或70年反反复复的回溯性阐述中，事务的原委以及思想的脉络才能得以呈现。这也意味着,《明日之城》总共 13 个章节的阅读顺序并不重要,尽管它们确实也是按照一定的时间顺序进行组织的。

《明日之城》的叙述结构其实也就反映了作者本人对于城市的观点:城市并不是一个物体或者一群物体,其中存在的问题也不是一个问题或者一类问题。尤其是现代城市,它起源于现代工业所带来的快速城市扩张而衍生的各种问题,进而打破了数千年来人类社会与空间组织方式的诸多基本特征。20 世纪的人类社会在现代城市中经历了最大量、最广泛、最深刻的变革,而这些变革,很大程度上又是因为需要解决这些城市问题而引发的。

在实践中,城市的规划与设计总是与城市问题很微妙地交织在一起,与城市的经济、社会以及政治事态交织在一起,并且反过来也会与当前所有的社会、经济、政治、文化问题交织。各种关系之间既不存在起点,也不存在终点,也不存在边界,以至于任何一种切入方式都可能只是片面的、凌乱的。

接着不难理解的就是,针对城市问题进行思考的那些城市规划与设计的先驱者们大多拥有一个共同的特点,那就是思想中的混沌与晦涩。从埃本尼泽·霍华德到雷蒙德·欧文、巴里·帕克;从帕特里克·格迪斯到刘易斯·芒福德,从克莱伦斯·斯坦因到本顿·麦凯耶、斯图亚特·切斯;从丹尼尔·伯纳姆到爱德华·勒琴斯;从勒·柯布西耶到弗兰克·劳·赖特,从约翰·特纳到克里斯托弗·亚历山大;从约翰·弗里德曼到曼努尔·卡斯泰斯、大卫·哈维;从安德烈·杜安尼到伊丽莎白·普拉特-齐贝克、彼得·卡尔索普,本书所提及的城市规划与设计的思想者们大多表述奇特,令人费解。他们的思考可能旁征博引,并且反馈源头,以致盘根错节、难以厘清。孕育这些思考以及这些思考所处的文化与社会环境有些早已消逝,并且很难进行重构。然而他们忠实的信徒都迫不及待地力图传承这些思路,却又可能导致与原旨相异的教条。

但是如果认真进行回溯,这些问题都有一个共同的起源,那就是 19 世纪的城市病魔。现代城市规划作为一场学术与专业运动,首先表现为针对 19 世纪梦魇之城的一种反应。1884 年的"工人阶级住房"皇家专门调查委员会、1885 年的英国皇家专门调查委员会以及查尔斯·布斯在同时期所做的大量艰辛的调研工作,起初是关于贫穷阶层住房问题的讨论,接着是关于社会经济问题的探究,从而开启了现代城市规划的起源。如果不身处其境,许多重要的思想和概念就不能得到准确的理解。于是相应地将 1880 年的"梦魇之城"作为本书的写作起点也就不难理解了。

通过梳理,彼得·霍尔认为在整个 20 世纪如此之多的城市规划思想中,真正重要、可称之为源泉的只占据少数,其中的每一种思想都可以关联到某一个重要人物,或者至多不超过几个重要人物,并且都是在以伦敦和纽约为基地的众多小型而又关系紧密的学术圈或专业团体中构思并完善的。

这些可以被称为现代城市规划之父的先驱者们,毫无疑问都具备极高的智慧天赋,拥有无穷的想象才华,常常表现出语不惊人死不休的创造能力。与纯粹的学术世界不同,真实历史所呈现出的往往并不是一种不断优化的线性发展过程,而是人们在面对现实时在思想中所表现出的复杂性和多变性。

这些思想彼此之间相互影响、相互交流并且相互衔接,有时相互支撑,有时相互矛盾,甚至相互对立。例如在"田园之城"中,埃本尼泽·霍华德受到在美国短暂经历的启发而提出了田园城市的构想,但这一具有社会经济理念的方案经由雷蒙德·欧文、巴里·帕克演变为一种专为中产阶级而设立的郊区住区模式,而当流传到北美时,又被演化为区域规划的雏形。就如彼得·霍尔所言:"……霍华德的思想跨越了海峡并影响了欧洲大陆,但是它们在那里几乎立刻就被误解了。霍华德思想最早的一篇译文是由乔治·贝努瓦-列维翻译的《田园城市》,它试图在田园城市与田园郊区之间进行一种本质性的混淆,法国的规划师们后来对此再也搞不清楚了,或者也许他们认为纯粹的霍华德信条对于具有不可救药的城市性的法国人是不起作用的。"

在本书中,有关其他类似的城市思想之间的对立与碰撞的案例不胜枚举,例如勒·柯布西耶通过高层塔楼的形式(即以更高的城市密度)去化解传统高密度城市中所存在的生态问题;弗兰克·劳·赖特以小汽车交通为基础所提出的在美国广阔疆土上建构广亩城市的设想;罗伯特·摩西试图通过现代化的基础设施推动城市郊区化发展以疏解城市拥挤问题;简·雅各布斯所主导的与罗伯特·摩西相抗争的社区民主运动……尽管这些方案的目标或意图都指向城市中心区的拥挤与环境问题,但在基本理念与操作方式之间却都存在着剧烈的对立,甚至是以针对另外一种思想的严厉批判而谋求成立的。

由于我们今天所从事的工作,显然需要建立在针对以往历史经验的理解之上,于是从另一个侧面来看,这也相应体现出历史与理论这项工作的珍贵价值。缺少对于城市规划自身演化历程的了解,我们不可能向着明天继续前行;缺少对于专业思想、技术方法在基本原理层面上的把握,我们只会陷于生搬硬套,不切实际;缺少针对社会历史背景的敏锐洞察,我们就不可能合理而灵活地应对现实所提出的各类问题。

二

作为现代城市规划与设计领域最为杰出的历史学家和理论学家,英国学者彼得·霍尔一生最重要的鸿篇巨制就是他所撰写的《明日之城》。这部呕心沥血之作不仅通过各种角度阐述了现代城市规划发展的前因后果,而且为我们尽力还原了众多城市规划方法所依托的社会政治环境,揭示了许多重要历史事件的原本面目,从而使我们可以更加清晰地理解现代城市规划的起源、发展、演化的历史线索及其思想渊源。

为了尽可能系统性地为20世纪现代城市规划历程描绘一个清晰的全貌,彼得·霍尔在本书中力图采用多重话题来梳理、整合城市规划思想的种种线索,回顾20世纪以来整个现代规划运动的发展情况,呈现出跌宕起伏的历史,以及错综复杂的关系。

《明日之城》无疑是当今关于20世纪以来现代城市规划历程最全面、最深刻的理论文献，也是关于与规划实践相关的社会经济背景最详实、最贴切的纪实描述。

同时，为了体现学术的严谨性和史料的原真性，彼得·霍尔在行文中也结合了大量的原始素材，用他本人的话来说，也就是试图让那些历史人物用自己的语言来进行讲述。更加难能可贵的是，对于这样一部原本晦涩而枯燥的理论著作，彼得·霍尔使用他特有的那种诙谐、生动的笔调，去捕捉生动、细致的情节，从而将读者带入一次愉快的知识旅途。

既要主脉清晰，又要生动有趣，然而彼得·霍尔的热忱与智慧并未止步于此。必须说明的是，《明日之城》是一部观点众多、内容严谨、思想深刻的著作，阅读《明日之城》这样一本厚书并不容易。尽管彼得·霍尔在第1章中专门提供了"穿越迷津的向导"，但大段的篇幅、海量的信息都会使得读者一次又一次地湮没于难以割舍的细节之中。因此，为了从总体层面上进行把握，首先就需要明晰本书的思想立场。

对于城市，彼得·霍尔是一位典型的马克思主义者，正如他在书中所言："针对历史事件进行研究，马克思主义观点几乎是必然采用的：历史之所以值得去描写、值得去阅读，就是在于去理解各种各样诱发因素与特定反应关联在一起的方式。"

彼得·霍尔之所以认为需要强调马克思主义的立场，是因为有关城市的思考往往都源自比较主观而且武断的想象，就类似于得天启示的乌托邦。然而这些世俗版本的天国之城一旦被引入现实世界里，往往就会落入与它们缔造者起初所设想的完全不同的环境中，以完全不同于初衷的机制来加以实施。当它们在不同的时间、空间和社会政治环境中进行移植时，所得出的结果往往是离奇的，甚至是灾难性的。因此，如要正确评价这种现象，就得剥去那些已经埋没并混淆了原初思想的历史表层，"其结果就是遵照事情的原有面目来阐释规划现象，按照马克思主义传统，将分析更加牢固地建立在社会经济基础上，以此来实现历史学家真正有意义的使命。"

同时不能忽略的就是本书的文脉关系。彼得·霍尔是一位多产作家，一生大致写作、编撰了近40本学术著作，所涉题材极其广泛。其中既有专注于英国与欧美城市的《伦敦2000年》(*London 2000*, 1963)、《城市化英伦的极限》(*The Containment of Urban England*, 1973)、《欧洲城市体系的增长中心》(*Growth Centers in the European Urban System*, 1980)，也有关注城市规划本体的《规划与城市发展》(*Planning and Urban Growth*, 1973)、《城市与区域规划》(*Urban and Regional Planning*, 1975)、《大型规划灾难》(*Great Planning Disasters*, 1980)，也有关于技术发展的《轨道交通是否能够拯救城市？》(*Can Rail Save the City?*, 1985)、《硅谷地貌》(*Silicon Landscapes*, 1985)、《高科技美国》(*High-Tech America*, 1986)、《世界科技城市》(*Technopoles of the World*, 1994)，还有关注社会议题的《人民——他们将走向哪里？》(*The People—Where Will They Go?*, 1996)、《社会城市》(*Sociable Cities*, 1998)。彼得·霍尔出版于1966年的《世界城市》(*The World Cities*)，经由六

种语言翻译后旋即产生了世界影响,而于 1988 年首次出版的《明日之城》,则是传播最广、影响最深的一本著作。

如果将整体内容串联起来,彼得·霍尔关于现代城市规划思想的解读可以从三个方面进行理解。

1. 技术观念

在《明日之城》各个版本的前言中,彼得·霍尔提及最多的是他所采用的工作方式,先是采用较为原始的 WordStar 和 WordPerfect 作为打字工具,然后是通过互联网完成大量繁复而琐碎的校订工作,最后是可以足不出户地通过宽带进行远程图书馆资料查阅和书稿校正。

这既是一种调侃,也是一种立场。因为科技发展不仅正在改善着工作条件,同时也在改造着工作中的思维方式。

由于城市是空间性的,针对城市的规划与设计就不可能脱离物质性与现实性。如果没有精心的规划组织,"整个物质文明的复杂结构就会紊乱,食品供应将停止,必不可少的水和能源供应将会中断,传染病瞬即蔓延"。在其中,技术是驱动力,而每一次的重大技术变革,都将对城市的生活与形式产生深远的影响。

就 19 世纪的英国城市而言,技术变革绝对是基础性的:工业革命重组了冶铁业和纺织业,引发大规模生产方式,进而触发了前所未有的城市化进程,从而改变了社会结构和城市形态。源自美国的现代交通和企业组织模式,将数量相当可观的人口以及就业岗位疏解到在开阔乡村地区建起的全新的、自给自足的卫星新城中去,从而缓解维多利亚时期的城市拥挤,并避开城市中心直线飙升的土地价格。从另一角度而言,建造技术的发展以及设备性能的提升,为解决城市内部的拥挤与环境问题提供了条件,从而使得人们有可能以更高密度的方式,应对传统城市因过于紧凑密集而带来的种种弊端。

然而,科技进步也带来了矛盾。每一次大规模的新技术扩张也给城市的生态平衡带来了威胁,对人类赖以生存的自然资源形成挑战。就如小汽车的发展与高速公路网的建立所带来的"公路之城",它极大地拓展了人们迁移的能力,但也从更大的尺度上对自然面貌造成了影响;信息网络的发展提升了办公效率,增强了城市间的交互能力,但也造成了城市传统商业空间的大面积衰退,并导致城市就业门槛的极大提高,带来技术公平性的问题。

同时,技术进步也相应加深了未来的不确定性。当彼得·霍尔提及写作本书的工作同样也可以在火地岛上进行时,这也相应暗示着,我们将越来越难以预知当今时代的科技发展将会对城市空间提出什么样的未来挑战。数字技术和网络系统的快速普及,正在以前所未有的方式改变着城市生活,或许,这也将会彻底颠覆人类城市得以存在的大多数意义。

2. 政策思维

尽管彼得·霍尔强调技术进步在城市研究中的重要性,但是他并不主张采用技术性的思维方式来规划城市,因为它所暗示的一种技术官僚(technocratie)的操作模式,将会导致一种总体性规划的错觉,从而忽视城市规划真正需要关注的对象:市民及其生活。

在《城市与区域规划》一书中,彼得·霍尔解释了他所谓的规划并不等同于平常所理解的技术性文本,以及用来反映某一规划方案的形象表述或者空间设计。他将"规划"界定为"为实现某些任务把各种行动纳入某些有条理的流程中"。同时也需要说明"通过什么手段来实现这一规划"。这意味着城市"规划"就如同当前的经济规划、住房规划或社会服务设施规划,它们已经越来越缺乏能力去事先安排所有一切,而只能尽量预警并缓解经济滞涨、产业转型所带来的大量失业、社会衰退等问题。

城市规划与设计的困难在于所针对对象的复杂性与变革性,从而也导致多领域、多目标的自身特征。大多数城市规划的基本任务并不十分明确,力图实现的目标也不止一个。在维持经济增长、公平分配收入、维护社会稳定、保持交通顺畅、缓解心理压力、美化城市环境等方面,城市规划的各种目标有可能并不相互兼容,甚至彼此冲突。

城市规划所面对的最困难的问题在于如何拟定并权衡各项目标。决定是否兴建一条城市快速干道,既要考虑大规模交通对于地方性社区的冲击,又要兼顾其给环境带来的影响。这并不等同于交通工程师所提供的单纯的交通出行量的计算,而且事实上,汽车出行量的增长并不遵从城市规划的预期,也不接受交通管理的控制,它很可能来自城市规模的扩大,来自产业结构的变迁,也来自生活方式的转型。与理科的法则相比,涉及城市空间环境的因素基本上都是复杂的、流变的,并且深受政治与社会结构的影响,从而难以存在某种必然性的确定关系。

进言之,城市空间环境中的诸多变化因素,往往也是人为造成的。就如在"企业之城"中所描述的,涉及城市空间的举措往往并不由公共目标所决定,而受制于资本逐利的本质。城市规划专家之间的立场也可能不尽相同,其中也夹杂着部门利益和个人目标,从而导致上述问题从根本上难以获得明确的解决办法,而规划师最多只能在一个清楚而明确的框框内,尽量求得一种折中方案。因而我们也可以借用昂利·列斐伏尔(Henri Lefebvre)的说法:空间是政治性的,城市规划则是策略性的。

3. 社会情怀

彼得·霍尔将现代城市规划与设计的起源设置于维多利亚时期的贫民窟之中,设置于沦陷其中的数百万贫民的苦难之中,显示出一种高度责任感的社会情怀。尽管这样一种深受社会紧张和政治动乱困扰的城市情境距离我们今日已经非常遥远,但是彼得·霍尔在本书中一再强调,这一主题并未真正离去。

在彼得·霍尔梳理的线索中,现代城市规划是人类应对19世纪的社会转型所开展的第一波探索性试验。在力图创造一个全新的、规划的社会秩序的同时,市场也开始通过大规模建设的介入,以缓解城市贫民窟中的病魔,但是问题在于,很多这些措施接着又相应导致了其他的问题,制造了其他更大的病魔。

在"塔楼之城"中,彼得·霍尔以勒·柯布西耶的光辉城市为模板,叙述了在昌迪加尔、巴西利亚、鹿特丹、伯明翰、伦敦等城市中,规划中的美好设想是如何在现实环境中逐渐遭到扭曲,甚至走向原始初衷的反面的。特别是通过对于美国圣路易斯市的普鲁伊特-伊戈(Pruitt-Igoe)案例的详细描述,彼得·霍尔非常深刻地还原了事与愿违的现实悲剧是如何一步一步发生的。这也意味着,一个带有美好愿景的城市规划设计,与从根本上解决城市贫困以及社会问题的过程之间并不存在必然关系。"不幸的是,这些思想在人类'豚鼠'身上进行试验,给未来的规划师们上了一堂可怕的实验教学课。"

甚至直到今日,在一个互联网普及、全球经济繁荣的时代,这一问题仍然得以延续。在"褪色的盛世之城"中,彼得·霍尔描绘了在纽约、伦敦、东京这样的信息城市中所存在的无信息隔都,从而呈现出一种同时并存的对立情境。

在快速现代化的大都市地区中,延绵不绝的中高档社区夹杂着时断时续的贫民区,"永远的底层阶级之城"仍然在不时地显露出来。在伦敦东北部的一个1970年获奖的城市更新项目中,发生了1985年英国最糟糕的社区骚乱事件;而就在2011年8月,此类骚乱事件又出人意料地再次在伦敦和英国其他城市上演。

如此看来,城市规划对此鲜有答案。尽管城市规划在改善和重建方面做出了巨大努力,城市的物质性环境相比以往已经有了极大提高,但是物质生活条件的提升仍然不能完全改善恶劣的社会环境。

彼得·霍尔借用威廉·J.威尔逊的观点认为,城市中的弱势群体相比以往已经更加陷入一种极核化了的世界中,他们如果不能幸运地升入中产阶级,或者定期性地获得福利补助,那就只能生活在一个没有工作、也没有前途的世界中,生活在低收入的隔都中。在美国大城市中,大量消失了的产业使得无数的低技能工人陷入长期失业的状态中,或者以零星的最低报酬的工作为生的状态中。而当这些发生时,道德准绳锈蚀了,留下了一个几乎无人工作的社区。

这一状况对于当前的城市规划的实践提出了严重的质疑:为什么在经过如此大量的物质环境提升和社会改良运动之后,底层阶级仍然还会呈现出如此强大的坚韧性及不断持续的边缘化,并且招募新成员来替代离去者?

彼得·霍尔通过对历史过程的详尽解读,提出在城市中恒久存在的社会公平性问题,而对于这样一种问题,那种单一性思维的城市规划基本上无能为力。尽管自19世纪后期以来,城市规划一直都在致力于缓解社会苦难、空间混乱和环境衰退,但在现实中真正能够发挥的案例却寥寥无几。就如那些试图通过疏解来解决内城衰退问题的计划,往往也只是将矛盾进行了转移,而没有触及社会问题的本质。它们要么陷于柯布西耶式的中央集权主义的幻想之中,要么如同许多城市美化运动的执行者那样,成为金融资本主义或极权主义独裁者们的忠实奴仆。

于是,在彼得·霍尔的解读中,美好社会的愿景并不单一指向丹尼尔·伯纳姆的那种一经建立就不再毁灭的城市宏大场景,也不指向罗伯特·摩西的那种巨型而完善的立体交通体系,也不指向勒·柯布西耶的那种综合了多种功能的现代摩天楼群,也不指向类似于南加州硅谷的高科技产业区。

在技术、政策与社会之间的多方相互影响中,彼得·霍尔呈现了现代城市规划与设计的那种复杂的思维情境。因此需要更加注意的是,本书所谓的现代城市规划与设计的思想史,并不是指向某种单一线索的完美思想史,而是贯穿整个现代城市规划历史过程中的各种思想线索的矛盾对立史。

三

尽管没有明确说明,但《明日之城》是彼得·霍尔写于 1986 年的划时代著作《城市与区域规划》的一份全面升级版本。

从内容方面看,《城市与区域规划》是彼得·霍尔早期执教于英国雷丁大学城市与区域规划系时的教学内容,主要目的是介绍并分析英国于 20 世纪发展的城市与区域规划,讨论城市疏散与社会两极分化的发展趋势,以及从土地利用和交通运输方面实行的政策举措。尽管其中也涉及一些自 1945 年以来部分西欧国家的城市规划内容,但总体上仍然是一部以英国城市,特别是以伦敦为核心的研究成果。

《明日之城》虽然以伦敦作为开篇,并且以伦敦作为结尾,但本质上却是一部关于 20 世纪全球城市规划理论与实践的记述。它不仅更为深刻地剖析了英美国家现代城市规划体系的演进历程,而且也全面涵盖了欧洲大陆的经典城市案例,同时也广泛吸纳了亚洲、大洋洲以及南美洲重要的现代城市发展与城市规划实践案例,从而补充了不同社会、文化背景下的内容,成为一本真正具有全球视野的学术专著。

《明日之城》的第四版(英语原版)出版于 2014 年,相较于以往的三个版本,新增的内容主要体现在:①针对以往版本的内容进行局部修订,大量补充自 2002 年第三版以来的十二年间所发表的新近研究成果;②强化了对于当前时代,尤其是自 21 世纪以来的全球城市规划与设计主要发展动态和趋势的描述,其中的重要议题就是信息化与全球化,以及由此而来的社会经济机遇与挑战。

信息化与全球化的发展在很大程度上改变了城市空间的区位与距离的含义,而这两者是以往城市在进行规划与设计时的重要依据,这也相应意味着,世界城市的原有格局有可能不复存在,甚至导致空间集聚在逻辑上的终结。

随着住房与工作地点的布局分散化,人们的出行方式已经越来越多依赖于私人交通,并衍生出一种全新的生活方式,而这一趋势正在给全球城市环境带来严峻挑战。于是,有关城市的可持续性发展的议题成为第四版《明日之城》的主要新增内容,"褪色的盛世之城"则是新增内容最多的一个章节。

在"城市品质"一节中,彼得·霍尔大段增加了格拉斯哥、利物浦等这些老旧工业城市的艰难复兴之路,增加了新城市主义的重要观点,增加了巴塞罗那城市公共空间的"重启"工作,介绍了杰米·勒纳在库里蒂巴著名的公共交通中的杰出创举,也介绍了德国城市弗莱堡的生态型发展。

另一方面,在可持续发展的主题下,恢复城市生态、谋求城市复兴,创造一种新型、紧凑、高效的城市形态,成为 21 世纪以来大多数全球城市的基本旋律。城市规划师和城市管理者在寻求重构城市经济、升级过时产业、重建由于剧烈的经济转型而瓦解的工业地貌时,发现他们正在越来越频繁地与其他城市竞争着。

在《明日之城》中,彼得·霍尔对于现代城市规划的思想与方法持有谨慎的乐观态度。

之所以乐观,是因为在经历了一个多世纪的历程后,现代城市规划专业不仅完全建立,而且发展成为一个跨学科、多领域的庞大系统。与此相应,当今的大多数城市相较于以往也发生了巨大转变,并取得了丰硕成就。之所以谨慎,是因为无论现代的规划技术还是管理体制,都未能够完全有效地解决城市社会的基本问题。在不断努力将理想付诸实践之后,无论多么成功,无论多么失败,城市中需要解决的问题并不比以往时代的要少。尽管大多数现代城市都已经变得更加不可度量地富饶,但也仍然会存在充斥着腐朽、贫穷、社会不稳、民生不安,甚至可能发生暴乱的地方。

当然,这并不意味着现代城市规划的一事无成。通过现代城市的发展,人类社会在 20 世纪发生了两个重要变革:①大多数人和大多数家庭已经成为广泛的中产阶级,他们的生活方式也发生了彻底改变;②现代城市能够以一种前所未有的能力和规模向贫困阶层提供援助,使他们过上更好、更有尊严的生活。

但这并不能掩盖其中存在的问题。这充分体现于本书对于刘易斯·芒福德观点的引用,他于 1982 年在自传中,提出了一个长期困扰历史学界的疑问:“当大城市的权力与财富达到顶峰时,法律与秩序则会崩解。”

相比于以往的城市,当今城市由于超级的复杂性而变得越来越难以琢磨,难以预测。在一种越来越不能确定未来的情景下,本书的书名似乎就成为了一个亟待回应的问题:

明日的城市将会怎样?人类社会的未来将会是什么?

这样的问题其实在 19 世纪当梦魇之城降临时就已经被提出,在 20 世纪的旁道之城、田园之城、公路之城、塔楼之城也已经不断进行着表达。现代城市规划与设计的历史主线基于对于未来的愿景:疏解内城人口、满足住房需求、连通城市交通、建构田园城市、拓展区域空间,以及城市美化运动,这些内容基本上占据了第二次世界大战之前的主要历史。

然而彼得·霍尔对于这些愿景所构造的城市规划与设计始终存有疑虑。他在书中评论了这样一种具有讽刺意味的图景:“柯布西耶的塔楼之城完全是用于满足中产阶级居民的,他想象他们在‘现代城市’中过着优雅而有情趣的都市生活。‘现代城市’甚至可以用于格拉斯哥的坚定而传统的分租户,对于他们来说,从某个高堡后面的贫民窟搬迁到第二十层楼上,就像是升入了天堂。”

但是即便在战后的繁荣时期,“出生于佐治亚州棚户区的、依靠福利生活、带着一群难以驾驭的孩子、被抛入到圣路易斯或底特律的母亲们",仍然意味着19世纪的城市梦魇并未离去。有问题的并不是这些超凡脱俗的设计方案,而是在于那些设计者的思维方式,在于他们无意之中强加在别人身上的那份傲慢。

在"自建之城"中,彼得·霍尔提出了现代城市规划的另一幅图景,也就是进行反叛的"自治社区"、弱势阶层以及公共参与,这是关于另一种世界、另一种规划的描述。在这一场景中,帕特里克·格迪斯前往了印度,在德里、马德拉斯、拉合尔、印多尔与陈腐僵化的官僚体制斗争,采用切实可行的方式改善城市的卫生环境;约翰·特纳前往了秘鲁,为非正规的贫民居民区建造经济合理的住房,罗德·哈克尼在曼彻斯特,运用自己所学到的技能为违规搭建者设计住房。

最终,在自建之城中的规划人员,开始背离那种建立在抽象思维基础之上的理性主义程序,回复到一种从成功先例的经验中寻求工作方式的经验模式。无论孰是孰非,按照格迪斯的说法,"如果不能为人民创造奇迹,城市规划师就将失败。规划师必须能够向人民展示证据与设想,去降低疟疾、鼠疫、肠病、儿童死亡率,并创造真正美好的变革景象。"

这样的一种解读与正统的城市规划理论形成了反差,因为所谓的"规划",就是需要从混沌的现实中梳理出一种可以在理性中得到理解的原则,并将之付诸实践。而20世纪的大多数城市规划所力图实现的,就是去解释现实世界是怎么样的,以及是它应当成为怎样的。而相应的规划理论随后为自己设立了将不合理性进行合理化的任务,通过重新采用一系列抽象、独立、先验的概念来与世界发生关系,并努力在社会与历史的现实中付诸实现。

在"理论之城"中,彼得·霍尔大段引用了桑德科克观点:"事实上,所有以往的规划史说的都是一种'官方故事',现代主义城市规划项目的故事,将规划作为一种现代社会的理性之音播放出来,认为规划就是通过科学理性来传达启蒙使命的物质性载体:规划本身才是真正的英雄,既与左派又与右派的敌人作斗争,还需要搏杀贪婪和无理之魔,即使不能成功,但至少也需要成仁,它总是站在天使这一方的。"

但是正是在这些"官方故事"中,主要的概念于不知不觉中遭到了偷换,所叙述的往往只是经过美化修饰后的白人中产阶级的想法和行动,只有"专业人员"才被认为是这一舞台上的演员,社会中真实存在、同时也是城市规划需要真正关注的弱势群体、有色人种则被排斥在外。

这就是由政府、为政府制定规划的故事,在整体综合的规划名义之下,所做的事情朝向更高、更抽象的战略层面,而在具体层面上现实结果却遭到了忽略。在这样一种官僚体制的实践中,城市规划已经降格成为一种消极的规则机器,用来扼杀所有的原创性和创造性。

如果概括一下,彼得·霍尔在本书中呈现出两种类型的现代城市规划:一方面是在正统领域中的理性世界,而另一方面则是复杂实践中的感性世界。一个寻求秩序和理性的典范,而另一个则充满了混沌与矛盾,它们或许是桑德科克所谓的一种

"进行反叛的规划历史"，二者之间必然存在着一种不匹配。

在本书中，彼得·霍尔似乎还隐含了第三种模式，那就是来自美国的案例。尽管有些令人难以置信，来自美国案例的意义恰恰就在于：在其中似乎并没有涉及所谓严格意义上的城市规划。这意味着与几乎所有其他具有可比性的国家不同，美国的城市能够将社会病理学的问题从所有相关设计方案的讨论中分离出来，并且通过一系列的就业、教育、住房政策来应对有关贫民区的问题，而这与城市规划几乎没有直接关系。

于是这也相应带来了另外一个问题：明日的城市规划将会是什么？

这一问题必定无从回答，因为城市规划与设计并不是用于提供一种关于未来的预言。任何一种城市规划的思考必然不能脱开具体的历史背景，城市规划的历史也不能与历史中的城市问题分离开来。当19世纪的城市处于有限、简单的状态时，城市规划师自然会立足于自己的技能，而不用虑及社会政治的外界因素。但是一旦20世纪经过极大扩张后的城市所呈现的复杂性超出任何一种可以进行操作的计算公式时，社会构想已然难以成形。

如此而言，这一问题则是本书想要试图辩驳的，也就是明日的城市规划，必然来自那些已有思想所构成的历史坐标系。而本书的历史研究，则试图建构这一坐标体系，为每一个试图进行的城市规划，提供一种方向性的引导。

彼得·霍尔认为，城市规划的终极目标是美好社会的愿景，而不是与社会变革几乎没有交织的"官僚常规"或者"技术演练"。这一愿景与某种严密性（cohérence）或者连续性（cohesion）的抽象思维并无直接的因果关系，而是需要通过反复的摸索，在整体层面上而不是在局部领域中达成相对合理。

但是事情并非如此简单。在本书大量的字里行间，彼得·霍尔还试图透露出另外一种历史性的反讽：对于明日之城的愿景，无论是回到无政府主义、自发小尺度、自下而上规划传统的左翼思想，还是提倡一种企业式发展的右翼思想，这二者在表面激烈斗争的背后，似乎极有可能相互勾结于暗地中。

于此，可能有必要再次提示一下，本书是一部关于思想的历史，是一部关于一个多世纪以来人类如何应对错综繁杂、层出不穷的城市问题进行思考的历程描述，而不是一种方法论的提炼或总结。作为一部关于复杂性的历史，应该拥有其自身的阅读方式。因此，我们不能忽略彼得·霍尔从本书第一版就开始提出的警言：

"书本如同其他有害事物，也应当出示警示标记，在这里就应当注意：不要试图将本书作为城市规划史的教科书，它可能对你有害，尤其是准备用于学生的考试时。"

（说明：本书脚注部分以纯数字编号的是作者自注，以黑色圆标编号的是译者注。）

原版第四版前言

又一个十年，又一次科技飞跃。此次新版大部分完成于我伦敦家中的书房里，在宽带的帮助下，我可以连接到伦敦大学的图书馆，并由此获得各个学校的丰富资源。所以，这项工作其实同样也可以在火地岛（Tierra del Fuego）完成。由此可见，学识正不断地从地理的束缚中解放出来。但是也不尽如此，此项工作仍有赖于两位助手（卡洛斯·加尔维斯（Carlos Galvis）和丽荣·舒尔（Liron Schur））的辛勤付出。他们为本书进行校正，查询、定位、下载新文献，并熟练地将 Adobe 文件转化为微软的 Word 文件，为接下来的各项学术分析打下了基础。在此我要着重感谢他们，还要感谢其他以各种方式为本书鼎力相助的同事们。

同时也要感谢卡洛琳·亨斯曼（Caroline Hensman），在布莱克威尔出版社（Blackwell）合并成为威利布莱克威尔出版社（Wiley Blackwell）的过程中遗失了大量的原版图片，感谢她对这些图片重新展开的海量研究与工作；感谢从零开始、娴熟地编辑了所有新旧文字材料的吉尔斯·弗里特尼（Giles Flitney）；感谢来自威利出版社的本·撒切尔（Ben Thatche），他监督了整个复杂、漫长的出版过程。

最后感谢玛格达（Magda），尽管在过去四分之一世纪里，我因学务缠身而对于那些真正重要的事情有些心不在焉，她却依旧包容了我海量（目前仍然源源不断）的缺点。

彼得·霍尔
伦敦，2013 年 12 月

原版第三版前言

原先的前言可能写于另一个时代：WordStar(以及它所运行的系统,CP/M)已经成为历史回忆。个人电脑(它们每一个都比以往更加强大)在我的写字台上已经更换多次。本次校订很多形成于与互联网的直接联络。但是我想历史本身并未褪色太多,一个世纪中的 13 年并不算太长。尽管现在是从不同的知识和政治透镜中进行观察,主要的话题仍然是那些在 1980 年代就已经引起我们注意的东西。在规划历史方面,已经形成了一个极大的学术拓展,但是对此还没有一种本质性的再诠释。

我要感谢广大的读者,他们使本书有足够的利润来进行本次修订,并且感谢那些喜欢本书的人们。我特别感谢伯克利和伦敦大学学院的第十五届的学生,他们来上我的规划历史课,并且帮助阐释我的想法。感谢罗伯·弗雷斯通(Rob Freestone),感谢他在组织 1999 年在悉尼举办的、关于 20 世纪规划史的大会中所做的大量工作,该会议将研究者们从世界范围内聚集起来,并产生了一个如此辉煌的记录。[1] 然后向约翰·霍尔(John Hall)致以亲人般的感谢,他从家乡叙雷讷(Suresnes)的先锋杂志《今日城市》中,提供了一张精美的黑白照片。

相比起我在 1996 年所做的工作(只是简单地添加了一些补充章节),本次版本是一次更加根本性的修订。这就是目前所做的,为的是保持第一版中的基本结构的对称性,这是它最为重要的组织原则,并且与今天仍然相关。我力图在适当的地方融入所有相关的新文字,并且希望大家能够将任何的疏漏都提交给我,以便下一次修正。

我同样也从《文明中的城市》(*Cities in Civilization*)[2] 中提取了一些段落。正如在那本书的前言中所提到的,这两本书在某种程度上可以被视为一树两枝。在后一本书的写作中,我力图避免重叠,但是新工作或也难免导致本次修订的不完整。

一如既往地再次感谢玛格达,没有她,也没有这次修订,原版也同样永远不可能完成。

彼得·霍尔
伦敦,2001 年 4 月

---

[1] Freestone，2000.　　[2] Hall，1998.

原版第一版前言

任何一名从事城市规划历史写作的人,都可能以自我保护的方式来开始他们的前言:诚然,规划师应当去做规划,而不应当退缩到回忆之中。很简单,写作本书是因为我发现了这个题目的魅力所在。正如其他方面的人类事务,我们往往不能认识到,我们的思想和行为别人在很久以前就已经思考并践行过了。我们应该认清自己的根源。这是我的出发点。

与时下流行的方式不同,我没有得到委托,所以也就没有必须感谢的资助者。我也没有助手,因此除我之外,也无需指责谁。同时,由于所有文稿都由我自己打字,最要感谢的是 WordStar 和 WordPerfect 的无名作者。楚克·佩德尔(Chuck Peddle)发明了神奇的天狼星一号(Sirius Ⅰ),根据有趣的边陲福特主义的铁律,无名的、家庭组装的台湾克隆版本后来在我的研究中取而代之。罗莎·胡桑(Rosa Husain)毅然将文献参考转变为脚注,于是她将自己带入了 WordPerfect 宏指令的喜悦和恐惧之中。

但是,我还得一如既往地感谢图书馆员们。那些呼吁要为了正在衰退之中的公共服务进行立法的人们(而且我们全都不时地被唆使去加入他们的行列),肯定不会去使用世界上大量的图书馆资料。当我着手本书时,曾经在其中三个图书馆度过了一段愉快的时光:英国图书馆阅览部(别名大英博物馆阅览部),英国政治与经济科学图书馆(LSE 图书馆),以及加利福尼亚大学伯克利分校的图书馆。我向以上三个图书馆尽职的员工表示感谢。虽然有点繁冗,我仍要特别感谢伊丽莎白·拜恩(Elizabeth Byrne),因为是她将伯克利的环境设计学院图书馆改造成今天这般美好的地方。

书中一些文字以前已经出版过:第 4 章的开头部分曾经作为一篇文章被收录在《新社会》(*New Society*)中(在《城乡规划》中再版,随后又被收录在一本由保罗·巴克尔(Paul Barker)编辑的《福利国家的奠基者》的选集中)。第 9 章的一段很早以前曾被收录在由理查德·艾尔斯(Richard Eells)和克莱伦斯·沃尔顿(Clarence Walton)所编辑的《未来城市中的人类》(*Man in the City of the Future*)中。我想我是这两篇文章的第一作者,所以不用因为自我剽窃而致歉。第 12 章包含了一段简短的自述,我认为有必要如实地讲述故事,因此也就显得不够谦虚。

　　我的出版商约翰·戴维(John Davey)对我显示了极大的宽容,我希望他发现结果是值得的。

　　特别需要感谢两位合作者,也是我的好友——雷丁(Reading)的林·戴维斯(Lyn Davis)和伯克利的罗格·蒙哥马利(Roger Montgomery)。他们由于阅读了第一遍草稿而成为本书的试金石。我并不指望本书已经令他们满意,但是我的确需要解释,我已经非常仔细地研究过他们的批注。而且也要感谢卡门-哈斯-克劳(Carmen-Hass-Klau),因为她及时发现了一些有关德国历史的漏洞。

　　毋庸赘言,本书总体上是在加利福尼亚大学伯克利分校的城市与区域规划系和城市与区域发展研究所中酝酿并写作的。正如我在那里的一位同事迪克·迈耶(Dick Meier)所言:如同所有的学术机构,规划学院也有着它们的黄金时代。只有这些年生活并工作于伯克利的人们,才能体会到这段岁月就如黄金一般珍贵。我将本书献给我在加利福尼亚以及加利福尼亚之外的朋友们,他们实在太多了。

　　最后,一如既往地感谢玛格达,感谢她无可挑剔的服务与支持,以及她所提供的一切。

彼得·霍尔
伯克利与伦敦,1987 年 5—7 月

目　录

想象之城

于是我问道:"事情之所以这样,是否取决于人们对其所持有的一种坚定信念?"

他答道:"所有的诗人对此都深信不疑,在依靠想象的年代里,这种雄辩之辞可以移山倒海。但是大多数人并没有本事把事情说得如此令人深信不疑。"

威廉·布莱克(William Blake)❶,《天堂与地狱的联姻》
(*The Marriage of Heaven and Hell*, ca. 1790)

基督徒:"先生",基督徒说道,"我来自毁灭之城,正要前往锡安山(Mount Zion)❷。站在路头一扇大门旁的那个人告诉我,如果前来拜访您,您会给我看一些美妙的东西,这些东西在旅途中会对我有所帮助。"

约翰·班扬(John Bunyan)❸,《天路历程》(*The Pilgrim's Progress*, 1678)

我们必须认识到我们将会成为一座山巅之城。所有人的眼睛都将注视着我们。因此,如果我们在这件已经承担的工作中对上帝犯了错,并由此导致他不再如同现在这样来帮助我们,那么我们就会成为一则故事,并成为整个世界的一个笑料。

约翰·温斯罗普(John Winthrop)❹,《基督徒之爱的范例》
(*A Model of Christian Charity*, 1630)

……在高山之巅,

坚如磐石,峭如陡壁,真理矗立着,

为了达到她,他必须,必须努力向前,

那么高山突然要阻止的是什么?是胜利者。

约翰·多恩(John Donne)❺,《萨梯Ⅲ》("*Satyre Ⅲ*"❻, ca. 1596)

---

❶ 威廉·布莱克(William Blake,1757—1827),英国诗人,雕刻家,水彩画家。

❷ 锡安山(Mount Zion),《圣经·旧约》时代耶路撒冷城内两座山中的东山,古时建有神殿。

❸ 约翰·班扬(John Bunyan, 1628—1688),英国清教徒牧师和传道士、作家,与莎士比亚同时代。他所撰写的《天路历程》是全世界除《圣经》外发行量最大的图书,与但丁的《神曲》、奥古斯丁的《忏悔录》一起并列为西方最伟大的三部宗教题材文学名著。

❹ 约翰·温斯罗普(John Winthrop, 1588—1649),1629 年率领一批清教徒前往新大陆并成立马萨诸塞湾殖民地,并成为英属北美马萨诸塞湾殖民地首任总督。

❺ 约翰·多恩(John Donne, 1573—1631),英国诗人、教士,其诗充满理性和精妙的智慧,作品中凝聚着超出常规的想象力。

❻ 萨梯(Satyre),希腊神话中的一个半人半羊的怪物,是酒神戴奥尼修斯的一个随从,他终日歌颂享乐,饮宴纵情,结群闹笑,对孤芳自赏的女人最不友善。

1
想象之城

美好城市的另类景象
(1880—1987)

　　"许多坚信自己完全不受任何知识影响的实践者,往往都是某些已故经济学家的奴隶。"凯恩斯(John Maynard Keynes)❶ 在《通论》❷ 结尾的一段著名话语中如是说道:"那些大权在握的狂人,自以为得天启示,实则是从以往的某些学术涂鸦中汲取他们的狂想。"[1]凯恩斯这句话中,用规划师来替代经济学家或许也很合适。第二次世界大战以来,世界各城市中所发生的许多事情,无论是好是坏,都可以追溯到很久以前的某些远见者(visionaries)身上,尽管他们的很多思想几乎被同时代的人们所忽视或强烈反对,但他们在真实事件中得到了逝后的清白,甚至可以说,他们对此进行了复仇。

　　本书是关于他们的故事,关于他们的远见卓识,以及他们对城市建设工作所产生的影响的故事。他们的名字将矗立在城市规划运动的圣贤祠中,并且不断地被人们提到:霍华德(Howard)、欧文(Unwin)❸、帕克(Parker)、奥斯本(Osborn);格迪斯(Geddes)、芒福德(Mumford)、斯坦因(Stein)、麦凯耶(MacKaye)、切斯(Chase);伯纳姆(Burnham)、勒琴斯(Lutyens);柯布西耶(Corbusier);威尔斯(Wells)、韦伯(Webber)❹;赖特(Wright)、特纳(Tunner)、亚历山大(Alexander);弗里德曼(Friedmann)、卡斯泰斯(Castells)、哈维(Harvey);杜安尼(Duany)、普拉特-齐贝克(Plater-Zyberk)、卡尔索普(Calthorpe)、罗杰斯(Rogers)。简述之,他们大多是远见

1　Keynes,1936,383.

❶ 约翰·梅纳德·凯恩斯(John Maynard Keynes,1883—1946),英国著名经济学家,20 世纪最有影响的经济学家之一,现代宏观经济学奠基人,被誉为资本主义的"救星""战后繁荣之父"。他认同借助于市场供求力量自动达到充分就业的状态就能维持资本主义的观点,因此一直致力于研究货币理论。凯恩斯反对新古典经济学的自由放任传统,提出了一套政府干预的经济政策主张,这些均被视为是对传统理论的重大突破和划时代的贡献,被后人称为"凯恩斯革命"。

❷ 全称为《就业利息和货币通论》(*The General Theory of Employment Interest and Money*)。该书是凯恩斯的代表作,是凯恩斯主义这一独立理论体系的形成标志。《通论》修正了传统西方就业理论的核心——萨伊律,并提出相应的治理危机的对策。

❸ 雷蒙德·欧文(Raymond Unwin,1771—1858),既是空想社会主义的理论家,又是空想社会主义的实践者,19 世纪初最有成就的实业家之一,是一位杰出的管理先驱者。他于 1800—1828 年在自己位于苏格兰的几个纺织厂内进行了空前的试验,被称为"现代人事管理之父"。

❹ 麦尔文·韦伯(Melvin Webber,1920—2006),城市设计专家及理论家,一生的大部分工作都在加州大学伯克利分校完成。加州大学伯克利分校城市与区域规划名誉教授。他率先思考适应电讯和大量汽车机动性的城市未来。米尔顿凯恩斯新城的设计遵循了他的理念。

者,但是因为时机尚未成熟,他们大多数人的远见被长期搁置。这些远见本身往往是乌托邦式的,甚至是宛若神授:它们简直就像是 17 世纪清教徒在锡安山上的天国之城的世俗版本,现在被引入到现实世界中,奉献给一个同样渴望在现实中获得回报的时代。当这些远见最终为人们重新拾获并付诸实施时,常常是在与它们的发明者原初设想完全不同的地方、不同的环境中,以完全不同的机制来实施的。当它们在不同的时间、空间和社会政治环境中进行移植时,人们很少意识到其结果往往是离奇的,有时甚至是灾难性的。如果要正确评价这种现象,首先需要剥去那些已经埋没并混淆了原初思想的历史表层,然后再去理解这种移植的本质。

规划运动的无政府根源

本书将着重讨论在这场姗姗来迟的、将理想转变为现实的进程中,曾经发生过的一场相当荒谬的历史歪曲事件。真正令人感到震惊的是,城市规划运动早期的许多远见,尽管不是全部,都源于在 19 世纪的最后数十年和 20 世纪初盛极一时的无政府主义(anarchism)运动。霍华德、格迪斯以及美国区域规划协会,还有许多在欧洲大陆的流派都是如此(诚然,柯布西耶与此完全不同,他是一位中央集权主义者;大多数城市美化运动的成员们也并非此类,他们是金融资本主义或极权主义独裁者们的忠实奴仆)。无政府主义先锋们的远见不仅是要采取一种非同一般的建设形式,而且也要建设一个非同一般的社会,它既不是资本主义的,也不是官僚社会主义的:它是一个建立在人们之间自愿合作基础之上的社会,人们工作并生活于小型自治的共同体之中。于是,这些远见不仅在物质形态上,而且也在精神上,就是马萨诸塞州温斯罗普的清教徒聚居地的现世版本,一座山巅之城。然而当这些理想付诸实践时,往往是讽刺性地(经常如此)通过他们所憎恨的国家官僚机构来实施的。这一切是如何发生的? 它对于随后的规划理想的破灭负有多少责任? 这将是本书必须阐述的一个中心问题。

无论本书的观点还是论述方式都不是全新或出奇的。许多学者都已经针对规划的无政府主义根源进行过很好的剖析,尤其是英国的柯林·沃德(Colin Ward)❶和美国的克利德·韦弗(Clyde Weaver)❷。[2] 无论是从他们的文章中,还是在与他们的交谈中,我都获益良多。对于大量的基本背景而言,本书的叙述将以二手资料为依据。城市规划史目前已经有着极其丰富的文献,让我可以随意汲取。因此,本书的撰写可以被视为一项综述性的工作,而非原创性的研究。还需要特别注意的是:

---

2 Ward, C., 1976; Friedmann and Weaver, 1979; Weaver, 1984a; Hall and Ward, 1998.

❶ 柯林·沃德(Colin Ward, 1924—),从 1947 年至 1960 年担任英国无政府主义报纸《自由》的编辑,自 1961 年至 1970 年成立并编辑自由主义月刊《无政府》。

❷ 克利德·韦弗(Clyde Weaver),任教于匹兹堡大学公共与国际事务学院的城市与区域规划专业以及经济与社会发展专业,与彼得·霍尔曾有过合作,著作有《区域发展与地方社区》《区域规划的演进》。

我试图让这些关键人物,这些重要思想的始作俑者,用他们自己的话语来进行讲述。

一句警言:野径中的拦路巨石

这项工作并非总是轻而易举。伟大的城市规划奠基者们大多(幸亏不是全部)有一个共同的特点,那就是不连贯性。远见者们一般都表述奇特,因而令人难以理解。他们忠实的信徒们都迫不及待地想从事这项工作,却可能创造出一个与原旨相异的信条。远见者的思想可能旁征博引,并且反馈源头,导致盘根错节、难以厘清。他们所处的以及孕育他们思想的文化与社会环境早已消逝,并且很难进行重构:历史是一个他乡异域,操着不同的语言,有着不同的社会习俗,对于人类生存状况的看法也不尽相同。

我已经尽最大努力让这些奠基者们讲述他们自己的故事。由于某些叙述或者游离,或者含混,或者二者兼而有之,我挥动着一把适量而又审慎的斧头,剪除冗句、删节插语,并砍去了那些不必要的观点,力图让他们说出自己想要表达的内容。

如果所有这些已经足够艰难,那么更加困难的是理解这些思想最终是如何被重新发现、再次复兴,又是如何不时被人曲解的。因为这里涉及大量的历史解读问题。某个一度极具权威性的学派认为,城市规划就其所有的表现形式而言,就是以资本主义国家为主的资本主义系统,针对生产组织中存在的问题,特别是针对周期性不断发生危机的困境所作出的反应。根据这种解释,当这个系统需要时,规划的思想观念迟早会得到采纳,先锋们的远见也会得到采纳。当然,这种互动机制的清晰性会被历史进程的复杂性所遮蔽:马克思主义历史学家也会赞同,我们在某种范围内都会有时间和机遇的问题。但是范围是真实的,最终,技术经济的引擎推动着社会经济系统,并由此联动着政治的安全阀门。

任何一个试图著述历史的人,尤其是在如此众多资深的马克思主义知识分子所从事的领域中,必然要对诠释工作的泛神论问题采取一定的立场。或许我现在也正站在自己的立场上。在我看来,历史人物的所作所为必然是对他们自身所处的世界,尤其是针对在这个世界中所面临的问题的反应。这必然是显而易见的,思想并非与现实无关,亦并非是仅凭某种完美的概念而突然闪现的。但是同时,人类,尤其是那些最具智慧、最具创造力的人们,拥有着无穷的想象力、创造力以及做出惊人之举的能力。因此,历史真正的趣处并不在于令人困惑的自我证明,而是在于人类针对现实反应的复杂性和多变性。于是,在本书中,历史事件的马克思主义观点几乎是前提性的:历史之所以值得去描写、值得去阅读,就是在于去理解各种各样诱发因素与特定反应关联在一起的方式。

还想申明的是,由于本课题十分宏大,我必须精挑细选。对构成本书每一章主题的主要议题的选择必然是我个人的、主观的。坦言之,对而言,无论多么不切实际或者多么语无伦次,无政府主义之父们对于城市文明的未来所怀有的壮阔远见都应当被牢记且颂扬。作为本故事中的拉斯普廷（Grigori Efimovich Rasputin）❶，柯布西耶则从另一面代表了与正统规划相反的趋向，由此带来的灾难性后果的阴影始终挥之不去。读者也许并不赞同这些观点，至少不赞同这些观点有时带有的偏激之处。但必须说明的是，我并不是怀着一种安逸的、随大流的心态在写作。

此外，还有更加偏向乏味技术的问题。这是因为许多历史事件执拗地不按照一种简明的历史顺序去发生。思想史尤其如此：人类智慧的结晶源于他人，它们以非常复杂的方式分叉、融合、沉隐或者复苏，这很难采取某种清晰的线性方式来描述。更有甚者，它们也不遵从任何一种事先安排好的顺序。因此，任何企图围绕着某一系列主题来制订一份清单的分析者将会发现，这些主题以一种彻底无序且混乱的方式交错在一起。他会不断地从"爱尔兰舞台人"（Stage-Irishman）❷ 古老而过时的箴言中获得启发：为了到达那里，就必定不能从这里出发。本书必然采取的策略就是平行并分头叙述每一个故事：每个主题、每个思想一般都进行追根溯源，有时长达60或70年。这就意味着需要不断回溯历史，事情经常是通过反反复复的叙述来得以呈现的。这也意味着本书中各章节的阅读顺序往往无关紧要。或许并非完全如此，我已经尽力将它们按照尽可能清晰的顺序，也就是按照思想的演进及其相互作用的最具逻辑性的顺序来进行组合。但是需要提醒一下：它们往往并非那么有效。

该问题又是由另外一个问题所引发的：在实践中，城市的规划总是与城市的问题很微妙地交织在一起，与城市的经济、社会与政治问题交织在一起，并且反过来与时下所有社会、经济、政治、文化问题交织在一起。各种关系之间不存在终点，也没有边界，但是无论多么武断，必须得设定一个。其结果就是遵照事情的原有面目来阐释规划现象，按照马克思主义传统，将分析更加牢固地建立在社会经济基础上，以此来实现历史学家真正有意义的使命。我后来出版了一本关于城市创造力的更加全面的著述❸，包括那些用来解决城市问题的特殊发明，[3] 其中一些相关章节的大量篇幅是用来为本书提供背景的，甚至可以视为本书的补充，尽管它们的写作顺序是有所不同的。

即便如此，也还存在着关于边界的争议。第一个涉及那个极具弹性的术语，也就是城市（或城镇）规划的含义。自从帕特里克·格迪斯（Patrick Geddes）以来，几乎所有人都会同意必须将城市周边的区域规划包容进来。许多人在格迪斯和美国区域规划协会的引领之下，倾向于将城市规划扩展至包容自然领域，例如某个河谷，或

---

[3] Hall，1998.

❶ 格里高利·埃菲莫维奇·拉斯普廷（Grigori Efimovich Rasputin，1871—1916），在沙皇尼古拉二世和女皇亚历山德拉宫廷中颇有影响的宠臣，他利用皇后的信任，把持宫廷内的权力，同时作为亚历山德拉的顾问对内政施加了很大的影响。

❷ 爱尔兰舞台人（Stage-Irishman），英格兰剧作家们所创造出的一个醉酒、愚蠢、粗鲁的爱尔兰人形象。在英国人的印象中，爱尔兰人在文化、语言、身份上与印度和非洲殖民地的人们差不多，但是其肤色却与英国人一样。这种漫画形象不仅带有种族色彩，同时也反映出某些人类之间的关系，主要是基于对陌生人的忽视和害怕，同时认为自己总是会比别人更知道如何去享受生活。

❸ 指彼得·霍尔于1998年出版的《文明中的城市》（*Cities in Civilization*）。

者某个带有特定区域文化的单元。所有的规划师都会认为,他们的议题不仅包含这样的区域,而且也包含它们之间的关系。例如最重要的话题就是:扩张之中的大城市与人口下降的农村之间的关系。但是这个议题又终止于何处?这就立刻涉及区域经济规划,它在逻辑上与国家经济规划无法分割,并且也无法与经济发展的普遍问题分割开来。不断扩展的范围可能再次将整个讨论内容都包容进来,因此,必须设定一个多少有点武断的边界。我将这个边界设定为有关国家级城市和区域性政策的广泛讨论,但是不包括纯粹的经济规划。

第二个边界问题就是自何时开始。本书是或者被设想为一部关于 20 世纪城市规划历史的书。更为重要的是,由于话题源自 19 世纪的城市规划措施,显然就有必要从那时开始,特别是在 1880 年代的英格兰。但是所涉及的思想则可能至少回溯到 1830 年代和 1840 年代,也许一直可以回溯到 16 世纪。历史通常就是一张密织的网络、一团难解的戈耳迪之结(Gordian Knot)❶,需要一些当机立断来开始进行解读。

另外还有第三个边界问题:地理边界的问题。如果可以将本书视为一部全球化的历史,即使空间完全明确界定并且作者具备足够的能力,它也必定不能获得成功。所导致的结果显然就是以盎格鲁—亚美利加❷为中心的方式。这是合乎情理的,至少是情有可原的。人们很快就可以发现,20 世纪西方城市规划中如此之多的重要思想,都是在以伦敦和纽约为基地的众多小型而关系紧密的俱乐部中构思并完善的。但是这种强调同时意味着本书对于法国,对于西班牙和拉丁美洲各国,对于沙俄帝国和苏联,对于中国等其他国家的重要的城市规划传统的论述则显得非常简略。我缺乏语言能力和其他方面的技巧来为那些国家做出适当的评价。它们必须由其他人在他们的著作中进行论述。

最后,这是一本关于思想及其影响的书,因此思想处在中心和首要的位置。思想在现实中产生的影响同样紧要,但是这些影响将被视为这些思想的体现——有时会扭曲得几乎令人难以辨识。这有助于解释本书中的两个主要特征:第一,由于思想一般都较早形成,人们特别容易对 20 世纪开头 40 年里的思想产生误解;第二,与此相关,人们草率地对待许多重要的规划实践,甚至置之不理。书本如同其他有害事物,也应当出示警示标记,在这里就应当注意:不要试图将本书作为城市规划史的教科书,它可能对你有害,尤其是准备用于学生的考试时。

所有这些无一例外都是辩解性的。针对本书明显的疏漏与含混,批评者们早就拭目以待。与此同时,为了规避一些来自他们的苛求,也为了保护潜在的读者不致仓促解囊之后再抱怨后悔,我现在需要略微详细地叙述一下本书讨论的主线,以便

---

❶ 戈耳迪之结(Gordian Knot),希腊神话中的戈耳迪难结。戈耳迪是公元前 4 世纪小亚细亚地区的一个国王,他把一辆牛车的车辕和车轭用一根绳子系了起来,打了一个找不到线头的死结,声称谁能打开这个难解的戈耳迪结,谁就可以称王亚洲。后来马其顿的亚历山大大帝拔出利剑一挥将其斩断,从而解开这一难解之结。

❷ 盎格鲁—亚美利加(Anglo-American),指英国和美国。

为随后的厚重篇幅提供一些引导。

穿越迷津的向导

首先,本书重点阐述了 20 世纪的城市规划,它作为一场学术与专业运动,首先表现为针对 19 世纪城市的病魔的一种反应。这是一种令人麻木的陈词滥调,但却又是无法回避的重点:如果不身处其境,许多重要的思想和概念就不能得到准确的理解。其次,本书着重叙述了在 20 世纪的城市规划中,只有少数思想是重要的,它们呼应、循环并且重新衔接。它们每一个都源于某个重要人物,或者至多不过几个重要人物,他们是真正的现代城市规划之父(啊,这里几乎没有城市规划之母[4]——读者必然接着联想到),他们有时相互支持,但更寻常的是相互冲突:某个人的远见就是另一个人观点的最大敌人。

第 2 章论述了 20 世纪城市规划在 19 世纪中的渊源。它试图非常客观地展示,先驱们所关注的焦点是如何形成于沦落在维多利亚时期贫民窟内几百万贫民苦难之中的。尽管不值得大书特书,但是很显然,那些注意到这些情况的人们或许也已经对几近失控的暴力与暴乱的威胁感到忧心忡忡。尽管这些问题及其所引发的关注在每个西方大城市中都重复着,但是它们在 1880 年代中期的伦敦最为显著,所带来的感受也最为强烈。这是一个深为社会紧张和政治动乱所困扰的城市社会,因此成为本章所关注的焦点。

第 3 章接着提出了一个重要的反讽:在人们已经开展第一波探索性的试验,用以创造一个全新的、经过规划的社会秩序的同时,市场也开始通过大规模郊区化的过程来消除城市贫民窟中的病魔,尽管这是以制造其他病魔为代价的(人们对此众说纷纭,并且肯定不是不证自明的)。为了使这种试验得以实现,伦敦引入了美国的交通技术和企业模式,并又一次在这一进程中引领世界长达数十年。因此本章也必须保持以盎格鲁亚美利加为核心,但同时也应当把目光放得更远一点,去想一想巴黎、柏林以及圣彼得堡为何跟进得如此缓慢。

针对维多利亚时期城市的最初的也绝对是最重要的反应,就是埃本尼泽·霍华德(Ebenezer Howard)于 1880 年到 1898 年间构想的田园城市概念。他是一位绅士型的业余规划师(根据定义,当时并没有职业规划师),拥有卓越的远见和非凡的毅力。为了解决或者至少缓解维多利亚时期的城市问题,田园城市设想将数量相当可观的人口以及就业岗位输出到全新的、自给自足的、在开阔乡村地区建造的众多卫星新城中去,从而远离贫民窟和乌烟瘴气,最重要的是远离巨型城市中飙升的土地价格。正如第 4 章将会展示的,田园城市就在被装扮成奇怪的模样,以致有时令人难以辨识的过程中,在世界许多地方得到了响应。从清一色的集体郊区住区(它们很

---

[4] 第 2 章中的简·亚当斯(Jane Addams)和第 5 章中的凯瑟琳·鲍尔(Catherine Bauer)则是例外。

滑稽地与霍华德所向往的事物背道而驰)到降低大城市人口以及郊区殖民化的乌托邦方案,它们不一而足,无所不包。霍华德的真正设想及其一些变体由他的副手们来实施,他们也因此在城市规划的殿堂中获得了仅次于霍华德的地位:他们是英国的雷蒙德·欧文、巴里·帕克(Barry Parker)以及弗雷德里克·奥斯本(Frederic Osborn),法国的亨利·塞利尔(Henri Sellier)❶,德国的恩斯特·梅(Ernst May)与马丁·瓦格纳(Martin Wagner),美国的克莱伦斯·斯坦因(Clarence Stein)和亨利·莱特(Henry Wright)。还有其他相对独立的设想,如西班牙的阿图罗·索里亚(Arturo Soria)的线型城市,或者弗兰克·劳埃德·赖特(Frank Lloyd Wright)反中心化的广亩城市。他们以及他们之间的相互关系在这个故事中都会拥有一段特定的篇章。

顺理成章随之而来的就是第二个反应(如果不是完全按照时间顺序):这就是区域城市的设想。它将霍华德的主题思想在概念上和地域上拓展得更远,认为针对巨型城市污秽拥挤问题的方法就是大规模的区域规划。在区域中,每一个次区域都将在各自自然资源的基础上,以充分尊重生态平衡与资源再生原则的方式和谐发展。在这种方案中,城市将服从于区域,原有的城市与新建的类似城镇将作为区域规划中的必要组成部分来适当地进行发展。这种观点由苏格兰生物学家帕特里克·格迪斯于1900年之后不久发展起来,并在1920年代由美国区域规划协会的创建者们进行了阐释:刘易斯·芒福德(Lewis Mumford)、克莱伦斯·斯坦因,还有前面提到的亨利·莱特、斯图亚特·切斯(Stuart Chase)、本顿·麦凯耶(Benton MacKaye)❷。其他与该组织相关联的主要是美国人:由霍华德·奥多姆(Howard Odum)❸领导的南方区域主义者,雷克斯福德·托克维尔(Rexford Tugwell)之类的新政规划师,甚至间接地包括弗兰克·劳埃德·赖特。这是一个内容丰富并且颇有远见的传统,它的悲剧在于它承诺了如此之多,而在实践中又实现得如此之少,这是第5章的主题。

第三个脉络则与前两个形成鲜明对比,甚至是冲突:这就是城市规划的纪念性传统,它至少可以回溯到维特鲁威。在诸如巴黎的乔治-欧仁·奥斯曼(Georges-Eugène Haussmann)❹,或巴塞罗那的伊尔德方索·塞尔达(Ildefonso Cerdà)❺这样的规划大师的推动下,这一传统于19世纪中叶得到强力复兴。正如第6章所呈现的,它于20世纪不时地在一些奇怪或者完全不合宜的地方反复出现:例如在美国,它

---

❶ 亨利·塞利尔(Henri Sellier,1883—1943),曾任法国塞纳省省长、卫生部部长。

❷ 本顿·麦凯耶(Benton MacKaye,1879—1975),美国的林务官、规划师、天然资源的保护管理论者、荒野协会的创始人之一,以阿巴拉契亚小道的创建者而闻名。

❸ 霍华德·奥多姆(Howard Odum,1884—1954),美国社会学家。

❹ 乔治-欧仁·奥斯曼(Georges-Eugène Haussmann,1809—1891),是法国拿破仑三世时期巴黎大规模改建的计划制定者和主要负责人,在他的主持下重新规划改造了主要的街道、重要的建筑、城市绿地和公园,使巴黎成为世界城市的一个典范。

❺ 伊尔德方索·塞尔达(Ildefonso Cerdà,1815—1876),西班牙建筑师和工程师,1859年采用方格网加斜对角线的方式,扩建巴塞罗那的城市规划;1869年首次提出城市化(urbanization)的概念。

服务于与商业推介相关的市民自豪感;在英属印度和非洲,它重现着帝国的荣耀;在澳大利亚,它表达着刚刚获得的独立;在希特勒时期的德国与斯大林时期的苏联,它则成为独裁者妄自尊大的工具;在墨索里尼时期的意大利和弗朗哥时期的西班牙,它野心虽小但却更加有效。无论何时何地,它总能不负众望,胜任该项工作(有时姗姗来迟,有时则永远搁置):一种关于华贵、权势和特权的符号性与表现性的工作,最终与所有更广泛的社会意图无关(甚至与之相敌对)。

　　还有另一种传统,它奇怪地与田园城市和纪念性城市流派有着部分关联。这就是出生于瑞士的法国建筑师兼规划师勒·柯布西耶(Le Corbusier)的设想。他认为现代城市的病魔就是它的高密度开发,对此的策略不是降低其密度,而是恰恰相反,进一步提高城市密度。柯布西耶的策略就是由一位握有全权的总规划师来完全铲除现有城市,代之以一种由分布在公园中的高层塔楼群构成的城市,这将在第7章中讨论。无论是在柯布西耶的有生之年还是逝后,这种城市的纯正形式在现实中始终得不到任何城市管理机构的赏识和许可,但是它的部分内容却实现了,并且其影响深远的效果堪比与之相反的霍华德的设想:一座位于印度北方平原上的全新城市,不仅在尺度上堪与匹敌,而且也扫除了勒琴斯为新德里政府所树立的新古典主义纪念碑。更为重要的是,它给人类所带来的影响体现在从底特律到华沙、从斯德哥尔摩到米兰等数以百计古老城市局部的拆除和重建的过程之中。

　　这里还有另外一条城市规划思想的主线,或者说城市规划的意识形态(这二者令人难以分辨、难以察觉地融合在一起)需要予以重视。但是如前所述,它又一次被证明游离于其他主要流派之间,为其添色加彩。它认为城市的建成形式应当(它们当时通常并非如此)出自城市的市民之手。也就是,我们应当摒弃这样的思路:私人的或公共的大型机构为人民进行建造;相反,代之以接受这样的观念:人民为自己而建造。我们可以看到这种概念着重体现于无政府主义思想之中,它极大地促成了霍华德于1890年代关于田园城市的设想,并且尤其促进了格迪斯于1885年至1920年期间关于逐步进行城市重建的构想,它也构成了1930年代弗兰克·劳埃德·赖特思想的重要元素,尤其是在他的广亩城市中。它通过直接借鉴无政府主义思想的约翰·特纳(John Turner)于1960年代在拉丁美洲的工作而重新浮现,并为第三世界提供了一种重要的甚至是主导性的城市规划意识形态。它于1960年代以及随后的10年中,为英美建筑理论家克里斯托弗·亚历山大(Christopher Alexander)❶的思想演进提供了决定性要素。最后,它在1970年代和1980年代波及美国以及整个英国的社区设计运动中臻其大成,在那里获得了来自皇家册封的最高奖赏。这个漫长且有些陌生的故事是第8章的主要任务。

　　另外还有一种传统,尽管它更加难以用哲学词汇来定位,并且也与任何一位主

---

❶ 克里斯托弗·亚历山大(Christopher Alexander,1936—),建筑师和理论家,加州大学伯克利分校名誉教授,他的三部曲著作《永恒的建筑之道》《建筑模式语言》《俄勒冈实验》中完整地描述了建筑学中的模式以及模式语言的概念和体系。

流的先驱者疏于关联。这就是经由交通技术,首先就是私人小汽车发展而来的、关于城市无限机动性的构想,将在第 9 章中进行讨论。这一传统始自 H. G. 威尔斯(H. G. Wells)❶于 20 世纪之初关于英格兰南部大规模郊区化的著名预言,延伸到1939 年在洛杉矶和 1955—1965 年在几乎所有其他地方所做的交通规划中所包含的设想,再到 1963—1964 年麦尔文·韦伯关于无处不在的城市领域的描述。弗兰克·劳埃德·赖特的广亩城市设想与之极其相似,它也与其他众多主流传统之间存有类似之处。同样类似的还有 1920 年代苏联反城市主义者的构想。以此类推,在很早以前还有索里亚关于线型城市的构想,以及随后无数的衍生方案。在所有伟大的传统中,这无疑是最能够与几乎所有其他传统相融并相联系的一种。对于霍华德、柯布西耶以及所有的区域主义者们而言,他们各自拥有关于这一特定原则的个人设想。

尽管这些思想大多数在形成初期都不具备变为现实的可能性,它们在本质上都是社会活动家以及实干家们的产物。它们的创造者们迟早(经常是早一些)都放弃了为了付诸行动而进行讨论或著述。如果要去追寻他们的纪念碑,你必须在自己的身边去寻找。但是对于所有城市规划运动的历史而言,很重要的一点就是去了解并重视 1950 年代以来的趋势,城市规划已经越来越成为一门可以通过正规教育获得的技艺,所以它逐渐形成了一套更加抽象并且更加正规的纯理论体系。某些这种理论采用自己的术语来讲述,这就是**规划中的理论**(theory in planning):一种关于实践技术以及方法的理论,规划师们在工作中已经采用了它们,他们永远都需要这些理论。而**规划的理论**(theory of planning)则是另外一回事情,在这一标题下,规划师们力图去理解他们所从事的这项实践的最终本质,包括它们存在的缘由。由于规划师们行多于言,他们在这里越来越频繁地以一种令人手足无措甚至粗暴的方式,去推导一个又一个的理论,采用一种程式去替换另一种程式。人们即便想要对这个故事进行初步了解,也立刻会有陷入整个过程,患上他们一开始所力图理解的综合征而无法自拔。第 10 章是如何避开这个陷阱的,读者们自有判断。

正当学术界如此前行时,现实则走向另一个方向。人们从第 8 章所叙述的社区设计运动中间接得出的印象就是,以规划名义所做的事情在更高、更抽象的战略层面上无关紧要,在所有人都可以看到结果的具体层面上则是有害的。这是因为在半个多世纪的官僚体制的实践中,城市规划已经降格成为一种消极的规则机器,用来扼杀所有的原创性和创造性。这里还有另外一种历史性的讽刺:左翼思想回到无政府主义、自发性、小尺度、自下而上的规划传统,右翼的思想智囊则开始提倡一种企业式的发展,而这二者似乎都极有可能在暗地里相互勾结。于是,一些国家开展了简化规划体制、理顺部门关系的行动,从而削减官样文章,形成一种朝气蓬勃的、独立、企业式的文化,以避免过多的搁置延误和态度蛮劣的事件发生。在 1980 年代,这个在北美一直都没有很深入发展的信念,非常突然地出现在一些原先难以想象的

---

❶ H. G. 威尔斯(H. G. Wells, 1866—1946),英国科幻小说作家,著有《时间机器》《世界大战》《看不见的人》等。

国家中,例如英国。追踪这些微妙的、十分间接的线索是第 11 章重点关注的。

在这场主要以内城更新为目标的重大行动爆发之后,1990 年代则表现为一个进行落实的时代。这 10 年的普遍话题就是寻求可持续性,可持续的城市发展几乎成为一曲颂歌。与此同时,城市管理者和城市规划师在寻求重构城市经济、升级更新濒死的或已死的产业、重建由于剧烈的经济转型而摧毁的工业地貌时,发现他们越来越多地与其他城市竞争着。竞争型的城市和可持续型的城市,这两个主题的同时到来成为城市更新的一个新焦点:构筑城市复兴成为 1990 年代末英国基本政策文件的主题,以恢复城市的健康,创造一种新型、紧凑、高效的城市形态。这是第 12 章所讲述的内容。

在所有由此而来的过量行动和创新中,城市继续着自己的轨迹。自 1960 年代中期以来,人们开始获得令人不安的提示,在某种相对意义上,甚至在某种绝对意义上,某些城市的某些地区,或许肯定也包括这些城市这些地区的某些人们,非但没有变得更好,反而变得更糟。当城市更新运动接踵而来时,看上去似乎除了这些人之外,其他每个人都从中获益,然而城市更新的努力却往往正是为这些人而专门设计的。进一步而言,也许正由于他们只是简单地将苦难从一代传到下一代,造成越来越难以赶上的结果,而主流经济与社会却已经弃他们而去。这些观点遭到非常愤怒的甚至猛烈的抨击,但是它们不会就此消失,因为现实仍然顽固地延续着。这场争论以及引发这场争论的现象将在第 13 章中进行分析。

至此就形成了一个关于本书的奇特而令人困惑的对称结构。在人们为如何规划城市争论了 100 多年以后,在不断努力将理想付诸实践之后,无论多么错误,多么歪曲,我们发现自己几乎又回到了原点。理论家们已经急剧地回转到规划的无政府主义的发源地,城市本身再一次被视为一个充斥着腐朽、贫穷、社会不稳、民生不安,甚至可能发生暴乱的地方。当然,这并不意味着我们从未做过什么:与 1900 年的城市相比,千禧之城发生了巨大的转变,并且从任何合理的角度来看,都取得了巨大的进步。但是这也确实意味着,某些趋势似乎在不断重现着,也许是因为它们根本就从未消失过。

梦魇之城

……人世间的大城市……已经变成……充斥着淫荡和贪婪、令人厌恶的中心。如同所多玛(Sodom)❶的熊熊烈焰，它们罪恶的烟雾升腾到天堂前，所散发出的污秽腐蚀着大城市周围农民的骨骼和灵魂。似乎每一个大城市都是一座火山，它们喷发的尘灰成股地溅射到生灵万物上。

约翰·拉斯金(John Ruskin)❷，《写给教士的有关上帝的祈祷者和教堂的信件》

(*Letters to the Clergy on the Lord's Prayer and the Church*，1880)

"你指的是什么人?"海金斯(Hyacinth)问道。

"哦，是上层阶级，那些已经拥有一切的人。"

"我们才不管他们叫人呢。"海金斯评论道，然后立刻感到他说得有点冲。

"我想你称他们为坏蛋或者无赖?"罗斯·莫尼门特(Rose Muniment)开心地笑着说。

"和坏蛋差不多，只是头脑有所不及。"她的兄弟说道。

"确实，难道他们不笨?"奥萝拉小姐叫道:"不管怎样，我认为他们不会全部出国。"

"出国?"

"我指相比于那些经常迁徙的法国贵族，他们喜欢待在家里争斗，他们从争斗中获得更多。我想他们争斗得非常厉害。"

亨利·詹姆斯(Henry James)❸，《卡萨玛希玛公主》

(*The Princess Casamassima*，1886)❹

---

❶ 所多玛城(Sodom)，《圣经·创世纪》第18~19章中提到的一座城市，此古城因其罪恶而与蛾摩拉城一起被毁灭。此处意指一切罪恶之城，罪恶的地方场所。

❷ 约翰·拉斯金(John Ruskin，1819—1900)，19世纪英国著名的美学家、作家、文艺评论家、社会改革家，工艺美术运动著名代表人物之一。

❸ 亨利·詹姆斯(Henry James，1843—1916)，旅居英国的美国小说家、评论家，英国文学心理分析小说的开创者，19世纪美国现实主义文学的三大倡导者之一，近代美国作家中作品最多、影响最大的一位。出生于纽约的一个富裕家庭，一生所关心的是人与人之间的关系。在横贯欧美大陆的特殊生活中，他发现欧洲代表一种文明，美国则代表另一种文明。

❹ 《卡萨玛希玛公主》(*The Princess Casamassima*，1886)是亨利·詹姆斯一部描写内容比较丰富感人的小说，主要描写欧洲极端激进主义。

2
梦魇之城

针对 19 世纪贫民窟城市的反应:伦敦、
巴黎、柏林、纽约(1880—1900)

　　1880 年,维多利亚时期的一位未能用勤勉奋发来彻底弥补其拙才寡赋的诗人——詹姆斯·汤姆逊(James Thomson)出版了一本打油诗集,用以记述他在下层社会中一个漫长的、但丁式的游历。诗句很快被人遗忘,但是它的标题——《梦魇之城》(*The City of Dreadful Night*)却留传下来。或许是由于维多利亚时代城市无论是在夜晚还是在白天的恐怖之处,它很快成为那 10 年间的主要话题。汤姆逊开头的几句:

> 该城属于夜晚,偶尔属于死亡,
>
> 但是必定属于夜晚;因为在那里,从来
>
> 不会迎来明朗清晨的芬芳气息
>
> 清晨湿露之后,就是阴冷灰暗的天空[1]

它们可以恰当地描述当时的伦敦、利物浦或曼彻斯特。或许是一位伦敦《蓓尔美尔街报》(*Pall Mall Gazette*)的时弊新闻记者 W. T. 斯台德(W. T. Stead)在 1883 年10 月的评论中,有意或无意地提到了这首诗。他评论道:"阴郁的佛罗伦萨人❶由于在伦敦贫民窟中的逗留,也会增添几分他对于地狱的恐惧印象。"

　　斯台德以《难道还不到时候?》(*IS IT NOT TIME？*)为标题,并以他那种已经闻名遐迩的洪亮音调,向激进的中产阶级听众们大声疾呼,"贫民窟的恐怖"反映了"一个严重的国家问题,英格兰的信仰、人权以及参政权都亟待解决"。本着一名记者特定的、对于时代的敏锐感以及明辨时弊的洞察力,他已经注意到一位公理会(Congregationalist)❷牧师安德鲁·米尔斯(Andrew Mearns)刚刚出版的一本小册子。由于斯台德的极力推介,《伦敦郊外的凄泣》(*The Bitter Cry of Outcast London*)引起一时的轰动。它引起了一种"即刻而颠覆性"的效果;[2]不仅从《蓓尔美尔街报》,而且也从相对保守的报纸,如《时代》(*The Times*)和《笨拙》(*Punch*)等,最终是从维多利亚女王本人那里,发出了对于官方调查的呼吁,并直接导致 1884 年"工

---

[1] Thomson,1880,3.　　[2] Wohl,1997,206.

❶ 指但丁。

❷ 公理会(Congregationalist),基督教一种教会团体,参加这一团体的当地教会均保持独立和自治。

图 2-1 贝斯纳尔格林(伦敦一个旧街区),小柯林伍德街,约 1900 年
维多利亚时代"体面的穷人们",可能属于布斯的第三阶层,生活在严酷的居住环境中。
图片来源:© Ian Galt/Museum of London.

人阶级住房"皇家专门调查委员会的成立。[3]事实证明,它是整个英国社会改革历史上最具影响的文件。斯台德后来认为,由于它引发了皇家专门调查委员会的形成,因此它导致了现代社会立法的诞生。[4]

凄厉的哭泣

这并非第一次尝试动摇维多利亚晚期社会沾沾自得的自信,但事实证明它揭示了真相。由于米尔斯将读者带入贫民窟的非凡才能,即使在一个世纪之后,他的描述仍然使人毛骨悚然,反胃作呕,它们几乎有着电视般的逼真效果,只有大量引用才能体现它们的影响:

> 人们很难在看过这几页之后,就对这些蠕蛆一般的人类陋屋形成一些概念。在那里,成千上万的人拥挤在恐怖之中,让我们联想起传闻中运奴船驶过的中央过道。为了接近他们,你必须从弥漫着有毒的恶臭气体的天井中穿过,这些气体常常从散布于四面八方的垃圾堆,以及你脚下流淌的下水道中散发出来。许多天井从来得不到阳光的照耀,人们在那里也从来呼吸不到一口新鲜空气,不知道一滴洁净的水是什么样子。你必须爬着腐烂的楼梯,每一级都面临着断裂的危险,而且有些时候它们已经断裂了,留下的空当威胁着粗心大意者的肢体和生命。你必须沿着汇集着虫鼠的黑暗而肮脏的通道摸索向前,然后,如果你还没有被无可忍受的恶臭吓回头,就可以抵达成千上万个人拥聚着的窝点,他们和你一样,也属于基督为之牺牲的物种。[5]

现在,米尔斯带着他中产阶级的参观者们走进贫民窟令人恐怖的内部:

> 墙壁和天花板由于长久忽略所积累起来的污秽而变得很黑。这些污秽从头顶木板的缝隙中渗出,顺着墙壁流淌下来,无处不在。所谓的窗户,一半就是粘上破布或覆上木板来遮蔽风雨;剩下的部分是如此脏污和模糊,以至于光线很难透进来,外面的东西也看不见。[6]

家具可能有"一把破损的椅子,一张摇摇欲坠的旧床的残段,或者仅仅是一张桌子的残片。但是更为常见的是,你会找到这些东西的替代物:粗糙的木板搁在砖头上,一只翻转过来的旧筐或木箱。或者更为常见的是,除了垃圾和破布之外,一无所有"。[7]

这,就构成了贫民窟里的人间地狱的场景。

> 在每个这种腐烂、恶臭的房间里居住着一个家庭,经常也会是两个。一名卫生检查员的报告提到了在一个斗室里居住着一个父亲、一个母亲、三个孩子和四头猪! 在另一次行动中,一位传教士看到了一名患有天花的男人,他的妻

3 Wohl, 1970, 31-33; Wohl, 1977, 200, 206.　4 Wohl, 1970, 33.　5 Mearns, 1883, 4.
6 Mearns, 1883, 4.　7 Mearns, 1883, 4.

子刚从第八次分娩中恢复过来,孩子们衣衫褴褛,满地乱跑。一间地下厨房里住着七个人,还躺着一个死去的婴儿。在另一个地方住着一位贫穷的寡妇,以及她的三个孩子和一个已经死去 13 天的孩子。她的丈夫是一位马车夫,不久前刚刚自杀。

在另外一间房屋里,住着一位寡妇和她的六个孩子,其中一个女儿 29 岁,另一个女儿 21 岁,还有一个 27 岁的儿子。另一间则住着父亲、母亲和六个孩子,其中两个孩子得了猩红热。还有一间则住着九个不到 29 岁的兄弟姐妹,他们在一起生活、吃饭、睡觉。再有一间住着"一个在大清早就把孩子们赶上大街的母亲,因为直到午夜之前,她都要将房间用于见不得人的目的。如果可怜的小不点们不识相地爬回来,那就是因为他们找不到其他糟糕的栖身之处"。[8]

必然的结果就是,米尔斯带给听众们的震惊与现实中的恐怖同样多:

如果问起共同生活在这些陋屋中的男男女女是否结了婚,那么你的单纯将会引起一阵哄笑。没有人知道,没有人在乎,也没有人指望他们结过婚。只有在极个别的情况下,你的问题才会得到肯定的答复。乱伦是普遍的,任何形式的淫邪和肉欲都不会引起惊奇或在意……由此针对共居方式进行检查只是出于妒忌,而不是道德。最卑鄙的事情则要从最易忽略的平常之处来看待……一条街上有 35 幢房屋,32 个已经知道是妓院。在另外一个街区中则有 43 幢房屋是妓院,以及 428 名沦落的妇女和姑娘,她们中许多不过 12 岁。[9]

对于维多利亚时代的中产阶级,这也许是最令人震惊的事情。

米尔斯认为,可以肯定的是,这些人如此赤贫的结果就是犯罪。游荡在莱切斯特广场(Leicester Square)❶上的就是"臭名昭著的'四十大盗'(Forty Thieves)的几个著名成员,他们经常与几个荡妇密谋,天黑之后出来在牛津街、摄政街❷以及其他大街上抢劫路人"。犯罪的得失是不容辩驳的:"很容易明白,一个 7 岁的小孩通过行窃每周可以挣到 10 先令 6 便士。如果他做火柴盒,每罗❸只能挣到 2¼便士。如果他想挣得与年轻小偷同样多,他必须每周做 56 罗火柴盒,即每天做 1 296 个。不用说,这是不可能的……"[10]

问题的根源在于贫民窟里的人们绝对过度贫穷。裤子缝纫女工每天工作 17 小时,从早晨 5 点到晚上 10 点才挣 1 先令;而衬衣工只能挣到一半。疾病和酗酒更加重了他们的苦境:

谁能想象得到如后文所言的事实背后的痛苦? 一个处在肺结核晚期的贫

---

[8] Mearns, 1883, 5.　　[9] Mearns, 1883, 7.　　[10] Mearns, 1883, 9.

❶ 莱切斯特广场(Leicester Square),伦敦西区的中心,是伦敦最著名的戏院区,聚集了近 40 家戏院,伦敦的娱乐中心和中国城的所在地。

❷ 牛津街(Oxford Street)和摄政街(Regent Street)是伦敦最为繁华的购物街。

❸ 商业用词,1 罗＝12 打。

穷妇女,瘦得只剩下一把骨头,她与酗酒的丈夫和五个孩子住在同一间房间里。访问时,她正在吃几颗青豆,孩子们正在拾柴火,想生火烹煮放在桌上的四个土豆,而这就是全家一天的饭食……在韦奇街(Wych Street)一家船具店三层楼上的一个房间里,不久前进行过一项关于一名婴儿的死因调查。在那个房间里住着一个男人、他的妻子和三个孩子。死去的婴儿是第二个孩子,是因空气污染致死。因为教区没有停尸房,也没有举行悼念的地方,这个死婴就在他父母、兄弟起居、吃饭、睡觉的房间里被剖开。不用说,那位前去检验尸体的陪审员也在可怕的气味中病倒了。[11]

对于米尔斯来说,"在这些调研中,孩子们的苦难是最撕心裂肺、骇人听闻的。我们在这些地方可以经常看到有关发育不良、不幸事件的报告,酗酒、放荡父母的堕落行为,以及其他令人作呕的事情":

> 这里就有一个 3 岁的小孩捡起肮脏的面包就吃,我们走进一扇门,看见一个 12 岁的女孩。"你的妈妈在哪里?""在疯人院。""她去那里多长时间了?""15 个月。""谁在照顾你?"这个坐在一张破桌旁做火柴盒的孩子回答道:"我会尽可能照顾我的弟弟和妹妹们。"[12]

当米尔斯谈到"应当做些什么"时,他毫不迟疑地说道:"我们应当指出,如果没有国家干预,就不可能采取大规模的有效行动,而这就是现实。"[13]很简单,问题的根源就是经济。居民过度拥挤就是因为他们贫穷。由于贫穷,他们付不起显而易见的"处方":从这些更为廉价的居民区中搬走:

> 这些可怜的居民必须得有地方住。他们没钱乘坐火车外出,或者坐有轨电车往返于城市与郊区。他们拖着瘦弱、饥饿的可怜躯体,特别是在为了 1 个先令或者更少的钱而工作 12 小时或更长的时间之后,如何指望他们能够来回都要步行三四英里。[14]

接下来的事情就有些蓄意让中产阶级毛骨悚然。例如,詹姆斯·耶林(James Yelling)❶揭示,人们认为伦敦的贫民窟就是"灾难中心",在那里,疾病、犯罪、邪恶和贫穷四处泛滥,将它们的传染性散布到整个城市。[15]更为糟糕的是,它们被视为"邪恶之窝",经常出没着暴徒和罪犯,由于它们也是最不卫生的地区,因此必须首先被清除掉。[16]或许它们的确如此,但是贫民窟中大部分的居民是正派但却身处绝境的,他们居住在那儿,是因为他们依赖于偶获的工作机会,并且由于太穷而不能距离这些工作岗位太远。[17]至少到 1913 年时,威斯敏斯特(Westminster)40%的工人阶级认为他们必须住在工作地点附近。一位临时工直截了当地说道:"对我而言,到郊区就像

---

[11] Mearns, 1883, 11-12.　　[12] Mearns, 1883, 13.　　[13] Mearns, 1883, 14.　　[14] Mearns, 1883, 15.
[15] Yelling, 1986, 20.　　[16] Gauldie, 1974, 267.　　[17] Stedman Jones, 1971, 67, 97, 171, 173.
❶ 詹姆斯·耶林(James Yelling),《维多利亚时期伦敦的贫民窟和贫民窟的清除》的作者。

去美国一样。"[18]正如约翰·伯恩斯(John Burns)❶所言,贫民窟"主要是由于口袋的贫穷所造成的。临时工汇聚到哪里,贫穷就传播到哪里,惨状就必然流行了"。[19]

最糟糕的、最亟待清除的就是伦敦城市周围的马蹄铁形区域,也就是从圣马丁教堂(St. Martins in the Fields)❷、圣吉尔斯教堂(St. Giles)❸、德鲁里街(Drury Lane),通过霍尔本(Holborn)❹到夏佛隆山(Saffron Hill)❺、克莱肯韦尔(Clerkenwell)❻和圣卢克斯(St. Luke's)❼,然后向东到怀特查珀尔(Whitechapel)❽,跨过河到南沃克(Southwark)❾。[20]因此,诸如匹勃蒂(Peabody)和沃特楼(Waterlow)这样一些慈善公司在该区域艰难地拆除棚屋,代之以示范性的分租房街区。[21]但是到1880年代时,清除贫民窟很显然并不能通过这种方式来进行。[22]立法(克劳斯法(Cross Act)❿允许地方政府购买并拆除"不合宜"的住房,但却并没有给予进行安置的资金,而且程序特别麻烦、官僚化并且进展缓慢。[23]新的示范居住区也由于过度拥挤、缺少绿化、外表丑陋和规章琐碎而令人讨厌。难怪它们的居民们后来如此热情地欢迎田园城市的思想。[24]另外,由于这些住宅项目要获得2%~3%的低收益率[25],它们的租金使那些打零工的人们承受不了。毫不奇怪在1870年代中期时,大约四分之三的伦敦住房被分隔成为公寓房。[26]正值此时,公路、铁路的建设以及伦敦中心商务区的发展比以往更快速地清除了工人阶级的住房。[27]从1830年到1880年期间,街区清理项目动迁了大约10万多人。从1853年到1901年,铁路项目大约动迁了76 000人。[28]清除项目非但未能补偿居民们的损失,事实上反而恶化了他们的处境。[29]到1895年时,伦敦的第一期议会住房⓫开始入住了,三个主要慈善机构在这期间只建造了16 950套住房。[30]这一失败事实上加大了要求废除原来的"大都市工程委员会"(Metropolitan Board of Works),成立一个为整个伦敦负责的直接选举政府的呼声。[31]

---

[18] Wohl, 1983, 319.　　[19] Wohl, 1983, 324.　　[20] Yelling, 1986, 25, 55.　　[21] Tarn, 1973, 43.
[22] Yelling, 1986, 28.　　[23] Gauldie, 1974, 277.　　[24] Gauldie, 1974, 225;Tarn, 1973, 89.
[25] Stedman Jones, 1971, 185; Dennis, 2008, 227.　　[26] Dennis, 2008, 221.　　[27] Gauldie, 1974, 288.
[28] Stedman Jones, 1971, 162, 169;Wohl, 1977, 26.　　[29] Stedman Jones, 1971, 200-202.
[30] Tarn, 1973, 58.　　[31] Yelling, 1986, 30.

❶ 约翰·伯恩斯(John Burns, 1858—1943),19世纪末20世纪早期著名的英国工团主义者、反种族主义者、社会主义者和政治家。
❷ 圣马丁教堂(St. Martins in the Fields),伦敦市中心一座最著名的非天主教教堂。
❸ 圣吉尔斯教堂(St. Giles),伦敦市中心的一座天主教教堂。
❹ 霍尔本(Holborn),伦敦市中心一地区。
❺ 夏佛隆山(Saffron Hill),又称红花山,是维多利亚时期伦敦最臭名昭著的贫民窟。
❻ 克莱肯韦尔(Clerkenwell),地处伊斯林顿自治区的一片伦敦中央地区,也被称作伦敦的"小意大利",因为自1850年至1960年代大量的意大利人居住在这里。
❼ 圣卢克斯(St. Luke's),伦敦市中心一地区。
❽ 怀特查珀尔(Whitechapel),伦敦东部一地区名,19世纪时是犹太人、黑人和下层贫民的混杂区域,犯罪事件层出不穷,是伦敦城的一大毒瘤。
❾ 南沃克(Southwark),伦敦泰晤士河南岸一自治区名。
❿ 克劳斯法(Cross Act),即1875年工匠与劳动者住房改善法(The Artisan's and Labourers' Dwellings Improvement Act)。
⓫ 议会住房(Council Housing)是英国的一种公共住房形式,今天更多被称为社会住房(Social Housing)。议会住房是由地方郡政府为了本地居民的利益而建造的。

1885 年英国皇家专门调查委员会

这一情况引起了共鸣。尽管某些评论家(如索尔斯伯里侯爵(Marquess of Salisbury))从慈善机构角度来考虑,其他评论家(如约瑟夫·张伯伦(Joseph Chamberlain))从地方政府行动的角度来考虑,人们普遍希望看到真正的行动。[32]甚至明显持不同意见的《时代》也观察到,"凡是认清时代方向的人们都不会怀疑,**放任自流**(laissez-faire)实际上已经行不通,每一次国家干预都为下一次干预铺平了道路"。[33]索尔斯伯里在 1884 年 11 月的一次关键性的讲话中也提出了国家干预的问题。[34]一个由查尔斯·温特沃思·迪尔克爵士(Sir Charles Wentworth Dilke)担任主席的、颇富声望的皇家专门调查委员会随即成立,其成员包括威尔士亲王(the Prince of Wales)、索尔斯伯里勋爵(Lord Salisbury)、曼宁红衣主教(Cardinal Manning),等等。但是当委员会 1885 年的报告肯定了问题的本质后,却无法形成作为解决方案的统一结论。该报告明确总结道:

> 第一,穷人住房条件尽管比起 30 年前有了很大的改善,但是依然过度拥挤,尤其是在伦敦,仍然是一条公共丑闻,并且在某些地区比以往更加严重;第二,尽管采取了很多立法来应对这一恶劣的情况,但是现有的法律无能为力,有些立法在编入法规典籍之后,就无人问津了。[35]

大量事实证明,一户家庭一间住房的现象在伦敦是很普遍的,而该家庭很可能拥有多达 8 名成员。在首都,由于人们习惯将住房拆分成一间间的分租房,从而使得这种状况更为严重,因为这些分租房必须共用一个水源和一间厕所。同时,由于大门很少关闭,楼梯和通道在夜间时很可能塞满了被戏称为"随地睡者"(appy dossers)的人:彻底的无家可归者。[36]在室内,各式各样的家庭工作(通常是不卫生的,如捡破烂儿,做麻袋、火柴盒,或者拔兔毛)使糟糕的环境变得更糟。[37]在一些地方城市中,虽然差异性也很大,但是不存在类似伦敦那样的过度拥挤问题。[38]

对于某些人,如资深社会改革家夏夫特伯里勋爵(Lord Shaftesbury)而言,"单室住房系统在物质上和精神上都是无法接受的"。

> 我指的是,我们不敢把所知道的事情和盘托出,每当提及我所知道的细节时,我就感到非常难过;但是我要举一个案例说明单室住房系统的恶劣后果,这还不是最糟的那种。这个案例就发生在去年,但是它却经常发生。我的一位朋友是一所大学校的校长,当他路过一个后院时,看到两个未成年的、10 或 11 岁大小的儿童正在过道里试图发生性关系。他跑上前去,抓住男孩并把他拉开,

[32] Tarn, 1973, 111-112.　　[33] Quoted in Wohl, 1977, 234.　　[34] Wohl, 1977, 238.

[35] GB Royal Commission Housing, 1855, I, 4.　　[36] GB Royal Commission Housing, 1855, I, 79.

[37] GB Royal Commission Housing, 1855, I, 11.　　[38] GB Royal Commission Housing, 1855, I, 8.

而这个男孩的唯一反应就是"你为什么抓我？在那儿还有十几个呢。"你不得不承认，这并非来自性本能，而必定源于模仿他们所看到的事情。[39]

但是其他人并不同意，皇家委员会总结道："道德水准……比想象的要高。"[40]

这也许是一些小小的安慰：很显然，每个分租户比维多利亚政府所规定的、关押在监狱里和劳教所里的人所拥有的空间更小。可以预见，死亡率（尤其是儿童的）仍然高得惊人。委员会计算道，那些生存下来的人平均每年有 20 天不能去工作，因为他们"过于沮丧和疲倦"。而所有这些情况由于"最贫穷阶层的最热心护卫者也不能在他们中间普及卫生习惯"的事实而加重。[41]

正如米尔斯所揭示的，其根源就是赤贫和缺乏迁居的能力。缺乏技术的伦敦工人，如水果贩或流动摊贩，每周只能挣 10～12 先令，码头工人每周平均只有 8～9 先令，普通的克莱肯韦尔劳工每周可以带回家 16 先令。几乎一半的伦敦家庭（46％）不得不将可怜收入的 1/4 用于支付房租，当租金上涨时，薪水就不够用了。[42]同时，由于这些廉价工作（包括家中妻儿们的工作）的不稳定而加剧了贫困状况。因此，"不论需要支付多么高的费用，也不管他们生活于其中的住屋状况怎样，居住在过度拥挤街区中的大多数居民不得不根据工作地点而就近居住"。[43]掌管着短租期住房的租房中介商明目张胆地抓住住房短缺的时机进行敲诈。由于查伶十字街（Charing Cross Road）和夏夫特伯里大街（Shaftesbury Avenue）这些新街的建设，由于伦敦在 1880 年代经历了一场小型的奥斯曼化，或者由于 1870 年教育法实施以来因建设新寄宿学校而进行的拆建则更加剧了这一问题。[44]

在所有这些问题的背后则是无能的、经常瘫痪的地方政府体系，它不能或者不愿意去行使职权。在伦敦以外的地区，1875 年历史性的公共卫生法（*Public Health Act*）为更加有效的地方政府系统提供了基础。[45]但是在首都，一种陈旧而杂乱的模式仍然占主导，只有两个教区或者地区委员会（全伦敦有 38 个）已经采取了有力的措施。几乎没有什么检查员：在迈尔安德（Mile End）这样一个贫困地区，105 000 人中只有一名检查员。他们也没有什么能力：在伦敦的一个教区里，助理检查员"以前是做珠宝生意的"，教区的牧师补充道："我不知道需要什么样的特殊培训。如果一个人颇具良心，那么我认为这就如同接受过良好的培训。"[46]

因此，皇家委员会的主要建议并不是添加新的权力，而是关注于如何促使地方政府使用好现有的权力。这其中就包含所谓的托伦斯法（*Torrens Act*），也就是工匠与劳动者住房法（*The Artisans' and Labourers' Dwellings Act*，1868），它允许地方政府为劳动阶层建造新的住房。还有克劳斯法，它允许地方政府拆除大面积的不良住房，并重新安置居民。这两个法基本上都成为形同虚设的文书，然而它们确实提出，应当允许地方

---

[39] GB Royal Commission Housing, 1855, II, 2.   [40] GB Royal Commission Housing, 1855, I, 13.
[41] GB Royal Commission Housing, 1855, I, 14-15.   [42] GB Royal Commission Housing, 1855, I, 17.
[43] GB Royal Commission Housing, 1855, I, 18.   [44] GB Royal Commission Housing, 1855, I, 19-21.
[45] Ashworth, 1954, 73.   [46] GB Royal Commission Housing, 1855, 1, 22, 33.

政府从财政部以尽可能最低的利息进行贷款,从而不给国库带来真正的损失。他们在伦敦提出,教区与联合委员会应当根据住房法将权力转交给大都市贸易委员会(Metropolitan Board of Trade)。[47]紧随其后的 1885 年的工人阶级住房法(*The Housing of the Working Classes Act*)采纳了这些建议。它也扩展了夏夫特伯里勋爵陈旧的 1851 年出租房屋法(*Lodging Houses Act*),将住房重新界定成包括为工人阶级所提供的独立居室和简屋:这是一个有分量的设想,维多利亚议会最终将会赞成在住房问题上的市政社会主义❶。[48]然而,地方政府不愿采取行动的问题仍然存在。皇家委员会对此只能提出,现在是城市中受压迫的工人阶级应当开始关注自己困难处境的时候了。[49]

萧条、暴力和动乱的威胁

也许工人阶级确实会这样去做。1884 年的改革法(*Reform Act*)已经将公民权扩大到大多数的城市男性工人阶级。当时这个阶级正在遭受一场贸易和产业大萧条带来的影响,其影响堪比后来的 1930 年代和 1980 年代的大萧条。当时确实存在着对于将要来临的事情的不祥预兆:皇家委员会于 1886 年总结道,某种程度上问题并不在于贸易周期,而是在于与国际上其他一些主要竞争对手(首先是德国)相比,英国工业存在一种结构性的弱点。德国与英国同样善于生产,前者在赢得并保持市场的手段上也取得了进展。[50]委员们警告道,英国不思进取,不想"去为生产而开拓新的市场,并且维护已经获得的市场……同样也有迹象表明,就某些等级的产品而言,我们的工艺的声誉不如以往那样高"。[51]委员们否定了把原因归结为"在法律上对于劳动雇佣的限制,以及工人阶级自己所采取的罢工和其他类似的运动",或者归结为"贸易联盟或类似组织的行动"这类的提案。[52]

无论是什么原因,其结果是毋庸置疑的。在 1880 年代中期,所有的城市,尤其是整个伦敦,到处弥漫着一种灾难性的甚至暴烈的变革氛围。比阿特丽斯·韦伯(Beatrice Webb)❷后来写道,当时的问题在于:"一方面,是大众贫困的含义;另一方面,是政治和工业民主的可操作性和可期盼性,而这种民主是用来平息人民大众冤苦的一种补偿,或许也是一种粉饰。"[53]但是这些讨论是就知识分子而言的:"事实上,苦力劳工并没有什么秘密之处……'社会主义毒药'……在周期性的贫困与虚弱的疾病中孕育并发展,贫民窟里的居民已经沦落到一种残忍的麻木状态……"韦伯在 40 年之后回忆道,在维多利亚时期统治阶级中的某个地方出现了一种骚动,它是"一

---

[47] GB Royal Commission Housing,1855,I,40-41.　　　[48] Wohl,1977,248.　　　[49] Gauldie,1974,289.

[50] GB Royal Commission Depression of Trade and Industry,1886,xx.

[51] GB Royal Commission Depression of Trade and Industry,1886,xx.

[52] GB Royal Commission Depression of Trade and Industry,1886,xx,xxi.　　　[53] Webb,1926,149.

❶ 市政社会主义(municipal socialism)指 1873—1875 年英国伯明翰市长约瑟夫·张伯伦推行,由地方政府全权负责城市供水、供气等公共市政设施,并负责城市公园系统及贫民窟管理等。

❷ 比阿特丽斯·韦伯(Beatrice Webb,1858—1943),原名比阿特丽斯·波特,婚后改姓韦伯。英国经济学家、社会改革家、社会主义者和作家。

图 2-2 "工人阶级住房"皇家委员会正在开会,1884 年

图中偏右的夏夫特伯里正在揭示穷人的生活方式,威尔士亲王(图中部偏左身体前倾者)显然被现实震惊了。

种新的负罪感",它"是一个集体的或阶级的觉悟,一种不断增强的不安,它最终使人确信,那个曾经以一种惊人规模创造租金、利息和利润的工业化组织方式,它并不能为大不列颠大部分居民提供一种体面的生活和可以接受的状况"。[54]后来的历史学家可能对此表示怀疑,有人认为,普遍的情感不是出于负罪感,而是出于恐惧。穷人"经常被描绘成粗劣的、愚钝的、醉醺醺的和缺乏道德的,在遭受了多年的忽视和同情之后,他们对文明世界构成了一种不祥的威胁"。[55]

他们的反应经常表现为鲁莽的方式。那些渐进主义的倡导者们,也就是比阿特丽斯·韦伯很快加入其中的费边社(Fabius Society)❶成员们,提出了一个明显带有乔治·萧伯纳(George Bernard Shaw)❷痕迹的早期宣言,并以明确主张作为结论:

> 现政府无权把自己称作为国家,正如伦敦的烟雾不能将自己称为天气一样。
> 我们宁愿面对一场内战,也不愿看到下一个世纪仍然如同今天这般苦难。[56]

社会民主基金会(Social Democratic Foundation)的领袖 H. M. 辛德曼(H. M. Hyndman)❸于同一年写道:"即使在那些将自己称作'社会'的碌碌无为的人群中间,也可以感受到一股令人不安的潜流。人们有时候以开玩笑的方式大声传颂着,并且经常在所有正式场合中嘀咕着'革命'这一可怕的字眼。"[57]辛德曼怀疑这场骚动只限于中产阶级,因为:

> ……全面彻底针对问题的书本、小册子、传单找到了进入工厂车间和阁楼房间的渠道,从卡尔·马克思博士关于资本的伟大著作,以及从德国社会民主党,从法国集体主义者的计划中所摘引出来的理论,以廉价且可读的方式传播着。[58]

但是辛德曼也把注意力转向一种每个人都会注意到的现象:在现代社会最丑陋的发展中,存在着众多有组织的流氓团伙……他们游荡在大城市中,并且经常不满足于相互群殴,袭扰无辜的路人。[59]他提出,根据警察的说法,仅仅在伦敦,"危险阶层"[60]就拥有 30 万个成员。辛德曼认为,没有人"试图去分析这些人在什么情况下被塑造成现在的粗暴形象"。[61]

一些人甚至认为不值得费力去思考这一问题。在 1886—1887 年期间,利物浦体面的市民们开始抱怨他们正在遭受黑帮团伙的恐吓。一名记者出于义愤于 1887 年

54　Webb, 1926, 154–155.　　55　Stedman Jones, 1971, 285.　　56　Fabian Society, 1884b, 2.
57　Hyndman, 1884, 3.　　58　Hyndman, 1884, 28.　　59　Hyndman, 1884, 25.
60　Hyndman, 1884, 32.　　61　Hyndman, 1884, 25.
❶ 费边社(Fabius Society),英国社会改良团体,1884 年 1 月由一些激进资产阶级知识分子成立于伦敦。前期主要领导人有萧伯纳和韦伯夫妇等人,他们主张采取缓慢渐进的策略以达到改革社会的目的。
❷ 乔治·伯纳德·萧(George Bernard Shaw, 1856—1950),通常译为萧伯纳,爱尔兰戏剧家、小说家和评论家、费边社会主义者。主要著作有《恺撒和克娄巴特拉》《人与超人》《巴巴拉少校》《皮格马利翁》等,1925 年获诺贝尔文学奖。
❸ H. M. 辛德曼(H. M. Hyndman, 1842—1921),英国作家和政治家,创办社会民主基金会和全国社会主义党。

2月在当地的报纸中写道:"从阿托尔街(Athol Street)到卢顿街(Luton Street)之间的区域'已经'受到这帮恶棍们的侵扰。"在同一个月中,这些黑帮团伙中最著名的"狂暴帮"(High Rip Gang),在利物浦的街巷中发动了一场野蛮的暴动,不分青红皂白地用刀子和弹弓袭击市民和儿童,并从典当铺中进行偷盗。5月20日,一个被描述为"四名粗野的男子,未受过良好教育的工人"的团伙在利物浦接受公审,他们受到8条恶意伤害的指控,包括蓄意制造严重的人身伤害,以及暴力抢劫,等等。主审法官约翰·查尔斯·弗雷德里克·西吉斯默德·戴(John Charles Frederick Sigismund Day)是一位留着羊排鬓发的60多岁的老者,他极不相信现代的典狱理论,所坚定的信条就是,对于暴力罪犯而言,他们需要一个特别简短而深刻的教训,或者正如他的儿子奇怪地指出:"唯一可以唤醒他们理智的手段就是通过他们的肉体。"[62]

戴法官认为,"穷其一生,也从未听闻如今日所见到的如此暴虐的行径",他宣布了在维多利亚时期英国法庭上所记录下来的最严厉的判决:按苦力的惩罚方式,四个人将分别接受3次鞭挞,每次为20抽。在以一己之力打击城市犯罪问题这样的信念支撑下,戴法官在11月的公审中又实施了暴政。在一天内执行的7次鞭挞中,他判决两名工人因为偷窃半个便士和一块烟草而受到20抽。他的儿子后来认为,尽管"慈善委员会的委员们以及其他一些人将'鞭挞判决'谴责为明显的野蛮行径,并且把它用于对付罪犯的办法视为中世纪的和错误的",[63]但是体面的市民们始终都感激戴法官。

无论怎样都没有迹象表明戴法官的恐怖统治对于利物浦的暴力犯罪有什么作用。奇怪的是,撇开市民们的恐惧心理,英国的犯罪行为在维多利亚晚期总体上明显呈现出一种长期稳定下降的趋势,虽然这种趋势会受到诸如发生于1880年代中期的阵歇性暴力事件的影响。[64]

除了比阿特丽斯·韦伯的怀疑主义之外,在中产阶级中存在的真正恐慌就是工人阶级可能在暴动中起义。没有任何地方的恐慌能够超过在政府内部的恐慌。1886年2月,中产阶级最担心的事情发生了,失业工人和社会主义知识分子连续几周在特拉法尔加广场(Trafalgar Square)举行集会。星期一,也就是2月8日,在一次大型集会上,"一群超乎寻常、数量可观的最蛮横分子"[65]与600多名警员的部队相遇了,由于担心白金汉宫会遭到攻击,警队转移到附近的林荫路(the Mall)上。而这群数量在3 000～5 000人的群氓继续向前,经过蓓尔美尔街(Pall Mall)的俱乐部,转入到圣詹姆斯和梅费尔街区❶中,砸碎窗户并抢劫商店。一份官方调查指责警方未能有效控制人群,责任长官被迫辞职。[66]

新任长官查尔斯·沃伦爵士(Sir Charles Warren)是一位更为严厉的人。在1887年秋季,紧张局面再次出现,庞大的人群在海德公园和特拉法尔加广场集会并

62 Day, 1916, 120. 63 Day, 1916, 121. 64 Jones, 1982, 119-120, 123, 143.
65 GB Committee Disturbances, 1886, v. 66 GB Committee Disturbances, 1886, passim.
❶ 圣詹姆斯(St. James)和梅费尔(Mayfair)街区,伦敦西区贵族住区。

聆听演讲,多次与警察发生了冲突。习惯性提到"所谓的失业者"的《时代》杂志呼吁采取果断的措施:"我们相信,如果这些人,或者同一阶层中的其他一些人,试图像去年一样进行挑衅,他们将面临的不是几个月监禁这样一种简单的方式,而是以重罚性的苦役去尝尝苦头……唯一值得提出的问题就是,两个派别哪一个更加强大:是潜在的门窗的冲砸者、商铺的哄抢者,还是公共安全的守护者?"[67]

于是,舞台就这样搭建起来了。10 月 23 日,星期天,庞大的人群聚集在广场,高举着红旗,聆听要求查尔斯爵士辞职的演讲。就在下午三点钟之前,人群由红旗引领着,突然向白厅❶ 方向移动,并在教堂开放时间侵占了威斯敏斯特大教堂(Westminster Abbey)。所形成的场面就如同布莱希特(Brecht)❷"三分钱歌剧"❸的最后一幕,也许这部作品就是从他们身上得到了启发。根据《时代》的报道,"一大群、许多人,穿着很肮脏的男孩、年轻人和成年人"在管风琴演奏时闯了进来,他们与全体教徒对峙在一起。"教徒中比较有男人气概的人平静地对这帮无耻之徒施加影响来制约他们。""暴徒们用挖苦的字眼叫嚣着'资本家',似乎在他们眼里,所有在教堂做祷告的人都是'资本家'。"鲁塞尔教士(Canon Rowsell)力图与他们辩论,"暴徒们安静地听着",就在外面,辛德曼说道:"他期待着社会主义旗帜和'人人为大家,大家为人人'的条幅被悬挂在教堂上的那一刻,他们应当到里面来宣扬革命的教义。"[68]

示威者们随后回到广场,在那里,"从纳尔逊柱(Nelson's column)的每一个方向来加入集会发表演说",巨大的人流涌出广场,进入相邻地区中。警察感到恐慌并召来军队控制人群。在混乱中,大约一百多人受了伤;后来,示威者中有两个人死亡,随后就是大量相互之间的指责。一位愤怒的记者给《时代》写道,这些集会是"向每个地方无政府主义者进行号召,成群结队涌入世界上最大的、能够接纳他们的首都"。[69]辛德曼则发表了不同的观点:"人们将不再挨饿,这是我所知道的一点。目前的骚乱是非常偶然和非组织的。"

编辑的观点可想而知:"这个首都本身在经受骚动暴徒们的威胁,这些暴徒宣称他们决定借鉴爱尔兰的一群骚乱者的案例,通过恐怖主义来胁迫官方对他们的要求做出让步。"[70]斯台德的《蓓尔美尔街报》反过来指责沃伦试图建立"警察制度":教堂仪式的中断是由于拥挤造成的,而失业者则以良好的秩序离开。在鲍街(Bow Street)则有很多人受到了指控;有的被送进监狱,有的被罚款或被监禁起来。R. 库宁汉姆·格莱梅(R. Cunninghame Graeme,下院议员)以及社会主义者领袖约翰·伯恩斯(John Burns)后来在老贝利❹被判有罪,入狱 6 周,他们成为人民英雄。[71]

---

[67] *The Times*, Oct. 15, 1887.　　[68] *The Times*, Oct. 24, 1887.　　[69] *The Times*, Oct. 27, 1887.
[70] *The Times*, Oct. 24, 1887.　　[71] Ensor, 1936, 180–181.
❶ 白厅(Whitehall),伦敦的一条街道,英国政府机关所在地。
❷ 布莱希特(Brecht, 1898—1956),德国剧作家、戏剧改革家、诗人。
❸ 三分钱歌剧(Dreigroschenoper),写于 1928 年,是布莱希特"叙事体戏剧"理论的生动表现,打破了传统的"三一律"形式,依靠中心人物和分散的场景取得了一种"间离效果"。
❹ 老贝利(Old Bailey),伦敦的一条街名,英国中央刑事法庭坐落于其中。

布斯的调查：问题得以确定

从这几个月的动乱中至少可以得出一些理性的反思。利物浦船主查尔斯·布斯(Charles Booth)受到《伦敦郊外的凄泣》一书的启发,来到伦敦东区开展社会调查,后来被称为"第一次现代社会调查"。布斯严厉批判了米尔斯等人的感性描述,并随后认为形势是严重的,但是紧迫的社会危机"并没有明显随之而来,也不会直接导致革命"。[72]正如他于1887年对皇家统计委员会(Royal Statistical Society)所说的,这里需要的是去了解失业的原因,尤其需要将那些"并不真正愿意去工作"与那些"不是失业的,而是很难就业的"人区分开来。[73]

布斯在一批年轻能干的助手们的协助下(包括比阿特丽斯·波特(Beatrice Potter),也就是后来的比阿特丽斯·韦伯,她在这里开始投身于学术研究),于1887年5月早于皇家调查委员会发表了第一份成果,并于一年后发表了第二份报告。根据布斯的报告,伦敦东区的贫困人口达到31.4万人,超出总人口的35%,高于平均百分比。这就意味着有100万的伦敦人口处于贫困之中。他认为,他们可以分为四个亚族群。

第一,阶层A,在东端(East End)只有1.1万人,在全伦敦也许是5万人,占总人口的1.25%。它"由一些(所谓的)工人、游荡者、潜在犯罪者、一定比例的街头小贩、街头艺人以及其他人组成"。其中包括了许多年轻人,"那些自然而然外出游荡的年轻男子,以及同样自然而然走上街头的女子"。他们过着"一种原始的生活,极度艰难和偶尔宽裕的日子。他们的食物是最粗劣的那种,唯一的奢侈就是酗酒"。[74]布斯对于这群人规模如此之小而感到乐观,"我们所听到的、出没于贫民窟中的游牧野蛮部落某一天将会征服现代文明,这种情况是不可能发生的。这群野蛮人规模很小,而且比例正在下降"。[75]但是这仍然反映了一个无法缓解的问题:

> 他们不能提供有用的服务,不能创造财富,而且更加经常性地进行破坏。他们损毁着所能碰及的所有事物,并且作为个人几乎不能进行提高……最多只能指望这个阶层在其特征方面减少一些遗传效应。[76]

"减少遗传效应",一种奇怪的表达方式,但是它在维多利亚后期以及之后的英国获得了很大的反响。"到1914年时,优生学同样以更好的公共福利和效率为目标,被视为对于更好的住房和卫生这些传统目标的补充。"[77]无论在全国范围还是在地方,一些规划师也成为优生学的支持者,其中包括一些特别值得尊敬的人物,例如米斯伯爵(Earl of Meath)、帕特里克·格迪斯、西伯姆·罗恩翠(Seebohm Rowntree)、卡德伯里夫妇(the Cadburys),以及张伯伦夫妇。低下阶层应当减少甚至禁止生育的观

---

[72] Topalov, 1993, 400.　　[73] Topalov, 1993, 400.　　[74] Booth, 1887, 334-335.

[75] Booth, 1888, 305.　　[76] Booth, 1887, 334-335.　　[77] Garside, 1988, 29.

图 2-3　查尔斯·布斯

这位由船主转型而来的社会主义者,估计正在专注于他的调查结果;
报告也许是年轻的比阿特丽斯·波特做的。

图片来源:Mansell/Time & Pictures/Getty Images.

念在当时还没有被视为政治性的错误,而纳粹则接纳了它。[78]

这些人在当时就是传统的维多利亚时代微不足道的穷人,暴民的原料,体面阶层永远的噩梦,尽管他们远比辛德曼和其他人所宣称的规模要小。第二个族群阶层B的问题则更加令人头疼。其中一点就是他们是一个规模大得多的族群,东端有10万人,在伦敦大约总共有 30 万人,占总比例的 11%。布斯将他们描述为"处于慢性贫困"。他写道:"这个阶层的人们是稳定的、勉强糊口、贪图享乐,但永远是贫穷的。他们的理想就是随心所欲地去工作或者娱乐。"[79]

他们的问题就是收入的不稳定性,他们中包含了相当数量的寡妇、未婚妇女、年轻人以及儿童。布斯觉得解决贫困问题的办法就是"将这个阶层彻底从每天的养家糊口状况中解放出来"。因为"他们是国家长期的负担……他们在城市里的存在,对提高生活和健康的标准而言,造成了沉重的代价以及经常无效的努力"。[80]

[78] Aalen, 1992, 38;Garside, 1988, 42.　　[79] Booth, 1887, 329.　　[80] Booth, 1888, 299.

　　紧接着他们之上的就是阶层 C,在东端达到 7.4 万人,整个伦敦 25 万人,占总比例的 8%。他们构成了"一个可怜的阶层(主要由那些挣扎着的、经受磨难和绝望的人们构成),以及竞争中的失败者(周期性贸易萧条特别沉重的负担落在他们身上)"。[81] 他们的基本问题就是收入的不稳定性。最后是阶层 D,收入虽然稳定但却很微薄的人们,东端的居民大约有 12.9 万人,或者占总人口的14.5%,而整个伦敦则是 40 万人。他们"安心地过着特别艰难的生活",而他们改善状况的希望只能寄托于他们的孩子,因为"这个阶层从整体上来看,改善的可能性非常渺茫"。[82] 于是,结果是令人震惊的,东端 35% 的人口生活在贫困之中。但是对于布斯而言,同样重要的是,另外 65% 的人口并不贫穷。[83]

　　布斯著名的、带有不同涂色的街道(从代表体面阶层的黄色,到代表"邪恶之源"的黑色)的地图是设计用来进行展览的,它被广泛地用于展示。第一次是在 1888 年以东端的版本展示于汤因比馆❶和牛津院❷,而 1900 年则在巴黎博览会上以全图的方式达到了高潮。从巴黎展览回来之后,帕特里克·格迪斯深深着迷于"现实的百科全书"之中。[84]

　　格迪斯并不是唯一的一个。费边社小组怀着特别兴趣,阅读过布斯早期的成果。其中,西德尼·韦伯(Sidney James Webb)❸细心的现实主义观察与乔治·萧伯纳辛辣的笔锋结合到一起。费边社的绝对经典——1887 年第一次出版的《社会主义者的事实》(Facts for Socialists)不断得到重印,在 8 年中卖出了 7 万本。研究者们发现,"在伦敦,每五人中就会有一个死在工厂、医院或者精神病院中"[85]:

> 　　布斯先生所估计的 100 万个伦敦市民生活在贫困之中⋯⋯实际上,他们的住房没有一个会比得上一个积财者为自己马匹所攒下的房舍。这 20 万个家庭,每周收入不过一个畿尼❹⋯⋯经常不定期地为肮脏的贫民窟分租房每周交纳 3～7 个先令,即使是根据当时的卫生官员宽松的标准,这些分租房大多数绝对是"不宜居住"的。伦敦需要重建至少 40 万间住房来安置最贫穷的市民。[86]

结果是可想而知的。当英格兰和威尔士的贵族、绅士以及职业阶层的平均寿命是 55 岁时,兰贝斯(Lambeth)的手艺工人阶级是 29 岁;在贝斯纳尔格林(Bethnal Green)的婴儿死亡是在贝尔格拉维亚(Belgravia)的 2 倍。[87] 1891 年,在斯特兰德(Strand)的婴儿死亡率是 229❺,几乎是普拉姆斯特德(Plumstead)中产阶级的 2 倍。

---

[81] Booth, 1887, 332.　　[82] Booth, 1887, 332.　　[83] Topalov, 1993, 401.　　[84] Topalov, 1993, 419.
[85] Fabian Society, 1889, 7.　　[86] Fabian Society, 1889, 25.　　[87] Fabian Society, 1887, 14.

❶ 汤因比馆(Toynbee Hall),1884 年由巴内特在伦敦成立的世界上第一个社区组织,用以纪念一位名叫汤因比的热忱济贫的志愿者。
❷ 牛津院(Oxford House),位于伦敦的德贝郡街,由亚瑟·布诺姆爵士按照汤因比馆的建筑语言设计建造。1884 年建立后,该院成为牛津大学和一个更具体的英国国教教组织的重点工作场所。
❸ 西德尼·韦伯(Sidney James Webb, 1859—1947),英国著名社会活动家,工联主义和费边社会主义理论家,改良主义者。
❹ Guinea,旧英国金币,其价值相当于后来的 21 先令。
❺ 原文如此。婴儿死亡率按千分制来统计,此处为 229‰。

虽然婴儿死亡率到爱德华时代晚期已经有了显著下降,诸如肖尔迪奇(Shoreditch)这样贫困地区的婴儿死亡率仍然是汉普斯特德(Hampstead)那样健康地区的 2 倍。穷人中的婴儿死亡是如此寻常,工人阶级的父母坦然而无奈地接受了这一现实。[88]

　　诚如当时人们所看到的,问题的核心是住房。"在 1880 年代,住房问题是伦敦社会问题的核心。"并且,"从 1883 年开始,每季度的刊物和报纸都充斥着要求立即进行改革来预防日益迫近的革命危险的警告"。[89]按照费边社的观点,只有一种解决方案:"伦敦穷人的住房安置只能通过伦敦的公共部门来解决。"[90]在第一期和第二期的《事实》(Facts)小册子之间,这一观点变得更加具有现实性和可操作性。因为,紧随皇家调查委员会关于住房的建议之后,1888 年的地方政府法(Local Government Act)将"大都市工程委员会"的责任转交给了新的民主选举的团体,这就是伦敦郡议会(London County Council)❶。1890 年,另一项工人阶级住房法完成了"1885 年法"所未能完成的事情:在第三篇中,它为以建设工人阶级出租房为主的大规模开发提供了在必要情况下可以进行强制性征购的许可,在定义上包括"工人阶级的独立住宅或者简舍,无论其中包含了一个还是数个租户"。[91]

　　虽然工人阶级住房法事实上与它对于地方政府在住房所有权和管理权方面的态度有所矛盾(第一篇反对它,第三篇又在不鼓励的情况下允许它),并且没有敦促拖沓的政府采取行动,但是它为前进着的地方政府控制开辟了道路。尤其是它规定了伦敦政府可以购买被证明是为长远规划所需的任何土地,而无须证明每个住房都是不合宜的。[92]新的 LCC 由于立即成立了工人阶级住房委员会,从而抓住了机会。[93]1894 年,人们将借来的权力延伸到住房法的相关章节中。1900 年,地方政府,包括 LCC 和新的伦敦自治区(它取代了由原先伦敦政府法所设置的教区),可以在它们自己的边界之外购买土地,来实施 1890 年法中的这个部分。[94]

欧洲的贫民窟城市

　　伦敦(而不是英国的其他地方城市)是大多数该类剧目出演的舞台,但是正如皇家调查委员会于 1885 年所认识到的那样,伦敦的住房问题是如此严峻,并且在很大程度上这只是伦敦规模的一个简单推算。伦敦在 1890 年代之初就拥有 560 万人口,没有其他任何英国城市可以与之相比,住房密度、土地租金、交通拥堵、空间竞争等问题在伦敦都必然显得更加尖锐。

　　相比巴黎地区的 410 万和大柏林的 160 万人口,伦敦在欧洲,甚至全世界都无可

---

[88] Wohl, 1983, 39, 41.　　[89] Stedman Jones, 1971, 217, 290.　　[90] Fabian Society, 1889, 28.

[91] Wohl, 1977, 252.　　[92] Gauldie, 1974, 293.　　[93] Tarn, 1973, 122; Gauldie, 1974, 294-295.

[94] Tarn, 1973, 124, 127.

❶ 伦敦郡议会(London County Council),以下简称为 LCC,是伦敦郡主要地方政府机构,成立于 1889 年,是第
　 一个选举产生的城市政府;在 1965 年被当地政府的所谓大伦敦市议会的新制度代替。

匹敌地成为最大的城市。[95] 但是,那些相对规模略小而密度较高的其他城市也有它们各自相应的噩梦。1891 年,在巴黎的历史城区中生活着 245 万人,密度比 LCC 地区高出 2 倍。伯提隆(Jacques Bertillon)❶ 估算出在当时,14％的巴黎人是贫穷的,也就是 33 万人生活在过度拥挤的住房中,那里的穷人甚至比伦敦的穷人住得更差。亨利·塞利尔计算出,1911 年的这一数字仍然是 21.6 万人,而在郊区另外还有 8.5 万人,每个房间居住着两个或更多的人。[96] 同样在巴黎,1894 年、1906 年和 1912 年的立法已经允许为工人阶级建造廉价住房,并且由国家财政支持,最终允许地方政府设立机构来建造和管理这些住房。然而到 1914 年时,在巴黎地区只建造了 1 万套这样的住房,总数无法与 LCC 的成绩相比。[97] 其根本原因在于,无论是城市还是国家都缺乏资金进行贫民窟清除。其他一些大型公共项目获得优先发展——1880 年代和 1890 年代建造了许多学校和巴黎大学,以及在 1900—1910 年建造了地铁。[98]

柏林的人口几乎以美国的速度在增长,20 年内差不多翻了一倍,从 1890 年的 190 万到 1910 年的 370 万。柏林与巴黎一样,是一个特别紧凑因而特别密集的城市。它的发展体现为密实压缩的五层楼"租赁营房"(rental barracks),围绕着只有 15 英尺进深的庭院,以满足最低的运输消防设备的要求。这种形式的开发显然首先是由腓特烈大帝(Frederick the Great)❷ 为士兵的家属建造的,并且由于警察局长詹姆斯·赫伯里希(James Hobrecht)1858 年的城市规划而得以推广。很显然,它是想通过设计来实现社会融合,富人与穷人居住在同一个街区中,这样就产生了悲惨性的拥挤。在 1890 年代条例有所改变之后,这种形式甚至传播到了新的郊区开发中。[99] 在城市规划的指导下,并且在一种特定偏好的贷款系统的支持下,投机事业完成了剩下的事情。[100]

根据英国城市规划先驱 T. C. 赫斯弗(T. C. Horsfall)于 1903 年的测算,其结果就是如果 1891 年在伦敦一座建筑中的平均居住人口是 7.6 人,在柏林就是 52.6 人。[101] 直到 1916 年时,至少 79％的全体居民只有一两个可采暖房间。[102] 而柏林人比在汉堡或慕尼黑相应的居民要为公寓支付更高的租金——具有讽刺性的是,穷人的支出在收入中所占的比例是最高的。[103] 另外,虽然德国比英国更早地实现电车系统电气化,柏林的私营电车公司并没有采取与 LCC 相同的方式,成为一种向城外迁移的手段,地铁的开发也受到立法斗争的困扰。[104] 英国城市规划师帕特里克·阿伯克

---

95 Mitchell, 1975, 76–78.　96 Sellier and Bruggeman, 1927, 1–2; Bastié, 1964, 190.

97 Bastié, 1964, 192; Sutcliffe, 1970, 258; Evenson, 1979, 218.

98 Morizet, 1932, 332; Bastié, 1964, 196; Sutcliffe, 1970, 327–328.

99 Voigt, 1901, 126, 129; Hegemann, 1930, 170; Peltz-Drechmann, 1978, 21; Niethammer, 1981, 146–147.

100 Hegemann 1930, 302, 317; Grote, 1974, 14; Hecker, 1974, 274.

101 Horsfall, 1904, 2–3.　102 Eberstadt, 1917, 181.　103 Eberstadt, 1917, 189, 197.

104 Eberstadt, 1917, 431–433.

❶ 雅克·伯提隆(Jacques Bertillon,1851—1922),法国统计学家与人口学家。

❷ 腓特烈大帝(Frederick the Great,1712—1786),又称腓特烈二世,普鲁士国王(1740—1786 年在位)。在其统治时期,普鲁士军事得以大规模发展,领土得以扩张,因而在德意志取得霸权。由此,腓特烈二世成为欧洲历史上最伟大的名将之一,而且在政治、经济、哲学、法律等诸多方面均颇有建树。

隆比(Patrick Abercrombie)在第一次世界大战之前参观柏林时,就被与伦敦的反差所触动:

> 柏林是欧洲最为密集的城市,当她发展时,她并没有采用小街或者郊区小商店向外扩张的模式,而是向开阔的乡村缓慢地推进她宽阔的城市街道和庞大的分租房街坊,使之一次性变为全面膨胀的城市。[105]

在欧洲的各大首都中,针对城市扩张和过度拥挤存在着一种有趣的反应:无论在伦敦还是柏林,人们越来越担心城市人已经在生物学上不合宜了。在 1900 年前后,为南非战争所进行的征兵运动暴露出这一现象。在曼彻斯特,1.1 万名年轻人中8 000 人落选,只有 1 000 人适合于正常的兵役。随后在第一次世界大战期间,温尼委员会(Verney Commission)认为英国城市部分市民的体质逐渐下降,因而只能通过从农村招募士兵来维持。[106]同样在柏林,1913 年只有 42% 的柏林人适合于服兵役,相比之下,农村地区则达到 66%。[107]

　　由此很快就有人认为,城市居民(最终是全体人类)将不再能够进行繁衍,这种观点第一次由格奥尔格·汉森(Georg Hansen)❶在他 1890 年出版的著作《三种社会阶层》(Die drei Bevölkerungsstufen)中进行运用,并且由奥斯瓦尔德·斯宾格勒(Oswald Spengler)❷于 1918 年应用于他经典的《西方世界的没落》(The Decline of the West)中:"现在,巨型城市将农村吸干,它贪得无厌、永无休止地需求并吞噬人类的鲜血,直到在一个几乎荒无人烟的国土上倦乏并死亡为止。"[108]但是在这两个国家中蔓延着更广泛的恐惧。自由党下院议员查尔斯·马斯特曼(Charles Masterman)❸在他的著作《帝国之心》(The Heart of the Empire,1901)中认为,伦敦人是不安定的:

> 过去的英国是一个由分散于小镇、村庄和农舍中的保守而安静的人们所构成的英国……后来的问题就是……城镇居民的一种特有体型:粗矮、窄胸、容易忧郁的,但是健谈、兴奋、缺乏沉稳和耐心的——他们在酗酒、赌博中,在家庭内外的任何奇怪的冲突中寻求刺激。[109]

同样,1920 年代在德国,**城市恐惧症**(die Angst vor der Stadt)是对于社会解体的一种恐惧,体现为自杀、酗酒以及性病、"极度理性"和缺乏政治稳定性等现象。[110]

　　德国城市对于德国人来说也许并不好,但是对于前来参观的英国人和美国人来说,它们提供了城市应当如何的样板,无论是老套的规则性或者新式的不规则性,它

---

[105] Abercrombie, 1914, 219.　　　[106] Bauer, 1934, 21; Purdom, 1921, 111.　　　[107] Eberstadt, 1917, 214.
[108] Splengler, 1934(1918), II, 102.　　　[109] Masterman et al., 1901, 7-8.
[110] Peltz-Dreckmann, 1978, 62-63; Lees, 1979, 65-66.
❶ 格奥尔格·汉森(Georg Hansen, 1809—1894),德国新历史学派,代表作《农业问题论文集》(1880—1884)是历史学派经济学方面最有价值的著作。
❷ 奥斯瓦尔德·斯宾格勒(Oswald Spengler, 1880—1936),德国哲学家。
❸ 查尔斯·马斯特曼(Charles Masterman, 1874—1927),英国自由政治家与记者,与维多利亚时期许多有影响的宗教人士和政治改革家关系密切。

图 2-4　柏林租赁房群

在柏林,某种模式的住房设计造成了拥挤的惨状。

图片来源:© ullsteinbild/TopFoto.

们仍然被视为有序、干净、时尚和如画的。[111]总之,在法兰克福是这样的。本雅明·马什(Benjamin Marsh)在美国大量描述了法兰克福对于未开发土地所实行的区划和征税的情况,以及以它著名的市长(Bürgermeister)来命名的阿迪克斯法(*Lex Adickes*),该法将小块土地合并到一起来进行再开发。在英国,一位曼彻斯特的住房改革家 T.C.赫斯弗扮演着相同的角色。[112]"德国的赫斯弗"于 1840 年代出生在一个富有的制造商家庭,因其叔父而拥有一种德国关系。他从 1895 年开始就认为曼彻斯特应当如同德国城市所做的那样,有权去购买外围土地并进行规划。[113]阿尔弗雷德·马歇尔(Alfred Marshall)❶因此受到震动:他告诉赫斯弗,德国城市是过度拥挤和不卫生

[111] Phillips,1996,170.　　[112] Horsfall,1904;Phillip,1996,171-174.　　[113] Ward,2010,118.

❶ 阿尔弗雷德·马歇尔(Alfred Marshall,1842—1924),近代英国最著名的经济学家,新古典学派的创始人,19 世纪末和 20 世纪初英国经济学界最重要的人物。最主要著作是 1890 年出版的《经济学原理》。该书在西方经济学界被公认为划时代的著作,也是继《国富论》之后最伟大的经济学著作。

的,赫斯弗于是认识到这种指责至少在柏林是对的。除此之外,他们形成了一种共识:
"德国做的是城市规划,英国做的是乡村住宅。"[114] 1905 年,伯明翰住房委员会主席约
翰·奈特福德(John Nettlefold)参观了德国,回来后即劝说城市议会效仿德式规划中的城
市发展模式来应对伯明翰的住房问题,不同之处则在于采用英式田园郊区的模式来替代
德式公寓的模式。这一混合概念后来被证明是应用于 1909 年住房与城镇规划法等法规
中有关新型依法规划程序的核心内容。[115]当英国皇家建筑协会于 1910 年 10 月在伦敦举
办城镇规划会议时,其内容被来自德国的各类展览所主导。[116]另外在 1914 年以前的若干
年中,城镇规划领域的核心团队组织了几次欧洲出访,所关注的焦点几乎全在德国。[117]

第一次世界大战以后,在欧洲确实出现了一种更加广泛的共识,其形式就是国
家住房补贴的一种"欧洲模式"。这个项目被视作一种应急的、有时是没有办法的办
法,用来解决复员军人激昂的不满情绪。在随后 1921—1922 年的经济危机中,该项
目(在法国、意大利和英国的)很快就崩溃了,或者至少进行了重大的调整,但是原则
已经建立起来,国家在住房问题上现在已经扮演了一个重要角色。[118]然而美国从一开
始就与此不同。

纽约:分租房中的毒瘤

最终,安德鲁·李斯(Andrew Lees)在关于 19 世纪城市态度的杰出研究中总
结,人们对于城市的恐惧和憎恶几乎就是一种盎格鲁—日耳曼(Anglo-German)的现
象:"与弥漫在许多德国文学中的情况相反,美国人对于城市生活并没有深恶痛绝",
但是"很多人清醒地认识到了道德沦丧的问题,它有损于美国以及欧洲城市的颜
面"。[119]目前这种恐惧已经公开地,甚至明目张胆地表现在 1890 年代的纽约。一种传
统的杰弗逊式(Jeffersonian)的担忧认为,城市"对于人类的道德、健康和自由都是有
毒害性的",它是生长在社会和政治躯体中的一种癌症或者毒瘤,而这种担忧随着工
业化和移民化而不断增强:纽约成为世界上最大的移民城市,城内"意大利移民相当
于那不勒斯人口的一半,德国移民相当于汉堡的全部人口,爱尔兰移民是都柏林人
口的两倍,犹太移民是华沙人口的两倍半"。[120]

知识分子对于结果的看法是一致的。亨利·詹姆斯写道:"纽约既是肮脏的,也
是闪亮的,你最好远离她,而不是享受她。"[121]许多人接受了约西亚·斯特朗(Josiah
Strong)❶ 于 1885 年的观点:"威胁到美国民主的因素都可以追溯到城市:贫穷和犯
罪,社会主义和腐败,移民和天主教信条。"[122]阿兰·福尔曼(Alan Forman)于1885 年

---

114 Harrison,1991,301-308.　115 Ward,2010,119.　116 Ward,2010,117-118.
117 Ward,2010,119-120.　118 Lebas et al.,1991,258.　119 Lees,1985,164.
120 Schlesinger,1933,73.　121 White and White,1962,17,75,218.　122 Gelfand,1975,18.
❶ 约西亚·斯特朗(Josiah Strong,1847—1916),公理会牧师、作家。他发起社会信仰运动,试图采用新教原理
来解决工业化所带来的社会问题。

在《美国杂志》(*American Magazine*)中写道:"一群激奋的人,如此无知、阴险和堕落,他们似乎很难属于我们这个种类。"所以,"这些分租房居民的死亡率已经达到57%,这几乎是一件值得庆贺的事情"。[123] 1892年,一份权威性不亚于《纽约时报》(*The New York Times*)的媒体抱怨了来自欧洲的、在"物质上、道德上和肉体上堕落"的入侵,"这是我们尽量不要去沾染的东西"。[124] 甚至1897年的《美国社会学杂志》(*American Journal of Sociology*)不得不同意"普遍信条"的力量,这就是:"大城市是社会腐败……和堕落的巨大核心。"[125] F. J. 金斯伯里(F. J. Kingsbury)❶于1895年进行评论道:"人们在阅读了从该隐(Cain)❷时代到最后的纽约选举时代的所有关于城市邪恶的内容之后就应当联想到,如果缺少了可以用来对付所多玛和蛾摩拉❸的手段,就无法应对这样的局面。"[126]

将这些感想完整表达出来的是雅各布·里斯(Jacob Riis)。他出生于丹麦农村。1870年,21岁的他移民进入纽约,7年之后成为一名记者。里斯于1890年发表了《另一半人是怎样生活的》(*How the Other Half Lives*),造成了一种几乎与7年前在《伦敦郊外的凄泣》中关于伦敦印象如出一辙的轰动。[127] 该篇文章也是新闻界的一部杰作,它关于分租房贫民窟生活的描述娴熟地将当时的两种恐惧融合到一起:城市是生长在国家躯体内的一条寄生虫,而移民则腐坏了美国种族的纯净性和社会的和谐性。这些新移民是"来自败落民族的败落成员,他们在生存斗争中有着最惨痛的失败",[128] 他们成为秩序和美好未来的一种威胁,令人回想起发生在纽约的1863年骚乱:

> 芸芸众生被套在令人痛苦的枷锁中,在分租房里剧烈地喘息着。我们的城市已经感受到了无情洪水的上涨,在城市能够很好地掂量自己的使命之前,就已经被赋予大都市的使命和职责。如果洪水进一步上涨,那么任何人类的力量都不能够阻挡它。[129]

但是现在分租房仍在扩张,

> 只要还存有一隙之地,平房区(wards)就会蜂拥而至,沿着两条就像系在每条街道脚上的铁球和锁链一样的河流奋勇向前,并用它们那躁动不安、禁锢压抑的大众填满了哈莱姆(Harlem),这些低矮住区将纽约的财富和生意紧攥在自己的手中,在暴民统治和愤怒的日子里,以其仁慈而紧攥着它们。国库分库❹的防弹掩体、成堆的手榴弹以及加特林机枪是对于现实和期待中的仁慈的一种无

---

[123] Ford, 1936, 174.   [124] Lubove, 1962b, 53-54.   [125] Boyer, 1978, 129.

[126] Quoted in Cook et al., 1973, 11.   [127] Lubove, 1962b, 55-57.

[128] Quoted in Lubove, 1962b, 54.   [129] Riis, 1890, 296.

❶ F. J. 金斯伯里(F. J. Kingsbury, 1808—1892),美国历史学家与社会学家。

❷ 该隐(Cain),基督教《圣经》中亚当的长子,曾杀害他的弟弟亚伯(Abel)。

❸ 蛾摩拉(Gomorrah),《圣经》中所描述的,因其居民罪恶深重而与所多玛城同时被神毁灭的古代城市。

❹ 国库分库(Sub-Treasury),下级财政机构或地方存款。

言的默许。分租房今天构成了纽约,收容着它 3/5 的人口。[130]

1894 年的分租房委员会(Tenement House Commission)估计近 3/5 的城市人口生活于分租房中,它们建造的密度如此之高,平均 4/5 的地面被盖上了房屋。[131]在这些分租房地区,两种因素汇合到一起形成了一个尖锐的人道问题。首先,收入是极其低微的;其次,由于语言和文化方面的障碍而无望改变。美国规划师和住房专家查尔斯·阿伯拉姆斯(Charles Abrams)由于成长于分租房中,因而最有发言权。他后来解释道:

> 地主是无可指责的,营造商也是无可指责的,他们通过建造来满足市场的需求。市场则取决于可以支付的租金,而租户们可以支付多少则取决于他们的收入。[132]

如果某个贫穷的移民没能拥有这样一套公寓,他就可能一无所有。而贫穷的家庭挤入分租房中,是因为分租房处在前往工作的步行距离之内。将近 75% 的俄国犹太人被塞入三个城市住区中,特别是 10 号住区,其中大多数居民(或者与父母一起)来自俄国和波兰当时由俄国统治的地区。到 1893 年时,该住区每英亩达到 700 人,已经比任何欧洲城市中最拥挤部分的人口密度高出 30%。相邻 11 号住区的部分地区每英亩达到近 1 000 人,甚至比孟买最差的街区还要拥挤。因此几乎可以肯定,这是世界上最为拥挤的城市住区——尽管具有讽刺性的是,在 1980 年代中期,香港的部分地区超过了它。[133]

第二,如同在柏林一样,他们涌入分租房反而是由于一种所谓的改良住房设计所导致的。从 1879 年某一次设计竞赛中发展而来的臭名昭著的达姆贝尔(Dumbbell)❶分租房,将 24 户家庭塞入一个 25 英尺宽、100 英尺深的街区内;在每层楼面里,14 个房间中有 10 个只能面向几乎无自然光(也无通风)的采光井。[134]经常有两个家庭被塞进相互交织的公寓中。1908 年一项关于西区家庭的人口普查显示,有一半人睡在每间有 3~4 人住的房间中,将近 1/4 的人睡在每间有 5 人及以上的房间中;他们共用少量的自来水龙头,并且没有固定的洗澡间。[135]这样,一个普通的街坊可以容纳4 000 人,而在 1900 年,大约 42 700 个曼哈顿分租房住进了超过 150 万的人口,平均每座建筑 34 人。[136]

来自上流社会(也就是早期成立的白人盎格鲁新教协会(White Anglo-Protestant Society))的反应达到了与伦敦同样的程度。1894 年和 1900 年接连两届分租房委员会证实了分租房生活的罪恶,虽然第一届成效甚微,但是第二届在一场大规模的政治斗争之后,于 1901 年获得了立法的支持。这是"在美国住房历史上最

[130] Riis, 1890, 19-20.　　[131] Ford, 1936, 187-188.　　[132] Abrams, 1939, 72-73.
[133] Abrams, 1939, 187; Scott, 1969, 10.　　[134] DeForestand and Veiller, 1903, I, 101; Lubove, 1962b, 30-31.
[135] Howe, 1976, 27.　　[136] Glaab and Brown, 1976, 152.
❶ 达姆贝尔(Dumbbell),意思为哑铃形状的住宅楼,中间缩进去的地方为狭窄的采光天井。

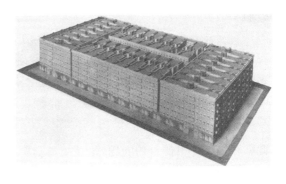

图片来源：The Bodleian Library, University of Oxford, 247554 d. 2, vol. 1, facing p. 14（图 2-5）。

图片来源：The Bodleian Library, University of Oxford, 247554 d. 2, vol. 1, facing p. 10（图 2-6）。

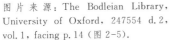

图 2-5 和图 2-6　纽约达姆贝尔（旧法下的分租房）

如同在柏林一样，在纽约另一处"改进了的"住房设计并没有带来采光与通风，而是一成不变的过度拥挤。

重要的条例法规"，它禁止进一步建造达姆贝尔式的分租房，并推动了对现有住房的改造。[137]该立法的秘书劳伦斯·维勒（Lawrence Veiller）是一名 20 多岁的年轻人，他同许多既得利益者进行斗争，使该法案得以通过。[138]他本人认为，这些城市问题多数是源于从欧洲农民到美国市民这样一种过于急剧的转变，他打算通过农村安置住房来解决这个问题。但是与此同时，对于那些羁绊于城市中的人们而言，迫切而紧急的任务就是改造分租房生活中最毒的病魔：争取更多阳光、更多空气、新的浴室和更完善的消防措施。[139]

当维勒描述这些病魔时，它们"几乎是难以置信的"。[140]在一个仅仅 200 英尺乘 400 英尺的街坊中塞进了 39 幢分租房住房，605 个独立单元，以容纳 2 781 人，而其中仅带有 264 间厕所，没有一间浴室；441 个房间没有任何形式的通风，另外 635 个房间仅仅从气缝中获得通风。[141]1894 年的委员会力图遏制过度建造的提案已经占据了绝对的上风。维勒写道：

　　失去控制的贪婪已经逐渐凝聚成这些分租房的巨大体量，直到它们已经变得如此狭窄，以致家庭生活遭到解体，其成员被抛出并被打散。父亲住在酒馆里，年轻人成群结伙沿着灯火通明的大街，来回游荡于歌舞厅和有执照的淫窝

---

[137] Ford, 1936, 205.　[138] Lubove, 1962b, 82–83, 90–93, 125–127, 132–139.

[139] Lubove, 1962b, 131–134.　[140] DeForest and Veiller, 1903，I, 112.

[141] DeForest and Veiller, 1903，I, 112–113.

之间,男孩们在胡同中组群窜动,而女孩们则在后院中……若要拯救分租房阶层则部分取决于恢复家庭,这一文明中最基本的单元,使之享有适宜的空间、自然阳光和空气,以及家庭艺术的教化,其中之一就是个人的清洁卫生。[142]

委员们总结道:

> 纽约的分租房街区是成千上万的人们生活在人类最小极限生存空间的地方——拥挤在黑暗、通风不良的房间之中,其中许多终日没有阳光,也从来没有新鲜空气。它们是疾病、贫穷、邪恶和犯罪的中心。在那里,如果有些孩子长大之后成为小偷、酒鬼或妓女,一点也不奇怪,大多数长大之后能够成为正派而自尊的人,那才真会是一个奇迹。[143]

因此就存在一个很严重的问题,这是委员会所遇到的与 1885 年英国皇家委员会所面临的同样问题。但是在寻求答案时,维勒及其委员们与英国的方式(也就是欧洲的方式)之间形成了尖锐的分歧。他们研究了伦敦公共住房的范例,并且坚决地摒弃了它。"从这里得不到好的想法",他们总结道,市政住房最多可以"使极少数受到关注的人们的生活状况得到改善","它所提供的范例并不比私人慈善机构在过去所提供的更好,但可以指望市政住房在未来进行提供"。人们无法判定,"在那些应当和不应当提供的人们之间的哪个地方划上一条收入基准线"。[144]另外,他们觉得公共住房可能意味着一种繁冗的官僚主义、政治庇护,以及对私人资本的打击。因此,它应当受到抵制:针对私人开发商的物质性规范即是一种回应。1901 年法被琐碎分割成为 100 多项详细条例,编制了空间标准、消防以及管道铺设标准。[145]尽管不久后,其他一些住房改革家,如艾迪斯·艾尔默·伍德(Edith Elmer Wood)、弗雷德里克·阿克曼(Frederick Ackerman)开始着手处理这些问题,但也许在特定的时间和场合下是一种现实的决定。无论如何,1901 年法相比欧洲将公共住房的事业推迟了几十年,直到凯瑟琳·鲍尔(Catherine Bauer)在 1930 年开始哀叹。[146]

这些原因引起了历史学家们的兴趣,因为他们需要在美国经过规划的住房系统与经过规划的城市中产生的新生艺术之间做出区分。早期的美国城市规划(将在第 6 章中描述)受到城市美化运动的主导,而那是一种缺乏社会目标的城市规划,甚或带有一种倒退的思潮。区划运动深刻地影响了美国随后的郊区开发进程,其目的和产生的影响无论怎样都是具有社会排他性的。区域规划(例如著名的 1931 年纽约区域规划)十分关注为那些有支付能力的人们提供更好的住房。于是,"在美国城市规划发展的三个里程碑的各个起始阶段,住房都是重点关注的对象,并在每个案例中都与其他问题交织在一起。但是在每种情况中的解决方法要么与住房无关,要么事实上反而恶化了那些看上去需要付诸努力去改善的住房状况"。[147]

---

[142] DeForest and Veiller, 1903, 435.　　[143] DeForest and Veiller, 1903, 10.

[144] DeForest and Veiller, 1903, I, 44.　　[145] Friedman, 1968, 33–35, 76.

[146] Lubove, 1962b, 178–179, 182–183.　　[147] Marcuse, 1980, 38.

图 2-7　简·亚当斯

一张怜悯与行善的面孔,已经做好了为芝加哥贫民区居民的身体
与灵魂而斗争的准备。

图片来源:Fotosearch/Getty Images.

　　马尔库塞(Marcuse)的解释认为,在导致住房成为难题的三个原因中(如火灾和
疾病危险这样的外部因素,对于社会秩序的关注,以及保护房地产价值),头两个在
1910 年之后就消退了,因为公共健康和防火安全得到改善,移民也得到了同化;于
是,城市规划只依赖于"房地产利益者与中等收入家庭投票者之间的联盟",他们对
于为重新安置穷人会采取什么行动并不感兴趣。而这与欧洲形成了鲜明的对比,在
那里,强烈的工人阶级意识与干预主义的官僚体系结合到一起。[148]

　　在这里所出现的是一种奇怪的、明显美国化的结果:一种自发运动。这场运动决
心将移民从他(尤其是她)自己的过失和沉沦中解救出来并使之社会化,以融入美国本
土的生活方式,进而适应于城市生活。奇怪的是,这种思想借鉴于欧洲,尤其是伦敦的
东端。人们于 1870 年代和 1880 年代在那里进行了一系列的社会行动,将基督教的道
德和卫生习惯带给居住在贫民窟里的人们。简·亚当斯(Jane Addams)在她 22 岁时第
一次游历英国,深深受到《伦敦郊外的凄泣》的感染。在 1888 年 6 月的第二次游历中,
她刚好偶然听说了汤因比馆,这是萨缪尔·巴内特教士(Canon Samuel Barnett)❶在伦

---

[148]　Marcuse,1980,40-49.

❶　萨缪尔·巴内特教士(Canon Samuel Barnett,1844—1913),社会改革运动者,1873—1894 年任圣犹大基督
　　徒住区的教区长,1884 年汤因比馆的创立者。

敦东部圣犹大(St. Jude)的基督徒住区,是"伦敦最差的教区"。[149] 人们在此主要关注的是年轻人的状况。孩子们逃离拥挤的房屋,在大街上玩耍,在这里(也是社区工作者所担忧的),粗鲁或堕落的家长无法对他们进行监管或保护。[150] 汤因比馆的管理员,随后也是青少年法庭法官的马龙(J. J. Mallon)写道:

> 很多伦敦东区的孩子并不快乐。他精力充沛,具备进行各种冒险游戏的才能,但仍然没有太多机会。他所生活的区域几乎没有可供玩耍的地方,也由于太穷而没有玩耍的设施。他与乡村和自然相隔离。在这种情况下,他身上许多健康、美好的因素都被腐蚀或误导到其他地方。于是他转向大街,开始交往坏朋友、效仿坏榜样。他会丧失那些曾经珍惜过的那些梦想,最后只想着不劳而获这个唯一的欲望。在这一状况中,孩子变得极其危险,那些本可能是与生俱来的强壮与健康的品质也被磨灭了。

于是社区工作者介入进来,他们曾经认为工人阶级的父母没有能力也没有动力去监管他们的孩子,也看不到来自父母、邻居以及街头小贩对于街头孩童所形成的非正规的监管网络。[151]

一年后,她开始着手在芝加哥建立一个类似的住区——胡尔住区(Hull House)。住区坐落在四个贫困移民住区(意大利人、德国人、犹太人和波希米亚人住区)的中间,住满了带有理想色彩的、受过大学教育的年轻人,他们几乎都是女性,并且有着坚定的宗教信仰。一名报社记者写道:这些早年很可能成为一名传教士,或者试图去挽救一名醉酒丈夫的年轻妇女,现在却住进了这种住区的住房之中。[152] 其结果,一些观察家发现,其中的氛围是难以忍受的。托尔斯坦·维布伦(Thorstein Veblen)❶描写过"上层阶级礼仪的繁缛形式",辛克莱尔·刘易斯(Sinclair Lewis)描写过"文化的公共厕所……支撑着女性僵持微笑的标准"。[153] 她们的常客也主要是女性,一位男性移民后来回忆道:"我们到那儿只是为了偶尔的洗浴,仅此而已。"[154] 她们为早年失学者提供继续教育,举办夏令营将孩子带回到大自然,而为那些余下的孩子提供游戏场地。另外,还提供一个老年人俱乐部(设计用来消除他们对于移民的偏见),一个针对女孩的寄宿制俱乐部,一个拯救"堕落妇女"的项目和一个日间托儿所。她们也采用了明显仿效布斯调查的社会访谈,并为劳动法的改革进行工作。[155] 最后,她们发起了反对杜松子酒馆(gin-palace)的运动。"这些粗鲁而违禁的寻欢作乐场所使人们想起了复辟时期伦敦的狂欢筵宴,而这些场所的确就是它们适当商业化了的直系后代,仍然将快乐与淫欲、喜庆与放纵混同起来。"[156] 数年之后,当长达 10 年

---

[149] Bradley, 2009, 286. 　　[150] Bradley, 2009, 288. 　　[151] Bradley, 2009, 288. 　　[152] Davis, 1967, 37.
[153] Davis, 1967, 17. 　　[154] Davis, 1967, 88.
[155] Addams, 1910, 41-42, 69, 85-89, 98-99, 101, 105-108, 129-131, 136, 146, 169, 198-230; Davis, 1967, 45, 58-59, 61-62, 85. 　　[156] Addams, 1965, 87.
❶ 托尔斯坦·维布伦(Thorstein Veblen, 1857—1929),美国经济学家和社会学家、制度学派创始人,应用进化论和动态学方法研究经济制度,著有《有闲阶级论》《企业论》等。

的禁令已经对芝加哥的街道产生损害时,亚当斯仍然在热情地支持它,认为其理由就是消除黑帮。[157]

图 2-8 和图 2-9　芝加哥分租房中的生活,约 1900 年

移民家庭中的母亲和孩子们期待着来自胡尔住区的改良者。

图片来源:Photo # JAMC 0000 0198 3117, Jane Addams Memorial Collection, Special Collection & University Archives, University of Illinois at Chicago Library (图 2-8) and Ptho # JAMC 0000 0190 0275, Jane Addams Memorial Collection, Special Collection & University Archives, University of Illinois at Chicago Library (图 2-9).

这似乎很动人。来自英国的访问者们(汤因比馆教区委员约翰・伯恩斯(John Burns))为显然缺乏任何市政干预而感到困惑。他们认为,那些移民们在市中心按照乡下的方式使用住房,在地下室屠宰绵羊、烘烤面包,这种住房状态如果在伦敦很可能已经违法了。[158]但是胡尔住区项目则是唯一一个特别理想并且得到很好宣传的案例,它与第一次世界大战前在每个美国城市中所发生的情况有所不同。1891 年在美国有 6 个这样的中心,到了 1900 年超过 100 个,1910 年则超过 400 个。[159]其目标就是使移民融入城市,首先通过个别的道德案例,其次(如果失败了)通过道德强制,甚至(一些支持者坚信)将"游民、酒鬼、乞丐、蠢人"进行隔离或者分区。[160]但是,第三,这些措施应该附加上一种针对城市环境的系统性改善,通过公园和游戏场地,最后通过更为广泛的城市公园系统,正如美国景观建筑学之父弗雷德里克・劳・奥姆斯台德(Frederick Law Olmsted)❶所认为的,这将发挥一种"和谐而精妙的影响……可以促进礼貌、自律和节制"的作用。[161]一些支持者则走得更远,他们支持将邻里复兴作为

---

[157] Addams,1929,54-55.　　[158] Addams,1910,294-295.　　[159] Davis,1967,11-12.

[160] Davis,1967,92;Boyer,1978,91.　　[161] Quoted in Boyer,1978,239.

❶ 弗雷德里克・劳・奥姆斯台德(Frederick Law Olmsted,1822—1903),被普遍认为是美国景观设计学的奠基人,是美国最重要的公园设计者。

恢复城市生活质量的一种方法——尽管简·亚当斯本人并不支持这种"地理上的救助"(geographical salvation)。[162]从这里又发展了如下观点,城市本身可以促成市民的忠诚,由此保证一种和谐的道德秩序。城市的物质形象将象征着它的道德纯正,这成为城市美化运动的中心信条。[163]它是否能够足以替代规划过的公共住房,显然没有人会将这类问题告诉那些受到最直接影响的人们。从实践角度来看,简·亚当斯遵从着劳伦斯·维勒的指示:她在将罗伯特·亨特(Robert Hunter)的调查运用到芝加哥分租房的过程中扮演了重要角色,几乎与纽约报告完全相同。纽约报告揭示了同样令人恐怖的状况,并导致了 1902 年的分租房条例。[164]

一个国际化的问题

尽管在大西洋两岸随后所采取的措施各有不同,但是问题以及对问题的描述却是相似的。问题就是大城市本身。对于问题的描述就是它是多重的社会恶疾、可能发生的生态衰退,以及潜在的政治动荡的根源。从 1880 年到 1900 年,也许是 1914 年,中产阶级社会(决策者、先锋作家、宣传册作者、活动分子)遭受到惊吓。许多这些恐慌被离奇地夸大了,有些情况就是自由评论家导致的。但是现实却足以令人担忧,因为它由贫穷导致。富人也许由于革命而对穷人做出了让步,但是这并不能使所有人过得更好,因为财富总是太少而不能周转。由于社会起源的因素,贫穷是地方性的,但是在农村,贫穷或多或少是隐性的;一旦贫穷集中于城市,它就显示出来了。从韦塞克斯或东安格利亚❶涌入伦敦的穷人,从意大利和波兰涌入纽约的穷人,他们事实上过得都比他们在田地里要好得多,或者至少他们认为自己正处于已知的最好状态。

不同之处在于集聚的现实,它导致了数千个富人和几百万个中产阶级,与几百万个穷人和赤贫者紧密接触。在这个意义上,正如马克思主义者总是述说的那样,工业化和城市化确实产生了一系列新的社会关系和一系列新的社会概念,但是,正如在第 1 章中讨论过的,这仅仅叙述了明显的事情。伦敦、利物浦直到 1883—1885 年前,纽约和芝加哥直到 1900—1901 年前,城市的中产阶级仍然无忧无虑,对他们隔壁的无产阶级邻居的悲惨命运一无所知。但是从此以后,就毫无疑问了,维勒与亨特极其形象地描述了这种命运。以下是维勒在采访一位来自分租房的家庭主妇:

> 秘书:在你认为,什么是分租房的主要问题?
> 米勒夫人:哦,这似乎并不存在什么"主要"的意思,好像全都是问题。首先是分租房的方式;其次,通风井是主要的和最大的祸害。

---

[162] Davis, 1967, 76.　　[163] Boyer, 1978, 252.　　[164] Hunter, 1901, passim; Davis, 1967, 67.
❶ 韦塞克斯(Wessex),中世纪时英格兰南部一王国,后来成为伯爵领地,首府温切斯特。东安格利亚(East Anglia),位于东英格兰(East of England)地区内。

　　秘书：通风井有什么问题？

　　米勒夫人：这是一个充满臭味而不是空气的地方。例如光线，你可以在顶层获得采光，但是其他地方没有，除了噪音之外——我并不认为这能给人们带来好的影响。

　　秘书：比如呢？

　　米勒夫人：半夜突然被某人的喊声吵醒实在是件很讨厌的事情。"喂？一楼怎么了，又发酒疯！"两家人都被男人的喊声惊醒。孩子们听见了，第二天嘲笑一楼的小孩。[165]

而这是亨特对芝加哥分租房棚户中的生活所进行的描述：

　　为七个人烧饭和洗衣，安抚一个由于发热而啼哭的婴儿，照顾一个精神失常的丈夫，为七个人安排一个可以睡觉的地方，在朝向胡同的两个房间里做完所有这些事情，在热烘烘的臭气和来自垃圾和粪坑的苍蝇中瑟瑟发抖，要做到这些，需要有巨人泰坦❶的耐心和力气。[166]

随后这个问题就几乎成为普遍性的了。来自历史学家的问题必定就是，为什么那些1900 年左右就成为先进工业化国家，在基础经济结构和所导致的社会关系都相类似的情况下，在城市中所体现的结果却是如此不同？这个问题将在随后的章节中进行阐述。

---

[165] DeForest and Veiller, 1903，I, 101.　　[166] Hunter, 1901，63.

❶ 泰坦(Titan)，希腊神话中的神族。

杂道之城

　　还有所有东西的全新感！粗糙、平庸的外表！你知道海斯、斯劳、达根汉姆❶这些在过去几年中如同气球一样突然膨胀起来的新城镇的模样吗？那种冷冰冰的感觉，到处都是鲜艳的红砖头，以及堆满了打折巧克力和收音机器材等临时装饰的店面。

乔治·奥威尔（George Orwell）❷，《上来透口气》❸（ *Coming up for Air*，1939）

　　来吧，亲爱的炸弹，落在斯拉夫的头上，
　　它现在并不适合人类，
　　这里没有牧牛的草坪，
　　而是塞满了，死亡！
　　来吧，炸弹，彻底炸成碎片，
　　那些装有空调、色彩鲜艳的小餐馆，
　　罐装的水果，罐装的肉，罐装的牛奶，罐装的牛肉，
　　罐装的风，罐装的呼吸。
　　除了脏乱就是脏乱，他们将一座城镇称作——
　　一幢 97 个倒霉蛋居住的房子，
　　每周一次半个克朗，
　　持续了 20 年……

约翰·贝杰曼（John Betjeman）❹《斯劳》
（"*Slough*"引自《持久的清纯》（*Continual Dew*）❺，1937）[1]

---

[1] © John Betjeman. Used by permission of The Estate of John Betjeman and John Murray（Publishers）

❶ 海斯（Hayes）、斯劳（Slough）、达根汉姆（Dagenham），这些地方都是大伦敦的旧自治市。

❷ 乔治·奥威尔（George Orwell，1903—1950），英国左翼作家，新闻记者和社会评论家，以小说《动物庄园》和《一九八四》著名。

❸《上来透口气》，描写的是人与环境的冲突，通过对保险推销员乔治·保灵苦闷心情的描写，对工业化社会提出了质疑。

❹ 约翰·贝杰曼（John Betjeman，1906—1984），英国诗人，桂冠诗人。

❺《持久的清纯》（*Continual Dew*），一本由描写中产阶级的诗歌组成的小册子，内容十分诙谐。《斯劳》（"*Slough*"）是其中的一篇，描写拥挤的工业和居住条件。

3

杂道之城^❶

大众迁往郊区:伦敦、巴黎、纽约
(1900—1940)

差不多恰好在 1900 年,出于针对 19 世纪贫民窟城市的恐惧,城市规划历史的时钟开始走动了。但是与之相矛盾的是,正当它行进时,另一个更加古老而且更加巨大的计时器将它盖没。初生的城市规划运动真正力图阐述的问题几乎立刻就开始改变了它的形状。大多数城市规划运动的哲学奠基者们仍然不断地被拥挤在维多利亚贫民窟城市中的魔鬼困扰着——它们确实一直存在,至少持续到第二次世界大战,甚至到 1960 年代。但是在整个历程中,巨型城市变化着,部分是通过立法者和地方改革者对于这些魔鬼的反应,部分是通过市场作用。城市被稀释并被分散了。新住房、新工厂在郊区外围兴建,新的交通技术(有轨电车、电气通勤车、地铁、公共汽车)使得这种郊区化进程得以进行,新的部门(建设协会、公共和非营利性的住房部门)利用着所提供的机会。廉价劳动力和廉价材料降低了新住房的实际成本,特别是在 1920 年代后期和 1930 年代初期。更为有利的是,更加详细的规划和开发条例控制了拥挤,并且缓解了 19 世纪城市的某些单调性。其结果就是一个以广泛人群为基础的住房标准有了一个显著而快速的提高。然而,这些结果常常在视觉效果上仍然平淡无奇,有时是灾难性的——也许这并不是针对那些立即受其影响的人们,而必定是针对那些自称为大众品味的卫道士的。

所有这些事情都发生在这些先驱们进行写作、运动和对政治团体施加影响的时候,形成的结果就是令城市规划历史作者(以及读者)陷入难以理解的困境:从来搞不清楚谁是第一个,是郊区化的鸡还是理论上的蛋。但是总而言之,这没有关系,这个故事只有当两者放在一起进行理解时才会有意义。因此,尽管它在逻辑上是不可能的,但本章以及随后的章节(尤其是下一章)都应当同时进行阅读。

郊区化的进程(尤其是市场引导的那种)在伦敦、纽约要远比在巴黎、柏林或其他欧洲国家的首都要明显。同时,由于一些主要现象(公共交通)所扮演的角色,廉价长期抵押的重要作用,私人开发与大规模开发之间的关系,伦敦在这个时期成为所

---

❶ 原文为 by-pass variegated,意思为城市支路旁风格各式各样的住房。在英国一些城市开始郊区化达 30 多年之后,一些下层中产阶级的郊区住房已经老化,并且被改造、扩建得乱七八糟。漫画家奥斯伯特·兰卡斯特(Osbert Lancaster)于 1930 年将此类住房鄙视地称为"by-pass variegated"。为了便于称呼,本书译为"杂道之城"。

有大城市中最有意义、最为重要、问题最突出的一个。所以,本篇故事最好聚焦于它。

伦敦郡议会开始建造

正值新的世纪刚刚降临,1901 年的英国人口普查就显示出伦敦拥挤和窒塞的问题的严重性。在一个伦敦内城自治区(如芬斯伯里❶),将近 45％的家庭仍然居住在 1～2 个房间里,而在整个周边的自治区内[2],这个比例超过了 1/3。[3]查尔斯·布斯还在同年发表了另一篇文章,赞扬了"可移动性的提升是迈向解决伦敦住房困境的第一步"。布斯认为,这里所需要的是"大型而且真正彻底的地下和空中铁路,以及地面有轨电车网络,这足以满足众多的长、短距离的出行。这是一个远远超出目前大城市范围、伸向伦敦外围的系统,朝向人口已经前往和可以前往的地方"。[4]诚然,布斯是一个除了在紧要关头从来不相信政府行动的人,他将这视作让私人建造商来提供对策的一种手段。但是持有更加集体主义思想的伦敦郡议会进步党(Progressive Party)也已经朝着同一个方向进行努力,尽管 1885 年的皇家委员会建议在市中心重新安置工人阶级,但在 1890 年代,这个想法很快就被放弃了。[5]

这个受到费边社影响的进步党从 1890 年代开始起就主控着伦敦郡议会(LCC)的住房委员会(Housing Committee)。[6]它于 1898 年建议委员会自己应当采用1890 年法的第三章,在空置用地上进行大规模建造。在经历众多骚动和一次大辩论后,整个委员会采纳了这项政策。在发现他们并不能在自己所管辖的伦敦内城边界的外围(即使在当时,已经几乎完全建成了)进行建设时,LCC 迫使议会达成一项 1900 年的修正案,允许他们在伦敦郡的边界上,甚至在更加外围的绿地里,为"工人阶级租户"建造住房,他们随即据此着手建造了 4 个这样的项目。即使温和的(保守)党派在同一年开始执政时,将它一直拖延至 1914 年,LCC 仍然继续进行着一个大型住房建造项目。在 1900 年到 1914 年间,他们在自己范围内的基地上清除贫民窟,提出了重新安置约1.7万户的计划,并且在外围和远郊的开发项目中解决了另外的 1.1 万户。

到 1899 年时,甚至在他们获得议会批准的权力之前,他们就开始在伦敦南部托丁(Tooting)购买了托托达恩菲尔德斯(Totterdown Fields)基地,[7]开发的方式就是将轨道交通电气化,LCC 对此早在几年前就已经赢得了一些私人投资的兴趣。1903 年 5 月,当威尔士亲王开通从威斯敏斯特、布莱克弗莱斯桥(Blackfriars Bridges)到托托达恩街(Totterdown Street)的运行线时,他就已经可以去参观刚刚入住的第一批村舍。在 10 年期间,工人们乘坐电车的票价上涨了 15 倍。[8]地处 LCC 外围的诺伯里(Norbury)的第二圈层项目的问题则略微多一些,LCC 的电车在距离

---

[2] Stepney, Shoreditch, St. Pancras, St. Marylebone, Holborn. [3] Wohl, 1977, 310.
[4] Booth, 1901, 15-16. [5] Stedman Jones, 1971, 329. [6] Wohl, 1977, 251.
[7] Tarn, 1973, 137. [8] Tarn, 1973, 121.
❶ 芬斯伯里(Finsbury),英国伦敦一区,位于泰晤士河南岸。

边界半英里处停止了。第三块基地是伦敦北部距离伦敦郡边界 2 英里托特纳姆
(Tottenham)的怀特哈特巷(White Hart Lane),它是一项巨大的挑战,LCC 曾经希
望建造一条作为爱德华时代中期建设热潮中的地铁线,但是它没能获得通过。[9]

在第四块基地中,也就是伦敦西部的老橡树(Old Oak),则幸运一些。项目围绕
着伦敦铁路中央线(Central London Railway)的延伸线进行规划的。铁路中央线始
建于 1913 年,受到第一次世界大战的影响而延迟,直到 1920 年才开通。[10]整个项目
也许非常不起眼,但是它是一个沿着从城市出发的交通线进行规划的卫星住区的经
典案例,比布鲁诺·陶特(Bruno Taut)于 1920 年代在柏林的奥凯托姆胡特(Onkel
Toms Hütte)❶ 所做的规划早了十多年。再晚的还有斯文·马克柳斯(Sven
Markelius)❷ 于 1955—1965 年期间在斯德哥尔摩的魏林比(Vällingby)和法斯塔
(Farsta)所实现的(卫星住区)。

图 3-1　老橡树住区,建于 1913 年

伦敦郡议会建筑师部,欧文之外的欧文:遵循西特的日耳曼风格,曲线,山墙端面。

对于 LCC 有一点是疏漏了:他们并不能像负担电车那样来负担地铁的运费。从
一开始,他们就将电车视为"社会政策的工具"。[11]清晨廉价的工人票使得房屋租金加
上票价要比伦敦中心区的房租便宜,所以他们在 1913 年认为[12]:"这样,宽敞的空间
和宜人的环境的优点能够得到体现(尤其在没有额外支出的情况下),甚至在大多数
情况中,可以减少必要的支出。"于是,"尽管议会还不能放弃中心区住房或者安置政
策……由议会制定的政策经常导致在中心区保留很多的工人家庭,他们本可能被安

9　Barker and Robbins, 1974, 78-84, 91, 98.　　10　Barker and Robbins, 1974, 243.
11　Barker and Robbins, 1974, 96.　　12　London County Council, 1913, 113.
❶　奥凯托姆胡特(Onkel Toms Hütte),意思为汤姆叔叔的小屋。
❷　斯文·马克柳斯(Sven Markelius, 1889—1972),著名瑞典建筑师,1920 年代将国际风格建筑带到瑞典。

置在郊区,从而享受到较低的社区开销与较高的自我收益"。[13]到 1914 年时,电车已经每天运载 26 万名乘客,相对应的是清晨廉价的工人火车上的 56 万名乘客。[14]大约就此时,查尔斯·马斯特曼描述了伦敦南部的效果,在那里,LCC 的路线特别密集:"一个接着一个的家庭腾空了街区和拥挤的租房,前往小巧的、在希思格林(Hither Green)和托丁的四室村舍,还不为人熟悉的标记'出租'几乎在所有街道上都可看到。"[15]

因此,LCC 的方案(部分)奏效了。尽管马斯特曼的观察十分敏锐,他却没有注意到迁居是有社会选择性的。只有那些具备良好技能的技工才能从迁居中获益:LCC 的村舍为其家庭提供了更多、设计更好的空间,但是他们仍然比在市中心附近的悲惨住屋的分租房开销更大,而且在 LCC 的村舍中,转租是明文禁止的。所以那些每周只挣 1 英镑或更少的人——临时劳工、出租司机、市场搬运工、码头工人仍然滞留于贫民窟中,他们在购买食品之后,只有 7 个先令用于支付房租。在 LCC 从 1901—1911 年第一个完整的 10 年建设中,伦敦城中的过度拥挤现象事实上更加严重了。[16]

但是对于那些可以逃离的人来说,其结果必然是令人兴奋的。不论是早期外围的房地产,还是更加数不清的内城贫民窟清除项目,它们都代表了一些英国最早的大规模城市规划案例,而且二者均达到建筑设计和市政设计的极高水准。这其中的因素归功于新成立的建筑师部(Architect's Department),由于它而形成了一群饱受威廉·莫里斯(William Morris)❶、诺曼·肖(Richard Norman Shaw)❷和工艺美术运动传统熏陶的、年轻且有天分的建筑师。如果在时间顺序和组织上有所偏差,那么这就是故事的开头而不是结尾:这个早期的 LCC 风格无论在精神上还是在实际效果中,在很多方面都与在同一年由雷蒙德·欧文和巴里·帕克在约克城外的新伊尔斯维克花园村(New Earswick Garden Village),以及在莱切沃斯田园城市(Letchworth Garden City)和汉普斯特德田园郊区住区所进行的实践相似,它们构成了第 4 章的重点。

这里所表现的不同之处(至少在最早的案例中)并不是来自思想,而是来自法律的制约。欧文和帕克工作于现有城市之外,并且有时候能够对传统主义的地方政府施加压力,他们可以不用理会严格的地方性规范(这些规范曾经讽刺性地在 30 或 40 年前就已经为工人住房设立了阳光与通风的最低标准),但是同样也付出了单调而无趣的方格网布局的代价。LCC 的建筑师们很少如此幸运。在完成于 1900 年的最早的项目中(肖尔迪奇的邦德瑞街(Boundary Street)住区,这是在雅戈(Jago),19 世纪一个臭名昭著的贫民窟基地上的中心区安置项目),他们已经能够采用五层

---

[13] London County Council, 1913, 115.　　[14] Wohl, 1977, 290-293.

[15] Quoted in Barker and Robbins, 1974, 99.　　[16] Wohl, 1977, 266, 303.

❶ 威廉·莫里斯(William Morris, 1834—1896),英国艺术与手工艺运动的领导人之一,世界知名的壁纸图样和布料花纹的设计者。同时是一位小说家和诗人,也是英国社会主义运动的早期发起人之一。

❷ 理查德·诺曼·肖(Richard Norman Shaw, 1831—1912),英国建筑师,对英国和北美建筑风格曾产生过重要影响。

步梯上楼的街区来获得一种卓越的成效。许多人参与了设计,使之就像围绕着一个叶状中央马戏场的许多大型帐篷一样:一种为穷人建造的宫殿,即使在遭到政府若干年的忽视之后,它在120多年后得到恢复时,仍然给人留下深刻印象。但是,在LCC建筑师最早的城镇边缘区和城镇之外的项目中(在托托达恩菲尔德斯有1 261套住房(1903—1909年);在怀特哈特巷有881套住房(1904—1913年);在诺伯里有472套住房(1906—1910年)),它们遵从着方格网布局,并且想尽各种方法来应对它:通过改变长度,成排后退某些阳台,以及经常富有想象力地去处理立面。而在托特纳姆则通过运用一个私人捐赠的开敞空间,来创造一个出色的、环绕着公园的中央四边形居住街区。[17]

只有到了1910年,他们才开始冲出重围。在汉默史密斯(Hammersmith)的老橡树,一块拥有304幢住房的小型基地上,得以自由发挥,第一次按照曲线形的街道来创造一种欧文式的城镇景观。它带有舒适的转角、悬挑山墙,以及能够让人瞥见半私密内部庭院的门廊。整个效果巧妙地围绕着地下车站进行构思,并且被放置在沃姆伍德斯库拉伯(Wormwood Scrubs)巨大开阔绿野的对面,就像在汉普斯特德田园郊区住区的希思(Heath)一样,形成了一道永久性的绿带,把新的卫星镇从一英里之外的北肯星顿(North Kensington)的拥挤地带中分离出来。如同在其他住区项目中一样,LCC的规划师们在这里是在极其严格的限制下进行着实验:成本低至每间房50英镑,而密度则高达每英亩30幢住宅,或者每英亩130人(阿伯克隆比和福肖(Forshaw)在30年之后认为这需要一种高层建筑的方案来解决),森严的监狱围墙就沿着转角耸立着。他们在这里创造了一个神奇的世界,甚至在今天,它即使有点不修边幅、信手涂鸦,但是仍能够令人感叹惊奇。随后在诺伯里的第二阶段(1919—1921年),LCC的规划师们按照欧文-帕克的传统完成了一次**创举**(tour-de-force),几乎远胜于大师们:他们利用一座小山来为台地住宅创造了一个漂亮的庭院,如同一个围合着的德国中世纪市场那样,矗立在一个按照地方规章建造的街道上。

第一批城市规划方案

与此同时,相比LCC,英国其他的一些大城市的政府几乎没有做什么。许多人的观点与布斯相同,认为更好的城市交通,再加上私人的住房建设,可以为最终解决问题提供重要途径。稚嫩的城市规划艺术应当重点关注于提供一个更好的框架,使开发商可以在其中开展工作,这种逻辑导致了自由党政府的住房与城镇规划等。通过在议会进行的艰苦斗争(复审至少被延迟了19次,在1907—1908年会期结束时被否决,于是在经过不少于360项上议院的修订之后,重新提交),该议案于1909年得以通过并形成法律。[18]

---

17 London County Council, 1913, 71-76;Tarn, 1973, 138-40;Wohl, 1977, 256, 364.

18 Gauldie, 1974, 305;Brown, 1977, 144, 150.

　　当时任地方政府议会主席的约翰·伯恩斯(John Burns)在介绍它时,以一种曾经响彻过特拉法尔加广场的演讲的声调吟诵道:

　　　　这份法案的目标是为人民提供一个舒适的环境,他们在其中可以使身体状况、道德修养、性格特征以及总体的社会状况得到提高······议案以众多纲要的形式将目标设定为(并希望保障)家庭和睦、住房美观、城镇愉悦、城市荣耀,以及郊区宜人。[19]

实现"家庭和睦"的主要方法就是更大范围清除贫民窟以及重塑地方政府的权力:

　　　　在住房方面,法案力图去废除、重建并遏止贫民窟。它要求(至少我是这样认为的)下议院采取措施来消灭低劣的贫民区,以及在英国的许多地方都可以看到的邋遢的阿尔萨斯❶居民区。[20]

图 3-2　诺伯里住区,大约建于 1921 年

LCC 围绕着一个山边庭院所建成的另一个欧文式案例。

为了实现这个目标,法案修改了 1890 年的立法,赋予地方政府明确的权力去保留在贫民窟清除计划中所建造的住房,这样为第一次世界大战之后的公共住房运动铺平了道路。它同样也允许地方议会敦促顽固的当局采取行动。[21]确实,它给予了地方政府议会相当严厉的权力。这里有一种普遍的、显然也得到伯恩斯本人赞同的观点,这种观点认为地方议会并不能胜任该项工作。中央干预的传统(毫无疑问建立在不信任的基础之上)在随后的整个世纪中成为英国城市规划的附属特征。[22]

　　但是该法案最重要的部分是针对新的城市规划权力的,伯恩斯对此解释道:

---

[19] Burns, 1908, 949.　　　[20] Burns, 1908, 949.　　　[21] Gauldie, 1974, 305-306.
[22] Herbert-Young, 1998, 343-244.
❶ 阿尔萨斯(Alsatias),伦敦一地区,旧时许多负债人及罪犯避难的地区。

　　试图以较少规则且更为统一的方式来消除那些被称作"自治"的街道(bye-law streets)❶。它希望废除那些如此单调的规则化道路,因为这些道路缺乏荷加斯(William Hogarth)❷所说的一条曲线的优美。[23]

然而,地方规章却被视为带有粗俗制约性的。于是尽端路(culs-de-sac)遭到禁止,因为人们认为它们不利于公共健康。在汉普斯特德,一个特殊的议会法案得以通过,用来绕开亨顿❸的地方规章,汉普斯特德由此被视作为一个争取更大灵活性的范例。[24]

　　这个范例就是一些力图摆脱地方规章僵硬性的策略:

　　　　他们可以乘坐一辆汽车或者其他交通工具,前往巴拉姆(Balham)、米尔班克(Millbank)、邦德瑞街、托丁、伊林(Ealing)、汉普斯特德以及北方地区看一看,城市规划方案加上通勤、电车、火车和地铁的方案是如何制订的。[25]

在接受了伦敦人口将继续向外扩张的现实之后,目标就是通过在公共部门与私人部门之间达成共识来为伦敦制定一个规划,"把它们融合在一起,体现在同一个方案中,而不是按照各自的要求相互冲突":[26]

　　　　让我们把伯恩村❹视为穷人,而把伯恩茅斯视为富人;让我们将切尔西(Chelsea)视为精英,而托丁是大众。你会发现什么?你在这四个案例中将会发现你的具有公共精神的合作者和你的那些具有公共精神的地主们正在忙碌着……你会发现在不对任何人产生任何影响的情况下,你就可以完成许多事情,这也是我们希望通过这个议案来进行推广的。[27]

新闻界则对于该演讲反响平平,但是最终在1909年12月3日,该议案得到通过。它最为重要的措施就是允许并鼓励地方政府为可能用来开发新住房的广大地区制定城镇规划方案。他们的设想是去重新恢复由私人开发商所实行的那种不太正规但又非常灵活的操作方式,当这些开发商(例如在大伦敦地区)想要从事房屋租赁时,就会通过权力来控制开发。而这一权力几乎很偶然性地被添加到1909年的规划法中,它是用来确保必要的建筑不会受制于城镇规划方案的准备工作的行政措施。[28]最早获得地方政府议会(Local Government Board)批准的就是为伯明翰西侧三个过渡地区所制定的方案:艾吉巴斯顿(Edgbaston)、哈伯恩(Harborne)和奎恩顿(Quinton),总

---

[23] Gauldie, 1974, 305-306.　　[24] Booth, 1999, 280-284.　　[25] Gauldie, 1974, 954.

[26] Gauldie, 1974, 955.　　[27] Gauldie, 1974, 956.　　[28] Booth, 1997, 277.

❶ bye-law 意思是地方社区或组织所制定的用于规范自己的法规。

❷ 威廉·荷加斯(William Hogarth, 1697—1764),被称为"英国绘画之父",是英国第一位在欧洲赢得声誉的、富于民族特色的画家。

❸ 亨顿(Hendon),伦敦北部的一地区。

❹ 伯恩村(Bournville),伯明翰西南一小镇,紧邻铁路,旁伴小溪。1879年卡德伯里将工厂迁建于此,在附近建造20幢小住宅,供工人值班用。伯恩茅斯(Bournemouth),英国南部风光秀丽的旅游度假胜地,有"海上花园城"之称。

面积为 2 320 英亩。紧接着就是为东伯明翰所做的方案,并下决心最终覆盖整个城市的外围地区。乔治·卡德伯里(George Cadbury)❶ 于 1915 年对它们所起的作用表示赞赏,因为它们缓解了"社会动荡的苗头,这在当时表现为如此触目惊心的示威活动"。因为,"毫无疑问,此时此刻工人骚动的一个重要因素就是工人阶级希望为自己的家庭找到某种途径,过上一种合理的生活"。[29]但是,另外一位杰出的伯明翰工业家和社会改革家 J. S. 奈特福德(J. S. Nettleford)❷ 原先已经见过仿照德国城市规划实践的方案,他怀疑这些方案是否能够取得这样的效果:"伯明翰的两个方案都不足以帮助那些如此急需帮助的人们,除非是为了他们自己的孩子。"[30]

对于奈托福德而言,在鲁伊斯利普-诺斯伍德(Ruislip-Northwood)❸ 几乎同时获得批准的方案则更加完善。它的规模更加庞大,覆盖近 6 000 英亩的范围,而在两个伯明翰的方案中只有 4 000 英亩。它设定了道路、建筑控制线、开敞空间、商店、工厂以及居住区。在最大密度达到每英亩 12 幢住房的情况下,许多地区的密度更低。它的核心是一项由 A. & J. 索塔(A. and J. Soutar)做的设计,曾经在争论中得到过伯恩斯的赞扬。索塔兄弟俩是老橡树的设计师,为鲁伊斯利普庄园公司(Ruislip Manor Company)工作,他们曾经在由雷蒙德·欧文和阿斯顿·韦伯爵士(Sir Aston Webb)发起的竞赛中获胜。[31]

今天,在前往伦敦西部的短途旅行中,城市规划史专业最勤奋的学生可以看到三个早期的经典案例:LCC 于 1912—1914 年开发的老橡树项目、伊林租房公司(Ealing Tenant)于 1906—1910 年在附近开发的合作田园郊区,以及鲁伊斯利普-诺斯伍德。这种比较对于鲁伊斯利普-诺斯伍德并不有利。即使是非常开明的投机建造商尽了最大的努力,也不能与早期 LCC 的建筑师部相提并论,或是与欧文和帕克在伊林的小型瑰宝相媲美。另外,特别令人遗憾的就是鲁伊斯利普布局的品质。关键之处在于鲁伊斯利普庄园的方案,而该方案的核心就是一条严谨的主轴线,它逐渐爬升,穿越了一系列的交通环线,形成了下穿大都市铁路线(它是整个开发的立足点)的主要商业街,然后到达一个突起山丘的顶峰,在那儿可以向下远眺整个项目的北部边缘,一条以休闲为目的而保留的广阔绿带。

根据地方规章的标准,这当然是一个显著的进步:它具有一种相当正规的连贯性,开敞空间非常广阔,并且布局灵活(例如,一个沿着铁路线的绿楔直接伸入到商业中心的附近)。一些道路形式非常有意思,其中由索塔兄弟亲手设计的一些小片段非常精妙,他们中的一个后来在汉普斯特德接替了欧文。[32]但是令人惊讶的是,这

---

[29] Cadbury, 1915, 14, 136.   [30] Nettlefold, 1914, 123.

[31] Nettlefold, 1914, 124-128; Aldridge, 1915, 537.   [32] Miller, 1992, 143.

❶ 乔治·卡德伯里(George Cadbury,1839—1922),英国巧克力制造商(即"吉百利"巧克力)和社会改革家、慈善家。

❷ J. S. 奈托福德(J. S. Nettleford),伯明翰的五金商人,伯明翰住房委员会主席。

❸ 鲁伊斯利普-诺斯伍德(Ruislip-Northwood),伦敦西北郊区,由保守党的议席组成的中产阶级的英国议会下议院选区。

图 3-3　伊林市房客们的聚会，大约 1906 年

霍华德的自由与合作在第一个田园郊区中得以充分体现，但其风格明显是中产阶级的。

图片来源：Reproduced by permission of the London Borough of Ealing.

里也存在着如同地方规章中那种特有的单调性，几乎全是笔直街道的通长连续线路。有人觉得伯恩斯的演讲是白费口舌，再加上沉闷的新乔治式（neo-Georgian）的商业广场（这是一种重复了无数次的、完全是 1920 年代和 1930 年代伦敦郊区的形式），所形成的效果就是一种带有压迫感的形式主义：一种非常不美的城市美化（City Beautiful），它为英国郊区的黄金时代揭开了一个不祥的开端。

纽约发现了区划

　　美国人已经做得好多了，他们 19 世纪和 20 世纪初经典的郊区住区全部都是围绕着火车站点进行规划的。例如，新泽西的列维利恩帕克（Llewellyn Park）❶、芝加哥城外的雷克福斯特（Lake Forest）和河滨住区（Riverside）❷、纽约的森林小丘花园

---

❶ 列维利恩帕克（Llewellyn Park），位于新泽西州的西奥兰治，占地约 1.7 平方公里，拥有 175 户家庭，它是美国现代郊区的第一个前哨基地，距纽约市仅 19 公里。

❷ 雷克福斯特（Lake Forest），位于奥兰治县的心脏地带。河滨住区（Riverside），位于芝加哥郊区，距离市中心 15 公里，在德斯普雷恩河（Des Plaines River）边，是郊区住宅区建设的样板。

(Forest Hills Gardens)❶,它们都拥有相当高水准的设计。正如我们将在第4章中所看到的,几乎可以肯定,河滨住区是以埃本尼泽·霍华德的田园城市为摹本的。这些郊区住区保持了社会和物质控制的复杂体系,采用协调一致的住房来形成高品质的和谐社区。[33]随着美国城市快速向外扩展着市政基础服务设施,这些郊区住区的居民们就成为主要的受益者:"他们拥有市政供水充沛的厕所和浴缸,他们骑着自行车享用着崭新的沥青路面,他们也花费漫长的时间乘坐公交车前往郊外的邻里社区,而价格与内城的短程通勤车差不多。"[34]问题在于,到1900年时,这些市政服务设施的数量仍然不多。

这在纽约和芝加哥尤为突出,对于有效的公交范围来说,它们已经显得太大了。在这里,未来的发展有赖于地铁或者通勤车线路。纽约于1904年开通了第一条地铁线[35],在随后的几年中,地铁系统逐渐扩展开来。

正如纽约的历史学家所强调的,它是由两个关键问题引发的,快速的城市增长和不利的地形:作为1900年人口就达到343.7万人的世界第二大城市,纽约的扩张跨越了几个由若干宽阔河流所分隔的岛屿;曼哈顿的长度达到13英里,但是最大宽度不超过2英里。[36]因此该系统必须有效,而且确实有效:它是世界上第一列拥有时速达到40英里的快速轨道的地铁。[37]它从第59街的北面开始延伸并不先进的重型地铁,尤其是靠西面一侧,向北进入布朗克斯,以方便中层和上层的职业阶层。[38]在1905年至1920年期间,曼哈顿在第125街以北地区的人口增长了265%,在布朗克斯的人口增长了156%;从1910年至1930年间,住在曼哈顿范围之外的人口从城市总量的51%上升到73%。[39]

但是,正如分租房委员会于1900年所报告的,"毫无疑问,当更好的交通设施能够使一些更加进取、收入更高的分租房居民为自己在外围地区购买独幢住房时……很显然,大量的劳动阶级将继续生活在分租房之中"。他们承担不起搬迁的费用。[40]尽管如此,维勒工作的一个间接成果就是"人口拥挤调查委员会"(Commission on Congestion of Population)。由于住区领袖们的努力,它于1907年成立,并且因为赞成通过交通来反中心化而于1911年得以报道。

但是正如委员会于3年前在它自己举办的关于城市拥挤问题的展览中所看到的,也正如市民领袖所认识的,更便捷的交通是一把双刃剑:它可能由于引入更多的工人而导致地价上升,从而导致城市核心区更为糟糕的拥挤程度。这是矛盾之处,并且只能通过现代方法来解决:限制建筑的高度和体量。[41]

委员会的执行秘书是本雅明·C.马什,一名律师和社会改革家。他于1907—

---

[33] Sies, 1997, 176.   [34] Teaford, 1984, 280.   [35] Cheape, 1980, 90-92.   [36] Hood, 1992, 192.

[37] Hood, 1992, 195; Hood, 1995, 105-112.   [38] Hood, 1995, 198.   [39] Hood, 1995, 204.

[40] Veiller, 1900, 6.   [41] Ford, 1936, 226-227; Makielski, 1966, 10; Klein and Kantor, 1976, 427-428.

❶ 森林小丘花园(Forest Hills Gardens),位于纽约皇后区(Queens)森林小丘的一个超大私人社区,是美国邻里单位概念的第一次尝试。

1908 年在委员会工作之初参观了欧洲,并于 1909 年出版了一本城市规划的早期巨著,当时正值第一届全国城市规划会议在华盛顿召开。马什与一位同行的参观者(一位名叫爱德华·M. 巴塞特(Edward M. Bassett)的纽约律师)都被德国在城市中实行的土地使用和建筑高度区划所触动。马什特别提出在市长弗朗兹·阿迪克斯(Franz Adicks)领导下的法兰克福应当成为美国城市学习的典范。[42]同时杜塞尔多夫(Düsseldorf)的区划成果和沃纳·黑格曼(Werner Hegmann)在柏林的工作也给马什留下了深刻印象。[43]

于是,"区划"从德国来到纽约。也许这是一个过度的简化:人们一般认为,美国的土地利用区划似乎起源于 1880 年代,用于控制中国洗衣店在加利福尼亚的蔓延,最先是在莫德斯托(Modesto),然后是在旧金山。洛杉矶从 1909 年开始发展了综合性土地利用区划,[44]但是,由于纽约市 1916 年的区划条例中引入了德国将土地利用与建筑高度结合在一起的区划,现在人们相信这是在早期美国城市规划历史上最重要的发展。[45]曼哈顿案例在本质上与几乎所有美国其他地区不同:区划在这里不是居住性的,它并不关注规范土地利用;它是商业性的,关注于建筑的容积和体量。区划获得了强大的商业利益集团的支持,被视为保护现有的房地产价值免于不良侵害的一种手段——这主要是指侵入纽约中城(Midtown)高档商业区的服装厂与服装工人。确实,按照来自第五大道委员会的调查员的说法,区划直接针对在午餐时间从附近阁楼中蜂拥而来的"希伯来人"。[46]这反映了 1916 年的情况:一场房地产业的萧条。在这场萧条中,很重要的就是保护现有的价值,而不是去创造新的价值。1916 年条例所未能做到的(有影响有热情的人们的期望)可以看作是一种更加综合性规划的序曲。[47]

主要的人物就是视区划为人生一大成就的巴塞特及其同伴——纽约的改革政治家乔治·麦克安里尼(George McAneny)。他们的时机出现于 1911 年,当时第五大道的服装零售商们由于担心为他们供货的服装制造工厂的扩张,从而形成了一个半官方的委员会来敦促城市采取行动。这很快产生了效果:1913 年,城市评估委员会(Board of Estimate)投票产生了一个城市规划委员会(Committee on City Planning),授权成立一个顾问性的建筑高度控制委员会(Commission on Heights of Buildings)。同年 12 月份,委员会的报告前瞻性地提出了一个基于警察权力概念的区划体系,警察权力最初源自在美国的英国法律,认为国家有权规范个人对其财产的使用,以此来保证"社会的健康、安全、道德、舒适、便利和福利"。[48]1914 年初通过了采纳区划的修订章节,并成立一个区划委员会(Zoning Commission)去准备正式的条例。该委员会娴熟地召集了广泛的支持者,并且排除了异己者。它于 1916 年按照四种类型的土地使用性质提出报告,其中两个——居住和商业,将受到严格的限制。[49]

---

[42] Williams, 1916, 81; Williams, 1922, 212-214; Mullin, 1977a, 11.　　[43] Bassett, 1939, 116.

[44] Williams, 1922, 267; Bassett, 1936, 13; Walker, 1950, 55-56; Toll, 1969, 29; Marcuse, 1980, 32-33.

[45] Williams, 1922, 272.　　[46] Schwartz, 1993, 20.　　[47] Revell, 1992; Weiss,1992.

[48] Bassett, 1936, 27-28; Makielski, 1966, 21; Toll, 1969, 17.　　[49] Makielski, 1966, 33.

正如不止一个观察者随即指出的,纽约如此热诚地接受了区划,就是因为它对商业有利。第五大道的商人们担心中午时分涌入街道的制衣移民工人将有损于他们商业的独特性质,并且接着将会威胁到他们资产的价值,他们向"每一个利益相关者"以及"每个拥有一套住房或者租赁一套公寓的人"发出呼吁。建筑高度委员会肯定区划保障了"投资方面更大的安全性和可靠性"。[50]就在纽约条例实施的那一年,约翰·诺伦(John Nolen)❶赞同一位英国作家的观点,认为美国城市规划本质上是以不去触犯既得利益的城市发展为目标。[51]随着区划运动迅速从纽约向全国传播开来,就形成了现在的情形。

这确实是一种奇怪的规划,因为区划与规划之间的关系是间接和曲折的。这场运动确实在 1920 年代迅速传播:1921 年,身为商务秘书的赫伯特·胡佛(Herbert Hoover)❷成立了一个区划顾问委员会(Advisory Committee on Zoning),其中包括巴塞特和维勒,它导致 1923 年国家标准区化实施法的形成。1927 年,标准化城市规划实施法亦随之出台,这一法则被许多州采用,为城市总体规划提供了合法的权威性。[52]到 1929 年时,超过 650 个市政当局拥有了大规划委员会,754 个社区采用了区划条例。[53]另外,还有一系列标志性的司法判决,其中以 1926 年在美国最高法院判决的尤克里德村(Village of Euclid)诉安伯勒房产公司(Ambler Realty Co.)这一历史性案例而达到高潮,它以总警察权❸的一种合法表述来落实区划[54]。但是,城市规划一般采取的是顾问性的方式,而不是指令性的方式。1937 年,在 1 178 项委托中,至少 904 项完全没有财政拨款。[55]在实践中,规划和区划并没有按照巴塞特和其他人的主张严重分离。在辛辛那提,阿尔弗雷德·贝特曼(Alfred Bettman)率先努力,为规划委员会获得了一些真正权力,区划已经成为规划的辅助,从而使得辛辛那提不同寻常。[56]正如巴塞特于 1936 年向他的读者所解释的,虽然区划在逻辑上是城市规划的一部分,规划与区划的任务在法律上通常必然是分离的。[57]

总而言之,真正的问题在于为什么美国城市如此热情地采纳了区划的概念。有点不可告人的原因就是自我利益。在实践中,例如在纽约,"区划主要成为试图设定和保护某个街区的特质的一种稳定程序,用来保护在这些地区中的房产价值。然而,对这些地区哪怕只是名义上的控制,也有望实现一种投机性利润"。[58]在**尤克里德诉安伯勒**的案例中,伟大的规划师兼律师阿尔弗雷德·贝特曼认为(他在听证会后期提交的辩诉状已经被证明是十分重要的),区划所服务的"公共利益"能够提升社

[50] Scott, 1969, 154-155; Toll, 1969, 158-159, 186; Glaab and Brown, 1976, 266.

[51] Nolen, 1916b, 22.　　[52] Hubbard and Hubbard, 1929, 21; Toll, 1969, 201.

[53] Hubbard and Hubbard, 1929, 3.　　[54] Walker, 1950, 67-77.

[55] Walker, 1950, 77; Bassett, 1938, 67; Foster, 1981, 137.　　[56] Bassett, 1938, 75; Toll, 1969, 203.

[57] Bassett, 1936, 35.　　[58] Walker, 1950, 60.

❶ 约翰·诺伦(John Nolen, 1869—1937),美国建筑师,在 1909 年第一届城市规划会议上发表过重要论文;同年,说服威斯康辛州的立法委员通过法案,首次授权各城市成立规划委员会,并负责制订城市规划。

❷ 赫伯特·胡佛(Herbert Hoover, 1874—1964),1929—1933 年任美国第 31 任总统,共和党领袖。

❸ 原先在一些西方城市中,城市公共卫生、城市建设管理也属于警察的管辖范围。

区的房产价值。[59]重要的一点在于,无论土地应当被区划为工业的还是居住的,法院给予尤克里德村(一个与克里夫兰相邻的以中产阶级为主的住区)那些值得尊敬的居民们一个使他们的投资不会受到威胁的保证。作为纽约方案之父的巴塞特后来写道,区划的主要意图就是防止"定居场所被随意地贬损"。[60]或者,正如后来一位评论员所说的:

> 区划的根本意图就是使"他们"各处其所——待在外面。如果"他们"已经进来了,那么它的意图就是把"他们"控制在有限的范围里。"他们"真实的身份在全国各地都差不多,可以是黑人、拉丁人和穷人。在很多地方,天主教徒、犹太人和东方人,也可以成为"他们"。如果是公共住房的申请者,那么老年人也属于"他们"。[61]

事实上,区划法重新塑造了住宅的布局方式(这些方式在区划法实行之前就已经长期暗地里流行于近郊的高级住宅之间),并且(新布局)整合了以下四种相关要素:审慎的选址、综合的规划、房产约制防御系统的建立、地方性法规。区划法同时也重塑了标识边界的方法和潜在的公共意识。自 1980 年以来普遍泛滥的门禁郊外社区,也只是悠久美国传统的一种近代表现,它是由一个惧怕于犯罪的老年社会所推动的。[62]

　　1920 年代末的一份标准文件实际上是以区划能够稳定房地产价值为由而公然推行的。作者认为:"根据报告,在每一个拥有完善区划的城市中,房地产的价值是稳定的,并在许多案例中实质性提升了。"这是一个很快被各地的金融机构所认同的事实。[63]他们强调,"区划与地块控制共同分享着为城市规划带来最多丰厚成果的美誉"。[64]正如他们在一篇文章的开头自豪地宣称:"区划对于规划是有利的。"[65] 1920 年代的规划—区划体系远没有意识到要为那些被困在纽约和芝加哥分租房中的穷人提供更多的社会公平,而是设计将他们隔离在未来沿着街车(streetcar)线和地铁线进行建造的郊区住区之外。

伦敦:地铁导致郊区扩张

　　类似的事情也正发生在伦敦的周围和其他的一些英国大城市,但是其中存在着一个重要的差异。在那里,第一次世界大战之后大众郊区化的时代也开始了。在伦敦、伯明翰,就如同在纽约和芝加哥一样,重点问题依然是交通。这些在伦敦和其他外地大城市以不同速度进行的开发远远超出了步行上班的范围。布斯和其他一些人已经在抗议廉价火车的匮乏:铁路公司没有采取任何措施去遵守 1844 年的格拉德斯通(Gladstone)的便士火车法(*Penny Trains Act*),它们有时甚至附和威灵顿公爵

---

[59] Fluck, 1986, 333.　　[60] Bassett, 1936, 25.　　[61] Popper, 1981, 54.　　[62] Sies, 1997, 165, 186-187.
[63] Hubbard and Hubbard, 1929, 188-189.　　[64] Hubbard and Hubbard, 1929, 188-189, 283.
[65] Hubbard and Hubbard, 1929, 281.

(Duke of Wellington)的观点,即铁路可能"对于较低层次的人是一种奖赏,使他们在乡村进行无所事事的游荡"。[66] 1864 年的议会在铁路公司提供廉价火车的前提下,批准了通往利物浦街(Liverpool Street)的 GER❶延伸线,并且允许大规模的工人阶级郊区住区沿着伦敦东西方向进行发展。[67]

当时的关键因素就是在诸如伯明翰、利物浦和曼彻斯特这些地方的市政电车和后来的公共汽车,以及在伦敦的地下火车和通勤火车。总之,环绕着伦敦的投机住房(在 20 多年间几乎把首都范围扩大了 3 倍)是以轨道交通为基础发展起来的。该系统不同于英国其他各地区,它是由私营企业开发的,特别是 1912 年兼并了伦敦通用公交公司(London General Omnibus Company)的地铁集团和铁路干线公司中的两个(南方公司,伦敦和东北公司),发展了主要的枢纽网络。

这个系统的一个重要部分是由美国资本与企业创办的,但是这并不奇怪。美国人很快发现了伴随着新铁路或公交线路的土地开发的商业潜能。新泽西州西奥兰治(West Orange)❷的列维利恩帕克(1853)、费城的切斯特纳西尔(Chestnut Hill,1854)、伊利诺伊州的雷克福斯特(1856)和河滨住区(1869)都是最早的关于铁路沿线郊区规划的理想案例,它们都预示着在英国这一类型尝试的诞生:伦敦西部的贝德福德帕克(Bedford Park,1876)。[68]这离实业家通过巧妙地延伸铁路和街车线,并围绕它们来开发郊区住房的概念只有一步之遥,这正如 F. M. "鲍拉克斯"·史密斯(F. M. "Borax" Smith)在旧金山湾,或者亨利·E. 亨廷顿(Henry E. Huntingdon)在洛杉矶的事业所展示的那样。[69]但是最丰富多彩的(可能也是最乏味的)案例或许来自于查尔斯·泰森·雅可斯(Charles Tyson Yerkes,1837—1905)的产业——先是在芝加哥,然后在伦敦。

雅可斯坦然公开他的操作方法:"我成功的秘密就是购买老旧废物,将它稍作整修,然后再转手他人。"[70]同代人将他称为:"来自宾夕法尼亚一所监狱的海盗"(他早年曾经由于欺诈罪而被囚禁过),并且"不是一个安分的人"。[71]他开发了芝加哥的铁路系统,并通过市中心的环线将它连成一个网络,从而控制了超过 400 英里的街车铁路。[72]到 1897 年时,他扩展了他的特许经营权范围,花费了 100 万美元买通州议会,接着是市议会。他在初次成功后,第二次却遭到失败,并且几乎引发了一场骚乱,从此以后他觉得最好离开这座城市。[73]

伦敦是一座天然港口,正如西奥多·德莱塞(Theodore Dreiser)❸在他最后一部

[66] Haywood,1997,44.　　[67] Haywood,1997,44.
[68] Stern and Massingdale,1981,23-24;Stern,1986,Ch. 4.　　[69] Jackson,K. T.,1985,119-122.
[70] Quoted in Roberts,1961,344.　　[71] Roberts,1961,348,353.　　[72] Barker and Robbins,1974,61-62.
[73] Malone,1936,610-611.

❶ 大东铁路(Great Eastern Railway)的简写。
❷ 西奥兰治(West Orange),美国新泽西州东北部的一城市,在纽瓦克附近。
❸ 西奥多·德莱塞(Theodore Dreiser,1871—1945),美国小说家,1945 年加入美国共产党,早期作品带有自然主义和悲观主义色彩,主要著作有长篇小说《嘉莉妹妹》《美国的悲剧》《欲望》等。

图 3-4 查尔斯·泰森·雅可斯

按照芝加哥的标准"不是一盏省油的灯",但他是三条伦敦地铁线的建造者。
他在收到投机回报之前就去世了,他的遗产却继续存在。

图片来源:ⓒ TfL from the London Transport Museum Collection.

小说中所认为的,伦敦只是一个简单伪装的神话。雅可斯在那里立即认识到地下环
线是一个现成的城市中心环线,它可以通过新线路来加以利用,然后再进行扩张。[74]
德莱塞写道,当芝加哥听到所有这些之后,"升腾起一股怒火","这个厚颜无耻的骗
子,最近从那个城市(芝加哥)中被踢出来",现在应当到伦敦去。[75]但是,他确实光临
了。到 1901 年时,雅可斯已经获取了大部分现有的和新造的伦敦网络,并将它并入
到一个新的的公司:伦敦地下电气铁路有限公司(Underground Electric Railways of
London Limited,UERL),同时为了争夺伦敦新地铁的建造权而卷入了一场与另一
位英国大亨——J. 皮埃普因特·摩根(J. Pierrepoint Morgan)的激烈纷争中。[76]神奇

---

[74] Dreiser, 1947, 35–36, 200.   [75] Dreiser, 1947, 125.   [76] Barker and Robbins, 1974, Ch. 4.

的雅可斯揭示了这场运作的关键：

> 你也许可以发现一些有关土地价格的秘密，这似乎取决于我们所做的事情，也取决于它是否值得以种种方式来提前购买，[77] 正如我们在雷科威尔（Lakeview）和其他地方所做的那样。

然而收益并非直接来源于新线路，由于造价十分昂贵，这些线路很难到达伦敦建成区的边缘。新线路会来自于由不同公司开发的轻轨线的支线，它们按照美国模式以辛迪加（Syndicates）❶的方式来进行购买和销售，UERL❷已经在伦敦西区控制了一套有轨电车网络。[78] 对于雅可斯而言，不幸的是当 1905 年新的地铁线真的开工建造时，他去世了。

但是至少部分遗产在他逝后被延续了下来（虽然缺少了丰富多彩的金融环节）。在雅可斯去世的次年，他的继任者，UERL 的主席乔治·吉伯（George Gibb）引入了一位叫作弗兰克·匹克（Frank Pick）的年轻统计助手。一年后，公司陷入了严重的金融危机，UERL 的决策层听从美国控股集团的意愿，任命一名 32 岁迁居到美国的英国移民为总经理，然后提升其为新泽西州公共服务公司（Public Service Corporation of New Jersey）的经理，他的名字叫阿尔伯特·斯坦利（Albert Stanley）。斯坦利（后来的阿什弗德勋爵（Lord Ashfield））和匹克（一位非同寻常但又善良温和的人）开始富有争议地着手组建在城市公共交通建设史上最为著名的管理团队；从 1933 年伦敦交通公司刚成立时起，阿什弗德就成为主席，匹克是副主席和首席执行官。[79] 1912 年，当 UERL 接管了伦敦通用公交公司之后，匹克（现在成为公司的商务经理）按照雅可斯原先的有轨电车线规划，开始发展从地铁站点延伸出来的公交支线。在"火车到达哪里，公共汽车就开始于哪里"口号的引导下，他在 6 个星期之内将线路扩展了 2 倍多，并将服务范围扩大了 5 倍。[80]

但这只是试探性的开始。第一次世界大战之后，匹克开始系统性地分析在现有的铁路设施与提供新设施的可行性之间存在的差距。继任的各届政府显然对于公共项目将会缓解失业压力的观点印象深刻，并为此提供了无息或者低息的公共资金。[81] 其成果发表于许多文章中，匹克作为最具学术思想的管理者自 1927 年起就源源不断地将成果提供给学术界和专业组织：一条平均时速达 25 英里的地铁线服务于一个半径为 12 英里的城市地区，通过较大间隔的外围站点和较小间隔的内城站点（例如匹克于 1932—1934 年在皮卡迪利线（Piccadilly Line）所做的），把服务范围扩展至 15 英里，但是运费不高于 6 便士。因此到了 1930 年代后期，当最后一条地铁延伸线完成之后，整个系统也就到达了一个极限。[82]

---

[77] Dreiser，1947，23.　　[78] Jackson，1973，73；Barker and Robbins，1974，63.

[79] Menzler，1951，104-105，110-111；Barker and Robbins，1974，140，142.

[80] Barman，1979，66，70.　　[81] Barman，1979，78，88，147-148；Jackson，1973，220.

[82] Pick，1927，165；Pick，1936，215-216；Pick，1938，Q. 3083-3084，3090-3095；Haywood，1997，58.

❶ 辛迪加（Syndicates），指由多个企业所组成的联合组织。

❷ UERL，伦敦地下电气铁路有限公司的简称。

图 3-5　弗兰克·匹克

图片来源：© TfL from the London Transport Museum Collection.

　　泰晤士河南岸被同样具有活力的总经理赫伯特·沃克尔（Herbert Walke）所管理。南方铁路公司（SR）也是如此，快速发展自己的网络以触发一场大兴土木。1919 年以来，在伦敦超过三分之一的新设站点是由南方铁路公司建造的。同时，"1920 年以来，几乎所有在伦敦郊区开设的站点已经从权益投资者那里获得某种形式的津贴，其中的 17 个完全由南方铁路公司补贴"。[83]

　　由此引起的开发就表现为两种形式，它们都根据颇具前瞻性的战前规划而得以启动：首先是一轮投机性建筑的扩张，它们全部环绕着伦敦，部分依照城市规划方案的框架，部分则超前；其次，地方政府居住区的每一次大扩张（尤其是围绕着特大城市的）一般都表现为由电车、公交或者铁路线与母城联系起来的依附性卫星城的形式。二者都被指责为城市规划中的失败，但是这种指责的声音一旦有所减弱或降低，这类开发随即就得以普及，给一个更加有效的城镇与乡村规划体系的制定带来了动力。

---

[83] Haywood, 1997, 55.

图 3-6　阿尔伯特·斯坦利,阿什弗德勋爵

弗兰克·匹克和阿尔伯特·斯坦利,伦敦交通史上最伟大的管理团队,现代伦敦的真正缔造者(通过他们战时郊区的创造)。

图片来源:ⓒ TfL from the London Transport Museum Collection.

图多尔·沃尔特斯的遗产

　　直到第一次世界大战前,地方政府在英国所提供的新住房微乎其微。根据1890年法建造了总量为 18 000 套的住房,它们中的绝大多数在伦敦。在 1910 年到 1914 年期间,拆除量已经超过了完工量。[84] 尽管在工人阶级住房的供给方面存在着一种日益严重的危机,人们对于解决方案仍然未能达成共识。一些人(例如伯明翰的奈托福德(Nettlefold))认为,1909 年法的基本框架将有助于释放私人建造商的能量,而其他人则认为合作计划将会解决问题。[85] 在战争期间,问题事实上更加恶化了,在格拉斯哥以及新军火工厂地区所发生的罢交房租运动,导致了租金管制的仓促实行。[86] 最

---

[84] Gauldie, 1974, 306.　　　[85] Daunton, 1983, 289-292.　　　[86] Castells, 1983, 27-37.

终,政府面临了一种两难处境:它想解除租金管制,但是如果新住房的供给没有获得增长,它就不敢这么去做,而这只可能通过地方政府的干预才能够实现。[87]住房改革家理查德·L.里斯(Richard L. Reiss)在 1918 年他的一部极具影响的著作《我想要的家》(*The Home I Want*)中认为:"即使是那些相信私营企业的人一般也会赞同,在战争刚刚结束之后,除了地方政府进行建造,不可能采取任何别的政策","这对于我们来说是一个痛苦的耻辱:成千上万个已经投身到'为家园和祖国'而战的人们并不拥有以此为名的家园,他们没有必要因此而感谢他们的国家。"[88]

所有这一切都需要改变。几乎一夜之间,为工人阶级提供的住房(这个词在随后很长时间里仍然被广泛使用着)成为一项公共责任。其结果(在第一次与第二次世界大战之间)就是一百多万套地方政府公共住房(local authority (public) housing),它们大多数是独户家庭的联排住宅,带有自己的花园,在城市的外围地区则表现为卫星城。有时这些随着开发聚集而成的新城,例如曼彻斯特附近的魏森肖(Wythenshawe)、利物浦附近的斯贝克(Speke),或者伦敦附近的贝肯特里(Becontree)❶,虽然缺少足够的产业来使它们达到自给自足状态,但是它们是当时在英国进行的最大的、经过规划的开发,使得随后的田园城市相形见绌。贝肯特里在 1939 年达到了 11.6 万人,魏森肖到 1930 年代末时也到达了这一目标的 1/3。

这些开发代表了雷蒙德·欧文极高的成就,尽管有人可能把这说成是最糟糕的失败。我们在此(并非最后一次)离开历史顺序。欧文极高的早期名望来自于他为在莱切沃斯的第一个田园城市以及为汉普斯特德田园郊区住区所做的设计,这在第4章中有所记述。1915 年,欧文在一大笔经济代价之下,以城市规划观察员的身份参加地方政府议会,以此来促进住房改革。两年之后,他的机会来了,他被任命为由约翰·图多尔·沃尔特斯爵士(Sir John Tudor Walters)担任主席的住房委员会(Committee on Housing)的成员,这个消息在战争结束前一个月(1918 年 10 月)得到报道。

那份报告被证明是对 20 世纪英国城市发展产生最深远影响的几份报告之一。它基本上提出了四种观点。第一,尽管由众多雇员团体所构成的公共事业机构"应当成为地方政府工作的一个重要辅助部分",后者(当然由政府拨款)可以独立完成在短期内建造 50 万套住房、每年 10 万套住房这类工作;报告不屑地宣称道,投机性建造商"提出了一个更加困难的问题,但是他们大多数有自己的地盘"。第二,地方政府必须主要在城市外围的廉价未开发的土地上进行建造,审慎地沿着有轨电车线来进行开发以实现他们的规划,从而不必支付过多的费用。

以大城市为鉴,为了避免在建成区造成进一步的拥挤,最为理想的就应当是在外围地区制定新的方案,而沿着该方向的第一步就是在预见有轨电车线以

[87] Bowley,1945,9.　[88] Reiss,1918,7.
❶ 贝肯特里(Becontree),位于伦敦东部;1919 年住房法给予伦敦郡议会权力,开始启动大规模房屋计划的城市之一便是贝肯特里。

图 3-7　配得上英雄的家园

劳埃德·乔治从未兑现的口号,尽管不值一提,但还是决定了 1918 年的咔叽(Khaki)选举的胜负。

图片来源:The Bodleian Library, University of Oxford, 24755 e. 77, inside front cover/Hodder & Stoughton.

图 3-8 雷蒙德·欧文

深受威廉·莫里斯和约翰·拉斯金的影响,和巴里·帕克一同是
田园城市田园郊区建筑术语的缔造者。

图片来源:© National Portrait Gallery, London.

及其他的通勤方式的可延伸性后,加快城市规划的步伐。[89]

第三,报告认为在这样的一些基地上,可以而且需要按照最高密度——每英亩 12 户住房来进行建造,每一幢都带有自己的花园,通过娴熟的设计来保证土地利用的经济性(对此他们列举了许多案例)。第四,为了保证设计的优良品质,规划应当由建筑师来制定,并且必须获得地方政府议会和相对应的苏格兰议会的地方执政官的批准。[90]

报告体现了欧文的个人成功。他所有的基本思想都通过他 1912 年的小册子《过度拥挤将一无所获!》(*Nothing Gained by Overcrowding!*)展现出来:住房之间 70 英尺的最小间距保证了冬季的阳光,短小阳台的设置,为每个家庭设计的花园,用作休闲空间的小型后院,为了孩子游戏安全而强调尽端路,这些建议部分来自于一个独立的妇女住房分会(Women's Housing sub-Committee)的杰出实验,欧文似乎只是从该分委会的建议中按照自己的意愿来进行筛选——例如否定了每个住房应

[89] GB Local Government Boards,1918,5.   [90] GB Local Government Boards,1918,4-7,13-17,77.

当有一个独立起居室的建议。[91]

　　这份报告是非常激进的,而奇怪之处却在于它立刻得到了采纳。但事实上政府开始害怕了。停战后的第一天,劳埃德·乔治(Lloyd George)❶宣布将举行后来为人所熟知的咔叽大选(Khaki Election)❷,在一份后来经常被错误引用的著名声明中许诺:"那些打赢战争的人们都会拥有适合的住房。"[92]次年二月,总理在与部长们开完会回到办公室之后,讲述了一个故事:

> 　　一个富人前去规劝矿工们。一名矿工(一个受过良好教育的苏格兰人)说道:"你知不知道我所居住的地方?"他生活在那种背靠背的住房中,所有的下水管道直接从起居室中穿过,而他和孩子们就生活在这种场所中。他说道:"假如你的孩子生活在那种状况中,你会怎样?"富人坦率地回答道:"我会成为一名布尔什维克。"[93]

内维尔·张伯伦(Neville Chamberlain)❸回应道:"我同意我们的住房问题现在已经足以对国家的安定构成一种威胁。"[94]一个月后,劳埃德·乔治在内阁会议中回到了那些显然已成为一种烦恼的话题之中:

> 　　在很短的时期内,我们可能已经使 3/4 的欧洲变为布尔什维克主义……大不列颠应当予以抵制,但是这只有在当人民被给予了一种满足感的前提下才能成立……我们已经一次又一次地向他们保证,但是却没有做什么……即使它需要花费 1 亿英镑,又怎能够与国家的安定相比?[95]

一个月之后,前往地方政府委员会的议长又一次强调:"我们将要花费在住房上的资金是防止布尔什维克和革命的一种保障。"[96]这不仅是指建造一所住房的事情,而且也会体现在它的设计里。"由国家建造的新住房(每一个都带有自己的花园,由树木和绿篱所环绕,从而在内部拥有一种中产阶级家庭式的亲密感)将用来防止革命的动荡。"[97]

　　保障政策适时地以爱迪生法(*Addison Act*,以任重建部长、后任卫生部长的克里斯托弗·爱迪生(Christopher Addison)之名命名),正式名称是 1919 年的住房与城市规划法(*Housing and Town Planning Act*)。它规定,每个地方政府都有责任去调查住房需求,这并非仅仅是为了清除贫民窟,而是为了更加全面地制定并实施规划。它也保证了国家的补助金在考虑成本之外,还需考虑租户的支付能力,使成本

---

[91] GB Ministry of Reconstruction, 1918; Swenarton, 1981, 98.　　[92] Swenarton, 1981, 79.
[93] Quoted in Johnson, 1968, 370.　　[94] Quoted in Johnson, 1968, 371.
[95] Swenarton, 1981, 78.　　[96] Swenarton, 1981, 79.　　[97] Swenarton, 1981, 87.
❶ 劳埃德·乔治(Lloyd George, 1863—1945),英国首相(1916—1922)、自由党领袖,任财政部长时,率先实行社会福利政策,第一次世界大战中组成战时联合内阁,出席巴黎和会,承认爱尔兰独立。
❷ 咔叽大选(Khaki Election),指 1900 年南非布尔战争(Boer War)后,英国执政党为了摆脱国内不利局势而举行的议会议员的突击大选。
❸ 内维尔·张伯伦(Neville Chamberlain, 1869—1940),英国首相(1937—1940)、保守党领袖。

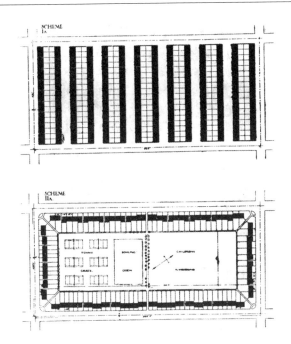

图 3-9 过度拥挤将一无所获!

欧文 1912 年的手册具有重大影响力,抵挡了针对地区法的穷追猛打,在郡属房产和独户村舍小屋的年代里,具有先导作用。

图片来源:The Bodleian Library, University of Oxford, 2479116 d. 4, p. 9.

不再叠加上去。[98]它同时也为 2 万人或者更多居民强制规划了整个城市地区。

同年,卫生部(Ministry of Health,一个从老的地方政府议会中分出来的新部门,负责新的住房项目)颁布了一本影响深远、充满了欧文案例的《住房手册》(*Housing Manual*)。它的中心议题就是每英亩 12 幢住房的城市密度可以通过占地成本来进行协调,这直接来自于《过度拥挤将一无所获!》。它同时也从图多尔·沃尔特斯的报告中汲取了其他重要的观点,例如住房之间的最小间距为 70 英尺。"它成为一种不成文的、不用解释的,但又是在实践中得到普遍接受的规定。"[99]但是它也重复了另一种观点,这是欧文于 1912 年在曼彻斯特大学的一次演讲中所运用的观点,并且在图多尔的报告中又一次出现:所形成的开发应当采取半自治的"卫星城"的方式,而不是完全成熟的田园城市。换句话说,欧文在这里与纯粹的田园城市信条之间形成了明确而影响深远的分离。

卫生部在这个问题上于 1919 年一开始就受到来自另外一个部门的挑战。这个由张伯伦为主席并且包括了乔治·皮普勒(George Pepler)❶(欧文在部里的首席规

---

[98] Bowley, 1945, 16—18.　　[99] Edwards, 1981, 106.

❶ 乔治·皮普勒(George Pepler, 1882—1959),规划师、国家住房和城市规划协会的成员。提出了在距伦敦市中心 16 公里的地方设置环状林荫道方案,并首次把设置绿带和城市空间发展联系起来。

划师)和里斯的委员会报告了"非健康地区"的问题。该委员会在 1920 年 3 月公布的关于伦敦的阶段性报告中认为,首都仍然遭受着无可忍受的住房问题:处在 LCC 地区的 18.4 万人生活在非健康地区,总共 59.4 万人生活在不满意的状况中。这里有两种主要解决方案:一是原址加建住房,二是将现有人口外迁。第一种,"对于通过自食其力来获得家庭服务,并对他们的孩子进行照料的工人阶级是非常不合适的",同时也将房东置于"听凭不受欢迎的房客们的摆布"的境地。卫生部的医药官员与社会工作者的证言明确了"自住房对于工人阶级是有吸引力的"这一观点。[100] 于是,长远的解决方案必然是基于现有农村乡镇的、人口处在 3 万~5 万的、被绿带所环绕的田园城市。但是为了实现它们,问题在于如何协调住房与工业运动:"逃离邪恶圈层的唯一出路就是通过国家的投资……也就是相当数额的资金……而对此的回报必然需要等待相当长的一段时间。"[101] 对此,最为根本的就是针对整个伦敦的建成地区开发制定一份综合规划。[102] 委员会于两年后在最终的报告中重申并强调了这项最终建议,同时它也向政府提出贷款去启动田园城市的建设。[103]

事实上,委员会发现他们自己也处于进退两难的境地。如果不将贫民窟的居民进行分散,就很难将其中的 70% 安置入五层楼的公寓里。如果开发行动仅限定于卫生部所喜欢的三层楼的街区,将更难达到 70% 这个比例,更用不着说那些诸如贝斯纳绿地自治区议会(Bethnal Green Borough Council)这种地方政府所要求的村舍了。这一两难境地始终存在于两次世界大战之间的那段时期,直到第二次世界大战爆发,整个伦敦人口迅速减少(特别是在东端地区),才得以缓解。[104]

这真是水中捞月。到 1921 年时,紧随一场由毕弗布鲁克(Beaverbrook)和诺斯克里弗(Northcliffe)麾下报业集团领导的反对政府浪费的持续运动,克利斯托弗·爱迪生(整个项目的建筑师,始任城市重建部长,后任卫生部长)被劳埃德·乔治所牺牲,为的是挽救他濒临瓦解的政府。[105] 他在卫生部的继任者,阿尔弗雷德·蒙德爵士(Sir Alfred Mond)削减了该项目。城市更新的时代、"配得上英雄的家园"("Homes fit for heroes")的时代结束了。简而言之,住房补贴又回来了,并且带来了大规模的地方政府住房项目:根据 1923 年法(张伯伦在卫生部更换掉蒙德之后就意味深长地通过了该法)以及工党政府的 1924 年魏特利法(Wheatley Act,代表了对 1919 年的计划的部分回归),英国的地方政府在 1919 年与 1933—1934 年期间建造了 76.3 万套住房,完成了大约总量的 31%。[106]

然而,他们是按照后来欧文的描述来建造住房的,也就是按照外围卫星城的方式,而不是完全成熟的田园城市。在伦敦西北郊的瓦特林(Watling),LCC 安置了 1.9 万人,在伦敦东南郊的邓纳姆(Downham)安置了 3 万人,在圣希利尔(St. Helier)

---

[100] GB Ministry of Health, 1920b, 3.   [101] GB Ministry of Health, 1920b, 3.
[102] GB Ministry of Health, 1920b, 4.   [103] GB Ministry of Health, 1921, 4-5.
[104] Pepper and Richmong, 2009, 168.   [105] Minney, 1958, 176, 185; Gauldie, 1974, 309.
[106] Bowley, 1945, 59.

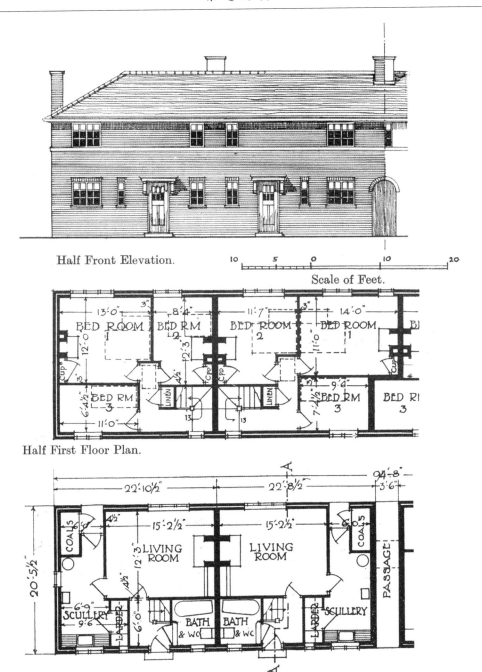

Half Front Elevation.

Scale of Feet.

Half First Floor Plan.

Half Ground Floor Plan.

图 3-10　为人民而造的住宅(村舍小屋)

1920年卫生手册中欧文的基本平面,遵循了图多尔·沃尔特斯的报告,它们在英国大地上被成千上万地复制。但是,田园城市派的纯粹主义者感觉遭到了背叛。

图片来源:The Bodleian Library, University of Oxford, O. GB/H1c/1920(10),Plate 9.

新建的摩登（Morden）地铁站的周边安置了 4 万人，在贝肯特里的大型卫星城安置了至少 11.6 万人，这是世界上最大的、经过规划的郊区住区，比许多英国的地方城市还要大。[107] 它们极大地提高了住房的标准，尽管有些讽刺意味的是，这是供手工匠人、小商贩和小职员居住的，而不是供真正穷人居住的，因为他们承担不起租金和使用费的双重负担。[108] 从建筑角度来讲，它们是贬值了的次级欧文（式住区），毫无想象力也毫无激情地模仿着住房手册。它们是索然无味的，是从几年前在老橡树住区设立的标准的一个急速而悲哀的倒退。

在详细规划方面，他们仿效了投机建造商最糟糕的失误。怀特哈特巷扩建项目、汉默史密斯的沃姆霍特（Wormholt）住区，以及圣希利尔，都被宽广的主干道拦腰对切，实际上它们是作为规划的一个组成部分同时建成的（坦率而言，尽管欧文与帕克在汉普斯特德田园郊区住区的北部也陷入过同样的困境）。显然，当时没有人预想针对当地环境应当采用什么交通方式。当地的工作非常少，而与工作相联系的公共交通也非常缺乏。到 1930 年代末，摩登地铁线（它为瓦特宁和圣希利尔提供服务）的拥挤状况成为了议会质询的主题，而喜剧演员马克斯·米勒（Max Miller）❶ 则以它开了一个粗俗的玩笑。[109] 直至 1932 年区域线（District Line）延伸到那里，从贝肯特里来的通勤车到查伶十字街需要一段 75 分钟的路程。[110] 没有一个住区（即使是最大的）在它周边拥有一个经过规划的绿带，只有贝肯特里拥有一个狭窄而不完整的公园环带。贝肯特里运用树木很好地进行过规划，尽管正如社会学家特伦斯·杨（Terence Young）在他 1934 年具有前瞻性的调研中所报告的："孩子们的活动威胁到了这些树木的生长。"即使在当时，世界也还没有从暴力环境中解脱出来。[111]

于是，新住房一直不能让它们的住户们感到满意。在最遥远的贝肯特里，3 万多人在 10 年期间离开了，单单在 1928—1929 年的一年中就多达 1 万人。[112] 在伦敦西北的瓦特林，根据年轻的鲁斯·格拉斯（Ruth Glass）于 1930 年代末的调查，一些人又回到了贫民窟，因为他们付不起租金和使用费。[113] 而另外一些人毫无疑问则渴望着城市的喧闹：

> 1937 年秋天的一个下午，在刚入住瓦特林住区时，一名妇女在她邻居的门口大声敲击着，当门打开后，她叫嚷着："出什么事了？""怎么了？"邻居说道："应该发生什么事？你怎么了？""到处都这么安静，真可怕！"那个妇女说道，怕得要死。[114]

人们认为搬去瓦特林（Watling）或罗汉普顿（Roehampton）就意味着孤寂的人生，但是后来的研究否定了这一观点。在罗汉普顿，人们成为很好的朋友并且互相帮助。

---

[107] Young, 1934, 98; Jackson, 1973, 291, 302, 309; Burnett, 1978, 231.
[108] Young, 1934, 118-120; Burnett, 1978, 233.　[109] Jackson, 1973, 271.　[110] Young, 1934, 140.
[111] Young, 1934, 98.　[112] Young, 1934, 210.　[113] Durant, 1939, 17-18.　[114] Durant, 1939, 1.
❶ 马克斯·米勒（Max Miller, 1894—1963），1930 年代英国音乐厅的著名喜剧演员，他将喜剧表现发挥到极致，以至于被 BBC 广播电台禁止播出。

但是他们和邻居之间又彼此保持着一定距离。在瓦特林,居民们做得更为出色,他们建造了具有友谊、团聚、公共社交活动以及互助互爱的社区。在这里,外围的敌意起了一定的作用。[115]同样,一个 LCC 住区的前景也并不为当地人所喜欢:在贝肯特里,经常发生有关那些把前门拆下来当柴火的人们的新闻故事,[116] 在 1930 年的一次调查中曾经有过一次激烈的交谈:

> 巴斯塔女士:你们已经毁了我的家园!(转向 LCC 的官员)你们这些老爷有谁住在某个 LCC 住区的附近?(无人回答。)
>
> 我想你们也不会。(对着部里的调查员说道)
>
> 你是否住在一个 LCC 住区的附近?
>
> 调查员:他们在我家附近刚刚购买了一些土地。
>
> 巴斯塔女士:你喜欢它吗?
>
> 调查员:不。[117]

事实上,新型住宅对于工人阶级来说就像是新型仓库,"在诸如城市、工会、'共产主义'、无教养、破坏性之类的环境中遭到质疑"。夏普(Sharp)将其视为阻碍,是"那种最痛苦的政治剧变"。甚至欧文也认为人们在某单一阶层的社区中已经变成"无组织的人群"。这就解释了在第二次世界大战后为什么新城应当具有"丰富并且均衡的社会构成"。[118]

郊区的建设

尽管伦敦周围的郡县住区(Home Counties)❶建造得最为呆板,但是就从这一当时在整个英国已经普及开来的另外一个大型住房阵营中,一些住区采取了相应的措施。在这一阵营中,一种新型产业已经有效地建立起来了,供应着一个崭新的市场。在第一次世界大战之前,整个人口的绝大多数已租赁了自己的住房。从此之后,许多因素汇集到一起,促使几百万的新兴中产阶级去购买住房。经济结构中所发生的巨大转变就是产生了一个新的白领阶层,他们的数量在 1911 年到 1951 年期间从劳动力的 20％上升到 30％。[119]相当大比例的人的实际收入(尤其是这个新兴的白领阶层和熟练技能的蓝领工人,他们的工作不均匀地分布在伦敦及其周边地区中)在急速上升着。建筑社团(Building Societies)❷吸引了大量的资金,尤其是在 1930 年代的大萧条中,当时工业股份失去了吸引力,贷款的比例通过各种方式(保险担保,或者由开发商承担风险的"建筑联营"(builder's pool)的发展)可以上升到高达 95％。

[115] Bayliss, 2001, 192.　[116] Young, 1934, 23.　[117] Jackson, 1973, 161.　[118] Bayliss, 2001, 193.
[119] Burnett, 1978, 247.

❶ 郡县住区(Home Counties),指英国伦敦周围或边界的团体聚落,这个术语来源于"巡回法庭"的"家庭巡回"。随着时间的流逝,该术语表达已失去其法律内涵,而现在主要指在伦敦通勤带或伦敦都市圈的郡县。

❷ 建筑社团(Building Societies),指一些建筑资金融资合作社或者银行建屋互助协会。

1930 年代在贝克斯利(Bexley),最廉价住房的钥匙可以以一份 5 英镑的抵押而获得,如果这样也没人愿意购置,房产中介商或者建造商就会把这套住房租出去。在1930 年代中期,支付的利息曾达到 4.5% 这样一个低点。[120]

在英国,建筑社团所发放的新增贷款在 1918 年为 7 百万英镑,1923 年为 3 千2 百万英镑,1929 年为 7 千 5 百万英镑,1933 年为 1 亿零 3 万英镑。艾伦·杰克逊(Alan Jackson)宣称在两次世界大战之间,伦敦郊区 75% 的新建住房都是通过抵押贷款购得的。[121]

在供给方面,已成气候的较大建筑商,如科斯坦(Costain)、克罗齐(Crouch)、莱因(Laing)、泰勒·伍德罗(Taylor Woodrow)、瓦茨(Wates)以及韦姆培(Wimpey),与许多依靠不稳定的边际利润和现金流为生的小公司相竞争,这些小公司经常破产但却使得价格非常灵敏。[122]另外,在一次农业萧条的水深火热之中,土地变得便宜了,一块地可以仅仅价值 20 英镑。[123]这样,中等收入的家庭(熟练的手工工人每周只赚3.5 英镑)现在就能够去购买住房。[124]在 1930 年代,每周 1 英镑可以购买标准的半独立式的三室住房,而那些每年可以挣到 300～500 英镑的人(教师、银行官员、管理层公务员)则可以买得起更大的住房,也许是全独立式的。[125]

但是这些不同的代理人只服务于国家集体的梦想。正如丹尼斯·哈迪(Dennis Hardy)❶所言,对于郊区梦的崇拜已经有很长时间了。尽管没有大都会那样激动人心,也没有花园城市那样富于创新性,但这就是郊区生活的愿景,就像普罗乌托邦(populist utopia)那样令人感到骄傲。人们搬到郊外新区不仅因为可以住新房子,而且也由于带有行道树和花园的住房道出了那种反城市的感受。在英格兰拥有一块属于自己的土地并翻动自己的土壤,正是简·玛什(Jan Marsh)所谓"我们集体田园主义"的又一种表露。[126]

矛盾在于,在第 4 章所提到的田园城市运动激发了人们郊区理想主义的热情。尽管田园城市的卫道士们并不能接受自己立场以外的东西,但是有些问题可以通过"田园郊区"或"田园村庄"之类的方式去解决,甚至为了其自身目的,也可以是"田园城市"。正如吉莉安·达莱(Gillian Darley)所言:"对于田园郊区、田园村庄、田园城市的误用,不久就使之与郊区混为同一个意思。"[127]

其结果就是与此之前甚至之后不相适配的郊区爆炸性增长。在 1900 年到1920 年这二十年间,英格兰和威尔士的城市面积增长了 10%(从 200 万英亩增长到220 万英亩),但是在 1920 到 1939 年的 20 年间又增长了将近 50%(从 220 万英亩增长到 320 万英亩)。在这些土地上,增加了将近 420 万幢新住房,地方政府建设了其

---

[120] Jackson,1973,193,196;Boddy,1980,13-15;Carr,1982,244.　　[121] Dennis,2008,203.

[122] Jackson,1973,110;Burnett,1978,257.　　[123] Carr,1982,247.　　[124] Jackson,1973,190-191.

[125] Burnett,1978,248.　　[126] Hardy,2005,40.　　[127] Hardy,2005,41.

❶ 丹尼斯·哈迪(Dennis Hardy),作家、英国米德尔塞克斯郡大学城市规划教授,《19 世纪英国的另类社区》的作者。

中不到 1/3 的部分(120 万幢),私营企业建设了超过 2/3 的部分(300 万幢),绝大部分是属于自用住宅。在 1934—1935 年间的建设高峰期,私营企业建设的住宅量接近 28.8 万套,比 1905—1906 年建设量的两倍还要多,至今从未被超越。迄今为止,它们中的大多数都是在伦敦周边兴建的。1921 年,伦敦周边的埃赛克斯(Essex)、肯特(Kent)、密德萨斯(Middlesex)以及萨里(Surrey)这四个郡的住宅量占总量的 12.2%,但是在 1918 年到 1940 年间,这一比例达到 23.6%。在两次世界大战之间建造的住宅总量达到 983 048 间,比刚开始时的现有住房还要多。[128]

这种环境极大地影响了所形成的产品。"为了可以出售,一幢投机性住房(speculative building)必须强调是为中产阶级的,但是如果它必须是中产阶级的,它也必须是廉价的。"这意味着外表浪漫的、式样保守的、廉价建造的住房就成为一种身份标志。[129] 诺温住房集团(Novean Homes)宣称:"希望获得一所住房且家境良好的家庭,应当为每周支付低于 1 英镑的费用而感到满足。"[130] "每个住房都是不同的"和"没有雷同的住房"成为流行的口号。[131] 由于皇家建筑师协会(Royal Institute of British Architects)在 1920 年禁止投机性的建筑设计业务,这些住房的大多数(在两次世界大战之间达到将近 300 万)是由无资格的助手所设计的,或者是从式样图书和杂志上得来的。只有到 1930 年代时,规模较大的公司才开始使用建筑师。[132]

在 1920 年代,住房设计也没有从规划中获得什么帮助。尽管各地的地方政府根据 1909 年法以及随后的 1919 年法和 1932 年法仓促地紧跟着领先的伯明翰和鲁伊斯利普-诺斯伍德,建筑商们却一如既往地缩在后面。同时在所有场合中,都缺乏来自卫生部的积极指导,缺乏合格的当地规划师。[133] 市议会由于担心在当时的立法条件下如果他们拒发许可会被要求赔偿,所以他们乐于从开发商那里接受作为献礼的开敞空间,并回报以应允更高密度、更廉价的建造。[134] 许多地区必定已经效仿艾吉维尔(Edgeware)。1927 年,纳税人协会(Ratepayers' Association)主席在艾吉维尔认为,那里的城市规划方案是由土地开发剥削者们所制定的,"在规划中找不到美学原则"。[135] 于是,规划总量是根据你能够支付多少来确定的。

一个经过认真设计的开发应当表现为:多种住房风格、弯曲道路、围合空间和月牙空间宽敞花园、植树或植草的绿篱。但是这些投机性的郊区住区往往缺乏总体规划,它们由无数的建筑商一条街挨着一条街地进行开发,直到土地全部用完……这种行为的结果有时就是沿着一条繁忙主干道长长地延展出去的、单调而雷同的半独立式住房,背后则是一片荒废了的农田,并且远离商店、学校和站点这类设施。[136]

由于正立面是最紧要的,也是最耗成本的地方,处于 25～35 英尺宽度之间的长而狭

---

128 Swenarton, 2002, 267.　　129 Edwards, 1981, 127-128.　　130 Burnett, 1978, 249-250.
131 Burnett, 1978, 264.　　132 Burnett, 1978, 253;Edwards, 1981, 133.　　133 Jackson, 1973, 321.
134 Carr, 1982, 254.　　135 Jackson, 1973, 255.　　136 Burnett, 1978, 249.

的地块成为一项原则,在相同地块上排成平行行列。按照市场底线的要求,建造速度是根本性的:一块农村用地可以在一个月内转变成一片崭新的住区。于是,树木被拔除,自然特征被忽略,道路或者以漫无目的的蜿蜒方式向外伸展,或者索性沿着原有的田间道路,给人一种既躁动又单调的印象。[137]其结果就形成郊区的一种被割裂的地貌,住房的式样和密度立刻揭示了其中住户的社会状况。1932年法由于使市议会有机会去按照一所住房5英亩、10英亩到25英亩不等的各种不同的密度来布局住房,而且永远不用支付补偿费,事实上鼓励了这一现象。[138]

(开发的)起始点一般表现为集中在铁道或隧道站点周围的一群仿冒都铎风格(Mock Tudor)❶或者粗劣的传统风格❷的商店和公寓,另外一个显著特征也许就是一座巨型电影院。此后,开发是沿着条带状进行的,也就是沿着新建成的交通主干支路上的非营利通勤公交线路(讽刺性的是,设计这些支路是用来减少交通拥挤的。在1920年代初期和1930年代中期,以两次缓解失业名义的项目获得资助),直到1935年法对于沿街开发进行了控制。所导致的状态被漫画家奥斯伯特·兰卡斯特(Sir Osbert Lancaster)❸以"杂道"(By-Pass Variegated)的名称流传开来:

> 一些选自新艺术运动(Art Nouveau)风格的怪异山墙被热情地放置在一段呆板的现代风格外立面上。斯托克布鲁克(Stockbroker)都铎式的盘转梁和铅条窗格玻璃在这里与明显矫揉造作的亮绿色条瓦愉快地形成了对比;隔壁则是一些荷兰旁特街❹风格的赤陶饰牌,使一种由白木制成的温布尔顿过渡时期(Wimbledon Transitional)的门廊显得富有活力。它是一种红砖汽车房上的漂亮装饰,感觉上时髦而浪漫。[139]

乡土名称,如草原(Meadowside)、森林风景(Woodsview)以及田野尽头(Fieldsend)飞快地成为不恰当的地铁站名。南方铁路公司有三个站点接连被称作公园:莱尼斯(Raynes)、莫特斯普尔(Motspur)、沃塞斯特(Worcester),斯通莱夫(Stoneleigh)差点也被冠以这一名称。[140]

其结果遭到了广泛的嘲笑和谴责。事实上,起诉方全部都是中上阶层,而辩护方则大多是中低阶层。在该类郊区的一个典型住区——贝克斯利(1930年代拥有1.8万幢住房和5.2万人),1951年的调查表明,绝大多数人来自第三社会阶层,也就

---

[137] Jackson, 1973, 126-127; Burnett, 1978, 256; Carr, 1982, 247.

[138] Burnett, 1978, 249; Sheail, 1981, 77; Carr, 1982, 255.

[139] Lancaster, 1959, 152.　　[140] Jackson, 1973, 128, 170.

❶ 都铎风格(Tudor),在英式建筑中,流行的时期在中世纪建筑晚期,都铎王朝(1485—1603)期间,对于传统大学赞助人而言,甚至还要更久。都铎建筑依照垂直式(英国哥特末期的建筑风格)而建,而后在英国文艺复兴时期(1500—1660),虽然改由追求时髦的住宅所取代,但都铎建筑依然在英式风格当中保有一席之位。

❷ 原文为 Debased Classical Style,指复制罗马的风格,并区别于拜占庭的风格。

❸ 奥斯伯特·兰卡斯特(Sir Osbert Lancaster,1908—1986),英国漫画家、舞台设计家与作家。

❹ 荷兰旁特街(Pont Street Dutch)是19世纪下半叶在英国出现的一种建筑风格,由萧伯纳所命名,具体表现为红砖与大窗,细部混有荷兰与佛兰德斯元素。

图 3-11　杂道住区

奥斯伯特·兰卡斯特冷酷无情地展现出这种风格,其标配为凸出的窗户、花边的
窗帘、疯狂的铺装和沃尔的冰淇淋三轮车。

图片来源:By permission of Clare Hastings.

是熟练工人和初级职员的阶层。[141]当他们从依法建造的没有卫生间或者户内洗浴的
住房中搬迁而来的时候,他们在生活质量上有了一个显著的飞跃,而且"无论他们在
社会势利等级体系中所处的位置如何,所有的郊外住区都显示出处在花园中的,以
及处在一个或多或少远离城市肮脏、喧乱、拥挤的环境中的独户住房的相同特征"。[142]

　　但是郊区住区为他们做了更多。虽然它们从表面看上去单调乏味,对于它们的
新主人而言,每幢住房都带有内置的或者外购的细微差别,这赋予它以个性:一扇脏
了的玻璃窗、一间门廊、一套厨房设备,甚至一个花园的地神(塑像)。住房本身也通
过设计来表达个性,例如凸窗和转角门,在非常微妙细节上的大量变化,以及在住房
周围普遍缺乏的公共空间,所有的住房都有意识地尽可能不要设计得像"议会住房"。[143]

　　但是建筑师们并不喜欢它。1930 年代,建筑师在他们的杂志中和会议里不断地
谴责郊区住区。郊区住区的主要过错似乎在于它们明显与当时良好品味的标准相
异,例如仍然在利物浦这类重点院校中传授的新乔治风格(Neo-Georgian),或者由国
际现代建筑协会❶的年轻成员们所明确表达的现代主义。[144]相反,它们舒适的本土特

---

[141] Carr, 1982, 238, 241.　　　　[142] Burnett, 1978, 249; Jackson, 1973, 146.
[143] Oliver et al., 1981, 115-117.　　　[144] Oliver et al., 1981, 41, 50, 67-69.
❶ 国际现代建筑协会(CIAM, Congrès International d'Architecture Moderne),1928 年成立,其目的是反抗学
　 院派的势力,讨论科学对建筑的影响、城市规划以及培训青年一代等问题,为现代建筑确定方向。

征来自于一种更加早期的、由约翰·纳什（John Nash）❶在布莱瑟村（Blaise Hamlet）❷和西村公园❸所倡导的建筑传统，并且随后由维多利亚晚期的菲利浦·韦伯（Philip Webb）❹、诺曼·肖、雷蒙德·欧文发展成为高级艺术。也许重要的是，前两个建筑师已经开始反对一种与世隔绝的建筑师职业的整体思想，而且帕克被训练成一位室内装饰师。[145]但是当然，其结果是一盘大杂烩，并且经常是一种不成功的杂烩。奥斯伯特·兰卡斯特对其的批判比所有专业人士都更为犀利：

> 如果一位年富力强、极具天赋和伟大知识结构的建筑师，已经将他的有生之年用来学习如何在一个屋顶下数个房间的形式和布局中，最有效地制造最不便利的状况，并且得到一队在建筑学历史中兜底搜索以往所知的、最缺乏吸引力的材料和建造技术的研究人员的帮助，尽管这几乎是不可能的，他很可能就已经发展了一种足以疯狂的风格，投机建筑商有了它，完全无须消耗精力，就可以极大地丰富我们宽阔主干道两侧的景观……请注意这种住房布置的技巧，它可以确保以尽可能小的代价，毁坏尽可能广阔的农村地区。请看一看每个住户都是如何被精心提供了一个清晰的视角，去看透他隔壁邻家最为隐私的办公室，而且不用考虑日照因素来布置主要的房间。[146]

建筑师的复仇

无论是否出于酸葡萄心理，建筑师被激怒了，他们想要复仇。他们并不是唯一的反对者，但他们领导着反击。他们（反击时）用到的比喻有时是战斗型的，有时是冷静型的。克劳夫·威廉斯-埃利斯（Sir Clough Williams-Ellis）❺在《英格兰与章鱼》（*England and the Octopus*，1928）中将带状发展描写成"杂乱的小建筑就像沿着一条下水沟的荨麻，就像虱子爬在绦虫上一样生长和繁殖"。带廊平房"构成了英格兰最杂乱的病症，它开始是零星的，现在已经发展成为我们的心头大患"。[147]到1933年时，他宣称：

> 我宁愿尽快回到战争时期的伊普雷斯（Ypres）❻待上一年，而不是陷在战后的斯劳12个月。如果这听起来夸大其词，我想要解释的是，它仅仅是一个想去维持快乐生活的人的简单想法，他宁愿去选择80%被击中的危险，也不会在一个英

---

[145] Creese，1966，255；Oliver et al.，1981，64.　　[146] Lancaster 1959，152.
[147] Williams-Ellis，1928，141.
❶ 约翰·纳什（John Nash，1752—1835），英国建筑师，摄政时期伦敦的主要设计者。
❷ 布莱瑟村（Blaise Hamlet），在布里斯托尔西北方的一个小村庄，它由一些围绕着一片绿地的农宅所构成。
❸ 西村公园（Park Village West），在伦敦摄政公园的西侧。
❹ 菲利浦·韦伯（Philip Webb，1831—1915），英国建筑师，曾为威廉·莫里斯设计新婚住宅"红屋"，这也是工艺美术运动的代表作。
❺ 克劳夫·威廉斯埃利斯爵士（Sir Clough Williams-Ellis），威尔士建筑师，一生致力保护英国的郊野风光，倾力推动在英格兰和威尔士成立国家公园。
❻ 伊普雷斯（Ypres），比利时西部一城市，第一次世界大战中激战地点。

雄般的公司里陶醉或飘然,直到在令人感到羞辱的遭遇环境中切断自己的喉咙。[148]

对于贝杰曼而言,斯劳也成为所有错误的象征。然而,当看到电视机工人喜欢麦错兰德(Metro-land)时,贝杰曼现在也开始喜欢一些郊外住区。"房屋前面的一片领地,以及为狗而种植的草坪和树木……各种变化在每个住房立面上被创造出来——体现于树木的色彩变化上。事实上,整个国家已经来到了郊外住区。玫瑰花在麦错兰德开放,就如同它们在小册子上那样。"[149]这些(例如萨瑞(Surrey))就是好的郊外住区,为可爱的贝杰曼式的人物居住,例如身材巨大的女运动员帕姆(Pam),或者J. 亨特·邓恩小姐(J. Hunter Dunn)在傍晚暮色中坐在停车场中,但是斯劳就像鲁伊斯利普花园那儿的地铁站,

> 带着一千个感激和抱歉
> 柔美地映亮着伊莱恩❶[150]

它是相当另类的地区,完全由蜂拥而至的乡村中低下阶层居住。

阿伯克隆比于 1926 年领导成立了保存(后来变为保护)乡村英国的委员会,他对于平房"病症"采取了一种更加乐观的看法:"严重,难道不是表皮深度的损坏……许多被你们正在称作为渎神的平房(Blasphemous Bungalows)是因为太长而应该受到责骂? 难道英国许多纯净的乡村没有遭受玷污吗?"[151]他关心更多的是带状发展:"与19 世纪的产业革命相比较,这些乡间条带……没有融入比现状更多的社会群落、房产开发经济以及乡村设计美学方面的原理。"[152]但是他也相信,"我们这个乡村英国正在受到一种比以往更加突然、更加彻底的变化的威胁",速度过于迅猛而不容许自然调整。[153]他充满期待地提到中国的"风水"实践者:

> 他的工作就是研究并阐释自然的精神力量所产生的形状,并按照所有的建筑、道路、桥梁、运河和铁路必须遵从这些形状的原则来进行规定,这被放置在最高权威的地位上;而且我们自己不能指望同样能够去炸掉某些急速爆发的平房或者"撒旦的工厂"(Satanic Mill),或者消除在他们自己思想中固有的对于某种乡村发展的倾向。[154]

但是阿伯克隆比认为,它们必然指明了正确道路。

1938 年,威廉斯-埃利斯用《英国与野兽》(Britain and the Beast)回到了战斗之中,这是一本由当时的领袖人物如约翰·梅纳德·凯恩斯、E. M. 福斯特(Edward Morgan Forster)❷、C. E. M. 乔德(Cyril Edwin Mitchinson Joad)❸、G. M. 特莱维安(George

---

[148] Williams-Ellis, 1933, 105.   [149] Betjeman, 1978, 225.   [150] "Middlesex", Batjeman, 1978, 191.

[151] Williams-Ellis, 1928, 181.   [152] Abercrombie, 1926, 20.   [153] Abercrombie, 1926, 56.

[154] Abercrombie, 1926, 52.

❶ 伊莱恩(Elaine),亚瑟王传说中几个同名女子中的一人,如佩莱斯王的女儿,加拉哈德爵士的母亲。

❷ E. M. 福斯特(Edward Morgan Forster,1879—1970),20 世纪英国最杰出的小说家之一。

❸ C. E. M. 乔德(Cyril Edwin Mitchinson Joad,1891—1953),英国哲学家。

图 3-12　大西部公路

1930 年代,从空中俯瞰的大量的杂道,在奥斯特利地铁站(前景)周围汇聚,该地铁站是查尔斯·霍顿(Charles Holden)为弗兰克·匹克的杰出设计作品之一。

图片来源:© English Heritage (Aerofilms Collection).

Macaulay Trevelyan)❶以及许多其他先锋人物共同撰写的论文集。在其中,乔德向乡村发出了"人民的呼声"。"对于成千上万的人而言,新发现的自然已经是希望渺茫",就像那些渴望进入乡村的人们发现乡村已经消失了:"在 50 年内,在英格兰南方将既没有城市,也没有乡村,而只有一种稀疏的郊区,从沃特福德(Watford)到海边漫无边际地扩展着。"为了防止这种现象,"必须停止城镇的扩张,建筑必须严格地限定在划定的区域内,而这种必要的人口动迁必须在这些地区里得到执行"。[155]

托马斯·夏普(Thomas Sharp)❷也许是在 1930 年代初关于规划问题最为多产的作家,他在这里和其他地方划定了一条更为严格的界线。对于他而言,魔鬼从埃本尼泽·霍华德的城镇乡村(Town-Country)的理想中诞生,并已经在实践中形成了一个退化了的怪物:

　　来自阴郁城市的宽阔的、机械的、嘈杂的主干道,从艳俗的住房、无序翻新的棚屋,以及恶劣、不洁的车库所形成的条带之间伸展出去。几年之前曾经用

[155] Joad, 1938, 81-82.

❶ G. M. 特莱维安(George Macaulay Trevelyan, 1876—1962),英国著名史学家,曾撰写多卷本的《英国历史》。

❷ 托马斯·夏普(Thomas Sharp, 1901—1978),英国城市规划师。

于限定它们的老树和绿带已经让位于混凝土桩和电线杆的林荫道,让位于临时围墙和釉彩广告牌。从整个地区来看,再也没有用于限定主干道的农村了,这里只有一种消极的半郊区化。[156]

如果此时的理想仍然处于动摇之中,处在新技术(收音机、电视、汽车)的影响之下,事情只能变得更糟。

> 传统已经瓦解,口味已经彻底腐坏,没有来自于权威的、启发性的指导或修正……来自乡村的影响中性化了城市,城市影响又中性化了乡村。不消几年,所有东西都将被中性化。城市的强壮、男性气质与作为男性之母的乡村的柔美、肥沃及富饶,都将被瓦解为贫瘠的、嗜血的兽性。[157]

导致形成这种贫瘠过程的根源就是对于乡村的幻想:

> 100年来,我们就像被电影迷住的女孩,沉醉于目前以及将来都不可能实现的浪漫梦幻世界而全然不觉现实中的污浊。就是这样一种可鄙的逃避态度,将英国城市从150年前的美丽而充满希望之中,带入到今天的不成样子和可耻的卑贱之中。[158]

解决方案将会是"能够容纳未来城市中众多人口的大型新公寓街坊",而对于乡村可以肯定的是,那里旧有的乡村住房将被拆除,并让位于大型公寓街坊。[159]于是,夏普加入了柯布西耶的阵营,使自己远离了田园城市的传统。

他与他们以及当时的评论员们之间的共同之处就是对于安东尼·道格拉斯·金(Anthony Douglas King)❶所说的乡村民主化的一种恐惧:中低阶层和工人阶级侵入了一片迄今为止为贵族和中上阶层精英们所保留的地区。[160]乔德在他1938年的一篇文章中公开表示:

> 随后就有一群徒步旅行者迷乱地在树林中唠叨,或者在午夜沿着寂静的村庄街道,手挽着手行进着,唱着粗俗的歌曲。有这么一群人,只要在有水的地方,就以各种裸体和不雅的姿势躺在海滩或河坝上,在阳光下就好似牛排一样煎烤着自己。帐篷支撑在草地上,穿着宽松裤的女孩们在他们旁边,伴随着留声机的旋律跳舞。而一堆堆散发着臭气的杂乱罐头、包和纸板箱使人感受到有如退潮之前的几个星期的入侵潮水。这里有穿着短身服的肥胖女孩,戴着绚丽领带和穿着灯笼裤的年轻人,每个街角都有一座路边旅馆,每座山顶上都有咖啡馆以供他们聚会。[161]

当布莱顿(Brighton)❷提出为了将南邓恩斯(South Downs)❸从建设中保护下来,应

[156] Sharp, 1932, 4.　[157] Sharp, 1932, 11.　[158] Sharp, 1936, 98.
[159] Sharp, 1936, 107;1940, 119.　[160] King, 1980c, 462.　[161] Joad, 1938, 72-73.
❶ 安东尼·道格拉斯·金(Anthony Douglas King, 1931—),伦敦巴特雷学院教授,艺术史及社会学史教授。
❷ 布莱顿(Brighton),位于英国南海岸的一座十分活跃的城市。
❸ 南邓恩斯(South Downs),距离布莱顿最近的周边乡村地区。

该将土地作为一条赛车道出租时,不同态度之间的冲突立即表达出来。从苏塞克斯-邓恩斯人社团(Society of Sussex Downsmen)、《时代》、东西苏塞克斯议会以及上议院(House of Lords Committee)中立即传出愤恨之意。布克斯顿勋爵(Lord Buxton)在第二届雷丁辩论会(Second Reading Debate)中说道:"坦率而言,我并不反对这条车道本身,更重要的在于这条车道将会把很多人带到邓恩斯来,从而破坏了宜人的环境。"委员会主席莱德斯代尔勋爵(Lord Redesdale)对此不得不指出:"(将)采用各种手段将公众从邓恩斯赶出去,但是以后不允许说你是为了公众把邓恩斯保存下来。至少必须坦然承认,你是为了苏塞克斯-邓恩斯人社团以及真正的邓恩斯居民将邓恩斯保护下来。"[162]

于是,在当时所有英格兰农村的骚动中就出现了一些不同的声音,其中重要的一个就是年轻的伊芙琳·夏普(Evelyn Sharp),她是卫生部城乡规划委员会的秘书。她写道,有必要去

> 记住农村并不是有钱人和有闲阶级的保留地。乡村的骄傲之处正是在于自从战争以来的史无前例的建设发展,这种发展是每届政府竭其所能取得的,其结果就是为绝大多数的人们(这些人的能力非常有限)创造全新的、而且更好的社会状况……[163]

她认为,任何试图改变这个政策的行为将"毫无疑问与社区大部分人的愿望背道而驰"。[164]这位未来的常务秘书确实如是说道。

确实在当时,过渡时期开发导则(Interim Development Orders)覆盖了大约1 950万英亩的土地,或者整个乡村的50%(一半),而大规模的开发正在那里发生。在萨瑞这个最受伦敦扩张影响的郡县,几乎所有的地主都自觉地接受了对于开发的限制,以避免死亡和房产税。[165]当时卫生部的常务秘书评论道:

> 所有在乡村转过一圈的人都会看到,阵歇性的、无约制的、在战后威胁涌向南方的开发浪潮已经得到遏制,规划正开始在英国乡村涂抹上可以看到的一笔。[166]

1932年法是一个进步,它允许地方政府为所有地方,也包括农村地区,制定规划。到1942年时,英格兰73%的面积已经处在"准开发控制"之下,这与某种概念方案一起,成为得到支持的控制性机制。[167]但是并非每个人都认为这是有效的,当然也包括乔德教授。

到1938年时,威廉斯-埃利斯和乔德兄弟有了一位新的有力的支持者。弗兰克·匹克在1920年代和1930年代的每一次公开露面中都痛惜由于没能进行规划而错失良机。在1927年,"有许多规划,但是没有计划……人们有时可以十分完满地满

---

[162] Sheail, 1981, 107.　　[163] Sheail, 1981, 89.　　[164] Sheail, 1981, 89.　　[165] Sheail, 1981, 16, 76.
[166] Sheail, 1981, 128.　　[167] Crow, 1996, 404-405.

足一时之需,但是却没有顾及整体……对于伦敦而言,不幸的是直到现在仍然没有一个指导性的方向……它处在动物进化的低级阶段,此时大脑非常原始,神经散落于有机体的各个地方,以激发这种维持生物存活的活动"。在 1936 年,"这种开发……几乎等同于一种癌症的生长"。在 1938 年,危机是"一团无形的建筑","伦敦的乡村将因一种复合性的脓疱而受损"。[168]

他的声音一旦融入和声之中就变得无可抗拒。内维尔·张伯伦于 1937 年成为首相之后就立即成立了一个关于工业人口地理分布的皇家调查委员会,由安德森·蒙特乔-巴罗爵士(Sir Anderson Montague-Barlow)担任主席。次年,在出任巴罗委员会时,匹克就已经形成了这种观点:如果伦敦的扩张超出了由地铁经济原则所设定的 12～15 英里的范围,"伦敦必将不再是原来的伦敦……一个完整的概念"。[169]于是他认为,伦敦的扩张应当受到限制:"仍然将有可能首先布置工业,然后是居住,接着再是产业和居住,进而无限地进行建设,但是这将不再会是伦敦。它将围绕着伦敦加上一个工业城镇环,而那也将不是伦敦。"[170]因此,他赞同围绕伦敦建设至少 1 英里宽的绿环,并且在伦敦的外围控制新的工业。[171]

也许匹克对于规划的热情并非完全没有得到呼应,他希望控制伦敦在物质方面的发展,但并不控制就业的进一步扩张,而这符合伦敦交通的计划书。他预言性的担忧(车辆拥有量的增长将会导致低密度的扩张)也是公共交通倡导者所赞同的。[172]但是,在他所有的文章中呈现出一种连续的、几乎是漫画式的、经过有机规划的巨型城市连绵带的景象,在其中,一个完整融合的公共交通系统将为躯体提供神经系统,而土地使用规划将指导机体健康发展。匹克在 1930 年代确信所缺乏的还是土地使用机制:"目前名义上的规划只是闲置无用的。"[173]

在某种程度上,匹克加入到呼吁控制伦敦进一步增长的行伍中,并扮演重要角色。但他们之间也存在着某种微妙差异,例如,弗雷德里克·奥斯本(Frederic Osborn)当被问到是否赞同匹克那种如果一个城市不再增长,就意味着衰退的观点时,他回答道:"我甚至走到了另一个极端,认为从统计的角度而言,一座理想城镇就该是静止的。"当委员会于 1940 年提交报告时,它记录下匹克所提出的伦敦城区人口可以再增加 1 000 万～1 200 万的观点,但(委员会)对这一观点持反对态度。委员会从另一方面认为应该将伦敦人口分散到自治的新城之中,并且在总量上减少伦敦的人口[174]。

所以,巴罗委员会采纳了奥斯本式(Osborn-style)而非匹克式(Pick-style)的发展模式,即限制伦敦的发展——这样触发了一系列的事件,最终构成了 1947 年的城市与乡村规划法(*Town and Country Planning Act*)。英国最终将拥有一个土地利用规划体系,它可以有效地规制伦敦的发展——以及世界上每个城市、城镇和乡村的发展。

---

[168] Pick, 1927, 162;1936, 213;1938, para. 8.   [169] Pick, 1938, Q. 3099, 3101.

[170] Pick, 1938, Q. 3107.   [171] Pick, 1938, Q. 2999-3001, 3120-3121.

[172] Pick, 1936, 213;1938, Q. 2989.   [173] Pick, 1936, 210.   [174] Haywood, 1997, 58-60.

田园之城

不要去想六个笼罩于烟雾之中的郡县，
不要去想轰鸣的蒸汽与活塞的撞击，
不要去想丑恶城镇的扩张，
而是去想山丘上的驮马，
以及伦敦的梦想，小巧、清白并且洁净，
明澈的泰晤士河水萦绕于田园绿野之间。

威廉·莫里斯，《人间天堂》（*The Earthly Paradise*，1868）

让每个黎明的拂晓给你带去生活的开始，让每次太阳的沉落给你带去一天的收尾。然后，让每个这样短暂的日子留下一些为他人做善事的记录——也留下一些为你自己很好掌握的力量与知识。这样，日复一日，越来越强，你应当真正通过艺术、思想以及公正意愿来进行建造，对于一座英格兰的教会建筑你不能这样去说："看，这石头有多么的好！"而是说："看，这里的人有多么的好！"

约翰·拉斯金，《艺术讲座》（*Lectures on Art*，1870）
（源于雷蒙德·欧文喜欢的引注）

4
田园之城

田园城市的解决方案：伦敦、巴黎、
柏林、纽约(1900—1940)

　　虽然有些繁冗，但仍需要说明：尽管面对有力竞争，埃本尼泽·霍华德(1850—1928)在这整个故事中是最为重要的一个人物。因此，正确理解霍华德十分重要，因为几乎所有人都误解了他。许多自诩为霍华德研究专家的人都经常错误理解了他的全部观点。他们以一种贬损的方式将他称作为"规划师"，然而他却是以速记为生。他们说他提倡低密度的田园风格规划，实际上，他的田园城市的密度与伦敦内城相差无几——规划师们在很久以后才相信，这是需要很多高层塔楼才能达到的。他们将这种田园城市与在汉普斯特德的田园郊区(garden suburb)以及众多的模仿者相混淆。但是必须指出，他的一位重要执行者雷蒙德·欧文从一开始就对此进行了驳斥。他们还认为霍华德希望将人口迁往隔离在农村腹地中的小镇，然而他实际上却在设想着拥有成千上万，甚至几百万人口的"集合城市"(conurbations)❶的规划。他们指责他企图将人民如同棋盘上的棋子一样移来移去，然而事实上，霍华德所梦想的是一种自愿的自治社区。最大的误解在于，人们将他视为一名物质性的规划师，却忽视了这样的事实，霍华德的田园城市只是将资本主义社会改造成为无数个合作公社这一持续过程的一些载体。

　　他们不能指责霍华德为难了他们。霍华德在78年的生涯中只撰写了一本著作，以及它的简写本。该书1898年首次以《明天：一条通往真正改革的和平之路》(*To-morrow：A Peaceful Path to Real Reform*)为题出版，1902年以《明日的田园城市》(*Garden Cities of Tomorrow*)为题再版。后者也许更引人注目，但是它使人们从文字中真正的激进之处转移视线，将他从社会远见者降格为物质性规划师。

霍华德思想的根源

　　为了更好地理解霍华德的贡献，必须将他置于时代的背景之中。1880年代和1890年代霍华德在伦敦形成了他的思想，这是一个激进躁动的年代，如第一章所述。作为一名折中的思想家，他充分借鉴了许多当时流行的思想。[1]甚至还有另外一些更加

1　Osborn，1950，228-229.
❶　集合城市(conurbations)，帕特里克·格迪斯所提出的概念，详见第5章。

图 4-1　埃本尼泽·霍华德

伟大人物在一位不知名的演说者的贬斥下，变得非常谦卑（或许是惊慌失措），
其追随者似乎能够察觉到他的反应。大概拍摄于韦林田园城市。

图片来源：Town and Country Planning Association.

早期的影响。霍华德于 1850 年出生于伦敦城（人们对此的记忆是一块树立在巴比肯（Barbican）❶再开发项目边上的招牌，几乎可以肯定他完全不喜欢），成长在英格兰南部和东部的乡村小镇中：萨德伯里（Sudbury）、伊普斯维奇（Ipswitch）、切斯胡特（Cheshunt）。霍华德 21 岁时移民去了美国，并成为内布拉斯加州的一名拓荒者。他在那里碰到了"野牛比尔"（Buffalo Bill）❷²，从而有了一段作为农场主的灾难性经历。自 1872 年到 1876 年，他在芝加哥开始了作为一名速记员的生涯，并以此作为他

---

² Ward，2002a，16.

❶ 巴比肯（Barbican），英国伦敦市中心一高层住宅区，于 1982 年落成，是少数相当成功的现代主义集合住宅案例。欧洲最大的多元艺术和会议集聚地。

❷ "野牛比尔"是美国西部拓荒时代的传奇人物威廉·科迪（William Frederick Cody，1846—1917）的绰号，传说他曾在 17 个月中捕杀野牛 4 280 头，将牛肉供应修筑太平洋大铁路的工人。

的终身职业。我们对于这些年代知之甚少,但是对于霍华德必定是非常重要的。作为一名边境地区的农场主,他亲身经历了 1862 年的宅地法(*Homestead Act*)❶,它免费向先驱们开放草原和平原,从而建立起由繁荣的农场与小城镇构成的经济与社会,以及有利于促进农业技术和机械技术发展的教育系统。当时,作为一名芝加哥的居民,霍华德目睹了 1871 年大火之后城市的伟大重建。在这些前摩天楼的时代里,芝加哥以花园城市(Garden City)而著称。几乎可以肯定,这是霍华德更为著名的标题的来源。他必定见过由伟大的景观建筑师弗雷德里克·劳·奥姆斯台德设计的河滨新花园郊区住区,它坐落于离城 9 英里之外的德斯普兰斯(Des Plaines)❷河畔。³霍华德一直否认他是在芝加哥找到了灵感,但是其思想的主体结构必定起源于此。同样在这里,他第一次看到在 1876 年的一本手册中的经由规划过的城市的思想。这本手册是本雅明·沃德·理查森爵士(Sir Benjamin Ward Richardson)❸的《希格亚(Hygeia)❹,或者健康之城》(*Hygeia, or the City of Health*),它的中心思想是:较低的人口密度、良好的住房、宽阔的道路、一条地下铁路线和大量的开敞空间,这些都被纳入田园城市的构想之中。⁴

回到英国后,霍华德将自己和家人安置在斯托克纽文顿(Stoke Newington)❺地区一间位于单调街道上的斗室中,⁵并且开始急切地投入到思考与阅读之中。一场巨大的农业萧条正在迫使成千上万的人们离开土地进入城市,也就是伦敦的贫民窟。⁶霍华德加入了一个思想自由、辩论自由的组织:泽特协会(Zetetical Society)❻。该协会已经包括了乔治·萧伯纳和西德尼·韦伯,霍华德很快就和他们形成了良好的关系。⁷霍华德后来在书中坚持认为中心思想是完全由他自己提出的,只是随后也从其他作者那里获得了一些细节。但是霍华德肯定大量借鉴了他人的思想。他从赫伯特·斯宾塞(Herbert Spencer)❼那里借用了土地国有化的思想,随后又从一位被遗忘了的前辈托马斯·斯宾塞(Thomas Spence)❽那里发现了一个更好的方法:由一个社团以农业价格购买农田,然后随着一座城镇建设所带来的增长价值将会自动偿还

---

3 Osborn, 1950, 226–227; Stern 1986, 133–134.　　4 Beevers, 1987, 7.

5 Buder, 1993, 31.　　6 Beevers, 1987, 9–10.　　7 Beevers, 1987, 13–14.

❶ 宅地法(*Homestead Act*),1862 年美国第 16 届总统 A. 林肯颁布的一项旨在无偿分配美国西部国有土地给广大移民的法令。它是美国历史上一项著名的经济措施,又译"份地法""移居法"。

❷ 德斯普兰斯(Des Plaines),芝加哥地区最长的河流,伊利诺伊河的支流。历史上原住民的长期沿河航行,使之成为从密歇根湖向西走向密西西比的主要水道。

❸ 本雅明·沃德·理查森爵士(Sir Benjamin Ward Richardson,1828—1896),英国著名的医学家、卫生学家以及有关医药史的多产作家。

❹ 希格亚(Hygeia),希腊神话中的健康女神,为医药神 Asclepius 的女儿。

❺ 斯托克纽文顿(Stoke Newington),伦敦一地区名,位于伦敦哈克尼自治区。

❻ 泽特协会(Zetetical Society),即探索学会,约翰·斯图亚特·穆勒的文章《论自由》刚刚发表的时候,成立过一个"辩证学会"(Dialectical Society)来讨论这篇文章,这个学会曾名噪一时。探索学会就是仿照这个学会建立起来的,只是没有它那么著名。

❼ 赫伯特·斯宾塞(Herbert Spencer,1820—1903),英国哲学家、教育学家、社会学家、心理学家和早期进化论者。

❽ 托马斯·斯宾塞(Thomas Spence,1796—1853)赫伯特·斯宾塞的叔父,社会专题作家、社会改革家。

社团的支出。但是托马斯·斯宾塞并没有解释人们如何去利用土地——这就使霍华德注意到经过规划的聚居化(colonization)。这个概念在 J. S. 穆勒(John Stuart Mill)❶的《政治经济学原理》(*Principles of Political Economy*)中得到处于前马克思主义时代的社会民主基金会的提倡,得到凯尔·夏蒂(Keir Hardie)❷的提倡,并尤为特别地得到一位苏格兰裔的美国哲学家托马斯·戴维逊(Thomas Davidson)❸的提倡,他建立了新生活协会(Fellowship of the New Life),费边社就是从中分离出来的。(这正如萧伯纳特有的说法:"一个坐在蒲公英之上,另一个则摸索于草丛之中。")❹[8]爱德华·吉本·魏克菲尔德(Edward Gibbon Wakefield)❺在 50 年前就已经提出为穷人规划聚居区的设想。他所促成的方案,也就是威廉·莱特上校(Colonel William Light)❻为南澳大利亚州阿德莱德(Adelaide)❼所提出的著名方案。方案提供了这样一种设想,一旦某个城市达到了一定规模,就应当开始建设第二座城市,并通过一条绿带与之相隔离:这就是霍华德所承认的社会城市(Social City)概念的来源。尽管雷蒙德·邦克(Raymond Bunker)❽已经证明在莱特上校的规划中,北阿德莱德从一开始就是规划中的一个组成部分,而不是霍华德所设想的随后产生的卫星城。[9]自 1986 年以来,质疑声音此起彼伏,当唐纳德·莱斯利·约翰逊(Donald Leslie Johnson)和他以前的博士生唐纳德·拉格梅德(Donald Langmead)认为,是代理人查尔斯·斯特里克兰·金斯敦(Charles Strickland Kingston)而非莱特本人,不仅选择了基地,而且也担当了阿德莱德规划的主持设计师,并将文艺复兴时期的佩德罗·卡塔尼奥(Pietro Cataneo)的设想(1567)运用于基地。2008 年,他们又一次指控。[10]罗伯特·弗雷斯通(Robert Freestone)尖刻地记录下:"当它还没有演变成为混斗互殴时,我就已经在一些研讨会上看到一些简短而激烈的交锋,此时问题已经开始浮出水面(但仅限于阿德莱德)[11]。"詹姆斯·斯尔克·伯金汉姆(James Silk Buckingham)❾为一座示范城镇所做的规划为霍华德提供了田园城市模式中大部分主要特征的原型:中央广场、放射大道以及外围工业。在诸如利物浦附近利华

8　Meller,1990,67.　　　9　Bunker,1988,66.　　　10　Johnson,2008,235.　　　11　Freestone,2008,222.

❶ J. S. 穆勒(John Stuart Mill,1806—1873),英国著名政治经济学家,19 世纪西方自由主义的鼻祖。
❷ 凯尔·夏蒂(Keir Hardie),英国工人领袖、工党先驱领袖。
❸ 托马斯·戴维逊(Thomas Davidson,1840—1900),哲学家和讲演者,在英国和美国各地走访讲演,精通多国语言。他最成功的工作是在纽约与教育联盟结合,进行了一系列的社会学讲座。
❹ 萧伯纳用这句话来描述描述基于丰富想象的新生活社团与相对保守的费边社之间的差别。
❺ 爱德华·吉本·魏克菲尔德(Edward Gibbon Wakefield,1796—1862),英国的南澳大利亚和新西兰殖民者,也是论述加拿大殖民地政策的《达拉谟报告》作者。他提出有计划地移民新西兰的想法,并认为殖民聚居地的结构应该效仿英国社会的结构。许多新西兰的城市与城镇都是根据这个理念建造的。
❻ 威廉·莱特上校(Colonel William Light,1786—1839),杰出的军官和南澳大利亚的测绘局长。阿德莱德的设计者,并确定了阿德莱德的选址。
❼ 阿德莱德(Adelaide),南澳大利亚州的首府,澳大利亚第四大都市,最初在 1836 年由英国殖民者建立,成为澳大利亚第一个自由殖民地。
❽ 雷蒙德·邦克(Raymond Bunker,1929—),在悉尼大学和南澳大利亚大学教授城镇规划和城市事务。
❾ 詹姆斯·斯尔克·伯金汉姆(James Silk Buckingham,1786—1855),英国的作家和旅行者,一生的大部分时间都用于旅行,讲授和写作关于旅途的一些事情,并大力提倡社会改革。

城的阳光港(Port Sunlight)❶,以及伯明翰城外的卡德伯里的伯恩村(Bournville)❷
等案例中,为农村地区的先驱性工业化乡村提供了一种从拥挤城市中成功进行工业
疏散的具体模式和操作示范。

　　经济学家阿尔弗雷德·马歇尔在 1884 年的一篇文章中就已经指出:"从长远来
看,将伦敦大量的人口迁往乡村在经济上是有利的——这将有利于那些迁走的人
们,也有利于留下来的人们。"[12] 他的思考在于新技术将使这样的疏散成为可能——
这种观点也被无政府主义者彼得·克鲁泡特金(Peter Kropotkin)❸ 在他于 1898 年
写的《田野、工厂和作坊》(*Fields Factories and Workshops*)❹ 一书中所支持,这肯定
影响了霍华德。而马歇尔甚至提出了运作机制:

> 　　无论是否专门针对这个目标,应当为某个委员会制定总体规划,去引导人
> 们在远离伦敦烟雾范围之外的地方形成一个聚居区。在看到人们怎样在那里
> 购买或建造舒适的村舍之后,委员们将与某些低收入的劳动雇员进行交流。[13]

传承了霍华德式激情的想法正是基于关键性的假设,正如罗伯特·费什曼(Robert
Fishman)指出:工人能够远离大城市,在一种独立自治的小城市里找到稳定工作。
这种观点在接下来一个世纪的大部分时间里得以证明,但是进入 21 世纪以来,我们
又回复到 1890 年代那种混乱、随意的工作模式。[14]

　　查尔斯·布斯当时正痛苦地思考着 B 阶层穷人的问题,也就是"社会问题关键
之处",他也已经得出了一个母版式的相同结论,"作为济贫法(*Poor Law*)❺ 的一种
深化",通过在伦敦城外创建劳动者聚居区来将他们从劳动大军中撤离出来:

> 　　我的想法就是,这些人应当可以以家庭的方式生活在工业群体之中,落根
> 于土地与建筑材料都很便宜的地方。他们拥有良好的住房、饮食和采暖,拥有
> 良好的教育、培训,并且从早到晚,在家或者外出,为了他们自己或者政府的目
> 标而工作,去建造他们自己的住房、耕作土地、纺织布匹,或者制作家具。作为
> 回应,政府应当提供材料以及其他所需要的东西。[15]

布斯承认这种解决方法是残酷的:"所提供的生活是不会有吸引力的","其困难之处
就在于诱导或驱使人们去接受一种规则化的生活"。与他同名(没有关系的)的救世

---

[12] Marshall, 1884, 224.　　[13] Marshall, 1884, 229.　　[14] Fishman, 2002, 62-66.

[15] Booth, 1892, 167.

❶ 阳光港(Port Sunlight),一百多年前,肥皂大王威廉·利华(William Lever)在利物浦附近建立了他的第一个
　肥皂厂,并且命名为阳光港。

❷ 伯恩村(Bournville),英国伯明翰郊外由巧克力制造商卡德伯里建造的伯恩村。

❸ 彼得·克鲁泡特金(Peter Kropotkin, 1842—1921),俄国无政府主义革命家、地理学家、动物学家和政治散
　文家。最重要的无政府主义者和第一批无政府主义思想的提倡者。

❹《田野工厂和作坊》(*Fields Factories and Workshops*),是克鲁泡特金无政府主义者文章的里程碑,无政府主
　义者最为重要和积极的政治立场的表述。

❺ 济贫法(*Poor Law*),最早的"济贫法"是 1601 年的贫民救济法,1834 年颁布的贫民救济法修正案被称为"新
　贫民救济法",即政府介入和干预济贫的做法。

军的威廉·布斯将军（William Booth）同样也提倡将贫困者迁居到带有小型工业的农业小家庭的聚居区中，与伦敦保持适当距离，但又离任何城镇与乡村足够远，以避免作为文明毒树的公共住房的影响[16]：这是霍华德在其著作中所采用的一个建议，并随后应用到了无生趣的莱切沃斯中，斯奇托（Skittles）❶酒馆在那里提供乡间娱乐和全程带有柠檬汁和姜汁啤酒的社交活动。

巴内特教士 1892 年的汤因比委员会（Toynbee Commission）沿袭了同样的传统，为了"道德衰败的残渣"而呼唤"工业化制度"，实行"在人类纪律之下的强制劳动"，这是一种后来由费边社所采用的解决方法。[17]但是，霍华德跟随马歇尔，并没有将他的田园城市视为一种为不名一文的穷人所提供的聚居区。相反，田园城市将由紧邻的上面阶层（查尔斯·布斯的阶层 C）来建立并管理，他们会因此从城市贫民窟的奴役中解脱出来。于是，霍华德的方案更多来源于由亨利·索利神父（Reverend Henry Solly）❷建立的工业乡村促进会（Society for Promoting Industrial Villages），它在 1883 年至 1889 年期间盛极一时。[18]霍华德的解决方法并不是家长式的（至少，与某些留传下来的含义不同），而肯定是属于无政府主义传统的。

到 1880 年代末时，霍华德已经拥有了所需要的全部思想，但是他仍然不能将它们糅合在一起。真正的启发来自于爱德华·贝拉米（Edward Bellamy）❸销量最好的科学小说《回头看》（Looking Backward），此书在美国出版后不久，霍华德于 1888 年时就阅读过它。他本人承认曾经受过此书的影响，[19]至少自从 1892 年起，霍华德就开始向更加进步的伦敦党派阐述他的思想。[20]

因此霍华德的每一个思想都有更早的原型，经常被转手好几次：勒杜（Claude Nicholas Ledoux）❹、欧文、潘伯顿（Pemberton）、伯金汉姆和克鲁泡特金都曾提出过由农业绿带环绕的、人口有限的城镇设想。另外，圣西门（Henri de Saint-Simon）❺和傅立叶（Jean Baptiste Joseph Fourier）❻也曾经提出过城市作为区域综合体的元素的设想。[21]马歇尔与克鲁泡特金看到了技术发展对于工业区位所产生的影响，克鲁泡特金与爱德华·贝拉米也赞同小规模的作坊将会流行起来。但是，霍华德由于受到贝

---

[16] Booth, 1890, 128.　　[17] Stedman Jones, 1971, 305-306, 334.　　[18] Buder, 1990, 23.
[19] Beevers, 1987, 18, 27.　　[20] Beevers, 1987, 30.　　[21] Batchelor, 1969, 198.

❶ 斯奇托（Skittles），一种很像保龄球的撞柱游戏。

❷ 亨利·索利神父（Reverend Henry Solly, 1813—1903），牧师，1862 年建立工作者俱乐部和协会联盟。1869 年在伦敦成立"组织慈善救济及抑制行乞协会"，旋即易名为"慈善组织会社"，是世界第一个慈善组织协会。

❸ 爱德华·贝拉米（Edward Bellamy, 1850—1898），美国空想社会主义者，作家，记者。于 1888 年写成一部未来社会主义乌托邦小说，题为《回顾 2000—1887》。

❹ 勒杜（Claude Nicholas Ledoux, 1736—1806），法国建筑师，启蒙时代最杰出的建筑师之一，其作品具有折中主义及空想主义的建筑风格，且带有法国大革命前的早期的社会理想。针对当时法国社会所存在的问题，提出他心目中理想的社会改良方案，从建筑师角度提出一个"理想国"——绍利理想城。

❺ 圣西门（Henri de Saint-Simon, 1760—1825），法国哲学家，经济学家，空想社会主义者。早年受启蒙运动影响，拥护法国大革命，主动放弃伯爵爵位。为研究和宣传社会主义学说，倾注了毕生精力。他设想未来的理想制度是一种"实业制度"。

❻ 傅立叶（Jean Baptiste Joseph Fourier, 1768—1830），"乌托邦式社会主义"的代表人物之一。

拉米的《回头看》的影响,放弃了他集中式的社会主义管理,以及对于个人服从于组织的坚持,他将此视为专制性的。[22]霍华德本人的传记作者罗伯特·毕伏斯(Robert Beevers)指出,所有这些重要的影响都来源于英格兰异政(dissenting)❶的传统。除了克鲁泡特金之外,他们都不是欧洲大陆的。[23]

从更加广泛的角度来看,霍华德不可能不受"回归土地运动"(Back to the Land Movement)的影响,该运动受到城市扩张与城市衰败、农业萧条、怀旧情结、部分宗教动机以及反维多利亚保守主义等因素的推波助澜。它于 1880 年至 1914 年间在知识分子中间风行一时:这是一场真正不一样的运动,在很多方面与发生在 1960 年代与 1970 年代的运动有许多相似之处。[24]至少可以追溯出 28 个这一类 19 世纪的社区,除了五六个之外,它们都是农村性质的。它们的居民包括乌托邦社会主义者、农村社会主义者、宗派主义者以及无政府主义者。它们极少能够长期存在,尽管有时它们的住区可以延续下来,但也完全走样了:由赫特福德郡(Hertfordshire)的基督徒于 1848 年在他们的政治要求失败之后建立的希罗斯盖特(Heronsgate),今天则是一个紧邻着 M25 高速公路的时髦的证券经营社区。[25]在这些宣言的后面则是一场由莫里斯和拉斯金之类的作家们很好地表述出来的更加广泛的运动,其目标是避免工业化带来的更加严重的陷阱,回归到基于手工业和社区的一种更加简单的生活。因此,正如霍华德所写的,社区建设的思想四处弥漫着。

田园城市与社会城市

随后,思想成分就与原先大不相同了。霍华德所能够宣称的(在某章标题中)就是,他的思想是各种思想之间的一种奇特融合。他从三个磁铁(Three Magnet)这一著名的模式开始着手。今天,这个模式散发着古老的魅力,尤其是在第一版的彩色版本中。但是它盈盈一页的复杂观点如果以现代术语进行讲述则需要更多的篇幅。必须承认,维多利亚时期的贫民窟城市在许多方面是一个恐怖的地方,但是,它也提供了经济和社会方面的机会、方向与人力资源。维多利亚晚期的乡村(现在人们经常以一种多愁善感的方式来看待它)事实上也是同样没有希望的。尽管它提供了新鲜空气和自然环境,但是由于受到农业衰退的困扰,它不能提供足够的工作和薪酬,更不能提供足够的社会生活,但是仍有可能去兜圆这个圈:通过一种新型的住区(也就是城镇乡村(Town-Country))将城镇与乡村的最好之处结合到一起。

为了实现这个目标,应当由一群人(必须包括若干拥有商业实力与诚信的人)成立一个有限股份公司,筹资在乡村建立一座田园城市,(它需要)足够远离城市来确保可以用处于谷底的、衰退的农业土地价格购买土地。这群人应当获得开明工业家

---

22 Meyerson, 1961, 186; Fishman, 1977, 36.   23 Beevers, 1987, 24.   24 Marsh, 1982, 1-7.
25 Darley, 1975, Ch. 10; Hardy, 1979, 215, 238.
❶ 异政(dissenting),指对政府的政策持不同意见。

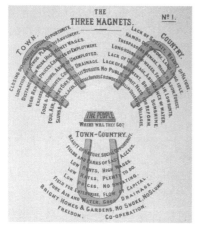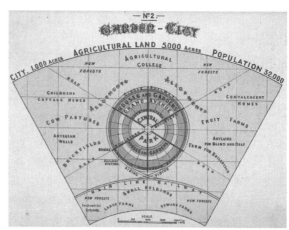
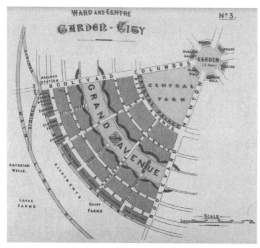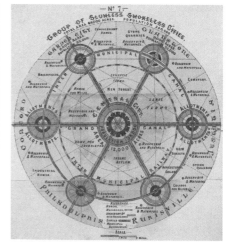

图 4-2 明日的田园城市

霍华德的杰作 1898 年第一版《明天》中的关键图表。其中第四幅表达了他想象的
复合中心型社会城市，但是这张图表后来就再也没有以完整的形式再版过。

图片来源：© British Library Board/Robana.

们的认同，并把他们的工厂搬迁过来，他们的工人也要搬迁过来，建造他们自己的住房。田园城市将有一个明确的极限——霍华德设想是 3.2 万人生活在 1 000 英亩的土地上，这是伦敦中世纪历史城区的一倍半。它将被更为广阔的永久性绿带所环绕，同样也为公司所拥有（霍华德认为是 5 000 英亩）。它不仅包含了农场，而且也包含了各种各样的城市设施，例如可以从乡村区位中获益良多的康复与疗养中心。

随着越来越多的人口迁移出去，田园城市将会到达它的规划极限。到那时，另一个田园城市可以在不远之处再开始建造。这样，长此以往，将会发展出一个几乎无限延展、尺度巨大的聚落。在其中，每一个田园城市将会提供广泛的就业和服务，而且每一个将会以一种快速交通系统（或者是霍华德所称的一种城际铁路）与其他的田园城市连接起来,以此来提供大型城市所拥有的经济与社会机会。霍华德将其称之为社会城市的多核景象。由于这个模式图在第二版以及后面所有版本中被删除,几乎所有的读者都不能理解这是城镇乡村(而不是单个的田园城市)——第三块磁铁——的具体体现。

尽管人们通常把这仅仅视作一幅物质性蓝图[26],但是它远远不止于此。在第三块磁铁下面最后的文字是:**自由、合作**。它们不仅仅是一种修辞,而是规划的核心。诚如刘易斯·芒福德于1946年在介绍该书时正确地说道:霍华德对于物质形式的兴趣比起社会过程要小得多。[27]关键之处在于市民将会永久性地拥有土地。每一个田园城市的土地及其周边绿带(一个6 000英亩的地区(2 700公顷))将会在公开市场上以衰退的农业土地的价格来购买:每英亩40镑(每公顷100镑),或者总共24万镑,资金可以来自利息4%的贷款,这片土地可以合法地归属于4个董事会成员。[28]霍华德认为,田园城市的发展很快就会提升地价,接着就是租金。[29]这就是霍华德思想的核心创新点:租金可能并且将会稳步提升,董事会就可以偿还贷款,并且随后不断获利来提供一种地方性的福利。[30]所有这些都在第一版中体现于另一张随后被删除的彩色模式图中,导致的一种可悲后果是人们误解了霍华德的信息:该模式以"地主租金的消失点"(The Vanishing Point of Landlord's Rent)为题,解释了随着城市土地价值在田园城市中不断提高,资金将如何流回到社区中去。另外,它们使之有可能"去为目前受困于工厂住房中的老年穷人寻找到自由的食宿;在业已降临的沮丧中,消除绝望并唤起希望,平息尖锐刺耳的愤怒之声,唤起友爱善良的温柔之音"。[31]

这样霍华德就可以宣称他所设想的是第三种社会经济系统,比维多利亚时期的资本主义和官僚集权化的社会主义都要好。它的核心就是地方管理和政府自治。服务由城市政府提供,或者由被证明更加有效的私人公司提供,其他则来自于市民本身,体现于一系列霍华德所宣称的原型城市(pro-municipal)❶的实验。另外,市民可以通过使用建筑社团、友好社团、合作社团或贸易联盟所提供的资金,自己建造自己的房屋,而这些行为反过来又会促进经济发展。霍华德早于凯恩斯或罗斯福40年找到了解决社会衰退问题的方法。

然而,霍华德的规划无需大规模的中央政府干预,它可以通过成千上万个小规模的组织来完成:每个人都是一名手工业者、一名企业家。他认为,这将需要来自各个方面的极高天赋,"来自工程师、建筑师、艺术家、医生、卫生专家、园艺师、农业专家、调查员、建造商、制造商、商人金融家、贸易联盟友好合作社团的组织者,以及最简单的无技术工人和那些各种各样的无技术的人们"。[32]这是一种典型的美国景象:家庭住宅的精神,它被带回工业化的英国。但这是一种作为新技术的家庭住宅方

26 Ward, 2002b, 224.　　27 Mumford, 1946, 37.　　28 Howard, 1898, 13.　　29 Howard, 1898, 21.
30 Howard, 1898, 20-21.　　31 Howard, 1898, 141.　　32 Howard, 1898, 140.
❶ 霍华德《明日的田园城市》第8章的内容,是指引导实行一种较公正、较好的土地占用制度,并在如何建设城市方面树立一种较好、较合情理的观点的试验,以促进城市福利为目的。

式,用来创造一种新的社会经济秩序:除开它令人震撼的现代性,即使在下一个世纪,这也是一种伟大的远见。

对于霍华德而言,土地共同所有权是田园城市的重要基础。"但是,在霍华德眼中,土地的集体所有权是难以实现的。其他形式的资本可以是私有的、公有的,或集体所有的。这完全取决于那些入住新型田园城市中的人群。"[33]但是通过合作租赁形式而来的集体供给同样涉及住房,这一形式成为了莱切沃斯以及1914年以前许多花园郊区,还有一些在莱切沃斯的产业的核心机制。

莱切沃斯与汉普斯特德:欧文与帕克

于是,霍华德就是一位有着伟大梦想的梦想家,但是他不仅于此:他还是一名杰出的实践者。回到霍华德著作中的现代读者,会对它是由如此众多的关于财政计算的篇幅构成感到惊奇,霍华德并非为了描述一种乌托邦式的简单生活来进行写作,而是为了那些确保能够收回投资的唯利是图的维多利亚时代的商人而写。这些计算表达出现实性:在低膨胀率的维多利亚晚期的英格兰,统一公债可以以低至每年2%的利息进行支付,"慈善加上5个百分点"成为一个著名的概念。[34]

在(田园城市)规划众多闪亮的特征中,其中之一就是它能够很快地通过一系列可以逐渐相互加强的、彼此独立的地方机构来实现。正如丹尼斯·哈迪(Dennis Hardy)所描写的,田园城市是"半个乌托邦",是一种可以在一个不完美世界中实现的完美城市。[35]所以在该书出版8个多月后,霍华德于1899年6月21日在伦敦法灵顿大街(Farrington Street)纪念堂❶召开的一次会议上,负责领导成立了一个田园城市协会(Garden City Association,GCA)来讨论他的设想,并且"按照经过现实调整的项目方向,最终形成一个可操作的方案"。他很注重使方案在政治上获得两个政党的支持,同时也包括制造商、商业主、金融家以及操作员、艺术家和牧师的支持。[36]到了1902年,当该书第二版删减掉那些主要模式图时,该协会的成员已经上升到1 300多人,其中包括2名贵族、3名主教以及23名国会议员,也包括马歇尔等一些学者和6名工业家(包括卡德伯里、利华以及约瑟夫·罗恩翠(Joseph Rowntree)❷)。拉尔夫·内维尔(Ralph Neville)是一名后来很快成为法官的著名律师,他于1901年成为委员会的主席,为之注入强烈的实践性。一位年富力强的苏格兰记者托马斯·亚当斯(Thomas Adams)被任命为秘书,并做出了许多贡献。[37]但是在此之前的

[33] Ward, 2002a, 23.　　[34] Hall and Ward, 1998, 26.　　[35] Hardy, 2000, 73-74.

[36] Macfadyen, 1933, 37; Beevers, 1987, 72.

[37] Macfadyen, 1933, 37; Simpson, 1985, 2; Beevers, 1987, 72-73, 79-80.

❶ 1863年在伦敦建成的世界上最早的地铁就是以法灵顿为终点。

❷ 约瑟夫·罗恩翠(Joseph Rowntree, 1836—1925),英国慈善家,著名的国际品牌的食品商,生产可可、巧克力、菊苣等。同时,对公共工作感兴趣,并积极地投身于提高雇员素质的事业,并希望找到解决贫困的方法,1863年出版了一份关于贫穷和犯罪之间的统计学调查报告。

图 4-3　新伊尔斯维克

围绕着一片围合绿化空间的一个经典的欧文-帕克设计，
意图重新获得中世纪四合院的社区品质。
图片来源：The Joseph Rowntree Archive.

1900 年，年轻的 GCA 已经决定成立第一田园城市有限公司（First Garden City，Limited），投资 5 万英镑以及 5％的利息。两年之后，田园城市先锋公司（Garden City Pioneer Company）的注册资金已经达到 2 万英镑，以此来搜寻潜在的基地。[38]

　　先锋公司的负责人严格按照霍华德制定的标准：一块 4 000～6 000 英亩的基地，拥有良好的铁路连接，以及令人满意的水源和良好的排水。斯塔福德（Stafford）东侧的切德莱卡索尔（Childley Castle）是一块很好的基地，但是由于距离伦敦太远而被舍弃。距离伦敦 34 英里的莱切沃斯则处在农业严重衰退而土地价格极低的状态，符合标准，经过与 15 位地主的缜密谈判，先锋公司以 155 587 英镑购买了 3 818 英亩土地。第一田园城市公司于 1903 年 9 月 1 日注册，资金 30 万英镑，其中 8 万英镑以 5％的红利当即募集。[39]在经过一场小范围的竞争后，雷蒙德·欧文与巴里·帕克于

38 Macfadyen, 933, 37-39；Simpson, 1985, 14.　　39 Culpin, 1913, 16；Simpson, 1985, 14-17.

1904 年被选为建筑规划师。[40]

　　现在关键的是需要注入更多的商业技能:第一田园城市公司以内维尔为主席,另外还有 7 名实业家,包括卡德伯里、肥皂大王利华、软饮料制造商伊德利斯(Idris,他以"我渴,所以我喝"的口号来营销),再加上一位棉花纺纱机商人、一位报刊业主、一位钢铁厂主。托马斯·亚当斯被从田园城市协会临时借调而来,他以一种令人惬意的轻松方式成立了一家新公司。虽然亚当斯精力充沛、想象丰富、思维敏捷、魅力十足并且幽默机智,但他还是缺乏管理经验。[41]

　　公司在宣传方面也取得了成功,在 1905 年的夏天,6 万人前来参观新城的进展。[42]但是正如丹尼斯·哈迪所总结的:

　　　　由于建造一座新城需要大量资金,这使得霍华德放弃了那种本着"合作共同利益"而即刻可以从激进派内部募集主要资金的思路,而是逐渐转变到爱德华公司董事会以及绅士会费俱乐部的思路上来。[43]

乔治·萧伯纳是霍华德一生中最为坚定的支持者,也是一位最为严厉的批判者,他准确道出了霍华德的弱点:

　　　　我们从星期六到昨天前往辛德黑德(Hindhead)。星期一,田园城市的元老埃本尼泽在辛德黑德厅发表演讲。他以一种神妙的方式展现着按照《马丁·朱述尔维特》(Martin Chuzzlewit)❶中斯卡德先生的风格形成的繁华住区的前景。尽管我非常迫切地想帮助他跨上这个台阶,但却不得不令人扫兴地指出,听众们极其不赞同他的方案。在气氛变得万分尴尬的情况下,会议主席最终提议,再次对他表示感谢。我高高地举起了手,其他人也跟着举手,从而使埃本尼泽免于尴尬。我指出制造商们已经做好了充分准备来走进乡村,但是他们前往那里是为了寻找廉价劳动力。我提出进行城市建设的 6 个大型制造商应当提供良好的薪酬,反过来他们也可以从房租和商铺租金中收益良多,或者直接从肉店、面包房和牛奶房的利润中获得收益,企业同样也要对它们进行支付。对此,辛德黑德的无产阶级们交头接耳,并且认为我才是真正理解制造业本质的人,而老古董只是仁慈的泥淖中的一眼清泉。[44]

智慧超凡的萧伯纳已经掌握了问题的关键之处。早在 1901 年,他就给内维尔写了一封信,在信中他对资本家是否会赞同某种限制他们自由的信用契约提出了质疑。资本家也许最多会容忍让利 5%,但是他们不会献出他们的利润。实现理想的唯一出路可能就是如同电报与公共道路一样,使田园城市国有化。[45]

---

[40] Miller, 1992, 52~54.　　[41] Simpson, 1985, 17.　　[42] Beevers, 1987, 86, 98-100; Hardy, 1991a, 47, 52.
[43] Hardy, 1991a, 47.　　[44] Quoted in Beevers, 1987, 70.　　[45] Beevers, 1987, 73-76.

❶《马丁·朱述尔维特》(Martin Chuzzlewit),查尔斯·狄更斯写于 1843—1844 年的小说。通过资产者安东尼和朱述尔维特父子之间的勾心斗角的关系,揭示了资本主义社会中人与人之间赤裸裸的金钱关系。斯卡德先生(Mr. Scadder)是其中的一个人物。

萧伯纳很快就被证明是对的。莱切沃斯周期性投资不足：在 1903 年正式开幕时，预算所需的 30 万英镑仅仅募集到 4 万英镑，并且全部来自领导者。一年之后，现实表明企业并没有被吸引过来。当大出版商 J. M. 邓特(J. M. Dent)的印刷与装订工厂被吸引过来之后，这就已经是一个很大的突破了。[46] 在开头两年中只有 1 000 个居民到来，他们大多数是理想主义者以及艺术家，他们后来给莱切沃斯带来了那种最不想要的随意、任性的名声："这里完全是行为古怪者们用来展示自己的地方，而不是我们所向往的郊外。我们期望他们将这疯狂的城市迁往更加靠近阿烈斯莱(Arlesley)❶的某处。"[47] 阿烈斯莱是当地的精神病院，这无疑是有点过分了，但是仍然有理由去怀疑。[48] 在一个名为克罗伊斯特尔(Cloisters)的居民村，村民们睡在由帆布帘隔开的吊床上，而吊床围绕着一个大理石喷泉呈马蹄形状布置。他们按照据说是克鲁泡特金的方式来种植小麦，对每一株小麦都予以个别的关注，其收获却主要是杂草和蓟草。[49]

在很长一段时间内，公司没有能力去建造住房、商店、工厂或公共建筑，直到 1913 年才有红利分配，而且只有 1%。[50] 不久，领导层解除了霍华德所有的管理职务，也许他也已经意识到自己并不适合这份工作。[51] "领导层是一个不断变化着的群体，一群神经质的人，他们焦急等待着即刻的盈利，也担心即刻的垮灭。"[52] 1905 年 8 月，仅仅一年多之后，他们用 W. E. H. 冈特(W. E. H. Gaunt)替换了亚当斯。冈特是特拉福德帕克(Trafford Park)的主管，并且是那种应当被任命在第一线的人。[53]

直到此时还没有提及任何依法将权力逐步转交给社区的田园城市协会的备忘录和条款。[54] 领导者当时在有关如何从社区中收费这样的关键问题上犹豫不决，于是就形成了一种妥协。房客们有两种选择：一种是调整为 10 年期(而不是 5 年)的"霍华德租约"，另一种则是常规的 99 年固定租约；大多数人很自然地选择了第二种。[55] 霍华德及其主要思想被实质性地排除在框架之外，亚当斯从委员会中退出，很可能就是因为他反对"新政策"。[56] 正如罗伯特·费什曼(Robert Fishman)所评论的，田园城市并没有成为资本主义的一种和平替代，而是成为资本主义的一种保护工具。[57]

事实证明，领导者在其他事情上也同样是保守的。1905 年，他们放弃了计划中带有布克斯顿(Buxton)❷风格的弯月形城镇中心建筑。它后来被用于一个将会成为范例的村舍展览，雷蒙德·欧文将精力转向汉普斯特德田园郊区住区。事实上，这种尝试也缺乏效果，它表明住房可以用低至 150 英镑的价格来建造，并且将租金确定在每周 22 便士到 82 便士之间。但是即便如此，对于那些不得不在田园城市之外寻

[46] Jackson, F., 1985, 71; Simpson, 1985, 20, 35.　　[47] Macfadyen, 1933, 47.
[48] Marsh, 1982, 238-239.　　[49] Marsh, 1982, 238-239.　　[50] Creese, 1966, 215-16; Fishman, 1977, 71.
[51] Beevers, 1987, 82, 86-89.　　[52] Simpson, 1985, 35.　　[53] Simpson, 1985, 35.
[54] Beevers, 1987, 90.　　[55] Beevers, 93-96.　　[56] Simpson, 1985, 38.　　[57] Hardy, 1991a, 47.
❶ 阿烈斯莱(Arlesley)，是英国贝德福德郡的小镇，历史上，阿烈斯莱是一个皇家庄园和集镇，曾是该地区最富裕的教区。
❷ 布克斯顿(Buxton)，位于德比郡，是一座温泉疗养城镇，其风格较偏向于陶立克风格。

找更差住房的无技术工人来说，也是太昂贵了。讽刺性的是，新闻界将这些住房视为更适合于周末度假者而不是预期中的穷人，《曼彻斯特晚报》（*Manchester Evening Chronicle*）描写了中产阶级女性蜂拥而至："多可爱的小不点，小地方。""噢，多么，多么讨人喜欢呀！"[58] 第一批住房中有许多是由投机建造商按照帕克与欧文所希望废除的设计来建造的。[59] 然而，欧文仍然担任顾问建筑师的职务，直到 1914 年 5 月与帕克解除了他们的合作关系；C. B. 普尔多姆（C. B. Purdom）认为，"在斗争中遭到失败的欧文于 1906 年逃往汉普斯特德田园郊区住区……莱切沃斯再也见不着他了"，这句话似乎是一种甚为伤感的评述。[60]

尽管如此，最初的中产阶级猎奇者们不久就被作为田园城市存在基础的蓝领工人所取代。然而讽刺性的是，他们没有以一种合作精神参与到这项事业中来，他们信奉着贸易一体化与社会主义。[61] 在一场自身带有许多特别讽刺之处的发展过程中，许多人加入到往返通勤者的行列之中，他们来自相邻的希金（Hitchin）❶，前往巨大的斯皮莱拉（Spirella）❷工厂，"去制造莱切沃斯的妇女们显然不会去穿的紧身胸衣，但是她们的丈夫则把它们以高额利润销售给其他城镇中较为愚弱的妇女们"。[62]

图 4-4　莱切沃斯

帕克和欧文在第一个田园城市中进行表达的，中世纪风格村庄中的绿色基调。

图片来源：Peter Hall.

58　McGahey，1990，17-18.　　59　Fishman，1977，71-72；Beevers，1987，113-114，131；Sutcliffe，1990，262.
60　Miller，1992，75.　　61　Simpson，1985，34.　　62　Macfadyen，1933，51；Marsh，1982，234.
❶　希金（Hitchin），英国赫特福德郡的历史性的集镇。刚开始是作为麦西亚国王的宗教性的区域而建立，名字来自于 6 世纪定居在赫特福德郡北部和贝德福德郡南部的希思盎格鲁撒克逊族。
❷　斯皮莱拉（Spirella）工厂位于田园城市中心，宏伟的斯皮莱拉大楼建于 1912—1920 年，作为英国著名的斯皮莱拉胸衣公司的制造业基地，是其创始人美国企业家威廉·华莱士（1868—1964）到莱切沃斯后建造。

　　然而,硕果仅存的就是霍华德理想中一种被稀释了的本质。10 年之后,田园城市开始产生回报。它逐渐增长,远比创办者们所期望的要缓慢得多,1938 年达到了1.5 万人,比它规划的目标少了一半。第二次世界大战之后,莱切沃斯得到由政府资助的反中心化计划的帮助,它最终完成了,比原先规划的规模略小一些。讽刺性的是,这时它成为土地投机的牺牲品,1962 年议会法(*Act of Parliament*)将它从中拯救了出来,该法将它的管理交予一个特殊的机构。[63] 除此之外,它完美的物质形态在雷蒙德·欧文和巴里·帕克的手中实现了,事实上几乎是过于完美无缺。欧文-帕克建筑事务所如此卓越地将霍华德的骨架装扮上建筑的外衣,从此之后,人们很难将它们彼此区分开来。

　　为了了解欧文与帕克在这里、在汉普斯特德以及在其他地方取得了什么样的杰出成就,他们需要被放置在某种场合、时间以及文化的背景之中。欧文与帕克分别于 1863 年和 1867 年出生在英格兰北部距谢菲尔德(Sheffield)12 英里左右的地方。他们是半个表兄弟,而且欧文娶了帕克的姐姐。他们俩都没有受过建筑师的正规教育,欧文开始是一名工程师,帕克则是一名室内装饰师。他们成长于一种剧烈的思想震荡之中,这些思想很大程度上来源于威廉·莫里斯,并影响了他们所有接下来的工作。欧文年轻时曾经考虑过以牧师作为自己的职业。怀特查珀尔的圣犹大教堂的教区牧师萨缪尔·巴内特问他是苦恼于人类的不幸,还是苦恼于自己的邪念?欧文回答说是人类的不幸,于是巴内特建议他不要走进教堂。[64] 他和帕克都赞同创造力源自对于过去的一种富有想象力的理解;而中世纪则提供了一种历史标准,老建筑从它们所矗立的基地中生长而来,村落是小型的、基于个人联系的社区的一种有机的具体化,建筑师与规划师则是社会与美学生活的守护者,为了子孙后代维护并加强社区的传统价值。[65]

　　欧文早期成为一名追随威廉·莫里斯传统的社会主义者,参加了由费边社的缔造者之一爱德华·卡彭特(Edward Carpenter)❶创办的谢菲尔德组织。克鲁泡特金在这里发表了手工艺与智力工作联盟的演讲。[66] 在 1900 年之前,欧文的工作是为家乡的矿山村设计村舍。[67] 因此,他出版了《村舍与常识》(*Cottage Homes and Common Sense*, 1902)一书。这是一份为了更好的工人阶级住房充满激情的呼吁:“人们似乎并没有意识到,成百上千的妇女只能将她们大部分的生命时光消耗在面向由这些后院所构成的恶劣环境之中,这些后院的肮脏丑陋并不能被可以报知春天的一丛绿色,或者可以描绘秋天的一片落叶所消除。”那么,“如果不将空间浪费于拥塞的后院以及肮脏的后街,而是将若干住房能拥有的空间合并在一起,那就可以形成一个受人欢迎的广场或花园”。以每一所住房都能拥有一间向阳的主要房间为原则来进行

63　Miller, 1983, 172-174.　　64　Miller, 1992, 12.　　65　Creese, 1966, 169-170; Jackson, F., 1985, 41, 168.
66　Jackson, F., 1985, 17.　　67　Creese, 1966, 184-185.
❶　爱德华·卡彭特(Edward Carpenter, 1844—1929),英国作家,社会改革者,回归乡村简朴生活的先驱,同性恋宣传者,《中间之性》的作者,他对 E. M. 福斯特和 D. H. 劳伦斯都有重要影响。

图 4-5 巴里·帕克

欧文在新伊尔斯维克、莱切沃斯、汉普斯特德这几个城市规划中
的搭档与合伙设计人。巴里·帕克后来是曼彻斯特的魏森肖(英
国真正的第三个田园城市)规划独一无二的作者。

图片来源:© Garden City Collection, Letchworth Garden City
Heritage Foundation.

设计的村舍,将遵循着牛津和剑桥学院的风格,围绕着"四角开放,相互连接"的空间
格局进行规划。[68]

在那一年,帕克与欧文已在进行他们的第一个大项目:为罗恩翠巧克力家族建
造的新伊尔斯维克田园村进行设计,该村紧邻着约克北部边界的工厂。它并非作为
一种慈善事业,而是作为一种独立的托拉斯(Trust)来进行开发。新伊尔斯维克包含
许多将会在莱切沃斯,然后是在汉普斯特德这样的更大场合中发挥作用的要素的萌
芽。通过一道狭小但非常明确的绿带,该村与工厂隔离开来,也与城市隔离开来。
这条绿带部分是自然的,部分是游憩场地。村舍布局在台地之上,或者环绕着公共

68 Unwin,1902,4.

绿地来组合,或者沿着步行道(这比雷德朋(Radburn)❶的布局早了四分之一多个世纪)以及后来设计出的尽端路来组织。一块村庄绿地和一座当地会所是其主要特征。自然要素(树林、小河)在各个部位被融合进了设计。帕克和欧文自己称"在所有装饰事物的形式与设计中都是最基本特征的⋯⋯安宁"已经成为最高标准。参观者无论以一种什么样的心理状态来,都会立刻在各个角落感受到一种格外宁静的印象,一种破除常规但又井然有序的印象。新伊尔斯维克是一块小宝石,它非常优美地得以保留,非常合意地重现出欧文与帕克的初始设想,在一百多年间散发着耀眼的光芒。它只是在一个方面失败了:设计标准是如此的高昂,以至于最低收入者不可能支付得起。这确实是一种常见的缺陷。

在莱切沃斯,他们遇到了一个更大、更复杂的问题。因为工厂不得不与住房结合到一起,一条将基地一分为二的铁路线使得工厂必须坐落于此。为了反对新伊尔斯维克那样平庸的村庄会堂和商铺排屋,整个城镇中心必须进行规划。欧文后来在他伟大的城市规划教科书中写道,他殚精竭虑地分析了过去的城镇规划,结论认为规则和不规则的方法各有所长。虽然从来没有人怀疑他的品味倾向于不规则,莱切沃斯仍然拥有更多的规则要素,表现为放射性大道、圆形广场以及由政府大楼控制的大型中央城镇广场。它没有很好地得以实现,最好的不规则住房布局与新伊尔斯维克同样地好,有一些甚至更好(围绕着广阔的乡村绿色空间来规划)。而且斯皮莱拉工厂很有意思,它以一种非常自由的维也纳的新艺术(Jugendstil)❷来进行设计(也许是为了避免某些关联)。但是,城镇中心却是极其混乱的,街道杂乱无章,(就在欧文与帕克分手之后)两侧的建筑是最糟糕的二战期间商业化的新乔治风格与甚至是更加糟糕的 1960 年代粗鄙风格的一种无序拼杂,一切都有所衰退了。

重要的是,欧文坦承,在进行所有这些设计的时候,他还没有阅读过卡米诺·西特(Camillo Sitte)的《遵循艺术原则的城市设计》(*Die Städtebau nach der Künstlerischen Grundsätzen*),此书出版于 10 年之前,强调了中世纪城市不规则的品质。这是一门欧文不能忘记的课程。1909 年出版的《城市规划实践》(*Town Planning in Practice*)(莱切沃斯(建成)之后仅仅 5 年)因以精美线条描绘出传统的英格兰、法兰西以及日耳曼的城镇与村庄而令人难忘,欧文从中逐步理解了建筑与空间之间的关系。或者,这是他们的理解:欧文与帕克一同将市镇设计的艺术提升到一种精妙绝伦的水平,从此之后,几乎所有别的事情都是极其平庸低俗的。他们强调,自己的工作首先是要促进美感和愉悦,这对于他们来说是可以互换的概念:"总而言之,我们应当将艺术家的精神融入我们的工作中来。"[69] 同时,他们也总是充满想象力地考虑着生活在这些建筑中的人,行走或游憩于他们所创造的空间中的

69 Unwin,1920,225,9.
❶ 雷德朋(Radburn),1933 年由美国建筑师 C. 斯泰恩和规划师 H. 莱特在距纽约不远的新泽西州伯根县设计的居住区,采用"人车分流"原则及尽端路系统。
❷ 19 世纪末 20 世纪初流行于德语国家的新艺术。

人。这一点一直延续到每个细节之处：对于他们而言，美好的建筑与规划就是正确细节的累积。

千万不要将儿童从公共空间中遗漏掉。必须在各处提供儿童座椅，也就是低矮座位来适应他们的小腿，在有可能的场地空间里提供秋千或跷跷板、用来泛舟的池塘，以及可以维持洁净的沙坑。[70]

他们也希望实现社会目标："在城镇与场地规划中，很重要的一点就是避免完全隔离不同阶层的人们，而这正是现代英格兰城镇的一种特征。"[71]但是在爱德华时期的英格兰，情况并没有如此严重。在莱切沃斯和汉普斯特德，标明为"村舍"的地区与更宽大的中产阶级住房保持着距离：足够近了，但别太近。

图 4-6　伊林田园郊区

进行中的建设，丹尼森大街（Denison Road），摄于 1907 年。

图片来源：Reproduced by permission of the London Borough of Ealing.

对于英格兰田园城市运动的总体而言，或者具体到对于欧文而言，汉普斯特德都是一个转折点，因为它自称不是一种田园城市，而是一种田园郊区。它没有工业，并且明显依赖于一个邻近的地铁站点的通勤功能，该站点在汉普斯特德刚刚得以规划之后就投入使用了。平心而论，或者从历史角度而言，必须承认汉普斯特德并不是该类型的唯一，甚至也不是第一个。作为第一个伦敦住房合作公司的伊林租房有限公司，成立于 1901 年，并且在 1902 年就已经在蒙特大街（Mount Avenue）购买了 32 英亩的布伦塔姆住区（Brentham Estate）基地，甚至比莱切沃斯还要早。他们于

---

[70] Unwin, 1920, 287.　　[71] Unwin, 1920, 294.

1906 年聘请欧文与帕克设计一座现代田园村庄,比汉普斯特德的委托早了一年。[72] 它是一个田园村庄的郊区住区,在规模上与新伊尔斯维克几乎相当,但是它的卓越之处在于高质量的设计水平、舒适家居生活的亲密感、中央社区会所(从新伊尔斯维克借来的概念,实际上是从 30 年前,附近的、靠近贝德福德帕克的第一个郊区住区中借鉴而来),以及由相邻的布伦特河(River Brent)的草原所形成的典型绿带。[73]

　　然而,伊林不仅在设计方面是有趣味的,它还反映了田园城市和田园郊区住区应有的建造方式:霍华德式的自由与合作。欧文在 1901 年的一本手册中就已经提出过合作住房,他认为这种将未来的业主组织在一起的方法可以以农田价格购买土地,按照较低成本来建造住房——这又是霍华德的观点。但是除此之外,"可以将住房组合在一起进行布局,使得它们各自都拥有一个朝阳面和开敞景观,可以永久性地保留一部分用地不作任何建设以保持这些景观"。另外,还有用于音乐、娱乐以及餐饮的公共用房。他建议住房组团应当围绕庭院来进行布局,每一个都带有一个公共房间。欧文孜孜不倦地要去恢复的是社区中世纪精神里的那份安宁。[74] 欧文担任了合作出租住房公司(Co-Partnership Tenements Housing Company)的执行董事,他与帕克不仅开发了伊林,还有莱切斯特(Leicester)❶ 外围的郊区——加的夫(Cardiff)❷,以及特伦特河畔斯托克(Stoke-on-Trent)❸。[75] 1909 年住房与城镇规划法允许这种"公共事业社团"(Public Utility Societies)按低息借贷公共资金。到 1918 年时,这种项目已经超过了 100 个。[76] 他们拥有两方面的优势:向地方政府借贷可以获得比在市场上更低的利率,同时相比于其他利润上受到限制的组织,他们可以获得相比开发成本更高比例的贷款。在 1914 年之前注册并营运的 128 个"公共事业社团"中的大多数很可能是合作社团,同时吸引着(有可能成为)社团承租者的股东们的资本。由于战前的田园城市开发项目(包括莱切沃斯)与"公共事业社团"之间难分彼此,这可以在战后强化后者的参与,因为政府按照田园城市的原则,承诺给工人阶级提供新的住房标准。[77]

　　但是,财政部否决了一项允许它们以地方政府名义来进行借贷的条款,从而将它们限定为地方性的住房开发机构。[78] 1913 年,当亨利·维维安(Henry Vivian,他于1901 年在伊林的一家小旅馆成立了合作出租房公司)成为田园城市规划协会(Garden City Town Planning Association,GCTPA)的成员时,这两项运动开始实质性地融合到一起。

---

[72] Jackson, F., 1985, 73; Co-Partnership Tenants, 1906, 70-71; Abercrombie, 1910a, 119.

[73] Reid, 2000, passim.　　[74] Parker and Unwin, 1901, 96-97, 106; Hayden, 1984, 126, 129.

[75] Jackson, F., 1985, 73, 109-110.　　[76] Reiss, 1918, 85-86.　　[77] Malpass, 2000, 379.

[78] Skilleter, 1993, 139.

❶ 莱切斯特(Leicester),是英国中东部地区最大的城市和单一权力机构。坐落在 Soar 河边,英国国家森林边缘处。

❷ 加的夫(Cardiff),英国威尔士地区首府,英国第 16 大城市,威尔士最大城市。加的夫坐落于威尔士南部海岸,原来是一个小镇,至 19 世纪成为威尔士主要港口,以运送煤炭到各主要工业重镇为主。

❸ 特伦特河畔斯托克(Stoke-on-Trent),英国的陶瓷之都,被全世界称为陶瓷区(the Potteries)。工厂直销店、访客中心、陶艺博物馆和工厂参观活动巧妙结合。

图 4-7 亨丽埃塔·巴内特

这位贵妇人接管了使命。她手中拿着的是汉普斯特德田园城市的
规划图,眼中充满了道义的热忱和改革的激情。

图片来源:Hampstead Garden Suburb Archive Trust.

但是汉普斯特德是一项总体上更大的事情。它的创始者是亨丽埃塔·巴内特
女爵士(Dame Henrietta Barnett),她是汤因比馆主任受人敬重的妻子。他们在汉普
斯特德拥有一所周末住房,并且于 1896 年听说在隔壁将规划建造一座新的地铁站
(这条线很快就成为查尔斯·泰森·雅可斯帝国的一部分)。巴内特以真正英国中产
阶级的方式决心发动运动购买土地来扩展汉普斯特德希思(Hampstead Heath)❶,
以挫败(地铁站)促进者对于房地产的野心。在一场历时 5 年的、涉及分发 13 000 封
信件的运动之后,LCC 以 43 241 英镑购买了 80 英亩希思的扩展部分。中途下马的
地铁站点成为伦敦几个弃用站点之一。在这一过程中,有人提出一种田园郊区的设
想。LCC 动用了申请来的 112 000 英镑,于 1907 年从伊顿学院房产(Eton College

---

❶ 汉普斯特德希思(Hampstead Heath),伦敦北部一个公共开放空间,它有 25 个大池塘和古代林地、沼泽、草
地,其中的一部分已经被指定为具特殊科学价值的英国自然地点。

Estate)购买另外 243 英亩土地。人们成立了一个信托机构来提供 8 000 套住房。欧文与帕克被任命为建筑师——这是一种两难境地,因为欧文于 1901 年在《建造一个家园的艺术》(*The Art of Building a Home*)一书中曾经引用他的英雄——莫里斯的言论来抨击郊区住区。[79]

从一开始郊区住区就有很高的社会目标:正如一位同代人所评论的,它将成为一个"穷人应当教育富人,而富人(我们希望)应当帮助穷人去拯救自己"的地方。第一轮规划包括用来存放小贩手推车的库房。[80]但是地价以及房租很快开始上涨,并且如同在此之前的莱切沃斯或贝德福德帕克一样,郊区住区开始获得一定的名声,而这正如亨丽埃塔·巴内特女爵士所竭力驳斥的:居民们并不真的都是"奇怪的、穿便鞋的、不穿胸衣的怪人,我们只是正常的人":

> 我们中有些人有仆人,而有些人没有;我们有些人拥有汽车,而另外一些人则用"两脚马"❶;有些人阅读,有些人绘画,有些人制作音乐,但是我们都在工作,我们都洗浴,("再小的一套住房,都有一间浴室"——参见广告)——而且我们所有的花园……从财富的压制中解放出来,并且可以在更加简单、更加深刻的共同利益和共同情感的基础之上来交往。[81]

在提供了大量住房的三个独立的住房建设组织中,有两个是协作伙伴。[82]但是,其目标"日复一日的共存将很快愈合各个阶层之间的隔阂"[83]被郊区住区自己的成功所打断。今天,即使是很小的手工艺者的村舍也被完全绅士化了。

留存下来的就是物质品质。在某些方面,它转变得有点离奇。欧文此时已经深受西特的影响,也受到他自己日耳曼式幻想的影响,通过使用特殊的议会权力来绕开严格的地方法规。[84]因此,欧文可以轻松地展示几年之后在他影响深远的手册《过度拥挤将一无所获!》中所表达出来的东西。他在文章中写道:一个合理的规划方案可以为每一个人提供更多的空间,而无须占用更多的土地。这一技巧的关键之处在于将道路的占地从 40%(例如在典型的遵照规范的方案中)降低到 17%,这样可以将用于花园和开敞空间的土地在总面积中的比例从 17%提高到 55%以上。[85]这种在汉普斯特德获得的新的自由产生了一种典型的不规则格局,带有不规则的弧形道路、尽端路和大量的住房类型。即使在如此早的年代,欧文在设计中也希望把交通排除在外;到了今天,交通显然仍旧以值得尊重的宁静的方式来运转。[86]这种设计有意识地(甚至广受欢迎地)唤起德国中世纪的模式。一段带有城门的城墙限制着希思的扩张,在芬奇利大街(Finchley Road)沿途商店的后面,欧文放置了一个以罗滕堡(Rothenburg)的马库斯门楼(Markusthurm)❷为原型的巨型大门。1900 年第一次

[79] Miller and Gray, 1992, 46.　　[80] Jackson, 1973, 78.　　[81] Barnett, 1918, 205.
[82] Abercrombie, 1910a, 32.　　[83] Creese, 1966, 227.　　[84] Jackson, 1973, 79.
[85] Unwin, 1912, 6.　　[86] Creese, 1966, 239.
❶ 指自己的两条腿。
❷ 马库斯门楼(Markusthurm),跨越在罗曼之路上的历史遗迹。第二次世界大战中曾遭到空袭和破坏,后逐渐修缮。

看到这扇大门时（他的妻子后来回忆道），欧文欣喜得"泪流满面"。[87]

图 4-8　汉普斯特德的田园郊区

老纽伦堡（或者罗滕堡？）来到了芬奇利大街，这件作品很有可能是欧文最后一个夏季假期的速写。

图片来源：The Bodleian Library, University of Oxford, 2479116 d. 5, p. 172.

按照亨丽埃塔·巴内特女爵士的设想，中央市镇广场应当放置在郊区住区的制高点，[88]并处在毗邻的街道之中。但是，欧文在中央市镇广场中完全遵从着勒琴斯两座巨型教堂和相邻学院的设计，其结果是一种怪异的、完全按照城市美化传统的规则化实践：预期的访问者从希思穿过主大门到达这里，应当看到一种"陶伯河上游罗滕堡"（Rothenburgobder Tauber）❶的集锦，狭小街巷意图引导人们前往欧文热衷描绘的那种市场，但是与此相反却形成了一条看上去有点像仿冒通往新德里总督府（第6章）的行进路线。整个概念由于尺度宏伟而很奇怪地失败了。很少有人前往那里，广场看上去就像是等待着成为一个目前绝对不可能实现的帝国的接见厅。也许正如克里斯（Creese）所言，市镇广场的意图并不是用来取悦居民，也不是为他们提供休闲和购物，其目的是去给他们留下印象，并且基本上做到了这点。[89]但是欧文已经赞美了它，他在莱切沃斯也有规则化的时候。

但是汉普斯特德彻底搞晕了追随者。正如阿伯克隆比于1910年所指出的，从一开始起田园城市协会就已经有了目标，既要"按照缜密思考的原则在农村地区建造新城"，也要"以相同原则来建造田园郊区住区，以便立即解放现有的城镇"，还有"田园村庄的建设……使工人阶级拥有靠近工作地点的合适住房"。[90] 1906年，协会将田园郊区住区列入它的目标之中。在亨丽埃塔·巴内特的一次演讲之后，里德尔·哈

---

[87] Miller, 1992, 99, 112.　　[88] Creese, 1966, 223.　　[89] Creese, 1966, 234.

[90] Abercrombie, 1910a, 20.

❶ 陶伯河上游罗滕堡（Rothenburg-ob-der-Tauber），是德国巴伐利亚的一座小镇，以保存完好的中世纪古城闻名。

格德(Rider Haggard)❶在 11 月的 AGM❷上提出了一项提案,并获得了田园郊区住区的全票赞同,田园郊区和田园村庄看上去比田园城市具有更为现实的目标。[91] 1909 年,一次专门的会议全体同意将制定城市规划作为协会的主要目标,并且更名为田园城市规划协会(Garden Cities and Town Planning Association),于是田园城市就被降格为配角。[92] 在 1912 年一次纪念霍华德的宴会上,规划精美的田园郊区住区不仅得到理应获得的认可,而且也被建议值得进行支持。[93] 但是问题不断地成为:"好的"是否是"最好的"的敌人。欧文与帕克手中的汉普斯特德是可行的,甚至是值得推荐的,那么这样也相应认可了在 1901 年至第一次世界大战期间由合作出租住房公司所做的十几个方案。[94] 但是,田园城市协会"最纯正"的一派对于这样的情况感到恼怒,埃瓦特·G.库尔平(Ewart G. Culpin)于 1913 年抱怨道:"除了名称之外,许多被称为田园城市的方案与田园城市运动没有任何相同之处,因此它们浪得虚名。人们所做的就是最粗野的构想,浪费土地、偷工减料的方案,希望一个好名称就可以使它们蒙混过关。"[95]

战后,田园城市协会杂志的新任编辑 C.B.普尔多姆抱怨道:"几乎所有地区的地方委员会都会宣称建造一个田园城市,厚颜无耻的建造商们则在他们的广告中随处使用这个名称……真正的田园城市在今天已经看不到了,仅仅在赫特福德郡,在莱切沃斯和韦林田园城市(Welwyn Garden City)还能见到。"[96] 1918 年出现了一场分裂运动:由普尔多姆与霍华德、F. J. 奥斯本、阿伯克隆比以及 G. D. H.科尔(G. D. H. Cole)一起领导的国家田园城市委员会(National Garden Cities Committee)出版了一本手册,《战后的新城》(New Towns after the War),作者是"新城人",实际上是由奥斯本撰写的。这本手册在协会中引起了一场分化,尽管最终还是重归于好。[97] 然而,甚至韦林也是可疑的,正如迈克尔·赫伯特(Michael Hebbert)❸所指出的,因为它"在第一个 10 年中作为中产阶级的宿舍,为城市通勤者开发并且推向市场,它的价值得到了埃本尼泽·霍华德始料未及的方式的保护,就是将工厂和周租房(weekly rented housing)隔离到铁路轨道的更远一端去"。[98] 1920 年代末,阿伯克隆比受命评估魏森肖的可行性,帕克被任命为建筑师,协会此时将它屈尊为"半个田园城市",而事实上它也的确如此。[99]

1919 年,协会采纳了一种慎重严格的、关于"事情本身"的定义。次年,69 岁的霍华德在没有资金可付的情况下,单方面在韦林购买了一大片土地。这使协会感到

---

[91] Sutchliffe, 1990, 265; Ward, 1992, 8.　　[92] Sutchliffe, 1990, 266-267.　　[93] Hardy, 1991a, 61.
[94] Culpin, 1913, passim.　　[95] Culpin, 1913, quoted in Hebbert, 1992, 166.　　[96] Purdom, 1921, 33.
[97] Hardy, 1991a, 127-129.　　[98] Hebbert, 1992, 168.　　[99] Hardy, 1991a, 178.
❶ 里德尔·哈格德(Rider Haggard, 1856—1925),英国的一位多产作家,写了许多关于神秘区域和非洲或其他一些角落(冰岛、君士坦丁堡、墨西哥、古埃及的丰富多彩的逝去的王国)的小说。
❷ Annual General Meeting 的缩写,年度会议,指一种会议,包括公司和公众参与的官方机构,往往是由法律所要求的。
❸ 迈克尔·赫伯特(Michael Hebbert),城市规划师,曼彻斯特大学规划和景观学院教授。

难堪,他们将他解救出来,并在那里开始建造第二座田园城市,[100]由路易·德索瓦松(Louis de Soissons)按照新乔治风格来进行设计,而这种风格在当时已经把欧文·帕克的新乡土风格(Neo-Vernacular)扫地出门(欧文自己已经更弦易辙)。它比莱切沃斯和汉普斯特德更加规则,尤其是它巨大的勒琴斯式的、几乎长达一英里的中央大厅:一种田园城市美化运动。但是,建筑显示出新乔治风格如果使用得当将会变得相当地好,在美观方面尤引人注目。也许这只是一种假象,由于不同于莱切沃斯,新乔治风格很快在中产阶级通勤者中流行起来。尽管有充足理由去认为它是异端邪说,事实上它却远比莱切沃斯具有吸引力。

两次大战之间的田园城市运动

与此同时,在 1918 年和 1919 年,田园城市运动已经面临了一场双重危机。1912 年,欧文做出了对于一些人来说是巨大叛逆的行为。在一次曼彻斯特大学的讲座中,他建议在城市周边建造“卫星城”,以及依靠城市提供就业机会的田园郊区。1918 年,欧文作为图多尔·沃尔特委员会(Tudor Walters Committee)的一名主要成员处在一个拥有特权的位置上。他将这些写入为战后公共住房计划制定的官方文件中,而在次年得到《爱迪生法》在立法中的支持,接下来的事情在第 3 章中有详述。其结果就是在两次世界大战之间由地方政府建造了大约几百万个公共分配的住房,除了少量在莱切沃斯和韦林的住房之外,它们没有一个是按照真正的田园城市模式建造的。这对于田园城市协会来说则是一场沉重打击,因为协会同时也在推行一场更为广泛的公共住房项目和田园城市的运动。霍华德本人不相信国家有能力来完成这项工作,并且国家在思想上也没有多少理想色彩。正如霍华德于 1919 年告诉他忠实的副手——弗雷德里克·奥斯本的那样:“我亲爱的孩子,如果你等待政府来做这件事情,等到开始时,你将会和玛士撒拉(Methuselah)❶一样地老。”[101]

另一个打击就是:合作社团正在逐渐消失。当 1921 年紧急住房计划被废止时,它只实现了一个微不足道的贡献,2% 都不到。1922 年 2 月,一位公务员在给卫生部的一封信中尖刻地写道:“这些社团在解决住房问题方面几乎没做什么。”1920—1935 年间担任卫生部常务秘书的亚瑟·罗宾逊爵士(Sir Arthur Robinson)可以从近距离观察“公共事业社团”的具体操作,但是他并没有对这些社团留下什么印象。他依据十年的经验评论道,他们既缺乏效率也不好相处,因为其中的成员不是能够做事情的人。因此他认为,他们仅仅贡献了一点点,但却造成了很多的麻烦。总体而言,“公共事业社团”在战后的成就似乎在于:他们仅仅建造了很少量的房子,但却疏远了卫生部的高级官员。[102]

---

[100] Purdom,1921,34;Osborn,1970,9-10.　　[101] Osborn,1970,8.　　[102] Malpass,2000,388.
❶ 玛士撒拉(Methuselah),基督教《圣经·创世纪》中以诺之子,传说享年 969 岁。

图 4-9 韦林田园城市星期天的午餐

霍华德理想的示范,有工作的男人和他的妻子入住自己的家园。

图片来源:Town and Country Planning Association.

因此,霍华德以他自己不同寻常的方式得到了韦林,而国家则得到了卫星城,双边合作的模式破产了。英国大规模的新城建设则被延迟了 30 年。也许它是不可避免的:将城市贫民窟的居民大规模迁移到乡村,再加上大规模边界扩张的压力,(尽管)这些政治目标也许是伟大的。LCC 在规划卫星住区时所遇到的麻烦,以及曼彻斯特在魏森肖所遇到的麻烦,都更加证明了这点。

问题的部分原因在于这是一场失败的空想。一些所谓的卫星城(例如 LCC 在埃塞克斯郡(Essex)的贝肯特里)是巨大的,比霍华德规划中 3 万人的目标大出许多倍,几乎等同于英格兰的一座中等城市,并且它们远离上一层次的城市政府。但是,它们缺少必要的工业来自给自足(尽管 1928 年之后,贝肯特里有了从天而降的福特达根汉姆(Dagenham)工厂),而且也缺乏像样的公共交通联系。它们在大多数情况下也设计得十分糟糕。住房是物有所值的,并且遵从着欧文的模式手册,但是它所处的环境则是平淡无奇的。

一些省级的卫星城则是部分的特例。由巴里・帕克于 1930 年为曼彻斯特设计的魏森肖当之无愧是一个相当杰出的卫星城。它的早期历史相当曲折。作为顾问的阿伯克隆比曾经建议市政府购买 4 500 英亩土地,而在 1926 年只购买了其中的一半。在公共调研中,欧文是检察官,他推荐老搭档帕克作为顾问。[103] 1927 年,市政府任命帕克制定一个规划,在一块 5 500 英亩巨大的基地上,他可以自由地设计一座真正的新城。接下来就是由曼彻斯特发动的一场大规模斗争来合并这片地区,并于 1931 年在议会中获胜。然而,在获得指令去购买余下的土地时事情并不成功。到 1938 年时,魏森肖已经拥有 7 000 多个公司和大约 700 套私人住宅,它已经大于莱切沃斯和韦林,但是仍然只达到规划目标 10.7 万人的 1/3。[104] 帕克自己在 1945 年将它形容为:"迄今为止最好的田园城市样板。"[105] 然而,魏森肖毕竟不是一个完美的田园城市。尽管人口指标接近于第二次世界大战之后两个较大的新城,但它是霍华德所建议的 3 倍。尽管土地是按照接近农业土地价格购买的,它仅被一条沿着默赛河(River Mersey)半英里宽的几千英亩绿带与城市隔开,尽管规划了一片大型工业区(就像在莱切沃斯沿着将基地切成两半的铁路线的工业区),但是它并不能为所有劳动居民提供就业,于是还需要拨款建造一条通往城市的快速公交线路。

魏森肖的成功在于引入了由帕克直接从纽约地区借鉴来的三个美国的规划原则,帕克曾于 1925 年访问过那儿。[106] 第一个就是邻里单元原则,它的起源将会在本章稍后讨论。第二个就是雷德朋布局的原则,这是由克莱伦斯・斯坦因与亨利・莱特在他们为同名的田园城市所做的规划中制定的,这同样将在本章稍后描述,而他们于 1924 年就已经与帕克讨论过这些。[107] 第三个原则就是帕克于 1925 年与欧文和霍华德作为美国区域规划协会[108]的嘉宾,到纽约参加国际田园城市与城市规划联盟大

[103] Miller and Gray, 1992, 107.

[104] Macfadyen, 1933, 115-121; GB Royal Commission Distribution, 1937-1939, passim.

[105] Creese, 1966, 255.　　　[106] Creese, 1966, 261.　　　[107] Creese, 1966, 266.　　　[108] Miller, 2002, 125.

图 4-10　韦林田园城市,林荫道

路易·德索瓦松给第二座田园城市带来了古典主义色彩的严谨,以及乔治王朝时代的美妙风味。

图片来源：Town and Country Planning Association.

图 4-11　弗雷德里克·奥斯本

一开始是霍华德的副手,后来作为拥护田园城市的不屈不挠的主要战士,成为霍华德
的继任者。在韦林田园城市的家中,时年 80 岁,下一本论著准备出版了。

图片来源：Town and Country Planning Association.

会时，在韦斯特切斯特郡（Westchester County）所看到过的景观大道（parkway），但是目前则是以一种十分新颖的方式被使用。

原先的纽约景观大道就是 1914 年布朗克斯河景观大道（Bronx River Parkway），这是 1920 年代由罗伯特·摩西（Robert Moses）作为他休闲公园规划的一部分而设计的榜样。它是只为私人汽车交通设计的有限准入的快速道路，并且精心布置环境用来提供休闲的体验。[109]帕克在魏森肖做的天才设计将这些与另一个更早的美国景观大道传统结合在一起，这是由弗雷德里克·劳·奥姆斯台德发明并在世纪之初被规划师们广泛应用于城市美化的传统之中：景观大道的理念就是作为通往居住区的通路，与市民公园相连接[110]。它在 1920 年代就已经在英国被尝试性地应用过，例如由德索瓦松在韦林、由景观建筑师 T. H. 马森（T. H. Mawson）在斯坦利帕克（Stanley Park）和布莱克浦（Blackpool）应用，现在它为整个一座田园城市的交通规划提供了主要元素。[111]于是，帕克打算避免 1930 年代在伦敦周围地区城市规划中一个非常明显的重要缺陷，也就是沿着新干道的条带状发展。他在魏森肖解释道：

> 这些道路……将处在公园的条带之中，它们不会成为开发性道路。它们如此得以规划，用来串联现有的公园、未来的休闲用地、学校的游戏场地、现有的林地、灌木丛和小树丛、规划中的高尔夫球场、河岸，以及一切可以为它们增添魅力，并将它们延展至广阔自然的乡村中去的事物。[112]

他认为这些道路按照美国的命名方式应当被称作快速干道（freeway），而不是景观大道，因为它们并不仅限于休闲目的，而是适用于各种类型的交通（确实，它们更近似于交通规划体系之中最高级别的全封闭隔离主干道，正如阿尔克·特里普（Alker Tripp）❶ 于 1938 年所阐述的，并于 1943 年作为一种主要元素被阿伯克隆比和福肖借用到他们的伦敦郡规划（*County of London Plan*）之中）。但是最终，帕克主要的南北主干道一经完成就被称为普林塞斯景观大道（Princess Parkway）。它的命运有点滑稽：一开始在规划中与地方街道系统同级相交，30 年后，它被交通规划师们升级为一条快速交通干道。它现在已经复仇性地成为一条非常洛杉矶化的快速干道，通过一条巨大的混凝土空心管道与城市相连。另一条规划的景观大道则莫名其妙地中途下马，剩下公园条带在距离它出发点的不远处徘徊着。

事实上曼彻斯特并没有友善地对待它的杰作。大大延迟建成的商业中心是 1960 年代的艳俗之作，而一些战后的公寓楼则是庞然大物。迁入者的第二、三代没有像原居民那样友善地对待这个地方。对于那些相信文明环境将会促进文明行为的人来说，这里有着太多的随手涂鸦、恣意胡为以及轻微犯罪的现象。这个地方看

---

[109] Caro, 1974, 10-11; Jackson, K., 1985, 166-167.　　[110] Gregg, 1986, 38, 41-42.

[111] Mawson, 1984, 195.　　[112] Parker, 1932, 40.

❶ 阿尔克·特里普（Alker Tripp, 1883—1954），伦敦大都市警察委员会的助理委员，他认为汽车交通永远不可能与行人和非机动车交通安全共处。

上去是非英国式的一塌糊涂,似乎城市已经放弃了它。它现在与繁荣的市中心并没有什么联系。尽管已经使出浑身解数,它也不能完全将帕克抹去。魏森肖公园巨大的绿色空间处在正中央,几乎把绿环的概念翻转了过来,这是一座绿心城市。那些娴熟地将乔治风格的装饰融入莱切沃斯乡土风格中的住房,十分巧妙地围绕着许多小型绿化空间形成组团。如果不是它后来的一副穷酸样,它堪称第三个田园城市。

与此同时,忠实的信徒们也在坚持着。田园城市永远的朋友张伯伦在其执政期间,分别于 1921 年、1925 年和 1932 年在财政部反对的情况下将政府补助写进了立法。[113]但是这并没有起什么作用。到 1930 年代时,卫生部的常务秘书阿瑟·罗宾逊爵士(Sir Aurthur Robinson)公开承认:"我开头作为一名也许是所谓的田园城市的支持者,随着时间的推移,我已经改变了对它们的看法——它们在理论上是好的,但是在实践中,它们似乎不起什么作用。被称作卫星城的东西是一种更加有效的办法……但是卫星城只是地方政府正在实施的几个大型住房计划之一,而未来的发展趋势则将促进它。"[114]一旦张伯伦设法成立巴罗委员会,欧文就于 1938 年向它提供证明,认为霍华德的巨大贡献在于田园郊区,而不是田园城市,卫星城的发展将足以防止伦敦持续性的扩张。[115]

奥斯本徒劳地抱怨接下来的事情:"花费了金钱、精力和闲暇,在城市外围建造村舍,给人们提供了即刻良好的环境,但是又强加给他们一种无法承受的交通负担。它同时也从整体上把伦敦与游憩场地、开敞乡村隔离开来。"[116]他于 1938 年认为,对此唯一的办法就是成立一个实权在握的伦敦区域规划委员会(London Regional Planning Commission),成立一个执行机构去建造新城或者扩展现有的城镇,并且在一个扩大了的伦敦区域范围内分散工业和商务活动。[117]当然人们也可以针对这种观点进行反驳,因为伦敦是特殊的,这种做法对于许多较小的省会城市、卫星城市(如曼彻斯特的魏森肖或者利物浦的斯贝克)则完全是可行的。但是奥斯本对这二者都不赞同:"伦敦的命运可以为那些负责北部与中部巨型城镇和城镇集群的人们提供目标……只要伦敦人今天有能力承担,那么英格兰明天也会被要求承担起来。"[118]巴罗委员会的成立(内维尔·张伯伦当选首相之后颁布的第一批法令之一)最后给了奥斯本这个机会,他把握住了它。正如他向刘易斯·芒福德坦陈的,奥斯本重新为阿伯克隆比起草了 1940 年的主题报告中的一些关键章节,以及阿伯克隆比自己的独立报告。该报告建议解除对工业区位的控制,并最终于 1945 年被写进了立法。[119]在政治上被遗弃了数年之后,田园城市的朋友们最终可以开始着手他们自己的事业了。

田园城市在欧洲

一旦进入了欧洲大陆,田园城市的概念很快就被彻底稀释了,或者更加确切地

---

113 Macfadyen, 1933, 104;Sheail, 1981, 125-126.　　114 Sheail, 1981, 126.

115 G. B Royal Commission Distribution, 1938, Q. 7221.　　116 Osborn, 1937, 51.

117 Osborn, 1938, 100-102.　　118 Osborn, 1934, 5-6.　　119 Hughes, 1971, 271.

说,背离了。正如斯蒂芬·沃德(Stephen Ward)所揭示的,在这些年里,规划思想被疯狂地从一个国家交换到另一个国家:英国到德国学习城市扩张、区划以及有机城市设计,而德国则羡慕英国的住房以及更重要的田园城市,法国又借用了德国的区划和英国的田园城市。但是在这些过程中,思想不知不觉地变形了。[120]问题之一就是几个国家都有自己本土的田园城市倡导者,他可以(有时确实如此)宣称自己独立地形成了这种想法。迄今为止,这些争议还未能平息,但是无论如何,他们的概念与霍华德的思想有着微妙但又很重要的差别。

按照时间顺序,第一个毫无疑问应当是西班牙工程师阿图罗·索里亚马塔(Arturo Soria y Mata, 1844—1920)。他在一篇 1882 年的期刊文章中提出了**"线型城市"**(La Ciudad Lineal)的构想,并且于 1892 年将它发展为一个详细方案。它本质上是一条有轨电车线,或者轻轨线,从某个大城市中延伸出来的系统将提供超常的线性可达性,这将允许发展一种经过规划的线型田园城市:将"一户家庭,一所住房;一所住房,一个庭院和花园"(A Cada Familia, Una Casa, En Cada Casa, Una Huerta y un Jardín)作为一段广告语加在上面。[121]然而线型城市始终都只不过是一种通勤式的郊区,是按照商业投机来开发的。一期工程开始于 1894 年并完成于 1904 年,实施了规划的 48 公里(30 英里)中的 5 公里(3 英里),它被夹在马德里东部两条主要呈放射状的公路之间。在一条 40 米宽的主轴线的一侧有一条轻轨线(开始是以马匹为动力,直至 1909 年才电气化),按照大约 200 米进深,80 米或 100 米面宽的巨型街区来布局别墅。[122]这就是建造的所有内容,在 1934 年,马德里城市化公司(Compañía Madrileñade Urbanización)破产了。[123]第二次世界大战之后迅速发展的城市几乎湮没了这段线型城市,从机场出来的旅客们从它下面穿过而浑然不知。那些带有强烈好奇心的人们发现,仍然能够在那里将它辨识出来,地铁取代了有轨电车,人们有意将一个站点命名为阿图罗·索里亚。原来的一些别墅也仍然在那儿,但是它们一个接着一个被公寓街坊所取代,不久之后线型城市就会成为一种记忆。索里亚有一个横贯欧洲的更大线型城市的宏大理想,1928 年在他去世之后,这个设想激发了一位著名的法国规划师乔治·贝努瓦-列维(Georges Benoît-Lévy)提出一种国际性的线型城市。他的方案又影响了俄国 1920 年代的城市运动和柯布西耶1930 年代的思考,我们稍后可以读到。

托尼·戛涅(Toni Garnier)是法国的霍华德,他是一位来自里昂的建筑师。他的工业城市于 1899—1900 年开始形成于巴黎美术学院(École des Beaux-Arts in Paris)的学生作业中,并被主考官废弃,于 1904 年第一次展出,1917 年修改成为我们现在所知道的版本。[124]即使在他的家乡法国,戛涅也是一位奇怪的自闭式的人物。他服务于一个政策委员会,他提到的唯一一本国外书籍是由一位比利时人撰写的。1918 年他向市长爱德华·赫里欧(Edouard Herriot)推荐阅读卡米诺·西特,此时法

---

[120] Ward, 2000b, 45.　　[121] Soria y Puig, 1968, 35, 43, fig. 7.　　[122] Soria y Puig, 1968, figs. 2-10.
[123] Soria y Puig, 1968, 44-49, 52.　　[124] Ward, 2000a, 29.

文版已经出版了 16 年。[125] 如果存在一种知识方面的源头,那么它就是勒普莱(Pierre Guillaume Frédéric Le Play)❶的法国区域思想以及法国地理学派,因为它们反对大都市而重视各种地方性手工艺文化的发展。鉴于这种思想对公共财产的强调,对于诸如警察局、法庭、监狱或者教堂等资产阶级符号的摒弃,以及可以汇集 3 000 人的巨大中央建筑,它是独裁主义的。[126] 然而更加奇怪的是,夏涅使他的城市在经济上依赖于一座巨型冶金工厂(虽然经济问题有一些遭到淡化),形态规划却由一个强烈的轴线大道统领,并且住房按照方格网进行布置。正如雷纳 · 班纳姆(Reyner Banham)❷所评价的,它更像是带有蜿蜒形态的卡米诺·西特。[127] 他的方案基于一种建筑师的观点,比霍华德的更加乌托邦,并且从未建造起来。[128]

如果说夏涅已经很不一般了,那么他的德国同行则更加怪异。特奥多·弗里希(Theodor Fritsch)于 1896 年早于霍华德两年出版了《未来城市》(*Die Stadt der Zukunft*)。他怀疑霍华德窃取了他的思想,尽管很显然霍华德在此之前就独立发展了自己的思想。[129] 确实,从单纯的物质形态上来看,田园城市与未来城市之间存在着许多相似之处:圆形形状,土地使用之间的分隔,中央的开敞空间以及外围的绿带、低层住宅、外围工业,以及公共的土地所有制。但是这些在其他理想规划中也曾出现过,包括伯金汉姆的,对此霍华德特地承认过。而弗里希的城市是"大城市与田园城市的一种混合",它缺乏城市反中心化的特定功能,而这在霍华德的思想中是很核心的。它显然可能更大,可以拥有多达 100 万人口。[130] 最重要的是,它们所隐含的意识形态是完全不同的:弗里希是种族主义的一名狂热推行者,在他所规划的那种城市中,每个人都能立即知道自己在网格中所处的位置,并且按照社会等级来进行分隔。[131] 总而言之,弗里希与霍华德之间所有的相似之处都是表面的,但是正如已经看到的,霍华德并非对此漠不关心。弗里希仍然像是一个"沙漠中孤独的布道者",他关于田园城市的观点也被成立于 1902 年的德意志田园城市协会(Deutsche Gartenstadtgesellschaft,DGG)所忽略。甚至在德国,霍华德也被认为是田园城市的唯一缔造者,因为德意志田园城市协会有一个社会改良型的田园城市版本。与此相应,弗里希也从未提及莱切沃斯和韦林以及其他的德国田园郊区的存在,例如海勒劳(Hellerau)或马格雷滕霍(Margarethenhöhe)。"弗里希无视德意志田园城市协会,指责霍华德剽窃,并在之后宣称霍华德可能是个犹太人。"[132]

不久以后,正是霍华德的思想(这让弗里希深感烦恼)跨越了海峡并影响欧洲大陆,但是它们在那里几乎立刻就被误解了。霍华德思想最早的一篇译文是由乔治·贝

---

[125] Saunier, 1999, 38.　　[126] Wiebenson, 1969, 16-19; Veronesi, 1948, 56.　　[127] Banham, 1960, 36-38.
[128] Ward, 2000a, 29.　　[129] Bergmann, 1970, 145-147; Hartmann, 1976, 33.
[130] Reiner, 1963, 36-38; Peltz-Dreckmann, 1978, 45.　　[131] Peltz-Dreckmann, 1978, 45-47.
[132] Schubert, 2004, 14-15.
❶ 勒普莱(Pierre Guillaume Frédéric Le Play, 1806—1882),法国工程师、社会学家与经济学家。
❷ 雷纳·班纳姆(Reyner Banham, 1922—1988),多产的建筑学评论家,以 1960 年的理论论文《第一机器时代的理论和设计》和 1971《洛杉矶:第四生态环境的建筑》闻名。

努瓦-列维翻译的《田园城市》(*Le Cité Jardin*),它试图在田园城市与田园郊区之间进行一种本质性的混淆,法国的规划师们后来对此再也搞不清楚了。[133]或者也许他们认为纯粹的霍华德的信条对于具有不可救药的城市性的法国人是不起作用的。

正是亨利·塞利尔实现了这一切。他起初是一名贸易联合主义者,后来成为一名活跃的地方社会活动家和国家政要,[134]人们认为他促成了这样一种观念:普通的体力工人应当习惯资产阶级的地位与舒适的标准,以此来促进形成一种新的中产阶级。[135]塞利尔作为塞纳公共住房办公室(Office Public des Habitations à Bon Marché du Département de la Seine)的主任,于1916—1939年期间在巴黎周围规划了16个"田园城市",他肯定知道自己的解释并非是霍华德的,而是欧文在汉普斯特德的变体。他于1919年带着他的建筑师前往英国拜访过欧文,并且采用欧文的理论作为设计的基础。[136]

他们之间的共同之处在于欧文所描述的一些重点,尽管这些田园城市被翻译成法国的方式:在1 000~5 500个单元之间的小型尺度;在城市外围以低廉的农业用地价格购买土地;相对巴黎而言的较低的密度,每公顷95~150人(每英亩40~60人),以及大量的开敞空间。随后,上升的土地与住房成本,再加上人口的压力,(给巴黎周围的"田园城市")带来了一些调整:尽管仍然带有大量的开敞空间和社会服务,越来越多的五层公寓街坊被纳入,密度升至200~260人/公顷(80~105人/英亩)。[137]即使今天去参观一个典型案例,例如叙雷讷(距巴黎市中心6英里,距布洛涅森林(Bois de Boulogne)仅仅1英里,这是一个在整个内战时期由塞利尔担任市长的城市),它看上去与同时期的某个LCC伦敦内城的公寓街坊方案几乎没什么相似之处:直到某个人漫步走进某条外围街道时,也很难一下子在头脑中闪现出欧文的名字。[138]在1930年代,由于公寓街坊的比例上升得更高,建筑师们加入了现代主义运动(例如在城南郊区的勒普莱西-罗宾逊(Le Plessis-Robinson)),分歧彻底形成了。

在德国,他们做得更好。1902年,一位名叫海因里希·克莱伯(Heinrich Krebs)的商人走访英格兰,带回霍华德的书并把它翻译出来,召开了一次会议,成立了一个德国的田园城市协会。这些获得了热烈的反响:令人难以置信的是,德国工业家们认为田园城市运动帮助解释了良好的英国工业劳动关系。[139]要知道,那正是令他们感到头疼的事情。

在第一次世界大战之前,它突出的表现就是在鲁尔区埃森边界的马格雷滕霍(Margarethenhöhe)❶田园村庄。它由克虏伯家族作为一个始自1863年的长期工业住房开发中最晚的项目,于1912年进行开发,服务于克虏伯的工人们,包括在成立之

---

[133] Batchelor, 1969, 199.　　[134] Gaudin, 1992, 55.　　[135] Gaudin, 1992, 63.

[136] Read, 1978, 349-350; Swenarton, 1985, 54.　　[137] Read, 1978, 350-351; Evenson, 1979, 223-226.

[138] Ville de Surensnes, 1998, passim.　　[139] Kampffmeyer, 1908, 599.

❶ 马格雷滕霍田园城市(Margarethenhöhe),位于德国埃森市西南,由克虏伯基金赞助,以玛格丽特·克虏伯命名,早在1909—1920年间就已作为适宜居住建设方式的典范。

初的 4 000 名白领工人。但是还不止这些,1913 年,只有不到一半的租户是属于"克虏伯"的。[140]到 1930 年代末时,它只有 5 300 人,是一个小规模的、由形式上翻译过来的新伊尔斯维克。这体现于它的建筑师,格奥尔格·麦臣多夫(Georg Metzendorf)忠实地遵从着欧文与帕克的传统去建造一个神奇的小镇,并采用一个森林小绿带将它与城市隔离开来。这同时也体现于它的入口大门,它的中央集市广场,它的中世纪外观的旅馆,以及隔离了所有穿行交通的狭长弯曲的街道。于是,讽刺性的是,它成为欧文之外的欧文,它看上去真像一个 20 世纪的罗滕堡。也许它聘用了一位德国建筑师,在一个德国环境中与一位顶尖的德国规划师一起工作——麦臣多夫与埃森的城市建筑师罗伯特·施密特(Robert Schmidt)携手工作——去实现欧文如此热忱地为之奋斗的事业。总而言之,它是否有助于克虏伯的目标则是另外一个问题。很显然,通过将克虏伯的工人们汇集到他们自己的城镇里,可以唤起他们更多的阶级意识。[141]

图 4-12　马格雷滕霍

格奥尔格·麦臣多夫在埃森外围为克虏伯家族所作的、符合西特传统的杰出作品:德国工业家长式统治的本质。

图片来源:Historisches Archiv Krupp, Essen.

然而,田园城市实践(Gartenstadtbewegung)❶ 的目标更高,正如他们的领袖汉斯·坎普夫梅耶(Hans Kampffmeyer)于 1908 年所说的,他们希望获得一个德国的莱切沃斯。[142]他们从未实现它,尽管距离已经很近。在德累斯顿城外 8 公里(5 英里)

140　Petz, 1990, 6.　　　141　Peltz-Dreckmann, 1978, 50;Peltz, 1990, 7, 9.　　142　Kampffmeyer, 1908, 595.
❶ 即田园城市运动。

的海勒劳田园城市,本质上(就像马格雷滕霍)就是在一条通勤线路末端的田园郊区。但是,如同莱切沃斯在它开头几年中的那样,海勒劳及其全面性的运动深深浸透了生活改良运动(Life Reform Movement)的原则,不仅包括住房,而且还包括吃饭、衣着以及生活方式,总体上简化并清除了19世纪的浮渣。海勒劳拥有德国手工艺作坊(Deutsche Werkstätte für Handbaukunst),甚至还有一个"应用节奏协会"(Society of Applied Rythmics)。

后来,参观海勒劳的朝圣者们会有一种时光流逝之感。它与城市隔离开来,处在一条用于避免城市扩张的自然绿带的开敞荒地之上,然而一旦它成为红军(指东德)的训练基地,就会以可怕的膨胀来打破田原牧歌式的宁静。现在它又恢复了平静,就如它应当成为的那样。东德政府缺乏资金对它采取更多的措施,就任由它自生自灭,直到后来两德统一花费了大量的资金来将它恢复成国家的纪念地,而它的确名至实归。完全忠实于欧文-帕克传统的海因里希·特雷森诺(Heinrich Tressenow)的住区和半独立住房则有些虚度光阴。甚至还有一种早于雷德朋本身二十多年的雷德朋式的步行格局。步行通道通往工厂(Werkstätte),长期以来是一家国有企业,现在恢复了它原先的体制。令人联想到马格雷滕霍(特雷森诺肯定前去参观过)的集市广场力图实现欧文与帕克在莱切沃斯与汉普斯特德的目标,但是很奇怪地没有达到。它是一颗奇特的小宝石。

海勒劳代表了可以被称为德国田园城市运动的左翼,但总还应该有另外一翼,并且随着时光流逝,它变得越来越强烈。源自对巨型城市的恐惧,它提出大城市中种族在生物学方面的退化,提出需要再度移民前往衰退了的乡村,尤其是在德国与斯拉夫地区接壤的边界上。很显然,在第一次世界大战中期,"生活区域"(Lebensraum)这个词已经得到使用,它导致了对有损于"国家品质"的人口的清除。[143]在1920年代,这些方案逐步成为纳粹思想中的一个重要元素。

但是,这仍然处于知识分子思考的范畴内。在现实世界里(紧接着在第一次世界大战之后),(德国的)现实情况与英国差不多:对于革命存在一种恐惧。或许在德国,它有一种更加深刻的根源。在法兰克福(如同其他地方一样),工人与士兵委员会在1918年停战之后主导政治长达一年。当社会民主党(Social Democrats)最终在城市中获取政权之后,它们的战略在市长路德维希·兰德曼(Ludwig Landmann,1924—1933)的领导下,通过在资本与劳工之间一种明确的契约来恢复社会和平,这个议题在第二次世界大战后的福利团体(Wohlfahrtsgesellschaft)❶的创建中被再次提出。法兰克福的中央商务区被保留并提升成为德国领先的金融中心,美因地区(Main)的众多银行由于高技术产业而得以发展。但是,为了满足劳动力需求,城市也需要依靠一种积极的住房政策。

---

[143] Bergmann,1970,169-171.

❶ 福利团体(Wohlfahrtsgesellschaft),从社会科学概念上来说,是体现社会国家进一步发展的社会,是个人和集体的福利目标通过民主决策过程确定,并由不同利益方通过多数赞成以实现的社会。

　　兰德曼吸引了一位建筑师兼规划师——恩斯特·梅,他由于为布雷斯劳(弗罗茨瓦夫)(Breslau)❶所做的规划而著称于世。由于法兰克福著名的战前市长弗兰兹·阿迪克斯富有远见的政策,城市以触底的农业用地价格在城市周围的开敞农村地区获得了广阔的土地所有权。[144]于是到1925年时,梅已经拥有他所有需要的一切来制定一个全新的发展规划。

　　如同巴黎的塞利尔,梅深受田园城市运动的影响。1910年,他在莱切沃斯和汉普斯特德都曾与欧文一起工作过,并保持着密切的联系。他最初的概念是一种真正的田园城市,由相距20～30公里(15～20英里)的新城构成,采用宽阔的绿带与城市隔离开来。由于在政治上不可能实现,梅回复到一种妥协状态,也就是发展卫星城市(Trabantenstäde),仅靠一条狭小绿带或者"人民公园"与城市隔离开来,依靠城市的就业以及除了便捷的地方商业需求之外的一切,并且通过公共交通与之联系起来。[145]但是这些卫星城作为公共住房而由城市进行开发,其对应物就是1919年法(第3章)之后的英国住房项目,而不是英国的田园城市与田园郊区。

　　梅与欧文在另外一个重要的方面则彻底分道扬镳了,确切而言是与1920年代的英国传统分裂了。他的卫星城被设计成为不折不扣的现代建筑,采取了带有屋顶花园的平屋顶住房的长条形台地,人们可以在上面吃早饭、晒日光浴、养花弄草。但是这种差异是肤浅的。对于带有花园的独户家庭的坚持、严格遵循日照关系等方面,证明了梅是其导师的一位灵巧的学生。事实上1929年在一次法兰克福的会议上,梅与一位CIAM(Congrès Internationaux d'Architecture Moderne,国际现代建筑协会)的德国同僚瓦尔特·格罗皮乌斯(Walter Gropius)发生了争论。格罗皮乌斯倾向于10层钢框架的高层结构,而梅倾向于3～4层低层的预制砖混结构。[146]

　　尽管整个项目包含了那个时期(1925—1933)在城市中所建造的绝大多数住房,但是它并不太大,只有1.5万套住房,梅的任期大致只有五年,但是在此期间,他的项目"新法兰克福"动迁了大约法兰克福10%的人口,大致在14个新住区的15 000套住房中,安置了大约60 000名居民。在整个欧洲,只有柏林建的(住房)更多。而且(这个项目)从未按照规划完成。钱花完了,社区会所(也许是受到欧文的影响)却从未完工。每个方案在当时以及随后的名声都是微不足道的,它们大多数以小块用地围绕着城市很随意地进行着布置。只有沿着城市西北角的尼达河(River Nidda)河谷进行延伸的一小部分住区体现着经典的卫星模式,即使它们也小得令人惊讶,普劳恩海姆(Praunheim)有1 441户居民,勒默城(Römerstadt)有1 220户居民。[147]它们给人留下的印象是以长条形沿尼达河的住房布局,学校和幼儿园被布置在低地上,河谷则被当成在城市与新建住区圈带之间的自然绿带来使用。在新住区圈带中汇

144　Yago,1984,87-88,94,98-99.　　145　Fehl,1983,188-190.　　146　Fehl,1987,204,206.
147　Gallion and Eisner,1963,104.
❶　布雷斯劳(Breslau),二战前为德国东部一城市,二战后归属波兰,成为波兰第四大城市,并改名为弗罗茨瓦夫(Wroclaw)。

聚了各种功能:小块园地、体育场地、商业性花园地块、为年轻人提供的园艺学校,甚至或许还有一个集市场所。[148] 梅与马克思·布罗梅(Max Bromme)❶在这里进行合作,而布罗梅曾寻求将河谷保留作为公园,巨大的中央盆地成为休闲、体育和户外教育的场所:

> 尼达河谷拥有宽阔的草原,由树林和带阳台的住房、体育设施和植物花园环绕着,它成为西北住区的大型休闲用地。植物园和学校的花园取代了正式的花园,充满了新型的休闲设施:供孩子们玩耍的浅水池和沙坑,以及游泳池、体育馆、日光晒台、更衣室,还有为成年人提供的带有帆布椅的矮树丛。那些没有钱去海滨的工人阶级家庭,现在只需看着他们自己的后院。[149]

基本上于 1928 这一年中建成的勒默城是一个精华,梅力求用此重新捕获汉普斯特德花园郊区中的田园风情,这是在雷蒙德·欧文的汉普斯特德的办公室两年(1910—1911 年)旅居生活的成果。[150] 勒默城的密度较低,以独户联排别墅为主(超过总数 1 220 的一半),每户都配置有花园,并且普遍设置街道和人行道。在 1927 年原有的规划中也有大量的社区设施,包括两所学校、一个日托中心、若干商店、一个合作商店、一个社区中心、一所教堂、一座宾馆、一个公共洗衣店、一座剧场、有线广播以及一个青年俱乐部,它们中的绝大部分在 1928 年的减缩政策中逐渐消失,但是在法兰克福的所有住区中,这仍然属于配置最为完备的。[151]

亨利·凯斯勒伯爵(Count Henry Kessler)❷带着法国雕塑家阿利斯蒂德·梅罗尔(Aristide Maillol)❸于 1930 年 6 月前往法兰克福的森林体育场参观了一圈,望着那些裸露的身体,他说道:“这是一个热切希望以享受阳光、快乐以及健康体魄生活的民族。这并不局限于一个小型而孤立的圈子,而是一场已经激发起所有德国年轻人的群众运动。”这就是事情的本质。[152] 一张宣传照片(这里还有很多)显示了一对年轻人在一幢新住房的屋顶花园享受着户外的自由。她是一位经典的、梳有束状发型、宽衣短裤的“新女性”。[153] 也许有人会说,尼达河谷住区是为她和她的姐妹们设计的。

战后,法兰克福粗暴地对待了这一小型杰作。两条城市快速干道穿越分割了河谷,其中一条将勒默城一分为二,卫星城镇被完全吞噬于一个被称为西北城区(Nordweststadt)的、更加大型的而且完全杂乱无章的(有些非人性的)卫星城中。但是,如果带着想象力和诚信的眼光,人们仍然可以感受到它曾可能是什么,它曾经确实是什么,以及它现在仍然是什么。除了它为之设计的 11% 的蓝领工人,河谷几乎

---

[148] Fehl,1983,191.　　[149] Henderson,1994,208.　　[150] Henderson,2010,324.
[151] Henderson,2010,327.　　[152] Henderson,1994,211.　　[153] Henderson,1994,199-200.

❶ 马克思·布罗梅(Max Bromme,1878—1974),德国建筑师和园艺家。他的设想是创造一个城市中心和新的定居点之间的一个绿色的自由空间的周边地区。

❷ 亨利·凯斯勒伯爵(Count Henry Kessler,1868—1937),著名的英德艺术赞助人、作家、激进主义分子,对发生在现代欧洲的 1890 年至 1930 年之间艺术和政治转型提供了一个生动的视角。

❸ 阿利斯蒂德·梅罗尔(Aristide Maillol,1861—1944),法国雕塑家,在 20 世纪从浪漫主义到现代主义的雕塑发展过程中发挥了重要作用。用女性形式作为自己的主要工具。

完全被绅士化了，但是它被优美地保存了下来。在半个世纪之后，草木已经成熟，使之成为梅所设想的田园城市。在夏日的阳光下，奶油色的长条形住宅生硬而清晰的轮廓被树木和花卉遮掩着，甚至淹没了。在整个河谷，蓝色的工业雾霭形成奇幻的效果，使得由新的高层建筑描绘出的城市轮廓看上去就像一个神秘的世界。

所消逝了的就是精神，现在甚至都难以想象。梅与魏玛时期的另一位伟大的规划师，柏林的马丁·瓦格纳（Martin Wagner）❶有所不同，但是两个人对于资本与劳工之间的一种新的社会合作关系，以及一种工作与生活之间的融合都充满了信心。他们的这种观点也与霍华德和欧文相通，但是存在着一丝绝对重要的差异。梅-瓦格纳的分支是一种集体主义的，与霍华德-欧文传统中的无政府主义式合作的源泉完全不同。按照梅自己的说法，它的目标是"生活要素的集体主义秩序"。[154]对于梅而言，良好规划的居住环境将有助于工作场所效率的提高，并且（再次引用梅）"屋顶花园的统一方盒子形状反映了以一种统一的方式进行集体生活的思想，就类似蜜蜂的蜂巢，它反映着其中居民统一的生活状况"。[155]

这一切都听上去非常完美，就如同为一位马克思主义者的博士论文提供的素材：资本主义政府吸纳地方政府来保障劳动力的再生产。在任何情况下，这都是霍华德与欧文所憎恶的。毋庸置疑，也许欧文由于坚持到底地排斥现代建筑而使自己不受欢迎。同样毫无疑问，也许在法兰克福之后，梅继续在苏联设计了一些样板城市——讽刺性的是，它们都没有按照规划来实施，因为当时斯大林的精神已经冲击了苏联城市。

但是瓦格纳走得更为深远。1925年，在他30岁时被任命为柏林市的规划师[156]，是社会民主党中的知识精英。1931年春，由于支持土地投机以及公共部门私有化而遭到毁誉并贬损，他辞去党内职务。他不间断地写作，1929年连续主编了12期《新柏林》（Das Neue Berlin），紧接着于1932年以同样的书名完成了一本两卷的著作。[157]在通常十分抽象化的德国，他探寻着建筑的一种新型集体风格。[158]1929年，他渴求的是：

> 一种目标明确的领袖风范，可以为各方参与者提供一个深思熟虑的导向，齐心合力，构想未来。世界城市柏林的主导者（Regisseur）正在空缺。一个有序、苛刻的王朝即将消失。今天，世界城市柏林不是受辖于某个单一民主，而是一个多民主的整体系统，它缺乏果断力和统一领导。[159]

现代主义时事作家戴维·弗里斯比（David Frisby）评论道："瓦格纳所指的主导者的职位，最起码会让人不禁联想到那个富有魅力的领袖。"[160]

后来他在1932年做出了一个根本性的转变：在他的勃兰登堡（Brandenburg）"五

[154] Fehl, 1983, 186.　　[155] Fehl, 1983, 190.　　[156] Frisby, 2001, 271-272.
[157] Frisby, 2001, 282-283.　　[158] Frisby, 2001, 275　　[159] Quoted in Frisby, 2001, 284.
[160] Frisby, 2001, 284.
❶ 马丁·瓦格纳（Martin Wagner，1885—1957），魏玛共和国柏林城市发展的核心人物。

万"项目中,为 5 万人口筹建可供居住的新城市区域。他着重强调道,这些区域至少在建筑层面上不是田园城市。[161] 这将会是"一群根据完美机器理论形成(建造)的带形城市(Bandstädte)"[162]。他需要一个技术领袖,脱开政治,实现理想。

> 领导一会儿在前,一会儿在后! 政治家与律师护住其他方面,工程师也冲在前方! 这些必须成功,必将发生……**城市规划**是**经济的规划**,而经济规划只有我们顺应而不是逆于机制时才能见效。[163]

这些是在乡村的有机社区。但是,弗里斯比相当有礼貌地提到:"道德性的教条直指'与神圣机器精神相对抗的罪恶'……同时根据新城市中的新形式,这些'有机生长出来的新形式'的观点之间就会难以调和。"[164]

他于 1933 年被纳粹党解雇,之后先搬到了伊斯坦布尔(Istanbul),1937 年到达哈佛(Harvard),并在那儿直至 1957 年去世。[165] 他在哈佛与同样流亡到此的格罗皮乌斯汇合到一起,推广一种以 CIAM 为基础的现代主义城市,在构建美国战后的景观体系中扮演了重要作用。在这个从 1944 年开始的运动中,"关于城市及其未来这个议题在赫德纳特(Hudnut)和格罗皮乌斯之间竟酝酿成为一种积怨,并最终演化成激烈的争执"。最终,格罗皮乌斯和瓦格纳成为胜利者,在构建美国战后的景观体系中扮演了重要作用。[166] 然而,赫德纳特采取了一个奇怪的报复行动:1945 年,他创造了"后现代"这个短语,用以反对现代主义者对于技术、效率、经济、社会便利的痴迷,以及他们对于个性化需求、当地习俗以及形式的精神品质的忽视。[167]

与梅一样,瓦格纳也在一个大型住房与规划项目上工作,尽管这是在一个更大的尺度上进行的操作。他与梅之间的巨大差异在于这些新住区的角色,以及随后的特征和区位。瓦格纳完全不相信卫星城,他的任务是居住区(Siedlung,这个概念和名词由鲁尔工业区的煤炭和钢铁大亨们首先提出)——住房围绕着工厂进行组织,但不是独立(或者甚至半独立)于城市其他地区。[168] 理想的实例就是西门子城(Siemensstadt),它由电子巨人公司于 1929—1931 年间在城市的西北部围绕着生产基地开发。这是一个"巨型居住区"(Grossiedlung),一个综合居住地区,它以一种奢侈的尺度进行着规划和实施。每一个 1920 年代的德国建筑都会提到它,它是一个令人虔诚的朝圣地,并且许多片段已经被联邦政府作为历史纪念物而恢复起来。朝圣者们经由西门子大街(Siemensdamm)地铁站抵达,这是一条距离柏林市中心 20 分钟车程的繁忙的城市大街,这表明它从一开始就是一项城市开发。然而仅在几分钟车程之外,这些大师们就处在另一个世界里了(夏隆(Hans Scharoun)❶、巴特宁

---

[161] Frisby, 2001, 293.　　[162] Frisby, 2001, 296.　　[163] Quoted in Frisby, 2001, 295.
[164] Frisby, 2001, 298.　　[165] Frisby, 2001, 273.　　[166] Pearlman, 2000, 204.
[167] Pearlman, 2000, 205.　　[168] Uhlig, 1977, 56.

❶ 汉斯·夏隆(Hans Scharoun,1893—1962),德国建筑师、有机建筑最具代表性人物。第一次世界大战后,夏隆参加德国的建筑革新运动,是 1919 年成立的德国艺术工作委员会的成员,1926 年参加"环社"(Der Ring)的活动。在 1927 年由密斯主持的斯图加特住宅展览中有夏隆设计的一座住宅。

图 4-13　勒默城

图 4-14　西门子城

（Otto Bartning）❶、哈林（Hugo Häring）❷、格罗皮乌斯），他们在一个巨大的花园里设计了 4～5 层的公寓楼，这个花园（就像勒默城的两层行列式住宅那样）已经生长了几十年，看上去几乎把公寓楼都包住了。[169]

　　如同任何一个英国的田园城市一样，这里最为突出的印象就是那份安宁。任何一位来自英国或美国的、认为集体公寓计划就意味着贫民窟生活的怀疑者，以及那些认为一个公寓式的田园城市是一种悖论的人们，应当去看一看西门子城，并且再

---

[169]　Rave and Knöfel，1968，193.
❶　巴特宁（Otto Bartning，1883—1959），德国建筑师，翻修建造了多座教堂，曾任德绍包豪斯校长。
❷　哈林（Hugo Häring，1882—1958），德国建筑师和建筑评论家，以关于"有机建筑"的文章而闻名。1920 年代与 1930 年代是建筑功能主义的大辩论的人物之一。

考虑一下。他们可以感受到：第一，这是不折不扣的现代公寓住区，它是如此之长，以保持适度低平和强烈的水平感，它可以如同原汁原味的现代住宅，或者如同传统住宅那样安宁祥和（是欧文和帕克的特殊品质）。第二，周围花园空间的品质是十分重要的。第三，关键之处在于维护，西门子城的成功就像勒默城一样，在于它处于满腔热情之中。

　　瓦格纳在柏林时期的另外两个大型开发项目同样也进行得十分成功：在城市西南部位的柴棱多夫（Zehlendorf）❶的奥凯托姆胡特大型居住区（1926—1927），以及南部的布里兹（Britz，1925—1927）。这两个都是由格哈格（Gehag）进行开发，它是几个建设团体与贸易联盟基金和柏林社会住房协会（Berlin Social Housing Society）进行合并之后，于1924年成立的大型住房机构，在当时以及第二次世界大战之后的联邦共和国时期，负责了许多公共分配住房。这是对于霍华德希望用来建设他的田园城市，但又从未达到所需规模的那种机构的一个活生生的注解。[170]（讽刺性的是，格哈格战后的继任者在1980年代因丑闻而被击倒了。）二者曾经或者现在都是纯正的田园郊区，处在当时城市的外围，随着地铁线的延伸而发展起来。

图4-15　奥凯托姆胡特

田园郊区被现代运动的大师们重新诠释，法兰克福的梅，柏林的格罗皮乌斯和陶特：功能主义，就算是四层楼的公寓，也被证明是适宜居住的。

　　建造于1926年到1931年期间的奥凯托姆胡特自称为一个"森林住区"（Waldsiedlung），给人的第一印象确实就是几乎清一色延展到整个基地的、由高大树

---

[170]　Lane，1968，104.

❶　柴棱多夫（Zehlendorf），柏林典型的高级居住区，大都市的避暑胜地，拥有哈弗尔河畔的优美景色的高尚社区。

木形成的巨大天篷,在它之下覆盖着 2～3 层的住宅。由布鲁诺·陶特和胡戈·黑林设计的建筑体块严格遵从着 1920 年代的现代建筑格式,以淡雅色彩罩面,沿着长而略弯的,或者短而平直的街道呈行列式布局。[171] 又一次(尤其是对于英国议会住区固执己见的人们来说)令人感到震惊的是其维护的水平:这些仍然由住房委员会拥有的住房给人一种不真实的印象,它们几乎是全新的。由布鲁诺·陶特和马丁·瓦格纳所设计的布里兹(1925—1931)❶ 则显得更加规则化:2 层和 3 层的花园住宅围绕着纪念性的胡芬内森居住区(Hufeneisensiedlung)布局,4 层楼的体块环绕着一块湖面形成一个马蹄形。[172] 在周围的街道中,住房(又是维护得非常完好)显示出一种出人意料的对比:布鲁诺·陶特是保守得令人尊重,而马丁·瓦格纳则趣味盎然有如迪士尼乐园。一个地铁车站伸向住区的每一个端角,住区的东侧则面对着科宁谢德(Köningsheide)的广阔开敞空间。

   这两项开发都是极其精彩的,二者都讽刺性地与田园城市的思想相左。或许存在疑问,在法兰克福的梅,就像在曼彻斯特的帕克,他处理的是与为霍华德模型提供城市问题的伦敦完全不一样的空间尺度。二者本质上都是中等规模的地区城市,拥有 50 万～75 万的人口,因此,一种卫星城的解决方式似乎更加可行,也更为恰当。但是,这很难应用于 1920 年代中期的大柏林,它(拥有大约 4 百万人口)已经成为欧洲第二大独立城市群。事实上在当时,由于受到资金匮乏和政治现实的困扰,魏玛共和国的规划师们不再认为这种半自给自足的田园城市是一个值得奋斗的目标。[173]

远方的田园城市

   田园城市运动中最令人惊讶的事情就是从它的发源地向外输出的过程是如此容易,以及在这一过程中它变形得如此奇特。

   像其他国家一样,日本人也热情地接受了它,铁路公司于 1910 年代和 1920 年代在东京以及大阪周边地区建造了田园城市。日语中 den-en toshi 意思是稻田、宁静的农村以及优美的清风,这些都是乡村恬静的绿洲,召唤着那些已经从农村迁徙到一个遭受污染的工业城市中的人们。但是当然它们是纯粹的通勤者的郊区住区,没有任何社会目标:利润不是流向社区,而是直接流到铁路公司的账本上。[174]

   当该运动来到澳大利亚后,就如同在英国一样,它与 1914—1918 年战后的"配得上英雄的家园"的思想紧密地联系起来。[175] 莱特上校花园(Colonel Light Gardens)处在阿德莱德南部的米昌姆郊区(Mitcham)❷,刚开始被称作米昌姆田园城市(1917 年),

---

171 Rave and Knöfel,1968,146.   172 Rave and Knöfel,1968,79.   173 Hartmann,1976,44.
174 Watanabe,1992,69-84.   175 Hutchings,1990,15.

❶ 原文如此。
❷ 米昌姆郊区(Mitcham),位于南澳大利亚州阿德莱德的一个郊区,原先是一个远离阿德莱德的小村庄,居住着原住民,之后成为欧洲人的定居地。

但是在 1921 年,顺应查尔斯·康普顿·瑞德(Charles Compton Reader)❶ 的愿望,为了追忆"南澳大利亚城市规划先驱",它被改名以纪念阿德莱德第一任总督,威廉·莱特上校。[176]它不太可能引述霍华德来阐释城市发展的正确原则,它是一个真正以有轨电车为基础的田园郊区。它被由只有一名得到议会指派的委员所构成的田园郊区委员会管理,但是却拥有一个开发部门和一个市政部门的管理权责,从而与莱切沃斯和汉普斯特德在设置上有所不同,并预示着 1945 年之后的英国新城。[177]

但是它在过去和现在都是城市设计的一个经典范例,以非常宽阔的公园空间、从规则公园到用于网球俱乐部的邻里公园而著称,以设计排除穿行交通的街道体系而著称,同时也以所提供的社区设施而著称。[178]这是查尔斯·康普顿·瑞德的作品,他是一位新西兰人,曾经作为田园城市规划协会的助理秘书在伦敦待过一段时间[179],然后成为南澳大利亚州政府的城市规划师,他设计了作为一个大都市综合规划一部分的新郊区。[180]然而,瑞德总体上是一个命运多舛,甚至是悲剧性的人物:尽管他"拥有强烈的幽默感和丰富的逸闻趣事的讨喜个性"[181]。一位南澳大利亚的立法委员评价他说:"当一名访客来到你家,将你的绘画叫作石版画,将你的银勺叫作铜勺,将你的狗叫作杂种,他肯定不是你所想再见到的人了。"[182] 1921 年,他显然厌倦了为获得足够的规划立法权而进行的政治斗争并离开了澳大利亚,在马来联邦政府担任政府城市规划师,但是在那里经历了官僚斗争之后,他在非洲约翰内斯堡的一家旅馆中饮弹自尽。[183]

美洲的田园城市

在大西洋彼岸,田园城市的传统也从未发展成霍华德所期望的那样。然而,它并非停留于浅尝辄止的层面。在 1920 年代,美国区域规划协会(Regional Planning Association of America,RPAA)不仅是作为神圣宝藏的守护者,而且也以一种宗教改革的方式,实际上扩展并清扫了圣殿,撰写着霍华德所传达下来的圣书(如果在他的门下已经有了不错的信徒)。但是他们的上帝是一对孪生子,霍华德与格迪斯(Patrick Geddes),而且他们的教义包含了整个领域的规划,因此,他们应该得到一个属于自己的章节,本书将在第 5 章中记述他们。在这里,我们需要提及他们除了那段篇章之外的对于田园城市的贡献,虽然这是困难甚至欠缺逻辑的,但是为了连贯性,这也是值得的。

在这个小型而杰出的群体中,建筑师有克莱伦斯·斯坦因和亨利·莱特。他们

---

[176] Garnault and Hutchings, 2003, 277-278.　　[177] Garnault and Hutchings, 2003, 278.

[178] Hutchings, 1990, 18-19.　　[179] Schrader, 1999, 398, 408; Miller, 2002, 51.

[180] Garnaut, 2000, 56-58, 63.　　[181] Quoted in Home, 2013, 169.

[182] Quoted in Home, 2013, 169.　　[183] Home, 1990, 28-29.

❶ 查尔斯·康普顿·瑞德(Charles Compton Reader,1880—1933),城市规划师,20 世纪早期田园城市运动的支持者。

图 4-16 克莱伦斯·斯坦因

美国新城的活动家,三个杰出方案的缔造者,他将雷德朋格局添加到了规划师的词汇中。

图片来源:Clarence Stein Papers #3600. Division of Rare and Manuscript Collections, Cornell University Library.

对于田园城市的特殊贡献在于通过所谓的雷德朋布局解决交通与步行的流线,这是他们于 1928 年为同名的田园城市所设计的。但是为了完整地理解,他们需要与另外一个人物联系起来,克莱伦斯·佩里(Clarence Perry,1872—1944),很奇怪的是,他与美国区域规划协会完全没有任何关系。

佩里是那种出身平凡、兼具社会活动家的规划师的一个非常早期的实例。他自 1913 年起直到 1937 年退休,一直以一位社区规划师的身份为以纽约为基地的鲁塞尔·赛奇基金会(Russell Sage Foundation)❶工作。甚至在此之前,他就已经对一项运动很感兴趣(很显然,这来自于芝加哥的简·亚当斯的方法),即通过父母的参与,将地方学校放入社区中心来发展。他同样也受到美国社会学家查尔斯·霍顿·柯莱(Charles Horton Cooley)文章的深刻影响,柯莱强调了"首位群体"(primary group),"以密切的面对面联系与合作为特征"的重要性,他认为这些是"构成社会本质和个人典范的基本原则",对于现代城市的密集的、高度割裂的生活尤为重要。[184]

---

[184] Cooley,1909,23,408-409.

❶ 鲁塞尔·赛奇基金会(Russell Sage Foundation),是美国最主要的专门资助社会科学研究的基金会,设立于纽约市。

　　这就是被住区住房运动的领袖们所采纳的一个主题,他们认为"针对作为一种政治与道德单元的邻里单元",现在是时候去"重新唤起人们对其活力所持有的信心"。尤其是在那些"无组织的邻里单元……它们已经丧失了可靠的领导能力",于是"缺乏资源的社会底层阶级的母亲们可以得到培训并执行她们的使命",而"生产能力的丧失"可以通过"我们的公共教育系统的职业教育上的补充"来得以纠正。[185] 在这里,其目标显然就是移民及其子女的社会化。[186] 但是远不只这些,佩里作为一名居住在由鲁塞尔·赛奇基金会从 1911 年就进行开发的森林小丘花园的现代田园郊区的一位居民(该住区本身是一个铁路郊区住区,距离曼哈顿 9 英里,格罗夫纳·阿特伯里(Grosvenor Attebury)的规划很明显受芝加哥河滨住区和伦敦贝德福德帕克住区的影响),他知道良好的设计是如何有助于发展一种邻里精神的。[187] 该住区在精神上来源于欧文与帕克在汉普斯特德的半都铎式的风格,也来源于马格雷滕霍和海勒劳的实景,但是它超越了它们,创造了一种早于好莱坞的甜俗的气质。重要的讽刺性在于:阿特伯里以真正的美国方式,采用预制板加上内置式的电路系统,并运用于实验性的都铎式住房中。[188] 这就像自纳什的布莱瑟村之前所有最好的理想郊区环境,关键之处在于它是行得通的:然而,在展示这种超凡的剧场式布局的同时,各种怀疑立即被搁置在了一边。

　　但是,剧场得到了认真的思考。森林小丘花园中的生活给了佩里以邻里单元的概念,这是他于 1923 年 12 月 16 日在华盛顿特区的美国社会学协会(American Sociological Association)和国家社区中心协会(National Community Center Association)的一次会议上形成的,随后在他的纽约区域规划的 1929 年专题文章中得到更加深化的发展。这个规划由鲁塞尔·赛奇资助,而佩里则作为一名社会规划师扮演了一个重要的角色。[189] 它的规模可以根据地区小学的服务范围来确定,并且也取决于人口密度,它的核心特征就是该地区的小学以及与之相关的游戏场地的服务半径为半英里,可以步行到达。由于商店被布置在若干邻里单元的边角上,其服务半径在 1/4 英里以内,还有一个用于鼓励社区交往的中心或者公共区域:

> 广场本身将作为放置一个旗杆、一个纪念物,或者一个装饰性的喷泉的理想之所,在邻里单元的公共生活中,它将起着地区庆典场所的作用。在独立日,国旗将在这里升起,独立宣言将在这里被诵读,而公民们则在这里被雄辩的演讲者激发起爱国热情。[190]

这种激情是不会错的,它是对于简·亚当斯期望去融合新移民的一种重新理解(现在是移民在美国出生的孩子们),因为他们从城市的贫民窟中迁入他们新的郊区家园中。

　　邻里单元的原理就在于社会文化意义。但是,佩里在 1920 年代末就已经认为:

[185] Woods, 1914, 17–18, 20–21.　　[186] Lubove, 1962b, 205.

[187] Perry, 1929, 90–93;1939, 205–209, 217; Mumford, 1954, 260; Lubove, 1962b, 207.

[188] Radford, 1996, 33.　　[189] Perry, 1939, 214; Lubove, 1962b, 207.　　[190] Perry, 1939, 65.

图 4-17 和图 4-18　森林小丘花园

纽约上班族的田园郊区，也是克莱伦斯·佩里发现邻里单元准则的地方。

图片来源：Peter Hall.

"汽车的威胁"使得形成这样的邻里单元是势在必行的。因它能"在恶劣的环境中提供一种福音"。[191]因此,宽阔到足以承载所有交通的主干道就成为逻辑上的边界,而内部街道系统被设计用来辅助内部交通,但是不鼓励穿越交通。[192]

在 1929 年报告的著名模式图中只缺少了一个要素:确切地讲,就是明确表达如何将不希望的交通排除在外。佩里自己很清楚这是森林小丘花园住区规划中的唯一真正缺陷。[193]但是,在沿着同一交通线路更加靠近曼哈顿几英里的地方,斯坦因和莱特已经尝试性地这样去做了。1924 年,一位成功的开发商亚历山大·宾(Alexander Bing)已经受到斯坦因的激发成立了一家城市住房公司(City Housing Corporation,CHC),用来建造一个美国式的田园城市。从 1924 年到 1928 年间,他们以桑尼西德花园(Sunnyside Garden)作为第一次试验。这是一块尚未开发的77英亩的内城基地,距离曼哈顿只有 5 英里,他们按照免于大量交通的巨型街坊来进行规划以创造一个开阔的内部花园空间,尽管后来受挫于欧文曾经在英国与之抗争的、同样严格的规定,但在布伦塔姆获得了成功。[194]刘易斯·芒福德曾经是这里的第一批居民,他很久以后还证实着那里的物质和社会层面的生活质量,[195]但是它不是一个田园城市。

在遥远的特拉维夫(Tel-Aviv)却出现了一个奇怪的当代回应。1925 年在那里,曾经为犹太复国主义代表大会(Zionist Congress)工作过的帕特里克·格迪斯(将在第 5 章被提到),接受了一个为城市做新规划的邀请。这里出现了一个矛盾:格迪斯是新城市主义的虔诚信徒,但犹太复国主义议程强调农业村落与城市的融合。格迪斯通过将城市置于花园中来完成这一将圆变方的事情:在巴勒斯坦犹太教城市中心要有部分的乡村内容。[196]格迪斯有关"家园"(home block)的概念就是由短内街连接起来的小型居住单元所构成的,它们是由可经 1.5 米宽人行通道到达的内部开放空间所组织起来的。根据格迪斯的设想,这种通道充盈着玫瑰和葡萄藤。借由私有地块背后的通道,居民可以方便地到达位于中央开敞空间的各种公共设施。[197]遗憾的是,随着特拉维夫从 1925 年到 1947 年犹如雨后春笋般地从 4 万人增长到 18 万人,格迪斯的愿景没有能够从大规模的城市开发、对于建筑用地的大量需求以及投机色彩的开发中幸免下来。[198]

在这样的初次经历之后,他们转向真正的挑战。在新泽西州距曼哈顿 15 英里的费尔劳(Fairlawn)自治市(一个没有区划条例和道路规划的地方),城市住房公司购买了 2 平方英里的土地,斯坦因和莱特在上面规划了 3 个邻里单元。[199]其方式仍然采用桑尼西德花园的巨型街坊,将它从严格的纽约方格网中解放出来,并与集群住房结合起来。于是,不仅是穿行交通,而且所有的交通都将被排除在外。正如一位设计顾问评价道:"我们放弃了后院而使它成为前院……我们建造了没有后部的住房,

---

[191] Perry,1929,31.　　[192] Perry,1929,34-35.　　[193] Perry,1939,211.　　[194] Stein,1958,21.
[195] Mumford,1982,411-421.　　[196] Kallus,1997,289.　　[197] Kallus,1997,294.
[198] Kallus,1997,313.　　[199] Stein,1958,39-41;Schaffer,1982,147.

它有两个前部。"[200]这是莱特在爱尔兰农民住房中曾经注意到的。[201]但是有意思的是，主要的影响来自欧文：宾曾经于 1924 年将斯坦因和莱特送往英国去学习新城和住房设计。他们在韦林与霍华德见面，并在汉普斯特德希思欧文的家中与欧文见面；回忆起这两次会面，他们认为莱切沃斯规划"完全不起作用"[202]，却对汉普斯特德留下了深刻的印象。欧文必定向他们展示了相邻的田园郊区，它带有雷德朋布局的一些元素，例如汉普斯特德大道的雷诺德尽端路。1928 年，欧文在一次对雷德朋的参观中，就已经深深地介入到它的设计中。[203]

　　数年之后，二战结束，考文垂的亚瑟·林（Arthur Ling）通过在威棱霍伍德（Willenhall Wood）设计了第一个英国的雷德朋布局，从而对此进行完善。[204]这里稍微八卦一下：城镇规划评论（*Town Planning Review*）的编辑戈登·斯蒂芬森（Gordon Stephenson）于 1930 年代在麻省理工学院学习城市规划，而那时斯坦因也在那里当担任客座讲师。斯蒂芬森于 1949—1950 年间出版了斯坦因、莱特及其合伙人的项目，并于 1951 年出版了斯坦因《迈向美国新城市》这本书。这很快对于英国的设计界产生了直接影响，首先是他本人在雷克瑟姆（Wrexham）以及一些新城镇里设计的项目。斯蒂芬森于 1950 年中左右任命斯坦因为斯蒂芬内奇（Stevenage）中心商业区的顾问，而该地区很快成为英国第一个步行商业中心。林从 1955 年开始设计威棱霍伍德商业中心（Willenhall Wood），但很快引发人们的抵制，由于大家希望大门直接面对大街以方便停车。[205]尽管在 1960 年代前斯坦因与阿瑟·林、休·威尔逊（Hugh Wilson）、保罗·比特之间没有直接交往的证据，英国规划师们非常深刻地受到林的考文垂（Coventry）方案、威尔逊的坎伯诺尔德（Cumbernauld）方案的影响。坎伯诺尔德方案广泛的步行系统一直延伸到城镇外围，正如克米特·帕森斯（Kermit Parsons）所总结的，"在所有地方都见不到如此成功、如此完美的此类设施，其成功之处在于综合性、连续的步行系统，只有 1948 年至 1973 年间在斯德哥尔摩规划的那几个郊区住区可以相比……"[206]

　　在规划史中似乎存在着一个基本原则：第一个就是最好的。当然它对于新伊尔斯维克和莱切沃斯是对的，在这里当然也是对的。雷德朋是最好的雷德朋布局，道路体系布局是非常自然而轻松的（在这里是第一次运用，尽管立刻就被帕克在魏森肖进行了复制）。其貌不扬的住房沿着从支干道路上而来的尽端路适宜地组合在一起，正如斯坦因后来坦承的，这是直接从欧文和帕克在汉普斯特德和新伊尔斯维克后期中借鉴过来的主题。[207]这些住房受到新泽西夏季繁茂植被的遮掩，看上去似乎就是从土壤中生长出来的。中央的开敞空间，加上蜿蜒的步行道和在田原乡村的跨桥下穿行的自行车道，使之拥有一种不规则的自然气息，它无论看上去还是感觉上都非常舒适。

---

[200] Quoted in Schaffer, 1982, 156.　　[201] Stein, 1958, 48.　　[202] Parsons, 2002, 131.
[203] Parsons, 1992b, 184；Miller, 2000, 21.　　[204] Persons, 1992b, 191.
[205] Parsons, 2002, 135-137, 145.　　[206] Parsons, 2002, 150.　　[207] Stein, 1958, 44.

图 4-19　雷德朋

　　这种感觉是要付出代价的。尽管有一个雷德朋委员会(Radburn Association)控制
并管理着住区,房屋已经被售出,而且(虽然有着社会融合的期望)到 1934 年时,3/5
家庭的家长至少是中等职员;这里完全没有蓝领工人。甚至更糟的是,房产经纪人
赶走了犹太人和黑人。[208]从一开始,这块基地就因为太小而不能容纳一条合适的绿
带。大萧条阻碍了进一步的开发,使人口徘徊在 1 500 人左右,数量过低而不能够支
撑社区活动以及原先设想的服务设施的规模。甚至为了维持开发的公共部分,雷德
朋委员会需要依赖于 CHC 和卡耐基(Carnegie)的拨款。事实证明这很难吸引产业。
于是,为了维持现金流,CHC 不得不放弃建造一个真正田园城市的所有企图,转而宣
称它是一个真正的通勤式郊区住区。许多业主不得不出售住房,最终 CHC 被土地
附加成本所击倒,也陷入一堆刻毒的埋怨和官司之中。[209]斯坦因最终在 20 多年之后
反思道:雷德朋的经历表明,一个私人公司如要去建造一个新社区,它最好具备赌徒
那样的好运。[210]

　　当然,这不是,也永远不可能成为一个真正的田园城市。斯坦因之后写道:“雷德朋
无奈地接受了郊区这么一个角色。”[211]芒福德称之为“雷德朋的观点”事实上为从那以后
到 1980 年的每个美国新城提供了依据。其中包括那些绿带城镇,如雷斯顿(Reston)、
哥伦比亚(Columbia),1960 年代到 1970 年代的联邦新的社区,以及加利福尼亚的“总体
规划社区”,如尔湾市(Irvine)、瓦伦西亚(Valencia)和西湖村(Westlake Village)。[212]

　　然而还有另外两个雷德朋,斯坦因也都担任了顾问,它们是匹兹堡的查萨姆村

208 Schaffer,1982,173-174,177.　　　209 Stein,1958,39,41,68-69;Schaffer,1982,149-150,160,186-187.
210 Stein,1958,69.　　　211 Fulton,2002,162.　　　212 Fulton,2002,163.

(Chatham Village,1932),这是一个距离金三角(Golden Triangle)❶只有 2 英里的低租金住房的一个实验性项目;另外还有在洛杉矶的鲍德温希尔斯村(Baldwin Hills Village,1941)。两个项目在财政方面都获得了成功。在鲍德温希尔斯,规划师关键性地调整了布局,以公共停车院落代替尽端路,并且将 3 个相互联系的开敞空间(必须肯定是足够大的)的一部分纳入私人封闭空间中,这样就节省了维护经费。[213]但是商业中心和 3 个幼儿护理中心在预算中被取消,而且从未启动第二期。最具讽刺性的是,尽管项目在一开始是种族融合式的,10 年之后,许多白人家庭开始对问题家庭进行抱怨。在 1970 年代,一个救护小组将出租住房转变为公寓房,从而禁止 18 周岁以下的儿童(入住),并且最终无耻地将它改名为格林村(the Village Green)。[214]今天,尽管鲍德温希尔斯仍然拥有超凡的物质品质,由于它很接近于一个低收入的公共住房项目,使得它大多数的原住居民感到不舒服。当夜幕降临之后,摩托车巡逻队护卫着住区,嘲弄着设计者原本着意保护的特殊品质。

斯坦因-莱特的雷德朋城市毫无疑问是美国对于田园城市传统最重要的贡献。就像它们在欧洲的对应产物,按照严格的标准,它们确实是不合格的。自从被郊区化的总体扩张所吞没之后,这 3 个住区都不复存在了。为了在现实中找到它们,需要一份很好的地图,并且需要一定程度的决心。但是作为田园郊区,它们在设计上显示出超越欧文和帕克设定的标准,并有了最为重要的提升,然而它们不是美国新城仅有的案例。其他案例大多数是单一的、与特殊目的有所关联的案例,例如在田纳西州作为 TVA❷在区域发展操作组成部分进行开发的诺里斯新镇(Norris),这将在合适的地方(第 5 章)进行讨论。但是,在富兰克林·德拉诺·罗斯福(Franklin Delano Roosevelt,FDR)新政时期,由雷克斯福德·盖伊·托克维尔的动迁管理委员会(Resettlement Administration)进行开发的绿带城市却值得另眼相待。

它们的起源与霍华德的思想有着奇特的历史相似性,二者都在一场大萧条的深渊中得以形成。在这二者中,失业的农场工人蜂拥进入遭受贫困袭扰的城市中,而城市不能为他们提供工作。到 1933 年时,在华盛顿市中心就出现了一个令人尴尬的失业者棚户区。FDR 原先的概念是一种回归土地的运动。托克维尔是哥伦比亚大学的一位经济学家,他在罗斯福的智囊团中已经成为一位最具创新力的成员,他说服罗斯福这是一条死胡同。[215]他的想法就是"走出人口中心区,捡起廉价的土地,建造一个完整的社区,吸引人们入住其中,然后再回到城市并拆除整个贫民窟,把它们变为公园"。[216]他在 1935 年 4 月利用一次辞职来威胁罗斯福成立一个动迁管理委员会,以灵活应对土地和贫困问题。在 1935 年的紧急救助专项法(*Emergency Relief*

213 Stein, 1958, 189-190, 193, 198.　214 Hayden, 1984, 10-11; Moore et al. , 1984, 282.
215 Myhra, 1974, 178-181;1983, 231.　216 Jackson, 1985, 195.

❶ 金三角(Golden Triangle),位于匹兹堡市中枢,政府的办公大楼、银行和大商店等都集中于此,因此也称为"金三角商业中心"。
❷ 田纳西河流域管理局(Tennessee Valley Authority),在第五章"区域之城"中有详述。

Appropriation Act)之下,这就给予了国家对一切产权的支配权(强制购买土地)。[217]

　　"就在城市之外"是其中关键的一段:本质上的意图就是自给自足,绿带城市也不得不提供前往城市通勤的可能性,因此一个郊区住区的边缘区位是根本性的,这也反映了人口的现实趋向。[218]托克维尔希望有 3 000 个这种住区,但是在第一批的 25 个名单中,只有 8 个获得了项目拨款。议会将其削减为 5 个,而其中的 2 个(一个在新泽西,另一个在圣路易斯城外)则受到司法行动的阻碍。所以最终建成的项目只有 3 个新城:马里兰州华盛顿城外的格林贝尔特(Greenbelt)、俄亥俄州辛辛那提城外的格林希尔(Greenhill),以及威斯康辛州密尔沃基城外的格林戴尔(Greendale)。[219]经过劝说,在消除了对建筑师的偏见之后,托克维尔以争分夺秒的速度进行着工作,他分别为每个城市聘用了一支队伍:因此格林贝尔特和格林希尔有着雷德朋式的巨型住区,格林戴尔则有着传统街道和传统风格建筑。但是,它们都是每英亩 4～8 个单元的低密度住区。[220]其中最大的一个,也就是按照斯坦因和 RPAA 建筑师特拉西·奥格尔(Tracy Augur)❶的建议来进行设计的格林贝尔特,则采用了经典的雷德朋布局:住房按照 5 个巨型街区进行建造,围绕着中央开敞空间形成了一个巨大的马蹄形,它们全都拥有通往公园、商店和社区设施的步行通道。[221]建筑则比雷德朋更为坚定地采用了现代主义风格,总体上的效果奇怪地使人联想到 1920 年代最好的德国设计:一块法兰克福或柏林的飞地,飞到马里兰州的乡村中来。

　　项目很快接近尾声。作为一名新政的主持规划师,托克维尔成为保守议员、媒体、房屋以及房地产业和银行的一个明确的靶子,对于它们来说,"托克维尔城"象征着社会主义者开始掌权,他们抱怨:"这将人民从他们所在的地方迁移到托克维尔认为他们应当要去的地方。"[222] 1936 年 5 月,美国诉讼法庭认为 1935 年紧急救助专项法的拨款是无效的,而且即使这些约束仅仅适用于在新泽西州建议中的城镇格林布鲁克(Greenbrook),也没有人会怀疑这条道路已经走到头了。[223]住区建设最后于 1938 年中期完成,三个新城被移交给联邦公共住房部门(Federal Public Housing Agency),在 1950 年代全部被售出。[224]在三个新城中最大的格林贝尔特,原先开发的核心被转交到一个合作住房组织手中,它力图保持它的完整性。在 1979 年和 1983 年间,广泛地(而且昂贵地)采用联邦贷款来进行再利用,它现在是国家级的历史地区。但是庞大基地的其他部分则被宽阔的高速公路划分,并且由不同的开发商分块开发,于是就不存在风格上的任何连续性了。[225]而 1945 年之后的城市疏散则击垮了整个规划的疏散理念,"格林贝尔特"如同它著名的 1945 年的后继者——哥伦比亚的雷斯顿(Reston,由私人机构建造,却得到联邦贷款的资助),被"深深地淹没于

---

[217] MacFarland, 1966, 221; Arnold, 1971, 24-26; Myhra, 1974, 181; Weaver, 1984b, 228.
[218] Conkin, 1959, 307; Arnold, 1971, 26, 201.　　[219] Conkin, 1959, 308; Glaab and Brown, 1976, 277.
[220] Myhra, 1974, 183-185, 1983, 241.　　[221] Arnold, 1983, 199.　　[222] Arnold, 1971, 31, 97, 209.
[223] Myrha, 1974, 185.　　[224] Conkin, 1959, 322-325.　　[225] Arnold, 1983, 201-202, 204.
❶ 特拉西·奥格尔(Tracy Augur),区域规划师,参与 TVA 规划和区域疏散规划。

图 4-20　格林贝尔特

第一次将雷德朋布局应用到整个邻里社区中,早些时候在德国魏玛的绿带中,实
用性建筑和田园城市田园郊区传统成功地结合在一起。

区域新城巨大而无形的扩张之中"。[226]

于是,就量而言,"绿带"城镇几乎不是一个成就:"为区区 2 267 个家庭提供一个
有吸引力的环境,还称不上成效显著。"[227]它们作为城市规划中的实验(很像 FDR 所
做的)是极其慎重的:黑人被排除出去,即便租金较为适中也还是将最穷的人赶走,
住房的费用很高,缺少本地工作,与母城相连的公共交通通常很差,住房、公园和商
店现在都因规模太小而不能满足富裕的美国人的需要。[228]

事实上他们所做的不如他们所象征的那么重要:针对开发的完全的联邦控制,
再加上地方政府,于是达成了托克维尔在基地选择时的自由裁量权,强制性的土地
购买,由同一个机构来控制建造,甚至因为土地是联邦政府的,地方政府无权来征收
财产税。他们在做随后的英国政府在两次世界大战之间从未敢做的事情,并且事实
上为战后新城提供了一种样板。[229]不用说几乎每一个人都在反对他们。

历史总是在重复着自己,1968 年和 1970 年,国会通过了新城法。这是罗伯特·
韦弗(Robert Weaver)的成果,他是住房和家庭金融部的总管,随后成为住房与城市
发展部的秘书,也是一名对于综合城市规划持续关注的经济学家。他称赞该法案为
规划的胜利,它"能够消除由盲目增长和'摊大饼'式扩张所带来的代价昂贵的混
乱"。约翰逊政府为在美国不同位置建造的 13 个新城中的私人开发商提供了经济援

226　Fishman, 1992, 153, 158.　　227　Glabb and Brown, 1976, 278.

228　Stein, 1958, 130; Arnold, 1971, 143-144, 153; Wilson, 1974, 159-160; Arnold, 1983, 202.

229　MacFarland, 1966, 219-223.

图 4-21　雷克斯福德·盖伊·托克维尔

1930 年代中期实验性绿带社区的创始人,由于支持社会主义而在国会中受到严重排挤。他是英国战后政府提供资金、建设新城的一个真正典范。

图片来源:Courtesy of University Archives,Columbia University in the City of New York.

助。但是不久,所有人都开始反对这个法案:不仅来自于商业组织,它们一贯反对各种住房改革并将其视为自由市场资本主义的一种威胁,大城市的市长也开始反对各种形式的郊区化。当这些利益已经被修改得差不多时,约翰逊政府也差不多快要下台了。就如其他许多在尼克松时代沉没的伟大的社会计划,由于共和党的白宫受困于官僚程序,并拒绝提供由美国国会授权的财政支持,新城的日子很难过。"简言之,新城就在繁文缛节的洪流中垮灭了。"[230] 1980 年代初,美国住房与城市发展部(US Department of Housingand Urban Development)的官员总结道,这些实验除了一个以外,总体上是失败的,都安排了破产和抵押赎回程序。[231]

　　于是他们造就了在田园城市运动开头 40 年中的一个例外。虽然私人创始者建造了两个真正的田园城市(莱切沃斯和韦林),虽然有时市政当局也建造卫星城(魏森肖与勒默城),但是没有任何地方政府参与到真正的实践中来。略微有点讽刺性的是,它完全发生在美国,而这是任何人都不会想到会发生(这种情况)的一个国家。

[230] Biles,1998,127–128.　　[231] Biles,1998,113.

因此毫不奇怪,它会在那里失败。

英国的新城:国家进行接管

同样没有人会感到奇怪,在第二次世界大战之后,欧洲又一次领先,或者说这一次由国家开始掌控。然而即使在当时,这也是摸着石头过河。被费边社会主义者(Fabian socialists)管理的工党政府相信,通过市政府(尤其是伦敦郡议会)以及议会的大多数工人阶级所进行的渐进式变革,并嘲笑霍华德的蓝图为"难以下咽的面团"(unpalatable dough)。他们曾经长期主张:我们需要充分利用现有的城市,并建议建设新城以防止威尔斯先生笔下火星人(Mr. Wells's Martians)的入侵。与此相类似,乔治·萧伯纳(George Bernard Shaw)几年前就放弃了在城郊开发新社区的尝试,而是采用"一个坐在蒲公英之上,另一个则摸索于草丛之中"[232]的原则,去直接寻找城市的问题。

另一方面,战时联合政府在私营公司中间确立了自己的地位。彼得·马尔帕斯(Peter Malpass)表明:规划战后的住房早在 1941 年就已经开始,一份详细和雄心勃勃的政策在战争结束之前已经到位。这使得政府在过渡时期扮演了重要角色,但是从长远来看,绝大部分的新建筑由私营部门来决定,同时地方政府变得和战前一样集中精力清除贫民窟、为最贫穷的人提供生活必需品。[233]工党对此做出回应。1942 年 5 月,欧内斯特·贝文(Ernest Bevin)建议由一个国家住房合作计划(National Housing Corporation)通过提供低利率贷款的方式来保证购买者买得物有所值,但是并没有实现。他和克莱门特·艾德礼(Clement Attlee)❶共同表达出对于出现在白皮书中的对于私营公司津贴的巨大担忧。马尔帕斯指出,随着工党政府在1945 年 7 月当选,撤销这一个职位是住房政策一个最明显的改变。[234]但是那些已经设立的工党职位,由工党接管并完成工作。

在英国,继任的工党领袖刘易斯·斯尔金(Lewis Silkin)❷在意识到他的同僚们不愿意进行这样一个项目之后,于 1945 年 10 月任命一个委员会,来告诉他应当如何去建造新城。他任命 BBC 的前任主管里斯勋爵(Lord Reith)作为委员会的领袖。里斯是一个热情而富有干劲的人,他过去几乎试图冒犯英国公共生活中的每个人,接着就几乎失业了。奥斯本是委员会成员之一,其他还有伯明翰的 L. J. 卡德伯里(L. J. Cadbury)和 LCC 的莫妮卡·费尔顿(Monica Felton),他们两个都是著名的新城倡导者。

---

[232] Hardy,2005,41.   [233] Malpass,2003,177.   [234] Malpass,2003,192.

❶ 克莱门特·理查德·艾德礼(Clement Richard Attlee,1883—1967),英国政治家,1945—1951 年任首相,期间组成了建立国民医疗服务体系的工党政府,扩大了公众对工业的所有权。

❷ 刘易斯·斯尔金(Lewis Silkin,1889—1972),英国工党的政治家,伦敦郡城市规划、住房和公共健康委员会的主席,中央住房咨询委员会的成员。1945 年起担任艾德礼政府的城市规划部长,直至 1950 年退休。

毫不奇怪,在形成这样的组合之后,仅仅在 3 个月之内,委员会就在临时的推荐中形成了。它面临着三种可能的机制:地方政府,中间的非营利组织(莱切沃斯和韦林为此提供了"矛盾性的先例"),以及通常的、寻求利润的私人开发商。但是这里可能存在着一种先天的偏见,因为委员会仅仅包含两名私人部门的成员。大型建造商,如泰勒·伍德罗(Taylor Woodrow)、约翰·莱因(John Laing)和瓦茨(Wates)认为他们可以签署合同来建造新城,并且金融机构也同意了。但是由于这种构成,其结果是可想而知的:新城的规模应当在 2 万～6 万人之间,正如城乡规划协会(Town and Country Planning Association,已经把田园城市从名称中拿掉了)一直认为的那样,应当由国有公司来总体建造,一个公司负责一座新城,由国库直接进行资助。在某些情况下,一个或者多个地方政府可以承担这项任务。由于住房委员会很可能缺乏法律权威性和竞争力,为了实现这种特殊目标而形成特定的"授权委员会"也许是恰当的。因此委员会口头上支持了霍华德,但是国有公司则是"我们首选的部门"。[235]这样,讽刺性的是,一方面他们在解决着如何为新城提供经费这样长久的难题,另一方面也在破坏着霍华德规划的根本,也就是资助去建立一个自治的地方福利政府。自上而下的规划(top-down planning)战胜了自下而上(bottom-up)的规划,英国将拥有霍华德田园城市梦想的外壳,而没有它的实质。

奇迹般的,里斯小组成功了。在政府开始着手新城之前,奥斯本并不比玛士撒拉老。1946 年 8 月 1 日当新城法(*New Towns Act*)获得皇室批准时(甚至在里斯委员会的最终报告提交之前),他 61 岁。11 月 1 日,第一座新城斯蒂芬内奇已经得到批准。[236]从那时起到 1950 年,工党政府在英国批准了 13 座新城:8 座在伦敦地区,2 座在苏格兰,2 座在英格兰东北,1 座在威尔士,1 座在英格兰的米德兰。这种重视又一次证明,如同在 1890 年代,1940 年代英国城市问题的核心仍然在伦敦。尽管曼彻斯特、利物浦和其他一些城市也积极地考虑了新城建设,尽管为曼彻斯特的莫伯莱(Mobberley)和在柴郡(Cheshire)的康格莱顿(Congleton)所选的基地也得到了认真的考虑,但他们都被否决了。[237]

伦敦 8 座新城中的 4 座处在同一个郡中,也就是赫特福德郡,它们中的 3 座形成了一个组群,沿着北方大道和伦敦北部平行的铁路干线伸展。第一个获得批准的斯蒂芬内奇很快得到韦林田园城市的加盟,它与隔壁的哈特菲尔德(Hatfield)一同获得开发公司的身份,而在哈特菲尔德则迫切需要清除围绕着一个大型飞机工厂进行的一些杂乱无章的建设。尽管莱切沃斯保持着强烈的独立性,但是它有效地构成了组团的一部分,因此,学生们只可能在这里看到霍华德的社会城市在现实中的景象。每座田园城市都被自己的绿带环绕,所以每一座都看上去像一个以农业土地为背景的独立城市社区。但是所有这 4 座新城都被相当于霍华德内部城市铁路的现代铁路

235　GB Ministry of Town and Country Planning, 1946, 11; Hebbert, 1992, 172.
236　Cullingworth, 1979, 29-30.　　237　Cullingworth, 1979, 95-101, 112.

联系在一起,电气化的通勤车同样将它们与伦敦中心区连接起来,而高速公路在
1980 年代中期也已完工。几分钟之内人们就可以从一座新城到达另一座新城,沿着
高速公路进入到一个风景如画的绿色世界。任何一座新城都不再是新的,绿色植物
很早以前就包裹了它们,柔化了一些过于简单的、受预算控制的住房线条。可以肯
定仍然存在很多吹毛求疵的意见,但是这些新城看上去非常像《明天:一条通往真正
改革的和平之路》的最后一章所描述的。

然而,新城所走的路线可能是霍华德不会赞同的那一种。在它诞生的土地上,
正如煤矿和铁路很快演变的那样,田园城市现在被国有化和官僚化了。从某个角度
来看,这毫不奇怪,艾德礼政府效忠于那种特别的社会主义变种。依靠里斯(相信他
的 BBC 是上帝本人对于广播系统的设计)为新城和其他任何新机构来重复开一份相
似的处方。在这其中也存在一种智慧,如果伦敦始终存在的住房问题在半个多世纪
之后仍然与阿伯克隆比的大伦敦规划中所说的一样糟糕,如果两次世界大战时的明
显错误不再被重复,那么就必须提供一些非常严格而有弹性的机制,有必要的话,能
够粗暴地碾压地方的特殊利益。几乎紧接着,超出斯蒂芬内奇的规划而生长出来的
粗俗地区就证明了这一点。在稍晚的 1951 年之后,当继任的保守党政府拒绝进一步
的批准时,随之而来的限制和压力花费了它们 10 年的时间来更改这个决策。[238]

马克思主义的评论员们自然又可以拥有自己的市场:资本主义国家又一次操纵着
系统使之得以被接受。新城已经成为这种福利社会管理的一个基础部分,设计用来为
那些迫切希望搬到那里的高技术产业提供熟练劳动力的再生产。正如以往那样,所有
这些忽略了决策过程的高度复杂性。这里有一个全新的、新鲜的、激进的工党政府,
它不是通过调整资本主义的机器,而是通过士兵们的投票获得了政权。它决心去开
创一个新的起点,新城是它意识形态中的一个重要部分。艾德礼本人写道,他喜欢
全国性的城乡规划。[239]田园城市的宣传机器在奥斯本的领导之下已经付诸实施。不同
于他以前的老师,奥斯本选择了国家新城并为之奋斗了 1/4 个世纪。当然,别人可能全
都仅仅是系统的傀儡和代理,但是,任何了解他的人都很难这样去看待奥斯本。

可以肯定的是,在这个过程中收获了很多,但也失去了很多。新城得以建造,在
这个不尽完善的政治环境中是一个奇迹:它们中的 8 座在伦敦周围,几乎按照阿伯克
隆比所描绘的那样,并且几乎按照同一份时刻表来进行实施。确实,它们一启动就
经常遭到从一开始就反对的人们的批评:它们的建筑师是乏味的,它们没有城市感,
人们迁入新城后,就被剥夺了伦敦的喧嚣,并经常遭受滞后的商店和其他设施所带
来的困扰,患上了一种"新城忧郁症"。最终这成为了一种独特的社会学问题,这种
现象远远不只发生于一座新城之中,而是存在于所有 LCC 的匆忙规划和仓促建造的
卫星住区中,而媒体或者不知道,或者不愿去探知这其中的差异。事实上,新城也仅
仅吸纳了 40 万个居民,仅仅是 1950 年代和 1960 年代在环绕伦敦的绿带中人口增长

238 Cullingworth, 1979, 27-31, 127, 165.   239 Wilde, 1937, 24.

的一个零头。阿伯克隆比的计算没有考虑到婴儿的大量出生。

无论如何,新城按照规划,依据霍华德教条的里斯版本得以建造。正如所有人都可以看到的,他们做了支持者们一直希望他们去做的事情。马克·克莱普逊(Mark Clapson)❶揭示道,与一些社会学的诠释相反,工人阶级进入新城来寻求更好的住房,如果他们得到期望的住房,他们会非常愉快地安居下来。然而,他们并没有撤到帷幕之后,而是积极加入到组织之中。于是,克莱普逊总结道:"对于郊区精神病和新城忧郁症的严厉诊断……是误导性的。存在于迁入和定居中的问题就是,对于大多数人而言,来到新城就是为自己寻求一种新的生活,他们试图在家庭、更大的家族和由郊区与新城环境所提供的社会与物质机会之间获得一种有意义的平衡。"[240] 1979年,当米尔顿凯恩斯(Milton Keynes)❷的社区电视台以愚人节的方式宣布整个新城将被夷为平地时,一名观众宣布他不愿回到伦敦:"米尔顿凯恩斯已经给了他一个花园,这是他从来没有过的东西,如果他现在要放弃它,那将会受到指责。"[241] 新城仍然是一个工作与生活得相当好的地方,对于新城而言,最好的方面就是,在它们开始启动半个世纪之后,它们几乎就完全无人问津了:媒体仅仅在偶尔希望描述一个没有问题的地方的时候才会关注新城(例如1986年8月的《卫报》(Guardian))。

但是讽刺性的是,米尔顿凯恩斯及其在华盛顿郊外的美式翻版雷斯顿(Reston),由于较低密度和郊区氛围而在1960年代得以盛行。但是它们各自规划师的意图却又不尽相同。其目标在于,在以公园和开放空间为主导的乡村营建紧凑的并且具有晚期现代主义的城市住房风格的居住组团。在两个案例中,大众品味导致其主导者采用传统或本土的风格,使之带有一些乡村化的情调。[242]

更加讽刺性的是,在1940年代的一次北美演讲中,弗雷德里克·奥斯本(Frederic Osborn)向他的听众坦承道,他"并没有实现符合你们这些上层阶级要求的高标准的住区建设","这些地方的居住模式就是每一个单幢住宅都被植被丰富的环境所围绕,而这代表着我确信的绝大多数美国人以及差不多所有英国人心中的理想生活方式"。[243] 而这种"理想"曾经是雷斯顿以及米尔顿凯恩斯的核心吸引力。

这种景象在其他地方也未能持久。根据霍华德的概念,"社区应当主要从其居民那里发展出一种出自田园城市主人翁精神的集体意识。物质性的规划与设计应该反映人们的集体所有权而不是替代它"。[244] 但霍华德没有找到着力点。值得一提的案例很少,例如库里蒂巴(Curitiba)和新加坡。"霍华德遗产的最大特点就是,世界上

---

[240] Clapson, 1998, 197.　　[241] Clapson, 1998, 104.　　[242] Clapson, 2002, 145.
[243] Clapson, 2002, 159.　　[244] Clapson, 2002, 159.

❶ 马克·克莱普逊(Mark Clapson),威斯敏斯特大学访问研究员,出版了《郊区世纪》一书,提供了关于郊区及郊区居民的一种新的诠释。

❷ 米尔顿凯恩斯(Milton Keynes),位于英格兰中部,曾是一个名不见经传的小村庄,后成为英国新城镇建设的成功典范,英国的经济重镇。始建于20世纪60年代末,一开始就按照市场规律来运作。首先由政府投资从农民手中将这一带的土地买下来,然后交给开发公司去建设。城镇初具规模后,地方发展部门将开发后的土地和房屋出售给公司或个人,收回国家投资。

绝大多数城市的居民仍并不能居住于其中。"[245]欧也妮·伯什(EugenieBirch)在佛罗里达的塞雷布莱逊(Celebration)这样五色杂陈的案例中也能找到对于田园城市思想的响应,这是一个带有 4 700 英亩绿化带和 18 英亩混合功能的中心区,其中有零售商业、市政服务、开放空间、公共设施以及居住住宅。另外还有新加坡的淡滨尼(Tampines),这是一座 824 英亩、人口约 18 万的小镇,尽管密度极高,但也显示出"霍华德的影响力",因为它们融合了居住、工作以及其他功能。[246]但是人们也觉察到,由于某种来自阴暗之中的幽灵,霍华德无法看到他的设想在大西洋两岸的更多地方得以实现。

但是从更宽广的视角来看,霍华德的初始理想不见了:外壳还在那儿,但是没有实质。没有自由工艺者的无政府主义自我管理的共同体。在它们中间,工业与土地之间的联系消失了,让人回想起中世纪传统的、丰富的合作生活看不到了。也许它从一开始就是一只卡迈拉(chimera)❶,也许所有这些从来都只是一个微弱的幻想,后资本主义的经济和后工业化的社会现实最终摧毁了它。然而为了更好地评判它,必须要了解这种思想还有一个更加深远、更加激进的分支,对此需要另外一个章节。

---

[245] Ward, 2002b, 244.　　[246] Birch, 2002, 187, 198.
❶ 卡迈拉(chimera),希腊神话中一个狮头、羊身、蛇尾的怪物,指想象中的怪物。

区域之城

　　于是,他们径直走向大门,现在你肯定注意到城市就矗立在一座大山之上,但是朝圣者们却一路轻松地上山,因为有那两个人扶着手臂引导他们上山。他们也把人间的衣裳留在身后的河里:他们穿着它们走进河里,出来时却是一丝不挂。因此,尽管城市坐落的地方比云层还要高,他们还是轻盈、快速地来到这里。因此,他们向上穿过天空,一边走一边亲密地说着话,十分惬意,因为他们已经安全渡过河流,还有这么了不起的伙伴们跟随着。

约翰·班扬,《天路历程》(The Pilgrim's Progress,1678)

　　随着月亮越升越高,朦朦重重的房屋开始融化消失,直到我逐渐开始看见这里的古老岛屿,它曾经为了引起荷兰水手的注意而进行过装扮,它是新世界的新鲜、碧绿的胸脯。它那已经消失了的森林,那个为盖茨比房屋让路的森林,曾经在耳语声中迎合着所有人类最终、最伟大的梦想。在这瞬间的魔幻时刻,人们必须在这个大陆面前屏住呼吸,陷入自己既不了解、也不需要的美学沉思之中,在人类历史上最后一次与堪比人类想象力的事物相面对。

　　当我坐在那里品味着这个古老而未知世界的时候,我想到当盖茨比在戴西(Daisy)码头尽端第一次看到绿光时显露的惊讶。他长途跋涉来到这片蓝色草地,他的梦想似乎如此接近,他不会抓不到它。他并不知道梦想已经随行身后,在这个城市之外广袤昏暗的某个地方,共和国的黑色田野在夜幕中起伏着。

F. 司考特·菲茨杰拉德(F. Scott Fitzgerald)❶,《了不起的盖茨比》
(The Great Gatsby❷,1926)

---

❶ 司考特·菲茨杰拉德(F. Scott Fitzgerald, 1896—1940),美国作家。

❷ 又译作《大亨小传》,出版于1925年,是菲茨杰拉德所撰写的一部以1920年代纽约市及长岛为背景的长篇小说,被视为美国文学"爵士时代"的象征,奠定了菲茨杰拉德在现代美国文学史上的地位。作品反映了下层阶级对上流社会的向往,以及美国上流社会的虚伪与残酷。

5

区域之城

区域规划的诞生:爱丁堡、纽约、伦敦
(1900—1940)

如果田园城市是来自美国的英国货,那么区域城市毫无疑问就是源于法国、途经苏格兰的美国货。区域规划始自帕特里克·格迪斯(1854—1932),他是一个无法归类的博学之才——在四次申请大学教职未果之后,开始在邓迪大学(University of Dundee)正式教授生物学(更可能是生物学以外的某门课程)。[1]他给印度的统治者们提出了一个关于如何经营他们城市的特殊建议,并且企图把生活的意义浓缩在长篇累牍之中。在世纪之交通过与法国地理学家的接触,格迪斯就已经吸收了以自治区域的自由联邦制为基础的无政府共产主义。通过 1920 年代格迪斯与刘易斯·芒福德(1895—1990)的会面(此人是一位社会学家兼新闻记者,他使格迪斯的想法有了前所未有的连贯性),这种思想传播到纽约的一群规模虽小,却卓尔不群、执着奉献的规划师那里,通过芒福德历练老成的写作,与霍华德思想中密切相关的部分融合在一起,并传遍整个美国和全世界,产生了巨大的影响,特别是对于 1930 年代富兰克林·德拉诺·罗斯福的新政(New Deal),以及 40 年代和 50 年代欧洲许多首都规划都影响深远。但具有讽刺意味的是,在这一过程中(与霍华德一样),该理论的真正本质却黯然失色,甚至消逝了大半。在当今世界上,我们再也看不到通过格迪斯从蒲鲁东(Pierre-Joseph Proudhon)❶、巴枯宁(Mikhail Bakunin)❷、雷克吕斯(Élisée Reclus)❸和克鲁泡特金思想中所提炼出来的,美国区域规划协会纯正而卓越的远见。

格迪斯与无政府传统

故事必须从格迪斯说起:这是一件很难做的事情,因为他总是在兜一个越来越大的圈子。一位最有资格进行评价的秘书(如同所有的秘书一样)有一次如此说道:

---

1 Meller,1990,6.

❶ 蒲鲁东(Pierre-Joseph Proudhon,1809—1865),19 世纪法国社会主义者、无政府主义者、作家,提倡乌托邦式的社会主义。著作《什么是所有权》,主张"所有权就是一种窃取"。

❷ 巴枯宁(Mikhail Bakunin,1814—1876),俄国无政府主义者、国际无政府主义运动活动家、理论家。在德国、瑞士、比利时、法国接触各种社会主义流派的代表人物,特别受到蒲鲁东和魏特林的思想影响。

❸ 埃利泽·雷克吕斯(Élisée Reclus,1830—1905),法国地理学家、无政府主义者。1892 年获得巴黎地理学协会授予的金奖。致力于研究人类迁移、文化借鉴和人地关系。

"如果那些被他刺痛的人们想要有所收获,就必须接受格迪斯……这就如同一个虔诚的天主教徒全心全意、毫无保留地接受痛苦一样";[2]他是一个典型的有趣的教授:"无论是在讲台上还是在更为亲近的场合中,他从来就无法使自己被别人理解";他"经常忘记约会,或者把两三个约会安排在同一时间"。"未完成的论文,未写完的书,总是尚未完成或尚未写完";[3]"……在每一篇短文中,他一起头就会重新开始,没完没了地简述和重复他的基本思想"。[4]阿伯克隆比讲述道,他是"一个最不安分的人,不断地唠叨着所有的事情"。[5]他在划分成 9 片的纸上执迷地发展着自己的思想,这些纸片是他的"机器",他在其中填入没完没了的直觉思考,但是这被证明是有碍交流的:当他进行一次重要演讲时,新闻记者拒绝为其进行报道。[6]一位传记作家如此谈论着他:

> 格迪斯对于社会科学的贡献……顶多只是零星的启发,而最糟的情况下则是起反作用……由于他的许多癖好,他使自己和自己的思想放荡不羁,即使仍然采用着现代学术的方式。[7]

他很早"就已经开始走上脱离主流学术生涯的独特道路,并且最终与社会科学的本质相脱离"。[8]

通过短期从 T. H. 赫胥黎(T. H. Huxley)❶,他有机会在布列塔尼(Brittany)❷的罗斯科夫(Roscoff)海洋站工作,并从那里于 1878 年首次访问巴黎,还学会讲一口流利的法语。[9]他在巴黎形成了自己的主要思想:"苏格兰文化中的核心而重要的传统,已经与法国的密不可分。"[10]他从法国的地理学之父埃利泽·雷克吕斯和保罗·韦达·白兰士(Paul Vidal de la Blache)❸以及早期法国社会学家弗雷德里克·勒普莱(1806—1882)那里掌握了重要概念,他们崭新的学术理论已经在法国赢得了尊重,这比在英国或美国要早好几年。[11]勒普莱(工程师、社会实践科学家、拿破仑三世所器重的顾问)作为 1867 年巴黎博览会的组织者发挥过重要作用,他以工作和社会生活为主题来组织博览会。在随后 1878 年的博览会上,格迪斯首次接触到勒普莱的思想,以及他的"场所、工作、家庭"(Lieu,Travail,Famille)的三元思想:强调了家庭在其环境背景中是社会的基本单元。[12]勒普莱去世后,他的弟子们为他的成就专门建了一座展览馆,简·亚当斯在这里遇见了亨丽埃塔·巴内特。[13]

---

[2] Mumford, 1982, 319.　　　[3] Mumford, 1982, 321, 326, 331.　　　[4] Meller, 1990, 3.

[5] Defries, 1927, 323.　　　[6] Meller, 1990, 45, 49, 55 note 64.　　　[7] Meller, 1990, 122.

[8] Meller, 1990, 19.　　　[9] Meller, 1990, 31-32.　　　[10] Defries, 1927, 251.

[11] Weaver, 1984a, 42, 47-48; Andrews, 1986, 179.　　　[12] Meller, 1990, 35.

[13] Meller, 1995, 296-298.

❶ 托马斯·亨利·赫胥黎(T. H. Huxley, 1825—1895),英国博物学家、作家。

❷ 布列塔尼(Brittany),法国西北部一地区。

❸ 保罗·韦达·白兰士(Paul Vidal de la Blache, 1845—1918),法国的地理学者,被誉为法国近代地理学的奠基人,地缘政治学法国学派的奠基人。主张地理学研究应集中在个别区域,地理学家的特殊任务是阐述自然和人文条件在空间上的相互关系。这些思想在法国一直受到推崇,被誉为韦达传统。

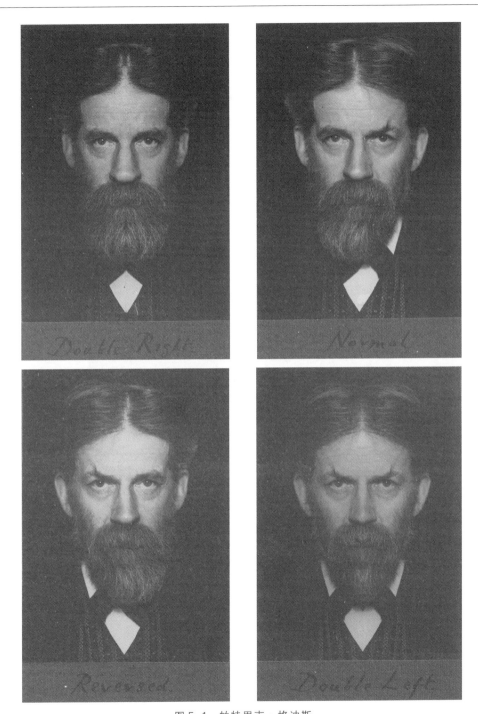

图 5-1　帕特里克·格迪斯

没完没了的文件夹和图表柜,造就了他那种令人无法理解的经历。

图片来源: Reproduced by permission of the National Library of Scotland, MS 10606.

图 5-2　刘易斯·芒福德

他和格迪斯唯一的一次会面是一场灾难,但是最后这位教授还是找到了他的
"抄写员"。美国区域规划协会将大师的信息传达给全世界。

图片来源:Time & Life Pictures/Getty Images.

格迪斯从他们那里获得了关于自然区域的思想,例如他著名的山谷断面(Valley Section)就是以雷克吕斯的思想为基础的。[14]重要的是格迪斯与他们一样,宁愿纯粹地研究区域的形式,而不愿从大都市的影响入手来展开研究:

对于具体的城市调查,我们应当从哪里着手……伦敦自然可以号称是杰出的。然而即使一切如愿,难道这个世界上最大的城市不就像是一座云雾缭绕的迷宫吗?其周边地区以及周围较小城市(的范围)都只能进行轻描淡写……对于我们更为总体和更具比较性的调查,宁可需要一个更为简单的开始……清晰的外表,一个指定地理区域的更为全景的外貌,就像在某个山区假日中展现在我们面前……正如一位地理学家所指出的,这样的一个河流系统对于学习城市和文明的学生来说是基本单元。因此,必须在这里引用这种简单的地理学方法,作为我们课题真正有序并且可比的方法的基础。[15]

_____

[14] Meller,1990,40.　　[15] Geddes,1905,105.

图 5-3　瞭望塔

从城堡顶上,格迪斯用照相机遮布将爱丁堡的屋顶完全遮罩起来,
并上了在规划前要做好调查的一课。

图片来源:© Dabid Davies/Alamy.

对于格迪斯而言,规划必须从针对一个自然区域中的资源、人们对于自然区域的反
应,以及所形成的文化景观的复杂性等这样一种调查开始:在整个教学中,他最强调
的就是调查方法。[16]这也是源于韦达·白兰士及其门徒,他们的"区域专题"就是试图
做到这一点。[17]在著名的瞭望塔(Outlook Tower)❶中(这个峻峭的纪念碑仍然矗立
在爱丁堡皇家英里大道的一端),格迪斯创立了一个他希望随处可见的模型:一个当
地的调查中心。在这个中心里,各种各样的人都理解勒普莱的"地点—工作—人口"
的三元理论的关系。[18]他认为研究城市的学生必须首先研究这些自然区域:"人们将
会发现,这种针对一系列我们自己的河流盆地的一项调查……是从事城市研究最合
理可靠的着手方式……这对于学生不断去恢复基本的、类似自然主义者的观点是很
有用的,即使在最大的城市中也是如此。"[19]

　　这听起来简单得令人不可思议,然而正如伟大的英国规划师帕特里克·阿伯克
隆比曾经所说的,城市调查实际上是"一项尴尬而复杂的事情",当它必须扩展以覆

---

[16] Mairet, 1957, 216.　　[17] Weaver, 1984a, 47.　　[18] Mairet, 1957, 216.　　[19] Geddes, 1905, 106.

❶ 瞭望塔(Outlook Tower),位于爱丁堡皇家英里(Royal Mile)大道的一端,下部始建于 17 世纪,上部加建于
　 1853 年。由被誉为"城镇规划之父"的格迪斯改建成一个"社会学上的天文台"。

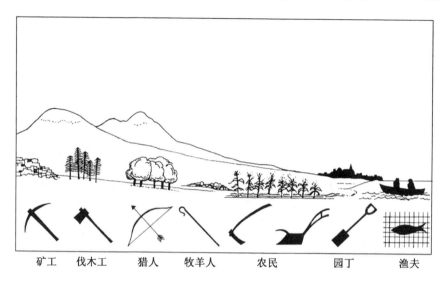

矿工　　伐木工　　猎人　　牧羊人　　农民　　园丁　　渔夫

图 5-4　山谷剖面

格迪斯的区域计划的本质,引自 1905 年的一份文件:人口劳动空间(场地、位置)处于完美的
和谐状态,而城市则是这些事物的核心。

图片来源:Reproduced by permission of the National Library of Scotland,OF.1314.6.20.

盖这一区域,并最终覆盖全世界时,就更为如此。但是阿伯克隆比(如果有人已经知
道这个人)相信,在 1920 年代初期的英国,"我们国家重建的失误可以归结于忽视了
格迪斯的这一教导。"[20]

　　格迪斯经常提到,规划人员的常用地图对于这项伟大的工作是没有用处的:最
好从雷克吕斯所建议的大地球仪来着手,但是这个地球仪从未建造起来。如果行不
通,就必须画出"我们在世界上随处可见的从山脉到海洋的斜坡"的横剖面,对此,
"我们可以很容易地对其进行缩放,使之适合于任何尺度和任何比例,包括我们特定
和特殊的区域,包括山地、斜坡和平原。"只有这样一种"山谷断面,正如我们通常称
呼它的,才使得气候范围,加上与之相应的植被和动物生活非常生动地展现在我们
面前……(于是构成了)一种地理学家的'区域'的基本横剖面描述以供研究"。仔细
进行观察,"就会发现所有自然职业的场所","猎人和牧羊人,贫苦农民和富农,这些
我们最常见的职业类型,随着海拔高度的降低,它们就表现出明显的连续性,同时也
显现出社会历史的进程。"[21]反过来说,

　　这些各种职业的人群各自都发展了体现他们自己的带有家庭、民俗,甚至
制度的特征类型的小屋或者村庄。虽然每一个都带有相应建筑类型的雏形,但
它们不只是简单的家庭建筑,从渔港到森林和山间小道,从位于低处的花园、田
野到高处的矿山和采石场,他们的村落就是这样形成的。[22]

[20] Defries,1927,323-324.　　[21] Geddes,1925c,289-290,325.　　[22] Geddes,1925c,415.

在这一区域的中心,就是"城市中的山谷",在那里,"我们必须向下挖掘城市的地层,直到最早的过去——现在的城市就是建造在这些业已模糊但却是如英雄史诗般的城市上面,因此我们必须自下而上来阅读它们,一步一步将它们看清楚。"[23]

简而言之,它们大部分内容已为人们所熟知,甚至成为俗套;每个规划新手都知道,"规划之前做调查"这句来自格迪斯的格言。它来自于某种传统的区域地理学,已经被成百上千的学校课本所庸俗化,长久以来遭到嘲笑并被清除出去。但是这忽略了它真正的创新之处。正如对于格迪斯一样,对于韦达·白兰士及其门徒而言,区域研究让人们了解一种"生动的、经验化的环境",它是"人类发展的动力,在人类及其环境之间的知觉相关性,是为人类所知的自由的基石、文化进化的源泉",它受到集权化的国家和大规模的工业的打击和腐蚀[24](他相信一个女人的职能就是通过养育子女来造就文明)[25]。因此,区域调查那种仔细考古的性质,以及对于传统职业和对于历史联系的强调并非奇怪的举动。正如格迪斯企图通过化装舞会和露天剧场重新了解过去的文明生活一样[26],对他而言,这是欧洲文化最高成就的一种有意识的庆典。

这一观点虽然有点神秘,但是具有一种非常激进的目的。对于格迪斯,就像对于韦达·白兰士一样,区域不只是一种调查对象,它将为社会和政治生活的完整重建提供基础。格迪斯在这里又一次将其归功于地理学和法国传统。埃利泽·雷克吕斯和彼得·克鲁泡特金都是地理学家,但两人都是无政府主义者。克鲁泡特金从他的祖国俄国被流放出来,又从法国和瑞士被驱赶出来,他作为难民在布莱顿居住了 30 多年;[27]雷克吕斯因为在 1871 年为巴黎公社战斗而被从法国驱逐出来,过着流亡的生活。然而奇怪的是,他被委托设计了用于 1900 年远征的大地球仪,这次远征被认为表达了一种全球公民的概念。[28]二者的思想都以皮埃尔-约瑟夫·蒲鲁东的(思想)为基础,他是以主张"财产就是盗窃"而闻名的法国无政府主义者。具有讽刺意味的是,蒲鲁东的著作致力于证明相反的观点。他的观点在于个人财产是自由社会的重要保证,只要个人拥有的财产不过量就可以了。他相信这种社会能够单独为联邦政府提供一种分散的、非等级制的系统:[29]这一思想为俄国的无政府主义者米哈伊尔·巴枯宁所赞同,巴枯宁在第一国际 1872 年的海牙会议上被卡尔·马克思击败并开除,这是社会主义历史上决定性的事件。[30]

雷克吕斯和克鲁泡特金是这一传统的继承者,两人在 1880 年代和 1890 年代都不止一次会见过格迪斯。雷克吕斯最重要的著作,名为《地球之家》(*L'Homme et la terre*)的多卷研究认为,[31]与环境协调共生的原始民族自然的集体主义小社会,已经被殖民主义破坏或者歪曲。但是克鲁泡特金更为重要,因为他发展了无政府主义哲学,并且把它转译到 20 世纪早期的环境中。通过他,无政府主义对霍华德和格迪斯

23 Geddes, 1925c, 396.　　24 Weaver, 1984a, 47.　　25 Meller, 1990, 81.　　26 Boardman, 1978, 234-240.

27 Woodcock, 1962, 181-196.　　28 Mairet, 1957, 89; Meller, 1995, 300.　　29 Edwards, 1969, 33, 107.

30 Lehning, 1973, 71, 169, 236.　　31 Reclus, 1905-1908.

都产生了不可估量的影响。克鲁泡特金的信条就是"无政府共产主义,没有政府的共产主义——自由的共产主义"。[32]社会必须以自由的个人之间的合作为基础来重塑自我,就像动物社会中显而易见的那样,他认为这代表了人类社会正在行进的逻辑方向。[33]

除此以外,克鲁泡特金提出了一个著名的历史命题:在 20 世纪,欧洲已经发生了一种"地方自治"革命,将它的文化从神权统治和专制统治的压迫下解放出来。这一革命表现在地方村落社区和成千上万个城市互助会和行会。在中世纪晚期的城市中,每一个片区或教区都是各种自治行会的活动范围。城市本身就是这些区域、街道、教区和行会的联合体,其本身就是一个自由国家。[34]他论述道:

> 在那些城市里,在由自由协议和自由动机的推动而获得的自治权的庇护下,一个全新的文明正在成长,并获得了如此长足的发展,这是前所未见的……除了古希腊的光荣时期(又是自由城市),社会从未如此向前迈过一大步。在过去的两三个世纪里,人类既未进行过一场如此深刻的变革,也未将其权力扩大到以至于凌驾于自然界的力量之上。[35]

这些成就已经被 16 世纪的集权国家扫荡干净,它代表着被克鲁泡特金称之为罗马帝国集权传统的胜利。但是现在他坚信,这反过来也受到其对立面的挑战,也就是大众的联邦主义者或自由主义者的运动的挑战。

他认为其理由是技术至上:新的动力资源、水力,特别是电力,意味着不再需要一种大型中央动力单位,主要依赖技术工人的产业不再产生规模经济。显而易见,更为新型的工业倾向于小规模。因此,大工业的集中代表着纯粹的历史惯性:"绝对没有理由去坚持这类反常的事物。工业必须分散到全世界,在文明国家中工业的分散,必定需要伴随着工厂在每个国家领土上的进一步分散。"[36]同时,

> 工业在全国的扩散将工厂带至田野,使农业可以通过与工业的结合而获得利润……并且形成工业和农业的结合,这肯定是下一步……这一步是由"为生产者自身而生产"的必要性所决定的,是由每一个健康男女在自由的空气之下花费他们的部分生命来从事体力劳动的必要性所决定的。[37]

这是格迪斯从克鲁泡特金那里借鉴来的重要观点之一。1899 年,可能是在刚刚读完第一版的《田野、工厂和作坊》之后,格迪斯将工业分散时代命名为"新技术时代"(neotechnic era)。[38]翌年,在伟大的巴黎博览会的展示中,他运用了古典技术和新技术这样的术语。[39]正如格迪斯后来写道的:"我们可以进行区分,将工业时代较早的和较粗糙的部分称为古典技术(Palaeotechnic),将较新的、从这些古典技术中分离出来的初始成分称为新技术"。[40]他在这里直接按照克鲁泡特金的说法,只有在这个新时

---

32 Kropotkin, 1906, 28.　　33 Kropotkin, 1906, 90; 1971-1972, 96.　　34 Kropotkin, 1920, 14-17.
35 Kropotkin, 1920, 18-19.　　36 Kropotkin, 1913, 357.　　37 Kropotkin, 1913, 361.
38 Mairet, 1957, 94.　　39 Kitchen, 1975, 188-189.　　40 Geddes, 1912, 177.

代,"我们才能将我们的建造技巧和主要精力用于资源的公共储备,而不是私人消耗;用于其他生命的进化,而不是破坏。"[41]

从雷克吕斯和克鲁泡特金以及距离他们更远的蒲鲁东,格迪斯也采取了同样的立场,即社会的重建不能采取诸如废除私有财产这样扫荡性的政府措施,而是需要通过千百万个人的努力:"新技术秩序"意味着"一个城市接一个城市,一个地区接一个地区地创造一种乌托邦"。他敌视费边社集中的方法,于是使自己脱离于那一时代的主流政治辩论,他寻找能够立即实施的解决方法。[42]第一次世界大战以后,格迪斯相信国联(League of Nations)应当是城市联盟,而不应当是作为战争机器中心的首都城市的联盟,国联应当是大型省会城市的联盟,它们重新获得以前的独立,然后按照瑞士模式进行自愿联盟。[43]这一想法促成了一次特别的阐述——虽然按照格迪斯的话来说,它只是一个框架:

> 自然优生学的核心在于每个家庭,年轻人到外面建立新的家庭,他们构成了村庄、城镇、大大小小的城市。因此,要成为优生学家,就必须从事这方面的工作,从而进行改善。将家庭联合成为合作的、互助的邻里,将这些组织的家庭联合成为经过更新的、社会化了的单元(它们应当成为的教区),到时候就会获得一个更好的国家,更好的世界……每个区域和城市可以学习管理自己的事务——建造自己的家园,产生自己的科学家、艺术家和教师。这些发展中的区域已经处在共同的事业之中:难道他们不能成为朋友,并根据需要结成联邦吗?这也许就是以赛亚❶所预言的时刻吗?"当这一时刻来临的时候,我将把所有的国家和语言组织到一起,它们应当会这样。"并且"将会有一个新的天地……过去的世界将会被遗忘……他们将建造新的住房,居住于其中……并且我将按照真理来指导他们的工作"。[44]

当茫然不解的提问者要求他亲自进行解释的时候,他回答道,花朵通过开花来表达自己,而不是通过贴上标签。[45]

确实,还有更多、更多的观点。首先是与格迪斯同样散漫的合作者维克多·布兰福德(Victor Branford)❷提出来的观点:教会和大学在与市民社会的实践关系中所处的角色;[46,47]在一种市民教育体系中,优生学、市政学与城市规划、社会福利的结合;[48]"在市民领域里,妇女的影响力以及她的朋友、同伴、艺术家、诗人和教育学家的影响力在增长"以此来满足"为妇女们提供这一文化环境,这是必要的……因为她的全部尊严在于一种精神力量。"[49]这些思想以一种重复、迂回,常常是过于模糊的状态

[41] Geddes, 1912, 183.　　[42] Meller, 1990, 67-68.　　[43] Defries, 1927, 268; Boardman, 1944, 382-383.
[44] Defries, 1927, 218-219, 230-231.　　[45] Defries, 1927, 231.　　[46] Branford, 1914, 294-296, 323.
[47] Clavel, 2002, 50.　　[48] Branford, 1914, 283.　　[49] Branford and Geddes, 1919, 250-251.
❶ 以赛亚(Isaiah),公元前 8 世纪希伯来的先知。
❷ 维克多·布兰福德(Victor Branford, 1863—1930),社会学家、商人,20 世纪前 30 年,英国社会学发展的核心人物。

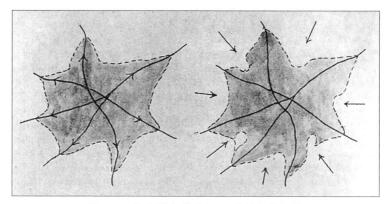

图 5-5　集合城市的进程,正确的和错误的

引自格迪斯《进化中的城市》中的模式图,显示出城市的蔓延和补救手段。

图片来源:Reproduced by permission of the National Library of Scotland,J. 231. a.

提了出来,它们是尚未完成的论文的大量原始素材。但是有一个更进一步的概念,集中体现在格迪斯关于社会重建中的区域规划部分的论文之中。

在 1915 年,格迪斯出版了《进化中的城市》(*Cities in Evolution*),这是他的观点最具连贯性的表露,收录了十多年来在美国杂志《调查》(*Survey*)中的文章(这些文章是根据他在 1923 年的讲课,花费了两年时间修改成文的)。[50]在这本书中,他关注于这样一个事实,新技术(发电、内燃机)正在导致大城市进行疏散并形成组团:关于这些区域、这些城市的集聚需要一个名称。我们不能称它们为星座。"集聚体"更接近于目标,但是目前听起来不大容易被人们接受。叫作"集合城市"(Conurbations)怎么样?[51]在英国,他分辨出克里德-福斯(Glyde-Forth)、泰恩-威尔-蒂斯(Tyne-Wear-Tees)、"兰卡斯顿"(Lancaston)、西莱丁(West Riding)、"南莱丁"(South Riding)和"米德兰顿"(Midlandton)、"威尔士顿"(Waleston)和大伦敦,在欧洲的"世界城市"(World-Cities)中分辨出巴黎、法兰西里维埃拉(Riviera)❶、柏林和鲁尔(the Ruhr),在美国分辨出匹兹堡、芝加哥和纽约波士顿。[52]这预示了半个世纪之后戈特曼(Jean Gottmann)❷在其著名的《大都市带》(*Megalopolis*)中的研究,他写道:"在不久的将来,人们很可能将会看到沿大西洋海岸有一条以很多聚居点为据点的 500 英里长的巨型城市带,它很可能将有成百上千万的总人口。"[53]

问题在于,这些蔓延开来的城市仍然是糟糕的、陈旧的、古老技术秩序的产物。他把这"看作是资源和能量的浪费,看作是机器和金钱统治下压抑的生活,看作是导致失业、不合理就业、疾病、愚蠢、邪恶、冷漠、纵欲和罪恶的相应的、特定结果的根

[50] Boardman,1944,412.　　[51] Geddes,1915,34.　　[52] Geddes,1915,41,47,48-49.

[53] Geddes,1915,48-49.

❶ 里维埃拉(Riviera),法国东南部和意大利西北部沿地中海的假日游憩胜地。

❷ 戈特曼(Jean Gottmann,1915—1994),法国地理学家,提出大都市带的概念和术语以描述从波士顿到华盛顿走廊地带的大城市结构。

源"。[54]因为"城市里的儿童、妇女和工人能够来到农村,但是很少来",第一步就是"我们要让农村接近他们","让田野接近街道,而不仅仅是让街道接近田野"。[55]"城市必须停止如同扩散的墨团、油污点那样扩张开来",而是应当更像植物那样生长,"带着在金色阳光中摇曳的绿叶"。[56]因此,城市里的人们将会在农村的环境和气息中成长。

他的想法在德国获得回应。在 1907 年至 1920 年间,罗伯特·施密特(Robert Schmidt,1869—1934)在埃森(Essen)担任顾问,并在之后调任领导一个新的机构——"鲁尔煤矿区聚落联盟"(Siedlungsverband Ruhrkohlenbezirk)[57]❶,其简称为 SVR(鲁尔区规划协会,就是今天的鲁尔区城市联盟(Kommunalverband Ruhr),或称作鲁尔区城际协会(Intermunicipal Association of the Ruhr District))。1913 年,他就已经制定了一份综合性的"开放空间"政策,同时也为交通基础设施制定了优化方案。他在这项政策中的观点深受波士顿的查尔斯·艾略特(Charles Eliot)的影响,这使得城市地区"充满由公园和休憩场地所构成的整体系统,并且紧接着与在城市外围的其他开放空间和森林地区相连接"。就像沃纳·赫格曼(Werner Hegemann)在一本纪念 1910 年杜塞尔多夫(Düsseldorf)的城镇规划展览的书中所写到的那样。[58]在 1912 年的一篇实录(Denkschrift)中,他提出城市需要绕以绿环,并贯以楔形放射"绿带"。交通网络各有分工以应客运与货运的长、短距离出行之需。这是 SVR 在 1920 年成立不久之后所开展的区域绿色开放空间(活动)的起源。[59]

就某种意义而言,所有这些都没有超出霍华德所说的,但是格迪斯是在整个城市区域的层面上来进行这番论述的,这就构成了它独特的新颖之处。"区域调查及其应用——乡村发展,城市规划,城市设计",他总结道:

> 这些因素注定将要成为开放一代的主要思想和实践愿望,这不下于商业、政治和战争对于过去和正在成为过去的人们的影响……对于在各处进行思考的地理学家、艺术家、工程师还有城市规划师而言,新技术秩序就像综合性的地质工学一样,它不仅是自觉的,而且也已经得到了普及;它的艺术性和科学性在知识层面上的愉悦、成就和出类拔萃则显得越来越轻淡;而它作为将这些人组织起来从事地理服务、乡村和城市的区域性再生的手段,则显得越来越重要。[60]

在 1980 年代或者此前 30 年,如果说地理学是城市规划的重要基础,听起来并不算激进;然而在 1915 年,对于大多数人而言,城市规划就等同于城市美化。在那个年代,这种说法就是革命性的。麻烦在于,它是革命性的,也是极其不严密的:402 页的引文如同格迪斯所撰写的其他千万个引文那样,带有过于个性化的味道。他在展览方面则表现更佳,他为 1910 年伦敦城市规划会议(London Town Planning Conference)

54 Geddes,1915,86.   55 Geddes,1915,96.   56 Geddes,1915,97.   57 Petz,1999,163–164.
58 Petz,1999,172.   59 Petz,1999,177.   60 Geddes,1915,400.
❶ 第一次世界大战以后,根据《凡尔赛条约》的要求,需要在鲁尔煤矿区安置 20 余万矿工及相关人员。为安置上述人员,需要一个统一的机构进行规划,鲁尔煤矿区聚落联盟应运而生。

组织了一个展览会,强调勒普莱的社会学和他自己的进化论观点,显然影响了诸如欧文和阿伯克隆比这样的重要人物。[61] 在这个时候,格迪斯开始对当代人产生影响,特别是帕特里克·阿伯克隆比,当时后者在利物浦大学刚刚开始了自己的学术生涯。从业者,特别是建筑师们注意到他,因为他似乎对于重要问题都有现成的答案。[62] 1927 年,阿伯克隆比写道:

> 可以肯定地认为:如果不是因为格迪斯,这个国家城市规划的现代实践就会变得简单很多。曾经有一段时间,似乎是只要将德国的城市扩展规划、巴黎的大道和景观、英国的田园村庄塞入一只瓶中摇晃就可以了,从而形成一种机械性的混合物,并将它们不加区分并如行善一般地应用于这个国家的每一座城市中:按照当时最新的观点,这就是"城市规划"。多么令人愉悦的美梦!来自寒冷北方"瞭望塔"的格迪斯首先打破了它,并带来了有关复杂性的噩梦,这展示于 1910 年伟大的城市规划展览会中的爱丁堡展厅之中。[63]

四分之一世纪之后,在一次庆祝格迪斯百年诞辰的会议上,他的学术继承人威廉·霍尔福德(William Holford)❶引用了描述柏拉图的希腊隽语:"只要我一走进自己的内心世界,就看到格迪斯正向我走来。"[64]但是格迪斯需要一个抄写员。这就是为什么芒福德和他在美国区域规划协会中的同事们被视作是重要的火炬接力手的原因。芒福德写道:"格迪斯为我的思想提供了一个框架,我的任务就是在抽象的骨架中添加肌肉。"[65]在他最伟大和最具有影响力的著作《城市文化》(*The Culture of Cities*,1938)的序言中,他痛苦地承认了这一点。

1923 年在纽约,他与格迪斯命中注定的会面是一场灾难:在见到芒福德的时候,格迪斯哭着说道"你一定是我的另一个儿子",此后他对待芒福德"更像是把他当作一名助手,而不是当作一个合作伙伴来支配他的时间,像对待一名小学生那样命令他到东到西,甚至在黑板上考问关于他那复杂图表和模式的基本内容"。[66]在新学院住了几天之后,他拒绝搬走,整个夏天都待在那儿,占用了整幢楼,并且在楼里塞满了他先前运来的论文。[67]

格迪斯要把 28 岁的刚刚升起的新星变成一名助手。芒福德发现称呼格迪斯"主人"(Master)并不尴尬,以后他一直这样称呼,他被格迪斯的魔力镇住了,但是他发现这个老人正在寻找一名超级秘书,来把他的"垃圾"论文、术语变成为一个连贯性的整体。作为一名作家,芒福德自己的前程才刚刚开始,但他既无时间、也不愿意来担任这一角色。因此,在接下来的 9 年时间里,他们的通信经常带着一种愈来愈痛苦的色调:格迪斯感到他的生命力在逐渐衰退,越来越没东西可以显示了;而芒福德则

[61] Meller, 1995, 304-305.　　[62] Meller, 1990, 156, 181.　　[63] Meller, 1990, 157.
[64] Meller, 1990, 325.　　[65] Boardman, 1978, 345.　　[66] Miller, D. L. , 1989, 220.
[67] Miller, D. L. , 1989, 220-221.
❶ 威廉·霍尔福德(William Holford),英国建筑师和城市规划师,参与二战后英国城镇规划发展,主要负责起草 1947 年城镇规划法;1948 年起,接替阿伯克隆比成为伦敦大学城市规划系的教授直至退休。

为自己一次又一次地推迟计划中的欧洲之行不断寻找着优雅的托词。[68]

　　挣扎于格迪斯著作之中的芒福德发现了他们在相遇之际不曾显现的一个(格迪斯的)根本缺陷:"格迪斯将如此之多的思想限定于自己有限的图示语言之中,因此,除了那些凭借自身丰富的生活经验所做的即兴发言之外,他显得如此无能为力。"[69] 80 岁时,芒福德在自己最后一本著作中为他的"主人"撰写了一篇动人的墓志铭:

> 　　对于我而言,格迪斯的伟大贡献在于开创了生命之屋(House of Life):从蓝天下的屋顶到迷宫般的地下室。但令我难忘的是,在这栋房屋里,还有许多直到我们生命尽头都无法穿越的房间。而且不存在单一的生命、单一的文化、单一的哲学或宗教观、单一的时期或时代,以及所有的科学与技术组合的产物,不管是浓缩的还是计算机化的,都没有耗尽他生命的无限性和无法预言的创造力。或许需要有所有生物和所有思维的全部努力,再加上途中星辰的帮助,才能够清晰地传达生命的意义和价值。那么,我从谁那里首先上了这一堂课的呢? 是从帕特里克·格迪斯那里。但我并不是从他任何一张图表中发现这一点的。[70]

格迪斯为他的教义找到了作者,尽管在他们整个漫长而痛苦的交往中,他并不知道这一点。

美国区域规划协会

　　在芒福德的自传中,他回忆了美国区域规划协会(RPAA)是怎样形成的。在 1917 年,当芒福德只有 22 岁的时候,他已经撰写了一篇文章《为新世纪准备的花园文明》(*Garden Civilizations in Preparing for a New Epoch*)(显然这是未发表的),用来论述工业分散和田园城市。1922 年秋,他遇到了一位建筑师,克莱伦斯·斯坦因。出于偶然的机会,RPAA 诞生于芒福德、斯坦因、本顿·麦凯耶(Benton MacKaye)❶ (1921 年他为阿巴拉契亚小道(Appalachian Trail)❷ 所提交的设想由斯坦因发表在《美国建筑师协会学报》(*Journal of the American Institute of Architects*)上)以及查尔斯·哈里斯·魏塔克(Charles Harris Whitaker)❸ 之间的一次偶然联络。大约在 1923 年 3 月,当 RPAA 刚启动的时候,小组的其他创建人员还包括经济学家斯图亚

---

[68] Novak, 1995, 243-247, 259-263, 275, 283, 288, 313-315, 323, 325, 339.

[69] Novak, 1995, 368.　　[70] Novak, 1995, 372.

❶ 本顿·麦凯耶(Benton MacKaye, 1879—1975),美国的林务官、规划师、天然资源的保护管理论者、荒野协会的创始人之一,以阿巴拉契亚小道的创建者而闻名。

❷ 阿巴拉契亚小道(Appalachian Trail),是指从佐治亚州到缅因州、穿过阿巴拉契亚山脉的步行小道,供远行足者往来。它经过 14 个州、8 个国家森林和 2 个国家公园,全长 3 400 公里,沿途设有旅行者宿营地。本顿·麦凯耶于 1921 年首次提出该设想,这也是 RPAA 成立后的第一个大型项目,而斯坦因时任 RPAA 主席,曾积极推进该项目。

❸ 查尔斯·哈里斯·魏塔克(Charles Harris Whitaker, 1872—1938),美国建筑师、作家、美国建筑师学会杂志的编辑,公共住房及社区规划的强有力的倡导者。

图 5-6　美国区域规划协会(RPAA)宣言

由刘易斯·芒福德主编,这本合集明确表达了规模尚小的纽约小组的观点,它后来被证明为城市规划史上最为重要的文件之一。

图片来源:Peter Hall.

特·切斯,建筑师弗雷德里克·李·阿克曼(Frederick Lee Ackerman)❶和亨利·莱特,以及开发商亚历山大·宾。凯瑟琳·鲍尔被任命为执行官和斯坦因的研究助理。[71]这是一个规模小而多元化的小组,从未超过 20 个人,主要以纽约为基地,但并不绝对。它"没有首领",它的核心人员似乎是芒福德、斯坦因、莱特、阿克曼和麦凯耶。[72] 1923 年 6 月,在格迪斯访问纽约期间,RPAA 采用了一项五方面计划,其中包括在一个区域规划之中创建田园城市;与英国规划师建立关系(尤其是格迪斯);建立区域项目和规划,进一步推动阿巴拉契亚小道的建设;在社区规划方面与 AIA(美国建筑师协会,the American Institute of Architects)委员会合作以宣传区域主义以及重点地区的调查,特别是田纳西河流域。[73]

　　这一思想来自于美国区域规划协会。它成立于 1923 年 4 月,包括了 20 世纪规划运动所产生的几位最著名的人物。他们来自于非常不同的背景并且个性迥异:本顿·麦凯耶是一位来自苏格兰的新英格兰人、一位剧作家的儿子、杰出的哈佛地理学家、W. M. 戴维斯(W. M. Davis)的学生、乡村和小城镇的爱好者、荒原/乡村保护主义者;克莱伦斯·斯坦因是一名世界主义的犹太社会主义者和城市社区规划师;亨利·莱特是一名已有建树的建筑学家,他与斯坦因一起合作项目;芒福德则是一名城市评论家;最为关键的,亚利山大·宾是一名地产金融家,1923 年被选为 RPAA 主席,在从理论到实践的思想转变过程中起着主要作用,他的城市住房公司为协会在皇后区的桑尼西德花园住区以及新泽西的雷德朋的两个项目提供抵押贷款保证,使得这些住房能够提供给劳动人民。这群人中的每一个都具有各自非凡的才华,甚至可说是天才,但是他们能够在这样一个小而富有创造力的团队内一起工作。他们成为好朋友,他们的思想融合到"区域城市"的概念中:一种"乌托邦的城市形式",在其中,各种各样的社区将坐落在一个包含着农庄、公园和乡野地区的连续的绿色背景之中。这一概念是从埃本尼泽·霍华德的花园城市/绿带思想中演化出来的,但是比这一思想走得更远。[74]

　　RPAA 相信,新技术(电力、电话、汽车)是解放因素,能够使家庭和工作地点完全远离 19 世纪城市的狭小状态。这一概念是芒福德从格迪斯关于古典技术和新技术经济的概念中衍生出来的,他非常有效地将这一概念运用于他 1938 年的杰作《城市文化》之中。[75]当芒福德看到汽车的大量使用对于第二次世界大战后的美国所产生的影响时,他开始怀疑并反对这一假说。但是在 1920 年代末,汽车仍然有可能被视为一种友善的技术。

　　在亨利·莱特为纽约州住房与区域规划委员会(New York State Commission of Housing and Regional Planning)所制定的州域规划中,这些思想同时出现在一起,克

---

[71] Dal Co, 1979, 231; Mumford, 1982, 337-339; Goist, 1983, 260.

[72] Lubove, 1967, 17; Mumford, 1982, 339-340.　　[73] Dal Co, 1979, 232.

[74] Parsons, 1992b, 466-7, 470, 475; Spann, 1996, 20-24.　　[75] Parsons, 1992b, 478.

❶ 弗雷德里克·李·阿克曼(Frederick Lee Ackerman, 1878—1950),曼哈顿的建筑师、作家、技术联盟的成员之一,被任命为美国航运局住房和规划发展的主席。

莱伦斯·斯坦因是该委员会的主席。莱特谴责以往的趋势导致 80％的人口居住在 15％的国土上，特别是 400 英里长、25 英里宽的哈德逊-莫哈克（Hudson-Mohawk）❶ 走廊地带。莱特指出了拥堵的城市和荒芜的农村之间的对比，并呼吁在整个纽约州针对人口与就业规划长距离的疏散。这成为 RPAA 的信条：他们的逆向规划，他们针对亚当斯的"一切照旧"的建议提出了激进的替代方案。不幸的是，州长阿尔弗雷德·E. 史密斯（Alfred E. Smith，该项规划的资助人）撤回了他的支持：他眼睛盯着白宫，转而支持罗伯特·摩西——规划师的死敌，特别是 RPAA 的。[76]

两年之后，RPAA 迎来了第一个重大机遇：一家在自由知识分子中有着很大的发行量并且与社会工作运动有着特别联系的杂志——《调查》，邀请 RPAA 为国际城市规划和田园城市协会（International Town Planning and Garden Cities Association）的纽约大会出一期专号。专号由麦凯耶构思，委托芒福德作为编辑。[77] 在半个世纪的脱销之后，卡尔·苏斯曼（Carl Sussman）❷ 在他的著作《规划第四次迁徙》（*Planning the Fourth Migration*）中将它重印，除了《城市文化》之外，它仍然是这个群体的坚定宣言，并且也是这段历史最为重要的文件之一。

只有芒福德能够写出这样的开场白：

> 这就是调查图表的区域规划的专号。它将它的基本思想归功于大胡子司考特❸，好奇心促使他不停地工作，直到从爱丁堡的瞭望塔中清楚地看透了人类文明在大地的喧闹，这片土地，无论人们如何胡闹，都始终支撑他们、滋养他们。
>
> 这期专号是由一群叛逆者们出版的，他们的身份是建筑师、规划师、建造者、重建者，他们想要在传统的道路上改造城市，并且寻找一种西西弗斯（Sisyphus）❹ 的任务，大胆地将他们的信仰牢牢钉在区域这个新概念上。[78]

芒福德抓住了他的听众，格迪斯所传递的信息最终将被理解。《规划第四次迁徙》这篇开山之作也出自芒福德之手。他描写了两个美国："定居者的美国"（1850 年前开发的沿海和平原地区）以及"移民的美国"。第一次迁徙清理了阿勒格尼山脉（Alleghenies）❺ 以西的土地，并且开发了大陆，这是土地先锋们的工作；第二次迁徙在这片织锦上增添了新的工厂、铁路、肮脏的工业城市的新图案以及工业先锋的遗物；最后是第三次迁徙的美国，人口和物资流进了金融中心和城市，建筑物和利润在

---

[76] Simpson，1985，220-222.　　　[77] Mumford，1982，334-335.　　　[78] Anon，1925，129.

❶ 哈德逊-莫哈克（Hudson-Mohawk），纽约州东部的一低地，位于主要河流哈德逊河以及支流莫哈克河边。1825 年，伊利运河完工后，成千上万的人从相邻的州与国家涌入到美国纽约州，哈德逊与莫哈克河边的村落也因而经历了美国历史上最大的一次移民活动，成为人口的聚集地。

❷ 卡尔·苏斯曼（Carl Sussman），苏斯曼协会的负责人，该协会一个总部设在波士顿，具体负责管理和社区发展咨询实践。

❸ 大胡子司考特（Scot），指格迪斯。

❹ 西西弗斯（Sisyphus），希腊神话中埃俄罗斯的儿子，科林斯国王，因作恶多端，死后堕入地狱，被罚推巨石上山，但快到顶时巨石又滚下，只得重新再推，如此永无终止。一般指进行徒劳无益的工作。

❺ 阿勒格尼山脉（Alleghenies），美国和加拿大阿巴拉契亚山脉的一部分。

那里跃上了喧闹的金字塔尖。[79]但是现在,"我们又处在另一个流动的时期",这就是第四次迁徙,"它的基础是最近30年间所发生的技术革命。这一次革命使得现有的城市布局和现有的人口分布拥有新的机会从城市街区中迁出"。汽车和卡车公路已经打开了市场和资源的供应:"汽车的趋势……在一定限度内是疏散人口而不是集中人口,任何可能提出的将人口盲目地向更大城市区域集中的规划,都是违反汽车所开创的机会的",电话、无线电和包裹邮寄都具有同样的效果,电力也是如此。[80]与前三次迁徙相比,这一次迁徙的不同之处在于,我们有能力去引导这场运动:"我们很幸运,第四次迁徙只是一个开始,我们可以使它按照与早期迁徙同样糟糕的方式来进行,也可以通过将它引导入新的路线来使它变得更好。"[81]

克莱伦斯·斯坦因在随后的文章中接过芒福德的话题:每一个居住和工作在城市里的人们都不了解,新技术正在使纽约、芝加哥、费城、波士顿以及其他城市变成"恐龙城市"(Dinosaur Cities),它们在拥堵、低效以及社会代价高涨的压力下瘫痪,直到最后实质上完全机能性的瘫痪,结果是这些城市对于工业布局来说毫无逻辑可言。在一个著名的预言中(记住,这是在1925年),斯坦因写道:

> 当本地管理成本不能够被转移,当较小中心城镇能使人感到它们的产业优势时(即使它们的经济和商业设施相对较弱),大城市的产业将不得不迁移,或者宣布破产。我们仍然处在苟延残喘之中,但算账的日子一定会来,它会使我们值得去期待。[82]

罗伯特·弗雷斯通(Robert Freestone)遵循着斯坦因区域性城市的概念,也就是由中等规模社区所构成的星系结构(不是卫星城),通过现代通信手段联系在一起,这可以经由格迪斯在《进化中的城市》(Cities in Evolution)以及帕特里克·阿伯克隆比与亨利·约翰逊(Henry Johnson)为唐克斯特(Doncaster)❶及其地区所做的1922年区域规划来追溯到霍华德的社会城市(Social City)。[83]这种起承转合已经高效地运转起来。

这个群体中的经济学家斯图亚特·切斯接下来进一步论证道:美国经济中很大的成分是由"将煤运至纽卡斯尔❷"构成的,跨越大陆的货运完全没有必要,他质问道:

> 现在存在什么特别的问题?能源,特别是运输能源浪费在哪里?经过规划的社区如何降低这种浪费,从而使步行者不至于落伍或者竭尽全力地维持原状,而是能够开始从容应对生活开销?

这标志着争论的一个重要转向:正如芒福德和斯坦因所认为的,人们没有必要仅仅是去追随技术变革的潮流,而是应当为了纠正系统更大的无效率来进行干预。一个"国家规

[79] Mumford, 1925a, 130.　[80] Mumford, 1925a, 130, 132-133.　[81] Mumford, 1925a, 133.
[82] Stein, 1925, 138.　[83] Freestone, 2002, 86.
❶ 位于英国南约克郡的一座集市小镇。
❷ 这里指英国东北部泰恩河畔的纽卡斯尔。由于纽卡斯尔本身就是英国主要的产煤区,因此"将煤运至纽卡斯尔"在经济学术语中就意味着费力去做完全没有必要的事情。

划"将包含"以自然地理实体为基础来划定的区域","在原产地最大限度地培植并生产食品、纺织品、建筑材料","最低限度的区域间贸易,贸易主要针对那些在原产地无法进行经济性生产的产品",再加上区域发电厂,货车短途运输以及"一种分散的人口分布":[84]

> 社区的区域规划将清除不经济的全国市场,消除城市的拥堵和集散地的浪费,平衡电力负荷,从铁路上卸下大量的煤炭,取消牛奶和其他物资的重复供应,通过鼓励本地果园以减少跨越太平洋运送苹果给纽约顾客的这种不经济行为,发展本地区林业以停止将西部木材运至东部山区,将棉花工厂设在产棉区附近,将制鞋工厂设在皮革生产区,将钢铁厂设在矿区,将食品制造厂设在小型巨能发电厂区域,并靠近农业地带。摩天大楼、地下铁道和偏僻乡村的必要性一去不复返了![85]

这又一次是超前性的:这一系列要求进行保护的观点比"罗马俱乐部"早了半个世纪。但是它涉及一种规划和随后对私营企业的干预,这显然是社会主义的。几年以后,切斯所言极是,"我们是温和的社会主义者,但完全不是共产主义者;我们是自由主义者,但是愿意放弃大片的自由市场,而偏向于一种计划经济。所以,我们不是教条式的社会主义者,我们是一种思想开放的费边社会主义者(Fabian Socialists)。"[86]

当这群人转向提出建议的时候,这些就明白无误地显现出来了。芒福德现在特别转回到了那个为即将来临的新技术时代所做的选择:社会可能已过度发展,城市正在变得越来越大,"用格迪斯教授讽刺性的话语来说,越来越多,并且越来越糟"。[87]然而这种情况可以依靠区域规划(来应对)。

> 区域规划并不是去探究在大都市的庇护之下,一个地区能够扩展到多宽,而是去探究如何布局人口和民用设施,以便推动和激励在整个区域中形成一种充满活力的、创造性的生活——一个具有一定的气候、土壤、植被、工业和文化整体性的地理面积的区域。区域主义者力图规划这样一片地区,使它所有的基地、资源,从森林到城市、从高原到水面,都可以健康发展,并且人口的分布能够有利于利用自然的优势,而不是废弃和破坏它们。区域规划把人口、产业和土地视为一个整体。它不是通过一次又一次的竭力回避,让中心城镇的生活变得稍可忍受,而是试图确定在新的中心城镇需要布置什么样的设施。[88]

最终,通过一连串这类话语,说出了格迪斯曾经奋力想要说出的东西,但是其意图也是格迪斯式的。新技术不仅可以成为增强机械效率的手段,而且也意味着:

> 在区域内的每个地点上更有质量的生活。不管是哪种形式的产业,哪种类型的城市,生活中缺乏欢乐都是不可忍受的。在一个社区里,如果求爱是偷偷摸摸的,如果婴儿是不受欢迎的累赘,如果教育不能接触自然和真正的职业而僵化成为乏味的教条,如果人们只能在车轮上进行探险,如果幸福只能通过心

---

[84] Chase, 1925, 144.　　[85] Chase, 1925, 146.　　[86] Quoted in Sussman, 1976, 23.
[87] Mumford, 1925b, 151.　　[88] Mumford, 1925b, 151.

智"脱离"日常生活才能够获得,这样的社区并不能够被视为我们在科学和发明上的现代发展。[89]

这就是霍华德入手的地方。因为如果区域规划提供了框架,那么田园城市就提供了"城市目标"[90]:"这不是作为一种临时避难所,而是作为一种文化和生活的永久居所。城市有它的优点,乡村则永远处在它的环境中。"但是这意味着"目标和地点的双重改变":"我们的田园城市代表了更为人性化的艺术和科学的长足发展——生物学、医学、精神病学、教育学、建筑学……在我们现代的机械化发展过程中,所有这些都是美好的事物,同时在这种片面的存在中,所有这些都被忽视了。那些 5 世纪的雅典和 13 世纪的佛罗伦萨所具有的东西,尽管在物质上还不成熟,但都让人为之着魔。"[91]

又是克鲁泡特金(式的思想),但这比克鲁泡特金更多,甚至超过了格迪斯。其中暗含另外一种焦虑,针对的是一个美国主题:

> 区域规划是新保护主义,共同保护人类价值和自然资源……永久性的农业而不是裸露的地表;永久性的森林而不是林木采伐;献身生活和自由,对幸福的不懈追求,永久的人类社区,而不是宿营和违章定居;稳固的建筑,而不是我们"未来"社区里的木料和脚手架——所有这些都将包含于区域规划之中。[92]

本顿·麦凯耶将这个美国主题放入他的文章《新探索》(The New Exploration)中。在某种层面上,它是纯正的格迪斯式的:不同比例山谷的长向剖面,从上游的马萨诸塞的伯克希尔(Berkshires)到下游的波士顿和大海,再到沿着上迪尔菲尔德河(Upper Deerfield River)的小萨默塞特谷(Somerset Valley)。萨默塞特谷的规划打算用来实现韦达·白兰士和他的门徒在那些法国定居区所找到的生态平衡。不同之处在于它是规划出来的:它是以"森林文化对森林采伐"为基础的,而仅这一点就能将"保持萨默塞特谷处在真正的稳定状态。"[93]作为一个相对新兴国家的美国,必须学习相同的时间尺度,学习相同的使自然再生的潜在能力,这是一种可以通过良好的耕作来实现的能力,也是欧洲农民世代相传达几个世纪的能力。这种强调可以追溯到 19 世纪美国思潮的几个不同分支:早期哈佛物质地理学家纳萨尼兹·夏勒(Nathaniel S. Shaler)❶和威廉·M. 戴维斯(William M. Davis)❷的"结构,过程和阶段"概念,更早的地理学家乔治·帕金斯·马什(George Perkins Marsh)❸关于生态和资源规划的观点,戴维·梭罗(David Thoreau)❹对于回归大自然生活的强调,

---

[89] Mumford,1925b,151.　　[90] Mumford,1925b,151.　　[91] Mumford,1925b,152.

[92] Mumford,1925b,152.　　[93] MacKaye,1925,157.

❶ 纳萨尼兹·夏勒(Nathaniel S. Shaler,1841—1906),美国古生物学者、地质学者,著有在进化论上神学和科学的联系,并通过考察其他动物详述了达尔文的研究。

❷ 威廉·M. 戴维斯(William M. Davis,1850—1934),美国地理学者、地质学者、气象学者。

❸ 乔治·帕金斯·马什(George Perkins Marsh,1816—1901),美国外交官、先锋的环境论学者、语言学家。

❹ 戴维·梭罗(David Thoreau,1817—1862),美国著名作家、哲学家,超经验主义运动的代表人物。主张回归自然,反对蓄奴制和美国侵略墨西哥的战争。除了被一些人尊称为第一个环境保护主义者外,还是一位关注人类生存状况的有影响的哲学家,其《论公民的不服从权利》影响了托尔斯泰和圣雄甘地。

以及对于自然平衡的强调。[94]此外,在南方农业衰退区的大学中出现了一种知识运动
的新趋向。在田纳西州的纳什维尔(Nashville)的范德比尔特(Vanderbilt)大学有一
些保守的南方农学家,他们摒弃北方的工业主义,宣扬他们的乡村中世纪或早期新
英格兰经济模式。[95]同时,在意识形态上形成尖锐对比的是,在霍华德·奥多姆周围
的一些南方区域主义者,他们强调财富与权力的分散化,强调均衡地恢复被严重榨
干自然资源地区的丰富遗产。在北卡罗来纳大学,区域主义者们刚刚开始发展他们
的思想,但是他们的主要工作是到 1930 年代才开始的。[96]

　　这些正在发展的(虽然有时不连贯的)潮流一起出现在麦凯耶以他自己为标牌
的 RPAA 哲学——《新探索》的完整论述中。[97]他在这里发展了两个鲜明对照的美国
概念:本土的、"土著的和殖民的结合体",以及大都市的、"城市和世界范围工业的综
合体"。区域规划师的工作就是尽力重建和保存更久远的本土美国的环境、原始的
乡野、新英格兰的早期村落社区以及"真正城市,真正乡村的完整性"。[98]但这将是困
难的,因为:

　　　　国家内部的竞争将发生在"大都市美国"和"本土美国"之间。它们现在针
　　锋相对,不仅是心理上的,而且也是物质上和地理上的。大都市世界……是一
　　个机械铸造的工业框架,它……在山谷中最有力地流动着,而在山脊上则是最
　　脆弱的。本土世界的战略正好是另外一条道路。在沿着阿巴拉契亚山屏障的
　　山脊小路的原始环境中,它仍旧是强大的……在这个国家的上流区域,它也是
　　强大的。在那里,虽然农庄和村庄已经消耗殆尽,但是物质上和心理上的资源
　　仍然存在,仍然为恢复和更新开发敞开大门。[99]

随后的问题在于,"在与本土美国相接触时,都市美国的重塑问题",因为本土美国对
应的是芒福德的定居者的美国,都市美国对应的是迁徙者的美国。[100]芒福德的第四次
迁徙是一种"回流","是来自第二次、第三次迁徙的人口和产业的一种重新定位",它
们已经成为来自决堤水库的洪水。[101]此时,区域规划的问题就是,"我们在下游能够建
造一座什么样的大坝来堵住洪水?"[102]

　　麦凯耶的回答是一种典型的 RPAA 策略:掌握新技术,但又要控制它对自然环
境的影响。大都市环境将通过"高速公路"(motor ways)来进行扩展。在它们之间,
山区将保持为原始(或"近原始")的"荒野地区","服务于公共林地和公共娱乐场地
这样的双重目标"。通过它,一个"实际用于一种原生态旅居和户外生活区域"的开
敞道路系统将作为"遏制都市洪流的一系列制动器":它将(或者倾向将)"都市洪流
划分成隔一个个单独的'流域',由此来努力阻止它们完全汇合到一起。"[103]此外,"作

---

94 Lubove, 1963, 91-96.　　95 Ciucci, 1979, 341-342.
96 Odum, 1936; Odum and Moore, 1938; Kantor, 1973c, 284-285; Friedmann and Weaver, 1979, 35-40.
97 MacKaye, 1928.　　98 MacKaye, 1928, 64.　　99 MacKaye, 1928, 73.　　100 MacKaye, 1928, 75-76.
101 MacKaye, 1928, 170.　　102 MacKaye, 1928, 178.　　103 MacKaye, 1928, 179-180.

为高速公路系统的附属部分",它将形成一种"互联城市"(intertown):"一系列的开放道路或者区域,跨越于连续的城市和乡村之间的高速公路之上",并且去除所有不合宜的建筑和土地使用。[104] 这正好是"都市洪水的具体体现"的"公路城市"(Roadtown)的反面。[105] 它不会掠去建筑——"不用担心,我们没有敲响城市警钟声的想法"——但是,这些建筑不会"挤在一起",它们通过良好的规划而"汇聚"起来。[106] 在这些思想形成两年之后,麦凯耶又产生了城镇隔离公路❶的想法:一条围绕着波士顿的有限接驳的公路,只在间隔处设有服务站,但是没有其他的进口。毫不奇怪,几乎在 40 年以后,刘易斯·芒福德把现代高速公路的发明归功于麦凯耶。不过,这并不十分确切(详见第 9 章),但这是 RPAA 奠基人卓越远见的合理见证。[107]

在实践中如何看待这件事情?这可以从亨利·莱特为纽约州住房和区域规划委员会所绘制的地图和表格中看出:第一阶段(1840—1880 年),"州域的行为和交通";接着是第二阶段(1880—1920 年),这一时期人口沿运输线路集中;但是在第三阶段,"我们看到将来的可能状态,在其中,每个部分都在执行自己的逻辑功能,以支持健全的活动和良好的生活"。著名的格迪斯模式在伊利湖❷畔的运用,就像是一个放大了的特写,"一个理想片断":森林和水库在高原,奶牛场在边缘高地,两条平行的高速公路在肥沃平原上的公路和铁路的两侧,城市和城镇像珠子一样串在绳链上。[108]

在 1920 年代的美国,这些很难为实际的政策。在 1926 年历史性的最高法院判决❸以前,人们甚至对于区划是否符合宪法都产生了怀疑。[109] 确实,作为纽约州州长,富兰克林·D. 罗斯福至少带来了斯图亚特·切斯的指令——通过动用奶制品保护规章,保护纽约的奶牛场主免受来自州外的竞争。[110] 同时,RPAA 通过亚利山大·宾的机构设法在纽约城的桑尼西德花园和新泽西州的雷德朋建造了两个实验性社区(第 4 章)。但是在大多数时间里,RPAA 忙碌于推销它的长期梦想的事务。

RPAA 对纽约区域规划

在一场 RPAA 成员间关于政策的重要冲突中,他们发现了一个潜在的对手。托马斯·亚当斯已经是英国城市规划的奠基人之一:莱切沃斯田园城市的第一任总经理,第一任规划监察员,城市规划协会[111]奠基成员和第一任会长(虽然不太称职)[112]。在到达北美之后,他在 RPAA 成立的整整 4 年前,就已经强调"城市规划一个最现代特征的重要性,就是引导并控制新工业在正在形成的乡村、半乡村地区中的发展"。他认为:"如果一个城市规划不对城市周边区域的发展给予充分的关注,就不可能是

[104] MacKaye, 1928, 182.　　[105] MacKaye, 1928, 186.　　[106] MacKaye, 1928, 186-187.
[107] MacKaye, 1930; Mumford, 1964; Guttenberg, 1978.　　[108] Smith, 1925, 159-160.
[109] Fluck, 1986.　　[110] Roosevelt, 1932, 484.　　[111] Simpson, 1985, 67.　　[112] Simpson, 1985, 191.
❶ 城镇隔离公路(Townless Highway),麦凯耶为 RPAA 提出的想法。
❷ 伊利湖(Lake Erie),美国东北中部和加拿大东南中部之间的湖泊,北美五大湖中最南的一个。
❸ 最高法院判决(Supreme Court decision),指 1926 年在美国最高法院就尤克里德村诉安伯勒房产公司一案的判决。

令人满意的。"[113] 因此,当查尔斯·迪耶·诺顿(Charles Dyer Norton,前任芝加哥商业俱乐部主席,伯纳姆规划的委员,时任鲁赛尔·赛奇基金会的财务主管)要求亚当斯指导整个纽约地区的富有进取精神的调查和规划时,这是一个他难以拒绝的挑战。在诺顿去世后,经过他的继任者弗雷德里克·德拉诺(Frederic Delano)的确认,亚当斯于 1923 年 7 月被任命为调查和规划主任。[114]

正如罗伯特·费什曼所指出,这是美国城市规划深层转型的高潮:从城市美化运动到强调事务性、技术性、基于调查方法的功能化城市运动。早在 1907 年的纽约、圣路易斯、大急流城和迪比克(Dubuque),这项运动就已经开始了,并于 1920 年代蓬勃发展。约翰·诺伦在 1928 年报告中提到,具有 2 650 万人口的 200 座城市被"广泛地重新规划"。由城市规划委员会制定的这些主要用以咨询的"再规划"(处在城市政府的管辖之外,主要由义务性的、来自中产阶级的、"热心公益"的公民与商业领袖所主导),是一小群杰出的个体实践家的成果,其中有:哈兰德·巴塞洛缪(Harland Bartholomew)、乔治·福特(George Ford)、小弗雷德里克·劳·奥姆斯台德(Frederick Law Olmsted,Jr)和约翰·诺伦。早在芝加哥 1909 年的伯纳姆规划(Burnham Plan)中,我们就能预感到在这里有另一个鲜明的趋势:在匹兹堡地区的阿勒格尼县(Allegheny County)、洛杉矶、大辛辛那提的汉密尔顿县(Hamilton County)等地方,人们的关注点开始从中心城市扩展到更广泛的大城市区域。[115]

由于亚当斯一直是一名团队选手,他建议纽约规划应当由一个包括一名工程师、一名建筑师、一名律师以及一名规划人员作为协调者的小组来制定。然而,从另一方面来看他就是一名完美的候选人,因为这将是一个商人的规划,它的核心推动者是一些前任芝加哥商业领袖,这项规划在 10 年中将花费他们 100 多万美元。[116] 正值 50 多岁的亚当斯(他的思维模式早就定型了)是一名商人型的规划师,他相信规划必须是可行的艺术:"区域规划不能是革命性的规章,而是针对自由发展的一种温和的公共控制,以便在增加诸如现代高速公路、公园和沙滩这类不会引起矛盾的公共福利时,能够提高城市效率,并遏制市场力量的滥用。"[117] 毋庸赘言,这很容易导致与正处于幼儿时期的 RPAA 的理想主义者们发生冲突。

问题并不在于规划的地理范围,因为诺顿之前就希望能有一个广阔的图景:"以市政大厅为圆心画一个圆,必须包括阿特兰蒂克海兰茨(Atlantic Highlands)和普林斯顿(Princeton);莫里斯敦(Morristown)和塔克西多(Tuxedo)后面可爱的泽西山(Jersey hills),一直延伸到纽堡(Newburg)无与伦比的哈德逊河;韦斯特切斯特(Westchester)❶湖泊和山脊一直延伸到布里奇波特(Bridgeport)和更远的地方。"[118]

---

113 Scott,1969,178-179.　　114 Hays,1965,7-11;Simpson,1985,136.
115 Freestone,2000a,203-204.　　116 Kantor,1973a,36-37;Wilson,1974,136.
117 Simpson,1985,135.　　118 Scott,1969,177.
❶ 韦斯特切斯特(Westchester),纽约大都市区的一部分,坐落在美国纽约州以城郊为主要特点的县,拥有95万居民。

所涉及的范围超过 5 000 平方英里，有将近 900 万人口，这比以往任何规划都要大。[119] 问题也不在于调查方法：亚当斯汇集了一支无与伦比的队伍，它详尽的文稿构成了一些无可比拟的规划经典理论，一些结论与芒福德、切斯和斯坦因的结论相呼应。这其中有城市经济方面的罗伯特·默里·哈格（Robert Murray Haig）❶，[120] 他指出很多活动已经迁移出去，因为它们不太需要中心区位，并且认为区划控制应该考虑负面的外部效应："区划在经济学上是合理的，因为它是一个有效的办法，能够尽量公平地分配资金，要求每一个个体承担自己的花费。"[121] 有关人口和土地价值的论述认为，问题在于运输设施的过度集中，它反过来又刺激了经济活动的过度集中，因此进一步造成拥堵和经济浪费。[122] 还有一卷讲述区划和土地使用，它认为纽约的高额地价是对高度和体量纵容的直接结果。[123] 另外，还有佩里所论述的邻里单元，它认识到汽车正在自然地创造蜂窝式的城市。[124]

　　问题不在这儿，而是在于它的原理，亚当斯和他的委员会所共享的原理。它相信在实践中，区域的形式是固定的，只可能发生渐进的、边际的变化。它以几百种方式来表现自己：表现在接受现有的高速公路规划，只带有"支线和环线……允许在区域中的主要次区域之间进行自由通行"；表现在花费在更为激进的、与曼哈顿相连接的轨道通勤线上的巨额投资；[125] 还表现在主张在公园中以开阔间距布置摩天大楼的柯布西耶原则（虽然他的名字尚未在任何地方被提到过）。[126] 总之，它表现在所提出的建议中："关于一个区域内工业和商业的集中增长问题，需要做的并不是分散化，而是在使所有中心与次中心健康、有效、免于拥堵的基础上，重新引导集聚。"[127] 因此，所形成的建议就是：将商业和工业"重新集中"到区域内的次中心上去，这样可以缓解拥堵；[128] 它也表现在放弃田园城市作为一种总体解决的办法，"除了很少一部分可以迁移到新中心去的产业和人口"。[129] 它表现在反对任何更大单元的政府去为整个区域做规划。[130] 总之，它表现在消极的假设中：区域将继续增长，到 1965 年，它将从 1 450 万人增长至 2 100 万人，与此相对应的是缺乏具体的想法，来建议这些额外的人口前往何方；[131] 它的基本目标就是"要使纽约进行足够的分散和减少拥堵，使之继续按照传统的方式发挥作用"。[132]

　　可以预见，它引起了一种痛苦的反应。在一次为人熟知的评论会上，芒福德几乎针对规划的每一个方面进行了批判。它的空间框架看起来很宽，但仍然太窄；它

[119] Regional Plan of New York, I, 1927, xii; Kantor, 1973a, 39.

[120] Regional Plan of New York, I, 1927, 23-28.　　[121] Regional Plan of New York, I, 1927, 44.

[122] Regional Plan of New York, II, 1929, 25-26.　　[123] Regional Plan of New York, VI, 1931, 102-103.

[124] Regional Plan of New York, VII, 1931, 30.　　[125] Regional Plan of New York, III, 1927, 126-132.

[126] Regional Plan of New York, VI, 1931, 103-105.　　[127] Regional Plan of New York, II, 1929, 31.

[128] Regional Plan of New York, II, 1929, 31; Hays, 1965, 20; Scott, 1969, 262.

[129] Regional Plan of New York, VI, 1931, 25.　　[130] Regional Plan of New York, II, 1929, 197.

[131] Regional Plan of New York, II, 1929, 35.　　[132] Wilson, 1974, 137.

❶ 罗伯特·默里·哈格（Robert Murray Haig, 1887—1953），在 1928 年纽约区域规划中作了经济基础分析。

把增长看成是不可避免的,因而接受了它,但却忽视了规划对增长进行影响的潜在
能力;它没有考虑替代方案;它继续允许中心区里的过度建造;它迫使人们在靠近曼
哈顿、新泽西的哈肯萨克草原(Hackensack Meadows)最后的开敞空间里进行过度建
造;它摈弃了田园城市,将其视作为乌托邦;它宽恕了填塞郊区的做法;它拒绝公共
住房的原则,以此迫使贫民住在糟糕的住房中;它主张向通往曼哈顿的通勤线提供
更多的拨款,于是帮助产生了更多的它所谴责的拥堵。它的公路和快速运输设想是
社区建设项目的一种替代,而不是针对它的一种手段。它的重大缺陷在于,它看上
去在支持着每一件事情:集中和分散,规划控制与投机,划拨与市场。但是,尽管看
起来是相反的,但它实际上意味着转向更为集中的方式。[133]芒福德总结道:

> 总而言之,"纽约及其环境规划"是一块构思得很糟糕的布丁,这块布丁被
> 混合塞入很多成分,有些是可靠的,有些是值得疑问的。厨师希望满足每一个
> 人的胃口与品味,选择布丁这道菜的指导思想在于,应当将一块布丁"售"给就
> 餐者,特别是那些付了钱的就餐者。混为一体的东西是难以消化的,而且也是
> 没有滋味的,但是从这里或那里可以拔出一块好吃的葡萄干或者一大块香橼。
> 从长远来看,我们希望这块布丁是这样让人记住的。[134]

亚当斯显然很不高兴,他决定向格迪斯求援来回击芒福德:

> 芒福德先生和我,还有芒福德和格迪斯的主要分歧就在于,我们是站在那
> 里高谈阔论,还是向前进发,并且在一个必然存在缺陷的社会里,在只能采取不
> 尽完善的方法来解决问题的情况下,尽可能更多地实现我们的理想。[135]

这就是一种深刻的、永远没法跨越的哲学鸿沟的本质。他认为芒福德应当对"准备
使愿望变成思想之父"而感到愧疚。"如果我能做到同样的事情,我会有多么
高兴!"[136]

　　这段不寻常的交流就这样结束了:"亚当斯和芒福德都是身负责任的改革家,他
们如同黑夜里的航船一样擦肩驶过。"[137]具有讽刺意味的是,汽车不久将创造出一种
蔓延的城市,这对于双方都是无法接受的。[138]

　　这里存在着大量的悖论。亚当斯也接着认为纽约实在太大了,"从经济学角度
来看,而且,也许从卫生学角度来看,我们应该尽可能多地将众多人口和工业从中心
地区迁到田园城市中去"。[139]他认为田园城市的真正成功之处在于,作为一种解决手
段,它使自己变得越来越无足轻重了。这种解决方法"不是在一种不加区分的疏散
过程中找到的,而是在田园城市经过良好规划的疏散过程中和同样经过良好规划的
城市区域疏散中找到的"。[140]而芒福德的另一种描述则似乎并不那么直截了当,他

---

[133] Sussman, 1976, 227-247.　　[134] Quoted in Sussman, 1976, 259.
[135] Quoted in Sussman, 1976, 263.　　[136] Johson, 1988, 181.　　[137] Johnson, 1996, 193.
[138] Fishman, 1992, 122; Simpson, 1985, 158.　　[139] Adams, 1930, 142-143.　　[140] Adams, 1930, 46.

写道：

> 获得解决办法的前提条件是：①通过重新定位大都市的商务区中心来减少曼哈顿的拥堵；②规划新城，并且疏导人们前往纽约区域以外的这些新城：这意味着需要一个广泛的国家系统来协助城市建筑和住房，就像在英国、德国和俄国所推行的那样；③重建衰退区域，并关注局部的人口增长，这种增长通过一种激烈的内部殖民地化过程一直在持续着。[141]

这并不是为大多数读者所了解的芒福德：他反对将人口从衰退地区外迁，支持将衰退地区按照邻里单元社区那样来清理并重建，采取更为有力的措施，但是同时提供更为有用的开敞空间。对于推土机，芒福德似乎具有柯布西耶式的热情：他估计这些衰退区域可以容纳 500 多万人，最近开发的地区，如皇后区也被他包含在内，并认为这个地区必须完全重建。[142]因为"适于培育下一代的住房建设，取决于使生产和分配直接服从于整个社区都需要的、关于消耗量的生物技术标准"。[143]这确实是适于居住的机器，而且也不是一例孤立的变异。1934 年，也就是纽约市住房局（New York City Housing Authority，NYCHA）成立的那一年，住房研究专家——芒福德、莱特、迈耶和卡罗·阿罗诺维维（Carol Aronovivi）——进行了一项研究，所得出的结论认为：高昂的土地价值使得高层建筑在纽约成为最经济的一种建筑形式。（在回顾 1937 年联邦住房法生效后的 NYCHA 的第一个项目——布鲁克林的红河谷住区（Red Hook Housing）连同它廉价的 25 层建筑时，芒福德批评了它低劣的质量，但是发现"它比商业公寓住房建造商所生产的房屋质量还是要高出不知多少倍"。[144]

亚当斯和芒福德在所有事情上都是分道扬镳的。亚当斯试图建立连续的对话，但是芒福德（虽然人格上仍然是无私的）在他的批评中却是更加猛烈。[145]通过在商业精英领导下的区域规划协会以及每个地区的规划委员会的介入，纽约规划继续向前：在公路、桥梁和隧道方面都特别成功，主要是因为建造主管罗伯特·摩西对其负责。[146]同时，芒福德的替代方案——国家资助的新城和衰退地区的广泛重建——仍然还停留在纸面上。[147]

新政规划

这看似是一个奇怪的结果，因为在 1933 年，富兰克林·德拉诺·罗斯福就任总统，同时新政开始。罗斯福被赋予厚望，负责一个遵循纯正 RPAA 路线的项目。1931 年，他通过提供住房与少量土地、资金和工具，将大量飘浮不定的思想落实下来。他也借用了 RPAA 的思想，论证电力和卡车正在帮助将工业分散到小型社区和

---

[141] Mumford, 1932, 150-151.   [142] Mumford, 1932, 151.   [143] Mumford, 1938, 470-471.
[144] Mumford, 1995, 22, 25.   [145] Simpson, 1985, 155.
[146] Hays, 1965, 25-31, 36-40; Wawers, 1984, 234.   [147] Sussman, 1976, 250.

乡村地区,而电力、无线电、电影院和包裹邮寄也将都市的生活质量带到乡村。他特别提出成立乡村家园州立委员会(State Commission on Rural Homes),并且制定了一项以"为了共同利益进行合作规划"为基础的规划。[148] 几个月后,他呼吁"通过一项明确的规划,工业就会自己寻求将公司……迁移出拥堵的、失业率最高的中心区……从而迁入较小的社区中,更加靠近原材料和食品的供应"。[149] 1932 年,就在选举之前,他问道:"如果没有这个区域规划,在不久的将来,我们将不能处在统领全局、牵一发而动全身的位置,并采取一些以人口分布为基础的实验性工作。"[150] 1931 年他提及他的叔父弗雷德里克·德拉诺曾经指导过纽约州的区域规划,并激发起他关于这个问题的持久兴趣。他说道,规划成为这个国家的国家政策组成部分的日子已经为期不远了。[151]

罗斯福言出必行,他听从着雷克斯福德·托克维尔的意见(托克维尔以斯图亚特·切斯为顾问),并于 1933 年 6 月通过国会推动《公共就业法案》(Public Works Bill),提供 2 500 万美元给人们安家落户,让人们有机会"通过这块良好的土地,去获得他们在过分拥挤的、工业化的城市里曾经失去的永久性工作"。[152] 但是人们不愿意去,[153] 其回应就是 1935 年格林贝尔特城项目的"动迁管理"(这在第 4 章已经描述):这是一个光荣的失败,在现实中几乎没留下什么。

RPAA 大失所望,它永远是一个松散而不正规的团体,也许是太松散而失去了效率,他们在 1933 年停止了活动。[154] 他们有理由失望,尽管还有新政,尽管他们对罗斯福还抱有希望,他们可能已经感觉到政治惯性太强大了;或者他们就是筋疲力尽,这很大程度上是由亚当斯规划所引起的激烈大辩论而造成的。芒福德在经历了与凯瑟琳·鲍尔的关系挫伤后——这种关系已经变得有点怒气冲冲、非柏拉图式的,后来又变成暴风骤雨式的(至少当她引导芒福德获得重要的杂志奖项时已经一定程度上如此),[155] 他与长期受苦的索菲(Sophie)❶ 一起撤离舞台,退回纽约乡村的阿米尼亚(Amenia)去撰写他的杰作《技术与文明》(Technics and Civilization,1934)和《城市文化》。在后一本给他带来极大声誉的著作中,他加大、加深了对于"冷漠的大都市"和"特大城市"的批判,它们几乎变成了恶魔的典型,"大都市的政体关注于战争,走向家庭和市民职能的反面:它使生活遭受有组织的破坏,因此它必然严格管制和压迫真实生活和文化的每个方面"。[156] 他将这些与"有机秩序"相对比,而这种"有机秩序"则以"生活的首要性以及自主但永远相互关联的有机体(即作为生活载体)的首要性"为基础。在这种关系中,"为了维持其生命形态,有机体必须通过它与环境其他部分的积极关系,来改变并更新自己"。[157] 但是为了实现这一点,就需要采用新的原生技术秩

---

[148] Roosevelt, 1938, 505, 508–509, 510–511, 514.　　[149] Roosevelt, 1938, 518.

[150] Roosevelt, 1932, 506.　　[151] Quoted in Lepawsky, 1976, 22.　　[152] Gelfand, 1975, 25.

[153] Gelfand, 25–26;Schaffer, 1982, 222.　　[154] Parsons, 1992b, 462;Spann, 1996, 41, 82.

[155] Oberlander and Newburn, 1999, 73.　　[156] Mumford, 1938, 278.　　[157] Mumford, 1938, 301.

❶ 索菲·魏滕伯格·芒福德(Sophia Wittenberg Mumford,1899—1997),刘易斯·芒福德的妻子。

序(new eotechnic order)取代新技术时代,并且(虽然他自己从未用过这句话)应该要求
采用一种社会主义的,至少是一种社会民主的秩序来取代美国的资本主义:

> 集体主义势力的增强,城市和政府住房建设的兴起,合作性的消费者和生
> 产者联盟的展现,贫民窟的拆除和较高级类型的工人社区的兴建,这些都体现
> 了生态技术的新方向。[158]

事实上,当芒福德 1932 年在巴纳德学院(Barnard College)❶对学生发表演讲时,他
似乎正在思考一种全面社会主义模式的兴起,他对 FDR 没有信心,认为罗斯福是政
治领域的玛丽·贝克·艾迪(Mary Baker Eddy)❷,一个从来不能治病的政治信仰鼓
吹者,因为他不相信激进的措施。[159] 但是正如芒福德的传记作者多纳德·米勒
(Donald Miller)所强调的,他主要的问题在于,他总是相信心智的重要性要大于物质
的重要性。由于早期生活不关心政治,他缺乏一种关于政治措施的有效概念。"芒
福德所谓的共产主义是他自己创造的东西",[160] 在他一生中,"他保持着一种近乎伊拉
斯谟式的(Erasmian)❸高傲,与所有有组织的政治运动保持距离"。[161] 多纳德·米勒
令人信服的论证,那种高傲最终使得《城市文化》成为一项重大失败。正如鲍尔
在提到它的续作《人类状况》(The Condition of Man, 1944)时所说的,芒福德总在
寻找弥赛亚(Messiah)❹以开始某种精神改造。这一评论击中了要害,引起了芒福德
的强烈反应。重要的是,在花费多年时间重写《城市文化》之后,芒福德将它以《城市
发展史》(The City in History)为名出版了,他把说明性的部分删掉了。在与弗雷德
里克·奥斯本的长期通信中,两人明显存有差异:奥斯本责怪芒福德没有成立一个
美国城乡规划协会,芒福德申辩自己的身份是一名记者。[162]

斯坦因作为协会真正的推动者和促进者,是托克维尔的动迁管理局和绿带新城
计划的顾问,但是当罗斯福未能平息国会对于该计划的根本性反对意见时,他不久
就对此失望了。隆重出版的斯坦因的书信集[163]显示了他对罗斯福的智慧和超人魅力
的赞赏(同时暴露出他不让旁人插话的习惯),也显示出他对罗斯福能否赞同每一个
与之谈话的人的意见深表怀疑。斯坦因对自己失败的预感给他带来了一个悲剧性
的结局。在 1930 年代中期,他不幸患上抑郁症,使得他在接下来的十几年中失去了
工作能力。这不仅源于他以失败告终的运动和寻求专业委托的困难性,也是由于他
和话剧及电影演员艾琳娜·麦克马洪(Aline MacMahon)紧张的婚姻关系所引起。
两人于 1928 年结婚,麦克马洪大部分时间住在大陆另一端的好莱坞。斯坦因以城市

---

[158] Mumford, 1938, 464.　　[159] Spann, 1996, 164.　　[160] Miller, D. L., 1989, 288.
[161] Miller, D. L., 1989, 291.　　[162] Hughes, 1971, 145, 148–149.　　[163] Parsons, 1998.

❶ 巴纳德学院(Barnard College),美国的"七大"常青藤女校之一,哥伦比亚大学于 1889 年建立了巴纳德学院,
以哥伦比亚的教授为其学生授课。
❷ 玛丽·贝克·艾迪(Mary Baker Eddy, 1821—1910),美国基督教科学教派的创始人。
❸ 伊拉斯谟(Desiderius Erasmus, 1466—1526),荷兰人文主义学者,对文艺复兴有很大的影响。
❹ 弥赛亚(Messiah),基督教徒所期望的救世主。

规划运动国际领袖的姿态,从中年危机中走了出来,他不仅经常与本顿·麦凯耶和刘易斯·芒福德这样的老战友保持联络,而且也和 F. J. 奥斯本、约兰·西登布拉德(Göran Sidenbladh)❶以及戈登·斯蒂芬森(Gordon Stephenson)❷这样不断扩展的国际新闻记者圈子保持联系。1950 年,在斯蒂芬内奇步行化城市中心的设计中,斯坦因对他们开创性的实践给予了帮助。他一直活到 94 岁。[164]

但是斯坦因的书信也佐证了 RPAA 的学生长期所怀疑的:他们事实上是闭门造车的社会主义者,他们欣赏俄国模式(斯坦因于 1920 年代访问过苏联),但是他们对于将社会主义引入美国感到矛盾和困惑。当然,在大萧条时期,每个西方民主政体中的绝大多数自由主义思想家们都实际上拥护社会主义计划:斯坦因和芒福德及其同事们很难独树一帜。独特之处就在于他们的困境,他们指望 FDR 进行改革,忽视了过去和当前都存在于美国联邦体系中的保守主义的巨大内在力量。这批规模虽小但却杰出的精英人物的悲剧性在于,他们在错误的时间生活在错误的国家里。

当芒福德和亚当斯交换意见时,这一点已经十分清楚,当时他断言在现有的秩序中,不可能形成有效的规划。

> 这一点可以更加有效,同样也更加清楚、更加真诚地被指出,只要私有财产价值和私营企业仍被视为神圣而不可侵犯,那么就不会有能够真正改善生活条件的综合性规划可言,它只是去描绘永远不可能建成的公园,永远不能向孩子开放的游戏场地,以及永远得不到资助的田园城市。[165]

因为区域规划回避了针对土地或房产价值、建筑以及人类制度进行有效的公共控制,它引发不了实质性的变化,因此,它必然受到谴责。[166]正如亚当斯所做的,重要之处不在于安于大城市的现状,而是要与之做斗争。"因为进一步维护现状城市,只能继续增强它造成伤害的能力。"[167]

鲍尔是这群人中唯一的女性,她特别地杰出,是一名真正有效率的执行者。她用自己的奖学金到欧洲去进行第二次职业旅行,在那里拜访了诸如梅和瓦格纳这样顶尖的德国规划师,[168]回来之后,她撰写了一本关于现代住房的书,引起了很大的轰动。她认为欧洲的规划已经取得了几项突破:现代住房是用于居住而不是用于谋利的,房屋与社会设施一起作为综合性规划邻里单元的一部分,按照现代化式样来进行建造。只是居民是否欣赏这最后一个特征尚不清楚。[169]

她现在也被纳入到"新政"的住房工作之中:在芒福德的鼓励下,她在费城接受了劳动者住房协会(Labor Housing Conference)的首席顾问和执行秘书这一职务。

---

164 Parsons, 1998, passim.　　165 Mumford, 1932, 124.　　166 Mumford, 1932, 154.
167 Mumford, 1932, 150.　　168 Oberlander and Newbrun, 1999, 61, 74, 86.
169 Radford, 1996, 76-77.

❶ 约兰·西登布拉德(Göran Sidenbladh, 1912—1997),斯德哥尔摩的首席城市规划师。
❷ 戈登·斯蒂芬森(Gordon Stephenson, 1908—1997),著名的建筑师和城镇规划师,以第二次世界大战后被炸毁的城市中心重建和 1955 年大都市区域规划而闻名。

图 5-7　凯瑟琳·鲍尔

她在美国区域规划协会中自学成才,随后对他们基本上不抱幻想,特别是对芒福德。她才华横溢,成功地操纵国会通过了第一联邦住房法。

图片来源：William W. Wurster/WBE Collection, Environmental Design Archives, University of California, Berkeley.

她在那里介入了首席设计师奥斯卡·斯顿诺夫(Oskar Stonorov)❶的事务之中,全力以赴地进行游说和写作,只是偶尔回到纽约。[170]她现在开始攻击芒福德和 RPAA,因为他们缺乏效力。"没有一个社会会期待孤立的知识分子——那种作为一个个体来写作、来与公众谈话的知识分子——能够对政策和行动提供直接领导和产生直接影响。"[171] 1934 年,他们这对情人开始争吵并且分居,这恰好是在《技术与文明》出版之时,她甚至没有时间去阅读这本书,哪怕只是其中的一部分。[172]

　　在费城定居后,鲍尔用 3 年多的时间从事游说工作,经历了许多挫折,在促成1937 年"联邦住房法"(*Federal Housing Legislation*)的过程中,她证明自己是卓有成效的。[173]她独立地去结识政治势力,并在他们周围工作;但是,正如美国最伟大的学术规划

---

[170] Miller, D. , 1989, 333.　　[171] Miller, D. , 334.　　[172] Miller, D. , 335.

[173] Oberlanderd and Newbrun, 1999, 118-156.

❶ 奥斯卡·斯顿诺夫(Oskar Stonorov, 1905—1970),出生于德国的美国建筑师、雕塑家、住宅专家,在费城设计了大量的现代住宅。

师之一❶在临终前不久所说的,她能让房间里的每一个男人爱上她,做她要求他们去做的事情。[174]另一位美国住房运动的伟大人物查尔斯·阿伯拉姆斯做了一首打油诗:

> 有位年轻女士叫鲍尔
> 她决心要让住房繁盛发展
> 她战斗不息
> 她不会慌乱
> 没有什么力量可以吓倒她——这就是鲍尔[175]

除此之外,新政政策对于区域规划的影响主要意味着浩如烟海的文件。国家资源规划局(National Resources Planning Board)及其名目繁杂、已经存在了整整 10 年的(1933—1943)各种前身组织,被描述成"这个国家为人所知的、几乎最全面的国家级规划组织";[176]当 1933 年国家规划局(National Planning Board)开始创立时,名册上有 3 名美国规划史中最杰出的名字:弗雷德里克·德拉诺、查尔斯·E. 麦瑞安姆(Charles E. Merriam)❷和韦斯列·C. 米切尔(Wesley C. Mitchell)❸,他们总计撰写了 370 份印刷的和更多的油印的报告,共计 43 000 页。[177]但是尽管如此,仍然很难从中找到脚踏实地的东西。国家资源委员会(当时的名称)的 1935 年报告《国家规划中的区域因素》(Regional Factors in National Planning)建议以数量有限(比如 10～12 个)的主要区域中心,重新组合各种联邦机构的区域,所形成的区域规划委员会将设有区域执行机构。因此,它们就需要"一个连接现有执行机构的渠道",一个国家规划局。[178]但是没有迹象表明产生了什么成果。1937 年的报告——《我们的城市:它们在国家经济中的角色》(Our Cities: Their Role in the National Economy),虽然使人们注意到甚至在那时还在美国城市中肆虐的衰退、投机、社会分隔、犯罪、城市公共财政等问题,但是没有能够在建议中清楚地提到区域的尺度。在集中与分散这样的关键问题上,它抱着观望态度:"对于城市居民和对于最有效率地使用人力和物力资源来说,最有效的环境很可能就是建立在这两个极端的中间。"它所提出的目标则极其模糊,"要给拥堵的中心地区进行松绑,创造出更为疏松的城市结构"。毫无疑问,这是一个亚当斯和芒福德都能接受的说法,[179]但罗斯福和国会都普遍对此不感兴趣,报告被置于政治的冷宫之中。[180]

---

[174] Lloyd Rodwin, personal conversation, Cambridge, Massachusetts, October 14, 1999.
[175] Oberlander and Newbrun, 1999, 156.   [176] Clawson, 1981, xvi.
[177] Karl, 1963, 76; Clawson, 1981, 7.
[178] US National Resources Committee, 1935, IX; Clawson, 1981, 168.
[179] US National Planning Board, 1937, VIII-XI, 84; Clawson, 1981, 162-164.
[180] Gelfand, 1975, 97.
❶ 指刘易斯·芒福德。
❷ 查尔斯·E. 麦瑞安姆(Charles E. Merriam, 1874—1954),芝加哥大学政治学教授和政治学行动派的创始人,政治家。
❸ 韦斯列·C. 米切尔(Wesley C. Mitchell, 1874—1948),美国经济学家,那个年代关于商业周期理论最有影响力的人物之一。

TVA

相对于堆积如山的文件,在现实中当然有一个闪亮的平衡:这就是"田纳西河流域管理局"(Tennessee Valley Authority,TVA)❶。它无疑是新政规划中最大的一项成就(至少在传说中如此),而且它是 RPAA 和南方区域主义者最激进思想的体现。在 1932 年最后一次 RPAA 会议的讲话中,罗斯福将 TVA 描述为区域规划的样板。但是关于这一点,如同罗斯福的言辞一样,"是不严格和不准确的,它可以适用于任何项目,并且是如此的含糊其辞,没有包含特别承诺"。[181]事实上,TVA 的理念糅合了几方面的内容:提高亚拉巴马州马斯尔肖尔斯(Muscle Shoals)❷的航运能力(19 世纪以来一项得意的工程项目),开发电力,在那儿提供一个军火生产基地并控制洪水。罗斯福的成就在于将这些内容放在一起,加上一个乡村规划和区域发展的概念,并且停止军火生产。[182]然而,所有这些被证明与促使法案获得批准的实际谈判内容相去甚远,结果是指导者对于规划部门批准了什么或者许可了什么(这些问题)缺乏概念。[183]罗斯福当然不会向他们提供任何指导,可能是因为连他自己也不清楚。[184]

地形条件确保 TVA 必定会成为一个区域性的、以河流为基础的奇特的规划案例。这条河流长 650 英里,它的流域有英国那么大,这一区域的气候、资源、种族组成和文化类型差异众多。[185]其共同点是贫穷:东阿巴拉契亚有一半地区可能是美国最贫穷地区中最贫穷的部分,有上千个家庭生活在年收入低于 100 美元的水平。[186] TVA 将通过一组多功能的水坝来改善他们的状况——这些水坝本身就是针对传统工程智慧的挑战——围绕这些水坝实施一系列项目来开发这一地区的自然资源。至少,这些就是在法案和 TVA 委员会早期政策中明确涉及的理论。[187]

然而不久它就解体了。罗斯福为 TVA 委员会任命了三名成员,他们将组成一个完全的、彻底不协调的混合体。在主席的位置上,他安插了 A. E. 摩根(A. E. Morgan),此人是安蒂奥奇学院(Antioch College)❸的校长,一位乌托邦主义者、禁欲主义者、十足的神秘空想家,他(虽然不是一名社会主义者,也不是一名基督徒)和早期乌托邦的共产主义者有着许多共同之处。[188]他把这项工作视为实现个人抱负的人生机遇:去创造一种全新的物质和文化环境,他相信罗斯福对此也会赞同。[189]对于第

---

[181] Conkin,1983,26.   [182] Conkin,1983,20.   [183] Conkin,1983,26-27.

[184] Tugwell and Banfield,1950,47.

[185] Lowitt,1983,35;Conkin,1983,26.   [186] Morgan,1974,157;Lowitt,1983,37.

[187] Neuse,1983,491-3;Ruttan,1983,151.   [188] McCraw,1970,11;McCraw,1971,38-39.

[189] Morgan,1974,54-5,155.

❶ 田纳西河流域管理局(Tennessee Valley Authority),1933 年在国会宪章指导下成立的联邦所属公司,主要职能在于航运、防洪、发电、化肥生产、促进经济发展,等等。

❷ 马斯尔肖尔斯(Muscle Shoals),亚拉巴马州一城市,以音乐和对美国流行音乐的贡献而闻名。

❸ 安蒂奥奇学院(Antioch College),是一个美国俄亥俄州的私人的、独立的文科艺术学院,是安蒂奥奇大学六个学院之一,1852 年由基督教建立。

二名成员,也就是公共权力发展专家,罗斯福安排了戴维·利连恩托(David Lilienthal)❶,一位怀有巨大野心、冲劲十足的年轻人,在所参与的事务中,他有着抢风头的名声。[190]第三位选中了与主席没有任何关系的哈考特·A.摩根(Harcourt A. Morgan)❷,他是田纳西大学的校长,范德比尔特(Vanderbilt)保守农业团体的代表,头脑中充满了农村推广服务的思想,特别热衷于磷肥计划,他准备和利连恩托一起完成共同的事业。不到5个月,他们谴责了主席宏大设计中的"变化"——后来又称其为"变幻莫测"。[191]不到两年,主席在公开出版物中当众批评自己的同事:正如后来事实所证明的,这是一个重大的战术错误。[192]

不久,利连恩托和哈考特通过投票压倒主席并平分责权:利连恩托得到电力发展,H.A.摩根得到农业推广工作。从现在起,电力发展和农业推广就成为TVA的工作,A.E.摩根的区域规划政府的设想(对于很多人来说,这才是TVA的真正使命)就这样被埋葬了。[193]农学家们是"土地规划细分"(Land Planning Division)的死敌,并轻蔑地称后者为"地理学家们"(the geographers),他们运用权力争夺水库周围的公共土地,水库逐渐萎缩到极限。[194]农学家被其对手描述为"疯子",与地方利益而非政府保持一致。[195]最终,在经历了两年痛苦的犹豫不决之后(在这段时间内,A.E.摩根和利连恩托都遭受了精神崩溃之苦),罗斯福于1938年辞退了A.E.摩根,理由是他"不合作和拒不服从"。据说"拒不服从"(contumacy)这个词是从一本字典上找来的,采用它是希望没有人会去查这个词。摩根后来被一个国会委员会罢免。[196]因此,尽管利连恩托在广为传阅的官方档案里坚持声称政策是基于"团结原则"之上的,[197]但他们显然长期以来都是基于激烈的纷争来做决策的。

那就是TVA作为一个区域规划机构令人印象深刻的结局。在这些痛苦争斗中的一名牺牲者就是本顿·麦凯耶。早在1921—1924年,在开始从事纽约规划之前,他就已经撰写过关于阿巴拉契亚区域发展的文章,并很明显地杜撰了"新政"这个词。他关于阿巴拉契亚的设想就是把水力电能当作一场新工业革命的源泉,也作为一个2 000英里长的线型城市的基础,他著名的乡野小道只是一个很小的亮点。在1932年的一篇文章中,他讲述了对于田纳西河流域的设想,他和另一位RPAA的支持者,建筑师兼规划师特拉西·奥格尔一起受聘于伊尔·德拉帕(Earle Draper)❸的"区域研究所"(Department of Regional Studies)。[198]在1934年春季至1936年夏季的两年期间里,他为TVA工作,并受聘去制定一份名为"区域规划的美国大宪章(*The*

---

[190] Morgan, 1974, 22.   [191] Morgan, 1974, 55.   [192] McCraw, 1970, 95, 107.

[193] Selznick, 1949, 91-92, 149.   [194] Selznick, 1949, 152, 186-205.   [195] Selznick, 1949, 211-212.

[196] Creese, 1990, 9; McCraw, 1970, 108; Lowitt, 1983, 45.   [197] Lilienthal, 1944, 51.

[198] Creese, 1990, 57-60; Spann, 1996, 153-154.

❶ 戴维·利连恩托(David Lilienthal, 1899—1981),美国商人和政府官员,TVA的主任和第一任主席,AEC(原子能委员会)的第一任主席。

❷ 哈考特·A. 摩根(Harcourt A. Morgan, 1867—1950),田纳西大学的校长,农学家,TVA第二任主任,直接负责农业政策。

❸ 伊尔·德拉帕(Earle Draper),规划师、景观建筑师,田纳西州诺里斯城的规划者。

American Magna Carta of regional planning）❶"的综合性区域规划。[199]麦凯耶不久在"大部分由建造商和官员所把持的世界里，成为常驻哲学家"，而且其参与的部分从未越出一般准则的范畴。[200]不久，他被排除出这一领域，当摩根离开后，麦凯耶也结束了。[201]"除了启动了诺里斯水库以外，TVA 的区域规划思想仍然是浮夸而不现实的。"[202]当麦凯耶的思想确定不能变成现实蓝图时，他离开了，但是他鼓励年轻一代的 TVA 规划师去接过火炬。[203]

然而，当时对于外部世界而言，TVA 是"草根民主"的一个成功样板。利连恩托认为，它是"一项通过法律确定下来的政策，也就是联邦区域机构与地方、国家部门共同合作，并且通过它们开展工作"。[204]在现实中，它似乎是一种"保护性的意识形态"，允许 TVA 以地方机构和利益集团的优胜者面目而出现。为了证明它的自主性，并且消除有可能来自强有力的地方集团和个人的反对，它将农业计划转给一个有组织的机构——土地转让社团（land-grant college），这样就放弃了许多自己作为一种保守机构的职能。（塞尔兹尼克（Philip Selznick）❷关于 TVA 的研究尖刻地评论道："获得民主管理的方法，就是从组建一个足够强大的中央政府开始的，它能够消除那些使我们的生活非常不民主的状况。"[205]）

然而在某种程度上，TVA 反对在范德比尔特大学的农村基要主义者（rural fundamentalist）的思想。他们曾经与 RPAA 共同提出源于土地的运动应当放缓甚至逆转的想法，并且似乎罗斯福也站在他们这一边。然而在实践中，在利连恩托与 H. A. 摩根的联合下，TVA 越来越变成一个产生权力的权威机构，致力于创造一个巨大的工业城市的基础。正如托克维尔所指出的，"从 1936 年起，TVA 就应当被称作田纳西河流域电力生产和防汛公司（Tennessee Valley Power Production and Flood Control Corporation）。"[206]到 1944 年时，它已经是美国第二大电力厂，发电量是 1941 年全国产量的一半。[207]其理由是富于讽刺意味的：电力需求的大幅度增长是由于在生产原子弹基地的橡树岭（Oak Ridge）❸建立了"原子能局"的钚生产基地。[208]这个被罗斯福从 TVA 处方上取消的因素——军火生产，现在又推动了"谷地"的经济发展。

水坝和水库对于朝圣的旅行者而言一定是很好看的，就像是所有伏尔加河和第聂伯河上的水坝一样，也是在 1930 年末，左翼访问者们感到欢欣鼓舞的地方。但是，在区域规划中（特别是 RPAA 所支持的激进变体）还有一些难以觉察的残余：社区发

199 Spann, 1996, 155.　　200 Schaffer, 1990, 8.　　201 Creese, 1990, 57.　　202 Schaffer, 1986, 39.
203 Schaffer, 1990, 11, 40.　　204 Lilienthal, 1944, 153.　　205 Tugwell and Banfield, 1950, 54.
206 Tugwell and Banfield, 1950, 50; Ruttan, 1983, 151–152.　　207 Lilienthal, 1944, 17.
208 Hewlett and Anderson, 1962, 77, 105–108, 116–122, 130; Allardice and Trapnell, 1974, 15–17.
❶ Magna Carta，"大宪章"的拉丁语。写于 1215 年，后来成为英国宪法、民主主义和保护自由的基本文件。
❷ 塞尔兹尼克（Philip Selznick, 1919—），加州大学伯克利分校法律和社会学的名誉教授，在组织的理论、法律、社会、公共管理方面的著名作家。
❸ 橡树岭（Oak Ridge），田纳西州东部城市，诺克斯维尔西北 25 英里处，又名原子城、神秘城，首先开发生产和分离钚，美国曼哈顿秘密计划的一部分。

图 5-8 田纳西州,诺里斯

特拉西·奥格尔为田纳西河流域管理局所提供的珍品:原先区域规划理想中很快就消退了的一个为数不多的表现。

图片来源：Peter Hall.

展、卫生和教育服务从总体预算中只得到很少的一点。[209]在田纳西河大坝边上的诺里斯新城虽然是由一位 RPAA 成员(特拉西·奥格尔)规划的,被本顿·麦凯耶称赞为区域社区发展的第一步,却被 TVA 的规划负责人最为准确地描述成一个"乡村农庄"。[210] A. E.摩根对诺里斯的理想化希望(穷人与富人居住在一起,居民将由农业人员和手工艺工人组成)从来就未曾实现过。匆忙建设、缺乏资助的小城(仅有 1 500 人)几乎被隐没在茂密的树林中,布局非常不规则,人们永远也猜不出它因何而来。[211]根据设计,4 500 英亩土地上将有 1 000 座住宅,而实际上只有 294 座住宅,每英亩2.7家,它们湮没在树林中。[212]这是经过深思熟虑的,形式是反城市化的,"松散的、乡村化的、放牧式的,可以自由奔跑的"。[213]它是一个"用小规模方法制作的大模型",[214]田园城市历史上的一个有趣的注脚,相比 RPAA 宏大的幻想,它仅代表了一只滑稽的老鼠。事实是美国(即使是新政时期的美国)在政治上尚未能够为这一设想做好准备。[215]摩根的两个合伙人告诉他,不会再有诺里斯了,他们意识到国会正在无情地反对着公共住房。[216]不久,凯瑟琳·鲍尔的游说改变了这一点,但那是在完全不同的地理背景下。

除了克里斯(Creese)这种田园诗般公园的描绘以外,其实还有另外一个更加见不得人方面,"那里的人们,特别是南方人,一般都会非常平和并且宽怀地度过社

[209] Ruttan,1983,157-158.　[210] Johnson,1984,35.　[211] Schaffer,1984,passim;Creese,1990,248.

[212] Creese,1990,240,262.　[213] Creese,1990,251.　[214] Creese,1990,249.

[215] Schaffer,1982,224-5,230.　[216] Creese,1990,261.

会与经济难关。"这可以帮助他们避开武装暴动。正如南希·L.格兰特(Nancy L. Grant)所指出的,事实上,园区管理人员在 1938 年和 1940 年就一直在说:没有给诺里斯的黑人提供设施的计划。在所给出的理由中,其一就是在查塔努加(Chattanooga)会有另一个计划,即是在 100 英里以外建造布克·T. 华盛顿公园(Booker T. Washington Park)。当地的调查表明,在公园选址 200 英里的范围内居住着多达 40 万黑人。而在这处位于查特努加的公园内有供游泳、划艇、野餐的设施,还有露宿营地和度假营地这两种不同寻常的特点设施。格兰特表示,"增加最后这两项功能的原因就是没有任何私人旅游区域允许黑人进入。"她发现有人抱怨公园靠近工业地区,并且由于缺少抽水设施,导致游泳场(为 40 万人建造的)长期关闭。(唐纳德·克鲁克伯格(Donald Krueckeberg)讽刺道,"TVA 就是水电权威,他们的正职就是调动水资源!")"另外,在公园里竟然没有厕所。"[217]克鲁克伯格评论说,这"肯定有助于解释为什么没有武装暴动。显然这里有更紧要的事情,一点小困难显然不会出现在克里斯徒有其表的光辉画面中。"[218]

实现了的理想:伦敦

因此,作为这段历史中大量具有讽刺性的事件之一,芒福德、斯坦因、切斯和麦凯耶的真正影响不是发生在他们自己的缺乏同情心的国家,而是影响了欧洲国家的首都。伦敦就为此提供了一个例证。在整个 1920 年代和 1930 年代,英国和美国规划师们继续有力地推动着跨越大西洋的双向往来。在 1911 年至 1938 年期间,托马斯·亚当斯几乎每年跨洋,有时候一年 3～4 次;1923 年,斯坦因和莱特与霍华德和欧文在英国见面;1923 年,格迪斯会见了 RPAA;1925 年,欧文和霍华德与之会见。[219]因此,在这些死气沉沉的年代里,一小群规划师已经在各种英国的背景下应用美国的思想。

讽刺性的是,最为成功的是 RPAA 所讨厌的事情。在托马斯·亚当斯从事"纽约区域规划"(New York Regional Plan)的年代里,他在亚当斯、汤普逊(Thompson)和弗莱(Fry)的规划事务所中仍然是一位合伙人。他们在 1924 年至 1932 年期间制定了伦敦周围地区的 12 轮咨询性区域规划中的 8 轮。亚当斯为这些规划带来了许多美国概念:在西米德塞克斯(West Middlesex)和莫尔谷(Mole Valley)的景观大道、用以限制城市蔓延的绿化带和楔形绿化。[220]但是,正如在纽约一样,其原理在于规划是一种关于可能性的艺术:规划应该仍然只起一种顾问性作用,它必须在现有权力的限度之内进行工作而非试图超越权限。

其余 4 个规划带有一种同等重要的名称:它们都来自戴维奇(Robert Davidge)❶、

---

217 Grant, 1991, 88.　　218 Krueckeberg, 1997, 274-275.　　219 Simpson, 1985, 193;Dal Co, 1979, 233.
220 Simpson, 1985, 174-175, 181, 193.

❶ 戴维奇(Robert Davidge, 1879—1961),建筑师、独立的城镇规划顾问,在伦敦的城镇规划的咨询报告中提出开敞空间围绕的休闲、居住商业混合使用的模式。

阿伯克隆比和阿基巴尔德（Archibald）的合作。莱斯利·帕特里克·阿伯克隆比（1879—1957）是一名曼彻斯特商人的第九个孩子，他令人不解地投身于关于底层阶级的新闻工作。阿伯克隆比的职业生涯从一名建筑师开始，并通过利物浦大学的一个研究会转向城市规划。这个研究席位是由肥皂大王威廉·赫斯凯瑟·利华（阳光港的奠基人）在赢得针对一家报纸的诽谤诉讼案之后，向利物浦大学资助的。1914 年，当利物浦大学的第一位城市设计教授斯坦利·阿德谢德（Stanley Adshead）转到伦敦去就任一个新的教授职位后，阿伯克隆比证明了自己是如此适合于该项工作的，并成为理所当然的接班人。[221] 通过他所编辑的《城市规划评论》（*Town Planning Review*），阿伯克隆比很早就掌握了有关城市规划历史的无与伦比的知识。甚至在第一次世界大战以前，他就赢得了都柏林的一项城市规划奖项，这项规划将城市纳入到区域背景之中，展示了他从格迪斯那里学到的东西（巧的是，格迪斯正是那场诽谤诉讼的陪审员）。[222] 但这项规划也很有趣地展现出他个性与方法中的两个正反面。城市中心应当是奥斯曼式的（Haussmannized），带有林荫大道、扩展街道、一个都柏林式的"协和广场"，以及用于新建公共建筑的场地，甚至一座交易所。但是在中心区外围，为了接纳从市中心贫民窟中"导出"的 60 000 人，阿伯克隆比与他的利物浦同事们开发了郊区住宅房型，这体现出新思路正跨越爱尔兰海（Irish Sea）而来，以回应英格兰和威尔士的 1909 年住房与城乡规划法。与此同时，该计划提供层次分明的开放空间、城市公交与地铁运输系统、产业的郊区化，甚至在都柏林湾（Dublin Bay）展开较大规模的填海工程以容纳住房、开放空间与产业。[223]

　　在这之后，他不断增长的声誉使他加入 1920—1922 年为唐克斯特（Doncaster）地区区域规划所做的一项先锋性工作，以及 1925 年在东肯特（East Kent）❶ 的规划工作。东肯特是一个新的煤田，位于英格兰花园之中，阿伯克隆比在其中大胆地着手演示格迪斯学派的命题，即在新技术时代，甚至远古技术时代的工业也可以被吸纳到这种景观之中。他提议建设 8 座小型新城，每一座都处于起伏的石灰岩地形的一个山谷中，为一片连续的绿带所围绕；[224] 他的一个预见性（一直准确到数字）策略18 年后在大伦敦地区产生了反响。那篇经过广泛评阅的报告（虽然从实际角度来看是一个失败）将他和区域规划联系起来，这将把他带到制定"大伦敦规划"工作的高度。

　　然而对阿伯克隆比产生过积极影响的，还有一份已经几乎被遗忘，但他曾经感激过的报告。成立于 1912 年的伦敦协会（London Society）是一个汇集显要人物的社团，其主席是阿斯顿·韦伯爵士（Sir Aston Webb），他设计了维多利亚和阿尔伯特博物馆、海军部拱门以及白金汉宫的外墙。伦敦协会的理事会和执行委员会成员包括英国皇家建筑师学会主席雷金纳德·波姆菲尔德爵士（Sir Reginald Blomfield）、雷蒙德·欧文、斯坦利·阿德谢德，还有许多建筑师，包括 T. H. 莫森（T. H. Mawson）、

221　Dix, 1978, 329-330.　　222　Dix, 1978, 332.　　223　Dix, 1978, 151.　　224　Dix, 1978, 337.

❶ 东肯特（East Kent），英格兰肯特郡的一部分，位于伦敦东南，曾被称为"英格兰的花园"，后来田园风景被农庄工业取代了。在过去数世纪中棉纺、造铁、造纸、水泥和工程在此都非常兴旺。

E. L. 勒琴斯。它的副主席包括印度前总督寇松勋爵（Lord Curzon）、约翰·伯恩斯（John Burns），还有总统地方政府委员会主席、泰晤士报的拥有者诺瑟克里夫勋爵（Lord Northcliffe），以及零售商业巨头戈登·塞尔弗里奇（Gordon Selfridge）。[225]本质而言，除了有责任为普通伦敦人寻求福利，该协会是一个男性中产阶级所构成的集体；1914 年 3 月的《建筑师》杂志（The Builder）评论道："建筑师是伦敦协会的中坚力量。"

　　值得一提的是，1914 年 10 月 1 日召开了一次特殊会议，主题是在战时为建筑师和规划师谋求就业机会：为伦敦制定一个发展计划，"着重考虑城市新干道并且提供开放空间"。会议出席者有建筑师：阿斯顿·韦伯爵士、卡迈克尔·托马斯（Carmichael Thomas）、雷蒙德·欧文、H. V. 兰彻斯特（H. V. Lanchester）和阿德谢德教授。一个规划委员会由此成立（其他成员包括阿瑟·克劳（Arthur Crow）、W. R. 戴维奇（W. R. Davidge）、H. J. 黎宁（H. J. Leaning）和 D. B. 尼文（D. B. Niven）），到 1916 年时，他们实际上已经完成了发展规划，并将它称作自己的"战时工作"。[226]1920 年，该规划得以出版并"在全国各地的各种城市规划展览会上"展出；1929 年，伦敦发展规划成为在伦敦博物馆展览的一个主题。尽管它从来没有成为伦敦的"官方"规划，但是在 1925 年 12 月，阿伯克隆比在主持协会的一次会议中，全力支持了这项工作。当阿伯克隆比在 20 年后为伦敦郡议会（LCC）最终提出他的个人方案时，他由衷感谢"这样一个伟大的志愿团体，他们无论是在整个宏观现实环境中，还是在一些特殊方面都做出了杰出的贡献"，他如是说道：

　　　　最后还有作为大都市规划先驱的伦敦协会；对于其副主席，PPTPI❶ 的 W. R. 戴维奇先生，我们十分感激来自于他那取之不尽、用之不竭知识的帮助和指导，去解决伦敦的问题，他自己也亲自积极参与并解决了其中的许多问题。[227]

尽管在实施中失败了，但这还是具有象征意义的：同别处一样，这里的区域规划是咨询性质的。它们取决于很多不同的较小区域的规划部门之间的合作，而这不一定是可行的。这尤其体现在控制郊区的蔓延，郊区蔓延当时（第 3 章）在英格兰南方正好成为一个十分令人头痛的问题。在东肯特，阿伯克隆比认为即使利用现有的权力，地方政府也可以购买土地来建造新的城市；北米德塞克斯联合委员会（North Middlesex Joint Committee）也主张（建设）卫星城市，[228]但是在两个地方规划均未落实。另一方面，亚当斯和阿伯克隆比的规划寻求由乡村区划来实现控制（也就是非常低的密度），对于这种方式的效果如何，大家的意见是有分歧的。即便如此，从某个角度来计算，按照当时普遍的人口密度，12 个计划加在一起就预留出了足够的土地给 1 600 万人口居住。[229]

225 Beaufoy, 1997, 135-136.　　226 Beaufoy, 1997, 149.　　227 Beaufoy, 1997, 150.
228 Abercrombie, 1926, 39-40；Cherry, 1974, 91.
229 Beaufoy, 1933, 201, 204, 212；Simpson, 1985, 176, 180-181.
❶ 可能是 PRTPI（President of Royal Town Planning Institute），意思为皇家城市规划协会主席。

这些规划在图面上看起来令人印象深刻,然而事实上只不过是改善性的实践。它们确实可能没有亚当斯的纽约规划那么有效,理由很简单,在英国有组织的事业效果较弱。由 RPAA 为代表的更激进的区域规划概念只可能通过立法,由英国政府授予规划整个区域的权力,包括制止城市蔓延。正如在第 3 章所看到的,关于这些,直到 1939 年还没有一点踪迹。这正如雷蒙德·欧文的委员会的悲惨故事所描述的那样。

1927 年,内维尔·张伯伦利用自己卫生部长的职位,成立了大伦敦区域规划委员会(Greater London Regional Planning Committee),为区域规划提供了一个推动力,该规划覆盖了中央伦敦半径 25 英里以内的大约 1 800 平方英里的范围,并包括来自地方政府的 45 个成员。1929 年,雷蒙德·欧文从卫生部长位置上退休,担任委员会的技术顾问。[230] 他在同一年的临时报告中提出,要完全逆转当时的规划体系:不是按照规划部门的设想去保留一片片土地作为开敞空间,而是应当指定某些区域作为建设之用。这一切根据以下的假设,即所有剩余的土地都将保留下来用于开敞空间,城市以开敞空间为背景。这比通过采用绿带来限制伦敦蔓延的简单想法还要激进。这种思想早在 1892 年就由米斯(Meath)❶的第十二世伯爵雷吉纳德·伯拉巴重(Reginald Brabazon)在参观美国的景观大道后发明出来,并在 1915 年被有影响力的伦敦协会所采用。[231] 这就要求成立一个总体的联合区域规划部门,它拥有针对较大区域事务的执行权,包括预留土地进行建造。它认为地方政府应该能够不加赔偿地否决开发计划,但是应该提供一笔特惠金(可从全体当地土地所有者的公共资源里获得)——当时的部长认为,这个由欧文提出的设想是不切实际的。[232]

同时,欧文在 1930 年的一次重要讲话中提出了他关于区域规划的概念:"区域规划应当制定得更有效力……不要剥夺地方政府在他们自己范围内,自由地为他们的地区制定城市规划方案的权力。"他继续说道:"规划的主要目的就是让人民的居住、工作和娱乐得到最好的安排。其方法是按照一定便利的模式,布局在一片受保护的、开阔的土地背景上。"[233] "如果可以将开发引入到合理的自我约制的基础上,形成富有吸引力的、大小不等的城市集群,在一片足够开敞的土地背景中分布它们,在区域中就会有足够的空间容纳可以合理预测的人口增长,但是仍然可以保持大部分的开敞地区。"[234] 然而现在,"所有的土地都是潜在的建筑工地",任何人都可以在任何地方建造房子,因此随意的建筑和带状发展仍会继续。[235]

正值此时,罗伯特·施密特来到伦敦,通过自己在鲁尔的区域规划工作,在卫生部中引发了广泛兴趣。1928 年,他被邀请到伦敦在城市规划协会进行演讲。虽然因

---

230 Miller, M., 1989b, 24; Miller, M., 1992, 189.

231 Aalen, 1989, 141-3; Miller, M., 1989b, 18-19; Beaufoy, 1997, 150.

232 Greater London Regional Planning Committee (hereafter GLRPC), 1929, 4-7; Jackson, F., 1985, 147.

233 Unwin, 1930, 186.   234 Unwin, 1930, 189.   235 Unwin, 1930, 186.

❶ 米斯(Meath),位于爱尔兰中部内陆地区,爱尔兰最古老的郡之一,因为它曾是爱尔兰国王的所在地,所以也被称为"皇家郡"。

大雾而未能搭上飞机,一群重要的观众却听到由乔治·佩普勒(George Pepler)朗读的施密特的讲稿。这群听众包括 LCC 的未来领袖、副总理赫伯特·莫里森(Herbert Morrison)❶,他曾在鲁尔见过施密特,并且在前年遇到了部分的工党代表团。施密特的工作非常合乎佩普勒的心意,因为此时他正在试图说服英国地方政府联合起来主动承担区域规划,以指导并协调自己的本地法定图则的责任。他自然很羡慕施密特能够迫使鲁尔地方政府遵从他的想法。然而他越来越意识到,无论强迫与否,施密特的说服力仍然是使区域规划得以施行的必不可少的因素。[236] 1929 年,哈里斯(Harris)向新近成立的大伦敦区域规划委员会报告了德国的诸多发展,哈里斯在其中担任兼职秘书。总规划师欧文积极采纳了他在伦敦周边建立"绿色腰带"的建议。泰晤士报在 1924 年就已经报道了弗里茨·舒马赫(Fritz Schumacher)和康拉德·阿登纳(Konrad Adenauer)的著名规划,他们不久之前在科隆设置了一个双重绿化带(Grüngürtel)。据报道,他们在 1929 年向委员会做了更加完整的报告,详细说明它如何创建了特殊的土地调整功能。[237]

委员会的最终报告于 1933 年形成。它回到了同一主题上来:围绕着现有的大伦敦的建成区应该设一个绿色的环形带,以提供游憩场地和开敞空间,从中可以贯穿一条轨道化的景观大道。在它外围,"在城乡规划法中应该尽最大努力来对这些地区做出限定……限定在哪里可以允许建筑开发,这样就可以保障开敞土地的背景,在需要时就可以从中获得公共开敞空间"。[238]新的工业区应该规划在距离中央伦敦 12 英里以内的自治性的卫星城内,或者在 12～25 英里距离之间的田园城市内。报告认为:工业家和开发商都能够从这个清楚的规划中获得好处。问题仍然在于需要对那些有土地但不能进行开发的人进行补偿,这需要进行立法。[239]所有这些都需要特别部门授权去获取、经营土地和开敞空间,与当地的规划方案进行协调。作为一种替代,当地政府可以购买他们区域内的未建土地,但补偿过程中将会出现许多问题。[240]

当这一最终报告形成的时候,由于政府削减财政,它被严格冻结起来。[241]早在1931 年,欧文就对委员会的未来忧心忡忡:"我实现绿带的机会没有了……我觉得今年我们的区域工作将被削减到 1/3 或 1/4。"[242]关于这一点,他在很大程度上被证明是错误的。当 1934 年 3 月工党控制伦敦郡议会以后,工党领袖赫伯特·莫里森是一名支持者,报告在经过长时间的公开质询后,于 1935 年 5 月获得批准。[243]

那是一个小小的胜利,但是也有重大的失败。在 1931 年的议会之前,"城乡规划法"(Town and Country Planning Bill)在选举中成为牺牲品。1932 年它又复活并获得通过,但只是以被削弱的形式获得通过。痛苦的欧文认定,"一项好的立法已经

---

236 Unwin, 1930, 122.　　237 Ward, 2010, 121.　　238 GLRPC, 1933, 83.
239 GLRPC, 95-99, 101-102;Crow, 1996, 405-409.　　240 Miller, M. , 1992, 202.
241 GB Royal Commission Geographical Distribution, June 16, 1938, paras. 59, 66, 69.
242 Miller, M. , 1989b, 35.　　243 Miller, M. , 1989b, 37;Miller, M. , 1992, 205.
❶ 赫伯特·莫里森(Herbert Morrison, 1888—1965),伦敦工党的政治家,LCC 成员之一,曾任英国外交大臣及副首相。

被推迟了若干年。"[244]就此而言,他是对的,因为一直到1947年,执政者才认为他的委员会是重要的。欧文逐渐放弃了英国,1936年,他作为亨利·莱特的继任者,到哥伦比亚大学做访问教授。[245]当他到达美国时,正值战争爆发前夜,一个国际论坛因此被取消,他和妻子滞留在那里。经历了两个月的疾病,欧文于1940年6月28日在康涅狄格州的老利梅(Old Lyme),在他女儿乡下的家中死于黄疸病。[246]几周以前,欧文在魏尔德斯(Wyldes)的老家被燃烧弹击中,许多论文因此被毁掉。[247]鉴于他对德国城市的热爱,这是一个悲剧性的、具有讽刺意味的结局。

然而欧文在一件事情上获得了成功,他至少还有一个关于未来规划区域的清晰设想。它并不是全新的,正如对于霍华德的思想,好奇的学生能够从1911年乔治·皮普勒的"绿色环形带"和与之相关联的景观大道之中,或者从同一年距伦敦14英里的10个"健康城市"的奥斯丁·克劳(Austin Crow)规划中发现一些规划的个别元素。[248]当然,霍华德的社会城市的模式为以后几乎所有的方案提供了理论基础。[249]但是,它比所有这些都要有效,它与1944年阿伯克隆比规划之间的联系是很清楚的。在某种意义上,欧文为他在1918—1919年的大背叛进行了补偿,当时他使英国的城市发展偏离了田园城市,转向郊区卫星城的方向。甚至在很多年以后,奥斯本还认为,在当时人们提出意见的情况下,他恐怕很难避免这样一种趋向。[250]

但是正如我们在第4章所见到的,自从欧文的最终报告和阿伯克隆比规划以来的11年中,已经时过境迁了。内维尔·张伯伦一当选为首相,第一步就是成立巴罗委员会。帕特里克·阿伯克隆比被任命加入该委员会,他在弗雷德里克·奥斯本的谨慎推动下,提出了他的少数派报告和持有异议的备忘录,要求设立一个国家规划的框架,要求对工业布局进行严格的、总体的管理,并且有权制定区域规划。[251]里斯作为第一任规划部长来了又走了。阿伯克隆比和福肖在伦敦郡规划中进行了合作,后者是伦敦郡议会的首席建筑师。

对于芒福德或奥斯本这样的纯粹主义者,阿伯克隆比在郡域规划中对密度和疏散这样重大问题的背叛是不可原谅的。"我对阿伯克隆比过于信任了,"奥斯本在写给芒福德的信中说道,"我深感懊悔于没有如同在委员会开会期间坐在巴罗的门前台阶上那样,在郡会议厅坐在阿伯克隆比的门前台阶上。但是我本就无法相信一个规划师能够在详细阐述疏散的情况后,又制定出一项偏离主旨(使绝大多数人都拥有体面的家庭住房)的规划。"[252]一年以后,阿伯克隆比在大伦敦规划中(当时他脱离了LCC的影响)的观点,与奥斯本更为接近,主张密度为每英亩100人或是70人,后者让每个人都能拥有独栋住宅(house),前者能给予80%,因此没有哪一个家庭必须住进公寓(flat),除非他自己愿意。但是对于奥斯本而言,LCC过于关心选票的得失

244 Jackson, F., 1985, 154.　　245 Miller, M., 2000, 23.　　246 Miller, M., 2000, 25.
247 Miller and Gray, 1992, 108.　　248 Pepler, 1911, 614-615; Crow, 1911, 411-412.
249 Hall, 1973, Ⅱ, 52-55.　　250 Hughes, 1971, 62.　　251 Hughes, 1971, 271-272; Dix, 1978, 345-346.
252 Hughes, 1971, 40.

和应缴地方税的价值,所以就选择所谓"象征性"的疏散,或者仅仅超过 100 万人。[253]

当然,奥斯本是欠公平的。与 LCC 的官员在一起工作,阿伯克隆比一定会很准确地感觉到这里的规划首先是一种可能性的艺术。如果将两大卷文档中所呈现的内容视为半个区域规划,郡域规划具有显著的特点可以使自己被视为思想最为纯正的 RPAA 成员。首先,坚持运用格迪斯的调查方法来理清复杂的伦敦社区结构,即由许多村庄构成的大城市;然后,把佩里的邻区单元原则和斯坦因与莱特的道路等级制卓有成效地结合起来(正如苏格兰场(Scotland Yard)的一位交通警察阿尔克·特里普(Alker Tripp)在两本很有影响的著作中解释的那样),[254] 为伦敦创立新的空间秩序。在这个秩序中,快速的高速公路不仅解决了交通拥堵问题,而且也为由它们分割形成的重建社区限定了边界和形状,它们穿过了为伦敦带来额外且急需的开敞空间的绿带。乔治五世时代和维多利亚时代伦敦的主要问题(拥堵不堪、废弃不治、支离破碎、缺少绿化)可以被同时解决,这种解决方法给了世界上最缺乏秩序的大城市以秩序,并且解决得如此自然,人们几乎难以察觉。[255]

郡域规划特别采用新的道路系统,以创造出一个蜂窝式的伦敦:新秩序将会是绝对有机的。[256]阿伯克隆比受格迪斯的影响在这里是很明显的,虽然也有通过韦斯列·道奇尔(Wesley Dougill)❶受到来自佩里的重要影响。道奇尔是深受阿伯克隆比鼓舞的助手,也是阿伯克隆利物浦的前同事,他主张在伦敦实行邻区单位原则,在规划接近完成的时候去世了。[257]重点在于,在从郡域规划走向大伦敦规划的过程中,阿伯克隆比仍然保持着同样的有机结构。首先以一组同心圆环为基础,用来缓解人口和活动强度——内圈层(比郡略大一点,由中央伦敦形成最内圈层)、外层或郊区、绿带、外围乡村;然后这些区域的每一圈层都因此由环形道路进行明确的界定,部分这种等级化的系统形成了细胞——最里面的 A 圈层包围了中央地区,动脉状的 B 圈层有效地界定了伦敦内城的边界,C 圈层通过郊区,而动脉状的 D 圈层则包围它们,景观大道 E 圈层是绿带的主要特点,帮助界定最外圈层的起始边界。[258]

然后,重新使用开敞空间作为结构要素,阿伯克隆比在这里表达了对欧文的感谢:

> 雷蒙德·欧文爵士首先提出了几项可供解决伦敦向外蔓延问题的方案:一种是为按照不同密度布置的通用建筑(其中有一些是高档区,密度很低)提供一片可以自由进出的连续区域,它的连续性间歇地被绿地(例如公共开敞空间)打断,被在实践中根据建造者的要求而保留下来的一块块农田所打断;另一种是在开阔乡村的一种连续性的绿色背景中适当的地方镶嵌代表建筑物的红点。

---

253 Yelling, 1994, 140; Hughes, 1971, 40; for futher discussion see chapter 7.　254 Tripp, 1938, 1943.

255 Forshaw and Abercrombie, 1943, 3-10; Hart, 1976, 54-87.　256 Hart, 1976, 58-9, 78-79.

257 Forshaw and Abercrombie, 1943, v; Perry, 1939, 79-80.　258 Abercrombie, 1945, 7-10.

❶ 韦斯列·道奇尔(Wesley Dougill),1920 年代与阿伯克隆比同为英国《城镇规划》杂志的编者,1933 年起成为唯一的主编。目前英国《城镇规划》杂志设有 Wesley Dougill 奖。

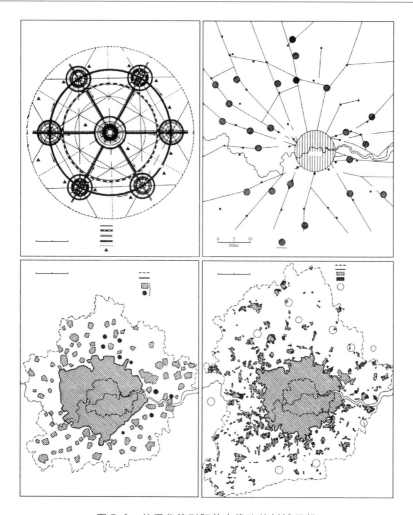

图 5-9　从霍华德到阿伯克隆比的新城思想

在大都市周边形成一群卫星城市的观点，经历了霍华德(1898 年)和普尔多姆(1921 年)，
传到欧文(1929—1933 年)，最终再到阿伯克隆比的 1944 年大伦敦规划。
图片来源：Unwin Hyman.

我们毫无疑问地选择了他主张的第二种方案，它将被用于两个外圈层。[259]

将会形成"围绕着伦敦建成区的一条巨大的绿带"，它特别强调户外的休闲活动，但
是对于"分隔开来的新老社区也应该略有一些绿带。如果远处是开阔的农村，这些
局部的绿带不需要太宽"。最后，楔形绿地将从绿带向内延伸，通向建成的伦敦核心
地区。[260]

伦敦内城的重建和重新开发的结果使总数 103.3 万的人口找到新家，除了

[259] Abercrombie，1945，11.　　[260] Abercrombie，1945，11.

12.5 万人以外的所有人口将迁居到绿带以外的地方：64.4 万人将前往外围乡村圈层（38.3 万人前往新城，26.1 万人前往现有城镇的扩展区），大约 16.4 万人刚好在这一圈层之外，但是距伦敦 50 英里以内，还有 10 万人更远一些。最多有 6 万人口居住在 8 个新城中，距离伦敦中心地区 20~35 英里。[261] 重要的是，有机结构将在其他地方得以保留，但是它现在是内外翻转。不再由公路和狭窄的公园条带来界定社区，现在它的基本要素就是绿色背景，在这一背景上，每一个社区（如同在伦敦的那些一样，由较小的细胞或邻里单元组成）将作为城市发展的岛屿而显现。

　　RPAA 的设想最终实现了。在写给奥斯本的信中，芒福德称它为"自霍华德的著作以来，从每一方面来说都是规划领域最好的一份文件。事实上，它可以被视为有机主义的成熟形式，而《明日的田园城市》则是一种胚胎"。[262] "使思想具备可信度的初步工作已经完成了"，他继续说道，"目前的主要任务就是需要掌握能够有效地将这些转变成现实的政治方法。现在我们还没有到达这一阶段……而且我担心我们在这里的不成熟所造成的结果，一旦战后住房高潮……来到。"[263]

　　后一代的学院派规划师已经将阿伯克隆比解构。迈克尔·赫伯特已经有力地争辩道：伦敦独特的混乱结构（在传统教条（但是真实的）中深受赞扬的一堆村庄）只需要能够维持原样就好。[264] 但是，阿伯克隆比的设想可以保存所有这些东西，甚至更多。它会加强这一结构，因为这些村庄将被他规划中的城市高速公路更为清晰地界定出来，公共汽车将继续沿着放射状的道路经过商业中心，而现在商业中心不会受到其他交通所引起的混乱影响。阿伯克隆比喜爱伦敦，这是他所推崇的城市，他的规划没有针对伦敦采取激进的措施。

　　他的愿景之所以如此无可抗拒，是因为它是通过强有力的视觉形象来表达的。[265] 航拍照片所描绘出的随意而不协调的城市扩张景象一直延伸到地平线。[266] 伦敦郡议会的工党领袖莱瑟姆勋爵（Lord Latham）强调了一点：规划的焦点在于将"一系列延伸到未来半个世纪的大项目……形成一种有秩序感的整体格局。"的设想加以落实[267]。并且恰逢其时。1943 年 7 月 9 日，规划推出之日恰逢西西里岛战役，在东方战线则有苏军新的攻势，再加上针对德国城市的猛烈轰炸。伦敦晚报以"重建伦敦，50 年规划"为标题，旁边的头版头条新闻和照片则展示着废墟一样的科隆。[268]

　　但是还有另外一个转折点，就在家门口。1942 年 12 月，威廉·贝弗里奇（William Beveridge）发表了他对于社会保障制度的全面回顾《社会保险和相关服务》（*Social Insurance and Allied Services*）。半年后，几乎与伦敦郡规划发布的同一时间，教育局长 R. A. 巴特勒（R. A. Butler）编制了具有深远意义的战后国家教育白皮书。LCC 工党的重量级政治家，如赫伯特·莫里森和刘易斯·斯尔金，将该规划定位为国家重建的一部分。在前言中，莱瑟姆刻意响应着贝弗里奇。因为有豪门挡住

---

261 Abercrombie, 1945, 14.　　262 Hughes, 1971, 141.　　263 Hughes, 1971, 141.
264 Hebbert, 1998, passim.　　265 Mort, 2004, 124.　　266 Mort, 2004, 134.　　267 Mort, 2004, 125.
268 Mort, 2004, 126.

了社会保障的路,所以同样的巨头蓄意阻挠计划的进行:"冲突的利益,私有权利,完全过时的……价值尺度,缺乏远见。"《每日镜报》(*Daily Mirror*)将该规划视为一个激进的议程,属于"没有尽头的战争"。[269]

"立足于自己对于专业经验的信心,以及对于一个上流、高端中产阶级式前景的信心"——阿伯克隆比对于世界的看法,折射了他在维多利亚后期和爱德华七世时期的自由主义英格兰的青年岁月,这也体现了同时期很多人的想法,例如凯恩斯和贝弗里奇这样的知识分子,也如 R. A. 巴特勒和安东尼·克罗斯兰(Anthony Crosland)这样的政治家。这是一个折中的,甚至是矛盾的价值设定:弗兰克·莫特(Frank Mort)写道,"在阿伯克隆比的情况中,有关奋勇向前的城市未来的那些相互竞争性的设想,往往出现在他同一的规划言论之中,或者他的社会人格之中;不朽的公民精神相对于社会意识方案,宏大的城市审美压迫着强烈的地方主义,国家推动计划相对于更多商业驱动下的无孔不入的扩张。这种复杂的观念在战后继续塑造着关于伦敦之未来的政治和学术的辩论。"[270]

"政治方法"很快就被掌握了。城市规划的新任部长刘易斯·斯尔金不久告诉规划部门,阿伯克隆比的规划将作为区域的临时发展指导方针。[271]正如第 4 章所言,甚至在此之前,他已经接受了新城原则,并且已经指定约翰·里斯领导一个委员会来告诉他如何去建造它们。委员会以同样快的速度给了他答复:按照开发公司的形式来建立官方机构,以避开复杂性、拖沓性以及与地方民主相妥协的问题。从严格有效的意义上而言,它被证明是对的。"新城法"(*New Town Act*)在 1946 年夏季获得皇室的批准,正当阿伯克隆比从学术主席的职位上退休下来转而以顾问与提供建议为主(在 1948 年对于澳大利亚的访问中,一位议员将他称作"圣帕特里克",这无疑是恰如其分的)。[272]所有 8 个阿伯克隆比的新城都已经在 1949 年得到批准(虽然并不都是在他所建议的地方)。到 1960 年代中期,这些新城都几近完成。负责规划其他主要内容的机构,也就是扩大现有城市的机构,则花费了更长的时间去成立,甚至更长的时间去启动。到 1952 年时,"城市开发法"(*Town Development Act*)获得通过,最为显著的成果直到 1960 年代才开始显现。

但是新城最终作为阿伯克隆比景观的主要部分而出现。在 1950 年代到 1960 年代期间,即使在伦敦内城及其周边地区出现了始料未及的人口增长和工业发展(从 1960 年代后半期开始,伦敦还需要 3 个更大的新城)而使得实施工作几乎受到压制,奇怪的是阿伯克隆比的基本原则对于压力和制约却有着非常出色的弹性。正如美国评论家唐纳德·弗莱(Donald Foley)所注意到的,奇特之处在于,阿伯克隆比规划最显著的特点是它稳定、独特的性质,这种性质"强调了朝向一种以物质环境目标结果的、积极表现未来空间形态而努力的重要性。这个规划是为了预想未来中的某一个时间点或时间段而特别提出来的。"[273]然而,也正如弗莱所注意到的,这一规划很快

[269] Mort, 2004, 126-127.　　[270] Mort, 2004, 150-151.　　[271] Hart, 1976, 55.
[272] Gawler, 1963, 24, quoted in Amati and Freestone, 2009, 619.　　[273] Foldy, 1963, 56.

就被吸收到正好代表它的对立面的中央政府内部的政治经济过程中去了：一种适应性的方法（演化的而不是宿命的）承认了在规划过程中政治和经济决策的重要性。[274] 在这种非常不同的背景中，这一规划是如此运作的：它证明自身是能够弯曲而不断裂的。细节部分很快就发生了变化，阿伯克隆比在翁嘎（Ongar）❶的新城被取消了，而在彼得西-兰顿（Pitsea-Laindon）❷地区又出现了一个新城。伦敦西面的白沃特汉姆（White Waltham）被取消了，被附近的布莱克尼尔（Bracknell）所替代；[275]后来在政府换届后，整个政策被质疑，几乎还未成熟就被截断了。[276]然而，它还是存活了下来，伦敦区域是世界上为数不多的、可以看到实现了的霍华德-格迪斯-芒福德的社会理想的一个地方。

但是最终还存有疑问。疑问之一就是政策确实保留下来了，因为在一个复杂的保守社会里，它在许多完全不同的、针锋相对的政治观点中起着一种（不完美的）协调作用。自由社会主义理想家可以与保守主义势力联合在一起，去支持一个保存英国乡村（以及传统英国乡村的生活方式）的规划，也提供了一个寻求消除传统英国阶级屏障的模范社区。这是有用的，正如罗伯特·弗雷斯通（Robert Freestone）曾这样评论道，"格林费尔德（Greenfields）在各方面都是被认可的，并且是非常可行的。"[277] "它们可以通过所赋予的某种神秘的、象征性的姿态，超越当地的矛盾，将想要的事物提供给所有的人们。"[278]这种脆弱的联合确实保留了下来，至少一直持续到1970年代后期，当时它沦为人口和经济停滞的牺牲品。但是结果远离了初创者原有的设想，这个设想在这一过程中几乎变得模糊不清了。斯蒂芬内奇和布莱克尼尔的居民肯定是新技术经济的一部分，但他们不像是克鲁泡特金所设想的那样，在田野中度过自己的部分时光。

实际上获得胜利的是一种非常不同的景象：一种由杰出的政治家和忠诚的国家公仆所伪装而成的自上而下的贵族化视感。而且在二十多年的时间里，它都一直有效。1967年，英国住房竣工的高峰年，该种机制为东南地区、西米德兰（West Midlands）和西北地区提供着区域规划，在米尔顿凯恩斯、彼得伯勒（Peterborough）和德福（Telford）等几个新城开始，并开始根据诸如韦斯特·丘奇曼（West Churchman）这样来自美国的规划师所引进的新系统规划方法，开展第一轮的次区域计划。在写作有关新规划方法教科书的空闲时间里，布赖恩·麦克洛林（Brian McLoughlin）从事着莱切斯特郡的莱切斯特（Leicester-Leicestershire）的研究。里德克里夫-莫德委员会（Redcliffe-Maud Commission）正在试图以城市区域研究为基础，重组英国地方政府。罗斯基尔委员会（Roskill Commission）采用了类似的以实证为

---

[274] Foldy, 1963, 173.   [275] Cullingworth, 1979, 53, 82-86, 89-93.   [276] Cullingworth, 147.
[277] Freestone, 2002, 79.   [278] Freestone, 2002, 79.

❶ 翁嘎（Ongar），伦敦一地区。
❷ 彼得西-兰顿（Pitsea-Laindon）地区，第二次世界大战后，伦敦为了安置新增人口而在外围新建立的通勤性城镇。

基础的方法来为伦敦的第三个机场寻找合适的定位。政府有一个由固定任职于住房与地方政府部（Ministry of Housing and Local Government，MHLG，即如今社区与地方政府部（Department of Communities and Local Government）的前身）的职业规划师组成的庞大团队；传奇性的威尔弗雷德·伯恩斯（Wilfred Burns）取代传奇性的吉米·詹姆斯（Jimmy James）成为的首席规划师。一个包括来自当地政府的杰出专业人士、私营部门，以及来自 MHLG、交通运输部（Ministry of Transport）和苏格兰发展部（Scottish Development Deoartment）的官员的高水平规划咨询团队（PAG），已经公布了有关 Mark II 的发展规划系统的设计报告。[279,280]该小组的秘书约翰·德拉方斯（John Delafons）很久之后评论道，"或许 PAG 报告最显著的效果就是，当法定规划体系已经运行缓慢进入僵局时，它给了规划和规划师有效的激励……在表达这种对于规划潜力的信心时，PAG 释放出很多在规划专业中被压抑了的能量，并提供了所需要的激励。[281]

　　值得祝愿的是，如能活在黎明是何等幸福，如能年轻则更胜似天堂！[282]❶现在回想起来，那是一种对在这样一个集中统筹、自上而下、专家支持，同时意图良好的规划所抱有的极高的期待。它所带来的启示是多方面的：城乡规划协会一直追捧的我们自己的田园城市／新城运动，来自于斯德哥尔摩和哥本哈根的理念，还有法式风格的指令性计划，因而带有某种时髦特征。我们甚至可以给出确切的转折性节点：1967 年国家计划（The National Plan）的失败，威尔逊政府一揽子政策的核心，典型的入不敷出的危机；由于威尔逊政府用宏观经济政策的管理来替代财政部（Treasury），并使之随后迅速消失，由此造成经济事务部（Department of Economic Affairs）急剧弱化。随之而来的是 1970 年的希思政府以及对里德克里夫-莫德（Redcliffe-Maud）有关建立全英格兰的城市—区域政府的建议的放弃，这严重损害了在 PAG 报告中被提出的新结构规划／地方规划体系的实施，而这也从立法层面表现出威尔逊政府的日渐式微。如果从内部来看，这次失败主要是因为缺乏关键的执行机制。

　　如果可以回头看一下，这一规划就此一蹶不振。即使在当时，它就因为太规范、太严格而备受诟病，即使在当时，我们一群人在 1973 年的一项研究中就指出，它未能在适当的地方激发出恰当的发展；即使在当时，地方政治就已经开始干预并阻挠这一进程。[283]在 1970 年代，随着大城市经济模式所导致的去工业化运动，规划师和其他城市专业的相关人士开始着重专注于城市复兴的任务。这一直持续到 1980 年代，虽然通过城市开发机构、产业园区等完全各不相同的手段，其潜在目标仍然还是和上

---

[279] Delafons，1997，374-375.　　[280] Delafons，1997，374-374.　　[281] Delafons，1997，384.

[282] Wordsworth，"The French Revolution as It Appeared to Enthusiasts at Its Commencement," cited in Hall，2012，252.

[283] Hall，Thomas，Gracey and Drewett，1973.

❶ 此句为英国浪漫主义诗人威廉·华兹华斯（William Wordsworth，1770—1850）在法国大革命开始之初来到巴黎时，所留下的著名诗句，表达了对于大革命的赞誉。

届工党政府保持一致。

随后,有关城乡发展总体格局的更为广泛的规划任务仍然持续着,而且由于人口继续保持强劲增长的势头,潜在压力和紧张状态从来没有消除。在布莱尔政府的执政初期,约翰·普雷斯科特(John Prescott)❶ 在 2003 年的可持续社会发展战略(Sustinable Communities Strategy)令人联想到 1960 年代的宏伟战略规划的愿景。于是人们又一次决定要去编制与区域和次区域地区发展目标相应的区域规划,其重点就是新住房。但同样这又是一次悲惨的失败,堪比于 1974 年对于城市区域政府的放弃:东北区选民以同样的原因否决了区域政府这一计划,而这原本是要作为一个试点而在整个英格兰推广的全民公投。40 年多前,在雷德克利夫-莫德(Redcliffe-Maud)报告中出现类似的建议,其核心关键点就在于整个规划过程要保证民主合法性。没有它,联盟很有可能将整个区域结构打乱,带着我们绕了一圈,又回到1980 年代。[284]

最后所形成的是一个极其自相矛盾的决定。阿伯克隆比规划也没有表现出任何迹象,去挑战西方民主中所出现的最集权的、铁板一块的官僚自治;相反,在实施过程中反而对其有所加强,并且在巴西尔顿(Basildon)❷ 或克劳斯勒(Crawsley)的文明品质也未能重燃 5 世纪的雅典或 16 世纪的佛罗伦萨的荣光。虽然规划系统确实维护着乡村,但是它没有产生任何像切西和麦凯耶所梦想的那种整体区域性的发展,伯克郡(Berkshire)和赫特福德郡(Hertfordshire)的农村居民食用的是由波音747 从世界各地运来、通过伦敦的批发市场购买的蔬菜,而被拔除的灌木树篱和工业化的农场建筑亦证明:对于英国农民而言,这一切背后都是经过算计的。

当然,它仍保留了很多先锋人物的设想:新城是不显自明的生活的好地方,而且首先是成长的好地方,它们与周围的乡村和谐共处,单纯随意性的扩张已经被消除。但是新城却也不像人们所期望的那样丰富、富有和品格高尚:它是一种美好的生活,但不是一种新的文明。可能是因为地点搞错了,英国人是那种本质上看重惬意生活且期望很低的民族,他们可能是最不能实现这种状态的民族。或者就像盖茨比的梦想,它就在他们的背后,却永远不可能实现。

---

[284] Hall,2012,252-253.

❶ 普雷斯科特(John Prescott,1938—   ),英国工党政治家,曾任英国副首相。

❷ 巴西尔顿(Basildon),埃塞克斯郡南部的新镇,1948 年为安置伦敦新增的大量人口而建的新镇。

纪念碑之城

不要做小规划，它们缺乏令人热血沸腾的魔力，而且它们本身也可能实现不了。要做大规划，眼光要高。要记住，一种高贵而合理的模式一旦形成，就永远不会消亡。在我们逝后很久，它将仍然存在，用越来越强的坚韧性来巩固自己。记住，我们的儿孙们将会去做令我们惊奇的事情。让你的口令成为秩序和你那标志性的美丽。

丹尼尔·伯纳姆（Daniel Burnham），《芝加哥规划》（*The Plan of Chicago*，1909）

为什么总是要最大的？我这么做是要恢复每一个德国人的自尊。

阿道夫·希特勒（Adolf Hitler），《对建筑工人的讲话》（*Speech to Construction Workers*，1939）

（阿尔伯特（Albert Speer）引自《在第三帝国》（*Inside the Third Reich*），1970）

6

纪念碑之城

城市美化运动：芝加哥、新德里、柏林、莫斯科（1900—1945）

城市美化运动（The City Beautiful Movement）始于 19 世纪，表现为许多欧洲大都市的林荫大道和步行区：拿破仑三世统治时期巴黎的奥斯曼重建以及几乎在同一时期建设的维也纳环线大街（Ringstrasse）都是城市美化运动的经典范例。然而，它在 20 世纪的表现主要来自其他地区和文化：在美国中部和西部的大型商业城市，市民领袖进行建设来克服集体自卑感，并以此繁荣商业；在帝国的他乡异壤新设立的首都，英国公务员们负责制定展现帝国统治和种族排斥的规划。随后，具有讽刺意味的是，城市美化运动完全兜回到地理上和精神上的原点：在欧洲于 1930 年代达到顶峰，极权统治者们在他们的首都上试图强加自大狂的荣耀幻象。尽管表面上的背景很不相同，结果却有着奇怪的相似之处，有着令人不安的暗示。

伯纳姆和美国的城市美化运动

每一个伟大的城市规划运动都有代表它自己的预言家，这次也不例外。他就是丹尼尔·哈德逊·伯纳姆（Daniel Hudson Burnham，1846—1912），芝加哥伯纳姆和鲁特建筑事务所（Burnham and Root）的合伙人，也是 1880 年代和 1890 年代芝加哥的几座早期经典摩天楼的设计师，以及哥伦比亚世界博览会（历史上几大世界盛会之一，1893 年在芝加哥举办）的建设总管。因为拥有利润丰厚的建筑设计费，伯纳姆可以只从规划委员会拿很少的薪酬，或者不拿报酬，也正因为这一推动力，使他从一名年轻的建筑设计师一跃成为中年的城市规划师。伯纳姆的另一项成就是设计密歇根湖畔梦幻般的白城（White City）❶：如果一名城市精英能够掌握职业技巧去创造一个即刻的美丽之城，哪怕仅仅维持一个夏天，这也肯定可以适用于根植于现实生活的美国商业城市，而且影响更加深远。[1]

这一观念引起了反响，正如在第 2 章中所见，1890 年代在都市化的美国是一个强烈反省的时期，许多具有市民思想的中产阶级面临着在道德和文化方面不断增长的差异性，由混乱所产生的威胁也在上升。问题似乎出在城市社会结构的维护上，

---

[1] Wilson, 1989, 66.

❶ 白城（White City），1893 年芝加哥世界博览会会场，因布扎风格的建筑均被刷成白色而得名。

图 6-1　丹尼尔·伯纳姆

"不做小规划"的缔造者,恰好摆出一副庞然和傲慢的姿态。

图片来源：Daniel H. Burnham Collection，Ryerson and Burnham Archives，The Art Institute of Chicago. Digital File ♯ 194301_110614-007 ⓒ The Art Institute of Chicago.

银行家和地产界的重要人物亨利·摩根肖（Henry Morgenthau）❶在 1909 年的会议上直截了当地说道：城市规划师的第一目标就是要消除"疾病、道德缺失、贪婪和社会主义"[2]的滋生地。没有哪里比芝加哥更为真实,在那里,1880 年代丑恶暴乱的一幕在一种近乎暴动的紧张气氛中,随着暴乱首领被正法而告一段落。

　　1909 年的芝加哥规划（Chicago Plan of 1909）就是伯纳姆最伟大的成就。经过在其他地方的若干次成功与失败之后,他回到了自己的城市。第一次近乎全面胜利就是 1901 年在华盛顿特区重建林荫道❷的一次长期战斗。 朗方（L'Enfant）按照乔治·华盛顿的最初设想,在 1791 年的规划中,打算把华盛顿建设成为一个 400 英尺宽、1 英里多长的大公园,从国会大厦一直到波托马克河（Potomac）❸,然后一直向东延伸到白宫的前面。但是规划永远都未能实现,这一地带仍然是遭受商业土地使用侵蚀

---

[2]　Quoted in Boyer，1978，269.

❶　亨利·摩根肖（Henry Morgenthau，1891—1967）,美国政治家,曾任美国富兰克林·罗斯福总统的财政部长。

❷　林荫道（Mall）,指华盛顿国会大厦到华盛顿纪念碑之间的草地广场。

❸　波托马克河（Potomac）,发源于美国西弗吉尼亚州阿勒格尼山脉,从马里兰州和弗吉尼亚州的边界流向东南,全长 287 公里。

的普通草地。在 1870 年代,最后的败笔是一条铁路建成并穿越了它。对于国会内外很多人而言,支离破碎的林荫道成为美国城市所有错误的象征。[3]

　　1901 年,在建筑师查尔斯·摩尔(Charles Moore)的敦促下,密歇根州参议员、哥伦比亚特区委员会主席詹姆斯·麦克米伦(James McMillan)成功提出了一项议案,让该委员会研究公园系统,包括指定专家。不久,伯纳姆成为三人委员会的领导,其他成员则是小弗雷德里克·劳·奥姆斯台德(Frederic Law Olmsted, Junior)❶以及纽约建筑师查尔斯·麦金姆(Charles McKim),后来还有雕塑家奥古斯都·圣·高登斯(Augustus St. Gaudens)加入进来。伯纳姆坚持让他们前往欧洲学习最精美的城市典范,但却忽视了明显的讽刺之处,很多这些典范都是由美国人曾经反抗过的暴政所创建的。后来,他坚持认为报告必须包含足够多的辞藻华丽的章节,以便引起新闻界的足够注意,同样还有建筑同行的注意。[4]

　　结果原先朗方的概念被放大了,林荫道加宽一倍达 800 英尺,并且几乎延长了一倍,包括了波托马克河的洪泛平原,两条重要的横贯公园的条带穿插其间。报告获得众多赞许,但也不免招致一些反对,有时几乎招致扼杀。正如伯纳姆所预想的那样,整个规划最终与林肯纪念堂的揭幕一起在 1922 年完成了。[5]这是纯粹布扎(Beaux Arts)❷设计的一次演练:在它的后面,可怕的贫民窟在继续扩大着。[6]

　　然而正如每个人所坚持认为的那样,华盛顿是特殊的:这个城市与美国其他城市大不相同,在这座城市里,庆典和象征性的活动必然很多。问题在于其他城市,例如纽约、费城、巴尔的摩、克利夫兰和丹佛,也感觉到它们应当聘请建筑师去设计一个规划。[7]尤其是在中西部、西部的一些大型商业城市——堪萨斯城、丹佛和西雅图,这一运动也扎了根。[8]热衷者大多数为男性以及中产阶级,经常是大企业的业主或经理、报刊编辑、工厂经理或零售业巨头,他们经常通过行会、商会或者各种特别组织来发动激烈的公开运动。[9]伯纳姆正朝向更加野心勃勃的事业迈进,将缺失的城市秩序带到美国的大型工业城市或者港口城市中来。他从境遇较差的环境开始:俄亥俄州的滨湖城市克利夫兰,城内蔓延着缺乏控制的工业化,并且饱受污染、劳工骚乱和暴力之苦。1902 年,伯纳姆被任命为委员会主席,委员会于次年提交报告。委员会富有前瞻性地提议建造一个新的公共中心,中心内的五六个公共建筑将被集中在一组相互连接的公园之中,沿着湖滨进行布置,并处在一条与之垂直的宽阔林荫道上。这些内容合在一起,将在城市迁建的火车总站前面形成一个令人印象深刻的开阔空间。这是对华盛

---

[3] Hines, 1974, 140-141.　　[4] Hines, 1974, 150-151.

[5] Moore, 1921, passim; Hines, 1974, 140-155, 354-355; Gutheim, 1977, 133-134.

[6] Green, 1963, 132-146; Scully, 1969, 74-75, 140.　　[7] Wilson, 1989, 69.　　[8] Wilson, 1989, 292.

[9] Wilson, 1989, 75.

❶ 小弗雷德里克·劳·奥姆斯台德(Frederic Law Olmsted, Junior, 1890—1957),景观设计师,1901 年加入麦克米伦委员会,长期致力于该区景观和规划问题的公共服务。他认为城市的美丽可以通过艺术和科学的总体规划实现。

❷ 布扎(Beaux Arts),指 19 世纪巴黎美术学院的风格。

顿规划的一个清晰回应,在那里也包含了一个迁建的联合车站。规划要求清除一百多英亩密集的、凄惨的贫民区,包括城市的红灯区。城市的领导层赞同了这一规划,并积极着手于这项工作,只有火车站(它取决于相互竞争着的铁路之间的协议)没有能够建成。显然根本没有人考虑过贫民区中的居民们的命运,也许市场会关心他们。[10]

但是克利夫兰本质上是伊利湖畔的华盛顿。尽管雄心勃勃,它仍然是纯粹的城市中心规划。1906 年伯纳姆为旧金山提出更为宏大的计划,一个新的市政中心综合建筑被战略性地放置在市场大街(Market Street,城市的主要商业街道)与凡奈斯大街(Van Ness Avenue)的交汇处,这里将成为一系列放射状大道的交汇点。反过来从这里出发,次级放射状道路以一定的间隔发散出去。城市的规则化格网布局由于呈现出另一种有角度交叉的逻辑表达而形成"神奇的规则化平衡",而自然的不规则的地形则成为城市主干道与规则化建筑的基地。[11]其中的一块基地将形成用于通向城市西侧金门公园的一条连续公园带。主导城市西南侧的双子峰也进行了规则化的建筑处理,以一座雅典娜神庙和纪念性雕像来面向太平洋。

具有讽刺意味的是,尽管遭遇了严重的地震和火灾(神奇地给这个城市提供了可以进行规划的"白纸"),来自商业的压力主宰了它的命运。只有一些片断地区(包括没有放置在伯纳姆所定地点的怪异且呆板的市政中心)形成了略带纪念性的场所。今天,许多旧金山人深深松了一口气,伯纳姆的大道和放射线没有抹去在山坡间上上下下的网格状街道,以及排列于其中的维多利亚时期俗艳的住房,因此给城市带来了奇特的风采。[12]

芝加哥在当时则是地地道道的伯纳姆式的规划:一个尽管极其古怪的大规划,但是它的大部分都令人惊奇地得以实施。即便实施的方式毫无头绪,它的基本构思却是宏大异常。该规划想要"恢复这座城市所失去的视觉和美学的和谐,从而为一个和谐的社会秩序创造物质性的前提"。[13]对这个由于过快发展和过多民族混杂而形成的混乱城市,规划将通过削减新建大道、搬迁贫民窟和扩大公园等手段来赋予秩序。[14]它将社会目标和纯粹的美学手段混为一谈,这显然是上层和中上层市民所喜爱的气质,他们支持进步运动(Progressive movement)。[15]

在介绍规划时,伯纳姆对于比较的标准是有信心的:它就是伟大的欧洲城市。"奥斯曼为巴黎所完成的工作,与我们必须为芝加哥所做的工作是一致的。"[16]但是因为支持者首先是来自商业俱乐部(Commercial Club)❶的商人,然后是商人俱乐部(Merchants Club)❷的商人,因此论点就蒙上了一种虚饰:拿破仑三世时期的城市美

---

[10] Hines, 1974, 159-168.　　　[11] Manieri-Elia, 1979, 89.

[12] Hubbard and Hubbard, 1929, 264; Burnham and Bennett, 1971, passim; Hines, 1974, 182-195.

[13] Boyer, 1978, 272.　　　[14] Boyer, 1978, 272.　　　[15] Peterson, 1976, 429-430.

[16] Burnham and Bennett, 1970, 18.

❶ 商业俱乐部(Commercial Club),由 17 个商人成立,他们相信芝加哥需要一个强有凝聚力的公民力量,以帮助城市的发展。

❷ 商人俱乐部(Merchants Club),1896 年在芝加哥成立。1907 年与商业俱乐部合并。

图 6-2　芝加哥 1909 年规划

一个关于传统城市秩序的完整规划被放置到伊利诺伊的方格网上。令人惊讶的是，这个规划在市民热心支持的驱动下，到 1925 年时已经完成相当一部分。

图片来源：© The Art Institute of Chicago.

化运动被证明是一项很好的投资。[17]"拿破仑三世所带来的变化使得巴黎很出名，其结果是，世界上有钱而有闲的人们习惯性地待在那儿，我听说经由这一变化，巴黎人从游客身上所赚到的利润比皇帝为创建这一变革所花的钱还要多。"[18]芝加哥也应如此：

> 我们已经出发前往开罗、雅典、里维埃拉、巴黎和维也纳，因为在家乡生活不如在这些时尚中心令人开心。因此，城市的资源一直都处在消耗之中。没有人估算过在芝加哥赚了几百万，然后又在其他地方花掉多少，但是数目一定很大。如果这笔钱在这里流通，那么对于家乡的零售业会产生多少影响呢？……如果城市如此令人愉快，密西西比河谷以及再往西部的、在经济上变得富足的人们都来到芝加哥生活，这对于我们的繁荣将会产生什么样的影响呢？我们是否应该抓紧做一些能够美化城市的事情，使我们的城市对于我们自己和对于这些值得期待的游客都具有吸引力？[19]

---

[17] McCarthy，1970，229-231.　　[18] McCarthy，1970，102.　　[19] Burnham and Bennett，1970，102-103.

　　他甚至继续论证道,伯里克利(Pericles)❶对古代雅典的"投资"仍然在旅游财政收入中进行着偿还。伯纳姆必定太了解芝加哥的社会精神了,因此可能言不符实,但是当需要的时候,他知道一笔生意是应该如何去做的。实施该项规划花费巨大,因而所有这些都是通过初步展示实施规划来进行的,湖滨地区将被回收并转变成为公园,一条景观大道从中穿过。这些街道中的一条名为国会大街(Congress Street)❷,它从该公园呈直角出发,成为新芝加哥的主轴线,并且带有一个 300 英尺宽的公园带。在内侧一英里处,也就是该轴线与胡巴德街(Hubbard Street)相交之处,将拓宽从带有巨大穹顶的市政中心放射而来的对角线大道:这是整个规划的核心,也是具有讽刺意味的几个从未建成的标志性建筑之一。在伊利湖和胡巴德街之间平行于湖面延展的芝加哥河河岸将被拉直并重新开发,与新的街道和建筑保持一致。大型公共建筑将被放置在公园条带的显要位置上。将会有"一座庄严的白色博物馆坐落在被称为滨湖的大平台上,统领着平台上所有的内容,其中包括草地、喷泉和纪念碑,所有这些的布局都要与这座特殊建筑有所关联。世界上没有哪座建筑会如同它这般高雅"。[20]一条 7 英里半长的滨湖车道,通过 7 座高架桥从内陆而来,还有一条长达 3 万英尺的湖滨带。伯纳姆抒情万分地描写道:

　　　　湖滨的两岸应该采用适应当地气候的树木和灌木点缀,特别是要采用那些开花的树木——苹果、梨、桃子、七叶树、野栗、梓树、酸苹果、丁香、紫丁香、合欢、山茱萸。在五六月份的日子里,在水面上应该布满节日气氛。每当春、夏、秋季人们荡漾在湖面上时,应该能够感受到花卉的存在。在岸上应该有多花蔷薇、向日葵、木槿和芬芳的野草——这些能够使空气充满香气的植物。[21]

他针对未来芝加哥的景象如此总结道:

　　　　一走到伊利湖边,我们面前展现的就是一片带有高大树木、树荫草地、路网系统的植物园,与此相对应的则是向北延伸的亮烁湖湾。在后面则是柔软的湖岸,以及在摇曳的柳树中忽闪忽现的火车。在所有这些后面则是幽静住区的围墙,它们被爬藤覆盖,并冠以雕像,衬托着清静的草坪,围绕着可爱的家园。

　　　　在开始有感受之前,伊利湖已经为我们歌唱了这么多年。望着被清风吹皱了的宽广水面,上面荡漾着闪光的橹桨、亮烁的玫瑰色风帆和快速滑行游艇的剪影。赛艇急驰而过,晒成古铜色的运动员们催促向前。我们听到水浪声,夹杂着年轻人的欢笑声,飘荡在湖面上的音乐在树丛的低枝下渐渐消散。一轮弯月升上西天,在愈见浓重的暮色中,将淡淡的月光洒在我们身上。

　　　　我们沿着草坪飘荡,在那里,天鹅般的小屋落在平台上。傍晚时分,白色栏

[20] Burnham and Bennett, 1970, 105.　　　[21] Burnham and Bennett, 1970, 109.
❶ 伯里克利(Pericles,公元前 490—公元前 429),古代雅典政治家。
❷ 国会大街(Congress Street),是芝加哥超级公路系统的第一条主要道路,在 1964 年被改名为艾森豪威尔大街(Dwight Eisenhower Expressway)。

杆和森林仙女影影绰绰。夜色降临,梦幻般的五彩灯火在弥漫着睡莲芳香的空气中闪烁,大自然拥抱着如同快乐孩子一般的我们。[22]

这是一幅别具一格、诗情画意的图面,在规划历史中极其罕见。这是由朱利斯·圭林(Jules Guerin)所绘制的令人心驰神往的粉笔画,描绘了从空中俯瞰的大都市,放射状大道在最后一丝天光中伸向远方的伊利诺伊大草原,这与曾经有过的大都市景象截然不同。柔和的平涂色彩,潮湿的路面上反光的余晖,这让人不由得想起惠斯勒(James McNeill Whistler)❶,但是惠斯勒也没有完成过这样的全景。

当然,这也是崇高的公共关系。但是最终是为了谁?伯纳姆的回答将我们无情地带回到现实。"这不仅仅或主要是为了富人,因为他们能够照顾自己",这是为了大众。然而,"难道这些大众不也依靠着大量现成资金在他们之间的流通?如果缺少了大量收入较高的人群,这能实现吗?"[23]这就是带有一种复仇性质的缓慢的城市发展,未能言表而意含其中的就是一种城市经济的概念,这种经济在当时受到了托尔斯坦·维布伦(Thorstein Veblen)的谴责,因其为一部分欧洲的有闲阶级支持的浮华消费所引导。

这也非常容易遭到嘲笑。大量的批评家,从传统的左翼自由主义者到需要一个简单案例研究的马克思主义者,都有了一个嘲讽的机会。1922年,当规划正在实施时(它由一个规划委员会的执行委员会进行协调,其成员主要来自于商业俱乐部的成员,约花费了三百多万美元[24]),刘易斯·芒福德将伯纳姆的方法谴责为"都市化妆品",后来他把这些结果与专制统治的规划措施相提并论。[25]人人都在抨击它忽视住房、学校和卫生。伯纳姆可能在辩护中声称,在某种程度上,芝加哥必须走伦敦住房分配的道路,但是要以最温和的方式,显然这不是他最为关心的问题。[26]在阿伯克隆比后来写入1933年教科书中的三个规划目标中,[27]对于伯纳姆而言,美化处于最重要的位置,商业便捷也是重要的,但是哪怕在最广泛的意义上,卫生也几乎不占什么位置。后来人们的评论已经温和一些了。诸如商业俱乐部的精英们只和在19世纪晚期的美国城市中弥漫着的丑恶现象做斗争。他们认为美丽的城市会使其居民成为更好的居民,尽管他们所进行的是一场社会控制运动,但他们不是独裁者,因为他们的华丽辞藻被他们的行动所戳穿了。[28]

最为微妙的是,如同前面的旧金山和克利夫兰的规划,芝加哥规划可以被称为是温和主义的:它以市民和商业中心为基础,没有考虑在城市其他地区提供商业扩张机会。[29]正如梅尔·司考特(Mel Scott)❷所指出的,"伯纳姆所规划的芝加哥是一

22　Burnham and Bennett, 1970, 110-111.　23　Burnham and Bennett, 1970, 111.

24　McCarthy, 1970, 248; Hines, 1974, 340.　25　Lubove, 1962b, 219; Boyer, 1978, 289.

26　Hines, 1974, 333; Schlereth, 1983, 89.　27　Abercrombie, 1933, 104-109.

28　Wilson, 1989, 78-81.　29　Schlereth, 1983, 89.

❶ 詹姆斯·麦克尼尔·惠斯勒(James McNeill Whistler, 1834—1903),美国油画家、铜版画家、石版画家。

❷ 梅尔·司考特(Mel Scott),景观建筑师,1969年出版《自1890年来的美国城市规划》。

个不为美国所知的历史城市",一个为了商业王子的贵族城市。[30] 在这一方面,它就如同其他将要出现的城市开发策略。但是即便在那里,它仍有着一个本质性的矛盾:正如当时赫伯特 · 克劳利(Herbert Croly)在纽约的《建筑实录》(Architectural Record)中所指出的,按照以往的常规质量来评判,它与城市闹市区的房地产开发的现实不相吻合,闹市区需要过量的建筑和拥挤。[31]

这就导致了天真幻想的破灭。1909 年,在首届全国城市规划与拥挤大会(National Conference City Planning and Congestion)上,一些规划师和他们的事业支持者们看到了乌托邦所要求的超出了人们所愿意支付的。城市美化迅速让位于通过区划来实现的城市功能(The City Functional),这是伯纳姆规划很少关注的一个问题。[32]

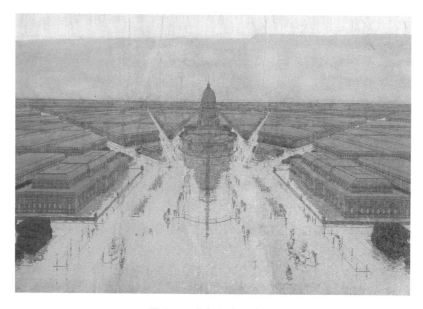

图 6-3　芝加哥市民中心

朱利斯 · 圭林令人心驰神往的、一个宏伟壮丽奥斯曼风格的芝加哥的清柔景象,严谨、对称的秩序,但是缺乏更加广泛的社会对象和内容。具有讽刺意味的是,这个中心元素就是从来没有实现过的那部分。

图片来源:© The Art Institute of Chicago.

伯纳姆于 1912 年在他德高望重的时候去世。他的规划实施工作留给了他所信赖的副手爱德华 · H. 本内特(Edward H. Bennett)。本内特 1874 年出生于布里斯托尔(Bristol),是一名船长的儿子,16 岁时移民至加利福尼亚。他起先和富有想象力的建筑师本纳德 · 梅拜克(Bernard Maybeck)一起学习贸易,然后通过由威廉 · 兰道夫 · 希尔斯特(William Randolph Hearst)的母亲提供的奖学金,在巴黎美术学

[30] Scott, 1969, 108.　　[31] Kantor, 1973b, 171.　　[32] Walker, 1950, 273; Klein and Kantor, 1976, 430-431.

院学习。从 1903 年起,本内特就为伯纳姆工作,[33]伯纳姆立即接纳了这位"脚踏实地的诗人"。[34]起先让他参与旧金山规划,后来参与芝加哥规划。[35]因此,本内特始终是伯纳姆顺理成章的继承人,他于 1913 年成为芝加哥规划委员会(Chicago Plan Commission)的顾问建筑师,并且一直担任到 1930 年。[36]本内特设计了(芝加哥)规划中的关键建筑节点,特别是联合车站和跨越芝加哥河的大桥以及装饰性的大公园。尽管经常以顾问身份与他人合作,本内特从未主持过工作,他也未能实现规划的关键之处——市政中心。1930 年,在城市工程师休·E.扬(Hugh E. Young)的反对下,该项工程被放弃,因此,本内特很快被辞退。[37]

但本内特的角色与声望远远超出了芝加哥。1906 年后,伯纳姆谢绝了一切规划工作,委派本内特、小弗雷德里克·劳·奥姆斯台德及其在麦克米兰委员会(McMillan Commission)合作者为华盛顿制定规划。本内特于 1910 年成立了自己的公司,并很快就准备为底特律、明尼阿波利斯、波特兰、布鲁克林和渥太华中心区制定规划。在随后几年中,他准备为丹佛、布法罗、圣保罗、纽约以及在华盛顿联邦政府三角区,还有 1915 年旧金山和 1933 年芝加哥的世界博览会制定规划。[38]本内特显然是美国杰出的城市美化规划师,是一名具有 40 年职业生涯的规划顾问。由于和托马斯·亚当斯、哈兰德·巴塞洛缪、乔治·福特(George Ford)、约翰·诺伦(John Nolen)和小 F. L. 奥姆斯台德一同被纽约区域规划协会聘任为技术顾问,他的地位由此得以确立。1929 至 1931 年,纽约区域规划是本内特最后一个重要的用地规划项目,他的规划实践在 1930 年代的大萧条中戛然而止。[39]

同时,即使在伯纳姆生前,他的声誉也远播他乡:从欧洲传回了对他的赞赏。他曾经敦促芝加哥人,"作为人民一员,如果我们有能力,就必须为我们自己去完成在别处某个统治者所能做到的事情"。[40]在柏林,德国皇帝(《芝加哥先驱纪实报》(Chicago Record-Herald)的柏林通讯员如是写到)已经指定一个委员会来制定类似的规划,他只是后悔柏林建造得太坚实了,并且缺少芝加哥的临湖地带。[41]这一创举似乎死过一次,但是它将在 1/4 世纪后彻底复活。

英国殖民统治下的城市美化运动

城市美化运动在回到它的欧洲故土之前,首先是在全世界传播的。它最为壮观的表现是在 1910—1935 年期间英国殖民统治的最后繁华中。这并非偶然:为了寻求针对新近而不稳定的被征服地区的统治,急切希望建造象征着权威与统治的可视符号,以及将他们的仆从们限定在他们早已习惯了的生活方式之中,英国的印度政府和殖民政府开始自己雇用顾问在地球的偏远一隅,建造速成的首都城市。

---

[33] Draper, 1982, 7-8.   [34] Draper, 1982, 10.   [35] Draper, 1982, 8, 13.   [36] Draper, 1982, 17.
[37] Draper, 1982, 21, 24.   [38] Gordon, 1998, 280.   [39] Gordon, 2010, 234.
[40] Burnham Bennett, 1970, 111.   [41] Hines, 1974, 344.

在大萧条岁月,由于受到摇摇欲坠财政状况的制约,很多事情只能从简:没有浮华,只有简约。但有一件事情恰恰相反,这就是皇冠上的宝石。1911 年,乔治五世在他的宫廷加冕典礼上宣布了一项重大决定,英辖印度的首都将从加尔各答迁往德里:这里地处中心地带,便于进出,气候宜人,因为做过故都而具有重大的政治意义,尤其在一个被印度教与穆斯林之间的冲突弄得支离破碎的国家里,更具有重要的象征意义。因此,新首都就是一个由缺乏纪念感审美的人民进行操作的重大纪念性事件:"一个盎格鲁印度(Anglo-India)的罗马······其规模大于罗马时期的罗马。"[42] 具有讽刺意味的是,它花费 20 年时间得以建成,随后仅剩 16 年去完成这一使命。

被选择担当这一历史使命的建筑师和规划师在很多方面都是奇特的一对。赫伯特·贝克(Herbert Baker)被认为是一名帝国主义建筑师,其作品从比勒陀利亚(Pretoria)❶ 火车站到南非新联邦的政府大楼,他的建筑思想是"民族主义与帝国主义,象征性和庆典性"。[43] 印度总督哈丁格(Hardinge)希望他能为新德里设计,但是迫于来自伦敦的压力,后来选择了勒琴斯,他当时以著名的乡村别墅建筑师而闻名。勒琴斯认为自己不可能完成所有的工作,然后要求与贝克合作。[44] 当贝克第一次遇到勒琴斯时,他欣赏那种"早期成功在他身上所铸就的意气风发的大师风度"。[45] 但是贝克喜欢挑战。他给勒琴斯写道:

> 这真的是世界史和建筑史上的大事件——统治者应当有能力和见识去做正确的事情。现在只能在专制主义之下——也许某一天民主会随之而来······那一定不是印度,也一定不是英国和罗马,但一定是帝国。在 2 000 多年后,在印度建筑中肯定会有一种勒琴斯帝国的风格······专制主义万岁![46]

然而,在设计团队中,出现了第三名高级合作者:总督本人。第一个证明他很关键的事情就是选址问题。在 1911 年,德里由两座城市组成:密集的"本土城"(native city),在那里,23.3 万人居住在比 1.5 平方英里略大一点的范围里;另一个则是英国的"市民线"(civil lines)❷,与西北部保持着一个安全的卫生距离;附近还有一个军事"营地",自 1861 年以来一直空着,保留作为军队之用,并作为一种历史性宫廷的景观。[47] 出于传统和情感上的因素,人们强烈希望将新首都选址于此。[48] 但是总督认为它不能够再为一个 10 平方英里的城市和 15 平方英里的军营提供空间,因而采取了适当的体现总督权的行动:

> 然后,我骑上马并要求哈利(Hailey)······德里的地方长官,一起去选择一个新的基址。我们跑过平原,来到有一段距离的山坡上。从山顶望去,出现了一个宏

[42] Hussey, 1953, 237, 240.　　[43] Stamp, 1982, 34.

[44] Baker, 1944, 57-63; Irving, 1981, 278-279; Stamp, 1982, 35.　　[45] Baker, 1944, 64.

[46] Quoted in Hussey, 1953, 247.　　[47] King, 1976, 228-230.　　[48] Baker, 1944, 65.

❶ 比勒陀利亚(Pretoria),南非的行政首都,位于豪滕(Gauteng)省的北部。

❷ 市民线(civil lines),印度首都新德里北部区域的一部分。最初是为英国高级官员建设的居住区。

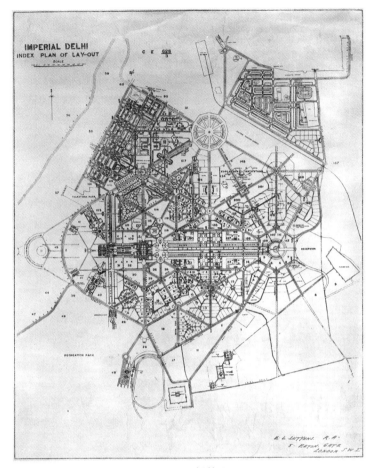

图 6-4　新德里

勒琴斯-贝克规划：令人敬畏的统治力量的象征符号，与当地城市的有机生命
没有任何关联。

图片来源：© Country Life.

伟的景观……我立刻对哈利说，"这里就是总督府的基地了"，他迅速同意了。[49]

虽然精彩，从历史角度却有点被简化了：事实上在 1912 年 6 月，建筑规划委员会已经推
荐了该地区，在一个名叫莱辛那（Raisina）的印度城市的南侧。而哈丁格起初却想把基
址确定在西侧山脊的顶部，凌驾于这座城市之上。11 月时哈丁格似乎已经同意了上述
（委员会提出的）选址方案，到 1913 年 1 月才获得正式任命的勒琴斯和贝克对此结论却
信以为真，并开始设计工作。他们做出了重大决定，将总督府和秘书处大楼建在扁平山
顶的同一水平面上，总督一开始显然被他们的冒犯所激怒，但最终还是被说服了。[50]

[49]　Hardinge of Penshurst, 1948, 72.

[50]　Baker, 1944, 65; Hussey, 1953, 261-262; Irving, 1981, 46, 51, 67-68.

　　1913 年 2 月至 3 月间，人们很快做出关于新城规划的一些重大决定。对于南部基地的选择于 3 月 7 日获得核准，规划大纲于 3 月 20 日得到批准。从处在莱辛那高度上的卫城看去，主轴线将从东贯穿印地拉普(Indrapat)❶的古都，正如委员会的报告所指出的，"这象征着统治印度帝国的拱顶石"。另外两条主要放射轴线按照经典的城市美化的方式，也将以它为基准线呈扇形展开，一条与南部的新圣公会(Anglican)天主教教堂以及火车北站相连接的交叉放射轴线将与它们相交。[51] 所形成的最终规划反映了勒琴斯对于规则几何形式的热衷：秘书处大楼和战争纪念碑都有 7 条放射形道路，铁路总站圆形广场不少于 10 条，实际上，所有主要道路均与连接这三个焦点的道路呈 30°或 60°角，所有主要建筑都处在六角形的中心、端角边线或者中点上。正如贝克在若干年后所认识到的，它与华盛顿的朗方规划有着不可思议的相似之处。[52] 在这里，一个不太引人关注的人物扮演了重要角色：他就是利物浦的市政工程师约翰·布罗迪(John Brodie)，利物浦也因他而经常被人提及，

　　　　布罗迪先生当然将会成为一个伟大人物，他去德里就是想要建造世界上最长和最宽的大道。布罗迪先生已经规划了两条 3 英里长的道路，已经小有成就。[53]

建筑物有时与道路相吻合，但更多的是不吻合。一些宽阔的道路确实很壮观。在勒琴斯的总督府里，为高级官员提供的职员寓所其本身也就是皇宫。在英国统治末期，总共有多达 2 000 名职员。[54] 总督府的旁边是贝克的秘书处大楼：将近 1/4 英里长，设计用来展示"印度行政系统(Imperial Civil Service，ICS)❷的壮观景象的一座宏大舞台，他们是统治着全人类 1/4 人口的小团队……通俗讲法就是天之骄子"。[55] 在它们(总督府和秘书处大楼)之间的道路上有一处隆起，它反映了贝克与勒琴斯之间的分离，并且这种做法从根基上动摇了大英帝国。

　　在早先时候，正如我们所见，两位建筑师已经同意总督府和秘书处大楼应当共享同等的高度。但是对于勒琴斯而言，主要的东西向放射轴线应当根据莱辛那提高到一个恒定的坡度，这对于整个规划是非常核心而关键的，由此总督府在秘书处大楼两侧的双翼之间应当是连续可见的。然而在 1913 年 3 月，带着疲劳、疾病(几乎可以肯定是痢疾)和忧虑，勒琴斯回到了英国，他最后确定了一个最不能接受的、将会使看出去的景观变得模糊的坡度值，贝克认为勒琴斯知道这一后果。但后来勒琴斯宣称他被 1914 年 5 月展示在皇家科学院(The Royal Academy)的那些透视图弄糊涂了，它们是根据一个高出地面 30 英尺的想象视点画出来的。[56] 当勒琴斯于 1916 年发现这一错误的时候，建造正在进行之中，他要求进行更改，委员会则以这将会花费 2 000 英镑为由，拒

[51] Irving, 1981, 67-68, 71, 73.　　[52] Irving, 1981, 79, 84.　　[53] Quoted in Home, 2013, 45.

[54] Irving, 1981, 227.　　[55] Irving, 1981, 280.

[56] Hussey, 1953, 286-287, 323; Lutyens, 1980, 126; Irving, 1981, 143-150.

❶ 印地拉普(Indrapat)，位于印度新德里南部的古都。

❷ ICS，Imperial Civil Service，指印度文官，是英国殖民政府为统治印度而遴选的负责行政、司法和外交等事物的官员。

图 6-5　规划新德里

开普顿·斯坦利、爱德华·勒琴斯、赫伯特·贝克和一个不知名的、以驾驭
大象为职业的人,他们在实践着格迪斯的"先调查、再规划"的原则。

图片来源:© Adam Pallant,care of The Lutyens Trust.

绝了他的要求。勒琴斯越来越认为自己是一个诡计的受害者,他向每一个人呼吁:
先向冷漠的总督,然后向乔治五世国王呼吁了不下两次。人们感到如果有适当的渠
道,他应当向上帝(印度教的、穆斯林的和基督教的)呼吁。贝克写信问他为什么不
玩板球,也没了下文。勒琴斯后来说他遇到了自己的"贝克卢"(Bakerloo)❶。[57]

　　问题还不仅这些。总督认为贝克的规划是"值得赞赏的",并且处在公布的成本
范围内。勒琴斯的规划并非如此,"虽然漂亮,但是完全不计成本。"[58]公共工程部
(Public Works Department)对自己被外来建筑师所取代而感到恼怒,它要求一种印
度风格的建筑。正如哈丁格在正式委托之前,在写给勒琴斯的一封信中所强调的,
他也认为出于政治上的原因,应当表达明确的印度风格。勒琴斯虽然坚持自己严格
的经典规划,但还是对他们的观点进行了妥协。[59]但是,勒琴斯不是一个容易对付的
人,有一次他被皇家委员会问及一个他认为是很愚蠢的问题,据说他回答道:"答案
有很多而且它们跳来跳去。"后来据贝克回忆,他们的性格真是太不同了,勒琴斯是
抽象的几何学家,缺乏人文关注,而贝克更多地关心民族和人类的情感,"要是委员

[57]　Hussey,1953,355-356,363-366,410-412.　　[58]　Hardinge of Penshurst,1948,96.

[59]　Hussey,1953,260,265,268,300;Stamp,1982,37-38.

❶　贝克卢(Bakerloo),与滑铁卢相对应,意思是因贝克遭到了惨痛失败。

图 6-6　新德里:勒琴斯的"贝克卢"

伟大行进道路上的竖向凸起曲线,遮住了秘书处和总督府的视线,这导致了勒琴斯和
贝克之间一个致命的分歧,几乎撼动了这个帝国。勒琴斯-贝克的新德里规划。

会团结一致,我们就会有更多的成就。"他悲叹道。[60]

　　或许也需要更多的钱。大多数轴线大道并不如此包含争议性,它们与一层楼的平房并行。[61]在六角形的网格里,住房根据令人费解的种族、职业等级和社会经济状况的公式进行布局。从总督开始,然后是总司令、执行委员会成员、高级官员,下至主管、雇工、扫地工和洗衣工,这是一个很注重分层的空间秩序,按照实际距离和空间规则被整合到城市的社会结构中去。[62]在思想上先构建一种精致的社会结构,然后在地面上准确而具体地将它落实,这一成就是一种高度抽象的规划的胜利。它与印度传统的"市民线"结构没有关系,简言之,这种结构已经演化成非常英国化的形式。[63]

　　后殖民时期的城市经常是(一直到今天还是):建筑式样和房屋标准仍然是殖民地风格的,地方规则遭到废弃,津贴结构有利于高收入阶层,贫富之间的不平衡几乎令人无法置信;[64]旧时代的气息四处弥漫,当 1970 年安东尼·金造访康纳特环购物中心(Connaught Circus)❶的时候,音乐商店仍然装饰着哈里·罗伊(Harry Roy)❷、杰拉多(Geraldo)❸、伊芙琳·莱伊(Evelyn Laye)❹和阿尔伯特·桑德勒(Albert Sandler)❺的

[60] Baker, 1944, 68-69.　　[61] Baker, 1944, 79.　　[62] King, 1976, 246.　　[63] King, 1976, 264.
[64] Bose, 1973, 184-185.
❶ 康纳特环(Connaught Circus)购物中心,新德里市中心著名的购物中心,集聚最好的商店。
❷ 哈里·罗伊(Harry Roy, 1900—1971),英国跳舞乐队领袖,组建了 lyricals 乐队,在伦敦很受欢迎。
❸ 杰拉多(Geraldo, 1935—),巴西歌手、作曲家、吉他演奏家。
❹ 伊芙琳·莱伊(Evelyn Laye, 1900—1996),音乐剧和歌剧女主角。
❺ 阿尔伯特·桑德勒(Albert Sandler),管弦乐团指挥。

照片。[65]殖民统治方式真是顽固。

这还不仅仅是在印度。在英国人迟来的、停留时间也并不长的南非和东非,他们形成了一些临时性的小首都:索尔兹伯里(Salisbury,后来的哈拉雷 Harare)、卢萨卡(Lusaka)、内罗毕(Nairobi)、坎帕拉(Kampala)。在所有这些城市里,顾问人员根据这些城市内完全是白人的设想制定了规划,或许表现为将一个印度集市区控制在一定距离之外。非洲人也被假设为是不存在的,因为他们一般被设想为农民,或者通过大规模驱逐和许可系统而被赶入划定的保留区。[66]在 1932 年至 1947 年间的内罗毕,城市为 2 万名非洲人花费的总量为每年 1 000~2 000 英镑,相当于年财政收入的 1%~2%。[67]

规划的根据是基于卫生学的:源于军事的政府医疗服务对于规划系统起着实质性的制约作用。由于英国定居者会因热带病而东倒西歪,他们不得不住在山上,尽可能将自己和其他人隔离开来,以极低的密度居住在带廊的平房里,即使在当时这也意味着(不可避免的)高昂的基础设施造价和长距离交通。[68]以内罗毕为例,欧洲人通常获得最好的地方(即最高的地区),印度人住在次好的地区,非洲人住在余下的地方。[69]在这里,1927 年费萨姆委员会(Feetham Committee)严格控制着“土著居民的入侵”,以控制“闲散、凶恶或犯罪”分子。[70] 1926 年金伯利(Kimberley)❶的沃尔特·詹姆逊(Walter Jameson,人们通常称其为贾卡兰达·吉姆(Jacaranda Jim))和赫伯特·贝克制定了一份城市规划;1948 年,一个来自更远的南非顾问公司制定了另一份规划。二者毫无疑问都接受并加强了种族隔离的现状。[71]后者观察到,必须注意政府已经否认了白人和亚洲人之间的隔离这一事实,然后又评论道,很多人希望这样做,并且继续求助于“规划原则能根据人和技术的需要而采取措施”,这就意味着采取隐秘的隔离。虽然非洲人数量最多,但他们也是最短暂的,他们被忽略了,规划甚至没有表示出非洲人的居住区。[72]罗伯特·霍姆(Robert Home)认为:“这类住宅与英国管理者认为适合自己的住宅之间的反差不能再大了”,它们一般是建造在 1 英亩至 2 英亩(0.4 或 0.8 公顷)场地上的平房套型。[73]路孞(Lugard)于 1893 年提到:“殖民地官员的住宅规格应当高于当地人,因为他自认为也是高人一等的。”[74]在南非,矿区的一间 700 平方英尺的小屋(65 平方米)要安置 25 名工人,在这样的状况下,肺结核和肺炎的死亡率很高,每年会有 7%~10%的工人因此丧命。有鉴于此,委员会建议至少为每个工人提供 200 立方英尺(5.7 立方米)的住房。[75]

英布南非战争(1899—1902)后,帝国地方总督米尔纳勋爵(Lord Milner)发起对于前布尔共和国的重建项目。英属殖民地纳塔尔(Natal)在大英帝国具有重要的战

[65] King, 1976, 259.　　[66] Van Zwanenberg, 1975, 261, 267, 270-271.

[67] Van Zwanenberg, 1975, 268.　　[68] Southall, 1966, 486;King, 1976, 125;King, 1980b, 211-215.

[69] Halliman and Morgan, 1976, 106.　　[70] Hake, 1977, 44.　　[71] Hake, 1977, 56-57.

[72] Thornton White et al., 1948, 21 and maps.　　[73] Home, 2013, 104.　　[74] Quoted in Home, 2013, 104.

[75] Home, 2013, 107-108.

❶ 金伯利(Kimberley),位于南非北开普省。

略位置,它处于非洲与亚洲的海上航线之间,虽然它不是布尔共和国的一部分,但在塑造种族隔离政策中已经开始发挥关键作用。[76] 它源自所谓的"德班系统"(Durban System),通过使用来自市政垄断的啤酒销售所得利润,资助建造非洲工人的住房和公共设施,从而使白人纳税者逃避了财政上的义务。它成为一种城市控制的样板,风靡英国东部、中部和南非,同时也是"一种由劳动力住区、城镇与农村组成的关系网,在这其中反映出非洲人在某种意义上的闭塞。"[77] 由于 1923 年通过的第 21 号土著居民(城市范围内的)法案[78],它最终变成为民族党关于"城镇发展"[79] 项目的核心内容。甚至在此之前,总理简·斯莫兹(Jan Smuts)于 1944 年提出一份关于南非社会和经济规划委员会(South Africa Social Economic Planning Council)的"区域和城市规划"(*Regional and Town Planning*)报告,他在报告中引用来自英国的报道(巴罗(Barlow)、司考特(Scott)、尤斯瓦特(Uthwatt)),以支撑他对社区绿色隔离带的提议,另外还有针对住宅、就业用地及其之间的交通的详细规划。然而在南非的大背景下,这一想法毫无疑问变成了种族分区的规划:

> 联盟中非欧洲城市人口总量的规模十分庞大且始终呈增长趋势。委员会……于是敦促相关部门在新城部署层面,在重新规划现有用地和国家补贴的住房方案中,要把充分利用作为规划街区的首要原则,使其和另一些社区之间以"绿带"和公园用地隔开,同时又要与工作地点相邻。

官方回应无疑显示出官僚们头脑中所思考的仍然是城市的种族隔离:

> (社会与经济)规划委员会在第五次报告中指出,由于根据不同种族进行居住隔离……作为该国城市规划的一个功能……居住隔离必然是一个有效并被接受的**国家**政策……现阶段还不存在可以支持它的法律依据……[80]

1948 年 5 月,随着重新联合国民党(Reunited National Party,统一国家党)上台,它为城镇规划提供了法律依据。[81]

在这些隔离区域内,固定的社区形式就是棚屋(barracks),在 1923 的法案中改名为"定居所"(hostels),这一法案的提出促使地方政府在城市地区以外的地方建造非洲人住房。这些住房通常被安置于一片围院(compound,这个词来源于马来西亚语,木屋,亦称村庄)中,而且这些场地曾经都是被禁止建造这些房屋的。[82] 甚至在1975 年底,德班的围院为超过 20 万住在单身定居所里的人们提供了住房。直至今日,在纳塔尔的糖业地产中仍然存有为劳工提供的棚屋。几十间棚屋或是定居所组成的结构仍然是南非城市景观的显著特征。[83]

在非洲南部和东部的其他地区,第二次世界大战后仍然受到英国的直接控制,

---

[76] Home, 2000, 332-333.   [77] Home, 2000, 333-335.   [78] Mabin and Smit, 1997, 199.

[79] Harrison, 2002, 163.   [80] Mabin and Smit, 1997, 203-204.   [81] Mabin and Smit, 1997, 205.

[82] Home, 2000, 337.   [83] Home, 2000, 338.

田园城市和新城运动在殖民地的内部发挥着重要影响,1943 年的这份会议记录就证实了这一点:

> 田园城市的格局对于非洲人是最具吸引力的,谁不喜欢把自己的妻子接到这样一个城市中,他们在那里什么都不用做,只需恶作剧和八卦就可以了。非洲人喜欢给他们的妻子建造一座花园,而这一愿望值得鼓励。[84]

因此,罗伯特·霍姆指出,在城市规划和田园城市运动支持下的英国工人阶级的住宅设计,也可以在殖民环境中复制出一个围绕公民理念、稳定家庭为基础的社会管制模式。[85]然而历史是曲折的。早在 1907 年,《田园城市》(Garden City)杂志宣称,"我们希望不仅是英格兰,大英帝国的每个部分都被田园城市所覆盖。"[86]十五年之后,国际田园城市与城市规划协会的大会于 1922 年在奥林匹亚召开,其中的一个演讲主题就是"如何让田园城市在全球开花结果?"[87]在接下来的十年中,在欧洲,尤其是英国,殖民地城市的规划师们将"田园城市"理念运用在整个非洲的规划中。来自伦敦大学、关于城镇和乡村规划方面的教授斯坦利·阿德谢德提出卢萨卡(这是当时的北罗得西亚殖民地(现赞比亚)的行政首都)的 1931 年规划,就是其中一例。[88]这里与其他地方一样,田园城市是为白种殖民者建造的。在阿德谢德的卢萨卡规划中,体现出宽敞的欧洲住宅和原始的非洲区域之间的划分,后者绝大部分缺少基础设施。[89]阿德谢德教授于 1931 年直截了当地表明了他的观点,"像对待欧洲人一样对待非洲人是错误的……让非洲人的身体享受他们从未知道的舒适是愚蠢的,而这对于白人而言只是必需的世代相传的习惯。"[90]又如在坎帕拉(Kampala),尽管出现了相反的证据,规划却以非洲人总是在流浪这样荒诞的说法来作为托词。[91]在欧洲区内有三类典型住房(虽然教授认为这样称呼它们是令人不快的)。即便在官方信函中,紧挨着山脊上办公楼的顶层阶级住区逐渐被称为斯诺伯山(Snob's Hill)。[92]在随后的 20 年中,阿德谢德规划中原本已经较低的密度变得更加稀疏,他最伟大的概念——沿着山脊 400 英尺宽的独立大道——变成为三个漫长的田园郊区住区之间的一个相对较弱的连接。[93]

所有这些规划的共同之处在于土地使用和住区结构。它们都有一个中央政府办公结点和与之相邻的商业办公区,中心购物区则与二者相邻。所有这些都将被设计成围绕着一个规则几何形状的道路网进行布局,宽阔的道路交汇于交通圆环。它们将被密度很低的欧洲居住区所包围,在这个区域内,独立的廊式平房将自己隐匿于宽阔的私人土地上,这是一种人们在卢萨卡和别处所熟知的一种形式,被称作"田园城市"。这种使用可能使刚刚去世的埃本尼泽·霍华德重新受到抱怨。非洲大院(African Compound,名副其实的名称)相对较小,它们被清楚地分隔于城市的一侧,

---

[84] Home, 2000, 341.　　[85] Home, 2000, 343.　　[86] Njoh, 2009, 310.　　[87] Njoh, 2009, 310.
[88] Njoh, 2009, 311.　　[89] Davies, 1969, 1012.　　[90] Quoted in Day, 1967, 114.
[91] Collins, 1980, 232.　　[92] Collins, 1980, 119.　　[93] Collins, 1969, 17-19.

通过诸如铁路这样实质性的屏障,尽可能远地和欧洲区分隔开来。在非洲区里或接
近非洲区的地方,可能有一个较老的购物中心,这种设想使得购物也将是种族隔离
的。总体上,有意思的基本假设就是:除了必要的家庭佣人以外,非洲人就不存在了。

但是,这里存在着与新德里的关键不同之处,不仅仅是资金的问题。虽然规划
给欧洲中心区和郊区进行了某种程度的规则化组织,但是规划顾问们的非洲首都规
划从未以勒琴斯几何化的综合建筑为目标。虽然政府建筑经常被赋予突出而显贵
的位置,但也没有任何一个像莱辛那的伟大结构那般精致。可能只有极少人需要留
下印象,或许人们认为他们自己更容易留下印象。尽管在卢萨卡有三种种姓制度,
他们的规划也没有反映出一种很细致的职业和社会等级,也许是因为运转肯尼亚或
北罗得西亚(Northern Rhodesia)❶不需要这么细致的区分。

但是效果只是微乎其微。在肯尼亚,由于受到伦敦的鼓励,政府早在 1939 年就
开始推行一项发展政策,这意味着非洲人将进入城市。[94] 1940 年颁布的殖民地发展
与福利法(*Colonial Development and Welfare Act*)授权英国政府在其殖民领地上
为开发项目提供资金。[95]因此在 1950 年代中叶,住房数量在殖民政府的鼓励下显著
增长。[96]当地管理者采纳了在田园郊区按照当地条件进行社区规划的理念。[97]来自英
国的特立独行的社会运动政治家芬纳·布鲁克维(Fenner Brockway),由于拥护民族
主义事业,为自己赢得了"非洲会员"(Member of Africa)的称号。当他与乔莫·肯雅
塔(Jomo Kenyatta)一起考察内罗毕的非洲人定居区时,他对于所看到的唯一一个战后
项目感到"高兴"——很可能是在卡罗勒宁(Kaloleni)的马孔格尼(Makongeni),他在那
里看到了一个"建筑造型优美……红石头平房的花园住区……每套住宅各带一间小
厨房",勉强得出结论认为:"在过去的三十年间……公共住房的发展也算是给出了
一丝希望。"不幸的是,这样的家居项目造价昂贵,大部分实际建造起来的项目还是
给单身男性居住的棚屋,有时候这样的棚屋甚至要挤进一家人。[98]

如同在别的地方,殖民统治的终止也带来它自己的嘲讽:新独立国家的统治者
们发现,他们自己也面临着和旧殖民官员同样的违章定居问题和同样的反应。在卢
萨卡,那里的内阁成员提到"9 万名未被邀请的客人"。1970 年当地报纸愤慨地主
张:"如果居住在这些可怕地区中的人们在态度上能够更加积极主动,而不是从他们
毫无贡献的城市里进行索取,那么当他们从小屋中搬迁出来时,无论如何就不应当
感到委屈。"因此,人们有时候采用了推土机,有时候甚至考虑采取司法措施。[99]在内
罗毕(Nairobi),1969 年政府开始系统性地拆除房屋。市长伊萨克·卢贡佐(Isaac
Lugonzo)认为:"政府应该阻止那些没有谋生手段的人进入城里。"[100]

94　Harris and Hay, 2007, 195.　　95　Harris and Hay, 2007, 203-204.　　96　Harris and Hay, 2007, 210.
97　Harris and Hay, 2007, 216.　　98　Harris and Hay, 2007, 216-217.
99　Van Velsen, 1975, 295-296, 307.　　100　Hake, 1977, 99, 123.

❶ 北罗得西亚(Northern Rhodesia),即今赞比亚,位于非洲中南部。18 世纪末葡、英殖民者相继侵入,1911 年
英国将这一地区改称北罗得西亚,由英国南非公司管辖,1924 年英国派驻总督进行直接统治。1964 年 10 月
宣告独立,改名赞比亚共和国,首都卢萨卡。

当然在这两个地方,政策是由那些搬入殖民者所盖的建筑里的非洲精英们来制定的:"仅仅几天之后,你们就忘记了灰尘的气味。"内罗毕的一位市政人员说:"我和我父亲之间的鸿沟比我和一般欧洲人之间的鸿沟还要大。"[101] 1978 年马伯刚杰(Mabogunje)报告认为,在这些前欧洲(殖民)地区,官员们即使未能发现原始的殖民文件,心里也记得老的建筑标准。[102] 为了获得应有的信任感,他们随后改变了政策:在内罗毕进行更新,在卢萨卡进行更新和自我建造。[103] 同时,甚至在新德里也形成了无数的简单棚户区,有些棚户区挤入了勒琴斯沿着他的礼仪式大道所慷慨提供的空间。[104]

堪培拉:城市美化运动的一个例外

于是,当城市美化运动运用到殖民地或者前殖民地的环境中时,就会出现一些缺憾。然而有一个显著的例外,虽然可能是因为长久以来,它的大部分还停留于纸面上:这就是堪培拉。它早期的历史近乎一场闹剧。澳大利亚新联邦政府于 1901 年新年元日成立,旋即开始行使其职权,即在新南威尔士州内以悉尼为中心、半径 100 英里以外寻找一个新的首都。1908 年新政府选择了堪培拉,将这一地区保留作为澳大利亚首府用地。1911 年,它组织了一次国际竞赛来对城市进行规划,但是奖金如此之微薄(1 750 英镑),英国和美国的建筑设计单位都进行了有力的抵制:有名望的人物如阿伯克隆比、伯纳姆、奥姆斯台德都没有出现。137 名建筑师(可能包括一批跃跃欲试的大学生)参加了竞赛。沃尔特·伯莱·格里芬(Walter Burley Griffin)作为一名已经在弗兰克·劳埃德·赖特事务所工作的美国学生,和他的妻子马里奥·马霍尼(Marion Mahoney)参加了竞赛,并且最终获胜。政府随后指定一个委员会来报告设计情况,委员会宣布该方案不切实际,并且自己迅速进行了设计,接着开始实施。情况是如此之糟糕,随后的公众舆论对格里芬不冷不热,摇摆不定。在英国,阿伯克隆比认为"这个设计是一个尚需学习基本原理的业余建筑师的设计"。[105]

政府有所改变。1913 年,格里芬被任命为联邦首都设计与建筑的总监。在随后自己 7 年的努力遭到系统性的破坏时,他近乎疯狂了:规划受到歪曲,自己的图纸从桌面上丢失,直到 30 年后才又重新出现。1920 年,他放弃了这项工作,职务被撤销。议会做了许多工作要废止这个规划,直到最后它才被确定下来,但也并未采取任何措施来实施。郊区开始以典型的澳大利亚方式发展,也就是没有规划的蔓延。最后在 1955 年,参议院调查委员会推荐了一个新的中央部门来负责规划、建设和开发。1957 年,威廉·霍尔福德(William Holford)从英国前来进行规划调整,约翰·欧沃奥(John Overall)于次年被任命为国家首都发展区域主任。[106] 几乎令人难以置信,45 年以后,格里芬的规划开始成形,在世纪转折之际,它卓有成效地完成了。

---

101 Quoted in Hake, 1977, 74.　　102 Mabogunje et al., 1978, 64.
103 Hake, 1077, 164–170; Martin, 1982, 259–261.　　104 Payne, 1977, 138–139.
105 Boyd, 1960, 13; Manieri-Elia, 1979, 112.　　106 Boyd, 1960, 14–15.

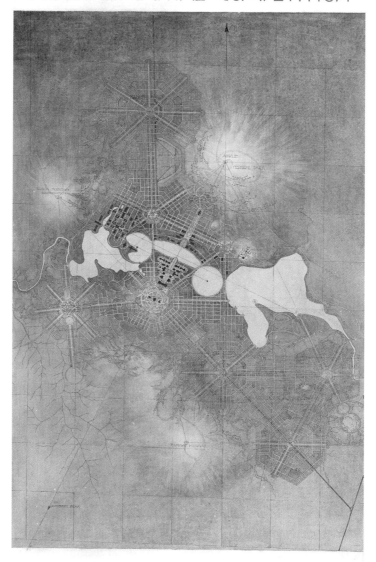

图 6-7 堪培拉

沃尔特·伯莱·格里芬,1912 年的获奖规划,它不断地遭到忽视、遮掩,最后(将近一个世纪以后)它却几乎完成了。

图片来源:National Archives of Australia:A710,38.

但是,建筑不是他的,除了它们的布局。土著语堪培拉(Kamberra)的意思是会议场所:正如格里芬在规划介绍中所言,这个地方"可以被视为一个不规则的露天剧场"。他设想在上面出演政府的大型剧目。今天上下颠倒的旅游地图反而是正确的:这就是格里芬所设想的观众们进行观看的方式,从构成后部楼座的东北山坡,地形逐渐下沉形成礼堂。观众们背对太阳面向西南,向下俯视被汇聚成舞台的盆地最低点。在它的后方,地形一步步升高,形成了舞台。在舞台上,将按升高的顺序安排具有象征意义的联邦政府的重要建筑:法院、议会大厅,最后在盆地内的最高处的山坡上,是国会大厦。

为了强调剧情,舞台和环形剧场构成一个三角形,而国会山则作为后部支点——这二者均在观众的临水一侧。军事部门和市场中心在它的左前方,国家大学和市政中心在右前方(虽然规划在戏剧隐喻这一方面是失败的,饮料、冰激凌充斥于其间,但这将会成为商业中心)。这二者将通过跨湖的宽阔道路与顶点相连,在观众这一侧将三角形一分为二,形成一条通向它们的巨型中央庆典大道。在舞台的后方,近处的山峰和远处的蓝色山脊将构成"整个戏剧的背景"。[107]

近年来的解释认为,整个规划具有颇深的泛宗教意义,这是从赫勒拉·巴塔夫斯基夫人(Madame Helena Blatavsky)的通神论中衍生出来的,据说这对勒琴斯是有影响的:"在袋形(Vesicle)内的双重三角形可以解释为东西方宇宙观的一种象征性的重构。它与迦勒底(Chaldean)和印度的几何学明显相似,也与格拉斯顿伯里(Glastonbury)❶的巨石阵(Stonehenge)相似,与各种想象中的新耶路撒冷景象——'宇宙中的世界'相似。"[108]或许如此,但是其结果就如同一次老套的规则几何学平面练习。

显然,其结果总是如此,演员班底很少变动,剧情已经重写,并且赋予议会以一个更大的角色。1988年澳大利亚200周年庆典的时候,议会迁至国会山的新址。一个优雅的纪念性艺术画廊和国家图书馆在舞台前方与法院相连。从视觉上看,三角形的右侧已经开始成为主导性景观:它将人们的视线从市政商业中心拉回来,经由一条宽阔的交通干道,横跨伯莱·格里芬湖(Lake Burley Griffin),一直延伸到新建的、低矮半掩于山中的国会大厦。这是一个低调的政府。在湖面上,装饰色彩甚浓的垂直景观(音乐钟塔在最左侧,巨大的库克船长纪念喷泉靠近中央轴线,电讯大楼在最右侧面)界定并框定了这一舞台。浓烈的新古典主义的阅兵场(Anzac Parade,第一次世界大战的纪念碑,因而带有一些早期特征)形成了通往会堂的中央庆典大道。最值得注意的是,由于实际建造进行得如此之晚,建筑都是1970年代和1980年代的:风格上遵从的是国际现代主义。它缺少一些尼迈耶(Niemeyer)的巴西利亚(Brasilia)格调(这一点将在第7章有更多的描述),也缺少纪念性的夸张。它十分宏大、庄严、优雅,当然也很悠闲(帕克-欧文(Parker-Unwin)语),不久它将与华盛顿并列成为

---

[107] Commonwealth of Australia,1913,3.   [108] Proudfoot,1996,251.

❶ 格拉斯顿伯里(Glastonbury),英格兰西南部平原上,萨默塞特的一个小城市,有很多神话与传说,包括巨石阵和圣杯的埋葬处。格拉斯顿伯里音乐节(Glastonbury Festival)是世界上最大的音乐节。

图 6-8　沃尔特·伯莱·格里芬

芝加哥景观建筑师,在堪培拉竞赛中获胜之前,曾经与弗兰克·劳埃德·赖特一起工作。

图片来源:National Archives of Australia:A1200,L32618.

世界上的伟大纪念性首都,这是欲速则不达的智慧的见证。

　　最值得一提的是,格里芬在设计郊区住区的时候,做出了一些最具开创性的跃进。要记住,他不是一个忠实的城市美化规划师:他赞赏田园城市运动的工作和格迪斯的工作。[109]他早于佩里十多年就在构想着邻里单元。他写道:

　　　　由常规交通道路分割形成的划分地块,不仅为每户家庭提供了合适的基地,而且也为更大的家庭构成了社会单元——邻里单元组群,它拥有一所甚至更多为孩子服务的、便利的地区学校,它拥有当地的运动场、游戏场地、教堂、俱乐部,它拥有无须跨越交通道路、也无须受到商业街道干扰就可以到达的社会活动场所。这些家庭在进行特别聚会时,就可以把他们的家庭活动很好地引向在他们邻里组群内部的地理中心。[110]

[109] Manieri-Elia,1979,113.　　[110] Commonwealth of Australia,1913,13.

这听起来几乎就像是一个雷德朋之前的雷德朋。最初的分析图表明单元是六角形的,后来帕克将这一设计运用于魏森肖的雷德朋布局中。[111] 在这些后来的邻里社区中,它才显示出是如何形成的:清晨的慢跑者可以从前门出发,经小路穿过线型公园来到由运动场地构成的一个巨型中央场地,兜一英里或更长的圈子而看不到任何交通。这些邻里社区以及在更外围起补充作用的新城,像珠子一样串联在穿越和环绕着它们的交通道路线上。因此,堪培拉实现了成为最后一个美化城市,同时也是世界上最大的田园城市的艰难伟业。通过这种方式,它甚至是极少数几个霍华德式的多中心社会城市中的一个:对于一个经历漫长岁月仍看似没有发展的城市而言,这是一个不小的成就。因此,它与一些城市美化的其他案例不同,它努力使自己变得亲切。

城市美化运动和大独裁者

城市美化运动回到欧洲则完全不是一件令人愉快的事情。它进入了大独裁者的时代,同时它也是一个舞台:糟糕的剧情。墨索里尼(Mussolini)的罗马是一个聚光灯架:"墨索里尼是法西斯这样一种政治系统的主持建筑师,他创造了大量的建筑,包括 1928—1940 年间在意大利的 13 个城市和 60 多个新型乡村居民点的建设。"[112] 对他而言,大型公共项目将不仅唤回罗马帝国和中世纪意大利的辉煌,而且还超越它们。[113] 但是与城市有关的法西斯主义思想在很多方面是接近于纳粹的:只有乡村家庭生活才是真正健康的,城市是大多数坏事情的根源,包括劳工骚乱、革命和社会主义。[114] 具有讽刺意味的是,在墨索里尼统治下,城市空前繁荣,法西斯主义证明对于商业是有利的,这个经验不久在佛朗哥(Franco)统治下的西班牙再次出现。墨索里尼的反应就是在1928 年和 1939 年通过法律来控制移民,具有讽刺意味的就是后者在第二次世界大战之后才变得有效。[115] 例如,在罗马南部拥有 5 个全新城市的彭亭马歇斯(Pontine Marshes)❶,它也需要进行完全公开的乡村土地重新回收计划。在这里也有一个至少可以追溯到罗马帝国的传统。法西斯的城市规划遵从于罗马模式,表现为经过调整的垂直方格网,一般带有四个街角和一个长方形广场作为市政中心。[116] 田园城市模式遭到摒弃,但是城市轮廓唤起了中世纪的回声,特别是通过高塔来实现具有象征性的目的:"实际上,法西斯主义者在罗马式的地表平面上树起了中世纪的轮廓线。"[117]

然而在城市内部,规划的目标是纪念性:通过消除随后两千年的痕迹,重新恢复罗马的荣耀。墨索里尼于 1929 年在罗马召开的住房与城市规划会议上发出指示:

> 我的想法是清楚的。我的指令是明确的。在 5 年之内,罗马一定要以神奇的风采出现在全体世界人民面前——巨大、有序、强大,就像在奥古斯都帝国时

---

[111] Creese, 1966, 266-268.　　[112] Ghirardo, 1989, 24.　　[113] Ghirardo, 1989, 25.
[114] Ghirardo, 1989, 39.　　[115] Treves, 1980, 470-486.　　[116] Calabi, 1984, 49-50; Ghirardo, 1989, 27, 65.
[117] Ghirardo, 1989, 66.

❶ 彭亭马歇斯(Pontine Marshes),意大利拉蒂纳省的新垦区,位于利皮尼(Lepini)山区。

代的那种样子……你们将围绕马塞路斯剧院（Theater of Marcellus）❶，卡皮托利尼山（Capitoline Hill）❷和万神庙创造一个巨大空间。在它们周围经过几个腐败的世纪所形成起来的一切东西必须消失。[118]

事实上，1931 年颁布的新规划在本质上是矛盾的：拓宽街道，强化用作庆典的维内奇亚广场（Piazza Venezia），它们将覆盖或毁掉帝国时期的罗马，而不是展现罗马。但是没有关系，尽管拥有扫荡一切的权力、大量资金的注入和领袖的亲自批准，罗马的生活依旧保持着原来的甜蜜方式。当总体规划的扫荡思路最后转变成详细规划时，宽阔大道和全景广场已神奇地变成为建筑区域。老式的混乱、妥协和腐败从"建筑大师"的掠夺中拯救了罗马。[119]

　　与法西斯主义者对待城市的看法一样，纳粹的看法也存在着固有的矛盾。1920 年代末，党内的理论界是强烈反城市的，他们认为日耳曼人是典型的农民，从未成功地建造过城市，并且几乎被城市所毁。纳粹的报纸《人民观察者》（*Völkische Beobachter*）把大城市描绘成"所有邪恶的熔炉……妓女、酒吧、疾病、电影、马克思主义、犹太人、脱衣舞娘、黑人舞蹈，所谓'现代艺术'的一切令人恶心的分支"。[120]纳粹刚刚夺取政权后不久，它的政策（从魏玛借来思想）强调大城市周边的小居住区，例如柏林外围的弗堪西（Falkensee）、马林费尔德（Marienfelde）以及弗肯堡（Falkenberg），随后重点又转移到乡村地区。但是正值那时，重新武装的需要正在缩减整个计划。[121]

　　古特弗里德·费德尔（Gottfried Feder）❸ 1939 年的《新城市》（*Die neue Stadt*）作为纳粹城市政策方面的最终申明，形成了对田园城市实践奇特的呼应，它强调发展大约 2 万人的自给自足的乡村城市，它将在经济上和社会上融合城市与乡村最好的生活特征，同时将随之而来的不利因素降到最低限度。[122]但是，也许并不如此奇特，因为正如我们在第 4 章所看到的，在德国的运动有着它很强烈的保守的一面。根据 1920 年代所发展的思想，不要将这些田园城市建造在主要大城市的中心附近，而是要分布在诸如麦克棱堡（Mecklenburg）和东普鲁士（East Prussia）这样人口稀少的农业地区：带着一种报复回到农村。在他们内部，纳粹的规划人员完美地借鉴和采用了传统的规划概念：邻里单元是从美国进口的，变成为"住区细胞的组团"（Die Ortsgruppe als Siedlungszelle），一种融合了民族、社区、亲缘、邻里和准军事化的同志概念的细胞单元。[123]

---

[118] Quoted in Fried, 1973, 31.　　[119] Fried, 1973, 35—39.　　[120] Quoted in Lane, 1968, 155.
[121] Peltz-Dreckmann, 1978, 102, 122, 144.　　[122] Peltz-Dreckmann, 1978, 194.
[123] Schubert, 2000, 128.

❶ 马塞路斯剧院（Theater of Marcellus），即罗马剧场，由奥古斯都大帝完成于公元前 13 年，是罗马风格最让人印象深刻的例子之一。
❷ 卡皮托利尼山（Capitoline Hill），位于古罗马广场和战神广场之间，是罗马七山中最高、最著名的一座。
❸ 古特弗里德·费德尔（Gottfried Feder，1883—1941），德国国家社会主义（纳粹主义）初期的主要经济理论家，原为土木工程师，1919 年发表《打破利息奴役制度宣言》，1920 年与希特勒、德雷克斯勒共同草定纳粹的政治纲领——"25 点纲领"。

所有这些在文字上和具体形象上,似乎都距离希特勒和他的建筑总监阿尔伯特·施皮尔(Albert Speer)正在策划的柏林重建规划有着千里之遥。它所包含的整个就是一个相反的逻辑:德国的城市,首先是柏林,作为巨大的公共集会的集合点,起着心理上的、准宗教的、甚至是魔术般的作用,而人口生产则被迁到在乡村的生活区。[124]与之相对应,规划应当大规模地拆除原有中世纪的城市中心,使之让位于庆典轴线、集会区域、大厦、高塔和铺展的行政管理综合大楼,花费将超过1 000亿马克。[125]所产生的具有讽刺意味的事情就是已经接受了乡村特征、小型中世纪城市和大城市时尚的纳粹,最终企图形成一个完全机械化的、完全反人类的,用于游行和检阅的城市。[126]

然而,柏林是一幅与罗马很不相同的画面,除了一件19世纪的商业性艺术,这里没有古老的杰作等待恢复。进行整修的艺术家们有着很明确的观点:希特勒未能进入维也纳学院去研究艺术,于是不停地对施皮尔说:"我多么渴望成为一名建筑师。"[127]他对维也纳和巴黎早期城市美化规划有着惊人而翔实的了解,他知道爱丽舍大街的确切尺寸,并且执着地认为柏林应当拥有一条两倍半长的东西轴线,建筑布局应当是宏大的、纪念性的,在它们之间拥有宽阔的空间——他回想起年轻时代就记得的维也纳环线。[128]他给施皮尔看了两张1920年代的草图,这两张图已经显示了他的650英尺长的穹顶建筑和330英尺宽的拱形建筑的梦想:"他在过去毫无希望建成的时候,已经规划了纪念胜利的建筑。"[129]"为什么总是要最大的?"他在1939年以富有韵调的声音质问一名建筑工人听众:"我这么做是为了恢复每一个德国人的自尊。"[130]

他如此醉心于纪念性以至于忽略了更大的问题,"他会看看这些规划,但只是对它们看上一眼,几分钟后,带着明显的厌倦问道:'你把大道规划在哪里?'"[131]在两个规划中的火车总站之间,放置了一座大厅(带有726英尺高,850英尺跨度的穹顶),处在这条南北大道的中心,并在石头上刻写"德国的政治、军事和经济力量"。在中间坐落着德意志帝国的绝对统治者,在其近旁是作为他的权力最高象征的穹顶大厅,它是未来柏林的统领性的建筑结构。[132]每当他重新看到规划时,都重复道:"我的唯一愿望,施皮尔,就是要见到这些建筑。1950年我们将组织一次世界博览会。"[133]

使他感到厌倦的规划将城市美化原则扩大到城市的边缘,并且扩展到更远的地方。施皮尔羡慕华盛顿和伯纳姆的哥伦比亚博览会,他很显然已将伯纳姆"不做小规划"的诫言牢记于心。[134]规划设有17条放射状道路,较高的建筑物可以沿着它们一直到城市的外围,它们与4条环路相交,而这些环路一部分在现有街道上建造,一部

124 Thies, 1978, 422-424.但是大部分纳粹统治时期所做的城市规划只是简单延续着诸如清除贫民窟、城市更新这样的传统政策:Petz, 1990b, 185.
125 Thies, 1978, 417-418.   126 Schorske, 1963, 114.   127 Speer, 1970, 80.
128 Speer, 1970, 75-77;Larsson, 1978, 42-43.   129 Speer, 1970, 70.   130 Speer, 1970, 69.
131 Speer, 1970, 79.   132 Speer, 1970, 138.   133 Speer, 1970, 141.   134 Helmer, 1980, 317, 326-327.

图 6-9　施皮尔的柏林方案

施皮尔纪念性的南北道路经过凯旋门，通向带有巨大穹顶的紫铜大厅；这是一个适合作为千年之国首府的城市，但却从未启动过。

图片来源：© ullsteinbild/TopFoto.

分是新建的。[135] 在城市南侧和北侧都有大型卫星城，其中较大的南城（Südstadt）将有

---

[135]　Speer，1970，78；Larsson，1978，33–36.

21 万人和 10 万份工业岗位。在该城中,尽管纳粹偏爱独户住宅,但是一种人们所熟悉的柏林出租房(Mietskaserne)的新版本将占据主导:也就是由一个大院围合的公寓楼。[136] 这里就如同市中心一样,平面表现为一种非常规则、线条粗硬以及带有纪念性的特征,似乎是设计用来为了从空中进行俯瞰。[137] 从它的基本原理来看(如果不是从表面来看),施皮尔的规划展现出足够传统的气质:不相兼容的土地使用被隔离开来,穿行交通从居住区中排除出去,使之拥有足够的空气、阳光和空间。对此,除了建筑风格以外,很少有地方可以让国际现代建筑协会(CIAM)的成员真正去反对。[138]

这样做要花很多钱。根据施皮尔自己的估计,单是在柏林所花的经费总额就可能高达 40 亿～60 亿马克,也许等于今天的 50 亿～80 亿美元。[139] 重新武装导致了延迟,东西庆典轴线(很多内容原本已经启动)从 1937 年开始建设,1939 年部分已经完成。几乎令人无法相信,主要项目是在 1941 年才开始的。[140] 最终,从整个宏伟图景产生出来的就是东西轴线上的一个庆典空间,以及在城外用落叶林和针叶林重新种植了有历史意义的森林环。[141] 特别具有讽刺意味的是,在战后,俄国人在他们的区域内完成了东西轴线,并将其命名为斯大林大街。

这不是一个孤立的剽窃作品。沃尔夫冈·索恩(Wolfgang Sonne)指出了城市设计在柏林历史中惊人的连续性。一个南北轴线布置政府行政区的想法在三个完全不同的政治制度中持续下来,从德意志帝国、魏玛共和国到第三帝国。轴线作为重要的城市形态也为德意志民主共和国(东德)所使用。1958 年,这条轴线在与西德争夺首都柏林的过程中起到了关键性的作用。只有当轴向规划令人联想到纳粹时,这一历史遗物才会被排除在联邦德国的其他应用之外。城市公共广场被视为一种真实的或设想的公共精神,在军国主义帝国中呈现为"帝国广场",在魏玛民主共和国呈现为"共和广场",在希特勒恢宏大厅前方的广场,以及在柏林首都之争中产生的各式各样的广场,无论怎样居无定形,它们都是为民主而创造的公共空间。民主德国计划中的"哈尔茨中心区"(Zentraler Harz),以及最后为联邦共和国制定的施普雷河湾(Spreebogen)的"联邦广场"(Bundesforum)规划都是如此。[142]

纳粹柏林原本可以造就最彻底的城市美化运动。从它灵感的源泉,甚至一直到详细部分——伯纳姆的穹顶市政中心、勒琴斯的穹顶总督府——都再明显不过了。[143] 但即使是在最为有利的条件下,这也是不可能建成的,因为它要占用这个国家的现有资源,大得不成比例的部分资源。奇怪的是,在同样自大狂妄的独裁者约瑟夫·斯大林(Joseph Stalin)统治之下的更加贫穷的首都,却在较短的时间里实现了许多对于希特勒来说只是梦想的东西。

开头十几年的苏联城市规划值得写一本书。就像在许多其他领域里一样,这是一个进行疯狂实验的年代,这是一个在同样不可能实现的理论支持者之间进行激烈

136 Larsson, 1978, 86-87, 94.　　137 Larsson, 1978, 95-96.　　138 Larsson, 1978, 112-113.
139 Speer, 1970, 140.　　140 Larsson, 1978, 32-33, 53.　　141 Speer, 1970, 78; Helmer, 1980, 201.
142 Sonne, 2004, 304.　　143 Larsson, 1978, 116.

辩论的年代。城市主义者要把每一个人装进塔楼中,柯布西耶很自然是他们的上帝和同盟。在第 7 章中,我们将把他们和柯布西耶放在一起进行讨论。反城市主义者(更为疯狂的一群)要把每个人分散到乡村的可移动的家中,最终推平莫斯科;他们和弗兰克·劳埃德·赖特有着精神上的亲密关系,我们将在第 8 章遇到他们(正如不止一次提到的,逻辑的顺序和年代的顺序不会始终保持步调一致)。两派人都向外国专家进行咨询:可以预见,梅会建议卫星城,柯布西耶会建议在新址上有一个全新的、高耸的莫斯科。[144] 在 1931 年 6 月的一次中央委员会上,他们的辩论突然停止,[145] 全会号召摒弃外国的规划理论,特别是柯布西耶的和赖特的,而且立即要为莫斯科制定一个五年发展规划。[146]莫斯科肯定需要一项规划,它的人口在 1917 年后的混乱时期急速下降,1926 年刚刚上升到革命前的水平,超过 200 万;到 1931 年时它有可能会超过 300 万。[147]它的物质结构和设备明显陈旧,主要由 1~2 层的木质房屋所构成。1926 年人均住房面积为 89 平方英尺,从那以后情况变得更糟。恩斯特·西蒙(Ernest Simon)报告认为,应当拆除贫民窟,因为以曼彻斯特(的标准来看)它也不适宜于居住——在当时,这个英国贫民窟最多的城市之一所提供的居住条件,比 90% 的莫斯科家庭还要好。[148]供水、排污、供电都极其短缺。

这也许是可以理解的,1931 年以后苏联不再邀请国外专家。1935 年 7 月出台的规划号召伴随着强制性的现代化,要限制城市未来的发展。城市将作为一个整体单元来进行发展,重建将根据"建筑构成的统一与和谐"的原则来进行:[149]城市美化运动已经来到莫斯科。

这个推动力当然来自民族自豪感:1937 年每一个与西蒙谈话的人都"最强调老式的两层建筑必须要清除掉,莫斯科要成为拥有配得上世界上最伟大国家的首都的建筑的真正城市"。[150] 为了实现这一点,莫斯科变成一个建设工地。访问者所忽略的就是所有被强调的地方,都是最容易看得见的和最具声望的项目:安装有枝形吊灯的地铁车站的 3 条地铁线,沿着主要大街的住宅、公共建筑、体育场、广场和公园被布置。[151]重要的是,在 1939 年所有公寓住房中,有 52% 是沿着主要大街修建的。[152]这可能是因为不同部门的项目从未进行过很好的协调,而住宅计划越来越落后于进程,[153]也许更加可能的是因为规划师企图给公众留下印象,而最为可能的是因为他们想要讨好他们的主人。

斯大林知道自己喜欢什么,"因此,建筑必须是令人印象深刻的、具有代表性的、雄辩的。每一个建筑无论在功能上如何朴实,都必须具有纪念意义"。[154] 他亲自审批了关于重点建筑的规划,有一次建筑师提供了两个版本,他都选中了。惊恐的建筑

144 May, 1961, 181-182; Simon, 1937b, 382.　　145 Svetlichny, 1960, 214.
146 Machler, 1932, 96; Parkins, 1953, 30-31.　　147 Harris, 1970a, 257; Simon, 1937b, 381.
148 Simon, 1937a, 154-155.　　149 Parkins, 1953, 36.　　150 Simon, 1937a, 160.
151 Ling, 1943, 7; Parkins, 1953, 42, 44-45.　　152 Berton, 1977, 235.　　153 Parkins, 1953, 44-45.
154 Kopp, 1970, 227.

师顺从了他,形成了一个左右不对称的结构。[155]斯大林也有自己针对希特勒巨大穹顶大厦的社会主义对应物:1 300 英尺高的苏维埃宫,冠以巨大的列宁雕像。在实际开始的时候它遇到了结构问题,并且导致地基下沉。或许上苍怜悯,它被放弃了。[156]但是在全莫斯科,这一婚礼蛋糕式的建筑依旧让人们回想起斯大林的趣味所在和他的奇思异想。

因此,1930 年代的莫斯科是一种波将金(Grigori Alexandrovich Potemkin)❶村。这正如伯纳姆的华盛顿和芝加哥,也确实如同奥斯曼的巴黎,沿着宽阔大街的新立面隐蔽了它们后面巨大的历代贫民窟。甚至到了 1960 年代,在后街仍然可以见到老式木质莫斯科的残余。但是,毫无疑问,外观使主人高兴了,规划师为此可以在晚上睡得稍微安稳一些。

斯大林的祸毒遗产在他 1953 年死后就开始土崩瓦解,在其帝国中产生连锁反应。新成立的德意志民主共和国切断了它与西方的联系,决心在弗斯滕堡(Fürstenberg)河畔建造一座大型钢铁混合建筑物,同时也打算在波兰边境规划一座为工人提供居住的新城。斯大林的教义极力排斥"世界大同主义",也就是包豪斯式的现代主义,而更加青睐一种所谓的"民族建筑传统"。当然具有讽刺意味的是,包豪斯是民族遗产中的一个核心部分,特别是在社会主义建筑中。但是它也非常顺理成章地被定义为"国际艺术"和"美帝国主义"[157]。莫斯科的总建筑师来到柏林参观新落成的斯大林大街时,认为它是"典型的德国风格。"[158]

所以斯大林大街(它最初的命名)是根据东德城市发展的十六项原则建设的,因此注重城市特征的质量。在某种程度上,这些原则并没有发挥作用:城市被视为一种社会生活的终极状态,同时也否认了任何一种社会发展。这座城市是由政治中心所定义的,城市中唯一的演员是国家政府。[159]在斯大林大街的规划中,一座计划建造的市政厅被"党总部和市政管理局"所取代。"**城邦**概念在该规划中消失。党派、政府和文化取而代之。"[160]同时在强调轴线、纪念性以及大众时,很显然忽略了一个事实,这些也都是纳粹城市规划的基础。[161]

在这一事件中,由于斯大林的去世,规划中的主要建筑没有一个建成,"主教堂"正门和市政厅塔楼之间的轴线最终也没有实现。在这些项目与城市之间,有一条宽阔的四车道大街。然而,中央广场仍然空空荡荡,今天被用作了停车场。[162]

还有最后一位大独裁者,他狂妄的梦想甚至超过了先辈。尼古拉·齐奥塞斯库(Nicolae Ceauşescu)的任务就是重建罗马尼亚社会并给予这个"新人"以新生。为此,借助 1977 年 3 月发生的地震这一契机,他直接拆除布加勒斯特(Bucharest)的历

155 Berton, 1977, 228-229.　　156 Berton, 223-234; Kopp, 1970, 223.　　157 May, 2003, 54.
158 May, 2003, 55.　　159 May, 2003, 57.　　160 May, 2003, 72.　　161 May, 2003, 57.
162 May, 2003, 69.

❶ 格里戈里·亚历山德罗维奇·波将金亲王(Grigori Alexandrovich Potemkin, 1739—1791),俄国陆军元帅、政治家、女皇叶卡捷琳娜二世的宠臣和情夫。波将金村位于圣彼得堡,意味着虚伪的粉饰行动和错误的建设掩盖着不好的事物。

史中心,代之以宽阔笔直的林荫大道、集群化的高层建筑的景象,以及用于举行政治性活动和仪式的纪念性城市空间,所有这些设计都旨在庆祝齐奥塞斯库时代所取得的成就。[163]其目的就是"基于传统的罗马尼亚建筑元素,融合世界建筑和结构技术,用一种**全新的面貌**来恢复我们的首都"。[164]其目的也是消除布加勒斯特人民与他们过去的历史背景和社会价值之间的联系。而社会价值则可以体现在继承了过去的不同历史时期内的建筑形式之中。[165]

这个大人物亲自接管了社会主义胜利市政厅(Victoria Socialismului civic center)的设计:"建造一座新的中心是一项历史性决定,这一决定属于尼古拉·齐奥塞斯库……许多建筑师、城市规划师、工程师和建设者都听从领袖尼古拉·齐奥塞斯库永远正确的指示,他把一生中最宝贵的时间都献给了布加勒斯特的工程、建筑和系统化事业。"[166]他亲自与建筑师会面,参与设计竞赛,他的言论通常会在项目中作为参考意见被纳入。[167]

社会主义胜利大道(Bulevardul Victoria Socialismului)作为城市新中心的轴线,长3.5千米,宽92米。十层楼高的建筑林立沿线两侧,足以容纳50万人口生活于其中。其中有一个宽8米、带有17座喷泉的中心条带;还有两条铺设彩色马赛克的车道,两条8.5米宽的沿线种植青柠、橡树和冷杉的绿化带,两条宽5米、同样也铺设马赛克饰面的步行长廊。这不是一个为交通而设计的林荫大道,而是为了齐奥塞斯库及其随行人员偶尔游览此地才保留下来,它的目的是为共和国大厦提供一种纪念碑式的到达方式。[168]共和国大厦是世界上最大的政治-行政建筑之一,高86米,建筑立面长276米,建造于6.3公顷的用地上。它拥有700个办公单元,还有会议室、餐厅、图书馆以及可容纳1 200人的会议厅。[169]正如玛丽亚·卡瓦尔康蒂(Maria Cavalcanti)曾经评论道,它与拿破仑三世、斯大林、希特勒和墨索里尼对其他欧洲首都的早期规划有着惊人的相似之处。[170]

在当时,奇怪的是对于城市美化运动的现象并没有统一的清晰解释。在过去的80多年里,它在不同的经济、社会、政治、文化环境中突显出自己的存在:就那些标签所具有的含意而言,它或作为金融资本主义的侍女,抑或作为帝国主义的代理人,也可被用作是无论左派还是右派的个人极权主义的工具。所有这些表现的共同之处在于(有些适合,有些例外)完全集中强调纪念性和表面化,强调建筑作为一种权力的象征。而与之相应,规划几乎完全没有在意更为广阔的社会目标。这就是为了进行展示而做的规划,建筑就像是剧场,设计的意图就是要给人留下印象。唯一会变化的就是受影响的对象:寻欢作乐和寻求激情的"新贵",受胁迫的殖民地居民和小国的傲慢统治者,向大城市迁徙的农民,回忆过去荣耀的、沮丧的,或者被剥夺财产权利的资产阶级家庭。所有这些人将有幸欣赏这种出演,对于很多人而言,这很像1930年代的好莱坞,它将使他们的思想远离残酷的外部现实。但是,至少好莱坞产品是按照计划发行的,并且不会使观众破产。

---

[163] Cavalcanti, 1997, 84.　　[164] Cavalcanti, 1997, 84-85.　　[165] Cavalcanti, 1997, 85.

[166] Cavalcanti, 1997, 86.　　[167] Cavalcanti, 1997, 89.　　[168] Cavalcanti, 1997, 96-98.

[169] Cavalcanti, 1997, 98.　　[170] Cavalcanti, 1997, 104.

塔楼之城

尤利乌斯(Julius)之塔❶，伦敦永远的耻辱，
还有那么多肮脏的和午夜的谋凶者。

托马斯·格雷(Thomas Gray)❷《诗人》(*The Bard*，1757)

最简单的解决办法就是公寓房。如果人们真的想要住在大城市里，他们就要学会一个人住在另一个人的头顶上。但是北方的劳动者不喜欢公寓房，即使有公寓房，他们也轻蔑地称之为"分租房"。几乎每一个人都会告诉你，他想要"属于自己的房子"，显然是指那种处在几百码长的、沿街不间断的相同房型中的一套。在他们看来，这种住房比起那种悬在空中的一套公寓房更加是属于"自己的"。

乔治·奥威尔，《前往维甘(Wigan)❸码头之路》(*The Road to Wigan Pier*，1937)

……在任何一座英国大城市里解决住房问题的方法，不在于提供高层巴比肯(Barbican)，或者高层帕丁顿(Paddington)❹。也许在物质上或理论上它们是可行的，但远离有望入住的居民的习惯和口味。

哈罗德·麦克米伦(Harold Macmillan)❺《住房和地方政府部长的内部备忘录》
(*Interal Memorandum as Minister of Housing and Local Government*，1954)

---

❶ 这里指尤利乌斯·恺撒(Julius Caesar，前100—前44)，古罗马将军、政治家，他在远征埃及亚历山大城时，曾采用建造10层高的塔楼来保卫城市较低矮的部分。

❷ 托马斯·格雷(Thomas Gray，1716—1771)，英国诗人，著有《墓园挽诗》。

❸ 维甘(Wigan)，英国兰开夏郡(Lancashire)的城市，盛产布匹。

❹ 帕丁顿(Paddington)，英国伦敦西部一住宅区。

❺ 哈罗德·麦克米伦(Harold Macmillan，1894—1986)，英国首相(1957—1963)，保守党议员，曾任空军大臣、国防大臣、财政大臣等职，继艾登(R. A. Eden)首相后，改善苏伊士危机引起的英美紧张关系，争取英国加入欧洲共同体。

7
塔楼之城

柯布西耶式的光辉城市:巴黎、昌迪加尔、
巴西利亚、伦敦和圣路易斯(1920—1970)

勒·柯布西耶所做的恶事在他逝后还活着,他所做的善事则可能与他的著作一起被埋葬了。这些著作很少有人去读,原因很简单,大部分内容几乎是读不懂的(应该说,他的图画有时很有趣,因为它们揭露了画家本人)。但还是应该努力去读,因为它们对 20 世纪城市规划所产生的影响已经无可估量:模糊性对于沟通不是障碍,至少也是沟通的一种方式。在 1920 年代巴黎知识分子之中锤炼出来的思想,终于在 1950 年代和 1960 年代应用于谢菲尔德和圣路易斯以及其他城市的劳动阶级的住房规划之中。其结果在最好的情况下也是有问题的,在最糟的情况下则是致命的。这些事情如何并且为什么会发生在现代城市规划的思想史之中则是一个最关键、也是一个最耐人寻味的故事。

也许关于勒·柯布西耶最重要的简单事实就是他并非法国人,而是瑞士人,并且这个名字也并非他的真名。他于 1885 年出生在纳沙泰尔(Neuchâtel)❶附近的一个叫作拉绍德封(La Chaux-de-Fonds)的地方,出生时名叫夏尔-爱德华·让纳雷(Charles-Edouard Jeanneret),只是从 31 岁时才开始定居在巴黎。至少有洞察力的访问者已经注意到,瑞士人是一个很守秩序的民族,城市是整洁、自我约制的典范,没有一片草坪和一缕头发会随处乱放。所有柯布西耶式的城市都应当如此。在奥斯曼重建中遗留下来的、紧挨着(城市)新立面后面的旧巴黎的混乱,一定是这个正在崛起的年轻建筑师心中卡尔文教(Calvinist)❷传统习俗所极其厌恶的东西。他将自己的职业生涯献给了将巴黎变得如同日内瓦,也使其他难以驾驭的城市变得如同日内瓦。

第三个重要事实就是他出身于钟表匠家庭(Le Corbusier 这个名字是他在1920 年开始写作时,从外祖父那里沿用而来的一个笔名)。他在当时所写的第一篇宣言中获得了很大的名声,该宣言论述房屋是供人们居住的机器。[1] 在一本叫作《走向新建筑》(Vers une architecture)的书里,他坚持建筑必须如同机器一样,是功能性的,是真正由工业化大规模生产方式进行生产的[2](人们逐渐认识到,后来在 1960 年代,工

---

[1] Quoted in Fishman, 1977, 186.　　[2] Le Corbusier, 1998.

❶ 纳沙泰尔(Neuchâtel),瑞士纳沙泰尔州州首府。

❷ 卡尔文教(Calvinist),法国卡尔文教也称"胡格诺派"(Hugurnots),它的核心思想在于所倡导的一种行为道德,某个人在事业上的成功说明他是上帝的选民。

图 7-1　勒·柯布西耶和居住单元(马赛公寓)

一种用于居住的机器,正如这位顶级建筑师所描述的一样。

图片来源:Popperfoto/Getty Images.

业化住房的泛滥不仅仅是政治压力和准备不当的结果,还反映了一种持续性的政策,而且它们的失败应当从这个角度来进行判断)。因此,毫不奇怪,在他另一本著作《城市规划》(Urbanisme)中,工程的胜利与伟大的建筑得到了同样的喝彩。

这很自然:千万个细小成分挤压形成规划上的和谐,这样的传统来自于一个长远而世代相传的传统。但是,人民不是钟摆,社会也不能被贬低成为时钟机械的工作状态。对于人性而言,这种企图是悲哀的。不过有一则反例:汝拉省(Jura)❶的钟表匠们顽强地捍卫着本地自由,同时也受到蒲鲁东(Proudhon)和克鲁泡特金的称赞。柯布西耶不久将它置之脑后。

如果瑞士给了他世界观,那么巴黎则为他提供了原材料和一种理想秩序的视野。就像如果脱离了 19 世纪晚期伦敦的背景,霍华德就不能得到理解;或者离开了 1920 年代纽约的背景,芒福德就不能得到理解一样。因此,所有柯布西耶的思想应当看作是针对他从 1916 年开始直到 1965 年去世前不久,定居和工作的城市的反应。[3]巴黎的历史是那些充满生气的、混乱的、嘈杂的、日常生活的力量与中央集权专制秩序之间经常发生斗争的历史。很显然,在 1920 年代和 1930 年代之间,前者是胜利者,而后者已经处

[3]　Fishman, 1977, 29, 101, 114, 183-184.

❶　汝拉省(Jura),法国东部的一省,面积1 952平方英里,省会隆勒索涅。

图 7-2 路易十四指挥荣军院的建设

勒·柯布西耶最喜欢的建筑大师正在工作的画面:"我们要的就是这个",
不幸的是他从未找到过他的太阳王。

图片来源:© RMN-Grand Palais(Château de Versailles)/Frank Raux.

在长期的衰退之中。在表象的后面,城市被贫民窟和疾病所困扰。第三共和国(La Troisième République)❷的城市政府甚至完全放弃了去完成最后的奥斯曼式的改造运动,更不用说采取诸如清除最差贫民窟这样的主动措施。[4]

年轻的柯布西耶得出结论,巴黎只能被伟大君王(grands seigneurs)、"无悔之人"所解救,比如路易十四、拿破仑和奥斯曼。[5]他们的"伟大开创"对于他来说,"是能够压制并控制暴民的**创造精神**的一种经典范例"。[6]他采用一幅路易十四亲自指挥建造荣军院(The Invalides)的画面来作为自己早期的作品——《城市规划》(Urbanisme)的结尾,他在该画下面写道:

> 向一位伟大的城市规划师致敬——该君王构想出这些庞大的项目并实现它们。在全国,他伟大的工作仍然令我们肃然起敬,他会说"我们想要它",或者"我们喜欢这个"。[7]

---

[4] Sutcliffe, 1970, 240-241, 257;Lavedan, 1975, 492-493, 497-500;Evenson, 1979, 208-216.

[5] Fishman, 1977, 210.　　　[6] Le Corbusier, 1929, 293.　　　[7] Le Corbusier, 1929, 310.

❶ 法兰西第三共和国(République Française)是在 1870 年至 1940 年统治法国的共和政府,采用议会民主模式并在 1870 年 9 月 4 日成立。第三共和国因第二帝国在普法战争的失败而倒台之后建立,因为纳粹德国于 1940 年时入侵而垮台。第三共和国是法国第一个长久而稳定的共和政权,赢得法国人对共和政体的支持。

他终生寻求当代的太阳王(Roi Solei)❶,但是从未遇到过。

柯布西耶式的理想城市

同时,柯布西耶还必须设法应付中产阶级赞助人。他1925年的伏瓦生规划(Plan Voisin)与邻里单元没有关系,这只是以一位资助它的航空制造商来命名的[8](这也解释了为什么飞机漫不经心地在各种各样的柯布西耶摩天大楼之间飞行,而不会受到空中的交通管制)。它的18座一模一样的700英尺高的塔楼将导致拆除塞纳河北岸绝大多数的巴黎历史遗迹,仅保留少量纪念物,其中还有一些将要进行搬迁。旺多姆广场(Place Vendôme)将作为秩序的象征予以保留。[9]很明显,他不能理解为什么该规划在城市议会中会引起那样的尖叫声,在那里,他也被称作野蛮人。[10]柯布西耶一直认为,在"天主教堂是白色"的初始年代里,13世纪欧洲哥特式天主教堂的建造者们也一定遭遇过同样的误解,但通过他们仅仅一百多年的努力,"新的世界在废墟上如同鲜花般地绽放了"。[11]

柯布西耶并没有被吓唬住:"城市设计太重要了,不能将它留给市民。"[12]在《现代城市》(La Ville Contemporaine,1922)和《光辉城市》(La Ville Radieuse,1933)中,他最为充分地提出了自己的规划原则,关键点还是那个著名的悖论:我们必须通过提高城市中心的密度来疏解城市。此外,我们必须改善交通并提高开敞空间的总量。这一矛盾可以通过在总用地上的某一小块地方建造高层建筑来解决。[13]这就是要求,正如柯布西耶用大写字母所强调的:"我们必须在清理干净的场地上进行建造!今天的城市正在走向死亡,就是因为它不是按照几何学原理进行建造的。"[14]来自交通的需要也要求全面拆除:"统计数据向我们表明,事务是在中心区发生的。这就意味着宽阔的大街必须穿过我们城市的中心。因此,现有的中心区必须拆除。为了自救,每个大城市必须重建自己的中心区。"[15]这是此类事情的第一个建议,30年以后,它被彻底采纳了。但是正如哈里·A. 安东尼(Harry A. Anthony)❷所指出的,在所有地方都没有意识到这些车辆的停放问题,以及噪音和废气排放所产生的环境问题,它们就这样被忽视了。[16]

然而,在整个城市用来实现新的城市结构的方法是不同的:**现代城市**需要有一种存在明显差异性的空间结构。这是与一种特殊的、隔离的社会结构相适应的,即一个人的居住取决于他的工作。[17]在市中心是伏瓦生规划中的摩天大楼,柯布西耶强调这些大楼是打算用来给**精英骨干**做办公室的:企业家、科学家和艺术家(可能也包

---

8 Fishman,1977,211.　　9 Banham,1960,255.　　10 Evenson,1979,54.　　11 Le Corbusier,1937,4.
12 Fishman,1977,190.　　13 Le Corbusier,1929,178.　　14 Le Corbusier,1929,232.
15 Le Corbusier,1929,128.　　16 Anthony,1966,286.　　17 Fishman,1977,199.

❶ 太阳王(Roi Soleil),指法国国王路易十四。
❷ 哈里·A. 安东尼(Harry A Anthony),美国城市规划教授,曾执教于哥伦比亚大学、加利福尼亚州立理工大学,并担任过哥伦比亚大学城市规划专业主席。

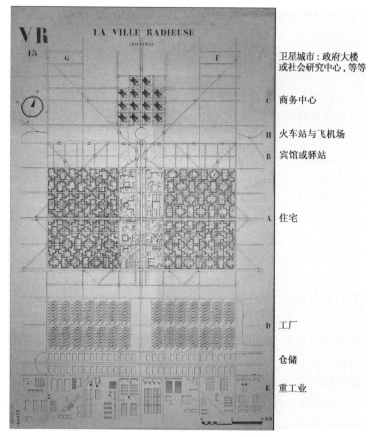

图 7-3　光辉城市

完全的几何图景:用于居住和工作的集合机器。

图片来源:© FLC/ADAGP, Paris and DACS, London 2013/Scala, Florence.

括建筑师和规划师)。24 幢塔状建筑坐落在 1 200 英亩的用地上,为 40 万～60 万个精英人物提供工作,95％的地面是开敞的。[18] 在这个区域之外,居住区分为两种类型:供精英们居住的 6 层豪华公寓套房,根据所谓的后退原则(成排)进行设计,85％的地面作为空地被保留下来。更为朴实的住房是为工人建造的,房屋围绕着庭院,坐落在统一的街道网格上,48％的地面保留下来作为空地。[19]

　　将批量生产的公寓为大众提供居所,柯布西耶没有时间去考虑任何有关个体特征的东西,他把它们称作"细胞":

　　　　在研究中,我们一定不要忽略完美的人类"细胞",细胞最完美地适合于我们生理上和情感上的需要。我们必须要实现"住房机器"(house-machine),它必须在操作上和情感上令人满意,并且是为一系列房客设计的。"老家"概念和本

[18] Le Corbusier, 1929, 215; Fishman, 1977, 195.　　　[19] Le Corbusier, 1929, 215, 222-223.

土建筑等等都消失了,因为工人就像口袋和行李一样,在需要时就要搬迁,并且必须随时准备搬迁。[20]

所有的单元不仅应当是统一的,而且它们都应该拥有同样标准的家具。他承认,有可能"我的计划……起初会引起人们的某种担忧或者不喜欢",但是布局的变化和树木的广泛种植很快就能改变这一点。[21]不仅这些居住单元需要大规模地建造,对于资产阶级精英而言,他们将集体性地获得服务:"虽然还总可能有自己的女佣和保姆,如果您想要一个家庭佣人的话",在光辉城市里,"仆人问题将会得到解决":

> 如果您想要在午夜把朋友带回家吃饭,比如在看完戏之后,只需打一个电话就可以有布置好的餐桌等着您——还有一名不会生气的仆人。[22]

很显然,现代城市的中心是中产阶级的地盘。并且,在办公中心里,他创造了娱乐与文化的综合建筑以满足精英们的需要,他们"在非常宁静的、距地面 600 英尺高的地方谈话、跳舞"。[23]

当然,蓝领工人和职员们不会像这样生活。在附属单元里,柯布西耶为他们提供了花园公寓。他们也有大量绿色空间、运动设施、运动器械以及娱乐设施,但是这些设施与中产阶级的设施是不同类型的,它们适合于那些一天辛苦工作 8 小时的人。与 1920 年代的巴黎不同,那时富人和穷人们趋向于很近地并排居住,**现代城市**将完全是阶级隔离的城市。

在光辉城市的时代,虽然柯布西耶宗教的教条保持不变,但是在理论上却发生了很重要的变化。柯布西耶已经对资本家失去了信心,或许在大萧条的年代里,他们已经失去了资助他的能力。现在,他开始相信中央性规划的优点,中央性规划所包括的不仅是城市建设,而且也是生活的每个方面。通往这一目标的道路是通过辛迪加主义(Sydicalism)❶,而不是无政府主义:这将是一种有序的等级制度,与意大利法西斯主义左派有着很密切的关系。很多法国辛迪加主义者在 1940 年真的参加了维希(Vichy)❷政府。柯布西耶自己相信,"法国需要一个父亲,而这个父亲是谁无所谓"。[24]在这个系统中,一切决定于规划,而规划由专家"客观"地形成,人民只是在由谁去执行它这个问题上拥有发言权。

> 和谐的城市必须首先由了解城市科学的专家们进行规划。他们制定规划而完全不承受支持者的压力和特殊利益集团的影响。一旦他们的规划得以制定,就必须不折不扣地得到执行。[25]

在 1938 年,他设计了一个"可容纳 10 万人的国家公共节日中心",在那里,领袖可以

---

[20] Le Corbusier, 1929, 243.　　[21] Le Corbusier, 1929, 243, 250-252.　　[22] Le Corbusier, 1929, 229.
[23] Quootoed in Fishman, 1977, 198.　　[24] Fishman, 1977, 237, 239-240.　　[25] Fishman, 1977, 239.
❶ 辛迪加主义(Sydicalism),工团主义,亦称无政府工团主义或革命工团主义,19 世纪后期发展起来,主张废除国家,代之以产业工人的松散的联盟。
❷ 维希(Vichy),法国中南部的一座城市,1940—1944 年作为法国被德国占领时傀儡政府的临时首都。

向人民发表讲话,它就像是希特勒穹顶大厦的露天翻版。[26]

但是新的辛迪加主义城市在一个重要方面存在差异:现在,每一个人都将集体化。现在,每一个人都将生活在被称作为"单元"(Unit)的巨型集体公寓里。每个家庭获得公寓不是根据户主的工作,而是根据固定的面积定额,每个人都不会得到多于或少于有效生存所需的最低要求。现在,每一个人(不只是幸运的精英)都将享受集体服务,烹饪、清洁工作、儿童照管都不用家庭承担。

同时很有意义的是,柯布西耶到过苏联,并且在 1920 年代,苏维埃建筑师的重要组织"规划师"(Urbanists)形成了和他非常接近的思想。他们要在开阔的乡村建造新的城市,在新的城市中,每一个人都居住在巨型集体公寓中,个人空间将被削减至绝对的最低需求,仅够放进一张床,没有个人或家庭的厨房和卫生间。在其中的一种房型中,生活按照时刻表进行安排,如早晨 6 点起床,7 点离开前往矿井。另一位规划师设计了一种单元,采用大型交响乐团来诱导失眠者入睡,以掩盖其他人的鼾声。[27]在这一群人中,有些人的规划(列宁格勒的伊万诺夫(Ivanov)、捷廖欣(Terekhin)、斯莫林(Smolin),莫斯科的巴尔希(Barshch)、弗拉基米罗夫(Vladimirov)、亚历山大(Alexander)和维斯宁(Vesnin)),连细节部分都与设计光辉城市时的"单元"非常相似,并且和 1946 年在马赛实际建造起的公寓一样。[28]但是 1931 年以后,苏联统治者如同意大利的法西斯统治者在几年后所做的一样,开始反对柯布西耶的建议。

在 1940 年代,柯布西耶又一次修改了他的观点——然而像以往一样,只是在细节上作了调整。他在战时成立的 ASCORAL(装配式建构的新建筑(Assemblé de Constructeurs pour une Rénovation Architecturale))主张"放射与集中互换的城市"(Les Cités radio-concentriques des échanges),仍然按照原来的柯布西耶方式设计的教育和娱乐中心,通过"线型工业城市"(Les Cités linéaires industrielles)连接到一起,它将成为沿着交通走廊的工业化连续条带。[29]他已经不再对大城市表示乐观,他相信巴黎的人口应该从 300 万削减到 100 万。[30]这些观点在 1920 年代得到苏联反城市主义者的可笑呼应,而柯布西耶曾经狠狠地嘲笑过他们。但是,这里有着重大区别:他的规划是一个集中的"绿色工厂",工人的生活被隔离,并静止地居住在垂直的田园城市中,每个城市有 1 500～2 500 名工人,当然,不可避免的是集体伙食。[31]他仍然毫不妥协地反对田园城市(cités jardins)的思想,就像追随他的法国规划师一样,始终把该思想和田园郊区相混淆。[32]

所有这些都没有建造起来。有关柯布西耶令人关注的事实就是,他在实践中异乎寻常地不成功。他走遍了整个欧洲以及欧洲以外的地方,提出了气势恢宏的城市设想。他的著作《光辉城市》一页又一页地充满了这些设想:阿尔及尔、安特卫普、斯德哥尔摩、巴塞罗那,还有北非的内莫斯(Nemours),所有这些均停留于纸面。在第

[26] Fishman, 1977, 241.　　[27] Hamm, 1977, 62-63; Berton, 1977, 210.

[28] Kopp, 1970, 146-147, 169, 171.　　[29] Le Corbusier, 1948, 48; 1959, 103, 129.

[30] Sutcliffe, 1977, 221.　　[31] Le Corbusier, 1948, 54.　　[32] Le Corbusier, 1937, 255, 258; 1948, 68.

二次世界大战中,随着贝当(Pétain)傀儡政权在维希的建立,他认为机会终于来了。他受邀负责一个住房和规划研究项目,前瞻性地为一群负责大型建筑与工程工作组的城市规划精英们制订了一项计划,用来排除一切干扰。在他们的上面将是一个"管理者",一名建筑师兼管理官员,负责制定全国的建设规划。柯布西耶总算谦虚了一回,他没能成为这一职位的指定候选人。[33]事实上,他在维希政府也一事无成。他头脑简单的极端利己主义和政治上完全的天真使他很难理解自己的失败。在战争结束时,他的幻想深深地破灭了。

昌迪加尔规划

具有讽刺意味的是,除了"马赛公寓"(Marseilles Unité,被认为是综合建筑之开端的单体建筑,但是永远没有完成),再加上两个受人尊敬的法国翻版和另一个在柏林的翻版之外,柯布西耶唯一真正落地的规划成果是在他逝去之后到来的。

印度政府出于政治上的原因,决定要在昌迪加尔(Chandigarh)为旁遮普邦(Punjab)建造一个新的首都。他们雇用了一名规划师,阿尔伯特·梅耶(Albert Mayer)。梅耶按照欧文-帕克-斯坦因-赖特(Unwin-Parker-Stein-Wright)的传统制定了一份有价值的规划。[34]他们批准了该项规划,但是决定要让一组最权威的现代建筑师——柯布西耶、柯布西耶的堂弟让纳雷(Jeanneret),以及麦克斯维尔·弗莱(Maxwell Fry)和让·德罗(Jane Drew)来实现这个规划。弗莱描述了第一次痛苦难忘的会议,因为梅耶迟到了:

> 柯布西耶拿着粉笔以自己的方式进行着。
>
> "这里是火车站,"他说道,"而这里是商业街。"他在昌迪加尔的新规划上画了第一条道路。"这里是头。"他继续着,用一团墨标在梅耶位置左侧的高地上。我已向他指出过它所带来的不利影响。"而这里是肚子,城市中心。"然后,他描绘出几个大地块,每半块就有3/4英里之长,并且填满了河谷之间的平原,向南延展。
>
> 当忧心忡忡的阿尔伯特·梅耶赶来参加这个小组会议时,规划已经制定好了……无论如何,他都不是这个高深莫测且行为果断的先知人物的对手。
>
> 午饭后,我们在死一般的沉寂中坐着,让纳雷首先打破沉默与梅耶说话:"先生,你会讲法语吗?"梅耶对此回答道:"是的,先生,我会讲。"一个彬彬有礼但倒霉的回答,这将他排除出随后的讨论。
>
> 我们继续下去,提出了一些小的、旁枝末节的建议,而柯布西耶则滔滔不绝,直到如同我们现在所知的,该规划得以完成,一点改动都没有。[35]

---

[33] Fishman, 1977, 247-248.   [34] Evenson, 1966, 13-14.   [35] Quoted in Sarin, 1982, 44.

图 7-4　昌迪加尔,柯布西耶式的城市设计

唯一得以实现的由勒·柯布西耶设计的城市:这是一个居住区,给旁
遮普邦官员居住的实用主义方盒子,这些都来自大师的手笔。

图片来源:Madhu Sarin.

图 7-5　昌迪加尔,表现背后的平民城市

表现背后的平民城市的真实状况:前景是自发形成的房屋,左侧背景
是帐篷城市。

图片来源:Madhu Sarin.

接下来就是建筑师与规划师之间的争论,再接下来就是建筑师之间的争论。在争论中,弗莱和让那雷抱怨柯布西耶全盘控制的方式,包括详细布局和设计。他们很天真,说要按照 CIAM 的精神,也就是一种合作的方式进行工作。其结果是重要的:这就是一项劳作分工,其中柯布西耶只负责中央行政综合建筑。[36]但是,接下来发生的事情则更加彻底:从一种规划风格转向一种建筑风格,这意味着"向视觉形式、象征

---

[36] Sarin,1982,45.

主义、想象和美学优先的方向迅速转变，而不是印度人口的根本问题。由于重点落在了向印度建筑输送适合于第二机器时代（The Second Machine Age）的形式，现实中的印度情况可能或多或少地被完全忽视了"。[37]

　　结果是一系列多重讽刺性的事情。柯布西耶发现他在后殖民政府中的支持者们沉浸于英国殖民的专制传统中。柯布西耶为他们制定了一套以现代建筑的装饰为基础的城市美化做法，一个现代的新德里。这里有一个已经用于马赛和波哥大规划的快速交通道路系统，用来满足甚至低于巴黎 1925 年时汽车拥有量的水平，而这真是太低了。街道和建筑之间的关系完全是欧洲式的，其布局未曾考虑过恶劣的印度北方气候以及印度的生活方式。[38]通过创造建筑形式来辅助社会组织和社会整合的设想是完全失效的，片区起不到邻里单元的作用。[39]城市由于在收入和市政服务等级上的差异而被严重地割裂了，使人想起《现代城市》（La Ville contemporaine）。对于不同的社会群体有着不同的密度，导致了规划所形成的阶级隔离。[40]因此，不同阶级之间的对比是很清楚的：

> 当人们沿着旁遮普大学宏伟的校园漫步时……（那里大多数的教室和办公室一天只使用 3 小时），透过高高的校园围墙，人们可以看到成千上万的人生活在贫民窟里，没有电和自来水。[41]

到 1970 年代时，15％的人口居住在违章或半违章的住区（Squatter）❶里，超过半数的商贩通过手推车或摆摊的不正规形式进行经营。[42]由于他们与城市总体规划中有关城市秩序的设想发生冲突，政府不断企图制止或者扰乱他们的经营。商贩们利用一系列的公共事件做出回应，它们称得上是印度版本的老式伊林喜剧。在锡克教分裂主义（Sikh separatism）❷很敏感的时候，他们在为庆祝新的非法市场成立的大会上，安排了整套神圣的锡克宗教活动。当执法人员赶到时，锡克教商贩宣布，如果禁止经营的执法活动不停止，他们宁愿粉身碎骨。接着，商贩们精心指挥了刚刚逝世的总理的葬礼，取得了巨大的公众反响。[43]

　　所有这些只是印度生活丰富精彩的片段，与柯布西耶没有关系。确实，绝大多数问题只是间接地在他面前呈现。他是在那个时候去世的，在最后的日子里，他正集中精力去设计中央纪念性的综合建筑和总体上的视觉象征主义，这是规划中做得最好的部分。[44]但是那恰恰是问题的核心：就像希特勒对柏林充满梦想一样，在末日来临的时候，他真正关心的是纪念性这一部分。柯布西耶是最后一位城市美化运动

---

37 Sarin, 1982, 47.　　38 Evenson, 1966, 92.　　39 Evenson, 1966, 95.

40 Gupta, 1974, 363；Schmetzer, 1974, 352-353.　　41 Gupta, 1974, 368.　　42 Sarin, 1979, 137.

43 Sarin, 1979, 152.　　44 Evenson, 1966, 39, 94.

❶ 这里指非法擅自在公地或新开地上定居。

❷ 锡克教产生于 16 世纪初莫卧儿帝国统治时期，是印度教虔诚派运动特别是迦比尔宗教思想体系继续发展的产物，"锡克"一词意为"门徒"或"弟子"，也就是信奉锡克教的教徒。锡克族主要分布在印度西北部的旁遮普邦和哈里亚纳邦、新德里、加尔各答及坎普尔等地。锡克教分裂主义主张恢复锡克教原始教义，反对正统印度教及其改革派圣社，要求锡克教徒在政治上和法律上都成为独立的社会集团。

的规划师。规划中的其他部分并没有起效,但是在某种意义上也无关紧要。至少昌迪加尔的住房比人们以前所知道的要好很多,而且可能比他们在城市未曾建造之前所期望的也要好很多。但是,当柯布西耶的门徒将他们老师的方案用于西方城市时,情况就不同了。

巴西利亚:准柯布西耶城市

还有另外一座全新的柯布西耶式的城市,尽管柯布西耶并没有设计过它。巴西如同许多发展中国家一样,围绕着港口城市发展起来,而这个港口城市别无选择地成为它的首都。到 1940 年代时,尽管里约热内卢打算进行部分重建,但它还是从缝隙中膨胀出来。人们很早就制定了一个规划,在内陆腹地建造一个新的联邦首都。1823 年,由"国父"若泽·波尼法西奥·德·安德拉达-席尔瓦(José Bonifácio de Andrada e Silva)提议并为它命名;1892 年,一个委员会已经选择了地点;1946 年,一个新的民主委员会为此准备就绪;1955 年,另一个委员会又重新选定了基址;同年,一位魅力十足的政治家——尤西里诺·库比契克·德奥里维拉(Juscelino Kubitschek de Oliveira)在选举期间承诺要建设它,并且勉强获胜。[45]巴西拥有一种在不可思议的短时间内建造大型公共项目的悠久的政治传统,而巴西利亚则是一例登峰造极的典范。[46]里约通讯社预见性地提出了批评:"疯狂的极限! 一个在沙漠中的专政。"库比契克是不可阻挡的。[47]

库比契克找到他的老朋友——建筑师奥斯卡·尼迈耶(Oscar Niemeyer)。巴西建筑师协会提出抗议,要求必须举行一次设计竞赛,尼迈耶当然在评委之列。仅仅经过 3 天的评议,评委会就做出决定,把 20 世纪最大的城市规划工作之一交给卢西奥·科斯塔(Lúcio Costa),他是巴西现代建筑运动的另一位先锋人物。他的入围作品是 5 张中等大小卡片的手绘图纸,没有任何专门的人口预测、经济分析、土地使用进程表、模型或者制图。[48]评委们喜欢它的"宏伟","很明显从一开始起,巴西利亚就将是一个建筑师的,而不是一个规划师的城市"。[49]

规划从各种角度被描绘成飞机、鸟或者蜻蜓:躯体或者机身是由重要公共建筑和办公楼组成的纪念性轴线,两翼是居民区和其他区域。首先,标准化的办公楼耸立在宽阔的中央林荫大道的两旁,而大道则通向政府的综合大楼;然后,统一的公寓楼建造在面对着巨型中央交通干线的、柯布西耶式的巨型街区内。严格遵从于"光辉城市"的布局,从常务次官到看门人,都居住在相同公寓中的相同住房里。

但是正如詹姆斯·霍尔斯顿(James Holston)❶ 所认为的,巴西利亚表明现代主

---

[45] Epstein, 1973, 36, 42, 45; Evenson, 1973, 49, 108, 112–113.   [46] Epstein, 1973, 36.
[47] Evenson, 1973, 114.   [48] Epstein, 1973, 49; Evenson, 1973, 145.   [49] Evenson, 1973, 117, 142–143.
❶ 詹姆斯·霍尔斯顿(James Holston),加州大学圣迭戈分校人类学系副教授,从事文化人类学研究。主要著作有《现代建筑与人类学》《城市公民与全球化》。

义有着很激进的社会和政治意图:采用新的集体主义社会秩序来替代资本主义的。虽然库比契克是一名拉丁美洲亲民党员,尼迈耶却是一名公开的共产主义者。按照霍尔斯顿的说法,这项规划是现代主义运动的极端政治成就,"一个 CIAM 城市……它是根据 CIAM 宣言所提出的建造和规划原则所实现的一个最为完整的样板"。[50] 它将实现先锋们枉然为之奋斗过的目标。它的潜在计划是要创造一种全新的建筑形式,作为一个新社会的外壳,而不去参照历史:过去的东西于是就这样被废除了。他写道:"巴西利亚不仅要被建设成为新时代的象征,而且我们把它的设计和建设作为一种手段,通过改造巴西人的社会来**创造**巴西利亚。"[51] 它完美地体现了现代主义运动这一关键性的前提,即"彻底反文脉化"(total decontextualization)。在其中,一种乌托邦的未来成为衡量现在的手段,而没有任何历史脉络的意义:一个城市在一块干净的白板上创建起来,不用去参照过去。[52] 在这个新城里,严重分层的传统巴西社会将被完全平均主义的社会所替代:在式样统一的公寓里,官员和大使们将和看门人、劳动者成为邻居。公共空间和私人空间的传统划分将被废除,这些区块将作为集体生活之用的机器。甚至传统的街道(即由来已久的公共生活和私人生活之间划分的本源)也必须消失,因此,巴西利亚的八车道快速干道将起着社会分隔而不是社会整合的作用。

巴西利亚的建设,甚至在巴西这个充满神奇故事的国家里都变成一项传奇。一位美国人写道:"这似乎是西部开发被延迟了 100 年,然后用推土机做到了。"[53] 由于首都必须不惜一切代价在 1960 年 4 月 24 日即库比契克的 4 年任期结束时建成,因此要求在一年中 24 小时不间断地进行建造。这完全"反映了一个在管理方面始终存在欠缺的国家在管理上的胜利;它展现了在一个很少有作息时间概念的社会中,如何坚持按照进度表工作;它反映了不愿连续努力工作的人民如何去持续努力地工作"。[54] 传奇故事有很多,毫无疑问这都是真的:卡车司机一天要装运几次同样的黄沙,排字员被用作地形测量员,数砖人被用作会计。[55] 最不需要考虑的事情就是代价。一位评委会成员威廉·霍尔福德(William Holford)说道,没有人知道需要花多少钱。新城公司(NOVACAP)的主席说道,他不为财务所困扰。尼迈耶告诉英国建筑师马克斯·洛克(Max Lock),他不知道总统府花了多少钱,"为什么我要知道?"他毫不迟疑地反问道。[56] 著有一部巴西利亚城市发展史的爱泼斯坦(David G. Epstein)❶做得好! 他以书为礼:

> Aos trabalhadores de Brasília, que construíram a nova capital;
>
> Aos trabalhadores de Brasil, que pagaram.[57]
>
> (献给巴西利亚的工人们,他们建设了新首都;
>
> 　献给巴西利亚的工人们,他们为之付出了许多。)

---

50 Holston, 1990, 31.　　51 Holston, 1990, 3.　　52 Holston, 1990, 9.　　53 Evenson, 1973, 155.
54 Evenson, 1973, 155.　　55 Epstein, 1973, 63.　　56 Evenson, 1973, 155.　　57 Epstein, 1973, n. p.
❶ 戴维·爱泼斯坦(David G. Epstein),美国人类学家,曾从事规划与自发的住区研究,著有《巴西利亚,规划与现实:对计划和自发式城市发展的研究》。

图 7-6　巴西利亚

现代化的、整洁的首都城市的景象,卢西奥·科斯塔绘制于五张
目录卡片上。

图 7-7　巴西利亚,塔瓜廷加

源自于一种建筑工棚,它是大众住宅中第一个反映首都地区大
多数人民真实状况的住宅区:无法控制,最后只好视而不见。

真是令人难以置信,6万名工人将巴西利亚建成了。在一天之内竖起了2 000多根路灯电线杆,722所住房一夜之间被漆成白色。在规定的期限里,总统府、长官府、国会大厦、最高法院、11个部委、1座宾馆、94幢公寓住房闪耀在巴西中部开阔草原的阳光中。当然,所有这些只是一个外壳,大楼的内部装修尚未结束。在举行庆典仪式以后,许多官员乘飞机回到里约热内卢。但是,甚至在库比契克下台之后,城市仍由于花费太多而无法收回投资。在接下来的10年中,整个政府机器确实搬迁到了那里。

　　热门过一阵之后,巴西利亚开始运行了。当车辆拥有量增多之后,宽大的高速公路及其支线上塞满了车辆,由于当初的规划从未打算解决行人和车辆之间的矛盾,当步行人流在中央林荫大道上的高速车辆之间穿行往来的时候,他们每天都在冒着生命危险。这只是一个细节,真正的失败在于,同昌迪加尔一样,一个未经规划的城市在一个规划过的城市旁边发展。所不同的是,这里在巴西利亚边上的这座要远远大得多。

　　与在其他任何一个发展中国家里的对应现象一样,巴西的法沃拉斯(favelas)❶是人们所熟悉的一种城市景象,最为著名的一大群(法沃拉斯)非常醒目地处在里约热内卢著名的库帕卡巴纳(Copacabana)海滩后面的山边。但是象征着现代化的巴西利亚没有这种东西,违章占地直截了当地被禁止。[58]因此,从某种意义上来说,它在视觉上和概念中被赶了出去。在建设期间,一个所谓的"自由城市"(Free Town)形成了。不久,违章占地形成了附近的塔瓜廷加(Taguantinga)住区。在交付典礼之后,政府想要清除它,但是引起了一场骚动。1961年,出于农业不景气带来的低落情绪,政府通过了一条法律允许它存在。到1960年代中期,根据官方估计,联邦地区1/3的人口,也就是10万人居住在"亚居住区"(Sub-habitations),不久,这个比例超过了一半。[59]政府对侵地的反应就是打算把场地和服务地块划分到最小,减到最低。爱泼斯坦对这一过程的叙述特别具有讽刺意味:

> 在新城公司一名监督员的监督下,地块的实际划分和新街道的布局就是在两个人手中完成的,他们中有一个是文盲。这些人都没有经过城市规划、社会工作或调研工作的正式培训,他们将街道布局成互相垂直的交叉网格。[60]

这就是在一个富人与穷人总是被彼此隔离的国家里,创造一个无阶级城市社会的梦想的结局。如果有什么特别之处的话,那么就是在巴西利亚,与其他任何更加古老的城市相比,富人和穷人被更加无情地隔离开来:在穷人区和纪念性、象征性的城市之间被插入了一个卫生隔离区(Cordon Sanitaire)。因此,穷人区可能永远不会破坏景观或者干扰城市的形象。具有讽刺意味的是,仍然滞留在超型街区中的服务员被安置在斗室里,这比他们在传统公寓里所享有的还要糟糕。巴西极其深刻的阶级结构、微妙的种族渊源再一次得到彰显。此时,尼迈耶本人却说规划被歪曲了,他感到或许只有在一种社会主义的制度下才能够执行这一规划。[61]柯布西耶在一生的很多时间里也遭受同样的情感挫折:要在民主和市场的混乱中去实现城市美化是艰难的。

柯布西耶们来到英国

　　虽然柯布西耶们竭其所能,但是他们在发达国家里所做的也好不了多少。用来实现目标的手段仰仗于CIAM的影响力。这是"在瑞士积极分子西格弗里德·吉迪翁(Siegfried Giedion)"的邀请下,于1928年成立的"新信仰的耶稣会"。[62]五年后,当

58　Evenson,1973,57-58.　　59　Evenson,1973,75-76,79,119;Cunningham,1980,198-199.
60　Epstein,1973,121-122.　　61　Evenson,1973,180.　　62　Esher,1981,37.
❶ 法沃拉斯(favelas),贫民区。

吉迪翁提议在伦敦成立现代建筑研究小组——MARS❶时,可以再次见到它与瑞士的关系。[63] 1938 年,柯布西耶正在高谈阔论着英国的忠诚:

> 新建筑的优越之处一定不能仅限于那些享有品味和金钱特权的少数家庭。它们必须广为扩展,以便照亮千百万个工人的家庭以及他们的生活……它自然要提出我们时代最重要的问题:针对被视为不可分割整体的各个国家,进行一场合理的重新整治的伟大运动。[64]

柯布西耶本人正在进行转变,但是很少有其他人也在这样做。1929 年在法兰克福就参加了第二届 CIAM 中的一些少数成员开始注意到恩斯特·梅在法兰克福的作品以及他对于田园城市的现代诠释[65],但是在 1930 年代,尽管大多数地方政府官员也到国外去旅行,他们仍然把公寓视为一种不良的必需品。只有两个项目,甚至打破了关于五层楼建筑的障碍,[66]它们一个在伦敦,一个就是在利兹(Leeds)❷著名的魁里希尔(Quarry Hill)公寓,后者源于两位议员对维也纳的访问。海外移民,如舍吉·切梅耶夫(Serge Chermayeff)、恩诺·高夫芬格(Ernö Goldfinger)、伯纳德·卢贝特金(Bernard Lubetkin)、彼得·莫罗(Peter Moro)和尼古拉斯·佩夫斯纳(Nikolaus Pevsner),等等,在传播来自欧洲大陆的新原则中起到了关键作用。[67] 1938 年在伦敦的 MARS 小组的展览中(起初计划于 1935 年展览,后来不断被延迟),郊区成为一种不良事物,而公寓房则代表了未来的方向。[68]

七年以后,一切都发生了变化。一种巨大的、受到抑制的政治力量酝酿生成。战争行将结束时,一场真正的革命已经发生:英国政府采取了在 1930 年代不可想象的负责态度来对待人民的福利问题。[69]与此相关联的是一种不寻常的思想:英国必须重建,贫民窟必须被清除掉。在普利茅斯(Plymouth)这座遭受严重轰炸的城市,阿斯特勋爵(Lord Astor)市长和一群议员接待了工程部长约翰·里思(John Reith)。那天晚上里思见到了不同寻常的一幕:

> 有两千人在露天跳舞——这是一种沃尔多夫·阿斯特(Waldorf Astor)❸的理想。在他们下面则四处皆是最近对城市造成破坏的可怕混乱局面,而隔海不远之处就是敌人。当人群从夏日傍晚跳舞直到深夜的时候,我看见海岸部队

[63] Hardy, 2005, 39.　　[64] Quoted in Esher, 1981, 37.　　[65] Ward, 2010, 122-123.
[66] Ravetz, 1974, 133, 140, 144; Daunton, 1984, 140-142.　　[67] Gold, 1997, passim.
[68] Gold, 1993, 360, 365.　　[69] Titmuss, 1950, 506.
❶ Modern Architecture Research Group,现代建筑研究小组。简称为 MARS Group,是由英国现代主义运动中的几位先锋性建筑师和建筑批判家与 1933 年所成立的英国建筑智囊组织,为英国的现代建筑师提供支持,其主要成员有麦克斯维尔·弗莱(Maxwell Fry)、F. R. 约克(F. R. Yorke)。该组织曾经于 1933—1942 年在阿瑟·柯恩(Arthur Korn)的组织下根据现代主义原则为伦敦制定过发展规划。
❷ 利兹(Leeds),英国约克郡首府,地区人口为 560 万,其中劳动力 200 万,是位于英国经济最发达地区中心的一个商业重镇。
❸ 沃尔多夫·阿斯特(Waldorf Astor, 1879—1952),阿斯特子爵二世,当时美国首富 William Waldorf Astor 之子,对政治感兴趣,普利茅斯的保守党国会议员。

的舰队从达文波特(Davenport)锚地以单列纵队出航。他们有事情要做,他们必定为了在休宜❶看到的去做得更好。[70]

阿斯特告诉里思,此次会议的结果就是针对规划思想的反对意见已经消失。随之而来的是摇摆不定的转向,离开传统主义而转向现代主义。正如约翰·古德(John Gold)所评论的:"重建工作带有某种神秘性光环,一个凤凰涅槃式(Phoenix-like)的过程,社会结构将会更新。肮脏的维多利亚时期建筑和穷街陋巷一起塑造了过去……而未来将会被描绘成轮廓清晰,由钢铁、玻璃、混凝土筑成的现代主义建筑。"[71]

战后,国际现代建筑协会 MARS 的建筑师们很快发现他们置身于新城运动与田园城市的矛盾之中。虽然现代主义建筑师们得以委任去规划它们:吉伯德(Gibberd)在哈罗新城,戈登·斯蒂芬森和彼得·谢珀德(Peter Shepheard)在斯蒂芬内奇,威廉·霍尔福德(William Holford)在科比(Corby),卢贝特金(Lubetkin)在彼德里(Peterlee),莱昂内尔·布雷特(Lionel Brett)(即埃舍尔勋爵 Lord Esher)在哈特菲尔德(Hatfield)和后来贝斯顿(Basildon),[72]但是,麦克斯韦尔·弗莱(Maxwell Fry)认为,

> 在新城运动最初时期,我们基本上作为一个整体在与政府工作,其证明就是——大多数新城都是由 MARS 的建筑师们设计的。直到我们意识到这些新城只是田园城市的延伸时,我们对此的热情就减退了。[73]

事实上,由里思委员会(Reith Committee)设定的项目参照条款使上述问题避无可避[74];"新城的想法可能已经脱离田园城市的初设,这很可能只是一厢情愿。"[75]在彼德里,卢贝特金在他所关注的高密度设计的问题上与国家煤炭局(National Coal Board)陷于反复论战,直到 1950 年 3 月他任期结束时,彼德里也没有得到更新。[76]

这后面有个非常奇怪的故事:英国现代主义与共产主义在意识形态上的关联。1935 年,建筑联盟(AA)❷在新会长埃里克·罗瑟(Eric Rowse)的带领下,成立了第一所真正的现代主义建筑学校。坚忍不拔的罗瑟很快屈服于建筑联盟理事们的纠缠之下,但现代主义课程存活了下来,在老师、同学之中为共产主义同道者们提供了一席之地。很多在那里工作或学习的杰出建筑师与规划师,包括理查德·卢埃林-戴维斯(Richard Llewelyn-Davies)、马克斯·洛克(Max Lock)、安·麦克欧文(Ann MacEwen)和格拉姆·夏克兰(Graeme Shankland),他们都是共产主义者。[77]一位年轻的共产主义建筑师-规划师亚瑟·林(Arthur Ling)于 1939 年访问了苏联,并成为英国与苏联规划界多年来的重要纽带。他也是 MARS 组城市规划协会的秘书,1941 年加入由约翰·福肖(John Forshaw)领导的伦敦郡委员会(LCC)建筑部。这成为 1940 年代建筑规划领域共产主义活跃派的重要枢纽。林和其他 LCC 杰出的共产主义者如肯

---

[70] Reith, 1949, 428.　　[71] Reith, 1949, 428.　　[72] Gold, 1997, 195.　　[73] Quoted in Gold, 1997, 95.
[74] Gold, 1997, 95–96.　　[75] Gold, 1997, 96.　　[76] Gold, 1997, 198–199.　　[77] Ward, 2012a, 505.

❶ 休宜(Hoe),位于普利茅斯的一处滨海地区。
❷ 建筑联盟(Architectural Association),以下简称 AA。

尼斯·坎贝尔(Kenneth Campbell),在 1943 年伦敦郡规划中扮演了重要角色,并且在计划中的官方电影《骄傲城市》(*Proud City*)中高调亮相。1945 年,他成为建筑部城镇规划司的领导。[78]与此同时,林以主席的身份在英-苏友谊协会中创办了一个建筑规划新部门[79],其中的重要成员包括威廉·霍尔福德(William Holford)、查尔斯·霍尔顿(Charles Holden)、考文垂(Coventry)的唐纳德·吉布森(Donald Gibson)、格拉姆·夏克兰(Graeme Shankland)以及泰德·霍兰比(Ted Hollamby)。[80]

尽管存在这些关系,共产主义的影响还是在消退,通常是由于明显的政治因素,比如越来越强烈的冷战因素。在彼德里,卢贝特金受到杰出的伦敦郡议会共产主义者莫妮卡·费尔顿(Monica Felton)(斯蒂芬内奇发展公司的主席)的鼓舞,制定了基本的马克思主义规划来反映团结的杜兰(Durham)矿工阶级。尽管存在着道德方面的顾忌,费尔顿用她个人与刘易斯·斯尔金(Lewis Silkin)的亲密行为来获得他的支持,尽管这并非全心全意。1949 年间,卢贝特金所建议的高密度城市中心被认为与地下煤矿开发相矛盾。当斯尔廷在 1949 年秋天把费尔顿调到斯蒂芬内奇时,卢贝特金被完全孤立了。1950 年,他的规划被一个更为传统的低密度方案所取代。[81]最终,在 1951 年 6 月朝鲜战争期间,斯尔廷的继任者休·道尔顿(Hugh Dalton)开除了费尔顿在斯蒂芬内奇发展公司的主席身份。斯蒂芬·沃德(Stephen Ward)认为她的名字几乎完全被从英国规划历史中抹除掉了。[82]

在 1955 年期间,一项安全服务调查让正在参与筹划一个国际会议的六名规划师(包括林、卢克、约翰逊-马歇尔(Johnson-Marshall)和莱斯利·金斯伯格(Leslie Ginsburg)),成为在任或者新近的共产主义者,或者联谊组织中的活跃分子。在麦卡锡主义的压迫下,政府不鼓励公务员参与此类活动。[83]斯蒂芬·沃德评论道:"越来越多苏联给英国城市规划所带来的特殊影响……几乎正在消失于无形。"在伦敦郡议会的建筑师中,亲苏者倾向于相对传统的、柔和的瑞典现代主义形式,反对柯布西耶式的道路。其他共产主义者,特别是夏克兰和霍兰比则走得更远,他们重新搬出英国革命性的社会主义设计之父——威廉·莫里斯(William Morris)。[84]讽刺性的是,随着时间的流逝,激情四射的亲苏者们成为职业领袖,加入到英国的主流规划公司,完成了一些 1950 年代后期最具创新性的设计:(夏克兰)为霍克(Hook)所做的未建成、但极具创意的规划,(林)在朗科恩(Runcorn)的"八字形"规划,(卢埃林-戴维斯与波尔(Bor))在华盛顿和米尔顿凯恩斯所做的扩展性网格规划。他们同样服务于日趋市场导向性的混合经济。最具讽刺性的是在 1981 年,霍兰比的长期职业生涯最终被定格在与撒切尔新自由主义神话相关的伦敦道克兰开发集团(London Docklands Development Corporation)的首席建筑师规划师这一职位上。[85]

与此同时,随着战后重建马力全开,原先的现代主义共识开始衰退。城市规划历史学家在大城市的调查显示,随着实施工作开始引入一些其他的大型企业和利益集团,

[78] Ward, 2012a, 506.   [79] Ward, 2012a, 507.   [80] Ward, 2012a, 508.   [81] Ward, 2012a, 509.

[82] Ward, 2012a, 509.   [83] Ward, 2012a, 511.   [84] Ward, 2012a, 517.   [85] Ward, 2012a, 517–518.

原先战时对于由相对小而精的专业圈子来制定城市规划的热情开始逐渐消退。在普利茅斯,斯蒂芬·埃塞克斯(Stephen Essex)和马克·布莱歇(Mark Brayshay)发现在这些更大圈层里的参与者之间的相互作用与紧张关系导致了重要的妥协,最终,在原初意象与现实景象之间产生了错位。[86]华尔道夫·阿斯顿是一位经验丰富的政客,战争期间是普利茅斯的市长,他结识1940—1942年间的就业与规划部长里斯勋爵、在卫生部担任城市规划顾问的乔治·皮普勒(George Pepler),以及在1943年被聘来协助制定普利茅斯极端激进主义城市规划的帕特里克·阿伯克隆比。[87]

　　阿伯克隆比的职责实际上就是在其他人完全考虑好问题之前签字盖章。[88]这个规划的主要特点就是,一条从城市中心北部边界铁路站点附近通往南部休宜(Hoe)的宽阔大道(Armada Way),它在1941年10月18、19日的周末突如其来地出现了。后来阿斯顿回忆道:

> 我记得很清楚我妻子是如何带着他(阿伯克隆比)散步的……他们在某一方面很有共识……很多代人已经被奇形怪状的建筑搅乱了。于是我们就是这样形成这个概念的:一条宽阔的大道从北路车站的高地穿过普利茅斯的核心区到达埃迪斯通灯塔(Eddystone Lighthouse),该座灯塔是用来纪念休宜重建的标志。[89]

埃塞克斯和布莱歇评论道:如此之小的群体却做出如此毅然决然、不容更改的决定,而且没有公众讨论与参与,这是值得注意的。“更加值得一提的是其巧妙的方法,核心成员成功地把这些核心元素的想法植入到城市意识中,甚至成为一部‘大宪章’,规划部也不得不认识到没有讨价的余地。”[90]但是随着阿斯顿和阿伯克隆比两人影响力的衰退,尤其在1944年之后,实力派新人开始在实践性的舞台上扮演越来越重要的角色。原先的蓝图开始被淡化:城市官员、顾问以及零售商开始寻求变革,新的城乡规划部门的公务员开始施展自己的影响力,宣传那些由功能主义、经济学和不同的观点所驱使的更为现实和可行的解释。[91]

　　同样,菲尔·胡巴德(Phil Hubbard)和路西·费尔(Lucy Faire)展示了唐纳德·吉布索瑞斯(Donald Gibsoris)著名的考文垂规划,这是英国第一个地方政府建筑师的作品,因为与恩斯特·福特(Ernest Ford)所领导的市政工程师们进行了无休无止的争执而广受关注。[92]在里斯勋爵的怂恿下,市镇委员会要求他们在市中心某一占地一平方公里的再开发项目中进行合作,但是他们仍然不同意。于是两个规划被分别提出,吉布索瑞斯胜出。该规划有意不考虑现状的产权关系,以便创造“一个购物中心,形式上采用两个体块夹一条商业街,只有行人才能经此通往向后退让的拱廊街”;还有一个休闲中心,“电影院和剧院将发挥作用,使得设计更为整体”。该规划

[86] Essex and Brayshay, 2007, 417.　　　[87] Essex and Brayshay, 2007, 421.
[88] Essex and Brayshay, 2007, 423.　　　[89] Essex and Brayshay, 2007, 424.
[90] Essex and Brayshay, 2007, 436.　　　[91] Essex and Brayshay, 2007, 436.　　　[92] Hubbard and Faire, 2003, 380.

同样强调了车行和停车系统,其设想是通过径向和环路系统去解决城市中心的拥堵问题,由此,"穿行交通将不会受到本地交通的阻碍"。[93] 尽管吉布森及其团队竭尽所能去说服公众及其顾问接受他们大扫荡式方案的优点,局内人(特别是恩斯特·福特)和局外人(包括威廉·霍尔福德,他注重实用性)都表达了自己的担忧。因此在剩下的战争年代里,吉布森通过调和其方案中的激进成分来安抚这种激进城市愿景的反对者——在某种程度上,他采纳了福特的许多建议。[94] 1945 年 10 月最终成果的展览在 13 天里吸引了 48 808 名参观者,但他们事实上对于方案也深感矛盾——原因可能在于他们更有理由去担忧。[95]

在邻近的伯明翰,戴维·亚当斯(David Adams)认为在战后的若干年中,"现代伯明翰",也就是最大的省级城市布里泰利斯(Britairis)在建造过程中,融入了规划师带给城市的独特愿景;[96] 例如赫伯特·曼佐尼(Herbert Manzoni)的愿景,他于 1927 年加入城市,并在 1935 年成为首席调查员和工程师,他的愿景很大程度上取决于他的个人决心和当地政客对于他的高度评价。该愿景有两个特点:其一是城市核心外围的环状路网,早期的规划于 1917—1918 年间就起草了,其二则是人们在 1941 年发现 5 个巨型贫民窟,曼佐尼期望能对其进行系统性的拆迁并按照现代主义风格进行重建。[97] 在这么多遭受轰炸和未被轰炸的城市中,这不是一幅为完美城市所绘制的长期性、全方位覆盖的乌托邦式理想蓝图;确实,还并没有针对城市或者市中心的全方位官方"规划"曾被制定出来。但是,正如在普利茅斯和考文垂一般,这反映了一种由专家驱动的、家长式的规划方法,这成为唯一的官方说法。[98] 在 1950 年代,理想化各种设想,描绘出一种似乎合理的土地使用配置,传达出一种富有远见的"现代"伯明翰,实际呈现出的却是拥堵惨象(似乎再现了某些战前的城市地区)。即使在"无规划"的中央核心,市议会认为那里的重建计划将阻碍未来的商业活动,"官方"的愿景就是通过内环线的建设,来为快速机动交通营造空间。这通常意味着试图调节行人和驾驶员的行为将优先于行人流线规划,而这也并不是尊重现有的交通模式的做法。[99]

科杜拉·霍野戴克(Cordula Rooijendijk)表明,即使在鹿特丹的水面上,现代主义的城市规划想法还是过于简单化了。[100] 在 1945 年之后,一个矛盾立刻就产生了,传统的城市修复者试图按照城市的历史形态的一种改良版本去重塑内城地区,而现代城市开发者却想要建设全新的内城。[101] 其结果导致了两个规划:保守的维特芬规划(Witteveen plan)旨在重塑旧有形式,以及最终获胜的乌托邦式的 1946 年贝西斯规划(Basisplan)[102],其胜利原因就在于它表达出一个新愿望,为了一个新社会去创造全新的城市。而它也是战后重建规划中少数真正与过去进行决裂的规划之一。[103] 但是,

---

[93] Hubbard and Faire, 2003, 380.　　[94] Hubbard and Faire, 2003, 381.　　[95] Hubbard and Faire, 2003, 388.
[96] Adams, 2011, 237.　　[97] Adams, 2011, 244.　　[98] Adams, 2011, 238.　　[99] Adams, 2011, 239.
[100] Rooijendijk, 2005, 177.　　[101] Rooijendijk, 2005, 181.　　[102] Rooijendijk, 2005, 182.
[103] Rooijendijk, 2005, 192.

霍野戴克发现,有明确证据表明并非所有人都欢迎贝西斯规划。[104]政府试图限制公共讨论而不给公众做出反应的机会。他们一再强调,没有时间可以浪费了;定稿规划仅仅公布了三个月就获得批准。它标志着现代主义理想城市形象的胜利,而这种城市形象是具有高效功能的、空间上有序的,且在其核心区域会设有一片高效的中央商务区。它对于全世界各地的城市规划师而言是一个鼓舞人心的案例;来自美国的埃德蒙德·培根(Edmund Bacon)和刘易斯·芒福德都称赞它是先进的、未来的城市的理想榜样:"至少在二十年里,鹿特丹会被视作明日之城。"[105]但是,随着时光流逝,现代主义城市取代了呆板的旧城市,但它也同样变得呆板僵化。公共场所、广场和街道都被证实为不适合公众交往,正如其反对者曾经警告的那样。[106]

在伦敦,阿伯克隆比和福肖用照片展示了伦敦郡规划,几十年后,这幅照片从纸中跃出,灼痛着人们的眼睛:它展现了可怜的东端街,完全被毁灭了,人们可怜的家什被装上卡车。在前景,一群孩子注视着照相机,好像在做无声的控诉。照片下面是一段摘自温斯顿·丘吉尔的话:

> 最令人痛苦的就是许多劳动人民居住的小屋已经遭到摧毁……我们将会重建它们,相比起以前,这更多是我们的荣耀。伦敦、利物浦、曼彻斯特、伯明翰遭受的苦难可能更多,但是它们将从废墟中崛起,更加健康,同时,我也希望更为美丽……在我的一生中,我从未受过比他们给予我的更多的善待,而他们却正是遭受最多苦难的人。[107]

在伦敦城(City of London),三分之一的建成面积已被摧毁,其中包括20座伦敦城的古老教堂、16座利弗里厅(livery halls)❶以及盖德厅(Guildhall)❷的很大一部分[108]。长谷川淳一(Junichi Hasegawa)❸表明,战时联合政府及其工党继任者迫使市政议员放弃他们原来的计划而去支持外界顾问威廉·霍尔顿(William Holden)和查尔斯·霍尔福德(Charles Holford)的新方案,该方案赢得了媒体广泛的赞誉。[109]但是很久以后,第一座新大楼由于糟糕的选址和造型而受到严厉批评。1955年,规划部部长邓肯·桑德斯(Duncan Sandys)指出,[110]应该制定圣保罗大教堂周边地区的新规划,在那里,难看的新建筑物不断涌现。该公司再次启用霍尔福德,并且在1967年实现了他的愿景。[111]但是与此同时,由于过度谨慎,规划部让城市开发继续有效进行,但却失

---

[104] Rooijendijk, 2005, 199.　　[105] Rooijendijk, 2005, 198-199.　　[106] Rooijendijk, 2005, 199.

[107] Forshaw and Abercrombie, 1943, frontispiece.　　[108] Hasegawa, 1999, 122.

[109] Hasegawa, 1999, 137.

[110] 邓肯·桑德斯(Edwin Duncan Sandys,1908—1987),英国政治家,1950—1960年代曾任英国保守党政府供给部、住房部、国防部等重要职责。

[111] Hasegawa, 1999, 137.

❶ 利弗里(Livery)意思为制服,利弗里厅为伦敦城内各种历史悠久的行会,也就是利弗里公司(Livery companies)所在之地。

❷ 在英国除苏格兰以外的地区,盖德厅就是市政厅,但它有别于集会或者训政之所,而是市民缴纳相关费用的地方。Guild在盎格鲁-萨克斯的古语里等同于payment。

❸ 日本庆应义塾大学经济系教授,主要研究第二次世界大战后日本与英国的经济与城市的重建史。

图 7-8　遭受轰炸的伦敦东端街

福肖和阿伯克隆比 1943 年伦敦郡规划的扉页插图,它讲述了一切。

去了为伦敦城提供理想环境的唯一机会。正如长谷川所揭示的,这很遗憾地反映了英国战后重建的总体趋势。[112]

　　在伦敦最大的问题就是东端。早在 1935 年这里就制定了规划,用以清除并重建一片巨大的区域:在斯台普尼(Stepney)、肖尔迪奇和贝斯纳尔格林的 700 英亩土地,它们构成了处于伦敦港区和摄政运河(Regents Canal)之间的一个 1.75 英里长、0.75英里宽的走廊地带。[113]这个巨大贫民窟问题的最严重之处,就是港区的轰炸意味着伦敦东端遭受到严重的破坏。在斯台普尼,40％的住房在 1940 年 11 月遭到破坏或者严重的毁坏;在伯蒙德赛(Bermondsey),遭到破坏的比例是 75％。它们大多数是在 1944—1945 年之间的空袭中被破坏的。当人们开始陆续回来的时候,住房问题看起来比以前更难对付了。[114]

　　阿伯克隆比和福肖显示了这项任务有多么艰巨。他们认为:"有大量证据表明……对于有孩子的家庭来说,他们更愿意要住宅(house)而不是公寓(flat)。他们提供了与主卧室处在同样层面的私人花园和庭院,以符合英国人的习俗。"[115]但是,如果每个人都居住在住宅里,就意味着 2/3 或 3/4 的人口必须搬迁到其他地方去。他们所想要的是一半住宅,一半公寓,居住净密度每英亩 100 人,但即便这样也意味着一个极大的过剩人口的问题——过多的过剩人口,以至于不能与同样外流的就业岗

112 Hasegawa, 1999, 139.　　113 Yelling, 1989, 293.　　114 Bullock, 1987, 73-74.

115 Forshaw and Abercrombie, 1943, 77.

位相平衡。因此,阿伯克隆比和福肖确定了他们著名的伦敦内城密度,即 136 人/英亩。这是根据他们所做的研究得出的,让 1/3 的人口居住在住宅里,60％的人口居住在 8～10 层的公寓里,大约一半有两个孩子的家庭不得不住进公寓房。但是即使是这样的密度,也意味着 1939 年居住在这一地区的 10 个人中,有 4 个人是多余出来的。为了解决这一问题,以往住房的 80 英尺限高的硬性规定应该被更加灵活的方式所取代。[116] 所有这些通过适当的程序体现于 1951 年法定的发展规划中。

1951 年的英国节(Festival of Britain)❶ 发挥了重要作用,相互认识的设计师、建筑师和工程师形成了一个非常紧密团体:时任"英国节主宾"的赫伯特·莫里森(Herbert Morrison)任用他的副秘书长麦克斯·尼尔森(Max Nicholson),委员会中大多数成员都是他挑选的,包括导演杰拉德·巴里(Gerald Barry),他们俩一同选择了代表艺术、科学、建筑学、工业设计和电影制作方面的专家。休·卡森(Hugh Casson)认为该组织是"近亲繁殖"的,但为了效率它不得不如此。"规划师中的绝大多数都是迈克尔·弗雷恩(Michael Frayn)❷ 所描述的'热心做好事'的那种中产阶级:《新闻时录》(News Chronicle)、《卫报》《观察家》(Observer)的读者;请愿书的签名者;英国广播公司的中坚力量。"[117] 英国节是现代建筑与设计的展示窗口,[118] 再加上兰斯贝里房产公司(Lansbury Estate)与英国节大厅合在一起,都出自于 LCC。[119] 另一方面,珀西·约翰逊-马歇尔(Percy Johnson-Marshall)于 1949 年被任命为 LCC 规划团队的领导,他努力在兰斯贝里实现每英亩 136 人的目标,但未能成功。[120]

整个一代人都在等待着召唤:从部队涌入英国建筑院校的一代人最终决定勇敢地创造新世界。1952 年,弗雷德里克·奥斯本写信给刘易斯·芒福德,谈到建筑联盟(AA)对柯布西耶的迷信:"在他的影响之下,年轻人完全不考虑经济与人的因素……就像我年轻时一样,只对基督教神权提出质疑,我对于动物的非理性有着一种相同的印象。"[121] 正如一位记录者所写,"创新(Newness)的传统……一种前卫古怪思想的奇特混合","可以通过 AA 进行持续性追踪。部分因为它是一个刚刚落户到英国的国际性组织……AA 总是向来到伦敦的那些外国人不连贯、不妥协、非正统文化的思想开放"。[122] 在这个文化温室里,

> 战后第一代匆匆赶回来成为获得资格的建筑师,对技术充满了热情……他们会提出一个更好的和别样的世界并不算稀奇——这仅仅是他们的传统……不久就有了两个灵感的基本来源——柯布和密斯……光辉城市和马赛公寓提出了一个模型,按照良好、坚定的社会主义原则,采用良好、坚固的现代主义材料来建造。[123]

---

116 Forshaw and Abercrombie, 1943, 79-83, 117-119.　117 Conekin, 1999, 229-230.
118 Gold, 1997, 211-212.　119 Gold, 1997, 213.　120 Gold, 1997, 214.　121 Hughes, 1971, 205.
122 Cook, 1983, 32.　123 Cook, 1983, 33.

❶ Britain1951 年夏季在英国全境举办的一个全国性展览。

❷ 迈克尔·弗莱恩(Michael Frayn,1933—)英国当代著名剧作家及小说家。他惯于将哲学思考与深刻思想用淡淡的幽默笔调表达出来,其作品将时代背景,情节发展和主人公的心理变化巧妙的融合,使得他的作品受到文学界的好评,获得过很多文学奖,并且多成为畅销书,受到民众欢迎。

不久,也许只有 AA 才能做到,它是柯布之外的柯布。到 1954 年时,就有了罗纳德·琼斯(Ronald Jones)的生活构筑物(Life Structure):一艘 2 360 米长、560 米高、200 米宽的陆上舰船:

> ……人们通过一种能量螺旋体去获取来自 2 900 公里深的熔岩的外壳所发出的热能,从而能够在一种核能飞船上进行神奇的旅行……单元城市将有中心、行政机构、选举的政府、艺术和创新中心、大学、专业学院、研究所、运动和娱乐大看台、立体电影院、医院、超级市场、市民购物中心。核心区域将通过水平、垂直和一定角度的自动人行道进行连接……每一个大城市和小城市都将规划发展第一、第二、第三和第四维度,以满足人们的生态需求。[124]

它多么像来自贝德福德广场(Bedford Square)❶地下室的那些东西,它是天真、善良的年轻人的幻想。问题正如库克(Cook)详细描述的,以及 AA 自己的回顾性档案所展示的,不用多久,当一届又一届的学生不断毕业进入现实社会后,幻想就变回了现实。琼斯自己的创作演变成汇丰银行(虽然它的建筑师❷从未在 AA 中学习过),为帕丁顿所做的一项高密度住房规划(1956)变成了在谢菲尔德的帕克希尔(Parkhill,1961)和伊斯林顿(Islington)的韦斯特莱斯(Western Rise, 1969),一座仓库(1957)变成了莱切斯特大学(The Leicester University)的工程系(1963),1961 年的住房变成为 1975 年的米尔顿凯恩斯。直到那时,进一步的幻想飞船仍然还排列在布罗姆斯伯里(Bloomsbury)❸的跑道上:一个用甜松饼包装纸建造起来的住房,或者 1971 年的"一座沙土城堡的方案,一所为撒哈拉沙漠石油工人服务的妓院……采用连续的塑料管建造,就地灌满沙,弯曲盘旋成为一系列相互连接的穹顶"。[125] 在当时,"综合性城市规划"已经不再是一个可以接受的谈话主题:来自欧洲的风已经转向。[126] 但是它的丰碑,来自 AA 的几代毕业生却散布在城市化的英格兰的四面八方。

《建筑评论》(Architectural Review)引领了早在 1953 年的攻击,J. M. 理查兹(J. M. Richards)❹撰写了一篇社论,抨击早期的新城缺少城市氛围,批评它们的密度太低,并且受到城乡规划委员会(Town and Country Planning Association,TCPA)的坏影响。[127] 1955 年,《建筑评论》出版了《暴行》(Outrage),这是伊安·那尔恩(Ian Nairn)对英国城市设计质量的著名攻击,而这些设计在一般英国知识分子中间特别有影响。它宣布了:

> ……一个末日的预言,那就是,如果所谓的发展允许按照现行速度继续进行,那么在本世纪末,英国将由带有保存纪念物的、相互隔离的绿洲所构成,而

[124] Cook, 1983, 33-34.　　[125] Cook, 1983, 41.　　[126] Cook, 1983, 40.　　[127] Richards, 1953, 32.
❶ AA 在伦敦的所在地。
❷ 指英国著名建筑师诺曼·福斯特(Norman Foster)。
❸ 布罗姆斯伯里(Bloomsbury),伦敦一区名,20 世纪初曾为文化艺术中心。
❹ J. M. 理查兹(J. M. Richards),《建筑评论》杂志的编辑,著有《早期工业建筑的功能传统》。

这些绿洲处在由电线、混凝土道路、宿营地、小平房所形成的沙漠之中,没有真正的城乡差别……《建筑评论》给这个新英国一个希望它永远坚持的名字:SUBTOPIA(城乡一体化)。[128]

随后就是无情的结论:"我们的工业系统越复杂,人口越多,乡村就**越大越绿**,我们的城市就越紧凑整洁。"[129]于是,两年后,编者发起了反击,一场反对城乡一体化的运动。[130]同时在 1955 年,英国皇家建筑师协会针对高层公寓组织了一次有影响的研讨会,由伊芙琳·夏普女爵士(住房和地方政府部的常务秘书)主持开幕,她引用了一首诗来赞美它们的美丽。[131]

还有很多的同盟军。农村议员回到 1942 年《关于农村土地使用》的司考特报告(*Scott Report*)[132]的基本问题,坚持要求拯救每一英亩可以用于农业的土地。社会学家迈克尔·杨(Michael Young)和彼得·威尔莫特(Peter Willmott)借产生巨大影响的《伦敦东区的家庭和亲属关系》(*Family and Kinship in East London*)而备受关注。该书认为,规划人员正在通过将人口从伦敦输出到住房过剩的地方而破坏了独特的工人阶级日常生活的丰富形式。[133](调查表明,绝大多数的人希望搬迁出去,特别是年轻的家庭成员。唯一例外的是贫穷的有产权居民。[134])不论农业经济学家吉拉德·魏伯莱(Gerald Wibberley)揭示农田对于全国需求来说是过剩的,或是彼得·斯通(Peter Stone)所计算的高层建筑的真实成本,这些工作都白做了,[135]还有 F.J.奥斯本坚持不懈地反对给予高层公寓补贴也是徒劳无益的。[136]政治是反对他们的,政府需要控制城市,无论如何,新城规划结束了。

因此,对于城市规划历史学家而言,重要的问题在于:现代主义建筑师需要承担多少责任,它对其他方面的影响究竟有多大?一个修正主义学派(revisionist school)认为答案应当是复杂的。1943 年,在从事伦敦郡规划这项工作时,他们中最伟大的建筑师规划师阿伯克隆比就如在走钢丝,而奥斯本则坚定认为他已经完全被 LCC 势力同化了(第 5 章)。阿伯克隆比于 1943 年的规划解决办法在于:

……聪明地将两个源于欧洲大陆的、现有影响进行组合和调整,接着重新整合为英国"传统"。第一个是关于空间三维构成的多重德国思想的组合,包括门德尔松(Mendelsohnian)的"动态性"(dynamism)和国际现代主义的不同维度的行列式(Zeilenbauten)直线布局,并且与野外景观中的瑞典尖顶建筑相混合。与此完全相反的则是欣赏城市和街道的空间,无论是封闭的还是隔断的都比开敞空间要好。这种想法是通过欧文从西特演变而来的。战后,这些思想在"城市形态"(townscape)的标签下被整合出来。[137]

---

128 Nairn, 1955, 365.   129 Nairn, 1955, 368.   130 Architectural Review, 1957, passim.
131 Dunleavy, 1981, 135, 165.   132 GB Ministry of Works and Planning, 1943.
133 Young and Willmott, 1957.   134 Yelling, 1999b, 10.   135 Wibberley, 1959; Stone, 1959, 1961.
136 Osborn, 1955.   137 Horsey, 1988, 168-169.

他当时可能是在铤而走险,他所着重依托的是非同寻常的、甚至独一无二的机遇。战时紧急情况加上暂停正常的、包括选举在内的民主进程,这意味着 LCC 能够比以往任何时候更加自作主张。一个精心设立用于商讨规划方案的组织构架被弃置一旁(该构架于 1930 年代建立,其中包括 28 个都市自治市议会和房地产、工商业和商业机构的代表),于是阿伯克隆比可以无拘无束,描绘自己从学术推导中所构成的关于伦敦"本质性"的社会与社区结构。[138]但是很快,事情并没有按此发展下去。在委员会成员和官员对于来自选举压力(主要是工党在内城区域选举中损失惨重)和有限财力的担忧中,来自城市疏解的呼吁敲响了警钟:这些地区拥有最好的商业发展潜能,能够拉动 LCC 的税基。这种经济风险导致工党领袖和 LCC 官员,特别是估算师和审计师以及财务总监之间的联盟。这个核心困境已经在城市规划的编制过程中浮出表面。LCC 接受减少密度的要求,但是由于在实施城市疏解方面存在困难,它还是不情愿地接受了斯台普尼高达每英亩 136 人的密度:"虽然我们希望看到被采纳的是 100 这个最低密度(其中将允许三分之二的住宅,三分之一的公寓),但我们认为可以动迁的产业总量很难与实际需要疏解的人口数量相匹配。"[139]奥斯本对这一点看得很清楚,他写道:"LCC 是由中产阶级议员所领导的,他们听不到群众的意见……但是他们害怕应征地方税的下降以及在贫民窟中失去选民。"[140]在选择两个伦敦大规模重建地区,以及在为它们制定详细规划的过程中,重点被放在将政府补贴最大化,以弥补可征税即刻下降的直接损失,并且最大化未来收入预期。在所有这三个目标中,对于产业方面是最没招数的,其结果就是在重建过程中以产业为代价,大力发展商业和高密度住宅楼建设。[141]

但是,这里仍然存有另外一个疑点:都德莱委员会(Dudley Committee)是由命名人于 1942 年成立起来的。人们的倾向性是十分清楚的:人们绝大多数需要住宅,而不是公寓。但是委员会推荐了一个密度范围,从城外开阔地带开发的每英亩 30 人,到拥挤市区内的每英亩 100 人,甚至 120 人,它们无疑受到当时逐渐成形的阿伯克隆比和福肖分析的影响——每英亩 136 人的标准就意味着 60％的住房必须建成高楼。[142]但是反过来,布洛克(Bullock)争辩道,关键的证据似乎来自国家社会服务委员会(National Council of Social Service,NCSS),它关于邻里单元的研究工作影响过阿伯克隆比和福肖。韦斯列·道奇尔于 1942 年从事 NCSS 小组的工作;住房改革家伊丽莎白·邓比(Elizabeth Denby)也起了主要作用,她访问过欧洲大陆,并推崇大陆的方案。[143]

正如斯蒂芬·沃德所揭示,政府内部有斗争。[144]戈登·斯蒂芬森(于 1942 年被委派前往在新成立的城乡规划部的研究部门,他勉强接受 LCC 的观点,但坚决反对在默西赛德(Merseyside)规划中所设定的内城区每英亩 136 人,以及在滨河区域的每英亩 184 人的高密度标准。他重申了都德莱委员会的标准,内城区每英亩 100 人,一

[138] Garside, 1997, 21-22.　[139] Garside, 1997, 31.　[140] Garside, 1997, 34.　[141] Garside, 1997, 22.
[142] Bullock, 1987, 74, 76, 82.　[143] Bullock, 1987, 78.　[144] Ward, 2012b, 286.

些滨河区每英亩 120 人,这才应该是能够接受的最高密度。但是卫生部门控制着住房补贴,所以问题不易解决。斯蒂芬森也怀疑在自己部门中所能获得的行政支持。之前从卫生部调过来的强势副局长伊芙琳·夏普还带来了卫生部关于"垂直密度"的想法。斯蒂芬森就拿出三页纸的备忘录,质疑"垂直高密度"实际上意味着什么,并引用利物浦贫困家庭的生活标准。与普遍观点不同,他认为最近建成的五层住宅楼项目尽管其目的是允许码头工人住在离自己工作岗位更近的地方,但真正的原因却是政治和宗教的,是用密度政策把爱尔兰天主教徒从郊区议会住区里清除出去的一种方式。斯蒂芬森还批评了城市建筑师兰斯洛特·凯伊(Lancelot Keay),他是卫生部的另外一个重要人物。斯蒂芬森认为,后者最近关于高层公寓的专业倾向与他的政治资助人的宗派主义太简单一致了。在斯蒂芬森看来,公寓将成为"新的贫民窟,金融和社会的累赘物"。与其将希望放在控制向外扩张并且使得整个城市更加多样化,还不如采取整个城市的中等密度。他的担心是有道理的。在 1950 年代,合并后的住房与地方政府部在伊芙琳·夏普女爵士的领导下,使得内城住宅政策恢复到原住房部的标准。[145]

于是,在 LCC 中最有影响力的人物就是评估员(valuer)和审计员(comptroller)。由于投资费用和住房固定资产价值的流失,任何对理想密度的承诺(例如由田园城市倡导者所建议的)都会成为令人讨厌的东西。[146] 为综合性再开发项目选择基址的关键之处,就是通过控制人口分散,将商业引入以前由居住和工业占主导的地区,重构应征地方税的资产价值[147];甚至重工业都要尽可能控制得更远一些。因此,正如奥斯本提出了一个绝妙的比喻,这就是在做"一只在笼子里的松鼠,还是一只在火车里的老鼠"的选择。[148]问题在于,虽然"1947 年法"已经在着手赔偿金和改善金的问题,但是它并不能处理应征地方税的资产价值问题。[149]尽管尤斯瓦特报告(Uthwatt report)曾经试图阐述这一问题,但是仍然失去了抓住现存土地价值的机会。[150]所缺失的是这样一种中央机制,如果有了它,城市的损失就能够通过在迁建地区的收益来进行补偿。[151]

建筑师部(Architect's Department)的规划师们倾向于反对支持采用更多公寓住房的审计员和评估员的意见,以捍卫规划的纯洁性。[152]建筑师们最终获胜了。[153]用于高价土地的财政补贴只是针对公寓住房,而且财政补贴的计算假定了在每英亩 35 户住房这样一种临界水平。只有一些偶尔的例外可以在足够发达的地区建造住宅。[154]实践中,评估员胜利了[155]:从 1945 年至 1951 年 10 月的期间里,LCC 建造了 13 072 套公寓,只有 81 幢住宅[156];在自治区,这个数字是 13 374 套对 2 630 幢,24 个自治区中有 15 个只建造公寓房。评估员继续为高密度进行辩护,而且住宅也由他负责,因为这是一项特

145 Ward, 2012b, 287.　　146 Garside, 1997, 22.　　147 Garside, 1997, 23.　　148 Garside, 1997, 31.

149 Garside, 1997, 32.　　150 Yelling, 1994, 143.　　151 Yelling, 1994, 143.　　152 Yelling, 1994, 146.

153 Gold, 1997, 221-222.　　154 Yelling, 1994, 146.　　155 Yelling, 1994, 142.

156 Bullock, 1987, 93-94.

权,并且郡外的机会真是太少了。[157]虽然受到城市规划主席的反对,罗汉普顿
(Roehampton)被规划成为每英亩 30 户住房,而不是原先估计的 20 户。[158]

伟大的重建

因此,所有事情似乎都走到了一起。一场发生在建筑师内部的运动因为唤起了
政治共鸣而有了重大意义。在 1955 年保守党政府执政期间,由住房部长邓肯·桑德
斯发起了一场历时二十多年的大规模清除贫民窟的计划,同时也鼓励大城市的地方
政府为限定城市增长而划定绿带。由于从那一年开始的出人意料的人口出生率增
长,这一项计划不久就导致土地预算无法实现平衡。[159]土地购置成本上升,特别是在
1959 年法律有所变动以后。许多大城市并不反对保留城市中的市民,不主张把市民
输出到新城或者扩大的城区中去,它们把这一切看作是建设更密、更高城市的信
号。[160]大型开发商随时准备进入,并迅速通过一揽子交易将精力投入到解决城市住房
问题上去。[161]对于政府而言,虽然受到来自 TCPA 的奥斯本抗议的阻碍,它还是不得
不给这些大城市提供项目所需要的资助。自 1956 年以来,一座 15 层的公寓得到的
资助是住宅的 3 倍。[162]在公共住房计划中,高层建筑的比例相应地逐年提高,5 层和
5 层以上的建筑在 1950 年代后期约为 7%,在 1960 年代中期已经达到 26%。[163]

其中存在着大量的精神分裂,即使在个人身上也有这样的体现。理查德·克劳斯
曼(Richard Crossman)❶在将近 10 年后作为桑德斯的接班人,将矛头指向工党政府的
加速清除贫民窟和住房运动。他在日记里如此写道,他不喜欢让人们居住在巨大的高
层建筑里的这种设想,但是,他同时又鼓励规模更大的拆建和工业化建筑的项目:

> 在谈话中,我问道,为什么他们在欧德汉姆(Oldham)❷正在建造的住宅只
> 有 750 幢? 为什么不进行整体性的重建? 那样不是对于建造商莱因(Laing)有
> 帮助吗?“当然有帮助,”考克斯·奥利弗(Cox Oliver)说道,“这对欧德汉姆也
> 有帮助……我驾车回部里……感到温暖和兴奋。”[164]

在伦敦郡议会有着巨大声望的建筑师部,起初是在罗伯特·马休(Robert Matthew)
的领导之下,后来是在莱斯利·马丁(Leslie Martin)的领导下,很早就提供了一个样
板。建筑师部通常有自由行动权,因为内阁针对一般费用的限制对它不适用。[165]它首
先生产了“巨型柯布西耶式板楼”,这于 1950 年代末在罗汉普顿的西奥尔顿(Alton

---

157 Yelling, 1994, 147.　　158 Yelling, 1994, 147.　　159 Hall et al., 1973, Ⅱ, 56-59; Cooney, 1974, 160.
160 Cooney, 1974, 161-162.　　161 Cooney, 1974, 168; Dunleavy, 1981, 72, 114.
162 Dunleavy, 1981, 37; Cooney, 1974, 163.　　163 Cooney, 1974, 152.　　164 Crossman, 1975, 81.
165 Dunleavy, 1981, 170.
❶ 理查德·克劳斯曼(Richard Crossman,1907—1974),英国工党政治家、《新政治家》的作者和编辑,最杰出的
强硬左翼社会主义知识分子之一。
❷ 欧德汉姆(Oldham),大曼彻斯特都市区的一个较大的市镇。

图 7-9　东端街大改建

1965 年改建工程完成一半时的照片:左边是两层楼老式的平顶建筑,右边是 LCC 塔楼
和毫无特征的市镇板楼。

West)达到了顶峰,是世界上对于光辉城市最全面的致敬(也是唯一真正实现的)。
然后开始了"高大塔楼建筑的时代:细长的、不太压抑的,当然得到更高资助的"。[166]它
们中间总计 384 座是在 1964—1974 年间完成的。1965 年在进行重组之后,新的自治区
做出了突出"贡献",例如在北佩卡姆(North Peckham)的南沃克(Southwark)的巨型结
构,后来成为伦敦最有问题的街区。甚至在 LCC 内部,建筑师们也不是完全意见一
致。[167]从 1950 年代早期起,在自封的人道主义和形式主义学派之间出现了不一致,它是
以东奥尔顿(Alton East)的斯堪的纳维亚的新经验主义(New Empiricism)和西奥尔顿
的柯布西耶式(Corbusian)之间的区别为代表的。1950 年代,柯布西耶式逐渐占据上
风,正如我们在 1950 年代中期的卢夫伯罗夫街(Loughborough Road)和边沁街
(Bentham Road)的直线规划、行列式建造形成的景观中见到的。[168]

　　在较大的英国非首都城市中,只有一些想要争取特权。由两位 AA 毕业生领导
的一个小组开发了帕克希尔,一个带有平台入口的公寓高墙,就像是在谢菲尔德中
央上空的城堡。必须公正地认为,它仍然和租户们一起取得了巨大的成功。格拉斯
哥(Glasgow)为高堡(Gorbal)❶聘用了巴西尔·斯宾塞(Basil Spence)❷,随后在城市
边缘建造了巨大的塔楼建筑。所有的租户们在这里都居住在一种非英国传统的高

---

166 Esher, 1981, 129.　　167 Bullock, 1987, 93.　　168 Horsey, 1988, 169; Gold, 1997, 222-223.

❶ 高堡(Gorbal),格拉斯哥的传奇居住区。
❷ 巴西尔·斯宾塞(Basil Spence,1907—1976),苏格兰建筑师,考文垂大教堂是其代表作,他也参与了很多公
共住宅项目,包括设计塔楼取代了格拉斯哥高堡的贫民窟。

密度出租房中。这里除了那些与孩子有关的问题以外,几乎不存在与设计有关的问题,这毫不奇怪,因为五个孩子中就有四个住在四层楼以上。[169]但是在其他很多地方,建筑师并无出彩之处,或者根本就不存在。而且在有些地方,租户们发现他们自己被连根拔起,放入到一种快速建造的系统化的公寓之中,在那里缺乏舒适、环境和交流。事实上,在那里几乎缺乏所有的东西,除了屋顶和墙壁以外。

但是正如格兰丁宁(Glendinning)和马休斯(Muthesius)在不朽的著作❶中所表达的,伦敦和其他英格兰或苏格兰城市在本质上有所不同(很奇怪,威尔士从来没有过这种高层的东西)。在伦敦,顶尖的建筑师们主宰着每一件事情,首先这是在 LCC 建筑师部的全盛时期,而且在一些较小的城市自治区,例如在芬斯伯里,卢贝特金和泰克顿(Tecton)继续着他们战前在海盖特(Highgate)的海波因特(Highpoint)❷所开辟的道路。然后,发生在一些 1965 年之后的自治区,LCC 的某些强人们都急切地涌向那里。伦敦的高层建筑就是这样一种巨大的、令人兴奋的建筑运动:向英国输入现代运动的本质,从而将这个国家从一潭死水转变成一位领跑者❸。

从 1950 年代中期开始,在金融家、房地产开发商、会计师以及一批具有商业头脑的建筑师所形成联盟的推动下,还出现了一批新的商业性和投机性的开发,这成为伦敦重建背后的主要动力,特别是在伦敦的西区(The West End)和伦敦城(The City),它们多数发生在 1950 年代和 1960 年代初期。1954 年 11 月由保守党政府所提出的建筑控制是一道发令枪,促使房地产业持续高度繁荣,直到 1964 年,工党再次提出有关整个大伦敦地区发展的严格法规。房地产百万富翁,如查尔斯·克罗尔(Charles Clore)、杰克·柯顿(Jack Cotton)、哈里·许亚姆斯(Harry Hyams),以及哈罗德·萨缪尔(Harold Samuel)横空出世,另外加上他们的御用建筑师理查德·塞弗特(Richard Seifert),在 1950 年代的伦敦中心区,大约建成了 2 400 万平方英尺的新办公空间。[170]

其标志就是皮卡迪利广场,它在这期间的大部分时间里也是战场。1962 年 4 月 12 日,伦敦《标准晚报》(Evening Standard)的头版头条是"皮卡迪利!",庆贺承诺"全面重建"广场地区的另一方案。几乎所有人们熟悉的维多利亚和爱德华时期的建筑都被清除,取而代之的是新的歌剧院和音乐厅、天台花园、高大写字楼群以及一个"垂直效果",一个灯光尖顶,用无处不在的该广场的规划师——威廉·霍尔福德(William Holford)的话来说,"远处即可看见,皮卡迪利广场将成为西区的中心"。在下面,人们熟悉的爱神雕像被保留作为一个全新步行广场的核心。但它从来没有实现:霍尔福德的 1962 年提案只是 1950 年代末和 1970 年代初之间的一系列综合性规划中的一个。[171]

令人感到怪异的是,当所有这一切都没有发生时,实际上另一些事正在发生:

---

169 Jephcott, 1971, 140.　　　170 Mort, 2004, 121-122.　　　171 Edwards and Gilbert, 2008, 455-456.
❶ 应当指格兰丁宁与马休斯合著的著作:《塔楼街区,英格兰、苏格拉、威尔士与北爱尔兰的现代公共住房》(Tower Block: Modern Public Housing in England, Scotland, Wales, and Northern Ireland)。
❷ 海盖特(Highgate)是伦敦东北部靠近 Hampstead Heath 附近的一个村庄。海波因特(Highpoint)则是其中一居住区的名称。
❸ pacesetter:在竞赛时为别人定步调的人。

"这一时期为伦敦带来国际声誉是那些新青年文化空间、精品店和俱乐部,而恰恰不是那些现代城市规划和现代建筑。"它们发生在那些后街、发生在那些粗糙而简易修复的旧式维多利亚建筑里。由霍尔福德及其同代人所想象的城市图景被保护主义者视作对于伦敦遗产的粗野式的背叛,但是它也可能容易被年轻一代指责为沉闷的、无聊的老套现代主义者的领地。最后这一项目终结于反对科文特花园综合改造项目的浪潮中。[172]

但是在伦敦以外的各地以及在苏格兰,事情却要平淡无味得多:与积累起来的住房部的巨大力量相比,建筑师是微不足道的,目标就是在最短的时间里获得最多的住房(表露心声的短语)。[173]很难去否定他们。因为在那些城市里,1950 年代的住房情况是不可想象并且原始得一塌糊涂。在格拉斯哥,正如在一张可怕的图示中所见到的,高堡贫民区里一家 9 口人居住在一间只有 11 英尺×8 英尺大小的房间里。[174]当你看到这些时,就会理解为什么政治家和专业人员要投身于一场消除贫民窟的圣战,以及为什么一种新的高层公寓代表了从 19 世纪到 21 世纪的飞跃。这就是为什么 1993 年在电视转播中被壮观地拆除的、由巴西尔·斯宾塞所做的高堡街区看起来就像是一个新世界。

商业方面的考虑也大量出现。就在东南区外围重建项目步履蹒跚的十年之后,于 1960 年代初期突然出现了"综合性再开发"[175]的热潮。这是城市规划的新模式,其目标不是取缔私营开发商的计划,而是邀请和协助他们。广大中部地区和北方城市,如利物浦、纽卡斯尔、莱切斯特,设立了从工程师部门分离出来的规划办公室。[176]规划师和建筑师不再是事情的主导者,这些城市正在报复他们。[177]城市规划师的"现代主义"雄心壮志在保守派的猛攻之下逐渐退缩,并让位于"市场驱动模式",而这"意味着把城市中心交给开发商"。[178]

那么,是什么出了差错?格兰丁宁和马休斯认为,如同高层建筑热潮本身一样,针对这种类型建筑的攻击是被一种知识时尚所推动的:与最初把它作为神话一样,反击中并没有多少实质性的内容。特别是二者都是被不太专业的流行社会学推动和支持。因此,我们还是不能肯定地知道,究竟为什么很多高层建筑的开发最后被视为一种失败。这两位作者认为存在一种灾难性的自我破坏、自我调整的动力:1968 年以后,住房突然过剩,问题家庭迁入,另外一些家庭则迁出,很快,一些房产开发被贴上了问题标签。也许整本书中最关键的篇章就是在这一过程中,由爱丁堡的租户们所叙述的——从居住在良好公寓中的状况良好的居民开始,以"发条橘子"(Clockwork Orange)❶的可怕结局收场。安德鲁·巴德斯通(Andrew Balderstone,一名金属板工人)在约翰·鲁塞尔庭院(John Russell Court,爱丁堡一幢 20 层的尖

---

[172] Edwards and Gilbert, 2008, 474-475.   [173] Glendinning and Muthesius, 1994, passim.
[174] Glendinning and Muthesius, 1994, 178.   [175] Mandler, 1999, 220.   [176] Mandler, 1999, 220.
[177] Mandler, 1999, 221.   [178] Mandler, 1999, 227.
❶ 发条橘子(Clockwork Orange),装发条的橘子,在科学发明的制约下失去个性的机器人。

顶建筑)的小公寓里生活了 20 多年,从 1964 年它一开张就住了进去,直到 1984 年房子被清空,居民被动迁:

> 实际上,这与街区本身一点关系都没有,只是住在里面的居民的种类变了,以及人们的行为方式变了。当我们刚搬进去的时候认识了一位看房人,他是一名退休海员,他对自己的工作很有热情。开头五到十年间,事情真的是很好,每个人都保持建筑的清洁无瑕,你真的为这座新房子感到很自豪……
>
> 问题出在五年或十年之后,当他们开始把不同类型的租户安排进来之后……这是公司住房管理部门的主意。"管理"——多么大的一个笑话!他们有着一种疯狂的想法,要把糟糕的住户分散到一般性的住户中间,把他们的水平提高到你们的水平——结果发生了什么样的事情?特别是在那样的大型建筑里,结果恰恰相反——他们把我们带坏了!
>
> 这就像是一种恶性肿瘤。起初你想维持自己的高标准,但是不久你就明白了那是在浪费时间……
>
> 于是,看房人应付不了这一切,因此他离开了,然后越来越多的住户受不了,搬走了。住房部门所能做的事情就是将腾空出来的公寓安排单亲家庭住进来,速度越来越快。后来,他们开始把吸毒者安排进来。大约在 1970 年代后期,破坏和偷盗真的盛行了。白痴们通宵聚会,半夜三点钟,他们突然发疯般地乱扔东西,垃圾满天飞舞,大量的酒瓶砸下来。
>
> ……所有这一切似乎是一场可怕的浪费——如果委员会费神照管它们一下,而不是把它们当作垃圾倾倒场地,它们完全都是很好的房屋![179]

因此,该书结论性地认为,不要接受报刊上老一套的说法:如果有很好的管理,绝大多数高层建筑是很好的居所,住在里面的人会喜欢它们的。

格拉斯哥是一个非常特殊的例子,它总有极高比例的住房是用于出租的。[180] 1946 年阿伯克隆比的克莱德谷规划(Clyde Valley Plan)提出了设四座新城:其中两座最终建成了,它们是东奇尔布莱德(East Kilbride)和坎伯诺尔德(Cumbernauld),另外两座没有建成。即使是这样,它们还是接受了格拉斯哥疏散出来的 50 万人口中的 1/3,其余人口的一半则被安置在城市的外围。但是"格拉斯哥公司"中的许多住区很晚、并且很不情愿地接纳剩余人口,[181] 它们要求"所有问题都在格拉斯哥内部解决,稳定固定资产价值,保持自己作为帝国第二大城市的地位"。1950 年代后期,他们赢得了针对补助制度的改革,随之得以强行通过了一项持续性的高层住房建设计划。[182]

值得关注的事情就是需要多长时间才能让每个人看出这是错误的。对于 1960 年以后出生的人,想要了解其中的原因,则需要一些想象力,需要知道被高层建筑所替代的烟熏乌黑的贫民窟中的一排排密集的住房有多么糟糕。后来推土机开

---

[179] Glendinning and Muthesius, 1994, 323.   [180] O'Carroll, 1996, 56.   [181] Wannop, 1986, 211.
[182] Horsey, 1988, 179-180.

始拆平完好可用房屋的事件,可能模糊了大多数被拆除的住房的状况都很糟糕的事实。正如莱昂内尔·埃舍尔(Lionel Esher)所言,"甚至保守主义者都把大片的维多利亚时期'昏暗的住宅区'视为可以清除。六年的战争已经将伦敦和伦敦外大型城市的这种地区衰退变成令人联想起《荒凉山庄》(*Bleak House*)❶中最黑暗篇章里的罪恶而肮脏的区域"。[183]用拉维茨(Joe Ravetz)❷的话来说,"二十多年以来……除了思想奇怪的人、少数带有 1940 年代残余理想的人,或者是从艺术角度而为过去伤感的人之外,城市中的清除规划和城市改造的社会负面性的批评声已经鲜有提及"。[184]如果说清除规划开始受到批判,这不是事实,事实是它所采取的方式受到了批评。

罗南伯恩特(Ronan Point,在伦敦东区系统性建造的一处塔楼街区)在 1968 年的一场煤气爆炸中灾难性地倒塌以后,经过媒体添油加醋地渲染,批评的声音很快就震耳欲聋了。事实上在一年以前,资助系统已经进行重组,地方政府也已经逐步停止建造高层建筑。现在,任何事情都突然变得有问题了:它们漏水了,它们太密集了,它们开裂了,电梯坏了,孩子们破坏着它们,住在里面的老太太担惊受怕。所有这些问题都有一定的基础,从 1959 年到 1974 年在伦敦郡议会(LCC)和大伦敦议会(GLC)❸负责住房设计的肯尼斯·坎贝尔(Kenneth Campbell)列举了三大失败:电梯(太少、太小、太慢)、孩子们(太多)、管理(太少)。[185]安东尼·格林伍德(Anthony Greenwood)1968 年的白皮书《从旧房到新家》(*Old Houses into New Homes*),标志着一个重大的反弹。[186]结果,1969 年住房法(*Housing Act*(UK),1969)实质上从重建转向更新,以至于十年后当经济停止增长的时候,事实也证明已经不可能回到推土机的时代去了。[187]

即使在现代主义风向下重建工作盛行的时期,推土机也从未被推崇到极点。彼得·拉克姆(Peter Larkham)研究了数百个城市重建规划,范围涵盖了遭受炸弹轰炸的城市与相对或完全无损的城市。他质疑了一个传统观点,即这些城市显然是现代主义的。的确,很少有人对于某些地区和建筑群的背景了若指掌。然而在邓肯·桑德斯的市政设施法开始允许划定"保护区"[188]的 20 年前,在一些规划中,有关保护的更有深度的概念已然有之。早期的规划,例如在遭受严重破坏的普利茅斯和巴斯(Bath),都是非常前卫的。然而即便如此,激进的重新塑造也只限于遭受最严重破坏的地区。托马斯·夏普(Thomas Sharp)1944 年在杜兰(Durham)的早期规划含有非常少量的新建道路,旨在疏解交通,从而保护城镇。[189]诚然,保护是一个非常小的因素,通常仅限于少数关键性的建筑。[190]但是,早在 1943 年的普利茅斯规划很明显关注以地区为基础的保护工作,特别是最有经验的顾问,阿伯克隆比和夏普。[191]

---

[183] Esher, 1981, 45.　　[184] Ravetz, 1980, 89.　　[185] Esher, 1981, 129-130.　　[186] Yelling, 1999a, 14.
[187] Yelling, 1999a, 16.　　[188] Larkham, 2007, 295, 316.　　[189] Larkham, 2007, 316-317.
[190] Larkham, 2007, 318.　　[191] Larkham, 2007, 317.

❶《荒凉山庄》(Bleak House)为查尔斯·狄更斯的长篇小说,描述了在工业化进程中,当地最古老的家族不断陷入尴尬与不可逆转的衰败之中,却仍然苦苦支撑着曾经的绅士作派。

❷ 拉维茨(Joe Ravetz),英国学者,英国城市与区域生态中心主任,著有《城市区域 2020:为可持续环境的融合规划》。

❸ Greater London Council,大伦敦议会。

在 1960 年代末这段不长的时间里,所发生的事情是一种知识上的巨大转变。二十多年前,在历史性的 1947 年法中,一直到最后才加上了编制一份保留建筑名单的要求。但是直到 1960 年代中期,当魏兰德·肯尼特(Wayland Kennet)成为负责城市保护工作的初级部长,并与克劳斯曼建立联系之后,住房部和地方政府才开始看到保护和规划之间的关系。邓肯·桑德斯作为部长,已经成立了市民信托(Civic Trust),并且在私人成员法案的投票选举中获得第一名。克劳斯曼敦促桑德斯采取一个法案来加强阻止拆毁已列入名单的保护建筑的工作力度,并向他的部门提供帮助。[192]克劳斯曼写道:

> 肯尼特真是精力旺盛。虽然他想插手所有的事情有些让我感到气恼,我高兴的是他就是那种人。只要有可能,他就会努力去运转历史建筑,他会得到邓肯·桑德斯法案的帮助,也会得到让工作组在我选择的五个城市中继续工作这一决定的支持。[193]

后来他坦陈他和高级公务员(毫无疑问是伊芙琳·夏普女爵士)之间必然发生的冲突:"她把自己看成是一个现代反传统主义者,是的,我要这样说,她持有极端无知的观点,认为在'现代'规划和'反动'保护之间有着不可调和的冲突。在我担任部长期间,在一场又一场的演讲中,我试图批驳这种二分法,并在规划和保护之间建立起一种新的、合理的关系。"[194]他在 1966 年被安东尼·格林伍德(Anthony Greenwood)所接替。"他是一名软弱部长,除了对自己的形象以外,很少对其他事情感兴趣。"[195]他满足于把绝大部分工作让初级部长们去做,这就向肯尼特打开了门。直到 1970 年选举,肯尼特一直在那个岗位上,并做出了积极的贡献。肯尼特后来回忆道,在那个年代,在"一个盲目的年代"之后,公众观念正在改变。[196]历史建筑委员会将 1/7 的预算用于军乐队。[197]但是,桑德斯的法案在两党的支持下获得通过,肯尼特通过一份有分量的文字通报,将工作有力地推向前进。这份通报鼓励地方政府"先斩后奏,广义上讲,他们过去就是这么做的"。[198]一位后来成为规划史学家的规划官员约翰·德拉方斯(John Delafons)评论道:"那些在保护的洪水闸门打开之时正在犹豫的人们,只要看一看 53/67 通报(Circular 53/67)就够了。"[199]到 1972 年时,肯尼特可以记录下大约 130 个地方政府划定的 1 350 个保护区。20 年后,总数上升到 6 500 个以上。[200]

因此,伟大的柯布西耶式的重建已经过去了。但是为了对柯布西耶公平起见,有些事情还值得再提一下。首先,虽然伦敦的住房直接受到这位大师的影响,但是其中有一些被证明是设计上的灾难,其他许多在英国各地的住房是由地方政府购买现成的,地方政府过于懒惰或者过于缺乏想象力而没有聘用它们自己的建筑师和规划师。克劳斯曼早在 1965 年就访问了维甘城(Wigan),正是他本人评论道,它的"巨

---

[192] Delafon, 1997, 60, 87, 89, 90, 93.　　[193] Delafon, 1997, 93.　　[194] Delafon, 1997, 94.
[195] Delafons, 1997, 94.　　[196] Delafons, 1997, 95.　　[197] Delafons, 1997, 96.
[198] Delafons, 1997, 100.　　[199] Delafons, 1997, 101.　　[200] Delafons, 1997, 101.

大规划"是"可怕的阴暗和单调。我很担心,他们建成的维甘到 2000 年时将与 1960 年代眼光里的 1880 年老维甘同样的糟糕"。[201] 其次,柯布西耶从不主张将人们(按工作来区分)放在高层塔楼里,他的无产阶级住房更像是曼彻斯特巨大的胡尔梅住区(Hulme Estate),这是欧洲进行过的最大的城市更新计划,它由中等高度的街区构成,但是也被证明为设计上的灾难。事实上,紧接高层建筑年代之后的建筑风格,也就是低层高密度,已经被证明是第二次世界大战刚结束后,在格拉斯哥的一场失败,[202] 并且随后受到了严厉的批评:

> 低层高密度在实践中,意味着在充满回声的砖头院子中成群的孩子,群聚就意味着破坏行为……它们更加难以出租,也就只能租给最贫穷、最不守规矩的家庭,他们很少有车辆来停放在目前强制使用的地下汽车库中,他们的孩子毁坏了他们所拥有的少量汽车。[203]

具有讽刺意味的是,这也是一个柯布西耶式的解决方案。所有这些都没有考虑真正的批评,也就是它们只是强加给人民的设计解决方法,而没有考虑他们的喜好、生活方式或者一般特征,这些解决办法是由(那些媒体喜闻乐见的)自己生活在精美的维多利亚别墅里的建筑师们所制定的。后来有些人实际上住进了他们正在设计的地方,例如拉尔夫·厄斯金(Ralph Erskine)的现场建筑师弗农·格拉西(Vernon Gracie)住进了纽卡斯尔著名的拜克沃尔(Byker Wall)之中,这是一件值得评论的事情。这一失败的结果(对于这一失败,柯布西耶和他的追随者们同样应该受到足够的谴责)是中产阶级设计师对于工人阶级家庭生活缺乏真实的感觉。在设计师们的世界里:

> 妈妈没有和婴儿孤零零地坐在家中,她到哈罗德(Harrods)❶买东西去了。孩子小的时候由保姆带到肯星顿公园(Kensington Garden)去了。8 岁时,他们去上一所预备学校,13 岁去上一所公立学校,都是住校的。假期里,他们去乡村或是去进行冬季运动,进行航海等;在和风与夏日的阳光下被晒成金黄色和棕色的皮肤。反正他们没有在楼梯平台上闲逛,也没有倒翻垃圾桶玩弄桶盖。[204]

关于勒·柯布西耶在马赛著名的第一幢公寓里,有一个引人注目的事实:它和许多忠实的仿制品有着很大的区别,这并不完全在于它是由大师自己设计的,而更多是因为它是由不同住户住在里面的。它是中产阶级的职业领地,人们很乐于居住在一幢法国最具纪念意义的建筑里(由于这样一种事实,他们收到了一笔作为恢复建筑之用的、可观的公共款项)。从优雅的门厅到令人愉快的屋顶游泳池,它更像是一个中等质量的旅馆,而不像是一幢 1960 年代的英国的政府住宅(或者,如果有人想寻找与英国特有的可怕之处相对应的案例,那就是巴黎郊外的一处居住区(grand

[201] Crossman, 1975, 341.　　[202] Armstrong and Wilson, 1973.　　[203] Esher, 1981, 134.
[204] Ward, 1976, 51.

❶ 伦敦一家著名的高档商店。

ensemble))。从头至尾的事实就是,柯布西耶并不了解与他自己不一样的人。

　　随后,富人在高密度的住房里总可以生活得很好,因为他们拥有服务,那就是为什么柯布西耶的引语是如此的生动。但是对于普通人来说,正如沃德所言,郊区住区有着很大的好处:个人隐私,免受噪音骚乱,自己有制造噪音的自由。要在高密度的住房里获得这些,则需要经过昂贵的处理,在公共住房里一般是不可能做到的。首先是孩子问题。"除非他们童年在外面有地方玩,当他们长大一些之后,肯定要制造麻烦。"[205]这个问题特别真实,正如尤夫考特(Jephcott)在 1971 年所总结的,从教育设施比较差、居住在高密度高层建筑里的有孩子的家庭的角度来看,"地方政府应当终止这种住房方式,除非把租户范围限制在经过严格挑选的人群中,或者对租户施加极大的压力"。[206]柯布西耶当然很有福气地没有察觉到这些,因为他是中产阶级,并且没有孩子。[207]

美国的城市更新

　　美国人甚至在英国人之前就发觉了所有这些问题,而其中的原因则令人很感兴趣,原因之一就是美国人开始得更早一些。他们的城市更新计划从 1949 年的住房法和 1954 年的改善法开始演变而来,甚至有更早的来源:一个是 1937 年国家资源规划局(National Resources Planning Board)的城市委员会的报告,《我们的城市:它们在国家经济中的作用》(*Our Cities:Their Role in the National Economy*),该报告的重点是由过时的土地使用所导致的城市衰退;另一个是艾尔文·汉森(Alvin Hansen)和古伊·格里尔(Guy Greer)于 1941 年撰写的非常有影响的小册子,它有所发展,并论证需要联邦出资来购买衰退的房产,城市反过来需要为再开发制定规划。[208]所形成的 1949 年法代表了保守的和激进的利益之间奇怪而成功的结合:联邦资金可以用于更新城市的破旧部分,主要是居住部分,但是它没有提供足够的住房工具。[209]

　　为了了解其中的原因,我们就有必要更加深入地研究这个不大可能的结合。国会已经通过了一个标志性的公共住房措施,也就是早在 1937 年的瓦格纳法(*Wagner Act*)。这是在强大的利益集团之间进行长期而痛苦的斗争的结果。一方面是诸如凯瑟琳·鲍尔这样的自由主义住房专家,他们与建筑工会站在一边,另一方面是国家房地产局协会(National Association of Real Estate Boards,NAREB)及其研究分支机构,城市土地研究所(Urban Land Institute,ULI)。NAREB 和 ULI 都是为联邦抵押贷款服务的,是 1934 年联邦住房协会(Federal Housing Association)成立时赢得的一项主要成果,它们都反对公共住房。形成的妥协就是将公共住房作为安置有需要的穷人(那些被估计一旦经济重新起飞,就有能力购买自己住房的新失业者)

---

[205] Ward,1976,54.　　[206] Jephcott,1971,131.　　[207] Anthony,1966,286.

[208] Greer and Hansen,1941,3-4,6,8.

[209] Salisbury,1964,784-787;Lowe,1967,31-32;Mollenkopf,1983,78;Fox,1985,80-100.

的一种权宜之计,不包括年老的贫苦住户:主要是黑人、真正穷苦的下层阶级。用来甄别的手段取决于法令的资金:联邦资金将用于土地的获取和开发,而不是用于运行成本,运行成本则来自于租金。因此,真正贫困的家庭永远都不可能被纳入进来。[210] 1940 年末,障碍消除了:接受社会福利的家庭开始进入这些项目。但是由于资金制度仍然没有变化,不久以后,所导致的矛盾产生了灾难性的后果。[211]

1949 年法和 1954 年法代表了 NAREB-ULI 游说团的另一项胜利。他们的目标不是廉价住房,而是处在中心区边缘的、衰退地区的商业性再开发,匹兹堡(Pittsburgh)在金三角(Golden Triangle)再开发项目中获得的成功则是其样板。虽然公共房屋运动强烈反对 NAREB,但还是沿着城市更新的思路在前进,希望它也能实现其目标。[212] 事实上,尽管城市更新作为一种手段,去保证“一旦可行,就要实现为每一户美国家庭提供一个体面的家园和宜人的生活环境”这一目标,城市更新(urban regeneration)与公共住房却是分开的,并且置于住房与家庭财政部(Housing and Home Finance Agency)的控制之下。该机构迅速着手减少低租金住房并鼓励商业化的再开发,于是 1949 年法的规定某区域应该“优先再开发”的条款逐渐被废止了。[213] 许多城市利用权力来消除贫民窟,并以政府补贴的方式向私人开发商提供良好的土地,正如查尔斯·阿伯拉姆斯(Charles Abrams)绝妙的评论:城市寻找“真正衰退的地区”。[214] 在一个接一个的城市中——费城、匹兹堡、哈福德、波士顿、旧金山——被清除的地区都是低收入的、与中心商业区紧邻的黑人区,而许诺的过渡性住房并未实现。因为,“公共住房就像是《奥赛罗》(Othello)中的摩尔人(Moor)❶,它已经在评估城市更新时表达了尊重,现在可以走了”。[215]

代理人是“发展集团”(growth coalitions),通常是由更年轻的商人所组成:银行家、开发商、建筑公司、房地产经纪人、零售商。但是他们不只这些,因为如果真的只是这些人,他们可能已经失败了。他们还包括走自由主义技术路线的市长们(纽黑文(New Haven)的李(Lee),芝加哥的达莱(Daley)),得到劳动委员会、建筑行业委员会、良好政府集团、职业规划师等等的支持,甚至还包括公共住房游说者。[216] 他们也包括了一个规模虽小但能力很强的城市更新专业执行机构的新组织:纽约的罗伯特·摩西(Robert Moses),纽黑文、波士顿和纽约的爱德·罗格(Ed Logue),旧金山的贾斯汀·赫尔曼(Justin Herman)。[217] 正如凯瑟琳·鲍尔·伍尔斯特(Catherine Bauer Wurster)所说的,

[210] Friedman, 1968, 104-109.　　[211] Meehan, 1977, 15-16, 19.　　[212] Weiss, 1980, 54-59, 62.

[213] Weiss, 1980, 67.

[214] Abrams, 1965, 74, 118; Bellush and Hausknecht, 1967b, 12; Arnold, 1973, 36; Frieden and Kaplan, 1975, 23; Kleniewski, 1984, 205.

[215] Abrams, 1965, 82; Kleniewski, 1984, 210-211.

[216] Mollenkopf, 1978, 135-136; Weiss, 1980, 68-69; Kleniewski, 1984, 212-213.

[217] Mollenkopf, 1978, 134; Hartman, 1984, 18.

❶ 摩尔人(Moor),现居于非洲西北部之伊斯兰教民族,具有阿拉伯人与柏柏尔人之血统。《奥赛罗》中的摩尔人指威尼斯一位勇猛的黑人将军奥赛罗,与元老之女相爱结婚,受奸人挑拨怀疑其妻不贞,并杀之;后真相大白,于妻子尸体旁自杀。

"难得有这么一群形形色色的未来天使们想要在同一个小针尖上跳舞"。[218]

其结果,联盟当然采取了另外的方式,正如它所做的,常常是各走各的路。一个小组(开发商及其同盟)希望按照已经建立起来的市中心企业的利益进行大规模的再开发,但是也要吸纳外围的商业,这将导致他们与地方利益相冲突。如果有可能,他们也希望绕过地方利益集团的行政安排来做。但是在整个 1950 年代,特别是 1960 年代,他们和其他利益集团不断发生冲突:本地居民维护并保卫自己的邻里社区以及受到被清除威胁的小型商业,可以形成反城市更新的同盟。[219]这种故事在美国的城市中一个接一个地重复着。

纽约是特殊的,在罗伯特·摩西的领导下,纽约始终是特殊的。在 50 多年的各种官职的生涯中,他成为无可争议的"美国最伟大的建造者",负责总量高达 270 亿美元(按 1968 年美元值计算)的公共工程。[220]他建造了景观大道、桥梁、隧道、高速公路,当城市更新的龙头开始流水的时候,他开始建造公共住房。从 1949 年到 1957 年,纽约市花费了 26 700 万美元用于城市更新,所有其他的美国城市总共才动用了13 300 万美元。当 1960 年从城市更新岗位上退休的时候,如果以完成的公寓计算,他所建造的比其他地区的总量还要多。[221]就像他以前所完成的所有其他工作一样,摩西通过将两种在早期的职业生涯中所认识到的特征独创性地结合到一起来实现它:他深深相信的,由正直的、具有公众精神的市政人员所制定的自上而下的规划,这最为完美地体现于他所赞赏的英国制度之中。同时他在早年痛苦地发现,至少在美国的城市丛林中,政治关系也涉及其中。[222]从这两个基本点出发,他建立了一个由权力、影响力和资助人构成的系统,使得自己几乎坚不可摧,最终对于市长、州长,甚至总统也是如此。[223]"最直截了当的移花接木、许可、运动捐助,罗伯特·摩西为体制提供了它所需要的所有东西。结果,他将机器动员到自己的一边,动员起它的力量和影响,来支持他的规划。"[224]

在第二次世界大战期间,摩西有效地规划了史蒂文森城(Stuyvesant Town),这是大都市生活(Metropolitan Life)巨大的东区(East Side)项目,它清除了 11 000 个工人阶级租户,以容纳 8 756 个中产阶级家庭。在战争的情况下,如果没有左翼的支持摩西就不能获得成功。[225]可以预见,1946 年新任市长威廉·欧杜耶(William O'Dwyer)任命摩西为纽约城市建设协调员。[226]到 1945 年 1 月时,摩西已经起草了一份国家资助的住房项目的庞大计划,几乎完全基于拒绝在空地上建造公共房屋的宗旨,而将它集中在下东城、东哈莱姆、靠近海军船坞的布鲁克林(Brooklyn)以及布朗斯威尔(Brownsville)。在摩西的心目中,这些已经是按照种族进行划分好的:他谈到过"布朗克斯有色人种的项目"。[227]

[218] Quoted in Mollenkopf, 1983, 5.　[219] Fainstein and Fainstein, 1983b, 255.　[220] Caro, 1974, 9–10.
[221] Lowe, 1967, 48; Caro, 1974, 12.　[222] Caro, 1974, 52–55, 70–71, 85.　[223] Caro, 1974, 427–431.
[224] Caro, 1974, 740.　[225] Schwartz, 1993, 84.　[226] Schwartz, 1993, 108.
[227] Schwartz, 1993, 113–115.

1949 年住房法(*Housing Act* (US),1949)的第 1 章为他提供了机会,其中的表述令人惊讶:"引导国家种族高雅化的城市,将在'清除黑人'的最终艺术中引导着国家。"[228]在随后的 10 年中,城市平整了曼哈顿和布朗克斯区的大片地区,建造了 17 个"第 1 章"(符合 1949 年住房法第 1 章要求的)项目,迁走了 10 万名低收入居民,他们中间有 40%是黑人和西班牙语种人。取代这些被迁走居民的是有中等收入的就业者和至少 5 000 户商业,主要是夫妻店。[229]但是,摩西只是服从着第 1 章的规定,城市部门不负责租户重新安置的城市传统,因为在纽约,甚至自由主义者都为私人开发商争取公众支持,他们赞成工人阶级在内城没有专门的地盘。每个人都支持摩西——甚至托克维尔(Tugwell)将他称作"纽约曾经有过的第二或第三好的事情"。[230]

具有讽刺意味的是,他最后走得太远,并导致未能取得成功。"民主没有解决建造大型公共项目的问题,因此,摩西通过放弃民主来解决这一问题。"[231]确实,摩西穷其一生潜心建立了一个广泛而多元的利益集团的联盟:谋求扩张的医院和学校、文化和商业促进集团,甚至对合作住房有兴趣的工会,以及一直支持这项工作的《纽约时报》(*New York Times*)。[232]他看不起更新安置,"他们认为我们应当……用橡皮筋、苏格兰黏胶带和小提琴来进行修理"。[233]

最后,一小群公众开始抗议,摩西打算粗暴地对待他们,但是发现他做不到这一点。他们中间有一位家庭妇女,住在西格林尼治村❶的建筑记者简·雅各布斯(Jane Jacobs),当发现摩西计划要拆除自己的邻里社区的时候,她动员当地居民进行抗议。[234]她赢了,这段经历引发了 20 世纪规划史上最有影响力的著作之一:《美国大城市的死与生》(*The Death and Life of Great American Cities*)。到那时为止,摩西已经不再负责更新工作。1968 年在他 79 岁时,罗伯特·摩西最终从最后的工作中完全解脱出来,不再是总建筑师了。[235]

纽黑文是一个率先并且最出色地运用了新权力来提供另一幅经典图画的城市:它的市长理查德·李(Richard Lee)来自该市的天主教工人阶级,但是他能够很容易地动员不同阶层的社会力量,包括耶鲁大学的机构。他对舆论风向极其敏感,并且还是一个公共关系高手。[236]他与自己的开发主管爱德华·C. 罗格(Edward C. Logue)、再开发主管莫莱斯·罗提沃(Maurice Rotival)成立了一支紧密合作的团队。在这支队伍里,"可以有点过于简化地认为:市长的任务就是获取城市里主要政治利益集团的支持,开发主管的任务就是保证开发商的参与,而再开发主管的任务就是赢得联邦机构的赞同":[237]李的联盟包括了民主党的领袖、共和党的商人、耶鲁的管理

---

228 Schwartz, 1993, xv.   229 Schwartz, 1993, xv, 295.   230 Schwartz, 1993,143,297,61.
231 Caro, 1974, 848.   232 Lowe, 1967, 86-88.   233 Lowe, 1967, 92.   234 Lowe, 1967, 101-103.
235 Caro, 1974, 1144.   236 Dahl, 1961, 118-119.   237 Dahl, 1961, 129.

❶ 格林尼治村(Greenwich Village),美国纽约市下曼哈顿西 14 街至西休斯敦街之间的区域,原为殖民时期村庄,亦称"西村"(West Village)。1910 年后成为不信奉英国国教的作家、艺术家、大学生等聚居地,曾经是美国现代艺术的中心。如今的格林尼治村已成为富人区。

人员和教师、少数民族集团以及工会。一个由李刻意成立的市民行动委员会
(Citizens' Action Committee)"实际上消除了反对意见"。[238]结果是清除了一个大型
的、不断增长的黑人贫民区来建造中心区的办公楼,获得联邦公路资金的资助来建
造一个市中心分配点。[239]

匹兹堡是另一座先锋城市,事实上早在 1949 年以前就有过同样的故事。在经过
数十年毫无建树的地方执政之后,一位新的商业精英认为,城市必须采取措施来阻
止经济崩溃。早在 1943 年,匹兹堡就成立了一个阿勒格尼区域发展协会(Allegheny
Conference on Regional Development,ACAD),以建立一个重新振兴中心区的联
盟。其结果就是公司领导人中的共和党集团与民主党政治老板之间脆弱的联盟。
1946 年,一个城市更新领导小组得以成立,并获得了空前的权力(虽受指责却是依法
建立的),它谴责用于城市规划目的的住房。正如人们所称呼的那样,"复兴 1 号"
(Renaissance Ⅰ)计划本质上是一项私人开发运动,它拥有起着一种辅助作用的公众
组织,并且拥有紧密而重叠的主要机构,包括阿勒格尼协会、城市更新领导小组和规
划委员会。在随后的 20 年间,规划重建了所谓金三角的四分之一,置换了至少
5 400 户低收入(主要是黑人)的家庭,并且主要置换成为办公楼,使得该区域成为一
个朝九晚五的通勤者地区。[240]

旧金山是另外一个经典案例。有关城市更新的争议起源于通过 1944 年的一个"私
人区域性政府"的海湾地区议会(Bay Area Council),以及 1956 年的布利斯泽勒巴赫委
员会(Blyth-Zellerbach Committee)来组织的事务。在 1949 年法的前一年,1948 年旧金
山再开发委员会(San Francisco Redevelopment Agency)平静地等待着它的权力。1958
年,它在布利斯泽勒巴赫的推动下进行了重新改组。贾斯汀·赫尔曼(Justin Herman)
对于中心区商业集团是"圣贾斯汀"(St. Justin),而对于毗邻的西艾迪逊区(Western
Addition)和市场南区(South of Market)的低收入居民则是"白色魔鬼"(White Devil),他
于 1959 年成为旧金山再开发委员会的领导。他赞成这些地区的卫生工作,这意味着要
迁走它们的居民。正如一位商业支持者雄辩地指出:"你不可能期望我们在一个有着肮
脏的老年人在职员面前走来走去的区域里,投资建造一座 5 000 万美元的大楼。"[241]

切斯特·哈特曼(Chester Hartman)❶认为,"贫民区"(skid row)的标签事实上
是一个精心培育出来的形象,用来肯定更新工作。市场大街南部地区是一个出租旅
馆区,那里住满了人,大多数是退休的和残疾的。但是他们组织起来了,并且找到了
一位 80 多岁的工会组织领导人,乔治·伍尔夫(George Woolf)。在经过一场空前的
司法斗争之后,伍尔夫迫使更新机构于 1970 年同意建造低租金住房。被激怒了的赫

---

[238] Dahl, 1961, 133.　　　[239] Lowe, 1967, 406, 417; Fainstein and Fainstein, 1983a, 40.
[240] Lubove, 1969, 87, 106-111, 127-131, 139-140; Lowe, 1967, 134, 140-141; Stewman and Tarr, 1982,
　　 63-65, 74-76, 103-105.
[241] Quoted in Hartman, 1984, 51.
❶ 切斯特·哈特曼(Chester Hartman),城市规划师、作家,华盛顿贫穷与种族研究行动理事会的研究主任。

尔曼称这位租户律师是一位"聪明能干、获得资助且疲于奔命的律师"。一年之后，他死于心脏病发作。

在随后的 10 年中，进一步的司法行为仍在进行着。在进行诉讼期间，城市更新基金被社区开发街区补助金（Community Development Block Grants）所取代，它负责在全城发放资金，更新委员会失去了独立的资金，市长办公室获取了更大的控制权。同时办公楼兴起的呼声更高了。到 1980 年代末时，经过 30 多年的对抗，市场南区的再开发项目接近于完成。旧金山的市民们现在通过高度组织起来的方式来保护自己的邻里社区，较为拖沓地通过了一项严格的措施，用来限制在他们的城区内部任何地方进一步开发办公大楼。[242]

事实上，这些联盟在那些年代的惊人之处就在于，它们在推动明显违背选民利益的那些政策上是如此的成功。在波士顿西端有一个历史悠久的、结构严密的意大利社区（用赫伯特·甘斯（Herbert Gans）的话来说，一个城中村），这是一个经典案例。根据抵押贷款的银行家的建议，清除计划被扩大到包括尚未衰退的区域。一般市民认为整个区域是一个贫民窟，因为报纸上就是这么说的，当地人认为绝对没有发生过这种事情。开发商想要获得用于高收入住房的土地，而城市政府则跟随其后。[243] 随后，弗瑞德（Fried）发现西端的人，特别是他们中间的传统工人阶级深受打击，就像是失去了一个心爱之人。[244]

但是所有的好事情都有一个结束。到 1960 年代中期时，城市更新的批评声变得震耳欲聋。查尔斯·阿伯拉姆斯（Charles Abrams）指出，很多清除地区（纽约南部的华盛顿广场、洛杉矶的邦克希尔（Bunker Hill）、旧金山的钻石高地（Diamond Heights））就像西端一样，"从住房意义上来说完全不是贫民窟"，它们之所以这样，是因为官员们是这么说的。[245] 马丁·安德森（Martin Anderson）计算出，到 1965 年末时，城市更新将驱逐 100 万人。他们中的大多数人支付非常低廉的房租，并且有 3/4 自己重新安置，9/10 支付高额房租但却居住在低标准住房之中。总体而言，到 1961 年 3 月时，该项目已经拆除的房屋总量是已经建造的房屋量的 4 倍。通常土地被闲置着，因为平均每个计划需要花费 12 年才能完成。将近 40% 的新建筑不是用于住房，而且在替换的住房单元中，大多数是私人建造的高租金高层公寓。[246] 因此，虽然在法令的开头 10 年，获得补助的地区中 85% 在再开发之前是用于居住的，而开发之后仍用于居住的却只剩下 50%。[247] 或者，正如司考特·格里尔（Scott Greer）❶所指出的，"在花费了 300 多万美元之后，城市更新委员会（URA）已经成功地大大降低了美国城市低价住房的供应"。[248] 切斯特·哈特曼得出结论认为，违反常规进行规划的

---

242 Fainstein, Fainstein, and Armistead，1983，216，226；Hartman，1984，185，309-311.

243 Gans，1962，4，283-290，318.　　244 Fried，1963，1678.　　245 Abrams，1965，118-122.

246 Anderson，1964，54-67，73，93.　　247 Grigsby，1963，324.　　248 Greer，1965，3.

❶ 司考特·格里尔（Scott Greer），美国明尼苏达大学城市社会学教授、诗人，著有《大都市区的治理》《新兴城市，神话与现实》等。

后果,就是使富人更富,穷人更穷。[249]甘斯清晰阐述了它全部的不合理性:

> 假如政府判定破旧汽车对于公众安全是一种威胁,对于公路景观是一种破坏,因此要把它们从司机那里拿走;然后,假定需要再补充汽车的供应,给这些司机每人100美元去购买一辆好用的汽车,并向通用汽车、福特和克莱斯勒发放补贴,用来把卡迪拉克、林肯和英派尔的成本降价几百美元(虽然不一定就是这个价)。这听起来有些不近情理,如果把破旧汽车换成贫民窟住房,那么我就是在稍带艺术夸张地描述了被称为城市更新的头15年的联邦项目。[250]

这一切是如何发生的? 有几位评论家强调了这样一种事实,犬儒主义(Cynicism)❶的解释不一定是对的:虽然有人已经获利很多,"有些东西人们只能称作市民爱国主义",它"很好地与经济利益混为一谈"。在发展联盟中,很多成员有着单纯的动机:"市长关心中心城市的纳税基数,民权领袖关心美化城市中心的爱国愿望,商人关心对中心区住房的参与,还有一些人相信政府会在公众利益问题上进行革新"。所有这些成员已经制订了一个"奖励强者、惩戒弱者"的计划,[251]这个计划只可能在当地执行。而大多数城市要在当地恢复中心区,希望中产阶级从郊区搬回来。[252]

一些在城市更新中最糟糕的极端情况后来确实是被避免了:更多的地区经过重建被用于居住,也有了更多的廉租房,很多黑人得到了重新安置。[253]很显然,由于重新安置住房是规划在其头15年中最没有得到执行的一件事情,大多数美国城市更新中出现的问题不能算到柯布西耶的头上。但是,柯布西耶和城市更新的处方确实要共同为马丁·安德森形象地称之为"联邦推土机"(Federal Bulldozer)的方法负责。从美国人的批评中所显露的问题就是,不去管穷人可能还会好一些。格里尔(Greer)引用一位地方官员的话来说:"我们在谈论什么? 一个寡妇要么每个月靠2美元生活,要么必须根据那些标准居住在低于标准的住房之中。我们所称呼的二等住房是真正的必需品,如果废弃了它,就是取消人们可支付得起的住房。"[254]如果将破坏以往邻里关系的心理代价加在这上面,事情就会变得更加糟糕。

反击:雅各布斯和纽曼

美国城市更新的失败,以及针对英国同类事情的质疑,帮助解释了1961年在美国出版的简·雅各布斯的《美国大城市的死与生》对这两个国家所产生的重大影响,该书在短暂的城市规划历史上迅速成为最具影响力的著作之一。它就是那种在正确的时间里,带来了正确信息的典型事例。雅各布斯抨击了城市规划在开头半个世

---

[249] Hartman, 1964, 278.　　[250] Gans, 1967b, 465.　　[251] Greer, 1965, 94, 122.
[252] Grigsby, 1963, 323.　　[253] Sanders, 1980, 106-107, 112.　　[254] Greer, 1965, 46-47.
❶ 犬儒主义(Cynicism),古希腊的一个哲学流派,其代表人物是西诺普的狄奥根尼。主张清心寡欲,鄙弃俗世的荣华富贵,力倡回归自然。

纪的历程中,自说自话的伟大正统理论。田园城市运动从根基上受到批判,这是由于它规定"只有具有城市郊区的物质品质和小城市的社会性质才是完美的住房",该运动"用来拯救城市的处方实质上妨害了城市"。很大程度上,它"认为城市规划如果不是权威主义的,本质上也是形式主义的"。[255] 柯布西耶们被批判为自我中心主义的:"不管设计有多么世俗、多么笨拙,空间多么沉闷、无用,视野多么无趣、封闭,一种勒·柯布西耶式的模仿品就叫嚷道:'看看我所做的东西',好像这是一个伟大而可见的自我,它在讲述某个个人的成就。"[256]

　　雅各布斯认为,关键之处在于城市人口高密度并没有什么不对,只要它们不造成建筑内部的人口过度拥挤就行了。传统的内城居住区,例如纽约的布鲁克林高地、费城的利特豪斯广场(Rittenhouse Square)、旧金山的北滩(North Beach),尽管人口密度很高,但都是很好的区域。[257] 她认为,一个好的城市社区实际上需要每英亩100户,大约相当于200~300人;这密度甚至与纽约相比也是相当高的,几乎比1945年后伦敦任何地方的密度也都要高。但是,它可以通过限定开敞空间来得以实现:

> 如果说城市需要较高的居住密度和较高用地覆盖率(我也认为它们应当如此),一般都会被视为比袒护一条吃人的鲨鱼还要卑劣。
>
> 但是自从埃本尼泽·霍华德观察了伦敦的贫民窟,并且得出结论说为了拯救人民,就必须放弃城市生活以后,事情就已经发生了变化。[258]

将雅各布斯的处方总结起来,就是或多或少把内城社区保持为规划师开始着手以前的那种状态。应该将功能混合起来,还有混合的土地使用,以保证人们可以抱着不同的目的,按照不同的时间表到达那里,可以共同使用很多设施;必须要有以短小街坊为基础的传统街道;必须将不同时代和状况的街区混合在一起,包括与老街区的很好融合;必须要有人群的密集集中,不管他们到那里的目的是什么,其中也包括居民的密集集中。[259]

　　对于雅各布斯的绝大多数的中产阶级读者而言,这听起来很好。正如人们在20年后所指出的,讽刺性在于其结果就是城市的雅皮士化(yuppification)❶:

> 事实证明,城市主义与现代主义同样值得怀疑,都有着从属于中上层阶级消费者利益的平等愿望……从第一个包豪斯宣言到四季酒店❷花了四十多年,而从雅各布斯的神圣理想中的卑微街角杂货店到邦约尔(Bonjour)❸、可颂坊(Croissant)❹以

---

255 Jacobs, 1962, 17, 19.　　256 Jacobs, 1962, 23.　　257 Jacobs, 1962, 202-205.
258 Jacobs, 1962, 218.　　259 Jacobs, 1962, 152, 178, 187, 200.

❶ 雅皮士化(yuppification),雅皮士是美国人根据嬉皮士仿造的一个新词,意思是"年轻的都市专业工作者"。雅皮士从事那些需要受过高等教育才能胜任的职业,如律师、医生、建筑师等,他们没有颓废情绪但不关心政治与社会问题,只在意赚钱。
❷ 四季酒店(Four Seasons),顶级豪华酒店。
❸ Bonjour,一种美容店的品牌,又称卓悦。
❹ Croissant,羊角面包,也是一家法国面包房的品牌。

及其他所有类似的替代只花了一半的时间。[260]

作为一名对此印象不太深刻的中产阶级评论家,刘易斯·芒福德对奥斯本坦言,说他已经忍耐一年没有说话了。"但是我不能假装不喜欢去在她无意间暴露出来的软肋之处狠狠地打击一下。"[261]莱昂纳多·费什曼(Leonard Fishman)认为这是很奇怪的,两个人都拥有自由的观点,两个人都厌恶城市扩张,但是对于雅各布斯而言,大城市是解放的基座,而对于芒福德则正好相反。[262]但是,此时芒福德是一位理想彻底破灭的老人:他相信大公司的力量已经征服了美国,并且将要破坏雅各布斯寻求保存的都市内涵。当然,事实证明他是错误的,格林尼治村(Greenwich Village)的绅士化改造仅仅是这一过程的前奏,随后影响了每一个美国城市。但是很奇怪,这一现象与它的另一面恰恰相互并行:一个白人中产阶级斗争与放弃的过程。[263]在世纪之交,几乎每一个美国城市都存在着这种矛盾:骚动的市中心和优雅的中产阶级领地势不两立地相邻,就好像是在不同的国家,甚至是不同的星球所占领着的两个完全不同的城市。从一种可怕的角度来看,它们确实如此。

　　这道出了一些有关雅各布斯思想的重要性。它反对任何形式的先入为主的规划,而是基于某种核心理念,诸如纽约这样的城市是:

　　　　自组织的,最适当的设计就是顺其自然。我们做得最糟糕的事就是把所有事都做完了。一位老朋友的父亲曾经有一个笑话,是关于老师吓唬小孩的:"在地狱里,有哀号、哭泣和咬牙切齿。""假如你没有牙齿呢?"一个孩子问。"那你将会得到一副牙齿。"老师严肃地回答道。这就是——设计过的城市精神:会提供给您牙齿。[264]

这样做的问题就是,它不能保证良好社区的发展。事实上,很可能这将永远不会发生,因为市民的反对也将阻止这种优化,良好社区只会自行其是。[265]"如果有人想要设计一个贝肯山(Beacon Hill)、乔治城(Georgetown),一个波士顿南端,或者旧金山的诺布山(Nob Hill),那将永远不会成功。"[266]因此,好地方将会一如既往地好,坏地方也一样。雅各布斯的理念最终是自由放任的精髓。

普鲁伊特-伊戈的动荡

　　然而,不管城市主义后来有了什么样的应用,它为"联邦推土机"带来了厄运。还远不止这些,按照英国的标准,美国的公共住房建造得太少了,它还应该再建造一些。相对于其他的城市,一些最大的和最具影响力的城市已经跟随一种柯布西耶的模式,其中有圣路易斯、芝加哥和纽瓦克,但是到1970年代末时,这些城市正在考虑

---

[260] Muschamp, 1983, 168.　　[261] Fishman, 1996, 4.　　[262] Fishman, 1996, 4-5.
[263] Fishman, 1996, 8, 9.　　[264] Quoted in Hirt, 2012, 41.　　[265] Stockard, 2012, 52.
[266] Stockard, 2012, 52.

放弃。很多地方达到 30%～40%的空置率,典型的案例是普鲁伊特-伊戈(Pruitt-Igoe)。这是一个 1955 年圣路易斯市的获奖项目,因为在建好后的第 17 年头被炸毁而恶名昭著。那一天,炸毁过程被胶片记录了下来,在美国乃至在全世界,人们将其视作错误的城市更新的典型案例。

当 W. O. 普鲁伊特船长家园(Captain W. O. Pruitt Homes)和威廉・L. 伊戈(William L. Igoe)公寓于 1950 年揭幕的时候,著名建筑师雅马萨奇(Minoru Yamasaki,本名山崎实)将一系列现代建筑学家所主张的设计原则组织到一起:各种高度的板楼和联立式住房建筑;板式公寓中宽阔的进出走廊,意味着可以作为游戏区域、门廊和晒衣区,电梯隔层一停的复式单元,空间开阔的河流穿过住区,这是由哈兰德・巴索勒莫(Harland Bartholomew)所提出一个概念。《建筑论坛》(*Architectural Forum*)称赞它是 1951 年最好的“高层公寓”。但是在当时,根据 1949 年联邦住房法(*Federal Housing Act*),联邦官员把最低标准作为最高标准,坚持所有建筑要一律建成 11 层楼。[267] 33 幢相同的楼房,包括 2 800 多套公寓,在 1955—1956 年完成了,它们在光秃的场地上向过境交通敞开。为了控制在成本限额之内,在建造期间进行了大量的和随意性的削减。公寓室内的空间,特别是那些数量众多的提供给大家庭使用的公寓“被削减至骨头,甚至骨髓”。[268] 门锁和门把手第一次使用就坏了,有的甚至在使用之前就坏了;窗框断裂;一部电梯在开幕当天就坏了。“在完工的那一天,普鲁伊特和伊戈的这些建筑几乎只是一堆钢筋混凝土陋屋,设计差,装备差,大小不合适,位置不合适,不通风,并且实际上难以维护。”[269] 这已经够糟糕了,但是除此以外,入住的租户并不是那些被定为设计对象的人们。直到 1950 年代,正如大多数公共住房一样,设计是为值得关怀的穷人而制定的,绝大多数户主都是男性雇员。1951 年的圣路易斯是一个种族隔离的城市:普鲁伊特全部都是黑人,但在根据最高法院裁决解除公共住房隔离以后,政府试图融合伊戈。但是完全没有效果:白人搬走了,黑人(包括很多依靠社会福利的家庭,女性户主家庭)搬了进来。到 1965 年时,超过 2/3 的居民是少数族裔,70%的人年龄在 12 岁以下,女人是男人的两倍半,62%的家庭户主是女性,38%的家庭家中没有就业人口,只有 45%的家庭以就业收入作为唯一的收入来源。[270]

很快,时间的推进就意味着灾难。普鲁伊特的入住率在 1956 年是 95%,6 年以后下降到 81%,1965 年降至 72%;伊戈的入住率开始时不到 70%,并维持在这一水平。情况开始变得糟糕,管道爆裂,发生过煤气爆炸。到 1966 年时,贫穷居民项目的工作人员记录到当时的情景:

> 玻璃、橡皮和碎片散落在街道上,数量惊人……废弃的汽车留在停车场,玻璃无处不在,金属罐头撒得到处都是,纸上面落了雨,粘在硬化开裂的泥地里。

[267] Mumford, 1995, 34-35.   [268] Meehan, 1975, 35.   [269] Meehan, 1979, 73.
[270] Rainwater, 1970, 13.

图 7-10 和图 7-11　普鲁伊特-伊戈

世界上最为臭名昭著的高层建筑项目,在它刚建成的那一时刻,显示出的它被期望看到的样子和实际看上去的样子,以及它在 1972 年被爆破的一瞬间。

图片来源:© Bettmann/CORBIS (图 7-10) and Time & Life Pictures/Getty Images (图 7-11)。

从外表上看,普鲁伊特-伊戈就像一个灾难区域。显然每幢房子都有打碎的窗户。路灯不亮……当来访者走近大楼入口时,脏东西和碎屑更加明显。大楼底部被废弃的房间里什么废物都有,老鼠、蟑螂以及其他害虫在这些空间里肆虐横行……

声名狼藉的隔层电梯即使对那些做好准备应付任何事情的人来说,也是一件新鲜事。油漆从电梯壁上剥落。尿臊臭气四处飘溢,电梯里没有通风……当充满臭气的电梯停在某个楼层走道上的时候,来访者从黑暗中走出来,就进入一个灰色混凝土的肮脏难民营的场景之中。常见的灰色墙面现在被灰色地板所取代。积满灰尘的窗帘遮盖的是没有玻璃的窗户。用于走廊供暖的散热片在很多大楼里已经从墙上剥落。垃圾焚化炉由于太小而不能容纳那么多的数量,已经漫溢出来——垃圾堆在地面上。灯泡和灯具不在原来的位置上,裸露发热的电线经常是挂在时好时坏的电灯插座的外面。[271]

在 1969 年,有过一次长达 9 个月的租户罢租,是美国公共住房历史上最长的一次。其中有一点,34 台电梯中有 28 台不能开动。到了 1970 年,65%的房子没有人居住。1972 年,在接受了无可回避的事实之后,政府把它炸毁了。

整个过程的学术观察者所提出的问题,就是这是如何发生的:一个设计刚满 10 年的样品变成为美国最差的城市贫民窟。有多少观察者,就有多少种解释。

很清楚,第一个罪魁祸首就是设计。正如奥斯卡·纽曼(Oscar Newman)在他著名的分析里所说的:

建筑师把每一幢建筑作为一个完全的、独立的和正规的物体来进行考虑,而对于地面的功能性使用,以及一幢建筑与它可能与其他建筑共享的地面之间的关系则不加考虑。这好像建筑师要充当雕刻家,把项目的基地仅仅视为一张表面,在这个表面上,他要安排整个系列的垂直构件,并使这些构件处于一种组合完善的整体之中。[272]

或者,正如雅各布斯所言,它体现为一名建筑师的闭门造车。特别是普鲁伊特-伊戈的设计(它和美国 1950 年代早期公共住房的柯布西耶式布局相似)是以那种相当于雅各布斯所推荐的 4～12 个普通街区容量的巨型建筑为基础,高层建筑(以普鲁伊特-伊戈为例,11 层板式楼,平均每英亩 50 个单元)在基地上无论怎样定位,唯一不变的就是入口来自于基地,而不是来自于街道。[273]这一特征加上通长高架的入口平台,形成了纽曼所说的那句值得牢记的短语,所谓的"不可防卫性空间"(indefensible space):建筑师在他 1951 年的图纸上所表现的充满了孩子、玩具和妈妈(白人)的平台不久就遭到破坏,变得极其可怕。[274]

另一名观察者发现,这个问题与华盛顿强制执行的经济管理条例是分不开的。

---

271 Quoted in Montgomery, 1985, 238.　　272 Newman, 1972, 59.　　273 Newman, 1972, 56.
274 Newman, 1972, 56-58.

因为房租必须包括维护费用，如果房客不能支付房租，城市就要削减维护。甚至在当时，租户都付不起房租：1969 年，1/4 的家庭将收入的 50％用于支付房租，于是他们罢租了。[275]具有讽刺意味的是，这种不予维修的不明智做法正发生在那些以极其昂贵成本建造起来的公寓之中：按照 1967 年的价格，每套公寓 2 万美元，只比顶级豪华公寓的建造成本稍微便宜一些。[276]

经过较为深入的分析，纽曼发现问题的根本原因在于建筑教育没有强调需要在研究现有建筑状况的基础之上来改善设计。"一旦我们认识到最著名的建筑师常常也是那些造成最具戏剧性失败的建筑师的时候，我们就能深刻认识到这一悲剧。"[277]反过来，这也是因为在现代建筑中存在着两个阵营，"社会方法论者"（social methodologists）和"形式隐喻主义者"（style metaphysicians），但是美国只引进了第二种传统，即柯布西耶的传统。[278]该结论得到了下述发现的支持：传统的低层开发，加上同样的混合住户，就没有发生过类似的问题。[279]

但是，纽曼煞费苦心地指出，设计不是唯一的，甚至不是必然的罪魁祸首。最严重的破坏发生在 1965 年住房和城市开发部（Department of Housing and Urban Development）修改了它的条例，允许问题家庭（很多带有农村背景）搬入公共住房之后："在介入的七年中，他们入住的高层建筑已经经历了系统性的损毁"。[280]不仅是普鲁伊特-伊戈，还有其他类似的街区（费城的罗森公寓（Rosen Apartment），纽约的哥伦布之家（Columbus Homes））都遭到废弃。其根本原因在于，非常贫穷的福利家庭（拥有很多孩子，对权力影响环境抱有很深的宿命态度）不能适应于这种建筑，这种建筑也不能适应于他们。正如一名社会学观察家李·瑞恩沃特（Lee Rainwater）所观察到的，普鲁伊特-伊戈的居民的理想和愿望是与其他人一样的，但是他们无法实现这些理想：

> 这些普鲁伊特-伊戈理想的实现并没有产生一种有别于其他工人阶级（白人的或黑人的）的生活。似乎用于维持这样一种家庭生活所必需的支出需要具有上层工人阶级的收入水平和稳定性。这一收入水平要比现有绝大多数普鲁伊特-伊戈的家庭高出 50％，甚至高出 100％以上。[281]

在中等或上等收入家庭中，有孩子的家庭所占比例不超过 50％，有双亲监护人或至少有一方单亲监护人的家庭可以在这一环境中舒适地生活。但是"一个中产阶级家庭在这种类型或那种类型建筑中的生活差异性不大，而一个福利家庭的生活则被证明受环境物质条件影响很大"。对于他们而言，"高层公寓建筑是要严格避免的"。[282]柯林·沃德（Collin Ward）所言极是。

从 1960 年代起，世界上有两个地方的"塔楼之城"可以完全实现其最终的目标。新加坡和香港有很好的理由：他们是岛城或者半岛城，人口增长迅速并且可资利用

---

[275] Meehan, 1979, 83；Montgomery, 1985, 232, 238.　　[276] Meehan, 1975, 65；Meehan, 1979, 73-74.
[277] Newman, 980, 322-323.　　[278] Newman, 1980, 294-295.　　[279] Meehan, 1979, 86.
[280] Newman, 1972, 188.　　[281] Rainwater, 1970, 50.　　[282] Newman, 1972, 193.

土地严重短缺。但曼努尔·卡斯泰斯（Manuel Castells）注意到，它们有着一种奇怪的相似性，"这是世界上城市政策最惊人的悖论之一，这两个市场经济体在过去25年来既实现了最高速度的增长，同时也在资本主义世界里提供了最大型的公共房屋项目，如果是根据由政府直接供给住房的人口比例的话"。[283] 从1945年到1969年间，香港建了140万个公共住房单元；[284] 新加坡建了15个新城镇，86％的人口生活在公共部门的住房里。[285] 正如罗伯特·霍姆（Robert Home）所揭示，在这一过程中，市民并没有参与其中。奇怪的是，后殖民时期的新加坡仍然延续了采用被其取代了的殖民国家的家长式政策。旧殖民城市中的生气勃勃的公共场所被公共住房及规划过的公共空间所取代；小商贩和市场摊主被重新安置到专门建造的建筑里。[286] 在一代人的时间里，新加坡人发现自己已经生活在一个根据抽象的、极其合理设计过程而来的，完美实现的CIAM集合住房中，[287] 旧时新加坡的生活方式却不见了踪影。新规划的公共空间总是按照大小分级而均匀布局的。[288]

柯布西耶的遗产

当时具有讽刺意味的是，柯布西耶的塔楼之城完全是用于满足中产阶级居民的。他想象他们在"现代城市"中过着优雅而有情趣的都市生活。"现代城市"甚至适用于格拉斯哥坚定而传统的分租户，对于他们来说，从某个高堡后面的贫民窟搬迁到第二十层楼上，就像是升入了天堂。但是对于出生于佐治亚州棚户区的、依靠福利生活、带着一群难以驾驭的孩子、被抛入到圣路易斯或底特律的母亲们，这已被证明是最大的城市灾难。于是，柯布西耶及其门徒的罪过并不在于他们的设计，而是在于他们无意之中强加在别人身上的那份傲慢，而别人并不能接受，并且只要稍微想一想就会知道，永远不可能指望别人接受。

最后一件具有讽刺意味的事情就是，在全世界的城市里，这被谴责为"规划"的失败。在"公共"或"花园"的含义上，规划意味着根据已知的制约条件，去实现既定目标的行动的一种有序计划。城市规划恰好并不是这样。但是正如约恩·朗（Jon Lang）❶ 所指出的，规划不属于城市设计的范畴：它与一种从成功先例的经验中寻求工作方式的经验程序相对立，它是一种建立在抽象思维基础之上的理性主义程式。[289] 不幸的是，这些思想在人类"豚鼠"（guinea-pigs）❷ 身上进行了试验，给未来的规划师们上了一堂可怕的实验教学课。

---

[283] Castells et al., 1990, quoted in Home, 2012, 212.　　[284] Home, 2013, 213.　　[285] Home, 2013, 214.
[286] Hee and Ooi, 2003, 88.　　[287] Hee and Ooi, 2003, 90.　　[288] Hee and Ooi, 2003, 96.
[289] Lang, 2000, 84—85.

❶ 约恩·朗（Jon Lang），澳大利亚新南威尔士大学城市设计教授，著有《设计与环境》《国际城市设计》《环境与行为》等。
❷ 豚鼠（guinea-pigs），喻供医学或其他实验的人。

自建之城❶

艺术曾经是全体人民的共同财富。中世纪时,手工艺产品的制造都是以精美为准则的……今天,它们虽然品种繁多,但却外表丑陋……我们坐在金堆中,坐在时代的弥达斯(Midas)❷旁挨饿。

威廉·莫里斯,《关于下一世纪的预言》(*Forecasts of the Coming Century*,1897)

城市规划运动是由地理学家统一起来的,一方面来自农民和园艺师,另一方面来自市民对工程师统治地位的反抗。只有当机械时代的机械能量与城市其他各个方面协调起来之后,重新整合,为生活服务,它才能由一个笨拙的巨人变为友助的赫拉克勒斯(Hercules)❸……

帕特里克·格迪斯,《关于达卡规划报告》(*Report on the Planning of Dacca*,1917)

……如果我们要对世界进行变革,使之成为更好的生活场所,其途径并非是去谈论一种政治性质的关系,它必然是二元性的,充满了主体和客体以及它们之间的关系,或者是充满了由其他人去完成的事情的程序……社会价值只有当个体价值正确时才能够正确。改善世界首先从人们的心灵与双手开始,然后由此向外扩展。别人希望谈论如何拓展人类的命运,我只想谈论如何修理一辆摩托车,我想我所说的具有更加持久的价值。

罗伯特·M.波希格(Robert M. Pirsig)❹,《禅与摩托车维护的艺术》
(*Zen and the Art of Motorcycle Maintenance*,1974)

---

❶ 原文为 The City of Sweat Equity,Sweat Equity 意为人力资产,是通过亲力亲为、动用人力而获得的,它有别于金融资产(Financial Equity),这是通过资本的动作而来的。为了简明提法,根据上下文意思,此处来用"自建之城"作为标题。

❷ 弥达斯(Midas),佛律癸亚国王,有点物成金的能力。

❸ 赫拉克勒斯(Hercules),希腊神话中的大力神,主神宙斯和阿尔克墨涅之后,力大无比的英雄。

❹ 罗伯特·M.波希格(Robert M. Pirsig, 1928—),1968年他与儿子一同骑摩托车到中西部旅行探险,并以此为题材写成了《禅与摩托车维护的艺术》一书。这本书于1974年出版后,立即成为超级畅销书,其后十余年间始终在畅销书架上占有一席之地,并被美国文坛选为70年代最具影响力的十本书之一,波希格也从此跻身重量级作家之列。

8

自建之城

自治的社区：爱丁堡、印多尔❶、利马、
伯克利、麦克尔斯菲尔德(1890—1987)

　　针对柯布西耶塔楼之城的反对，促成了城市规划思想中无政府主义情绪那姗姗来迟的胜利，这种情绪曾经十分浓烈地充斥于早期田园城市运动以及由此衍生的区域规划。当然这段历史还没有与格迪斯联系到一起。在城市规划理论中，他比其他任何人都更加强调人们可以建造他们自己的城市，由此从大众工业化逃避到一种手工艺活动的世界里，在那里，事物由于正确而再一次显得美丽。这种线索在克鲁泡特金那里还比较含蓄，但是在威廉·莫里斯和爱德华·卡彭特的工作中却非常明确而成为核心。欧文随后将自己的哲学建立在莫里斯的基础之上，并且成为谢菲尔德的卡彭特社会主义小组的早期成员，也因此聆听了克鲁泡特金关于知识与手工艺活动联盟的讲座。[1]

　　然而主要线索通过了格迪斯，1905 年他在莱切沃斯举办的廉价住房展览上与欧文相遇。[2]正如克鲁泡特金在 1886 年写给雷克吕斯的信中所记述的，格迪斯"现在刚刚结婚，他离开自己的住宅，找到了一间非常简陋的公寓与工人住在一起。人们随处都能找到类似的简陋住宅，只是形式各异。这是一种全然的觉醒，它将走向何方"？[3]多年之后，格迪斯自己也以一种典型的格迪斯方式宛然写道：

　　　　社会良知当时在各城市中激荡着，我们俩都强烈地感受到了这一点，并且这种感受在我们彼此间不断增长着。因此，在度过一个冬季的快乐家庭生活之后……我们搬到对面旧城里高大的詹姆斯·考特(James Court)分租房中，随即获得了一种相反的视角，使我们能够通过面对并对比目前在爱丁堡所存在的更加糟糕的贫民窟中的尘土、拥挤和混乱来进行体验，并且开始着手于可能产生的变化，于是问题就成为科学的、技术的问题，成为已经涉及我本人生活的本质及科学的问题，或者成为我夫人的音乐问题。[4]

他们从基本问题出发：

1　Jackson, F., 1985, 13-14, 17; Creese, 1966, 167-173.　　2　Jackson, F., 1985, 102-103.
3　Boardman, 1978, 87.　　4　Boardman, 1978, 86.
❶　印多尔(Indore)，得名于 18 世纪的 Indreshwar 寺庙。该城市位于 Sarasvati 和 Khan 河畔，是印度中央邦(Madhya Pradesh)最大的城市。印多尔是由 Rani Ahilyabai Holker 进行规划建设的。这里风景优美，气候宜人。城市中有许多与 Holker 相关的纪念物。这里是工业的中心，城市面貌繁荣。

我们从有限的范围开始,从昏暗窗户的花格和更加昏暗的五花墙开始(对于城市更新来说,没有比这更好、更简单和更直截了当的开始),我们很快针对从罗恩市场(Lawnmarket)、卡斯特希尔(Castle Hill)到莱姆赛花园(Ramsay Garden)等建筑物实施了更全面的清理和修复,甚至差一点就进行了更新,当然这也多亏了来自学生和市民不断的帮助,渐渐地,我们成为好邻居。[5]

他们的案例在不断增加:

大院里的一些居民一个接着一个地开始花费时间去做格迪斯说服他们去做的事情:清扫、刷白或园艺。他们一旦和他一起工作,一旦聆听他关于手边工作以及将来可能发生的事情的一系列想法,就一定会受到他乐观精神的感染。他们头一次开始感受到可以做一些事来改变自己的环境。[6]

一位当代观察家詹姆斯·马沃(James Mavor)认为,"格迪斯与莫里斯的理念的确如出一辙":他和妻子提供样板,采用18世纪精美的苏格兰家具来装饰自己的公寓,让所有的人可以看到"在工业化体系导致手工艺术从产品中分离出来之前的时代环境"。但是,与莫里斯不同,他相信这些可以逐渐完成。[7]

伊斯莱尔·藏格维尔(Israel Zangwill)❶十多年以后对此描述道:

四下几乎已无像样的建筑,我们踩在吱呀作响的腐朽楼梯上。有时两排住房已经被拆除,露出一进一进的院落,隐藏在街弄之后的是看不清的住宅,甚至一个院落的直径也只不过几码……那些缺少阳光的院落,布满了针眼般的光孔,充满了地狱、天堂般尺度的陋屋,弥漫着垃圾和恶臭的气息。这里杂乱地居住着贫困者和卖淫者,比伦敦最糟的贫民窟还要糟……"难道你以为爱丁堡是因为医学院才有名的吗?"教授隐忍地问道。[8]

藏格维尔的评论是尖锐的:"格迪斯的拆除本质上是保守的,他的目标是保护建筑中的古迹,把古老的爱丁堡从肮脏中清洁出来。"[9]不知了解与否,他事实上是遵循着一种传统:1884年,作为环境协会(Environmental Society,它很快就成为更为有名的爱丁堡社会联盟(Edinburgh Social Union))的一名奠基者,他着眼于尽快制订出标准,而不是去等待立法。格迪斯采用了类似于巴内特教士和奥克塔维亚·希尔(Octavia Hill)❷的方法。1886年前后,他在伦敦拜访过希尔,并且欣赏她在马里勒本(Marylebone)❸贫民窟

5 Boardman, 86-87.　　6 Mairet, 1957, 52.　　7 Quoted in Boardman, 1978, 89.
8 Quoted in Boardman, 1978, 146.　　9 Quoted in Boardman, 1978, 146.
❶ 伊斯莱尔·藏格维尔(Israel Zangwill, 1864—1926),英国剧作家和小说家,曾参加犹太复国主义运动,作品反映犹太移民生活,写有长篇小说《犹太区的儿童》《犹太区的梦想者》及剧本《熔炉》《战神》等。
❷ 奥克塔维亚·希尔(Octavia Hill, 1838—1912),英国开放空间运动的领导人,运动促成了1895年为历史地区和自然风貌地区建立的国家信托基金。她也是一位住房改革者,她的住房工程管理模式在整个大不列颠、整个欧洲大陆,甚至是在美国为他人所效仿。
❸ 马里勒本(Marylebone),与伦敦的威斯敏斯特城相邻的社区,也叫作圣马里勒本。1965年以前是圣马里勒本都市自治区的一部分。它位于摄政公园的南面和西面,五月市集(Mayfair)以北。

的工作[10]。而希尔也有另一位崇拜者,即后来成为安娜·格迪斯(Anna Geddes)的安娜·莫顿。[11]

在爱丁堡老城的分租房里,格迪斯发明了他的城市调查方法,这得益于他作为一名植物学家所受过的培训。[12]根据弗兰克·C.米尔斯(Frank C. Mears,他后来成为格迪斯的女婿)绘制的三维鸟瞰图,格迪斯可以作出简单的逻辑关联:带有高额租金和高额土地价格的过度拥挤、质量低劣的住房,源自中世纪城市严格限定的防护围墙;臭名昭著的脏乱来源于低劣的供水,相应缘于它的山坡基地。[13]他是一名天生的组织者,通过拉斯金式(Ruskinian)的协会来实施社会重建,其中包括艺术协会、教育项目、娱乐委员会、公共开放空间委员会和住房协会。社会联盟的住房协会建立了一项基金,由志愿者为业主管理房产、收取租金。它还开发了大学宿舍楼。[14]

但是所有这些并不便宜:1896 年(作为临时教授,他已经年收入 200 英镑达数年之久),他已经拥有价值超过 53 000 英镑的房产。为了使自己免于破产,使他的妻子免于精神崩溃,在那一年,他的朋友们建立了"市民与学者联盟有限公司"(Town and Gown Association,Limited),用来接管大多数该类事务,并最终把它们置于一个商业基础之上。[15]但是,由于格迪斯攻击负责人是胆小鬼和保守主义者,在接下来的数年里他们便开始不断互相指责。[16]

格迪斯去了印度

1914 年当格迪斯已经 60 岁时,他航行去了印度,在马德拉斯(Madras)❶举办他的城市展览——该展览曾于 1910 年在伦敦召开的国际城市规划大会中首次展出。然而,灾难发生了:装载展品的船只在途中被一艘德国战舰撞沉。[17]但他并不气馁,两个月内他旅行了两千多英里,为印度城市的改善出谋划策。[18]在这次以及后续两次访问中,他形成了"保守型手术"(conservative surgery)的概念,或者用后来的术语来说,就是"城市更新"。[19]总结报告(这份报告至少长达 24 页,也可能是 30 页,有一些仍然有待发现,有一些以孤版印件保存于伦敦的印度事务部的图书馆里,其中很多显然是在极快的过程中形成的,在一天中一气呵成)包括了格迪斯有生之年最好的作品。[20]

在第一次访问中,他很快抱怨道:

> 面对德里的住房,我又面临着一场新的斗争。在这里,我要面对马德拉斯

[10] Meller, 1990, 71–73   [11] Leonard, 1999, 34.   [12] Leonard, 1999, 34.   [13] Leonard, 1999, 38.
[14] Leonard, 1999, 42–44.   [15] Boardman, 1978, 146–147.   [16] Boardman, 1978, 164–6, 232–233.
[17] Boardman, 1978, 253.   [18] Boardman, 1978, 254.   [19] Mairet, 1957, 180;Boardman, 1978, 264–265.
[20] Tyrwhitt, 1947, 102–103;Geddes, 1965a, vi–vii;Geddes 1965b, passim.
❶ 马德拉斯(Madras),印度东南部港口城市。印度第四大城市,泰米尔纳德邦(Tamil Nadu)的首府,后改城市名字为金奈(Chennai)。面积 128 平方公里,人口 1 000 万。它东临孟加拉湾,是印度最大的人工港,海、空、铁路和公路交通均很方便,被称为印度南部的门户。

政府的卫生部门,要面对彻底的奥斯曼化以及肮脏的工业地方法(贝尔法斯特(Belfast),1858),卫生部门据此来考虑、执行和强化当时的规划⋯⋯且不提德里古板而傲慢的城市官僚,我现在要对付的是原本应该是出于善意的对卫生系统的狂热——这件事情或许是更加难以处理的。[21]

格迪斯将这场战争从一个城市带到另一个城市。事实上,在印度的英国人比起他们家乡的兄弟们对于排水问题更加痴迷。在叛乱时期(Mutiny)❶,由疾病带来的损失远远大于战争带来的损失。1863 年的一个皇家委员会宣布:"确实不能将健康问题(虽然它与部队有关)与当地居民的卫生状况分离开来,特别是在论及传染病的时候。"它警告道:"当地居民的习惯就是这样的,除非受到严格监视,否则他们会用污秽来覆盖整个街区的表面。"[22]

事实上,格迪斯正在面对一个组织极其良好的官僚体系,它自信知道什么是最好的:"一群新的卫生专家出现在东方帝国,将高死亡率的原因从疾病转向归结为'亚裔人群的不卫生和不道德的生活'"。[23]按照威廉·约翰·里奇爵士(Sir William John Ritchie)的描述(加尔哥答市政管理局的第一任卫生官员,后来在伦敦大学(University College,London)的卫生和公共健康专业做了 28 年的教授),种族隔离成为殖民地卫生管理的一种总体规划。[24]传奇色彩的尼日利亚公务员路尕勋爵(Lord Lugard)于 1919 年写道:

> 第一个目标⋯⋯就是隔离欧洲人。这样他们就不会暴露在蚊子的攻击之下,而那里的蚊子由于叮咬了当地人而感染上疟疾和黄热病的病菌,尤其是当地的儿童,他们的血液极其频繁地感染上这些病菌⋯⋯最终,它消除了欧洲人感受到的不便,他们的宁静不再被当地人所喜爱的鼓声和其他声音所打扰⋯⋯[25]

所有这一切都是基于复杂的伪科学原理。在塞拉内昂(Sierra Leone),一个由罗纳德·罗斯(Ronald Ross)博士领衔的科学家小组,在当时与利物浦热带医学学院(Liverpool School of Tropical Medicine)一起,明确指出疟蚊就是疟疾的载体,建议在夜间将当地人从欧洲人那里分隔开至少 430 码,因为这是疟蚊飞行最远距离。但在印度,政府实施种族居住隔离政策可以追溯到 1819 年。[26]

当格迪斯于 1914 年 10 月抵达印度时,将发现所有这些事情。他的展品随着下一艘货船一同沉没,其中还有"为马德拉斯商店提供的圣诞货物,为一名议会成员和一些人提供的汽车,以及为政府机关季节性提供的葡萄酒"。[27]他立即开始批判在传

---

[21] Mairet,1957,161.　　[22] Harrison,1980,171,173.　　[23] Home,1997,43.

[24] Home,2013,48.　　[25] Lugard,1919,quoted in Home,2013,125.　　[26] Njoh,2009,311-312.

[27] Home,2013,155.

❶ 印度叛乱(Mutiny,1857—1858),也称印度军士叛乱。由为英国东印度公司服务的印度士兵发起,反抗英国在印度的统治,虽然声势浩大,但是叛乱并未取得成功。

统街区开辟宽阔道路的做法,这使得他不能为官方人士所接受。[28]在孟买,一位英国ICS独断式的官员,C. H. 邦帕斯(C. H. Bompas),被任命为改善基金会(Improvement Trust)的主席和"局势最高的、毫无争议的统管"。在获得大量资金后,改善基金会开始清除与商务区相邻的人口高密度的地区(这里每英亩有 333 人,并且只有 5%的道路覆盖率)。邦帕斯认为违章搭建者只不过是"前往加尔各答的临时移民,清除他们不存在太大的困难"。[29]

半个多世纪以来,住房部的卫生处以及卫生委员会已经积极地推广排水系统,并为拥挤的印度老城建造公共厕所。早期的印度城市规划教育基本上是由部队工程师承担的。[30]但是在格迪斯看来,他们明显是错误的。1917 年在帕尔拉姆布尔(Balrampur)❶,他写道:"排水系统是为城市服务的,而城市并不是为排水沟服务的,因此城市规划不能仅仅颠倒工程技术的习惯模式,而是应当从城市改善的普遍问题开始,尽管排水系统必然是它的'众多因素之一'。"[31]工程师解决问题的方法导致了愚蠢的行为,例如提供比住房价格贵两倍的厕所。[32]他反对这样的信条,即"只能从后面,或者是从下往上来为个人和城市提供卫生设备",这是"我们众多非常令人沮丧的现代迷信中的一个"。他认为:"为什么不采用一辆大型手推车,用手操作就可以轻而易举地推动它。或者在一些更加宽敞的地方,在一个水泥平台上用一辆漆以鲜艳色彩的小巧推车,就能够使得既被体面地遮掩起来又方便于通达的角落保持清洁。"[33]他认为,道理应当"……并不是 19 世纪欧洲城市的万灵药——'万物回归下水道'……而应当是在印度适用的格言——传统农村的'万物回归于泥土'"。[34]街道清洁工应当成为园丁,将垃圾从城市运送到新的郊区住区,培育住房之间的空间,来创造"一个清新而丰富的花园环境"。[35]

当然,这些观点没有使他受到工程师们的欢迎。他所最坚持的没有必要去拓宽道路和进行清除的观点也没有被接受。在拉合尔(Lahore)❷,他声称自己被一个老城区中的拆除计划"彻底震动"了,它使人想起"兰开夏郡一些城市的后街……它们自从 1860 年开始,被卫生官员和工程师们拆除",直到英国 1909 年规划法制止了这样的行为。"现存的道路和街巷是现实生活及其活动和经验的历史产物。"因此,它们只需要进行改善。[36]对于帕尔拉姆布尔的一个集市区,格迪斯也认为应当清除一些废弃房屋,扩展开敞空间,种植树木:"当这些倾圮的、破旧的地方重新开放,将私密的单纯性与神圣的崇高性极好地融合在一起的老旧乡村生活就会再现,这仅仅需要一些更新。"[37]它将会通过带有花园和庭院的住宅组成的一种新型郊区住区来得以实现,通过工程师(需要用来分配基地,规划道路,规划排水以及窨井)与当地社区之间

---

28 Home, 2013, 156.   29 Home, 2013, 86.   30 King, 1980b, 215.   31 Geddes, 1917c, 3.
32 Geddes, 1917b, 17.   33 Geddes, 1917c, 37–8.   34 Geddes, 1918, I, 73.
35 Geddes, 1918, I, 76.   36 Geddes, 1965a, 6–7.   37 Geddes, 1917c, 41.

❶ 帕尔拉姆布尔(Balrampur),印度北方邦城市,位于 Rapti 河畔,是帕尔拉姆布尔地区的首府。

❷ 拉合尔(Lahore),巴基斯坦的第二大城市,旁遮普省的首府。

的合作来完成。它们将被开发成为"一系列的村庄群落,每一个都有自己的中心"。[38]

同样,针对印多尔这样的工厂城镇,他设想道:

> 防菌和防腐的外科手术——简言之,就是清洁,再清洁……以这种方式,莫阿拉和巴扎❶的旧式生活可以较完整地沿着它们目前的轨迹继续向前,而不用做任何重大的改变……通过我们在细节上进行小小的拆除、规整、敞开以及重新种植,一个由整洁而体面的里弄、小街、开敞空间,甚至花园所构成的网络就形成了,这通常是令人愉快的,而且我会说有时候是美丽的。[39]

他所竭力表述的方法,既非常廉价,也可以立即使疾病与死亡率急剧下降:"这不可能得到充分肯定……因为后来学院派的城市规划师们,他们针对那些真正需要规划的街道,沿着所要求的方向,认真地进行营造。他们是实践者,真正的操作者,他们是城市金库以及市民钱包的经济学家。"[40]在为马德拉斯地区的唐约尔(Tanjore)所写的一份非常早期的报告里,他估计规划的花费将只有那些工程师的方格网规划的1/6,[41]但是他也承认:

> 然而,保守方法有它的困难性,它需要长期而耐心的研究。这个工作不可能在办公室里用尺规来完成,因为规划必须经过数小时令人疲惫的踏勘后,在现场画出来——通常是在众目睽睽之下,在臭味中完成的,无论是伯拉明(Brahmin)❷还是布里顿(Briton)❸,都适应不了……这种形式的工作用到的地图也需要比那些由法律所规定的为城市和政府所使用的地图更加详细而准确。甚至在掌握了大量这种游戏经验之后,人们也会经常发现自己……有脾气了,如同一名不耐烦的棋手,对挡在道路上的东西挥起了拳头。[42]

这里有一个难以察觉的讽刺的事实,格迪斯从未在印度亲自完成过自己的详细调研工作,而是尽可能地依赖于当地的调研。[43]在孟买任职期间,他参观了6座城市。"他关于它们的所有报告都是简要的,但是掌握的信息很清晰。"[44]勒克瑙(Lucknow)❹报告同样也没有任何新意,甚至也没有为城市增添一个综合性规划,"格迪斯总是太忙而不能完成系统性的调研工作"。[45]通常,他只是在促进它,"当他的社会生态学方法似乎非常适用于印度的情况时,他的自信心就在无限膨胀。"[46]他对自己的立场是如此的自信:清除政策是"一个在曲折的卫生史上最具灾难性和毒害

---

[38] Geddes, 1917c, 34, 77.　　[39] Geddes, 1918, I, 161.　　[40] Geddes, 1965a, 15.

[41] Tyrwhitt, 1947, 41.　　[42] Tyrwhitt, 1947, 44-45.　　[43] Meller, 1990, 210.

[44] Meller, 1990, 243.　　[45] Meller, 1990, 247.　　[46] Meller, 1990, 240.

❶ 莫阿拉(Mohallas)和巴扎(Bazars),指集市、市场。

❷ 伯拉明(Brahmin),指代那些英国古老的、有社会身份限制的艺术或文学世家的成员。他们之中涌现了不少美国19世纪最杰出的文学家。这个词最初来源于"婆罗门",是印度社会中社会等级最高的一种人。

❸ 布里顿,指盎格鲁-撒克逊人6世纪入侵不列颠岛之前居住在此的人。他们多数是讲威尔士语的凯尔特人,可能早在公元前6或7世纪就来到岛上。

❹ 勒克瑙(Lucknow),印度北方邦中部一城市,在印度北部。

最深的政策之一",其结果就是把人们塞进比以往更加糟糕的住房之中。[47]他写道:

> 城市规划师将失败,除非他能够为人民创造奇迹。规划师必须能够向人民展示证据与设想,去降低疟疾、鼠疫、肠病、儿童死亡率,并创造真正美好的变革景象。有时他可以在几个星期甚至几天之内做到这些,通过把肮脏的贫民窟改变成宜人的庭院,明亮的彩色粉刷和艳丽的老墙画面,装饰着鲜花和祝福,再次复原成为圣地。在几个星期内,他可以将一个垃圾成堆、每一个毛孔都散发臭味、受到细菌烟尘污染的家园,改造成为舒适荫凉的开敞空间,在晚间,老人们可以坐在那里看着孩子们玩耍,并和他们一起给刚种下的树苗浇水。[48]

"格迪斯拥有很多雄心壮志,他认为自己的城市规划方法有助于维护大英帝国的凝聚性。"他"固执地"认为如果他和欧文于1914年一起在爱尔兰的工作不被中断,复活节起义(Easter Rising)❶是可以避免的。[49]

格迪斯在1918年提交给拉合尔的报告中解释道,在其他地方使用的保守性手术,可以通过所创造的围绕城镇布置的"田园村庄"(Garden Villages,工业将迁往那里)进行完善;[50]它们将从老城吸引成百上千的人去那里,"这样,多坑位的厕所将失去它们的顾客"。昂贵的排水系统计划可以被节省掉了。[51]它们可以按照分租户合作的原则进行建造,正如欧文与帕克在汉普斯特德、伊林和其他地方所做的那样。但是格迪斯在这里设想了一种适合印度情况的方法:国家只是简单地提供土地,然后"将建造行为尽量简化到合理范围内的最小限度,以此来带动改善工作"。[52]建筑结构将会由一种"库查"(kucha,临时材料)构成,而且"劳动力可以经常,至少部分地由工人自己提供"。国家可以通过提供材料来进行帮助。[53]格迪斯强调整个规划必须以市民"真正和积极的参与"来得以实现;他警告"从上面城市政府而来的危险",这将导致规划与公共普遍的感情相分离,结果不用太久,也将与公共普遍的需求和实用性相分离。[54]

格迪斯着重总结道,他关于印多尔的报告是"就作者所知道的,针对所有城市的规划中最完整、最详细的计划",它"由于是最完整的,因而是我作为城市规划师生涯中最好的机会"。[55]其原因在于:

> 因为城市生活如同有机而个体化的生命,当它所有器官的功能处于和谐状态之下,并且这些器官适应于城市生活的需求时,才能存在和发展。人们已经作出努力,并且不断完善方法来实现这些,不仅各自以专家的身份来参与其中,而且可以相互合作,来形成一个整体上更完善的生命体……然而,目前这只是处于各种科学和技术教育的初级阶段,也就是我们非常孤立地去分析、看待和

47 Tyrwhitt, 1947, 45.
48 Geddes, Report on Indore 1918, quoted by Tyrwhitt, 1947, 38, in Home, 2013, 149.
49 Home, 2013, 151.　　50 Geddes, 1918, I, 40.　　51 Geddes, 1918, I, 64.　　52 Geddes, 1918, I, 70.
53 Geddes, 1918, I, 70.　　54 Geddes, 1918, Ⅱ, 104.　　55 Geddes, 1918, Ⅱ, 187, 190.
❶ 爱尔兰在1916年复活节周期间发生的一场暴动。这场起义是一次由武装的爱尔兰共和派以武力发动的为从英国获得独立的尝试。它是自从1798年起义以来爱尔兰最重大的起义。

处理事物。在未来阶段,我们又会将它们视为相互作用的整体,并且整体性地对它们进行重新调整。由于思想只是停留于第一个阶段,巨大而未加分工的计划(这里指过去的给水和排水项目)很快就陷入了失败和浪费之中。[56]

他完全可以这样去说。1918 年,他提早了整整半个世纪预见了 1960 年代的城市规划哲学。当时的现实世界并没有做好准备。一些报告显示出他对地方官员的愤懑不满。[57] 官僚系统无论如何也不会因为他的预见而感激他。勒琴斯于 1914 年在报告中说道:"海利(Hailey)、蒙特莫伦西(Montmorency)以及所有来自 H. E. ❶ 的人"都不以为然,事实上他们是非常愤怒的:

> ……随着某位格迪斯教授来此作关于城市规划的讲座(他的展品随着"艾姆登号"(Emdem)沉没),他似乎以一种粗鲁的方式胡说着,并且我听出他将要来对付我!一个不知道自己在说什么的狂人。他说了很多,说走了嘴,然后就发起了脾气。[58]

情绪是相互感染的,格迪斯强烈抨击马德拉斯政府采用"致命性的奥斯曼式改造以及肮脏的(贝尔法斯特(Belfast),1858)工业法"的行径,并且承诺去对付"意图良好的洁癖狂热"。[59] 但他在印多尔发挥得更好,在那里,他被册封为"当天君王"(Maharajah for a day),在篝火前将"巨大污垢和鼠疫"付之一炬。[60] 而巴罗达国王(Maharajah of Baroda)❷ 虽然只是弹丸小国,但却是特别地狂热。[61]

在他的主要报告发表十多年后,一个由某个 J. M. 林顿·伯戈(J. M. Linton Bogle)❸ 制定的印度城市规划实践标准,仍然在推荐"一种设计精良的街道平面",街道宽约 100 英尺。不用说,它没有提到帕特里克·格迪斯的名字。[62] 格迪斯,或者他的幽灵,将不得不等上一会儿。

但是在勒克瑙(Lucknow),格迪斯在那里带着印度助手进行工作,并且遇到一个开明的基金会主席——L. M. 乔普林(L. M. Jopling),他的理想得到了实现。[63]

皮斯希文❹中所有人的阿卡迪亚❺

同时,那些从未听说过格迪斯的人们继续建造着自己的住房,正如他们一如既

---

56 Geddes, 1918, II, 187.   57 Geddes, 1965a, 51.   58 Hussey, 1953, 336.   59 Kitchen, 1975, 257.
60 Home, 2013, 157.   61 Home, 2013, 158.   62 Bogle, 1929, 24, 27, 60.   63 Home, 1997, 173.
❶ H. E.,指汉普斯特德与伊林。
❷ 印度中西部一城市,位于艾哈迈德巴德东南。曾是堂皇的巴罗达之国的首都。以公共建筑、宫殿和印度教寺庙闻名。
❸ J. M. 林顿·伯戈(J. M. Linton Bogle),利物浦的工程学士,土木工程学院、城市规划学院联席成员,勒克瑙改善基金会(Lucknow Improvement Trust)总工程师。
❹ 皮斯希文,peaceheaven,意思为和平天堂,英格兰南部一小城镇。
❺ 阿卡迪亚(Arcadia),是古代雅典时期伯罗奔尼撒中心的多山区域。阿卡迪亚的世外桃源般的田园生活使得它在希腊和罗马的诗歌以及文艺复兴时期的文学作品中成为了天堂的象征。

往所进行的那样。1920 年代和 1930 年代整个英格兰南部都在做这件事,尤其是在沿海地区,坎维岛(Isle of Canvey)和谢佩岛(Isle of Sheppey),布莱顿(Brighton)附近的皮斯希文(Peacehaven),克拉克顿(Clacton)❶ 附近的杰维克沙滩(Jaywick Sands),在肖勒姆海滩(Shoreham Beach)和帕格姆海滩(Pagham Beach),以及二十多个这样的地方。他们大多数都是凭借自己双手的穷人,使用着从工业文明的缝隙中拖出来的废旧材料,其中退役的轻轨车厢尤其受到欢迎。[64]他们不得不以非常廉价的方式进行建造。一个于 1932 年从借来的 1 英镑开始起家的人说道,她为后一代的年轻夫妻感到难过,他们甚至连她这样的机会都没有。[65]

其结果并不总是欧文所向往的令人愉快的本土品质,也就是他在《城市规划实践》(*Town Planning in Practice*)的插图中力图捕捉的。它们有时是艳俗的,并且缺少它们的建造者负担不起的昂贵服务。最为典型的是,在埃塞克斯郡(Essex)的兰顿(Laindon)的宅基地上,大约 8 500 幢住房中的 3/4 没有阴沟,一半没有通电。[66]在1930 年代,它们是建筑师和其他人发出关于乡村掠夺的悲愤呐喊的一个主要原因,这个故事已经在第 3 章中讲述过。第二次世界大战助长了这些批评:军队将它们中的许多夷为平地,以抵御入侵。随后,刚刚被赋予权力的地方政府的规划师们紧接着又面临一系列合法的和半合法的难题。在某个地方,他们营造了一座乡村公园;而在另一个地方,则是一个完全私营企业的新郊区住区,甚至是一座新城(例如在兰顿);[67]但是,他们无法将它们完全根除。英格兰的宅基地(以及它们的主人)仍然存在着,见证了一个由人民为人民而建造的独特时代。

一些人对此表示关注与赞赏。其中一个名为柯林·沃德的人于 1950 年代初开始在一本无政府主义杂志《自由》(*Freedom*)中,宣扬自我建造的原则。在此前不久,沃德简短地参加了在伦敦的建筑联盟学院(AA)的一次重要的关于思潮的会议。AA 更为世人所知的是它作为狂妄的柯布西耶式幻想在英国的主要根据地,但是在1948 年,它一改常规,邀请了意大利的无政府主义建筑师奇安卡罗·德卡罗(Giancarlo de Carlo)。德卡罗对意大利穷人当时骇人听闻的生活状况有着深刻印象,他认为:"这与公元前 3 世纪奴隶的生活状况,或者与罗马帝国时期平民的生活状况几乎没有差别。"[68]市政住房并不是解决问题的方法,因为它意味着"用肮脏的棚屋单调地勾勒出城市的轮廓"。[69]因此,他认为:"住房问题不能自上而下进行解决。它是人民的问题,除非通过人民自己坚定的意愿和行动,否则它将得不到解决,甚至变得更加严重。"[70]

但是只有当规划被视为"相互协作的宣言",并由此"成为解放人类的真实生活状况的努力,在自然、工业和所有人类行为之间建立起一种和谐的关系",规划才可

---

[64] Hardy and Ward, 1984, passim.　　[65] Hardy and Ward, 1984, 201.　　[66] Hardy and Ward, 1984, 204.

[67] Hardy and Ward, 1984, 211–230.　　[68] De Carlo, 1948, 2.　　[69] De Carlo, 1948, 2.

[70] De Carlo, 1948, 2.

❶ 克拉克顿(Clacton),英国东南一海滨城市。

以对此有所帮助。[71]

　　这个观点在 AA 一名从军队复员的学生那里引起了共鸣。约翰·特纳，与同时代大多数人不同，他并不是"光辉城市"的崇拜者。后来他回忆道：

　　　　作为我在就读的英国公立学校所犯的某个小小过错的处罚，一名年级长让我阅读了刘易斯·芒福德的《城市文化》中的一个章节，并写出梗概。芒福德提到了他的导师格迪斯，他的名字闪入我的脑海。后来，格迪斯的著作使我对所受的学校职业教育产生了怀疑，当我最终逃离并进入现实世界时，他的著作仍然指导着我进行再教育。[72]

在部队里，特纳已经阅读过《自由》，并且已经转向无政府主义。于是，当德·卡罗到达 AA 之后，他演说的听众中至少已经有一位成员部分地转换了观念。特纳回到了格迪斯的方法，也就是"很清楚地使自己尽可能近距离地与那些涉及的人们进行接触，尤其是与那些深深受害于城市功能失调和衰败的人们相接触"。[73]但是对于一名年轻的专业人士，"在英国这样一个如此彻底制度化的国家里"做到这些的可能性似乎很渺茫。当有一个机会在秘鲁与埃德瓦多·奈拉（Eduardo Neira）一起工作时，他投身到这项工作之中。[74]

特纳去了秘鲁

　　从 1950 年代中期到 1960 年代中期，特纳工作于利马（Lima）的巴里亚达（barriadas）❶，从 1958 年到 1964 年的 6 年，那里的人口从 10 万迅速扩张到 40 万。[75]在当时，正统观念认为（由于得到奥斯卡·刘易斯（Oscar Lewis）关于贫穷文化的旷世之作出版的支持[76]）非正规的贫民居民区就是"各种犯罪、邪恶、疾病、社会与家庭解体的滋生地"。[77]即使在 1967 年，一位来自麻省理工学院的杰出专家这样来描述它们：

　　　　一般而言，他们的孩子不去上学，不去找工作（要找也是卑下和收入最低的那种），无论如何都无法变得通晓礼节（除非是大城市违法犯罪的礼节）……即使这样悲惨的生活也需要花费大量的资源才能维持……更多的警察和消防员，更多的医院和学校，更多的住房和相应措施。[78]

可以肯定，这反映了一种相当广泛的对刘易斯实际所要表达的想法的误解。如同许多类似的杰出学者，他似乎主要是被那些并不着力去研究他的人们所引用。刘易斯曾经写道："一种特别稳定而持久的生活方式，沿着家庭脉络代代相传。"[79]但是，他在一项关于墨西哥农民前往墨西哥城的早期研究中，也曾经强调：

[71] De Carlo, 1948, 2.　　[72] Turner, 1972a, 122.　　[73] Turner, 1972a, 124.　　[74] Turner, 1972a, 124.
[75] Turner, 1965, 152.　　[76] Lewis, 1966, 19-25.　　[77] Ward, P. M. , 1976, 89.
[78] Lerner, 1967, 24-25.　　[79] Lewis, 1961, xxiv.
❶ 巴里亚达（barriadas），指贫民区。

图 8-1 利马,圣马丁德波雷斯(San Martin de Porres),1962
"认为巴里亚达是贫民窟的观点要么是一半真实的,要么是完全不真实的。"
(约翰・F.C.特纳)。
图片来源:John F. C. Turner.

他们远比美国的农村家庭更容易适应城市的生活。这里几乎没有无组织
化和解体的现象,也没有文化冲突,也没有不同代际之间的不可调和矛盾的现
象……家庭的凝聚力以及延展的家庭纽带在城市中得到加强,分居与离婚只是
极其个别的案例,没有被遗弃的母亲和儿童,没有独自生活的人,或者没有不相
干的家庭生活在一起。[80]

接着,他竭力强调了这一短语,"贫困的文化"。

这是一句时髦的话语,并且相当频繁地在当代文学中遭到误解……贫困的文化
并不只是一种贫白或者无组织化,不只是一种强调缺少了什么的意思。它是在传统
人类学意义上的一种文化,它为人类提供了生活的一种设计,作为解决人类问题的
一种现成方案,因此发挥了重要的调节功能。在写到"多重问题"的家庭,科学家们
经常强调它们的不稳定性,缺乏秩序、缺乏目标和无组织化。现在,我更加经常震惊
于他们的麻木重复和对自己传统方式的死命恪守。[81]

他进一步强调,并非所有贫穷的人民都陷入了贫困的文化之中。必须设定某些相
当特定的前提,包括一种伴随高失业率的货币经济,缺少一种为了穷人的组织形式,缺
少广泛的亲缘关系,以及一种普遍价值体系,认为贫穷是由于缺乏个人能力。[82]不仅如

---

[80] Lewis, 1952, 39-41.   [81] Lewis, 1966, 19.   [82] Lewis, 1966, 21.

此,刘易斯在关于波多黎各(Puerto Rico)的贫穷和堕落的研究中,当他的主角拉维达(La Vida)被说服为了一项城郊的公共住房项目而离开贫民窟之后,就感受到了一种刻骨铭心的失落:

> 这个地方了无生趣。常言说得好:"愿上帝把我们从寂静的地方拯救出来,在狂乱的地方我可以保护自己……"我的圣徒们甚至在这里哭了!他们看上去如此悲哀。他们认为我在惩罚他们……也许我原来在拉埃斯梅拉达(La Esmeralda)还好过一些。你必须为在这里的安逸付出代价!听着,我非常不安,非常紧张,因为如果你在这儿只要有一次未能支付房租,那么下个月你就会被扔出去。[83]

但是,虽然刘易斯很好地描述了反面情况,人们仍然认为他在告诉他们愿意去相信的东西。非正规住房地区在定义中是贫民窟,因而也是(再一次根据定义)一个犯罪、破败以及普遍社会不良的地区。在 1960 年代初,甚至像查尔斯·阿伯拉姆斯这样杰出而宽容的专家(他自己成长于贫民窟,相比大多数人而言,不存在误解)也怀疑自我改善的价值,尤其是在城市中那些缺乏组织、拖沓、劣质建造、缺乏大规模生产的地区,同时也怀疑其结果一般都表现为安全与健康危机。[84]

特纳第一个发现了许多后来在社会学与人类学研究中得到证实的东西:真理几乎总是与传统智慧所说的相反。事实上,导致形成巴里亚达的侵入过程往往是高度组织化、秩序化、和平化的。随之而来的就是针对住房的大规模投资,就业、薪酬、文化以及教育水平都比平均水平要好,更不用说与城市贫民窟相比了。[85]

> 根据秘鲁的,甚至利马的标准,利马的巴里亚达的大多数人口并不十分贫困,而且无论与他们迁往巴里亚达之前的城市贫民窟相比,还是与他们迁往城市贫民窟之前的村庄相比,他们在巴里亚达中所过的生活比他们以前的状况要好很多。[86]

认为巴里亚达(或者它的同义词,巴西的法沃拉斯(Favelas),墨西哥的普罗莱塔里亚区(Colonia Proletaria),委内瑞拉的朗丘(Rancho))是一座贫民窟的看法"处在一半真实和几乎完全不真实之间":[87]主人拥有土地,至少部分或者一幢良好建造的住房,拥有安全感、社会地位,以及在社会发展和政治稳定性中的一种广泛利益。[88]它的居民"在秘鲁就是(更为贫穷的)在任何工业化国家中城市郊区'建设协会'(Building Society)的住房购买者",[89]而这些非物质现象尤其重要。因为,虽然官方世界并不了解,但住房不仅仅是一种物质产品,它同样也为居民提供现成的品质,如身份、安全以及机会,这些因素会给普通人的生活带来很大的改变:[90]

83 Lewis, 1967, 592-594.　　84 Abrams, 1964, 22, 172.　　85 Ward, P. M., 1976, 89.
86 Turner, 1965, 152.　　87 Turner, 1965, 152.　　88 Turner, 1965, 152.　　89 Turner, 1968a, 357.
90 Turner, 1972b, 151-152, 165.

在利马这类城市中的城市穷人群体(当他们以现代标准衡量时仍然十分贫穷),可以通过住房所有权(或者实际占有权(de facto possession))寻求并发现改善之路,这必然也是他们乐观主义的原因所在。如果他们被困在内城之中,如同许多北美的穷人一样,他们也会去烧毁,而不是去建造。[91]

特纳进一步发现的真相,就是人们最了解他们自己想要什么。当他们第一次来到城市,无论是未婚的还是刚结婚的,都更愿意生活在中心的贫民区中,靠近工作和廉价食品市场。然后,当孩子出生后,他们就会去寻求空间和安全性。[92]如果条件允许,他们倾向于生活在未完工的大型住房中,甚至大型棚屋中,而不是完工的小型住宅中。"正如帕特里克·格迪斯于半个世纪之前在印度写道:必须提醒所有相关的人,①对于一所住房和家庭的基本需要就是空间,②一所住房和家庭的根本改善是更多的空间。"[93]他们将住房(以及市场、学校和警察等社区服务)排在第一,而公共设施(也许除了电能)排在第二。他们知道自己可以及时获得这些。[94]

问题在于官方世界拒绝承认这些。利马从1915年开始实行的土地划分条例,以及始于1935年的最低住房标准,不假思索地将大多数潜在的购房者排除于市场之外。在合法的市场上,(相比于1890年代他们的祖父辈们)他们用更高比例的可支付收入来购买更差的住房。[95]这样,"自治的城市住区……是住房普通需求的性质与那些制度化社会所支持的性质之间的差异产物"。[96]在社会中,管理机构的价值观与那些居民自身发展的价值观(出于对他们生活环境的一种反应)之间存在着一定的差距。[97]

特纳在阿雷基帕(Arequipa)❶城最早关于秘鲁人的著作中就曾经设想,这个专业的作用就是去组织自我建造的过程。随后他认识到,居民非常清楚想要建造什么,以及如何去建造,他曾经也因此被指责为持有"自由独裁主义者的观点,即所有地方自治组织都具有破坏性的倾向"。[98]并且确实,它们正在破坏着专业精英的权力。于是,他获得了根本性的发现:

> 当居民掌控着重大的决策,并且可以在设计中自由地发挥自己的作用,建造或管理自己的住房,这种过程和环境将会带来个人与社会的幸福。另一方面,当人们在住房过程中不能对重大决策进行控制或者没有责任权时,居住环境反而可能会成为个人成就的一种障碍,以及经济上的一种负担。[99]

违章建房者们花费相当于包工头一半的收费来进行建造,但是却形成了相当于他们年收入4~5倍的投资额:两倍于普通建筑住房的最高价。[100]反过来,如果把居民们纳入政府住房项目中,却并不能阻止陷入刘易斯的贫困文化的怪圈。[101]

---

[91] Turner, 1968a, 360.　　[92] Mangin and Turner, 1969, 133-134.　　[93] Turner, 1970, 2.
[94] Turner, 1970, 8-9.　　[95] Turner, 1972b, 149.　　[96] Turner, 1969, 511.　　[97] Turner, 1971, 72.
[98] Turner, 1972, 138.　　[99] Fichter, Turner, and Grenell, 1972, 241.
[100] Fichter, Turner, and Grenell, 1972, 242.　　[101] Mangin and Turner, 1969, 136.
❶ 阿雷基帕(Arequipa),秘鲁南部城市,位于安第斯山脉的 Chili 河谷中。城市曾经被地震毁坏多次。

那么政府与城市规划的角色是什么？它是否会离开，留下人们不管？当然不是，特纳认为：规划的目标应当是提供框架，在这个框架中，人们应当可以自由地进行建造。政府不应当再作为资助者和建造者，而应当成为促进者和协调者。人们仍然需要帮助，因为他们并不具备自我建设的技能。[102] 他后来强调，自治性的住房由于自我建造因而更为廉价的说法只是一种神话，因为户主所能提供的劳动力很少超过一半，经常是很微小的；其实，廉价的真正原因在于户主本人就是承包商。[103] 因此，政府应当通过协助小型承包商和合作组织来提供材料或特殊服务，以此提供一种产生作用的职能。[104] 而政府措施将主要在于提供尽可能靠近潜在就业机会的土地，提供先进的基础设施，并在住房建好之后，将该框架法制化。[105]

特纳和他的小组认识到，即使在住房得以建造之后，问题似乎仍然存在，但至少其中的某些问题可以在建造过程中得到缓解。在许多拉丁美洲城市中的大型居住区（大约是利马在 1990 年时 600 万人口的 3/4，相对于它们在 1940 年时只有利马 60 万人口中的 5%），意味着许多人将为前往工作地点付出更高的代价，并且或许也为维修他们的住房付出更大的代价，而且，许多低密度住房的建设对此也将造成影响。[106] 这种类型的住房要求至少达到某种最低收入水平，却仍然是达不到的（甚至在拉丁美洲（也是如此），在非洲则更加严重）。[107] 如果低收入人群在已建成住区的周围违章搭建，那么他们可能打乱去改善他们（居住条件）的计划，居民们自己也可能会陷入土地投机之中。[108] 在这种与意愿相违背的投机中，他们将从自己的住房升值中获益：这是一个后来困扰着来自世界银行和其他地方专家的问题。[109]

同时，学术研究和职业实践都已经肯定自治住房确实构成了"希望的贫民区"（slum of hope），这个短语由查尔斯·斯托克斯（Charles Stokes）于 1962 年第一次使用。[110] 迄今为止，许多在其他地区所做的研究认为，他的结论总体上是可以接受的。弗利登（Frieden）于 1960 年代中期针对墨西哥城已经得出相同的结论，[111] 罗曼诺斯（Romanos）在雅典肯定了它，爱泼斯坦在巴西的城市中肯定了它。[112] 而贾妮斯·帕尔曼（Janice Perlman）著名的 1976 年关于里约热内卢法沃拉斯的研究——《边缘的神话》（The Myth of Marginality）发现：

> 流行的观念完全错了：法沃拉斯人和郊区人（Suburbanos）并不拥有与边缘族群看似关联的态度和行为。从社会意义上，他们是良好组织的、紧密团结的，并且广泛地利用城市社会环境和它的机构；从文化意义上，他们是高度乐观的，并且期望让自己的孩子获得更好的教育，改善他们住房的条件……从经济意义上，他们勤奋工作，消费其他人的产品……并且他们建造……从政治意义上，他们既不是漠然的也不是激进的……总之，他们拥有中产阶级的热情、先锋派的

[102] Turner, et al., 1963, 391-393.　[103] Turner, 1976, 86.　[104] Payne, 1977, 198.
[105] Payne, 1977, 188-191, 195, 198.　[106] Turner, 1969, 523-524.　[107] Turner, 1969, 519.
[108] Turner, 1970, 10.　[109] Dunkerley et al., 1983.　[110] Stokes, 1962, 189.
[111] Frieden, 1965, 89-90.　[112] Romanos, 1969, 151; Epstein, 1973, 177-178.

坚韧不拔以及爱国者的价值观,他们所没有的就是去实现自己的抱负的一种机遇。[113]

帕尔曼认为,这个结论得到许多其他研究的支持。神话在持续着,因为它是有用的:支持现状并调整着国家可能想要采取的任何措施,包括清除法沃拉斯。[114]事实上,在1970年代初这样一种里约热内卢内城中的法沃拉斯的清除工作,已经造成很大的困境,因为居民被迁居到外围的住房项目中,远离工作地点,并且完全缺乏社区的感觉。[115]

在获得这些研究的支持后,到1980年代时,特纳式的政策已经获得最终的崇高奖赏:它们已经被世界银行所接受。也许可以预见到,由于他现在是正统的,一个反对特纳的思想学派目前已经发展起来。它认为自建住房(self-build housing)实际上相当昂贵,而可以看到的节约只能来自于不需花费的自助工作;这对于土地拥有者来说是最有利可图的。而入住者可能为了建立合法租约而需要支付一大笔费用。[116]有人认为,尽管结论可能适用于大多数该类地区,但是它们不可能被推广到所有地方,例如加尔各答(Calcutta)的巴斯蒂斯(Bustees,指贫民区)。[117](讽刺性的是,在刚刚开始试图清除贫民区时,加尔各答就已经认识到它的无效性,并且正要开展一个大规模的改善行动。)[118]很自然,一些马克思主义分析者认为,自我建造者仍然仅仅是资本主义的一种工具:"特纳的建议只不过反映了资本家利益的传统意图,以各种并不影响到这些利益集团的有效操作方式来缓解住房短缺。"[119]

特纳很显然正在受到所有这些问题的困扰,他赞成这样的观点:住房可以成为社会变革的一种杠杆。无论如何,吉尔伯特(Gilbert)和沃德关于居住在墨西哥城自治住房中的人群的调研发现(无论是不是系统的受骗者),他们认为这些人是非常满意的:

> 低收入群体已经从过程中受益,尽管他们会痛苦于长期不稳定的租地使用权、匮乏的服务、由于建造住房和改善街道而丧失的休闲时间,以及在土地、规则化、税收和贿赂等方面支出的高额费用……在完工的那一天,居民们拥有了一小块土地,它可以作为抵御通货膨胀的保障,构成固定产权,并且可以通过出租或共享来产生收入。[120]

在波哥大(Bogotá),他们认为,无论是资本家阶层还是低收入群体都已经从中获益,每个群体对于系统进行控制的能力受到大选过程的制约[121]:"结构主义既可以用来解释由权威政府给工人阶级带来的磨难,也可以用来解释为穷人所做的境况改善。由于没有排除掉什么,也就没有解释什么。"[122]事实上,政府的城市规划官员已经帮助了穷人,并且通过稳定社会,也帮助了他们自己。[123]

---

[113] Perlman, 1976, 242-243.　　[114] Perlman, 1976, 249-250.　　[115] Perlman, 1976, 230-233.
[116] Connolly, 1982, 156-163.　　[117] Dwyer, 1972, 211-213.　　[118] Rosser, 1972a, 189-190.
[119] Burgess, 1982, 86.　　[120] Gilbert and Ward, 1982, 99-100.　　[121] Gilbert and Ward, 1982, 118.
[122] Gilbert and Ward, 1982, 118.　　[123] Gilbert and Ward, 1982, 118.

中国开展上山下乡

这些年在另一端的第三世界,一个甚至更加大胆的规划实验正在发生:这也许是在整个 20 世纪城市规划历史中最为激进的。中国在 1949 年共产主义革命时,是世界上最为显著的、后来开始被称为不均衡发展的案例。全国大约 9/10 的工业基础设施集中在沿海的 100 个所谓的通商口岸中,而仅上海一城就占了大约 1/5。在这些由外国控制的城市中,中国人发现他们是自己领土中的外来客,并由于陷入更为恶劣的殖民主义而深感耻辱:在上海的某个公园,一个臭名昭著的布告上写着"狗与中国人不得入内"。[124] 几乎毫无疑问,新兴的共产主义先行者更看重农村,尽管他们大多数来自城市,并且依靠城市无产阶级,但是他们在农村高举起革命的大旗,并且坚定地相信在那里存在着纯正的、未受侵染的中国价值观的源泉。[125]

这里也存在着另外一个更为坚定的有关为什么他们应当支持农村发展的理由:没有其他选择。在革命后的第一年,人们从落后的、遭受战争蹂躏的农村涌入城市,而城市承受不了这种负担。[126] 要去逆转这股潮流的真正原因就是这个国家需要进行工业化[127],其对策就是著名的"上山下乡"。受过教育的年轻人前往山区和农村地区,几百万名毕业生从城市被运往农村,为农村发展提供指导。这在 1950 年代(也就是"大跃进"时期),以及 1960 年代晚期(也就是"文化大革命"时期)尤为显著。[128] 它涉及两个因素:第一个,虽然并不为众人所知,但几乎肯定更为重要的是,作为与通商口岸相对应的一种慎重的权重平衡,在内陆大城市(例如新疆的大城市和兰州)发展大型工业;另一个,也是为整个世界所知晓的,通过土地革命、农田改良,以及小型乡村工业来进行自给自足式的农村发展。[129]

它是英雄化的,已经成为所谓的自下而上规划的一种范例。[130] 问题在于,它并非如同其意向,因此它是一种失败。它从来就不是自下而上的,因为即使由地方进行管理(这绝对必要),它也总是受到中央的指导。[131] 主要的因素(满足基本需求,农业地方控制,以及小规模工业企业,强调地方性的自力更生)都通过一个国家性的规划框架来得以保证,它采用税收和价格政策来偏袒农村。[132] 而且,它体现于不断重复的、有时灾难性的失败,因为公社绝对缺乏能力对系统进行管理,例如在"大跃进"中那样。[133] 农村工业(例如著名的 1950 年代后院炼钢煅铁)被证实付出了巨大的代价。[134] 整个结构依赖于大约 1 500 万名来自城市的专业者,他们(有不满情绪,时常与农民发生冲突)只希望回到城市,他们构成了香港难民的丰富源泉,大大促进了该城市快

[124] Murphey 1980, 27-31;1984, 197.   [125] Murphey 1980, 30;Kirkby, 1985, 8-9.
[126] Murphey 1980, 43;Kirkby, 1985, 38.   [127] Kirkby, 1985, 14.
[128] Kirkby, 1978, 39-42;1985, 10.   [129] Murphey, 1980, 46-47, 49-50, 60-61.   [130] Stöhr, 1981.
[131] Wu and Ip, 1981, 155-156.   [132] Wu and Ip, 1981, 175-177.   [133] Wu and Ip, 1981, 162-163.
[134] Aziz, 1978, 71;Murphey, 1984, 200.

如流星般的发展。[135]

　　从 1970 年代晚期到 1980 年代，在邓小平为领导核心时期(在传统的毛泽东思想准则方面是保守的，但其他方面则是激进的)，这个政策基本上被废弃，因为它的效果是微弱的。沿海城市仍然是中国最大的城市，并且是工业生产的关键，小型农村工业吸纳了大约 3％的农村劳动力，但是城市仍然在增长。在长达 1/4 世纪的共产党执政期间，总体上的人口分布仍然变化很小。[136]然而，在与其他第三世界国家相比时，可以说中国的大城市数量仍然是相当少的：25 个城市人口超过 100 万，6 个城市人口超过 200 万，而城市的发展则适应着总体上的人口发展。[137]总之，这个伟大的实验收获了一些东西，但是它是否真正代表了地方自治的、自下而上的规划的胜利(正如有些人仍然坚定不移地相信的那样)则是另外一个问题：由于缺乏确切的档案依据，关于它的定论仍然有待补充。

第一世界的自治：从赖特到亚历山大

　　所有这些事情在第一世界里只获得寥寥的回应：一群住房专家于 1968 年受邀为美国从第三世界的非正规住房中寻找经验，他们几乎没有发现什么。[138]但是一些人在数年内不断对此进行思考，其中最为著名的就是弗兰克·劳埃德·赖特。我们可以把他合乎逻辑地视为在第 9 章中公路之城的倡导先锋，但是广亩城市则远远不止于此：它是一个由其居民们利用批量生产的元素，自己进行建造的城市：[139]

　　……为了开始建造自己的住房，他应当可以去购买现代的、标准化的厕所，而且是以便宜的价格。文明化的"厕所"现在是在工厂里制造的一套完整的卫浴单元，当它与城市供水系统和一个 15 美元的化粪池，或者一个 40 美元的污水池连接上后，就能完整地作为一个独立单元(他的汽车或冰箱现在也是其中一种)为他使用。在获得良好的建议后，他第一个将这一单元植入开始建造的住房中。同样廉价、而且经过良好设计的、适应生活需要的其他单元，也许很快就可以加入进来。[140]

实际上，赖特进行思考(无论是有意识的还是无意识的)的很多这类想法与美国区域规划协会不谋而合：无政府主义的、技术性的自由、自然主义、农村主义、宅基地运动。现在这些人如同其他所有人那样攻击他。[141]而且在城市机构中，没有人注意到他。作为一种似乎在城市研究历史上经常反复出现的讽刺，采纳赖特思想的却是莱维特家族(Levitts)——一个坚定的商业建造公司，在第二次世界大战之后就接受了采用标准工业化组件的一种廉价的基本住房的想法。这种住房可以由业主利用业

135 Murphey, 1980, 105-107；1984, 200.　　136 Murphey, 1980, 146；1984, 198；Wu and Ip, 1981, 160.
137 Asiz, 1978, 64；Murphey, 1984, 198.　　138 Goetze et al., 1968, 354.　　139 Fishman, 1977, 130.
140 Wright, 1945, 86.　　141 Grabow, 1977, 116-117, 121.

余时间来建造,他们的胜利将在第 9 章中详述。但是在美国的建筑与规划学院里,自我建造的想法又很奇怪地被埋没了 30 年,直到它在克里斯托弗·亚历山大的书中,在伯克利重新出现。

亚历山大出生于威尼斯,在孩童时期去了英国,并在剑桥大学接受了极其严格的建筑教育,又从那里移民去了美国。几乎从一开始起,就投入了去发掘其自称的建筑中的"无名品质"的个人奥德赛(Odyssey)❶旅程。亚历山大在一次访谈中如此描述到:

> 如果一座建筑就像荡漾在某人面孔上的微笑,那它就拥有那种关于自己的正确性,它就的确如此而不是说它似乎如此……此时,事物就会全然有序并各自和平相处——完全不是处在一种我们称之为美丽的矫揉造作之中,而是处在一种难以置信的简洁和直率之中,同时也处在一种深刻和神秘的感觉之中。[142]

为了寻求这种品质,亚历山大在 1960 年代提出了可以客观决定这种品质的思想。但是现在所看到的现代主义建筑师们实际上是在否定自身的本质:他们的"卡板式"建筑来源于害怕表达情感。真正的"有机秩序""无名品质"可以在传统建筑中找到,如同在剑桥的学院式建筑,或者在一条英格兰村庄的街道中找到:如果建筑师真正体验到这种品质,他们就不会像他们所做的那样去设计。[143]

于是,似乎亚历山大所认同的是莫里斯以及后来的欧文和格迪斯所寻求的品质,虽然他们并不这样来表达它:欧文和帕克在新伊尔斯维克或莱切沃斯最好的住房就拥有这样的品质。但是随后大约在 1972 年他看到:"仅仅是笨拙地修补区划条例是不够的,因为条例(真正控制着过程)中真正的原则,其本身就是由程序(区划据此进行管理)所制造出来的。"[144]确实,亚历山大提出了不同的人群可以改变他们自己环境(部分由上面资助)的设想:"个人不仅关心他们自己的需求,而且也……贡献于他们所从属的更大的群体。"[145]在"人民重建伯克利"(People Rebuilding Berkeley)的项目中,他试图提出"自我维护、自我管理"社区的思想。[146]它并没有发挥作用,反而有点回到了传统的总体规划之中。

在醒悟过来之后,亚历山大随后开始相信,"为了使事物变得美丽而有活力,必须使人们如同我自己一样,参与到建造的行动中来,而不是在图纸上瞎摆弄"。[147]这也使得他感觉好起来。于是,在墨西卡利(Mexicali)❷的一个自我建造的项目中,实际上他开始帮助墨西卡利人建造他们自己的环境。其结果是一堆非同寻常的建筑,"比我所期待的更有韵律",似乎建造它们的人们也非常喜欢它们。[148]

---

[142] Grabow, 1983, 21.　　　[143] Grabow, 1983, 57, 68-69, 83-86, 100.　　　[144] Grabow, 1983, 139.

[145] Grabow, 1983, 155.　　　[146] Grabow, 1983, 157.　　　[147] Grabow, 1983, 222.

[148] Grabow, 1983, 70.

❶ 奥德赛(Odyssey),古希腊荷马所作的史诗,描述了奥德修斯在特洛伊战争结束后,历经千辛万苦返回故土伊萨卡的十年期间的冒险故事。这里指充满艰辛的长期历程。

❷ 墨西卡利(Mexicali),墨西哥西北部城市,位于墨西哥与美国的交界处。

在 1970 年代,伯克利并不是人们回到自力更生和社区参与思想的唯一地方,但是由于有了亚历山大,它才有可能成为最重要的。在英格兰,拉尔夫·厄斯金(Ralph Erskine)是一位出生于英国,但是在瑞典工作多年的建筑师。他回到泰恩塞德(Tyneside)❶建造了著名的"拜克墙"(Byker Wall),一个在持续地与居民沟通的过程中设计出来的极少几件公共住房的再开发项目。开始时的设想被瓦解了,"最终,在拜克的社会活动的数量和质量都成为一种笑料——一种当地的笑话,而不是一次胜利"。[149]并且,其结果就是不曾有任何城市建造过的这样奇特的结构,更不用说它是由一个公共住房机构来建造的。"大墙本身在北面是高大、简朴、抽象的,在长达一英里半的长度中蜿蜒、上升、跌宕、突出、起伏,在它似乎较低的南面,则拥有香港棚屋区所表现出的复杂、简陋、权宜、强烈人性化的那种品质。"[150]它主要由老年人居住,他们给予该建筑最高的褒奖:认为它像科斯塔布拉瓦(Costa Brava)❷。[151]

他们喜欢它,但是并没有建造它,而且拜克在其四周绝对拥有某种建筑风格的气息,尽管很微弱。同时在 1969 年,在英国每周的社会科学期刊《新社会》(*New Society*)上,刊登了一篇极具标志性的宣言。它由雷纳·班纳姆(Reyner Banham)、保罗·贝克尔(Paul Barker)、彼得·霍尔和赛德雷克·普莱斯(Cederic Price)合写。它认为:

> 规划(至少是城市与乡村这类)的全部概念已经变得荒诞……然而,每个事件都必须得到观察,任何事情都不能简化成为"碰巧"。任何住房都不能由于事物往往只是寻常的而想当然地被视之为寻常的,每个项目都必须经过掂量、规划、批准,随后才能进行建造。总之,只有在此之后才能确定它是否是寻常的。[152]

因此,作者们提议道:

> 一个关于无规划的精确而仔细控制的试验……在全国少数适合地区(它们受制于一系列特别的强制力)进行,并把它们作为无规划的发射平台。至少可以发现人们的需要,至多可以发现 20 世纪中叶英国的隐性风格。[153]

文章提出了三个此类地区:诺丁汉郡的舍伍德福斯特(Sherwood Forest),当时尚未建成的从伦敦到剑桥的 M11 高速公路走廊,南部沿海的索伦特地区(Solent area)。它富有挑战性的结尾写道:

> ……除了一些我们希望作为活着的博物馆保留下来的保护地区之外,物质性规划师无权将他们的价值判断强加在你们头上,或者其他人头上。如果无规划实践确实运转得很好,应当允许人们按照自己喜欢的方式去建造。[154]

---

[149] Esher, 1981, 186.　　[150] Esher, 1981, 187.　　[151] Esher, 1981, 187.

[152] Banham et al., 1969, 435.　　[153] Banham et al., 1969, 436.　　[154] Banham et al., 1969, 443.

❶ 泰恩塞德(Tyneside),英国东北部泰恩威尔郡(Tyne and Wear)的一部分,是以纽卡斯尔和桑德兰德两座主要城市为中心的大都市区,此外还包括盖茨黑德(Gateshead)、南北希尔兹(Shields)。

❷ 科斯塔布拉瓦(Costa Brava),位于西班牙东北部的加泰罗尼亚,从巴塞罗那往东北延伸的地中海沿岸地区。

当然它没有得到任何回声。又过了另一个 10 年，才有一个由柯林·沃德和戴维·洛克（David Lock）领导的、在城乡规划部中的小组，试图回到真正的霍华德的图景，建设一种第三代的田园城市，由将要居于其中的人们去规划（并部分建造）。由于与米尔顿凯恩斯新城的长期谈判并不成功，他们最终于 1984 年在特尔福德（Telford）新城的莱特摩尔（Lightmoor）开始建造一个自我建造的社区。[155]

在美国有一个与其平行进行的运动。事实上，可以认为简·雅各布斯早在 1961 年就开始利用她的"你们两个住房中的瘟疫"来攻击柯布西耶们和田园城市的规划师们，呼吁向密集型的、混合土地使用的传统无规划城市回归。[156] 1970 年，理查德·桑内特（Richard Sennett）在《无秩序的利用》（*Use of Disorder*）中进行权衡，将两种情况进行对比：一种是城市生活富裕且制度化，这种制度将生理上已经成年的人们锁进青春期；另一种是城市富裕，但是密度高且无组织结构，人们在这里充分地成长，彼此之间变得更加关切。他认为这"不是一种乌托邦理想，它是关于社会事物（如今组织化了的、沉闷的人们）的一种更完善的安排"。[157]他设想一位在这样的城市中生活的年轻姑娘可能是这样的：

> 她也许生活在一个城市广场上，餐馆和商店混合布置在与她相邻的房屋中。当她和其他孩子外出游玩时，并不去干净而空荡的草坪，而是挤入那些正在工作、购物的人群中，或者由于其他与她无关的原因而待在邻近地区。她的父母与邻居相处的方式以并非直接以她，或者以其他邻里中的孩子为中心。在邻里会议上，诸如人们希望得到控制的、吵闹酒吧之类的负面问题将会得到解决……她的父母将花费很大的精力去找出谁是他们的邻居，并且观察在发生冲突的地方可以达成什么样的协议。[158]

他总结道，这里的矛盾在于："在把城市自前规划（preplanned）的控制中解放出来的过程中，人们更容易控制自己，并且更能够相互理解。"[159]

反城市更新的伟大战争

雅各布斯和桑内特同样描述了美国的城市中，人们从自上而下规划结果中的一种普遍觉醒。以电视直播中的拆除圣路易斯市的普鲁伊特-伊戈住区为代表（在第 7 章中描述过），可以肯定，这种觉醒并没有希望以榔头和钉子来开始重建城市这样一种天真的形式来进行。[160]相反，它如此进行了表达，要求地方社区应当在塑造（尤其是重新塑造）它们自己邻里单元的过程中发挥更大的作用。这是 1964 年之后，在重构美国的城市更新政策中，以及在 1960 年代末和 1970 年代初在欧洲城市中心的

[155] Gibson, 1985；同见 Hughes and Sadler, 2000.　　[156] Jacobs, 1962, passim.
[157] Sennett, 1971, 189.　　[158] Sennett, 1971, 190.　　[159] Sennett, 1971, 198.
[160] Fishman, 1980, 246.

城市更新项目中发生的一些大规模冲突中,所着重表达的一种要求。

到 1964 年时,当约翰逊入主白宫并发起再次竞选时,针对城市更新的批判已经达到振聋发聩的程度(第 7 章)。在那个夏天,在一系列城市的黑人隔都(ghetto)❶中都爆发了骚乱,促使总统将精力集中在需要尽快采取措施的政治需求上。[161]作为约翰逊城市政策之核心部分的模范城市计划(Model Cities program),就是为了应对这些正面的批判而设计的:它针对一些重点贫民区;将增加而不是减少低成本住房的供给;帮助穷人;通过一次性提升整个街区来做到这些。[162]

模范城市计划确实以一种新的方式发挥了作用:通过将地方社区引入到变革过程中,为了建造目的利用穷人的愤怒和力量。在每个目标地区,就有一个社区发展部(Community Development Agency,CDA)来最大限度地激发市民参与性和地方积极性。[163]确实,当 1966 年立法得到国会批准时,约翰逊政府已经从它更加早期的"针对贫穷的战争"(War on Poverty)的经验中获得了一些沉痛的教训,这被记录于 1964 年的经济机会法(*Economic Opportunity Act*)中,伴随着它著名(很快就声名狼藉)的要求社区行动机构以"当地居民以及所服务的组织成员的最大可能性参与"来管理整个项目。这个用语后来被嘲笑为"最大可能性的误解",它已经成为地方行动主义者与城市政府之间冲突的一个笑柄:模范城市由于保证 CDA 将会牢牢地处于市长的控制之下,从而熟练地避开了这样的冲突。

最先由莱昂纳多·杜尔(Leonard Duhl)和安东尼亚·查耶斯(Antonia Chayes)在 1964 年关于约翰逊特别工作组报告的附录中提出的想法,建议只需要 3 个这样"展示性"的项目。国会的政治分肥❷过程无情地提高了数量,直到变为 66 个,然后是 150 个,果酱在面包上摊得更加稀薄。[164]当经费从华盛顿拨下来后,尽管有阶段性的管理,各种各样的矛盾和混乱还是爆发出来。城市愤恨于与社区行动主义者分享权力,或者愤恨于(如同在一些城市中那样)一起被忽视。[165]来自华盛顿的指导是天真而含糊的,以一种"更加适合于大学课堂,而不适合于一个市长办公室或者一个居民会议"的语言来进行描述。事实证明,它很难协调不同的联邦机构,部分因为它们对于新生的住房和城市开发部不满,并且不想被协调。[166]华盛顿的协商是如此的复杂繁冗,以至于一个特别工作组的成员不禁幻想直到他死后协商依然未能完成,他于是转世成为另一个成员继续谈判。[167]漫长的联邦调查过程,再加上地方上的不支持,意味着城市仅仅行使着它们一半微薄的权力。[168]而且随着骚乱的威胁减退后,计划失去

161 Haar,1975,4-5. 162 Frieden and Kaplan,1975,45,52-53. 163 Fox,1985,201.
164 Frieden and Kaplan,1975,47-49,215-217;Haar,1975,218.
165 Frieden and Kaplan,1975,88-89;Haar,1975,175. 166 Frieden and Kaplan,1975,139.
167 Frieden and Kaplan,1975,232,236. 168 Frieden and Kaplan,1975,229.

❶ 隔都(ghetto),历史中指犹太人所集聚的居住区,后来尤指少数民族聚居区和贫民区。该词本身带有较强的贬义,此外还暗含贫穷、痛苦、排外、低下的意思。译文取其音译。
❷ 政治分肥(Pork-barrel),美国俚语,为讨好、报答支持者的政治分肥,如从州的赋税中拨出用于地方福利的款项。

了它的一些政治紧迫性,并且缺乏一种国家的、甚至地方上的共识。[169]尼克松设法在1968 年废止了它,尽管它仍在苟延残喘。[170]查尔斯·哈尔(Charles Haar)❶在 10 年后对它进行评价,认为它并没兑现"自己野心勃勃的诺言"。[171]

哈尔指出,讽刺之处在于,尽管以地方参与为目标,然而它实际上达到了"技术精英统治"的制高点:其过程包括"所有规划专业的晦涩词语"(连续的、理性的、协调、创新、目标和目的),以及"开始努力去模拟重构一个规划课程,而不是努力去指导城市行动"。[172]于是,它反映了传统规划的一种失败,而不是一种新方法的成功,掩饰了在地方社区参与陷阱之中的极端中心化。但是说真的,也许那就是它自始至终的意图。

不出意料,一些专业人士会反对这样的做法。他们宁愿选择一种真正谦逊的专业态度,希望自己只是作为人民意愿的代理人。这就是在社区设计中第一次有记录的操作中的精神:纽约哈莱姆的建筑更新委员会(Architectural Renewal Committee,ARCH)成立于 1963 年,用来反对规划中的罗伯特·摩西的高速公路,也是当时倡导性规划运动的精神。二者都反对传统的、以狭隘的技术操作标准为基础的自上而下的规划,它们当时在城市更新和高速公路计划中被充分地反映出来。它们持之以恒地反对这种方法的产物以及其他后果:纽约市的库柏广场(Cooper Square)更新计划,以及旧金山的耶巴·布那(Yerba Buena)计划都是经典之役。理想化的年轻专家加入到地方社区中,但是结果却经常是一种灾难:人民缺乏条理,专家全面接管,没有人知道如何去形成什么东西,几乎没有取得什么成果。[173]

于是,在 1970 年代,社区设计的核心转移了。专家们变得更加顽固,更加企业家化,更加一心一意地沉溺于锁定某项工作,并且去完成它,他们也变得更加关心谋生问题。现在,他们服务于小型的社区组织,并且与一些需要建筑服务并能够支付酬金(由联邦或州政府资助)的小型业务扯上关系。然而,这种形式与以往所知道的任何事情都非常不同:它强调了业主的需求而不是产品的本质,并且采取各种方法来缝合针对这些需求的解决方法。在操作过程中,它产生了更多的实际结果,并使业主和专业人员都觉得他们能够成功。[174]

同时,也许在反思中,对于城市更新项目的强调也在不断地发生变化:离开强迫性的清除,走向重新安置和小规模的点状清除。波士顿臭名昭著的西端项目(第 7 章)采取全面清除,并且是从低租金转向中或高租金住区的一次几乎完全彻底的转变,而后来的中心区滨水区项目(Downtown Waterfront)只清除了 24% 的该地区,并且产生了净住房盈余(诚然,大多数靠的是豪华公寓)。[175]愤世嫉俗者也许会说,开发产业已经判定,市中心的地块更加有利可图,并可以更为廉价地进行重建。但

---

[169] Frieden and Kaplan, 1975, 257; Haar, 1975, 254-256.　　[170] Frieden and Kaplan, 1975, 203-212.
[172] Haar, 1975, 205.　　[173] Comerio, 1984, 230-234.　　[174] Comerio, 234-240.
[175] Sanders, 1980, 109.
❶ 查尔斯·哈尔(Charles Haar),法学教授,曾经多次担任美国住房与城市发展部的顾问。

是，这一评价却有点不够恰当：从整个国家来看，从 1964 年到 1970 年期间，更新中的居住成分在急速上升。[176]重建部分在一些案例中也是同样急剧的上升：费城从 22%上升到 68%，明尼阿波利斯从 34%上升到 50%，巴尔的摩从 15%上升到 24%。[177]

然而，它本身并没有说明谁在进行重建。在一些城市中，重建来自于当地居民，他们不一定接受了城市的援助；在另一些城市中，重建是由更加高层次的、年轻的城市专业中产阶级进行的，他们大多数并非来自郊区，而是来自内城的其他地区。[178]根据住房与城市开发部门的研究，那些搬走的主要是老年人、少数民族群体、租借者和工人阶级。[179]在许多案例中，转向重新安置实际上促进了绅士化（gentrification）的过程："自建"（在巴尔的摩，这个词用于描述它的"宅基地替换"或"店铺替换"计划，而衰退了的建筑物实际上转移给了潜在的更新者）可以证实为在中产阶级储蓄银行中汇聚起来的东西（如同大多数平等的形式一样）。但是坦率而言，几乎没有中产阶级人员拥有那种流离失所的感觉。这也许就是，由于把贫瘠的城市交到富有朝气的雅皮士手中，政策正在起着某种帕累托优化（Pareto-optimal）的解决方法，在其中，没有人受损，但是很多人受益。然而，这些中产阶级成员们以一种奇怪的方式模仿着那些在里约的法沃拉斯或利马的巴里亚达中的、不知疲倦的改良者。

战争来到欧洲

此时，在同时期的欧洲首都城市可以看到一种奇怪的新现象：地方社区的活动家们开始向他们自己政府的大规模城市中心更新的总体计划宣战。冲突的新颖之处在于，他们与野蛮方式中的根本思想在做斗争。直到 1960 年代中期，在规划师和规划涉及者中间形成的普遍印象就是，大规模地区的综合性开发绝对是一件好事情，它清除了老旧的和过时的建筑，有助于交通组织，可以在总体上将步行体系从交通中分离出来。的确，作为一个围绕着伦敦的皮卡迪利广场（Piccadilly Circus）最著名的并且持续时间最长的早期争论，是由于反对者要求有一个综合性再规划而开始的。讽刺性的是，在经历了 13 年的犹豫不决之后，伦敦的规划机器又回到了它出发的起点，零星化的重建。[180]

当所有这些正在发生时，一个在一英里之外的、更大的戏剧性事件以斗争的方式得以解决。科文特花园（Covent Garden）自 17 世纪以来就一直是伦敦的水果和蔬菜市场，同时也是它的一个中心剧场，如同在其他城市那样，它很早以前就变成为一个缺乏效率、制造拥挤的特殊地区。1962 年，一个新科文特花园市场部（New Covent Garden Market Authority）负责把它迁往另一个地方，计划在 1974 年执行。1965 年，一个地方政府的财团开始着手为市场以及一个更广泛的地区制定一项更新规划，覆盖了大约 96 英亩，包括大约 3 300 名居民和 1 700 个大多数是小商家的地

---

[176] Sanders，110–111.　　[177] Sanders，113.　　[178] Cicin-Sain，1980，53–54.　　[171] Haar，1975，194.

[179] Cicin-Sain，1980，71.　　[180] Cherry and Penny，1986，176–191.

区。规划于 1968 年形成初稿,并于 1971 年形成最终稿,将保护(尤其是围绕市场本身的一个历史核心地区)与周边的大规模再开发(部分用来实施有利润的开发、支付计划的费用,部分用来缓解交通流量)综合到一起。[181]

同时,小组的副组长(有激进倾向的默西赛德人(Merseysider)),叫作布兰·安松(Brian Anson),正在与自己的良知做斗争。在 1968 年举办的规划展览中,3 500 人光临,但是只有 350 人进行了评论。其中,只有 14 人是当地居民,并且这 14 人都反对该计划——他们大多数采取了谩骂的方式。安松开始确信,规划真正的受益人和煽动者就是房地产开发商。在向地方社区领袖表达了他的怀疑之后,他立即被他的雇主——大伦敦议会(Greater London Council,GLC)解职了。他的解雇成为一件在媒体上轰动一时的事件。[182]

在 1971 年的公开听证会上,规划受到所有人的反对:地方性的科文特花园社区联盟、历史保护建筑团体、乔治安集团、维多利亚团体、市民信托、城市与乡村规划委员会;社区团体的主要明星证人就是布兰·安松[183]:"相比于伯克利的人民公园,伦敦现在有了自己的版本……一个对于 AA 和 LSE(London School Economics,伦敦经济学院)学生们、'倡导性规划师'以及来自各方面的各类活动家来说都容易到达的战场。"[184]引起的骚动的原因在于,尽管人们发现听证官员赞同这项规划,部长却做出了足以使之无效的重大改变。[185]一份于 1976 年在地方社区群众团体与大伦敦委员会设立的论坛之间出现了严重紧张局面之后所制定的调整规划,实际上同意了大部分社区的观点,尽管社区居民仍然在批判它。[186]

在这份长篇大论中,有两个特别的要点。第一个就是大约在 1968 年(用被挫伤了的官方规划小组领导的话来说),出现了"国家性的精神崩溃":

> 整个大不列颠在那时卷入了挽救某些事情的状态之中。在 1960 年代,变革被视为一件好事情,因为它改善了城市,提供了新的设施、开敞空间、新的住房以及人民所期望的所有物品,然后可以产生利润来支付所有这些物品。几乎一夜之间,这变成了一件坏事情。从麻木的开发到不要碰任何东西……整个事情变得错乱了。"[187]

另外一点在于,即使这样,社区也输了。正如埃舍尔所言:"在这里,规划变成房地产管理:充分利用人们所现有的。"[188]但是那可能正好是一件好事情,到 1979 年时,房地产开发商已经发现,修缮比再开发的费用要少一半,但是可以产生几乎同样多的租金。地区小店被时装店和工艺品店所取代,而科文特花园正在成为现在几乎全世界都知道的时尚商店和旅游地区。[189]安松在数年之后描述了这段故事,他评论道:"一个工人阶级的商店或住房街区,可以被不同于一辆推土机的其他事情所摧毁……当地

---

[181] Christensen, 1979, 10, 20-29.　　[182] Anson, 1981.　　[183] Anson, 1981, 37-38.
[184] Esher, 1981, 142.　　[185] Esher, 1981, 46-48.　　[186] Esher, 1981, 53-72.
[187] Quoted in Christensen, 1979, 96.　　[188] Esher, 1981, 146.　　[189] Esher, 1981, 133-134.

的面包房变成专业工作室,一间廉价咖啡店变成为一家时尚餐厅,飞镖盘被从酒吧里取下,渐渐开始出售更多的杜松子酒和奎宁水。"[190]

理想化地说,这个故事本应当发生在一个正在经历着一次全国性精神崩溃的国家里,但是(较少公开的)一个几乎相同的剧情正在稳重的斯德哥尔摩上演。在那里,一场争议甚至涉及 1945—1946 年由斯文·马克柳斯(Sven Markelius)所制订的崇高规划,它已经成为关于开化了的社会民主规划的全球性教科书中的热门案例。它的目标就是把城市的中心商务功能审慎地集中到位于下诺马姆(Lower Norrmalm)的一个相对狭小的地区中,而这个地区则围绕着一个将要成为城市规划中新网络核心的地铁站。在 20 年间,所有事情都按照瑞典风格的规划来进行。在 1950 年代中期有一句名言:"因为城市关闭,进行整修,所以现在不能去斯德哥尔摩。"[191]地铁线已经建造,道路网也围绕着一条新的环线以巨大的成本得以重建,而步行者则在更低层面上直接通向地铁站;五座标准化的巨型办公塔楼和一条新的步行商业街得以建造。[192]所有这些都相当公开地把银行总部、保险公司、工业企业、百货公司、宾馆以及娱乐场所提供更多的空间作为目的。[193]

随后在 1962 年,城市为保护地区公布了一项规划。它并不是真正全新的,实际上只是已经通过议会批准的早期设想的一个汇总。3 名年轻建筑师立即就在《建筑》(Arkitikur)杂志上发表了"针对强加给我们的城市形态的一份抗议",对它进行攻击,[194]他们认为它过分以商业为导向,并且不能给予居民以更多的保护。这场攻击随即被两份最主要的报纸所转载,但是没能在地方选举中成为议题,后来于 1963 年在委员会上得到批准。1967 年,以一个竞赛获奖方案为基础,该地区制定了一份详细规划,并于 1968 年得到批准。[195]

在这一点上,正如在伦敦一样,所有事情都变得复杂起来。就在那里,一个多变的反对派成立了。碰巧在规划里的一个亮点是一家洲际酒店(Intercontinental Hotel),在越南战争的高潮期,这个宾馆成为后来在瑞典高涨起来的反美情绪的一个导火索。公司被连根拔出,只留下在地面上的一个巨大洞穴。最后,随着再开发陷入了停顿,城市于 1975 年接受了一项妥协性规划。宽大的道路和停车场没有了,宾馆变成为一条封闭的商业街,许多既有建筑得以保留。[196]

传统的城市政治性分析,尤其是马克思主义的那一种,在这种场合中并没有太多的作为。在伦敦,大多数参与者赞同差异性并不是政党的一种政见。[197]在斯德哥尔摩,正是社会民主党人被指责导致当地居民流离失所,就业机会减少,采用巨型零售业、银行、金融服务和咨询业来取代地方性事务和小型商店。[198]就像在伦敦,规划师们

---

[190] Ason, 1981, 103. [191] William-Olsson, 1961, 80.
[192] Sidenblandh, 1965, 109-110; Stockholm, 1972, 92-94; Hall, T., 1979, 188-193.
[193] Markelius, 1962, xxxvi. [194] Edblom, Strömdalh, and Westerman, 1962, xvi.
[195] Hall, T., 1979, 194-202. [196] Hall, T., 1979, 204-6; Berg, 1979, 162-163.
[197] Christensen, 1979, 101. [198] Hall, T., 1979, 215, 220.

很显然被反对力量所震惊和伤害,他们对此的自我辩解就是,这是由于为了吸引开发商,他们必须保持规划过程的连续性,并且必须提供这些开发商们所急需的大型新建筑。[199] 所发生的事情似乎就是全能的技术型规划师们犯了错误,而沉迷于"城市越大,就意味着更多税收"想法的政客们则无力地附和着他们。[200] 在这个事件中,大型机构甚至都没能进驻到手的办公空间。[201]

巴黎的战争则是一件更为多彩的事件:周期很长,内容复杂,人物众多。每一个涉及法国的人物似乎都曾经介入这次事件。1960 年,中央政府提议将一个具有历史意义的食品批发市场——巴黎中央菜市场(Les Halles)搬出中心区。两年之后,一项法令肯定了它。1963 年,城市委员会成立了一个中央菜市场地区市民管理研究组织(Société Civile d'Études pour l'Aménagement du Quartier des Halles, SEAH),负责为该地区的重建进行规划。一名建筑师负责为庞大的 470 公顷的巴黎中心条带准备一份更新规划。四年之后,另一个组织——中央菜市场社会与经济管理组织(Société d'Econimie mixte d'Aménagement des Halles, SEMAN)负责实施该项目。

在同一年,即 1967 年,城市委员会聘请了数名建筑师为围绕着市场周边的、更为适中的 32 公顷基地准备规划。一年之后,城市委员会把他们全都否定了。一名委员问道:"我们自己是否在 20 年之后执行着希特勒的命令?"[202] 但是在 1967 年,另一个组织,巴黎城市主义工作室(Atelier Parisien d'Urbanisme, APUR)批准了一个新的中心换乘站,以此形成整个区域快速铁路(Regional Express Rail, RER)的枢纽。1969 年 7 月,也就是巴尔达(Baltard)具有历史意义的玻璃市场棚被腾空后的几个月内,委员会接受了 APUR 的设计,即在拆除之后建造一个大型地下商业中心,以及地面上的一个世界贸易中心。次年,在否决了建设部长所提出的保留它们的建议后,委员会投票决定把它们铲平(在 1971 年的夏天,当整个巴黎都处在度假期间),并且不顾保护主义者与警察之间的冲突,它仍然这样执行了。[203]

巴黎中央菜市场的未来现在成为所有法国政客们都喜欢的丑闻。1973 年,委员会批准了贸易中心,工作随即开始。次年,瓦莱里·吉斯卡尔·德斯坦(Valéry Giscard d'Estaing)当选总统,并立即废止了许可,拆除了部分完工的结构。很久以后的一个调查团认为,损失达 6 500 万法郎。基地变成为一个公园,政府与建筑师们宣布了一项新的建议。1975 年,在市政厅展出了 3 个方案,公众已经对其中一个表达了明显的偏向,另外两个(包括加泰罗尼亚(Catalonian)❶ 后现代主义建筑师里卡多·波菲尔(Ricardo Bofill)的作品)也被选中。在经历多次曲折情节之后,1977 年波菲尔为部分该地区所做的规划被展示出来,使得巴黎建筑师学会主席立即策动了一场运动来反对它。雅克·希拉克(Jacques Chirac)于 1976 年当选市长,并加入了

199 Westman, 1967, 421.   200 Hall, T., 1979, 217, 220, 223.   201 Hall, T., 1979, 223.
202 Anon, 1979a, 12.   203 Anon, 1979a, 12; Anon, 1979b, 7-8.
❶ 加泰罗尼亚(Catalonian),西班牙的一个自治区,依据自治法成立于 1979 年 12 月 18 日。

这场运动,他带着一种恰如其分的漫不经心提到:"洛菲尔? 菲尔波? 啊,是的! 波
菲尔。"数月之后,他解聘了波菲尔,宣布"运作中央菜市场的首席建筑师就是我",这
是一项需要他采用"平稳而不复杂"方式来进行的工作。波菲尔的建筑,"希腊埃及
加上佛教主义的趋向",并不吸引希拉克。"已审查过了,它确实有问题,"他说道。[204]
他认为"这些建筑上的奥林匹克","已经存在太久了,10 年已经足够了"。蓬皮杜中
心足够称得上是 20 世纪末建筑神话的一个标志。

他的决定立即遭到从各种逻辑出发的每一个建筑师的抗议:约翰逊(Johnson)、
文丘里(Venturi)、尼迈耶(Niemeyer)、斯特林(Stirling)、克里尔(Kroll)以及其他人。
然而《今日建筑》(*L'Architecture d'Aujourd'hui*)杂志却竭尽全力地支持希拉克。波
菲尔要求赔偿 700 万法郎,在 10 年期间,至少来来往往过 70 多个项目:工程已经从
32 公顷(包括巨型摩天楼和道路)被缩小到 15 公顷,其中主要是公园。连柯布西耶
都已经去世了,而吉斯卡尔·德斯坦和希拉克现在开始围绕这个公园在特征上应当
是"法国的"还是"意大利的"展开了一场激烈争论。[205]

同时,生活仍在继续。而巴黎中央菜市场真正的关键之处在于,发生在科文特
花园的过程几乎完全同样地发生到了它的身上:它变得高档化了,人们搬迁出去,地
方商店也搬迁出去,时尚商店和餐馆取而代之,而城市并没有干预这个过程。巴黎
中央菜市场的战争在地方社区方面当然没有取得任何胜利,确实,它是典型法国的,
因为它启动了两个传统的敌对方:法国政府和巴黎城市之间的战争。显然它没有表
现出巴黎"工匠"的某些运动,决心将城市重建掌握在自己的手中:在这种情况下,这
场战争在不同的问题上作战。但是,正如在科文特花园和下诺马姆的战争一样,它
反映了对于大规模城市更新的态度的一个转折点。社区行动主义者们现在觉得,他
们可以与城市拆建者相抗衡,并获得胜利。

社区建筑到达英国

这一点没有任何地方可以比在英国更为显著。在这里,从一开始就可以清楚地
看到针对社区建筑企业化的方法。1971 年,罗德·哈克尼(Rod Hackney)是一位在
曼彻斯特大学撰写博士论文并且生活窘困的年轻建筑师。他花费 1 000 英镑在麦克
尔斯菲尔德(Macclesfield,曼彻斯特南部一个英国工业小镇)购买了布莱克街(Black
Road)222 号,一个具有 155 年历史的、缺乏基本设施的小型花园住宅。当他申请贷
款去改善它时,却发现它和它的 300 个邻居已被列入拆迁计划。哈克尼组织邻居们
开展了一场运动,并于 1973 年说服地方城镇委员会改变了想法:其中的 34 所住房可
以构成一个总体改善地区(General Improvement Area),意味着业主可以申请贷款
来改善住房。哈克尼运用自己所学到的技能为翠波利(Tripoli)的违章搭建者设计

204 Quoted in Dhuys,1983,9.
205 Anon,1979c,11-12;Anon,1979d,7-10;Anon,1979e,4;Anon,1979f,1;Anon,1979g,8.

住房,他后来宣布,只用拆除并置换方案 1/3 的时间,1/3 的价格,就可以完成改善工作。1975 年,它获得了环境部颁发的住房优秀设计奖。[206]

这只是一个开端,仍然在布莱克街的某间办公室里工作的哈克尼,很快发现自己在全国各地正在做着类似的项目。为重新安置投入资金的 1974 年住房法就受到他的工作的影响。到了 1980 年代初,他已经在 8 个地区设立办公室雇用了 30 多个人。哈克尼如此表达了他自己对于社区建筑运动的观点:

> 社区建筑意味着努力去理解一小群居民的需求,然后与他们一起工作,并处在他们的指导和引导之下,表述他们状况,并将这向各种掌握着钱袋,或者拥有赞同/否决权的组织进行表达……我们作为建筑师,在 1960 年代严重地曲解了它,社区建筑将帮助我们在这 10 年和接下来的 10 年中,回归到建筑职业的完美境界。[207]

这是一剂猛料,媒体喜欢它,因为它给了他们一种大卫对哥利亚(Goliath)❶的故事,而且也因为哈克尼从一个工作转到另一个工作(先是开着他的萨博(Saab)❷,然后是一辆定制的路虎❸,装载有尚未有人采用的车载电话),这是一个简练的单一主题的无穷源泉。年轻的建筑师们也喜欢它,因为它对他们所不喜欢的、无聊的正统建筑学作了一个轻蔑的手势,并给了他们一个有趣的个人工作的机会。

他们以及业主们已经取得某种重大成功。在利物浦,由城市议会于 1950 年代所建造的、不得体的贫民区清除住房占据着主导(其中的 25 000 人,也就是总量的 1/3,到 1980 年代时是官方难以控制的),然而现在,一个自由党的委员会决定鼓励社区设计方法。租户们并不要求参与到设计中来,他们处于完全的控制之下,他们选择建筑师,还有基地、布局、楼层平面、立面、砖的颜色,以及景观;当它全部建造起来后,他们来运作这个计划。建筑师们很快发现,租户们首先关心的就是,住房不应当看上去像"柯皮"(Corpy)❹住宅。"议会住房是有史以来最糟的住房,"一位 34 岁,担任某合作社主席的失业砌砖工说道,"它是无趣的、悲哀的和非人道的——就像某个人走进建筑师事务所说道'我需要 400 幢住宅,三点半之前来拿图纸',它们并不是给人居住的房屋。"[208]其结果就是围绕着庭院的小型砖砌住房,风格上简洁而且功利色彩十足。建筑师们认为这是一项艰苦的工作,但是在之前所做的工作里是最有收获的。居民们以他们视之为眼中钉的城市工程师的名字给这个方案命名为韦勒考特(Weller Court)。[209]

社区运动获得了壮大,它的成员们在英国皇家建筑师协会(RIBA)建立了一个社区建筑小组(Community Architecture Group),前者在领导权方面遇到了越来越多

---

[206] Knevitt, 1975, 1977.   [207] Quoted in Wates, 1982a, 43.   [208] Wates, 1982b, 52.
[209] Wates, 1982b, 52.
❶ 哥利亚(Goliath),菲利斯族巨人,为大卫投石所杀。
❷ 萨博(Saab),北欧汽车品牌。
❸ 路虎(Range Rover),美国汽车品牌。
❹ Corpy,通 copy,意为复制性的住房。

图 8-2　特尔福德新城(Telford New Town),莱特摩尔

人民着手工作于该项目,它最终获得查尔斯王子的奖励。右侧是托尼·吉普森——莱特摩尔的约翰·特纳。

图片来源: Town and Country Planning Archive.

的阻力。1984 年 5 月,查尔斯王子(Prince Charles)在汉普顿宫(Hampton Court Palace)举行的 RIBA 成立 150 年大会上发言,通过公开谴责建筑设计中的低劣质量,抨击了协会的领导地位。他说:国家美术馆的扩建方案就像长在一位朋友面孔上的一个巨大疣疱。他宣称社区建筑(提到了哈克尼的名字)就是一个答案。建筑学的根基受到了严厉的攻击。两年半后,哈克尼那时已经在运作着年业务量达 400 万英镑、20 个地区事务所、200 名职员的事业,他击败了官方候选人,从而成为 RIBA 主席。他充满自信地宣布道,社区建筑已经正式到来了,它将成为"后工业时代的政治建筑学"。

　　1987 年 6 月,哈克尼刚刚就任主席之后,与查尔斯王子一起坐在皇家建筑师协会伦敦总部的主席台上,查尔斯王子向这位杰出的社区建筑师颁发年度奖。最高奖授予城镇与乡村规划协会的特尔福德新城的莱特摩尔项目。在他的发言中,王子对云集的媒体们表达了他另一个值得纪念的引述:他提到,需要去克服"意大利番茄牛肉面条一般的繁琐公务程序",这些程序阻挡了普通人去创建自己环境的努力。正如电视节目一个接一个地跟踪着社区建造者与顽固的官僚之间的斗争,似乎霍华德、格迪斯、特纳以及其他无政府主义传统最终在城市规划中取得了好名望。

　　似乎无人发觉其中的讥讽：授奖来自于激进的右翼政府，正如在利物浦那样，它现在普遍激起了无政府主义者们反对官僚社会主义的精神。那年秋季，撒切尔夫人宣布了她右倾的持续改革的核心内容。将 100 万个公共住房单元出售给它们的租户以后，政府现在寻求把剩余部分转交给分租房合作管理公司，这样最终清除了官僚的永久管业(dead hand)❶。巴枯宁和克鲁泡特金的学生格迪斯在很久以前，就为反对官僚殖民化的表现而战斗，他必定会欣赏这样奇怪的历史转变。

---

❶ 永久管业(dead hand)，土地等归法人所有，不能变卖。

公路之城

机动交通的隔离很可能也就是一件始于近十年的事情……当这些事情在英国本土还是十分特殊和试验性的时候,毫无疑问,安分守己的英国公民有一天将会在很多1910年印有插图的杂志上,看到成千上万英里的这种道路已经在美国、德国和别的地方修建起来。因此,在经过一段爱国主义的思考之后,他自己也会加入其中。

H.G.威尔斯(H. G. Wells),《机械与科学的进步对人类生活和思想的影响预测》

(*Anticipations of the Reaction of Mechanical and Scientific Progress upon Human Life and Thought*,1901)

拉斯维加斯把那些在其他美国城市中只可能是某些工薪低微劳工的一种幻想性冲动,融入石板步道与市中心自动电梯的缝隙之间,并将其放大、润色、修饰成为一种制度。例如,拉斯维加斯是世界上唯一的一座城市,在那里,景观不是由建筑构成的(例如在纽约),也不是由树林构成的(例如在马萨诸塞的威尔布莱姆(Wilbraham)),而是由招牌构成的。人们可以从一英里之外的91号公路上看见拉斯维加斯,但是看不到建筑、树木,只有招牌。而且是这样的招牌! 它们处在高空,旋转、摇曳,以各种形状在翱翔,现有的语言艺术真是难以名状。

汤姆·伍尔夫(Tom Wolfe)❶,《扁平流线型的粉红色宝贝》

(*The Kandy Kolored Tangerine Flake Streamline Baby*,1966)

---

❶ 汤姆·伍尔夫(Tom Wolfe,1931—),美国著名记者和作家,其作品有《虚荣的篝火》《粉刷的世界》等。

9
公路之城

汽车郊区：长岛、威斯康辛、洛杉矶、巴黎
（1930—1987）

一个世纪之交的郊区孩子后来回忆道："郊区住区，是一种铁路模式……一种存在于几分钟走到火车站，几分钟走到商店，几分钟走到田野的状态。"[1] 它是铁路模式的向外延伸（正如在第 3 章所见到的），导致了 20 世纪初期伦敦的发展，并随之形成了对城市进行围堵的需要。在美国也是这样，那里经典的早期郊区住区——新泽西州的列维利恩帕克、芝加哥郊外的雷克福斯特和河滨住区、纽约的福斯特希尔思花园，都是围绕着火车站进行规划的。[2] 它反映了一个严峻的事实：虽然在 1900 年前后，汽车在技术上已经成为现实，但是它的价格使得只有极少数人能够拥有。直到亨利·福特（Henry Ford）进行了革命，1913 年，在他海兰帕克（Highland Park）工厂的磁电流水线上，于各地发展的技术在这里组合到一起，形成大规模的生产技术，使得汽车能够为大众所拥有。[3] 尽管那样，汽车的原始技术以及供汽车行驶的更加原始的道路状况，严重制约了汽车的使用。在汽车历史的开头 10 年，福特构想出 T 型车：一辆农夫汽车，用来取代马匹和马车。[4]

威尔斯的预言实现了

但是一位远见者看到了未来。在《沉睡者醒来》（*The Sleeper Awakes*，1899）一书里，H. G. 威尔斯已经在思考铁路系统——但却是 21 世纪（那样）的。世界将会有快速铁路交通网络，火车以每小时 200 英里或 300 英里的速度行驶，装备精良，舒适得"就像一个高档会所"。在《现代乌托邦》（*A Modern Utopia*，1905）中，他虚构的探险家乘着高速列车从瑞士通过海峡隧道到达伦敦。[5]

在 1901 年首次出版的《预测》（*Anticipations*）❶ 中，H. G. 威尔斯已经想到了这种可能性："与郊区火车竞争的公共汽车公司将会发现，在长途行驶的过程中，它们自己的速度会受到路上较慢的马匹和马车的阻碍"，因此，它们将"获得权力去形成

---

1 Kenward，1955，74.　　2 Stern and Massingdale，1981，23-34；Stern，1986，129-135.
3 Nevins，1954，471；Flink，1975，71-76.　　4 Flick，1975，80.
5 Hardy，2005，37.
❶ 即《机械与科学的进步对人类生活和思想的影响预测》。

一种新型的专用道路,在这种道路上,它们的车辆可以根据可能的速度极限随意行驶"。虽然威尔斯在这本书中的很多预言都是错误的,但是在这个问题上,他不可思议地预测对了。他说:"不知不觉之中,某种高额利润的、更长的道路将被连接起来",然而美国人和德国人将比稳重的英国人行动得更快。他预言道:"这些道路将只适用于软性轮胎的运输工具。得得作响的铁掌、马车上消除不掉的污秽,以及重载车辆的笨重车轮将不再损坏路面。"他还预言,"它必须很宽",并且"反向交通很可能将被严格隔离开","车流的分支道路将不是水平相交,而是需要通过桥梁"。"一旦它们存在了,就有可能采用超过现行普通道路所规定的车型大小和动力的车辆来进行试验,因为我们普通道路的宽度完全取决于一匹马所能拉动的车辆的大小。"[6]

　　威尔斯著名的预言到此还没有结束,他不仅预言了汽车道路的时代,还预测了汽车道路所产生的效果。在"大城市可能的扩散"这一章节中,他预测道,"实际上,通过一种汇聚过程,整个大不列颠高原南部似乎注定要变成……一个城市区域,它不仅被铁路和电报线串联在一起,而且通过像我们所预言的神奇的新道路",还有"密集的电话网、包裹递送线串联起来,就像是神经和动脉那样相连"。他所认为的结果将是:

> 　　一个远比我们目前的英国更加丰富多彩的、奇特而富有变化的区域仍然处在这片更为稀疏的地区之中,或多或少都覆盖着森林,也许甚至比森林更加茂密,它不断地被分解成为公园、花园,四处都是散落的房屋……虽然新型宽阔的道路将穿过各种乡村,时而切过山顶,时而像巨大的输水管穿过山谷,但它总是与各式各样漂亮的、快速的(不一定不好看)机动交通工具夹杂在一起,而且每个地方都处在田野之中,由树木连接的电线从一根树干延伸到另一根树干。[7]

在其他方面,威尔斯对于技术革新的速度有点过分乐观了,但是对于它的地点,他的预言却准确得有些神奇。正如他所预言的,美国处在领先地位,那是因为到1950年时,由于福特进行的革命,美国是世界上唯一敢于夸口大众有车的国家。1927年,美国制造了世界上85%的汽车,它已经可以夸口每5个美国人拥有一辆汽车,汽车的拥有水平大约为每两家有一辆。[8]在此后长达20多年间,世界性的经济萧条和世界大战限制了汽车拥有量发展的速度,直到1950年代早期,汽车拥有量才超过1920年代晚期的水平。

　　1920年代中期的大规模汽车普及化已经开始冲击美国城市,这一冲击的方式直到1950年代和1960年代才为世界其他地区所了解。1923年,交通阻塞在一些城市已经如此之严重,以至于人们商议要禁止在中心区街道上行驶汽车。1926年,托马斯·E.匹茨(Thomas E. Pitts)关闭了设在亚特兰大主要交通路口的香烟店和软饮料店,因为交通阻塞使得他无法开张营业。[9]在同一个10年,西尔斯(Sears)、罗伊布克(Roebuck)和以后的蒙哥马利·沃德(Montgomery Ward)规划了第一个依赖汽车的郊区店。[10]1920年代末,当林德夫妇(Lynds)开始进行关于"中城"(Middletown,实

6　Wells, 1902, 17-19.　　7　Wells, 1902, 61-62.　　8　Flink, 1979, 142-143; Jackson, K., 1973, 212.
9　Flink, 1975, 163, 178.　　10　Dolce, 1976, 28.

际上是印第安纳州的曼西（Muncie））的经典社会学研究时，发现汽车的拥有量已经可以允许普通工人的住处远离工作地点。[11] 当时在某些城市里——华盛顿、堪萨斯城、圣路易斯，开汽车到中心区的人数超过了乘公交车前往的人。毫不奇怪，1920 年代是第一个 10 年，当时的户口调查员注意到郊区的发展要比中心城市快得多，人口增长了 39％，超过 400 万人；而在中心城市人口只增长了 19％，500 万人。在某些城市，郊区化似乎更为明显：纽约市的郊区与中心城的相对增长率是 67％对 23％，克利夫兰是 126％对 12％，圣路易斯是 107％对 5％。[12]

　　显著的事实在于，某些美国规划师或多或少都平静地，甚至热情地庆贺这一趋势。在 1924 年的全国城市规划师会议上，戈登·魏特奈尔（Gordon Whitnall，一位洛杉矶规划师）骄傲地宣布，西部规划师已从东部的错误中汲取了教训，并且现在将走向水平展开的未来城市。在 1920 年代，公交系统首次报告乘坐率下降，利润流失。底特律和洛杉矶曾经考虑大规模地资助公交系统，以支撑它们的市中心地区，但是发现选民们并不支持这一做法。[13]

　　这种不断增长的汽车交通量大多数都承载于普通城市道路之上，人们加宽并升级城市道路，以此来应对这股洪流。到 1920 年代末时，应对措施寥寥无几，即使简单的公路上跨或下穿方式也没有。[14] 典型的例外是纽约，它在 1920 年代选择了一条直接从一种更加早期传统衍生出来的特殊道路：景观大道，这在第 4 章中已经提到过。首先是由奥姆斯台德于 1858 年运用在他的纽约中央公园的设计之中，景观大道已经被景观建筑师广泛地应用于许多城市的公园和新建住宅区的规划之中，例如波士顿、堪萨斯和芝加哥。[15] 但是，从威廉·K. 范德比尔特（William K. Vanderbilt）❶的长岛汽车景观大道开始（1906—1911，这条大道可以被认为是世界上第一条封闭型的机动车公路（motorway）），以及长 16 英里的布朗克斯河景观大道（1906—1923），后来就有了 1928 年的霍青森河景观大道（Hutchinson River Parkway）和 1929 年的锯木厂景观大道（Saw Mill Parkway）。这一独特的美国发明迅速地适应了新功能，连续延伸 10 英里或 20 英里进入开阔的乡村地区——有时候（例如布朗克斯景观大道）用以清除城市的糟糕状况——它现在使人们能够从阻塞的城市中心迅速通往新的郊区、乡村和海滨休闲地区。[16]

　　这一切的倡导者是纽约的建筑大师罗伯特·摩西。通过运用亲自起草的一项 1924 年国家法（这赋予他进行土地划拨的空前权力，但不幸的立法者们则并不以为然），他接着让自己的景观大道穿过长岛百万富豪们（菲利普斯家族、惠特尼家族、摩根家族、温特罗普家族）所珍爱的房产，给纽约人以接近海滩的机会。摩西所做的这件事情就像他所做的其他事情一样，是为了实现他最高的公众精神，成为他获得空

---

[11] Dolce, 1976, 157.　　[12] Tobin, 1976, 103-104.　　[13] Foster, 1981, 80-85, 88-99.
[14] Hubbard and Hubbard, 1929, 208.　　[15] Scott, 1969, 13-15, 22, 38-39; Dal Co, 1979, 177.
[16] Rae, 1971, 71-72; Dolce, 1976, 19; Jackson, K. , 1985, 166; Gregg, 1986, 38-42.
❶ 威廉·K. 范德比尔特（William K. Vanderbilt, 1849—1920），航运及铁路大亨 Cornelius Vanderbilt 的孙子，继承了铁路公司主席的位置。他本人因游艇驾驶及饲养冠军赛马而闻名。

前的公众支持的基础。摩西很策略地将这一支持扩大到自己对三区大桥和隧道部
(Triborough Bridge and Tunnel Authority)的管理,把景观大道系统连接起来,并且
连接到分租房繁多的曼哈顿和布朗克斯。[17]

　　但是公众精神是有限的,摩西有意将景观大道的桥梁建造得非常低,不但对于卡
车,而且对公共汽车也太低了。于是他建造在景观大道端头的宏伟的海滨浴场,就只
能留给有车的中产阶级了,其余的 2/3 居民就只能继续乘坐地铁至康尼岛(Coney
Island)。1930 年代,当摩西将他的景观系统扩展到曼哈顿岛的西侧,创造了亨利·哈
德逊景观大道(Henry Hudson Parkway,世界上第一条真正的城市机动车大道)时,
他采取了同样的办法:现在摩西有意识地为小轿车用户规划了一种交通系统。[18]

(a)　　　　　　　　　　　　　(b)

图 9-1　罗伯特·摩西与简·雅各布斯

纽约的主宰建筑师与格林尼治村的家庭主妇,但雅各布斯最终将他击倒。

图片来源:(a) © Bettmann/CORBIS;(b) Fred W. McDarrah/Getty Images

　　摩西这些年来的大型公共项目的核心就在于此。不管它们表面上的最初动机是
什么,一旦被三区大桥所连接,它们就构成了城市公路的巨大网络,就有可能从 20 英里
甚至 30 英里的地方连通至曼哈顿的办公室,这是地铁有效半径的 3～4 倍。于是,立即
产生了一种效果:1920 年代,由于得到新道路的服务,韦斯特切斯特县(Westchester)和
拿骚县(Nassau)的居民增至 35 万人。[19]第二次世界大战以后,只有在郊区繁荣的过程
中,它的全部意义才显露出来。并非偶然的是,在由新道路引发的所有开发中最为

---

[17] Caro,1974,143-57,174-177,208-10,386-388.　　[18] Caro,1974,318,546-547.

[19] Dolce,1976,25.

著名的、最能够代表全过程的一个案例依旧在那里：原先的莱维敦（Levittown）刚好位于摩西的旺托州际景观大道（Wantagh State Parkway）的一个立体交叉口处，这条通往琼斯海滩国家公园（Jones Beach State Park）的景观大道建于 20 多年前。

即便在当时，一些规划师就赞同新道路是新城市的基础这一思想。美国区域规划协会奠基人之一，本顿·麦凯耶（见第 5 章）发展了无城镇公路（townless highway），或者叫"机动车公路"的想法。在掌握雷德朋规划（由两位 RPAA 的忠实拥护者克莱伦斯·斯坦因和亨利·莱特编制）的基础上，他主张将公路扩展到整个区域：

> 无城镇公路是一种机动车公路，沿途的城镇与道路之间形成的关系就等同于雷德朋的住区尽端路与主要交通道路之间的关系。雷德朋在地方社区所做的事情也就是无城镇公路要为更大尺度社区所做的事情……它不是凝结在大城市之间的一种孤立的公路城镇贫民区，无城镇公路将鼓励在确定有利的位置上，沿着交通主干道，进行真正社区的建设。[20]

其概念是清晰、连贯的：

> 除了某些地点外，废除进入交通主干道的渠道；通过严格的区划，保持沿路用地的公共所有权和有效的公共管理……沿路用地适当进行景观开发，包括种植遮阴树木，严格管理电话和电灯线路，最后是严格控制公路服务站的发展。[21]

当然，所有这些都得以通过——但首先是在其他地方，而在美国，只有在很多年后才获得通过。主张的其他内容则是极端的 RPAA 梦想——"鼓励规划紧凑和规模有限的独特社区的发展，就像传统的新英格兰村或者现代的雷德朋"，[22]但它们在其发源地仍未实现。

除了美国，世界各地的汽车革命尚未到来。在欧洲无疑也是如此，到第二次世界大战时，在那里只有一小部分（最多 10%）的家庭拥有汽车。英国的第一条装配线是 1934 年在莫里斯工厂，比底特律福特工厂的创举要晚二十多年。[23]德国作为另外一个公路建设的先驱国家尤其如此，阿道夫·希特勒许诺人民拥有汽车，1937 年开始在巨大的沃尔夫斯堡（Wolfsburg）工厂进行生产，转而为战争服务，而人民拥有机动车只是在第二次世界大战之后很久才变成现实。然而，对于美国所声称的建造了世界上第一条真正的汽车公路，德国可以提出异议：AVUS（Automobil-Verkehrs-und Übungsstrasse，汽车交通与练习道路）是一条 6 英里长的赛车道和郊区通勤的混合道路，1913—1921 年间它修建于柏林，穿过格鲁纳瓦尔德（Grunewald）❶。尽管早在 1924 年一家私营公司就制定了一项规划，在德国修建将近 15 000 英里的机动车公路；尽管在 1920 年代末，另一家公司也提出了一项规划，要修建一条 550 英里长的公路，连接汉堡、法兰克福和巴塞尔，但是在 1933 年希特勒夺取政权以前，只有一

20　MacKaye，1930，94.　　21　MacKaye，1930，95.　　22　MacKaye，1930，95.　　23　Flink，1975，32.
❶ 格鲁纳瓦尔德（Grunewald），是柏林的第二大林区。经过审慎周密的考虑，柏林市将森林从私人手中买下并在 20 世纪初对其进行全面的建设规划，为不断发展的繁华大都市建起一个重要的休闲区。

条连接科隆和波恩的很短的城市区间机动车公路建成。

图 9-2 琼斯海滩

1920 年代摩西大型工程之一,为有车族提供娱乐。林荫大道上的桥梁故意造得很低,使得公共汽车无法通过。

图片来源:Getty Images.

　　起初反对魏玛共和国所有规划的纳粹们迅速转变了立场。公路可以迅速缓解失业,并且在军事方面显示出关键的重要性,因此他们接过现有规划,采用德国国家铁路的特殊补贴方式,以惊人的速度将它们转变为现实。帝国公路公司(Reichsautobahnen Gesellshaft)的监察总管托德(Todt)博士在 1935 年夏天完成了从法兰克福到达姆施塔特(Darmstadt)的第一段。他的名字因为在那一天发生了一起致命事故而变得如此具有象征性。接着到 1934 年时,进行建设的工人达到了25 万名,完成的速度快得令人目眩:1936 年完成 600 多英里,1938 年完成 1 900 多英里,第二次世界大战开始时完成 2 400 多英里。[24]

　　速度体现出来了。按照后来的工程标准,这些现在很少看到的早期公路(因为统一后的德国拆除了这些原来纳粹政权所遗留下来的古物)显然是很原始的:它们在起伏不平的地形上就像过山车一般,几乎没有开挖和填埋的技术;人们不太懂得加速和减速车道,而且那个时代的车辆也可能不需要,但由于缺少了这些而使得该问题更加突出;上下坡设计得太陡。然而,尽管它们可能很原始,汽车公路却创造了

24 GB Admiralty, 1945, 468-470; Anon, 1979a, 13-15; Petsch, 1976, 141-143.

图 9-3　AVUS

汽车交通与练习公路,穿越柏林的绿带而建造,1921 年竣工,它
号称是世界上第一条真正的机动车道。

图片来源:© ullsteinbild/TopFoto.

新的公路景观,后来世界上几乎每一个国家都进行了忠实的模仿。具有讽刺意味的
是,它正是由正宗的自由社会民主党人麦凯耶(MacKaye)在 1930 年的文章里所想象
的景观:隔离的车行道,分级的立体交叉,设计完美、景观化的服务站,甚至还有醒目
的、架子不高的、巨大的蓝色指示牌,它们变成新的全球视觉符号的一部分。具有历
史性讽刺意味的是:在魏玛时期的德国和柯立芝(Calvin Coolidge)❶时期的美国分别
可以看到,它们确实是包含恩斯特·梅和本顿·麦凯耶、马丁·瓦格纳和亨利·莱
特的运动的一部分。正是这接生婆一般的身份才令人感到如此不舒服。

在这种长距离的城市到城市的公路建设方面,美国在 1930 年大萧条年代中落后
了。虽然具有律师及规划师身份的爱德华·M. 巴塞特在 1928 年为《纽约时报》撰写
的文章里,杜撰了新名词"高速公路"(Freeway),这个概念还只是纸上谈兵。[25] 除了纽
约景观大道系统在邻近康涅狄格州的延伸段(莫里特(Merritt)和韦尔布(Wilbur)都

[25] Foster,1981,110.

❶ 卡尔文·柯立芝(Calvin Coolidge,1872—1933),美国第 30 任总统,生于佛蒙特州,父亲是店主、州议会议
员,母亲在他 12 岁时去世。柯立芝时代(Coolidgean)的特点是:没有危机存在,国家繁荣起来。

是收费的,而且仅限于私人汽车交通),美国第一条真正的城市区间机动车道路是宾夕法尼亚的特恩匹克(Turnpike),它穿过阿巴拉契亚山,从哈里斯堡(Harrisburg)附近的卡里斯尔(Carlisle)到匹兹堡附近的艾尔文(Irwin),直到1940年才通车。[26]同年12月标志着汽车时代的另一项里程碑:洛杉矶完成了阿罗约塞科(Arroyo Seco)景观大道,现在是帕萨迪纳(Pasadena)公路的一部分。如同早期的德国公路一样,它是按照低标准设计的,在第一条德国公路开幕的一个特别回放中,记录下了开幕式标志性的多车道撞车,事故涉及3名重要的车主。[27]

洛杉矶指明了方向[28]

对于20世纪后期城市的未来而言,洛杉矶是一次预演、一场实验,建筑历史学家理查德·朗斯特里斯(Richard Longstreth)称之为规划师与建筑师尝试去接纳汽车的一个"创新实验基地"。[29] 1915年,在洛杉矶每8个居民拥有一辆汽车,而全国平均水平是每43个人拥有一辆汽车;到1920年时,则是1∶3.6对1∶13.1;到1930年时,是1∶1.5对1∶5.3。[30]因此,从1920年起,洛杉矶就开始经历大众有车所带来的影响。一直到1950年代,其他美国城市还没有这种经验。而在欧洲,一直到1980年代才有这种经验。

这是一个非同寻常的美国城市:进入纽约、芝加哥或其他城市的移民是来自欧洲的贫苦农民。与此不同,涌入洛杉矶的人们是从农场或小城市来的美国人,很多人已经离不开汽车了,他们无拘无束地遵从着福特的名言:他们将通过离开城市来解决城市问题。[31]他们要求自由:住在自己喜欢的地方的自由,以及喜欢在什么时候就在什么时候、喜欢怎样就怎样出行的自由。他们的洛杉矶将是一个郊区化的城市,这是一个人们可以住在里面,但又不用成为城市的一部分的城市。在这个城市里,个人主义和隐私将不再受到旧有的集体居住和集体行动等城市约制的束缚。

然而甚至在他们到来之前,这一情景就已经确定下来了。1900年,分布在洛杉矶盆地周围的(从海岸线到山脉)是一系列小型的、大部分还在沉睡之中的城市,有的比村庄稍大一些。它们被田野和果园分隔开来,一些是农场社区,一些是休闲用地,一些是铁路商业中心,一些纯粹是投机冒险的地方。重要之处在于,不管是农业的还是非农业的,它们是分散的小型住区,南加州的多中心传统以及它反城市的倾向早就开始了。

真正控制南加州发展的两股力量现在都已经得到极大的增强。在被汽车征服以前,使南加州变成为多中心和郊区形式的电气轻轨铁路系统已经把这些小地方串联了起来,也就是城市带(interurban)。正如洛杉矶系统的历史学家所指出的,"南加

---

[26] Rae,1971,79-81.　　[27] Jackson, K.,1985,167.
[28] 本节内容在 Hall,1998,Ch.26 中有更详尽的描述。　　[29] Longstreth,1992,142.
[30] 不同作者的估算很难统一:Bottles,1987,93,170;Flink,1970,76,78;Foster,1981,118;Longstreth, 1992,142.　　[31] Brodsly,1981,79-80;Flink,1988,139;Nelson,1959,95.

州城市之间的联系是先进的,城市来了,居民随之而来"。[32]亨利·E.亨廷顿(Henry E. Huntingdon)是这一系统的真正缔造者,因此是洛杉矶真正的建造者。但是他不为人所知,甚至成千上万个访问过以他的名字命名的画廊和图书馆的人也不知道。从 1901 年到 1911 年期间,亨廷顿将多达 72 条分散的轻轨铁路系统合并、组织、加强并延长,使之成为太平洋电气铁路(Pacific Electric Railway)——美国最大的城市区间电气铁路系统,为洛杉矶 100 英里半径以内的 56 个社区服务。[33]在 1920 年代中期这一顶峰时期,太平洋电气铁路的服务范围伸展到 1 164 英里,从圣费尔南多(San Fernando)到雷德兰兹(Redlands),从芒特洛(Mount Lowe)到太平洋,大红车厢一年内运载了超过 1 亿零 900 万名旅客,800 节客运车厢一天跑 6 000 趟预定的班次。从洛杉矶第六大道和中央大街的太平洋电气大楼到长滩只需花费 50 分钟,到帕萨迪纳或格伦代尔(Glendale)只要 45 分钟,到圣莫尼卡(Santa Monica)大约 1 小时,市中心的通勤乘客仍然是这一系统的基础。[34]

亨廷顿的天才之处在于把铁路作为发展房地产的手段。

> 太平洋电气公司在全郡境内扩展城市区间的铁路,亨廷顿土地公司购买了邻近圣加布里埃尔山谷(San Gabriel Valley)的牧场,而谷水(Valley Water)公司则开发了家庭用水系统。亨廷顿的资产与交通相联系,并且有水源提供,他等待着在居住房地产市场领域的一场革新。亨廷顿土地公司随后把土地划分成郊区片区,向公用公司支付保证金,以获得电、煤气和电话服务,并利用外部机构来宣传并出售土地。事实上,亨廷顿如此有效地组合着他所从事的事业,以至于当太平洋电气公司和谷水公司亏损成百上千万时,亨廷顿土地公司所赚得的利润证明其全部投资是值得的。[35]

但是随着汽车拥有量的上升,开发方式也发生了变化。1914 年以前,开发商建造住房很少敢于离开火车车行线路 4 个街区之外。但是到 1920 年代时,新住房被建造在空隙地区,火车到达不了的地方;它们现在更加延伸到距离市中心 30 英里以外的地区。正如一个当地爱说笑话的人所说的:在好莱坞手枪射程以外的地方。这种大规模的反中心化在大规模拥有汽车的年代以前,也就是仅仅在 15 年或 20 年以前,是很难想象的。[36]到 1930 年时,洛杉矶城市有 93.9% 的独户住宅,比东部和中西部城市要高出很多;与之相比,纽约的数字是 52.8%,芝加哥是 52.0%,波士顿是 49.5%。[37]

正如罗伯特·弗格森(Robert Fogelson)❶所观察到的,这是很奇特的:

> 在美国,没有一个别的地方的郊区会深入到乡村如此之远的地方,而且作为商业和工业中心的市中心会衰败得如此之剧烈。这一过程反映了新来者的

---

[32] Crump, 1962, 18.　　　[33] Flink, 1988, 141-142.　　　[34] Crump, 1962, 156-157, 159.

[35] Fogelson, 1967, 104.　　[36] Bottles, 1987, 183; Foster, 1981, 48, 101.　　　[37] Fogelson, 1967, 143-146.

❶ 罗伯特·弗格森(Robert Fogelson),曾任美国麻省理工学院历史学与城市研究教授。他撰有多部城市史和城市事务的著作,其中《下城》一书荣获 2001 年刘易斯·芒福德奖(美国城市和区域规划史最佳图书)与 2002 年城市史协会奖(北美城市史最佳图书)。

偏好、土地细分者的实践、商业人士的倾向,它是自我持续的。分散破坏了中央商务区,刺激了外围的土地细分。此外,对于进一步的城市化,只有山与海才能阻止大城市的扩张,这一前景不管伴随着什么样的问题(其中包括电气铁路的失败),洛杉矶人民都将它视为自己完美的成就。[38]

到1930年代后期时,交通方式表现出一种在任何城市里都未曾出现过的特征:多起点、多目的地、多交通渠道,它既是产品,也是一种依赖汽车的经济与社会发动机。现在如果想要在一种仍然是从城市中心辐射出去的道路系统上,继续承载跨城市交通不断增长的容量的模式,那么就会存在完全垮台的危险。同时作为即将发生的事情的前兆,交通阻塞同时也在非中心的商业区不断增长。[39]在1920年代,中央地区的零售业份额从75%下降到25%。到1934年时,商业的未来毫无疑问依赖于"神奇英里"(Miracle Mile)❶:城市穿过韦斯特雷克(Westlake,现在的麦克阿瑟帕克(MacArthur Park)),将维尔肖(Wilshire)❷连接到市中心的大街上,并且"一条16英里的大道(其本身也是水平式市中心的一种新形式)现在将洛杉矶市中心连接至大海。维尔肖大街已经变成为洛杉矶市的中央大道。"[40]

现在这一趋势已经无法停止了:到1930年代中期时,有88%新零售商店开设在郊区。迟至1929年时,洛杉矶县3/4的百货商店处在中央商务区(CBD);仅仅10年之后,数字下降至54%。增长不仅发生在维尔肖沿线,而且在圣费尔南多山谷、威斯特伍德、好莱坞也均有增长。在1934—1939年间,中央商务区损失了大约2 500万美元,[41]正如1941年E.E.伊斯特(E. E. East)❸在评论中所指出的:"所谓的中央商务中心很快变得不如从前了,不再具有区别于其他市中心的显著特征。"[42]

随着市中心的衰退,洛杉矶的轻轨铁路系统也随之衰退,最后导致消亡。1923年,红色车厢运载着31.5万名乘客前往城市中心区;1931年,总数下降到25万,下降了24%,在非高峰期和周末运行中则有更大的损失。[43]当时,乘客人数从1929年的10.7万下降到1934年的6.8万人,下降了1/3。[44]

这不是由于不当心而引起的:洛杉矶有意识地放弃了庞大的公共交通系统。因为太平洋电气铁路公司在1920年代中期的突然垮台,在城市中引起巨大争论,这件事情在公共出版物和选举投票处闹腾了好几年。本质上,这件事情是非常简单而明显的:究竟城市应当通过大规模公共补贴和新的投资来支持受到威胁的系统,还是讲究效率地让它垮台。这件事情很重要,因为洛杉矶在这个问题上很特殊,如同在许多其他方面一样,这座城市在半个世纪或者更长的时间里,正在为即将在全世界

---

38 Fogelson, 1967, 161.　　39 Bottles, 1987, 206, 213.　　40 Starr, 1990, 83.
41 Bottles, 1987, 194-195, 214.　　42 Bottles, 1987, 195;写于1941年:284, note 7.
43 Bottles, 1987, 56;Crump, 1962, 146-7, 172, 189, 195;Fogelson, 1967, 179-180.　　44 Crump, 1962, 195.
❶ 神奇英里(Miracle Mile),位于洛杉矶维尔肖地区的中部,包括了Fairfax大道和La Brea大道之间大约一英里长的维尔肖大道,以及其周边的邻里社区,也包括La Brea公园在内。
❷ 维尔肖(Wilshire),洛杉矶的一个区,位于贝佛利山以东,洛杉矶下城以西,好莱坞以南。
❸ 南加州汽车俱乐部首席工程师。

其他城市上演的剧目进行彩排。

在 20 世纪城市研究的历史上,还很少有更加重要的争论。特别是某些讨论者具有关于一种新型城市非常清晰的图景,它非常不同于过去的传统城市。他们认识到城市正在以过去在任何地方都未曾见过的方式进行扩散,并且乐于见到这一事实。这样的人莫过于城市规划主任 G. 戈登·魏特奈尔(G. Gordon Whitnall),他已经号召"不要另外一个纽约,而要一个新的洛杉矶;不要一个人口呈金字塔分布、中心满是污秽的同类体,而是一个协力造就充满阳光和空气的城市社区联盟"。[45] 城市供水和能源部(Department of Water and Power)的效率主任克莱伦斯·迪克斯特拉(Clarence Dykstra)在 1926 年发表的一篇短文《华美的阻塞——我们想要它吗?》(*Congestion Deluxe—Do We Want It?*)中,更为尖锐地提出了这一观点:

> 越来越多的人被带入城市中心,难道这是不可避免,或者基本可行、可以期待的吗?我们是否想要鼓励沿着地铁线的房屋拥塞,并要发展一个紧张而不是宽松的城市?快速交通是否只有沿着新的正确道路才能将人口疏散出去?是否我们最终期待着一个地产价格高得离谱的地区,并最终要求取消建筑限制吗?所有的大型商业、专业和金融业的运作都必须在一个限定的区域内吗?是否工人都必须通过城市中心运送到工作地点去?事实上,所有这些在上一代人中起控制作用的设想,难道不都在被思想活跃的学生们严厉地批判吗?[46]

他认为在每个地方,商务活动(银行、工厂、剧院、商店)都在扩散。[47] 他称赞了洛杉矶城市俱乐部的另一番景象,在这一景象中,"未来的城市应该是带有地区中心和田园城市的一种协调发展的社区,在这个社区里,对于长途快速运输的需求将被削减到最低程度"。[48]

随后的回答就是要认识分散这一事实,并围绕着它进行规划。南加州汽车俱乐部首席工程师 E. E. 伊斯特也是洛杉矶快速道路的奠基者之一,他在 1941 年发表的一篇文章中,勾画了这样一幅未来的图景。这一图景实质上和魏特奈尔与迪克斯特拉在 1920 年代中期所说的一样。

> 洛杉矶地区可能比美国其他任何一个地区都更加是汽车时代的产物。在这里,从今天大都市交通的混乱中出现了一种新的城市特征。它将会成为人们所接受的明天城市的特征,还是说我们在建造空中楼阁?从经济和工程的角度来看,答案是清楚的。以汽车为基础的明日城市,比起今天我们生活和工作于其中的城市都更好、更有效率。[49]

伊斯特描述了一个典型的洛杉矶家庭的生活,琼斯(Joneses)一家,他们住在比佛利山,在东洛杉矶工作,乘小汽车上班。他们的两个上学的孩子也是如此,开车去学校:

45 Quoted in Fogelson, 1967, 163.   46 Dykstra, 1926, 397.   47 Dykstra, 1926, 397.
48 Dykstra, 1926, 397.   49 East, 1941, 91.

每天早晨,女佣驾车驶过帕萨迪纳,园艺工人驶过英格伍德(Inglewood),洗衣女工驶过温奴斯(Van Nuys),送奶工人、邮递员、送报人、卖肉的、糕饼师用他们自己的小汽车来来往往。白天,妻子沿着洛杉矶市中心维尔肖大街购物,在帕萨迪纳购物,也可能在长滩打桥牌。她开着自己的汽车出行。[50]

结果是"100万辆汽车沿着100万个方向移动,它们的出行线路在100万个交叉口上相互冲突,一天要有100万次"。[51]这种形式的冲突不断地向外扩展,[52]走出死胡同只有一条路,伊斯特认为:

> 假定居民想继续使用个人化的交通工具,那么从工程和经济的角度来看,洛杉矶市区的交通与土地利用问题就是一个能够简单解决的问题。它是由经过几年发展而来的汽车路网构成的,这些路网被设计用来服务于交通,而不是服务于土地……穿越盖满了房子的商业中心,这些新的设施可以进入并穿越特殊设计的汽车建筑,这些建筑坐落于街区的中心,并有跨过街道的连接天桥。[53]

至少有80％的出行是通过小汽车进行的,[54]这些都源自于家庭和工作的分散模式,并且反过来也加强了它:

> 1937年的调查显示了交通移动方向的区域性变化。方格形的交通运动已经完全叠加在原来的、并且大大增强了的放射运动的方向上,结果导致交通交叉,还有街道与公路的阻塞和无可比拟的危险。[55]

作者认为,这种类型交通的唯一出路就是采用一种全新的系统来解决。

> 人们将会发现,为了解决向畅通交通提供适当设施这个问题,就要提供汽车单独使用的道路网络。在这个网络上,没有平面交叉,而且沿这条道路,没有来自土地使用行为的干扰……建议建设一种汽车公路系统,为在该报告中所界定的整个洛杉矶城市区域服务……这些汽车公路的建造应当采取严格的方式,在通过居民区的地方宽度不小于360英尺,在通过已建成商业区的地方,宽度不小于100英尺。[56]

但是最初能做的事情很少。1930年,两个当时最著名的规划咨询公司,奥姆斯台德兄弟(Olmsted Brothers)和哈兰·巴塞洛缪与合伙人(Harlan Bartholomew and Associates),曾经共同编制一份报告《洛杉矶地区的公园、游戏场与海滩》(*Parks, Playgrounds and Beaches for the Los Angeles*),提出了一个游憩场和公园扩展系统,采用一系列区域性的"公园路"将向外延伸的自然"保护区"连接起来[57]。它在环境方面并没有太多想法:不寻求将汇水区和湿地存养起来,形成独特的生态系统,而仅仅只是为了保持并创造优美的景观、休闲场所以及葱郁的公园大道,使之成为管

---

50 East, 1941, 95.   51 East, 1941, 96.   52 East, 1941, 97.   53 East, 1941, 98.
54 Automobile Club, 1937, 12.   55 Automobile Club, 1937, 21.   56 Automobile Club, 1937, 30-31.
57 Shaffer, 2001, 357, 359-360.

理或规划过的商业性开发项目的外景。景观具有了文化、经济和社会价值,而不仅仅是生态环境价值。[58]

　　奥姆斯台德甚至还为机动车辆设置了具体的公园和公园大道的设计原则,宣称规划师倾向于"风光尽览"的路线和设计良好的观景区,但是他的设想超越了周末交通的技术管理。"这对于人的精神健康,对于维护生命价值非常重要,"他解释说,"在伸手可及的范围内,除了与街道和建筑物的景象形成鲜明对比的、美丽的、宽敞的、开放的'自然'风光,我们还能为拘泥于城镇中的人们提供什么样设施呢?"[59]韦斯特切斯特郡的公园道路系统所描绘的也是同样的图景:便捷的、景色秀美的公园道路提供了风景资源,在创造并保留优美风景、增加娱乐休闲的同时,提升了房地产价值,促进了社会发展。[60]

　　阿罗约塞科景观大道(Arroyo Seco Parkway)是 1938 年开始建设的,于 1940 年完成;通过好莱坞北部的卡胡恩加公路(Cahuenga Pass),后来成为好莱坞高速公路的 1 英里延长段,也是在同一时期建造的。[61]为了阿罗约塞科以及两个战时项目,人们从地方、国家和联邦政府筹集了一些资金。但是到 1945 年时,在洛杉矶仅开放了 11 英里的高速公路,接着在 1945—1950 年期间,又开放了 4.3 英里高速公路。[62]伴随着新建筑的一个大型项目,战后情况又发生了巨大的变化:从 1950 年到 1955 年,高速公路总里程增加了 4.5 倍,包括好莱坞至圣安那(Santa Ana)和圣伯纳迪诺(San Bernadino)高速公路的大部分。巨大的 4 层市中心立交"层叠"(stack)是在 1953 年完成的。当这个法案获得通过时,加利福尼亚仅有 19 英里的高速公路;在下一个 10 年间,已经超过了300 多英里,主要是围绕着洛杉矶和旧金山,那里的拥堵情况是最糟糕的。[63]

　　但是也许为洛杉矶带来神奇名声的并不是它的高速公路网络的建设程度(纽约大都市地区由于摩西有了一个良好的开端,得以总是居于领先地位),而是其居民对于高速公路高度的依赖性。这归结于公共交通的匮乏,以及洛杉矶人谈到他们的一句口头禅"走地面"(going surface),似乎它是一件奇特的任务。同时,这也是高速公路所带来的一种独特的生活方式:一种在约安·迪迪翁(Joan Didion)❶的小说《按部就班》(Play It as It Lays)的女主人公所现身说法的一种生活方式,这位女主角被丈夫遗弃,"转向高速公路寻求寄托",并且最后开始:

　　　　一次又一次,她转向立交正南方的复杂延伸路段,在那里若要成功地从好莱坞移动到港口,需要对角穿越四个车道。那天下午,她最终穿过了它,没有刹一次车,没有一次漏掉广播里的新闻,她兴奋极了,并且在那天夜里,睡得一点梦都没有。[64]

---

[58] Shaffer, 2001, 359.　　[59] Shaffer, 2001, 374-375.　　[60] Shaffer, 2001, 375.
[61] Brodsly, 1981, 97-98; Los Angeles County Regional Planning Commission, 1943, 8.
[62] Brodsly, 1981, 112.　　[63] Brodsly, 1981, 116; Rae, 1971, 184.　　[64] Quoted in Brodsly, 1981, 56.
❶ 约安·迪迪翁(Joan Didion, 1934—),美国小说家、随笔作家。以清新的散文风格和对社会不安及精神崩溃的犀利描写而闻名。

这同时也是所形成的一种城市发展模式。几乎是帕萨迪纳地价刚刚上涨一些,紧接着阿罗约塞科就开放了。因此,哪里有高速公路,开发商就接踵而至。与纽约的摩西的网络不同,该系统不是辐射状的,或者大部分不是,它更多的是不规则的四边形网格,大体上从任何一个地方到另一个地方的可达性程度是相等的。确实,这也是以前老式的"大红车厢"的特点,高速公路几乎一成不变地遵循着它的线路。[65]

因此,威尔斯是对的,但花费的时间比他预想的要长,并且在长岛和洛杉矶盆地,它的影响比在英国郡县所看到的要早得多。英国的第一段 8 英里汽车公路在兰开夏郡的普莱斯顿(Preston)周围,于 1958 年 12 月投入运营,几乎比德国第一条同类汽车公路晚了 40 年,比第一条美国汽车公路晚了 50 年。[66]直到 1960 年代,小汽车才开始从根本上影响英国乡村的生活方式和住区形式。

弗兰克·劳埃德·赖特和苏维埃的反城市主义者

在美国,人们很早以前就已经有意识地规划汽车导向的郊区了,甚至是在很大尺度上进行规划。因此在堪萨斯城,乔治·E.凯斯勒(George E. Kessler)于 1893—1910 年所做的包括休闲性景观大道在内的大城市公园规划,为开发商杰赛·克利德·尼古拉斯(Jesse Clyde Nichols)于 1907—1908 年开始的乡村俱乐部地区提供了基础。该规划受到城市美化运动以及他本人的一次欧洲田园城市自行车旅行的影响,由凯斯勒进行设计,并与公园相结合,这是第一个专门以汽车为基础的田园郊区。尼古拉斯有意识地在城市街车系统范围以外的地方购置便宜土地,以便让他能够在低密度的水平上进行建造——起初是每英亩 6 幢住宅,以后甚至更少。在中心部位是辉煌的乡村俱乐部广场(由建筑师爱德华·布勒·德勒(Edward Buhler Delle)于 1923—1925 年发起兴建),这是世界上第一个以小汽车为基础的购物中心。[67]在洛杉矶,比佛利山(1914)和帕罗斯弗德住区(Palos Verdes,1923)都遵从了类似的规划原则;虽然前者起初是以太平洋电气铁路站点为基础,二者很快都变成为经典的早期汽车郊区。[68]

所有这些都是单纯而又简单的私人投机性开发,设计用来赚钱,并且成功了。显著的成功归功于设计质量和采用私人契约来保证质量能够得以维持,但同时还有汽车城市的高度理想化的版本及其理论基础。可以非常恰当地认为,它最完整的编制源于美国杰出的本土建筑师弗兰克·劳埃德·赖特之手,但是另一个非常类似的版本则来自于一个意想不到的地方:苏联。

1920 年代,由莫伊塞·金斯伯格(Moisei Ginsburg)和莫伊塞·奥克托维奇

65　Fogelson, 1967, 92, 175-185; Rae, 1971, 243; Warner, 1972, 138-141; Brodsly, 1981, 4; Foster, 1981, 17; Wachs, 1984, 303; Jackson, K., 1985, 122.

66　Starkie, 1982, 1.　　　67　Stern and Massingdale, 1981, 76; Jackson, K., 1985, 177-178, 258.

68　Stern and Massingdale, 1981, 78; Jackson, K., 1985, 179-180.

图 9-4　广亩城市

弗兰克·劳埃德·赖特关于城市郊区和农村地区低密度结合的"乌索里安图景"，每一个公民既是城里人也是农村人。在 1950 年代，极其类似的事情在美国各地发生，但是却剥离了它的社会与经济含义。

图片来源：Scottsdale (AZ)，The Frank Lloyd Wright Foundation. Photo by Skot Weidemann © 2013. The Frank Lloyd Wright Fdn，AZ/Art Resource，NY/Scala，Florence.

（Moisei Okhitovich）所领导的苏维埃反城市主义者们（同赖特一样，或者也可能就是受到他的影响）认为电气化和新的交通技术（也就是小汽车）将会让城市腾空出来。[69]他们本质上也是个人主义化的和反官僚主义的，都赞同以工厂生产物品为基础的、坐落于自然乡村中的独幢轻型可移动住房的建筑新形式，这样就可以创造出一个"无城市的、完全反城市化的、并且人口均匀分布的国家"。[70]他们甚至设想最终完全推平城市，以形成巨型公园和城市博物馆。[71]但他们是苏维埃的规划师，他们的个人主义版本是奇特的集体主义：除了睡觉和休息以外，所有的活动将都是公共的。[72]技术上的武断可以等同于弗兰克·劳埃德·赖特，而道德秩序至少在表面上是不同的。

　　在这一事件中，从当时现有的物质条件来看，这个规划是十分疯狂的。汽车很少，也没有多少电力。柯布西耶当然要站在与之相反的城市主义者阵营一边，戏仿反城市主义者的版本：

　　　　城市将和乡村分开：我将住在距离我的办公室 30 英里的某个方向上，在一棵松树下。我的秘书也住在距离办公室 30 英里的另一个方向上，在另一棵松树

[69] Parkins，1953，24；Frampton，1968，238；Bliznakov，1976，250-251；Starr，1977，90-91；Thomas，1978，275.
[70] Bliznakov，1976，250.　　[71] Thomas，1978，275.　　[72] Bliznakov，1976，251.

下。我们都有自己的汽车,我们将耗尽车胎,磨坏路面和排挡,用光石油和汽油。所有这一切都需要大量的工作……足以做完一切的工作。[73]

也许,即使是在 1930 年代早期大萧条的美国,这样的情景在美国也是完全可以体会到的。但是在苏联,即使是在一团糟的莫斯科的住房和基础设施条件下,也不可能想象到这一状态。历史性的 1931 年党代会决定,任何否定现有城市的社会主义性质的人都是一名破坏分子。从 1933 年起,一项公告规定城市中心应当重建,以体现"社会主义的伟大"。[74]斯大林曾经讲过,伟大的苏维埃城市辩论还将持续影响一代人。

与此相反,弗兰克·劳埃德·赖特的图景不仅完全与作者的个人哲学相协调,而且也与它的时代相协调。确实,这几乎就是他所感受到的,以及在建造形式理论方面表达的精髓。在这一过程中,他以异乎寻常的方式几乎将美国城市每一点重要的品质(更准确地说就是反城市思想)都编织在一起。

赖特早在 1924 年就开始构想广亩城市(Broadacre City),不久就在普林斯顿大学的演讲中提出了这个名称。[75]这一概念与美国区域规划协会(RPAA)的思想具有很多哲学上的相似性,其中有一些与埃本尼泽·霍华德有着相似性。他们都反对大城市(特别是纽约),把它看成是一种癌症,一种"纤维肿瘤"(fibrous tumour),与民粹主义者同样厌恶金融资本和地主制度,与无政府主义同样反对大政府,并且都依赖于新技术的解放效应,他们都坚信自有住宅(homesteading)原则和回到土地的原则。这里甚至有从诸如爱默生(Ralph Waldo Emerson)❶、梭罗和惠特曼(Walter Whitman)❷这些作家那里演变而来的独特的美国先验主义。[76]

但是也有不同之处,特别是与霍华德相比(就像真的与苏联的反城市主义者相比):赖特主张人类解放,不是为了参加合作,而是作为自由的个人去生活。他不打算让城市和乡村联姻,而是让它们融合在一起。[77]首先有这样一种概念,即新的技术力量能够在美国创造出一个自由独立的农场主和业主的国家:"爱迪生和福特将使杰斐逊复活。"[78]在这方面,广亩城市与雷克斯福德·托克维尔的格林贝尔特社区颇具相似性,但是托克维尔与芒福德、斯坦因和切斯共同信仰的社区规划都很难追踪到赖特那里。而赖特与 RPAA 有共同的经验背景:乡村美国正在逐渐衰退,在通电以前的农场折磨人的苦重劳作与受欢迎的城市明亮的灯光之间衰退,这正如哈姆金·加兰(Hamkin Garland)❸在他的自传《一个中部边境的儿子》(A Son of the Middle Border)中所生动记述的:

---

[73] Le Corbusier, 1976, 74.　　[74] Bliznakov, 1976, 252-254.　　[75] Wright, 1945, 138.

[76] White and White, 1962, 193; Grabow, 1977, 116-117; Fishman, 1977, 124-127; Ciucci, 1979, 296-300; Muschamp, 1983, 75.　　[77] Fishman, 1977, 92-94.　　[78] Fishman, 1977, 123.

❶ 爱默生(Ralph Waldo Emerson, 1803—1882),美国思想家、散文作家、诗人,美国超验主义运动的主要代表,强调人的价值,提倡个性绝对自由和社会改革,著有《论自然》、诗作《诗集》和《五月节》等。

❷ 惠特曼(Walter Whitman, 1819—1892),美国诗人,背离传统诗体,勇于创新,其诗作描写了美国劳动阶层的生活,表达了强烈的民主精神。

❸ 哈姆金·加兰(Hamkin Garland, 1860—1940),美国作家,以自传体"中部边境"系列小说闻名,主要作品有短篇小说集《旅行大道》《中部边境农家女》等,后者曾获 1922 年普利策奖。

在那些日子里,我感到生活失去了魅力。我不再用青年人缺乏思考的眼光去看待劳动妇女。我在男人弯曲的身体和花白的头发中看不出好笑之处。我开始了解我自己的妈妈,四处奔走劳碌,但从未得到过一整天的休息,几乎没有一小时能够逃开孩子们牵拉着的手,以及补衣和洗衣。[79]

最终他们为第一次世界大战和汽车所解放,他们"乘坐破烂的汽车离开农场,它们的挡泥板绑着弹簧,布帘在微风中飘动……没有钱,也没有前途"。[80]然后,移居变得完全必要,因为大萧条使农场主丧失了抵押赎回权,所有者转变成佃农。[81]然而,正如查尔斯·阿伯拉姆斯在当时所指出的,"不仅边境关闭了,而且城市也关闭了"。农民无处可去,[82]正如第4章所描述的,然后就出现了动迁管理委员会的绿带城市,再之后就是广亩城市。

但是广亩城市是不同的。正如30多年前克鲁泡特金所认为的,新技术正在改造,甚至废除地理条件的苛政。"有了电气化,通讯所到之处,距离将被消除……有了轮船、航空和汽车,我们人类的活动范围将被很多机械化的手段,被车轮和航空大大拓展。"[83]现在,"就像电报、电话、旅行和无线电,不仅是思想,语言、行为也都插上了翅膀。不久又有了电视和安全飞行"。[84]"通过一辆公共汽车或一辆福特A型车",穷人甚至可以获得现代化的交通手段。[85]

与此相伴随的新型建筑材料——高强度混凝土、玻璃和"无数宽大、轻薄和便宜的木质、金属或塑料的板材",这使得新建筑成为可能:"建筑是由进入建筑的机器,而不是由进入机器的建筑所形成。"[86]同时,机械车间的制造"使得水、煤气和电更加便宜,足以向所有人提供,而不是目前仅向少数人提供却仍然很成问题的奢侈品"。[87]因此,"所有城市拥挤的垂直性现在看来都完全是非艺术和反科学的"![88]

除去这些技术因素,赖特创立了他所谓的"乌索里安图景"(Usonian Vision):

现在想象一下,在开发的或生活的区域,宽阔的、风景很好的公路,等级化的交叉被一种新型的上、中、下三层组合的支路系统所取代……巨型道路,它们本身就是伟大的建筑,将不再是刺眼的,而是作为良好建筑的服务中心转变为各种各样为旅客服务的路边服务站,美观而舒适。这些宽大道路在经过无数系列的各式各样的单元时,合了又分,分了又合,它们经过农场单元、路边市场、花园学校、居住地区——每一个单元都建造在各自修饰过的和开发过的土地上,为了工作与休闲的快乐而建造住房。设想一下,人类的单元如此安排:每个市民在以自己家庭为中心的、半径10~20英里的范围内,根据自己的选择,每个人可以拥有所有形式的生产、分配、自我完善和娱乐。通过他自己的汽车或者公共交通,很快就能获得这一切。这种与土地有关的生活设施的整体性分布,构成了我所看到的将构成这个国家的城市。这就是明天的广亩城市,这就是国

79 Garland, 1917, 366.   80 Fogelson, 1967, 74.   81 Abrams, 1939, 68.   82 Abrams, 1939, 68.
83 Wright, 1945, 34.   84 Wright, 1945, 36.   85 Wright, 1945, 86.   86 Wright, 1945, 37.
87 Wright, 1945, 37.   88 Wright, 1945, 34.

家,民主实现了。[89]

广亩城市当然是一种个人化的城市,它的住房应当设计成:"不仅与绿化和土地相适应,而且也与土地上个人的生活方式非常贴近。没有两个家庭,两个花园,没有哪个农场分布在 1～2 英亩,3～10 英亩或更多的土地上;没有两个农场或工厂建筑的需要是相似的……坚固但很轻巧、很适用的房屋,宽敞方便的工作地点,对于它们来说都是辅助性的、为人服务的,每一处所都采用对于时间、地点和人来说是本地化的材料,以坚固而合理的方式被建造起来。"[90]

所有这些都只是一种物理外壳。但是对于赖特而言,正如对于芒福德或霍华德一样,建筑形式只是一种新型社会的恰当表现。对于他而言:摩天大楼城市代表"一个纪元的终结!美国富豪政治共和国的终结"。[91]通过另一种大众迁移,其规模与美国最初的家园建设同样巨大而迅猛,新的先锋将采用"根据自我完善的需求而足以生存和依靠的一种更加单纯、自然的权力"来取代地主和大公司的富豪政治。[92]这一图景与霍华德的图景几乎是相同的:

> 从租赁中解放出来,对于他是一个好机会——他(被工资租用的机器工人)向庞大的城市交税,使城市能够为他提供工作,为什么他(工资的奴隶)不向前走向他原本的生存权利,而是要后退?为什么不走向一个美好的地方,并在一个自由的城市里养育家庭?[93]

在那里,他将重新发现典型的美国民主:"民主就是重新整合了的分散化理想……许多自由的个体通过发挥作用来学习,以增强自身的力量,并在宽容的、彼此自由的状态中共同发展。"[94]这是他儿童时代在威斯康辛的理想,通过新技术而重新获得。

没有人喜欢这些。尽管费尽心力,他还是遭到了几乎每一个人的反对:因为天真,因为建筑决定论,因为鼓励郊区化,因为浪费资源,因为缺少城市特征,总之是因为他哲学中的集体性不够。[95]他没有发起一个运动来实现自己的理想,没有从托克维尔的动迁管理局中获得任命,并且完全没有从其他强有力的人,也就是 RPAA 的领导者们那里获得精神支持,他们倾向于规划的分散化。[96]

正如赫伯特·马斯卡姆(Herbert Muschamp)❶雄辩地指出,在整个图景中,存在着一个根本性矛盾:个人的自由团体将居住在建筑大师所设计的房子里:

> ……当所有惠特曼式(Whitmanesque)的空谈家夸夸其谈吹捧的先锋精神被清除一空以后,剩下来的只是一个建立在赖特自己的塔里埃森工作室(Taliesin Fellowship)的、严格的等级原则上的社会:一个建筑学的政府,一个允许建筑师掌握极端权力的社会……因此,很容易把"广亩城市"视为一种证明,

---

89 Wright, 1945, 65–66.   90 Wright, 1945, 66.   91 Wright, 1945, 120.   92 Wright, 1945, 121.
93 Wright, 1945, 86.   94 Wright, 1945, 45–46.   95 Grabow, 1977, 119–122.   96 Fishman, 1977, 146–148.
❶ 赫伯特·马斯卡姆(Herbert Muschamp, 1948—2007),建筑评论家,于 1992—2004 年为美国时代周刊撰写建筑评论文章。

图 9-5　堪萨斯城乡村俱乐部街区

J.C.尼古拉斯的乡村俱乐部广场(Country Club Plaza,1922),可以号称为第一座城外购物中心。

图片来源:J. C. Nichols Company Scrapbooks (K0054),Wilborn & Association Photographers.

证明在每一个自封的个人主义者的内部是一个希望打破自由的独裁者。[97]

对于马斯卡姆而言,矛盾的核心在于对建筑师能够控制全部过程的坚信。事实上,到 1950 年代初期时,美国的现实情况"威胁着要在汽车棚、错层建筑、草地喷洒器的景观中瓦解他自己的浪漫梦想,洗去乌索里安的梦想,让位给周末的烧烤"。[98]最后具有讽刺意味的事情在 1950 年代末发生了:赖特未能赢得针对本地县政府的诉讼,也就是拆除为新凤凰城郊区输送电的、影响了塔里埃森三号景观的电线杆。然而,在同一个年代里,当他带着阿尔瓦·阿尔托(Alvar Aalto)在波士顿郊区兜风时,赖特可以声称自己已经能够使所有这些成为可能。马斯卡姆评论到:

> 是不是赖特这个冒险家要狂笑着嘲弄这样一种想法:历史上最伟大的建筑师已经使美国从一个自然的伊甸园转变为一个充斥着假日旅馆、泰斯蒂弗瑞兹(Tastee Freeze)❶(公路快餐)、汽车报废场、广告牌、废气,以及从一个海岸到另一个海岸的分期付款和特许的大片房屋的沥青大陆?[99]

也许吧。这里肯定存在着一种矛盾:赖特要求它完全是经过建筑设计的,符合卫生标准的,有统一的良好品味,结果完全事与愿违。也许他所做的与苏维埃的反城市主义者更为相似,但是二者都不愿意承认,毕竟他们都是建筑师。然而"广亩城市"因为其图景的

---

[97] Muschamp,1983,79-80.　　[98] Muschamp,1983,93.　　[99] Muschamp,1983,185.

❶ Tastee Freeze,美国快餐连锁店品牌。

本质而意义重大。也许当它在任何其他国家发生时,都不会像这个样子,它抓住了美国的未来,并且体现在这一图景中。显而易见的事实在于,它被证明是多么虚幻。

"郊区来了!"

然而,这是一个具有讽刺意味的结果:第二次世界大战以后,一场郊区建筑的兴起在整个美国产生了一种"广亩城市",但是完全背离了赖特如此坚信的经济和社会秩序。在 1940 年代后期和 1950 年代,几千平方英里的美国农田在它面前消失。一幅《纽约客》(New Yorker)上的卡通画描述了一个传统的农民家庭坐在自家的门廊前,一台推土机在附近的山边耸起,妻子叫道:"他爸! 快拿起枪,郊区来了!"但是那些搬进新建大片住房中的人,通常需要就自己的生活特别感谢那些赖特所攻击的大公司。他们的住房是从大型金融公司获得抵押贷款而来的,无论如何,他们也没有形成强大的自给自足的业主社会。美国人获得了缺乏实质的外壳。

郊区繁荣有四个重要的基础,它们是:在老式有轨电车和火车班车线路涉及范围以外的地区开辟新领地的新道路;土地使用的区划,产生了具有稳定房产价值的统一居民点;政府担保的抵押贷款,使得长期低息分期付款成为可能,使低收入家庭也能够支付得起;一个婴儿出生高峰期,这突然产生了家庭住房需求的一个高潮,人们在那里可以养育年幼的子女。这四个基础中的前三个已经发生,虽然有时候处于萌芽状态,10 年后就已经开始迅速增长,而第四个则触发了它。

道路处于起步阶段。正如我们已经看到的,它们在一两个地方已经存在了:1920 年代的纽约和 1940 年代的洛杉矶。但是很明显,开发商们似乎在 10 年时间里,甚至在道路形成以后,还没有认识到它们的潜力。1930 年代,大量的纽约人仍然没有自己的汽车,尤其对于许多在曼哈顿的上班族而言,小汽车通勤几乎是不可能的。郊区化必须等到就业岗位向外迁移到一个小汽车能够比地铁还方便进出的地方,这是直到 1950 年代达到一定规模时才开始发生的。在通常情况下,道路一般都不在那里。大萧条和战争年代使得私人汽车的上升趋势停顿了,一直到 1949 年,汽车登记才重新超过 1929 年的水平。[100]道路的兴建也已经停止。

直到 1956 年,《州际与国防公路法》(Interstate and Defense Highways Act)才标志着高速公路郊区化的真正开始。但是在刚开始的时候,似乎根本就没想到会成为这样。确实,罗斯福于 1941 年就已经任命雷克斯福德·托克维尔、弗雷德里克·德拉诺和哈兰德·巴索勒莫(他们都是有计划分散人口和就业的著名支持者)任职于阿拉巴马州比伯·格雷夫斯(Bibb Graves)领导下的一个区域公路委员会(Inter-Regional Highways Committee)。这个委员会是由公共道路委员托马斯·H. 麦克唐纳(Thomas H. MacDonald)具体负责,1930 年麦凯耶曾经在一份报告上推荐过他

---

100 Tobin, 1976, 104.

的"全面评估的区域和区域规划"的"预期"(far-seeing)方法。[101]它要求一个 32 000 英里的州际系统,国会根据这一要求通过了 1944 年的《联邦公路资助法》(*Federal Aid Highway Act*)。然而那是一个严格的城市区域系统,绕过了城市政府,并且在它能够实施以前,在要求浇筑混凝土的工程师和要求使用新道路来医治城市衰退的规划师(例如老资格的哈兰德·巴索勒莫)之间发生了政治分裂。分裂还发生在那些希望收费公路自负盈亏的人和那些希望联邦资助的人之间。杜鲁门(Truman)于 1949 年、艾森豪威尔(Eisenhower)于 1954 年签署了《城市更新法》(*Urban Renewal Acts*),但是公路不在其中。

最终,认为自己在德国公路上赢得战争的艾森豪威尔,接受了新道路不仅对于冷战时期的国防很重要,而且也能带来经济繁荣的观点。他指派退役将军卢修斯·克莱(Lucius Clay)❶领导一个咨询委员会,大多数证词来自于主张公路的一派,包括采用"公路抗击衰退"(roads-fight-blight)观点的罗伯特·摩西。但是,实际上发生在财政保守主义者和公路游说团之间的、关于修路经费问题的争论几乎扼杀了所形成的法案。最后在 1956 年 6 月通过了一项折中法案,这项法案采用通过向汽油、石油、公共汽车、货车收税获得特别经费,用来支付修建新路的费用。法案在众议院获得全票通过,在参议院只有一票反对。[102]世界历史上最伟大的公共工程计划——耗资 410 亿美元的 41 000 英里的新公路项目开始进行了。

关键问题仍然在于,它应该是一种什么样的公路系统。1944 年,国会采纳了一项原则:它应当绕过城市。诸如巴索勒莫和摩西这样的规划师则观点相反,他们认为应该穿过城市的中心,这样就可以消除衰败的城市地区,并且可以提高郊区到市中心办公楼和商店之间的可达性。在实践中,由于 1950 年代和 1960 年代城市更新游说团的力量,人们对于结果很少提出疑问:这个系统将被用来创造从城市中心到潜在郊区之间新的、具有可达性的通道,而这正是摩西于 30 多年前想要做的。[103]正当这一计划急切开始付诸实施的时候,它的负责人贝特拉姆·D. 特拉梅(Bertram D. Tallamay)说,新公路是按照摩西早在 1926 年就教授给他的原则来进行建设的,[104]总之,在当时以及多年以后,摩西是美国唯一真正有经验的城市公路建设者。

第二个要求是区划。早在 1880 年,在加利福尼亚的莫德斯托(Modesto)就已经开始了,在那里,区划用来清除中国人的洗衣店。这是一个特别聪明的开端,因为自那时以后,其主要功能之一就是通过排除不期望的土地使用和不期望的邻里来保护房地产价值。[105]从 1913 年开始,在区划运动方面领先的城市是纽约市,它是因在市中心零售商的抱怨而被推动进行的,这些零售商抱怨工业的入侵正在威胁着他们的利润,并且大声向"每一个经济利益相关者"和"每一个拥有一套住宅的人和租用一套公寓的人"进行呼吁。[106]城市建筑高度委员会(Commission on Building Heights)接受

---

101 MacKaye, 1930, 95.　　　102 Davies, 1975, 13-23; Rose, 1979, 19, 26, 62-64, 70-99.
103 Leavitt, 1970, 28-35.　　104 Caro, 1974, 11.　105 Marcuse, 1980, 32-33.　106 Scott, 1969, 154-155.
❶ 卢修斯·克莱(Lucius Clay, 1897—1978),前美国军官,二战后第一位在战败德国担任平民事务理事的人。

了他们的观点,即区划可以保证"更大的投资安全和保障"。[107]当1926年一项历史性的尤克里德村等诉安伯勒房产公司案的最高法院判决,肯定了区划的总体有效性。杰出的规划师兼律师阿尔弗雷德·贝特曼认为,区划所提供的"公众利益"提升了社会财产价值(事实已经证明阿尔弗雷德·贝特曼后来提交给听证会的辩护状是相当关键的)。[108]问题的焦点在于,是否要将区域划分为工业的或居住的(第3章)。[109]

由于区划被严密地设计成为一种总警察权的一部分,以保护"公众利益"和"公众健康、安全、道德和方便",从而避免了所有带有补偿诉求的强制收购的意见,所以1916年纽约的综合性区划决议有意识地避免了长期规划。责任律师爱德华·巴塞特骄傲地宣称,"我们已经一个街区一个街区地着手进行规划",一成不变地肯定着现状。[110]整个美国都遵照这种模式,因此引起了一种矛盾:在美国的土地使用控制与欧洲的许多地方形成了强烈的对比,结果背离了任何一种土地使用规划。它不能用来提高设计水平,它的设计必须是通过私人限制契约获得的,而且是以堪萨斯城乡村俱乐部区(Kansas City's Country Club District)和它的模仿者为样板的。[111]

郊区繁荣的第三个前提条件就是廉价的长期住房贷款。在这方面,正如在第3章中已经提到的,美国奇怪地落后于英国。在英国,永久性的建筑社团从世纪之初就已经有了,它们提供20年或25年的分期付款,首期付款很低,有力地推动了1920年代和1930年代伦敦周围郊区的大扩展。与此相对照的是,直到1930年代,典型的美国分期付款只有5年或10年,利息为6%或7%,这对于普通家庭来说是一个极其沉重的负担。[112]这是一项早期的新政实验——由住宅贷款公司(Home Owners Loan Corporation,HOLC)作为遏制农场倒闭的一种应急措施于1933年4月引入——将长期、分期偿还贷款的方式引入美国。翌年,《国家住房法》(National Housing Act)建立联邦住房管理局(Federal Housing Authority,FHA),它有权向私人借贷者提供住房建造和长期分期付款的售房贷款担保,首期付款低至10%,还款期为25年或30年,利息只有2%~3%。[113]从1938年到1941年,它向美国大约35%的家庭提供了贷款。[114]

从1934年开始,针对郊区家庭住房的大多数严格限制都已经取消了。因为FHA从HOLC那里接受了对整个社区进行评估的概念,并由此对被视为状况不良的社区划上红线。在实践中,这就意味着全美国的内城(都会被划上红线)。此外,"FHA提倡种族隔离,并且把它视为一项公共政策",直至1966年,它没有给过新泽西州的两个著名的黑人城市帕特森(Paterson)和卡姆登(Camden)一笔抵押贷款。[115]FHA的中心目标和区划的目标是一致的:保障居民房地产价值的安全,并且二者都是通过拆迁来实现这一目标,将投资大量转入新的郊区住房建设,而以牺牲中心城

107 Glaab and Brown,1976,266.　　108 Quoted in Fluck,1986,333.
109 Fluck,1986,328;Bettman,1946,54.　　110 Scott,1969,154-156.
111 Lubove,1967,14.　　112 Tunnard and Reed,1955,239-240;Jackson,K.,1985,196.
113 Jackson,K.,1985,196,205.　　114 Glabb and Brown,1976,275.　　115 Jackson,K.,1985,213.

区为代价。

　　在该 10 年的后半期就已经可以看到一些成效了。国家资源规划局的报告《我们的城市》(*Our Cities*)于 1937 年出版(已在第 5 章讨论过),它使人们注意到这样一个事实,即使在 1920 年和 1930 年期间,郊区的增长速度也是中心城市的 2 倍:"城市化已经很快变成郊区化。"因为许多家庭充满了"逃离城市生活中令人厌倦一面的强烈愿望,而同时又不愿失去城市经济和文化方面的好处"。[116] 在那个 10 年中,一些郊区以令人目眩的速度发展:比佛利山发展了 2 500%,克利夫兰外的谢克高地(Shaker Heights)发展了 1 000%。[117] 但是,随后的大萧条急剧削减了新住房的开工,在 1928—1933 年之间,削减了 95%,并且带来大量的抵押贷款的终结。[118] 一直到第二次世界大战后,该产业才完全恢复过来。

　　在 1941—1945 年,除了与战争有关的建设,新建设几乎完全延期,造成的结果就是在战争结束时,积累下大量的住房短缺:估计有 275 万～440 万户家庭与人合住,另外 50 万户家庭居住在不成套的住房里。[119] 随着服役人员的返回,战时婴儿出生的延缓与正常婴儿出生的重合,在当时出现了婴儿出生的高峰。行业很好地做出了反应:1939 年,仅仅从 51.5 万户开始,到 1949 年变为 146.6 万户,到 1959 年变为 155.4 万户。[120] 在 1949 年的住房法中(同样发动了城市复兴的进程,第 7 章有按年份的记录),国会大力加强了 FHA 的借贷能力。[121]

　　一如既往,这些资金进入郊区。到 1950 年时,人们发现郊区的发展速度是中心城区的 10 倍;到 1954 年时,据估计在前面的 10 年中,有 900 万人搬迁至郊区。[122] 1950 年代,正如 1960 年的人口普查显示的,是美国历史上郊区发展最快的 10 年:中心城区只增长了 600 万人(增长率为 11.6%),而在郊区是令人瞠目的 1 900 万人(增长率为 45.9%)。一些最大的全国性城市令人不安地第一次记录了实际的人口下降:波士顿和圣路易斯每个城市损失了 13% 的人口。[123]

　　有可能造成这样大迁移的只有新的一代建造者:规模大,具有经济和效率意识,能够像制造冰箱和轿车一样来建造住房。原型公司(Archetypal Firm)就是在纽约市外长岛的一个小型家庭企业,它于 1929 年由阿伯拉罕·莱维特(Abraham Levitt)和他的儿子,威廉(William Levitt)与阿尔弗雷德(Alfred Levitt)创建,并在那个时代成为一项传奇。在第二次世界大战期间,他们研究如何把工人住房建造得更快一点,以及如何迅速将它们扩大。莱维特家族于 1948 年在距离曼哈顿中城 23 英里的长岛上的汉普斯特德镇开始建造一个郊区住区,采用他们已有研究的新技术:流水作业、劳动分工、设计和部件标准化、新型材料和工具,最大限度地使用预制部件、良好的信用和良好的市场。人们前来长时间地排队购买他们的房子。当莱维特们完成时,他们建成了 1.7 万多套住房,大约可以居住 8.2 万人:这是历史上

---

[116] US National Resources Planning Board, 1937, 35.　　[117] Wright, 1981, 195.
[118] Glabb and Brown, 1976, 273.　　[119] Checkaway, 1984, 154.　　[120] Checkaway, 1984, 154.
[121] Checkaway, 1984, 116.　　[122] Jackson, K., 1985, 238.　　[123] Tobin, 1976, 106.

最大的单个住区开发。[124]他们在宾夕法尼亚州和新泽西州继续开发类似的莱维敦
(Levittown)。

在某个下午,漫步于长岛之上,最勤奋的学习城市规划史的学生们能够挨个看
到斯坦因和莱特建于 1924 年的桑尼西德花园(Sunnyside Garden)、阿特勒伯里
(Attlebury)建于 1912 年位于福斯特希尔思花园的早期示范郊区住区,最后才是莱
维敦。以如此模式形成的结果是虎头蛇尾的,因为莱维敦是简单而单调的。如果只
把它视为一片可以居住的房产项目,它并没有过错。莱维特家族的卡普科德(Cape
Cod)❶ 设计(以有限的几种变化形式进行复制)一直被业主们以成百上千种方式进行
改造,这正是莱维特希望看到的(如果不算亵渎的话,理查德・诺曼・肖把类似的这
种住房用在伦敦的示范郊区住区贝德福德帕克(Bedford Park))。正如在老照片上
所看到的,树木已经长大,使得当初粗糙的景观得以改善。

图 9-6 长岛,莱维敦

莱维特家族的标准卡普科德式的平房设计,被房屋主人以数不清的方式加以改
变,足以令人愉悦但却最终缺少个性,是以前美国广阔郊区的代名词。

但是居住区的道路有点太长、太宽,还有点太直,因此,尽管有些变化,总体效果
是单调而枯燥无味的。沿着汉普斯特德的特恩匹克(Turnpike)呈带状发展、将居住
区一分为二的购物中心,虽然符合逻辑,但就美学而言却很糟糕。通勤者缺乏足够
的通道前往主要公路,因此,他们的汽车要后退,而一旦后退,就要和商业交通发生
矛盾。它的视觉品质是 1950 年代美国路边最糟糕的那一种,整个区域急需经过规划

---

124 Checkaway,1984,158;Jackson,K.,1985,234-235.

❶ 卡普科德(Cape Cod),又称鳕鱼岬,美国马塞诸萨州的一个半岛。卡普科德设计指一种低矮西赛德别墅设计
风格,屋顶呈三角形,中央有烟囱,易于复制。

的、1960 年代和 1970 年代在美国很常见并且很成功的商业街。因此,作为一项规划成果的莱维敦绝大部分还可以,只是偶尔有点糟糕,它所缺乏的是一种想象力,或者是视觉愉悦感,就像规划得最好的郊区住区以不同方式所提供的。它并不坏,但可以更好。

　　莱维敦无论在过去还是现在都有着严格的年龄、收入和种族隔离制度。来到这里的绝大多数人是中低收入的年轻已婚夫妇,无一例外都是白人;迟至 1960 年,莱维敦没有一个黑人;到 1980 年代中期,黑人也不多。正如一位年长的莱维敦人所指出的:"我们能够解决住房问题,或者我们能够解决种族问题,但是我们不能够把二者结合起来。"[125]因此,莱维敦和无数的模仿者都是同质的地方:物以类聚,人以群分。例如圣路易斯令人信服地显示,从城里逃离到郊区的大部分是白人,这里也和别处一样,黑人是从乡村来到城市,同时白人离开城市到郊区。[126]

　　需要提出问题,也应该提出问题:这些与规划又有什么关系? 像莱维敦这样的地方究竟是不是属于城市规划的历史? 在某种程度上长岛既有规划师又有规划——因此,至少从正规意义而言,它是的。但是戈特迪纳(Gottdiener)的详细分析表明,在实践中,长岛的规划师的权力很小,"决策是由政治家、投机商和住房开发商做出的,这导致了相同的土地使用类型"。他总结道:"这似乎是缺乏规划和区划的结果。"[127]于是他提出问题:"如果规划师不执行土地使用决定,也不直接引导我们社会中的社会发展,这就给我们留下了一道难题:规划师做什么?"[128]他的答案是规划师制定规划:"正如在社会中通常所实践的那样,规划过程使规划师成为旁观者,为在幕后做出决定的决策者(政治家和私人商人)提供咨询。"[129]规划师们的思想(无论从物质上,还是从社会上来看)都不为大多数白人中产阶级郊区居民所喜欢,那里的人们喜欢更低密度的郊区扩张。总之,这丝毫不奇怪。

郊区化:大辩论

　　但是(在这里,或别处),一些能言善辩的人站在规划师一边,而那些建造郊区住区的人们和住在郊区住区的人们要么过于偏激,要么过于不善言辞,不能为自己辩护。于是,当美国的郊区住区开始萌发时,它在公共出版物上遭到了广泛的诘难。人们对它的谴责在于,它不符合郊区住区传统的(也就是欧洲的)、具有城市特征的概念。这里有三种典型的批评:

　　　　在每个地方,形态都瓦解了:除了它从过去遗传下来的东西,作为一种集体
　　艺术和技术体现的城市消失了。并且在那里(例如在北美)不断表现过去的大

---

[125] Quoted in Jackson, K., 1985, 241.　　[126] Montgomery, 1985, 236.　　[127] Gottdiener, 1977, 111.
[128] Gottdiener, 1977, 116.　　[129] Gottdiener, 1977, 143.

型纪念物以及一贯的社会生活习惯也未能缓解这种损失,结果是一种原始的、缺乏道德的环境,以及狭窄、闭塞、令人困惑的社会生活。[130]

扩张是糟糕的美学,也是糟糕的经济学。5英亩土地只用来做一件事情,而且做得很差。这对农民不好,对社区不好,对工业不好,对公共设施不好,对铁路不好,对娱乐团体不好,甚至对开发商也不好。[131]

问题在于,我们是需要郊区贫民区,还是需要通过规划来获得有吸引力的社区使它能够有序地发展,同时又能够表现出对于景观的美丽和富饶的最大尊重? 如果按照目前的趋势,我们只会得到一个贫民郊区。[132]

谴责着重表现于:土地的浪费、增加的通勤时间、更高的公共设施成本、匮乏的公园用地,但是,批评的焦点就是郊区缺少一定的形态。如往常一样,芒福德说得最好,他所欣赏的田园城市并不是这样:

一座现代城市与一座中世纪城市并无太大差别……它必须具有一定的规模、形态和边界。它不是沿着一条漫无目的的大道扩张出去的一堆住房,伸向远方,并在一块沼泽地戛然而止。[133]

伊安·那尔恩(Ian Narin)对郊区景观有过类似的批评:"问题在于,每一个建筑物都是孤立处理的,没有与下一个建筑物相结合。"因为"地形景观或城市景观中的一体化,就像是对立面的共存,这是很重要的"。[134]

有趣的是,当郊区住区最终来到的时候,知识分子的反驳源自美国西部。詹姆斯·E.旺斯(James E. Vance)是一名伯克利的地理学家,他为旧金山海湾区进行辩护:

尽管这是极其老套的,人们喜欢把城市区域看作是一种无形状的扩张,是一种恶性肿瘤,一个无可救药的恶魔……认为不存在这种城市结构的错误观念一定是产生于没有研究过城市发展的动因,或者是产生于想要在城市发展问题上提出"对"或者"好"的一种标准。[135]

而罗伯特·莱利(Robert Riley)❶对美国西南部的"新"城市,例如休斯敦、达拉斯和凤凰城,进行过类似的辩护:

新城市遭受谴责就是因为它与众不同……为这些城市所制定的规划设想(同样也是为东部的特大城市制定的规划)立足于引导城市发展成为我们所认同的、唯一的、真正城市的形式——传统城市的形式。[136]

伯克利的麦尔文·韦伯(Melvin Webber)以这个案例来进行辩护并且认为:

我承认我们追求过错误的东西,与人们所期望的城市结构相联系的价值并

---

130 Mumford, 1938, 8.　　131 Whyte, 1958, 117.　　132 Wood and Heller, 1962, 13.
133 Mumford, 1938, 397.　　134 Nairn, 1965, 13.　　135 Vance, 1964, 68-69.　　136 Riley, 1967, 21.
❶ 罗伯特·莱利(Robert Riley),美国亚拉巴马州州长。

不存在于既定的空间结构中。一种城市模式以及它内在的土地使用形式,只有
当它更好地用于适应今后不断的空间发展,并推动政治化社区的非空间目标,
那么,才能说它优于另外一种模式。我明确反对这样的一种观点,即存在着一
种压倒一切的、普遍存在的空间或实体的城市美学。[137]

他认为,新的通信技术已经打破了社区和邻里之间的、过时的联系:城市地点正在被
非地点的城市区域所代替。[138] 在随后的 10 年,雷纳·班纳姆完成了他广受赞誉的关
于洛杉矶的论文。[139] 三年以后,罗伯特·文丘里(Robert Venturi)和丹尼斯·司考
特·布朗(Denise Scott Brown)出版了著名的反建筑传统的论著,从封面到封底勇敢
地宣称:"A&P❶停车场的一种重要意义,或者向拉斯维加斯学习……广告牌几乎是
正确的。"[140] 可以十分清楚地对阵营进行划分:西海岸最后重申,自己反对欧洲传统。

　　美国最著名建筑学家之一文丘里的离经叛道特别具有意义。因为他和他的同
事们正在热烈地论证,美国郊区路边文明最充分地体现于拉斯维加斯伟大的霓虹灯
条带(Strip),不应当再通过功能主义标准来进行评断,这一标准自 1930 年代国际风
格取得胜利以后,一直占据着统治地位。"向现有的景观学习,"他们开始说道,"对
于建筑师来说,这是一种革命方式。如同柯布西耶在 1920 年代所建议的那样,拆平
巴黎重新开始,并不是一条明路,而是需要通过另一种更为宽容的方式。这会让我
们质疑我们是如何看待事物的。"[141] 他们把拉斯维加斯"作为一种建筑交流现象来学
习",[142] 因为现在人们在汽车里高速运动,而且经常是以一种复杂的方式来运动。一
种全新的符号建筑(architecture of signs)已经出现,进行引导并进行说服:"空间的
图示符号已经演变成这种地景建筑",[143] 而建筑物自身的重要性已经降低,(它们就像
绝大多数环境一样)被停泊的车辆部分地遮盖了:

　　　　在自凡尔赛以来的大型空间的演化过程中,A&P 停车场是一种现代词汇。
　　隔开高速公路与低矮、稀疏的建筑物的空间并没有形成围合的作用,也不起什
　　么方向性的作用。从某个广场通过,就是从一个封闭结构中穿过;从这一地景
　　中通过,就是从巨大的、扩散的肌理中通过:商业景观的巨大结构……因为空间
　　结构是由符号而不是由形态所构成的,建筑在这样的地景中变成空间的符号,
　　而不是空间中的结构。建筑所限定的东西很少。巨大的符号和渺小的建筑是
　　66 号公路的原则。[144]

请注意,这一分析代表了在宏大设计或城市设计中完美的同类事物,这是伯克利地
理学家兼规划师们在更为广阔的城市结构尺度中所讨论的尺度:新的地景并不是更
坏的,而是不同的,它不能被评价,不应当采用传统规则来进行判断,而是应当根据

137 Webber, 1963, 52.　　138 Webber, 1964b, passim.　　139 Bannham, 1971.　　140 Venturi et al., 1972.
141 Venturi et al., 1972, 0 [sic].　　142 Venturi et al., 1972, 0 [sic].
143 Venturi et al., 1972, 9.　　144 Venturi et al., 1972, 10.
❶ A&P,一家大型超市的名称,全称为 The Great Atlantic & Pacific Tea Company。

图 9-7　拉斯维加斯条带

最终的公路条带城市,这些标识是真实的城市景观,建筑物被简化为装饰板,它们被停车场的广阔空间所包围。
图片来源:© Peter Horree/Alamy.

其自身来判断。

　　对于国际建筑而言,结果是灾难性的。《向拉斯维加斯学习》(*Learning from Las Vegas*)是一个重要的突破点,它标志着现代建筑运动的终结,并且被后现代主义(postmodernism)所替代,后现代主义的新重点就是把建筑当成符号性的交流。[145] 对于城市研究的学生,它同样标志着一场革命。因此,路边文明的人工制品其本身就值得研究。于是到 1980 年代中期时,一篇学术论文可以追溯从 1920 年代的汽车庭院(motor court)到 1930 年代的汽车旅馆(motel),最后到 1950 年代的汽车宾馆(motor hotel)这一演化过程。最后的突变是以历史上第一家假日旅馆(Holiday Inn)来表现的,它于 1952 年由田纳西州孟菲斯的康芒斯·威尔逊(Kemmons Wilson)和预制家庭建筑商华莱士·E. 约翰逊(Wallace E. Johnson)所开发。[146] 或者这种论文可以分析快餐店的演变,从 1921 年堪萨斯城的艾嘉德·英格拉姆(Edgard Ingram)和沃尔特·安德森(Walter Anderson)所创办的白色城堡(White Castle)连

145　Jencks,1981,45.　　146　Liebs,1985,182-185.

锁店,经过 1929—1930 年在马萨诸塞州的霍华德·约翰逊(Howard Johnson)的开创性努力,以及 1948 年在加利福尼亚的圣伯纳迪诺开办的历史性的麦当劳驰车外带快餐店,一直到 1952 年的标准化设计,再到 1955 年在伊利诺伊州德斯普兰斯由雷·克罗克(Ray Kroc)首次在全国范围把标准化设计推向市场。[147]这项工作表明,路边建筑的传统有多么悠久、多么丰富,这使得它更加显著,以至于没有人具有这种敏锐和精力去观察、分析矗立在他们面前的景观。

但是在很多方面,至少是在刚开始的时候,革命并没有逻辑性地在它最有可能发生的地方发生。在适应汽车和公路方面,洛杉矶的商业设计是保守的。朗斯特里斯(Longstrech)关于洛杉矶商业建筑历史的著作《从城市中心到区域性综合商场(mall)》(*City Center to Regional Mall*)的封面照片,展示了 1926 年中心区的西区第 7 街。人行道上挤满了购物的人,公共汽车舒舒服服地与小汽车行分道驶街,由一名独立警察进行控制。中心区仍然以零售业和其他商业占据主导,[148]但是交通阻塞和停车困难已经带来问题。首先是 1927 年至 1928 年在好莱坞的迪亚斯(Dyas)百货商店第一次发生变化,几乎同时,布洛克的维尔肖(Wilshire)百货商店进行了改造。[149]第二次世界大战结束之前,情况已经很清楚,中心区只起着一个很小的作用,甚至于在 1948 年,与 1929 年 30％区域营业额相比,其营业额也只有 11％。在随后零售商业的繁荣期(有 50％的上升,在 1954 年以前,是全国最快的),它还是不能适应。[150]

但是起初这种分散性的购物采取了一种非常传统的线性方式,把交通阻塞带到了郊区。即使是 1930 年代中期已经很普遍的超市,也是建造在远离现有市中心的地方,但是在它面前有一条传统街道,而停车场则被看成是次要的,放在一旁。在"神奇英里",就像在布洛克的维尔肖这种传统的案例中,开发商和支持者宁可需要一种"大都会"的形象,同时还有摩天大楼和分散的线型城市。它表现为一条临街的店铺,保证从车中能够看到"大都市景象",而把停车视为次要的,放在后面。[151]它为 1930 年代和 1940 年代无数个更不起眼的郊区零售商业区提供了一种样板,在这些区域里,强调街区的立面。"总体而言,商人们表明他们坚持不愿放弃传统的人行道方式。"[152]

正是快餐制造商而不是零售商设定了规则。1930 年代起,商人们逐渐开始把建筑后退至停车场的后面,或者直接把建筑放在停车场的后部。他们创造了一种切斯特·H.李伯斯(Chester H. Liebs)称为的"快速阅读建筑":一种向路过的驾驶员传输即刻图像的建筑,通过巨大的玻璃幕墙和本身就是广告的垂直标识来实现。在 1940 年代后期的咖啡店和加油站,出现了"夸张的摩登"(exaggerated modern),带有巨大的耀眼区域,用来吸引人们对其内部的注意,但是也有采用夸张的"飞机"或"抛

[147] Liebs, 1985, 185, 202, 206-208, 212-213; Schlosser, 2001, 34.　　[148] Longstreth, 1997, 32, 34.
[149] Longstreth,1997, 43, 58-59, 86-89, 112-127.　　[150] Longstreth, 1997, 214-215, 218, 223.
[151] Longstreth, 1992, 142-143, 150-152.　　[152] Longstreth, 1992, 152.

图 9-8　第一座假日旅馆

田纳西州孟菲斯,1952 年:公路旁连锁店的诞生。三年后在伊利诺伊州德斯普兰斯
出现了第一家标准化的、有特许经营权的麦当劳外卖店。

图片来源:Holiday Inn/IHG.

物线形"屋顶的。这样就发展了经典的洛杉矶路边形式、悬挑玻璃板墙和金色拱形
这些新景观。[153]正如批评家阿兰·黑斯(Alan Hess)❶所描述的:

> 会移动的汽车和不会移动的建筑已经逐渐交织成为一幅天衣无缝的景观。
> 鲍伯(Bob)的"大男孩"(Big Boy)为你展示了一个长条形的画面橱窗,亨利
> (Henry)的店为你提供了一个在条状街道上的室外就餐处,而碧夫(Biff)的店几
> 乎让汽车开进餐馆的中央。[154]

通过这种形式,"汽车和汽车文化的建筑构成了一种关于动态、符号、结构、形式、实
验和一种新城市空间的流行美学,这种新城市空间自由地随着驾驶座位来到咖啡店
的柜台上"。[155]1950 年代晚期的汽车,连同它们流畅的线条,与咖啡店和汉堡包摊实
属同类,巨大的玻璃区域转过拐角,在它的上方,屋顶飘浮在空中。[156]

　　但是直到 1940 年代后期,这一革命对洛杉矶的零售业影响仍然不大。一个重大突
破是在格伦肖大街(Glenshaw Boulevard)上。在 1947 年的格伦肖中心有一个独立的、

153　Langdon, 1986, 61-62, 66, 84-85, 115; Liebs, 1985, 14-15, 39, 44, 61-62.
154　Hess, 1992, 173.　　155　Hess, 1992, 167.　　156　Hess, 1992, 167, 172.
❶ 阿兰·黑斯(Alan Hess),建筑师及建筑历史学家,1986 年起为 *San Jose Mercury News* 撰写建筑评论。

能够容纳 2 500 辆汽车的地面停车场,虽然暂时还保留一条街道和一个临街停车场。[157]下一个转折点是长滩附近的莱克伍德中心(Lakewood Center,1950—1953),这是美国最早的区域性综合商场之一,提供 12 000 辆的停车空间。[158]洛杉矶在发展新形式的方面当然并不独特,但它在这里是繁荣的。[159]区域性综合商场成为零售业革命的最突出表现:它在停车需要和购物需要之间保持着平衡,其目的是要使购物者和他们的汽车保持距离,并形成商场自己的世界。[160]南加州变成了一种新形式的伟大实验基地。[161]

　　然而即使在当时,地方商业社区固有的保守主义挫败了革新运动。克莱伦斯·斯坦因是一名伟大的倡导者,虽然具有讽刺意味的是,他为洛杉矶的设计从来就没有投入过实施。从全国范围来看,维克多·格鲁恩(Victor Gruen)❶ 更为成功,这表现为在一个主导百货商场周围的连锁结构,但是他也从未建造过洛杉矶任何主要的建筑物。百货商场是建立新型综合商场连锁商店的主要角色,这种综合商场第一次从居住区中分离开来,这是斯坦因或者格鲁恩所设想的真正社区中心的面貌。[162]沿着土地细划师在 1920 年代和 1930 年代所造就的大道,城市形态发生了一个根本性的变化:

> 大街……和过去一样,变成为商业条带,一件更加宽松组织的盛装。在其中,开敞空间显得更为突出,随意树立的标识牌在吸引汽车驾驶员的方面,比建筑物扮演了更为重要的角色。[163]

但是当商业建筑师把传统的城市结构和设计玩弄于股掌之间的时候,知识界大规模的反击开始采用来自美国社会科学家全面的系列研究,它们针对许多基本假设从根本上提出了质疑,并挑起针对郊区和郊区生活方式的批判。特别重要的是那些来自社会学家的研究。在 1950 年代期间,处于主流地位的美国城市社会学家的几部经典著作——瑞斯曼斯(David Riesman)❷ 的《孤独的群体》(The Lonely Crowd)、怀特(William H. Whyte)❸ 的《组织化的人类》(The Organized Men),它们更加强调郊区是一种令人生厌的、一体化场所的这种定型观念。在那里,所有的人性逐步被腐蚀,缺少丰富的人际交往。推论很清楚地表明,郊区化将最终摧毁城市文化中那些最有价值的东西。[164]为了检验这些假说,赫伯特·甘斯(Herbert Gans)❹ 前往新泽西

---

[157] Longstreth, 1997, 230-233.　　[158] Longstreth, 1992, 152.　　[159] Longstreth, 1997, 271.
[160] Longstreth, 1997, 308.　　[161] Longstreth, 1997, 312.　　[162] Longstreth, 1997, 313, 320-331, 349-350.
[163] Longstreth, 1992, 152.　　[164] Riesman, 1950, 132-134; Whyte, 1956, 46-47.
❶ 维克多·格鲁恩(Victor Gruen, 1903—1980),社会主义梦想家,维也纳建筑设计师。1938 年为逃离纳粹迫害,到纽约找了一份为服装店设计陈列橱窗的工作,后来他对零售业的兴趣越来越强烈,设计了美国最早的购物中心。
❷ 戴维·瑞斯曼斯(David Riesman, 1909—2002),社会学家,其对第二次世界大战后美国社会的研究非常具有影响力。
❸ 威廉·H. 怀特(William H. Whyte, 1917—1999),美国社会学家、记者、人物观察家,曾任《财富》杂志记者及编辑。
❹ 赫伯特·J. 甘斯(Herbert Gans, 1927—),社会学家,著作丰厚,颇具影响,曾在宾夕法尼亚大学城市规划系学习。

州的莱维敦,生活了一段时间。不出所料,他于 1967 年出版的一本书,果然在东海岸报纸上引发了批判性评论,因为甘斯发现,传统智慧是一种神话:

> 事实……表明,由批评家(同样还包括一些社会学者)推想出来的城市和郊区生活方式上的差异,更多是想象的而不是现实的。从莱维敦的郊区生活质量上可以发现只存在极少的差异。而导致差异的根源,譬如住房、人口混合、新生事物,并不一定是郊区特有的。此外……如果把郊区和市中心以及内城地区之外的大型城市居住区相比较,在相同年龄和阶层的人口中,文化和社会结构实际上是相同的。居住在这些区域中的中低收入的年轻居民,无论是在城市还是在郊区的邻里单元里,其生活与郊区的同类人是很相像的,但是与年纪大一些的中上阶层的人口是不相同的。[165]

甘斯发现莱维敦人拒绝早期社会学家要给他们贴上的标签:

> 莱维敦人并不是真正的国家社会成员,或者在那方面不是大众社会的成员,他们不是冷淡的陈腐之人,可以被专制主义精英或者公司商人轻易地进行控制。对于时尚的光怪陆离,他们不是显性的消费者和奴隶,他们甚至不是有组织的群体,或者是有其他特殊个性方向的群体……他们的文化没有其他知识分子那么精巧、深刻,他们的家庭生活没有精神病学家所主张的那么健康,他们的政治没有像政治哲学家那么深思熟虑和民主——然而,他们在所有这些方面比那些在上一代中下阶级和工人阶级中所盛行的要强。[166]

甘斯的结论极大地支持了另一位研究加利福尼亚郊区蓝领工人阶级的社会学家本内特·伯格(Bennett Berger)的观点。伯格也发现这些典型的郊区居民的行为并不像早期郊区研究所设想的那样:他们不是地理上或社会上的移居者,他们也不是参与者或归属者,他们的邻居和他们一样。[167]事实上,这些其他研究已经分析了相对不寻常的中上阶层社区,或者已经过分强调了混合社区里中上阶层的特征。那些居住在大规模生产的郊区住区的典型郊区居民所关心的事情并不相同。但是无论他们所在的社区被贴上城市还是郊区的标签,他们将过着很雷同的生活,有着相同模式的社会关系。因此,社会学家规划师已经无望地夸大了城市环境物质方面的特征对于人们生活方式的影响。甘斯的结论是:

> 规划师只对社会关系产生有限的影响。虽然现场规划师能够创造邻近性,但是他只能决定哪些房子相邻,他只能影响视觉接触,以及其中居民最初的社会接触,但是他不能决定关系的强度和质量。这取决于所涉及的人群的特性。[168]

的确,一个地区的性质(它的社会同质性或者相反)能够受到规划的影响,但只是限定在一个很狭小的范围里。在一个诸如美国这样的社会里,市场将是主要的决定因素,顾客将把自己的喜好登记在那里。首先,规划师必须明白,如果要把自己的价值

[165] Gans, 1967a, 288.　[166] Gans, 1967a, 417.　[167] Berger, 1960, 15–25, 58–59, 65.　[168] Gans, 1961a, 139.

体系加在有着非常不同的价值体系的人群身上(特别是当规划师们相信必须不惜代价避免乘坐长途班车和交通阻塞,相信密度越高越好时,因为这样他们将减少上班族的通勤时间,节省土地并增强城市感),他们必须要明白,绝大多数郊区居民恰恰不会同意。[169]换言之,在批判1945年后美国郊区的基本特征时,他们只是在表达他们自己的阶级偏见。

以上就是社会学家的发言。几年之后,美国最有名的土地经济学家之一,马里昂·克劳森(Marion Clawson)❶进行了他自己关于郊区扩张的代价的调查。他给出了他的评判:

> 不可能简单明确地判断郊区土地的转变——也就是这一转变是"好"或者"坏",或者采用一些其他单一的和不恰当的词语来描述它,在这方面,过程会复杂得多。[170]

从正面来看,郊区扩张是一个非常有活力的过程,它产生了几百万个新家庭和几百个购物区域,因此对国家经济增长做出了贡献。它已经形成许多相当好的住房和令人愉悦的邻里社区,整个决策过程的分散性质避免了重大的错误。[171]从负面来看,分散的代价使得房价高得离谱,很多土地没有必要地被浪费掉了,可能很久以后仍然还是这个样子。从美学上讲,其结果并不像买方所希望的那样令人愉快,因为他们进行选择的余地非常小,或者是没有选择的余地。[172]按照克劳森的观点,最严厉的批判就是整个工程被证明对于半数人口来说还是太昂贵了,这样,城市人口就变得按照种族、收入和职业不断被划分成为很多层次。当然,克劳森很快承认,有些隔离来自更为深刻的社会经济原因,但是郊区发展过程肯定是起作用的。[173]

因此,克劳森的经济学论断给伯格和甘斯的社会学论断在边缘部位润了色。是的,美国人是在市场上做出了自由选择,并且因此大体上取得了他们所要的东西,而且相比起通过中央计划系统更为有效。但是,不,在实施这些的时候,该过程并不完全有效,并且可以通过改进,以一种更低的成本来生产一些更好的住房配套。这里也存在着一个并非边缘化的问题:有半数的美国人被排除在这个过程之外,因为他们太穷了(而且在某些情形中,因为他们是黑人,就意味着他们是贫穷的)。但是人们可以反驳这一点,这个问题从根本上是在城市规划人员管辖范围以外的,贫穷问题是因为他们缺少钱。克劳森确信,如果他们有钱,他们会去获得更为幸运的那一半人口所拥有的东西——郊区的一处资产。规划和公众干预的相关形式能够在某种程度上改进这个过程,但是从根本上来说,它给了人民大众所要的东西。

控制欧洲的郊区扩张

这个结论不仅仅事关美国,因为在第二次世界大战之后,欧洲许多政府不同程

[169] Gans, 1961b, 293.　[170] Clawson, 1971, 317.　[171] Clawson, 1971, 319.
[172] Clawson, 1971, 319-320.　[173] Clawson, 1971, 321.
❶ 马里昂·克劳森(Marion Clawson, 1906—1998),美国经济学家、政府官员。

度地成功控制了向郊区迁移的潮流,并将其调节到一个在美国是不可想象的程度上。到 1960 年代中期,横跨大西洋乘坐飞机的旅客从 7 英里上空的有利位置看下去,这是非常明显的:向西,他们会为发展的规模,还有东海岸大城市郊区明显的漫无边际的扩张,以及连接它们的高速公路网感到震惊;向东,他们同样也会惊讶于相对较弱的发展、它那玩具城似的特征、城乡之间几乎像几何图案一样断裂开来的规划准确性,以及在郊区周围没有明显的农业衰退。所有这些都是确切无疑的,除了一些细微差别,在英国、荷兰、联邦德国或者斯堪的纳维亚半岛国家都是如此。[174]

当然,问题在于这种严格整齐的系统对于生活在里面的居民来说,究竟花费了多大的代价? 又获得了什么好处? 对于传统规划智慧的实施者而言,答案是不言而喻的。但是如果抱着美国人针对传统智慧的疑问眼光,那就是一个值得研究的问题了。把美国和英国比较一下,则是再好不过的。因为自从 1947 年以来,英国就对新开发实施了极其严格的控制,并在那一年颁布了城乡规划法(第 4 章),对于土地开发权实施有效的国有化。因此,地方规划部门得以运用新的权力来限制城市周围郊区的扩张。利用绿带的限定,将压力转向更远的中小城市。因此,与克劳森的研究相平行,一个英国小组开始分析这一限制政策的运行及其影响。

然而,他们 1973 年发表的成果还是给传统和舒适的图景投下了更多的阴影。得出结论是,战后的土地使用规划产生了三大影响。第一个是遏制(Containment)❶,从农村转入城市的土地使用总量被控制在最小的范围内,而且也是紧凑的;第二个有点反常,其结果是作者所谓的郊区化,新居住区与主要的就业中心在空间上不断分离;第三个影响甚至更为反常,这一点是任何人都不希望的,也许除了一小群投机商,其影响是土地和房产的通货膨胀,而其规模是前所未有的。[175]

第一个影响是遏制,它在各方面发挥了作用。城市集群和较大的独立城市周围的绿带已经有效地阻止了它们在外围的进一步扩张。在这些绿带以外,发展集中在小城市和村庄,特别是在每个郡最不引人注意的地方,一般密度已经受到一定的控制,集合城市(conurbation)❷政府已经做出了建造公共住房的反应。与 1939—1945 年的二战之前所建造的住房相比,无论如何这些住房的密度和高度都要更高。[176]城市蛙跳式的发展(这在克劳森的美国研究中很明显)已经被避免了。

郊区化已经意味着,新居住区的开发相比于 1930 年代或者任何更早年代的类似开发都更加远离就业机会。与此同时,它们距离购物、娱乐、教育和文化设施也更远了。因此,出行,特别是乘班车的出行变得更长了。这部分反映了规划师对于维持传统的集中型城市结构的偏好,部分也是因为城市政治家们希望最大可能地巩固经济基础。但是,社会学研究表明,新的郊区居民满足于他们的生活方式,尤其是所涉

---

[174] Hall, 1968, 100.　　[175] Hall, et al., 1973, Ⅱ, 393-394.　　[176] Hall, et al., 1973, Ⅱ, 394-397.

❶ 遏制(Containment),封锁政策,围堵政策。

❷ 集合城市(conurbation),由数个市镇扩展连接而成的大都市区。

及的长距离乘坐班车。事实上,他们的主要目的是搬到乡村去。[177]

地价的上涨已经远远超过了一般的工资或者价格水平,而这无疑又使新住房从实际意义上比 1930 年代更加昂贵了。开发商已经通过以下手段进行调节:采用较小用地,建造较高的密度(特别是针对廉价住房),把住房质量降低到公共部门硬性规定的水平以下。由于很多建造商转而进入高价位市场以做出反应(这一点规划部门比较喜欢),其结果是在低价位住房的选择就更加少了。在这个意义上,研究结论认为,在满足更为丰富、具有更多使用空间的生活方式方面,英国的政策远没有美国的政策成功。[178]

人们总是对谁赢了或谁输了这类问题感兴趣。乡村居者,特别是有钱的那些,很明显是获利者:通过建立一种文雅的英国式的种族隔离,规划只是保留现状,也就是他们舒服的生活方式。更加富有的郊区居民也不差,虽然需要花费一定的代价。而不太富有的人就差多了,空间比较拥挤,相对价格也比较高。因为这些不太富有的人更可能是拥有一辆汽车的家庭,乘坐班车的负担对他们就更大了,虽然在这方面,研究人员记录到的抱怨并不多。[179]

从研究小组的观点来看,状况最不好的就是滞留在城市里的人。那些住进公共住房的人,他们获得了质量较好的住房,设施比更差的自住房要好一些,但是经常是被迫住在高密度的高层建筑中,与三四十年前相应的住房相比,很多人并不喜欢这种住房。低收入的私房租户住在达不到居住标准的住房里,他们的情况是最糟糕的。如果从收入上来说,政策的总体效果已经是不可思议地倒退了:钱最多的人,所得也最多,反之亦然。[180]研究小组的分析总结道:

> 这些都不在规划系统奠基者的考虑之中。真的,他们关心的是保留和保护乡村英国。但是需要通过良好的中央规划来提高所有人民的利益,这只是总体一揽子政策的一部分。人们居住在不成熟的为贫民区居民提供的住房中,过着拥挤的生活,远离城市服务和就业;或者城市居民住在单调的高层公寓里而远离地面,他们的孩子无法接近游戏场地,这当然不是奠基者的意图。在行进途中的某些地方,伟大的理想消失了,系统被歪曲了,大批的群众被出卖了。[181]

当英国和美国的研究人员比较他们的成果时,总结道,两个规划系统都已经产生了不够严密和出乎意料的结果。较为严谨的英国系统和较为宽松的美国系统都已经产生了很少有人会真正去选择,或者如果给予了这种选择,也很少有人愿意去要的城市结构。[182]在这两个国家里,富人从城市发展中得到了好处,而穷人的情况则很糟。[183]这两个国家里,穷人注定是要居住在较为陈旧的内城中低质量的房屋里。但是对于大量的中等阶层,所公布的结果在两个国家几乎是相反的。在英国,他们居住

177 Hall, et al., 1973, Ⅱ, 397-399.　　178 Hall, et al., 1973, Ⅱ, 399-405.
179 Hall, et al., 1973, Ⅱ, 406-407.　　180 Hall, et al., 1973, Ⅱ, 407-408.
181 Hall, et al., 1973, Ⅱ, 433.　　182 Clawson and Hall, 1973, 260.
183 Clawson and Hall, 1973, 266-267.

的密度太大,居住在几乎注定要变成贫民窟的小房子里;而在美国,他们则被安排居住在大大铺展开来的住房里,对谁都没有好处地浪费掉了土地,结果导致了较高的服务费用。[184] 然而在两个国家中,土地使用控制人为地使得用于郊区开发的土地更加稀少,从而有利于土地投机商。因此在这两个国家里,普通人要么从很宽松的土地使用规划中获益,要么从很严格的规划中获益,中间状态的住房是最不令人满意的。[185]

哪个国家更加糟糕一些? 是居住在有着相对较好的城市规划系统的英国,该系统所产生的结果与发起人的意图存在着出入;还是在美国,那里的城市规划从未许诺过很多,也从未提供过很多? 研究结论是,答案取决于你的价值观。如果你的价值观偏向于通过市场机制来给一大批人提供他们想要的物质条件,那么你就必然得出结论说,美国的郊区住区,尽管它的效率不高,有时也有丑陋现象,但还是比拥挤、昂贵的英国要优越得多;如果你的价值观更偏向于通过社会来保护它的土地和与之相关的自然资源,你将会选择有效的土地使用规划的英国系统。美国的政策是平民主义的,英国的政策则更加强调精英主义。[186]

得出该结论以来,特别是在 1980 年代,英国系统已经稳步走向美国的方向:它也在不断地强调使土地市场自由化。但是矛盾依旧存在,在任何一个先进国家必定如此:不同社会和收入的群体从集体政治行动中分别得到了好处和坏处。在英国,很多人仍然深深热衷于乡村的保守和城市的控制,并且他们继续被很好地安置在乡村的郡县和地区内。因此,即使是政治派别的右翼,在"是想要让开发商服务于市场需求,还是需要减轻深刻存在的社会担忧和偏见"这两个选择之间继续存在着固有的矛盾。在由国家环境大臣(一名主要的保守党自由市场主义者)尼古拉斯·瑞德莱(Nicholas Ridley)1986 年发表的声明中,可以明显看到这种矛盾,在他眼中,绿带是神圣不可侵犯的。在美国,这种平衡是不同的。但是那里,也没有什么东西比在某些地区(如加利福尼亚)的反对扩张运动的兴起更为明显的了,其结果是产生了较高的地产和房产价格,这与在英国看到的很相似。[187] 因此,也许两个国家都在逐渐地、犹豫地互相靠近。

把圆变方:规划欧洲大城市

在此之前,欧洲的规划师当然已经注意到缓解汽车与城市之间的矛盾这个问题(见第 5 章)。在 1943 年至 1965 年期间,若干欧洲的首都城市以不同方式制定了城市规划,表现了与美国的公路城市非常不同的做法。从欧洲城市经验的不同背景出发,可能还不够明显,更为明显的是规划得到了实际上的执行。

在 1943 年和 1944 年的阿伯克隆比的伦敦规划中,他已经寻求使用新的城市公路,不仅是为了缓解交通阻塞,而且也用来帮助确定大城市邻里社区的特征性。他自由地吸收了苏格兰场助理专员阿尔克·特里普的思想。之前,特里普形成了一种

---

184 Clawson and Hall, 1973, 269.   185 Clawson and Hall, 1973, 269.
186 Clawson and Hall, 1973, 271.   187 Dowall, 1984, 132-133, 168-170.

居住特区的思想,在该特区中,外来交通(在那个阶段并不是所有的交通)将被排除在外。[188]此外,阿伯克隆比也已经将霍华德-欧文的田园城市设想大胆地应用到新城规划中去,在那里,汽车和城市的矛盾将不再十分严重。对于他以及那个时代的其他规划师来说,矛盾是很显然的,但是能够有效甚至优雅地解决掉。

斯德哥尔摩的另外选项[189]

斯德哥尔摩在 1950 年仍然像是一座小城市:整个大城市区域(包括郊区)大约只有 100 万人口,[190]在其中,从中心步行 20 分钟就能将来访者带到绿化带,乘坐电车 20 分钟就能到达白桦林和湖滨的终点站。然而,斯德哥尔摩却有全欧洲最糟糕的住房状况。[191]它在恩斯凯德(Enskede,1908)和阿派尔维肯(Äppelviken,1913)建造了英国式的田园城市,随后接着就是进一步的田园城市,例如恩斯凯德盖德(Enskede Gård)。但是,它们已经变成为白领社区。为了提供更多买得起的住房,1926 年城市中兴起了自我建房计划,由普通工人阶级的斯德哥尔摩人建造的区域——奥洛夫松德(Olovsund)、诺拉安比(Norra Ängby)以及托尔克洛根(Tallkrogen)仍然散发着特殊的魅力。[192]与自我建造计划相并行,城市开发了一项公共住房项目:通长的三层楼"拉梅拉"(Lamella)❶板式街坊,其设计的目的在于最大化的日照面,但是建筑师们批评它们单调并且缺少公共设施。[193]

随后在一些国家重大决策中(1942 年、1945—1947 年和 1958 年),社会民主党(SDP)决定发展公共住房政策,创造"西方国家中最大的国家控制,多少有些自足的经济住房"。[194]当然,它赢得了选民。[195] 1947 年、1953 年和 1967 年的立法实际上停止了私人开发住房(除了私房以外),并且赋予市政当局针对任何土地交易的先行否决权。[196]住房将主要由地方政府供给,并辅之以合作组织(供给)。[197]从 1945 年到 1970 年代中期,45%的瑞典新住房是公共部门建造的,通常是由非营利的住房建造合作社建造的,20%是合作组织建造,35%是私人建造。到 1970 年时,所有住房单元的 35%是业主自己所有的,30%是私人出租用的,14%是合作的,21%是公共住房。[198]

[188] Tripp, 1938, 1942; Forshaw and Abercrombie, 1943, 50-52.

[189] 本节基于 Hall, 1998, Ch. 26.   [190] Anon, 1989, 12; Chandler and Fox, 1974, 337-338, 377.

[191] Headey, 1978, 50; Holm, 1957, 61; Jenkins, 1969, 65; Johansson, 1975, 44; Milner, 1990, 196-197; Popenoe, 1977, 36.

[192] Childs, 1936, 94-95; Johansson, 1975, 44-45; Pass, 1973, 33; Sidenbladh, 1981, 6.

[193] Hall, 1991b, 211; Pass, 1973, 32, 34; Sjöström, 1975, 106.

[194] Headey, 1978, 44.   [195] Headey, 1978, 92; Heclo and Madsen, 1987, 220-222.

[196] Äström, 1967, 61; Elander and Strömberg, 1992, 11; Esping-Andersen, 1985, 189; Sidenbladh, 1968, 77; Strong, 1979, 65; Strong, 1971, 24, 58.

[197] Esping-Andersen, 1985, 189; Headey, 1978, 45; Strong, 1971, 24, 26; Tilton, 1991, 121.

[198] Elander, 1989, 3; Headey, 1978, 45; Jenkins, 1969, 65; Lundqvist, 1984, 216; Strong, 1971, 26, 35; Tilton, 1991, 121.

❶ 意思为薄板。

在开始阶段,基本情况只是住房短缺。当过去累积下来的短缺到达顶峰时,人们涌向城市:在 1940 年,城市居民构成了瑞典总人口的 55%;1950 年为 65%;1960 年为 73%;1970 年为 81%;在全欧洲是最快速的城市化进程之一。[199]因此,政府采用了高得非同寻常的建造目标:1956—1965 年是 65 万个单元,以及 1965—1974 年所谓的百万工程(Million Programme)完成了 1 005 578 套住房,其中 37%是由 MHCs❶建造的,它的集合公寓的生产份额从 53%上升到 68%。工程强调大型公寓综合体,一般是高层建筑,位于卫星城,为混合阶层和混合收入的人群服务。[200]

中心区域的情况是这样的:从 1904 年起,斯德哥尔摩市已经购买大片面向城市边缘的土地,甚至超出了城市边界。最终,它拥有了边界以内所有土地的 70%,以及边界之外的大片土地。在 1970 年代晚期,斯德哥尔摩郡 160 万英亩土地的 27%是公有的,是西方大城市区域中最大的土地银行。[201] 1912 年,它关键性地购买了在法斯塔(Farsta)的土地,1927 年和 1931 年,购买了在魏林比(Vällingby)的土地,它们后来作为 1913 年、1916 年、1948 年和 1961 年兼并的部分被纳进城市的范围之内。[202]

在城市管理中,英韦·拉松(Yngve Larsson)发挥了主要作用:他是一名老资历的地方政治家,不属于 SDP❷,而是属于自由民主党,1940 年起负责城市规划。1944 年,拉松用斯文·马克柳斯(Sven Markelius)替换了城市规划师阿尔贝特·利延贝里(Albert Lilienberg),后来他说想要"一个杰出的建筑师,受过规划的培训,并且完全能够跟得上最新的思想"。[203] 1954 年,马克柳斯的代理人约兰·西登布拉德(Gröan Sidenbladh)接过城市规划师的岗位,并成为城市建筑师,两个岗位合二为一。[204]

城市规划的核心是 1928 年的一项重建城市中心商务区的方案。它处于北方大陆的南端,紧挨在议会大厦的后面。按照 1946 年的版本,中心商务区包括了 5 个一模一样的高层办公塔楼——霍托格斯城(Hötorgs City),最终变成人们所熟知的朗纳·厄斯特堡(Ragnar Östberg)❸的市政厅,成为斯德哥尔摩天际线的一部分。城市的政治家们要保证市中心维持它在城市(同时也是国家的)商业中的统领性角色,就有必要提供更大的零售商店,并解决交通阻塞问题。一个特殊的诺马姆法(Lex Norrmalm)于 1953 年获得通过,它将有助于这一过程。这就是现代主义规划高水准的标志:很少有人提出抗议。从 1951 年到 1980 年代末,有 400 多幢状态还相当完

---

[199] Esping-Andersen, 1985, 187; Headey, 1978, 47; Heclo and Madsen, 1987, 214.

[200] Esping-Andersen, 1985, 188; Headey, 1978, 82; Lundqvist, 1984, 228.

[201] Pass, 1973, 32; Strong, 1979, 43.

[202] Childs, 1936, 93; Larsson, 1977, 630; Pass, 1973, 29, 62; Popenoe, 1977, 38; Sidenbladh, 1968, 76; Strong, 1979, 48-50; Strong, 1979, 47; Strong, 1971, 41; Stockholm Information Board, 1972, 22; Goldfield, 1979, 148-149.

[203] Pass, 1973, 111, 115; Sidenbladh, 1981, 562.   [204] Pass, 1973, 40-41, 64, 115, 118.

❶ Municipal Housing Corporations,瑞典市政住房公司。

❷ SDP, Social Democratic Party,社会民主党。

❸ 朗纳·厄斯特堡(Ragnar Östberg, 1866—1945),瑞典浪漫主义建筑师,曾获得 AIA 及 RIBA 颁发的金奖。他所设计的斯德哥尔摩市政厅被视为 20 世纪最伟大的建筑之一。

好的建筑被拆除,由 100 多幢新建筑所取代。[205]

　　在这个基础上,马克柳斯的工作小组花费了 7 年多的时间制定了 1952 年的斯德哥尔摩总体规划。规划依据这样一种预测,当时人口不到 100 万,到世纪末会达到 200 万。它建议建造新的郊区卫星城,每个卫星城有 1 万至 1.5 万居民,如同串联起来的珠子沿着新地铁线进行布置。在它们内部,公寓大楼建造在距离车站 500 码的范围内,独户住宅不超过每个区域内住房单元的 10%～15%,它们都建造在 1 000 码的范围以内,不再更远。根据雷德朋的原则,将会有一个无交通的邻里单元。一组为 5 万～10 万居民服务的郊区居住区将提供实际上相当于中等规模城市的全套城市服务设施:剧院、餐馆、办公楼、医疗中心、图书馆。因此,将会有一系列的设施和服务:供 5 万～10 万人使用的区域中心,供 8 千～1.5 万人使用的地区中心(之后增加到 2.5 万人以提升服务内容),以及供 4 千～7 千人使用的邻里中心。[206]

　　要去建造一连串高密度公寓这一关键性的决定受到 1944 年决策的很大影响,该项决策是要建造一个覆盖全境的地铁系统——特诺巴纳(Tunnelbana),而不是一个轻轨系统。开头两条线是到法斯塔和魏林比的,它们于 1957 年完成并连接在一起。[207]地铁沿线的每一个站点都将带来足够的交通,做到自给自足。这就意味着卫星城在每一个车站的 500 米(1 650 英尺)范围内被设计成是 1 万～1.5 万人居住的高密度公寓集中区。在车站的 900 米(3 000 英尺)范围以内是由联排住宅、别墅、小村舍等构成的中等密度区,这样避免了昂贵的公交连接。[208]马克柳斯认为,拥有孩子的家庭需要单门独户的住宅。的确,这些家庭确实想要这样的住宅。[209]而多层公寓是给

　　　独身人口、小家庭和单身家庭,他们对规划中需要空间的设施不大感兴趣,
而对于集中建筑所带来的便利感兴趣——靠近车站、舒舒服服地逛商店、餐馆、
　　电影院、剧场,还有便于参加闲暇活动和各种集体家庭活动。[210]

因此,直到 1960 年代,斯德哥尔摩的地铁投资超过了 10 亿克朗(2 亿美金)——4/5 由财政收入支出,1/5 从税收中支出。[211]但是也有一件相关的事情,在第一座卫星城魏林比,斯德哥尔摩零售贸易联盟(Stockholm Retail Trade Federation)将 3 300 平方米的购物区扩展为 20 000 平方米,结果成功地争取到 2 万～2.5 万个居民居住在步行范围以内。[212]

　　这在当时是有意义的。1945 年,斯德哥尔摩每 1 000 个居民拥有 9 辆汽车,到 1964 年底时,每 1 000 个居民拥有 190 辆,私家车拥有量平均每年上升 12%。即便如此,在 1970 年,45% 斯德哥尔摩的家庭没有汽车,只有 7% 拥有 2 辆或者更多的汽

---

[205] Hall, 1991b, 232-233;Sidenbladh, 1981, 567;Stockholm, 1947.

[206] Pass, 1973, 65, 115;Popenoe, 1977, 37;Sidenbladh, 1968, 83, 86;Strong, 1971, 45.

[207] Sidenbladh, 1981, 565;Sidenbladh, 1968, 85;Stockholm, 1952, 303;Strong, 1971, 43, 63-64.

[208] Markelius, 1957, 25.　　　[209] Markelius, 1957, 26.　　　[210] Markelius, 1957, 26.

[211] Popenoe, 1977, 44;Sidenbladh, 1968, 85;Strong;1971, 42-43.

[212] Ågren, 1975, 135;Hall, 1991b, 217;Pass, 1973, 123.

图 9-9 与图 9-10　魏林比和法斯塔

斯德哥尔摩最初两个"B"级卫星城市将要开发的城市中心,它们有着惯常的典型特征:步行购物街、地铁站、毗邻的高密度高层公寓楼。

车。到 1971 年时,大斯德哥尔摩所有的通勤交通中的 60%,城市内部的 70%,依靠的是公共交通。[213] 对于其他人而言,将会有一个高容量的公路网,专门设计用来服务于环线出行。[214]

　　该规划也是以疏散就业人口为根据的。每一个卫星城都是一个"ABC 社区",即有工作、居所、市中心(Arbete,Bostad,Centrum):这不仅仅是一个卧城,而且还是一个就业和社区中心。灵感来自于伦敦的新城,但是马克柳斯意识到他的卫星城必须是不同的:

[213]　Popenoe,1977,39–40;Sidenbladh,1968,83–86.
[214]　Sidenbladh,1965,114–116;Stockholm Information Board,1972,35,51–72.

　　当然,我怀着极大的兴趣研究新城,但是在斯德哥尔摩的解决办法必须满
足斯德哥尔摩的特殊情况。我没觉得魏林比是在模仿新城,即使它们是在同一
时间里进行规划的,并且它们有着共同的总体概念。[215]

可以很恰当地说,他的方法与梅于 1920 代年在法兰克福(一个大小相当的城市)的方
法是相同的:卫星城市。马克柳斯的外围郊区单元——1950—1954 年的魏林比,
1953—1961 年的法斯塔,1961—1968 年的谢霍尔门(Skärholmen),1964—1970 年的
滕斯塔-林克比(Tensta-Rinkeby)——都常常被不准确地称作为新城。如果这么称
呼就意味着它们是纯粹自给自足的霍华德式的图景,但它们并不是,它们是部分通
勤式的城市。但是马克柳斯争辩道,即使是充满了乘坐班车的人,在卫星城提供一
些工作也会有好处,因为反方向班车的乘客将会平衡地铁的负荷量。[216]在实践中,情
况并非如此。按假设这会是一种"一半一半"的规则,有一半的工作人口乘车外出通
勤,有一半的劳动力会从别处被运回来。但是到 1965 年时,只有 24％的魏林比居民
在本地工作,76％乘班车出去。绝大多数的(本地)工作由外部通勤者承担,而居民
外出工作。法斯塔的情况则更糟,1965 年,只有 15％的居民在本地工作,85％的人乘
车出去工作。[217]

　　到 1961 年时,魏林比和法斯塔卫星城按照 ABC 原则实际上已经完成:它们里面
13 个单元的人口在 8 000～16 000 之间变化。接近 1/3 的住房是由公共住房公司建
造的,大约 1/3 是由合作社和类似的非营利市场建造的,略低于 1/3 的住房是私人营
造商建造的,其余 1/10 由独户住宅构成。大约 95％的住房其经济来源于公共资助,
当然,没有高收入家庭在那里建房。[218]

　　如果今天去访问,卫星城在主题上发生了变化,因为它们的规划师想要从经验
中汲取教训,也因为他们妥协地迎合了百万计划的要求。魏林比的环绕中心的 9～
12 层的点状楼,或者非常长的 3～6 层的、向远处延伸的板式楼,[219]它们正如托马
斯·霍尔(Thomas Hall)所认为的并没有形成压迫感。这个第一个卫星城:

　　……与大约 10 年以后所建造的郊区住区有所不同,10 年后的郊区住区住
　房没有这么大,建造方法也没有如此合理,从而在形式和目标方面缺乏这种自
　由度。魏林比在建筑物与开敞空间之间维持了一个很好的平衡:住房相互之间
　足够靠近,形成了空间连贯性和某种"城市"氛围,但是也足够分散以致能够保
　留某些原来的地貌和自然风景。[220]

魏林比采取了随后每个案例都会重复使用的形式:一个居中的、高品质的购物和服
务中心,大约相当于我们在阿伯克隆比的某个伦敦新城中所看到的购物服务中心,
服务于 8 万～10 万人。有地方区域中心为这个中心配套,它们之间均由地铁连接。
在主要中心周围,居住密度是最高的,从中心出发向外围逐渐降低,从而将绝大多数

---

[215] Pass, 1973, 116.　[216] Markelius, 1957, 24-25, 27.　[217] Pass, 1973, 19, 25, 58;Sidenbladh, 1968, 84.
[218] Strong 1971, 45.　[219] Strong 1971, 46.　[220] Hall, 1991b, 220.

人口布置在一个商店和服务中心的步行距离以内,这意味着每个人都将住在公寓里。这种标准的居住区只是在随后的开发中略微发生了一些变化,反映了经验与时尚的变迁:在开阔的法斯塔步行街周围,有着非常高的高层建筑,停车场面积是魏林比的3倍;在谢霍尔门则是更为封闭的步行街和高人口密度的低层公寓,它有一个扩展的停车区,在一个多层停车场里,能够停放3 000辆汽车,是斯堪的纳维亚半岛上最大的停车场;在莫尔比(Mörby)有一条封闭的商业街,可直接通向地铁站。[221]

有一个在1940年代晚期变得严重的问题,在1950年代晚期时达到了危险点,这个问题就是:在城市范围之外,哪里可以找到建造场地?1960年,斯德哥尔摩达到了它的人口峰值80.8万人,从那时起,人口迅速向外迁移;到1976年时,减少到仅有66.1万。郊区拒绝承受这一压力,并在1950年代中期导致了很深的裂痕。[222]最终在1959年,城市与郊县达成波尔莫拉法(Lex Bollmora):斯德哥尔摩可以在边界以外进行建造,但是只能在受邀请时才能这么做。在短短几年内,在城市和8个郊区部门之间达成了10项协议,建造31 000个新单元,70%是由城市来处理。社会民主党政治家接受了这一点,因为这给他们提供了公共住房。[223]

但是这些新郊区——蒂勒瑟(Tyresö)、胡丁厄(Huddinge)、耶尔费拉(Järfälla),产生了交通不贯通的新问题。1964年12月,大斯德哥尔摩交通委员会(Storstockholms Lokal-Trafikförbund,SL)和一个接管所有设施的私营公司达成协议。然后在1966年6月,城市和郊县达成协议,于1971年1月成立大斯德哥尔摩郊县委员会(Great Stockholm County Council),承担建造和运营地铁线的职责。[224]

由此而来的开发项目是百万计划中的一部分,10年中每年将有10万个家庭建成,这是一个惊人的目标,因为当时瑞典住房市场几乎不到300万。标准化加上由国家推行的预制化,这也相应推动了地方政府的土地供应。项目负责人的初衷是良好的:正如托马斯·霍尔所总结的,他们建造了他们认为人们应该拥有并负担得起的住房,但并不关注人们真正想要的是什么。所有调查显示,大多数人想住在小住房里,但这在很大程度上被忽视了。缺乏可利用土地、缺乏城市规划以及开发资源,再加上住房需求的理论计算,完全没有单户住房的供给。[225]

随后大约在1970年,瑞典社会民主党所建立的世界几乎开始瓦解:经济、福利状况、住房和规划项目,事情来得十分突然,同时还表现出系统性功能丧失的迹象。奇怪的是,虽然危机是间接关联着的,但是它们却有着十分独立的原因。

一个关键部分是住房和规划危机:这个系统发动了最大的生产力,却突然发现自己的生产数量过剩,而具有一定质量住房的数量还远远不够。这就出现了一种完全不可预测的、无法出租的住房的过剩问题,更加糟糕的是一种无法出租的问题房

221 Stockholm Information Board,1972,52-71.   222 Anton,1975,40-45;Larsson,1977,636.
223 Anton,1975,72,74-75,77,86,92,95;Headey,1978,81.
224 Anton,1975,98-99,101,103,105-109,116-118,121,135.
225 Hall and Vidén,2005,323.

产的问题。在主要建造在城市外围土地上的最新的卫星城里,住房是以最快速度完成的,人们很少关注周围环境的质量。它的很多地方是工业化的,非常单调,加上建造密度过高、服务设施(如交通)不到位、房租太高,居民没有选择余地。在 1970 年前后,相当突然地出现了一个反对最新卫星城的反应:首先是反对谢霍尔门,然后是反对滕斯塔(巨大的贾尔瓦法特(Järvafältet)项目的一部分),最终也开始反对规划系统本身。[226] 滕斯塔是个特别重大的失误:它是一个巨大的混凝土结构的公寓综合体,没有配备适当的公共交通,因此通勤很困难,社会服务和商业设施很少。它呈现出一种单调的、不美观的形象,空关着的公寓套房证实了这一点。[227] 瑞典城市规划历史学家托马斯·霍尔对此做出总结:

> ……当这些标准的庞然大物大部分是由预制板装配起来的时候,所有的设计考虑就被遗弃了。压倒性的目标就是大型单元的开发和快速的合理建设。形成这些住房的设计不是由未来居民的需要所决定的,而是由建造过程中的起重机和穿梭往来的卡车所决定的。[228]

它们不仅对于批评家是不美观的,而且对于预期居住于此的居民也是如此:它们有着很高的空置率和很高的转手率。它们的形象在不断变糟:大多数长期居民是移民和问题家庭。

结果是市场饱和,房屋无法出租:到 1975 年时,有 2.5 万个单元空置,绝大部分是新开发的。公共住房的闲置率突然从 1970 年的 1.6% 上升到 1974 年的 13.4%,并且出现了许多针对"妄自尊大"的物业的批评。1974 年末,有些物业的平均空置率达到 17%。[229] 正如一位观察者所描述的,"问题家庭迁移到了问题区域",[230] 滕斯塔和谢霍尔门逐渐被指责为一个把"规划强加在人民头上"的案例。[231]

托马斯·霍尔很好地描述了弥漫于 1970 年代中期的情绪:

> 有一种广泛传播着的信条,规划师和开发商的时代已经过去了。现代瑞典已经建完,所有剩下的事情只是维修,一定数量的清除和稍稍增加一些建筑。[232]

结果,即使在城市规划的神圣殿堂里,专业上无所不知的地位受到挑战。重头戏落在下诺马姆的中心商业区的再开发上。随着扩展的失败和公众意见的变化,重建工作进入震颤性的停顿阶段。一项 1975 年的规划几乎标志着完全中止综合性再开发的思想。但是在这一过程中,很多建筑遭到破坏。[233] 目前的战斗扩展到靠近中心区的较老居住区的城市更新工作上,城市官员与违章搭建者在那里进行了一场持久的斗争。

---

[226] Anton, 1975, 204; Headey, 1978, 48; Karyd and Södersten 1990, 174; Sjöström, 1975, 122.

[227] Goldfield, 1979, 150; Heclo and Madsen, 1987, 216.　　[228] Hall, 1991b, 225.

[229] Daun, 1985, 3; Esping-Andersen, 1985, 188; Hall, 1991b, 225; Lundqvist, 1984, 222, 229; Strong, 1979, 80.

[230] Sjöström, 1975, 122.　　[231] Sjöström, 1975, 122.　　[232] Hall, 1991b, 238.

[233] Hall, 1991b, 234-236.

但是，批评也扩展到卫星城本身。新一代的建筑师和规划师指责它们建造得太快，为了数量而牺牲了质量，是在制造新的贫民区。大量的抱怨来自所有的方面，在传媒上进行的报道越来越震耳欲聋："非人的环境""景观的野蛮破坏""社会灾难区域""建筑怪物""混凝土丛林"。[234]特别是利用工业化建筑技术匆忙建造的卫星城滕斯塔——在媒体上被痛骂为一场规划灾难（en stora planering katastrof）。[235]这个问题在一篇文章的题目里变成：它怎么会变得如此错误？[236]规划办公室的核心口号——引导人们如何去生活，逐渐被看成是一种自由极权主义的体现。

政治家和规划师想要从他们的错误中总结教训。但是根本问题在于，集体主义思想如何能够针对富裕社会变化的、个性的要求做出反应。[237]在获得选择权后，大多数瑞典人的压倒性要求就是成为独户家庭住房的自主业主。现在他们开始实现这些愿望，新郊区是单调的，使人联想起美国最差的郊区住区；但是，需求量是巨大的，而且它们很容易销售出去。[238]同时，多余的出租住房留给了任何想要得到它们的人：一些存在社会问题的人（如酗酒者），[239]以及来自南斯拉夫、希腊、土耳其和南美的移民。当地的瑞典人感到不舒服，他们如果可能，就会迁移到新的郊区去。当新的郊区开始遭到破坏行为、涂鸦和社会精神崩溃的摧毁时，瑞典人就开始对自己的模式提出质疑，似乎整个社会实验已经突然变味了。[240]

有趣的是，批评家们逐渐发现有一点更难实现：整个世界的生态运动在当时处于高潮阶段。确实，城市和批评家之间矛盾的焦点在1971年变成国家的一个重要问题，这涉及斯德哥尔摩的一个广场——昆斯塔德花园（Kungsträdgården）上一小丛榆树的命运。[241]在遭遇能源危机以后，这里就像别处一样，整个汽车文化受到抨击，一个早期的生态运动（"另一座城市"（Alternativ Stad），1965年成立）发动了要求在城市中完全禁止使用汽车的运动。[242]但是马克柳斯在30多年前就已经预见了这个由富裕引起的矛盾，在大量拥有汽车的情况出现以前，就建立了一个庞大的公共运输系统。在这方面，他的重大设计经历了时间的考验：尽管有些批评，但相比多数其他城市，斯德哥尔摩的情况要好一点，汽车和城市环境之间的矛盾得到了有效的缓解。

朝圣者仍然成百上千地来参观它们，并且留下了深刻的印象：按照大多数其他地方的标准，每件事情似乎都在发挥着作用，每件事情都到位，每件事情都极为得体。在最后的地铁线将要完成的时候，他们甚至为每一个车站都单独邀请了一位艺术家来进行装饰。[243]一位来访的美国社会学家发现，在魏林比，大多数人看起来都很满足：与在莱维敦的美国式的郊区居民相比，人们有更多的时间与孩子在一起，妇女和十几岁的孩子可以更方便地不用汽车四处出行，孩子们拥有规划得更好的开敞空

[234] Popenoe, 1977, 217-221.   [235] Höjer et al., 1977, 19.
[236] Lindstrom, 1977, 203.   [237] Goldfield, 1979, 152; Heclo and Madsen, 1987, 217.
[238] Daun, 1985, 3; Goldfield, 1979, 153; Hall, 1991b, 229; Heclo and Madsen, 1987, 215, 225; Lundqvist, 1984, 228.
[239] Daun, 1985, 4.   [240] Daun, 1985, 4-5, 7.   [241] Berg, 1979, 171-172.
[242] Herlitz, 1977, 219-220.   [243] Berg, 1979, 187-202.

间和特别护理。甚至在那个时候,大多数接受调查的人宁可要一套住宅而不是一套公寓:明显被斯德哥尔摩的生活质量所震惊了的社会学家感到这一结果必定反映了民意调查中的一个失误。[244]

但是当时在瑞典的游客很容易受到震动,有时候似乎一切庸俗和花哨的东西都已经被议会的法令所禁止。然而走近一看,这里还不是天堂:在地铁站台上,涂鸦破坏了精致的艺术家设计;在地铁火车上,周六夜间喝醉酒的流氓团伙惊吓了旅客;报纸上的报道告诉人们卫星城生活的颓废而冷漠(特别是那些最后完工的,如滕斯塔、林克比),那里是大量移民工人集中的地方。上年纪的斯德哥尔摩人伤心地说道,过去不是这个样子,回到1950年代,在诸如魏林比的开发中,他们相信会有一个安全的太平盛世,自由启蒙与社会和谐永远将占统治地位。但是在某个地方,蠕虫钻入了花蕾。

于是,返回的朝圣者们也发现了惊人的变化。在谢霍尔门,社会民主党规划最终对应的结果就是:围绕着中心大型商业建筑的高密度公寓,反过来集中于地铁车站,但是多层停车场的最底层永久性地变成为跳蚤市场,中心的入口通道挂满了俗气华丽的家庭制作广告牌。当商业开始走下坡路之后,重修过屋顶的商业中心本身就是一场商业广告的大杂烩,这些广告宣扬着杂乱的信息,就好像这里是曼谷或者新德里。如果某人爬上停车场的屋顶,很快就会发现这种疯狂状态的原因:因为紧接着沿水平方向铺展开去的,就是与斯德哥尔摩达成的协议破灭以后,在相邻的市镇胡丁厄开发起来的竞争性的购物中心。3分钟的车程就可以把游客带过一道看不见的铁幕(Iron Curtain)❶:这里是一个同样标准化的世界,一个1990年代购物中心的无地方性的世界,它们完全是以汽车为基础,带有人们熟悉的标识——ToysRoUs❷、麦当劳,以及瑞典对这一风格的贡献——宜家(Ikea)。

当社会民主党长期坚持的观点放松以后,它包容了1980年代期间在瑞典发生的变化。这在斯德哥尔摩北部以远远更大的规模重复着,访问者从奇斯塔(Kista,1970年代末才完成的最后一个大型卫星城的开发)进入另外一个世界(1980年代和1990年代的创造):一个由商业公园、旅馆和城外购物中心所构成的巨大的线型**边缘城市**,沿着E4高速公路长达20多公里,一直伸到阿兰达(Arlanda)机场。它几乎和在加利福尼亚或者得克萨斯相对应的城市没有什么区别,并且这比任何其他景象都更加刺激。它强调了这样一种事实:社会民主党的意见本身现在也是一段历史,有待于分析和解释。

斯堪的纳维亚的另外一个地方获得了和斯德哥尔摩卫星城一样的传奇名声:在赫尔辛基都市区的塔皮奥拉(Tapiola)和凡塔恩普伊斯托(Vantaanpuisto)。

[244] Popenoe, 1977, 177–201, 236.
❶ 铁幕(Iron Curtain),1946年英国前首相邱吉尔指西欧与苏联势力范围之间分界线的用语,指由于巨大差异和敌对意识所产生的双方之间交换信息和观念的障碍。
❷ 全球销售的玩具及婴儿用品连锁品牌。

1967 年,美国建筑师协会的 R. S. 雷诺纪念奖(R. S. Reynolds memorial award)将社区奖同时颁发给了斯德哥尔摩卫星城、塔皮奥拉以及坎伯诺尔德(Cumbernauld)[245]。早在1947 年,赫尔辛基区域规划协会成立,赫尔辛基都市区的概念成为了共识[246]。然后在 1951 年,一些芬兰公共事业机构成立了住房基金,专门在赫尔辛基外围建造一个新的郊区住区。[247]它积极促进塔皮奥拉成为"花园城市"或"新城"[248]——严格意义上两者并不完全准确对应,但其笼统性已经足以使这种误解传遍英国境外的每个地方。由此制定出的规划融合了四项国际性的现代城市规划基本原则:克莱伦斯·佩里的英美邻里单元系统理论,由奥托-利瓦里·缪尔曼(Otto-Iivari Meurman)应用于塔皮奥拉;由芬兰 1950 年代和 1960 年代的著名建筑师阿尔纳·艾维(Aarne Ervi,1910—1977)翻译的国际现代建筑协会(CIAM)的城市化(urbanism);值得注意的是,通过在社区之间的置入树林和公园,区划得以实施;通过把穿行交通从居住社区里分开,使得在商业中心的步行系统与机动交通区分开来。[249]

巴黎:奥斯曼的回归

在马克柳斯以后整整 20 年,欧洲才开始出现其他沿着一条全新的交通系统来规划大城市的重大历史举措。它以一种非常奇怪的方式形成了。在 1960 年代早期,巴黎想要限制自己扩张,但显然失败了。官方政策体现了地理学家暨城市规划与重建部的官员让-弗朗西斯·格拉夫(Jean-François Gravier)的观点,他在准法西斯的维希政权时期(1940—1944 年)撰写了著作《巴黎与沙漠化的法国》(*Paris et le désert français*),但直到 1947 年 1 月才出版。[250]他的核心观点就是在一个世纪内,巴黎已经吞噬了国家的大量资源,破坏了法国行省的经济。并且,巴黎攫取了所有的重要领导权,法国的其余地区只能听从于它:一种准殖民地的统治。[251]再者,他还借鉴了卢梭的思想:城市生活对于人类而言是不利的,这会导致人们丧失所有的道德[252],这一观点很奇怪地与当时纳粹德国的城市规划师的看法不谋而合。

然而,尽管有着这样奇怪的起源和关联,格拉夫的著作还是很快成为法国空间规划的圣典。甚至后来挑战格拉夫并推翻了他的保罗·德罗维耶(Paul Delouvrier)也坦言当初他也很相信这本书,他说:"我们全是格拉夫的追随者,因此或多或少都认为巴黎,特别是 19 世纪的巴黎,吞噬了法国的其他地区。"[253]这种情况直到1995 年,法国财政部应欧盟委员会的要求去调研现实情况,结果显示:3 个城市地区补助了所有其他地区。阿尔萨斯(Alsace)(斯特拉斯堡(Strasbourg))的流出比流入多了 3 亿欧元;罗讷-阿尔卑斯(Rhône-Alpes)(里昂(Lyon),法国第二大城市)流出比流入多了 6.5 亿欧元;法兰西岛(Île-de-France)(巴黎地区)流出比它财政预

---

245 Lahti, 2008, 158.   246 Lahti, 2008, 152.   247 Lahti, 2008, 153.   248 Lahti, 2008, 157.
249 Lahti, 2008, 156.   250 Marchand and Cavin, 2007, 30-31.   251 Quoted in Marchand and Cavin, 2007, 31.
252 Marchand and Cavin, 2007, 33.   253 Marchand and Cavin, 2007, 48-49.

算的流入多了惊人的 180 亿欧元,财政预算为每年人均(包括婴儿和退休人员)
1 600 欧元。[254]

　　法国在几个世纪以来,在 1960 年代早期第一次迎来了自己的生育高峰。年轻人
离开土地,走向大城市的明亮灯火。戴高乐认为作为法国荣耀的具体象征的巴黎,
应该完成自己的历史使命。他于 1961 年召见了在痛苦的阿尔及利亚撤退中引起他
注意的一名官员,并要求他领导一个小组,制定一个新的规划。1965 年,法兰西岛大
区(Région Île-de-France)的指导性规划(Schéma-Directeur)相当于近代的奥斯曼的
巴黎宏大设计,现在从逻辑上来说扩展到了整个巴黎地区。戴高乐钦点的这位“奥
斯曼”起初的头衔是巴黎市区地区总代表(Délégué Général au District de la Région
de Paris),后来从 1966 年变成了巴黎地区专员(Préfet de la Région Parisienne),这
个人就是保罗·德罗维耶(Paul Delouvrier)。他被任命的时候是 47 岁,比奥斯曼接
受这一岗位任命时大 3 岁。当德罗维耶于 1995 年去世的时候,法兰西岛大区城市管
理研究所(Institut d'Aménagement et d'Urbanisme de la Région d'Île-de-France)的
《记录》(Cahiers,一份由他创立的为研究提供规划基础资料的期刊)回忆了 1961 年
戴高乐乘坐直升机在这一地区视察的情景,他要求有人“为这一地区纳入一些秩
序”,意思是指下面未经规划的大片郊区结构。[255]德罗维耶做的正是这一点,正如他后
来所说的,奥斯曼花费 17 年改造巴黎,而他只花了 7 年时间。

　　他们计算了一下数字并得出结论,即使国家规划系统成功地按照有效的“均衡
城市”(métropoles d'équilibre)建立了最大的省级城市,20 世纪巴黎地区的人口将从
900 万增加到 1 400 万到 1 600 万之间。早在 1962 年,德罗维耶在一次私人会见中
说服戴高乐“从狭缝中爆发出来”的一座动态巴黎的图景明显是正确的。[256]相比起另
一方案——按照传统的每年增长,在大约 60 或 60 多英里的反向磁铁距离,阿伯克隆比
式的新城,一座“第二巴黎”——他们已经完全将其否定:巴黎的磁力使得人们要待在那
儿,不到别的地方去。但是,如果它要像以前那样增长的话,城市将要窒息。[257]

　　因此,他们有效地在巨型尺度上采纳了斯德哥尔摩规划,使之成为比斯德哥尔
摩大 10 倍的大都会。巴黎将会有新的城镇,然而这些城镇不是霍华德-阿伯克隆比
模式的,而是梅-马克柳斯模式的卫星城市。因为巴黎是巨大的,它相应的卫星城也
应该是这个样子:相对于 1920 年代法兰克福的 1 万~2 万人,或者相对于 1940 年代
斯德哥尔摩的 8 万~10 万人,1960 年代的巴黎需要 8 个单元,每一个在 30 万~
100 万人之间。[258]例如在斯德哥尔摩,它们既要与中心城市连接,也要相互连接,这不
仅需要通过环形公路,而且也要通过一种新型运输系统。但是仍然存在着不同之
处,与斯德哥尔摩的地铁(Tunnelbana)不同,与已经成为其基础的伦敦地铁(London
Underground)不同,与已存在的巴黎地铁不同,或者与所有 1890—1910 年代的地铁
系统都不同,这将是一个高速运输系统:具有通勤铁路的服务特点,它可以在短时间

[254] Marchand and Cavin, 2007, 49.　　[255] Anon, 1995, no pagination.　　[256] Alduy, 1983, 75.
[257] Hall, 1984, 72-76.　　[258] Rubenstein, 1978, 107.

内长距离地运输旅客。与它最为接近的系统只有一个,当时还停留在图纸阶段,那就是为旧金山规划的海湾区域快速运输系统(Bay Area Rapid Transit System, BART)。

图 9-11　马奈拉瓦莱(Marne-la-Vallée)

在 1965 年规划中,斯德哥尔摩模式以更大的空间尺度应用于巴黎的新城中,大区快铁(RER)直接穿越城市中心的地表之下。

　　但是 BART 从未被视为整体性的区域规划手段,它是作为一种解决带有威胁性的区域公路混乱局面的办法。事实上,它推动了进一步的郊区化,并且转移了在那里发生的交通大堵塞。与此相反,160 英里的 RER❶(和 20 年前的斯德哥尔摩一样)规划用来与卫星城融合一体。这些卫星城将被排列在两条"优先的轴线"上,一条是在现有聚集区的北面,一条在南面。为了将它们连接起来,RER 将采用字母"H"的形式布置支线道路,而主要东西线分支到每一个末端。但是,这样它将不仅连接规划中的卫星城,而且也将连接新的内城中心,这些中心将成为巴黎地区衰退、破敝的中环区域的城市更新的催化剂,而且它还将提供那里所急需的服务。当计划正在筹备时,位于紧邻内城西侧外围的拉德方斯(La Defense)作为此类中心的最大一个已经开始启动,并且反映了一种已经被规划师纳入其套路的既成事实(fait accompli)❷的商业状态。

　　如果胆大是城市规划成就的一种标准,那么巴黎的 1965 年指导性方案一定是其自说自话的某种结果。在城市文明史中,还没有哪一个尝试是如此宏伟。对于法国国库来说,总金额是令人震惊的:与指导性方案同时制定的该项 12 年规划对于公路要求的总费用是 290 亿法郎,公共交通 90 亿,更不用说每年 14 万套新住宅的费用了。[259] 只有一个由对自己的使命充满救世主般信念的人物所领导的国家,一个历史上

---

[259]　Alduy, 1983,76.
❶ Réseau Expression Régional,巴黎的区域快速铁路,又称大区快铁。
❷ fait accompli,既成事实。一项行动已经完成了,然而会被这项行动所影响的事物还没有来得及有所反应。

经济空前繁荣的国家,一个有着几百年自上而下公共干预传统的国家,才能想出这样的计划,也许以后再也不会有了。

这是一个终极规划。各种类型的学术理论家在历史回顾中,都能够从中找到他们所喜爱的东西。马克思主义者可以把它视为一种大型资本根据自己利益来操纵国家的极端案例,特别是提供必要的社会投资以保证劳动力的再生产,这对于1965年至1972年间在巴黎诞生的现代城市马克思主义研究来说也是不无关系的。与此相反,相信民族文化复兴的人们将从中看到路易十四和奥斯曼所代表的持久传统:具有讽刺意味的是,德罗维耶所实现的那种规划正是柯布西耶长久期望而最终没能实现的。另一方面,对于政府理论家而言,这是一个中央官僚系统保卫它的独立权力的经典案例。保罗·阿尔迪(Paul Alduy,作为制定和执行规划的一名主要官员,已经把这些作为反民主的阴谋的确凿证据记录下来)给出了他们的证据:"它涉及国家干预的新方法,一个凌驾于党派和选举代表之上的中央国家。"[260]除此之外,正如他所显示的,大部分现有的官僚机器及其政治领袖在规划制定过程中只是简单地被忽略了:"目的是很明显的,它不是要与任何人进行协商,而是首先要发动一场宣传攻势,目的是要展现国家的新形象和一种新的干预模式,此外,是要表现国家和地方政府之间的新关系。"[261]

无论如何,它被保留下来,并且勉强实现了。这当然不是没有经过调整或者痛苦的过程:1969年,经济危机和人口变化带来了一次重新调整,8个新城中的3个被取消了,其余的则缩小了规模。[262]但是其他的事情都在推进,并且有一些真的被证明是吸引私人建设投资的磁石,它们建造办公楼、购物中心以及大规模出售家庭住房。那也许是巴黎人故事的道德底线:正如法国规划师经常争论的,公共规划可以证明是对私营部门的一个明确信号,因而能够使之逐步制定自己的投资计划。德罗维耶为巴黎郊区所做的也就是奥斯曼100年前为城市所做的,包括世纪之交的区域多中心结构(它的5个新城,3条环形机动车道路,5条RER线),他完全可以成为奥斯曼工程的嫡系接班人。巴黎在路易-拿破仑和奥斯曼以后,就陷入了沉睡之中,戴高乐和德罗维耶一起将它从沉睡中唤起。大胆能够产生作用。

高速公路大叛乱及其之后

但是关键问题仍然存在:无论是1945年的斯德哥尔摩,还是1965年的巴黎,都没有能够成功地把欧洲人从汽车中拯救出来。从1945年到1975年间,这些岁月的确是欧洲取代美国成为世界主要汽车制造者的年代,所发生的全部故事,就是40年之后汽车革命来到欧洲。[263]在这一过程中,它开始深刻影响传统的生活方式和传统的城市结构。在瑞典,独户家庭住宅从1970年新房建设的32%发展到1974年的

---

[260] Alduy, 1983, 78.　　[261] Alduy, 1983, 78.　　[262] Rubenstein, 1978, 107.
[263] Roos and Altshuler, 1984, 18—22.

55％,到 1970 年代晚期高于 70％。这反映了个人的偏好,它表明相比公寓房,多达 90％的瑞典人更喜爱住宅。[264]类似情况也发生在巴黎的新城,独户家庭住宅构成了住房的绝大多数,超市里充满了烤肉架和花园用具。在所有事情中,最为明显的信号就是很难找到餐馆,更不要说好的餐馆了。

因此,汽车在欧洲,如同在它的第一故乡,是郊区化的手段。郊区是鸡,汽车是蛋,究竟是先有鸡还是先有蛋这还很难说。在洛杉矶人们已经注意到的,以及更加早些时候人们在伦敦所注意到的郊区发展(第 3 章),要早于大规模的汽车普及。但是反过来,汽车使得郊区更加自由地伸展,它比任何大众交通手段都要强大。这一过程中的这个问题在各地都是这样,而汽车问题在传统的历史城市中则变得很尖锐。美国城镇自 1920 年代以来就开始面临这一矛盾,它们通过放松并减弱早先的紧凑型城市结构来做出回应,而欧洲的城市主义者们不太愿意看到此类情况的发生,大规模建设所带来的调整显然需要去适应城市中的汽车普及时代。

自 1950 年代中期以来的十多年间,新一代的城市交通分析专家主导了城市规划,首先是在美国,然后(他们出口了他们自己和他们的技术)同样也在欧洲。他们的计算机模型显示似乎绝对有必要建立一种城市公路网络,以便赶上交通量的上升曲线。在一段时间里,他们没有遇到抵抗。在英国,交通部于 1963 年末发表了一篇关于《城市中的交通》(Traffic in Towns)的报告,它是由一个不出名的规划师兼工程师柯林·布坎南(Colin Buchanan)领导下的技术小组撰写的。[265]它被证明为一本畅销书,布坎南一夜之间成为一名公众人物。布坎南的观点是非常精炼的,它是从 1/4 世纪以前阿尔克·特里普的社区规划原理中演变出来的。这就是规划师应当为城市环境设定固定的标准,由此,只有通过大规模的重建,更多的交通才能被容纳进来。如果社区不愿意或者不能支付经费,那么交通必然就要受到限制。几乎没有人能够领悟这一信息,由于大众受到庞大而多层次的重建图景的困惑,他们变得很茫然,开始相信布坎南正在号召将城市化的英国用推土机推掉。起初,他们似乎很平静地接受这一切,甚至热情地接受。当综合性再开发在各地仍然完全被视为一件好事的时候,英国伟大重建的时代到来了。伴随着布坎南而来的就是交通工程师和他们的城市公路规划:伦敦有几百英里,还有为每个省级城市规划的巨大公路网。

但是布坎南确实喜欢高速公路。1937 年,一个英国官方代表团一行 224 人,包括汽车组织代表、官员、地方政府高速公路工程师,还有一些其他人,包括退伍军人托马斯·亚当斯(Thomas Adams)(但是没有来自交通部的人,因为当时的交通部长莱斯利·霍尔-贝利沙(Leslie Hore-Belisha)是犹太人),他们学习了当时正在建造的德国高速公路系统。[266]但是年轻的布坎南已经提前几周开始了自己德国的私人之旅,并且从未丧失对于德国交通规划的技术与艺术品质的热诚。[267]毫不奇怪,《城市中的交通》为英国城市提供了一个混合了来自欧美,特别是德国的解决方案。新的大型

264 Popenoe, 1977, 222; Goldfield, 1979, 152-153.   265 GB Minister of Transport, 1963.
266 Ward, 2010, 124.   267 Ward, 2010, 125.

城市公路系统加上局部地区的交通管制甚至隔离,他称之为"环境控制区"(environmental areas)。

在一些城市中心,这些地区变得越来越步行化。[268]20 年之后,英德城市交通规划专家卡曼·哈斯-克劳(Carmen Hass-Klau)在引进另一套德国的体系中发挥了重要作用,即"宁静交通"(Verkehrsberuhigung),它有很多技术方法,如控速路板、铺装、减速弯道和其他实物限制,这些很多都是来自现有的德国案例。然而,缺失的则是更具策略性的德国方法,即采用多种综合方法来降低或减缓机动交通,使得那些居住在城市中但又不使用小汽车的人们对此并不感到非常不满。[269]

但是在加利福尼亚(通常是作为先行者),潮流已经转向。旧金山是美国城市中最为欧洲化的城市(因此该城决心不像它的主要对手洛杉矶那样),它意识到要规划一条沿着它历史性的滨水区(以前是著名的渔人码头(Fishman's Wharf))的高架双层高速公路,在世界上第一次人们针对高速公路的逆反中,恩巴卡德罗高速公路(Embarcadero Freeway)被中止在轨道上。然后,随着令人眩晕的胜利,城市各处完全停止了建造高速公路,茫然的来访者可以看到高架结构突然停止在半空中。旧金山委托顾问们撰写了一份 1956 年的报告,又在 1962 年以同样的资料撰写了下一份报告,要求建造一个 900 万美元的新型交通系统,要有意识地把旧金山设计成为一座保持欧洲风格的、中心强大的城市。旧金山的选票是二比一赞成,郊区居民不太积极,但是提案被勉强通过,第一流水平的 BART 系统开始建设。[270]

逆反情绪沿着北美扩展开来,多伦多停止建造它的斯帕迪纳高速公路(Spadina Freeway),随后又将通行权转向地铁。它在欧洲出现了模仿者:1973 年 4 月的一个早晨,大伦敦议会的劳工入境管理局实现了选举的允诺,撤销整个 GLC 机动车公路计划。这是新时代精神(zeitgeist)的所有部分,在这个计划里,所有流行的规划口号都被颠覆过来。这也是"罗马俱乐部"(Club of Rome)报告的时代,人们的信仰就是"小就是美的",强调要为弱势群体做规划,要为弱势人群服务规划,要为重大的 OPEC 能源危机服务。但是,针对建造高速公路的逆反出现在能源危机之前,这一危机看起来只是加强了政策逆转的正确性。

在英国,就像别的地方一样,中央政府的政策起到相反效果。其目的不再是为了满足汽车交通的需求去重塑城市,而是鼓励人们使用公共交通。虽然在 1980 年代受到撒切尔政府的部分阻挠,[271]但是在 1990 年代初又掀起了一轮新的趋势。第一,对于"预测与需求"的理念出现了一个根本挑战,主要是有越来越多的证据表明,道路建设会诱发道路交通需求。第二,人们越来越意识到机动交通系统对生态系统的破坏,在 1990 年代初在边缘选区达到高峰,显露出两个传统的保守政策之间的基本矛盾,一个是加强经济竞争力,另一个是保护乡村。[272]这一矛盾依然存在:有许多人支持地方官员这种政策,而不是限制驾驶者的自由。杰夫·维加(Geoff Vigar)总结

[268] Ward, 2010, 128.　[269] Ward, 2010, 130-131.　[270] Zwerling, 1974, 22-23, 27; Hall, 1980, 114-115.　[271] Vigar, 2001, 277.　[272] Vigar, 2001, 279.

道:"人们越来越认识到,在很多场合下,减少道路空间实际上就是减少交通,这需要政治家和从业者具有更高的眼光。"可能这也提得太高了。[273]符合这一逻辑的结果就将投资大规模转向城市大众交通系统,这不仅发生在英国,而且更加彻底地发生在更为富裕的欧洲经济共同体国家,如法国和西德。现在,其他城市跟随着被诸如斯德哥尔摩和巴黎这样的先锋打败了的先锋的足迹。在1980年代初期的德国,实际上每个主要城市都正在新建或者重建一个轨道交通系统。[274]欧洲的郊区是一个公路上的城市,但是它也是一个地铁上的城市。它的居民,特别是他们中间不太接近小汽车的人,有了选择的机会。

美国也开始向欧洲的方向转变:到1980年代中期,超过40个的美国主要城市拥有轨道交通系统,或者是处于运行阶段,或者是处于建设阶段,或者是处于计划阶段。有些采用BART的长距离模式,有些采用比较容易实现的轻轨系统。[275]它不仅是一个向交通投资的问题,而且也是一个对周围郊区进行结构性调整的问题。那也是美国城市(由于市场机制的驱动,只拥有最小的规划权力)所不愿意做或者不能够做到的事情。因此,许多这些系统的最终结局可能就是1977年时由麦尔文·韦伯为BART所带来的一场灾难:失败。因为它们不符合土地分散使用的原则,因此也没有提供有吸引力的小汽车替代品。[276]

只有当美国人突然愿意像欧洲人那样生活,并且需要使他们接受土地使用管理的欧洲系统,这种变化才有可能发生。到了1970年代,在某些地方有迹象表明,有些美国人愿意接受更多的管理。加利福尼亚的社区,如佩塔鲁马(Petaluma),面临着来自旧金山海湾区的郊区社区的冲击,需要进行艰苦的斗争来调节它们自身的扩张。在建造游说团和环境游说团之间进行了一场激烈的斗争之后,加利福尼亚州的立法机构于1972年通过了一项综合性法律,有效地制止了沿着海岸线的一切开发。这样的措施确实影响了一大批郊区的模式:旧金山的海湾区有效地被绿带所环绕,就像伦敦那样受到有效的保护。按照戴维·多瓦尔(David Dowall)❶的说法,其结果也和伦敦所报告的一样:用于建房的土地稀少,建房地价升高。[277]但是它没有影响这样一个总体事实:在绿带以外,在距离旧金山市中心20或20英里以上,与从康科德(Concord)到弗里蒙特(Fremont)的州际680号公路紧挨的走廊地带,郊区在继续扩张,就业也在向外迁移。按照多瓦尔的同事罗伯特·塞沃罗(Robert Cervero)的说法,结果就是郊区受到挤压,接着又发生了交通堵塞:公路系统被从郊区到郊区的客流量所压倒,这是BART系统不能胜任服务的情况(确实,任何传统的辐射状交通系统都很不足以应付这一情况)。[278]

在当时,不仅美国没有能够采取欧洲的城市生活方式,而且事实证明,如果发生

[273] Vigar, 2001, 286.　[274] Hall and Hass-Klau, 1985.　[275] McClendon, 1984, 22-23; Anon, 1985, 42-43.　[276] Webber, 1976, 34; Hall, 1980, 122-123.　[277] Dowall, 1984.　[278] Cervero, 1986.
❶ 戴维·多瓦尔(David Dowall),美国加州大学伯克利分校环境设计学院城市规划教授,2004年任IURD主席。著有《发展中国家城市的空间变革》。

了什么,那就是事情正在逐渐地走向它的反面。能源危机没有突然逆转,或者甚至
遏制从城市向外的移民潮。1970 年代,随着一种美国人早已熟悉的方式,欧洲国家
开始报告中心城市人口的减少。[279]虽然有些欧洲交通系统成功地吸引了乘客,与其他
的美国同类一样,它们不可避免地成为接受大量补贴的交通系统。公路上的城市似
乎在大西洋两岸战胜了传统交通结构的城市。人们正在运用他们的车轮来为它投
票,更准确地说,那些拥有了“车轮”的人们正在投票做出这样的选择,而且拥有车轮
的人也会一年比一年更多。随着时间的推移,威尔斯的预言变得更加准确。

但是大加利福尼亚高速公路的财源在 1970 年代枯竭了,因为通货膨胀抵消了汽
油税的价值,建造费用按照消费者价格指数率的 2.5 倍在上升。邻避(NIMBY❶)因
素使他们自己感觉到:地方上对几条高速公路,特别是对比佛利山和世纪高速公路
的反对变得特别强烈,所有企图增加高速公路使用车税的努力都失败了。替代了
1973 年原有公路处的卡特兰斯(Caltrans,加利福尼亚交通部)被保留下来负责维持
现有系统的运行。很少规划新的建设,每个大型项目都面临着巨大的困难。为了开
始 15.5 英里的世纪高速公路,就花费了 7 年时间的争论来化解矛盾,尽管事实上它
拥有 92％的联邦资金。[280]

现在,当人口和汽车拥有量上升、建设停顿的时候,高速公路系统逐渐转向堵
塞。到 1980 年代时,交通高峰时间延长,现在发展到 4 个小时,每天两次,而且小型
事故就能造成整个系统瘫痪。呼声必然越来越高,人们要求采取一种替代办法,进
一步建造高速公路被看成是自我毁灭。于是出现了一个强有力的联盟,主张洛杉矶
应该重新拥有自己的轨道系统。1980 年,洛杉矶县投票批准提案 A,根据这项措施,
3 年内公共汽车票价从 85 美分降低到 50 美分,并且它将提供单独的地方运输资金,
更为重要的是,它将建造一个全县范围的、新型的快速轨道运输系统。[281]

1990 年 7 月 14 日,全新的 22 英里(35 公里)、耗资 9 亿美元的“蓝线”轻轨系统
开始在洛杉矶和长滩之间运行了。具有讽刺意味的是,它几乎和原先于 1961 年最后
一个停止运行的太平洋电气铁路路线一样。接着在 1993 年,一条更为雄心勃勃的市
中心重轨城市铁路的第一条短途支线——“红线”得以建造。1994 年修建了另一条
轻轨项目,也就是通过新世纪高速公路中间段的“绿线”。[282]在不到 30 年时间里,市内
轨道交通又重新回到了洛杉矶。批评家(还有很多人)与哈佛大学的约翰·凯恩
(John Kain)持有同样的观点:“我的总体印象就是,你们的交通规划师想要把 19 世
纪的技术,加在 20 世纪或 21 世纪城市的头上。”[283] 21 世纪将告诉我们,他们能不能
成功地逆转城市历史的方向,或者是不是正在追求一个捉摸不定的目标。

---

[279] Hall and Hay, 1980; Cheshire and Hay, 1987.　　[280] Brodsly, 1981, 120, 126.
[281] Richhmond, 2005, 33.　　[282] Read, 1993, 43, 45; Richmond, 2005, 33-36.
[283] Quoted in Richmond, 2005, 38.
❶ NIMBY 为 Not In My Back Yard 的缩写,本书译成邻避主义。

理论之城

尊贵的朋友，理论完全是灰色的，
唯有生活之金树是常青的。

约翰·沃尔夫冈·冯·歌德(Johann Wolfgang von Goethe)❶,《浮士德Ⅰ》
(*Faust*,Ⅰ,1808)

不看历史，它只是传记，因为那是没有理论的生活。

本杰明·迪斯累里(Benjamin Disraeli)❷,《康塔里尼·弗莱明》
(*Contarini Fleming*,1832)

他身体力行，从不说教。

萧伯纳,《革命主义者的马克西姆斯》(人与超人)
(*Maxims for Revolutionists*(*Man and Superman*),1903)

所有的职业都是用来欺骗外行人的阴谋。

萧伯纳,《医生的困境》
(*The Doctor's Dilemma*,1913)

---

❶ 歌德(Johann Wolfgang von Goethe,1749—1832),德国诗人、作家,青年时代为狂飙运动的代表人物,集文学、艺术、自然科学、哲学、政治等成就于一身,写有不同体裁的大量文学著作,代表作有《浮士德》、小说《少年维特之烦恼》等。

❷ 本杰明·迪斯累里(Benjamin Disraeli,1804—1881),英国首相(1867—1868,1874—1880),保守党领袖、作家,写过小说和政论作品,其政府推行殖民主义扩张政策,发动侵略阿富汗及南非的战争。

10
理论之城

规划与学术：费城、曼彻斯特、加利福尼亚、
巴黎（1955—1987）

　　本章的标题也许完全是多余的，因为本书就是关于理论中的各种城市，也关于使这些城市变为现实的种种尝试。一直到 1955 年前后，理论都能足以描述 20 世纪城市规划历史的主流，于是它就成为一个中心主题。但是自此以后，理论就难以为继，因此就需要这一章节及其标题。

　　其原因是自相矛盾的。在此时，城市规划最终成为立法，但是为了这一目标，它开始吞下导致其自身解体的苦果。它过于快速地分裂成两个独立阵营：一个存在于规划学院中，逐渐并完全地迷恋于自我的理论；另一个则存在于地方政府和议会的办公室中，只关心真实世界中的日常规划事务。这种分裂并非一开始就很清楚，事实上，在 1950 年代末和 1960 年代的大部分时期里，人们最终似乎已经在理论世界与实践世界之间建立了一种完整而令人满意的关联性。但是同样很快，幻象被搁置到一旁，在 1970 年代有过短暂成功的蜜月之后，紧接着就是争吵和临时的和解，到 1980 年代则是离婚。并且在这一过程中，规划丧失了许多刚刚建立起来的合理性。

学术性城市规划的前史：1930—1955

　　1950 年代以前，城市规划并非没有沾染到学术的影响。相反，事实上，在每个城市化的国家里，大学与工学院已经为规划师的职业教育创建了课程，用于界定和维持标准的行业实体已经存在，并且与许多学术部门建立了联系。到 1909 年时（已经在第 5 章中详述），英国较早地取得了领先，当时阳光港的创建者、肥皂大王威廉·赫斯凯瑟·利华赢得了对某报纸的诽谤诉讼案，并把收益捐献给当地的利物浦大学，成立了一个市政设计系（Department of Civic Design）。第一位教授斯坦利·阿德谢德几乎立刻就创办了第一份期刊——《城市规划评论》，将理论与良好的实践紧密地结合到一起，其首任编辑是一位新招入的年轻教师：帕特里克·阿伯克隆比。后来阿伯克隆比先是在利物浦接替了阿德谢德的教席，然后在成立于 1914 年的、英国第二所规划学院——伦敦大学学院担任主席。城市规划协会（Town Planning Institute(TPI)，仅在 1959 年有一次皇家的授爵仪式）成立于 1914 年，由英国皇家建筑师协会、市政工程协会（Institution of Civil Engineers）与皇家特许调查员协会

图 10-1　帕特里克·阿伯克隆比

1945 年获得爵士后,摄于王宫外。阿伯克隆比以他给伦敦所做的两次大规划,
以及 30 年来作为英国规划教育的领军人物而闻名遐迩。
图片来源:Getty Images.

(Royal Institute of Chartered Surveyors)联合组建。到 1930 年代末时,它已经认证
了 7 所学院,只有通过考试才能取得入会资格。[1]

　　美国则较为迟缓。虽然哈佛大学已经于 1909 年和利物浦并驾齐驱,开设了一门
规划课程,但是直到 1929 年,它才拥有了一个独立的系。尽管如此,到 1930 年代时,
美国在麻省理工学院(MIT)、康奈尔、哥伦比亚和伊利诺伊也有了规划学院,并且也
在全国众多大学里的其他学院教授规划课程。[2]美国城市规划协会(American City
Planning Institute,ACPI)成立于 1917 年,从全国城市规划大会(National
Conference on City Planning)中产生出来,10 年后(主要在托马斯·亚当斯的坚持
下)它成为沿着 TPI❶方向的、羽翼丰满的职业实体,并且一直保持着这种状况。直
到 1938 年,ACPI 进行扩展,纳入了区域规划,并更名为美国规划师协会(American

1　Cherry,1974,54,56-60,169,218-222. 　　2　Scott,1969,101,266-267,365-366;Wilson,1974,138-139.
❶ TPI,英国城市规划协会。

图 10-2　托马斯·亚当斯

横跨大西洋的顶级规划师。亚当斯曾经在莱切沃斯工作,担任城市
规划学会(TPI)的第一任主席,之后他前往指导纽约的区域规划。
他在该项工作中结合了正处于活跃时期的英国区域规划实践。

图片来源:© Garden City Collection, Letchworth Garden City
Heritage Foundation.

Institute of Planners, API)。[3]

　　这些和其他类似创举的关键之处在于:它们由于职业需要而萌发出来,经常作
为诸如建筑学和工程学等相关专业的副产品而发展起来,从一开始就深深弥漫着
以设计为基础的专业的风格。曾经规划师的工作就是制定规划,研制规范来强化
这些规划,然后再强化这些规范。这项工作所需要的主要是相关的规划知识,城

[3] Scott, 1969, 163; Birch, 1980a, 26, 28, 31-32; Simpson, 1985, 126-127.

市规划教育的使命则是传授这些知识以及必要的设计技巧。于是到 1950 年时,城市规划的乌托邦时代(本书的主题)就结束了,城市规划现在已经转变成综合土地利用规划。[4] 所有这些都于 1950 年代中期,以及自此以后城市规划院校的教程之中得到深刻的反映,而这些反过来又体现于学术规划师所撰写的专著和论文中。正如柯布尔(Lewis Keeble)❶ 于 1959 年对他的英国听众所讲述的,以及肯特(Kent)在 1964 年提醒美国听众的那样:土地利用规划是一个特殊而紧密联系的课题,与社会或经济规划非常不同。[5] 而这些文字反映了这样的事实:"城市规划师早期采取了工程师为设计公共项目而发展起来的思维方式和分析方法,他们随后又将这些运用到城市的设计中。"[6]

正如迈克尔·巴蒂(Michael Batty)❷ 所评述的,其结果形成了一门对于普通市民而言"有点神秘的"或秘密的学科,如同法律和医学一样。但是与这些历史更为悠久的专业的教育形成鲜明对比的是,它并非基于任何坚固的理论实体之上,而是存在于其中,"社会科学的碎屑与传统的建筑决定论混杂在一起"。[7] 规划师们所获得的综合能力并非来自于抽象思维,而是来自实践工作。在实践中,他们首先采用创造性的直觉,然后才是思考。虽然他们可以得出零星的关于城市的理论,例如芝加哥学派关于城市的社会分异,关于城市地租级差的土地经济学理论,关于自然区域的地理学概念,这些只是作为实用知识的片断来进行运用。[8] 在后来由许多理论家所得出的重要结论中,[9] 只存在一些**规划中的理论**(theory in planning),而没有**规划的理论**(theory of planning)。整个过程非常直接,它以一种单向的方法为基础:调查(格迪斯的方法),接着是分析(一种含蓄的学习方法),再接着是设计。

确实,正如阿伯克隆比在 1933 年的经典文章中所认为的,规划的编制只是规划师工作的一半,组成规划另一半的则是实施,[10] 但是没有任何地方提到需要某种持续性的学习过程。当然,为城市规划(以及它们所依据的调查)服务的 1947 年法每 5 年更新一次也是事实,其前提仍然是以一种固定的土地利用规划作为成果。10 年之后,尽管柯布尔同样经典的文章提到了规划过程,[11] 并直截了当地指出,需要一种与从区域到地方性空间等级相应的规划体系,并且需要在规划之前的每个层面上的调研。这种关于实施或更新的讨论在其他地方都是没有的。于是,除了极其笼统的宣言外(如阿伯克隆比著名的格言:"美观、健康和舒适"),[12] 目标仍然是不明朗的,规划师直觉地根据自己的价值观来制定目标,根据定义,这种价值是"专业的"且与政治无关的。

---

[4] Galloway and Mahayni, 1977, 65.   [5] Keeble, 1964, 1;2; Kent, 1964, 101.   [6] Webber, 1968/9, 192-193.
[7] Batty, 1979, 29.   [8] Keeble, 1959, 2;2.   [9] Hightower, 1969, 326; Faludi, 1985, 27.
[10] Abercrombie, 1933, 139.   [11] Keeble, 1959, 2;1.   [12] Abercrombie, 1933, 104.

❶ 刘易斯·柯布尔(Lewis Keeble),1952 年出版了《城市规划的原则与实践》,全面阐释了当时广为接受的规划思想,这是城市理性规划的鼎盛时期。运用当时的数学手段,对城市规划中的物质形态规划方面进行了严密的方法论证,环环相扣。柯布尔又在 1969 年出了新版,这是一本经典的规划设计教科书,在实践中则是操作手册,是当时物质规划状况下的标准理论。

❷ 迈克尔·巴蒂(Michael Batty),英国伦敦大学学院教授、博士、高端空间分析中心(CASA)主任。

　　因此,在由 1947 年城乡规划法所创立的经典的英国土地利用规划体系中,就没有涉及重复性的学习过程,因为规划师第一次就能把它搞清楚。[13]

　　　于是,该过程就得不到明确的反馈:也就是研究能够"自动导向"最佳规划。这是因为"规划师必须去研究问题的本质"这个概念,直接与他作为专家和专业人士所假定的永久正确性相冲突……由于假定的过程的确定性,人们几乎不考虑以新的调查形式来返回现实……这种确定性(以专家的绝对正确性为基础)强化了过程的技术性以及非政治性的本质。政治环境被认为完全是被动性的,实际上服从于规划师的"计谋",并且在实践中基本上就是这样的情形。[14]

这就是巴蒂所谓的规划的黄金时代:规划师独立于政治干扰之外,沉着地确信他的技术能力可以使其自主地进行工作。而这与当时规划所要面对的外部世界相适应:这是一个极其缓慢变化的世界(固定的人口、衰退的经济),大多数的规划干预将只是偶然而短暂的,例如在一次大型战争之后。阿伯克隆比于 1948 年在与赫伯特•杰克逊(Herbert Jackson)❶合作制定的西米德兰(West Midlands)规划中写道,规划的一个主要目标应当是减缓城市变化的节奏,以此来降低已建建筑物很快过时的频率:理想城市就是一种静止的、停滞的城市。

　　　让我们设想……在考虑所有可能相关的因素之后,一座城镇的最高人口规模已经得以设定……根据当前情况,以及城市规划师的经验与想象力所得出的所有可以想到的目标,来进行适当的空间安排。

　　　于是,一种围合或绿环就被描绘出来,在它之外,土地利用将很少涉及居住人口。城市规划师现在可以很愉快地在一开始就知道自己的问题范围。他根据基本人口总量的数据,为整体和局部做出设计。这个过程本身将会十分困难,但是至少他可以从一个数字开始,来使他心安理得。[15]

有意思的是,美国的城市规划从未如此这般。肯特于 1964 年在一篇关于城市总体规划的文章中(尽管它所针对的是同样的土地利用规划)提醒自己的学生,"随着时间的推移,目标指向将不断地进行调整"。[16]并且,由于规划师对于社会经济作用力与物质环境之间关系的基本理解大多数依靠直觉,而且是投机性的,肯特还告诫他的学生读者们:

　　　在大多数情况下,不可能确切地知道应当采用什么样的物质设计方法,来实现某个设定的社会或经济目标;或者什么样的社会和经济结果将从某个制定的物质设计目标中被引导出来。这样,城市议会和城市规划委员会(而不是职

---

13 Batty, 1979, 29-31.　　14 Batty, 1979, 30-31.　　15 Abercrombie and Jackson, 1948, para. 4. 1.
16 Kent, 1964, 98.
❶ 赫伯特•杰克逊(Herbert Jackson, 1909—1989),1948 年和阿伯克隆比一起制定英国西中部规划,作为后来城乡规划的准备。

图 10-3　小 T.J.肯特

加利福尼亚大学伯克利分校的规划理论的三次浪潮。(1)肯特,学派
的创立者,撰写了关于城市总体规划的经典的 1962 年教科书。

业的城市规划师)就应当针对规划所基于的价值来做出最终判断。[17]

但是除了这些,甚至肯特也确信,规划师仍有可能制定出某种最理想的土地利用规划,关于目标的问题被回避了。

系统的革命

那是一个幸福的、几乎是梦幻般的世界。但是在 1950 年代,规划系统越来越无法与现实相匹配,所有事情都开始失去控制。在每个工业国家都出现了始料未及的生育高峰,对此,人口学家感到惊慌,规划师则感到危机;只是在时间上,国家与国家之间存有差异,而且每个地方都出现了对于妇产科诊所和儿童保育诊所的大量需求,紧接着出现了对学校和活动场地的需求。对于每个国家而言,伟大的战后经济

---

[17] Kent, 1964, 104.

繁荣几乎同时启动,引发对于工厂和办公楼新投资的需求压力。而且由于繁荣带来了富裕,这些国家很快进入高度的大众消费时代,对于耐用消费品有着史无前例的需求量,其中最值得关注的就是急需土地的住房和汽车。在美国、在英国、在整个西欧大陆,到处表现出来的结果就是城市发展和城市变化的步伐开始加速到一种几乎过热的程度,适用于一种停滞世界的传统规划体系被击溃了。

这些自身需求迫使系统发生转变,但几乎巧合的是,供给方面也发生了变化。在1950年代中期,整个城市与区域社会研究领域发生了一场知识革命,它为规划师提供了大量可借鉴的知识行囊。一些地理学家和工业经济学家发现了德国理论家关于区位问题的工作,例如约翰·海因里希·冯·屠能(Johann Heirich von Thünen,1826)关于农业、阿尔弗雷德·韦伯(Alfred Weber,1909)关于工业、瓦尔特·克里斯塔勒(Walter Christaller,1933)关于中心地理的理论,以及奥古斯特·勒施(August Lösch,1940)关于区位的总体理论。他们开始总结并分析这些著作,并且在必要之处进行诠释。[18]在美国,来自各个领域的学者开始在许多分布状态中寻找规律,包括空间分布。[19]地理学家开始采用逻辑实证主义的信条,认为他们的课题应当停止针对地球表面细微差异的描述,而是应当去发展关于空间分布的总体假说,它可以随后得到现实的严格检验:这正是那些德国先驱们的区位理论所采用的方法。这些思想加上相关著作,由美国经济学家沃尔特·伊萨德(Walter Isard)在一篇立刻产生影响力的文章中进行了卓越的综合。[20]在1953—1957年期间,在人类地理学方面[21]发生了一场瞬间的革命,而伊萨德将新地理学与区位经济学的德国传统融合在一起,开创了一门新的学科。另外,带着官方的祝愿(正如在1950年英国的舒斯特委员会(Schuster Committee)的重要报告中建议,在规划教育中应当包含更多的社会科学内容),新的区位分析开始进入规划教育的课程之中。[22]

这给城市规划带来的影响是重大的。仅仅经过很短的时间,"物质规划的原理在从1960年到1970年的10年期间,比在前面的100年,甚至1 000年里的变化都要多"。[23]规划主题从一门以一套关于城市概念的、粗浅的个人知识为基础的手工艺转换成为一种明显科学化的行为。大量精确的信息得以收集并处理,规划师因而可以设计出一种非常灵敏的系统用于指导和控制,规划的效果可以得到监控,并且可以根据需要进行调整。更准确地说,城市与区域可以被视为一种复合系统(它们事实上只是一个全面整体系统之中的一个子系统),而规划则被视为一种针对这些系统进行控制和监控的连续过程,它从当时由诺伯特·维纳(Norbert Wiener)❶提出的新学科——控制论中派生出来。[24]

---

[18] Thünen,1996;Weber,1929;Christaller,1966;Lösch,1954.

[19] Zipf,1949;Stewart,1947,1956;Carrothers,1956;Stewart and Warntz,1958,1959;Garrison,1959/60.

[20] Isard,1960.　　[21] Johnston,1979.　　[22] GB Committee,1950.　　[23] Batty,1979,18.

[24] Wiener,1948;Hall,J. M.,1982,276.

❶ 维纳(Norbert Wiener,1894—1964),美国数学家,建立平稳时间序列预测理论和控制论科学,著有《控制论》《控制论和社会》等。

这一转变基于两个不同的侧重点：系统规划是基于这样的观点，城市规划的对象是城市或者区域系统，而理性规划关注的则是过程。"但是这两种观点被放在一起时，就意味着与城市规划所普遍遵循的设计类观点分离了。"[25]正如奈杰尔·泰勒（Nigel Taylor）所言，这里有四个因素："第一，有关城市的实体或者形态的基本观点被替换成为城市是一个由几乎始终不断流变的、相互联系的活动所构成的系统。"[26]第二，社会经济学的观点取代了有关城市物质与美学的观点。[27]第三，这意味着规划从一种"终极式"的规划转向"过程式"的观点。[28]第四，这意味着一种"科学"技术："规划是一门科学，而不是一门艺术。"[29]

一个非常早期的先锋是利物浦，戈登·斯蒂芬森（Gordon Stephenson）于1948年被委派接替威廉·霍尔福德（William Holford）成为市镇设计的学术主席，受到"麻省理工学院模式"的影响，他于1930年代还是学生时就已经小有名气了，并提出了一个美国城市规划教育的普遍模式：课程专注于研究生层面，涵盖社会科学和设计，面向不同背景的学生进行开放，并且旨在培养"规划中的实践者而不是规划专家"。在他给舒斯特委员会的材料中，他赞同美式观点，即城市规划是研究生的课题。就像麻省理工学院的规划专业，利物浦课程是为任何学科背景的优秀生设置的，大多数学生将被划分成3个研究生班：社会科学，如经济地理学和数据统计；创意设计，如建筑、工程和景观建筑；管理，如普遍性的文科通识、法律和物业管理。[30]

但在其他地方，变革十分缓慢。舒斯特建议，在现有的课题方向中，针对规划的"良好准备"应该成为一门学位课程，其后才是一个关于规划的研究生课程，以此避免产生"盲目的专家"。但是"在实践中，无论是智力挑战还是教育模式方面，舒斯特的模式都没有被采用"。有关通才还是专才的争论并未消失，而且实际上还加剧了，以至于戈登·谢里（Gordon Cherry）[31]于1974年把它称为"1960年代的战争"。舒斯特关于智力方面的命题，即将规划从以设计为本向以社会科学为本进行转变。这又使得皇家城市规划协会（Royal Town Planning Institute（RTPI））花费20年时间去改变教学大纲，又用30年在城市规划教育中融入社会科学思想，甚至在那时都没有引发一场争论。[32]

于是（套用一种后来在托马斯·库恩（Thomas Samuel Kuhn）❶著名的著作中所采用的语言）一种范式变革就此产生了，它影响着城市规划，如同它影响着许多其他与规划和设计相关的领域一样。特别是由于冷战时期，美国正在紧锣密鼓地投身于建造新型且复杂的中程电子控制系统，它早期主要应用于关注防御与太空（此时已是1950年代中期）。从这个领域中很快引发了另一项运用。罗伯特·米切尔（Robert Mitchell）和切斯特·拉普金（Chester Rapkin），他们是宾夕法尼亚大学伊萨

[25] Taylor, 1998, 159.　　[26] Taylor, 1998, 159.
[27] Taylor, 1998, 159-160.　　[28] Taylor, 1998, 160.　　[29] Taylor, 1998, 160.　　[30] Batey, 2012, 146-147.
[31] Cherry, 1974, 202.　　[32] Davoudi and Pendlebury, 2010, 623.
❶ 托马斯·库恩（Thomas Samuel Kuhn, 1922—1996），20世纪著名科学哲学家，其著作《科学革命的结构》，突破了传统的实证主义教条，并且使科学哲学与科学历史紧密地结合在一起。

德的同事,早在 1954 年就已经出版了一本书,指出城市交通模式是各种活动方式(如土地利用)的一种直接的且可度量的函数,这些活动方式反过来形成了城市交通模式。[33]上述研究成果结合早期有关空间作用形式的工作,再加上计算机数据处理能力的首次应用,产生了一门关于城市交通规划的新学科,人们第一次认为可以科学地预测未来的交通状况。这项成果首次运用于 1955 年历史性的底特律大都市地区的交通研究,随后在 1956 年的芝加哥研究中得到进一步发展,并很快成为一种被运用于几百项该类研究的标准方法,开始普及于美国,然后遍及了整个世界。[34]

它在方法上着重以工程学为基础,采用了一种相当标准化的过程。首先,为系统的操作设定明确的对象和目标;然后,从系统的现状中获得清单:交通流量以及产生它们的活动行为,从这中间设计出模型。它的目标是以精确的数学形式建立起这些关系,然后以从这些模型中获得的关系为基础,针对系统的未来状况进行预测。从中设计出数套可供选择的解决方案,并进行评价,以选择一项最优的方案。最后,一旦网络得到应用,它就可以不断地进行监控,而且可以根据需要对系统进行调整。[35]

起先,这些关系被视为单向操作:城市活动和土地利用是给定的,由此出发,生成交通方式。于是,所形成的方法论和技术则成为这一新领域中的一部分:交通规划,它作为传统城市规划中的一个方面开始出现。但是很快,美国区域科学家提出了一项关键性的修正:城市活动(商业、工业、居住)的区位模式反过来又被现状的交通机会所影响。这些关系也可以精确地模型化,并用于预测。因此关系是双向的,这就有了为整个大城市或次区域地区开发一种土地使用交通规划的相互作用系统的需要。现在,以工程学为基础的方法第一次进入了传统的土地利用规划师的专业领域。空间相互作用模型,特别是加林-劳瑞模型(Garin-Lowry,该模型在给定关于就业与交通之间关系的基本数据的前提下,可以得出关于城市活动与土地利用的结果模型),成为规划师惯用手段的组成部分。[36]正如一篇经典的系统论文所提到的:

> 在这个规划的一般过程中,我们进行专门化以应对更加特殊的问题。这就是一个特定的、真实世界的系统或者子系统,必须由一种处在一般概念系统中的特定概念系统或者子系统来进行表达。这种对某个系统的特定表达就称作模型……模型运用是一种方法,通过它,高度变化着的现实世界将被简化成为适用于人类的沟通能力的某种变量。[37]

这里涉及的不只是一种关于计算机应用的知识,它对于 1960 年代的普通规划师而言是新鲜的,它也意味着规划中的一个根本上不同的概念。与那些假设了目标从一开始就固定了的、原先的总体规划或蓝图方法不同,新的概念将规划作为一种过程,"通过它,当录入的信息要求这种变化时,程序在应用的过程中就会得到调整"。[38]这

---

33 Mitchell and Rapkin, 1954.   34 Bruton, 1975, 17.   35 Bruton, 1975, 27–42.
36 Lowry, 1964, 1965; Batty, 1976.   37 Chadwick, 1971, 63–64, 70.   38 Faludi, 1973, 132.

图 10-4　麦尔文·M.韦伯

伯克利规划理论的三次浪潮在继续。(2)在 1960 年代,韦伯发展
了关于无场所的城市领域的激进思想,并且认为规划没有能够发
展出一种独立的方法论体系。

种规划程序独立于被规划的事物。[39]正如麦尔文·韦伯所评价的,它是"用于决策和
行动的一种特殊方法",这涉及一种不断循环的逻辑过程的序列:设定目标,预测外
部世界中的变化,针对可供选择的行动路线可能会产生的一系列后果进行估算,评
价成本与收益,以作为行动策略的依据,并且不断进行监控。[40]这就是新的英国系统
规划教科书中的方法,它于 1960 年代末开始出现,尤其与一群年轻的英国研究生有
关。[41]它也是整个一代次区域研究的方法,在 1965—1975 年英雄化的发展和变化时
期,它在英国应用于快速发展的大城市地区:莱斯特-莱斯特郡、诺丁汉郡-德比郡、考
文垂-沃里克郡-索利哈尔(Solihull)、南汉普郡。所有这些都深深浸染着新方法和新
技术。在其中几个大城市地区中,同样重要的人物——莱斯特的麦克洛林
(McLoughlin),诺丁汉-德比的巴蒂——扮演了指导或者关键顾问的角色。

　　但是革命并不如它的支持者们所认为的那样彻底(至少在它的早期阶段)。许

---

[39] Galloway and Mahayni,1977,68.　[40] Webber,1968/9,278.　[41] McLoughlin,1969;Chadwick,1971.

多"系统"规划带有浓重的蓝图色彩,因为它们很快导致了为固定投资(如高速公路系统)所制定的实在过于死板的方案。[42] 除此之外,在它的后面是一些奇怪的形而上学设想,这是新的系统规划师与他们蓝图式的前辈们所共有的:规划系统被视为主动的,而城市系统则纯粹是被动的;政治系统被认为是友好的并且乐于接受规划师的专家建议。[43] 在实践中,系统规划师涉及两种非常不同的行为:作为社会科学家,他或者她是被动地观察并分析现实;作为设计师,同样的,规划师又作用于现实并改变它——这是一种本质上难以确定的行为,从本质上也受制于只能通过复杂的、经常是杂乱的一系列在专家、政客和公众之间的协议所设定的目标。

　　问题的核心是一种逻辑上的自相矛盾。无论系统规划师们如何宣称,[44] 城市规划系统与(例如)武器系统不同。在后一种系统中,"系统方法"(systems approach)已经最先并且成功地得到应用,控制是内在于系统之中的;但是在这里,城市区域系统则内在于它自己的控制系统之中。[45] 与此相关的是其他一些关键性的差异:在城市规划中,并不存在只有一种问题和一个压倒性的目标,而是存在着许多问题和许多目标,它们也许是相互矛盾的,这就很难从总体目标转化成特定的操作性目标。[46] 它们也并没有完全被了解,需要进行分析的系统并非不证自明地存在着,而是处在综合性状态之中;大多数现象也并非是确定的,而是处在可能性之中;成本与收益很难进行量化。所以,系统论学派所宣称的科学化的目标并不能轻易地实现。学派的成员们也逐渐承认,在这样的开放系统中,系统分析需要扮演直觉和判断(换句话说,是传统的方法)的辅助性角色。[47] 到 1975 年时,布利顿·哈里斯(Britton Harris,也许是所有系统规划师中最著名的)写道,他不再相信规划中较困难的问题可以通过优化的方法来进行解决。[48]

寻求一种新范式

　　在 1960 年代后期,所有这些开始集中受到来自两个非常不同方向的攻击,它们一起将系统规划至少连根拔起了一半。在哲学右翼有来自于美国政治科学家所做的一系列理论性和经验性的研究,他们认为(至少在美国)重要的城市决策是在复杂的政治结构中做出的,其中的任何个人或团体都不会拥有全部的知识和权力。因此,对决策过程的最佳描述是"非连续性渐进主义"(disjointed incrementalism)或者"糊弄过关"(muddling through)的。梅耶森(Martin Meyerson)❶ 和班菲尔德

[42] Faludi, 1973, 146.　　[43] Batty, 1979, 21.　　[44] Chadwick, 1971, 81.　　[45] Batty, 1979, 18–21.
[46] Altshuler, 1965a, 20; Catenese and Steiss, 1970, 8.　　[47] Catenese and Steiss, 1970, 17, 21.
[48] Harris, 1975, 42.

❶ 马丁·梅耶森(Martin Meyerson, 1922—2007),美国城市规划师与学术领袖,曾任宾夕法尼亚大学校长。1978 年提出了适度均衡(proper equilibrium)的概念。他认为,如果一个战略比另一个战略代表更大的错误,即对给定参与人有更大的损害,那么参与人选择前一个战略的可能性就应该小于选择后一个战略的可能性。

(Edward Banfield)❶对于芝加哥住房局(Chicago Housing Authority,CHA)所作的经典分析,认为芝加哥住房局很少从事真正的规划,之所以失败是因为它没有正确地识别出城市中真正的权力结构;该局关于公共利益的精英论观点完全与最终普及的、选区政治家们所持有的平民论观点相对立。邓恩斯(Anthony Downs)❷将这种结构理论化,认为政治家通过提供一堆政策,如同在市场中购物一样,获得选票。林德布罗姆(Charles Edward Lindblom)❸用他所发现的现实中的政策发展过程来对比整个理性综合规划的模型,而现实中的政策发展过程是以价值观与分析的混合物、目标与手段的混同体、无法分析的选择项,以及对理论的回避作为其特征的。奥特舒勒(Altshuler)关于明尼阿波利斯-圣保罗(Minneapolis-St Paul)的分析表明,职业规划师对于动用公路建设工程师进行回击的政治机器产生不了任何作用。这些工程师通过强调专业技术和专注于狭隘的目标来获胜,但是他们的胜利只不过是一场政治游戏。结论是:规划师们应当认识到自己的弱点,设计适合于现实的策略。[49]

所有这些分析源于针对美国城市政策的研究,这在传统上是最为大众化和多元化的。甚至在那里,拉宾诺维茨(Alan Rabinowitz)❹关于新泽西州城市的研究认为,政策在风格上多种多样,从极为细碎到非常完整。[50]而埃齐奥尼(Etzioni)则批判了林德布罗姆,他认为最近的美国历史提供了几个关于非渐进性决策的重要案例,尤其是在防务方面。[51]尽管存在这些限制条件,但是研究至少显示出,现实中的规划确实与系统论课本中所展望的那种冷静的、理性的、严格的方式相距甚远。如果距离能够更近一些,就会变得更好一些,当然,也可能不会。令人担忧的是,在实践中,地方民主被证实为一种无休无止的杂乱事务,而不是人们在理论中所期望的。一些理论家因此判定,如果这是规划的方式,那么这也就是应该得到鼓励的方式:局部的、试验性的、渐进的,当问题出现时再着手解决它们。[52]

这就更为清楚地显示出来,因为在美国(由于如此频繁地出现),来自左翼的批判也得出了极其近似的结论。到1960年代末时,在公民权运动和反贫困战争、反对越南战争的抗议和校园言论自由运动的支持下,正是左翼在推动着所有的事情。三个话题构成了全面抗议浪潮的基础,它们对于系统规划师的合法性是致命性的打击。一是对于专家和自上而下规划的普遍不信任——无论是针对和平与战争的问

---

49 Meyerson and Banfield,1955;Down,1957;Lindblom,1959;Altshuler,1965b.
50 Rabinowitz,1969,passim.　　51 Etzioni,1968,passim.　　52 Bolan,1967,239-240.
❶ 爱德华·班菲尔德(Edward Banfield,1916—1999),美国杰出的政治学家,是那个时代保守主义学者的领导人之一。他1958年发表的著作《一个落后社会的伦理基础》以及1970年发表的《地狱之城》使其成为领域内的权威。
❷ 安东尼·邓恩斯(Anthony Downs):美国杰出的公共政策和公共管理方面的学者,自1977年起一直是华盛顿布鲁克林协会高级会员,同时也是2005—2006年加利福尼亚公共政策协会的访问会员。1977年以前,邓恩斯是不动产研究公司的主席,同时也是很多家国营大型公司的顾问。
❸ 林德布罗姆(Charles Edward Lindblom,1917—),美国耶鲁大学政治科学和经济学教授。
❹ 阿兰·拉宾诺维茨(Alan Rabinowitz),华盛顿大学城市设计和城市规划部门的前主席,麻省理工学院城市和区域规划学博士,哈佛大学MBA学位。在社区发展、城市财政和规划、慈善政策方面著有多部作品。现在波士顿政府任职,同时是国家事务顾问。

题,或是针对城市的问题;另一个更加特殊的话题是一种关于系统方法的不断增长的妄想症,它在军事运用中被视为是采用伪科学和晦涩的行话来制造的一种烟幕,在它身后,则是应当受到道德谴责的政策;第三个是由横贯美国城市的骚乱所触发的,这些骚乱于 1964 年始于新泽西的帕特森,1967 年结束于洛杉矶的瓦茨(Watts)。这些话题似乎证明了一点:系统规划在改善城市状况方面没有发挥任何作用;相反,正是它帮助或者至少纵容了内城社区的解体,也许事实上它已经促成了这些话题。到 1967 年时,一位批判家理查德·玻兰(Richard Bolan)认为,系统规划是穿着华丽服饰的老式综合规划,系统规划与综合规划同样都忽略了政治现实。[53]

来自左翼的当即反应就是呼吁规划师自己去改变状况,通过成为倡导性规划师(advocate-planner)来实践自下而上的规划。[54]另外,这样他们可以明确有关目标和对象设定的争论,对此,由于蓝图式方法和系统性方法都比较满意于一种"这就是职业规划师的工作"的假设,所以就都忽略了这一点。倡导性规划师可以通过各种方式在各种群体中进行干预,多样性应当是他们的要点。他们应当协助把选择项告诉公众,推动公共规划部门去寻求支持,协助批判者去制定比官方规划更加完善的规划,强制去考虑基础的价值观。其形成的结构就是高度美国化的:民主的、地方化的、多元化的,同时也由于以规范化的冲突为基础而具有合法性。但是有意思的是,当人们在某一方面对规划师进行贬低时,这种结构又在另外一方面极大地增强了他或她的权威性,规划师获取了许多地方选举官员曾经行使的职权。而且在实践中,人们并不完全清楚这个过程是如何运转的,特别是这个过程将如何解决在社区内部产生的非常真实的利益冲突,或者它如何可以避免规划师又一次成为操纵者的危险。[55]

无论如何,不仅在作为分离渐进主义者的规划师与倡导性规划师之间存在一种短暂的相似,而且确实这二者中的任何一个与 1967 年玻兰的文章中所提出的第三种模型之间也有类同之处。在第三种模型中作为非正式的协调者和分析者的规划师,又接着引出了第四种模型:麦尔文·韦伯的或然性规划师(probabilistic planner)❶,他运用新的信息系统辅助争论,并提高决策水平。所有这些都假设在一个多元化的世界里进行工作,面对着众多冲突着的不同团体和利益,规划师最多拥有(或者进一步来说,应当拥有)极其有限的权力和影响力。至少不言而喻的是,所有这些都是基于对逻辑实证主义的不断接受,正如韦伯在 1968—1969 年两个长篇文章的结论中所指出的:

　　我的观点就在于,城市规划未能采用规划方法——选择,而是按照关于幸福的理想化图景,强行置入很多东西(包括法律限制)。我所着急的是,作为一种选择项,规划应当提炼出规划思想和规划方法。[56]

---

53 Bolan, 1967, 241.　54 Davidoff, 1965.　55 Peattie, 1968, 85.　56 Webber, 1968/9, 294-295.
❶ 在对某种行为的是非有几种不同见解时,可遵循其中一种行事。

因此,韦伯关于规划的观点直截了当地否定了一种静止的、可预测的未来和一致性目标的可能性,它提供了一些 1970 年代的社会学习(Social Learning)或者新人文主义(New Humanist)方法的哲学基础,它强调了一种有助于应对杂乱环境的学习体系的重要性。[57]但是最终,这种方法使自己从逻辑实证主义中分离出来,回复到对于非常类似于老式蓝图规划的个人知识的一种依赖,而且由于得到洛杉矶加利福尼亚大学的约翰·弗里德曼(John Friedmann)的发展,它最终导致了对于由少数政治集团将所有政治行为进行分解继而决策的需求:向规划的无政府主义根源的彻底回归。

所以,这些不同的方法分裂了,有时是在细节方面的强调有所不同,有时是更加根本性的分裂。它们之间的共同之处在于相信(在美国的政治体系中或多或少地相信),规划师并不拥有而且也不应该拥有太多的权力。在 1965—1975 年的 10 年期间,这些方法一起熟练地从规划师身上剥去了多少有点教士化的外衣,也剥去了他或她可能拥有的、由这种外衣所带来神秘感。毋庸置疑,这种观点有力地将自己传达给职业规划师们。甚至在更加中央化的、拥有自上而下的政治系统的国家中(例如英国),年轻而且刚毕业的规划师们日益将自己视作类似于赤脚医生的角色:帮助内城街头的穷人,或者为一个政治上可接受的地方政府服务,如果未能如愿,就为社区组织与一个政治上令人厌恶的地方政府进行斗争。

除了美国理论家针对城市规划的颠覆性工作之外,一些历史因素也对这种转变发挥了作用:规划师与政治家们迟缓地发现了不断受到盘剥的内城穷人,然后,发现了这些人所居住的地区正在遭受着人口下降和去工业化的痛苦,结果,规划师们逐渐从仅仅是物质性的规划转入到社会与经济规划中来。这种变化可以如此描述:1955 年,典型的刚毕业的规划师是坐在绘图板前面的,为所需要的土地利用绘制方案;1965 年,他或她正在分析计算机输出的交通模式;1975 年,同样的人正在与社区群体交谈到深夜,试图组织起来对付外部世界的敌对势力。

这是一个明显的角色转换。在这几十年间完全或部分丢失了的东西,就是对于医生或律师所掌握的那种特殊而有用的专业技能的要求。的确,由于环境特征以及在规划教育中的变化因素,尽管他或她仍有可能尚未具备足够或特别有用的某项技能,但是规划师仍然可以提供关于规划法规和程序方面,以及如何去完成一项特定的设计方案的专业知识。而且,一些批评家也开始认为,这是因为城市规划如此稀薄地在如此广阔的范围里推广,以至于它几乎变得毫无意义。阿荣·维达夫斯基(Aaron Wildavsky)❶著名的文章标题是这样的:"如果城市规划关乎所有的事情,那

[57] Schon,1971;Friedmann,1973.
❶ 阿荣·维达夫斯基(Aaron Wildavsky,1930—1993),俄罗斯犹太人后裔,于 1930 年出生在纽约。在纽约的布鲁克林区长大,并在布鲁克林学院(Brooklyn College)完成大学学业。取得耶鲁大学的政治学博士学位后,随即在加州大学伯克利分校任教,直到终老。在伯克利,曾出任加州大学伯克利分校政治系主任,以及公共政策研究学院的创院院长。也曾担任美国政治学会会长一职,其学术地位广受肯定与尊崇。

么它就什么都不是。"[58]

事实上,城市规划(作为一门学科)已经将自己的角色理论化到这样一种程度:它正在否定自己所宣称合法的东西。费鲁迪(Faludi)于 1973 年在他的文章中指出,规划可以仅仅是功能性的(functional),因为,目标可以被视为是给定的;或者规划也可以仅仅是规范性的(normative),因为它们自己就是理性选择的目标。[59]问题在于,规划是否真正有能力去做后一种工作。到 1970 年代中期时,结果就是城市规划已经触及"范式危机"(paradigm crisis)。[60]它从理论上有效地把规划过程从它所规划的东西中独立出来,而这意味着对于基本理论的一种忽视,将它推向整个事情的边缘。"结果,需要新理论来把现有的规划策略,与应用这些策略的城市物质与社会系统联系起来。"[61]

马克思主义者的优势

在接下来的 10 年中,情况变得更加清楚:当逻辑实证主义者们从知识领域的战场上败下阵时,马克思主义者取而代之了。正如众所周知,1970 年代发生了马克思主义研究的一次伟大复兴(确实是一场真正的爆发)。这就必然会影响到与之紧密相关的领域:城市地理学、社会学、经济学和城市规划。正如早期的新古典主义经济学家一样,马克思的确对于空间区位问题明显不感兴趣(尽管恩格斯已经对维多利亚时代中期曼彻斯特各种阶层的空间分布提出了启发性的观点)。如今这门学科虔诚地寻求从经典文献中抽离出来的、一点点积淀下来的精华,用来调制缺失的理论药方。最终到 1970 年代中期时,药方研制成功了,于是新作品犹如潮水般涌来。它是从各个地方、各个领域中产生出来的:在英国,地理学家大卫·哈维和杜林·马赛(Doreen Massey)采用资本循环帮助解释城市的发展和变化;在巴黎,曼努尔·卡斯泰斯和昂利·列斐伏尔(Henri Lefebvre)发展了以社会学为基础的理论。[62]

在接下来发生在马克思主义者内部无休止的争论中,一个重要的问题涉及国家的角色。[63]在法国,罗奇内(Lokjine)和其他一些人认为,国家的角色在于通过宏观经济规划和相应的基础设施投资之类的措施,直接为私人资本的直接生产性投资提供基础和帮助。卡斯泰斯则相反,他认为,国家的主要职能是提供集体性消费(例如公共住房、学校或者交通),来为劳动力的再生产提供保障并平息阶级冲突,从根本上维持这个系统。[64]很显然,城市规划在国家的这两种职能中都可以扮演一种非常重要的角色。于是到 1970 年代中期时,法国的马克思主义城市学家参与到迪耶普

---

[58] Wildavksy, 1973, 130.   [59] Faludi, 1973, 175.   [60] Galloway and Mahayni, 1977, 66.
[61] Galloway and Mahayni, 1977, 68.
[62] Harvey, 1973; 1982; 1985a; 1985b; Castells, 1977; 1978; Lefebvre, 1968; 1972; Massey and Meegan, 1982; Massey, 1984.
[63] Carnoy, 1984.   [64] Lokjine, 1977; Castells, 1977, 276-323; Castells, 1978, 15-36.

图 10-5　曼努尔·卡斯泰斯

伯克利规划理论的三次浪潮还在继续。(3)卡斯泰斯于 1979 年
从巴黎登场,他在这里的城市问题(在资本主义国家里,针对规
划角色的马克思主义分析)立刻变成一个国际性的经典。

(Dieppe)❶这样的大型工业地区的工业化研究中。[65]

　　与此同时,在英语世界出现了一种特殊的关于规划的马克思主义观点。为了清
楚地对它进行描述,需要引入一段马克思主义理论课程。但是,在不够充分的结论
中,它宣称资本主义城市本身的结构(包括它的土地利用和行为模式)是资本追求利
润的产物。因为资本主义注定要陷入周期性的危机之中,并在当前的晚期资本主义
阶段陷得更深,资本要求国家作为它的代理人,通过整顿商品生产中的无组织化,以
及辅助劳动力的再生产来援助它。于是,资本力图去实现某些必要的目标:通过保

---

[65] Castells,1978,62-92.

❶ 迪耶普(Dieppe),法国北部城市,临拉芒什海峡(英吉利海峡)的港口。人口连郊区 4.2 万(1982)。原为诺曼
底人的古老村庄,12 世纪时商业繁荣,第二次世界大战中遭严重破坏,后修复;重要的旅游港口、渔港和商
港,进口乳类、棉花,出口葡萄酒、水果和蔬菜,有造船、医药用品制造业,有著名的海滨浴场。

证资源的合理配置帮助资本积累的延续,通过提供社会公共设施协助劳动力的再生产,通过对资本主义的社会和财产关系进行保障和立法,在劳动力与资本之间保持一种微妙的平衡,防止社会分裂。正如迪尔(Dear)和司考特所言:"最终,城市规划是当**私有化**的资本主义社会和财产关系的自我无组织化趋势在城市空间中出现时,针对它们的一种历史特殊性的和社会必然性的反应。"[66] 特别是,它寻求保证必要的基础设施和某些基本的城市服务的集中供给,并且减少由某些资本的某些行为而导致系统其他部分受损的负面外部性。[67]

但是,由于资本主义同时也希望尽可能限制国家规划,那么就存在一种内在矛盾性:规划由于其内在的缺陷,总是在解决某个问题时却又产生了另一个问题。[68] 因而,马克思主义者认为,19 世纪巴黎的清除行动产生了工人阶级的住房问题,美国的区划限制了企业家们按照利润最大化的原则选择区位的权力。[69] 而且规划只不过仅仅能够修正土地开发过程中的某些参数,并不能改变它的内在逻辑,因此,也不能解决私人积累与集体行动之间的矛盾。[70] 再者,资产阶级无论如何也不是同质的,资本的不同部分也会存在着分异、甚至对立的利益,并且随后可能形成复杂的联盟。尽管近代的马克思主义带有一种强烈的结构性要素[71],它的解释却越来越多元化。但是在这个过程中,

> 国家在城市系统中干预得越多,不同的社会群体及其分支与国家所决策的立法之间对抗的可能性也就越大。作为一个整体的城市生活变得越来越受到政治论战和困境的侵扰。[72]

由于传统的非马克思主义规划理论忽略了规划的这种根本基础,于是马克思主义的阐释者们认为,它注定是空洞的:力图去定义规划在理想中应当成为什么样,从而回避了所有的环境,它的功能已经将规划非政治化为一种行为,并且因此使其合法化;[73] 它试图通过将自身表现为一种力量来达到这个目的,而这种力量催生了现实世界规划的方方面面。[74] 但是事实上,它的各种口号:发展可以合理表现现实世界过程的抽象概念,为自己的行为进行立法,解释来源于思想的物质过程,从普遍共有的价值观中得出规划目标,运用从其他领域(诸如工程学)中抽取的比喻来抽象规划行为……所有这些既非常宏大,又非常不合理。马克思主义者们认为,现实恰恰是相反的:客观而言,规划理论只不过是对导致规划形成的社会力量的一种创造。[75]

这就激发了大量使人烦忧的严密批判:是的,当然规划不可能如同科学探究所宣称的那样,仅仅是一种独立的、自我合法化的行为;是的,当然这是一种现象,如同其他所有现象一样,它反映了所在的时代环境。正如司考特和罗维斯(S. T. Roweis)❶所认为的:

---

[66] Dear and Scott, 1981, 13.　　[67] Dear and Scott, 1981, 11.　　[68] Dear and Scott, 1981, 14-15.
[69] Scott and Roweis, 1977, 1108.　　[70] Scott and Roweis, 1977, 1107.　　[71] Mollenkopf, 1983.
[72] Dear and Soctt, 1981, 16.　　[73] Soctt and Roweis, 1977, 1098.　　[74] Cooke, 1983, 106-108.
[75] Soctt and Roweis, 1977, 1099.
❶ 罗维斯(S. T. Roweis),加拿大多伦多大学城市规划学院荣誉教授。

　　一方面是当前的规划理论世界,而另一方面是实践性规划行为干预的现实世界,二者之间必然存在着一种不匹配。一个是秩序和理性的典范,而与之相关联的另一个则充满了混乱和无稽。传统的理论家们随后开始着手解决理论与现实之间的这种不匹配,他们通过引入一种新观点来达到目的:在任何场合规划理论都没有强烈地试图去解释世界是怎么样的,而是它应当是怎样的。规划理论随后为自己设立了将不合理性合理化的任务,并且通过重新采用一系列抽象、独立、先验的概念来与世界发生关系,努力在社会与历史的现实中实现自我(就像黑格尔的"普遍精神")。[76]

这是一个有力的批判。但是无论是对于不幸的规划师而言(他的合法性已经完全被剥夺,就像从一个落魄官员的肩上摘下勋章一样),还是对于马克思主义批判者来说,它留下了一个明显开放性的问题:那么,规划理论是关于什么的? 它是否还有任何规范性的或者描述性的内容? 从逻辑上讲,这好像是没有答案的。其中一位批评家菲利浦·库克(Phlip Cooke)❶则不苟同:

　　　公平而言,针对规划已经形成的主要批判,就是规划在顽固地保持着规范性……本书讨论的是他们(规划理论家)应当去辨识那些导致了在规划本质中发生变化的机制,而不是假设这些变化是否来自于个人的创造性思维活动,或者仅仅是存在于所见事情中的规则。[77]

这至少是连贯的:规划理论应当避免所有的描述,它应当就站在规划过程的外面,并且努力带着问题去分析对象(包括传统理论),去分析历史作用力的表现形式。司考特和罗维斯在 10 年前似乎也说过同样的话:规划理论不可能成为规范性的,它不能设想"先验性的操作概念"。[78]但是后来他们又将自己的逻辑颠倒过来,说道:"众多的城市规划理论不仅应当告诉我们规划是什么,而且也要告诉我们,作为思想进步的规划师,我们能够做些什么,应该做些什么。"[79]当然这纯粹是一种狡辩,但是它很好地表达了这种困境的极度痛苦。理论要么是去阐释资本主义的历史逻辑,要么是关于措施的描述。因为不能指望规划师兼理论家(无论他或她多么富有经验)去改变资本主义的一丝一毫,逻辑上似乎要求他或她严格恪守第一个选择并放弃第二个选择。换而言之,马克思主义的逻辑是奇怪的寂静主义者(Quietism)❷:它认为规划师应当从规划中抽身出来,而全部进入到学术的象牙塔之中。

　　一些人深刻地意识到这种困境。约翰·弗瑞斯特(John Forester)❸试图将尤尔

---

[76] Soctt and Roweis, 1977, 1116.　　[77] Cooke, 1983, 25, 27.　　[78] Soctt and Roweiss, 1977, 1099.
[79] Soctt and Roweiss, 1977, 1099.

❶ 菲利浦·库克(Phlip Cooke),威尔士加的夫大学区域发展学教授和高端研究中心主任,《欧洲规划研究》主编。
❷ 寂静主义者(Quietism),17 世纪时的一种基督教灵修理论,主张取消人的意志和世俗的欲望,而对神圣的事物进行沉思冥想。
❸ 约翰·弗瑞斯特(John Forester),康奈尔大学城市和区域规划副教授,著有 4 本书,是《面对权力时的规划》一书的编辑。

根·哈贝马斯(Jürgen Habermas)❶的工作作为整个规划行为理论的基础。哈贝马斯也许是第二次世界大战战后时期德国社会理论家的领军人物,他认为晚期资本主义为了维持自身的合法性,会通过在交往中于自己周围构造出一套复杂的变形,以迷惑并阻挠人们对它的运行过程得出清晰的理解。[80]于是他认为,个人变得无力去理解他们如何并且为什么去行动,因此被排除在影响他们自己生活的所有权力之外。

> 由于它们是长篇大论的、压制性的和误导性的,它们最终说服人们:不平等、贫穷和不健康要么是牺牲者所承担的问题,要么是他们对如此"政治"或"复杂"的问题无可奈何。哈贝马斯认为,民主政策或者规划要求来自集体性批判所达成的一致,而不是从沉默或某种党派路线而来的一致。[81]

但是,弗瑞斯特认为,哈贝马斯自己关于交往行为的设想,为规划师提供了一条改善自己实践的道路:

> 通过把规划实践看作是规范性的、由角色构成(role-structured)的交往行为(它向公众歪曲、掩盖或展示他们所面对的前景和可能性),一种规划的批判理论在实践中和伦理上可以帮助我们。这是批判理论对于规划的贡献:带有空想的实用主义——去揭示真正的选择,去校正错误的预测,去反对讥诮,去促进探究,去传播政治责任感,介入并且采取行动。批判性的规划实践(技术上的技能和政治上的敏感)是一项组织化的和民主化的实践。[82]

好了。问题在于(除去它德国哲学的基础,这需要对密集分析进行必要的大幅度的过分简化)实践上的处方完全显示出老套的民主化常识,几乎等同于 15 年前戴维多夫(Davidoff)的倡导性规划:培育社区网络,认真聆听民众,吸纳缺乏组织的群体,教育市民如何去介入,提供信息,并确保让民众知道如何去获得它,为处于矛盾状况之中的群体培训工作中的技能,强调参与的必要性,对外部压力进行补偿。正如奈杰尔·泰勒所言,"在 1990 年代初,围绕着规划就是作为一种沟通和谈判过程的核心思想,一个全新的规划理论被提了出来"。[83]发生这一过程的部分原因就是规划师试图找到一种更加有效的做事方法,但主要还是因为"这些规划理论家也被民主、参与式规划的理想所激发,此类规划与所有遭受环境变化影响的涉及者进行合作,而不是由那些有权有势的在位人物进行制定,或者"实施"大型开发或者环境变革"。[84]确实,如果在所有这些工作中,规划师可以感受到自己已经戳穿了资本主义的面具,那么就会有助于他们去帮助其他人采取行动,来改变那些人的环境和他们的生活。在明确了 1970 年代晚期清晰的哲学思路之后,这样一种大量隐喻式的支撑也许是必要的。

---

[80] Bernstein, 1976;1985;Held, 1980;McCarthy, 1978;Thompson and Held, 1982.
[81] Forester, 1980, 277.　　[82] Forester, 1980, 283.　　[83] Taylor, 1998, 122.　　[84] Taylor, 1998, 123.
❶ 尤尔根·哈贝马斯(Jürgen Habermas, 1929—),是德国当代最重要的哲学家之一。历任海德堡大学教授、法兰克福大学教授、法兰克福大学社会研究所所长以及德国马普协会生活世界研究所所长。1994 年荣休。他被誉为西方马克思主义法兰克福学派第二代的领袖。

　　这种新视角的有趣之处在于它与那些先前所发生的事情之间的关系。要让规划师们认识到,他们应当通过有效的工作,在不同群体和利益之间进行协调来"获得认可",[85]这就需要规划师理解系统是如何运转的,并且在这个意义上,它就与1970年代的激进政治经济理论有了一些共同之处。但是还存在着一个关键性的差异:政治经济学家并不想使系统运转,而想帮助它进行转换。相反,新理论则希望与市场一起发挥作用。[86]到1990年代时,激进的理论家,如列奥利·桑德库克(Leonie Sandercock)❶就呼吁对城市空间减少控制,使人民可以评论他们自己的生活。在针对撒切尔自由主义逻辑的奇怪思考中,激进的理论家们由于福利状况的标准操作性程序,以及它指令性的垂直链条和标准化服务,从而对其予以否定[87]。

　　桑德科克认为,事实上所有以往的规划史说的都是一种"官方故事",现代主义城市规划项目的故事,将规划作为一种现代社会的理性之音播放出来,认为规划就是通过科学理性来传达启蒙使命的物质性载体:"规划本身才是真正的英雄,既与左派又与右派的敌人做斗争,还需要搏杀贪婪和无理之魔,即使不能成功,但至少也需要成仁,它总是站在天使这一方的。"[88]这就是由国家、为国家制定规划的故事,部分涉及城市与国家建设的传统。但是,她也反驳道,规划的另一个传统常常存在于国家之外,有时与国家相对立。她将这些规划称作**叛乱的规划历史**,她认为:"这挑战了我们对于规划内涵的核心定义。"[89]

　　另外,这些另类的历史凸显了新的故事主角。在官方故事中,只有"专业人员"才被认为是相关的演员。其结果只是叙述了白人中产阶级的想法和行动,由于女性和有色人种难以获得高等教育而在整个规划史中被排除在职业体系之外。与此同时,桑德科克的新版本历史将会诉说一些不同的行为:不再是国家引领,而是"完全基于社区,并由社区驱动的规划(有时候会与国家规划相对立),这类规划可以说比专家规划的历史更为悠久"。[90]

　　在第二本书中,桑德科克走得更远,认为新的社会文化动力,也就是"流动的时代",一个"多元文化背景的公民身份",后殖民主义的时代,一种被本地的、先前的殖民地人民所收回的城市与区域空间,以及女性时代和其他所谓"少数种族"的时代,所有这些都结合起来,改变着城市和规划。[91]她认为,她的著作"是第一本针对现代城市规划摇摇欲坠的支柱给予系统性关注的著作,并提出了一条突破僵局的道路,这是一条基于女权主义、后现代和后殖民思想,将一种渐进式规划实践推向21世纪的道路"。[92]

　　10年以后,她的观点和说法是否还合宜呢?沃德、弗里斯通和西尔弗(Silver)认

85　Taylor, 1998, 226.　　86　Taylor, 1998, 127.　　87　Fischer, 2000, 150; Sandercock, 1998, 212.
88　Sandercock, 1998a, 4.　　89　Sandercock, 1998a, 1-2.　　90　Sandercock, 1998a, 7.
91　Sandercock, 1998a, 2-3.　　92　Sandercock, 1998a, 4.
❶　列奥利·桑德库克(Leonie Sandercock),美国哥伦比亚大学社区和区域规划学院院长。1970年获阿德莱德大学学士,1974年获澳大利亚国立大学博士学位。1981—1986年为悉尼麦克夸利大学城市研究中心教授和主席。

为她在当时，并且依然在某种程度上还是确凿的。但是，甚至在1998年，来自其他学科的研究者——社会学家、政治学家和文化历史学家经常更加倾向于把规划（特别是规划师）作为他们学科的一部分。[93]总体层面上，最近的研究越来越注重对于传统智慧进行不同解读，对于冲突进行分析，对于大众传媒加以利用，以此来弥补官方资源的不足，并认可了规划的"黑暗面"。[94]

桑德科克可以，并且毫无疑问地将会宣称是她帮助启动了这一过程。但是在她的理论中还有两个问题。第一，简单而言，就是通过将规划定义为别的事物，一种完全不同于以前的事物，她改变了这个单词的所有含义：就像在《爱丽丝梦游仙境》中，蛋头先生（Humpty Dumpty）用一种相当不屑的口吻说："当我说一个词的时候，它的意义就是我希望它要表达的意义，不多也不少。"这就是回来复仇的后现代主义。另一个问题是通过暗示规划的黑暗面——这个概念曾经在加州大学洛杉矶分校十分流行，而且几乎肯定是从好莱坞那里借来的——她力图暗示所有的官方规划都有一个不可告人的秘密，再过分一些就成诽谤了。换言之，在美国1920年代推行排他性区划的房地产商，可以等同于1960年代瑞典的社会民主党政治家和职业规划师。当然，如果偏执到这样，所有人类行为最终都是不合理的，而且毫无意义的。这反映了1990年代终极魔教——后现代主义的奇怪影响。

理论与实践的持续性分离：从我们已知世界中分离出来的后现代主义理论[95]

到此时，激进的学术圈虽然可能在反对与"系统"之间的任何合作的斗争中表现得最为积极，但是它们自己在理智上后撤了，并且采取了一种奇怪的方式，似乎预期着苏联的解体和东欧人民的民主进程。到1980年代晚期时，城市规划学术界已经从社会经济争论的前沿阵地中后撤得更远，从而进入文化对话的泥泞的灌木丛中。起源于1920年代的法兰克福社会学派，以及它于1950年代和1960年代在纽约的背井离乡，给予我们后现代的理论。而且这也成为一种奇特的知识舞台，几乎谁都可以爬得上去，它包容了所有的知识姿态，让它们并不舒服地坐在一起，甚至可能相互对立。在法国理论家让·鲍德里亚（Jean Baudrillard）和让-弗朗索瓦·利奥塔（Jean-François Lyotard）等人的文章中，它经常达到一种精细且深奥的晦涩。但是安东尼·吉登斯（Anthony Giddens）已经囊括了它的关键宗旨：任何事物都不可能确切地被了解，"历史"没有目标，所以"进步"也是不可能的。因此，带着新的生态学方面的关注，以及或许是新的社会运动，就有了一种新的社会和政治进程（尽管它到底如何，我们还不能完全肯定）。[96]这部分是因为后现代主义者们似乎认为现实不再是非常真实的，[97]

[93] Ward, et al., 2011, 247.　　[94] Ward, et al., 2011, 248.　　[95] 本节参考 Hall, 1998, Ch. 1.
[96] Berman, 1982, 29-32; Best and Kellner, 1991, 16, 26, 29; Giddens, 1990, 46; Lyotard, 1984, xxiii-xxv.
[97] Lash, 1990, 12.

它着迷于反映一种短暂的、微不足道的、不稳定的现实概念的艺术形式。最为极端的是(在让·鲍德里亚的著作中)所有的事物都被简化成为一个符号的世界,在那个世界真实与不真实之间的差异消失了。[98]同样,法国境遇主义者(situationist)❶居伊·德波(Guy Debord)❷认为,我们已经进入一个"异化消费"(alienated consumption)的世界,人们只是通过由其他人创造的图像来与世界相联系。[99]

于是,这些新形式的激进知识分子在后现代主义的关键之处卷入了无休止的纷争中,在建筑学、电影、电视,在任何可以支持一篇文章或者一份会议文稿的事物上。这些文稿本身就似乎是由中央性指令(Diktat)按照一种奇怪的密闭方式来写作的,明显以一个由志同道合者所形成的小圈子为指向,并且以奇怪的个人语言痕迹为标志,就像在分格中放入了合格的字符一样,无论这是不是具有启发性的,或者是不是原创的。毫无疑问它反映了近期大量从事建筑学和传媒研究的毕业生在市场中出现的现象,对于他们而言,这代表了唯一一种颇有收获的职业收入源。它并没有产生太多的观点或者启示,并且使一些老一代人(在政治上忠诚的马克思主义者)作为旁观者而处于近乎中风的状态。[100]

毫无疑问,在这股文学潮流中从未明确的正是它所一直针对的,甚至好像是一种知识行动,而不太像是一种政治计划。在学术方面,被大量引用的(但也许很少阅读到的)模型来自于很久前去世的柏林批评家沃尔特·本雅明(Walter Benjamin,以《游牧者》(flâneur)或《飞翔于咖啡馆上空》(fly-on-the-café-wall)而闻名);政治上,它最大化地集聚起对解构资本主义霸权项目进行解构的多元性碎片。正如安东尼·吉登斯所指出的:问题在于后现代主义者们完全与当代资本主义的发展相吻合(以他们极其不坦率的方式),并且在这层意义上,他们只是延续了一个相当久远的激进传统。[101]但是他们的理论缺乏解释:有一点含糊的是,我们已经进入了一个新纪元,以往所有的理论都已经变得过时,但是由于新理论否定了元理论(metatheory)❸,它无法解释复杂的社会经济政治关系。[102]

也许后现代主义只是1980年代的一时风尚,起源于法国知识分子从1960年代革命的失败中苏醒过来的挫折感,以及他们对于被遗忘的担心。[103]总而言之,也许这是促使未就业的研究生远离街头,待在温暖舒适的研究室中的有效途径,但没有任何更为重要的意义。这是一个古怪的旧世界,一个在1990年代中期充满了城市话题的世界。但是这也许反映了一种长期以来在欧洲大陆的咖啡馆中所常有的状况,在

---

[98] Baudrillard, 1989, 76; Best and Kellner, 1991, 119, 121; Kellner, 1987, 132-134; Lash, 1990, 192-193.

[99] Debord, 1970, para.42; Debord, 1990, 27; cf. Sussman, 1989, 3-4; Wollen, 1989, 30, 34.

[100] Harvey, 1989.　　[101] Best and Kellner, 1991, 15; Giddens, 1990, 46.

[102] Best and Kellner, 1991, 260-261.　　[103] Best and Kellner, 1991, 297.

❶ 1950年代于法国知识界兴起的一场反对现存社会结构的运动,认为离开了具体的环境和主体的境遇,真理就将失去存在的意义,主张人类行为应当与当下的环境对应。

❷ 居伊·德波(Guy Debord, 1930—1994),法国哲学家、电影导演,是国际境遇主义的创始人和理论贡献者,其最有影响力的著作有《景观社会》。

❸ 元理论(metatheory),用以阐明某一或某类理论而本身又更高超的一种理论。

那儿大学在生产永久性学生方面则有着更为长期的传统,当然,学生们偶尔也可能会出现在街头,卷入真实的事件,但是这一次,他们似乎并没有太多地与一个政治计划有所关联。

而且他们是审慎地而不是粗暴地反空间化的,他们对于"什么地方发生了什么事情"以及"为什么发生"这样的问题完全不感兴趣。大卫·哈维(如同许多批判家一样)怀疑后现代主义的含义太多,他认为在建筑学与城市设计领域中,它广泛地象征了与"以无装饰的现代建筑为基础的,大规模的、城市中大范围的、技术理性的和有效率的城市规划"[104]的一种决裂,而代之以"虚构化、片断化、拼贴以及折中主义,所有这些都充斥着一种短暂而混乱的感觉"。[105]对于像哈维这样的传统马克思主义者来说,这起源于一种变异了的集聚方式和制度形式,它以"伏都(Voodoo)❶[106]经济学……政治图景的建构与部署,以及……新的社会阶级形式"为特征,[107]于是就有了一种重要性,但尚不明朗它究竟是什么。

第9章已经提到的简·雅各布斯在后现代传统中扮演了一个很重要的角色。现代主义者崇尚理性(哈贝马斯称之为现代性的"项目"),科学则植根于18世纪的启蒙运动,而城市规划则是这个过程的核心成分。[108]因此雅各布斯批判的激进成分则在于"她明确质疑城市是否可以由于理性规划而变得更好"。[109]这引发了安东尼·吉登斯的批评:如果人人都持有这样一种观点,"那么他们将无法写出一本关于它的书。唯一的可能性就是大家停止智性思考"。[110]当然,这可以视为对后现代主义的一种普遍观点。

新的千禧年之初,迈克尔·斯多普(Michael Storper)❷在一项重要的研究中回顾了20世纪晚期知识界激进主义的整个发展过程。他指出,在激进社会科学的后面,存在着一个乌托邦式的冲击:"我们在把它'是什么'的分析,与'我们希望它是什么'的分析区分开来时,遇到了极大的困难。"[111]随着马克思主义逐渐变得过时,乌托邦的冲击在理论方面转移到后现代主义以及多元文化主义和在政治实践中的"文化政治学"。马克思主义的失落在于它缺乏能力去将资本主义发展运用得如此良好的微观分析与其宏观分析联系起来。[112]也许由于这个原因,也许由于某些尚不清楚的原因,一种重大的转变,一种"文化转向"(cultural turn)就发生了:

> 在英美世界中的某些社会科学里,激进主义已经开始与所谓的"文化转向"紧密地联系在一起,这种"文化转向"由建立在这样的总体信条之上的理论与研究所构成:理解当代社会和转变它的关键之处取决于途径,通过这些途径,文化指导着我们的行为,并构成了什么是我们所能够理解的世界。文化转向的关键

---

[104] Harvey, 1989, 66.　　[105] Harvey, 1989, 98.　　[106] Harvey, 1989, 121.　　[107] Harvey, 1989, 336.
[108] Taylor, 1998, 164.　　[109] Taylor, 1998, 164.　　[110] Quoted in Taylor, 1998, 165.
[111] Storper, 2001, 156.　　[112] Storper, 2001, 156, 158.
❶ 伏都教(Voodoo),一种流行于西印度群岛黑人中的宗教,大概起源于西非。
❷ 迈克尔·斯多普(Michael Storper),英国伦敦经济学院经济地理学教授。

在于知识与实践的相关性,因为这是文化所决定的。文化转向广泛融合了后现代主义哲学、关于社会的文化理论,以及后结构主义哲学。这些文献明确地否定了它们所称为的"宏大叙事"(metanarratives);这些思想由知识分子们与某些社会运动联系到一起,"种族/性别/文化/性行为"解放阵营,以及所有类型的、以社区为基础的组织,环境主义以及后殖民政治,等等。[113]

斯多普仔细剖析了他称之为"文化转向的知识唯我主义"[114],其关于社会的理论是建立在某种关系的基础之上,而这种关系不是存在于个人之间(例如自由主义者),也不是存在于阶层之间(例如马克思主义者),而是存在于不同文化群体之间。这已经帮助解释了迄今尚未探究过的许多重要问题,但是斯多普认为,许多后现代主义者和文化转向学者并不仅仅攻击现代社会的历史,而且也攻击现代主义的基石,也就是合理性原则。最终,他们为了差异而开始赞美差异。斯多普也许已经认识到(但事实上没有),这可能导致一种知识领域的法西斯主义。或者,这至少会导致一种协作地方主义(gung-ho localism)。它或者对由国家主导的集体性问题解决措施不屑一顾,或者促使采用地方主义和自愿主义来取代国家主义。这样,"各种各样的反中心化已经转变成为一件自然而然的好事情",[115]成为"一种意识形态上的合法化(也许是不情愿的),把国家从它在资本主义社会所企望的角色中撤离回来。而且在许多场合中,这种地方主义帮助并煽动了反动的政策"。[116]

所有这些已经对城市规划产生了一种影响:"倡导性规划"已经变成为"激进的民主",从底层获取权力。在两者中,"规划师并非将自己设定为国王的参谋,而是受压制阶层的参谋"。[117]而且这成了一种仅存在于其自身的目标,导致了相互的对抗关系,并讽刺性地合法化了为了道德少数派而追逐群体利益。[118]其中一种表现当然就是"交往性规划"(communicative planning)理论,它以如此假设为前提:"如果不同的群体(假定它们都拥有合法的要求)可以走到谈判桌旁,如果采用当前的协商解决的技术,所形成的交流将会证明有助于获得对于所有涉及者来说都堪称最佳的可能方案。"[119]但是,正如许多规划师目前所赞同的,它可能与强大的利益集团相冲突,而且交流也许并非如同我们所期望的那样清楚明了。[120]

这些转变有多么重要? 奈杰尔·泰勒认为,它们都不是一种真正的"范式转变"。首先是在 1960 年代,从城市设计转向系统规划和理性规划,其次是从 1970 年代开始发展起来的"交往性规划",甚至是 1990 年代朝向后现代主义的"文化转向"。在第一次转变之后,规划师们仍然以设计的方式来评判方案,虽然设计的传统已经边缘化了。因此在英国,1973 年的《埃塞克斯设计指南》(*Essex Design Guide*)对规划实践产生了深刻的影响。真正的影响在于将战略性和地方性的规划方式区分得更加清楚。第二次转变有效地极化了两种观点,一种坚持规划师仍然应当具备特殊

---

113 Storper, 2001, 16.　　114 Storper, 2001, 161.　　115 Storper, 2001, 170.　　116 Storper, 2001, 170.
117 Storper, 2001, 168.　　118 Storper, 2001, 168-169.　　119 Storper, 2001, 169.　　120 Storper, 2001, 169.

技能,另一种主张规划本质上是政治性的,而且是价值导向的。其最重要的结果就是对规划实施的更多关注,由此导致对有效交流和辅助性技能的强调——虽然也许暗示着规划师仍然可以声称具备某种程度的专长。而最后朝向后现代主义的转向已经使规划师转向一种完全的相对主义,对于任何形式准则的否定。但是诸如桑德库克这样的阐述者已经从这样一种姿态中撤离,并且接受了对某种形式的国家规划的需要。[121]泰勒认为,这些转变是否真正涉及一种库恩式(Kuhnian)的世界观转变,仍然值得质疑。[122]长达 50 年的城市规划思想转变过程,应该可以视为城市规划的发展,而不是互不相干的范式之间的决裂。它们已经"填补了空白",因此也丰富了内涵,规划中较为原始的概念也在紧随战后的岁月中得到发展,并且发展得较为成熟,因为我们已经从更为复杂的城市环境和具有更为多元价值的不同社区中学习到了很多。[123]

象牙塔外的世界:实践从理论中回撤

在所有情况中,有一件事情是这种理论绝对无计可施的(除了交往性规划以外),而这正是规划中真正枯燥的地方。在 1970 年代和 1980 年代,情况更是如此,城市研究与城市规划领域已经变得越来越失控。也许唯一的好消息就是在这个过程中,学术性的规划师正在变得更加关注现实生活中的问题,而且在某些领域中(尤其是在公共参与中,对于不同的交流角色进行分析),他们实际上正力图在两个世界之间建构起某种脆弱的联系:这是一个尽管微不足道,但是值得尊敬的积极要点。

同时,如果理论家在一个方向上回撤,参与者们必然会做出反应。无论是否因为受到日益学究气的学术争论的困惑和烦扰,他们陷入一种日益缺乏理论、缺乏思考、实用主义的、甚至粗俗的规划形式之中。正如马克·特德尔-琼斯(Mark Tewdwr-Jones)❶对此所说的:

> 规划已经降格为一种官僚程式化的过程,其政治过程已经因组织效率的利益而遭到贬低。在 20 世纪早期几年曾经促使城市规划作为一项专业行为而诞生的"愿景"这一概念已经消失,部分是由于立法法规的结果,一种新右翼将规划作为一种公共服务来进行标准化和商品化的决定,以及规划师个人的反抗。城市规划不再是一种政治和专业性的行为,它是为公共与私人部门所共享的、盛行的技术决定论。[124]

保守党政府于 1980 年代和 1990 年代初已经试图取消规划,它们同意将规划降格为

[121] Taylor, 1999, 333-340.　[122] Taylor, 1999, 341.　[123] Taylor, 1999, 341-342.
[124] Tewdwr-Jones, 1999, 139.
❶ 马克·特德尔琼斯(Mark Tewdwr-Jones),伦敦大学巴特利学院规划教授,MSC 欧洲空间规划课程总导。研究活动着重于空间规划和超国家的政治、城市与区域规划、职业道德和敬业精神在某些实质性学科的空间管治等。

一种符号化的、机构化的行为,形成"新程序主义"(New Proceduralism)。而规划专业则未能抵挡住这种负面影响,皇家城市规划协会(RTPI)"可以被指控存在思维方面的失职"。[125] 在规划诞生的土地上,它已经陷于无关紧要的境地,这并非因为它是错误的或者被放错了地方,而是由于它缺少智慧来保护自己。

这种情况并不是全新的,规划以前也曾经被疑云所笼罩(例如 1950 年代),但很快又重新回到蓝天之下。1980 年代和 1990 年代所谓新的、奇特的和似乎独特的现象,就是学术界的马克思主义理论家与后马克思主义理论家(主要是学术性的旁观者,坐在大看台上,或者观看着资本主义的最后游戏,或者观看着一个非现实世界的建造)和反理论的、反策略的、反知识类型的、处在下级层面中的选手之间的分裂。1950 年代绝对不是这样,当时学术界是教练,向下面对着球队。

情况并非完全如此,许多学者仍然在尝试着指导现实中的规划。RTPI 很高兴地看到他们在想法上变得更加具有实践性了。参与者并没有向学术界闭目塞耳;有些甚至回来学习进修课程。而且如果在英国是这样,那么在美国则更是如此,那里的分裂从未非常明显,目前存在一种清楚决然的趋势,而它似乎不仅仅是循环性的。

原因很简单:随着任何形式的职业教育更加完全地被吸纳到学术中来,随着它的教师们更加彻底地社会化,随着职业领域似乎更加依赖于学术角度的判断,那么它的规范和价值(理论性的、知识性的、分离了的)将变得比以往更加普遍,而且教学与实践之间的隔阂将逐渐被加大。这里有一个重要的原因,在 1980 年代从规划学院的著作和文章的大量产出中,有许多(经常是那些在学术委员会中得到极高评价的)对于普通的参与者而言,是完全无关的,甚至是完全无法理解的。

也许可以认为,这是参与者的过错。同样,也许我们需要没有明显成效的基础科学,即使我们不能及时获得它在技术上的应用。这个讨论中的难点在于寻找具有说服力的证据(不仅在这里,而且在整个社会科学中),去证明这种收益最终将会到来。因此,社会科学在任何地方都已经陷入得不到尊重的地步,这不仅仅限于英国和美国。因此,它们支持率的消失(至少在英国是这样)也在规划界产生了直接的回应:规划与学术之间的关系已经变得令人失望,而这是现在不得不说的一个重要的、未能解决的问题。

---

125 Tewdwr-Jones, 1999, 144.

企业之城

我们不能指望晚餐会来自屠夫、酒贩或者面包师的善心，而是应当来自他们对自身利益的考虑。我们所谈论的并不是他们的人格，而是他们的自我关爱。决不要和他们谈论我们要什么，而是要谈论他们的利益。只有乞丐才会选择去依靠同胞们的仁慈。

亚当·斯密(Adam Smith)❶,《国富论》
(*The Wealth of Nations*，1776)

但是要当心！现在还不到时候。至少还需要100年的时间,我们必须对自己以及对他人声称,公正是邪恶的,邪恶是公正的。因为邪恶是有用的,而公正是无用的。贪婪、高利贷和戒备心在一段时间里必然是我们的上帝。只有它们才能引导我们钻出经济贫困的地道,进入到阳光普照之中。

约翰·梅纳德·凯恩斯(John Maynard Keynes),《我们孙辈们的经济机会》(劝说集)
(*Economic Possibilities for our Grandchildren(Essays in Persuasion)*，1930)

读者必须铭记在心,本书最为重要的观点在于,我们矛头所指的所有规划只是反对竞争的规划,也就是用来取代竞争的规划……但是目前的"规划"在使用中已经变成以往某一种规划的同义词。尽管这就意味着给我们的对手留下了更加有利的借口,但有时候为了方便,于是就简单地提到规划二字。

弗里德里希·冯·哈耶克(Friedrich von Hayek)❷,《通往农奴制之路》
(*The Road to Serfdom*，1944)

---

❶ 亚当·斯密(Adam Smith, 1723—1790),英国经济学家,古典政治经济学的代表,从人性出发,研究经济问题,主张经济自由放任,反对重商主义和国家干预,主要著作有《道德情操论》《国富论》。
❷ 弗里德里希·冯·哈耶克(Friedrich von Hayek, 1899—1992),奥地利经济学家,新自由主义的代表人物,曾于1974年获诺贝尔经济学奖,著有《货币原理与贸易周期》《通往农奴制之路》《自由的构成》等。

11

企业之城

上下颠倒的规划:巴尔的摩、香港、伦敦
(1975—2000)

在 1970 年代的某个时候,城市规划运动开始变得上下颠倒、内外不分。在 1980 年代,它似乎经常处在自我毁灭的边缘。传统意义上的规划,即采用规划和规则来指导土地使用,似乎越来越不值得信赖。相反,规划从控制城市的发展,转向采取任何一种可能手段来促进城市的发展。新的迹象越来越清楚地表明,城市是创造财富的机器,规划的首要目标肯定是给机器加油。规划师不断将自己等同于他的传统对手——开发者,猎场守护者变成了偷猎者。

这种情况在英国比在其他任何地方都要明显。也许这是诗意的公平,规划诞生的地方也无疑是它临终时痛苦挣扎之地。但是整个事情的逆转源自美国,法规性规划从来都很脆弱,而开发的惯性、企业的传统则永远都是最重要的。

根本原因在于经济。传统的土地利用规划在 1950 年代和 1960 年代大繁荣时期盛行一时,这也许是在资本主义经济中人们所知的最伟大的一段持续发展时期。其原因在于规划是用来指导和控制爆发性物质发展的一种手段。1970 年代和 1980 年代的大萧条必然改变了城市规划必须处理的、人们所感受到的基本问题的性质,从而也威胁到城市规划的合法性。大萧条格外沉重地打击了英国经济,暴露出深层结构的弱点:大部分国家制造业基地消失了,导致仅在 1971—1981 年间就损失了 200 万个工厂就业岗位。[1]一种新的地理格局出现了,在衰退的内陆城市(现在不仅包括存在老问题的案例,如格拉斯哥、利物浦,而且还包括曾经在制造业方面占有骄傲地位的城市,如伦敦和伯明翰)与仍在扩张的英国南部的高科技走廊之间形成了反差。[2]在这些挑选出来的地方,传统的法规性规划仍然得到基层政治的支持,但是在广阔的国家范围里,所需求的不再是针对发展的控制和指导,而是通过不惜一切的手段来实现促进发展的措施。

在美国也存在着一种类似的发展。在那里,传统工业地区(新英格兰、中大西洋,特别是中西部)受到海外竞争病毒的攻击,利润下降,产业重组。全国的制造业地区发现自己有了一个新的媒体绰号——"锈碗"(Rustbowl)。巴瑞·布鲁斯通

---

1 Massey and Meegan, 1982;Massey, 1984;Hudson and Williams, 1986;Hausner, 1987.
2 Boddy et al. , 1986;Hall et al. , 1987.

图 11-1　利物浦

从荒弃街道上浮现的,由吉尔斯·吉尔伯特·司考特(Giles Gilbert Scott)设计的
安格利肯大教堂(Anglican cathedral)的凝重的身影。

图片来源:© Richard Baker/In Pictures/CORBIS.

(Barry Bluestone)❶和本内特·哈里森(Bennett Harrison)❷在他们有着戏剧性标
题的《美国的去工业化》(*The Deindustrialization of America*)的著作中估计,在
1970 年代,由工厂的迁离、关闭和永久物质性削减所形成的综合效应,可能要在这
个国家裁减掉 3 800 万个工作岗位。在 1969 年和 1976 年间,估计要损失 3 500 万
个岗位,其中一半以上是在所谓的"霜冻带"(Frostbelt),换言之,就是工业的心脏
地带。[3]

　　这令规划师和城市政治家们感到惊讶。他们忘记了自己的历史,正如第 5 章所
言,克莱伦斯·斯坦因(美国区域规划协会富有想象力的奠基人,雷德朋的设计者)
在 1925 年 5 月那篇题为《恐龙城市》(*Dinosaur Cities*)的著名文章中,就曾经预言过
城市经济的衰落。[4]眼光同样犀利的经济学家柯林·克拉克(Colin Clark)❸在1940 年

---

[3] Bluestone and Harrison,1982,26,30.　　[4] Stein,1925.

❶ 巴瑞·布鲁斯通(Barry Bluestone),美国政治经济学者,曾任奇蒂与迈克·杜卡奇斯中心的城市和区域政策
　中心主任,主要研究政治经济制度(Political Economy)、城市和社会政策、公共政策。著有《波士顿的复兴:在
　一个美国大都市中的种族、空间和经济变化》等。
❷ 本内特·哈里森(Bennett Harrison,1943—1999),社会研究新校(New School for Social Research)的城市政
　治经济学教授,城市经济学家。
❸ 柯林·克拉克(Colin Clark,1905—1989),英国经济学家和统计学家,为英国完成了第一部现代国家收入统计
　著作。著有《经济增长状况》,后来的工作主要关注发展经济学(development economics),尤其是人口的增长。

的著作《经济发展的条件》(*Conditions of Economic Progress*)中,就已经准确地预言了制造业就业的普遍性萎缩。[5]二者都未曾引起足够的注意,他们的坏运气远远早于自己的同行。

远不止于此。1970 年代在英、美两国,新保守主义的智囊库(英国政策研究中心(British Centre for Policy Studies)和美国遗产基金会(American Heritage Foundation))开始挑战形成了凯恩斯主义经济政策和福利国家社会政策的那种理所当然的共识。在早期关于流派的传统争论现在上升到了神圣的教义(如哈耶克 30 岁时的《通向农奴制之路》)的地位之后,城市规划本身成为一系列遭受攻击的政策的核心部分。正如激进的右派所宣称的,它已经歪曲和抑制了市场力量的运作,迫使工业家们做出次优区位的决定,甚至窒息了企业活力。它应当至少对于落后城市和地区未能形成新兴工业以取代衰退工业这一现实负部分责任。在这方面,区域规划特别容易遭到反对,虽然哈耶克对抨击范围有着自己的保留,但是土地使用规划没有能够逃脱批评。

然而第一次警告早在 1960 年末即已来到,它比这一根本性的批判要早得多。在美国,约翰逊政府在 1964—1967 年的骚乱以后强化了它的城市反贫困计划。模范城市计划(Model Cities Program)和与之相关的社区发展项目(Community Development Projects,CDP,第 8 章)就是它的结果。在英国,一系列的报告(米尔纳·贺兰(Milner Holland)关于伦敦住房的报告(1965)、普劳顿(Plowden)关于小学的报告(1967)、西伯姆(Seebohm)关于社会服务的报告(1968))标志着英国政府正式重新发现贫困。富有洞察力的学术评论家们,例如从学术领域里出来领导伦敦战略规划的戴维·艾弗斯利(David Eversley),开始指出伦敦经济基础预兆性的衰败。[6]艾诺什·鲍威尔(Enoch Powell)❶ 1968 年 4 月关于城市种族关系紧张问题的臭名昭著的讲话(在讲话中,他回忆台伯河(Tiber)❷ 中流着血)招致来自当时威尔逊(Harold Wilson)❸工党政府立即做出的恐慌性政治反应:制订一项城市计划,为移民高度集中的区域提供特殊帮助,或者按照官方委婉的说法,就是给予特别需要帮助的地区以帮助。[7] 1969 年的社区发展项目是一份美国计划的复制版本,其目标是要提高贫困地方社区的自觉性,一些项目小组充满了年轻马克思主义者的热情。他们如此充满热情地着手于他们的工作,以致与地方官僚发生了冲突,整个实验于 1976 年戛然而止。[8]

但是存在着一种历史罕见的讽刺性。从 CDP 小组传来的看法是这样的,地

---

5 Clark,1940.   6 Greater London Council,1969;Donnison and Eversley,1972.

7 Edwards and Batley,1978,46.   8 McKay and Cox,1979,244-245;Hall,1981,Ch.5.

❶ 艾诺什·鲍威尔(Enoch Powell,1912—)英国保守党议员,鼓吹限制或终止有色人种向英国移民等政治和经济主张。

❷ 台伯河(Tiber),意大利中部一河流,流经罗马。

❸ 哈罗德·威尔逊(Harold Wilson,1916—),英国工党领袖,首相(1961—1970,1974—1976),因解决罗得西亚问题失败,未能制止国内经济衰退和通货膨胀而宣布辞职。

方问题(如伯明翰的萨尔特雷(Saltley),泰恩河畔纽卡斯尔的本威尔(Benwell))是"结构性"的,这个来自学术界的时髦名词已经进入规划用语。近代资本主义经济的主要力量(特别是资本在少数寡头手中越来越集中)正在把对公司和工业的控制从当地转入到更加遥远的跨国企业的董事会会议室中。这个结论暗示着解决办法不可能在资本主义系统内部找到,正是它使得 CDP 的看法不能为城市的政治领导人所接受,或者为英国内务部(British Home Office)所接受。第一件颇具讽刺意味的事情是,10 年之后,市政厅中的新一代政治家们已经热情地赞成它。第二件则是,即使在此事发生以前,结构性衰败的概念已经成为得到接受的思想的一部分。

在某些方面,载体似乎不止一个。1972 年,彼得·沃克尔(Peter Walker,当时保守党政府的环境国务大臣)已经指定了 3 家资历最深的咨询公司,针对 3 个贫困内城地区进行深入调查。它们的最终报告于 1977 年夏天同时发表,并强调相同的结论:贫困不再是一个个人或家庭落入贫困线以下的问题,而是变成了整个城市经济失败的问题。[9] 当时的政府(工党政府)在 1977 年的一份白皮书[10]和 1978 年的内城法(Inner Urban Areas Act)中表示,它将内城地区政策的重点大规模地转向经济复苏。因此,内城地区将在新产业发展中占有高度优先地位,中央政府的资源将从新城转向用于帮助城市。城市项目将大规模扩展,在一些主要城市中的某些最受打击的地区,将会引入中央政府和地方政府的伙伴关系。

起初,转变在总体上是不明显的。现有的官僚机构将已经在抽屉里积了灰的现有计划掸了掸,这些计划反映了传统的责任和成见:这里是一个休闲中心,那里是一片风景区。但是当从 1970 年代过渡到 1980 年代时,内城地区经济继续出血,重点转移了。当时几乎所有的政府都有各种名称的经济发展办公室,配备了新一代的地方政府官员。[11] 规划师有时承担这些工作,但是他们随后发现,他们必须扭转自己的传统角色。发展的指导和控制自 1947 年以来,就是英国法规规划系统一贯所关注的事情,现在却被不惜代价鼓励发展的热情所取代,政治问题开始集中于如何把这做得最好。

美国的罗斯化

正值此时,一些英国规划师和政治家开始将目光投向大西洋的彼岸。因为在1970 年代末,从彼岸热热闹闹传过来的信息就是,美国的城市已经找到一种神奇秘方。在一次例行的英美高层会议上,气色阴郁的英国人播放着荒凉孤寂的利物浦内城的幻灯片,而兴高采烈的美国人则带来了活力四射的波士顿市中心的图片,充满

---

9 GB Department of the Environment 1977a;1977b;1977c;1977d.
10 GB Secretary of State for Environment,1977.   11 Young and Mason,1983.

了生气、色彩和激情（更不用说还有繁荣的商业和不断增长的就业机会）。[12]城市复兴（urban revitalization）作为美国的时髦用语开始在会上流传，其秘方似乎就是由城市政府和私人部门之间所达成的一种新型的创造性伙伴关系（一个越来越频繁地被美国人所使用的词语）。这种关系由于来自华盛顿的明确资助而增色不少，并且相对于白厅（Whitehall）给予英国城市的资助，所附加的约束要少。

它似乎也来自一种坦率的认同，即城市制造业经济的时代已经过去，而成功则来自于为中心城市寻找并创造一种新的服务部门的角色。备感无聊的郊区居民将成群结队来到复兴了的城市，城市向他们提供了在购物中心中从未发现过的生活质量。雅皮士（Yuppies），或者年轻的城市职业人士（该词语在 1980 年代初开始流传）将绅士化（gentrify）靠近市中心的、衰退了的维多利亚式的居住区，将他们的美元投入到时尚服装店、酒吧和餐馆。最终，复兴了的城市实际上变成为一个主要吸引游客的地方，为城市提供新的经济基础。

节日市场的概念早在 1964 年起源于旧金山的吉尔德利广场（Ghiradelli Square），那有一座巧克力工厂，其位置刚好邻近热闹的渔人码头（Fisherman's Wharf）的，该码头围绕着一个大型开敞空间形成了一群小商店、餐饮和工艺品商店，人们在此逗留、闲逛，艺人也可在此表演。在波士顿，由 3 个邻近市中心的历史仓库所构成的詹姆斯·罗斯（James Rouse）的法尼尔厅（Faneuil Hall），于 1976 年被转变为一个经典的节日市场，实际上也就是本章标题的命名来源。这里成为一个吸引午餐时间的办公族和众多波士顿游客的地方，它的成功很快引发了巴尔的摩（Baltimore）、圣路易斯（St. Louis）、密尔沃基（Milwaukee）和明尼阿波利斯（Minneapolis）的效仿。这种模式的成功秘诀就在于，将新事物补充给新市场：本地小商贩出售一些不同寻常的东西，有别于以大型商场为依托的全国连锁的商店、餐饮或娱乐，而是专门为年轻的、受过良好教育的、生活富裕的成年人提供服务，既有本地人，也有外来游客。[13]

这正是已经复兴的波士顿滨水区和那时正在进行改造的巴尔的摩内港的公式（也是城市复兴第一阶段的两大看点）。走近一些观察，情况当然更加复杂。早在1950 年代，这两个城市就已开始经历城市衰退，它们从那时起就一直在着手这项工作（比英国的同类城市要早 20 年）。两个城市在 1960 年代就已经首先开始努力争取相当传统的总部型办公大楼的开发，这是一个比英国同类城市容易运行的公式，因为二者都是历史悠久的商业中心，而波士顿还是金融机构的主要故乡。两个城市都大规模地从事已废弃的内港地区的滨水区再开发，包括当时针对翻新仓库、市场建筑、时尚服装购物区、酒吧、餐馆、旅馆等等所进行的创新组合，以及针对旧居住区的更新。

在这两个城市中，同一个重要人物在发挥作用。詹姆斯·罗斯早在 1960 年代末就已经出名了，他当时是建设过哥伦比亚的一位巴尔的摩开发商，哥伦比亚是当时

[12] Hall, 1978, 33-34.　[13] Roberston, 1997, 389.

美国已经开发出来的最富于竞争精神的私营企业新城之一。通过他在大巴尔的摩委员会(Greater Baltimore Committee,一个于 1956 年成立的商业精英集团)的主导作用,从一开始,他就涉足巴尔的摩市中心的复兴工作——一个从 1950 年代末发展起来的33 英亩的查尔斯中心(Charles Center),一座集办公楼、商店、旅馆和公寓的综合体。有意思的是,这是在 1949 年和 1954 年城市更新立法下发展起来的,几乎每个方面都是按照匹兹堡和费城所确定的模式来进行的(第 7 章)。一个新的、激进的商业精英有效地接管了这座城市,领导着一个促进发展的联盟,该联盟技术娴熟地引导着公众的支持,并把联邦和私人资金结合在一起,用于推动大规模商业的再开发。[14]

关于这一点并无太多的新内容,十几个城市正在这样去做,或者正打算这样去做。但是罗斯在巴尔的摩内港、在相应的昆西市场(Quincy Market)以及在波士顿滨水区计划中所起的作用却不一样。这些计划比较大(在巴尔的摩是 250 英亩),并且它们引入了涉及多种行为的一种新组合:娱乐、文化、购物、混合收入型住房等。它们也以当时的适应性再利用的概念为基础,将原有的物质结构重新利用并重新运转,转变成为新的用途。[15]它们起到一种相对更大的公共角色的作用,而且包括更多联邦政府的委托项目:在巴尔的摩这一案例中是 1.8 亿美元,与此相对应,来自城市有 5 800 万美元,来自私人部门只有 2 200 万美元。因此,联邦授权者的身份加上公共部门在投机事业上的投资,以及公共与私营部门企业家合作的一种新观点,这是新处方的关键部分。[16]重要的是,在两个城市中,这些项目都是由谨慎而有声望的民主党市长完成的——波士顿的凯文·怀特(Kevin White)和巴尔的摩的威廉·丹尼尔·夏弗(William Daniel Schaefer),他们和邻区有着很好的联系。

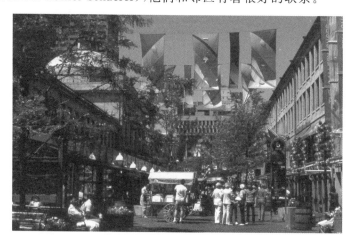

图 11-2 波士顿昆西市场

图片来源:Peter Hall.

[14] Lyall, 1982, 28-36; Mollenkopf, 1983, 141, 169-173; Berkowitz, 1984, 203.
[15] Hart, 1983, 19.   [16] Lyall, 1982, 51-55; Falk, 1986, 145-147.

图 11-3　巴尔的摩内港

通过公私合作的美国内城更新的两个样板,它们都是通过罗斯公司来操作的:
"罗斯化"成为规划师的词汇。

　　巴尔的摩所形成的开发和伦敦的科文特花园有着许多共同之处,后者几乎同时
也在进行着再利用(第 7 章)。它们不愧为旅游胜地,巴尔的摩一年吸引 2 200 万名
来访者,其中 700 万是游客,这一数字堪比于迪士尼乐园。这就给此类开发的革命性
质提供了一条重要线索。

　　　　创造成功地区的过程只是偶尔涉及房产的开发。它更像是经营一座剧场,不
　　　断地改变吸引力的内容,将人们吸引过来并使他们持续获得享乐。毫不奇怪,也
　　　许最成功的模型——在佛罗里达州的占地 28 000 英亩的沃尔特·迪士尼乐园
　　　(Walt Disney World),它是由数个负责"想象工程"(Imagineering)和"吸引力"
　　　(Attraction)的部门所组成的一个公司经营的。调查员和规划师似乎都不具备这
　　　种创造大型剧场所需要的素质,虽然他们作为演员和剧作家可能是非常有用的。[17]

于是,波士顿和巴尔的摩的罗斯化(Rousification,一种在二十几个美国老工业城市
不断重复的过程)进入了"城市如舞台"(city-as-stage)的刻意创造。如同剧场一样,
它模仿现实生活,但它模仿的不是过去那种真实的城市生活,其原型是在加利福尼
亚州迪士尼乐园内欢迎来访者的"美国大街"(Main Street America)。为了保护你,
它(如短语所说的)是清洁的、健康的、无危险的、7/8 原真的大小。周围是迷人的复
兴街道(因为注入了大量的 HUD 资金❶,所有东西都雅皮士化了),都具有完全相同
的质量,并努力使自己看上去就像一部关于想象中的美国城市的迪士尼电影,但是

---

[17]　Falk, 1986, 150.
❶　Housing and Urban Development Funds,住房与城市发展基金,由住房与城市发展部提供。

它们恰恰与真实不一致。

　　尽管一些早期案例很成功,但是很快就有证据显示,节日市场仅仅在一个拥有大量区域性人口的、特殊类型城市才能运行得很好。它或者有一个参观圣地,一个历史上著名的海滨、仓库,以及/或者有一片邻近市中心、处在步行范围内的工业区,和一个吸引力强大的旅游基础。许多中等城市只有些许旅游吸引力——密歇根州的弗林特(Flint)、弗吉尼亚州的诺福克(Norfolk)、俄亥俄州的托莱多(Toledo),它们都遭受过失败。即便在曾经成功过的地方,也可能会发生过度饱和,例如在明尼阿波利斯、圣保罗……在 1980 年代末就有不下五个失败案例。正如一位观察评论家所言,"如果美国的每一个城市都因为某种独一无二的吸引力而想要开发节日市场,那么我们自然应该想到一个被重复了一次又一次的概念究竟还有什么独特性呢"?[18]

　　同样的命运也降临在步行商业街上——在美国市中心与郊外购物中心相抗衡的户外商业街也失败了。1959 年密歇根州的卡拉马祖(Kalamazoo)首先进行尝试,随后有 200 多个美国城市进行效仿,大多数都集中在 1960 年代到 1970 年代初。30 多年后,事情开始变得明朗,事实表明,这种模式只有在靠近大型城市(丹佛、波士顿、波特兰、明尼阿波利斯)的办公或金融中心,或者步行密度达到一定程度的大学城(科罗拉多的博尔德(Boulder)、佛蒙特州的伯灵顿(Burlington)、威斯康辛州的麦迪逊(Madison))才能有效运行。大多数案例都未能振兴市中心的零售业,因此自1970 年代末后,就很少再有在建新项目(除了备受推崇的丹佛 16 号商业街)。实际上,许多地方,如康涅狄格州的新伦敦(New London)、罗德岛(Rhode Island)的普罗维登斯(Providence)、弗吉尼亚州的诺福克、明尼苏达州的圣克劳德(St. Cloud)都放弃了,并且重新把机动车引入进来。[19]

　　无论如何,波士顿和巴尔的摩看起来越来越有意思了。因为在整个发达的西方世界,原有的港区也许就是大规模城市复兴的主要焦点。在 1970 年代,一个又一个城市中的这类地区突然从繁荣走向荒废,成为全球性经济衰退、技术转型(集装箱化)、世界贸易类型转变之间一种复杂关联性的牺牲品。在 1980 年代,同样这些地区又经历了办公业、零售业、住房业、娱乐、文化、休闲业的强劲复苏,有些地方(巴尔的摩内港、伦敦的道克兰(London Docklands))变成所有城市规划师国际旅行线路中几乎必不可少的部分。几乎所有案例都显示出公私部门之间的一种显著的再开发伙伴关系,有时涉及城市管理,有时涉及城市开发合作,有时又是多重的。[20]

大企业地区辩论

　　在这里,一个特殊概念起到了其作者从未想到过的一个作用。1977 年在切斯特(Chester)召开的一次皇家城市规划协会会议上的发言中,彼得·霍尔(1970 年打破

---

[18] Robertson, 1997, 391.　　　[19] Robertson, 1997, 389.　　　[20] Hoyle et al., 1988, passim.

习俗的无规划宣言的联合作者,第 8 章)谈论到城市衰退这一紧迫问题:"人们已经看到一些最大城市地区的发展在减速、停止,然后倒退,它们失去了人口和就业。"在审视了重建这些城市经济基础的可能途径之后,霍尔得出了这样的可能性,"没有哪一种处方能够真正对这种地区起到奇迹般的作用"。他在这里建议道:

> "最好"也许是"好"的敌人。如果我们真的需要广泛地帮助内城和城市,我们将不得不采用完全非正统的处方……一种最终可能的处方,我称之为自由港(Freeport)的解决方案。挑选某个内城小片地区进行各种各样的尝试,不对其进行约束。换言之,我们的目的是在利物浦或者格拉斯哥的内城重新创造1950 年代和 1960 年代的香港。[21]

这将涉及三种要素。每片区域将完全向企业家和资本的流动开放,这意味着取消流动控制。它"将以正大光明的自由企业为基础","官僚主义将被控制到绝对的最少"。居住将以选择为基础,因为该地区实质上将处于英国常规的立法和控制之外。霍尔总结道:"这样的一种地区将完全不用恪守现代英国福利社会的传统,但是可以遵循在经济方面有活力的香港模式,因为它反映了一种针对城市问题的极端激进的最终解决办法,它只能在一个极小的范围内进行试验。"他最后以否定作为结束,在这件事情中是很有讽刺意味的:

> 我不期待英国政府会立即采用这种解决方案,而且我想强调我并不推荐它作为用来解决城市顽症的一种方法。我只是说它是一种模式,而且是一种潜在解决办法的极端模式。[22]

就某些方面,正如从随后更进一步的分析中所显现的,他对香港的提及是有点离奇的。因为从特纳反对第三世界住房官僚机构的运动这一角度来看,香港是一个突出的极端保守主义的案例。在整个 1960 年代和 1970 年代,与其外部世界神话般的景象相反,它维持了相对而言在非共产主义世界中最大的公共住房计划。[23]乔纳森·西弗(Jonathan Schiffer)❶后来提出了一个聪明的解释:该项目通过将大众住房的成本控制在最低线,极大地阻止了增加工资的要求,从而使香港劳动力价格维持在发达世界中的最低水平。[24]此外,虽然按照传统的英国标准,香港缺乏一种限制性的或者综合性的英国模式的土地利用规划系统,[25]但是按照许多发展中国家的标准,它有着大量的规划干预。然而,霍尔可以为自己的基本观点进行辩护:无论以这种或那种方式给予间接补贴,香港仍然是世界上根据世界市场行情、迅速进入新型企业家阵地的一个最为成功的案例,这主要是来自于它占主导性的小型企业非同寻常的适应

---

21 Hall, 1977, 5.   22 Hall, 1977, 5.   23 Choi and Chan, 1979, 187.   24 Schiffer, 1984, passim.
25 Bristow, 1984.

❶ 乔纳森·西弗(Jonathan Schiffer),国际评级机构穆迪(Moody)投资者服务公司的副理事长,曾作过教授、企业家、咨询师,处理关于发展中的经济、社会主义经济和过渡时期经济的问题。加入穆迪投资者服务公司之后,为中东欧和苏联撰写评级建议和报告。

能力。[26]

　　然而,所有这些都是相当含糊的学术争论的一部分。奇怪的是,虽然霍尔对行动的可能性完全持怀疑态度,但他并不需要等待很久。在 1980 年,英国新保守党政府引入企业区条例,霍尔作为计划的作者,英国财政大臣还特别提到了他。1980 年至 1981 年期间,政府指定了 15 个区域,位于伦敦道克兰中心的狗岛(Isle of Dogs)便是其中之一。整个概念和它倒霉的作者立即受到来自大西洋两岸的激进学者的攻击。[27]

　　在实践中,正如豪(Geoffrey Howe)❶在 1980 年预算中所介绍的,它变得缓和多了——现在收益来源于直接财政补贴,而不是基于撤销管制。公司进入企业区可以享有 100% 的资本折让,以及工业和商业建筑减税、免征土地开发税、免除许多常规的规划和管理限制。正如后来所显示的,私人投资被吸引到企业区,主要是由于资本折让和免税政策等形式的财政补贴,累计免除的税费到 1985 年时已经超过 1.5 亿英镑,[28]许多其他因素(劳工自由流动、对移民企业家的鼓励、避开主流立法的普遍自由)都明显缺失了。这是该种事例中一个极其深刻的案例,激进思想只要被清理到完全无害,就能被执政政权所接受,尤其是在英国。这里明显缺少的就是约瑟夫·熊彼得(Joseph Schumpeter)❷所说的激励创新机制(不管叫什么名称),它可以为传统工业基础消失的地区提供另一种工业传统。[29]

　　关于企业区,好的方面就是政府让它们独立进行评估。1987 年的最终评估发现,1981/1982 年度至 1985/1986 年度期间,23 个企业区估计花费将近 2.97 亿英镑。这笔钱已经吸引了 2 800 多家公司,雇用了大约 63 300 人。但是,它们中间大约 23% 以前就在那里,37% 是搬进来的,14% 是分支机构,只有 25% 多一点是新开办的。在搬进来的企业中,58% 是从紧邻现有企业区周围的本地区搬来的,80% 是来自于本地区。研究人员发现,在 63 300 个就业岗位中,只有 35 000 个是企业区政策的结果,大多数是本地区转换的,只有部分是新增的。减去发生在相邻企业区外围的当地区域的损失,加上这些区域的非直接赢利(如联络和施工工作),研究人员得出结论认为,在区域范围和本地区所创造的净工作岗位总数不到 13 000。这些工作岗位每一个都要花费 8 500 英镑,在范围更广的当地区域(包括企业区),每个增加的工作岗位的花费在 23 000~30 000 英镑。[30]

　　企业区 3/4 的公司认为它们从现在的企业区获得了好处,但是有不少于 94% 的公司认为最重要的激励是免税。放松规划控制的效果是很难进行评价的,因为很多规划部门拥有土地,当有可能放宽控制的时候,它们也在寻求维持更为广泛的土地

[26] Sit, 1978, 92.　　[27] Harrison, 1982; Massey, 1982; Goldsmith, 1982.

[28] Brindley et al., 1989, 107; Johnson, 1991, 196; Lawless, 1986, 263.　　[29] Hall, 1982b, 419.

[30] GB Department of the Environment, 1987, 2, 10-12, 18, 21, 25, 30, 52-53.

❶ 杰弗里·豪(Geoffrey Howe,1926——　　),英国政治家,1983 年担任英国外交大臣,1989 年曾担任副首相。

❷ 约瑟夫·熊彼得(Joseph Schumpeter, 1883—1950),奥地利经济学家,倡导一个观点——资本循环是在资本主义的经济发展过程中的完整部分。

使用方式。[31]

为道克兰而战[32]

    所有这些都和英国的辩论密切相关,而且在确定了问题的范围和性质的情况下,辩论不可避免变得政治化了。到 1970 年代末时,在所有英国大城市中出现了一种新现象:大块空白或半空白的土地等待着再开发,它们以废弃的工业或仓库建筑的荒凉废墟为特征。毫无疑问,大多数这类土地都是公有的或半公有的,它们或者属于当地市政部门所有,这些部门已经有将它用于住房或筑路的计划,而这些计划目前正受到财政削减的影响(或者与道路一起受到公众反对);或者属于公共公司,如港务局、英国煤气或英国铁路,它们已经在别的地方开展经营。

    迄今为止,最辉煌的案例当属伦敦道克兰,这是一块巨大的场地,方圆 8.5 平方英里,从伦敦城著名的"平方英里"(square mile)❶ 的最边缘开始,沿着泰晤士河两岸向下游延伸 8 英里。在任何一个城市中,没有什么比伦敦的"平方英里"与从相邻的伦敦塔桥开始的伦敦道克兰之间的对比更为显著的了。它们成长在一起,港区的贸易培育了伦敦城的商业,使它成为世界经济的一个"总开关",用安东尼·金(Anthony King)❷ 的话来说,这是世界上第一个真正的全球城市。[33]但是现在它们的好运已经大大偏转了。

---

[31] GB Department of the Environment,1987,30,57,70,85.   [32] 这一数据基于 Hall,1998,Ch. 28.

[33] King,1990,74.

❶ 平方英里(square mile),伦敦最为核心的地区之一,无论历史上还是现在都是全球性的贸易中心,汇聚了众多世界级的金融机构与商贸机构。第二次世界大战期间曾遭受严重毁坏。

❷ 安东尼·金(Anthony King,1934—),英国埃塞克斯大学教授。主要研究:变化中的英国政体、英国的首相制度、美国的政治和政府、民主的历史。著有《奔走恐惧:为何美国政治家竞选如此多而管制如此少》。

图 11-4 和图 11-5　伦敦道克兰地区城市复兴前后

1980 年代伦敦道克兰地区的改变,代表着欧洲最大的(倘若不是世界的)城市复兴。对某些人而言,这是一个卓越的案例,显示了如何去进行操作;而对于另外一些人而言,它教会人们如何不去做。

图片来源:Shutterstock/R. Nagy(图 11-5).

　　在 19 世纪和 20 世纪初,港区就已发展了,贸易的增长导致伦敦桥下游河面的大规模交通堵塞:第一个码头(西印度码头)在 1802—1806 年间启用,最后一个乔治五世码头在 1921 年启用。[34]到那时为止,不论从产值还是从交易量上来看,伦敦都是世界上最繁忙的港口,并且在港区周围发展了工业。最重要的是,有害的工业处在老伦敦郡议会的边界范围以外,例如巨大的贝克顿煤气公司(Becton Gas Works)。这是重体力劳动,其性质大多数是临时的,结果是在周围形成了稳固的工人阶级社区,劳动关系出名地糟糕,工人们在政治上很活跃。[35]

　　港区的临时雇工制结束于 1967 年。具有讽刺意味的是,就在同一年,东印度码头关闭了它的大门。[36]从那时起,这些码头关闭得比开张得还要快,最后一组曾经一天能够接纳 100 条船的皇家码头于 1981 年关闭。[37]集装箱化是其根本原因,它偏好于近海的河口港,如哈维奇(Harwich)和费利克斯托(Felixstowe),那里的劳动力成本要低廉得多;或者是伦敦的梯伯利(Tilbury)港,它处在伦敦外围下游 20 英里。在 3 万名伦敦码头工人中,只有 3 000 人留下来处理在梯伯利的每年 5 000 万吨的货物。[38]在最高峰时期,先是贝克顿的煤气公司关闭,然后是格林尼治的煤气公司关闭,以港口为基地的工业开始萎缩。到 1981 年时,港区失业率达到 18.6%。[39]

[34] Al Naib, 1990, 1–3; Brownill, 1990, 16–17; Hardly, 1983a, 5; King, 1990, 74; Ogden, 1992a, 4.

[35] Hardy, 1983a, 6–7; Brownill, 1990, 18; Hardy, 1983b, 9, 11; Ledgerwood, 1985, 42–43.

[36] Al Naib, 1990, 3; Hardy, 1983b, 10.　　　[37] Al Naib, 1990, 3; Ogden, 1992a, 4.

[38] Al Naib, 1990, 3, Hardy, 1983a, 12; Newman and Mayo, 1981, 534–535.

[39] Brindley et al. , 1989, 99; Falk, 1981, 67; Ledgerwood, 1985, 59.

　　所有这些均使规划师感到吃惊。很快,随着老内城港区的关闭,5 000英亩的道克兰基地突然作为自1666年大火以来伦敦最大的发展机遇而出现。但是地方社区仍然抱着深刻的怀疑态度。有两个团体——道克兰论坛(Docklands Forum)和道克兰联合行动组(Joint Dockland Action Group),作为代表地方社区利益的准官方发言人,于1970年代中期开始出现。[40]保守党政府于1973年委托顾问撰写一份报告——《特拉弗斯·摩根报告》(*Travers Morgan Report*),提出5个未来候选方案(一个建立在地区的传统特征上,其余则代表激进的新方法),但是遭到了地方社区团体和地方自治团体的猛烈抨击,最后被一名新部长所放弃。不久,工党回到白厅执政。[41]

　　到1970年代中期时,大规模的、自上而下的、专业导向的城市规划整体概念都被它激进的对立面所替代:通过当地社区组织,把规划反转过来。在新规划里,规划师是公众的奴仆。这包含了一种微妙的,甚至是诱人的协商性规划方式,通过一个道克兰联合委员会(Dockland Joint Committee, DJC)加上道克兰论坛来代表公众,这是一个著名的、富有战斗力的公众团体。[42]结果就是1976年的伦敦道克兰战略规划,其目的是维持和加强现状(当然,假定有一个现状要维持)。[43]正如格兰特·莱奇伍德(Grand Ledgerwood)所指出的,这是一个"悲哀的茫然状态"。《时代周刊》评论道:"伦敦东端典型的处理事务的方式是自相矛盾的。'我们想得到伦敦其他地方所拥有的一切,但我们同时又要保持原样。'"[44]

　　但是在1977年出现了一次重大的财政危机,而且政府资金不愿到位。等到又有了资金的时候,正值1978年全国迎接大选。[45]无论如何,1978年的内城法没有提供资金来购买土地,这是非常关键的。道克兰联合委员会实际上没有做成什么,同时,本地经济也垮掉了。正如尼古拉斯·福尔克(Nicholas Falk)❶所指出的,当地社区被锁进了他们自己制造的一种空想之中。[46]

　　1979年5月,玛格丽特·撒切尔(Margaret Thatcher)指定迈克尔·赫塞蒂纳(Michael Heseltine)为环境国务大臣。他回忆1973年飞过港区时的情景:

　　　……紧邻着伦敦城"平方英里"的繁华,就是几百英亩荒凉的港口、码头和仓库等等的空虚和无助。有各种各样委员会、报告、讨论,但是在我面前摆放着这份令人震惊的证据:没有人做出有效的事情……每个人都涉及其中,但是没

[40] Falk, 1981, 66; Hardy, 1983a, 8; Ledgerwood, 1985, 68–73, 75.

[41] Brindley et al., 1989, 100; Ledgerwood, 1985, 87, 91–94, 99–100.

[42] Brindley et al., 1989, 100; Ledgerwood, 1985, 95–99, 101–103.

[43] Docklands Join Committee, 1976, 8; Hall et al., 1976, 274; Ledgerwood, 1985, 115, 118–121, 129.

[44] Quoted in Ledgerwood, 1985, 123.

[45] Brindley et al., 1989, 101; Brownill, 1990, 26–27, 29; Ledgerwood, 1985, 116, 122.

[46] Brownill, 1990, 27, 29; Hardy, 1983a, 16; Brindley et al., 1989, 29–30, 101; Savitch, 1988, 225–226; Falk, 1981, 78.

❶ 尼古拉斯·福尔克(Nicholas Falk),英国URBED(城市和经济发展组织)的创建人和理事,经济学家、战略规划家和城市学家。关注精明增长和智慧财政,与大卫·路德林(David Rudlin)合著有《21世纪的住宅模式:可持续的城市邻里》。

有人负责。[47]

他立即要求 DOE❶ 的常务秘书约翰·加利克爵士(Sir John Garlick)起草立法。1980 年的地方政府、城市规划和土地法恰好赋予了建立企业区和城市开发公司(Urban Development Corporations,UDCs)的权力。[48]

正如赫塞蒂纳轻松承认的,UDCs 是把成功的新城公司(工党政府于 1946 年的一项创举)当作样板,用他自己的话来说,其目的是要"在旧城内创造一个新城"。[49]但是,它们之间有一些重要的区别,最重要的是它们将作为开发控制部门取代地方政府,并且有权将土地"授予"自己而不用申请。1987 年《每日电讯报》(*Daily Telegraphy*)准确地观察到,"开发公司……更为接近一个社会主义的概念,而非保守党政府的孩子",[50]基本概念是美国的"杠杆作用"(leverage)❷。公众投资、快速启动进程,加上新的权力,将创造出一种适宜的环境来引入大笔的私人投资。[51]在绕开当地规划师方面,赫塞蒂纳特别在行:

> ……我们取消了他们的权力,因为他们制造了如此之多的混乱,他们是一群把事情彻底弄糟的人。他们有咨询委员会、规划委员会、联络委员会,甚至讨论委员会,但是他们什么也没干……UDCs 做了一些事情。更准确而言,大家看到他们正在干活,他们没有受到民主进程中不可避免的延误的影响。[52]

为了运转伦敦道克兰发展公司(London Docklands Development Corporation,LDDC)❸,赫塞蒂纳选择了奈杰尔·布劳克斯(Nigel Broackes,特拉法尔加院(Trafalgar House)❹ 主席,商人兼资产专家)作为主席,选择雷吉纳德·沃德(Reginald Ward,一名资深地方行政官员)作为 CEO。LDDC 有意基本不做规划,它让顾问们设计了一个宽泛的开发框架,用来提供指导,但完全是灵活的,并且以需求为导向。自治区自己疗伤,南沃克(Southwark)甚至在法庭上被取消以前还企图制订自己的计划,而社区组织甚至在自己内部也没有形成一致意见。[53]

在这些冲突的背后是一群不同的人,理查德·巴特利(Richard Batley)❺ 的分析显示:正如赫塞蒂纳从一开始就强调的那样,自治区为当地社区服务,而 LDDC 在未

---

[47] Heseltine, 1987, 133.

[48] Heseltine, 1987, 133, 135-136; Imrie and Thomas, 1993, 8; Lawless, 1991, 25; Meadows, 1985, 162.

[49] Heseltine, 1987, 157.　　[50] Brindley et al. , 1989, 115.　　[51] Letwin, 1992, 181.　　[52] Thornley, 1991, 181.

[53] Brownill, 1990, 111; Ledgerwood, 1985, 158; Hall, 1992, 22; Thornley, 1991, 175-177, 179.

❶ Department of Environment,环境部。

❷ 杠杆作用(leverage),又称杠杆原理,指利用信贷来增强投机能力的手段。

❸ LDDC(London Docklands Development Corporation),伦敦道克兰发展公司,是 1981 年由英联邦政府成立的机构,目的是复兴衰败的道克兰港区。

❹ 特拉法尔加院(Trafalgar House),一个英国团体,由于财产、财产发展、建设、客运和工程方面的利益而紧密结合在一起。

❺ 理查德·巴特利(Richard Batley),英国伯明翰大学 IDD(International Development Department)发展管理部门的教授,从事关于"管治"(governance)的专门研究,尤其是政府的角色和政府与非政府组织之间的关系。

来的发展中为国家利益服务。[54] 十几年来，LDDC 与自治区发展了各种各样的关系，和"新城市左派"南沃克之间的不合作及冲突关系，和塔村（Tower Hamlets）之间的合作关系，与纽汉（Newham）之间的协商性商业交易关系。[55]

到 1980 年代末时，一切都过去了，撒切尔赢了。到 1991 年 3 月时，LDDC 已经购买了 2 109 英亩土地（道克兰总面积的 40%，其中 20% 是水域）。其中，401 英亩仍然保持为水域，483 英亩用于基础设施，1 225 英亩用于开发（其中，661 英亩已经于 1990 年出售给私营部门，564 英亩（主要是皇家的）正在招募或者等待开发）。[56] LDDC 通过自己的操作，从土地增值中获得巨大利益，企业区的土地价格从 1981 年的每英亩 8 万英镑（每公顷 19.8 万英镑）上升到 1988 年的每英亩 400 万英镑（每公顷 1 000 万英镑）。到那时为止，居住区的土地价格可以与西伦敦的河边基地相比。主要基础设施工程所花费的资金，例如在道克兰轻轨线（Docklands Light Railway, DLR）的贝克顿延伸区，LDDC 从 1981—1989 年总共花费 7.9 亿英镑，土地费用占 16%，工程费占 17%，用地改造占 11%，交通占 21%。[57]

交通是一个特殊问题，比开始预想的要特殊得多。于 1987 年开通的从道克兰门户（Docklands Gateway）到塔园（Tower Gardens）和斯塔特福德（Stratford）的首期道克兰轻轨线路，便宜得只需要 7 700 万英镑，但是贝克顿延伸线需要 2.76 亿英镑，河岸支线和金丝雀码头站点（Canary Wharf）重建需要 2.82 亿英镑。首期工程造成了地价的猛涨，但是土地的收益相对于所形成的工程规模以及所需要的高昂的重建费用却非常不够。1989 年，平均每个月系统都要瘫痪 10 次。在那一年达成了将现有的朱比利线（Jubilee Line）延伸到道克兰的协议，由开发商"奥林匹亚与约克"（Olympia & York）投资预算中的 1/3，后来上涨了 3 倍。[58]

LDDC 在撬动这笔公共巨资时是有多么的成功？政府告诉下议院委员，截至 1987 年，杠杆率达到了 12.5：1 的比例，但这不包括实际的公共开支，如住房、DLR、主要道路和企业区里的税费补贴。即便如此，LDDC 是 1980 年代杠杆规划的最杰出案例，它的显著成功成为其他城市内城复兴的样板。[59]

一个相关的问题必然就是，LDDC 通过土地销售从支出经费中拿了多少回扣。到 1988—1989 年时，销售额达到总收入的 50%，LDDC 被允许保留全部该款项。但是在 1989 年的财政危机以后，这一直接的现金来源中断了，[60] 归属于 LDDC 的土地有 2/3 已经被地方政府指定用于建造住宅。土地大部分用于住宅，但并不是同一种类型的住宅，大约 80% 是产权住宅，新居民拥有明显高于当地居民平均水平的高收

[54] Batley, 1989, 171-175, 180.　　[55] Batley, 1989, 178; Brownill, 1990, 121.

[56] Brindley et al., 1989, 104; Brownill, 1990, 42-43; Church, 1992, 43.

[57] Brownill, 1990, 40, 47-48, 74, 91.

[58] Association of London Authorities, Docklands Consultative Committee, 1991, 10; Brownill, 1990, 137-138.

[59] Association of London Authorities, Docklands Consultative Committee, 1991, 3-4; Batley, 1989, 177; Brindley et al., 1989, 104, 114; Brownill, 1990, 46.

[60] Association of London Authorities, Docklands Consultative Committee, 1991, 3-4; Brownill, 1990, 445, 901; Imire and Thomas, 1993, 17-18.

入。到 1980 年代末时,只有 5% 的销售属于"支付得起"这一类,而地方政府和住房协会的计划被取消了。[61]

处于 LDDC 区域中心的狗岛企业区是在 1982 年划定的,但是直到 1985 年,低层高技的金属棚屋以及报纸成为它有效的制约。[62]随后在 1980 年代中期,由于金融服务取消了管制,促进了房地产业的繁荣,LDDC 将市场战略转向伦敦城。到 1986 年末时,由于受到激励并且地价故意保持低于市场价格的缘故,出现了对于商业空间激烈的竞争。[63]

然后就是于 1985 年揭幕的道克兰的"华彩篇章"(pièce de resistance):金丝雀码头。它原先是西印度码头的一座仓库,用来储存来自西印度群岛的香蕉和甘蔗,以及来自加那利群岛的水果;现在它变成一个 880 万平方英尺的办公区,估计创造了多达 4 万个就业岗位,新闻记者把它称作"泰晤士河上的九龙"。规划许可权的获取并未经过公众听证,正如工党议员奈杰尔·斯皮尔林(Nigel Spearing)所指出的,对于这个欧洲最大开发区的批准,比批准"在东印度码头道路上的鱼和薯条店的照明招牌规划申请"还要随意。LDDC 的会议纪要认为,"政治考虑"倾向于这一计划。[64]

最初的推动者是由三家美国银行组成的财团,即瑞士金融信用社第一波士顿银行(Financière Credit Suisse-First Boston)、摩根·斯坦利(Morgan Stanley)以及第一波士顿道克兰集团(First Boston Docklands Association),再加上来自得克萨斯州的名叫 G. 韦尔·特莱沃斯台德(G. Ware Travelstead)的传奇开发商(不久获得了绰号 G. 韦兹❶)。他们吸引了高达 4.7 亿英镑的资本税收折让。在顶峰时期,LDDC 同意将 DLR 延伸到河岸(Bank),并提供 2.5 亿英镑用于道路,特别是隧道和昂贵的莱姆豪斯连接线(Limehouse Link)。[65]但是在 1987 年中期,特莱沃斯台德撤出。在努力寻找到另一名开发商后,LDDC 与以多伦多为基地的开发商"奥林匹亚与约克"达成一项协议。[66]

奥林匹亚与约克公司是保罗(Paul Reichmann)、阿尔伯特(Albert Reichmann)和拉尔夫·里奇曼(Ralph Reichmann)所创造的。他们是从维也纳来到多伦多的一个犹太难民的 6 个孩子中的 3 个,他们在犹太学校接受教育,但缺少专业和技术教育。在 1950 年代中期,他们开办了一家建材公司,供应豪华浴室用品。1965 年,阿尔伯特和保罗成立了约克开发公司,1969 年合并成为奥林匹亚与约克开发公司。[67]他们在中心区的零售和办公开发依靠经济奇迹而发达起来。他们专长于大规模的公私合营,就像纽约的世界金融中心(World Financial Centre)一样,他们提供融资,政

[61] Association of London Authorities, Docklands Consultative Committee, 1991, 11; Brindley et al., 1989, 119; Brownill, 1990, 68, 71, 76-81.
[62] Church, 1992, 46.　　[63] Brindley et al., 1989, 108-109; Brownill, 1990, 90; Church, 1992, 49.
[64] Brindley at al., 1989, 108; Brownill, 1990, 55-56; Fainstein, 1994, 197.
[65] Brownill, 1990, 15, 54-55; Fainstein, 1994, 199.　　[66] Brownill, 1990, 56; Fainstein, 1994, 197, 199.
[67] Fainstein, 1994, 172.
❶ G. 韦兹(G. Whizz),精明的 G。

府提供廉价土地，一起创造新的城市中心。他们有着接手棘手的项目并使之运作起来的名声，金丝雀码头起初是一个美国和英国银行财团融资失败而未能启动的项目，这看起来对于他们正合适。[68]

在金丝雀码头，他们应用了在纽约成功使用过的方法。他们买断租约来吸引伦敦中心区以外的公司，劝说美国运通公司（American Express）从布劳德盖特（Broadgate）迁来，《每日电讯报》从南魁尔（South Quay）迁来。金丝雀码头将会变成伦敦城的一个延伸部分，就像是世界金融中心变成为华尔街的附属品。伦敦城由于极其缺少空间，迫使人们在边缘地区租房子，结果城市和港区的租金都上涨了。即使 1987 年 10 月 19 日这个黑色星期一，似乎也显得微不足道。[69]

但是在伦敦，伦敦城是一个独立的规划部门。城市规划主席迈克尔·卡斯迪（Michael Cassidy）决心保护作为金融中心的伦敦城，以应对道克兰的威胁。他撕毁开发规划，并采用另一个规划来取代它，进行了重大的调整——装饰伦敦城墙和上泰晤士河街，重新开发炮台街（Cannon Street），这将使建筑面积增加 25%。在 1985—1987 年间，伦敦城批准了 5 倍于 1982—1984 年间所批准的办公面积。1992 年，在城市边缘，也就是在靠近卢奇盖特山（Ludgate Hill）和伦敦城墙的地方出现了大型再开发带。[70]

开发商以他们惯常的巴甫洛夫（Pavlovian）模式❶ 做出了反应。在 1985—1989 年期间，道克兰增加了 260 万平方英尺的办公面积，而伦敦城增加了 1 650 万平方英尺，是道克兰的 6 倍。[71] 1991 年，办公建筑的建成数字大约是 62 万平方米，围绕着伦敦城边形成了一个完整的圆环，布劳德盖特、制绳营（Ropemaker Place）、小布利顿（Little Britain）、艾尔伯门（Alban Gate）、皇家敏特院（Royal Mint Court）都完成了，伦敦桥城、斯别特菲尔德（Spitalfields）、主教门（Bishopsgate）也都在这条线上。但是，此时出现了大萧条。1990 和 1992 年金融和商业服务业的工作岗位减少了 9 万个，把前 5 年的所有增益全部抹平。伦敦城及其周边 1/6 的办公区面积已经空置，许多美国银行和其他公司已经从伦敦撤离部分营业。到 1992 年 4 月时，伦敦中心区和道克兰办公楼的空置率已经达到 18%。在道克兰，空置率大约是 50%，在金丝雀码头超过 40%。这里很多开发破产了，包括布瑞尔斯码头（Burrells Wharf）、南魁尔广场（South Quay Plaza）、烟草码头（Tobacco Dock）、伯尔第克码头（Baltic Wharf）和伯特勒码头（Butlers Wharf），在皇家区的开发实际上也垮台了。[72]

在所有的破产中最为壮观的则是奥林匹亚与约克公司（O&Y）。O&Y 已成为纽约市最大的办公资产业主，拥有近 2 200 万平方英尺的面积；它拥有超过 180 亿美元的资产，比大多数第三世界国家的债务还要多。所有的建设贷款都是短期的，当

[68] Fanistein, 172-174, 176-177, 189; Zukin, 1992, 215.   [69] Fainstein, 1994, 201; Zukin, 1992, 238.

[70] Fainstein, 1994, 40, 103; King, 1990, 98-99; Thornley, 1991, 130-131; Williams, 1992, 252.

[71] Fainstein, 1994, 39, 41.

[72] Budd and Whimster, 1992, 239-240; Church, 1992, 49-50; Fainstein, 1994, 51; Lee, 1992, 13.

❶ 指条件反射的模式。

建设完成后,通过长期抵押贷款进行再次融资。但是银行恐慌了,拒绝了这些贷款。O&Y深受其害,因为他们已经发放了由自己投入使用的建筑作为抵押的短期债券,用作进一步融资开发的担保。现在他们试图利用自己在纽约更早的房产作为抵押,对在伦敦金丝雀码头的资产投资进行融资,但是他们仍得不到资金。在1992年夏天,400万平方英尺的金丝雀码头完成了,但是53%的办公楼面积和几乎所有的零售商业面积仍然未能出租出去,承接的大型租户是美国运通、瑞士信用、第一波士顿、摩根·斯坦利、比尔·斯提恩斯(Bear Stearns)以及德士古石油公司(Texaco),它们都是美国公司,与开发有一些紧密的联系。[73]

在加拿大,O&Y于5月14日登记破产。在伦敦,因为银行拒绝对朱比利线进行新的融资,它们于5月27日进入托管。价值14亿英镑,其中包括11亿英镑银行借款的金丝雀码头,现在已经落入一个银行财团的手中。在1992年中期,它的财产价值估算至少在1.5亿~2亿英镑。[74]O&Y进行了一系列最后和最大的豪赌,但是此时,他们输了。差额越积越多导致了失败,投资规模太大,资产市场循环周期太短,开发商过于依赖短线资金,而当贷方失去信心时,短线贷款就会枯竭。《独立报》(Independent)援引一位开发商的话来说:"北美人对场所和历史缺少感觉,他没有认识到英国人及其商业是用看不见的绳线与场所连接在一起的。例如与英格兰银行,或者仅仅与一组街道、一些商店、一家餐馆等等拴在一起。"[75]最后正如一家商会所评论的:"一切事情的关键就在于保罗·里奇曼的心理状态。他是一个嗜好交易的人,交易是他的生命和呼吸,他痴迷于进行更大更好的交易。"[76]有人认为他与撒切尔的会面冲昏了他的头脑。

正如苏珊·费恩斯坦(Susan Fainstein)所言,失败"表明了转向私营部门来实现公共目标的局限性"。[77]但这夹杂着城市政策方面的原因,或者说是缺少了它们。法国政府限制在巴黎所进行的开发来帮助拉德方斯的项目,但是英国政府没有做任何事情来阻止伦敦城去危害金丝雀码头。[78]

可以给道克兰的传奇定一个什么样的罪名?严格说来,作为再开发中的一次运作,它只能被视为一次马马虎虎的成功。在1981—1990年期间,道克兰损失了20 532个原先的工作岗位,但是得到了41 421个新岗位。其中,24 862个是从其他地方转移过来的(主要是伦敦的其他地方),还有16 862个新岗位。[79]但是失去的工作和新工作是很不同的,港口工作消失了,制造业几乎保持稳定。大的收益是在先进的服务业,也就是银行、保险和金融业,服务业就业从总岗位的32%上升到60%,[80]只有很少的工作(不超过1/4,也许更低)给予了本地居民。总体而言,从1981年至1989年,失业率在3个核心自治区——纽汉姆、南沃克、塔村是下降的,虽然总体上

[73] Fainstein, 1994, 61, 201-202.　　[74] Fainstein, 1994, 203-204; Lee, 1992, 8.
[75] Quoted in Fainstein, 1994, 202.　　[76] Fainstein, 1994, 207.　　[77] Fainstein, 1994, 209.
[78] Fainstein, 1994, 204, 211.　　[79] Hansard, May 8, 1991.
[80] Association of London Authorities, Docklands Consultative Committee, 1991, 6; Brownill, 1990, 93; Docklands Forum, 1990, 5.

图 11-6　保罗·里奇曼

这位多伦多开发商和金丝雀码头在一起:他最大的愿望失而复得。

图片来源:PA/PA Archives/Press Association Images.

比大伦敦略低一点;但是在 1991 年,整个道克兰的失业率几乎是伦敦平均水平的 2.5 倍。[81] 道克兰居民在新岗位方面的占有率较低的一个主要原因就是,在道克兰的居民受教育水平一般都非常低。在 1988 年,16 岁以上在校的平均比例在整个伦敦内城学校是 33%,在塔村是 25%,在南沃克是 12%。[82]

　　正如约翰·霍尔(John Hall)在他的独立评估中所给出的结论,毫无疑问,LDDC 已经验证了迈克尔·赫塞蒂纳的观点,事实证明它是可行的,环境已经得到改造,人口已经增长,新的就业、公路和铁路建设继续以飞快的步伐前行。伦敦道克兰几乎已经成为 1980 年代和 1990 年代某种形式的开发、文化和政治的一种标志。[83] 但是苏珊·费恩斯坦根据针对 1980 年代伦敦、纽约房地产市场的深刻分析所作的论断显得更为清醒:

　　　　整个道克兰的经验暴露了过度依赖房地产发展来刺激城市复兴的致命弱点,如果政府不采用其他手段来限制生产,政府向开发行业提供的激励因素必将引起过度供给。[84]

81　Assocation of London Authorities, Docklands Consultative Committee, 1991, 5, 7; Brindley et al., 1989, 109; Brownill, 1990, 98-99.

82　Brindley et al., 1989, 109; Docklands Forum, 1990, 61-62.　　83　Hall, 1992, 24.

84　Fainstein, 1994, 213.

玛格丽特·撒切尔和迈克尔·赫塞蒂纳可能采用前任财政大臣诺曼·拉蒙特（Norman Lamont）的不朽答案来回答："那就是资本主义。"简单而言，就是没有可以依赖的其他经济形式，也没有其他可以在其上实施整个项目的基础。也许，当全球资本主义经济从商品处理转向信息处理的时候，它在每个地方将会越来越依靠这种投机性开发。一种为房地产周期所利用的复兴方式，在它完成之前一定会经历不只一个周期的繁荣和不景气（假定我们了解这样一种循环的时间表），它可能需要长时间的等待和很多的耐心。因此，关于道克兰的最终定论还需要一段时间，就像古罗马一样，城市的复兴不是一天完成的。

具有讽刺意味的是，在 1995 年 10 月，保罗·里奇曼在沙特阿拉伯资金的帮助下，又从银行财团的手中把自己已经进行托管的开发项目买了回去。花旗银行的主要持股人正好就是支持里奇曼的沙特王子，花旗银行宣布金丝雀码头适合作为它新总部的所在地。这样，长期停滞的第二期工程又启动了。最终的讽刺在于，在 2001 年以前，在英国历史上最长的繁荣时期以后，金丝雀码头几近完工，开发商正在考虑一个巨大的扩建工程——"千禧年区"（Millennium Quarter）。

当然，其他十几个地区也在复兴它们的滨水区。即使是在英国，并非所有的地区都能招来开发公司。在大曼彻斯特（Greater Manchester），与特拉福德开发公司（Trafford Development Corporation）和企业区相邻的萨尔福德市（City of Salford）成功地将港口转型。由于在一个辉煌的艺术馆和博物馆的综合体内，纳入了该城最有名的艺术家 L. S. 劳瑞（L. S. Lowry）❶的新画廊，还有丹尼尔·里伯斯金（Daniel Libeskind）❷设计的帝国战争博物馆的北方分馆，因此这一过程在 2000—2001 年达到顶峰。鹿特丹也在做工作，虽然和巴尔的摩（它似乎提供了一种样板）与伦敦道克兰有着很大的相似性，鹿特丹还是非常特别的。因为它始终在融入一种社会关注，包括大量的公共住房和合作住房，以及在城市中心巨大的科普·凡·祖伊德（Kop van Zuid）扩建项目雇用本地居民的一系列措施。然而，尽管做出了这些努力，城市的失业率仍然顽固地高于国家的平均水平。在荷兰（如同在英国一样），大城市正在做着痛苦的经济调整，鹿特丹可能是其中最为痛苦的。[85]

城市更新在行动：曼彻斯特和鹿特丹

曼彻斯特的卡索菲尔德（Castlefield）的历史可以追溯到罗马时代。但是它的再生则取决于更为近期的历史：早期工业革命的遗产。它们有世界上最早的现代捷径

---

85 McCarthy, 1999, 303—306.
❶ L. S. 劳瑞（L. S. Lowry, 1887—1976），英国画家，以表现现代城市生活和工业风景而著称。
❷ 丹尼尔·里伯斯金（Daniel Libeskind, 1946—），建筑师，代表作有曼彻斯特帝国战争博物馆和柏林犹太博物馆。

运河（cut canal）——1764 年的布利齐沃特（Bridgewater）运河，世界第一个客运火车站——1830 年的利物浦路站，因此形成了一道由仓库、运河、关卡、高架桥、铁路线和货栈共同构造的独特景观，其中不乏具有建筑及历史价值的东西。[86]尽管如此，在1961 年到 1983 年间，曼彻斯特失去了 15 万个就业机会，导致曼彻斯特市中心的平均失业率高达 30％，使得市区核心成为一块死寂之地。火车券洞被汽车保养和修理厂所占据，废料场中零散分布着废品站，荒弃建筑成为城市边缘人群的汇聚场所[87]；卡索菲尔德在 1970 年代被描述为"小偷和罪犯的聚集地"，进入这个地区就是"将自己的性命当儿戏"。在很短时间内，它从一个城市诞生地变成了"现代工业革命的墓地"。[88]

通过不懈努力，这个地方逐渐开始了再生。首先，从 1967 年到 1983 年，由志愿者机构和城市议会（City Council）共同努力宣传，该地区及其历史价值获得重新认识。接着，从 1984 年到 1988 年，城市议会拾起指挥棒。最后，从 1989 年到 1996 年，开发公司效仿伦敦道克兰引入了流水线动力，迅速地将规划的机遇以及更多资源引入到该地区，以此来重新构建城市空间，使之适应于本地的、国家的和欧洲的议程，并进一步丰富城市更新的范畴。[89]到 1980 年时，在西北区的旅游收入已经到 2.9 亿英镑，大曼彻斯特地区的旅游收入达到 5 800 万英镑。坐落在先前的卡索菲尔德上区与下区市场（Upper and Lower Campfield Markets）的航空航天博物馆紧邻利物浦路站，是从建于 1830 年的仓库改造而来的一个科学与工业博物馆的展览会场。这里有每年一度的卡索菲尔德嘉年华，还有英国船只和运河会所、游客和遗产中心、地区的引导游览。这些经过提升了的画面每一个都从文化和商业角度极大提升了整个地区的形象及其未来前景。[90]

重焕中心活力并且恢复税收基础是城市议会的重要任务。在内城的 6 个区内（包括卡索菲尔德），在 1951 年到 1991 年的城市人口流失中占据 75％；在 1980 年代，市中心人口的统计只有不到 250 人，建立一个有税收潜能的住宅区是长期城市更新过程中的关键一环。[91]因此，1984 年的地方规划（Local Plan）注重营造更多的住宅单元；它强调"那些滨河的厂房保护建筑很有潜力被转变成为居所"，这表明了历史建筑有潜力去吸引那些能够增加税收的居住人群。[92]

讽刺性的是，它很快被曼彻斯特中央开发公司（CMDC）所取代，后者的目的就是要取代它的作用。尽管遭到城市（议会）的反对，CMDC 还是在 1988 年开始工作。但从运行角度而言，一套标准已经被建立用来保证和谐的工作关系。城市议会保留了控制开发的权力；议会在 CMDC 董事会拥有 3 个席位；开发公司根据城市制定的现有地方规划进行开发；两个合作者相互认可他们之间的合作。开发公司可以利用各种渠道去提升并拉动私人投资，并且也能够跟踪规划进度。[93]事实上，城市议会允许开发公司从事卡索菲尔德的更新工作，即使他们并不拥有与其合伙人相同的权

86 Madgin，2010，32-33. 87 Madgin，2010，32-33. 88 Madgin，2010，34. 89 Madgin，2010，35-36.
90 Madgin，2010，39. 91 Madgin，2010，40. 92 Madgin，2010，41. 93 Madgin，2010，42.

重。[94]卡索菲尔德被重新塑造成为一个国际化的,功能混合的,都市田园的,那些追求享受都市生活时尚的企业家、年轻专业人员以及服务业人员经常光临的,[95]一个媲美其他英国城市和欧洲大陆城市的城市。[96]开发公司的资金援助和泵吸式动力使之在卡索菲尔德投入了 800 万英镑,并吸引了超过 1 亿英镑的私人投资。从一开始起,CMDC 的一个优先事项就是"确保曼彻斯特能够转变成为一座可以与其他欧洲大城市相提并论的、21 世纪的城市"。[97]

鹿特丹也是一个相当有意思的案例。在那里,荷兰政府于 1990 年第四次规划报告(别册)中提出要增强国家的竞争能力,其侧重点就是因 1992 年出现的统一欧洲市场而日趋重要的"城市营销"。许多城市树立了"重点项目",而鹿特丹由于它在国际贸易中的区位和交通优势,从而扮演了一个重要的角色。[98]报告同时也强调了需要改善城市中文化设施的质量和数量,以提升它的国际形象。

鹿特丹的 1985 年内城规划围绕着创建于 1600 年到 1620 年的海洋遗产"水城"(Waterstad)进行编制,该规划围绕新的水上旅游设施来提供一系列新的文化和娱乐功能。[99]随后,1993 年至 2000 年的内城规划概念将城市中心利用的想法拓展到尚未得到良好利用的科普·凡·祖伊德地区,该地区直接处于城市中心沿河对岸的南面,它曾经用于与港口有关的功能,但现在已经都过时了。该规划的目的是提供一个具有混合功能的地区,包括新建 60 000 平方米办公空间,还有 5 500 个住宅单元,60 000 平方米的商业、宾馆和会议中心。[100]这个项目被指定为国家级的"重点项目",通过鼓励人们生活在市中心以响应政府"紧凑城市"(compact city)的政策。[101]其中最初的要素是 1995 年 9 月开通的、将该地区与城市中心连接起来的伊拉斯谟桥(Erasmus Bridge)。尽管遭到当地的反对,本·凡·贝克尔(Ben van Berkel)设计的一个高达 139 米的桥塔得到了国际上的广泛认可。[102]另外,一个新的地铁站开通了,使之与国际铁路网络连通起来,而新建道路则被设计用来连接周边的居住社区,还有城市的环线。[103]

企业区走向海外

尽管企业区曾经在它的家乡举步维艰,但它的思想却反过来在美国受到里根政府的热烈欢迎。有趣的是,在美国它也想得到左派自由主义的内城政治家们的支持。[104]尽管如此,它还是未能被写入联邦法律。国家介入了进来,26 个立法机构立了法,在 680 个地点设立了 1 400 多个地方企业区。美国的住房和城市开发部于 1986 年所研究过的仅仅 10 个小样本表明,263 家企业已经投入 1.47 多亿美元,创造

94 Madgin, 2010, 42. 95 Madgin, 2010, 43. 96 Madgin, 2010, 43. 97 Madgin, 2010, 43.
98 McCarthy, 1999, 292-293. 99 McCarthy, 1999, 299-300. 100 McCarthy, 1999, 300.
101 McCarthy, 1999, 300-301. 102 McCarthy, 1999, 301. 103 McCarthy, 1999, 301.
104 Hall, 1982b, 419.

或保持了 7 000 多个工作岗位。[105]

　　然而意义深刻的是,里根政府将起初的概念以另外一种方式加以应用:由于警察显然在管理墨西哥边境中失败了,它宽容地接纳了大量非法移民进入了"阳光地带"(Sunbelt)城市,如休斯敦和洛杉矶,(政府官员们私下里公开鼓吹)它们构成了纯粹企业区思想的运作样板。当然作为运作的结果,它们也受到左翼激进城市分析家们的严厉谴责。[106]

　　在某个关键部位,道克兰开发是按照美国模式进行的,这是一个使用相对较少的公共资金(或者用奇怪的、不合语法的美国动词:杠杆)来启动大量私人投资的概念。例如在波士顿,来自住房和城市开发部的联邦保护基金为 270 万美元,而它却吸引了 6 倍于斯的私人投资。[107] 1977 年,卡特政府(The Carter administration)将这一原则立了法。城市开发实施基金(Urban Development Action Grant,UDAG)根据这一杠杆启动概念,设想每 1 单位的公共投资能启动 4.5～6.5 单位的私人投资。如果某个地区符合物质或经济困难的标准,或者是口袋里没钱,它就可以申请一项UDAG,但是它必须证明可以吸收至少 2.5 倍于公共基金的私人投资,而且该项目不能有其他渠道获得资金来源。

　　到 1983 年末,929 个社区已经吸引了 1 900 多个项目和 30 亿美元的 UDAG 基金,其中的杠杆率为 3.9。毫不奇怪,大量的资金已经流向处在制造业地带中受过打击的较大城市,如纽约和巴尔的摩,每一个城市拥有 50 多个计划。这些项目已经总共产生了预期中的大约 41.1 万个永久性工作岗位,其中 56% 着重在商业项目中,55% 是给低、中收人者的。[108]毫不奇怪,UDAG 计划被广泛地视为城市复兴政策中少数几个真正成功的故事之一;同样毫不奇怪,1983 年,英国政府的 UDG 计划给予它最诚恳的赞誉之辞。

　　仍然不可避免存在一些批评。有些人说太多的钱用于宾馆项目(对于这一批评的反驳是,宾馆将产生出许多低技术的工作岗位,适合于失业的内城居民);另外一些人针对每一个这样的措施提出了涉及标准的问题:在有计划或没有计划的情况下,分别会有多少工作岗位? 然而,其他人指出,UDAG 绝对无法恢复甚至不能弥补失去的制造业岗位。[109]但那是关于通过各种公私部门向服务业经济迈进的、更为广泛的辩论的一部分。很多经济学家根据半个世纪前的 A. G. B. 费舍尔(A. G. B. Fisher)❶和柯林·克拉克的前瞻性分析,主张制造业工作的减少是现代资本主义经济不可避免的发展阶段,唯一明智的政策就是接受它和等待它。另外一些人争论认为,服务经济主要产生了低工资、快餐型的工作,并且认为(用一本关于学术性辩论的重要著作中的话语来说)"制造业很关键"。[110]

105　US Department of Housing and Urban Development,1986.　　106　Soja et al. ,1983.
107　Hart,1983,20.　　108　Hart,1983,25;Gatons and Brintall,1984,116-117,124,130.
109　Hart,1983,26-27.　　110　Cohen and Zysman,1987.
❶ A. G. B. 弗舍尔(A. G. B. Fisher),英国经济学家,新西兰奥塔哥大学教授,著有《资本和知识的增长》等。

针对规划的攻击

关键在于,大西洋两岸的真正辩论仍然是关于经济的发展。同时,在英国城市规划系统内其他更加传统的部分中,1980 年代期间的历史越来越像是电影的回放。1979 年以后,撒切尔政府逐渐瓦解了连续几届政府在 1960 年代辛苦建立、在 1970 年代维持的战略规划体系。区域经济规划委员会(Regional Economic Planning Councils)是在 1979 年第一个起作用的因素。翌年,当政府必须更新东南片区的 1970 年战略规划时(这个规划由一份主报告和 5 册大型研究成果所组成),它仅用了两页半的打印稿就解决了这个问题。1986 年重复了这项工作,它被扩展为 6 页纸。1980 年规划法导致了一次重大的权力转移,从郡转移到区,使得郡域结构规划没有发挥太大的作用。1986 年的绿皮书建议完全取消它们,实际上是取消了郡一级的规划。在大型都市地区,一项 1986 年法撤销了大伦敦议会和 6 个都市郡(metropolitan county),这是英国关于城市行政管辖的独特实验。[111]

所有这些标志着规划方式的一次重大改变。1983 年白皮书预示着要废除城市行政管辖,它直截了当地宣布,不再会有类似 1960 年代的对于战略规划的需要。它明确无误地暗示,所需要的就是以个案处理方式来进行的一种剩余用地规划工作。[112]地方政府心领神会。伯克郡(Berkshire)❶是全英国发展最快的一个郡,它废除了自己的规划部,将其与调研部(Surveyor's Department)合并起来。这在专业范围内部明显削弱了与大学和技术院校的联系,对于规划人员的需求量急剧下降。由于有几百个从市、郡裁减下来的规划人员突然涌入就业市场,更加恶化了这一情况。同时,基金组织削减了对学生的资助,加速了几所规划院校的关闭。

也许最终从长远的历史角度来看,这只是螺旋循环的另外一个转折。在比较停滞的 1950 年代初期,英国的城市规划工作很像这种样子,当时在一个更早的保守党政府的领导下,城市规划处在一片乌云之下。然而从那以后,在 1960 年代的快速增长时期,它卷土重来,经历了短暂一生中最为成功的一段时期。从某种意义上来讲,那就是在学术型马克思主义者磨盘里的纯粹的研磨,即当规划需要面临新的挑战时,或者老的挑战又回来时,它逐渐要改变形状。正如在第 10 章所见到的,所谓新的东西就是学术评论员与整个过程的逐渐脱离。

那么城市规划将会消亡吗? 不完全是这样。规划将会活下去,因为在每个发达国家里,它有一个大的(从长远来看是逐渐增大的)政治支持群体。正如经济学家们所说的,好的环境是一种按照收入进行缩胀的物品。当人民和社会总体变得更加富

111　Breheny and Hall,1984.

112　GB Department of the Environment,1983;Breheny and Hall,1984.

❶ 伯克郡(Berkshire),位于英格兰东南部小郡,因其曾是英国皇室的狩猎场和度假胜地,所以常被称为英格兰的皇家郡。

有时,它们相应地对环境有了更多的要求。除了建造他们自己有院墙围绕的私人房产外,要获得好的环境只有通过公共行动。人们愿意,甚至急切地想花费更多的宝贵时间,通过加入各种各样的志愿组织,并且通过参加公共调查活动来保卫自己的环境。这类行动证明了那个事实,也证明了这样一种事实,即"我"的好环境经常也就是邻家的坏环境。因此,在非常先进的后工业社会(英国东南部、旧金山湾区),规划的政治变得更为复杂、更为持久,也更为痛苦。[113]

具有讽刺意味的是,在1980年代,这一点更加显著而易见。1979年的第一届撒切尔政府已明确决定要从开发商身上去除规划的枷锁。1983年,迈克尔·赫塞蒂纳(当时的环境国务秘书)通过修改郡的结构规划,允许额外的4 000幢住宅建造在绿地上,震动了真蓝的保守党老巢——伯克郡,它招致了强烈的反对,当地的区议会拒绝将条款写入自己的地区规划中去。讽刺的是,在1980年的一项法令中,赫塞蒂纳自己削弱了控制着低水平地区规划的结构规划师的权力。是他,或者是稍后的继任者,搬起石头砸了自己的脚。[114]

同时,私人部门也在摩拳擦掌。成立于1983年的开发集团(Consortium Developments Ltd,CDL)将用来开发伦敦周围的15个新城,其中的住宅需求很高,但是地方规划的限制却十分严格。CDL所提供的社会性和物质性的基础设施可以使每个新城能够容纳5 000套住房。[115]奇怪的是,那些主导新城的人非常具有积极性,他们努力吸引那些大型私人住宅开发商。其领导者是福瑞德·劳埃德·洛奇(Fred Lloyd Roche),他是最大新城米尔顿凯恩斯的总管,在与沃伦住房开发集团(Volume House Builders)的研究小组的讨论中起了关键作用,这个小组是于1975年为了与主要的住房建设集团(House Builders Federation)分离而建立的。作为英国最大的投机性住宅开发集团,其下组织在1980年代初大约建设了三分之一的英国新住宅,平均每年5 000套。这些开发商在新城的建设中认识到在合理规划过的开发中进行建造的好处。[116]他们中的主导者是汤姆·巴容(Tom Baron),他当然仍旧还是一个大型建筑企业的"克里斯坦·萨尔维森"(Christian Salvesen)❶(房产部)的领导,后来则成为CDL的领导者。[117]他有力地陈述了自己的观点:

> 如要继续扩大现有居住区,就会遭到来自政治方面的强烈反对,因为"既得利益者"将会阻挠那些仍然在外部的人进入。最好是把这些麻烦都集中起来,然后将它丢到周围都是奶牛的地方,因为牛是不会投票的。[118]

在1980年,洛奇离开了米尔顿凯恩斯,带着包括戴维·洛克(David Lock)和李·肖

113 Frieden, 1979; Blowers, 1980; Hall, 1980.　114 Short et al., 1986, 240-247; Hall et al., 1987, 154.
115 Quoted in Ward, 2005, 329.　116 Ward, 2005, 335.　117 Ward, 2005, 334-335.
118 Quoted in Ward, 2005, 329.
❶ 克里斯坦·萨尔维森是英国的一家大型物流公司,19世纪中叶由萨尔维森家族成立于其故乡挪威,早期从事过捕鲸业、航运业,后来几经拓展,1985年时成为一个国有大型企业,业务范围涉及航运、制砖、建筑、冷藏、配电、发动机线圈,等等。

斯泰克(Lee Shostak)在内的几个人一起加入了著名的销售和设计公司特伦斯·康兰(Terence Conran),共同开展了特伦斯·康兰的建筑实践。洛克和肖斯泰克撰写了两卷报告(未出版),《呼求新型村庄》(*The Need for New Villages*)。[119]他巧妙地将建造者希望在用地上建立大房子的原始需求,与英国规划史上最传统的内容,即田园城市和新城结合了起来。但是,这其中有两个重大的区别。第一,建造商只是普通的追求利润的公司[120];第二,他们并不一定想去购买这块土地。他们首先是要获得购买权,实际上只有当证明是有权限后才能够买地。于是,"新乡村"的概念就成为将田园城市和新城适应于撒切尔主义的一种尝试。[121]

1985年时迎来了第一次尝试,他们宣布第一个"新乡村"将建造在埃塞克斯的蒂林翰姆霍尔(Tillingham Hall)的一个绿带的基地上。[122]该质询变成英国人津津乐道的规划史上的一个"轰动事件"(causes célèbres),开发商输了。毫无疑问,这大大出乎他们的意料,因为完全公布的整个系列的官方声明(有着类似于《减负》(*Lifting the Burden*)的题目)明确地引导他们(和几乎其他每个人)相信政府将会支持他们。[123]当时,也就是在1987年大选前夕,政府被迫在一个相对较小的政策调整方面有所退让:在针对品质较差的农场所作的开发策划中,这个政策调整将去除在农业方面考虑的监控。这里和别处一样,激进的右翼政府正在证明它的叫嚷比它的撕咬有意义得多。

最终他们失败了,这反映了撒切尔时期有关规划的一个重要事实。[124]他们的方式就是强烈反对,这部分是因为他们常常使自己的本地性目标变得超出原先的本地性问题。"在英国外围东南部的保守派草根阶层的集体意象里,如果自由企业的撒切尔主义成功解除对地方规划的管控,那么极其容易充当邪恶幽灵角色的CDL将会盛行。"[125]就其本质而言,他们之所以失败是因为他们只抓住了撒切尔主义的皮毛。至少在这里,撒切尔主义摇摇欲坠,而制约性规划得以留存并繁衍。[126]

不,规划将不会离去。虽然有人曾经希望如此,但是规划将无法再一次脱开政治。就像在一场更早革命中的阿比·西耶斯(Abbé Sieyès)❶,它还活着。但是在1990年代,传统的用地规划在它诞生的国家里,受到自它诞生80年以来最为根本性的攻击。它决然地变得反动化、工艺化和反知识化,而在学术圈里的规划则更加回撤到象牙塔的上层。同时,规划也面对新的一系列问题,对此,它的实践者们从未接受足够多的教育去解决这些问题(也许是凭借一种倾向去解决):整个城市经济的结构性经济衰退的问题,以及在旧世界废墟上重建一种新经济的问题。

---

119 Ward, 2005, 337.　　120 Ward, 2005, 338.　　121 Ward, 2005, 338.
122 Shostak and Lock, 1984, 9-13; Consortium Developments, 1985.
123 GB Minister without Portfolio, 1985.　　124 Ward, 2005, 352.　　125 Ward, 2005, 352-353.
126 Ward, 2005, 353.
❶ 阿比·西耶斯(Abbé Sieyès, 1748—1836),又名 Emmanuel Joseph Sieyès,法国教士、革命家。

褪色的盛世❶之城

　　在一个以充满着组织解体、部门权威丧失、主要社会运动消失和短暂的文化表象为特征的历史时期里,认同性(identity)正在变成主要的、有时甚至是唯一的意义源泉。人们越来越不是按照自己所做的,而是按照自己是什么,或者相信自己是什么……来建构自身的意义。我们的社会正在网络与自我这个对立的两极之间越来越结构化。

　　　　曼努尔・卡斯泰斯,《信息时代:经济,社会和文化》卷I《网络社会的兴起》
　　　　　　　　　　(The Information Age：Economy , Society , and Culture , volume I,
　　　　　　　　　　　　　　　　　　　The Rise of the Network Society，1996)

---

❶ Belle Époque,意思为美好时代。

12

褪色的盛世之城

信息城市和无信息隔都：纽约、伦敦、东京
(1990—2010)

因此，1980年代是一个新规划的时代，也有人说它是反规划的时代：反策略的、机会主义的、以项目为基础的、以复兴为核心的。在十几年后的新世纪之初，问题变为它新在哪里、不同在哪里？答案并不多，或者说答案之间几乎没有什么差别。然而它给前几章中所讲述的历史打上了更加深刻的烙印，它甚至提出了一个更加令人困扰的问题：未来的城市规划历史学家将会讲述一个怎样的故事？由于事实在于各个地方的企业之城不停地经历着兴起、衰败然后再复兴这一过程，同时也使得全球经济都围绕着它。部分随之而来的结果就是，企业之城的市民们的命运已经分异了。

全球信息化城市：符号分析家和绝望者

在1980年代末和1990年代初，大量令人振奋却又偏离主流的著作开始详细且深入地考查驱动现代城市的作用力。我们把这一出现于20世纪晚期的观点归功于曼努尔·卡斯泰斯，也就是一种"新的、信息化的发展模式：这种模式是以通过将信息技术和信息处理之间的相互作用融合成为一种清晰的技术组织系统为基础的"。[1] 对于卡斯泰斯来说，这一发展模式不是简单地由技术驱动的，而是"发展模式按照自己的逻辑进行演化"。[2] 这并不意味着资本主义正在被取代[3]——对于一度是法国马克思主义城市研究的老前辈的卡斯泰斯而言，这是一个明显的转变。与此相反，信息技术已经有力地推动了资本主义这个系统，它的贡献在于提高利润率、加速国际化，以及在政府方面形成新的政策日程，以社会再分配为代价来促进资本主义积累。[4]

所形成的区域和城市地理是以劳动力的截然空间划分为特征的，并且伴随着生产功能的疏散，在区位方面常常带有极高的灵活性，但是信息产业仍然高度集中在具有创新性的城市环境中。[5] 对于卡斯泰斯而言，这些创新的环境（如硅谷这种地方，此外还有一些更加传统的城市，如慕尼黑、巴黎和波士顿）继续控制着关键性的生产链，它们是当代资本主义经济的动力站。[6] 因此就有了一种明显的对比，一方面高层次的决策不断集中，另一方面其他活动则被分散，或者就地分散于主要大城市地区范

---

[1] Castells, 1989, 19.　　[2] Castells, 1989, 11.　　[3] Castells, 1989, 16.　　[4] Castells, 1989, 23-32.
[5] Castells, 1989, 74.　　[6] Castells, 1989, 124; cf. Castells and Hall, 1994, Ch. 7.

围内,或者更广泛地分散于整个国家的经济和全球经济中。[7]

卡斯泰斯得出的结论认为,重建过程已经有意识地瞄准"采用一种信息流的网络来替代地点",不受人为的控制。他担心会形成这样的结果:"进入到一个以人类杰出成就与大片社会解体相共存为特征的时代,同时还伴随着无意义暴力的广泛传播。"[8]

萨斯基娅·萨森(Saskia Sassen)❶提出了一种相似的双重性观点。制造业从旧工业中心分散出来,办公业则在本地分散,[9]但是 1980 年代大幅度增长的国际金融业活动和贸易服务业却不断集中于少数的国家和城市。[10]这些相反的潮流实际上是同一个硬币的正反两面:工厂、办公室在地理上的扩散,服务业的外溢和金融服务业的重新组织,在少数一些主要城市形成了集中经营和集中管理的一种需要。这里有传统的银行和公司总部,但是相应的也有许多服务公司和非银行金融机构。这种城市已经作为产生创新服务行业的主要基地而出现了。[11]因此,

> 在相当大的程度上,过去 15 年中的经济活动的重心已经从生产地点(如底特律、曼彻斯特),转向金融和高度专业化服务的中心。当工厂分散加速了老制造中心衰退的时候,与此相关的对于集中管理和控制的需要则促成了在服务中心的增长。同样,由于在经济活动中高级服务业的上升,任务已经从车间转入设计室,而且管理工作已经从以前关注于生产方面的行为,转向现在的金融方面。[12]

在全球城市里,围绕着主要银行、总部办公楼的是一大堆服务性产业,广告、会计、法律服务、商业服务、某种类型的银行业务、工程和建筑服务,它们不断地为从事国际贸易的公司服务。然而,萨森强调,在 1980 年代出现了一个重大的转变,增长的金融服务产业部门实质上变成了一种商业部门,设备的买卖成为它自己的最终目的。纽约、伦敦和东京作为这一新产业的主要中心而出现,它们有效地起到了一种独立的国际市场的作用。[13]

换言之,在世界范围内已经出现了新的劳动分工,这一分工不是以产品为基础的(兰开夏(Lancashire)的棉花、谢菲尔德的钢铁),而是以过程为基础的(伦敦和纽约的全球金融业,伯克郡、韦斯特切斯特的后勤办公室,利兹和奥马哈(Omaha)❷的电话直销)。只要某项活动能够被疏散到成本较低的地方,它就会这样去做。而且,当制造业从高端经济体转移到泰国和中国的时候,服务业也就移动到郊区和省域的地方,尽管还存有语言和文化屏障的制约,但是毫无疑问,它们不久也将会被跨越。

7 Castells, 1989, 169.　　8 Castells, 1989, 350.　　9 Sassen, 1991, 257.　　10 Sassen, 1991, 87.
11 Sassen, 1991, 126.　　12 Sassen, 1991, 325.　　13 Sassen, 1991, 326.
❶ 萨斯基娅·萨森(Saskia Sassen, 1949—　),出生于荷兰海牙,美国著名社会学家和经济学家。她以其冗长晦涩的对于全球化和国际化的移民浪潮这两项研究而闻名。
❷ 奥马哈(Omaha),美国内布拉斯加州最大的城市,拥有 39 万人口。"股神"巴菲特管理的公司伯克希尔哈撒威(Berkshire-Hathaway)总部坐落在此。

所剩下的、在增长的就是以获得特权的、神秘的信息领域为基础的一系列高度专业化的活动——最具投机性的金融服务业，以及依靠面对面的接触、媒体服务等的专业化商务服务。

这些现象经常被描述为全球化，比如降低或消除货物与服务自由贸易的障碍。但是，它对服务所起的作用不同于针对货品所起的作用。随着复杂的远程通信服务已经得到发展，价格得以降低，原来的距离障碍也得以消除，这使得信息在世界范围内可以即刻并轻松地进行传递。1990 年代中叶，互联网成指数倍地扩展，不按距离收费的万维网仅仅是这一个世纪发展的合乎逻辑的结论。但是正如所发生的，它已经自相矛盾地增强了几个关键城市的吸引力，在那些城市里特殊的信息被交换与分享。

世界的数字化

对于未来而言，主要问题在于：什么将会再次推动城市经济的增长？大多数专家似乎都同意 1980 年代的故事将不再重演，金融服务将被证明不再是下一轮增长的基本动力，这一角色可能会由其他部门来担当，例如艺术、文化娱乐、教育、健康服务以及旅游。另外，人们预测高科技将与创造性部门相连接，以创造出新的产业，如多媒体、教育和娱乐的新组合、即时现场。所有这一切都可以通过信息的完全数字化，以及与以往彼此分离的技术（广播、计算机和远程通信）融为一体而得以实现。到 1990 年代末时，书店里充满了新书，几乎都是美国的，由新话题的爱好者所撰写的书，比尔·盖茨（Bill Gates）的《未来之路与商业@思想的速度》（The Way Ahead and Business @ the Speed of Thought）当然是最畅销的，还有 MIT 教授们的三大贡献——威廉·J. 米切尔（William J. Mitchell）的《比特之城》（City of Bits）和《伊托邦》（E-topia），还有尼古拉斯·尼葛洛庞帝（Nicholas Negroponte）的《数字化生存》（Being Digital）。[14] 他们描绘了一个各种各样的数字信息在其中毫无阻碍、不被限量地来往畅通的世界，下面通过电缆，上面通过无线电，将接收、处理和交换的设备缩减到最小。它似乎是一个从 1996 年互联网的虚拟现实转移出来的世界，但是作者强调，他们是在描述此后 10 年、20 年、50 年的景象。

对于规划师而言，关键问题在于它对城市的影响。一种非常流行的观点就是，信息流将导致"距离的消亡"[15]，因此最终将消除城市存在的必要性。任何人可以在任何地方从事任何活动，只要有正确的数字连接就可以了。远程学习可以替代传统的大学，屏幕上的交易可以替代货物交易场所，外科医生甚至可以在自己家中，为几千里之外的病人动手术。

然而，由实际经验（无论曾经多么地有限）而来的结论却是相当不同的。虽然这

14 Gates, 1995; 1999; Mitchell, 1995;1999; Negroponte, 1995.　　15 Cairncross, 1997.

些新产业部门可以在任何地方发展,1990 年代中期有迹象表明,它们在传统城市中也正在发展——在洛杉矶原先的好莱坞电影制片场和高科技航天走廊之间的带状地区,在旧金山湾区的硅谷、旧金山市中心、东湾和郊区马林县(Marin County),在纽约市的中心区与中城区之间的苏荷区(SoHo)和曲贝卡区(Tribeca),在伦敦则同样是在伦敦城和西端之间的苏荷区和费兹洛维亚(Fitzrovia)。[16] 理由十分清楚:如同所有创造性的活动一样,新产业部门取决于相互的关系、取决于网络,取决于一定数量的蜂鸣音,而这些东西在上述地区要比在其他任何地方更容易获得。此外,它们也关系到其他更为传统的现场操作艺术,这些也总是可以在这里找到,并且这些东西反过来促进了城市旅游业(这是在 1980 年代和 1990 年代发展最快的产业,其本身也是全球新经济的一种反映)。换言之,存在着一种矛盾。这些新型活动被认为替代了面对面的沟通,但是实际上它们依赖于面对面的沟通,甚至反过来加强了对这种沟通方式的需求。可以看到电子娱乐业似乎也激起了对现实事物的需求,这同样也适用于电子教育、电子咨询、电子的任何东西。[17] 格拉厄姆(Graham)和马尔文(Marvin)的著作《远程通信与城市》(*Telecommunications and the City*)中的生动曲线表明,自铁路和电报诞生以来的 150 年间法国的电讯和个人交通的情况是两条曲线同步向上,并且彼此难分难解。[18]

另外,新的多媒体产业需要低租金空间来启动公司,它们可以在位于中央商务区的高层塔楼群的城市缝隙中找到。最后,它们与设计领域中各种各样的专业事务服务业交互作用,而后者与传统上集中于诸如华尔街、伦敦城和大手町(Otemachi)❶银行区的金融服务业分属于不同的地方。[19] 因此,目前还只是片断、轶事化的资料表明,作为集聚区域和相互作用场所的城市还远未消亡。在这些正在出现的领域(例如金融业)中,获得专门信息的渠道是十分重要的。有趣的是,计算机革命的最高领导人物之一——威廉·米切尔(William Mitchell)不情愿地总结道:

> 国内和国际信息基础设施的发展,以及随之而来的社会和经济活动转向计算机空间(cyberspace),这些现象会意味着现有的城市就这样分解并瘫痪吗?或者巴黎有什么不能进行远程表达的东西?罗马对《神经漫游者》(*Neuromancer*)❷能提供一个回答吗?我们大多数人坚信,能够使大城市在工业化和汽车的挑战下生存下来(以改变了的形式)的那种在柔韧性和适应性方面的储备,同样也能使它们适应于比特圈(bitsphere)。[20]

---

[16] Hall, 1998, Ch. 30.　　[17] Hall, 1998, 963-4.　　[18] Graham and Marvin, 1996, 262.
[19] GB Government Office for London, 1996.　　[20] Mitchell, 1995, 169.
❶ 大手町(Otemachi),东京市中心行政区千代田(Chiyoda Ward)的一部分,位于东京传统商业中心丸之内(Marunouchi)北部。
❷ 《神经漫游者》(*Neuromancer*),作者威廉·吉布森,1984 年完成。最大的成就就是预示了 1990 年代的电脑网络世界。吉布森不但在书里创造了"赛博空间",同时也引发了"电脑朋克"文化——用一种迷恋高科技的目光来观察世界,但是却轻视用常规的方法来使用高科技。这股浪潮从此日渐汹涌,大肆冲击主流文化。

然而,令人困扰的问题依然存在。所有这些都是高度信息化的产业,它们依赖于接触和使用信息的能力,这就意味着对教育和某种复杂知识的高度需求。因此,它们可能就是造成经济、社会和城市更进一步和更本质性的极化的代理者。乐观的观察家们发现了令人感到欣慰且充满轶事的迹象,这些迹象表明,某些艺术活动(音乐、视觉设计)能够运用非正规的、直觉的、艺术的才能,而其他领域却做不到,因此可以证明它是一种结合性的力量,而不是一种分散性的力量。悲观主义者注意到,新的艺术活动(例如多媒体)实际上处在技术复杂化的最前沿。目前还没有定论,而整个城市的未来却很可能取决于它。

城市规划与城市政策:法规化对城市企业化

人们所担心的是,极化仍然是目前城市问题的核心,也是世界问题的核心,所以也是城市规划必须面对的问题。问题是城市规划已经对此做了什么,而这个答案是并不多。事实上,在 1990 年代,城市规划和城市政策已经相当奇怪地朝着相反的方向发展——不断彼此相互分离。传统上对于环境变化反应很灵敏的英国规划,已经在往编制典籍和法制化的方向进行转变。1990 年城镇规划法(*Town Planning Act 1990*)的第 54A 节讲到,在裁决拒绝规划许可的上诉中,主要的实质性考虑是规划的一致性;但是当城市政策面对城市复兴这一议题时,却越来越强调一种高度竞争和创新性的方法。在英国,"城市挑战"(City Challenge)计划及其后继者——"单项复兴预算"(Single Regeneration Budget,SRB)均放弃了固定拨款,转而偏向采用城市之间公开竞争来获得资金的方法。毫无疑问,这种新方法具有一定的优势,它大大激发了地方政府的热情,带来了一批高质量的计划(尽管在很多情形中是以设计为基础的),并且让大笔资金流入到重要计划之中。但是倾向于站在相反政治立场的批评者认为,事实上新方法巧妙掩盖了对用于主要复兴计划的资金的分割。

虽然人们还尚未充分赞同这一点,但是在实践中,它意味着城市复兴变得和主流规划过程相分离。主流规划所针对的是法规化的渐进变化,而城市复兴是企业家们对新发展机会的反应,因此必须要避免僵化。这种方法的完美案例是伦敦道克兰项目在逻辑上和地理上的延续——泰晤士河口(Thames Gateway)。

泰晤士河口:1980 年代城市更新项目的最后一个?

这同样是迈克尔·赫塞蒂纳于 1990 年回到环境部时的设想。正如第 11 章所见,到 1995 年时,人们充满信心地回头看到项目第一阶段的进展。奥林匹亚和约克公司(O&Y)的保罗·里奇曼(原来的开发商)在沙特阿拉伯银行资金的帮助下,恢复了他的所有权。但是没有被密集的道克兰暴风雨所挫败的赫塞蒂纳于 1991 年 3 月宣布,毫无疑问这是世界上所有城市曾经提出过的最伟大的城市复兴和开发计

图 12-1 泰晤士河口

英国试图在宏大战略规划中压倒法国。这个规划以海峡隧道高速铁路线为基础,沿泰晤士河向南延伸 50 英里开发走廊。这里是一张围绕艾伯弗利特火车站(Ebbsfleet)的开发设想图。

图片来源:Reproduced by permission of Land Securities.

划——东泰晤士河走廊,后来更名为泰晤士河口,这项计划沿着那条尚在规划中的、从伦敦中心区到海峡隧道的重新布线的高速铁路,顺着下泰晤士河,从道克兰到河口湾延伸长达 50 英里。它所包含的想法就如同 1943 年关于开发希思罗(Heathrow)机场的决策那样,带动沿着伦敦到西部走廊地区的发展。所以,现在伦敦的发展方向可以戏剧性地反转——复兴衰退了的伦敦东区,同时为过热的西区减压。但是,城市开发公司(赞成赫塞蒂纳 1980 年代的方案,并且首先在道克兰进行运用,然后再应用于几乎所有英国主要城市的十几个复兴计划)现在却回避此计划,转而选择更为清醒和实用的方法。首先由政府以改善公路和铁路的方式来提供基础设施,接着由一家实际上游离不定的英国开发公司("英国合伙人")来执行土地拆迁和准备工作,最后还强烈暗示需要在年度 SRB 投标中得到照顾。

工作在稳步进行。首先针对走廊的发展潜力进行调查,然后制订一个用于开发的战略性框架(注意这不是一种战略规划,要不惜代价避免这个词),并于 1995 年中公布。与此相平行的是政府调整了新的铁路线路,对施工和运营进行了一次公开招标,并在 1996 年 2 月宣布了中标者。[21]

新世纪之初,在赫塞蒂纳宣布 20 年之后,泰晤士河口最终呈现于人前。在道克兰东端、走廊西端的皇家码头,出现了一个巨大崭新的展览和会议中心,还有一个城市乡村,以及东伦敦地区大学的一个新校园;在巴金瑞奇(Barking Reach)❶启动了一座可以容纳 2 万人口的市内新城(New Town Intown)的建设,在达特福德(Dartford)的布鲁沃特帕克(Bluewater Park)则建造了欧洲最大的零售园区。铁路连接线因中标公司受金融危机打击而被耽搁,最终于 2007 年投入营运,并于 2 年后将运营线延伸到肯特沿海,由此建造了两座为大型开发提供基础的新车站,一座位于东伦敦的斯塔特福德(Stratford),一座靠近肯特的布鲁沃特(Bluewater)。自 2005 年政府决定将 2012 年奥林匹克运动会放置于那里之后,斯塔特福德地区就经历了一场无可预料的大发展,主要表现在对于该地区所进行的城市更新。对于伦敦而言,奥运会是公共关系的胜利,一年后,奥运村被转型成为一个新的居住区,它拥有 5 个社区组团,由梅约尔开发公司(Mayoral Development Corporation)进行开发,围绕着它,则是以高层建筑为主的市内新城,而它所在的基地原先则是伦敦最大的城市垃圾场。另外在巴金瑞奇(Baking Riverside)和艾伯弗里特(Ebbsfleet),进展则相对缓慢,甚至毫无动静:在那里,住宅产业由于 2008 年全球金融危机而垮台,必要的交通设施亦因此缺乏资金。所以,实用主义的方法似乎发挥了作用,虽然比所有人最初所想象的要慢,但最终还是完成了。然而,要去评判计划是否成功,还需要 10 年甚至 20 年的时间。

泰晤士河口是 1980 年代大项目在 1990 年代的大翻版,它是在一个不祥的时刻,以反周期的勇气被发起的(当然,1981 年伦敦道克兰也是这样的)。它到来的时刻正值世界范围内城市房地产泡沫的破裂,并在各主要城市都留下了常见的破产故事。总体而言,很明显,开发循环采取了过于乐观的方式,富有活力的开发商们过于乐观地高估了自己的能力,开发产业(其实)处于不景气状态。这可能意味着它在开头几年内进展缓慢,但无论如何它是一个长期项目,除了政治家之外,这并没有太大关系,有谁能指望它在下一轮选举前就能够形成结果呢? 它确实提出了问题,是否所有如此依赖于房地产复兴的策略(房地产复兴不仅是伦敦的基本方法,也是 1980 年代全球大城市的基本方法)只有在短暂的乐观时期能够发挥作用? 而这种乐观时期要时隔 20 年或者更长时间才会出现。但是人们对此有着明确的反驳:还会有其他什么样的策略? 在一个服务产业就是经济推动力的世界里,绝大多数的开发不可避免是商业投机性的,它们在重要的基础经济中模仿并放大市场的信号,因此,这可能是

[21] GB Department of the Environment, 1993; GB Thames Gateway Task Force, 1995.
❶ 巴金瑞奇(Barking Reach),位于东伦敦,在泰晤士河与 A13 Trunk 大道之间占地 200 英亩的棕地,其上开展了全欧洲最大的单体住房再建计划。与 Barking Riverside 是同一个地方,初名"Barking Reach",后名"Barking Riverside"。

城市中唯一的游戏,任何城市都是如此。

大型项目:一种东亚艺术形式

在世界的其他地区,政府更为热情,甚至疯狂地涉足于商业资本,以至于大型项目几乎变成为一种东亚的艺术形式。[22]所有案例中最超乎寻常的是中华人民共和国,仅用两个大型项目就可以比拼所有其他的大型项目,一个是上海浦东新区,另一个则是紧邻香港边界的深圳经济特区。深圳自己提出的目标是"新加坡的环境、香港的效率",到2001年时,在17年的建设周期里,它从实际上的一无所有发展到一个30公里长的线型城市,拥有400万人口,甚至很可能更多。整个城市沿着洛杉矶式的城市大道进行布局,并且伴随着平行于二三公里之外的洛杉矶式的高速公路。高速公路沿线布置新加坡式的景观带,以创造一个连续的城市景观大道,沿着大道排列着香港式的摩天大楼(它们是用香港投机资本建造的)。在高楼大厦之间,有一连串的主题公园(其中一个里面有一座小型的埃菲尔铁塔)。

世界上没有一座城市像深圳,也没有任何一座(片)城市(区)像浦东。对此,上海市对外经济贸易委员会常务副主任叶龙蜚说道:

> 我们使用的不仅仅是深圳的方法"筑巢引凤"(意思是我们自己建基础设施和标准厂房),而且还采用海南省洋浦的方法"引凤筑巢"(意思是让外国商人投资整个地区),还有厦门正在采用的战略"迎凤带巢"(邀请外国商人来投资土地开发,并把他们的投资伙伴也带来)。[23]

但是在许多方面,深圳经济特区令人失望。的确,它从一个农业小镇迅速地发展成为一个35万人口的城市,没有失业,生活水平迅速提高,基础设施快速建成,产业发展极为迅猛。但它并没有给中国带来期待中的先进技术。它没有提升内地的储备,反而沦为香港的进口加工区,贡献了廉价的土地和劳动力,于是导致硬通货的逐渐枯竭。同时,准市场化的系统给予那些滥用职权谋取个人利益的政府官员,也就是"特区蛀虫",以腐败和投机倒把的机会。[24]

所以由政府于1990年4月正式挂牌的浦东新区将会与之不同。正如邓小平于1991年所宣称的,"金融是现代经济的核心。中国在金融方面取得国际地位,首先要靠上海"。同年,李鹏宣布:"开发开放浦东,是中国为深化改革、扩大开放作出的又一重大部署。"浦东新区占地面积522平方公里,计划到2030年前投入大约总成本800亿美元,它将成为世界上迄今为止最大的建筑工地,旨在成为"21世纪的亚洲金融中心"。[25]

浦东还远不止于此,它象征着中国意识形态的转型。领导者不仅想要改革其经

22 Olds, 1995. 　23 MacPherson, 1994, 78. 　24 Wu, 1998, 146. 　25 Wu, 1998, 133.

图 12-2 上海市浦东新区

上海令人振奋的新中央商务区，它在极短的时间内建成于一片稻田之上。

济体系，同时也想在较短的时间内成为世界主要的经济力量。其改革往往带有实验性质，有可能引发不可预见的结果。这种对大事物的偏爱饱受争议，但也符合着中国近代和古代的历史。[26]

但是，开发浦东的决定是在戏剧性的政治环境中做出的，当时正逢领导人换届，这是为确保实现北京所承诺的改革方针而采取的措施。随后不到一年，便开始大力推动浦东发展。[27]事实情况是，伴随着苏联解体，中国共产党意识到实现经济成果的能力至关重要。1992 年初，邓小平在得到广泛宣传的，对武汉、深圳、珠海、上海等地的南方视察中，表示支持快速增长和以开放的经济建设为中心。1993 年 11 月，它成为中国共产党十四届三中全会的主基调，通常被称为"决定"。[28]浦东代表着这项"决定"的诸多方面，大胆前进，但同时也是小心行事。随着最初的经济特区发展模式的光环的消退，浦东将成为即便不是未来半个世纪，也是未来十年的新模板。中国已经采取了以新加坡为代表的东亚发展模式，以政府主导来支撑经济增长。[29]来自中央的规划为浦东第二阶段（1996—2000）的发展划

---

[26] Wu, 1998, 134.　　[27] Wu, 1998, 141.　　[28] Wu, 1998, 142.　　[29] Wu, 1998, 143.

拨了 360 亿美元,比第一个五年多了四倍,甚至比三峡大坝还要多。[30]这传达给世界的信息是明确的:中国认真对待改革,浦东将体现中国当前和未来的经济实力。[31]

但是,诸如浦东这样的大型项目只是 20 世纪晚期在东亚出现的更加庞大现象的冰山一角。巨型城市,一个巨大网络城市的综合体,能够容纳三四千万人,绵延数千平方公里。它的原型是在香港和深圳之间的珠江三角洲,深圳处于核心。这样的综合体代表了城市组织的终极状态,其意义之所以重大,是因为它体现了部分的(尽管是最发达的部分)贫穷国家着手按照陡峭的曲线进行发展。1997 年 4 月亚洲发展银行发表的报告预测,到 2025 年时,亚洲将有 20 个城市的人口超过 1 000 万,比 1997 年要多一倍。现在这一地区有 9 个大城市人口超过 1 000 万,即北京、孟买、加尔各答、雅加达、大阪、首尔、上海、天津和东京;不久将要加入这一行列的还有曼谷、达卡、卡拉奇和马尼拉。到 2025 年时,甚至仰光(Rangoon)也将加入这一系列,同时,还有巴基斯坦的拉合尔(Lahore),印度的海得拉巴(Hyderabad)❶、班加罗尔(Bangalore)❷ 和金奈(Madras),以及中国的沈阳。[32]

城市品质运动

1990 年代又冒出另外一个主题,但是从某种意义上来说,它是在重新肯定和重新解释 1980 年代的一个话题,即一种对城市环境品质的再次强调,这个主题几乎变成英国环境国务大臣约翰·古莫尔(John Gummer)1993—1996 年期间的个人奋斗。它是一个主要从设计角度来看待城市的方法,与 1980 年代和 1990 年代的另外一个主题很一致——强调城市之间的竞争,强调如同汽车和厨房那样将它们市场化。在旧有的区位优势已经消失的时代中,这个主题是全球化的一部分,[33]它标志着建筑行业重新返回并强有力地进入到规划舞台中。这令人回想起 1930 年代非常类似的潮流,为了同样不加掩饰的理由:从那以后,建筑师在最糟的发展低潮中摇摇欲坠,找不到工作。但他们至少还可以做着关于都市的梦想,并且把它们发表出来,一些人可能会对此做出反应。在英国国家债券(National Lottery)短期有效的帮助下,这种国家债券产生了能造就类似于巴黎式的(或东亚式的)**大型项目**(另一种有关城市竞争的明确案例的流动资金),建筑师低落的创造精神得以恢复。

---

[30] Wu, 1998, 144.　　[31] Wu, 1998, 145.　　[32] Anon, 1997, 23; Hall, 1999, passim.
[33] Gold and Ward, 1994; Ward, 1998.

❶ 海得拉巴(Hyderabad),印度第五大城市,安得拉邦首府,以其悠久的历史和丰富的文化遗产闻名于世——各类遗迹、清真寺、佛教寺院以及传承下来的丰富多样的传统舞蹈、手工艺、艺术。
❷ 班加罗尔(Bangalore),有"印度硅谷"之称的南方城市,是卡纳塔克邦首府,目前是亚洲成长最为迅速的全球化城市,同时也是印度最为高端的科技产业之家。

图 12-3　拉德方斯

这项顶级的法国大工程 40 年来一直处于建设当中,所有事物的完全整合,全部
都以巴黎历史形成的宏伟轴线对齐,回望凯旋门。

从 1974 年到 1994 年,英国损失了 360 万个工作岗位,占 45%[34],主要集中在大
城市。"20 世纪后期,这些城市已经不能再被视为工业城市。"[35] 1991 年,伯明翰
(Birmingham)不到四分之一的劳动力从事着制造业,这一比例在谢菲尔德
(Sheffield)和利兹(Leeds)不到五分之一,曼彻斯特(Manchester)、利物浦
(Liverpool)、布里斯托尔(Bristol)和格拉斯哥(Glasgow)刚刚超过 15%,纽卡斯尔
12.9%,伦敦内城 8.76%。[36] 它们的核心特点是就业结构以服务业为主,特别是在中
部地区和相邻的滨海地区。[37] 或早或晚,这些城市都会意识到它们的未来取决于是否
能将自己重塑为后工业服务中心。[38]

它们跟随美国城市进入到了一个陌生的领域:城市营销。纽约于 1977 年发明了
"我♥纽约",几乎与此同时,波士顿市长凯文·怀特(Kevin White)开始宣称波士顿
将成为后工业城市。[39] 格拉斯哥紧随其后,由在纽约运动中给人留下深刻印象的市长
迈克尔·凯利(Michael Kelly)和广告代理人约翰·斯特拉瑟斯(John Struthers)于
1983 年提出"格拉斯哥风景更好了"(Glasgow's Miles Better)。[40] "'风景更好了'被称
为苏格兰最成功的广告宣传活动,它成功抓住了英国公众的想象力,因为自从'如此
鼓舞人心的斯凯格内斯'(Skegnessis So Bracing)❶ 之后就没有地方有此类营销活
动了。"[41]

但是,正如史蒂文·沃德指出,"狭义性的市场营销是不够的,好的词语和意象

34　Ward, 1998, 187.　　35　Ward, 1998, 187.　　36　Ward, 1998, 187.　　37　Ward, 1998, 189-190.
38　Ward, 1998, 187.　　39　Ward, 1998, 191.　　40　Ward, 1998, 191-192.　　41　Ward, 1998, 192.
❶ 斯凯格内斯是英国林肯郡的一座海边小城。

背后必须要有一些进行建设的具体行动,公共空间和公共活动至少能够给人一种重新塑造城市的确凿保障",这可能只是一部分,"……城市设计和城市规划从未如此习惯于采用这样一种系统性的计算方法来重塑和销售场所。"[42]

在这个过程中,"'合作关系'是魔力所在"[43],民营部门与公共部门必须通力合作。[44]这一概念最早由波士顿所倡导(第 11 章),英国则比较滞后[45]:"撒切尔政府所基于的就是对于发生在美国的实际情况所进行夸张假设",[46]激进的左派工党地方政府对此并不感兴趣。[47]沃德评论道:"因此,在英国城市中没有自发形成的地方性的、美国式的业务伙伴关系。大部分真正形成的则来自于撒切尔的中央性刺激举措,例如城市发展公司和企业特区。"[48]伦敦道克兰开发公司花了宣传支出总额的 1%~4%,中央曼彻斯特发展公司(CMDC)于 1992—1993 年花费了 1 720 万英镑中的 110 万。[49]

但事实上,1980 年代末的撒切尔夫人的由房产引导的城市更新是基于有效地废止于 1990 年代中期结束的大型社区的纯物质规划程序。甚至在 1997 年大选和新工党到来之前,它就被"关注社区"的口号所遗弃。"城市挑战"项目和它的继任者,单一复兴预算,迎来了基于伙伴关系和以社区为中心的再生和更新方法。它们为新工党的广泛的城市再生项目提供了基金,这些项目强调摒除社会隔离、更新邻里和融入社区。[50]

实践中的可持续城市主义:
英国的城市特别工作组及其继任者

所有这些难题(还有更多的)都汇集到 1999 年 6 月的英国城市特别工作组(Urban Task Force)的报告中。[51]这实际上是针对两个非常独立但又关联的问题的回答,两个在 1990 年代中期困扰着英国规划师和决策者的问题:针对城市衰退可以做些什么? 针对东南部的开发可以做些什么?

当特别工作组开始工作的时候,城市衰退在大体上是很明显的,但是在快结束时却突然变得十分清楚。当时一名工作组成员安娜·鲍威尔(Anne Power)发表了她在曼彻斯特和纽卡斯尔的工作成果[52],表明这些城市的整个区域已经进入不断升级的美国式的物质性衰败和社会性崩溃的循环之中。人们正在放弃自己的家园,为了任何能够得到的东西而将房产卖掉,整条街道的房屋正在逐步遭到放弃和封闭。原因是极其复杂的,但是它们包括经济的长期结构性衰败,特别是在城市的老工业区。这些区域在 1970 年代和 1980 年代长时间的去工业化的过程中遭受到最为严重

[42] Ward, 1998, 193.　　[43] Ward, 1998, 194.　　[44] Ward, 1998, 194.　　[45] Ward, 1998, 195.

[46] Ward, 1998, 196.　　[47] Ward, 1998, 196.　　[48] Ward, 1998, 197.　　[49] Ward, 1998, 198.

[50] Shaw and Robinson, 2010, 125.　　[51] GB Urban Task Force, 1999.

[52] Power and Mumford, 1999; Rogers and Power, 2000.

的损失,进而导致在老年人和青年人中间的长期性失业问题,办得很差的教育系统(它会把问题从上一代传给下一代)、家庭解体、酗酒和吸毒问题、以毒品为根源的犯罪经济的增长以及帮派斗殴等问题。因此到 1990 年代后期时,曼彻斯特东区和纽卡斯尔西区的部分地区开始不祥地令人想到费城北区和芝加哥南区。正如布瑞安·罗布森(Brian Robson)教授在 2001 年的报告中所说的,与这些美国城市相类似但却更加矛盾的就是城市中心作为新 24 小时经济中心而正在繁荣起来,它不仅吸引旅游者和夜访者,而且也吸引移居到改造过的仓库和新公寓的居民,城市复兴和城市衰落肩并肩,有时候只有一英里之隔。

那就是所谓的北方城市进程,它和南方城市的进程十分不同,甚至几乎是相反的。在南方,伦敦是繁荣的,它的人口在 50 年中第一次重新增长,当时预计到 2016 年将重新上升到 1939 年的峰值。然而在北方城市,人们仍然正在前往周围较小的城市,但是也有很多人正从国外流入,他们构成了一个巨大的社会阶层,从国际银行家到寻求庇护者。而伦敦新出生的人口数量越来越多,这是年轻的少数群族高度集中在首都的产物。因此,伦敦不出意外地几乎塞满了人口,问题在于一方面需要塞进更多的人口,但另一方面还需要保持一种适当体面的城市生活品质。然而即使做到了这一点,仍然还有人口净流出的问题,这在政治上是具有爆炸性的。在周围的郡县中,很多人仅在不久前刚刚从城里搬迁出来,现在就想拉起吊桥,保护他们眼中的乡村品质的生活。点燃炸药的火种是 1996 年新的人口预测,预测表明,在 25 年中,英国新增加的家庭是 440 万户。

所有这一切都与一种有关未来猎狐(foxhunting)❶的辩论杂乱地交织在一起,并导致了 1998 年初穿着巴伯(Barbour)❷外衣和绿色长靴的愤怒村民在城市中心的大游行,它拉响了一个巨大的政治警报。政府指定了由建筑师兼工党政治家理查德·罗杰斯(Richard Rogers)领导的一个特别工作组来平息这一势态。作为反馈,特别工作组于 1998 年 6 月提出了一个适合所有城市的单一图景——该图景以城市复兴为基础,提出了一种能真正取代 200 年来英国郊区化(suburbanization)历史的城市生活方式,一种欧洲大陆模式的城市生活方式。这里有一种无法辩驳的逻辑:由于那些家庭情况估测已经十分清楚地表明,近 4/5 的新家庭将由单身人口构成,可以推测他们中间的许多人会很满足于一种大城市中的公寓生活。特别工作组形成了不下 105 条建议,设计用来促进城市复兴,其中很多关系到采用经济激励来使得在城市中的建设和居住更加具有吸引力。

下面将提到巴塞罗那,它曾是一个典型,确实也是一个典型。无论正确与否,新工党制定的规划带有新的使命:为一个选定的组团营造壮观的城市景观,以及紧凑且高品质的生活方式体验,以实现"口耳相传"(buzz)的效应。正如副首相约

---

❶ 猎狐(foxhunting),一种消遣方式,参与者骑上马背,和一群猎狐犬一起在乡村地区奔驰,追猎狐狸。
❷ 巴伯(Barbour),是一种精心制作、用来抵御英国最恶劣气候的服饰,其上任何一个部件都有其功能上的考虑。因其存在时间的悠久,渐渐成为英国服装的代表式样,从牧民到皇室都是这种服饰的拥戴者。

翰·普雷斯科特(John Prescott)在他最喜欢的句子里说到的那样:"通过建筑师、城市规划师和开发人员的合作,我们已经在北方创造了一个新的'哇'(wow)的效应。"[53]

场所塑造就是创建一个包括住房、工作和生活方式"供给"的组合性套餐,将它进行精心塑造和营销,以吸引一群狭义性界定的创意/知识工作者。[54]城市场所变得仅仅只是时尚或者生活方式的附属品:

> 这就类似于时尚 T 台,目前的城市彼此之间相互竞争,所依托的就是炫耀经过粉饰的城市各种区域的形象,城市以这些空间为广告,将其打造成对于商务和休闲有利并有吸引力的地方。在这个全球时尚 T 台上,城市自豪地展示它们崭新并经过设计的建成环境。[55]

城市白皮书于是从根本上脱离了在英国城市政策中传统悠久的"反城市主义",城市不再是个麻烦,城市就是解决方案。[56]突然间,出现了一个新的"都市田园"(Urban Idyll)。正如加雷斯·霍斯金(Gareth Hoskyns)和安德鲁·塔隆(Andrew Tallon)所描述的:

> 设想在某个夏日的周五下午,午餐后你在港区散步消食,你走过铺装人行道,不时为波光粼粼的水景吸引驻留,同时还有音色潺潺的喷泉溢水声,混响着不远处商业区的嗡嗡声,一周的辛劳得以放松;你穿过随意设置在混凝土上的造型凌乱艺术品,它们环绕着一个 12 英尺高的糖浆色油漆铁锚;你走近一个拱廊,听到人们在咖啡馆内,围坐于拉丝纹不锈钢的桌面侃侃而谈,室内环境唤起了你对拉美现代艺术的印象。喝着意式浓缩、拿铁以及最好的比利时瓶装啤酒的,都是一些英国大城市里来的波西米亚人(bohemia),而你的嫉妒之心又会使你情不自禁地幻想着成为他们中的一员。[57]

从农村生活联想而来的"本土社区""自然""遗产""村落",被用来构建城市文明生活的愿景:都市村庄。其居民只有年轻的专业人士,他们单身或无子女,无论可支配收入还是社会、教育、文化资源都有着很高水准。[58]然而现实中,在那些因此而迅速再生过和绅士化的地区,例如伦敦东端部分地区,霍克顿(Hoxton)广场、金斯兰(Kingsland)路以及几个街区外的社会住宅小区等这些新近开发的门禁项目,表现出与翻新阁楼公寓项目之间近乎完全的分隔:这是一个由"乌托邦空间和反乌托邦空间""物质上近似,但制度上疏远"组成的马赛克。[59]正如罗兰·阿特金森

---

[53] Prescott, 2003.　　[54] Allen and Crookes, 2009, 458.

[55] Degan, 2008, 27, quoted in Allen and Crookes, 2009, 459.

[56] Gordon, 2004, 374, quoted in Colomb, 2007, 6.

[57] Hoskins and Tallon, 2004, 25, quoted in Colomb, 2007, 6.

[58] MacLeod and Ward, 2002, and Lees, 2003, quoted in Colomb, 2007, 7.

[59] MacLeod and Ward, 2002,154, quoted in Colomb, 2007, 10.

(Rowland Atkinson)所提示的,也许吸引中产阶级回到市中心、促进公共空间发展并且提升大多数城市居民的生活质量是值得付出代价的。[60]但是激进的批评者并不买账:"关于'都市'我们有罗杰斯,关于'贫困社区'我们有社会排除单元(Social Exclusion Unit),关于地方'治理'我们有地方政府的白皮书。其结果就是提供一套城市中产阶级政策、一套城市贫民政策和一套用于政治机构的局部改革以管理二者的政策。"[61]

　　面临转变其经济、重建其结构,并改变其形象的新挑战,英语世界的发达城市领导者们采用了非常不同的策略,所得到的结果也各不相同,正如在一场由约翰·庞特(John Punter)组织的会议上一个地方学术专家组所给出的意见(那样)。曼彻斯特曾经一直以企业精神、机会主义和市场导向著称,它树立了一个非常适合商务的强大城市的名望。不受法定规划和政治质疑的约束,其地方开发框架"对建筑密度、高度或土地使用不作评判,灵活多变,允许期望值自由漫步,允许城市发展因地制宜"——但是它会聘请世界级的咨询顾问来制定城市设计并严肃对待。[62]利兹(Leeds)则不是太成功:"一阵开发旋风席卷向前,政策则在后面苦苦跟随,更不用说要想牢牢控制各种开发的性质、区位、数量和风格,以及需要优先考虑的可持续发展了。"这似乎是在胆大做法还是胆小手段之间的摆动;它旨在成为一个真正的欧洲城市,但在现实中功亏一篑。[63]谢菲尔德(Sheffield)通过创新方法成功地改变其城市中心。如同其他城市一样,它推销围绕"咖啡馆文化"而来的"地中海式"生活方式的城市愿景。但是它还创建了有顶盖的公共空间,譬如冬季花园(Winter Gardens)和千禧年商业街(Millennium Galleries)。[64]花费巨额代价创建了一条从火车站到市政厅的道路,这表明了它沉迷于为游客创造形象。

　　在利物浦,由新一届政府的议会领导人和首席执行官所引领的疯狂十年带来了切实的影响,他们构建了利物浦愿景,保障了格罗夫纳(Grosvenor)❶在"利物浦一号"(Liverpool One)这一新购物中心里的地位,为开敞街道系统设定一个标准,为综合性开发设定一个更具都市特征的形态,同时为城市中心的开发树立了新的市场信心。利物浦在融合其自身优秀文化制度[65]和发展优质公共空间方面,在英国起到表率作用。它强调混合利用式的开发,城市中心居住人口飙升。但这一成功在很大程度上只集中在中心城区。[66]布里斯托尔(Bristol)以其平庸的发展,成为一个忧伤的对比。或许它并不需要一种"城市复兴",因为不像伯明翰、格拉斯哥和曼彻斯特这类后工业化城市,它从未遇见过任何真正意义上的"死亡"危险。尽管它的规划者、开发商和再生计划的倡导者的作为有限,对许多人而言,布里斯托尔仍然是一个居住和工作的好地方。[67]纽卡斯尔(Newcastle)显著改善了中心城区

---

[60] Atkinson,2003,quoted in Colomb,2007,18.

[61] Shaw and Robinson,2010,130,quoted in Amin, et al.,2000,7.　　[62] Hebbert,2010,66.

[63] Unsworth and Smales,2010,83.　　[64] Booth,2010,98.　　[65] Biddulph,2010,113.

[66] Biddulph,2010,114.　　[67] Shaftoe and Tallon,2010,131.

❶ 英国一家大型地产发展商。

的物质和经济条件。人们仍会发现这些新的空间和形象是很公司化和精英化的，对地方特色和地方需求回应得不够，还不够精细和完善。[68]诺丁汉（Nottingham）制定了战略总体规划，在城市核心的边缘留下了主要的再开发地区——滨水区、南区和东区——为这个城市再生进程创造了一个整体性的框架，并且同时努力将内城社区与繁荣的中心区连接起来，使特伦特河（River Trent）与城市再结合起来。纽卡斯尔通过一个连续而长期性的战略，成功地使自己从一个以制造业为基础的经济体转变为一个以服务和知识为基础的经济体。它很正确地坚持在同一个协调部门的统筹下，融合城市规划、城市设计和交通规划，在规划和交通方面使用以设计为导向的方法，加上为所有重要节点所做的详细规划，并为极其重要的发展机遇制定三维空间的设计。[69]

约翰·庞特在研究这些不同历史案例后得出结论说，它们反映的与其说是经过深思熟虑的城市复兴政策成果，还不如说是 1993—2007 年房地产繁荣所带来影响，这给城市一个期待已久的机遇去复兴他们的中心区域，清除陈旧废物，增加服务行业，特别是高附加值的金融服务业的就业岗位；[70]扩展购物中心，扩大客源范围，并且以文化、聚会、娱乐或"城市度假"的目的地来扩大吸引力。大多数城市议会制定出明确的竞争议程和创业策略来吸引投资，实施大型更新项目和公共领域的改造项目。业务与资产的价值很大程度上依赖于公私合作（public-private partnerships，PPPs）的规模和类型，依赖于大型投资者-开发商在地方战略（或交通）中的合作关系，依赖于城市议会在重要开发项目的管理方式。[71]

最重要的是，在所有的城市中，城市复兴最具戏剧性的物质性影响主要集中于城市中心及其紧邻的周边地区。庞特发现，典型组合方式就是最大化地扩展中央零售、酒店、休闲和餐饮行业，这反映了消费的增长以及商业核心地区周围公寓数量的急剧增长。市中心到处都成为"增长引擎"，再开发的规模在现代也是空前的；在 2006 年繁荣的高峰，许多城市都在报道它们中心区域的 15% ～ 20% 正处在开发状态。一个核心目标就是重新引入人口并且扩展市中心，增加其群聚效应，使其性格品质多样化，复兴繁荣这些地区。高层、高密度公寓的投资主要集中在衰落中的商业区。这些商业区位于城市中心或者以前工厂仓库地区的外围区域，以及滨水区和其他有着更高舒适性的地区。[72]在 1998 年至 2006 年间，在曼彻斯特、伯明翰、利物浦、利兹、卡迪夫和布里斯托尔的城市中心相邻区建造了大约 5 000～9 000 套公寓。现在，这些公寓占据地方房屋建设成果的一半还多，成为苛刻的设计批评的对象。但是，城市中心的人口重新集聚为城市活力的提升做出了重要贡献，并满足了许多小型家庭的住房需求。

庞特的结论是，在总体层面上，城市中心的建成环境以及公共领域的品质有了明显的改善，新的"城区"（quarters）为企业、居民、消费者和市民提供了更多的选择。

---

[68] Madanipour, 2010, 146.　　[69] Heath, 2010, 162.　　[70] Punter, 2010a, 325.
[71] Punter, 2010a, 326.　　[72] Punter, 2010a, 328-329.

但是,除了这些被扩张了的城市中心外,城市复兴只有零零星星的案例。在许多城市里,仍然存在一个极其明显的转折点,针对高端消费者、游客的高端翻新和维护偃旗息鼓,而服务于居民的基本消费逐渐兴起。[73]

这些与当前强调的东西非常一致,即通过一系列的投机性项目进行企业式的复兴,这种复兴将改造城市衰退地区的形象。它标志着重心的一次急速转变,从在1960 年代和 1970 年代非常典型的、以增长为导向的、向人民提供住房的战略,转向依赖更加靠近城市中心的棕地(brownfield)❶的更新战略。这有可能被当作一种纯政治变革而遭到否决,特别是对英国来说,但是它同时发生在社会主义者的法国,法兰西岛 1994 年的规划负责人和他的前任在这一点上形成了鲜明对照。事实上,城市规划运动已经与那场为 20 世纪的生活提供重要动力并进行维持的住房运动分开了。这个游戏的新名称是复兴,但是在这个规划中它被降格为次要角色。

另外还有一个特点,那就是整项事业都在奇怪地回应着城市美化运动,正如将近一个世纪以前,建筑师-规划师几乎毫无例外地强调外观、城市装饰的一面,他们表现出对宏大中央公共空间处理的明显偏爱,而这将占用城市普通居民居住和工作的地方。于是,他们把较深层的、不太容易处理的社会问题归入到深层的背景中去,例如结构性失业和出现了城市下层社会等问题。这奇怪地让人回想起伯纳姆的芝加哥规划。也许它是不自觉的,人们不应该期待建筑师如同社会工程师一样去工作,他们对于这项工作很少显示出太多的热情。但是重心转移这件事情本身是很重要的,人们可以把它当作一个简单的政治议程而加以拒绝,但是它肯定比那要深刻得多。

奇怪的是,所有事情都恰恰发生在这一时刻,当时新的数据表明,整个欧洲几乎都空前地需要新住房。这些数据开始出现在 1990 年代中期,毫无疑问需要时间来充分理解它的含义,看来这肯定会引起一场激烈的辩论,因为它们触动了"邻避者"(NIMBY)要保护绿色飞地这一愿望的那根神经。

寻求可持续性

1990 年代初,规划师还有另外一项重要议题,并且几乎把它当作一种神圣目标来追寻——可持续的城市发展。问题在于虽然每个人都喜欢可持续发展,但是没有人确切知道它意味着什么。更确切而言,虽然他们都能背出 1987 年《布伦特兰德报告》(Brundtland Report)中关于可持续发展的定义——"符合当前需要,且不影响未来几代人实现他们自己的需要和愿望的发展",但是尚不清楚如何将这一观点纳入日常城市环境工作中的实际日常决定中去。总体目标是很容易的,我们所要发展的建筑形式要能够节约能量,并且将污染物的排放量降至最低限度;我们应当鼓励不需要交通的可达性,或者是鼓励不需要机械运输的可达性(特别是在步行或自行车就能到达的地方),因

[73] Punter, 2010a, 330.
❶ brownfield,用于工业目的的开发之后,因被污染而废弃的土地。

此我们应当发展公共交通而不鼓励单人驾驶,我们要发展比内燃机污染更少、能源使用更经济的动力系统,并且发展围绕公共交通节点的活动中心。困难的部分在于下一步:如何将这些目标引介到现实环境中去。由此可以预见,每个人对于它们的定义都取决于自己——来自于时髦的远郊县的邻避主义者,将这些目标解释为拉起吊桥,不让任何人进入他们富有的领地(除了像他们自己一样的人,星期日和这些人一起喝酒是很有意思的)。开发商则将这些目标解释为:在城内很难卖出去的基地上开发的时髦的都市乡村,或者同样时髦的市中心的阁楼(loft)改造项目。

西明·达武迪(Simin Davoudi)认为问题变得没这么简单了:可持续概念本身就存在着内在矛盾。在现代规划中出现了另外一种可供选择的社会愿景,一个乌托邦。[74]但是,当战后的干涉性国家让道给 1970 年代的协助性国家后,"经典城市规划"失去了力量。"规划的黄金时代"就此结束——那时规划师不受政治干扰,并且自信于自己的技能足以完成工作。[75]社会构想一旦成形就会脱离原来的立场。规划已成为了官僚常规和技术练习,几乎与改革没有任何共同之处。[76]

因此人们所期待的就是,从可持续发展中可能产生出一个新视界。但达武迪认为,可持续发展的两种不同话语已经出现,为规划系统提供了从根本上不同的发展路径。一方面是"生态型现代化"(ecological modernization),强化了系统的技术和管理因素;另一方面则是"风险社会"(risk society)的方法,呼吁复兴规划系统的意识形态和事前干预的因素。[77]可持续发展观的这两个不同概念反映了一种潜在冲突,即一些人认为社会在经济增长无须被严重阻碍的情况下就可以实现可持续发展,另一些人认为只有当转换到另外一种生产模式时,社会才可能实现可持续发展。[78]规划的"专业性"定义,被政府进行概念化并运用到实践中,几乎与生态现代化的方法完全一致。[79]

在这中间,一些诚实的人(主要是带有学术思想的人)揣测着它在实践中究竟意味着什么。这都是从两位澳大利亚规划师彼得·纽曼(Peter Newman)和杰弗瑞·肯沃西(Jeffrey Kenworthy)❶于 1989 年发表的一本著作开始的。研究表明美国的城市居民在交通上所消耗的能源比澳大利亚的城市居民要多,而澳大利亚人比欧洲人要多。他们发现主要的差异之处在于,欧洲人更多地使用公共交通,这可以用欧洲的城市更加密集来解释。因此,两位规划师得出结论认为,关键是创造出更加密集、更加紧凑的城市。

毋庸置疑,并不是所有的学术人都赞同这种观点,有些人决不会如此,其中最特别的是南加州大学的哈里·理查森(Harry Richardson)和彼得·戈顿(Peter Gordon)。他们提出证据表明,按照加利福尼亚模式扩散的城市实际上是节省能源的,因为工作与人

[74] Davoudi, 2000, 124.　[75] Davoudi, 2000, 124.　[76] Davoudi, 2000, 127.　[77] Davoudi, 2000, 123.
[78] Davoudi, 2000, 127-128.　[79] Davoudi, 2000, 130.
❶ 杰弗瑞·肯沃西(Jeffrey Kenworthy),澳大利亚莫多克大学交通运输专业教授,对城市公共交通系统进行了大量的研究,对世界范围内众多城市的交通形态进行了分析,阐述了不同的交通形态对城市的可持续发展的影响。曾先后发表《城市与汽车的依赖性》《可持续性与城市》等著作。

口一同迁移出去,因此平均旅程是短的。[80]除了这一主要不同之处,大多数学者发现他们(对此)有着明显的、甚至不寻常的一致,即发展应当以相对较小的邻里单元为基础,把家庭、工作机会和服务结合起来,不要保证每个人都会将出行减至最低,但如果他们有这个需要,就要给他们机会。这些邻里单元应当被集合成大约可容纳 25 万人的近似长方形的集群,沿着公共交通的主干线集结起来。[81]在加利福尼亚,建筑师兼规划师彼得·卡尔索普(Peter Calthorpe)正在打算通过他的"步行者口袋"(pedestrian pocket)的概念,给予这种思想以实质性的表达。这个概念已经被应用于圣何塞(San Jose),并成为萨克拉门托(Sacramento)州府城市总体规划的基础。[82]同时在大陆的另一端,在佛罗里达州的西塞德(Seaside),安德烈·杜安尼(Andres Duany)和伊丽莎白·普拉特–齐贝克(Elizabeth Plater-Zyberk)提出了一种非常类似的可持续社区的模型。[83]

这些美国式的再造项目,除了极少数的例外(西赛德(Seaside)、塞雷布莱逊(Celebration)),都是田园郊区,并不是自给自足的田园城市。当然,这不是,也永远不可能成为一个真正的田园城市。斯坦因之后写道:"雷德朋无奈地接受了郊区这么一个角色。"[84]芒福德称之为"雷德朋的观点"事实上为从那以后到 1980 年的每个美国新城提供了依据。其中包括那些绿带城镇,如雷斯顿(Reston)、哥伦比亚(Columbia),1960 年代到 1970 年代的联邦新的社区,以及加利福尼亚的"总体规划社区",如尔湾市(Irvine)、瓦伦西亚(Valencia)和西湖村(Westlake Village)。[85]新城市主义者是彻底的传统主义者:他们融合了简·雅各布斯所倡导的传统街区设计——房屋面向街道,一个网格系统确保了生气勃勃的人行道,与同样传统的邻里单位原则——安德烈·杜安尼(Andres Duany)引入了欧文《实践中的城镇规划》(*Town Planning in Practice*)的一种新版本。沃尔特·克里斯(Walter Creese)于 1992 年指出,西赛德(项目)是以雷蒙德·欧文及其美国门徒约翰·诺伦的思想为基础的。[86]新城市主义者在其内部出现分歧,[87]一些人自我宣称为斯坦因的反对者(anti-Stein)但却是诺伦的支持者(pro-Nolen)。正如威廉·富尔顿(William Fulton)所观察到的,"这样的分歧满是讽刺"。[88]因为诺伦和斯坦因二者都结合了正式和非正式的因素[89]:"正式和非正式成功地适配到一起,比许多新城市主义者愿意承认的还要成功。正式的和非正式的因素是田园城市设计的阴阳两面。"[90]

新城市主义者受到了始自 1960 年代中期的历史街区显著成功的影响,而历史街区对其历史进行整理的、理想化后的版本,主要受到来自于"什么构成好的城市形态"的思想的影响[91]——特别是凯文·林奇的《城市意象》(*The Image of the City*)。

[80] Gordon, et al., 1989;1989b;1989c;Gordon and Richardson, 1996;Gordon, et al., 1991.
[81] Banister, 1992;1993;Banister and Banister, 1995;Banister and Button, 1993;Breheny, 1991;1992;1995a;1995b;1995c;Breheny et al., 1993;Breheny and Hall, 1996;Breheny and Rookwood, 1993;Owens, 1984;1986;1990;1992a;1992b;Owens and Cope, 1992;Rickaby, 1987;1991;Rickaby et al., 1992.
[82] Kelbaugh et al., 1989;Calthorpe, 1993;Calthorpe and Fulton, 2001. [83] Duany et al., 2000.
[84] Fulton, 2002, 162. [85] Fulton, 2002, 163. [86] Fulton, 2002, 164-165. [87] Fulton, 2002, 165-166.
[88] Fulton, 2002, 166. [89] Fulton, 2002, 166. [90] Fulton, 2002, 170. [91] Hamer, 2000, 107, 112.

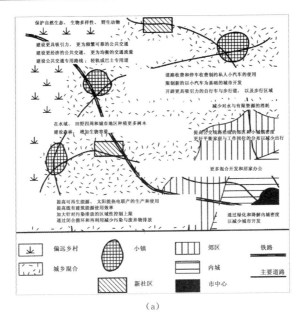

（a）

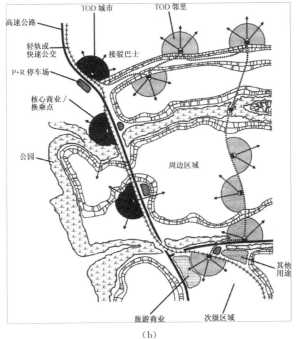

（b）

图 12-4 可持续的发展

来自 1993 年的两个概念，一个是英国式的（迈克尔·布利亨瑞（Michael Breheny）和拉尔夫·罗克伍德（Ralph Rookwood），城乡规划委员会）；一个是美国式的（彼得·卡尔索普）；构想的概念各自独立，形式上却几乎相同。

图片来源：（a）M. Breheny and R. Rockwood, from A. Blowers（ed.）: Planning for a sustainable Environment—A Report by the Town and Country Planning Association © 1993 Earthscan. Reproduced by permission of Taylor and Francis Books，UK.（b）Calthorpe Associates.

新城市主义给人感觉是一种理想化的过去,从来没有过去的过去,是一种和历史街区进程一样的现代创造的过程。[92]大量被新城市主义者援引的作家,如卡米洛·西特(Camillo Sitte)和雷蒙德·欧文,他们从来就不是纯粹的保护主义者:他们所传递的信息就是,我们必须抓住潜在的直觉概念,这塑造了城市的过去,但却一直被官僚规程所混淆。[93]

然而,最具影响力的新城市主义者并不是美国人,而是卢森堡人里昂·克瑞尔(Leon Krier),他曾在英国工作并产生了最大影响。[94]他对现代建筑与后现代主义的陈词滥调表示了同样强烈的反对,拒绝"接受任何的现代工业国家的基本前提和消费者导向的心态"。[95]他是都市乡村小组(The Urban Villages Group)的一个至关重要基础成员,为他们的模型提供概念性的依据。该组织成立于1989年,作为威尔士亲王挑战当代建筑后所产生的结果。当都市乡村模型被引入政府的规划政策指导说明(PPG1)之中时,他们胜利了。[96]在大西洋的另一侧,克瑞尔也想要把功劳归功于议会的一个理念,即把新城市主义作为一个与国际现代建筑协会(CIAM)不同的规划运动;安德烈·杜安尼将克瑞尔视作一位最重要的导师,[97]他本人也是庞德伯里市(Poundbury)的总规划师。他将该城扩张为一个人口5 000、占地158公顷的场地,由多尔切斯特(Dorchester)西部边缘的康沃尔公国所属。[98]

奇怪的是,结果所形成的方法听起来和看上去很惊异地像1898年埃本尼泽·霍华德的社会城市(Social City),或者就此而言,很像1952年斯文·马克柳斯和约兰·西登布拉德的斯德哥尔摩总体规划。美国规划师似乎在重新发明车轮。人们可以说这是一个很好的车轮,值得重新发明一次。但是人们也可以注意到,斯德哥尔摩卫星城在实践中从未像它的创造者所想象的那样发挥作用。如第7章所见,有更多的人乘小汽车通勤上下班,特别是当他们有了第一辆沃尔沃轿车之后。[99]毫无疑问,在1990年代,同样的事情更是如此,夫妻双方都有工作的家庭,每天出门后前往相反的方向,前往遥远的地方寻求多种的工作机会。事实上,所谓的新城市主义[100]并不像它的倡导者所说的那样在发挥作用。其中一种模型是马里兰州(Maryland)的坎特兰(Kentland),这是一个超出华盛顿特区地铁范围的、依赖小汽车的郊区住区;加利福尼亚的西拉古纳(Laguna West)没有连接上萨克拉门托(Sacramento)的轻轨系统,只依赖于少量的一天中高峰时期的公共汽车。此外,交通专家(首先是北美的,然后是欧洲的)开始注意到,绝大多数的小汽车出行不再是为了去工作,而是为了其他目的前往其他的地方,这些很难单独通过土地利用政策来进行控制。直接性的经济政策,例如提高燃油税或者停车费用,是产生效果的唯一方法,所以他们也正是这样建议的。世界上各种各样的城市可能在这方面没有太多的区别。

---

[92] Hamer, 2000, 113.   [93] Hamer, 2000, 117.   [94] Thompson-Fawcett, 1998, 170–171.

[95] Thompson-Fawcett, 1998, 172.   [96] Thompson-Fawcett, 1998, 177–178.

[97] Thompson-Fawcett, 1998, 179.   [98] Thompson-Fawcett, 1998, 180.   [99] Hall, 1998, Ch. 27.

[100] Katz, 1994.

规划师们仍然应该做些可能使人们更有美德的事情。另外，土地利用政策可能只是下面一系列降低人们使用小汽车、激励他们使用其他交通方式的办法之一。这些其他方法包括：更高的燃油税、过路费、停车费，针对交通的物理管制。在荷兰1991年的第四轮规划特别报告，以及在英国1993年的PPG13交通❶规划中，这些土地利用与交通相结合的规划被急切地采用了，至少其原则被采用了。由于执行1991年的里约公约(*Rio Declaration*)❷，各国政府实际上开始执行诸如高汽油税一类的政策。但是都在限度以内（除了斯堪的纳维亚国家，它们刺激性地、偏颇地试验了这一概念），还没有哪个国家准备追随新加坡采用大胆的电子道路计价项目，这一项目按照时间表（就像新加坡的所有事情一样）在1998年开始执行了。似乎在政治可行性方面存在着限制，例如在圣奥古斯丁(St. Augustine)❸选民和他们选出的代表希望变得更加正直，但不是现在。

规划朝圣者的新模型

与此同时，奇怪而有趣的事情在其他一些地方发生了：许多欧洲大陆的城市，以及其他一些边远的城市。在新世纪的第一个十年，它们成为那些想要对成功经验进行取经的规划师的朝圣地。

巴塞罗那：在1990年代末，巴塞罗那对城市特别研究小组（Urban Task Force），尤其是对其主席理查德·罗杰斯（Richard Rogers）来说是第一个具有象征性的城市。[101]城市特别研究小组的报告对于它的赞誉来自于两种密切相关的规划干预模式：其一是微型城市空间里的微创操作，紧随其后的则是"战略性"项目。[102]1980年代，在巴塞罗那大约150个营造或恢复公共空间的操作被世人所认识，并迎来了国际关注和奖项。[103]巴塞罗那（1982—1997年）的前任市长帕斯·马拉加尔（Pasqual Maragall）在序言中写出关键性的处方："巴塞罗那的技巧就是，质量优先、数量在后。"[104]

弗朗西斯科·哈维尔·芒克卢斯（Francisco Javier Monclús）解释道，在1970年代末和1980年代初，巴塞罗那现象受到建筑学与城市（architectural-urban）两类话语以及他们相对应口号的强烈影响：一篇是源自阿尔多·罗西（Aldo Rossi）1966年撰写的《城市建筑》（*Architecture of the City*），它在意大利、法国和西班牙极具影响力——特别是在巴塞罗那；另一篇则是《欧洲的城市重建》（*Reconstruction of the European city*），它对现有的城市重新燃起了兴趣。严格意义而言，这反映了

---

101 Monclús, 2003, 401.　102 Monclús, 2003, 401.　103 Monclús, 2003, 407.　104 Monclús, 2003, 402.
❶ 全名为PPG13 Transport，其主旨在于使得规划措施与交通系统在国土、区域、战略、地方等各个层面上都能有效整合，并且为了改进无论是客运还是货运的交通方式而提出更可持续的交通模式。
❷ 《里约环境与发展宣言》（*Rio Declaration*），又称《地球宪章》（*Earth Charter*），是一项包括27点指导环境政策的广泛原则的无约束力声明，于1992年6月14日在里约热内卢举行的联合国环境与发展大会上通过。
❸ 圣奥古斯丁(St. Augustine)，美国佛罗里达州圣约翰县的一座小城，是美国大陆上由欧洲人建造的最古老的城市。

"城市项目"（urban project）越来越高的重要性,相对于在 1950 年代和 1960 年代城市高速增长过程的总体战略性特征,"城市项目"是由建筑师所引领的另一种方法。这条线索贯穿整个巴塞罗那的案例和巴黎的品牌项目,或者最重要的是柏林国际建筑展（IBA）。他们拥有共同的特点:对于"历史"城市（特别是 19 世纪和 20 世纪早期）的重新审视,传统公共空间（街道、广场和公园）的再生,以及在城市规划与建筑之间进行整合以回应抽象性战略规划。其核心是通过特定项目解决城市问题,特别是公共空间和社区公共设施的再生。[105]出现机遇的原因是由于大量中心城区（以往的工业区、港口和铁路设施）的日益退化和废弃成为遍布整个欧洲的一种普遍现象,这已经在第 11 章中有所记载。[106]依靠"城市营销"（urban marketing）和形象创造的城市项目,成为一种"重启"城市的手段,是从以工业为基础到以服务为基础的经济转型的一部分。这有助于它们在"国际城市联盟"（International urban league）中的排名,对社会民主的地方政府尤其具有吸引力。[107]当然,巴塞罗那在其近来恢复的民主性和社区组织的重要性,以及由建筑师所扮演的特殊角色方面,也是非常独特的。[108]

同与 1994 年奥运会有关的滨海和滨水项目类似的还有另外一系列大型项目,它们的用途虽然过时,但仍然具有良好的可达性。其得益于特殊的规划条件,其空间能够吸引在服务和设施部门里的新型管理和第三类用途。与此相对应的还会有相关的操作,例如对港口、略夫雷加特河三角洲（Delta del Llobregat）的交通枢纽、机场、高速列车以及萨格雷拉（Sagrera）地区的重塑,还有"对角线大道滨海区"（Diagonal Mar）改造等措施。[109]

在新的国际经济与城市秩序里,巴塞罗那因此成为"赢家城市"。[110]但是,正如芒克卢斯所观察到的,在城市特别小组报告中所完全缺失的是这样一个事实,在经历了 20 年的转型后,马拉加尔（Maragall）经常提到的"真实城市"已经成为一个更加分散并且更加缺乏"地中海风格"的大都会地区。[111]到 2010 年时,曾经被吹嘘成"紧凑城市"的巴塞罗那仅仅是巴塞罗那大都市区的核心区,而整个大都市区是一个超过四百万居民的巨型聚集体,横跨超过 3 000 平方公里面积、半径达 30 ～ 45 公里的地域范围。在"巴塞罗那模式"成功的时期里,这个城市失去了将近 25 万人,从 1981 年的 175 万下降到 1996 年的 151 万,同时伴随着重大经济功能的损失。一些批评人士甚至还认为,巴塞罗那将其问题输出给了外围乡村地区。[112]

库里蒂巴（Curitiba）:[113]库里蒂巴拥有成为城市朝圣地的至高地位,就如卢尔德（Lourdes）或孔波斯特拉的圣地亚哥-德孔波斯特拉（Santiago de Compostela）一样,无论到哪儿距离都很远。不仅是因为巴西对欧洲而言是世界的另一端,从里约热内卢（Rio）或圣保罗（Sao Paulo）到库里蒂巴还需要一个多小时的航程。当朝圣者最终

---

[105] Monclús, 2003, 403.　　[106] Monclús, 2003, 404.　　[107] Monclús, 2003, 408.　　[108] Monclús, 2003, 406.
[109] Monclús, 2003, 410.　　[110] Monclús, 2003, 412-413.　　[111] Monclús, 2003, 402.
[112] Monclús, 2003, 414.　　[113] Hall, 2000. 这一小节大多借用了该文献内容。

到达时,他或者她会立即注意到两件事情:首先,机场看起来像一个迷你的苏黎世(mini-Zurich);其次他们会适宜地从手提行李中拿出毛衣。库里蒂巴一年四季都是凉爽的 15 ℃,没有科帕卡巴纳海滩。在更多层面上,它是凉爽的巴西。

这就提供了线索:库里蒂巴是巴拉那州(Paraná)的首府,该州大量居住着德国人、波兰人和乌克兰人。在其最鼓舞人心的(绝对政治正确的)一个妙想中,在各式各样的新公园里,城市为每一支移民创造了圣地。波兰圣地就是一个带有琴斯托霍瓦黑圣母教堂(Częstochowa)的村庄,当教皇路过此地时曾经为其祝福。在到达十一月十五日大街(Rua de XV Novembro)后,看到大量路人在城市中心区缓慢而费力地行走,你很可能会有点挫败感:当然这是在莱茵河(Rhine)与维斯瓦河(Vistula)之间的克拉科夫(Kraków)、慕尼黑(Munich)或是其他任何的城市中心。人们看上去就像德裔波兰人,普遍缺乏在其他巴西城市中体现着葡萄牙-意大利(Portuguese-Italian)文化的特征的户外街边咖啡馆。

这当然与天气有关。杰米·勒纳(Jaime Lerner),这位将库里蒂巴从地图上凸显的传奇市长(现在是州长)是波兰后裔,也是一名训练有素的建筑师。波兰建筑师负责管理巴西的城市,这还是 30 年前发生的事情,其结果就是激发出了震惊世界的创造力。

图 12-5　杰米·勒纳

传奇性的巴西建筑-规划师,前库里蒂巴市长,后来的巴拉那州州长,照片中的他依靠在他的一个标志性的公交候车亭上。

图片来源:© HerveCollart/Sygma/CORBIS.

勒纳的成就必然使他成为 20 世纪最杰出的城市政治家,而这一成就的秘诀就是激发出一次就能出色地做好几件事情的热情。汇集在他周围的是一群极具创意的专业人士——其中的一个曾经带我四处观览,他告诉我,人们从这个幅员辽阔的国家的各地涌到此处来寻求工作机会——勒纳针对城市问题开发出一套解决办法,思维非常敏捷,精打细算,通俗易懂,最重要的是政治觉悟很高。

所有当中最好的就是公共汽车,在城市专家云集的地方树立了城市的意象。三十年前,里约热内卢和圣保罗正在规划地铁系统。不用说,巴西就是巴西,他们树立了优雅设计的新标准。但库里蒂巴是一个不到 50 万人的小地方,没有理由建地铁。所以勒纳就做出决定,他的城市将采用成本很低的都市巴士。

其秘诀就是在三个通往市中心的主要廊道上,有着库里蒂巴规划师所谓的一种三重道路系统:一条相当宽阔的主干道,其两侧辅助以两条较窄的支路。当城市在扩展时,就很容易建造向外的主干道。所以勒纳的工程师就将两条相邻支路变成单行道路,凭借"绿波"交通信号灯系统使交通畅通,然后梳理了主干道。他们把整个中心条带作为预留的公交专用道,并给公共汽车以高峰时段的优先权。行驶或停泊的汽车则使用剩下的车道,但其使用并不受到鼓励。沿着这些主干道,每隔一段距离就会建造一座公交车站——市区里有 20 个,外加大都市区的另外 5 个——特快巴士可与来自社区的本地巴士、定轨巴士实现换乘。每种类型的巴士都有自己的颜色:红色走的是公交专用道路,银色的是特快巴士,绿色的是接驳(interbairros)巴士,黄色的则是上千的地方巴士。带有"传统"标记的地方巴士中的一部分,则作为特快巴士的支线车(alimentador)。

但是交通只是故事的一半,勒纳的团队还将它与土地利用整合到一起。城市将土地进行区划:它规定高层、高密度的用地只能沿主要轴线分布。进而言之,它鼓励新超市、新银行和其他服务布局在公交车站旁。开发者回应道,只要所提供的信号清晰,他们就会愿意(听从)。从城市电信塔上看去,从市中心辐射出去的由高层建筑所形成的板墙有些令人目眩。

当交通得以建立并且系统性扩展时(主要轴线现在延伸到了 43 英里),运载量便成了问题。库里蒂巴的解决方案有两个方面:首先,将两辆特快巴士整合成为铰链式的特快单元(expresso articulado units),最近又开发了双铰链式的特快单元(expresso biarticulado units),在高峰时段可以运送惊人的 270 人。其次,它加快了巴士的停靠,其方法是著名的库里蒂巴覆盖式设计:一个玻璃管廊,人们使用可以在任何一个报摊上买到的代币,通过一个十字转门进入。其结果就是,实际上很难拍摄这些异乎寻常的巴士运作:转眼间,下客,满载,离开。

目前已经扩展到 12 个邻近郊区的整个系统实行单一票价制,允许一次换乘。令人颇感惊讶的是,就如伦敦那样,它是私营化的。城市被划分为 10 个楔形片区,每一片区隶属于一家公司,与整个大地铁区域的另外 16 片一起,不断积聚着回报收益。

其结果不言自明。巴西的库里蒂巴成为最繁荣的城市之一,汽车持有率很高。但是,系统中的 1 700 辆巴士每天搭载将近 200 万乘客,1/4 的小汽车车主会选择公交。在主要的南北轴线上,公共汽车拥有一小时 1.4 万名乘客的峰值容量(相当于伦敦道克兰码头区的轻轨线),每天运送 30 万人,该数字是许多轨道交通系统的管理者所竭力追求的。

其要点是这个公共交通系统极其便宜。他们只是重建了东西走廊以适应新的双铰链式快速巴士:这将花费约 1 700 万英镑,其中 750 万英镑花在公交专用道本身。这只是一个典型轻轨投资案例中的一小部分,更不用说一条新的地铁线了。

同样还有关于再利用的故事:杰出的天赋加上精明的成本意识。每周都会有一天,在城市所有的低收入社区(顺便说一下,中密度低层公共住房是其特征;这里没有贫民窟),两辆绿色市政卡车同时到来,打着"O lixo que não é lixo"(废品不是垃圾)的标语。接下来几乎就是一个超现实的景象:数百人走出来,无论老少,都用麻袋装满了可回收的材料、瓶子、罐子、纸张,所有都是预先分拣的。1 号卡车到达,他们送出麻袋收到抵用券。然后走到 2 号卡车,他们用这些换来一袋袋从当地农场买来的新鲜食物。

最后,是建筑师市长的终极操作:库里蒂巴已经满是采空的采石场,是城市过去30 年快速发展的副产品。采石场里面积满了水,对城市的孩子们来说是挑战和威胁。传统的方式就是用来填埋垃圾。勒纳给出的答案就是把它们每一个都变成一座城市公园,用漂亮的建筑装饰。其中之一成了一所开放的环境大学,它采用一种神奇的树形结构,需要借助楼梯到达,每周都有成千上万的市区孩子来这里学习地球的环境以及他们在保护地球过程中的角色。看着其中的一个班级,在禅宗风格的湖泊前面席地而坐,听得入迷,接受着来自一位才华横溢的演员-老师的启发。这是触动人心的神奇景象。

在其他恢复的采石场,库里蒂巴聘请建筑师设计华彩四溢的建筑来承办永久性的艺术节。最不寻常的就是"线宫"(wire palace)[1],这是一个水晶宫风格的、需通过跨湖飞桥来到达的歌剧院,其中上演大量的戏剧和音乐表演。与其他地方一样,这个城市真正的天才出现了:针对每一个问题都寻求独特的解决方法,这种解决方法将问题转变成一个积极的灵感(你可能会说这个问题不是问题),然后采用一种杰出的实体方案使其具象化。在这个神奇的地方的每一个角落,展现给游客的每一个构筑物都传达着这样的信息:这是该座城市的一个象征。

勒纳不断地告诫他的规划团队:"你们能够做到! 你们能!"——这个短语后来被另外一个大师级的政治家所改编,产生了巨大的影响。勒纳随后作为一名会诊医生,将其激发性的术语输送出给世界各地其他无数的城市,这就是"城市针灸"(urban acupuncture):小规模的干预措施,微不足道的成本,却将城市的整个区域改变了,同时提升了城市的整体形象。这非常类似于巴塞罗那的概念,他曾经访问过那里,并在载于史册的 2004 年论坛上发表过一个非常著名的演讲——该论坛是在奥林匹克运动会十年之后的一次思想回溯。

弗莱堡(Freiburg):在新世纪的头十年,弗莱堡迅速成为世界各地规划师的参考

---

[1] "线宫"(Wire Palace),该歌剧院采用钢管建造,因而称为"线宫"。

热点,尤其是在英国。"比弗莱堡更好! 比沃邦(Vauban)更好!"这句口号成为众多社区和地方政府生态型城镇专家组(Eco-Towns Challenge Panel)的口号。这不仅仅是一句口号:专家组觉得弗莱堡代表着某种标准,呈现出一些普遍适用的、有关21世纪可持续发展的社会应该是怎样的措施。[114]

其他一些地方,就如斯德哥尔摩的哈默比水岸新城(Hammarby Sjöstad)和汉堡的海港城,它们都可能被提出来成为世界其他国家追随的示范模型。但是弗莱堡在某种程度上应该具有其自身的独特性。首先,尽管沃邦是一个令所有游客都趋之若鹜的尝试性规划社区,这仅是激活这座城市从能源获取到建筑规范的所有概念中的一部分。尽管其他欧洲城市也可以声称正在尝试同样的事情,但弗莱堡具有其专注的一致性,实施的时间比其他任何地方的城市都长。因此游客们很快就发现,那些"生态朝圣者"(eco-pilgrims)如今是如此之多,以至于开始成为该座城市及其居民的某些问题。

弗莱堡坐落于遥远的德国西南角,是一个具有20万人口的城市,与法国边境仅仅一步之遥,距离瑞士巴塞尔(Basel)也仅有半小时火车车程,处在一片田园诗歌般的黑森林与平坦的莱茵河谷平原的交界之地。这是德国阳光最充足的城市,拥有极好的气候条件,冬天干燥而凉爽,夏天宜人而温暖。这个古老的城市由当地公爵作为自由市场(Freiburg:自由的自治市镇(Free Borough)),始建于1120年,它还拥有德国可以追溯到1457年的最古老的一所大学。这个背景是意义重大的,因为城市是人口迁入的磁铁,而大学也拥有32 000名学生——这使它几乎比任何英国大学都大——是在城市及其政治舞台上的主要演员。弗莱堡是巴登-符腾堡州(Baden-Württemberg)的一部分,该州是德国的主要工业重地——梅赛德斯-奔驰(Mercedes-Benz)总部位于省会斯图加特(Stuttgart),但斯图加特本身并不是一座工业城市:它是21世纪知识经济的一个案例原型。但要值得注意的是,巴登-符腾堡州,尤其是弗莱堡,是德国(由于同样的原因乃至是世界)最成功和最富裕的地方。这使得该地区变得有趣:与加利福尼亚(California)很相像,但它采用的是欧洲特有的方式,展示了当某个地方开始变得富裕起来的时候,应该采用的方式。

或者更加确切地说,如要在政治方面采取相同的方向,它们或许也会走这条道路。在几乎各个领域里开发创新方法这方面,德国过去(在魏玛共和国(the Weimar republic)时期的1920年代间)也一直都是领先于世界的国家,包括在城市规划和城市设计(第4章)方面。长期以来,它一直拥有异常强大的环保运动,这可以追溯到一个世纪前或更早的自然主义运动。在1970年代,当一小群弗莱堡人开始反对核电站的提案时,这个传统便开始扮演起了重要角色。人们不得不思考一种替代方案,他们开始疯狂地考虑可再生能源,就如同一些牛津或剑桥的学生所组成的小小单元细胞逐渐掌管了整座城市。渐渐地,绿党在议会中赢得了更多的席位,城市发起了越来越绿色的环保政策,在德国几乎所有地方中领先了好几年——因此严格而言,也领先世界。

114　Hall, 2008, 444. 这一小节直接借用了参考文献内容.

　　1992 年,市议会决定,人们只被允许在所拥有的用地上建造低能耗建筑,而且所有新建筑必须符合某些"低能耗"规范:屋顶上需安装太阳能电池板和储存装置以提供电力和热水,被动型使用太阳能来调节室内温度。它所采取的交通政策逆转了沉积已久的趋势:相比于 30 年前,弗莱堡人的小汽车出行变少,更多使用公共交通。最终,弗莱堡成为唯一一座拥有绿党市长的德国大城市。这位绿党市长——迪特尔·所罗门(Dieter Salomon),出生于澳大利亚,在巴伐利亚(Bavaria)长大并上大学,1991 年获得博士学位,求学期间还是学生活跃分子,在 2001 年以超过第二候选人64％的选票而当选。

　　但同样重要的是,在 1980 年代初,城市任命了一位年轻规划官员沃尔夫·达瑟金(Wolf Daseking),他连任 26 年直到 2012 年退休。这在其他地方可能会导致慵懒和平庸的领导。达瑟金则相反(事实上他担任监理主管(Oberbaudirektor),即规划与建设的总负责人),他稳步发展他的城市生态愿景,吸引了来自世界上最有才华并且最敬业的规划者团队之一。这一愿景之所以重要,是因为弗莱堡的一切事务,如建设政策、规划政策、能源政策、废弃物政策……作为更为广义整体中的局部被协调到一起。在经过深思熟虑之后,唯一恰当的参考就是巴西的库里蒂巴。它突显了经久不衰的一点:人定胜天。所罗门与达瑟金虽然不是全球甚至也不是规划界耳熟能详的名字,但他们象征了某些特别的东西,即长期性的愿景加上可持续地付诸实施。

图 12-6　沃尔夫·达瑟金

弗莱堡长达四分之一个世纪的传奇城市规划师,他的团队创造了"短距离城市"的"弗莱堡模式"。

图片来源:Peter Hall.

回到规划方面,在某种程度上,(达瑟金的)愿景极其简单。其战略计划的目标是保持城市紧凑,方法是通过改造棕地而不是动用绿地❶——这在任何情况下都将是困难的,因为这座城市被黑森林三面环绕,实际上是一座国家公园。这一政策幸运地得益于城市外围碰巧存在的两块棕地:西侧的里瑟菲尔德(Rieselfeld)老污水处理场,以及西南侧的沃邦法国老军营房。它们都已成为城市的新扩展区,距离市中心只需短暂的 15 分钟电车车程。在 1950 年代,当英国城市正在废弃有轨电车时,弗莱堡还有许多其他德国城市则保留了它们。事实证明,相对简单和经济实用的短距离扩展是需要的。

图 12-7　里瑟菲尔德

弗莱堡城市扩展区的一个居民区内部,鉴于生态保护和儿童游乐场地的考虑,采用自然排水。

图片来源:Peter Hall.

有鉴于此,达瑟金的政策是妇孺皆知地简单。没有高楼:最大高度只有 12.5 米,基本上只是四层楼的结构。在新建社区内部,设计简单得不能再简单,几近于无趣:矩形网格的街道、绿色公共场所,还有建筑——有些是联排住宅,另一些是公寓——它们或者与通行电车的主街相平行,或者与之相垂直。还有一些小型的本地商铺,达瑟金不喜欢连锁商店,甚至不允许它们建造在城市中心(虽然那里有一家大型考夫霍夫(Kaufhof)百货商场)。学校和幼儿园设置在居民区。在两倍于沃邦的里瑟菲尔德(里瑟菲尔德:72 公顷,12 000 人;沃邦:42 公顷,5 000 人),有一家大型的梅迪奥

❶ greenfield,(尤其是在未被污染的情况下)未开发的土地。

泰克（Mediothek），这是一种陶尔哈姆莱茨区概念书店（Tower Hamlets Idea Store）❶风格的图书馆，其中有一个热闹非凡的社区中心，人们在那里可以举行会议或组织娱乐活动，也可以仅仅只是日常性的餐饮。

但是还有另外一个关键理念：在一个相当严格的全面性总体规划中，城市鼓励地方最大化自下而上地实施开发。这在沃邦表现得最为显著，1990年代当法国紧随冷战的结束放弃军营之后，在基要派（Fundis-fundamentalist）的"生态狂人"（eco-freaks）（非法占用场地）与这个城市之间发生了一场无休止的斗争，经过多年的艰苦协调，最终得以解决；即使在今天，游客仍然可以看到那些躲藏在铁丝网后面的、来自残余小集团在他们军用车辆里留下的挑衅性标语。在这一过程中，弗莱堡发展出了一个非凡的想法，尽管这是一个来自1970年代社区建筑运动的想法：由环绕着一个半公共性开放空间构筑的巨型建筑体所构成的每一个独立单元，将由当地的建筑集团（Baugruppe）与他们自己的建筑师一起合作开发。其结果是，沃邦以及有着类似开发的里瑟菲尔德的大部分地区，产生出了非凡的建成质量：在高度和体量方面整齐协调感，以及对现代主义建筑的普遍热爱（特别值得一提的是，一条街道为纪念沃尔特·格罗皮乌斯（Walter Gropius）而命名），创造了一个现代版的乔治亚时期的伦敦广场（Georgian London squares），但是在每一幢单体住宅之间，特别是在综合体之间，每个大型街区里都包含着巨量的、形式各异的丰富细节。

细节方面的丰富性在由建筑所围合出的半公共空间中成倍地增加，想象力可以在此充分发挥——特别是在儿童游乐场地方面。确实，这是一个孩子们的天堂——在阳光明媚的夏日里的游客们可以作证：唉，当我们在参观时却是在下雨。这些都是充满神奇的地方，科林·沃德（Colin Ward）曾说，孩子们可以玩出他们的童年。当然这其中还包括冒险精神。也许最精炼的一点就是，当我们在里瑟菲尔德的时候看到了一个奇妙的空间，在它的中央有一个通过自然补水的池塘。在英国没有地方政府敢这样做，会有人说：这与健康和安全背道而驰。这似乎阐明了一切。

但这种发展模式非常依赖于一种前提：在进行开发之前，城市需通过信托使用投资基金来获取土地并建设必要的基础设施。通过出售场地给建设者和个人的方式，城市投资开始得以回收。由于良好的区位和杰出设计所产生的巨大需求，该计划运作得很成功，有效地考虑了自我投资的进程，并在设计过程的一开始就考虑未来居民，轻松地消除了许多开发风险，创造了强大且向内的社区感情，而且一旦第一个居民入住，社会资本就开始积累。此外，这也存在着一些社会控制政策在操作过程中的困难：这需要极其重视创建混合式的社区，但是对社会住房租户要经过严格检查，以排除问题居民。

与英国惯常的开发过程相比，这已经是不能更引人注目的了。2008年，一个英

---

❶ 概念书店（Idea Store）是一种教育型的社区中心，它提供图书馆服务，同时也提供成人教育课程以及广泛的文化活动与事件。该种类型的图书馆于1999年首先在伦敦的陶尔哈姆莱茨郡设立，所提供的公共性活动包括舞蹈课程、计算机课程、图书馆以及医疗诊所，等等。

国访问团体曾问(弗莱堡)最值得借鉴的智慧箴言是什么。沃尔夫·达瑟金回答道："不要让开发商进来。他们不会开发。"没错,这的确是一个激进的言辞。但是达瑟金绝不是反对在必要的地方去利用私有利润的驱动力。他解释道,在一个方案中,他通过一份长达106项条款的协议来说服私人开发商为主要的公共设施买单。这样的交易不仅能够形成休闲中心这样让所有人都受益的开发项目,而且还能通过注入高品质开放空间的方式,提升整体设计质量:在这些地区,无论你去哪里,对它留下的印象就是真正意义上的绿色。譬如,与里瑟菲尔德外缘相接壤的一个巨型天然公园,它向山上延伸,形成了一个美妙的休闲空间以及一个教育基地。

对其他地方而言存在什么教训?这里有四个关键点。

首先,城市必须有能够制定自己政策的自由,包括犯错的自由和如何花钱的自由。英国城市不能再继续被视为白厅的仆人。其中可能也包括允许他们在目前许多仍然是中央立法范畴的领域里制定自己的标准。

其次,中央政策是需要用来做自己应该做的事情的:创建激励和约束机制,鼓励地方政府和人民做更多正确的事情并犯更少的错误。2000年的联邦德国法(*The Federal German Law 2000*)采取了进网电价补贴政策,允许家庭自己生产电能并将其售卖给国家电网,这广泛地被德国环保主义者视为这一个世纪中最好的德国政府法律。他们可能会夸大,但这确实很对。

第三,这直接关系到英国生态城镇项目,我们应该要求私营部门承担事实上属于公共部门的责任吗?第二次世界大战后30年里的28个新城按照德国方式进行构造,就像1980年代的米尔顿凯恩斯那样,通过让公共机构掌握主控权,然后再根据实际情况纳入私营部门。随着2007年金融危机后私营住宅建造行业的崩溃,留下了许多半成品或未启动的大型开发项目,这是一个重要的教训。

第四,生态城镇回到了1898年埃本尼泽·霍华德的版本,即设置在农村的小而独立的田园城市。但是在弗莱堡,正如1920年代伟大的德国田园城市一样,他们在靠近城市中心的地方营造了城市的延展,并且使之具有良好的公共交通联系。

埃姆歇公园(Emscher Park):这是第四种模型,这座柏林国际建筑展(IBA)中的埃姆歇公园在德国鲁尔(Ruhr)地区,是由当时的北莱茵-威斯特法伦州(Nordrhein Westfalen)的城市开发、交通及住房的土地管理部部长约翰内斯·劳(Johannes Rau),以及他的团队的思想产物。在1980年代末他们被IBA展览组织者邀请提出一些建议,当时他们提出了两个想法:10年(1989—1999年)之内,他们会把荒废的工业场地转变为文化设施,并将旧构筑物作为历史遗迹加以保留;修复严重退化的自然环境,使之恢复并重新具有生态且有益的用途。在整个区域内,一个埃姆歇公园"展区"占地面积约800平方公里,是一块废弃的工业用地,其中包括容纳了500万居民的17个城镇。受到严重污染的埃姆歇河(Emscher)穿过该地区的北部边境,埃姆歇公园因此得名。

这是一个艰巨的任务,超过了那个时期世界上任何地方正在进行的所有事件。

它被证明是一个胜利者。在接下来的 10 年中，埃姆歇景观公园得以设计。埃姆歇系统从一个废水运河区域和生态恢复工程中得以形成。奥伯豪森（Oberhausen）的巨大储气罐被改造成为一个区域性地标，巨大的内部腔体成为展览空间。将矿渣堆进行生态处理，使之成为可进入的公园，再配上新的艺术地标。建于 1920 年代的地区性最大的煤矿采用的是当时的现代风格，被联合国教科文组织（UNESCO）列为世界文化遗产。这些活动以及更多有助于强化该地区特殊新身份培养的内容，都敏锐地植根于过去。由规划师罗伯特·施密特（Robert Schmidt）在 1920 年代设计的区域性绿带系统（第 6 章）得以保留并被增强。地区政府部门和当地机构，特别是成立于 1970 年代的本地大学（杜伊斯堡（Duisburg）、埃森（Essen）、波鸿（Bochum）、多特蒙德（Dortmund）、伍珀塔尔（Wuppertal）及哈根（Hagen）的开放大学）按照计划在一起工作，同时与当地社区相联系。[115]

人们很少知道，特别是德国以外，工业遗产的保护是一个由学生所领导的，绝对是自下而上的运动，他们其中许多都是矿场或工厂工人的孩子，是他们家族中第一个上大学的孩子。他们是 1968 年（左右）出生的孩子，是全新而叛逆的一代，他们决心改变世界。刚成立的多特蒙德（Dortmund）大学的学生和教师引导了一个巨大的运动，在再开发活动中保留下了当地的经典工人田园村落——温特贝格河上的索姆伯格（Sommerberg/Am Winterberg），该村落建于 1914—1924 年之间；1971 年拆迁工作被禁止了，1975 年，其社区被列入保护名录。[116]

除此之外，还有一大堆如何保护和再利用旧的矿山建筑和工业建筑方面的问题。这些都是些令人难以置信的大型建筑和结构体——储气罐、生锈的巨型鼓风炉或者堆积成山的废矿堆——数不胜数的室内和室外的机械、传送带、铁轨和荒地，它们都亟待处理。[117]被委任为 IBA 的总负责人的教授卡尔·甘塞尔（Karl Ganser）博士说道："尽管某些建筑类型可能很难维持，但是为了保护空间特征，给出未来导向，展示该地区的历史并给下一代人了解自己历史遗产的机会，这样做是必要的。"他通过终止拆除而成功地赢得了时间。"给事物以时间，"他说，"首先保留一切。"[118] IBA 提出了一种灵活方法：最好是保护整个场地，严格地保护一切，但是在实践中这是不可能的——这特别是因为人们意识到，保护不应局限于一些明确的个案，而需要推广到整个历史景观。[119]其中最大的成功案例之一是杜伊斯堡（Duisburg）巨型的蒂森-梅德里希（Thyssen-Meiderich）钢铁厂，它于 1985 年关闭。在得到当地居民支持的情况下，杜伊斯堡市提出将自己纳入 IBA 计划中的埃姆歇景观公园。[120]甚至他们自己也很吃惊：这已经变成了北威州（Nordrhein-Westfalen）最被频繁光顾的地方，仅次于科隆大教堂（Cologne Cathedral）。[121]

甘塞尔被誉为"20 世纪最有成效的历史保护主义者"。在 IBA 被同样完全由政府土地部门所持有的鲁尔设计有限公司（Projekt Ruhr GmbH）接手后，它提出了一

115 Petz, 2010，380-381. 116 Raines, 2011，186-187. 117 Raines, 2011，194-195.
118 Raines, 2011，195. 119 Raines, 2011，195. 120 Raines, 2011，195. 121 Raines, 2011，195-196.

个新口号："到了需要认真考虑事情的时候了。"但是,可持续的、本地的、参与式的项目往往是由独立的"旗舰性开发项目""城市娱乐"和"滨水区开发"项目所接替,而这些项目通常都会有外国投资者的大力支持。[122]于是,最初具有吸引力的愿景消失了。

无论如何在 1990 年代中叶有一个根本性问题非常明确地出现了:整个欧洲新住户的预测数量在急剧增长。这不是在 1950 年代和 1960 年代那样的人口增长的结果,而是人口被分成更多更小的家庭的结果。各个地方真正大幅度增长的是单身家庭,人们在理论上单独居住,年轻人早早离开家庭去上学、谋事,分居、离婚的人增多,丧偶的老年人更加长寿。1995 年在英国,预测表明到 2016 年时将会有不少于440 万户的新家庭。[123]这一数量级的预测意味着没有任何有效方法可以将所有这些额外的家庭压缩进城市内高密度的生活之中。对于年轻的单身家庭而言,他们可能强调可达性和交往性甚于郊区的开阔与宁静,无论未来会是怎样,根本没有足够土地在"棕地"和城市复兴区域为每个人提供空间。因此,在"绿地"上将会出现相当大量的住房需求。问题在于,是否至少使这部分开发以及居住于其中的人们能够部分摆脱对小汽车的依赖。

在一年半的紧张工作之后,政府以一份城市白皮书的方式给予了回应[124]:它接受了一些建议,但许多基于其他建议的行动则被推迟了。于是就留下了一个大问题:这样做是不是已经足够用来实现政府自己的目标?因为关键性的目标已经被确定为:通过将 60% 的新开发土地确定在以往开发过的"棕地"上,以此来平息在乡村问题上的争论。特别工作组已经报告过此方法能够解决这一问题,但是只有在建议得到接受和执行的情况下才能够起效。在报告的第七章中深藏着一张图表,显示出这一目标即使在伦敦外围的东南片区都无法实现,数字表明只有 39% 的开发可以在"棕地"上进行,或者如果新政策到位,还可以增加 3% 或 4%。

所有这些很快都被卷入到地方政策的骚动之中。因为东南片区的地方规划部门已经受到 1997 年工党新政府的环境国务大臣的邀请,为该地区制订他们自己的战略性规划指南。普雷斯科特(John Prescott)骄傲地宣称,区域规划的所有权被交还给了区域。但是此后不久,它就像一只回力镖,飞回了他自己的办公桌上。因为地方政府制订的建房目标只有每年 33 000 幢,这一数字在一次公共听证会上,在经过退休的首席规划审查员的仔细研究之后,被用毫不含糊的语言指责为完全不恰当,54 000 是新的建议数字。可以预见,气球必然性地爆裂了,地方规划部门被激怒了,政府首先进行调和,将数字调整至 43 000,然后在进一步的强烈抗议下,又下降到 39 000。

这当然不是规划,它是特别粗劣和不愉快的政治。人们把它说成是一场精确的算术,与住房需求和住房供给一点关系都没有。它关系到 1997 年政府从保守党手中所夺得的在英格兰南方乡村地区微弱的多数席位,并打算在下一届 2001 年的选举中保持这一优势。同时,政府就关于自身问题的解决方案提出建议,即将开发的大部

[122] Raines, 2011, 201.   [123] GB Department of the Environment, 1995; Breheny and Hall, 1996.
[124] GB Deputy Prime Minister, 2000.

分集中在三个区域：1960年代的新城米尔顿凯恩斯的周边地区，肯特郡海峡隧道旁边的阿什福德（Ashford），还有将伦敦东区与斯坦斯台德（Stansted）机场和剑桥连接起来的M11公路沿途地区。[125] 在所有问题中仍然没有得到解决的棘手问题是，如何满足伦敦西区疯狂发展的楔形地带的要求，包括希思罗机场以及从它引出的高科技产业的集聚区。

规划收益和社会公正

　　这在某些方面显得有点奇怪，因为存在着一些重要的政策问题，只要学术界的成员中有更多的人愿意去做，那么就可以对此类问题做出重要的贡献。这些问题至少包括令人困扰的规划收益、影响费、发展条件等问题，它们合在一起构成了从1980年代晚期到1990年代间的一种复杂的政策体系。

　　核心问题很简单，几乎从一开始就和英国的规划师有关（在美国不是这样，因为规划是从警察权力的总体概念中引申出来的（见第3章），它的法律效力源自于1926年最高法院里程碑式的关于"尤克里德村诉安伯勒房产公司"的土地利用区划的判决）。在英国，国家政府于1947年将土地开发权国有化，并且宣布将补偿地主损失的土地开发权。已经发生的事情在逻辑上表明，随后的开发收益应当归属于社会，但事实证明这在政治上显得过于激进，市场停止了运作。1954年保守党政府有效地废除了这些条款，随后在1967年和1975年，工党政府两次设计出替代的方法，至少挽回了一些开发价值，但紧接着的保守党政府两次取消了这一条款。事情就此搁置，除了在1971年，当时保守党政府通过一项城乡规划法，提出开发商可以自愿地与规划部门达成协议来做出经济贡献，并作为获得开发许可的一项条件。这一措施的指导思想就是开发可能需要一些公共措施（例如一条新的连接性的道路），而对此开发商可能既愿意又有能力做出贡献。在加利福尼亚，类似的措施于1980年付诸实施。

　　这些措施被证明在1980年代的大发展时期很有用处，也很流行。当时，结盟的地方社区和它们带有邻避主义思想的选民们发现，有可能从开发商身上榨取大笔钱财，用于社区自身的计划。同时在美国，地方社区越来越多地采取一种变通的方法，向开发商收取费用（一种影响费）用于公共事业发展，而公共事业的发展也是作为一种开发结果而被需要的。但是这些设想在大西洋两岸均遇到了法律障碍，它们关系到同样一点，美国律师称之为关联点（nexus）的东西。1987年，美国最高法院发现，加利福尼亚海湾委员会（California Coastal Commission）无权要求在一所住房前享有通往海滩的公共权利，并把这作为允许它进行重建的条件，在规划允许和许可进入之间没有直接联系，没有关联点。与此类似，在1995年，英国高级法院发现牛津郡

125　GB Government Office for the South East et al. , 2000.

的惠特尼（Whitney）地方议会无权要求一家超级市场连锁店修建一条新道路来作为允许规划一个新出入口的条件，即使该公司非常愿意，关系也不够直接。然而很奇怪，在这个案例中，人们知道政府可能已经要求该公司支付重建道路的费用了。

无论如何，在1980年代后期的萧条中，整个规划协议、影响费的钱袋突然空了。到1990年代时，几乎什么都没有了，开发商不得不寻求使用别的办法。但是没有人怀疑，某一天，好时光会重新到来，那时他们所做的所有事情将会赫然重现。在英国，似乎这将出现在政治议事日程上，必将一如它在过去充满风暴的历史时期那样充满了矛盾。

其中一个原因就是反映在住房数据上的利益变动。因为它们必然意味着在农村增加了对绿色用地的压力，规划系统和当地选民都把保护绿地视为自己的神圣使命。然而，令人不快的事实在于，真正受损的一方可能并不是富有的当地人，而是农场工人以及其他一些从事低技术含量但又不可或缺工作的当地人。土地稀缺无疑将意味着地价和房价的上升，随着新来者的涌入，这些当地人可能发现他们更难找到可以支付得起的住房了，不管是买的还是租的。

逻辑上应当让地方政府把提供可支付住房的条款写进当地规划之中。在英国，这是管理方面的事情，而且事实上政府也在鼓励这一点，所以到1990年代中期时，这已经成为广泛的实践行动。在美国，经常是所有的事情都必须在法庭上一见分晓，直至问题解决。这场战争发生在月桂山市（Mount Laurel）的小新泽西社区，这是卡姆登（Camden）城外的一个自治区，22平方英里，人口1.1万人。州高级法院于1975年和1989年对这里两次做出判决，确定了著名的原则——地方社区必须为现有低收入居民提供建房区。月桂山市则把自己区划成为供有钱人使用的半英亩开发地。一名美国黑人妇女艾莎·劳伦斯（Ethel Lawrence，她家七代人都住在这里）带领一群人采取行动来建造低收入住房，并且赢得了胜利。[126]正如美国规划法律评论员查尔斯·M. 哈尔（Charles M. Haar）所言：

> 新泽西高级法院采取了最大胆、最创新的司法干预来取消排他性的区划，在里程碑式的月桂山市三部曲中，法院认定和宣布了一项关乎所有人（无论富人或穷人，黑人或白人）在郊区居住的宪法权力。[127]

通过赋予当地居民按照自己要求来管理土地的最高权力，法律已经被用来推行排他性，"法律已经变成物质墙体的替代品"。[128]这项决定反对了地方的权力，问题在于谁来维持更广泛的城市社区福利？用哈尔的话来说：

> 结果是城市可能会尝试通过有禁止意图的土地使用控制，围绕自己建造护城河，拉起吊桥来面对未来……看护自己的花园已经不再是我们的主要任务——除非我们采取更为宽广的视野对待花园的范围。[129]

---

[126] Haar, 1996, 17–18.　[127] Haar, 1996, 3.　[128] Haar, 1996, 8.　[129] Haar, 1996, 9, 193.

问题在于这些条款是否一定能够生效。这对于第一次有此经历的买方或租方或许是这样，当他们轮番到来时会发生什么事情？他们能否自由地支配自己的家园，或者家园将继续受制于特殊的规章之下？人们广泛地倾向于后者，但这对于管理和维持治安都是极其困难的。

发展，公平和环境

本书的一个中心议题可能是我们兜了一个完整的圆圈：在将近一个世纪的现代城市规划的尾声，城市的问题仍然和开始时一样地多。当然这并不完全准确，因为在这个世纪的进程中，所有的发达经济实体已经变得更加不可度量地富饶，并且产生了两个主要后果。第一，大多数人和大多数家庭实际上属于大量的、不均质的中产阶级，在他们中间，亚组群（sub-groups）是由人口统计和生活方式特征来决定的，而不是由收入决定的。第二，这个社会能够以一个世纪前不可想象的规模向不太富有的人们提供帮助。确实，清楚地存在着一种对于 1950 年代和 1960 年代的凯恩斯主义福利国家的概念（它在英国和美国最为盛行，几乎在所有地方都能见到）的理念偏移。然而，社会开支仍然很高，也许是因为经济衰退使得它们难以缩减。

这就意味着，即使内在的政策特权和矛盾仍然和以前一样，它们的表现方式也将是不同的。大多数发达国家的大部分人民享受着高标准的生活，但是他们将这归结于个人努力和公众行动的相互结合。而 1900 年的先驱人物关心生活的"标准"，他们的后继者在 2000 年谈论着生活的"品质"，物质条件已经如此大幅度改进，使得更高层次的要求出现在政治日程上。[130] 这种生活品质的主要内容是要求有力的社会控制，而在这中间，规划是关键。这就是为什么撒切尔政府于 1980 年代中期在英国想要取消规划系统，而这种尝试注定没有结果，并且最后被不体面地撤销了。人们很在意他们的工作和他们可以获得的收入，在一个比 1930 年代更没有工作保障的萧条年代里，情况更是如此。但是对大部分人来说，他们在一个地方挣钱，而在另外的地方花掉它们，他们在家里最关心的事情就是保护好与他们最接近的环境的质量。

对此已经增添了一系列新的环境紧迫性，要减少污染，要避免消耗不可再生资源，要尽可能避免触动不可逆转的对地球的破坏行为。但是，这种更广泛的关注常常会以服务于个人和部门利益的形式出现，如限制私人汽车，特别是其他人的；停止在绿地上填埋砖瓦灰浆❶，特别是在我门前的。

因此，带有环境意识的邻避主义现象的阴影比以往更大了，这在英国东南部同样也可以看到，它很难与任何社会公正的概念相结合，不管是对于在当地社区不太富裕的人群，还是对于在其他地方更加不富裕的人群，或者是对于年轻一代，或者是对于尚未出生的若干代。在实践中，这可能意味着针对新来的人拉起吊桥，特别是

---

[130] Fischler，2000，140.

❶ 指房屋。

当他们缺少适当收入和适当口音的时候。更为真实的是,当需求来自年轻人(他们早年离家出走,因为与父母或继父母合不来),或者来自抚养幼儿的贫穷单身母亲时,前者可能很快就跪在地上忏悔他们的命运源于自己,后者可能在维多利亚时期"较少的资格"(principle of less eligibility)❶的原则下,接受少量的帮助。

因此,越来越多的不幸群体可能将被拦在城里,他们或许在一种时髦的名义下(也就是可持续的城市发展)而有房可居。如果有好消息的话,那就是这些城市将会有一些令人兴奋的、新的经济增长出现;坏消息就是这些群体在其中没起什么作用,而且,他们可能发现自己虽然居住在城市里,但却不是城市的一部分,与新的主流信息经济相脱离,依赖于混杂的零活、福利支票和黑色经济等等。这种命运与100年前伦敦东端码头工人的命运和卖火柴小女孩或纽约东区矿厂劳工的命运差不多,唯一不同的是他们后代的出路会更加复杂而艰辛,因为其他种类的工作不复存在。

这也许是一幅讽刺滑稽的画面,虽然教育系统提供了出路,而且是远比19世纪要丰富得多的教育,但是在一个并不能使每个人感到舒服的城市里(无论这个城市是伦敦、巴黎或阿姆斯特丹、纽约、芝加哥或洛杉矶),太多的年轻人远离教育过程(事实上是被从中隔离了),进而他们也从信息经济中被隔离,因为教育为城市信息经济提供了一把关键钥匙。关于他们,可以毫不夸张地认为,他们仍然处在"恐怖夜晚之城"(City of Dreadful Night)里,由于被"明亮之城"(City of Enlightenment)所包围,夜色才变得更加深沉。因此,规划师又要重新面对那些噩梦般的最古老的城市问题,这些问题远远多于当初将这股噩梦引入现实,并使之合法化的那些问题。城市底层阶级的问题,它就像站在门外等候的一群阴郁的、愤愤不平的民众。

澳大利亚的学者兼政治家巴瑞·琼斯(Barry Jones)为他那部关于正在来临的信息经济与社会的著作,从巴赫(Johann Sebastian Bach)❷的康塔塔(Cantata)那里借来了一个书名:《醒来吧,熟睡者》(Sleepers, Wake!)。[131]确实,站在高处的守夜人正在呼喊,但是他的消息可能招致城市的厄运,除非白昼也会在黑暗城市的门外出现。这里有一个谜题,规划师的智慧至今还不能给出答案,或者其他社会工程师的智慧也给不出答案。正值千禧年逝去之际,它投下了一抹黎明前的深深寒意。

---

[131] Jones, 1982.

❶ 较少的资格原则(principle of less eligibility),是1843年济贫法修正案的一项条件,这项条件使得习艺院成为一种威慑,其中的工作条件可能比在外面最糟的工作条件还要恶劣。这一原则的存在是为了尽可能阻止人们要求贫困救济,而鼓励通过自食其力的工作自助救济。

❷ 巴赫(Johann Sebastian Bach, 1685—1750),德国著名音乐家。

永远的底层阶级之城

　　伴随着财富潜在能量的增长,相应的产业储备大军也在增长。但是这支储备大军与工作着的劳动大军相比,数量越多,它所带来的剩余人口也就越多,并且他们受到的苦难与承受的劳苦成反比。最终,工人阶级的拉撒路(Lazarus)❶阶层以及产业储备大军越庞大,官方的贫民化也就越深重。这就是资本主义积累的绝对普遍规律。

卡尔·马克思(Karl Marx),《资本论Ⅰ》

(*Capital Ⅰ*,1867)

如果你抓住我偷东西,我并没有什么恶意,
如果你抓住我偷东西,我并没有什么恶意;
这就是我的家庭印记,而且还会接着传下去。
我已经有了十九个男人,而且还想再要一个,
我已经有了十九个男人,而且还想再要一个,
如果能够再有一个,我就会让那十九个滚开。

贝西·史密斯(Bessie Smith)❷,《忧伤布鲁斯》

(*Sorrowful Blues*,1924)

我要去黑山,我,我的剃刀,还有我的枪,
上帝,我要去黑山,我,我的剃刀,还有我的枪,
我要射击他,不论他是站着还是逃跑。
⋯⋯
在我的灵魂中有一个魔鬼,我喝饱了劣质的威士忌,
在我的灵魂中有一个魔鬼,我喝饱了劣质的威士忌,
由于烦恼我才离开这儿,我已经感受到黑山布鲁斯。

贝西·史密斯,《黑山布鲁斯》

(*Black Mountain Blues*,1930)

---

❶ 拉撒路(Lazarus),富人与乞丐的寓言中生病的乞丐,《路加福音》第 16 章,19～31 节。

❷ 贝西·史密斯(Bessie Smith,1894—1937),美国黑人女歌唱家,被誉为"布鲁斯女皇"。忧伤布鲁斯、黑山布鲁斯是她于 1930 年发表专辑的名称,也是专辑主打歌的名称。

13
永远的底层阶级之城

持久的贫民窟：芝加哥、圣路易斯、伦敦
（1920—2011）

 于是，存在着一个显而易见的谜团，对于任何一名城市研究者而言，这都是最重要却又最不易回答的。这个谜团就是 87 岁的刘易斯·芒福德于 1982 年在自传的第一章中，一开头就提出来的："当大城市的权力与财富达到顶峰时，法律与秩序则崩解。"对于芒福德而言，这就构成了"一个长期困扰历史学界的疑问。"[1]通过将 1980 年代的纽约与他童年时代的纽约相比，芒福德沮丧地反思道：

> 暴力和违法的行为在更加肆虐地泛滥着，而这在我年轻时期的城市里，通常只是如同一个疗疮，被限定于某个自我封闭的区域里，例如鲍厄里（Bowery）❶或地狱之厨（Hell's Kitchen）❶。这些街区并没有将它们的病源散播到整个城市的血液之中……至少，不论男女老幼还可以独自一人行走于大部分城市之中，当然也可以在白天或夜晚的任何时间穿行中央公园或沿河行走，而不用担心遭到侵扰或袭击。[2]

他继续说道："在我年轻时的城市中，有一种道德的稳定感和安全感。而如今，即使在诸如伦敦这样有着法律与秩序的模范的城市中，这些也已经完全消失了。"[3]他不止一次地坦陈道，后来的纽约使他想到彼特拉克（Francesco Petrarch）❷于 14 世纪记录的"在他成年之后刚从黑死病中苏醒过来的、荒弃的、暴劣的、盗匪横行的普罗旺斯（Provence）❸，与他年轻时安全的、繁荣的地区"之对比。[4]

 谁都知道统计学可以说谎，尤其是社会统计学以及其中的犯罪统计学。每一名本科新生都熟悉这样无数次的提醒："谁"报告"什么"，"什么时候""谁"在记录本上记录下"什么"，"谁"决定去分析和提问。但是，没有任何规定和制约来消除堆积如山的城市犯罪，尤其是城市暴力犯罪，而这些在 20 世纪末如同喷发着的火山那样显著增长，威胁到世界上每个主要城市的社会生活脉络。这确

---

1 Mumford，1985，5.　　2 Mumford，1985，5.　　3 Mumford，1985，5.　　4 Mumford，1985，5.

❶ 鲍厄里（Bowery），纽约市下曼哈顿区的一个街区，以低级旅馆、酒店而知名。
❷ 弗兰切斯科·彼特拉克（Francesco Petrarch，1304—1374），意大利文艺复兴初期诗人，曾经创作过 400 多首诗。
❸ 普罗旺斯（Provence），位于法国南部，从地中海沿岸延伸到内陆的丘陵地区，中间有大河 Le Rhône 流过，有很多历史城镇，自古就以明媚的阳光和蔚蓝的天空令世人惊艳。

实是一场 20 世纪的灾难,它的起因对于遭受折磨的人们来说是迷离的,就如同
黑死病的起因对于 14 世纪的伦敦、巴黎、君士坦丁堡的不幸市民那样的迷离。

图 13-1　芝加哥贫民窟,大约 1900 年

在芝加哥分租房调查时期的一条无名小弄:对于从欧洲来的
移民而言,在美国的家就是这样。

图片来源:Chicago History Museum,ICHi-00808.

　　如果不去解释它,那么至少也要了解它,而这需要做一些历史透视。我们
必须回顾整个历史周期,返还到故事的起点,并再次行进到当前。虽然这看上去
似乎有些古怪,但是通过本章的长篇叙述后,故事的主角——城市规划似乎从视
野中消失了,我们最终必须要质询其中的缘由。因为,无论是城市犯罪,还是普
通市民对它所感到的畏惧都不是新鲜的,正如芒福德提醒我们的,只有它们的普
及才是新鲜的。确实,20 世纪的城市规划源自维多利亚晚期中产阶级对于他们
所发现的城市底层阶级的复杂情感的反应——部分出于怜悯,部分出于恐惧,部
分出于厌恶。正如在第 2 章所见,这种反应采用了一种世俗的最终审判形式,正
直的贫民将直接通过安居住房或者市政住房项目来获得帮助,迁居到田园城市
的天堂中去;而恶人则永远地被压制在他们自己的城市地狱中,或者前往苦役的
殖民地,他们在那里或许最终能够看见天日。在那些城市规划运动最为昌盛的
欧洲国家里,这也许是最可能获得通过的。半个世纪后,也就是 1950 年代和
1960 年代的福利国家时期,自由神学的胜利到来了。现在,一切都即刻变得完

美，即使是城市底层阶级，一切都可以即刻通过柯布西耶的塔楼之城的狭窄大门来获得。

图 13-2　罗伯特·E.帕克博士

社会学芝加哥学派的创立者，他在 1920 年代的研究中，首次
一针见血地指出了城市贫民窟中社会分化的根源。

图片来源：© Bettmann/CORBIS.-00808.

　　但是在美国则完全不是这么一回事。已有的宗教（无论是新教、天主教还是犹太教）都极力支持自由的事业，上帝帮助了那些努力使自己脱离贫民窟并进入企业家行列的人们（像霍拉蒂奥·阿尔杰（Horatio Alger）❶笔下的那些人）。对

------

❶ 霍拉蒂奥·阿尔杰（Horatio Alger，1834—1899），美国儿童读物作家。

于公益企业以及自愿组织之类的机构而言,其主要职责就是帮助移民及其子女了解美国本土方式,并接受美国的价值观,他们借此迈出在新大陆上取得成功的第一步。只有那些确实身处苦渊,与通向成功阶梯的底端都相距甚远的人们,才可能以接受被自动社会污名化了的公共住房的形式,获得相应的贫困住房的救助。

芝加哥发现了底层阶级

上述内容有助于解释一个重要的事实——在 20 世纪早期,无论是美国的社会实验,还是美国的社会调查,都被笼罩于人们强烈感受到的移民及其社会化问题的阴影之中。自从移民大量涌入城市,尤其是在 1890 年有效地关闭边境之后,这就成为实验和研究所关注的地方。正如在第 2 章中所看到的,因为那里存在着中产阶级最为真切感受到的、对于没顶之灾和暴民统治的恐惧。于是在芝加哥这个典型的移民城市中,一种具有历史意义的公平性表现为两项在城中得到积极拓展的行为:1889 年,简·亚当斯在芝加哥建立了第一个安置住房;自 1914 年起,从这里发展出世界上第一个真正的城市社会学学派。

最终的结果就是一个宏大宣言。正如在第 2 章中所见,布斯和他的同事们于 1880 年代就已经在伦敦率先提出针对大众社会观察的现代技术,并创作出至今都无法企及的实证城市社会学的杰作。德国人当时也创造了理论社会学,罗伯特·E. 帕克(Robert E. Park)——芝加哥学派的奠基者之一,曾经在柏林就学于格奥尔格·齐美尔(Georg Simmel)门下,但是只有在 1920 年代的芝加哥,帕克、伯吉斯、麦肯齐以及沃思将这两个传统联系了起来,于是就形成了一种针对一个大城市社会结构的完整理解——以理论为基础,以观察为佐证。1925 年,他们出版了关于城市社会学的经典论文集[5]。在所发表的阐述学派研究计划的开篇论文中,帕克已经宣布了它重点关注的内容。

帕克认为,城市中“最简单、最基本的联系方式”就是地方邻里社区(local neighborhood),于是:

> 了解什么样的力量易于破坏那些赋予邻里社区以独特性质的要素(如张力、趣味和情感等)是很重要的。总体而言,这些力量可以概括为任何能够使得人口不稳定、分化或者汇集人们针对各种不同目标的注意力的事情。[6]

但是“某些城市社区深受隔离之痛”。在这些社区中,“为了重构社区生活并加快其节奏,并且使社区居民与公众更广泛的兴趣相一致”,社会住区运动已经部分发动起来了。[7]在美国的城市中:

---

[5] Park et al. , 1925.　　[6] Park, 1925a, 8.　　[7] Park, 1925a, 8.

　　通过建造游戏场地,引入各种受到监控的体育活动,包括在市民舞厅中的
市民舞会,一些旨在复兴衰退了的邻里社区的行动已经开展起来。这些连同其
他措施的主要意图就是提升大城市中遭受隔离人群的道德水准,并且总体而
言,在研究这些措施时应当与邻里社区的调查结合起来。[8]

但是邻里社区本质上反映了传统的前工业社会秩序——工业竞争加上劳动分工,它
正在被另外一种基于职业(也就是阶层)分化(differentiation)的城市组织所取代。[9]通
过货币的媒介,"价值已经被理性化,情趣已经被利益所取代",[10]所形成的组织"由竞
争着的个人和竞争着的个人组织构成"。[11]这意味着:

　　城市,尤其是大城市,处于不稳定平衡的状态。其结果就是造成城市人口
由大量随机的和机动的人群构成,并且处于一种持久性的动荡之中,受到每一
次新理论的扫荡,处在持续性的警报之中,进而导致社区也处在一种持续性的
危机状态之中。[12]

这意味着"关于集体行为的一种更加细致、更加基础的研究的重要性",这种研究应
当关注于"危机心理学",其范围应当扩展,"议会系统,包括选举系统,(可能)被视为
一种调制革命、面对并控制危机的措施"。[13]

图 13-3　芝加哥的"小地狱",1902 年
该城的一块意大利飞地,因为一系列的堕落和犯罪而变得臭名昭著。
图片来源:Chicago History Museum, DN-0000208, *Chicago Daily News*.

---

[8] Park, 1925a, 9.　　[9] Park, 1925a, 14.　　[10] Park, 1925a, 16.
[11] Park, 1925a, 17.　　[12] Park, 1925a, 22.　　[13] Park, 1925a, 22.

帕克继续推测道:"在城市环境的影响下,很可能是地区间联系的解体和基本群落的制约与禁忌被削弱这两个原因,导致了大城市中邪恶与犯罪的增多。"[14]"在每个大城市目前已完全建立起来的移民区域中",外来人口以隔离的方式生活着,但是每一个移民区都附于一个独立而有力的政治和社会组织:[15]

> 在这种情况中,即使是处于美国环境的影响下,这些移民能够在一定时期内成功维持从自己国家带来的社会礼仪和道德秩序。然而在第二代中,这种建立在家庭基础上的社会控制解体了。[16]

在这些主要关系解体的同时,原有的以家庭风俗为基础的非正规社会控制被正规的法律机制所取代。[17]

帕克认为,这种新生的、独特的城市社会组织的一部分是"道德领域","人群趋向自我隔离,这不仅源自各自的利益,而且也与品味和习俗有关",这导致了一种"被分隔的环境,各类游荡且受到压抑的冲动、激情和思想将自己从主流道德秩序中解放出来"。[18]因此,导致"贫困的、邪恶的、犯罪的、特立独行的人群在总体上的隔离"。在其中,

> 与同类族群中其他成员之间的联系……不仅提供了一种激励,而且对于他们共同拥有的某种特质也提供了一种道德上的支持,而这类特质是很难在广义社会的其他阶层中找到的。在大城市中,贫困者、邪恶者以及违法者拥挤于一种不健康的、传染性的亲密接触中,全心全意地繁殖,再繁殖。[19]

在文集后面一篇描述青少年犯罪的文章中,帕克进一步发展了该主题。他认为,"我们正生活在……一个工业化和社会无组织化的时代中。每件事情都处在动荡之中,每件事情似乎都在面临着变化。社会显然就像一种由社会原子构成的集聚物与合成体。"[20]汽车、报纸以及电影有力地促进了这种变革。同时,

> 某一族群从国家的这一端到另一端的单纯迁移(例如目前黑人向北方的迁移)是一种会产生社会动荡的行为。从移民自身角度来看,这种迁移可能意味着一种解脱,使他们能够获得体验新的经济和文化的机会,但是这不仅瓦解了他们所遗留下来的社区,还有他们目前正在迁往的社区。这同时也解构着移民们自己的道德观,并且依照我的观点,也部分影响了下一代。

> 今天在北方城市黑人社区中存在着大量青少年和成年人的犯罪,即便不是全部,至少其中部分原因在于移民们不能立刻使自己适应于一种全新且相对陌生的环境。这类情形也同样发生在以下两类人身上:一是来自欧洲的移民;二是那些数量众多的年轻一代的妇女,她们往往刚刚开始享用大城市提供的更新鲜的职业和更自由的生活。[21]

---

[14] Park, 1925a, 23. [15] Park, 1925a, 23. [16] Park, 1925a, 27. [17] Park, 1925a, 28.
[18] Park, 1925a, 43. [19] Park, 1925a, 45. [20] Park, 1925b, 107. [21] Park, 1925a, 108.

帕克最终没有提供解释,更不用说答案,"我们对于什么因素在支撑着一种关联性的生活仍然知之甚少"。[22]"我已经感到这篇文章缺少了一种结论,"他坦言道,"尽管我知道每一篇社会题材的论文都应当具备一种结论",而缺少结论的原因在于,"在特定条件下,青少年犯罪的问题似乎可以发现其产生的原因,但是在除此之外的其他状况下,我们以现有的知识几乎无能为力"。[23]毫无疑问,如果帕克在 21 世纪初重返芝加哥南部,他会更加疑惑和忧虑。

在帕克为做出解答而进行的一系列研究中,芝加哥学派的成员们紧紧抓住了城市街道中明显存在的社会分化和犯罪的原始材料。特拉舍(Frederic Milton Thrasher)❶在一年之后出版的《黑帮》(The Gang)一文中,确证了伯吉斯[24]在他经典的城市社会地理学中发现的一个特别现象,那就是发生在城市中心区周围被称作"过渡区域"(Zone in Transition)的现象。

> 正是在这些"过渡区域"中,我们可以发现衰败的邻里社区、大量的人口流动、移民的首次居住地、瘫痪的地区政治、邪恶、犯罪以及整体性的混乱。然而,黑帮在这些地区中得以发展的根本原因就在于,用来管理引导这些男孩生活的常规社会机构缺失了。[25]

这就是一种移民的作用。在当时,3/4 的芝加哥人是"出生于国外的人,或者是他们的直接后裔":

> 芝加哥是由各类拥有自己社会文化传承的外国侨居区构成的城市,而它们各自的社会文化习俗经常是相互对立与冲突的。那时,无论是对于在这些不同要素之间进行调和,还是对于发展一种紧密而自我管制的社会秩序都还为时尚早。而黑帮正是这种"文化滞后"(cultural lag)的一种征兆。[26]

特拉舍的研究表明,大多数黑帮成员都是移民的后代,他们的父母主要是乡村农民。之所以不能对他们进行管束,是因为他们不懂英语,并且对于运用社区规范引导自己孩子也所知甚少。"移民的孩子们很快就会被肤浅地美国化,被生活于其中的、无组织的动荡地区中他们所看到的那些美国生活中存在着的更加污秽、更加邪恶的现象所同化。"[27]

这就是所有人都曾经看到的芝加哥的社会状况:"从芝加哥诞生到第一次世界大战之间的整个历史,是以当地的或者第一代白人移民与后来的'外国'移民之间的斗争(有时是暴力性的)为特征的。"[28]在胡尔住区(Hull House)的时期,一位生活在住区的工人沮丧地看到:"达戈(Dago)❷用高傲且轻蔑的眼神看待鲜尼(Sheeny)❸是

[22] Park,1925a,110.　　[23] Park,1925a,110.　　[24] Burgess,1925,51,55.　　[25] Thrasher,1926,3.
[26] Thrasher,1926,4.　　[27] Thrasher,1926,4.　　[28] Drake and Cayton,1945,17.
❶ 费雷德里克·米尔顿·特拉舍(Frederic Milton Thrasher,1892—1970),芝加哥大学的社会学家,他是 1920 年代芝加哥学派的主要代表人物之一,同时也是罗伯特·E. 帕克的同事。
❷ 达戈(Dago),贬语,指西班牙血统的人或(尤指)意大利血统的人,由 Diego 变成。
❸ 鲜尼(Sheeny),指犹太人。

那样地过分,这只能从鲜尼对待达戈的那种同样不屑且蔑视的眼光中得到理解。"[29]
按照这种啄序现象(Pecking order)❶,某些人必须处在底层。并且,在 1920 年代末,
似乎住在城市北区的西西里人就是这样,如同芝加哥报纸告诉其读者的那样,那里
的凶杀和残害是家常便饭。正如一位芝加哥社会学家于 1929 年观察到的,这个小西
西里区(或小地狱)是 15 000 名无技能且农民出身的西西里人的家。这里也确实是
城市里的违禁酿酒、拦路抢劫、犯罪集团的中心地带。[30] 在这样一种社会里,"在美国
出生的一代中,离经叛道的现象越来越严重。而第二代则发现他们不得不努力生活
于两个社会现实中"。[31] "于是,贫民窟,尤其是外国人的贫民窟成为匪盗横行之地。
其成因可能就来自于孩子们所构想的一种社会现实,他们可以在那里生活并实现自
己的梦想。"[32]

芝加哥学派另一位成员克里福德·R. 肖(Clifford R. Shaw)❷于同年出版的、内
容更加广泛的著作,证实了逃学旷课、青少年犯罪、成人犯罪在地理上的特征是紧密
关联的。它们全都高度集中于过渡区域,以物质衰败、人口下降为标志,紧邻城市中
心商务区,并且被欧洲移民和南方黑人所盘踞:

> 他们全都来自与城市环境迥异的文化背景中。在新与旧的冲突中,原先族
> 群中的社会与文化控制力趋于瓦解。这种情形再加上几乎没有建设性的社区
> 力量可以用来重建这一传统秩序,从而导致了持续性的社会解体。[33]

1940 年代中期,当肖将该项工作推广到许多其他城市时,他发现了同样的模式——
在低收入地区,违法是一种"社会传统"。[34]

在总结 1920 年代末第一轮芝加哥研究的基础上,帕克形成了一个影响了随后几
十年的社会学领域的术语(尽管有越来越多的不同看法)。他顺着早期文章的观点
认为,迁居进入城市的现象产生了一种"改变了的个性类别……先前由习俗和传统
控制的力量被削弱了。个人自由地面对新的环境,但他也或多或少地失去了引导与
约束"。[35] 其结果就是"一种文化杂交,一种紧密生活并接触两种不同人群的文化生活
与传统的人……一种处在两种从未完全分叉、也从未完全融合的文化和社会边缘的
人"。[36] 这种人的特征在于"精神的不稳定,强烈的自我意识,焦虑不安和虚弱乏力"。[37]
帕克认为这样一种人可以被称为"边缘人"(Marginal Man)。

后来有些人强烈反对"边缘"这个概念(第 8 章),他们有效地将矛头指向该词的
源头。帕克所选择的"边缘人"的原型是文化上四海为家、获得解放的犹太人;但是,

---

29 Philpott, 1978, 68.　　30 Zorbaugh, 1929, 14.　　31 Zorbaugh, 1929, 176.
32 Zorbaugh, 1929, 155.　　33 Shaw et al. , 1929, 205.　　34 Shaw and McKay, 1942, 437.
35 Park, 1928, 887.　　36 Park, 1928, 892.　　37 Park, 1928, 893.

❶ 啄序现象(Pecking order),20 世纪早期 Thorleif Schjelderup-Ebbe 在家畜种群中发现的一种组织系统,在这
个系统中同一种群内的动物都会攻击比其社会阶层低的动物并同时受到比其高阶动物的攻击。后被广泛引
用于人类社会各个领域。
❷ 克里福德·R. 肖(Clifford R. Shaw),一位毕生致力于寻找诱发大城市犯罪原因的社会学家。于 1896 年出
生于印度农村家庭,后定居美国。

从广泛角度来看,这一术语如此令人难以忘怀,致使它与作者的本意分离开来。"边缘人"逐渐被用来指代在帕克所谓的那些没有很好融入城市文化的底层阶级中的愤愤不平者,并且之后又融合了被奥斯卡·刘易斯称为的"贫民的文化"(Culture of poverty)❶,而该词同样也是一个令人难忘并容易遭到误解的术语。

社会学者闯入"隔都"

　　大部分进入芝加哥学派研究视野的违法者都是白人,这反映了在 1920 年代,白种人家庭的孩子是"过渡区域"中的主要居民,并且也是社会从旧向新这个并不完美的转变过程中的主要受害者。或许这也反映了中产阶级的白人社会学者在进入芝加哥最新的"隔都"的过程中可能遇到的困难。他们甚至还不知道"隔都"(Ghetto)这个现在已经广为熟知的名称:在伯吉斯经典的模型中,"隔都"是指犹太人贫民区,属于众多族群贫民区中的一个(其他还包括小西西里、希腊城、中国城)。在那些地方,旧世界的传统与其美国式的转型混合到一起,而其中只有"黑带"(Black Belt)❷地区"由于它自由且紊乱的生活"显得有些与众不同。[38]

　　但是黑带地区已经存在了,而且无论是否如此称呼,它已经是城市中唯一的真正的"隔都"。在这里,城市社会学的奠基者们犯了一个他们少有的错误。帕克、伯吉斯,以及刘易斯·沃思(Louis Wirth)给一整代的学生灌输了这样的观点——所有族群社区都是临时性的"隔都",自发的隔离将最终由于文化交流带来的同化而消除。他们自己的研究似乎显示黑人"隔都"与其他的"隔都"没什么两样,但是,半个世纪之后,研究者在分析了基本数据之后揭示出这种观点是错的。在 1930 年的人口普查中,在人口普查小片区的层面上,"隔都"化了的欧洲群落只有 61%,而且在这些所谓的"隔都"中,所谓的"隔都"人口也从未超过总人口数量的 54%;但是将近 93%的城市黑人已经生活在"隔都"中,并且占了"隔都"总人口的 81%。[39]

　　后来其他的研究者发现,这种隔离现象在第一次世界大战期间就已出现了。在 1910 年,没有一个片区是黑人主导性的,但是到 1920 年时,黑人人口比例达 75%以上的片区记录已经多达 10 个。[40]在 1916—1918 年期间,芝加哥接收了 6.5 万名从密西西比河流域农村地区迁移而来的黑人,他们大多数涌入了城市工业之中。[41]尽管有来自黑人社区组织和报纸的帮助,黑人们仍然很难适应城市生活的压力。1/4 世纪过后,仍然可以听见年长的黑人哀叹新人的到来,他们宣称新人的到来打破了城市中族群的团结和融洽,使得"我们大家的生活困难了"。[42]

---

[38] Burgess,1925,56.　　　[39] Philpott,1978,141.　　　[40] Spear,1967,146.

[41] Chicago Commission,1922,602.　　　[42] Drake and Cayton,1945,73;Tuttle,1970,169.

❶ 贫民的文化(Culture of poverty),subculture of poverty 的缩写。其典型特征是很少涉及社会上大多数机构,缺乏教育且文盲率高,个人经济状况差,不信任警察和政府等等。

❷ 黑带(Black Belt),从 20 世纪初始到第二次世界大战后,被用来指代芝加哥南部地区中以美籍非裔人群为主的社区。

当白人服役者从战争中复员归来之后,工作岗位也变得有压力了。因为在城市的白人工人阶级中,黑人有一种"工贼"的恶名(源于 1904 年的饲养场大罢工)。[43] 来自饲养场的白人工人阶级年轻小伙将自己装扮成"运动俱乐部"成员,并在当地辖区政客的帮助下,开始在大街上恫吓他们的黑人对手。[44]

最后在 1919 年 7 月 27 日,一次涉及白人和黑人青年在一个拥挤沙滩浴场上的小摩擦,酿成一场公开的城市暴动。虽然这不是第一次(1917 年 7 月在圣路易斯市东区就已经有过一次),但却是美国历史上最血腥的一次——最终当军队于 5 天之后恢复秩序时,38 人死亡(15 名白人,23 名黑人),537 人受伤。[45] 正如调查委员会所总结的那样(尽管它没有使用这个词),这就是后来被社会学者称为的一种"社区暴乱"(community riot),其特征主要表现为部分白人针对那些在他们看来侵犯了自己社区和工作的黑人所实施的暴力行为。委员会描绘了一幅当时黑人"隔都"的图景——超过 40% 的黑人生活在彻底衰败的房屋之中,90% 生活于紧邻城市却被隔离的阴暗地区。在那些阴暗地区里,儿童整日耳濡目染于堕落与犯罪之中,1/5 家庭的儿童失去管束,许多儿童在学校里属于后进生,因为他们在南方很少受到教育。[46]

但是除了这种先导性研究外,1920 年代芝加哥的社会学者总体上仍然处在"隔都"之外。不过由于一个特别的机会("特别"是因为考虑到黑人在当时进步的可能性),美国早期最伟大的社会学家中恰巧有两位是黑人。而且更值得一提的是,一位白人美国社会学之父也把他的早期生涯投入到黑人城市社会的研究中。这三位学者都为实证研究做出了重要贡献,为我们提供了关于 19 世纪末、20 世纪初美国黑人城市社会的一幅独特画卷。

图 13-4　1919 年芝加哥种族暴乱中的凶杀

与后来美国城市中的暴乱不同,这一次是真正的种族之间的冲突,导火线是白人对黑人进入城市的住房与就业市场心怀不满。

图片来源:Chicago History Museum, ICHi-22430, Jon Fujita.

43 Tuttle, 1970, 117, 126.　　　44 Chicago Commission, 1922, 12; Spear, 1967, 212; Tuttle, 1970, 199.
45 Chicago Commission, 1922, 595-598.　　46 Chicago Commission, 1922, 192, 264-265, 622.

　　他们明白无误告诉我们的是，1980 年代社会政策专业的学生们所关心的问题有着多么久远的渊源。1899 年，W. E. B. 杜波伊斯（William Edward Burghardt Du Bois）❶ 运用布斯的伦敦调研方法来归纳费城第 7 街区的黑人人口。他告诉占压倒性多数的白人读者们说："如果忽视了费城 4 万名黑人在生活状况和权利方面的明显差异性，那么没有什么比这种方式必定会更加误解一个黑人，或者被他所误解。"[47] 他把调研中的每个家庭归纳到 4 个层级中的一种。第一种是"非常贫困和具有一般犯罪倾向的"，依赖于偶尔的劳务并居住在贫民窟中，这类家庭仅仅构成了第 7 街区中不足 9％的人口；第二种是"贫穷的"或"无能的、不幸的以及即刻享乐的"家庭，所占比例略小于 10％；[48] 第三种是比例将近占到 48％的最大单个族群，他们是"伟大的辛勤劳动阶级"，本性"诚实、善良"，一般居住于拥有 3～6 个房间的、总体装修良好的住房中；[49] 在他们的上面则是可以用"舒适"来描述的、比例占 25％的家庭，还有 4％处在"良好环境"中，4％则"干得很好"。

　　于是，大多数费城的黑人当然不是堕落的、愚昧的、住在贫民窟中的、传说中的底层阶级：

　　　　没有什么能够比完全忽略黑人中较好阶层的存在更能激怒他们的了。那些居住在第 30 街区中遵纪守法、勤奋工作的居民们，当他们看到"黑鬼"的字眼把大多数费城人的目光引向第 5 街区的狭巷或者警署时，将会自然由于自尊而腾然跃起。[50]

问题在于这些传言集中在一个足够真实的问题上，"数量不断增长的流血和恶性犯罪"在之前的几十年中是由黑人犯下的。[51] 黑人只占到费城人口的 4％，但却占到被拘留人数的 9％。[52] 事实上，"1/5 的文盲黑人构成了 1/3 最严重的罪犯"，[53] "罪行越是严重和令人寒心，作为起因的无知所起的作用就越大"。[54] 特别是"使某个阶层的黑人恶名远扬的罪行就是在大街上攫取钱包"，而"从攫取钱包到高速公路抢劫仅有一步之遥"，[55] 杜波伊斯总结道：

　　　　从这个研究中我们可以得出如下结论：在黑人中，犯下严重罪行的人是年轻人；这种罪行主要由偷盗和袭击构成；无知、受感于城市生活的迁居是这类犯罪的主要诱因，但是并非全部。深刻的社会因素促成了犯罪的大量盛行，其作用如此之大，导致自 1864 年以来出现了一群特定惯犯团伙。在由黑人犯下的大量严重罪行中，应当是这群犯罪团伙，而不应当是黑人大众受到指控。[56]

---

47 Du Bois, 1899, 310.　48 Du Bois, 1899, 171-174.　49 Du Bois, 1899, 175.
50 Du Bois, 1899, 310.　51 Du Bois, 1899, 241.　52 Du Bois, 1899, 239.
53 Du Bois, 1899, 254.　54 Du Bois, 1899, 258.　55 Du Bois, 1899, 262, 263.
56 Du Bois, 1899, 259.
❶ 威廉·爱德华·伯哈德·杜波伊斯（William Edward Burghardt Du Bois, 1868—1963），一位著名的学者、编辑及美籍非裔行动主义者；是全美有色人种促进会（美国历史最悠久、规模最大的人权组织）的创办会员；终其一生，杜波伊斯全力对抗差别待遇及种族歧视，透过他的著作及慷慨激昂的演讲内容，他致力于讲述、讨论种族关系、政治及历史等议题，对 20 世纪前半部的美国历史贡献良多。

当杜波伊斯转到"婚姻状况"时,他发现了一个惊人的异常之处:

> 单身男性的比例很高———大大高于英国、法国或德国;结婚妇女的数量也
> 很小,而大量守寡的、破裂的家庭,意味着广泛存在着较早破裂的家庭生活。单
> 身妇女可能由于不幸的少女而减少,却又由于那些将自己申报为单身的弃妇而
> 增多。然而,即使考虑了虚报的因素,弃妇的数量依然是惊人的,并且反映了很
> 多复杂的问题。给予黑人的救济绝大多数就是针对这一现象的。抛弃的原因
> 部分是因为道德问题,部分是因为抚养家庭的困难……大量缺少丈夫的家庭增
> 加了救济与慈善工作的负担,并且也导致了贫困的家庭生活,助长了犯罪,这是
> 社会更新所缺乏考虑的领域。[57]

杜波伊斯有关这方面的结论是十分重要的,因为他的结论佐证了霍华德·奥多姆的
结论。霍华德·奥多姆(Howard Odum)作为一位南方白人社会学者(第5章),是
1930年代和1940年代"南方区域主义"学派的奠基人。奥多姆第一本出版的著作就
是于20世纪开头10年间所做的关于南方城镇黑人生活的一份详细调研。奥多姆的
许多观察是如此之尖锐,以至于80年之后,它们大部分仍然无法出版。如果不是因
为他关于黑人文化的长期而且随后富有同情心的研究记录,就很容易简单地把他归
类为一名种族主义者。他期待着批判,并警示道:"只有当人们不愉快、不满意地将
这些人的居住状态批评为'奇怪'的时候,才有必要集中注意力来描绘从生活中得来
的画面,并按照实际情况来进行观察。"[58]

在家庭结构方面,他肯定了杜波伊斯的发现:"没有合法孩子的夫妇比例很大,
总体上占据家庭比例的15%～20%……家庭总数中的大约10%是妇女当家。"[59]一
般家庭有4个人,2个房间:"在如此拥挤的居室中(一个房间也并非少见),整个家庭
的成员连同生活家具必然共存于这样狭小的方寸之间。"[60]奥多姆说道:"处在这样拥
挤的状况中,不整洁的习惯自然产生,看一眼一个普通黑人的住所是最令人沮
丧的。"[61]

另外,由于在家中无事可干,家庭中的妇女必须外出工作,

> 黑人的家中整日都充斥着匆忙和无序。为白人家庭做饭的母亲早晨很早
> 起床并外出,留下无人照看的孩子在家。男人随后也离家外出工作。孩子就无
> 人关爱和照看……同时全家人又要尽可能地保持在一起。[62]

其结果是,"孩子们很少对他们的父母有好感,所以当他们长大成人后,家庭在生活
目标、精神状态或外观仪表方面都很难保持一致……更加年幼的黑人孩子们的一个
愿望(这似乎是很自然的一种愿望)似乎就是逃避工作和逃避父母的管制"。[63]

身为道德主义者的奥多姆认为,其结果就是:

---

[57] Du Bois, 1899, 67-68.　　[58] Odum, 1910, 151.　　[59] Odum, 1910, 153.　　[60] Odum, 1910, 153.
[61] Odum, 1910, 154.　　[62] Odum, 1910, 155.　　[63] Odum, 1910, 162.

一方面是违反道德和犯罪，另一方面是疾病……无差别的家庭混居导致不良的个人习惯，制约的彻底缺失导致消除了任何可能存在的对于道德的感知能力。家庭中没有任何制约，家庭成员之间的交往和交流降到最低点，对于家庭荣誉或夫妻关系没有概念，其结果自然也就很少注重这些。没有任何婚姻关系的异性公开同居是非常普遍的，由于它与族群有关，因而很少引人注意，很显然人们对于这种事情缺乏常识。[64]

更糟糕的是：

每个家庭常常都被视为放荡堕落的场所，黑人们熟悉于无数的住所，他们可以去邀请或者受邀前去。"爬行者""游荡调和者"以及"东部人"在黑人中间是最为熟悉的名称。当每个男人和女人都成为公共财产时，每个家庭都受到它们罪恶的影响。[65]

比这更加糟糕的是："或许在黑人生活中没有其他方面能够比在儿童中存在道德缺失现象更加严重的问题了……年幼儿童的邪恶行为以及对犯罪相关知识的了解已经到了令人无可想象的程度，他们的行为同样令人心惊。"[66]"伴随着缺乏道德的生活而来的就是在故事与歌曲里颂扬它……这类歌曲的普遍主题就是色情关系，它的表达肆无忌惮。"[67]

当所有这些与对于性病有可能危及"白种人的纯洁性"的担忧联系在一起的时候，一切事物都很容易遭到抵触。年轻的奥多姆显然缺乏所有社会学的比较标准，他并不知道，从关于维多利亚时期伦敦的白人底层阶级的报告中，也可以得出几乎同样的结论。他也缺乏历史关联性的意识，不管出于何种目的，他所报告的许多儿童的行为如同1960年代美国郊区白人青少年所做的那样令人不可思议，包括滚石乐队的那些歌曲也是从他这里获得了灵感。甚至可以认为，从历史角度来看，奥多姆无法想象的噩梦成为了事实，南方黑人底层阶级的模式最终也征服了令人尊敬的白人世界。他的报告中有一些奇特的预言性成分："吸食可卡因的风气不断滋长，并且在更高的阶层中结出了恶果。它在城市中广泛的传播对于一些更小的社区带来了不可避免的影响。"[68]

但是，在除此之外的一些观点上，"奥多姆与全美有色人种促进委员会"（National Association for the Advancement of Colored People，NAACP）的建立者杜波伊斯十分相似。可以认为，大量黑人社区中家庭结构的分崩离析最终导致了一连串的惊人后果，并使之一代又一代地流传下去。当奥多姆写道"作为工人的黑人效率很低，并非因为能力的原因，而是因为不愿去工作，惯于偷懒"时，他犯了最糟糕的种族刻板印象的错。当他写道"由于这些不值一提的黑人，犯罪率是在上升而不是下降。从无所事事到动粗和盗窃，黑人很容易从流浪者、放荡者、游民、恶少、东部人、闲逛者、爬行者，成为'坏蛋'和犯罪者"时，[69]他描述的是在一小撮底层黑人中的趋势（杜波伊

---

64 Odum, 1910, 163.   65 Odum, 1910, 165.   66 Odum, 1910, 165.   67 Odum, 1910, 166.
68 Odum, 1910, 173.   69 Odum, 1910, 221.

图 13-5　E. 富兰克林·弗莱泽博士

芝加哥学派的伟大黑人社会学家。他在 1920 年代和 1930 年代的著作中详细论述了北方城市中黑人家庭结构的瓦解。

图片来源：Moorland-Spingarn Research Center，Howard University.

斯同样也非常赞同），这是一个重要的潜在问题。奥多姆和杜波伊斯两人针对这种趋势的原因在理论上同样都缺乏清晰解释。芝加哥学派提出了一种观点，这是从以主干家庭和邻里关系为基础的乡村传统社会，突然进入复杂性的城市之中所造成的结果，并且这一趋势在第二代，也就是第一代在城市出生的儿童中更为明显了。

当一位非裔美国社会学家 E. 富兰克林·弗莱泽（E. Franklin Frazier）于 1927 年

到芝加哥作博士论文时,用第二代的语言来说,这就是流行的芝加哥范式。他所得
出的成果在社会学黑人家庭领域是一座里程碑。从杜波伊斯出发,弗莱泽开始阅读
大量有关"黑人家庭道德衰退"的文献,他总结道:

> ……我们发现长期流传的一些观点都一致性地关注于广泛的黑人家庭生
> 活道德衰退的现象。这些观点来自于很多怀有不同兴趣的观察者和学生,并获
> 得了大量不同来源的统计资料的佐证。除了个别之外,对于所有这些观察而
> 言,这样广泛的家庭生活道德衰退现象显示了黑人缺乏能力来适应西方文明中
> 的性标准,并且对于某些人而言,这预示着最终的种族灭亡。[70]

弗莱泽的成就是从事实开始着手,并细致地剖析原因。他改变了这样的观点,要么
存在着体质(physical)上的原因,要么存在着非洲的(也就是种族)原因。他从另一角
度假设了一种双重的历史性解体:第一,解放,这导致黑奴家庭及其社会组织的即刻
崩溃,但是随后又回归到一种类似佃农家庭的改型过的农作模式中;第二,城市化,
这又一次导致了社会结构与社会控制的解体(较长一段时间后,弗格尔(Fogel)关于
在奴隶制度下的黑人家庭的基础性研究,对于这种解释的部分观点提出了质疑,曾
经有过奴隶主力图维持稳定的家庭结构的现象),[71]而且正如帕克所主张的,这在内
城最为明显。在那里,

> 黑人的家庭生活趋于消失。这是一片犯罪、邪恶和性关系自由的地区……
> 高比例的相互依存关系伴随着高比例的家庭离弃、违法和青少年犯罪。例如在
> 青少年犯罪的案例中,年轻的未婚母亲意味着家庭纪律和社区组织的瓦解。[72]

但是这些无组织化的重要指标随着远离"过渡区域"而降低,这与在"黑人中人们逐
步选择道德稳定因素"相吻合。[73]于是,弗莱泽的工作肯定了芝加哥的范式,"一旦得
不到来自邻里组织和南方农村社区制度的支撑,南方农村社区中约定俗成且被广泛
认同的家庭维系纽带就解体了"。[74]于是,

> 必须将黑人家庭生活的普遍性无组织化看作是黑人族群中文明进步的一
> 种现象……随着日益增加的交往和流动性,黑人被带入一个更广阔的世界,这
> 时无组织化就是一个自然结果。无组织化的程度取决于社会传统的根基,而社
> 会传统将在一种更加理智、更加有效的基础上,成为重新组织生活的基础。[75]

这样,时间可以提供帮助,保持"社会根基"(social fund)则会帮助更多,问题在于如
何去做。

从1930年代开始,弗莱泽作为霍华德大学的教授,将他的工作扩展到关于黑人
社会和家庭结构的不朽的研究工作中。他肯定了杜波伊斯在费城、丹尼尔斯
(Daniels)在波士顿,还有其他人所做的开创性工作。北方城市中多达2/3的黑人人

---

70 Frazier, 1932, 245.   71 Fogel and Engermann, 1974.   72 Frazier, 1932, 250-251.
73 Frazier, 1932, 251.   74 Frazier, 1932, 251.   75 Frazier, 1932, 251.

口是下层阶级,这不仅是由于他们的低技术职业、家庭无组织化、文盲和贫穷,而且也由于"反复无常和不负责任……其原因部分由于他们缺乏教育,部分也由于广大黑人男性群体缺乏就业机会"。[76] 1930 年,在更大的北方城市中(10 万以上人口),30％的家庭户主是妇女;而在同时期的南方城市,则处在 1/5～1/3 之间,[77]而且这只是这些城市新成员"无组织化的家庭生活和无秩序的性关系"最显著的特征。[78]

弗莱泽从更广泛的历史因素考查了原因之后,在他的论文里肯定了这个分析。这种现象是持久性的,弗莱泽的研究显示,1881 年在华盛顿特区,1/5 的黑人新生儿是非法的,1939 年的比例也是如此。北方城市中大多数非法新生儿属于年轻的母亲,她们也是城市的新成员,而且她们中极少数了解正常的家庭生活。[79]这种"父亲离开"(这也是黑人城市化过程不可避免的一个结果)的模式根源在于奴隶社会中的婚姻结构。同样在南方农村,1/5 多的家庭户主是妇女。婚姻之外的早孕已是寻常且得到认可的,因为这与一种以祖母为关键人物的母系家庭有关。但是在城市中,虽然母系家庭维系着,但是这种大家庭结构解体了。在农村地区,非法并不是一个问题,只有当失去大家庭、邻里关系以及制度的支撑结构之后,它才会成为一个问题。[80]于是,用弗莱泽的话来说,

> 社会与福利机构不能阻止家庭无组织化的趋势,这种无组织化是作为现代文明给乡土和更加单纯的农民带来影响的一种自然结果……如果以内省的方式来看待这些已经存在于美国黑人家庭生活发展中的虚度生命、缺乏道德、犯罪、离弃以及破裂家庭等现象,这些现象似乎就是一种生活于有文字记录之前的人,被剥去文化传统,并使自己适应现代文明的一系列必然结果。[81]

对于儿童来说,其结果则是悲惨的。正如弗莱泽继续揭示的,黑人青少年的犯罪率是白人的好几倍。例如,在 1920 年代,(这个数字)在纽约是 3 倍,在巴尔的摩则是 4 倍以上。[82]但是在这些以及其他城市中,犯罪高度集中于社区解体了的内城地区,下层阶级黑人由于贫穷和文化落后等因素而不得不生活在那里。[83]这样就很清楚,黑人犯罪率无论成人还是儿童都是高的,但是其原因先前被认为反映了物质和精神方面的缺陷,现在却一般归咎于贫穷、无知和城市化。

在弗莱泽 1939 年针对黑人家庭的杰出著作问世 5 年之后,另一位伟大的社会科学家撰写了另一篇文章——古纳·米尔达(Karl Gunnar Myrdal)❶关于美国黑人的杰出研究于 1944 年出版,毫不奇怪,他得出了与弗莱泽相同的结论:

> ……重要之处在于,黑人下层阶级(尤其是在南方农村)已经建立起一种家

[76] Frazier, 1957, 303.　[77] Frazier, 1939, 326.　[78] Frazier, 1939, 331.
[79] Frazier, 1939, 326, 343, 346-349.　[80] Frazier, 1939, 481-484.　[81] Frazier, 1939, 485, 487.
[82] Frazier, 1939, 358-359.　[83] Frazier, 1939, 374.
❶ 卡尔·古纳·米尔达(Karl Gunnar Myrdal, 1898—1987),1974 年诺贝尔经济学奖得主,瑞典学派和新制度学派以及发展经济学的主要代表人物之一,文中提到的著作是其在 1944 年发表的《美国的困境:黑人问题和现代民主》。

庭组织来实现社会健康,尽管这种实践并非美国传统。当这些实践遇上白人标准时,例如当黑人进入城市之后,它们就部分地解体,并导致了一些个人的道德衰退。[84]

弗莱泽警告道,"文明化的阵痛还没有结束",而更多的黑人将要加入到进城的道路上来,伴随着他们的是新一轮的解体。1/4 个世纪之后,在他去世后所出版著作的最终校订版中,可以认为弗莱泽的证明是对的。"第二次世界大战并没有使黑人家庭去面对新的问题,它导致黑人中的新阶层去面对同那些移民进入城市的先辈们所面临的家庭调整一样的问题。"[85]

　　这些关于第二次世界大战后黑人家庭状况的资料是于 1945 年在弗莱泽自己的芝加哥地盘中,由两个追随他足迹的黑人社会学家进行收集的:圣克莱尔·德拉克(St. Clair Drake)与荷拉斯·凯顿(Horace Cayton)❶。他们发现,随着黑人不断涌入"隔都",它并没有扩张,而是发展得更加拥挤了。[86]他们的贡献在于剖析了"隔都"的社会结构,这种结构毫无疑问已经存在于弗莱泽自己工作的时期,甚至回溯到第一次世界大战时新移民到来之际。[87]

　　　每一个青铜村(Bronzeville)❷的居民都认识到社会阶层的存在,不管是不是这样称呼的。缺少教育、收入微薄、社会地位很差的人们总是与被称为"尊贵的""高傲的""浪荡鬼""傲慢的家伙""时髦人物"等更加富有、更为成功的人一起比较……我们所描述的各种处在金字塔顶端的人物习惯于将比他们层次低的人们称为"下层阶级""垃圾""渣滓""不中用的"。[88]

当这些上层和中层的黑人们谈论到"改良种族"时,他们指的是创造一个可以使低层阶级特征消失,而通往中产阶级生活方式的某种途径可以畅通无阻的环境。[89]

　　在这种社会结构中,职业阶层和管理阶层的中产阶级刚好达到人口的 5%。将近 1/3 的人口构成了"一种难以描述的、三明治式的"中产阶级。"他们艰难地去维护尊严,他们(或至少是他们的孩子)被卡在他们希望爬入的上层阶级和不愿意坠入的下层族群之间。"但是 65% 的芝加哥黑人落入到劳动工人阶层中,重要的是这群大众被分化为不均等的两半。

　　这些工人阶级一部分构成了青铜村"中层"社会阶级的主干,以它所强调的

84　Myrdal,1944,935.　　85　Frazier,1966,364.　　86　Drake and Cayton,1945,174.
87　Drake and Cayton,1945,73.　　88　Drake and Cayton,1945,521.　　89　Drake and Cayton,1945,710.

❶ 圣克莱尔·德拉克(St. Clair Drake)与荷拉斯·凯顿(Horace Cayton),两人都是社会学方面非常有影响力的代表人物,他们在 1940 年代完成的不朽巨著《黑色大都市:关于一个北方城市中黑人生活的研究》,不仅揭露了 1930 年代芝加哥城南区美籍非裔居民的城市生活状态,还深深地影响了之后几代学者的研究。
❷ 青铜村(Bronzeville),起先是对芝加哥城南部黑人聚集地区相对于隔都一词较为温和的称呼,名字来源于在该区域占主导的美国籍非洲人的棕黑肤色。自 1945 年芝加哥那场影响深远的"Major of Bronzeville"运动的开展后,该词又特指城市中的黑人区。因为那场运动使该词在表达黑人社区时让居民们感到了一份归属感和自主感。

"受人尊重"和"成功"的标志为特征。然而,工人阶级的大部分则处于"较低"的
社会状况,以缺乏约束和缺乏对于更高社会阶层标志的追求欲望为特征。自弃
与违纪,青少年犯罪以及打斗和暴乱在低层阶级圈层中很普遍……青铜村中的
低层阶级处在一个与白人和其他黑人明显不同的世界中。[90]

经济是重要的划分线。在 1940 年,超出 1/3 的芝加哥黑人处于失业或被列入"应急
就业工程"(Emergency Work Projects)。[91]"许多这样的家庭事实上是出于经济需要[92]
而发展并维持的互助社会。"由于低下且不稳定的收入和破败的住房,要维持任何一
种家庭生活都是困难的。有时,家庭之所以存在是因为父母为了有资格去获得更多
的救济,甚至在碰到社会调查员工作时,非法出生婴儿也可以用作一种工具……在
一些社会学家的话语中,青铜村处于社会无组织化的状态之中。[93]其结果就是由自杜
波伊斯和奥多姆以来的其他社会学研究所记录下来的人们所熟悉的模式。"缺乏就
业机会,再加上甚至不能去一所小学接受教育,这些很早就在一部分黑人男性身上
导致了不停游荡的特定模式",这是"一个重要因素,导致了在废除奴隶制以来的
80 年中,不能形成稳定的、传统的家庭单元"。这样就"把维持家庭单元的责任转移
到更加低层的妇女身上",导致"低层阶级男人在面对他们的女人和孩子时,处在一
种虚弱的经济地位。男性的控制减弱了,妇女就成为主导角色"。[94]于是,

> 一种早期的南方模式在青铜村得到了深化和加强。相对较短且不稳定的
> 非正式婚姻与妇女方面周期性的、痛苦的理想破灭交织在一起,最终结果经常
> 就是由于遭到丈夫的遗弃,或者是某个妻子急切地开除了她的丈夫,所形成的
> 一个"寡妇"和她的孩子们。[95]

其必然的结果就是青少年的违法和犯罪。在 1930 年,大约 20% 出现在青少年法庭
上的是黑人。大萧条使得情况变得更糟糕,"抢劫在下层阶级地区,甚至在主要街道
上变得十分普遍"。而且对于每一个被捕的人,其身后都有"成千上万个底层阶级的
年轻人……他们徘徊在犯罪的边缘。而穿着阻特装(Zoot-suit)❶,围着妇女转圈并
试图搭讪的黑人青少年被称为'猫'"。[96]在 1928—1933 年,黑人新生儿中,大约 1/9
是非法的,大多数属于那些刚到城市的下层年轻妇女。她们身上弥漫着原先的乡村
特征,在那里,孩子被认为是有助于农活的上苍的礼物,而没有任何污点的含义。[97]

　　在该研究后的 20 年间,芝加哥的黑人数量急速增长。1966 年居住在城市里的
黑人是 1920 年的 10 倍,从占总人口的 4% 上升到 30%。隔都本身也得到大规模的
扩张,它的商务主干线向南偏移了 2 英里。[98]这一切仅仅是在 1947 年到 1957 年间一
系列的暴乱之后形成的,在这时期后撤的白人(如同在 1919 年)不仅保住了他们的地

90 Drake and Cayton, 1945, 523.　　91 Drake and Cayton, 1945, 214.　　92 Drake and Cayton, 1945, 581.

93 Drake and Cayton, 1945, 582.　　94 Drake and Cayton, 1945, 583.　　95 Drake and Cayton, 1945, 584.

96 Drake and Cayton, 1945, 589.　　97 Drake and Cayton, 1945, 590.　　98 Hirsch, 1983, 3.

❶ 阻特装(Zoot-suit),一种上衣及膝、裤子紧窄的服装。

盘,而且大大减少了流血冲突。[99]

　　但是在该过程中,隔都的性质也得到改变,隔都被芝加哥住房局(Chicago Housing Authority,CHA)接管。由此导致的政治冲突分裂了城市,并且几乎摧毁了住房局本身。CHA 于 1949 年制订的在 6 年中建造 40 000 个额外住房单元的计划,涉及将大量黑人置入白人区。当它试图这样去做时,暴乱持续发生。城市行政区的官员们恐慌了。最终,CHA 的主管伊丽莎白·伍德(Elizabeth Wood)被解职,[100]进行融合的尝试被迫放弃。CHA 在与城市政治领袖磋商后,开始着手制订一项依法隔离的大型计划。

　　在 1950 年至 1960 年代中期获得批准的 33 个 CHA 项目中,只有一项是在一个黑人比例低于 84% 的地区完成。除了 7 项外,其余全都处在黑人比例不低于 95% 的地区,超过 98% 的公寓位于全黑人的社区中。正如批评者后来所指责的,CHA 沿着州际大道,并且沿着从第 22 街到第 51 街区段的其他街道,正在建造一条由廉价租房构成的密实走廊。[101]当它完成时,白人搬走了,在 1945—1960 年建造的 68.8 万套新住房中,超过 77% 是在黑人稀少的郊区;[102]到 1969 年时,一位法官发现 CHA 的家庭住房 99% 是黑人居住的,99.5% 处于黑人区域或"过渡区域"。[103]城市"第二代隔都"的面积几倍于 1919 年城市灾难性的种族暴乱时期的第一代隔都,同时也更加孤立了。它原先的北端现在几乎被严密地冻结在规则化的混凝土之中。[104]

　　新隔都的中心和标志是罗伯特·泰勒住区(Robert Taylor Homes),这是世界上最大的公共住房项目。多达 43 000 个居住单元建造在一块 95 英亩的基地上,2 英里×0.25英里的范围内有 28 幢 16 层的建筑。在原先的 27 000 个居民中,20 000 个是儿童。几乎所有居民都是黑人,完全贫困,超过半数以上依靠公共救助。在整个项目中,有 2 600 名男人,其规模几乎等同于一个 25 000 人的小镇,其中,几乎 90% 都是妇女和儿童。[105]一位居民谈道:"我们一个叠着一个地住在小破屋里,到处都是危险,几乎没有隐私、安宁和安静。全世界把我们看作一群生活在隔离区中,如同老鼠一样不可接触的人。"[106]一个私有的贫民区变成公共的贫民区,换言之,这就是 20 年间住区内的唯一变化。

　　在 1990 年代初去参观罗伯特·泰勒住区会带来社会学的启示。一个小孩天真地问:"你们是警察?"(我们是白种男人,所以我们是警察);一个有些莽撞的同事,试图拍摄一个过路人,他的反应是立刻捂住自己的脸,我们是拿着照相机的白种男人,于是我们就是警察,就是试图去逮捕他的人。在拐角处的情景可以给我们一些解释,一个巨大的、围护着的、几乎武装了的大院,停满了警车,而在 1/4 英里以外,成千上万个白人上班族乘坐伊利诺伊中央铁路或通过州际 90 号公路往返其间,他们的行为就好像生活、工作于另外一个国家。不消几年之后,这些白人就开始要拆除罗伯特·泰勒住区。

99 Hirsch, 1983, 68–71.　　100 Bowly, 1978, 76–84.　　101 Bowly, 1978, 112; Hirsch, 1983, 243.
102 Hirsch, 1983, 27.　　103 Hirsch, 1983, 265.　　104 Hirsch, 1983, 265.
105 Bowly, 1978, 124, 128.　　106 Bowly, 1978, 124.

几乎在同一时间,在另一个中西部的公共住房项目的隔都中,另一个社会学家小组正在进行着一项调研。这是一项特殊的调研,因为对象是臭名昭著的、在圣路易斯市开发的普鲁伊特-伊戈住区,在第7章中已经叙述了它的生与死。他们所发现的实际上就是罗伯特·泰勒住区的一个翻版。在该项目的9 952个居民中,2/3以上是少数民族,2/3以上小于12周岁,妇女主持着62％的家庭,只有45％人口依靠就业来获得唯一的收入来源。[107]于是毫不奇怪,这个故事有着所有关于家庭解体、男性边缘化、违法和社会分裂等人们所熟悉的内容,只不过在这里显得更加极端和显著。普鲁伊特-伊戈的居民居住在一个噩梦般的世界中,自从搬入以来,41％的家庭经历过偷盗,35％的人受过伤,20％的人受过严重的袭击。[108]在瑞恩沃特(Rainwater)的发现中,重要之处在于,尽管存在上述事实,但是人们的价值取向是主流的、几乎是中产阶级的价值取向。问题在于要去维持这些价值取向就需要获得上层工人阶级所享有的稳定性和收入水平,这意味着收入水平要高出他们一般可以获得的50％～100％[109],结果就是,

> 简而言之,品格高尚、传统生活是一种脆弱的、不稳定的成就,在下层阶级的隔都世界里,恪守传统目标的个人随时都有可能失败。紧紧被这种品格高尚的总体判断所纠缠,无论他们在血缘上、亲情上多么亲密,都会招致来自他人的不信任。这种不信任表现为两方面:一方面,别人可能图谋利用某人;另一方面更加微妙却同样重要的是,即使别人并不想去利用他,如果他有求于这些别人,就可能遭到拒绝……不论是在情人之间、配偶之间、亲戚之间或者朋友之间,人与人之间的关系可能并没有发生作用。[110]

于是,"普鲁伊特-伊戈的居民们感到在自己世界里的实际行为与他们应当如何行为的标准之间存在着一个巨大的落差"。一种相互隔离开始在一种自卑感中出现了,它的出现是应对剥削的一种手段。[111]于是,母系家庭、男性边缘化以及社区解体就被接受为生活的现实:"男人就是那样的","天生的"无责任心,没有人可以依靠别人,即使是他或她的配偶。[112]

> 可以认为,相当高比例的离婚率一方面来自由于街道系统使家庭极其容易瓦解而给婚姻带来的巨大压力,另一方面是由于妻子没有多少动力去对丈夫进行制约而导致婚姻内部的紧密性较弱。[113]

从这又延伸出其他一些奇怪的后果。由于缺乏一种较强的家庭纽带,或者从母亲的角度缺乏对孩子们心理上的关心,这反过来似乎又在部分孩子中导致了一种令人不安的大量的发展迟缓的行为。[114]当孩子们进入上学年龄后,困难就更多了:

---

107 Rainwater,1970,13.　108 Rainwater,1970,104.　109 Rainwater,1970,50.　110 Rainwater,1970,55.
111 Rainwater,1970,61,75.　112 Rainwater,1970,165-168.　113 Rainwater,1970,174.
114 Rainwater,1970,218-220.

普鲁伊特-伊戈居民对人的本性深深感到悲观,他们从本质上相信如果符合
自身利益,大多数人将会从恶,从恶比从善更加自然。这些基本信条与日常生
活的偶然性相互作用,使得从善非常困难。父母们觉得,他们的孩子长大后是
否要恪守从善的理想,完全取决于运气,而不是其他东西。[115]

孩子反过来认识到,他不能依靠自己的家庭,并且除非特别幸运,他的生活将不会太
有别于周围的长辈们。结果,他可能也开始顺从于生活的自然发展。在青春期,他
的狐朋狗友们告诉他,成功不会来自于学校或者职业的正统行为,而是通过成为"彻
底的浪子,也就是那些通过动他人脑筋来获取想要东西的人,那些只花最小的力气
和最夸张的方式,就能取得回报的人"。[116]

从瑞恩沃特的角度来看,这种疾症错综复杂的根源在于经济的边缘性和种族歧
视。黑人底层阶级在经济系统中不会找到一个有保障的位置,由于种族主义使黑人
在住房和教育等方面所得到的服务更加糟糕,这使得他们更加贫穷了。

这种无力去和其他人一样,使得黑人底层阶级失去了个人对意义和效应的
判断力,而在世界上不发达地区的更加简单、更加"原始的部落"中,这些是普通
人在习俗上和期望中的秉性……由于被迫与其他同样处于经济边缘的人共同
生活,与在同样状况下成长起来的社区里的人共同生活,对同伴进行盘剥和操
纵将会获得回报。[117]

其根源在于男性黯淡的经济前景和状态,这使他在妻子眼里的地位也很低下,迫使
他进入一种"一切为了自己"的自我保护状态之中,并依赖于别人对于成功进行衡量
的反应。"如果某人成功地创造了一种戏剧化的自我实现,他就会取得某种程度的
安全,因为那种自我实现不会被拿走或者花光(至少在短期之内)。"[118]

这种分析的重要性在于它的政策暗示。简单地从外部进行干预,通过教育系统
来传授中产阶级的价值观和热忱将必定失败,因为这不会改变生活状况。在这种生
活状况中,低层阶级发展了他们自己的世界观,以及关于他们在其中的位置的看法。
而且传统上的反贫困计划将会失败,因为它们要求贫困者去改变自己的行为,而不
能够给予使他们自己这样去做的动力。通俗地讲,第一重要的就是给穷人钱。[119]

1965 年,也就是在弗莱泽的经典著作出版 25 年之后,在米尔达的经典著作出版
20 年之后,另一位杰出的社会科学家做出了自己的贡献。本质上讲,这个贡献在于
标明了他们结论的重要性,强调了问题并没有得到解决。但是与以往的工作不同,
它引发了一场史无前例的政治风暴。其原因有两点:第一,丹尼尔·帕特里克·莫
尼安(Daniel Patrick Moynihan)是一位曾作为美国参议员投身政治的学者;第二,他
的报告《黑人家庭:国家行动的案例》(The Negro Family: The Case for Nation
Action)紧接着美国黑人历史上最动荡的 10 年(甚至超过了黑人解放)而作出,同时

---

115 Rainwater, 1970, 222-223.　　116 Rainwater, 1970, 286.　　117 Rainwater, 1970, 371.
118 Rainwater, 1970, 379.　　119 Rainwater, 1970, 401-403.

这也引发了历史性的最高法院于 1954 年针对"布朗对托皮卡教育委员会案"(Brown versus Board of Education of Topeka❶)所做出的裁定,并导致了约翰逊总统于 1964 年启动了公民权法案(*Civil Rights Bill*)。

莫尼安从这一点开始单刀直入:"对于美国白人来说,最难理解的地方在于……近几年美国黑人社区的环境已经变得更糟,而不是更好。"[120] 他以回应弗莱泽和米尔达的方式继续阐述道:"根本性的问题在于家庭结构。"

> 事实说明(即使不是最终的,但也是很有说服力的),城市隔都中的黑人家庭正在破碎化。一个中产阶级组群已经努力救助了自己,但是对于广大无技能、少教育的城市工人阶级而言,传统社会关系的网络已经完全解体……只要这种状况持续着,贫穷和落后的周期就会持续不断地重复自己。[121]

报告提出了人们完全熟知的家庭解体的证据,但现在的数据更加糟糕:将近 1/4 的黑人婚姻解除了;将近 1/4 的黑人出生是非法的,这 8 倍于白人的比例;几乎黑人家庭总数的 1/4 是妇女持家的;14％的黑人儿童,相对于 2％的白人儿童,依靠福利生存。[122] 于是,莫尼安总结道:"黑人低层阶级的家庭结构是严重不稳定的,在许多城市中心几近于完全崩溃。"[123] 其解释也与弗莱泽相同:奴隶制、重构、城市化。

> 在本质上,黑人社区被迫进入一种母系结构,因为它与其他美国社会如此的不同,这严重地阻碍了族群整体化的进程,并给黑人男性加上了一种压迫性的负担,结果同样也使很多黑人妇女背上了包袱。[124]

他着重指出,母系家庭导致了心理上的延迟满足能力缺陷,并在青少年和成年人生活中导致了一种不成熟且神经质的行为举止。[125]

至少对于早期的文献读者来说,莫尼安报告的结果同样也是熟知的。其报告仅仅肯定了没有发生什么改变,除了那几年的战争时期,黑人中的失业情况"35 年来仍旧处于灾难性的状态之中"。[126] 莫尼安接着说道:"黑人青年中的贫困、失败和隔离所造成的综合影响导致了灾难性的违法和犯罪率这样一个可以预想的结果。"很可能大多数的人身侵犯(强奸、谋杀、严重侵犯)是由黑人干的,其中的绝大多数是他们针对其他黑人干的。[127] 从教育角度来看,黑人青年也是严重落后的,56％不能通过标准的部队体能测试,这是能力的一个基本测量,"一名成熟的年轻男子不能通过这种考试是会有麻烦的"。[128]

莫尼安在结论中说道,他研究的目的在于去界定这个问题,而不是提出解决方案。他只是认为"国家用于解决美国黑人问题的努力必须针对家庭结构的问题,其目标应当

---

[120] Moynihan, 1965, n. p.　　[121] Moynihan, 1965, n. p.　　[122] Moynihan, 1965, 7-9, 12.

[123] Moynihan, 1965, 5.　　[124] Moynihan, 1965, 29.　　[125] Moynihan, 1965, 39.

[126] Moynihan, 1965, 20.　　[127] Moynihan, 1965, 38-39.　　[128] Moynihan, 1965, 40.

❶ 托皮卡(Topeka),城市名称,美国堪萨斯州的首府。

加强黑人家庭,来使之如同其他家庭一样能够抚养并支持其成员"。[129] 弗莱泽也提醒过他的读者,他于 1950 年曾经说过同样的内容,但是"问题仍然没有解决,并且变得更糟,而不是更好"。[130] 他确信这一次有了关键性的不同点:总统支持这种努力。

即使总统如此去做,他也很快改弦易辙,其原因并不完全是因为随后的争论,而是由于飞涨的越南战争军费。[131] 争论本身并没有使任何一个人显得印象良好,也许莫尼安是个例外。报告原本只是为了政府内部交流使用,但是它泄漏了出来并公开出版,社会科学家同行们被莫尼安所公开的令人不愉快的事实而感到窘迫,华盛顿福利基金会希望保持"色盲"这样的姿态。[132] 因此,每个人都有兴趣来否定这份报告,他们也及时这样做了。当白宫在该报告出版 8 个月之后举行一次会议时,正如一名代表所指出的,基本的假设就是"不存在丹尼尔·帕特里克·莫尼安这样一个人"。[133] 在这些批判中,至少有一篇是在没有阅读该报告的基础上写出来的,它真正的意图就是试图阻止会议去讨论家庭结构问题。[134]

隔都暴乱的影响

毫无疑问,引发这场广泛争论的一个原因就是对于美国黑人社区的了解在部分美国人中(就是美国的媒体)发生了变化,但是另一个更加重要的原因就是该报告恰巧是在一场席卷全美 20 多个城市的黑人隔都暴乱的过程中被提出的。这场暴乱于 1963 年从亚拉巴马州的伯明翰(Birmingham)开始,1967 年在底特律达到高峰。[135] 特别是莫尼安报告在 1965 年 3 月的出版,紧接着同年 8 月在洛杉矶瓦茨区就爆发了一场大骚乱,其中 34 人被杀,损失高达 3 500 万美元。[136] 媒体认为,莫尼安报告"解释"了瓦茨区的暴乱。[137]

事实上,后来的分析认为也许并非如此。在从 1967 年骚乱中恢复过来之后,由约翰逊总统任命的柯纳委员会(Kerner Commission)所提交的详细报告中并没有提到瓦茨区,但是它关注了一些夏天发生在 7 个城市中本质上类似的骚乱,其中包括亚特兰大、纽瓦克和底特律。报告总结道:

　　1967 年夏天的典型骚乱者是一名黑人,15～24 岁之间的未婚男性,在很多方面不同寻常。他不是移民,他出生在美国,并长期居住在发生暴乱的城市中。在经济状况方面与他那些并没有具体参与到暴乱中的黑人邻居几乎差不多。

　　尽管他也惯常地没有高中毕业,但是他比一般的内城黑人所受的教育要好,至少上了一段时间的高中。

　　但是,他更经常作为一名无技能的工人去做一些卑下或低层次的工作。即使

[129] Moynihan, 1965, 47.　　[130] Moynihan, 1965, 48.　　[131] Rainwater and Yancey, 1967, 294.
[132] Rainwater and Yancey, 1967, 299, 304-305, 310.　　[133] Rainwater and Yancey, 1967, 248.
[134] Rainwater and Yancey, 1967, 195, 233.　　[135] US National Advisory Committee, 1968, 25-108.
[136] US National Advisory Committee, 1968, 37-38.　　[137] Rainwater and Yancey, 1967, 139-140.

他就业了,他也并非全职性地工作,而且他的就业经常被间歇性的失业所打断。

他强烈地感觉到自己渴望一份更好的工作,但是并不能如愿,这并不是因为缺乏培训、能力或者进取心,而是因为来自雇主的歧视。

他反对白人偏执者关于"黑人是愚昧和迟钝的"的成见,他为自己的种族感到骄傲,并且相信黑人的某些方面要优于白人。他特别敌视白人,但是他的敌视更多来自于社会与经济阶层的原因,而不是种族。他也几乎同样敌视黑人中产阶级。[138]

事实上,这幅画面与委员会所提出的原型并无太大差异。换一种说法,典型的骚乱者是城市居民的第二代,从高中被开除出来的教育不合格者,但是他相信这并非是他在工作市场上失败的原因。他特别敌视美国主流社会,无论是白人的还是黑人的。2/3~9/10 的骚乱者是年轻的成年人,1/2~3/4 是无技能的,1/3~2/3 是城市移民,1/5~2/5 失业,1/3~9/10 有过犯罪记录。[139]

与黑人中产阶级不同,他们在工作、住房、教育中鲜有成就。换而言之,如果存在典型的骚乱者,他也是弗莱泽所描绘的底层阶级中的一位相当典型的成员。唯一值得一提的就是他属于底层阶级中有知识、有进取心的那一类。而且如果他确实如此,他就比那些先辈中的人更容易出现在街头,尤其是为了打劫。[140]

在其他地方,委员会的报告重复了现在人们所熟知的关于失业、家庭解体和社会无组织化的冗长叙述。在将家庭解体归咎为失业时,它实际上在重复莫尼安报告中的分析。在 200 万~250 万人口之间,城市中 16%~20% 的黑人比例,在种族隔都中生活于悲惨和萧条的状况之中,他们所遭受的失业率 2 倍于白人,3 倍于白人的黑人更可能从事收入低微的无技能或服务性工作。1966 年,超过 40% 的黑人处于贫困线以下。而另一种导致贫困的潜在原因是人们所熟悉的,将近 24% 的黑人家庭,相对于白人家庭这一数字是 9%,是妇女当家的。他们充满预言性地总结道:

> 由失业和家庭无组织化所导致的贫困文化,在隔都形成了一种粗鲁的、欺压的关系体系。卖淫、嗜好毒品、肆意的性聚会和犯罪产生了一个以个人不安、紧张为标志的残酷暴力环境……120 万 16 岁以下的有色儿童生活于城市中心的、由 65 岁以下妇女主持的家庭中。这些儿童的绝大多数成长于贫穷状况下,这使他们更容易成为犯罪和城市混乱的制造者,而不是依靠工作来进入美国社会。[141]

这就提到了 1960 年代骚乱的一个重要特征,也就是后来由莫里斯·贾诺维茨(Morris Janowitz)❶所强调的。不同于 1917 年发生在圣路易斯东区的社区暴乱,或者 1919 年发生在芝加哥的社区暴乱,[142]那两次是处在黑人隔都扩张边界上的一场种族之间的冲突,而这一次是在隔都内部的一场社区暴乱,以白人资产为目标,并以大

---

138 US National Advisory Committee, 1968, 128-129.　　139 Fogelson, 1971, 43, 114.

140 Janowitz, 1969, 325; Meier and Rudwick, 1969, 312.　　141 Meier and Rudwick, 1969, 262-263.

142 Janowitz, 1969, 317.

❶ 莫里斯·贾诺维茨(Morris Janowitz, 1919—1988),美国社会学家和政治学家,对于社会学中关于偏见、爱国者、城市问题等理论和研究做出重要贡献。

规模抢劫为特征。白人居所和白人不是攻击的目标,这场暴乱的一个主要特征就是
"免费购物"。一位哈佛大学社会学家爱德华·C. 班菲尔德(Edward C. Banfield)撰
写了一本关于这场暴乱的书,他在书的开头说道:"这本书,可能会让许多读者感到
震惊,因为写这本书的是个脾气不好的坏家伙。"[143]许多读者在看完《并非天堂的城
市》(*The Unheavenly City*)后表示强烈同意,特别是他那最臭名昭著的一章,"暴乱
主要是为了好玩和牟利"。学生们起哄并中断他的讲课。班菲尔德据说就喜欢这
样,传闻中他是个很爱争辩的家伙。

　　他的主题是,美国(以及所有现代的)社会已经被分解成四类阶层:上层、中层、
工薪层和底层。前三者拥有共同的社会规范,但底层阶级却不是。其成员就是他所
谓的"今朝有酒今朝醉":始终无法事先考虑,或者规划自己的未来,活着只是一种本
能,陷入于深刻的自卑感和不满感。他因此提出来这样一种概念,即底层阶级的"文
化"是暴乱的直接原因。

　　在那恶名远扬的章节里,他认为暴乱似乎从来都不是一种政治叛乱,这些暴乱
反映了"贫民窟居民的动物精神和偷窃行为的突然爆发,他们多数是男孩和年轻男
性,而且主要是黑人",并由于他所谓的"加速原因"而恶化,尤其是"耸人听闻的电视
报道",他认为纽瓦克(Newark)暴乱的影像显示出警察并没有作为,(反而)充当了抢
劫的一个激励角色。

　　对思想自由的读者来说,这已经够糟糕了。但是由于他总结说这个问题没有答
案,从而进一步激怒了读者。可能的解决方案,如强制控制生育、密集盘查、关闭电
视报道,或者无法执行,或者人们难以接受,或者两者兼而有之。并且,因为底层阶
级的繁殖速度快于其他人口,它可能会变得更糟。

　　40 年后,美国大城市的犯罪率过了高峰期,并开始下降。原因是强化了比尔·布
拉顿(Bill Bratton)❶风格的治安,还是潜在的人口变化? 这将无休止地争论下去。
但是无论喜欢或者讨厌班菲尔德的观点,这里都有一个令人不安的元素:虽然他说
到的底层阶级已经在城市里出现了好几个世纪,但今日充满竞争并且富足的社会将
这类阶层与其余人群区分开来的现象更加显著了。为了改变它,这将需要一个急转
弯,即回到 1950 年代的斯堪地纳维亚的北欧社会。难道社会(美国社会、英国社会甚
至瑞典社会)都不再愿意这样了吗?[144]

　　不管你是否如同爱德华·班菲尔德那样在当时将它理解为"暴乱主要是为了好
玩和牟利",或者如同肯尼斯·福克斯(Kenneth Fox)❷后来所理解的"对于许多人而
言是一件自豪的事情,一种联合全国的叛乱并使之不断强化的方式",二者都是一种

---

[143] Banfield,1970,vii.　　　[144] Hall,2011a.

❶ 比尔·布拉顿(Bill Bratton),1947—2006,美国法治官员和商人,曾经担任波士顿警察局局长、纽约市警察局
局长、洛杉矶警察局局长。布拉顿的执政风格强调对于生活秩序实行强制规范,严厉打击犯罪和违法乱纪。
❷ 肯尼斯·福克斯(Kenneth Fox),美国著名儿科医生和医药人类学家,他不知疲倦地提倡对于青少年尤其是
对有色种族青少年(即 youth of color,此类群体中艾滋病感染者、性传播疾病患者以及意外受孕少女的比例
远远高于其他类别的青少年,而情况在美籍非裔青年和拉丁少女中显得更为突出)的关爱。

解释方法。[145]这就向柯纳委员会提出了对于许多美国人来说是最重要的问题：为什么当时的黑人没能够沿着典型的向社会上层移动的移民道路？委员会的主要回答是时间因素。当黑人大量来到城市时，恰逢门槛性的无技术工作正在消失，即使还有这些工作，它们也带有耻辱性的污斑，而先辈们对此并不在意，因为当时大部分工作都是无技能的。对于黑人的歧视比之前的白人移民强烈得多，而且政治系统并没有进行调整，以满足移民的要求。[146]

最终，柯纳委员会当时并没有把它的基本解释集中放在黑人家庭解体方面，而是放在它所认为的"白人种族主义"上，它认为这是"第二次世界大战以来聚集到我们城市中间来的爆炸性混合的根本原因"。[147]它的主要特征就是，普遍性的歧视和住房隔离（这导致了黑人隔都），黑人迁入和白人从城市中迁出，以及作为结果的隔都文化的发展。在这种文化中，"其结果就是犯罪、迷嗜毒品、依赖福利以及对于社会总体尤其是白人社会的仇视与愤恨"。[148]

因此，柯纳委员会的分析并没有发掘出太多新的东西。有意思并且重要的是它如何解释这些偶然的关联性，并进而解释这些暴乱的原因所在。对于柯纳而言，暴乱是由于白人种族主义的过错，于是白人应当因黑人暴乱而受到谴责。一个主导性的白人保守团体形成了，这是黑人激进马克思主义者弗莱泽在经历了30多年的研究后，从来也没能够前瞻性想到过的一个原因。这是一个吊人胃口的悖论，是一个时代象征。

暴乱之后

柯纳报告继续以"创建一个新的联盟——一个单一的社会和一个单一的美国标识"[149]为目标，提出了一系列的措施。通过创造就业和消除工作歧视，通过更好的教育并在学校系统中消除事实上存在的歧视，通过更好、更多的统一福利标准，以及消灭非标准的住房，它的目标在于拆除隔都看不见的围墙，最终使黑人底层阶级融入美国生活的主流。

这当然没有成功，但是导致了至少两个关于美国黑人进步的研究，它们分别是由威廉·J.威尔逊（William Julius Wilson）❶于1978年领导，以及由雷纳兹·法莱（Reynolds Farley）❷于1984年领导的。他们表明了不同的观点，但是他们的许多结

---

145 Banfield，1970，185-209；Fox，1985，160.

146 US National Advisory Committee，1968，278-282.　　147 US National Advisory Committee，1968，10.

148 US National Advisory Committee，1968，10.　　149 US National Advisory Committee，1968，23.

❶ 威廉·尤利乌斯·威尔逊（William Julius Wilson，1935—　　），美国社会学家，1972—1996年执教于芝加哥大学。主要研究城市贫穷问题（特别是与隔都相关的课题）、城市中不同种族以及不同社会阶层间的关系，此外还对跨文化审视过程中（cross-cultural perspective）社会不平等问题有所关注。

❷ 雷纳兹·法莱（Reynolds Farley），美国人口研究中心名誉教授、芝加哥大学社会学教授，其研究方向关注与美国人口变化趋势，并且在种族差异、种族划分以及城市结构等领域也有所建树。

论却非常相似。威尔逊的著作名为《种族重要性的衰落》(*The Declining Significance of Race*),主题是"在决定黑人通往特权和权力时,阶层比种族更为重要"。[150]

于是,有天赋和受过教育的黑人可以与具备同样素质的白人一样,或者比他们更快地进入就业。因此黑人,尤其是那些关注于福利分配的黑人,特别地从政府扩展了的就业中获利,[151]进而导致黑人中产阶级的巨大发展,黑人男性(中产阶级的)比例从 1950 年 16.4% 上升到 1970 年的 35.3%,下层阶级相应地从 50.7% 降低至 36.4%。[152]

然而,除了这些令人鼓舞的因素之外,"黑人下层阶级仍然处在绝望的深渊之中,远远落后于社会的其他部分"。[153]威尔逊认为,其原因就是在劳动力需求中存在的"扭曲"因素,这是由经济学家查尔斯·C.奇林沃思(Charles C. Killingworth)❶ 在 1968 年的一项研究中提出的:对于低技能、教育程度低下的劳动力的需求有一种长期性的下降,这远比这种劳动力供给得下降速度要快。[154]确实,这类工作仍然存在,但是要求已经提高了。它们不太稳定,许多黑人不愿意做这样的工作,因为他们将丧失自己的尊严。[155]另外,对于下层阶级成员而言,非法行为更有意思,也更加有利可图。威尔逊引用一份 1966 年关于哈莱姆居民的调查,在那里,20% 的居民涉及非法行为。[156]

威尔逊认为,女性主导家庭的现象在当时同样是阶层性的,而非是种族性的一种现象。1974 年,在收入低于 4 000 美元的黑人家庭中,只有 18% 的儿童与父母生活在一起;在收入 15 000 美元或更高的家庭中,则达到 90%。[157]其原因在于"由现代工业社会所造成的边缘性和过剩的情况影响到的是所有穷人,而不是种族"。黑人在下层阶级中不恰当地进行了表现,他们中的 1/3 仍然停留在那儿,但这是以往压迫的遗留,而非今人的歧视。[158]

在最后一点中,威尔逊的分析与 3 年后的斯蒂芬·斯滕伯格(Stephen Steinberg)❷ 的《伦理神话》(*The Ethic Myth*)一书中的观点不谋而合。斯滕伯格同样肯定了在一个潜在的黑人中产阶级与"广大黑人底层阶级的绝对存在"之间的分异,这给他提供了"制度化种族主义的初步证据"。[159]但是,这又显示出斯滕伯格指出的是长期存在的种族主义。他基本上跟随着 1920 年代帕克的分析,认为在不同种族背景移民的成功适应过程中,存在的主要变量就是他们以前是否拥有过城市生活的经验。这样,在到来之前就几乎完全城市化的犹太人已经获得了非凡的成功,而来

---

[150] Wilson, 1978, 2.　　[151] Wilson, 1978, 103.　　[152] Wilson, 1978, 129.　　[153] Wilson, 1978, 2.
[154] Wilson, 1978, 95-98; Killingworth, 1968.　　[155] Wilson, 1978, 104-106.　　[156] Wilson, 1978, 108.
[157] Wilson, 1978, 132.　　[158] Wilson, 1978, 154.　　[159] Steinberg, 1981, 209.
❶ 查尔斯·C.奇林沃思(Charles C. Killingworth),加州大学伯克利分校教授、美国著名经济学家、社会学家,是美国种族与种族划分领域闻名全球的权威专家,其研究领域包括种族、迁徙、城市社会学和社会学理论等方面。
❷ 斯蒂芬·斯滕伯格(Stephen Steinberg),约翰·霍普金斯大学教授、经济学家,曾发表《工业关系与自动化》等著作。

自南方农村的意大利人则很少如此。[160]但是,尽管黑人是美洲最早的移民群族,但是在南方种植庄园主与北方工业家之间不谋而合的阴谋中,他们在解放后被蓄意地排斥于北方城市之外。[161]于是,当他们迟缓地进城之后,对于这场变革几乎毫无准备。

法莱的分析显示出,在富有和贫穷的黑人之间存在着几乎相同的分歧。他认为这一差异几乎以同样的方式延续下来,但是在绝对收入方面却越拉越大。[162]在比威尔逊更新的数据基础上,他揭示的是黑人发展趋势中一个不祥的逆转。在美国黑人贫困人口中,从1950年的超过50％下降到1974年30％的低点,随后在1982年又回升到36％。

法莱认为他的解释不同于威尔逊,性别而不是阶层,是现在造成底层阶级的主要因素。但是事实上他的观点并不与威尔逊相冲突,二者都证明了所谓的贫困阶层女性化,这也是迅速上升的妇女持家的产物。在这里,一个存在于黑人与白人之间最主要的差异被揭示出来。在1960年,90％的白人儿童(在黑人中只有66％)与双亲生活在一起,但是到1982年时,这一数字下降到81％和42％。[163]而这反过来又是由于黑人私生率快速上升的结果,1950年,白人私生率是2％,有色人种为17％;到1960年代后期时,变为6％和32％;到1980年时,变为10％和55％。[164]确实,现在白人的私生率上升得更快。但黑人中间令人感到头痛的因素是问题的绝对数量,非但远远没有如同大多数观察者所希望和期待的那样,它反而变得更糟了。

其结果是悲惨的。1982年,19％的黑人夫妇家庭生活在官方贫困线以下,而妇女持家的数字是59％。[165]换言之,在1959年,2/3的黑人贫困家庭是由夫妻型构成的,而到1980年时,3/5是由妇女持家型构成的。[166]所有这些都非常有力地支持了法莱的结论:"改变了的生活方式有助于解释在1970年代持续高涨的贫困率。"[167]或者正如有人所说的那样,贫困不再取决于你所做的事情,而在于你与谁一起生活。

问题永远都是什么导致了这样。法莱的解释是,可能向拥有抚养儿童的家庭支付的福利费用越高(以目前美元计算,从1960—1980年间上升了28％),事实上却加剧了家庭的分裂。在1970年代后期,大约44％的福利接受者是黑人。[168]法莱指出,如果确实如此,这将有意思地与莫尼安于1965年提出的观点相冲突。莫安尼认为通过为黑人创造更多的就业机会,家庭成员就会被鼓励生活在一起;事实上,许多这种就业机会已经被创造出来了,但它并非如同期望中的那样有效。法莱认为这种变化是更加深层的社会变革带来的,而白人社区很可能也是如此。[169]

事实证明法莱是对的。美国黑人的私生率上升得更高,在1980年代初上升到整个出生数量的56％,其中大约40％是属于十几岁的青少年。几乎1/4的黑人青少年在18岁之前就有一个私生子,全部黑人家庭的47％是由妇女持家的,[170]而且根本原因似乎是结婚率异乎寻常的下降,在1970年代下降到45％,到1980年代初,86％的黑人青少年母亲是单身。[171]接着,另一个趋势似乎证明法莱又对了:在当时1/3白人

---

160 Steinberg,1981,94-98. 　161 Steinberg,1981,173-174,201-202,221. 　162 Farley,1984,181-183.
163 Farley,1984,141. 　164 Farley,1984,138. 　165 Farley,1984,158. 　166 Farley,1984,161.
167 Farley,1984,160. 　168 Farley,1984,170. 　169 Farley,1984,169-170. 　170 Hulbert,1984,15.

青少年的生育也是非法的。然而这里的差异仍然是惊人的,在 17 岁及以下的未婚女孩中,黑人的出生率是白人的 8 倍。[172]

同时,黑人底层阶级的苦难似乎总是在变得更糟。早在 1987 年出版的一项由理查德·P. 拿桑(Richard P. Nathan)❶ 所做的研究认为,在 1970—1980 年间,美国前 50 位的城市总人口下降了 5%,而它们中的贫困人口却几乎上升了 12%。在这个总量中,白人穷人的数量下降了 18%,从 320 万下降到 260 万,黑人穷人则上升了 18%,从 260 万上升到 310 万。另外,84% 的黑人穷人集中居住在贫困地区,而且尽管数据有限,却可以显示 1980 年以后这种趋势仍在持续。[173]

这里正在发生一些特别的事情,但是人们并不十分清楚其原因是什么。正如弗莱泽在很久以前所认为的,不会发生缺乏良好教育的黑人农村女孩降临到城市的新浪潮。在 1970 年代,黑人移民浪潮减缓,甚至回落。正如有些人所认为的,这可能是萧条和失业使得黑人男性不愿去结婚,但是它不能解释事实性的制度崩溃,以及随之而来的违法犯罪的迅猛上升。福利水平的稳步提高似乎也不能提供一个长远的充足理由,一个令人担忧的征兆就是美国人现在在年轻的一代中看到了另外一种社会文化的趋向。

但是与原来莫尼安引起的哗然相比,至少黑人社区领袖也开始公开针对"孩子们有了孩子"的问题发表看法,他们从中看到了一场真正的未来悲剧的苗头。"长期以来,把针对我们社区结构中存在的负面问题进行的公共讨论看作是对黑人的攻击,我们也许是过于保守了。"全国城市联盟主席约翰·雅各布(John Jacob)说道:"在很多场合下确实如此,但是很多因素必定仍然对我们产生影响。"[174]确实,当由这些在城市街道上生长成熟的成千上万个没有父亲的儿童所构成的阴云威胁性地出现时,这些因素确实在起着作用,这场大火也许下一次就将抹去以往的记忆。

最终,莫尼安似乎恢复了声誉。1987 年 1 月,他发动了一场采用一个全新的系统(它将第一重点放在获得的收入上)来更替美国福利项目的运动。重要的是,它赢得了从里根总统以下所有政党的支持,并且在一个月以后,民主党与共和党的州政府官员们批准了一项决议,要求福利支出系统立即转向成为一种"工作福利"(Workfare)项目。他们援引了一项背景资料的支持,将注意力导向另一个问题:

> 美国社会网络中深层而痛苦的变革:大量的年轻妇女和儿童处在贫困之中,对于福利的高度依赖性,单亲家庭和挂钥匙儿童数量的大幅增长,成千上万个功能性文盲的成年人,酗酒与毒品泛滥问题的恶化,怀有第二或第三个孩子的青少年,以及其他许多已经从学校里辍学的孩子。[175]

---

171 Hulbert, 1984, 16.　　172 Hulbert, 1984, 16.　　173 Herbers, 1987a.　　174 Qutoed Herbers, 1987a, 16.
175 Herberts, 1987b.

❶ 理查德·P. 拿桑(Richard P. Nathan),纽约州立大学奥尔巴尼分校政治学和公共政策学教授。书中提到的研究源自于他 1987 年出版的《里根与美国》一书。

这篇文章有点辞藻华丽,但并不过分。令人有点惊讶的是,州长对于部委、国会将会通过他们的提案表达出普遍性的自信。

在此之下则是美国以及其他发达国家的更为深刻的经济转型。正如在第 12 章中所描述的,制造业迅速走上了农业雇佣的路线,这些国家和城市开始越来越多地控制和交易信息。但是这一改变在城市之间和城市内部产生了一系列的多重极核化,正如萨森指出的,伦敦和纽约是收获者,而伯明翰和底特律则是失败者。除非(以伯明翰为例)市政管理足够机灵来使城市从制造业中调整出来,转入信息服务的功能上去。到 1990 年代时,美国的工业大城市如同英国的一样,已经变成博物馆场地、布满空荡工厂的阴郁环境以及曾经是工厂林立的巨大空间,住房同样也搬空了。这样,一种奇怪的犬牙交错的城市景观开始出现了。在这些几乎超现实的城市场所中(费城北部、芝加哥南部、曼彻斯特东部、纽卡斯尔西部),人们仍然生活在那儿,尽管他们中越来越少的人在工作。但是即使在最有秩序的全球城市中,如纽约或伦敦,在一群信息富有的多数人和一群信息贫困的少数人之间,在罗伯特·莱奇(Robert Reich)❶[176] 所谓符号性的分析家和偶然性的服务工人之间,众多的极核已经发展并强化,并且在不断增长,而信息贫困者(他们恰巧也成为金钱贫困者)集中到公共住房中,贫困儿童被当地学校接收,并且如同在无数的案例中那样,使他们变得更加贫困了。其结果就是在汤姆·伍尔夫(Tom Wolfe)的寓言《虚荣的篝火》(*Bonfire of the Vanities*)中所表现的那种城市。在那里,负责安全的宇宙主人与城市底层阶级面对面,它恰好是纽约,不过它也可以是伦敦、巴黎或阿姆斯特丹。在 1990 年代,越来越多的迹象表明,曾经被认为是益格鲁美国人放任经济产物的底层阶级现象也在许多与之不同的社会和城市中显现出来,巴黎和阿姆斯特丹的大规模公共住房项目的入住率因结构性的失业者和他们的孩子而不断上升,并且正如在纽约和伦敦的类似现象,暴力就在表面之下潜伏酝酿着。

这里有很多讥讽的因素。不能干的孩子往往都是男孩,而女孩的表现则优于他们。自从人类出现后多少代以来,付给肌肉的奖赏现在变成零(也许有人说是负数,因为过量的睾丸激素在强奸和伤残中扩张);支付给有才智和自我组织者的租金在增长,而且在这方面,贫穷的妇女似乎比贫穷的男性表现得要好一些。那些唯一的财产就是他们超常体能的男性,无论在劳动力市场或者在婚姻市场上(这可能是由于前者引起的),都不再具有良好的前景,其结果就是底层阶级家庭的解体,这可以非常显著地(但不是唯一的)在美国城市里的非洲裔低收入者中看到。

威廉·J.威尔逊以此为主题,于 1987 年出版的著作《真正的弱者》(*The Truly Disadvantaged*)引起了轰动。[177] 他发展了自己早期的一些观点,描绘了一种非洲裔美国人已经极核化了的世界中:他们中的一半升入中产阶级,而另一半则过于经常

---

[176] Reich, 1991.　　[177] Wilson, 1987.

❶ 罗伯特·莱奇(Robert Reich),加州大学伯克利分校公共政策学院教授,曾为 3 个国家的行政管理机构服务过,最近一次是作为克林顿总统的人力资源部部长。

性地获得管理福利,其余的则生活在一个事实上没有工作,也没有前途的世界中,生活在低收入的隔都中。这个系统甚至在通过学校系统而自我增强。1996 年,威尔逊在与几百个贫民区的居民进行访谈的基础上,详细地记录了这个现象,他们用这本书的书名述说了一个工作消失了的世界。[178]在美国大城市中,大量消失了的产业工作使无数的低技能工人陷入长期性失业的状态中,或者以零星最低报酬的工作为生的状态中。当这些发生时,工作的道德准绳锈蚀了,留下了一个几乎无人工作的社区,并且在那里,另一种形式的工作(毒品交易、早期怀孕和依靠福利生活)则被视为一种更有吸引力的替代。正如一位 28 岁的享受福利的母亲形象描述的:

> 胡扯、耍花招、卖毒品,任何事情都可以。提醒你,没有哪个人是一名抢劫犯,你知道,但是他可以做任何一件事情。我自己就曾经卖过大麻,我不是一名毒品贩子,但我只是在努力维持生活,我努力使桌上有面包,我有两个孩子。[179]

在这个世界上,婚姻越来越如同常规工作一样成为一种稀罕物。随着正常家庭结构的消失,孩子的社会化也在消失,没有人认识一个有着工作经验或社会关系的人,换言之,也就是在大多数社会中的拥有正常经验的人。犯罪和兜售毒品却被视为正当工作。

　　威尔逊的著作引发了美国和其他国家的大量研究工作。在欧洲的情况则是底层阶级与城市中少数族群并不重叠,虽然某些少数种族可能会遭受到不合比例的失业和其他贫困疾症的侵扰。本质上,只要是传统男性工作机会消失,并导致大量年轻男性失去前途,逐渐堕入一个犯罪、毒品和酗酒的生活中,那么这种现象就会发生。它可能会发生在任何地方,在泰恩塞德(Tyneside)以往码头后面的平台上,在南威尔士的老煤谷中,在伦敦东区、泰恩塞德或法国北部的传统工业区中,但它是典型城市性的。在大城市中,它是收入和生活水平极化的一部分,在诸如里根时代的美国或者撒切尔时代的英国所极力推崇的自由市场资本主义的社会里是非常明显的,而在诸如伦敦、纽约和洛杉矶这样全球性城市中则最为明显。

　　在这里,它开始与另一种令人担忧的现象相互作用,这是世界全球化的一种奇特现象,巨大的、全球范围的毒品种植、交易和流通产业的发展。根据 1994 年联合国关于全球有组织犯罪的会议估计,全球毒品交易总量大约高达每年 5 000 亿美元,高于全球的石油贸易。在一年前,经济合作与发展组织(Organisation for Economic Cooperation and Development, OECD)报告每年至少有 850 亿毒品交易的黑钱在全球金融系统中被洗出来,其他的估计则更高。[180]并且,这个毒品系统不断将它的触角伸展到贫穷的街区中,在那里,它找到了现成的市场和潜在的毒品经销商。

　　如此看来,城市规划对此鲜有答案。一些物质性的拆除主义者遵循着美国建筑师奥斯卡·纽曼在 1970 年代早期所采取的路线,认为可以通过重新设计来改善存有问题的城市住房项目的状况,以此来消除不可防卫性空间,将可防卫性空间最大化。

[178] Wilson, 1996.　[179] Wilson, 1996, 58.　[180] Castells, 1998, 168.

英国地理学家艾丽丝·科勒曼(Alice Coleman)对于这个观点非常赞同,英国地方政府也积极将他们最糟糕的房地产科勒曼化。在一项最著名的计划中,也就是威斯敏斯特城西北角远端的莫扎特(Mozart)住区,住房部门拆除了空中的露天平台,将街区围合起来使之隔离,改善了通向楼梯的入口。但是1995年一项由约瑟夫·罗恩特瑞基金(Joseph Rowntree Foundation)所做的研究表明,这种改善只是暂时性的,这种变化使入室盗窃案下降了5个月,但随后又反弹上升,袭击和街头抢劫也同样如此。在另一个声名狼藉的问题住区项目(伦敦哈克尼(Hackney)自治区的金斯梅德(Kingsmead))中,政府采取强硬措施,用禁制令和收回抵押的命令来摒除一直存在的犯罪,然后为年轻人开展了一个社区活动的项目。一年之后,入室盗窃案从340起下降到50起。这里的经验就是单独的物质改善可能不起作用,它们可能仅仅将犯罪转移到其他地方(正如纽曼于20多年前所认为的那样),或者改变了从一种犯罪转变为另一种犯罪的平衡。但是设计工作如果加上更好的住房管理,再加上年轻人和社区行动,就可以发挥作用。所存在的问题就是这些地方行动并不能消除长期性的失业,而长期性失业对于犯罪起着主要作用。因此,设计可以起到一些作用,但仅此是不够的,其答案处于任何一个住房部门所能触及的范围之外,并且可能处于任何人的能力之外。

英国的底层阶级

　　既然已经一路走到这里,许多人也许会合乎逻辑地质疑:这与城市规划的历史有什么关系?因为城市规划(在本书中所使用的任何含义的规划)似乎明显地从整个美国故事中消失了。其内含有两方面的缘由。城市规划的历史不能与促使城市规划产生的城市问题的历史分离开来,虽然几乎难以令人置信,美国历史的意义恰恰就在于:城市规划的探究没能涉足其中。这意味着与几乎所有其他具有可比性的国家不同,美国人能够将社会病理学的问题从所有相关设计方案的讨论中分离出来。用来解决隔都问题的方法(如果它存在)是通过一系列的政策——就业、教育、住房来解决的,它们与城市规划几乎没有关系,至少当时美国人是这样理解的。当我们回想起(在第10章中提到)就是在发生骚乱的年代里,美国规划理论家才开始相信规划可以是一种针对任何一种问题的、可以采用的、适应调整的方法,这就更加奇怪了。

　　另外一个更为直接的答案就是,其他国家并没有分离这二者,尤其是在英国,它也在1950年代和1960年代遭遇过少数族群移民进入内城的过程,并且在1960年代中期也开始经历了类似的城市问题,然后采取了一系列的解决措施(有一些(例如社区发展)很明显是从美国经验中借鉴过来的),但是英国把这些措施与城市中大规模的物质更新结合起来。与美国的相关经验不同(美国有一个"清除黑人"的绰号,第7章),英国明显在力图为一个范围很广的人口提供公共住房,包括最贫困的人群——根据定义,这些人群也包括少数族群的成员。到1980年代中期时,大量被美国人称为黑人的人(主要是祖籍加勒比海的英国人)居住在公共住房项目中,尤其是在伦敦。1991 年,全英国 43％的黑人居住于此。

　　对于英国黑人的研究远远没有对于美国黑人的研究那么丰富。因为这样,就似乎表明英国在某些方面做得更好,国家福利提供了更加宽裕的面积,尤其是在住房方面。在那里较低的非法出生率可能是由于更加有效的避孕和节育措施,但是很难获得具体数字,因为英国的统计服务对此仍然处于“色盲”的状态,所以这可能是错的。但是在就业歧视的问题上,特别是在正面的行动(或者正面的区别对待)中,英国更加退步了。

　　另外,英国可能至少在教育方面做得很差,即使当数字因社会阶层而有所保留时,学校似乎也在培育大量不合格的黑人毕业生。[181] 于是,带着低劣水准的学历和技能从学校出来的黑人青少年发现很难找到工作,尤其是在黑人高度集中的自治区中,黑人青年的失业率远远高于白人——这仅仅是对于男性而言,黑人女孩则和她们的白人姐妹做得差不多。[182]

　　于是,英国的故事总体上看上去差不多,或者更糟。英国黑人如同美国黑人一样,仍然高度集中于大城市的内城或者中环地区,相当少数的黑人进入了中产阶级层次。他们在英国出生的孩子所受教育一般很糟,而且发现很难找到工作。虽然很难找到硬性指标(又是一项“色盲”的统计),但是事实显示他们有着很高的犯罪记录,或者是其他的有罪记录。

　　最终,明显的事实表明,英国的隔都也存在着骚乱。1981 年在伦敦的布里克斯顿(Brixton)、利物浦的托克斯泰思(Toxteth)和曼彻斯特的摩斯赛德(Moss Side),1985 年在伯明翰的汉兹沃斯(Handsworth)和伦敦的广水农场(Broadwater Farm)发生了暴力抢掠和广泛的破坏。感谢斯卡曼大法官(Lord Justice Scarman)对布里克斯顿骚乱所做的详细的官方调查,我们因此有了一个详细的剖析。[183] 它听上去很像柯纳报告的一次神奇的重演,相同的前期铺垫,隔都中的年轻黑人难以控制的紧张状态,当他们与警察发生冲突时,一次逮捕事件成为相同的导火索,随后就是如同野火一般蔓延开来的暴乱,几乎同样是一点就着。

　　斯卡曼(Scarman)总结道:这并非是一场种族骚乱,[184] 这是一场文化冲突,并且由于黑人的亚文化是建立在剥夺和伤害的基础之上而加剧。这个故事也与在英国城市中经常爆发的、和足球相关的暴力事件相似,但后者大多数是由年轻白人所引起的。无论怎样称呼它,英国的骚乱事件(如同美国的同类物)是相对贫穷、相对落后的青年们的产物,他们被挑动(如果不是受压抑)去发展一种与主流社会非常不同的、精细的、分离的亚文化。[185] 无论起因是什么,它们都深深地与主流社会不同。一种高频率的男性暴力,如同一种高频率的少女未婚先孕现象,也许这只不过是深刻分异的一种表现,在根基上,他们对社会的憎恨反映着一种自暴自弃。

---

[181] Tomlinson, 1983, 62; Jeffcoate, 1984, 57-64.

[182] GB Manpower Services Commission, 1981, 8, D5, E5.

[183] GB Home Office, 1981.　　[184] GB Home Office, 1981, 45.　　[185] GB Home Office, 1981, 11.

图 13-6　1985 年,伦敦托特纳姆广水农场暴乱

警察为无可防卫的混凝土丛林恢复了秩序:这是对于 1960 年代城市更新失败的一个最终评价。

图片来源:Julian Herbert/Getty Images.

图 13-7　2011 年伦敦,发生在托特纳姆高架路上的骚乱

与广水农场相似,就如 1960 年代发生在美国城市中的类似骚乱那样,这是一种由黑人青年与警察之间的紧张关系所触发的"商品化骚乱"。

图片来源:ⓒ Richard Rowland/Demotix/CORBIS.

　　此类英国骚乱中最糟糕的案例于 1985 年 10 月发生在伦敦东北部的托特纳姆的广水农场,一群年轻人用一把刀刺死了一名警察。这是一个 1970 年获奖的城市更新项目,却被证明是不可防卫空间(第 7 章)的一项案例研究。它尺度适中的街区建造在底层停车库的步行平台之上,为培育破坏行为和犯罪提供了一个实验室。它衰落成为一个带有大量问题租户(特别是年轻未婚的黑人母亲和她们的孩子)且难以出租的住区。到 1980 年时,该项目一半以上的住户都是黑人。对于警察而言,这是一片事实上他们无能为力的地区,但是又因为一位黑人租户所领导的一场出色的社区尝试,广水农场重新恢复了活力,她为许多失业的黑人青少年开发了许多社会设施。然后,由于她以及其他主要领导者的离去,又导致了新一轮犯罪的开始,这样间接地触发了这场骚乱。

　　在同一年,由坎特伯雷大主教所任命的一个小组出版了他们的报告《城市中的信仰》(Faith in the City),从而引发了一场深刻的政治浪潮,他们也许已经将广水事件考虑在内:

　　　　许多外围住区都存在着一种危险,会变成一种具有非常不同的社会和经济系统的地区,几乎以勉强维持生计的水平来运转,并且完全依赖于公共部门。在那里,人们或者通过自我求助,或者通过外来干预达到改善的目的;成功的机会是微乎其微的……许多该类地区的衰退目前已发展得如此深刻,它们实际上处于我们主流社会和经济生活之外的"隔离地带"。[186]

研究小组所描绘的画面不可思议地与那些在普鲁伊特-伊戈终结时的描述相同:"战后时期由建筑师设计、系统性建造的贫民区","低劣的设计,建造中的缺陷,缺乏公共区域的维护,没有'可防卫的空间'","成群四处咆哮的狗,楼梯间的肮脏,一两家倒闭的商店,一个 20 多分钟巴士路程的主要购物中心","失业率一般在 30%～40%之间,并且在上升","游手好闲,无所事事的年轻人转向破坏行为、毒品和犯罪——住区首当其冲地受到打击,衰退的曲线被进一步地扭曲"。[187]

　　牧师和他的弟兄们对于根本原因则观点一致,他们认为:"问题的核心之处在于体力劳动的数量在全国范围内的下降,以及体力劳动者向 UPA❶集中。"[188] 但是,除此之外,使他们感到震惊和沮丧的是这种现象所导致的宿命主义情绪。他们又一次强调:"我们相信个人主义目前已经得到过分强调,但没有强调集体义务。"[189] 他们广泛地抨击撒切尔政府对地方政府的支持、关于福利的政策,并且抨击隐藏在这些政策后面的态度:

　　　　正是这些失业和就业弱势的穷人承受了衰退的压力,现在也正是这些穷人被一些人视为"社会安全的威胁者"或者是国家的负担,阻碍着经济的恢复,这

186　Archbishop of Canterbury, 1985, 175.　　187　Archbishop of Canterbury, 1985, 176.

188　Archbishop of Canterbury, 1985, 202.　　189　Archbishop of Canterbury, 1985, 202.

❶　Usability Professionals' Association,就业能力协会。

是针对受害者进行指责的一个残酷案例。[190]

他们以一种公开的（有效的）、针对政府首脑的挑战作为结尾："所面临的主要问题就是是否存在一种认真的政治意愿来推进一场行动，使那里目前处于贫困和弱势状况的人们重新融入国家的生活中来。"[191]他们呼吁其他人也参与其中，"来更紧密地与复活的基督一道，与那些贫困和弱势的人站在一起"。[192]

这是具有活力和激情的，它远远不是对英格兰教会进行的传统模仿（如托利党（Tory Party）❶在祈祷时那样）。但是，它确实对米尔斯（Miles）以及那些无数教士们的正直悲愤做出了不寻常的回音，他们在一个世纪前就已经严厉谴责了维多利亚贫民窟的残酷性。[193]这里又是另外一种嘲讽：在1980年代中期，城市底层阶级的问题还是如同在1880年代中期那样顽固地扎根于这个世界上的城市中，扎根于它更加敏感的市民的意识中。而在那时，它为现代城市规划的诞生提供了重要的促进作用。

15年之后：与社会排斥作战

在20世纪的最后15年中，一个英国新政府带着各种各样的激情投入到减少贫困家庭，尤其是贫困儿童的艰巨使命中去。在首相办公室的中心设立了一个社会排除小组（Social Exclusion Unit）❷，它很快就能够显示出贫困在城市核心地区已经集聚到了一种异乎寻常的程度。它发现在英国，44个地方政府地区是贫困最为集中的地区。例如，它们拥有将近2/3的失业，又一次50%左右的单亲家庭和低龄怀孕，更多的儿童依靠收入补助，缺少基本的教育条件，死亡率达到30%以上。更糟的是，这些地方政府地区中包含了85%最为贫困者的街区，贫困者的集聚程度都异常地高。[194]

以此为基础，社会排除小组开始编制一个将于两年内完成的策略，它为邻里更新的计划是[195]如此开始的：

在过去的20年多年间，几百个贫穷社区的基本生活质量与社会其他地区的距离在不断增大，仅仅相隔几个街区之遥的人们，就被巨大的财产和机遇的鸿沟分开。

在这里，超过2/5的人依赖于根据家庭收入状况的救济金；3/4的年轻儿童不能得到5个优的GCSE❸；在整个英格兰的该类地区中，100多万套的房屋是空置的，或者是很难填满的。

许多社区已经陷入一种螺旋般的衰退之中。高犯罪率和高失业率的地区

[190] Archbishop of Canterbury, 1985, 197.　[191] Archbishop of Canterbury, 1985, 360.
[192] Archbishop of Canterbury, 1985, 360.　[193] Mearns, 1883.　[194] GB Social Exclusion Unit, 1998, 15-20.
[195] GB Social Exclusion Unit, 2001.
❶ 托利党（Tory Party），保守党，主张维护现存制度和传统原则，同时实行政治民主和有益于普通人的社会、经济计划的政治哲学。
❷ Social Exclusion Unit，1997年，英国政府成立了第一个社会排除小组，旨在消除个人或地区所存在的一系列问题，如失业、差别待遇、低技术、低所得、高犯罪率等，以及这些问题相结合产生的恶性循环。
❸ General Certificate of Secondary Education，普通中等教育证书。

有着坏名声,所以居民、商店和雇主离开了这里。当人们搬迁出去之后,众多腾
空和空关的住房为犯罪、破坏行为和毒品交易提供了更多的机会。[196]

该报告强调,这些社区"在全国都存在,不论南方和北方,还是乡村与城市"。[197]但是,
它们完全是城市性的,高度集中的贫困街坊处在东北部、西北部,在伦敦、约克郡、汉
伯希德(Humberside),所有都在城市区域内,它们构成了城市总人口的 19％～36％。
(这些)大多数都在城市地区,拥有一项产业或者无产业的城镇,以及以前的煤矿地
区。[198]这些地区在 1980 年代和 1990 年代都持续性地落后于全国其他地区:

> 在这段时期里,社区变得较少混合性,穷人更容易被集中到同一个地区。
> 在失业率最高的地区,同时也可以看到最高的失业增长率。健康的不平衡性被
> 扩大了。生活在相对低收入水平家庭中的人口比例在 1970 年代末到 1990 年代
> 初之间翻了 2 倍多,儿童的贫困化则在 1979 年到 1995 年和 1996 年期间翻了
> 2 倍多。[199]

新的问题开始出现,例如在第 12 章中所描述的,由安娜·鲍威尔揭示的对于住房很
少需求或者几乎没有需求的现象。

报告记录了政府在政策中的根本性失误:不能从地方经济中发现问题,不能发
展安全而稳定的社区,匮乏的公共核心服务,不能参与到社区中,缺乏领导和协调性
工作,信息不足而且不能得到很好的利用。它展示了来源于第 18 政策工作小组的一
整套的系列政策,详细揭示了特殊资源是如何被运用到关键问题上,以完成待改善
的特定目标:工作、犯罪、教育、健康、住房和环境。它是在布莱尔(Blair)政府引以为
荣的特殊政策中的一次鼓舞人心的实践:联合政府(joint-up government)。而那些
开始对此进行大量关注的城市正在注视着这个国家,这个最老的城市工业化的国家
是否能够最终打破沉积而来的萧条循环周期。

然而无论问题是多么棘手,同样的政府又立刻提出了另一份报告:在 2001 年春
天,英国内阁办公室提出了试图解答问题的回顾性报告。英国是否正在成为一个更
具社会流动性的国家?[200]几乎可以预见,它发现没有简单的答案。其结论就是,社会
流动性实际上已经开始下降:在 20 世纪的最后 25 年中,一个人想要超越其收入的瓶
颈已经比 1950—1975 年期间要难很多。而这与一个事实有关,也就是从蓝领工作转
变到白领工作变得更加困难了。它显示出到达顶峰的途径更多是通过教育,所以观
察代际之间的流动显得同样重要。在这里,许多孩子向上流动的简单原因在于顶端
的工作相比以往更多了,但是很明显,这个趋势似乎在 20 世纪晚期停顿了。相对流
动性(向上流动的机会)似乎已经变得相对稳定,主要是因为这样简单的事实,即如
果你的父母处在顶端阶层,他们将尽全力希望你也同样如此。教育在这里起到一种

---

[196] GB Social Exclusion Unit, 2001, 7.   [197] GB Social Exclusion Unit, 2001, 7.
[198] GB Social Exclusion Unit, 2001, 13.   [199] GB Social Exclusion Unit, 2001, 16.
[200] GB Performance and Innovation Unit, 2001.

关键性的作用,但是它不能解释所有的事情,而且它所扮演的角色甚至没有过去重要。家长可以为他们的孩子做其他的事情,例如为他们在其生活的早期阶段就提供金钱、合同、信息。

这份报告的核心部分集中于贫困儿童,即使他们所接受的教育比其他儿童更少这一事实得以控制,他们似乎依旧更加难以就业,并且就业时收入更少。而这种惩罚似乎已经在 20 世纪的最后 30 年中实质性地增长了。境况良好的家庭以各种方式来帮助自己的孩子,贫困家庭则不能,而这个消极因素可能随着时间而恶化。

因此该报告讨论了可能采取的政策:消除无论是向上还是向下进行流动的壁垒,并主动地促进流动。报告总结认为,人们对于政策的效应所知甚少,但是某些迹象表明,这将花费巨大,例如在教育方面用来消除贫困儿童进入上层的壁垒的花费。最近的美国经验表明,为了消除种族差异,必须在每个黑人儿童身上平均花费至少是白人儿童 10 倍的经费。不仅在英国,而且在全球范围内,越来越多的迹象表明,社会流动性在 20 世纪几乎没有改变,言下之意就是在 21 世纪也可能很难改变。

写于 2011 年 8 月的后记

2011 年 8 月,骚乱出人意料地再次在伦敦和英国其他城市爆发。触发原因就是在伦敦北部的托特纳姆进行追捕的警察杀死了一名嫌疑人。警察对社区的愤怒所做出的反应比较迟钝。几乎一瞬间,在伦敦的几个地方都爆发了骚乱和抢劫,然后发展到了省级城市。这次的官方数据比英国之前意识到的任何一次都更加令人不安。因为他们描绘了这样一幅画面,一群脱离主流社会的另类不法分子的下级组织。

在最为基本的数据统计基础上,肯尼斯·克拉克(Kenneth Clark)早些时候揭示:76％的被告在被送上法庭之前(他们中 80％的成年人,62％的青少年),都有过警示或者前科。他们犯下了令人震惊的、总数将近 20 000 项的前科罪行,平均每人 11 个。他们中成年男性(占总数的 90％)的犯罪可能性是整体成年男性的 2.5 倍还多。

冰冻三尺非一日之寒:在少年罪犯中,66％的孩子都有过特殊教育需要(相比于公立中学中的 21％),36％的孩子在这前一年至少被驱除出学校一次(而在全部 11 年级学生中的比例为 6％)。可以预见,他们在 11 岁时的英语和数学成绩是全国平均水平的 2/3 左右。总体上,他们是失学者,也就是教育制度中的失败者。或者你也可以倒过来说。

右翼媒体还捕捉到了另一个令人惊讶的现象:他们中 46％来自黑人或黑人混血的背景,42％来自白人,只有 7％是来自亚洲或亚洲混血背景。在伦敦的一个自治区哈林盖(Haringey),其中包括遭受暴乱的托特纳姆以及树林密布的海格特山(Highgate Hill)和麦斯威(Muswell)地区,55％的被告是黑人或黑人混血,17％是 40 岁以下的年轻人。但这并不是一个普遍的模式:在萨尔福德(Salford),94％的被告是白人,与整体人口中的白人比例差不多。

　　对于种群的分类可能会有所不同。这些数字意味着城市底层阶级的出现,他们没有任职资格,没有前途,并被其余所有人群所彻底排除。这是一个极其令人不安的现象。[201]

　　在这场大争论中,城市规划在哪里? 在刚刚过去的一个世纪里,除去它无数的过错和失误,城市规划帮助了几百万相对贫穷的和下层的人们,使他们过上更好、更有尊严的生活。这一点在回顾与展望中更应得到赞扬。在这个过程中,社会已经改变了形状,它不再是一个金字塔:只有少数人在顶端而大多数在底层;它变成一种类似于旧式的纺锤形,大部分体量处在中间。问题不再像100年前第一代费边社所提出的那样:**"为什么大多数是穷人?"** 而是 **"为什么极少数是穷人"**。一如既往地那般明显,褪去神秘色彩的社会进步已经忘却了一个问题,这个问题被维多利亚时代的人们和他们的美国同行们称为邪恶的、落后的和潜在犯罪的阶层问题,而到20世纪晚期被更加有涵养的(或者说话婉转的)人们称为不利的和弱势的群体的问题。城市规划以及整个20世纪的福利工作,没有能够消除这个问题,甚至没能令人满意地解释它。一如既往,现在仍然有人在指责这个系统,其他人则认为它是原罪。

　　这里还有一个小小的安慰,即尽管不能进行精确的社会测量,问题的核心已经转移了。根据定义,这是一个社会堆积的底层问题。100年前,当时人们将这个问题放置在那些被赶入大城市贫民窟中的最为绝望的人群中间,而他们至少还能够在那里找到爬攀社会经济阶梯的脚蹬。一个世纪之后,他们在相同的群体中发现了同样的问题,同时,无数第一代的曾孙们已经爬出了底层阶级。毫无疑问,无数第二代的后代们将同样做到这些。随后的问题就是,除开所有大量干预性的经济与社会改良运动,为什么底层阶级会显示出如此的顽固性,招募新成员来填补离去者? 对于这个问题,研究还没有提供答案。这个故事在此停顿于1988年,现在它仍然停顿着。

---

[201]　Hall, 2011b.

参考文献

(本列表包括本书自筹备起所参考过的全部文献,但并不代表本书引用了以下全部文献。)

Aalen, F. H. A. 1989: Lord Meath, City Improvement and Social Imperialism. *Planning Perspectives*, 4, 127-152.

Aalen, F. H. A. 1992: English Origins. In: Ward, S. V. (ed.) *The Garden City: Past, Present and Future*, 28-51. London: Spon.

Abercrombie, P. 1910a: Modern Town Planning in England: A Comparative Review of "Garden City" Schemes in England. *Town Planning Review*, 1, 18-38, 111-128.

Abercrombie, P. 1910b: Some Notes on German Garden Villages. *Town Planning Review*, 1, 246-250.

Abercrombie, P. 1911: Town Planning in Greater London: The Necessity for Cooperation. *Town Planning Review*, 2, 261-280.

Abercrombie, P. 1914: Berlin: Its Growth and Present State. *Town Planning Review*, 4, 219-233,302-311.

Abercrombie, P. 1926: *The Preservation of Rural England*. Liverpool and London: University of Liverpool Press; Hodder and Stoughton.

Abercrombie, P. 1933: *Town and Country Planning*. London: Thornton Butterworth.

Abercrombie, P. 1945: *Greater London Plan 1944*. London: HMSO.

Abercrombie, P. and Jackson, H. 1948: *West Midlands Plan*. Interim confidential edition. 5 vols. London: Ministry of Town and Country Planning.

Abrams, C. 1939: *Revolution in Land*. New York and London: Harper and Brothers.

Abrams, C. 1964: *Man's Struggle for Shelter in an Urbanizing World*. Cambridge, MA: MIT Press.

Abrams, C. 1965: *The City Is the Frontier*. New York: Harper and Row.

Abrams, C. 1971: *The Language of Cities: A Glossary of Terms*. New York: Viking.

Abu-Lughod, J. L. 1971: *Cairo: 1001 Years of the City Victorious*. Princeton: Princeton University Press.

Adams, D. 2011: Everyday Experiences of the Modern City: Remembering the Post-War Reconstruction of Birmingham. *Planning Perspectives*, 26, 237-260.

Adams, D. and Tiesdell, S. 2013: *Shaping Places: Urban Design and Development*. Abingdon: Routledge.

Adams, T. 1930: The Need for a Broader Conception of Town Planning and Decentralisation. In: Warren, H. and Davidge, W. R. (eds.) *Decentralisation of Population and Industry: A New Principle of Town Planning*, 135-149. London: P. S. King.

Adams, T. 1935: *Outline of Town and City Planning*. New York: Russell Sage Foundation.

Addams, J. 1910: *Twenty Years at Hull-House: With Autobiographical Notes*. New York: Macmillan.

Addams, J. 1929: A Decade of Prohibition. *The Survey*, 63, 5-10, 54-55.

Addams, J. 1965: *The Social Thought of Jane Addams*. Edited by Christopher Lasch. Indianapolis: Bobbs-Merrill.

Adebisi, B. 1974: The Politics of Development Control in a Nigerian City: Ibadan. *Nigerian Journal of Economics and Social Studies*, 16, 311-324.

Adejuyigbe, O. 1970: The Case for a New Federal Capital in Nigeria. *Journal of Modern African Studies*, 8, 301-306.

Adshead, S. D. 1910: The Town Planning Conference of the Royal Institute of British Architects. *Town Planning*

Review, 1, 181.

Adshead, S. D. 1923: *Town Planning and Town Development*. London: Methuen and Co. Agnew, J., Mercer, J., and Sopher, D. E. (eds.) 1984: *The City in Cultural Context*. Boston: Allen and Unwin.

Ågren, I. 1975: Thinking in Terms of Service. In: Heineman, H. -E. (ed.) *New Towns for Old: Housing and Services in Sweden*, 128-173. Stockholm: The Swedish Institute.

Al Naib, S. K. 1990: *London Docklands Past Present and Future: An Illustrated Guide to Glorious History, Splendid Heritage and Dramatic Regeneration in East London*. London: Ashmead.

Albers, G. 1974: Ideologie und Utopie im Stötebau. In: Pehnt, R. (ed.) *Die Stadt in der Bundesrepublik Deutschland*, 453-476. Stuttgart: Philipp Reclam.

Albers, G. 1975: *Entwicklungslinien im Stötebau: Ideen, Thesen, Aussagen 1875 - 1945*. Berlin: Bertelesmann Fachverlag.

Albers, G. 1986: Changes in German Town Planning: A Review of the Last Fifty Years. *Town Planning Review*, 57, 17-34.

Albrecht, C. et al. (eds.) 1930: *Handwöterbuch des Wohnungswesens*. Jena: G. Fischer.

Albrecht, G. 1930: Gartenstadtbewegung. In: Albrecht, C. et al. (eds.) *Handwöterbuch des Wohnungswesens*, 262-266. Jena: G. Fischer.

Aldridge, H. R. 1915: *The Case for Town Planning: A Practical Manual for Councillors, Officers, And Others Engaged in the Preparation of Town Planning Schemes*. London: National Housing and Town Planning Council.

Alduy, J. -P. 1983: 40 Ans de Planification en Region ile-de-France. *Cahiers de l'Institut d'Aménagement et d'Urbanisme de la Région* ile-de-France, 70, 11-85.

Alexander, L. A. 1981: *Winning Downtown Projects: A Photographic Case Study of Outstanding Urban Developments*. New York: Downtown Research and Development Center.

Allardice, C. and Trapnell, E. R. 1974: *The Atomic Energy Commission*. New York: Praeger.

Allen, C. and Crookes, L. 2009: Fables of the Reconstruction: A Phenomenology of "Place Shaping" in the North of England. *Town Planning Review*, 80, 455-480.

Allen, I. L. (ed.) 1977: *New Towns and the Suburban Dream: Ideology and Utopia in Planning and Development*. Port Washington: Kennikat.

Allinson, G. T. 1984: Japanese Urban Society and its Cultural Context. In: Agnew, J., Mercer, J., and Sopher, D. E. (eds.) *The City in Cultural Context*, 163-185. Boston: Allen and Unwin.

Allmendinger, P. and Chapman, M. (eds.) 1999: *Planning Beyond 2000*. Chichester: John Wiley & Sons, Ltd.

Alonso, W. 1963: Cities and City Planners. *Daedalus*, 92, 824-839.

Alonso, W. 1966. Cities, Planners and Urban Renewal. In: Wilson, J. Q. (ed.)*Urban Renewal: The Record and the Controversy*, 437-453. Cambridge, MA: MIT Press.

Altes, W. K. K. 2006: Towards Regional Development Planning in the Netherlands. *Planning Practice & Research*, 21, 309-321.

Altshuler, A. A. 1965a: The Goals of Comprehensive Planning. *Journal of the American Institute of Planners*, 31, 186-197.

Altshuler, A. A. 1965b: *The City Planning Process*. Ithaca: Cornell University Press.

Altshuler, A. A. 1983: The Intercity Freeway. In: Krueckeberg, D. A. (ed.) *Introduction to Planning History in the United States*, 190-234. New Brunswick, NJ: Rutgers University, Center for Urban Policy Research.

Amati, M. and Freestone, R. 2009: "Saint Patrick": Sir Patrick Abercrombie's Australian Tour 1948. *Town Planning Review*, 80, 597-626.

Amin, A., Massey, D. and Thrift, N. 2000: *Cities for All the People Not the Few*. Bristol: Policy Press.

Anderson, M. 1964: *The Federal Bulldozer: A Critical Analysis of Urban Renewal, 1949 - 1962*. Cambridge, MA: MIT Press.

Anderson, M. 1966: The Federal Bulldozer. In: Wilson, J. Q. (ed.) *Urban Renewal: The Record and the*

Controversy, 491–509. Cambridge, MA: MIT Press.

Andrews, H. F. 1986: The Early Life of Paul Vidal de la Blache and the Makings of Modern Geography. *Institute of British Geographers, Transactions*, NS 11, 174–182.

Anon. 1897: *Forecasts of the Coming Century, by a Decade of Writers*. Manchester: Labour Press. Anon. (ed.) 1918: *Problems of Reconstruction: Lectures and Addresses Delivered at the Summer Meeting at the Hampstead Garden Suburb, August 1917*. With an Introduction by the Marquess of Crewe, K. G. London: T. Fisher Unwin.

Anon. 1925: The Regional Community. *The Survey*, 54, 129.

Anon. 1937a: Prime Minister's Support for Garden Cities. *Town and Country Planning*, 5, 117.

Anon. 1937b: London Regional Planning: Notes of First Meeting of New Standing Conference. *Journal of the Town Planning Institute*, 24, 15–16.

Anon. 1970: *Siedlungsverband Ruhrkohlenbezirk 1920 – 1970*, 29. Schriftenreihe Siedlungs verband Ruhrkohlenbezirk. Essen: SVR.

Anon. 1979a: *Autobahnen in Deutschland*. Bonn: Kirschbaum.

Anon. 1979b: Kvaliteten i vart bostadsbyggande. *Plan*, 33, 1–6 (and comments, 7–19).

Anon. 1979c: Jeu de l'Oie des Halles de Paris. *Macadam*, 8/9, 12–13.

Anon. 1979d: News item. *Architecture*, 1, 7–10.

Anon. 1979e: News item. *Building News*, 437, 4.

Anon. 1979f: News item. *Building News*, 438, 1.

Anon. 1979g: News item. *Building News*, 456, 8.

Anon. 1985: The Shape of North American Rail Transit. *Railway Gazette International*, 141, 142–143.

Anon. 1989: *The Development of Stockholm*. Stockholm: City of Stockholm.

Anon. 1995: Paul Delouvrier 1914 – 1995: Le Grand Aménageur de l' île-de-France. *Cahiers de l'Institut d'Aménagement et d'Urbanisme de la Région île-de-France*, 108, special supplement.

Anon. 1997: Special Theme: The Development and Management of Asian Megacities. *Asian Development Bank, Annual Report 1996*, 23–51. Manila: ADB.

Anson, B. 1981: *I'll Fight You for It! Behind the Struggle for Covent Garden*. London: Cape.

Anthony, H. A. 1966: Le Corbusier: His Ideas for Cities. *Journal of the American Institute of Planners*, 32, 279–288.

Anton, T. J. 1975: *Governing Greater Stockholm: A Study of Policy Development and System Change*. Berkeley: University of California Press.

Applebaum, R. P. 1978: *Size, Growth, and US Cities*. New York: Praeger.

Archbishop of Canterbury's Commission on Urban Priority Areas 1985: *Faith in the City: A Call for Action by Church and Nation*. London: Church House Publishing.

Architectural Review 1957: Counter-Attack: The Next Stage in the Fight against Subtopia. *Architectural Review*, 121, 405–407.

Armstrong, G. and Wilson, M. 1973: Delinquency and some Aspects of Housing. In: Ward, C. (ed.) *Vandalism, 64–84*. London: Architectural Press.

Arnold, J. L. 1971: *The New Deal in the Suburbs: A History of the Greenbelt Town Program 1935 – 1954*. Columbus, Ohio: Ohio State University Press.

Arnold, J. L. 1973: City Planning in America. In: Mohl, R. A. and Richardson, J. F. (eds.) *The Urban Experience: Themes in American History*, 14–43. Belmont, CA: Wadsworth.

Arnold, J. L. 1983: Greenbelt, Maryland, 1936–1984. *Built Environment*, 9, 198–209.

Ashworth, W. 1954: *The Genesis of British Town Planning: A Study in Economic and Social History of the Nineteenth and Twentieth Centuries*. London: Routledge and Kegan Paul.

Association of London Authorities, Docklands Consultative Committee 1991: *Ten Years of Docklands: How the Cake Was Cut*. London: ALA.

Åström, K. 1967: *City Planning in Sweden*. Stockholm: Swedish Institute.

Atkinson, R. 2003: Domestication by Cappuccino or a Revenge on Urban Space? *Urban Studies*, 40, 1829–1843.

Atkinson, R. 2004: The Evidence on the Impact of Gentrification: New Lessons for the Urban Renaissance? *European Journal of Housing Policy*, 4, 107–131.

Automobile Club of Southern California, Engineering Department 1937: *Traffic Survey, Los Angeles Metropolitan Area, 1937*. Los Angeles: The Club.

Aziz, S. 1978: *Rural Development: Learning from China*. New York: Holmes and Meier.

Baker, H. 1944: *Architecture and Personalities*. London: Country Life.

Baker, P. H. 1974: *Urbanization and Political Change: The Politics of Lagos, 1917–1967*. Berkeley and Los Angeles: University of California Press.

Baldwin, R. N. 1971 (1927): *Kropotkin's Revolutionary Pamphlets: A Collection of Writings by Peter Kropotkin*. New York: Vanguard Press. (Repr. 1971: New York: Dover Publications.)

Ballhatchet, K. and Harrison, J. 1980: *The City in South Asia: Pre-Modern and Modern*. London: Curzon Press.

Banfield, E. C. 1965: *Big City Politics: A Comparative Guide to the Political Systems of Atlanta, Boston, Detroit, El Paso, Los Angeles, Miami, Philadelphia, St. Louis, Seattle*. New York: Random House.

Banfield, E. C. 1970: *The Unheavenly City: The Nature and Future of Our Urban Crisis*. Boston: Little, Brown.

Bangert, W. 1936: *Baupolitik und Stadtgestaltung in Frankfurt am Main*. Würzburg: K. Triltsch.

Banham, R. 1960: *Theory and Design in the First Machine Age*. London: Architectural Press.

Banham, R. 1971: *Los Angeles: The Architecture of Four Ecologies*. London: Allen Lane.

Banham, R., Barker, P., Hall, P., and Price, C. 1969: Non-Plan: An Experiment in Freedom. *New Society*, 26, 435–443.

Banister, D. 1992: Energy Use, Transportation and Settlement Patterns. In: Breheny, M. J. (ed.) *Sustainable Development and Urban Form (European Research in Regional Science, 2)*, 160–181. London: Pion.

Banister, D. 1993: Policy Responses in the UK. In: Banister, D. and Button, K. (eds.) *Transport, the Environment and Sustainable Development*, 53–78. London: E. and F. Spon.

Banister, D. and Banister, C. 1995: Energy Consumption in Transport in Great Britain: Macro Level Estimates. *Transportation Research Part A: Policy and Practice*, 29, 21–32.

Banister, D. and Button, K. (eds.) 1993a: *Transport, the Environment and Sustainable Development*. London: E. and F. Spon.

Banister, D. and Button, K. 1993b: Environmental Policy and Transport: An Overview. In: Banister, D. and Button, K. (eds.) *Transport, the Environment and Sustainable Development*, 1–15. London: E. and F. Spon.

Bannon, M. J. 1999: Dublin Town Planning Competition: Ashbee and Chettle's "New Dublin—A Study in Civics." *Planning Perspectives*, 14, 145–162.

Banton, M. 1971: Urbanization and the Colour Line in Africa. In: Turner, V. (ed.) *Colonialism in Africa 1870–1960*, vol. 3. *Profiles of Change: African Society and Colonial Rule*, 256–285. Cambridge: Cambridge University Press.

Barber, W. J. 1967: Urbanisation and Economic Growth: The Cases of Two White Settler Territories. In: Miner, H. (ed.) *The City in Modern Africa*, 91–125. London: Pall Mall Press.

Barker, T. and Sutcliffe, A. (eds.) 1993: *Megalopolis: The Giant City in History*. Basingstoke: Macmillan.

Barker, T. C. and Robbins, M. 1974: *A History of London Transport*, vol. II, *The Twentieth Century to 1970*. London: George Allen and Unwin.

Barkin, W. 1978: Confronting the Separation of Town and Country in Cuba. In: Tabb, W. K. and Sawers, L. (eds.) *Marxism and the Metropolis: New Perspectives in Urban Political Economy*, 317–37. New York: Oxford University Press.

Barman, C. 1979: *The Man Who Built London Transport: A Biography of Frank Pick*. Newton Abbot: David and Charles.

Barnett, H. 1918: The Garden Suburb: Its Past and Plans. In: Anon. (ed.) *Problems of Reconstruction: Lectures and Addresses delivered at the Summer Meeting at the Hampstead Garden Suburb*, *August 1917*, 198-207. With an Introduction by the Marquess of Crewe, K. G. London: T. Fisher Unwin.

Barrett, B. 1971: *The Inner Suburbs: The Evolution of an Industrial Area*. Melbourne: Melbourne University Press.

Barth, G. 1980: *City People: The Rise of Modern City Culture in Nineteenth-Century America*. Oxford: Oxford University Press.

Bassett, E. M. 1936: *Zoning: The Law, Administration, and Court Decisions during the First Twenty Years*. New York: Russell Sage Foundation.

Bassett, E. M. 1938: *The Master Plan: With a Discussion of the Theory of Community Land Planning Legislation*. New York: Russell Sage Foundation.

Bassett, E. M. 1939: *Autobiography of Edward M. Bassett*. New York: Harbor Press.

Bastié, J. 1964: *La Croissance de la Banlieue Parisienne*. Paris: Presses Universitaires de France.

Batchelor, P. 1969: The Origin of the Garden City Concept of Urban Form. *Journal of the Society of Architectural Historians*, 28, 184-200.

Bater, J. H. 1979: *The Legacy of Autocracy: Environmental Quality in St. Petersburg*. In: French, R. A. and Hamilton, F. E. I. *The Socialist City: Spatial Structure and Urban Policy*, 23-48. Chichester: John Wiley & Sons, Ltd.

Bater, J. H. 1984: The Soviet City: Continuity and Change in Privilege and Place. In: Agnew, J., Mercer, J., and Sopher, D. E. (eds.) *The City in Cultural Context*, 134-162. Boston: Allen and Unwin.

Batey, P. 2012: Gordon Stephenson's Reform of the Planning Curriculum: How Liverpool Came to Have the MCD. *Town Planning Review*, 83, 135-163.

Batley, R. 1989: London Docklands: An Analysis of Power Relations between UDCs and Local Government. *Public Administration*, 67, 167-187.

Batty, M. 1976: *Urban Modelling: Algorithms, Calibrations, Predictions*. Cambridge: Cambridge University Press.

Batty, M. 1979: On Planning Processes. In: Goodall, B. and Kirby, A. (eds.) *Resources and Planning*, 17-50. Oxford: Pergamon. Baudrillard, J. 1988: *America*. London: Verso.

Bauer, C. 1934: *Modern Housing*. Boston and New York: Houghton Mifflin.

Bauman, J. F. 1980: Housing the Urban Poor. *Journal of Urban History*, 6, 211-220.

Bauman, J. F. 1983: Visions of a Post-War Nation: A Perspective on Urban Planning in Philadelphia and the Nation, 1942-1945. In: Krueckeberg, D. A. (ed.) *Introduction to Planning History in the United States*, 170-189. New Brunswick, NJ: Rutgers University, Center for Urban Policy Research.

Bayliss, D. 2001: Revisiting the Cottage Council Estates: England, 1919-39. *Planning Perspectives*, 16, 169-200.

Beaufoy, H. 1997: "Order Out of Chaos": The London Society and the Planning of London 1912-1920. *Planning Perspectives*, 12, 135-164.

Beaufoy, S. G. 1933: Regional Planning, I. The Regional Planning of South East England. *Town Planning Review*, 15, 83-104, 188-214.

Beaujeu-Garnier, J. et al. 1978: *La France des villes*, vol. 1, *Le Bassin parisien*. Paris: La Documentation Française. Beauregard, R. A. 1976: The Occupation of Planning: A View from the Census. *Journal of the American Institute of Planners*, 42, 187-192.

Beckinsale, R. P. and Houston, J. M. (eds.) 1968: *Urbanization and its Problems: Essays in Honour of E. W. Gilbert*. Oxford: Blackwell.

Beevers, R. 1987: *The Garden City Utopia: A Critical Biography of Ebenezer Howard*. London: Macmillan.

Bell, C. and Bell, R. 1969: *City Fathers: The Early History of Town Planning in Britain*. London: Cresset Press.

Bellamy, E. 1888: *Looking Backward*. New York: Ticknor.

Bellush, J. and Hausknecht, M. (eds.) 1967a: *Urban Renewal: People, Politics and Planning*. Garden City: Anchor.

Bellush, J. and Hausknecht, M. 1967b: Urban Renewal: An Historical Overview. In: Bellush, J. and Hausknecht, M. (eds.) *Urban Renewal: People, Politics and Planning*, 3-16. Garden City: Anchor.

Bellush, J. and Hausknecht, M. 1967c: Public Housing: The Contexts of Failure. In: Bellush, J. and Hausknecht, M. (eds.) *Urban Renewal: People, Politics and Planning*, 451-464. Garden City: Anchor.

Benoît-Lévy, G. 1904: *La Cité-Jardin*. Paris: Jouve.

Berg, E. 1979: *Stockholm Town Trails: From the Old Town to the New "City."* Stockholm: Akademilitteratur.

Berger, B. 1960: *Working Class Suburb: A Study of Auto Workers in Suburbia*. Berkeley and Los Angeles: University of California Press.

Berger, H. 1968: *Ostafrikanische Studien: Ernst Weigt zum 60. Geburtstag*. Nürnberg: Friedrich-Alexander-Universität, Wirtschafts-und Sozialgeographische Institut.

Berger-Thimme, D. 1976: *Wohnungsfrage und Sozialstaat: Untersuchen zu den Anfägen staatlicher Wohnungspolitik in Deutschland* (1873-1918). Frankfurt: Peter Lang.

Bergmann, K. 1970: *Agrarromantik und Grossstadtfeindschaft* (Marburger Abhandlungen zur Politischen Wissenschaft, 20). Melsenheim: Verlag Anton Heim.

Berkowitz, B. L. 1984: Economic Development Really Works: Baltimore, Maryland. In: Bingham, R. D. and Blair, J. P. (eds.) *Urban Economic Development* (Urban Affairs Annual Reviews, 27), 201-221. Beverly Hills: Sage.

Berman, D. S. 1969: *Urban Renewal: Bonanza of the Real Estate Business*. Englewood Cliffs, NJ: Prentice Hall.

Berman, M. 1982: *All that Is Solid Melts into Air: The Experience of Modernity*. New York: Simon and Schuster.

Bernstein, R. J. 1976: *The Restructuring of Social and Political Theory*. New York: Harcourt Brace Jovanovich.

Bernstein, R. J. 1985: *Habermas and Modernity*. Cambridge, MA: MIT Press.

Berton, K. 1977: *Moscow: An Architectural History*. London: Studio Vista.

Best, S. and Kellner, D. 1991: *Postmodern Theory: Critical Interrogations*. Basingstoke: Macmillan.

Betjeman, J. 1978: *The Best of Betjeman*. London: J. Murray.

Bettman, A. 1946: *City and Regional Planning Papers*. Edited by Arthur C. Comey. Cambridge, MA: Harvard University Press.

Betts, R. F. 1985: Dakar: Ville Imperiale (1857-1960). In: Ross, R. and Telkamp, G. J. (eds.) *Colonial Cities: Essays on Urbanism in a Colonial Context* (Comparative Studies in Colonial History, vol. 5), 193-206. Dordrecht: Martinus Nijhof.

Biles, R. 1998: New Towns for the Great Society: A Case Study in Politics and Planning. *Planning Perspectives*, 13, 113-132.

Biddulph, M. 2010: Liverpool 2008: Liverpool's Vision and the Decade of Cranes. In: Punter, J. (ed.) *Urban Design and the British Urban Renaissance*, 100-114. Abingdon: Routledge.

Bing, A. M. 1925: Can We Have Garden Cities in America? *The Survey*, 54, 172-173.

Bingham, R. D. 1975: *Public Housing and Urban Renewal: An Analysis of Federal-Local Relations*. New York: Praeger.

Bingham, R. D. and Blair, J. P. (eds.) 1984: Urban Economic Development. *Urban Affairs Annual Reviews*, 27. Beverly Hills: Sage.

Birch, A. and Macmillan, D. A. (eds.) 1962: *The Sydney Scene: 1788-1960*. Melbourne: Melbourne University Press.

Birch, E. I. 2002: Five Generations of the Garden City: Tracing Howard's Legacy in Twentieth-Century Residential Planning. In: Parsons, K. C. and Schuyler, D. (eds.) *From Garden City to Green City: The Legacy of Ebenezer Howard*, 171-200. Baltimore and London: Johns Hopkins University Press.

Birch, E. L. 1980a: Advancing the Art and Science of Planning. *Journal of the American Planning Association*, 46, 22-49.

Birch, E. L. 1980b: Radburn and the American Planning Movement: The Persistence of an Idea. *Journal of the American Planning Association*, 46, 424-439. Repr. 1983: Radburn and the American Planning Movement: The

Persistence of an Idea. In: Krueckeberg, D. A. (ed.), 1983c: *Introduction to Planning History in the United States*, 122–51. New Brunswick, NJ: Rutgers University, Center for Urban Policy Research.

Birchall, J. 1995: Co-Partnership Housing and the Garden City Movement. *Planning Perspectives*, 10, 329–358.

Black, J. T., Howland, L. and Rogel, S. L. 1983: *Downtown Retail Development: Conditions for Success and Project Profiles*. Washington: Urban Land Institute.

Blackwell, W. L. 1976: Modernization and Urbanization in Russia: A Comparative View. In: Hamm, M. F. (ed.) *The City in Russian History*, 291–330. Lexington: University of Kentucky Press.

Bliznakov, M. 1976: Urban Planning in the USSR: Integration Theories. In: Hamm, M. F. (ed.) *The City in Russian History*, 243–256. Lexington: University of Kentucky Press.

Blowers, A. 1980: *The Limits of Power: The Politics of Local Planning Policy*. Oxford: Pergamon.

Blowers, A. (ed.) 1993: *Planning for a Sustainable Environment*. London: Earthscan.

Bluestone, B. and Harrison, B. 1982: *The Deindustrialization of America: Plant Closures, Community Abandonment, and the Dismantling of Basic Industry*. New York: Basic Books.

Bluestone, B. and Harrison, B. 1987: The Grim Truth about the Job "Miracle." *The New York Times*, February 1.

Boardman, P. 1944: *Patrick Geddes: Maker of the Future*. Chapel Hill: University of North Carolina Press.

Boardman, P. 1978: *The Worlds of Patrick Geddes: Biologist, Town Planner, Re-educator, Peace Warrior*. London: Routledge and Kegan Paul.

Boddy, M. 1980: *The Building Societies*. London: Macmillan.

Boddy, M., Lovering, J. and Bassett, K. 1986: *Sunbelt City: A Study of Economic Change in Britain's M4 Growth Corridor*. Oxford: Oxford University Press.

Bogle, J. M. L. 1929: *Town Planning: India* (India of Today, vol. IX). Bombay: Oxford University Press.

Boisier, S. 1981: Chile: Continuity and Change—Variations of Centre-Down Strategies under Different Political Regimes. In: Stöhr, W. B. and Taylor, D. R. F. (eds.) *Development from Above or Below? The Dialectics of Regional Planning in Developing Countries*, 401–26. Chichester: John Wiley & Sons, Ltd.

Bolan, R. S. 1967: Emerging Views of Planning. *Journal of the American Institute of Planners*, 33, 233–245.

Bole, A. 1970: *Urbanization in India: An Inventory of Source Materials*. Bombay and New Delhi: Academic Books. Boneparth, E. (ed.) 1982: *Women Power and Policy*. New York: Pergamon.

Booth, C. 1887: The Inhabitants of Tower Hamlets (School Board Division), their Condition and Occupations. *Journal of the Royal Statistical Society*, 50, 326–391.

Booth, C. 1888: Conditions and Occupations of the People in East London and Hackney, 1887. *Journal of the Royal Statistical Society*, 51, 276–331.

Booth, C. (ed.) 1892: *Life and Labour of the People in London*, vol. I, *East, Central and South London*. London: Macmillan.

Booth, C. 1901: *Improved Means of Locomotion as a First Step towards the Cure of the Housing Difficulties of London*. London: Macmillan.

Booth "General" W. 1890: *In Darkest England and the Way Out*. London: Salvation Army.

Booth, P. 1999: From Regulation to Discretion: The Evolution of Development Control in the British Planning System 1909–1947. *Planning Perspectives*, 14, 277–289.

Booth, P. 2010: Sheffield: Miserable Disappointment No More? In: Punter, J. (ed.) *Urban Design and the British Urban Renaissance*, 85–99. Abingdon: Routledge.

Borchert, J. 1980: *Alley Life in Washington: Family, Community, Religion, and Folklife in the City, 1850–1970*. Urbana: University of Illinois Press.

Borchert, J. R. 1962: The Soviet City. In: Holt, R. T. and Turner, J. E. *Soviet Union: Paradox and Change*, 35–61. New York: Holt, Rinehart, Winston.

Bose, A. 1973: *Studies in India's Urbanization 1901–1971*. Bombay and New Delhi: Tata McGraw Hill.

Bottles, S. L. 1987: *Los Angeles and the Automobile: The Making of the Modern City*. Berkeley and Los Angeles: University of California Press.

Bournville Village Trust 1941: *When We Build Again: A Study Based on Research into Conditions of Living and Working in Birmingham*. London: George Allen and Unwin.

Bowden, P. 1979: *North Rhine Westphalia: North England: Regional Development in Action*. London: Anglo-German Foundation for the Study of Industrial Society.

Bowley, M. 1945: *Housing and the State, 1919–1944*. London: George Allen and Unwin.

Bowly, D., Jr 1978: *The Poorhouse: Subsidized Housing in Chicago, 1895–1976*. Carbondale: Southern Illinois University Press.

Boyd, R. 1952: *Australia's Home: Its Origins, Builders and Occupiers*. Melbourne: Melbourne University Press.

Boyd, R. 1960: *The Australian Ugliness*. Melbourne: Cheshire.

Boyer, M. C. 1983: *Dreaming the Rational City: The Myth of American City Planning*. Cambridge, MA: MIT Press.

Boyer, P. S. 1978: *Urban Masses and Moral Order in America, 1820–1920*. Cambridge, MA: Harvard University Press.

Bradley, K. 2009: "Growing up with a City": Exploring Settlement Youth Work in London and Chicago, c.1880–1940. *The London Journal*, 34, 285–298.

Brand, R. R. 1976: The Urban Housing Challenge. In: Knight, C. G. and Newman, J. L. (eds.) *Contemporary Africa: Geography and Change*, 321–35. Englewood Cliffs: Prentice Hall.

Brandenburg, A. and Materna, J. 1980: Zum Aufbruch in die Fabrikgesellschaft: Arbeiterkolonien. *Archiv für die Geschichte des Widerstandes und der Arbeit*, 1, 35–48.

Branford, V. 1914: *Interpretations and Forecasts: A Study of Survivals and Tendencies in Contemporary Society*. New York and London: Mitchell Kennerley.

Branford, V. and Geddes, P. 1917: *The Coming Polity: A Study in Reconstruction*. (The Making of the Future.) London: Williams and Norgate.

Branford, V. and Geddes, P. 1919: *Our Social Inheritance*. London: Williams and Norgate.

Breese, G. (ed.) 1969: *The City in Newly Developing Countries: Readings on Urbanism and Urbanization*. Englewood Cliffs: Prentice Hall.

Breheny, M. 1991: Contradictions of the Compact City. *Town and Country Planning*, 60, 21.

Breheny, M. 1992a: The Contradictions of the Compact City: A Review. In: Breheny, M. J. (ed.) *Sustainable Development and Urban Form (European Research in Regional Science, 2)*, 138–159. London: Pion.

Breheny, M. J. (ed.) 1992b: *Sustainable Development and Urban Form (European Research in Regional Science, 2)*. London: Pion.

Breheny, M. 1995a: Counter-Urbanisation and Sustainable Urban Forms. In: Brotchie, J. F., Batty, M., Blakely, E., Hall, P., and Newton, P. (eds.) *Cities in Competition*, 402–429. Melbourne: Longman Australia.

Breheny, M. 1995b: The Compact City and Transport Energy Consumption. *Transactions of the Institute of British Geographers*, 20, 81–101.

Breheny, M. 1995c: Transport Planning, Energy and Development: Improving our Understanding of the Basic Relationships. In: Banister, D. (ed.) *Transport and Urban Development*, 89–95. London: Spon.

Breheny, M. and Button, K. (eds.) 1993: *Transport, the Environment and Sustainable Development*. London: Spon.

Breheny, M., Gent, T., and Lock, D. 1993: *Alternative Development Patterns: New Settlements*. London: HMSO.

Breheny, M. and Hall, P. 1984: The Strange Death of Strategic Planning and the Victory of the Know-Nothing School. *Built Environment*, 10, 95–99.

Breheny, M. and Hall, P. 1996: Four Million Households—Where Will They Go? *Town and Country Planning*, 65, 39–41.

Breheny, M. and Hooper, A. (eds.) 1985: *Rationality in Planning: Critical Essays on the Role of Rationality in Urban and Regional Planning*. London: Pion.

Breheny, M. and Rookwood, R. 1993: Planning the Sustainable City Region. In: Blowers, A. (ed.) *Planning for a*

Sustainable Environment, 150–89. London: Earthscan.

Brindley, T., Rydin, Y., and Stoker, G. 1989: *Remaking Planning*: *The Politics of Urban Change in the Thatcher Years*. London: Unwin Hyman.

Bristow, R. 1984: *Land-Use Planning in Hong Kong*: *History, Policies and Procedures*. Hong Kong: Oxford University Press.

Brodsly, D. 1981: *L. A. Freeway*: *An Appreciative Essay*. Berkeley and Los Angeles: University of California Press.

Bromley, R. and Gerry, C. (eds.), 1979: *Casual Work and Poverty in Third World Cities*. Chichester: John Wiley &. Sons, Ltd.

Brotchie, J. F., Batty, M., Blakely, E., Hall, P., and Newton, P. (eds.) 1995: *Cities in Competition*. Melbourne: Longman Australia.

Brotchie, J. F., Newton, P., Hall, P., and Dickey, J. (eds.) 1999: *East West Perspectives on 21st Century Urban Development*: *Sustainable Eastern and Western Cities in the New Millennium*. Aldershot: Ashgate.

Brown, K. D. 1977: *John Burns*. London: Royal Historical Society.

Brownell, B. A. 1980: Urban Planning, The Planning Profession, and the Motor Vehicle in early Twentieth-Century America. In: Cherry, G. E. (ed.) *Shaping an Urban World*, 59–77. London: Mansell.

Brownill, S. 1990: *Developing London's Docklands*: *Another Great Planning Disaster?* London: Paul Chapman.

Brush, J. E. 1962: The Morphology of Indian Cities. In: Turner, R. (ed.) *India's Urban Future*, 57–70. Berkeley: University of California Press.

Brush, J. E. 1968: Spatial Patterns of Population in Indian Cities. *Geographical Review*, 58, 362–391.

Bruton, M. 1975: *Introduction to Transportation Planning*. Second edition. London: Hutchinson.

Bryson, L. and Thompson, F. 1972: *An Australian Newtown*: *Life and Leadership in a Working-Class Suburb*. Harmondsworth: Penguin.

Budd, L. and Whimster, S. 1992: *Global Finance and Urban Living*: *A Study of Metropolitan Change*. London: Routledge.

Buder, S. 1990: *Visionaries and Planners*: *The Garden City Movement and the Modern Community*. New York: Oxford University Press.

Bull, W. J. 1901: A Green Girdle round London. *The Sphere*, 5, 128–129.

Bullock, N. 1978: Housing in Frankfurt 1925 to 1931 and the New Wohnkultur. *Architectural Review*, 113, 335–342.

Bullock, N. 1987: Plans for Post-War Housing in the UK: The Case for Mixed Development and the Flat. *Planning Perspectives*, 2, 71–98.

Bunker, R. 1988: Systematic Colonization and Town Planning in Australia and New Zealand. *Planning Perspectives*, 3, 59–80.

Bunker, R. 1998: Process and Product in the Foundation and Laying Out of Adelaide. *Planning Perspectives*, 13, 243–255.

Bunker, R. 2002: In the Shadow of the City: The Fringe Around the Australian Metropolis in the 1950s. *Planning Perspectives*, 17, 61–82.

Bunker, R. 2008: Why and How Did Adelaide Come About? *Planning Perspectives*, 23, 233–240.

Burgess, E. W. 1925: The Growth of the City: An Introduction to a Research Project. In: Park, R. E., Burgess, E. W., and McKenzie, R. D. *The City*, 47–62. Chicago: University of Chicago Press.

Burgess, R. 1978: Petty Commodity Housing or Dweller Control? A Critique of John Turner's Views on Housing Policy. *World Development*, 6, 1105–1134.

Burgess, R. 1982: Self-Help Housing Advocacy: A Curious Form of Radicalism. A Critique of the Work of J. F. C. Turner. In: Ward, P. M. (ed.) *Self-Help Housing*: *A Critique*, 56–97. London: Mansell.

Burnett, J. 1978: *A Social History of Housing 1815–1970*. Newton Abbot: David and Charles.

Burnham, D. H. and Bennett, E. H. 1970 (1909): *Plan of Chicago*. New York: Da Capo Press.

Burnham, D. H. and Bennett, E. H. 1971 (1905): *Report on a Plan for San Francisco*. San Francisco: Sunset Press. (Repr. 1971, with introduction by James R. McCarthy. Berkeley: Urban Books.)

Burnham, D. H., Jr and Kingery, R. 1956: *Planning the Region of Chicago*. Chicago: Chicago Regional Planning Association.

Burnley, I. H. (ed.) 1974: *Urbanization in Australia: The Post-War Experience*. London: Cambridge University Press.

Burns, J. 1908: Speech on Housing, Town Planning, etc., Bill. *Commons Hansard*, Fourth series, 188, 947–968.

Butcher, G., Collis, P., Glen, A., and Sills, P. 1980: *Community Groups in Action: Case Studies and Analysis*. London: Routledge and Kegan Paul.

Butler, C. et al. 1933: The Planned Community. *Architectural Forum*, 58, 253–274.

Butler, S. M. 1981: *Enterprise Zones: Greenlining the Inner Cities*. New York: Universe Books.

Cadbury, G., Jr 1915: *Town Planning: With Special Reference to the Birmingham Schemes*. London: Longmans, Green.

Cairncross, F. 1997: *The Death of Distance: How the Communications Revolution Will Change our Lives*. London: Orion.

Calabi, D. 1984: Italy. In: Wynn, M. (ed.) *Planning and Urban Growth in Southern Europe*, 37–69. London: Mansell.

Calabi, D. 1996: Marcel Poëte: Pioneer of "l'Urbanisme" and Defender of "l'Histoire des Villes." *Planning Perspectives*, 11, 413–436.

Caldenby, C. and Rundberg, E. 1982: Katalog Backström & Reinius. *Arkitektur*, 82/6, 10–32.

Callow, A. B. 1969: *American Urban History: An Interpretative Reader with Commentaries*. New York: Oxford University Press.

Calthorpe, P. 1993: *The Next American Metropolis: Ecology, Community, and the American Dream*. Princeton: Princeton Architectural Press.

Calthorpe, P. and Fulton, W. 2001: *The Regional City: Planning for the End of Sprawl*. Washington: Island Press.

Carnoy, M. 1984: *The State and Political Theory*. Princeton: Princeton University Press.

Caro, R. A. 1974: *The Power Broker: Robert Moses and the Fall of New York*. New York: Alfred A. Knopf.

Carr, M. C. 1982: The Development and Character of a Metropolitan Suburb: Bexley, Kent. In: Thompson, F. M. L. (ed.) *The Rise of Suburbia*, 212–267. Leicester: Leicester University Press.

Carrothers, G. A. P. 1956: An Historical Review of the Gravity and Potential Concepts of Human Interaction. *Journal of the American Institute of Planners*, 22, 94–102.

Carver, H. 1962: *Cities in the Suburbs*. Toronto: University of Toronto Press.

Cassidy, R. 1980: *Livable Cities: A Grass-Roots Guide to Rebuilding Urban America*. New York: Holt, Rinehart and Winston.

Castells, M. 1977: *The Urban Question: A Marxist Approach*. London: Edward Arnold.

Castells, M. 1978: *City, Class and Power*. London: Macmillan.

Castells, M. 1983: *The City and the Grassroots: A Cross-Cultural Theory of Urban Social Movements*. London: Edward Arnold.

Castells, M. 1989: *The Informational City: Information Technology, Economic Restructuring and the Urban-Regional Process*. Oxford: Basil Blackwell.

Castells, M. 1996: *The Information Age: Economy, Society, and Culture*, vol. I, *The Rise of the Network Society*. Oxford: Blackwell.

Castells, M. 1997: *The Information Age: Economy, Society, and Culture*, vol. II, *The Power of Identity*. Oxford: Blackwell.

Castells, M. 1998: *The Information Age: Economy, Society, and Culture*, vol. III, *End of Millennium*. Oxford: Blackwell.

Castells, M. and Hall, P. 1994: *Technopoles of the World: The Making of 21st-Century Industrial Complexes*. London: Routledge.

Castells, M., Goh, L., and Kwok, R. Y. -W. 1990: *The Shep Kip Mei Syndrome: Economic Development and Public Housing in Hong Kong and Singapore*. London: Pion.

Catanese, A. J. and Steiss, A. W. 1970: *Systemic Planning: Theory and Application*. Lexington: D. C. Heath.

Cavalcanti, M. de B. U. 1997: Urban Reconstruction and Autocratic Regimes: Ceausescu's Bucharest in its Historic Context. *Planning Perspectives*, 12, 71–109.

Cederna, A. 1981: *Mussolini Urbanista: Lo sventramento di Roma negli anni del Consenso*. Roma: Laterza.

Cerillo, A., Jr 1977: The Impact of Reform Democracy: Early Twentieth Century Municipal Government in New York City. In: Ebner, M. E. and Tobin, E. M. *The Age of Urban Reform: New Perspectives on the Progressive Era*, 68–85. Port Washington, NY: Kennikat.

Cervero, R. 1986: *Suburban Gridlock*. New Brunswick: Center for Urban Policy Studies.

Chadwick, G. 1971: *A Systems View of Planning: Towards a Theory of the Urban and Regional Planning Process*. Oxford: Pergamon.

Chandler, T. and Fox, G. 1974: *3000 Years of Urban Growth*. London: Academic Press.

Chapman, S. D. (ed.) 1971: *The History of Working-Class Housing*. Newton Abbot: David and Charles.

Chase, S. 1925: Coals to Newcastle. *The Survey*, 54, 143–146.

Chase, S. 1929: *Men and Machines*. New York: Macmillan.

Chase, S. 1931: *The Nemesis of American Business and Other Essays*. New York: Macmillan.

Chase, S. 1932: *A New Deal*. New York: The Macmillan Company.

Chase, S. 1934: *The Economy of Abundance*. New York: Macmillan.

Chase, S. 1936: *Rich Land Poor Land: A Study of Waste in the Natural Resources of America*. New York and London: Whittlesey House.

Cheape, C. W. 1980: *Moving the Masses: Urban Public Transit in New York, Boston, and Philadelphia, 1880–1912*. Cambridge, MA: Harvard University Press.

Checkoway, B. 1984: Large Builders, Federal Housing Programs, and Postwar Suburbanization. In: Tabb, W. K. and Sawers, L. (eds.) *Marxism and the Metropolis: New Perspectives in Urban Political Economy*, 152–173. New York: Oxford University Press.

Checkoway, B. and Patton, C. V. (eds.) 1985: *The Metropolitan Midwest: Policy Problems and Prospects for Change*. Urbana: University of Illinois Press.

Cherry, G. E. 1972: *Urban Change and Planning: A History of Urban Development in Britain since 1750*. Henley: Foulis.

Cherry, G. E. 1974: *The Evolution of British Town Planning*. London: Leonard Hill.

Cherry, G. E. (ed.) 1980a: *Shaping an Urban World*. London: Mansell.

Cherry, G. E. 1980b: The Place of Neville Chamberlain in British Town Planning. In: Cherry, G. E. (ed.) *Shaping an Urban World*, 161–179. London: Mansell.

Cherry, G. E. 1988: *Cities and Plans: The Shaping of Urban Britain in the Nineteenth and Twentieth Centuries*. London and New York: E. Arnold.

Cherry, G. E. 1994: *Birmingham: A Study in Geography, History and Planning*. Chichester: John Wiley & Sons, Ltd.

Cherry, G. E. 1996: *Town Planning in Britain since 1900: The Rise and Fall of the Planning Ideal*. Oxford: Blackwell.

Cherry, G. E. and Penny, L. 1986: *Holford: A Study in Architecture, Planning and Civic Design*. London: Mansell.

Cherry, G. E. and Rogers, A. 1996: *Rural Change and Planning: England and Wales in the Twentieth Century*. London: Spon.

Cheshire, P. and Hay, D. 1987: *Urban Problems in Europe*. London: Allen and Unwin.

Chicago Commission on Race Relations 1922: *The Negro in Chicago: A Study of Race Relations and a Race Riot*. Chicago: University of Chicago Press.

Childs, M. W. 1936: *Sweden: The Middle Way*. London: Faber and Faber.

Choi, C. Y. and Chan, Y. K. 1979: Housing Development and Housing Policy in Hong Kong. In: Lin, T. -B., Lee, R. P. L., and Simonis, U. -E. (eds.) *Hong Kong: Economic, Social and Political Studies in Development*, 183–202. Folkestone: Dawson.

Choudhuri, K., 1973: *Calcutta: Story of its Government*. New Delhi: Orient-Longman.

Christaller, W. 1966 (1933): *Central Places in Southern Germany*. Translated by C. W. Baskin. Englewood Cliffs: Prentice Hall.

Christensen, T. 1979: *Neighbourhood Survival*. Dorchester: Prism Press.

Christopher, A. J. 1977: Early Settlement and the Cadastral Framework. In: Kay, G. and Smout, M. A. H. (eds.) *Salisbury: A Geographical Survey of the Capital of Rhodesia*, 14–25. London: Hodder and Stoughton.

Chudacoff, H. P. 1975: *The Evolution of American Urban Society*. Englewood Cliffs: Prentice Hall.

Church, A. 1992: Land and Property: The Pattern and Process of Development from 1981. In: Ogden, P. (ed.) *London Docklands: The Challenge of Development*, 43–51. Cambridge: Cambridge University Press.

Churchill, H. 1983: Henry Wright: 1878–1936. In: Krueckeberg, D. A. (ed.) *Introduction to Planning History in the United States*, 208–224. New Brunswick, NJ: Rutgers University, Center for Urban Policy Research.

Cicin-Sain, B. 1980: The Costs and Benefits of Neighborhood Revitalization. In: Rosenthal, D. B. (ed.) *Urban Revitalization (Urban Affairs Annual Reviews*, no. 18), 49–75. Beverly Hills: Sage.

Ciucci, G. 1979: The City in Agrarian Ideology and Frank Lloyd Wright: Origins and Development of Broadacres. In: Ciucci, G., Dal Co, F., Manieri-Elia, M., and Tafuri, M. *The American City: From the Civil War to the New Deal*, 293–387. Cambridge, MA: MIT Press.

Ciucci, G., Dal Co, F., Manieri-Elia, M., and Tafuri, M., 1979: *The American City: From the Civil War to the New Deal*. Cambridge, MA: MIT Press.

Clapson, M. 1998: *Invincible Green Suburbs, Brave New Towns: Social Change and Urban Dispersal in Postwar England*. Manchester: Manchester University Press.

Clapson, M. 2002: Suburban Paradox? Planners' Intentions and Residents' Preferences in Two New Towns of the 1960s: Reston, Virginia and Milton Keynes, England. *Planning Perspectives*, 17, 145–162.

Clark, C. 1940: *The Conditions of Economic Progress*. London: Macmillan.

Clavel, P. 1986: *The Progressive City: Planning and Participation, 1969 – 1984*. New Brunswick: Rutgers University Press.

Clavel, P. 2002: Ebenezer Howard and Patrick Geddes: Two Approaches to City Development. In: Parsons, K. C. and Schuyler, D. (eds.) *From Garden City to Green City: The Legacy of Ebenezer Howard*, 38–57. Baltimore and London: Johns Hopkins University Press.

Clavel, P., Forester, J., and Goldsmith, W. W. (eds.) 1980: *Urban and Regional Planning in an Age of Austerity*. New York: Pergamon.

Clawson, M. 1971: *Suburban Land Conversion in the United States: An Economic and Governmental Process*. Baltimore: Johns Hopkins University Press.

Clawson, M. 1981: *New Deal Planning: The National Resources Planning Board*. Baltimore: Johns Hopkins University Press.

Clawson, M. and Hall, P. 1973: *Planning and Urban Growth: An Anglo-American Comparison*. Baltimore: Johns Hopkins University Press.

Cloher, D. U. 1975: A Perspective on Australian Urbanization. In: Powell, J. M. and Williams, M. *Australian Space, Australian Time: Geographical Perspectives*, 104–149. Melbourne: Oxford University Press.

Cohen, S. S. and Zysman, J. 1987: *Manufacturing Matters: The Myth of the Post-Industrial Economy*. New York: Basic Books.

Coleman, A. 1985: *Utopia on Trial: Vision and Reality in Planned Housing*. London: Hilary Shipman.

Coleman, B. I. (ed.) 1973: *The Idea of the City in Nineteenth-Century Britain*. London: Routledge and Kegan Paul.

Collings, T. (ed.) 1987: *Stevenage 1946-1986: Images of the first New Town*. Stevenage: SPA Books.

Collins, J. 1969: *Lusaka: The Myth of the Garden City*. University of Zambia Institute of Social Research. (*Zambian Urban Studies*, no. 2.)

Collins, J. 1980: Lusaka: Urban Planning in a British Colony, 1931-64. In: Cherry, G. E. (ed.) *Shaping an Urban World*, 227-252. London: Mansell.

Collins, M. 1994: Land-Use Planning since 1947. In: Simmie, J. (ed.) *Planning London*, 90-140. London: UCL Press.

Colomb, C. 2007: Unpacking New Labour's "Urban Renaissance" Agenda: Towards a Socially Sustainable Reurbanization of British cities? *Planning Practice & Research*, 22, 1-24.

Colomb, C. 2011: Culture in the City, Culture for the City? The Political Construction of the Trickle-Down in Cultural Regeneration Strategies in Roubaix, France. *Town Planning Review*, 82, 77-98.

Comer, J. P. 1969: The Dynamics of Black and White Violence. In: Graham, H. D. and Gurr, T. R. (eds.) *Violence in America: Historical and Comparative Perspectives*, 341-343. 2 vols. Washington, DC: Government Printing Office.

Comerio, M. C. 1984: Community Design: Idealism and Entrepreneurship. *Journal of Architectural and Planning Research*, 1, 227-243.

Comhaire, J. 1961: Leopoldville and Lagos: Comparative Survey of Urban Condition in 1960. *Economic Bulletin for Africa*, 1/2, 50-65.

Commonwealth of Australia Department of Home Affairs 1913: *The Federal Capital: Report Explanatory of the Preliminary General Plan*. (C. 9681.) Melbourne: Albert J. Mullett, Government Printer.

Condit, C. W. 1973: *Chicago, 1910-29: Building, Planning, and Urban Technology*. Chicago and London: Chicago University Press.

Condit, C. W. 1974: *Chicago, 1930-1970: Building, Planning, and Urban Technology*. Chicago and London: Chicago University Press.

Conekin, B. 1999: "Here is the Modern World Itself": The Festival of Britain's Representations of the Future. In: Conekin, B., Mort, F., and Waters, C. (eds.) *Moments of Modernity: Reconstructing Britain 1945-1964*, 228-246. London and New York: Rivers Oram Press.

Conkin, P. K. 1959: *Tomorrow a New World: The New Deal Community Program*. Ithaca: Cornell University Press.

Conkin, P. K. 1983: Intellectual and Political Roots. In: Hargrove, E. C. and Conkin, P. K. (eds.) *TVA: Fifty Years of Grass-Roots Bureaucracy*, 3-34. Urbana: University of Illinois Press.

Connolly, P. 1982: Uncontrolled Settlements and Self-Build: What Kind of Solution? The Mexico City Case. In: Ward, P. M. (ed.) *Self-Help Housing: A Critique*, 141-174. London: Mansell.

Consortium Developments 1985: *Tillingham Hall Outline Plan*. London: Consortium Developments.

Cook, A., Gittell, M., and Mack, H. (eds.) 1973: *City Life, 1865-1900: Views of Urban America*. New York: Praeger.

Cook, P. 1983: Cook's Grand Tour. *Architectural Review*, 174/10, 32-42.

Cooke, C. 1977: Activities of the Garden City Movement in Russia. *Transactions of the Martin Centre for Architectural and Urban Studies*, 1, 225-249.

Cooke, C. 1978: Russian Responses to the Garden City Idea. *Architectural Review*, 163, 354-363.

Cooke, P. 1990: *Back to the Future: Modernity, Postmodernity and Locality*. London: Unwin Hyman.

Cooke, P. N. 1983: *Theories of Planning and Spatial Development*. London: Hutchinson.

Cooley, C. H. 1909: *Social Organization: A Study of the Larger Mind*. New York: Charles Scribner's Sons.

Cooley, C. H. 1918: *Social Process*. New York: Charles Scribner's Sons.

Cooney, E. W. 1974: High Flats in Local Authority Housing in England and Wales since 1945. In: Sutcliffe, A.

(ed.) *Multi-Storey Living: The British Working-Class Experience*, 151–180. London: Croon Helm.

Co-Partnership Tenants' Housing Council 1906: *Garden Suburbs, Villages and Homes: All about Co-Partnership Houses*. London: The Council.

Coppock, J. T. and Prince, H. (eds.), 1964: *Greater London*. London: Faber and Faber. Council for the Preservation of Rural England: "Penn Country" Branch 1933: *The Penn Country of Buckinghamshire*. London: CPRE.

Council for the Preservation of Rural England: Thames Valley Branch 1929: *The Thames Valley from Cricklade to Staines*. Prepared by the Earl of Mayo, S. D. Adshead and Patrick Abercrombie. London: University of London Press.

Creese, W. L. 1966: *The Search for Environment: The Garden City Before and After*. New Haven: Yale University Press.

Creese, W. L. (ed.) 1967: *The Legacy of Raymond Unwin: A Human Pattern for Planning*. Cambridge, MA: MIT Press.

Creese, W. L. 1990: *TVA's Public Planning: The Vision, The Reality*. Knoxville: University of Tennessee Press.

Creese, W. L. 1992: *The Search for Environment: The Garden City Before and After*. Second edition. Baltimore and London: Johns Hopkins University Press.

Crossman, R. H. S. 1975: *The Diaries of a Cabinet Minister*, vol. 1, *Minister of Housing 1964–1966*. London: Hamish Hamilton and Jonathan Cape.

Crow, A. 1911: Town Planning in Old and Congested Areas, with Special Reference to London. In: Royal Institute of British Architects *Town Planning Conference—Transactions*, 407–426. London: RIBA.

Crow, S. 1996: Development Control: The Child that Grew Up in the Cold. *Planning Perspectives*, 11, 399–411.

Crump, S. 1962: *Ride the Big Red Cars: How Trolleys Helped Build Southern California*. Los Angeles: Crest Publications.

Cullen, G. 1953: Prairie Planning in the New Towns. *Architectural Review*, 114, 33–36.

Cullingworth, J. B. 1979: *Environmental Planning* (Peacetime History), vol. III, *New Towns Policy*. London: HMSO.

Cullingworth, J. B. 1993: *The Political Economy of Planning: American Land Use Planning in Comparative Perspective*. New York and London: Routledge.

Cullingworth, J. B. 1997: *Planning in the USA: Policies, Issues and Processes*. London: Routledge.

Cullingworth, J. B. (ed.) 1999: *British Planning: Fifty Years of Urban and Regional Policy*. London: Athlone.

Culpin, E. G. 1913: *The Garden City Movement Up-To-Date*. London: Garden Cities and Town Planning Association.

Cunningham, S. M. 1980: Brazilian Cities Old and New: Growth and Planning Experiences. In: Cherry, G. E. (ed.) *Shaping an Urban World*, 181–202. London: Mansell.

Curl, J. S. 1970: *European Cities and Society: A Study of the Influence of Political Change on Town Design*. London: Leonard Hill.

Dahl, R. A. 1961: *Who Governs? Democracy and Power in an American City*. New Haven and London: Yale University Press.

Dakhil, F. H., Ural, O., and Tewfik, M. F. 1979: *Housing Problems in Developing Countries*. (Proceedings IAHS International Conference 1978.) 2 vols. Chichester: John Wiley & Sons, Ltd.

Dal Co, F. 1979: From Parks to the Region: Progressive Ideology and the Reform of the American City. In: Ciucci, G., Dal Co, F., Manieri-Elia, M., and Tafuri, M. *The American City: From the Civil War to the New Deal*, 143–291. Cambridge, MA: MIT Press.

Dannell, G. 1981: Planering viden skiljeväg. *Plan*, 35, 52–56.

Darley, G. 1975: *Villages of Vision*. London: Architectural Press.

Daun,. 1985: *Setbacks and Advances in the Swedish Housing Market*. (*Current Sweden*, 331.) Stockholm: Swedish Institute.

Daunton, M. J. 1983: *House and Home in the Victorian City: Working-Class Housing 1850 - 1914*. London: Edward Arnold.

Daunton, M. J. (ed.) 1984: *Councillors and Tenants: Local Authority Housing in English Cities, 1919 - 1939*. Leicester: Leicester University Press.

Davidoff, P. 1965: Advocacy and Pluralism in Planning. *Journal of the American Institute of Planners*, 31, 186 -197.

Davies, J. C. 1969: The J-Curve of Rising and Declining Satisfactions as a Cause of Some Great Revolutions and a Contained Rebellion. In: Graham, H. D. and Gurr, T. R. (eds.) *Violence in America: Historical and Comparative Perspectives*, 547-576. 2 vols. Washington, DC: Government Printing Office.

Davies, R. O. 1975: *The Age of Asphalt: The Automobile, the Freeway, and the Condition of Metropolitan America*. Philadelphia: J. B. Lippincott.

Davis, A. F. 1967: *Spearheads for Reform: The Social Settlements and the Progressive Movement, 1890-1914*. New York: Oxford University Press.

Davis, A. F. 1983: Playgrounds, Housing, and City Planning. In: Krueckeberg, D. A. (ed.) *Introduction to Planning History in the United States*, 73-87. New Brunswick, NJ: Rutgers University, Center for Urban Policy Research.

Davis, D. H. 1969: *Lusaka, Zambia: Some Town Planning Problems in an African City at Independence*. University of Zambia, Institute of Social Research. (*Zambian Urban Studies*, no. 1.)

Davis, M. 1990: *City of Quartz: Excavating the Future in Los Angeles*. London: Verso.

Davison, G. 1979: Australian Urban History: A Progress Report. *Urban History Yearbook 1979*. Leicester: Leicester University Press, 100-109.

Davoudi, S. 2000: Sustainability: A New Vision for the British Planning System. *Planning Perspectives*, 15, 123-137.

Davoudi, S. 2005: Understanding Territorial Cohesion. *Planning Practice & Research*, 20, 433-441.

Davoudi, S. and Pendlebury, J. 2010: The Evolution of Planning as an Academic Discipline. *Town Planning Review*, 81, 613-645.

Day, A. F. 1916: *John C. F. S. Day: His Forbears and Himself: A Biographical Study by One of his Sons*. London: Heath, Cranton.

De Carlo, G. 1948: The Housing Problem in Italy. *Freedom*, 9/12, 2, and 9/13, 2.

De Carlo, G. 1980: An Architecture of Participation. *Perspecta*, 17, 74-79.

Deakin, D. (ed.) 1989: *Wythenshawe: The Story of a Garden City*. Chichester: Phillimore.

Dear, S. and Allen, M. J. 1981: Towards a Framework for Analysis. In: Dear, M. S. and Scott, A. J. (eds.) *Urbanization and Urban Planning in Capitalist Society*, 3-16. London: Methuen.

Dear, M. S. and Scott, A. J. (eds.), 1981: *Urbanization and Urban Planning in Capitalist Society*. London: Methuen.

Debord, G. 1970: *Society of the Spectacle*. Detroit: Black & Red. (A Black & Red Unauthorized Translation.)

Debord, G. 1990: *Comments on the Society of the Spectacle*. London: Verso.

DeForest, R. W. and Veiller, L. (eds.) 1903: *The Tenement House Problem: Including the Report of the New York State Tenement House Commission of 1900*. 2 vols. New York: Macmillan.

Defries, A. 1927: *The Interpreter Geddes: The Man and his Gospel*. London: George Routledge and Sons.

Degen, M. 2008: *Sensing Cities: Regenerating Public Life in Barcelona and Manchester*. Abingdon: Routledge.

Dehaene, M. 2004: Urban Lessons for the Modern Planner: Patrick Abercrombie and the Study of Urban Development. *Town Planning Review*, 75, 1-30.

Delafons, J. 1997: *Politics and Preservation: A Policy History of the Built Heritage 1882-1996*. London: Spon.

Delafons, J. 1998: Reforming the British Planning System 1964-5: The Planning Advisory Group and the Genesis of the Planning Act of 1968. *Planning Perspectives*, 13, 373-387.

Delouvrier, P. 1972: Paris. In: Robson, W. A. and Regan, D. E., (eds.) *Great Cities of the World*, II, 731-771.

London: George Allen and Unwin.

Dennis, N. 1968: The Popularity of the Neighbourhood Community Idea. In: Pahl, R. E. (ed.) *Readings in Urban Sociology*, 74-92. Oxford: Pergamon.

Dennis, R. 2008: *Cities in Modernity: Representations and Productions of Metropolitan Space, 1840 – 1930*. Cambridge: Cambridge University Press.

Derthick, M. 1972: *New Towns In-Town: Why a Federal Program Failed*. Washington, DC: The Urban Institute.

Dhuys, J. -F. 1983: Et si M. Chirac avait raison? *Macadam*, 4, 9.

Diamond, S. and Burke, F. G. 1966: *The Transformation of East Africa: Studies in Political Anthropology*. New York: Basic Books.

Didion, J. 1970: *Play It as It Lays*. New York: Farrar, Strauss and Giroux.

Dietrich, R. 1960: *Berlin: Neun Kapitel seiner Geschichte*. Berlin: Walter de Gruyter.

Dimaio, A. J. 1974: *Soviet Urban Housing: Problems and Politics*. New York: Praeger.

Dix, G. 1978: Little Plans and Noble Diagrams. *Town Planning Review*, 49, 329-352.

Dobby, E. H. G. 1940: Singapore: Town and Country. *Geographical Review*, 30, 84-109.

Dobriner, W. M. 1977: The Suburban Evangel. In: Allen, I. L. (ed.) *New Towns and the Suburban Dream: Ideology and Utopia in Planning and Development*, 121-140. Port Washington: Kennikat.

Docklands Forum, Birkbeck College 1990: *Employment in Docklands*. London: Docklands Forum.

Docklands Joint Committee 1976: *London Docklands Strategic Plan*. London: Docklands Development Team.

Dodd, K. S. 1933: Planning in the USSR. *Journal of the Town Planning Institute*, 20, 34-53.

Dolce, P. C. (ed.) 1976: *Suburbia: The American Dream and Dilemma*. Garden City, NY: Anchor.

Donnison, D. V. and Eversley, D. 1973: *London: Urban Patterns, Problems, and Policies*. London: Heinemann.

Dorsett, L. W. 1968: *The Challenge of the City, 1860-1910*. Lexington: D. C. Heath.

Dove, D. 1976: *Preserving the Urban Environment: How to Stop Destroying Cities*. Philadelphia: Dorrance and Co.

Dowall, D. 1984: *The Suburban Squeeze: Land Conversion and Regulation in the San Francisco Bay Area*. Berkeley: University of California Press.

Downs, A. 1957: *An Economic Theory of Democracy*. New York: Harper and Brothers.

Drake, S. and Cayton, H. R. 1945: *Black Metropolis: A Study of Negro Life in a Northern City*. New York: Harcourt Brace.

Draper, J. E. 1982: *Edward H. Bennett: Architect and City Planner, 1874 – 1954*. Chicago: Art Institute of Chicago.

Dreiser, T. 1947: *The Stoic*. Garden City: Doubleday.

Du Bois, W. E. B. 1899: *The Philadelphia Negro: A Social Study*. Publications of the University of Pennsylvania: Series in Political Economy and Public Law. Philadelphia: The University.

Du Bois, W. E. B. 1920: *Darkwater: Voices from within the Veil*. London: Constable.

Duany, A., Plater-Zyberk, E., and Speck, J. 2000: *Suburban Nation: The Rise of Sprawl and the Decline of the American Dream*. New York: North Point Press.

Dubech, I. and D'Espezel, P. 1931: *Histoire de Paris*. 2 vols. Paris: Les éditions Pittoresques.

Duhl, L. J. (ed.) 1963: *The Urban Condition: People and Policy in the Metropolis*. New York: Basic Books.

Dulffer, J., Thies, J., and Henke, J. 1978: *Hitlers Städte: Baupolitik im Dritten Reich*. Köln: Bohlau.

Duncan, J. D. and Duncan, N. G. 1984: A Cultural Analysis of Urban Residential Landscapes in North America: The Case of the Anglophile Elite. In: Agnew, J., Mercer, J., and Sopher, D. E. (eds.) *The City in Cultural Context*, 255-276. Boston: Allen and Unwin.

Dunkerley, H. et al. 1983: *Urban Land Policy: Issues and Opportunities*. New York: Oxford University Press.

Dunleavy, P. 1981: *The Politics of Mass Housing in Britain, 1945-1975: A Study of Corporate Power and Professional Influence in the Welfare State*. Oxford: Clarendon Press.

Duquesne, J. 1966: *Vivre à Sarcelles? Le Grand Ensemble et ses problèmes*. Paris: édition Cujas.

Durant, R. 1939: *Watling: A Survey of Social Life on a New Housing Estate*. London: P. S. King.

Dwyer, D. J. (ed.) 1971: *Asian Urbanization: A Hong Kong Casebook*. Hong Kong: Hong Kong University Press.

Dwyer, D. J. (ed.) 1972: *The City as a Centre of Change in Asia*. Hong Kong: Hong Kong University Press.

Dwyer, D. J. (ed.) 1974a: *The City in the Third World*. London: Macmillan.

Dwyer, D. J. 1974b: Attitudes towards Spontaneous Development in Third World Cities. In: Dwyer, D. J., (ed.) *The City in the Third World*, 204–218. London: Macmillan.

Dyckman, J. W. 1970: Social Planning in the American Democracy. In: Erber, E. (ed.) *Urban Planning in Transition*, 27–44. New York: Grossman.

Dykstra, C. A. 1926: Congestion Deluxe—Do We Want It? *National Municipal Review*, 15, 394–398.

East, E. E. 1941: Streets: The Circulation System. In: Robbins, G. W. and Tilton, L. D. (eds.) *Los Angeles: A Preface to a Master Plan*, 7–100. Los Angeles: The Pacific Southwest Academy.

Eberstadt, R. 1911: Town Planning in Germany: The Greater Berlin Competition. In: Royal Institute of British Architects *Town Planning Conference—Transactions*, 313–333. London: RIBA.

Eberstadt, R. 1917 (1909): *Handbuch des Wohnungswesens und der Wohnungsfrage*. Jena: Gustav Fischer.

Ebner, M. E. and Tobin, E. M. 1977: *The Age of Urban Reform: New Perspectives on the Progressive Era*. Port Washington, NY: Kennikat.

Eckstein, S. 1977: *The Poverty of Revolution: The State and the Urban Poor in Mexico*. Princeton: Princeton University Press.

Edblom, M., Strömdahl, J., and Westerman, A. 1962: Mot en ny Milj. *Arkitektur*, 62, 205–224. Editors of *Fortune* (eds.), 1958: *The Exploding Metropolis*. Garden City, NY: Doubleday Anchor.

Edwards, A. M. 1981: *The Design of Suburbia: A Critical Study in Environmental History*. London: Pembridge Press.

Edwards, B. and Gilbert, D. 2008: 'Piazzadilly!': The Re-imagining of Piccadilly Circus (1957–1972). *Planning Perspectives*, 23, 455–478.

Edwards, G. 1966: Comment: The Greenbelt Towns of the American New Towns. *Journal of the American Institute of Planners*, 32, 225–228.

Edwards, J. and Batley, R. 1978: *The Politics of Positive Discrimination: An Evaluation of the Urban Programme 1967–1977*. London: Tavistock.

Edwards, S. (ed.) 1969: *Selected Writings of Pierre-Joseph Proudhon*. Garden City, NY: Anchor (Doubleday).

Eels, R. and Walton, C. 1968: *Man in the City of the Future: A Symposium of Urban Philosophers*. New York: Arkville Press.

Egli, E. 1959–1967: *Geschichte des Städtebaus*. 3 vols. Zürich: Rentsch.

Ehrlich, H. 1933: *Die Berliner Bauordnungen, ihre wichtigsten Bauvorschriften und deren Einfluss auf den Wohnhausbau der Stadt Berlin*. Jena: G. Neuenhahn.

Elander, I. 1989: *New Trends in Social Housing: The Case of Sweden*. Örebro: University, Centre for Housing and Urban Research.

Elander, I. and Strömberg, T. 1992: Whatever Happened to Social Democracy and Planning? The Case of Local Land and Housing Policy in Sweden. In: Lundqvist, L. J. (ed.) *Policy, Organization, Tenure: A Comparative History of Housing in Small Welfare States*. Oslo: Scandinavian University Press.

Elazar, D. J. 1967: Urban Problems and the Federal Government: A Historical Inquiry. *Political Science Quarterly*, 82, 505–525.

Ensor, R. 1936: *England 1870–1914*. Oxford: Oxford University Press.

Epstein, D. G. 1973: *Brasília, Plan and Reality: A Study of Planned and Spontaneous Urban Development*. Berkeley: University of California Press.

Erber, E. (ed.) 1970: *Urban Planning in Transition*. New York: Grossman.

Esher, L. 1981: *A Broken Wave: The Rebuilding of England 1940–1980*. London: Allen Lane.

Esping-Andersen, G. 1985: *Politics against Markets: The Social Democratic Road to Power*. Princeton: Princeton University Press.

Essex, S. and Brayshay, M. 2007: Vision, Vested Interest and Pragmatism: Who Re-made Britain's Blitzed Cities? *Planning Perspectives*, 22, 417-441.

Estall, R. C. 1977: Regional Planning in the United States: An Evaluation of Experience under the 1965 Economic Development Act. *Town Planning Review*, 48, 341-364.

Etzioni, A. 1968: *The Active Society*. London: Collier-Macmillan.

Evenson, N. 1966: *Chandigarh*. Berkeley and Los Angeles: University of California Press.

Evenson, N. 1973: *Two Brazilian Capitals: Architecture and Urbanism in Rio de Janeiro and Brasília*. New Haven: Yale University Press.

Evenson, N. 1979: *Paris: A Century of Change, 1878-1978*. New Haven: Yale University Press.

Evenson, N. 1984: Paris, 1890-1940. In: Sutcliffe, A. (ed.)*Metropolis 1890-1940*, 259-288. London: Mansell.

Evers, H. -D. 1976: Urban Expansion and Land Ownership in Underdeveloped Societies. In: Walton, A. and Masotti, L. H. (eds.) *The City in Comparative Perspective*, 67-79. New York: John Wiley & Sons, Inc.

Fabian Society 1884a: *Why Are the Many Poor?* (*Fabian Tracts*, no. 1). London: George Standring.

Fabian Society 1884b: *A Manifesto* (*Fabian Tracts*, no. 2). London: George Standring.

Fabian Society 1886: *What Socialism Is* (*Fabian Tracts*, no. 4). London: George Standring.

Fabian Society 1887: *Facts for Socialists: From the Political Economists and Statisticians* (*Fabian Tracts*, no. 5). London: Fabian Society.

Fabian Society 1889: *Facts for Londoners* (*Fabian Tracts*, no. 8). London: Fabian Society.

Fabos, J. G., Milde, G. T., and Weinmayr, V. M. 1968: *Frederick Law Olmsted, Sr.: Founder of Landscape Architecture in America*. Amhurst: University of Massachusetts Press.

Fainstein, N. I. and Fainstein, S. S. 1983a: New Haven: The Limits of the Local State. In: Fainstein, S. S., Fainstein, N. I., Hill, R. C., Judd, D. R., and Smith, M. P. *Restructuring the City: The Political Economy of Redevelopment*, 27-79. New York: Longman.

Fainstein, N. I. and Fainstein, S. S. 1983b: Regime Strategies, Communal Resistance, and Economic Forces. In: Fainstein, S. S., Fainstein, N. I., Hill, R. C., Judd, D. R., and Smith, M. P. *Restructuring the City: The Political Economy of Redevelopment*, 245-282. New York: Longman.

Fainstein, S. S. 1994: *The City Builders: Property, Politics, and Planning in London and New York*. Oxford: Blackwell.

Fainstein, S. S., Fainstein, N. I., and Armistead, P. J. 1983: San Francisco: Urban Transformation and the Local State. In: Fainstein, S. S., Fainstein, N. I., Hill, R. C., Judd, D. R., and Smith, M. P. *Restructuring the City: The Political Economy of Redevelopment*, 202-244. New York: Longman.

Fainstein, S. S., Fainstein, N. I., Hill, R. C., Judd, D. R., and Smith, M. P. 1983: *Restructuring the City: The Political Economy of Redevelopment*. New York: Longman.

Fairfield, J. D. 1993: *The Mysteries of the Great City: The Politics of Urban Design, 1877-1937*. Columbus, OH: Ohio State University Press.

Falk, N. 1981: London's Docklands: A Tale of Two Cities. *London Journal*, 7, 65-80.

Falk, N. 1986: Baltimore and Lowell: Two American Approaches. *Built Environment*, 12, 145-152.

Faludi, A. 1973: *Planning Theory*. Oxford: Pergamon.

Faludi, A. 1985: The Return of Rationality. In: Breheny, M. and Hooper, A. (eds.) *Rationality in Planning: Critical Essays on the Role of Rationality in Urban and Regional Planning*, 27-47. London: Pion.

Faludi, A. and van der Valk, A. 1994: *Rule and Order: Dutch Planning Doctrine in the Twentieth Century*. Dordrecht: Kluwer.

Farina, M. B. 1980: Urbanization, Deurbanization and Class Struggle in China 1949-79. *International Journal of Urban and Regional Research*, 4, 485-502.

Farley, R. 1984: *Blacks and Whites? Narrowing the Gap*. Cambridge, MA: Harvard University Press.

Fassbinder, H. 1975: *Berliner Arbeiterviertel, 1800-1918*. Berlin: Verlag für das Studium der Arbeiterbewegung.

Fava, S. F. 1956: Suburbanism as a Way of Life. *American Sociological Review*, 21, 34-38.

Fava, S. F. 1975: Beyond Suburbia. *The Annals of the American Academy of Political and Social Sciences*, 422, 10-24.

Fehl, G. 1983: The Niddatal Project—The Unfinished Satellite Town on the Outskirts of Frankfurt. *Built Environment*, 9, 185-197.

Fehl, G. 1987: From the Berlin Building-Block to the Frankfurt Terrace and Back: A Belated Effort to Trace Ernst May's Urban Design Historiography. *Planning Perspectives*, 2, 194-210.

Fehl, G. 1992: The Nazi Garden City. In: Ward, S. V. (ed.) *The Garden City: Past, Present and Future*, 88-106. London: Spon.

Feibel, C. and Walters, A. A. 1980: *Ownership and Efficiency in Urban Buses* (World Bank Staff Working Paper no. 371). Washington, DC: The World Bank.

Fein, A. 1967: *Landscape into Cityscape: Frederick Law Olmsted's Plans for a Greater New York City*. Ithaca: Cornell University Press.

Fein, A. 1972: *Frederick Law Olmsted and the American Environmental Tradition*. New York: Braziller.

Fichter, R., Turner, J. F. C., and Grenell, P. 1972: The Meaning of Autonomy. In: Turner, J. F. C. and Fichter, R. (eds.) *Freedom to Build: Dweller Control of the Housing Process*, 241-254. New York: Macmillan.

Field, S. et al. 1981: *Ethnic Minorities in Britain: A Study of Trends in their Position since 1961*. (Home Office Research Study, 68.) London: HMSO.

Findlay, J. M. 1992: *Magic Lands: Western Cityspaces and American Culture after 1940*. Berkeley: University of California Press.

Fischler, R. 2000: Planning for Social Betterment: From Standard of Living to Quality of Life. In: Freestone, R. (ed.) *Urban Planning in a Changing World: The Twentieth Century Experience*, 139-157. London: Spon.

Fishman, R. 1977: *Urban Utopias in the Twentieth Century: Ebenezer Howard, Frank Lloyd Wright and Le Corbusier*. New York: Basic Books.

Fishman, R. 1980: The Anti-Planners: The Contemporary Revolt against Planning and its significance for Planning History. In: Cherry, G. E. (ed.) *Shaping an Urban World*, 243-252. London: Mansell.

Fishman, R. 1992: The American Garden City: Still Relevant? In: Ward, S. V. (ed.) *The Garden City: Past, Present and Future*, 146-164. London: Spon.

Fishman, R. 1996: The Mumford-Jacobs Debate. *Planning History Studies*, 10/1-2, 3-12.

Fishman, R. 2002: The Bounded City. In: Parsons, K. C. and Schuyler, D. (eds.) *From Garden City to Green City: The Legacy of Ebenezer Howard*, 58-66. Baltimore and London: Johns Hopkins University Press.

Flink, J. J. 1970: *America Adopts the Automobile, 1895-1910*. Cambridge, MA: MIT Press.

Flink, J. J. 1975: *The Car Culture*. Cambridge: MA: MIT Press.

Flink, J. J. 1988: *The Automobile Age*. Cambridge, MA: MIT Press.

Fluck, T. A. 1986: *Euclid v. Ambler*: A Retrospective. *Journal of the American Planning Association*, 52, 326-337.

Fogel, R. W. and Engermann, S. L. 1974: *Time on the Cross: The Economics of American Negro Slavery*. 2 vols. London: Wildwood House.

Fogelson, R. M. 1967: *The Fragmented Metropolis: Los Angeles 1850 - 1930*. Cambridge, MA: Harvard University Press.

Fogelson, R. M. 1971: *Violence as Protest: A Study of Riots and Ghettos*. Garden City, NY: Anchor.

Foley, D. L. 1963: *Controlling London's Growth; Planning the Great Wen, 1940-1960*. Berkeley: University of California Press.

Fonseca, R. 1969: The Walled City of Old Delhi. In: Oliver, P. (ed.) *Shelter and Society*, 103-115. London: Barrie Rokliff: The Cresset Press.

Ford, C. and Harrison, B. 1983: *A Hundred Years Ago: Britain in the 1880s in Words and Photographs*. London:

Allen Lane.

Ford, J. 1936: *Slums and Housing, with Special Reference to New York City: History, Conditions, Policy*. 2 vols. Cambridge, MA: Harvard University Press.

Forester, J. 1980: Critical Theory and Planning Practice. *Journal of the American Planning Association*, 46, 275–286.

Forshaw, J. H. and Abercrombie, P. 1943: *County of London Plan*. London: Macmillan.

Fosler, R. S. and Berger, R. A. (eds.), 1982: *Public-Private Partnership in American Cities: Seven Case Studies*. Lexington, MA: Lexington Books.

Foster, M. S. 1981: *From Streetcar to Superhighway: American City Planners and Urban Transportation, 1900–1940*. Philadelphia: Temple University Press.

Fox, K. 1985: *Metropolitan America: Urban Life and Urban Policy in the United States, 1940–1980*. London: Macmillan.

Frampton, K. 1968: Notes on Soviet Urbanism, 1917–32. *Architects' Yearbook*, 12, 238–252.

Frampton, K. 1980: *Modern Architecture: A Critical History*. London: Thames and Hudson.

Frazier, E. F. 1932: *The Negro Family in Chicago*. Chicago: University of Chicago Press.

Frazier, E. F. 1939: *The Negro Family in the United States*. Chicago: University of Chicago Press.

Frazier, E. F. 1957: *The Negro in the United States*. New York: Macmillan.

Frazier, E. F. 1966: *The Negro Family in the United States*. Revised and abridged edition. Chicago: University of Chicago Press.

Freestone, R. (ed.) 2000a: *Urban Planning in a Changing World: The Twentieth Century Experience*. London: Spon.

Freestone, R. 2000b: Master Plans and Planning Commissions in the 1920s: The Australian Experience. *Planning Perspectives*, 15, 301–322.

Freestone, R. 2002: Greenbelts in City and Regional Planning. In: Parsons, K. C. and Schuyler, D. (eds.) *From Garden City to Green City: The Legacy of Ebenezer Howard*, 67–98. Baltimore and London: Johns Hopkins University Press.

Freestone, R. 2008: The Adelaide Wars: An Introduction. *Planning Perspectives*, 23, 221–224.

Freestone, R. 2012: Shaping "The Finest City Region in the World": Gordon Stephenson and Canberra's National Capital Development Commission 1960–73. *Town Planning Review*, 83, 355–375.

French, R. A. and Hamilton, F. E. I. 1979a: *The Socialist City: Spatial Structure and Urban Policy*. Chichester: John Wiley & Sons, Ltd.

French, R. A. and Hamilton, F. E. I. 1979b: Is There a Socialist City? In: French, R. A. and Hamilton, F. E. I. *The Socialist City: Spatial Structure and Urban Policy*, 1–22. Chichester: John Wiley & Sons, Ltd.

Fried, M. 1963: Grieving for a Lost Home. In: Duhl, L. J. (ed.) *The Urban Condition: People and Policy in the Metropolis*, 151–171. New York: Basic Books.

Fried, M. 1966: Grieving for a Lost Home: Psychological Costs of Relocation. In: Wilson, J. Q. (ed.) *Urban Renewal: The Record and the Controversy*, 359–379. Cambridge, MA: MIT Press.

Fried, R. C. 1973: *Planning the Eternal City: Roman Politics and Planning since World War II*. New Haven and London: Yale University Press.

Frieden, B. J. 1964: *The Future of Old Neighborhoods: Rebuilding for a Changing Population*. Cambridge, MA: MIT Press.

Frieden, B. J. 1965: The Search for Housing Policy in Mexico City. *Town Planning Review*, 36, 75–94.

Frieden, B. J. 1979: *The Environmental Protection Hustle*. Cambridge, MA: MIT Press.

Frieden, B. J. and Kaplan, M. 1975: *The Politics of Neglect: Urban Aid from Model Cities to Revenue Sharing*. Cambridge, MA: MIT Press.

Friedman, L. M. 1968: *Government and Slum Housing: A Century of Frustration*. Chicago: Rand McNally.

Friedmann, J. 1955: *The Spatial Structure of Economic Development in the Tennessee Valley: A Study in*

Regional Planning. Chicago: University of Chicago Press (Department of Geography, Research paper no. 39).

Friedmann, J. 1973: *Retracking America: A Theory of Transactive Planning*. Garden City: Doubleday.

Friedmann, J. and Hudson, B. 1974: Knowledge and Action: A Guide to Planning Theory. *Journal of the American Institute of Planners*, 40, 1-16.

Friedmann, J. and Weaver, C. 1979: *Territory and Function: The Evolution of Regional Planning*. London: Edward Arnold.

Friedmann, J. and Wulff, R. 1976: *The Urban Transition: Comparative Studies of Newly Industrializing Societies*. London: Edward Arnold.

Frisby, D. 2001: *Cityscapes of Modernity: Critical Explorations*. Cambridge: Polity Press.

Fritsch, T. 1912 (1896): *Die Stadt der Zukunft*. Leipzig: Hammer Verlag.

Frolic, B. M. 1964: The Soviet City. *Town Planning Review*, 34, 285-306.

Frolic, B. M. 1975: Moscow: The Socialist Alternative. In: Eldredge, H. W. (ed.)*World Capitals: Toward Guided Urbanization*. New York: Anchor Press/Doubleday.

Fry, E. C. 1972: Growth of an Australian Metropolis. In: Parker, R. S. and Troy, P. N. (eds.) *The Politics of Urban Growth*, 1-23. Canberra: ANU Press.

Fuchs, C. J. (ed.) 1918: *Die Wohnungs- und Siedlungsfrage nach dem Kriege: Ein Programm des Kleinwohnungs- und Siedlungswesens*. Stuttgart: Wilhelm Mener-Ilschen.

Fulton, W. 2002: The Garden Suburb and the New Urbanism. In: Parsons, K. C. and Schuyler, D. (eds.) *From Garden City to Green City: The Legacy of Ebenezer Howard*, 159-170. Baltimore and London: Johns Hopkins University Press.

Funigiello, P. A. 1983: City Planning in World War II: The Experience of the National Resources Planning Board. In: Krueckeberg, D. A. (ed.) *Introduction to Planning History in the United States*, 152-169. New Brunswick, NJ: Rutgers University, Center for Urban Policy Research.

GB Admiralty 1945: *Geographical Handbook: Germany*. Vol. IV, *Ports and Communications*. London: Naval Intelligence Division.

GB Commission for Racial Equality 1980: *Ethnic Minorities and New or Expanding Towns*. London: The Commission.

GB Committee... Circumstances Connected with the Disturbances at Featherstone 1893: *Report*. (C. 7234). London: HMSO. (*BPP*, 1893-1894, 17).

GB Committee... Origin and Character of the Disturbances in the Metropolis 1886: *Report*. (C. 4665). London: HMSO. (*BPP*, 1886, 34).

GB Committee on the Qualifications of Planners 1950: *Report*. (C. 8059). London: HMSO. (*BPP*, 1950, 14).

GB Department of the Environment 1977a: *Unequal City: Final Report of the Birmingham Inner Area Study*. London: HMSO.

GB Department of the Environment 1977b: *Inner London: Proposals for Dispersal and Balance: Final Report of the Lambeth Inner Area Study*. London: HMSO.

GB Department of the Environment 1977c: *Change or Decay: Final Report of the Liverpool Inner Area Study*. London: HMSO.

GB Department of the Environment 1977d: *Inner Area Studies: Liverpool, Birmingham and Lambeth: Summaries of Consultants' Final Reports*. London: HMSO.

GB Department of the Environment 1983: *Streamlining the Cities: Government Proposals for Reorganising Local Government in Greater London and the Metropolitan Counties*. (C. 0062). London: HMSO.

GB Department of the Environment 1987: *An Evaluation of the Enterprise Zone Experiment*. By PA Cambridge Economic Consultants. London: HMSO.

GB Department of the Environment 1993: *East Thames Corridor: A Study of Developmental Capacity and Potential*. By Llewelyn-Davies, Roger Tym and Partners, TecnEcon and Environmental Resources Ltd. London: Department of the Environment.

GB Department of the Environment 1995: *Projections of Households in England to 2016*. London: HMSO.

GB Deputy Prime Minister and Secretary of State for the Environment, Transport and the Regions 2000: *Our Towns and Cities: The Future: Delivering an Urban Renaissance*. (C. 4911). London: Stationery Office.

GB Government Office for London 1996: *Four World Cities: A Comparative Study of London, Paris, New York and Tokyo*. London: Llewelyn Davies Planning.

GB Government Office for the South East, Government Office for East of England, Government Office for London 2000: *Revised Regional Guidance for the South East*. (RPG 9). Guildford: Government Office for the South East.

GB Home Office 1981: *The Brixton Disorders*, 10–12 April 1981: *Report of an Inquiry by the Rt. Hon. The Lord Scarman, OBE*. (C. 8427). London: HMSO. (*BPP*, 1981–2, C. 8427).

GB Local Government Boards for England and Wales, and Scotland 1918: *Report of the Committee Appointed by the President of the Local Government Board and the Secretary for Scotland to Consider Questions of Building Construction in Connection with the Provision of Dwellings for the Working Classes in England and Wales, and Scotland, and Report upon Methods of Securing Economy and Despatch in the Provision of Such Dwellings*. (C. 919 l.) London: HMSO. (*BPP*, 1918, 7).

GB Manpower Services Commission. London Regional Manpower Intelligence Unit 1981: *Ethnic Minority Employment in London*. 2 parts. (Briefing Note no. 5). London: HMSO.

GB Minister of Transport, Steering Group and Working Group 1963: *Traffic in Towns: A Study of the Long Term Problems of Traffic in Urban Areas*. London: HMSO.

GB Minister without Portfolio 1985: *Lifting the Burden*. (C. 9571). London: HMSO.

GB Ministry of Health 1920a: *Type Plans and Elevations of Houses Designed by the Ministry of Health in Connection with State-Aided Housing Schemes*. London: HMSO.

GB Ministry of Health 1920b: *Interim Report of the Committee Appointed by the Minister of Health to Consider and Advise on the Principles to be Followed in Dealing with Unhealthy Areas*. London: HMSO.

GB Ministry of Health 1921: *Second and Final Report of the Committee Appointed by the Minister of Health to Consider and Advise on the Principles to be Followed in Dealing with Unhealthy Areas*. London: HMSO.

GB Ministry of Reconstruction Advisory Council. Women's Housing Sub-Committee 1918: *First Interim Report*. (C. 9166). London: HMSO (*BPP*, 1918, 10).

GB Ministry of Town and Country Planning 1946: *Interim Report of the New Towns Committee*. (C. 6759). London: HMSO. (*BPP*, 1945–46, 14).

GB Ministry of Works and Planning 1943: *Report of the Committee on Land Utilization in Rural Areas*. (C. 6378). London: HMSO.

GB Performance and Innovation Unit 2001: *Social Mobility: A Discussion Paper*.

GB Royal Commission into the Depression of Trade and Industry 1886: *Final Report*. (C. 4893). London: HMSO. (*BPP*, 1886, 23).

GB Royal Commission on the Distribution of the Industrial Population 1940: *Report*. (C. 6153). London: HMSO. (*BPP*, 1939–40, 4).

GB Royal Commission on the Geographical Distribution of the Industrial Population 1937–1939: *Minutes of Evidence*, June 16, 1938, paras 59, 66, 69. London: HMSO.

GB Royal Commission on the Housing of the Working Classes. 1885: vol. I. *First Report*, vol. II. *Minutes of Evidence and Appendices*. (C. 4402). London: Eyre and Spottiswoode (*BPP*, 1884–5, 30).

GB Runnymede Trust 1982: *Ethnic Minorities in Britain: A Select Bibliography*. London: The Trust.

GB Secretary of State for the Environment 1977: *Policy for the Inner Cities*. (C. 6845). London: HMSO.

GB Select Committee on Emigration and Immigration (Foreigners) 1889: *Report*. (H. C. 311). London: Henry Hansard. (*BPP*, 1889, 10).

GB Social Exclusion Unit 1998: *Bringing Britain Together: A National Strategy for Neighbourhood Renewal*. (C. 4045). London: Stationery Office.

GB Social Exclusion Unit 1999: *Bridging the Gap: New Opportunities for 16–18 Year Olds Not in Education, Employment or Training*. (C. 4405). London: Stationery Office.

GB Social Exclusion Unit 2001: *A New Commitment to Neighbourhood Renewal: National Strategy Action Plan*. London: Social Exclusion Unit.

GB Thames Gateway Task Force 1995: *The Thames Gateway Planning Framework*. (RPG 9a). London: Department of the Environment.

GB Urban Task Force 1999: *Towards an Urban Renaissance*. London: Spon.

Gallion, A. B. and Eisner, S. 1963: *The Urban Pattern*. Princeton: D. van Nostrand.

Galloway, T. D. and Mahayni, R. G. 1977: Planning Theory in Retrospect: The Process of Paradigm Change. *Journal of the American Institute of Planners*, 43, 62–71.

Gans, H. J. 1961a: Planning and Social Life: An Evaluation of Friendship and Neighborhood Patterns in Suburban Communities. *Journal of the American Institute of Planners*, 27, 134–140.

Gans, H. J. 1961b: The Balanced Community: Homogeneity or Heterogeneity in Residential Areas. *Journal of the American Institute of Planners*, 27, 176–184.

Gans, H. J. 1962: *The Urban Villagers: Group and Class in the Life of Italian-Americans*. New York: The Free Press.

Gans, H. J. 1967a: *The Levittowners: Ways of Life and Politics in a New Suburban Community*. London: Allen Lane.

Gans, H. J. 1967b: The Failure of Urban Renewal: A Critique and Some Proposals. In: Bellush, J. and Hausknecht, M. (eds.)*Urban Renewal: People, Politics and Planning*, 465–484. Garden City, NY: Anchor.

Gardiner, J. 1970: *Some Aspects of the Establishment of Towns in Zambia during the Nineteen Twenties and Thirties*. Lusaka: University of Zambia, Institute for African Studies (formerly Social Research). (*Zambian Urban Studies*, no. 3.)

Gardner, J. 1971: Educated Youth and Urban-Rural Inequalities, 1958–66. In: Lewis, J. W. (ed.) *The City in Communist China*, 235–286. Stanford, CA: Stanford University Press.

Garland, H. 1917: *A Son of the Middle Border*. London: John Lane—The Bodley Head.

Garnaut, C. 2000: Towards Metropolitan Organisation: Town Planning and the Garden City Idea. In: Hamnett, S. and Freestone, R. (eds.) *The Australian Metropolis: A Planning History*, 46–64. Sydney: Allen and Unwin.

Garnaut, C. and Hutchings, A. 2003: The Colonel Light Gardens Garden Suburb Commission: Building a Planned Community. *Planning Perspectives*, 18, 277–293.

Garreau, J. 1991: *Edge City: Life on the New Frontier*. New York: Doubleday.

Garrison, W. 1959/60: Spatial Structure of the Economy. *Annals of the Association of American Geographers*, 49, 238–239, 471–482; 50, 357–373.

Garside, P. L. 1984: West End, East End: London, 1890–1940. In: Sutcliffe, A. (ed.)*Metropolis 1890–1940*, 221–258. London: Mansell.

Garside, P. L. 1988: "Unhealthy Areas": Town Planning, Eugenics and the Slums, 1890–1945. *Planning Perspectives*, 3, 24–46.

Garside, P. L. 1997: The Significance of Post-War London Reconstruction Plans for East End Industry. *Planning Perspectives*, 12, 19–36.

Gates, W. 1995: *The Road Ahead*. London: Viking.

Gates, W. 1999: *Business @ the Speed of Thought: Succeeding in the Digital Economy*. London: Penguin.

Gatons, P. K. and Brintnall, M. 1984: Competitive Grants: The UDAG Approach. In: Bingham, R. D. and Blair, J. P. (eds.) *Urban Economic Development (Urban Affairs Annual Reviews*, 27), 115–140. Beverly Hills: Sage.

Gaudin, J. P. 1992: The French Garden City. In: Ward, S. V. (ed.) *The Garden City: Past, Present and Future*, 52–68. London: Spon.

Gauldie, E. 1974: *Cruel Habitations: A History of Working-Class Housing 1780–1918*. London: George Allen and Unwin.

Gawler, J. 1963: *A Roof Over My Head*. Melbourne: Lothian.

Geddes, P. 1904: *City Development: A Study of Parks, Gardens and Culture Institutes*. Edinburgh: Geddes and Co.

Geddes, P. 1905: Civics: As Applied Sociology. *Sociological Papers*, 1, 101-144.

Geddes, P. 1912: The Twofold Aspect of the Industrial Age: Palaeotechnic and Neotechnic. *Town Planning Review*, 31, 176-187.

Geddes, P. 1915: *Cities in Evolution*. London: Williams and Norgate.

Geddes, P. 1917a: *Town Planning in Lahore: A Report to the Municipal Council*. Lahore: Commercial Printing Works. (Repr. as Geddes 1965a).

Geddes, P. 1917b: *Report on Town Planning, Dacca*. Calcutta: Bengal Secretariat Book Depot.

Geddes, P. 1917c: *Town Planning in Balrampur: A Report to the Hon'ble the Maharaja Bahadur*. Lucknow: Murray's Printing Press.

Geddes, P. 1918: *Town Planning towards City Development: A Report to the Durbar of Indore*. Indore: Holkore State Printing Press.

Geddes, P. 1925a: A Schoolboy's Bag and a City's Pageant. *The Survey*, 53, 525-529, 553.

Geddes, P. 1925b: Cities, and the Soils they Grow from. *The Survey*, 54, 40-44.

Geddes, P. 1925c: The Valley Plan of Civilization. *The Survey*, 54, 288-290, 322-325.

Geddes, P. 1925d: The Valley in the Town. *The Survey*, 54, 396-400, 415-416.

Geddes, P. 1925e: Our City of Thought. *The Survey*, 54, 487-490, 504-507.

Geddes, P. 1925f: The Education of Two Boys. *The Survey*, 54, 571-575, 587-591.

Geddes, P. 1965a: *Urban Improvements: A Strategy for Urban Works (Pt. 2: Town Planning in Lahore)*. Government of Pakistan, Planning Commission, Physical Planning and Town Planning Section.

Geddes, P. 1965b: *Reports on Re-Planning of Six Towns in Bombay Presidency, 1915*. Bombay: Government Printing and Stationery, Maharashtra State.

Geen, E., Lowe, J. R., and Walker, K. 1963: *Man and the Modern City*. Pittsburgh: University of Pittsburgh Press.

Gelfand, M. I. 1975: *A Nation of Cities: The Federal Government and Urban America, 1933-1965*. New York: Oxford University Press.

Gelman, T. 1924: The Planning of Moscow. *Town Planning Review*, 11, 13-16.

George, H. 1898a: *The Complete Works of Henry George*. New York: Doubleday and McClure.

George, H. 1898b (1968): City and Country. In: George H. *The Complete Works of Henry George*, 234-240. New York: Doubleday and McClure. (Repr. in Dorsett, L. W. *The Challenge of the City, 1860 - 1910*, 4 - 7. Lexington: D. C. Heath.)

Gerckens, L. A. 1983: Bettmann and Cincinnati. In: Krueckeberg, D. A. (ed.) *The American Planner: Biographies and Recollections*, 120-148. New York and London: Methuen.

Ghirardo, D. 1989: *Building New Communities: New Deal America and Fascist Italy*. Princeton: Princeton University Press.

Ghosh, M., Dutta, A. K., and Ray, B. 1972: *Calcutta: A Study in Urban Growth Dynamics*. Calcutta: Firma K. L. Mukhopadhyay.

Gibb, A. 1983: *Glasgow: The Making of a City*. London: Croom Helm.

Gibberd, F. 1953: *Town Design*. London: Architectural Press.

Gibson, A. 1979: *People Power: Community and Work Groups in Action*. Harmondsworth: Penguin.

Gibson, A. 1985: Lightmoor Gives Hope for Wasted Resources. *Town and Country Planning*, 54, 290-291.

Giddens, A. 1990: *The Consequences of Modernity*. Cambridge: Polity.

Gilbert, A. (ed.) 1976: *Development Planning and Spatial Structure*. Chichester: John Wiley & Sons, Ltd.

Gilbert, A. (ed.) 1982: *Urbanization in Contemporary Latin America: Critical Approaches to the Analysis of Urban Issues*. Chichester: John Wiley & Sons, Ltd.

Gilbert, A. and Gigler, J. 1982: *Cities, Poverty and Development: Urbanization in the Third World*. New York:

Oxford University Press.

Gilbert, A. and Ward, P. 1982: Low-Income Housing and the State. In: Gilbert, A. (ed.) *Urbanization in Contemporary Latin America: Critical Approaches to the Analysis of Urban Issues*, 79-127. Chichester: John Wiley & Sons, Ltd.

Gilbert, N. and Specht, H. 1977: *Dynamics of Community Planning*. Cambridge, MA: Ballinger.

Gist, J. R. 1980: Urban Development Action Grants: Design and Implementation. In: Rosenthal, D. B. (ed.) *Urban Revitalization (Urban Affairs Annual Reviews*, no. 18), 237-252. Beverly Hills: Sage.

Glaab, C. N. and Brown, A. T. 1976: *A History of Urban America*. Second edition. New York: Macmillan.

Glass, R. 1955: Urban Sociology in Great Britain: A Trend Report. *Current Sociology*, 4/4, 5-19.

Glazer, N. 1968: Slums and Ethnicity. In: Sherrard, T. D. (ed.) *Social Welfare and Social Problems*, 84-112. New York: Columbia University Press.

Glazer, N. 1983: *Ethnic Dilemmas 1964-1982*. Cambridge, MA: Harvard University Press.

Glazer, N. and Young, K. (eds.) 1983: *Ethnic Pluralism and Public Policy: Achieving Equality in the United States and Great Britain*. London: Heinemann Education.

Glendinning, M. and Muthesius, S. 1994: *Tower Block: Modern Public Housing in England, Scotland, Wales and Northern Ireland*. New Haven: Yale University Press.

Glynn, S. 1975: *Urbanisation in Australian History 1788-1900*. Sydney: Nelson.

Godschalk, D. R. (ed.) 1974: *Planning in America: Learning from Turbulence*. Washington, DC: American Institute of Planners.

Goetze, R., Goodman, R., Grenell, P., Linn, C., Peattie, L., Terner, D., and Turner, J. 1968: Architecture of Democracy. *Architectural Design*, 38, 354.

Goist, P. D. 1969: Lewis Mumford and "Anti-Urbanism." *Journal of the American Institute of Planners*, 35, 340-347.

Goist, P. D. 1974: Patrick Geddes and the City. *Journal of the American Institute of Planners*, 40, 31-37.

Goist, P. D. 1983: Seeing Things Whole: A Consideration of Lewis Mumford. In: Krueckeberg, D. A. (ed.) *The American Planner: Biographies and Recollections*, 250-275. New York and London: Methuen.

Gold, J. R. 1993: "Commoditie, Firmenes and Delight": Modernism, the MARS Group's "New Architecture" Exhibition (1938) and Imagery of the Urban Future. *Planning Perspectives*, 8, 357-376.

Gold, J. R. 1997: *The Experience of Modernism: Modern Architects and the Future City 1928-53*. London: Spon.

Gold, J. R. and Ward, S. V. (eds.) 1994: *Place Promotion: The Use of Publicity and Marketing to Sell Towns and Regions*. Chichester: John Wiley & Sons, Ltd.

Goldfield, D. R. 1979: Suburban Development in Stockholm and the United States: A Comparison of Form and Function. In: Hammarström, I. and Hall, T. (eds.) *Growth and Transformation of the Modern City: The Stockholm Conference September 1978*, 139-156. Stockholm: Swedish Council for Building Research.

Goldsmith, W. W. 1982: Enterprise Zones: If They Work We're in Trouble. *International Journal of Urban and Regional Research*, 6, 435-442.

Goldstein, S. and Sly, D. F. (eds.) 1977: *Patterns of Urbanization: Comparative Country Studies*. Dolhain (Belgium): Ordina.

Goodall, B. and Kirby, A. (eds.) 1979: *Resources and Planning*. Oxford: Pergamon.

Goodall, L. E. and Sprengel, D. P. 1975: *The American Metropolis*. Second edition. Columbus, OH: Charles E. Merrill.

Goodman, P. and Goodman, P. 1960: *Communitas: Means of Livelihood and Ways of Life*. Second edition. New York: Vintage Books.

Gopnick, A. 2007: From "Cities and Songs." In: Mennel, T., Steffens, J., and Klemek, C. (eds.) *Block by Block: Jane Jacobs and the Future of New York*. Princeton: Princeton Architectural Press.

Gordon, D. L. A. 1998: A City Beautiful Plan for Canada's Capital: Edward Bennett and the 1915 Plan for Ottawa and Hull. *Planning Perspectives*, 13, 275-300.

Gordon, D. L. A. 2010: The Other Author of the 1908 Plan of Chicago: Edward H. Bennett—Urban Designer, Planner and Architect. *Planning Perspectives*, 25, 229-241.

Gordon, I. 2004: The Resurgent City: What, Where, How, and for When? *Planning Theory and Practice*, 5, 371-379.

Gordon, P., Kumar, A., and Richardson, H. W. 1989a: Congestion, Changing Metropolitan Structure, and City Size in the United States. *International Regional Science Review*, 12, 45-56.

Gordon, P., Kumar, A., and Richardson, H. W. 1989b: The Spatial Mismatch Hypothesis—Some New Evidence. *Urban Studies*, 26, 315-326.

Gordon, P., Kumar, A., and Richardson, H. W. 1989c: The Influence of Metropolitan Spatial Structure on Commuting Time. *Journal of Urban Economics*, 26, 138-151.

Gordon, P. and Richardson, H. W. 1996: Employment Decentralization in US Metropolitan.

Areas: Is Los Angeles the Outlier or the Norm? *Environment and Planning A*, 28, 1727-1743.

Gordon, P., Richardson, H. W., and Jun, M. 1991: The Commuting Paradox—Evidence from the Top Twenty. *Journal of the American Planning Association*, 57, 416-420.

Gottdiener, M. 1977: *Planned Sprawl: Private and Public Interests in Suburbia*. Beverly Hills: Sage.

Gould, P. C. 1988: *Back to Nature, Back to the Land, and Socialism in Britain, 1880 - 1900*. New York: St Martin's Press.

Grabow, S. 1977: Frank Lloyd Wright and the American City: The Broadacres Debate. *Journal of the American Institute of Planners*, 43, 115-124.

Grabow, S. 1983: *Christopher Alexander: The Search for a New Paradigm in Architecture*. Stocksfield: Oriel Press.

Gradidge, R. 1981: *Edwin Lutyens: Architect Laureate*. London: Allen and Unwin.

Graham, H. D. and Gurr, T. R. (eds.) 1969: *Violence in America: Historical and Comparative Perspectives*. 2 vols. Washington, DC: Government Printing Office.

Graham, S. and Marvin, S. 1996: *Telecommunications and the City: Electronic Spaces, Urban Places*. London: Routledge.

Grant, J. and Serle, G. (eds.) 1957: *The Melbourne Scene: 1803 - 1956*. Melbourne: Melbourne University Press.

Grant, N. L. 1991: *TVA and Black Americans: Planning for the Status Quo*. Philadelphia: Temple University Press.

Grava, S. 1978: Locally Generated Transportation Modes of the Developing World. In: *Urban Transportation Economies: Proceedings of Five Workshops as Priority Alternatives, Economic Regulation, Labor Issues, Marketing, and Government Financing Responsibilities*. Final Reporting March 1978. Washington, DC: Department of Transportation, 84-95.

Gravier, J. -F. 1947: *Paris et le désert français*. Paris: Flammarion.

Greater London Council 1969: *Tomorrow's London: A Background to the Greater London Development Plan*. London: GLC.

Greater London Regional Planning Committee (GLRPC) 1929: *First Report*. London: Knapp, Drewett.

Greater London Regional Planning Committee (GLRPC) 1933: *Second Report* (includes Interim Reports). London: Knapp, Drewett.

Green, C. M. 1963: *Washington: Capital City, 1879 - 1950*. Princeton: Princeton University Press.

Green, C. M. 1965: *The Rise of Urban America*. New York: Harper and Row.

Green, H. A. 1979: Urban Planning in Nigeria. *Journal of Administration Overseas*, 18, 22-33.

Green, R. E. 1991: *Enterprise Zones: New Directions in Economic Development*. Newbury Park: Sage.

Greer, G. and Hansen, A. H. 1941: *Urban Redevelopment and Housing: A Program for Post- War*. (Planning Pamphlets, no. 10). Washington, DC: National Planning Association.

Greer, S. 1965: *Urban Renewal of American Cities: The Dilemma of Democratic Intervention*. Indianapolis: Bobbs-Merrill.

Gregg, D. J. 1986: The Origins and Philosophy of Parkways with Particular Reference to the Contribution of Barry Parker. *Planning History Bulletin*, 8/1, 38–50.

Gregory, J. and Gordon, D. L. A. 2012: Introduction: Gordon Stephenson, Planner and Civic Designer. *Town Planning Review*, 83, 269–278.

Grenell, P. 1972: Planning for Invisible People. In: Turner, J. F. C. and Fichter, R. (eds.) *Freedom to Build: Dweller Control of the Housing Process*, 95–121. New York: Macmillan.

Griffith, E. S. 1974: *A History of American City Government: The Conspicuous Failure, 1870–1900*. New York: Praeger.

Grigsby, W. G. 1963: *Housing Markets and Public Policy*. Philadelphia: University of Pennsylvania Press.

Grindley, W. C. 1972: Owner-Builders: Survivors with a Future. In: Turner, J. F. C. and Fichter, R. (eds.) *Freedom to Build: Dweller Control of the Housing Process*, 3–21. New York: Macmillan.

Grote, L. (ed.) 1974: *Die deutsche Stadt im 19. Jahrhundert: Stadtplanung und Baugestaltung im industriellen Zeitalter*. München: Prestel Verlag.

Gugler, J. 1980: "A Minimum of Urbanism and a Maximum of Ruralism": The Cuban Experience. *International Journal of Urban and Regional Research*, 4, 516–535.

Gugler, J. and Flanagan, W. G. 1977: On the Political Economy of Urbanization in the Third World: The Case of West Africa. *International Journal of Urban and Regional Research*, 1, 272–292.

Gugler, J. and Flanagan, W. G. 1978: *Urbanization and Social Change in West Africa*. Cambridge: Cambridge University Press.

Gupta, S. K. 1974: Chandigarh: A Study of Sociological Issues and Urban Development in India. *Architectural Design*, 44, 362–368.

Gurley, J. G. 1975: Rural Development in China 1949–72, and the Lessons to Be Learned from It. *World Development*, 3, 455–471.

Gurr, T. R. 1969: A Comparative Study of Civil Strife. In: Graham, H. D. and Gurr, T. R. (eds.) *Violence in America: Historical and Comparative Perspectives*, 443–86. 2 vols. Washington, DC: Government Printing Office.

Gutheim, F. 1977: *Worthy of the Nation: The History of Planning for the National Capital*. Washington, DC: Smithsonian Institute Press.

Gutman, H. G. 1977: *Work, Culture, and Society in Industrializing America. Essays in American Working-Class and Social History*. Oxford: Blackwell.

Guttenberg, A. Z. 1978: *City Encounter and Desert Encounter: Two Sources of American Regional Planning Thought*. Journal of the American Institute of Planners, 44, 399–411.

Gwynne, R. N. 1985: *Industrialisation and Urbanisation in Latin America*. London: Croom Helm.

Haar, C. M. 1975: *Between the Idea and the Reality: A Study in the Origin, Fate and Legacy of the Model Cities Program*. Boston: Little, Brown.

Haar, C. M. 1996: *Suburbs under Siege: Race, Space and Audacious Judges*. Princeton: Princeton University Press.

Hague, C. 1984: *The Development of Planning Thought: A Critical Perspective*. London: Hutchinson.

Hake, A. 1977: *African Metropolis: Nairobi's Self-Help City*. London: Chatto and Windus (for Sussex University Press).

Hall, J. 1992: The LDDC's Policy Aims and Methods. In: Ogden, P. (ed.) *London Docklands: The Challenge of Development*, 19–24. Cambridge: Cambridge University Press.

Hall, J. M. 1982: *The Geography of Planning Decisions*. Oxford: Oxford University Press.

Hall, J. M., Griffiths, G., Eyles, J., and Darby, M. 1976: Rebuilding the London Docklands. *The London Journal*, 2, 266–285.

Hall, P. 1968: The Urban Culture and the Suburban Culture. In: Eels, R. and Walton, C. (eds.) *Man in the City of the Future: A Symposium of Urban Philosophers*, 99–145. New York: Arkville Press.

Hall, P. 1971: Spatial Structure of Metropolitan England and Wales. In: Chisholm, M. and Manners, G., *Spatial Policy Problems of the British Economy*. Cambridge: Cambridge University Press.

Hall, P. 1973: England in 1900. In: Darby, H. C. (ed.) *A New Historical Geography of England*. Cambridge: Cambridge University Press.

Hall, P. 1977: Green Fields and Grey Areas. *Papers of the RTPI Annual Conference, Chester*. London: Royal Town Planning Institute.

Hall, P. 1978: Can Cities Survive? The Potential and Limits of Action. *The Ditchley Journal*, 5/2, 33–41.

Hall, P. 1979: The European City in the Year 2000. In: Hammarström, I. and Hall, T. (eds.) *Growth and Transformation of the Modern City: The Stockholm Conference September 1978*, 157–162. Stockholm: Swedish Council for Building Research.

Hall, P. 1980: *Great Planning Disasters*. London: Weidenfeld and Nicolson.

Hall, P. (ed.) 1981: *The Inner City in Context: The Final Report of the Social Science Research Council Inner Cities Working Party*. London: Heinemann.

Hall, P. 1982a: *Urban and Regional Planning*. Third edition. London: George Allen and Unwin.

Hall, P. 1982b: Enterprise Zones: A Justification. *International Journal of Urban and Regional Research*, 6, 416–421.

Hall, P. 1984: *The World Cities*. Third edition. London: Weidenfeld and Nicolson.

Hall, P. 1985: The People: Where Will They Go? *The Planner*, 71/4, 3–12.

Hall, P. 1994: *Abercrombie's Plan for London—50 Years On: A Vision for the Future*. (Report of the 2nd Annual Vision for London Lecture 1994). London: Vision for London.

Hall, P. 1995: Bringing Abercrombie Back from the Shades: A Look Forward and Back. *Town Planning Review*, 66, 227–241.

Hall, P. 1998: *Cities in Civilization*. London: Weidenfeld and Nicolson.

Hall, P. 1999: Planning for the Mega-City: A New Eastern Asian Urban Form? In: Brotchie, J. F., Batty, M., Blakely, E., Hall, P., and Newton, P. (eds.) *Cities in Competition*, 3–36. Melbourne: Longman Australia.

Hall, P. 2000: Cool Brazil: A Pilgrimage to Curitiba. *Town and Country Planning*, 69, 208–209.

Hall, P. 2008: Catching Up with Our Visions. *Town and Country Planning*, 77, 444–449.

Hall, P. 2011a: In Context—Rioting: A Theory from the 1970s. *Planning*, August 26. http://www.planningresource.co.uk/article/1086903/context-rioting-theory-1970s (accessed December 19, 2013).

Hall, P. 2011b: In Context—Riots Shine Light on Underclass. *Planning*, November 4. http://www.planningresource.co.uk/article/1102070/context-riots-shine-light-underclass (accessed December 19, 2013).

Hall, P. 2012: Can We Reverse the Long Downward Slide? *Town and Country Planning*, 81, 252–254.

Hall, P., Breheny, M., McQuaid, R., and Hart, D. A. 1987: *Western Sunrise: The Genesis and Growth of Britain's Major High Tech Corridor*. London: Allen and Unwin.

Hall, P. and Hass-Klau, C. 1985: *Can Rail Save the City? The Impacts of Rail Rapid Transit and Pedestrianisation on British and German Cities*. Aldershot: Gower.

Hall, P. and Hay, D. 1980: *Growth Centres in the European Urban System*. London: Heinemann.

Hall, P., Thomas, R., Gracey, H., and Drewett, R. 1973: *The Containment of Urban England*. 2 vols. London: George Allen and Unwin.

Hall, P. and Ward, C. 1998: *Sociable Cities: The Legacy of Ebenezer Howard*. Chichester: John Wiley & Sons, Ltd.

Hall, T. 1979: The Central Business District: Planning in Stockholm, 1928–1978. In: Hammarström, I. and Hall, T. (eds.) *Growth and Transformation of the Modern City: The Stockholm Conference September 1978*, 181–232. Stockholm: Swedish Council for Building Research.

Hall, T. 1991a: *Planning and Urban Growth in Nordic Countries*. London: Spon.

Hall, T. 1991b: Urban Planning in Sweden. In: Hall, T. (ed.) *Planning and Urban Growth in Nordic Countries*, 167–246. London: Spon.

Hall, T. 1997: *Planning Europe's Capital Cities: Aspects of Nineteenth Century Urban Development*. London: Spon.

Hall, T. and Vidén, S. 2005: The Million Homes Programme: A Review of the Great Swedish Planning Project. *Planning Perspectives*, 20, 301–328.

Halliman, D. M. and Morgan, W. T. W. 1967: The City of Nairobi. In: Morgan, W. T. W. (ed.) *Nairobi: City and Region*, 98–120. Nairobi: Oxford University Press.

Hamer, D. 2000: Learning from the Past: Historic Districts and the New Urbanism in the United States. *Planning Perspectives*, 15, 107–122.

Hamilton, F. E. I. 1976: *The Moscow City Region*. London: Oxford University Press.

Hamm, M. F. (ed.) 1976a: *The City in Russian History*. Lexington: University of Kentucky Press.

Hamm, M. F. 1976b: The Breakdown of Urban Modernization: A Prelude to the Revolutions of 1917. In: Hamm, M. F. *The City in Russian History*, 182–200. Lexington: University of Kentucky Press.

Hamm, M. F. 1977: The Modern Russian City: An Historiographical Analysis. *Journal of Urban History*, 4, 39–76.

Hammarström, I. and Hall, T. 1979: *Growth and Transformation of the Modern City: The Stockholm Conference September 1978*. Stockholm: Swedish Council for Building Research.

Hamnett, S. and Freestone, R. (eds.) 2000: *The Australian Metropolis: A Planning History*. Sydney: Allen and Unwin.

Hamzah, S. 1964: Urbanisation. In: Wang, G. (ed.) *Malaysia: A Survey*, 82–96. London: Pall Mall Press.

Handlin, O. and Burchard, J. (eds.) 1963: *The Historian and the City*. Cambridge, MA: MIT Press and Harvard University Press.

Hansen, A. H. 1927: *Business-Cycle Theory: Its Development and Present Status*. Boston: Gunn.

Hansen, A. H. 1932: *Economic Stabilization in an Unbalanced World*. New York: Harcourt Brace.

Hansen, G. 1889: *Die drei Bevölkerungsstufen: Ein Versuch, die Ursachen für das Blühen und Altern der völker Nachzuweisen*. München: J. Lindauer.

Hansen, N. M. 1981: Development from Above: The Centre-Down Development Paradigm. In: Stöhr, W. B. and Taylor, D. R. F. (eds.) *Development from Above or Below? The Dialectics of Regional Planning in Developing Countries*, 15–38. Chichester: John Wiley & Sons, Ltd.

Hardinge of Penshurst 1948: *My Indian Years 1910–1916*. London: John Murray.

Hardwick, P. A. 1977: The Transportation Systems. In: Kay, G. and Smout, M. A. H. (eds.) *Salisbury: A Geographical Survey of the Capital of Rhodesia*, 94–112. London: Hodder and Stoughton.

Hardy, C. O. and Kuczynski, R. R. 1934: *The Housing Program of the City of Vienna*. Washington, DC: The Brookings Institution.

Hardy, D. 1979: *Alternative Communities in Nineteenth Century England*. London: Longman.

Hardy, D. 1983a: *Making Sense of the London Docklands: Processes of Change*. Enfield:Middlesex Polytechnic (Geography and Planning Paper no. 9).

Hardy, D. 1983b: *Making Sense of the London Docklands: People and Places*. Enfield: MiddlesexPolytechnic (Geography and Planning Paper no. 10).

Hardy, D. 1989: War, Planning and Social Change: The Example of the Garden City Campaign, 1914–1918. *Planning Perspectives*, 4, 187–206.

Hardy, D. 1991a: *From Garden Cities to New Towns: Campaigning for Town and Country Planning 1899–1946*. London: Spon.

Hardy, D. 1991b: *From New Towns to Green Politics: Campaigning for Town and Country Planning, 1946–1990*. London: Spon.

Hardy, D. 2000: Quasi Utopias: Perfect Cities in an Imperfect World. In: Freestone, R. (ed.) *Urban Planning in a Changing World: The Twentieth Century Experience*, 61–77. London: Spon.

Hardy, D. 2005: Utopian Ideas and the Planning of London. *Planning Perspectives*, 20, 35–49.

Hardy, D. and Ward, C. 1984: *Arcadia for All: The Legacy of a Makeshift Landscape*. London: Mansell.

Hargrove, E. C. and Conkin, P. K. (eds.) 1983: *TVA: Fifty years of Grass-Roots Bureaucracy*. Urbana: University of Illinois Press.

Harloe, M. 1991: Social Housing and the "Urban Question": Early Housing Reform and its Legacy. In: Smith, M. P. (ed.) *Breaking Chains: Social Movements and Collective Action*, 69 – 107. (*Comparative Urban and Community Research*, 3). Brunswick: Transaction.

Harris, B. 1975: A Fundamental Paradigm for Planning. *Symposium on Planning Theory*, 1 (Planning Papers, 1). Philadelphia: Wharton School.

Harris, C. D. 1945: The Cities of the Soviet Union. *Geographical Review*, 35, 107-121.

Harris, C. D. 1970a: *Cities of the Soviet Union*. Chicago: Rand McNally.

Harris, C. D. 1970b: Population of Cities in the Soviet Union, 1897, 1926, 1939, 1959 and 1967 with Tables, Maps, and Gazetteer. *Soviet Geography: Review and Translation*, 11, 307-444.

Harris, R. and Hay, A. 2007: New Plans for Housing in Urban Kenya, 1939-63. *Planning Perspectives*, 22, 195-223.

Harris, W. D. 1971: *The Growth of Latin American Cities*. Athens, Ohio: Ohio University Press.

Harrison, B. 1982: The Politics and Economics of the Urban Enterprise Zone Proposal: A Critique. *International Journal of Urban and Regional Research*, 6, 422-428.

Harrison, J. B. 1980: Allahabad: A Sanitary History. In: Ballhatchet, K. and Harrison, J. *The City in South Asia: Pre-Modern and Modern*, 166-95. London: Curzon Press.

Harrison, M. 1991: Thomas Colgan Horsfall and "the Example of Germany." *Planning Perspectives*, 6, 297-314.

Harrison, P. 2002: Reconstruction and Planning in the Aftermath of the Anglo-Boer South African War: The Experience of the Colony of Natal, 1900-1910. *Planning Perspectives*, 17, 163-182.

Harrison, P. F. 1972: Planning the Metropolis—A Case Study. In: Parker, R. S. and Troy, P. N. (eds.) *The Politics of Urban Growth*, 61-99. Canberra: ANU Press.

Harrison, P. F. 1974: Planning the Metropolitan Areas. In: Burnley, I. H. (ed.) *Urbanization in Australia: The Post-War Experience*, 203-20. London: Cambridge University Press.

Hart, D. A. 1976: *Strategic Planning in London: The Rise and Fall of the Primary Road Network*. Oxford: Pergamon.

Hart, D. A. 1983: Urban Economic Development Measures in West Germany and the United States. In: Young, K. and Mason, C. (eds.) *Urban Economic Development: New Roles and Relationships*, 9-33. London: Macmillan.

Hartman, C. 1964: The Housing of Relocated Families. *Journal of the American Institute of Planners*, 30, 266-286.

Hartman, C. 1966a: The Housing of Relocated Families. In: Wilson, J. Q. (ed.) *Urban Renewal: The Record and the Controversy*, 293-335. Cambridge, MA: MIT Press.

Hartman, C. 1966b: A Comment on the HHFA Survey of Location. In: Wilson, J. Q. (ed.) *Urban Renewal: The Record and the Controversy*, 353-358. Cambridge, MA: MIT Press.

Hartman, C. 1984: *The Transformation of San Francisco*. Totowa: Rowman and Allanheld.

Hartman, C. and Kessler, R. 1978: The Illusion and Reality of Urban Renewal: San Francisco's Yerba Buena Center. In: Tabb, W. K. and Sawers, L. (eds.) *Marxism and the Metropolis: New Perspectives in Urban Political Economy*, 153-178. New York: Oxford University Press.

Hartmann, K. 1976: *Deutsche Gartenstadtbewegung: Kulturpolitik und Gesellschaftsreform*. München: Heinz Moos Verlag.

Hartog, R. 1962: *Stadterweiterungen der Zweiten Hälfte des 19. Jahrhunderts*. Darmstadt: privately published.

Harvey, D. 1973: *Social Justice and the City*. London: Edward Arnold.

Harvey, D. 1982: *The Limits to Capital*. Oxford: Blackwell.

Harvey, D. 1985a: *Consciousness and the Urban Experience: Studies in the History and Theory of Capitalist Urbanization*. Baltimore: Johns Hopkins University Press. Oxford: Blackwell.

Harvey, D. 1985b: *The Urbanization of Capital: Studies in the History and Theory of Capitalist Urbanization*. Baltimore: Johns Hopkins University Press; Oxford: Blackwell.

Harvey, D. 1989: *The Condition of Postmodernity: An Enquiry into the Origins of Cultural Change*. Oxford: Blackwell.

Hasegawa, J. 1999: Governments, Consultants and Expert Bodies in the Physical Reconstruction of the City of London in the 1940s. *Planning Perspectives*, 14, 121–144.

Hass-Klau, C. 1990: *The Pedestrian and City Traffic*. London: Belhaven.

Hausner, V. (ed.) 1987: *Critical Issues in Urban Economic Development*. 2 vols. Oxford: Oxford University Press.

Hayden, D. 1976: *Seven American Utopias: The Architecture of Communitarian Socialism, 1790 – 1975*. Cambridge, MA: MIT Press.

Hayden, D. 1984: *Redesigning the American Dream: The Future of Housing, Work, and Family Life*. New York: W. W. Norton.

Hayek, F. A. 1944: *The Road to Serfdom*. London: George Routledge.

Hays, F. B. 1965: *Community Leadership: The Regional Plan Association of New York*.
New York: Columbia University Press.

Haywood, R. 1997: Railways, Urban Form and Town Planning in London: 1900–1997. *Planning Perspectives*, 12, 37–70.

Headey, B. 1978: *Housing Policy in the Developed Economy: The United Kingdom, Sweden and the United States*. London: Croom Helm.

Hearle, E. F. R. and Niedercorn, J. H. 1964: *The Impact of Urban Renewal on Land-Use*. Santa Monica: The RAND Corporation (Memorandum RM-4186-RC).

Heath, T. 2010: Nottingham: "A Consistent and Integrated Approach to Urban Design." In: Punter, J. (ed.) *Urban Design and the British Urban Renaissance*, 148–164. Abingdon: Routledge.

Hebbert, M. 1992: The British Garden City: Metamorphosis. In: Ward, S. V. (ed.) *The Garden City: Past, Present and Future*, 165–196. London: Spon.

Hebbert, M. 1998: *London: More by Fortune than Design*. Chichester: John Wiley & Sons, Ltd.

Hebbert, M. 2010: Manchester: Making it Happen. In: Punter, J. (ed.) *Urban Design and the British Urban Renaissance*, 51–67. Abingdon: Routledge.

Hecker, M. 1974: *Die Berliner Mietskaserne*. In: Grote, L. (ed.) *Die deutsche Stadt im 19. Jahrhundert: Stadtplanung und Baugestaltung im industriellen Zeitalter*, 273–294. München: Prestel Verlag.

Heclo, H. and Madsen, H. 1987: *Policy and Politics in Sweden: Principled Pragmatism*. Philadelphia: Temple University Press.

Hee, L. and Ooi, G. L. 2003: The Politics of Public Space Planning in Singapore. *Planning Perspectives*, 18, 79–103.

Hegemann, W. 1930: *Das steinerne Berlin: Geschichte der grossten Mietkasernenstadt der Welt*. Berlin: Gustav Kiepenheuer.

Hegemann, W. 1936: *City Planning: Housing. First Volume: Historical and Sociological*. New York: Architectural Book Publishing Co.

Heineman, H. -E. (ed.) 1975: *New Towns for Old: Housing and Services in Sweden*. Stockholm: The Swedish Institute.

Held, D. 1980: *Introduction to Critical Theory: Horkheimer to Habermas*. Berkeley: University of California Press.

Helmer, S. D. 1980: *Hitler's Berlin: Plans for Reshaping the Central City Developed by Albert Speer*. Ann Arbor: University Microfilms.

Henderson, S. R. 1994: A Setting for Mass Culture: Life and Leisure in the Nidda Valley. *Planning Perspectives*, 10, 199–222.

Henderson, S. R. 2010: Römerstadt: The Modern Garden City. *Planning Perspectives*, 25, 323–346.

Herbers, J. 1987a: Poverty of Blacks Spreads in Cities. *The New York Times*, January 26.

Herbers, J. 1987b: Governors Urge Welfare Work Plan. *The New York Times*, February 22.

Herbert-Young, N. 1998: Central Government and Statutory Planning under the Town Planning Act 1909. *Planning Perspectives*, 13, 341–355.

Herlitz, E. 1977: Fran byalag till miljörelse. *Plan*, 31, 216–322.

Heseltine, M. 1987: *Where There's a Will*. London: Hutchinson.

Heskin, A. D. 1980: Crisis and Response: An Historical Perspective on Advocacy Planning. *Journal of the American Planning Association*, 46, 50–63.

Hess, A. 1992: Styling the Strip: Car and Roadside Design in the 1950s. In: Wachs, M. and Crawford, M. (eds.) *The Car and the City: The Automobile, the Built Environment, and Daily Urban Life*, 167–179. Ann Arbor: University of Michigan Press.

Hewlett, R. G. and Anderson, O. E., Jr 1962: *The New World, 1939/1946. (A History of the United States Atomic Energy Commission*, vol. I). University Park: Pennsylvania State University Press.

Hightower, H. C. 1969: Planning Theory in Contemporary Professional Education. *Journal of the American Institute of Planners*, 35, 326–329.

Hill, D. R. 1993: A Case for Teleological Urban Form History and Ideas: Lewis Mumford, F. L. Wright, Jane Jacobs and Victor Gruen. *Planning Perspectives*, 8, 53–71.

Hines, T. S. 1974: *Burnham of Chicago: Architect and Planner*. New York: Oxford University Press.

Hirsch, A. R. 1983: *Making the Second Ghetto: Race and Housing in Chicago, 1940 – 1960*. Cambridge: Cambridge University Press.

Hirsch, F. 1977: *Social Limits to Growth*. London: Routledge and Kegan Paul.

Hirt, S. 2012: Jane Jacobs, Modernity and Knowledge. In: Hirt, S. (ed.) *The Urban Wisdom of Jane Jacobs*, 37–48. Abingdon: Routledge.

Hofmeister, B. 1975: *Bundesrepublik Deutschland und Berlin. (Wissenschaftliche Länderkunde*, 8). Berlin: Wissenschaftliche Buchgesellschaft.

Hogdal, L. 1981: 50–talet. *Arkitektur*, 81/5, 14.

Höjer, J., Ljungqvist, S., Poom, J., and Thörnblom, I. 1977: Vällingby, Tensta, Kista, vada? *Arkitekt*, 77/2, 16–21.

Holcomb, B. and Beauregard, R. 1981: *Revitalizing Cities*. Washington, DC: Association of American Geographers.

Holm, L. 1977: Milj och miljoner. *Plan*, 31, 223–258.

Holm, L. 1981. Trettio ars erfarenhet-grunden för en ny planlag. *Plan*, 35, 57–60.

Holm, P. 1957: *Swedish Housing*. Stockholm: Swedish Institute.

Holm, P. 1977. Det långa perspektivet-om planeringsproblem och planeringsideolgier då och nu och sedan. *Plan*, 31, 184–193.

Holston, J. 1990: *The Modernist City: An Anthropological Critique of Brasília*. Chicago: University of Chicago Press.

Holt, R. T. and Turner, J. E. 1962: *Soviet Union: Paradox and Change*. New York: Holt, Rinehart, Winston.

Holyoak, J. 2010: Birmingham: Translating Ambition into Quality. In: Punter, J. (ed.) *Urban Design and the British Urban Renaissance*, 35–50. Abingdon: Routledge.

Home, R. 1990: Town Planning and Garden Cities in the British Colonial Empire 1910 – 1940. *Planning Perspectives*, 5, 23–37.

Home, R. 1996: *Town Planning and British Colonialism: The Making of British Colonial Cities*. London: Spon.

Home, R. 1997: *Of Planting and Planning: The Making of British Colonial Cities*. London: Spon.

Home, R. 2013: *Of Planting and Planning: The Making of British Colonial Cities*. Second edition. Abingdon: Routledge.

Home, R. K. 2000: From Barrack Compounds to the Single-Family House: Planning Worker Housing in Colonial

Natal and Northern Rhodesia. *Planning Perspectives*, 15, 327–347.

Hood, C. 1992: Going from Home to Work: Subways, Transit Politics, and Metropolitan Spatial Expansion. In: Ward, D. and Zunz, O. (eds.) *The Landscape of Modernity: Essays on New York City*, 1900–1940, 191–212. New York: Russell Sage Foundation.

Hood, C. 1995: *722 Miles: The Building of the Subways and How They Transformed New York*. Baltimore: Johns Hopkins University Press.

Hopkins, K. 1972: Public and Private Housing in Hong Kong. In: Dwyer, D. J. (ed.) *The City as a Centre of Change in Asia*, 200–215. Hong Kong: Hong Kong University Press.

Horowitz, D. L. 1983: Racial Violence in the United States. In: Glazer, N. and Young, K. (eds.) *Ethnic Pluralism and Public Policy: Achieving Equality in the United States and Great Britain*, 187–211. London: Heinemann Education.

Horsey, M. 1988: Multi-Storey Housing in Britain: Introduction and Spread. *Planning Perspectives*, 3, 167–196.

Horsfall, T. C. 1904: *The Improvement of the Dwellings and Surroundings of the People: The Example of Germany*. Manchester: Manchester University Press.

Hoskins, G. and Tallon, A. 2004: Promoting the "Urban Idyll": Policies for City Centre Living. In: Johnstone, C. and Whitehead, M. (eds.) *New Horizons in British Urban Policy: Perspectives on New Labour's Urban Renaissance*, 25–40. Aldershot: Ashgate.

Howard, E. 1898: *To-morrow: A Peaceful Path to Real Reform*. London: Swan Sonnenschein.

Howard, E. 1902: *Garden Cities of To-morrow*. London: Swan Sonnenschein. (Repr. 1946: London: Faber and Faber.)

Howe, I. 1976: *The Immigrant Jews of New York: 1881 to the Present*. London: Routledge and Kegan Paul.

Hoyle, B. S., Pinder, D. A., and Husain, M. S. 1988: *Revitalizing the Waterfront: International Dimensions of Dockland Redevelopment*. London: Belhaven Press.

Hubbard, P. and Faire, L. 2003: Contesting the Modern City: Reconstruction and Everyday Life in Post-War Coventry. *Planning Perspectives*, 18, 377–397.

Hubbard, P. J. 1961: *Origins of the TVA: The Muscle Shoals Controversy, 1920–1932*. Nashville: Vanderbilt University Press.

Hubbard, T. K. 1923: *A Manual of Information on City Planning and Zoning: Including References on Regional, Rural, and National Planning*. Cambridge, MA: Harvard University Press.

Hubbard, T. K. and Hubbard, H. V. 1929: *Our Cities, Today and Tomorrow: A Study of Planning and Zoning Progress in the United States*. Cambridge, MA: Harvard University Press.

Hudson, R. and Williams, A. 1986: *The United Kingdom (Western Europe: Economic and Social Studies)*. London: Harper and Row.

Hughes, J. and Sadler, S. 2000: *Non-Plan: Essays on Freedom Participation and Change in Modern Architecture and Urbanism*. Oxford: Architectural Press.

Hughes, M. (ed.) 1971: *The Letters of Lewis Mumford and Frederic J. Osborn: A Transatlantic Dialogue 1938–1970*. New York: Praeger.

Hughes, T. P. and Hughes, A. C. 1990: *Lewis Mumford: Public Intellectual*. New York: Oxford University Press.

Hulbert, J. 1984: Children as Parents. *New Republic*, September 10, 15–23.

Hunter, R. 1901: *Tenement Conditions in Chicago: Report by the Investigating Committee of the City Homes Association*. Chicago: City Homes Association.

Hussey, C., 1953: *The Life of Sir Edwin Lutyens*. London: Country Life.

Hutchings, A. 1990: The Colonel Light Gardens Suburb in South Australia: The Continuing Influence of the Garden City Tradition. *Planning History*, 12/1, 15–20.

Hyndman, H. M. 1884: *The Coming Revolution in England*. London: William Reeves. Imrie, R. and Thomas, H. 1993: Urban Policy and the Urban Development Corporations. In: Imrie, R. and Thomas, H. (eds.) *British

Urban Policy and the Urban Development Corporations, 3–26. London: Paul Chapman.

Irving, R. G., 1981: *Indian Summer: Lutyens, Baker, and Imperial Delhi*. New Haven: Yale University Press.

Isard, W. 1960: *Methods of Regional Analysis: An Introduction to Regional Science*. Cambridge, MA: MIT Press.

Jackson, A. A. 1973: *Semi-Detached London: Suburban Development, Life and Transport, 1900–1939*. London: George Allen and Unwin.

Jackson, F. 1985: *Sir Raymond Unwin: Architect, Planner and Visionary*. London: Zwemmer.

Jackson, J. A. (ed.) 1969: *Migration*. (Sociological Studies, 2). Cambridge: Cambridge University Press.

Jackson, K. T. 1973: The Crabgrass Frontier: 150 Years of Suburban Growth in America. In: Mohl, R. A. and Richardson, J. F. (eds.) *The Urban Experience: Themes in American History*, 196 – 221. Belmont, CA: Wadsworth.

Jackson, K. T. 1981: The Spatial Dimensions of Social Control: Race, Ethnicity and Government Housing Policy in the United States, 1918–1968. In: Stave, B. M. (ed.) *Modern Industrial Cities: History, Policy and Survival*, 79–128. Beverly Hills: Sage.

Jackson, K. T. 1984: The Capital of Capitalism: The New York Metropolitan Region, 1890–1940. In: Sutcliffe, A. (ed.) *Metropolis 1890–1940*, 319–354. London: Mansell.

Jackson, K. T. 1985: *Crabgrass Frontier: The Suburbanization of the United States*. New York: Oxford University Press.

Jackson, P. (ed.) 1985: *Implementing Government Policy Initiatives: The Thatcher Administration 1979–1983*. London: Royal Institute of Public Administration.

Jacobs, A. B. 1976: *Making City Planning Work*. Chicago: American Society of Planning Officials.

Jacobs, A. B. 1983: 1968: Getting Going, Staffing Up, Responding to Issues. In: Krueckeberg, D. A. (ed.) *Introduction to Planning History in the United States*, 235 – 257. New Brunswick, NJ: Rutgers University, Center for Urban Policy Research.

Jacobs, J. 1962 (1961): *The Death and Life of Great American Cities*. London: Jonathan Cape.

Jahn, M. 1982: Suburban Development in Outer West London, 1850–1900. In: Thompson, F. M. L. (ed.) *The Rise of Suburbia*, 93–156. Leicester: Leicester University Press.

James, H. 1907: *The American Scene*. New York: Harper and Brothers.

Janowitz, M. 1969: Patterns of Collective Racial Violence. In: Graham, H. D. and Gurr, T. R. (eds.) *Violence in America: Historical and Comparative Perspectives*, 317–440. 2 vols. Washington, DC: Government Printing Office.

Jeffcoate, R. 1984: *Ethnic Minorities and Education*. London: Harper and Row.

Jencks, C. 1981: *The Language of Post-Modern Architecture*. New York: Rizzoli.

Jencks, C. 1992: *Rethinking Social Policy: Race, Poverty, and the Underclass*. Cambridge, MA: Harvard University Press.

Jencks, C. and Peterson, P. E. (eds.) 1991: *The Urban Underclass*. Washington, DC: Brookings Institution.

Jenkins, D. 1969: *Sweden: The Progress Machine*. London: Robert Hale.

Jephcott, P. 1971: *Homes in High Flats: Some of the Human Problems Involved in Multi-Story Housing*. Edinburgh: Oliver and Boyd. (University of Glasgow Social and Economic Studies, Occasional Papers no. 13).

Joad, C. E. M. 1937: The People's Claim. In: Williams-Ellis, C. (ed.) *Britain and the Beast*, 64–85. London: J. M. Dent.

Johansson, B. O. H. 1975: From Agrarian to Industrial State. In: Heineman, H. -E. (ed.) *New Towns for Old: Housing and Services in Sweden*, 22–52. Stockholm: The Swedish Institute.

Johnson, C. 1991: *The Economy under Mrs Thatcher 1979–1990*. Harmondsworth: Penguin.

Johnson, C. D. 1941: *Growing Up in the Black Belt: Negro Youth in the Rural South*. New York: Shocken Books.

Johnson, D. A. 1984: Norris, Tennessee on the Occasion of its Fiftieth Anniversary. *Planning History Bulletin*, 6/1, 32–42.

Johnson, D. A. 1988: Regional Planning for the Great American Metropolis: New York between the World Wars.

In: Schaffer, D. (ed.) *Two Centuries of American Planning*, 167-196. Baltimore: Johns Hopkins University Press.

Johnson, D. A. 1996: *Planning the Great Metropolis: The 1929 Regional Plan of New York and its Environs*. London: Spon.

Johnson, D. L. 2008: Disturbing Evidence: Adelaide's Town Plan, 1835-7. *Planning Perspectives*, 23, 225-231.

Johnson, J. H. 1964: The Suburban Expansion of Housing in Greater London 1918-1939. In: Coppock, J. T. and Prince, H. (eds.) *Greater London*, 142-166. London: Faber and Faber.

Johnson, J. H. (ed.) 1974: *Suburban Growth: Geographical Processes at the Edge of the Western City*. Chichester: John Wiley & Sons, Ltd.

Johnson, P. B. 1968: *Land Fit for Heroes: The Planning of British Reconstruction, 1916 - 1919*. Chicago: University of Chicago Press.

Johnson, T. F., Morris, J. R., and Butts, J. T. 1973 (1962): *Renewing America's Cities*. Westport, CT: Greenwood Press.

Johnston, N. J. 1983: Harland Bartholomew: Precedent for the Profession. In: Krueckeberg, D. A. (ed.) *The American Planner: Biographies and Recollections*, 279-300. New York and London: Methuen.

Johnston, R. J. 1979: *Geography and Geographers: Anglo-American Human Geography since 1945*. London: Edward Arnold.

Johnston, R. J. 1986: The General Good of the Community. Some Perspectives on Town Planning and Residential Segregation: A Mount Laurence Case Study. *Planning Perspectives*, 1, 131-145.

Jones, B. 1982: *Sleepers, Wake! Technology and the Future of Work*. Oxford: Oxford University Press.

Jones, D. 1982: *Crime, Protest, Community and Police in Nineteenth Century Britain*. London: Routledge and Kegan Paul.

Jones, D. W., Jr 1985: *Urban Transit Policy: An Economic and Political History*. Englewood Cliffs, NY: Prentice Hall.

Jones, P. N. 1998: "... a fairer and nobler City"—Lutyens and Abercrombie's Plan for the City of Hull 1945. *Planning Perspectives*, 13, 301-316.

Judd, D. R. and Mendelson, R. E. 1973: *The Politics of Urban Planning: The East St Louis Experience*. Urbana: University of Illinois Press.

Kalia, R. 2006: Modernism, Modernization and Post-colonial India: A Reflective Essay. *Planning Perspectives*, 21, 133-156.

Kallus, R. 1997: Patrick Geddes and the Evolution of a Housing Type in Tel-Aviv. *Planning Perspectives*, 12, 281-320.

Kampffmeyer, H. 1908: Die Gartenstadtbewegung. *Jahrbücher für Nationalökonomie und Statistik*, III. Series, 36, 577-609.

Kampffmeyer, H. 1918: Die Gartenstadtbewegung. In: Fuchs, C. J. (ed.) *Die Wohnungs- und Siedlungsfrage nach dem Kriege: Ein Programm des Kleinwohnungs- und Siedlungswesens*, 331-349. Stuttgart: Wilhelm Mener-Ilschen.

Kantor, H. A. 1973a: Charles Dyer Norton and the Origins of the Regional Plan of New York. *Journal of the American Institute of Planners*, 39, 35-42.

Kantor, H. A. 1973b: The City Beautiful in New York. *New York Historical Society Quarterly*, 57, 149-171.

Kantor, H. A. 1973c: Howard W. Odum: The Implications of Folk, Planning, and Regionalism. *American Journal of Sociology*, 79, 278-295.

Kaplan, H. 1963: *Urban Renewal Politics: Slum Clearance in Newark*. New York: Columbia University Press.

Karl, B. 1963: *Executive Reorganization and Reform in the New Deal: The Genesis of Administrative Management, 1900-1939*. Cambridge, MA: Harvard University Press.

Karyd, A. and Södersten, B. 1990: The Swedish Housing Market from a Distributional Perspective: Market and Policy Interactions. In: Persson, I. (ed.) *Generating Equality in the Welfare State: The Swedish Experience*,

157–178. Oslo: Norwegian University Press.

Katz, M. (ed.) 1993: *The "Underclass" Debate: Views from History*. Princeton: Princeton University Press.

Katz, P. 1994: *The New Urbanism: Toward an Architecture of Community*. New York: McGraw-Hill.

Kay, G. 1967: *A Social Geography of Zambia: A Survey of Population Patterns in a Developing Country*. London: University of London Press.

Kay, G. 1970: *Rhodesia: A Human Geography*. London: University of London Press.

Kay, G. and Smout, M. A. H. (eds.) 1977: *Salisbury: A Geographical Survey of the Capital of Rhodesia*. London: Hodder and Stoughton.

Keeble, L. 1959: *Principles and Practice of Town and Country Planning*. London: Estates Gazette.

Kelbaugh, D. et al. (eds.) 1989: *The Pedestrian Pocket Book: A New Suburban Design Strategy*. New York: Princeton Architectural Press in association with the University of Washington.

Keles, R. and Payne, G. 1984: Turkey. In: Wynn, M. (ed.) *Planning and Urban Growth in Southern Europe*, 165–197. London: Mansell.

Kellner, D. 1987: Baudrillard, Semiurgy and Death. *Theory, Culture & Society*, 4, 125–146.

Kemeny, J. 1981: *The Myth of Home Ownership*. London: Routledge and Kegan Paul.

Kendall, H. 1955: *Town Planning in Uganda: A Brief Description of the Efforts Made by Government to Control Development of Urban Areas from 1915 to 1955*. London: Crown Agents for Oversea Governments and Administrations.

Kent, T. J. 1964: *The Urban General Plan*. San Francisco: Chandler.

Kent, W. 1950: *John Burns: Labour's Lost Leader*. London: Williams and Norgate.

Kenward, J. 1955: *The Suburban Child*. Cambridge: Cambridge University Press.

Kessner, T. 1977: *The Golden Door: Italian and Jewish Immigrant Mobility in New York City 1880–1915*. New York: Oxford University Press.

Keynes, J. M. 1936: *The General Theory of Employment, Interest, and Money*. London: Macmillan.

Killingworth, C. M. 1968: The Continuing Labor Market Twist. *Monthly Labor Review*, 91/9, 12–17.

Kilmartin, L. A. 1973: Urban Policy in Australia: The Case of Decentralisation. *The Australian and New Zealand Journal of Sociology*, 9/2, 36–39.

Kilmartin, L. A. and Thorns, D. C. 1978: *Cities Unlimited: The Sociology of Urban Development in Australia and New Zealand*. Sydney: George Allen and Unwin.

Kimble, G. H. T. 1951: The Inadequacy of the Regional Concept. In: Stamp, L. D. and Wooldridge, S. W. (eds.) *London Essays in Geography*. London: Longmans, Green.

King, A. 1990: *Global Cities: Post-Imperialism and the Internationalization of London*. London: Routledge.

King, A. D. 1974: The Language of Colonial Urbanization. *Sociology*, 8, 81–110.

King, A. D. 1976: *Colonial Urban Development: Culture, Social Power and Environment*. London: Routledge and Kegan Paul.

King, A. D. (ed.) 1980a: *Buildings and Society: Essays on the Social Development of the Built Environment*. London: Routledge and Kegan Paul.

King, A. D. 1980b: Exporting Planning: The Colonial and Neo-Colonial Experience. In: Cherry, G. E. (ed.) *Shaping an Urban World*, 203–226. London: Mansell.

King, A. D. 1980c: Historical Patterns of Reaction to Urbanism: The Case of Britain 1880–1939. *International Journal of Urban and Regional Research*, 4, 453–469.

King, A. D. 1984: *The Bungalow: The Production of a Global Culture*. London: Routledge and Kegan Paul.

King, A. D. 1996: Worlds in the City: Manhattan Transfer and the Ascendance of Spectacular Space. *Planning Perspectives*, 11, 97–114.

Kirby, A. 1978: *The Inner City: Causes and Effects*. Corbridge: Retailing and Planning Associates.

Kirkby, R. J. R. 1985: *Urbanisation in China: Town and Country in a Developing Economy, 1949–2000 A.D.* London: Croom Helm.

Kitchen, P. 1975: *A Most Unsettling Person: An Introduction to the Ideas and Life of Patrick Geddes*. London: Victor Gollancz.

Klapheck, R. 1930: *Siedlungswerk Krupp*. Berlin: Wasmuth.

Klein, M. and Kantor, H. A. 1976: *Prisoners of Progress: American Industrial Cities 1850-1920*. New York: Macmillan.

Kleniewski, N. 1984: From Industrial to Corporate City: The Role of Urban Renewal. In: Tabb, W. K. and Sawers, L. (eds.) *Marxism and the Metropolis: New Perspectives in Urban Political Economy*, 205-222. New York: Oxford University Press.

Knapp, J. M. 1895: *The Universities and the Social Problem*. London: Rivington Percival.

Knevitt, C. 1975: Macclesfield: The Self-Help GIA. *Architects' Journal*, 162, 995-1002.

Knevitt, C. 1977: Down your Way: Current Projects by Rod Hackney. *Architects' Journal*, 166, 630-634.

Knight, C. G. and Newman, J. L. (eds.) 1976: *Contemporary Africa: Geography and Change*. Englewood Cliffs: Prentice Hall.

Kopp, A. 1970: *Town and Revolution: Soviet Architecture and City Planning, 1917-1935*. London: Thames and Hudson.

Krause, A. S. 1886: *Starving London*. London: Remington and Co.

Krause, R. 1958: *Der Berliner City: frühere Entwicklung/gegenwärtige Situation, mögliche Perspektiven*. Berlin: Duncker and Humblot.

Kropotkin, P. 1906: *The Conquest of Bread*. New York: Vanguard Press.

Kropotkin, P. 1908: *Modern Science and Anarchism*. New York: Mother Earth.

Kropotkin, P. 1913 (1898): *Fields, Factories and Workshops: Or Industry Combined with Agriculture and Brain Work with Manual Work*. New, revised, and enlarged edition. New York: G. P. Putnam's Sons.

Kropotkin, P. 1920: *The State: Its Historic Role*. Fifth edition. London: Freedom Press.

Kropotkin, P. 1971a (1927): Anarchist Morality. In: Baldwin, R. N. (ed.) *Kropotkin's Revolutionary Pamphlets: A Collection of Writings by Peter Kropotkin*, 79-113. New York: Vanguard Press. (Repr. 1971: New York: Dover Publications.)

Kropotkin, P. 1971b (1927): Modern Science and Anarchism. In: Baldwin, R. N. (ed.) *Kropotkin's Revolutionary Pamphlets: A Collection of Writings by Peter Kropotkin*, 146-194. New York: Vanguard Press. (Repr. 1971: New York: Dover Publications.)

Kropotkin, P. 1971c (1927c): Anarchism—Encyclopaedia Britannica Article. In: Baldwin, R. N. (ed.) *Kropotkin's Revolutionary Pamphlets: A Collection of Writings by Peter Kropotkin*, 283-302. New York: Vanguard Press. (Repr. 1971: New York: Dover Publications.)

Krueckeberg, D. A. 1980: The Story of the Planner's Journal, 1915-1980. *Journal of the American Planning Association*, 46, 5-21.

Krueckeberg, D. A. (ed.) 1983a: *The American Planner: Biographies and Recollections*. New York and London: Methuen.

Krueckeberg, D. A. 1983b: From the Backyard Garden to the Whole USA: A Conversation with Charles W. Elliot, 2nd. In: Krueckeberg, D. A. (ed.) *The American Planner: Biographies and Recollections*, 350-365. New York and London: Methuen.

Krueckeberg, D. A. (ed.) 1983c: *Introduction to Planning History in the United States*. New Brunswick, NJ: Rutgers University, Center for Urban Policy Research.

Krueckeberg, D. A. 1983d: The Culture of Planning. In: Krueckeberg, D. A. (ed.) *Introduction to Planning History in the United States*, 1-12. New Brunswick, NJ: Rutgers University, Center for Urban Policy Research.

Krueckeberg, D. A. 1997: Planning History's Mistakes. *Planning Perspectives*, 12, 269-279.

Krumholz, N. 1983: A Retrospective View of Equity Planning: Cleveland, 1969-1979. In: Krueckeberg, D. A. (ed.) *Introduction to Planning History in the United States*, 280-294. New Brunswick, NJ: Rutgers University,

Center for Urban Policy Research.

Kuhn, T. S. 1962: *The Structure of Scientific Revolutions*. Chicago: University of Chicago Press.

Ladd, B. 1990: *Urban Planning and Civic Order in Germany, 1860–1914*. Cambridge, MA: Harvard University Press.

Lahti, J. 2008: The Helsinki Suburbs of Tapiola and Vantaanpuisto: Post-War Planning by the Architect Aarne Ervi. *Planning Perspectives*, 23, 147–169.

Lancaster, O. 1959: *Here, of All Places: The Pocket Lamp of Architecture*. London: John Murray.

Lanchester, H. V. 1914: Calcutta Improvement Trust: Precis of Mr. E. P. Richard's Report on the City of Calcutta. *Town Planning Review*, 5, 115–130.

Lanchester, H. V. 1918: *Town Planning in Madras: A Review of the Conditions and Requirements of City Improvement and Development in the Madras Presidency*. London: Constable and Co.

Lanchester, H. V. 1925: *The Art of Town Planning*. London: Chapman and Hall.

Lane, B. M. 1968: *Architecture and Politics in Germany, 1918–1945*. Cambridge, MA: Harvard University Press.

Lang, J. 2000: Learning from Twentieth Century Urban Design Paradigms: Lessons for the Early Twenty-First Century. In: Freestone, R. (ed.) *Urban Planning in a Changing World: The Twentieth Century Experience*, 78–97. London: Spon.

Lang, M. H. 1982: *Gentrification amid Urban Decline: Strategies for America's Older Cities*. Cambridge, MA: Ballinger.

Langdon, P. 1986: *Orange Roofs, Golden Arches: The Architecture of American Chain Restaurants*. New York: Knopf.

Lange, A. 1972 (1961): *Berlin zur Zeit Bebels und Bismarcks: zwischen Reichsgründung und Jahrhundertwende*. Berlin: Das Neue Berlin.

Lappo, G. M. 1973: Trends in the Evolution of Settlement Patterns in the Moscow Region. *Soviet Geography: Review and Translation*, 14, 13–24.

Lappo, G. M., Chikishev, A., and Bekker, A. 1976: *Moscow—Capital of the Soviet Union*. Moscow: Progress Publishers.

Larkham, P. J. 2007: The Place of Urban Conservation in the UK Reconstruction Plans of 1942–1952. *Planning Perspectives*, 18, 295–324.

Larkham, P. J. and Lilley, K. D. 2012: Exhibiting the City: Planning Ideas and Public Involvement in Wartime and Early Post-War Britain. *Town Planning Review*, 83, 647–668.

Lärmer, K., 1975: *Autobahnbau in Deutschland 1933 bis 1945: zu den Hintergründen*. Berlin (East): Akademie-Verlag.

Larsen, K. 2008: Research in Progress: The Radburn Idea as an Emergent Concept: Henry Wright's Regional City. *Planning Perspectives*, 23, 381–395.

Larsson, L. O. 1978: *Die Neugestaltung der Reichshauptstadt: Albert Speers Generalbebauungsplan*. Stockholm: Almqvist and Wiksell.

Larsson, Y. 1977: *Mitt Liv i Stadshuset*. Andra Delen (vol. II) *I Tjänst hos denna stolta Stad*. Uppsala: Almqvist and Wiksell.

Lash, S. 1990: *Sociology of Postmodernism*. London: Routledge.

Laska, S. B. and Spain, D. (eds.) 1980: *Back to the City: Issues in Neighborhood Revitalization*. New York: Pergamon.

Lavedan, P. 1952: *Histoire d'urbanisme. époque contemporaine*, Paris: Henri Laurens.

Lavedan, P. 1959: *Geographie des villes*, Paris: Gaillimard.

Lavedan, P. 1960a: *Histoire de Paris*. Paris: Presses Universitaires de France.

Lavedan, P. 1960b: *Les Villes françaises*. Paris: éditions Vincent, Fréal,

Lavedan, P. 1975: *Historie de l'urbanisme à Paris*. Paris: Hachette.

Lawless, P. 1986: *The Evolution of Spatial Policy: A Case Study of Inner-Urban Policy in the United Kingdom*

1968-1981. London: Pion.

Lawless, P. 1991: Urban Policy in the Thatcher Decade: English Inner-City Policy 1979-90. *Environment and Planning C: Government and Policy*, 9, 15-30.

Le Corbusier 1929: *The City of Tomorrow and its Planning*. London: John Rodher. Translated by Frederich Etchells from *Urbanisme*, eighth edition (Repr. 1947: London: Architectural Press.)

Le Corbusier 1937: *Quand les cathédrales étaient blanches: Voyage aux pays des timides*. Paris: Plon.

Le Corbusier 1948: *Concerning Town Planning*. London: Architectural Press. (Translated by Clive Entwistle from *Propos d'urbanisme*.)

Le Corbusier 1959: *L'Urbanisme des trois établissements humaines*. Paris: éditions de Minuit.

Le Corbusier 1967 (1933): *The Radiant City*. London: Faber and Faber.

Le Corbusier 1998: *Essential Le Corbusier: L'Esprit Nouveau Articles*. Oxford and Boston: Architectural Press.

Le Corbusier 2007: *Toward an Architecture*. Translated by John Goodman. Los Angeles: Getty Research Institute.

Le Corbusier-Saugnier 1923: *Vers une architecture*. Paris: G. Crès.

Leavitt, H. 1970: *Superhighway-Superhoax*. Garden City, NY: Doubleday.

Lebas, E., Magri, S., and Topalov, C. 1991: Reconstruction and Popular Housing after the First World War: A Comparative Study of France, Great Britain, Italy and the United States. *Planning Perspectives*, 6, 149-167.

Ledgerwood, G. 1985: *Urban Innovation: The Transformation of London's Docklands 1968-1984*. Aldershot: Gower.

Lee, C. E. 1966: *Sixty Years of the Piccadilly*. London: London Transport.

Lee, R. 1992: London Docklands: The Exceptional Place? An Economic Geography of Inter- Urban Competition. In: Ogden, P. (ed.) *London Docklands: The Challenge of Development*, 7-18. Cambridge: Cambridge University Press.

Lees, A. 1979: Critics of Urban Society in Germany, 1854-1914. *Journal of the History of Ideas*, 40, 61-83.

Lees, A. 1984: The Metropolis and the Intellectual. In: Sutcliffe, A. (ed.)*Metropolis 1890-1940*, 67-94. London: Mansell.

Lees, A. 1985. *Cities Perceived: Urban Society in European and American Thought, 1820-1940*. Manchester: Manchester University Press.

Lees, L. 2003: Visions of Urban Renaissance: The Urban Task Force Report and the Urban White Paper. In: Imrie, R. and Raco, M. (eds.) *Urban Renaissance? New Labour, Community and Urban Policy*, 61-82. Bristol: Policy Press.

Lees, R. and Mayo, M. 1984: *Community Action for Change*. London: Routledge and Kegan Paul.

Lefebvre, H. 1968: *Le Droit à la ville*. Paris: éditions Anthropos.

Lefebvre, H. 1972: *Espace et politique: Le droit à la ville II*. Paris: éditions Anthropos.

Lehning, A. (ed.) 1973: *Michael Bakunin: Selected Writings*. London: Jonathan Cape.

Leonard, S. G. 1999: The Regeneration of the Old Town of Edinburgh by Patrick Geddes. *Planning History*, 21, 33-47.

Lepawsky, A. 1976: The Planning Apparatus: A Vignette of the New Deal. *Journal of the American Institute of Planners*, 42, 16-32.

Lerner, D. 1967: Comparative Analysis of Processes of Modernisation. In: Miner, H. (ed.) *The City in Modern Africa*, 21-38. London: Pall Mall Press.

Letwin, S. 1992: *The Anatomy of Thatcherism*. London: Fontana.

Lewis, D. N. (ed.) 1971: *The Growth of Cities*. (Architects' Year Book, XIII.) London: Elek Books.

Lewis, J. W. (ed.) 1971: *The City in Communist China*. Stanford, CA: Stanford University Press.

Lewis, N. P. 1916: *The Planning of the Modern City: A Review of the Principles Governing City Planning*. New York: John Wiley & Sons, Inc.

Lewis, O. 1952: Urbanization without Breakdown: A Case Study. *The Scientific Monthly*, 75, 31-41.

Lewis, O. 1961: *The Children of Sanchez*. New York: Random House.

Lewis, O. 1966: The Culture of Poverty. *Scientific American*, 215/4, 19-25.

Lewis, O. 1967: *La Vida: A Puerto Rican Family in the Culture of Poverty—San Juan and New York*. London: Secker and Warburg.

Lewis, R. A. and Rowland, R. H. 1976: *Urbanization in Russia and the USSR, 1897-1970*. In: Hamm, M. F. (ed.) *The City in Russian History*, 205-21. Lexington: University of Kentucky Press.

Liebs, C. H. 1985: *Main Street to Miracle Mile: American Roadside Architecture*. Boston: Little, Brown.

Lilienthal, D. E. 1944: *TVA: Democracy on the March*. New York and London: Harper and Brothers.

Lin, T. -B., Lee, R. P. L., and Simonis, U. -E. (eds.) 1979: *Hong Kong: Economic, Social and Political Studies in Development*. Folkestone: Dawson.

Lindblom, C. E. 1959: The Science of "Muddling Through". *Public Administration Review*, 19, 79-88.

Lindström, J. 1977: Hur kunde det gåsåilla?: Dialog fackmänallmänhet viktigast. *Plan*, 31, 203-205.

Ling, A. 1943: *Planning and Building in USSR*. London: Todd.

Lipton, M. 1977: *Why Poor People Stay Poor: Urban Bias in World Development*. London: Temple Smith.

Little, K. L. 1974: *Urbanization as a Social Process: An Essay on Movement and Change in Contemporary Africa*. London: Routledge and Kegan Paul.

Lloyd, P. C. 1979: *Slums of Hope? Shanty Towns of the Third World*. Manchester: Manchester University Press.

Lloyd, P. C., Mabogunje, A. L., and Awe, B. (eds.) 1967: *The City of Ibadan*. Cambridge: University Press.

Lokjine, J. 1977: *Le Marxisme, l'état et la question urbaine*. Paris: PUF.

London County Council 1913: *Housing of the Working Classes in London: Note on the Action Taken between 1855 and 1912 for the Better Housing of the Working Classes in London, with Special Reference to the Action Taken by the London County Council between the Years 1889 and 1912*. London: Odhams.

London County Council 1928: *Housing: With Particular Reference to Post-War Housing Schemes*. London: P. S. King.

Long, N. E. 1966: Local Government and Renewal Politics. In: Wilson, J. Q. (ed.)*Urban Renewal: The Record and the Controversy*, 422-434. Cambridge, MA: MIT Press.

Longstreth, R. 1992: The Perils of a Parkless Town. In: Wachs, M. and Crawford, M. (eds.) *The Car and the City: The Automobile, the Built Environment, and Daily Urban Life*, 141-153. Ann Arbor: University of Michigan Press.

Longstreth, R. 1997: *City Center to Regional Mall: Architecture, the Automobile, and Retailing in Los Angeles, 1920-1950*. Cambridge, MA: MIT Press.

Los Angeles, County Regional Planning Commission 1943: *Freeways for the Region*. Los Angeles: The Board.

Lösch, A. 1954 (1940): *The Economics of Location*. Translated by W. H. Woglom and W. F. Stolper. New Haven: Yale University Press.

Lotchin, R. 2003: World War II and the Growth of Southern City Planning: A Gigantic Force? *Planning Perspectives*, 18, 355-376.

Lowe, J. R. 1967: *Cities in a Race with Time: Progress and Poverty in America's Renewing Cities*. New York: Random House.

Lowitt, R. 1983: The TVA, 1933-45. In: Hargrove, E. C. and Conkin, P. K. (eds.) *TVA: Fifty Years of Grass-Roots Bureaucracy*, 35-65. Urbana: University of Illinois Press.

Lowry, I. S. 1964: *A Model of Metropolis*. Santa Monica: RAND Corporation. (RM-4035-RC).

Lowry, I. S. 1965: A Short Course in Model Design. *Journal of the American Institute of Planners*, 31, 158-166.

Lubetkin, B. 1932: Recent Developments of Town Planning in USSR. *Architectural Review*, 71, 209-214.

Lubetkin, B. 1933: Town and Landscape Planning in Soviet Russia. *Journal of the Town Planning Institute*, 18, 69-75.

Lubove, R. 1960: Homes and "A Few Well Placed Fruit Trees": An Object Lesson in Federal Housing. *Social*

Research, 27, 469–486.

Lubove, R. 1962a: *The Progressives and the Slums: Tenement House Reform in New York City, 1890–1917.* Pittsburgh: University of Pittsburgh Press.

Lubove, R. 1962b: New Cities for Old: The Urban Reconstruction Program of the 1930s. *The Social Studies*, 53, 203–213.

Lubove, R. 1963: *Community Planning in the 1920s: The Contribution of the Regional Planning Association of America.* Pittsburgh: Pittsburgh University Press.

Lubove, R. 1967: *The Urban Community: Housing and Planning in the Progressive Era.* Englewood Cliffs: Prentice Hall.

Lubove, R. 1969: *Twentieth-Century Pittsburgh: Government, Business, and Environmental Change.* New York: John Wiley & Sons, Inc.

Lugard, F. T. 1919: *Revision of Instructions to Political Officers on Subjects Chiefly Political and Administrative 1913–1918.* London: Waterlow & Sons.

Lundqvist, J. 1981: Tanzania: Socialist Ideology, Bureaucratic Reality, and Development fromBelow. In: Stöhr, W. B. and Taylor, D. R. F. (eds.) *Development from Above or Below? The Dialectics of Regional Planning in Developing Countries*, 329–349. Chichester: John Wiley & Sons, Ltd.

Lundqvist, L. 1984: Strategies for the Swedish Public Housing Sector. *Urban Law and Policy*, 6, 215–251.

Lutyens, E. 1982: *Lutyens: The Work of the English Architect Sir Edwin Lutyens (1869–1944).* London: Arts Council of Great Britain.

Lutyens, M. 1980: *Edwin Lutyens.* London: John Murray.

Lyall, K. 1982: A Bicycle Built-for-Two: Public—Private Partnership in Baltimore. In: Fosler, R. S. and Berger, R. A. (eds.) *Public—Private Partnership in American Cities: Seven Case Studies*, 17–57. Lexington, MA: Lexington Books.

Lynch, K. 1960: *The Image of the City.* Cambridge, MA: MIT Press.

Lynd, H. M., 1945: *England in the Eighteen-Eighties: Toward a Social Basis for Freedom.* Oxford: Oxford University Press.

Lyotard, J.-F. 1984: *The Postmodern Condition: A Report on Knowledge.* Manchester: Manchester University Press.

Mabin, A. and Smit, D. 1997: Reconstructing South Africa's Cities? The Making of Urban Planning 1900–2000. *Planning Perspectives*, 12, 193–223.

Mabogunje, A. L. 1967: The Morphology of Ibadan. In: Lloyd, P. C., Mabogunje, A. L., and Awe, B. (eds.) *The City of Ibadan*, 35–56. Cambridge: University Press.

Mabogunje, A. L. 1968: *Urbanization in Nigeria.* London: University of London Press.

Mabogunje, A. L. 1980: *The Development Process: A Spatial Perspective.* London: Hutchinson University Library.

Mabogunje, A. L., Hardoy, J. E., and Misra, R. P. 1978: *Shelter Provision in Developing Countries: The Influence of Standards and Criteria.* (Scope, 11). Chichester: John Wiley & Sons, Ltd.

Macdonald, M. C. D. 1984: *America's Cities: A Report on the Myth of Urban Renaissance.* New York: Simon and Schuster.

Macfadyen, D. 1933: *Sir Ebenezer Howard and the Town Planning Movement.* Manchester: Manchester University Press.

MacFarland, J. R. 1966: The Administration of the New Deal Greenbelt Towns. *Journal of the American Institute of Planners*, 32, 217–225.

Machedon, F., Machedon, L. and Scoffham, E. 1999: Inter-war Bucharest: City in a Garden. *Planning Perspectives*, 14, 249–275.

Machler, M. 1932: Town Development in Soviet Russia. *Journal of the Town Planning Institute*, 18, 94–97.

MacKaye, B. 1925: The New Exploration. *The Survey*, 54, 153–157, 192.

MacKaye, B. 1928: *The New Exploration*. New York: Harcourt Brace.

MacKaye, B. 1930: The Townless Highway. *The New Republic*, 62, 93-95.

MacLeod, G. and Ward, K. 2002: Spaces of Utopia and Dystopia: Landscaping the Contemporary City. *Geografiska Annaler*, 84B(3-4), 153-170.

MacPherson, K. L. 1994: The Head of the Dragon: The Pudong New Area and Shanghai's Urban Development. *Planning Perspectives*, 9, 61-85.

Madanipour, A. 2010: Newcastle upon Tyne: In Search of a Post-Industrial Direction. In: Punter, J. (ed.) *Urban Design and the British Urban Renaissance*, 132-147. Abingdon: Routledge.

Madgin, R. 2010: Reconceptualising the Historic Urban Environment: Conservation and Regeneration in Castlefield, Manchester, 1960-2009. *Planning Perspectives*, 25, 29-48.

Mairet, P. 1957: *Pioneer of Sociology: The Life and Letters of Patrick Geddes*. London: Lund Humphries.

Makielski, S. J. 1966: *The Politics of Zoning: The New York Experience*. New York: Columbia University Press.

Malone, D. 1936: *Dictionary of American Biography*, vol. XX. New York: Charles Scribner's Sons.

Malpass, P. 2000: Public Utility Societies and the Housing and Town Planning Act, 1919: A Re-examination of the Introduction of State-Subsidized Housing in Britain. *Planning Perspectives*, 15, 377-392.

Malpass, P. 2003: Wartime Planning for Post-War Housing in Britain: The Whitehall Debate, 1941-5. *Planning Perspectives*, 18, 177-196.

Mandelbaum, S. J. 1980: Urban Pasts and Urban Policies. *Journal of Urban History*, 6, 453-483.

Mandelbaum, S. J. 1985: Thinking about Cities as Systems: Reflections on the History of an Idea. *Journal of Urban History*, 11, 139-150.

Mandler, P. 1999: New Towns for Old: The Fate of the Town Centre. In: Conekin, B., Mort, F., and Waters, C. (eds.) *Moments of Modernity: Reconstructing Britain 1945-1964*, 208-227. London and New York: Rivers Oram Press.

Mangin, W. (P.) (ed.) 1970a: *Peasants in Cities: Readings in the Anthropology of Urbanization*. Boston: Houghton Mifflin.

Mangin, W. (P.) 1970b: Urbanization Case History in Peru. In: Mangin, W. (P.) (ed.) *Peasants in Cities: Readings in the Anthropology of Urbanization*, 47-54. Boston: Houghton Mifflin.

Mangin, W. P. and Turner, J. C. 1969: Benavides and the Barriada Movement. In: Oliver, P. (H.) (ed.) *Shelter and Society*, 127-136. London: Barrie Rokliff: The Cresset Press.

Manieri-Elia, M. 1979: Toward an "Imperial City": Daniel H. Burnham and the City Beautiful Movement. In: Ciucci, G., Dal Co, F., Manieri-Elia, M., and Tafuri, M. *The American City: From the Civil War to the New Deal*, 1-142. Cambridge, MA: MIT Press.

Mann, E. 1968: Nairobi—From Colonial to National Capital. In: Berger, H. (ed.)*Ostafrikanische Studien: Ernst Weigt zum 60. Geburtstag*, 141-156. Nürnberg: Friedrich-Alexander-Universität, Wirtschafts- und Sozialgeographische Institut.

Mann, L. D. 1972: Social Science Advances and Planning Applications: 1900-1965. *Journal of the American Institute of Planners*, 38, 346-358.

Marchand, B. and Cavin, J. S. 2007: Anti-Urban Ideologies and Planning in France and Switzerland: Jean-François Gravier and Armin Meili. *Planning Perspectives*, 22, 29-53.

Marcuse, P. 1980: Housing Policy and City Planning: The Puzzling Split in the United States, 1893-1931. In: Cherry, G. E. (ed.) *Shaping an Urban World*, 23-58. London: Mansell.

Markelius, S. 1957: The Structure of Stockholm. In: Kidder Smith, G. E. *Sweden Builds*, 22-27. London: Architectural Press.

Markelius, S. 1962: Stockholms City. *Arkitektur*, 62, 274-87. (English summary: xxxvi-xxxvii).

Marmaras, E. and Sutcliffe, A. 1994: Planning for Post-War London: Three Independent Plans, 1942-3. *Planning Perspectives*, 9, 455-465.

Marris, P. 1961: *Family and Social Change in an African City: A Study of Rehousing in Lagos*. London:

Routledge and Kegan Paul.

Marsh, J. 1982: *Back to the Land: The Pastoral Impulse in England, from 1880 to 1914*. London: Quartet.

Marshall, A. 1884: The Housing of the London Poor. I. Where to House Them. *Contemporary Review*, 45, 224-231.

Martin, R. 1982: The Formulation of a Self-Help Project in Lusaka. In: Ward, P. M. (ed.) *Self-Help Housing: A Critique*, 251-274. London: Mansell.

Martin-Ramos, á. 2012: The Cerdà Effect on City Modernization. *Town Planning Review*, 83, 695-716.

Masser, I. 1980: An Emerging World City. *Town and Country Planning*, 49, 301-303.

Massey, D. 1982: Enterprise Zones: A Political Issue. *International Journal of Urban and Regional Research*, 6, 429-434.

Massey, D. 1984: *Spatial Divisions of Labour: Social Structures and the Geography of Production*. London: Macmillan.

Massey, D. and Meegan, R. 1982: *The Anatomy of Job Loss: The How, Why and Where of Employment Decline*. London: Methuen.

Masterman, C. F. G. 1909: *The Condition of England*. London: Methuen.

Masterman, C. F. G. et al. 1901: *The Heart of the Empire: Discussion on Problems of Modern City Life in England with an Essay on Imperialism*. London: T. Fisher Unwin.

Matzerath, H. 1978: Stätewachtum und Eingemeindungen im 19. Jahrhundert. In: Reulecke, J. (ed.) *Die deutsche Stadt im Industriezeitalter*, 57-89. Wuppertal: Peter Hammer.

Matzerath, H. 1984: Berlin, 1890-1940. In: Sutcliffe, A. (ed.) *Metropolis 1890-1940*, 289-318. London: Mansell.

Mawson, D. 1984: T. H. Mawson (1861-1933)—Landscape Architect and Town Planner. *Journal of the Royal Society of Arts*, 132, 184-199.

Mawson, T. H. 1927: *The Life and Work of an English Landscape Architect*. London: Richards Press.

May, E. 1961: Cities of the Future. *Survey*, 38, 179-185.

May, R. 2003: Planned City Stalinstadt: A Manifesto of the Early German Democratic Republic. *Planning Perspectives*, 18, 47-78.

Mayer, H. M. and Wade, R. C. 1969: *Chicago: Growth of a Metropolis*. Chicago: University of Chicago Press.

McCann, L. D. 1996: Planning and Building the Corporate Suburb of Mount Royal, 1910-1925. *Planning Perspectives*, 11, 259-301.

McCarthy, J. 1999: The Redevelopment of Rotterdam since 1945. *Planning Perspectives*, 14, 291-309.

McCarthy, M. P. 1970: Chicago Businessmen and the Burnham Plan. *Journal of the Illinois State Historical Society*, 63, 228-256.

McCarthy, T. A. 1978: *The Critical Theory of Jürgen Habermas*. Cambridge, MA: MIT Press.

McClendon, D. 1984: Rail Transit in North America. *Planning*, 50/6, 22-23.

McCraw, T. K. 1970: *Morgan vs. Lilienthal: The Feud within the TVA*. Chicago: Loyola University Press.

McCraw, T. K. 1971: *TVA and the Power Fight, 1933-1939*. Philadelphia: Lippincott.

McGahey, J. 1990: "Bolt-Holes for Weekenders": The Press and the Cheap Cottages Exhibition, Letchworth Garden City 1905. *Planning History*, 12/2, 17-18.

McGee, T. G. 1967: *The Southeast Asian City: A Social Geography of the Primate Cities of Southeast Asia*. London: Bell.

McGee, T. G. 1971: *The Urbanization Process in the Third World: Explorations in Search of a Theory*. London: Bell.

McGee, T. G. 1979: The Poverty Syndrome: Making Out in the Southeast Asian City. In: Bromley, R. and Gerry, C. (eds.) *Casual Work and Poverty in Third World Cities*, 45-68. Chichester: John Wiley & Sons, Ltd.

McKay, D. H. and Cox, A. W. 1979: *The Politics of Urban Change*. London: Croom Helm.

McKelvey, B. 1963: *The Urbanization of America. 1860-1915*. Brunswick: Rutgers University Press.

McKelvey, B. 1968: *The Emergence of Metropolitan America, 1915-1966*. New Brunswick: Rutgers University

Press.

McKelvey, B. 1969: *The City in American History*. London: George Allen and Unwin.

McKelvey, B. 1973: *American Urbanization: A Comparative History*. Glenview, IL: Scott, Foresman. McLeod, R. 1971: *Style and Society: Architectural Ideology in Britain, 1835–1914*. London: RIBA Publications.

McLoughlin, J. B. 1969: *Urban and Regional Planning: A Systems Approach*. London: Faber and Faber.

McMaster, D. N. 1968: The Colonial District Town in Uganda. In: Beckinsale, R. P. and Houston, J. M. (eds.) *Urbanization and its Problems: Essays in Honour of E. W. Gilbert*, 330–351. Oxford: Blackwell.

McShane, C. 1994: *Down the Asphalt Path: The Automobile and the American City*. New York: Columbia University Press.

McVicar, K. G. 1968: Pumwani—The Role of a Slum Community in Providing a Catalyst for Culture Change in East Africa. In: Berger, H. (ed.) *Ostafrikanische Studien: Ernst Weigt zum 60. Geburtstag*, 157 – 167. Nürnberg: Friedrich-Alexander-Universität, Wirtschaftsund Sozialgeographische Institut.

Meadows, J. 1985: The Changing Pattern of Central—Local Fiscal Relations 1979 – 83. In: Jackson, P. (ed.) *Implementing Government Policy Initiatives: The Thatcher Administration 1979 – 1983*, 145–168. London: Royal Institute of Public Administration.

Mearns, A. 1883: *The Bitter Cry of Outcast London: An Inquiry into the Condition of the Abject Poor*. London: James Clarke.

Meehan, E. J. 1975: *Public Housing Policy: Convention versus Reality*. New Brunswick, NJ: Rutgers University, Center for Urban Policy Research.

Meehan, E. J. 1977: The Rise and Fall of Public Housing: Condemnation without Trial. In: Phares, D. (ed.) *A Decent Home and Environment: Housing Urban America*, 3–42. Cambridge, MA: Ballinger.

Meehan, E. J. 1979: *The Quality of Federal Policymaking: Programmed Failure in Public Housing*. Columbia: University of Missouri Press.

Mehr, H. 1972: Stockholm. In: Robson, W. A. and Regan, D. E. (eds.) *Great Cities of the World*, vol. II, 873–901. Third edition. London: George Allen and Unwin.

Meier, A. and Rudwick, E. 1969: Black Violence in the 20th Century: A Study in Rhetoric and Retaliation. In: Graham, H. D. and Gurr, T. R. (eds.) *Violence in America: Historical and Comparative Perspectives*, 307–316. 2 vols. Washington, DC: Government Printing Office.

Meiler, H. E. (ed.) 1979: *The Ideal City*. Leicester: University Press.

Meller, H. 1990: *Patrick Geddes: Social Evolutionist and City Planner*. London and New York: Routledge.

Meller, H. 1995: Philanthropy and Public Enterprise: International Exhibitions and the Modern Town Planning Movement, 1889–1913. *Planning Perspectives*, 10, 295–310.

Meller, H. 1997: *Towns, Plans and Society in Modern Britain*. Cambridge: Cambridge University Press.

Menzler, F. A. A. 1951: Lord Ashfield. *Public Administration*, 29, 99–112.

Meyerson, M. 1961: Utopian Traditions and the Planning of Cities. *Daedalus*, 90/1, 180–193.

Meyerson, M. and Banfield, E. C. 1955: *Politics, Planning and the Public Interest*. New York: Free Press.

Mill, J. S. 1909: Principles of Political Economy, with Some of Their Applications to Social Philosophy. Seventh revised edition. London: Longmans, Green and Co.

Miller, C. L. 2004: Theory Poorly Practised: The Garden Suburb in New Zealand. *Planning Perspectives*, 19, 37–55.

Miller, D. L. 1989: *Lewis Mumford: A Life*. New York: Weidenfeld and Nicolson.

Miller, M. 1983: Letchworth Garden City Eighty Years On. *Built Environment*, 9, 167–184.

Miller, M. 1989a: *Letchworth: The First Garden City*. Chichester: Phillimore.

Miller, M. 1989b: The Elusive Green Background: Raymond Unwin and the Greater London Regional Plan. *Planning Perspectives*, 4, 15–44.

Miller, M. 1992: *Raymond Unwin: Garden Cities and Town Planning*. London: Leicester University Press.

Miller, M. 2000: Transatlantic Dialogue: Raymond Unwin and the American Planning Scene. *Planning History*,

22/2, 17-28.

Miller, M. 2002: The Origins of the Garden City Residential Neighborhood. In: Parsons, K. C. and Schuyler, D. (eds.) *From Garden City to Green City: The Legacy of Ebenezer Howard*, 99-130. Baltimore and London: Johns Hopkins University Press.

Miller, M. and Gray, A. S. 1992: *Hampstead Garden Suburb*. Chichester: Phillimore.

Milner, H. 1990: *Sweden: Social Democracy in Practice*. Oxford: Oxford University Press.

Miner, H. (ed.) 1967: *The City in Modern Africa*. London: Pall Mall Press.

Minney, R. J. 1958: *Viscount Addison: Leader of the Lords*. London: Odhams Press.

Mitchell, B. R. 1975: *European Historical Statistics, 1750-1970*. London: Macmillan.

Mitchell, J. C. 1969: Structural Plurality, Urbanization and Labour Circulation in Southern Rhodesia. In: Jackson, J. A. (ed.) *Migration*, 156-180. (Sociological Studies, 2). Cambridge: Cambridge University Press.

Mitchell, N. 1972: *The Indian Hill Station: Kodaikanal*. University of Chicago, Department of Geography, Research Paper, no. 141.

Mitchell, R. B. and Rapkin, C. 1954: *Urban Traffic: A Function of Land Use*. New York: Columbia University Press.

Mitchell, W. J. 1995: *City of Bits: Space, Place, and the Infobahn*. Cambridge, MA: MIT Press.

Mitchell, W. J. 1999: *e-topia: "Urban Life, Jim—But Not as We Know It."* Cambridge, MA: MIT Press.

Mohl, R. A. and Richardson, J. F. (eds.) 1973: *The Urban Experience: Themes in American History*. Belmont, CA: Wadsworth.

Mollenkopf, J. H. 1978: The Postwar Politics of Urban Development. In: Tabb, W. K. and Sawers, L. (eds.) *Marxism and the Metropolis: New Perspectives in Urban Political Economy*, 117-152. New York: Oxford University Press.

Mollenkopf, J. H. 1983: *The Contested City*. Princeton: Princeton University Press.

Monclús, F. -J. 2003: The Barcelona Model: An Original Formula? From "Reconstruction" to Strategic Urban Projects (1979-2004). *Planning Perspectives*, 18, 399-421.

Monkkonen, E. H. 1988: *America Becomes Urban: The Development of US Cities and Towns, 1780-1980*. Berkeley: University of California Press.

Montgomery, R. 1985: Pruitt-Igoe: Policy Failure or Societal Symptom. In: Checkoway, B. and Patton, C. V. (eds.) *The Metropolitan Midwest: Policy Problems and Prospects for Change*, 229-243. Urbana: University of Illinois Press.

Moore, C. 1921: *Daniel H. Burnham: Architect, Planner of Cities*. Boston and New York: Houghton Mifflin.

Moore, C., Becker, P., and Campbell, R. 1984: *The City Observed—Los Angeles: A Guide to its Architecture and Landscapes*. New York: Vintage Books.

Morgan, A. E. 1974: *The Making of TVA*. Buffalo: Prometheus Books.

Morgan, W. T. W. (ed.) 1967: *Nairobi: City and Region*. Nairobi: Oxford University Press.

Morizet, A. 1932: *Du vieux Paris au Paris moderne: Haussmann et ses prédécesseurs*. Paris: Hachette.

Mort, F. 2004: Fantasies of Metropolitan Life: Planning London in the 1940s. *Journal of British Studies*, 43, 120-151.

Moynihan, D. P. 1965: *The Negro Family: The Case for National Action*. Washington, DC: US Department of Labor Office of Policy Planning and Research.

Moynihan, D. P. 1986: *Family and Nation: The Godkin Lectures, Harvard University*. New York: Harcourt Brace.

Muench, L. H. and C. Z. 1968: Planning and Antiplanning in Nigeria: Lagos and Ibadan. *Journal of the American Institute of Planners*, 34, 374-381.

Muller, J. 1992: From Survey to Strategy: Twentieth Century Developments in Western Planning Methods. *Planning Perspectives*, 7, 125-155.

Muller, T. 1976: *Economic Impacts of Land Development: Economic, Housing and Property Values*.

Washington, DC: The Urban Institute.

Mullin, J. R. 1977a: American Perceptions of German City Planning at the Turn of the Century. *Urbanism Past and Present*, 3, 5–15.

Mullin, J. R. 1977b: City Planning in Frankfurt, Germany, 1925–1932: A Study in Practical Utopianism. *Journal of Urban History*, 4, 3–28.

Mumford, E. 1995: The "Tower in a Park" in America: Theory and Practice, 1920–1960. *Planning Perspectives*, 10, 17–41.

Mumford, L. 1923: *The Story of Utopias*. London: Harrap.

Mumford, L. 1925a: The Fourth Migration. *The Survey*, 54, 130–133.

Mumford, L. 1925b: Regions—To Live In. *The Survey*, 54, 151–152.

Mumford, L. 1930: Mass-Production and the Modern House. *Architectural Record*, 67, 13–20, 110–116.

Mumford, L. 1932: The Plan of New York. *New Republic*, 71, 121–126; 146–154.

Mumford, L. 1934: *Technics and Civilization*. New York: Harcourt Brace.

Mumford, L. 1938: *The Culture of Cities*. London: Secker and Warburg.

Mumford, L. 1944: *The Condition of Man*. London: Secker and Warburg.

Mumford, L. 1946: The Garden City Idea and Modern Planning. In: Howard, E. *Garden Cities of To-morrow*, 29–40. London: Faber and Faber.

Mumford, L. 1954: The Neighbourhood and the Neighbourhood Unit. *Town Planning Review*, 24, 256–70.

Mumford, L. 1961: *The City in History: Its Origins, its Transformations, and its Prospects*. New York: Harcourt, Brace & World.

Mumford, L. 1964: *The Highway and the City*. New York: Mentor Books.

Mumford, L. 1982: *Sketches from Life: The Autobiography of Lewis Mumford: The Early Years*. New York: Dial Press.

Murphey, R. 1977: *The Outsiders: The Western Experience in India and China*. Ann Arbor: University of Michigan Press.

Murphey, R. 1980: *The Fading of the Maoist Vision: City and Country in China's Development*. London: Methuen.

Murphey, R. 1984: City as a Mirror of Society: China, Tradition and Modernization. In: Agnew, J., Mercer, J., and Sopher, D. E. (eds.) *The City in Cultural Context*, 186–204. Boston: Allen and Unwin.

Muschamp, H. 1983: *Man about Town: Frank Lloyd Wright in New York City*. Cambridge, MA: MIT Press.

Muthesius, H. 1908–11: *Das englische Haus: Entwicklung, Bedingungen, Anlage, Aufbau, Einrichtung und Innenraum*. 3 vols. Second revised edition. Berlin: Ernst Wasmuth.

Myers, G. A. 2003: *Verandahs of Power: Colonialism and Space in Urban Africa*. Syracuse, Syracuse University Press.

Myhra, D. 1974: Rexford Guy Tugwell: Initiator of America's Greenbelt New Towns, 1935 to 1938. *Journal of the American Institute of Planners*, 40, 176–188.

Myrdal, G. 1944: *An American Dilemma: The Negro Problem and Modern Democracy*. New York: Harper and Brothers.

Nadin, V. 2007: The Emergence of the Spatial Planning Approach in England. *Planning Practice & Research*, 22, 43–62.

Nairn, I. 1955: Outrage: A Special Number of the Architectural Review. *Architectural Review*, 117, 363–454.

Nairn, I. 1965: *The American Landscape: A Critical View*. New York: Random House.

Negroponte, N. 1995: *Being Digital*. London: Hodder and Stoughton.

Nehru, J. 1936: *An Autobiography: With Musings on Recent Events in India*. London: John Lane—The Bodley Head.

Neild, S. M. 1979: Colonial Urbanism: The Development of Madras City in the Eighteenth and Nineteenth Centuries. *Modern Asian Studies*, 13, 217–246.

Nelson, J. J. 1959: The Spread of an Artificial Landscape over Southern California. *Annals of the Association of American Geographers*, 49, Supplement to no. 3, 80-99.

Nelson, W. H. 1967: *Small Wonder: The Amazing Story of the Volkswagen*. London: Hutchinson.

Nettlefold, J. S. 1914: *Practical Town Planning*. London: The St Catherine Press.

Neue Gesellschaft für Bildede Kunst 1977: *Wem gehört die Welt? Kunst und Gesellschaft in der Weimare Republik*. Berlin: Neue Gesellschaft für Bildede Kunst.

Neufang, H. 1963: Die Siedlungsverband Ruhrkohlenbezirk (1920 - 1963). *Die öffentliche Verwaltung*, 16, 812-819.

Neuman, M. 2011: Ildefons Cerdà and the Future of Spatial Planning: The Network Urbanism of a City Planning Pioneer. *Town Planning Review*, 82, 117-143.

Neumeyer, F. 1978: Zum Werkwohnungsbau in Deutschland um 1900. In: Siepmann, E. (ed.) *Kunst und Alltag um 1900*. Lahn/Giessen: Anabas Verlag.

Neuse, S. M. 1983: TVA at Age Fifty—Reflections and Retrospect. *Public AdministrationReview*, 43, 491-499.

Neutze, G. M. 1977: *Urban Development in Australia: A Descriptive Analysis*. Sydney: George Allen and Unwin.

Neville, R. J. W. 1965: The Areal Distribution of Population in Singapore. *The Journal of Tropical Geography*, 20, 16-25.

Nevins, A. 1954. *Ford: The Times, The Man, The Company*. New York: Charles Scribner's Sons.

"New Townsmen" 1918: *New Towns after the War: An Argument for Garden Cities*. London: J. M. Dent.

Newman, I. and Mayo, M. 1981: Docklands. *International Journal of Urban and Regional Research*, 5, 5295-5245.

Newman, O. 1972: *Defensible Space: Crime Prevention and Urban Design*. New York: Macmillan.

Newman, O. 1980: *Community of Interest*. Garden City, NY: Anchor/Doubleday.

Niethammer, L. 1981: Some Elements of the Housing Reform Debate in Nineteenth Century Europe: Or, On the Making of a New Paradigm of Social Control. In: Stave, B. M. (ed.) *Modern Industrial Cities: History, Policy and Survival*, 129-64. Beverly Hills: Sage.

Njoh, A. 2009: Urban Planning as a Tool of Power and Social Control in Colonial Africa. *Planning Perspectives*, 24, 301-317.

Nocks, B. C. 1974: Case Studies: A Decade of Planning Education at Three Schools. In: Godschalk, D. R. (ed.) *Planning in America: Learning from Turbulence*, 206-226. Washington, DC: American Institute of Planners.

Nolen, J. (ed.) 1916a: *City Planning: A Series of Papers Presenting the Essential Elements of a City Plan*. New York: D. Appleton.

Nolen, J. 1916b: The Subdivision of Land. In: Nolen, J. (ed.) *City Planning: A Series of Papers Presenting the Essential Elements of a City Plan*, 19-47. New York: D. Appleton.

Novak, F. G., Jr (ed.) 1995: *Lewis Mumford and Patrick Geddes: The Correspondence*. London: Routledge.

Oberlander, H. P. and Newburn, E. 1999: *Houser: The Life and Work of Catherine Bauer*. Vancouver: UBC Press.

O'Carroll, A. 1996: The Influence of Local Authorities on the Growth of Owner Occupation: Edinburgh and Glasgow 1914-1939. *Planning Perspectives*, 11, 55-72.

O'Connor, A. M. 1981: *Urbanization in Tropical Africa: An Annotated Bibliography*. Boston: G. K. Hall.

O'Connor, A. M. 1983: *The African City*. London: Hutchinson University Library for Africa.

O'Connor, T. H. 1993: *Building a New Boston: Politics and Urban Renewal, 1950-1970*. Boston: Northeastern University Press.

Ödmann, E. and Dahlberg, G. -B. 1970: Urbanisation in Sweden: Means and Methods for the Planning. Stockholm: Allmanna Forlaget.

Odum, H. W. 1910: *Social and Mental Traits of the Negro: Research into the Conditions of the Negro Race in Southern Towns: A Study in Race Traits, Tendencies and Prospects*. (Studies in History, Economics and Public Law, 37, no. 3.) New York: Columbia University.

Odum, H. W. 1926: *An Approach to Public Welfare and Social Work*. Chapel Hill: University of North Carolina Press.

Odum, H. W. 1936: *Southern Regions of the United States*. Chapel Hill: University of North Carolina Press.

Odum, H. W. and Jocher, K. (eds.) 1945: *In Search of the Regional Balance of America*. Chapel Hill: University of North Carolina Press.

Odum, H. W. and Johnson, G. B. 1925: *The Negro and his Songs*. Chapel Hill: University of North Carolina Press.

Odum, H. W. and Moore, H. E. 1938: *American Regionalism: A Cultural-Historical Approach to National Integration*. New York: Henry Holt and Co.

Ogden, P. (ed.) 1992a: *London Docklands: The Challenge of Development*. Cambridge: Cambridge University Press.

Ogden, P. 1992b: Introduction: Some Questions of Geography and History. In: Ogden, P. (ed.) *London Docklands: The Challenge of Development*, 1-6. Cambridge: Cambridge University Press.

Olds, K. 1995: Globalization and the Production of New Urban Spaces: Pacific Rim Megaprojects in the Late 20th Century. *Environment and Planning A*, 27, 1713-1743.

Oliver, P. (H.) (ed.) 1969: *Shelter and Society*. London: Barrie Rokliff: The Cresset Press.

Oliver, P. (H.) (ed.) 1975: *Shelter in Africa*. London: Barrie and Jenkins.

Oliver, P. (H.), Davis, I., and Bentley, I. 1981: *Dunroamin: The Suburban Semi and its Enemies*. London: Barrie and Jenkins.

Orlans, H. 1952: *Stevenage: A Sociological Study of a New Town*. London: Routledge and Kegan Paul.

Orwell, G. 1939: *Coming up for Air*. London: Secker and Warburg.

Osborn, F. J. 1934: *Transport, Town Development and Territorial Planning of Industry*. London: Fabian Society.

Osborn, F. J. 1936: *London's Dilemma: The Only Way Out*. London: Garden Cities and Town Planning Association.

Osborn, F. J. 1937: A Lecture to London. *Journal of the Town Planning Institute*, 23, 45-51.

Osborn, F. J. 1938: The Planning of Greater London. *Town and Country Planning*, 6, 97-102.

Osborn, F. J. 1942: *New Towns after the War*. London: J. M. Dent.

Osborn, F. J. 1950: Sir Ebenezer Howard: The Evolution of his Ideas. *Town Planning Review*, 21, 221-235.

Osborn, F. J. 1955: How Subsidies Distort Housing Development. *Lloyds Bank Review*, N. S. 36, 25-38.

Osborn, F. J. 1970: *Genesis of Welwyn Garden City: Some Jubilee Memories*. London: Town and Country Planning Association.

Owens, S. E. 1984: Spatial Structure and Energy Demand. In: Cope, D. R., Hills, P. R., and James, P. (eds.) *Energy Policy and Land Use Planning*, 215-40. Oxford: Pergamon.

Owens, S. E. 1986: *Energy, Planning and Urban Form*. London: Pion.

Owens, S. E. 1990: Land-Use Planning for Energy Efficiency. In: Cullingworth, J. B. (ed.) *Energy, Land and Public Policy*, 53-98. Newark, DE: Transactions Publishers, Center for Energy and Urban Policy Research.

Owens, S. E. 1992a: Energy, Environmental Sustainability and Land-Use Planning. In: Breheny, M. J. (ed.), *Sustainable Development and Urban Form*. (*European Research in Regional Science*, 2). London: Pion.

Owens, S. E. 1992b: Land-Use Planning for Energy Efficiency. *Applied Energy*, 43, 81-114.

Owens, S. E. and Cope, D. 1992: *Land Use Planning Policy and Climate Change*. London: HMSO.

Pahl, R. E. (ed.) 1968: *Readings in Urban Sociology*. Oxford: Pergamon.

Paris 1978: Anonymous news contributions. *Macadam*, 4, 4-9.

Paris 1979a: Anonymous news contributions. *Architecture*, 1, 7-17.

Paris 1979b: Anonymous news contributions. *Building News*, 437, 4; 438, 1; 456, 8.

Paris 1979c: Jeu de l'Oie des Halles de Paris. *Macadam*, 8/9, 12-13.

Park, R. E. 1925a: The City: Suggestions for the Investigation of Human Behavior in the Urban Environment. In:

Park, R. E., Burgess, E. W., and McKenzie, R. D. *The City*, 1–46. Chicago: University of Chicago Press.

Park, R. E. 1925b: Community Disorganization and Juvenile Delinquency. In: Park, R. E., Burgess, E. W., and McKenzie, R. D. *The City*, 99–112. Chicago: University of Chicago Press.

Park, R. E. 1928: Human Migration and the Marginal Man. *The American Journal of Sociology*, 33, 881–893.

Park, R. E., Burgess, E. W., and McKenzie, R. D. 1925: *The City*. Chicago: University of Chicago Press.

Park, R. L. 1962: The Urban Challenge to Local and State Government: West Bengal, with Special Reference to Calcutta. In: Turner, R. (ed.) *India's Urban Future*, 382–396. Berkeley: University of California Press.

Parker, B. 1932: Highways, Parkways and Freeways: with Special Reference to Wythenshawe Estate, Manchester, and to Letchworth Garden City. *Town and Country Planning*, 1, 38–43.

Parker, B. and Unwin, R. 1901: *The Art of Building a Home: A Collection of Lectures and Illustrations*. London: Longmans, Green.

Parker, R. S. and Troy, P. N. (eds.) 1972: *The Politics of Urban Growth*. Canberra: ANU Press.

Parkin, D. J. (ed.) 1975: *Town and Country in East and Central Africa*. London: Oxford University Press (for International African Institute).

Parkins, M. F. 1953: *City Planning in Soviet Russia: With an Interpretative Bibliography*. Chicago: University of Chicago Press.

Parsons, K. C. 1992a: America's Influence on Stockholm's Post World War II Suburban Expansion. *Planning History*, 14/1, 3–14.

Parsons, K. C. 1992b: British and American Community Design: Clarence Stein's Manhattan Transfer, 1924–74. *Planning Perspectives*, 7, 181–210.

Parsons, K. C. 1998: *The Writings of Clarence S. Stein: Architect of the Planned Community*. Baltimore: Johns Hopkins University Press.

Parsons, K. C. 2002: British and American Community Design: Clarence Stein's Manhattan Transfer, 1924–1974. In: Parsons, K. C. and Schuyler, D. (eds.) *From Garden City to Green City: The Legacy of Ebenezer Howard*, 131–58. Baltimore and London: Johns Hopkins University Press.

Partners for Livable Places 1982: *Towards Livable Communities: A Report on Partners for Livable Places, 1975–1982*. Washington, DC: Partners for Livable Places.

Pass, D. 1973: *Vällingby and Farsta—From Idea to Reality: The New Community Development Process in Stockholm*. Cambridge, MA: MIT Press.

Patterson, O. 1982: *Slavery and Social Death: A Comparative Study*. Cambridge, MA: Harvard University Press.

Pawlowski, C. 1967: *Tony Garnier et les débuts de l'urbanisme fonctionnel en France*. Paris: Centre de Recherche d'Urbanisme.

Payne, G. K. 1977: *Urban Housing in the Third World*. London: Leonard Hill.

Payne, G. K. 1982: Self-Help Housing: A Critique of the Gecekondus of Ankara. In: Ward, P. M. (ed.) *Self-Help Housing: A Critique*, 117–139. London: Mansell.

Payton, N. I. 1995: The Machine in the Garden City: Patrick Geddes' Plan for Tel Aviv. *Planning Perspectives*, 10, 359–381.

Pearlman, J. 2000: Joseph Hudnut and the Unlikely Beginnings of Post-modern Urbanism at the Harvard Bauhaus. *Planning Perspectives*, 15, 201–239.

Pearson, S. V. 1939: *London's Overgrowth and the Causes of Swollen Towns*. London: C. W. Daniel.

Peattie, L. 1968: Reflections on Advocacy Planning. *Journal of the American Institute of Planners*, 34, 80–88.

Peel, J. D. Y. 1980: Urbanization and Urban History in West Africa. *Journal of African History*, 21, 269–277.

Pehnt, R. (ed.) 1974: *Die Stadt in der Bundesrepublik Deutschland*. Stuttgart: Philipp Reclam.

Peil, M. 1976: African Squatter Settlements: A Comparative Study. *Urban Studies*, 13, 155–166.

Peltz-Dreckmann, U. 1978: *Nationalsozialistischer Siedlungsbau*. München: Minerva.

Pendlebury, J. 2002: Conservation and Regeneration: Complementary or Conflicting Processes? The Case of Grainger Town, Newcastle upon Tyne. *Planning Practice & Research*, 17, 145–158.

Pendlebury, J. and Strange, I. 2011: Urban Conservation and the Shaping of the English City. *Town Planning Review*, 82, 361–392.

Pepler, G. L. 1911: Greater London. In: Royal Institute of British Architects *Town Planning Conference-Transactions*, 611–20. London: RIBA.

Pepper, S. and Richmond, P. 2009: Homes Unfit for Heroes: The Slum Problem in London and Neville Chamberlain's Unhealthy Areas Committee, 1919–21. *Town Planning Review*, 80, 143–171.

Perera, N. 2004: Contesting Visions: Hybridity, Liminality and Authorship of the Chandigarh Plan. *Planning Perspectives*, 19, 175–199.

Perkins, K. L. 2007: Roosevelt and Rexford: Resettlement and its Results. *Berkeley Planning Journal*, 20, 25–42.

Perlman, J. E. 1976: *The Myth of Marginality*: *Urban Poverty and Politics in Rio de Janeiro*. Berkeley: University of California Press.

Perloff, H. S. 1965: New Directions in Social Planning. *Journal of the American Institute of Planners*, 31, 297–304.

Perloff, H. S. (with Klett, F.) 1974: The Evolution of Planning Education. In: Godschalk, D. R. (ed.) *Planning in America*: *Learning from Turbulence*, 161–80. Washington, DC: American Institute of Planners.

Perloff, H. S., Berg, T., Fountain, R., Vetter, D., and Weld, J. 1975: *Modernizing the Central City*: *New Towns Intown ⋯ and Beyond*. Cambridge, MA: Ballinger.

Perroux, F. 1961: *L'économie du XXe siècle*. Paris: Presses Universitaires de France.

Perroux, F. 1965: *La Pensée économique de Joseph Schumpeter*: *Les Dynamiques du capitalisme*. (Travaux de Droit, d'économie, de Sociologie et de Sciences Politiques, 34.) Genève: Droz.

Perry, C. A. 1929: *The Neighborhood Unit*: *A Scheme of Arrangement for the Family-Life Community* (Regional Study of New York and its Environs, VII, Neighborhood and Community Planning, Monograph One, 2–140). New York: Regional Plan of New York and its Environs.

Perry, C. A. 1939: *Housing for the Machine Age*. New York: Russell Sage Foundation.

Perry, M., Kong, L. and Yeoh, B. 1997: *Singapore, A Developmental City State*. Chichester: John Wiley.

Persson, I. (ed.) 1990: *Generating Equality in the Welfare State*: *The Swedish Experience*. Oslo: Norwegian University Press.

Peters, J. 1982: Interstates: Nearing the End of the Road. *Planning*, 47/12, 12–15.

Petersen, W. 1977: The Ideological Origins of Britain's New Towns. In: Allen, I. L. (ed.) *New Towns and the Suburban Dream*: *Ideology and Utopia in Planning and Development*, 61–81. Port Washington: Kennikat.

Peterson, J. A. 1976: The City Beautiful Movement: Forgotten Origins and Lost Meanings. *Journal of Urban History*, 2, 415–434.

Petsch, J. 1976: *Baukunst und Stadtplanung im dritten Reich*: *Herleitung/Bestandsaufnahme/Entwicklung/Nachfolge*. München: Carl Hanser.

Petz, U. von 1990a: Margarethenhöhe Essen: Garden City, Workers' Colony or Satellite Town? *Planning History*, 12/2, 3–9.

Petz, U. von 1990b: Urban Renewal under National Socialism: Practical Policy and Political Objectives in Hitler's Germany. *Planning Perspectives*, 5, 169–87.

Petz, U. von 1999: Robert Schmidt and the Public Park Policy in the Ruhr district, 1900 – 1930. *Planning Perspectives*, 14, 163–182.

Petz, U. von 2010: News from the Field: City Planning Exhibitions in Germany, 1910 – 2010. *Planning Perspectives*, 25, 375–382.

Pfautz, H. W. 1967: *Charles Booth on the City*. *Physical Patterns and Social Structure*. Chicago: University of Chicago and London Press.

Phares, D. (ed.), 1977: *A Decent Home and Environment*: *Housing Urban America*. Cambridge, MA: Ballinger.

Phillips, W. R. F. 1996: The "German Example" and the Professionalization of American and British City Planning at the Turn of the Century. *Planning Perspectives*, 11, 167–183.

Philpott, T. L. 1978: *The Slum and the Ghetto: Neighborhood Deterioration and Middle-Class Reform*, Chicago, *1880-1930*. New York: Oxford University Press.

Pick, F. 1927: Growth and Form in Modern Cities. *Journal of the Institute of Transport*, 8, 156-174.

Pick, F. 1935: Some Reflections on the Administration of a Public Utility Undertaking. *Public Administration*, 13, 135-145.

Pick, F. 1936: The Organisation of Transport: with Special Reference to the London Passenger Transport Board. *Journal of the Royal Society of Arts*, 84, 207-219.

Pick, F. 1937: London Fifty Years Hence. *Journal of the Town Planning Institute*, 23, 61-66.

Pick, F. 1938: Evidence of London Passenger Transport Board. In: GB Royal Commission on the Geographical Distribution of the Industrial Population 1937-9: *Minutes of Evidence*, Day 12. London: HMSO.

Pick, F. 1941: *Britain Must Rebuild: A Pattern for Planning*. (The Democratic Order, no. 17.) London: Kegan Paul, Trench, Trubner.

Piven, F. F. and Cloward, R. A. 1977: *Poor People's Movements: Why They Succeed, How They Fail*. New York: Pantheon.

Piven, F. F. and Cloward, R. A. 1982: *The New Class War: Reagan's Attack on the Welfare State and its Consequences*. New York: Pantheon.

Poëte, M. 1931: *Une vie de cité: Paris de sa naissance à nos jours*. 3 vols. Paris: Auguste Picard.

Pollock, N. C. 1968: *The Development of Urbanization in Southern Africa*. In: Beckinsale, R. P. and Houston, J. M. (eds.) *Urbanization and its Problems: Essays in Honour of E. W. Gilbert*, 304-329. Oxford: Blackwell.

Pons, V. 1969: *Stanleyville: An African Urban Community under Belgian Administration*. London: Oxford University Press.

Popenoe, D. 1977: *The Suburban Environment: Sweden and the United States*. Chicago: University of Chicago Press.

Popper, F. J. 1981: *The Politics of Land-Use Reform*. Madison: University of Wisconsin Press.

Porfyriou, H. 1992: Artistic Urban Design and Cultural Myths: The Garden City Idea in Nordic Countries, 1900-1925. *Planning Perspectives*, 7, 263-302.

Portes, A. 1979: Housing Policy, Urban Poverty, and the State: The Favelas of Rio de Janeiro, 1972-1976. *Latin American Research Review*, 14/2, 3-24.

Powell, J. M. and Williams, M. 1975: *Australian Space, Australian Time: Geographical Perspectives*. Melbourne: Oxford University Press.

Power, A. and Mumford, K. 1999: *The Slow Death of Great Cities? Urban Abandonment or Urban Renaissance*. York: Joseph Rowntree Foundation.

Poxon, J. 2000: Solving the Development Plan Puzzle in Britain: Learning Lessons from History. *Planning Perspectives*, 15, 73-89.

Prescott, J. 2003: Quoted in "Prescott Demands More 'Wow' and Less 'Noddy.'" http://www. architectsjournal. co.uk/home/prescott-demands-more-wowand-less-noddy/146911. article (accessed December 19, 2013).

Prescott, N. C. 1968: The Development of Urbanization in Southern Africa. In: Beckinsale, R. P. and Houston, J. M. (eds.), 304-329.

Preston, J. and Wall, G. 2008: The Ex-ante and Ex-post Economic and Social Impacts of the Introduction of High-speed Trains in South East England. *Planning Practice & Research*, 23, 403-422.

Priemus, H. 2004: From a Layers Approach Towards a Network Approach: A Dutch Contribution to Spatial Planning Methodology. *Planning Practice & Research*, 19, 267-283.

Proudfoot, P. R. 1996: The Symbol of the Crystal in the Planning and Geometry of the Design for Canberra. *Planning Perspectives*, 11, 225-257.

Punter, J. 2010a: Reflecting on Urban Design Achievements in a Decade of Urban Renaissance. In: Punter, J. (ed.) *Urban Design and the British Urban Renaissance*, 325-352. Abingdon: Routledge.

Punter, J. (ed.) 2010b: *Urban Design and the British Urban Renaissance*. Abingdon: Routledge.

Purdom, C. B. 1917: *The Garden City after the War*. Letchworth: privately printed.

Purdom, C. B. (ed.) 1921: *Town Theory and Practice*. London: Benn.

Purdom, C. B. 1925: *The Building of Satellite Towns: A Contribution to the Study of Town Development and Regional Planning*. London: J. M. Dent.

Qian, Z. 2012: Post-reform Urban Restructuring in China: The Case of Hangzhou 1990–2010. *Town Planning Review*, 83, 431–455.

Queen, S. A. and Carpenter, D. B. 1953: *The American City*. New York: McGraw-Hill.

Rabinowitz, F. 1969: *City Politics and Planning*. New York: Atherton Press.

Radford, G. 1996: *Modern Housing for America: Policy Struggles in the New Deal Era*. Chicago: University of Chicago Press.

Rae, J. B. 1971: *The Road and the Car in American Life*. Cambridge, MA: MIT Press.

Raffe, W. G. 1936: The Reconstruction of Moscow: The Ten Year Plan. *Town and Country Planning*, 4, 53–59.

Raines, A. R. 2011: Wandel durch (Industrie-) Kultur (Change through (Industrial) Culture): Conservation and Renewal in the *Ruhrgebiet*. *Planning Perspectives*, 26, 183–207.

Rainwater, L. 1967: Fear and the House-as-Haven in the Lower Class. In: Bellush, J. and Hausknecht, M. (eds.) *Urban Renewal: People, Politics and Planning*, 437–450. Garden City, NY: Anchor.

Rainwater, L. 1970: *Behind Ghetto Walls: Black Families in a Federal Slum*. Chicago: Aldine.

Rainwater, L. and Yancey, W. L. 1967: *The Moynihan Report and the Politics of Controversy*. Cambridge, MA: MIT Press.

Rasmussen, S. E. 1937: *London: The Unique City*. London: Jonathan Cape.

Rave, R. and Knöfel, H. -J. 1968: *Bauen seit 1900 in Berlin*. Berlin: Kiepert.

Ravetz, A. 1974: From Working-Class Tenement to Modern Flat: Local Authorities and Multi-Storey Housing between the Wars. In: Sutcliffe, A. (ed.) *Multi-Storey Living: The British Working-Class Experience*, 122–150. London: Croom Helm.

Ravetz, A. 1980: *Remaking Cities: Contradictions of the Recent Urban Environment*. London: Croom Helm.

Read, B. 1993: LA Rail Network Blossoms. *International Railway Journal*, June, 43–46.

Read, J. 1978: The Garden City and the Growth of Paris. *Architectural Review*, 113, 345–352.

Reader, D. H. 1961: *The Black Man's Portion: History, Demography and Living Conditions in the Native Locations of East London, Cape Province*. Cape Town: Oxford University Press.

Reclus, E. 1878–94: *The Earth and its Inhabitants: The Universal Geography*. Edited by E. G. Ravenstein and A. H. Keane. 19 vols. London: J. S. Virtue.

Reclus, E. 1905–8: *L'homme et la terre*. 6 vols. Paris: Librairie Universelle.

Regional Plan of New York and its Environs (1927–31): *Regional Survey of New York and its Environs*, 8 vols. (in 10). I. Major Economic Factors in Metropolitan Growth and Development. IA. Chemical, Metal, Wood, Tobacco and Printing Industries. IB. Food, Clothing & Textile Industries. Wholesale Markets and Retail Shopping & Financial Districts. II. Population Land Values and Government. III. Highway Traffic. IV. Transit and Transportation. V. Public Recreation. VI. Buildings: Their Uses and the Spaces about them. VII. Neighborhoods and Community Planning. VIII. Physical Conditions and Public Services. New York: The Regional Plan.

Reich, R. B. 1991: *The Work of Nations: Preparing Ourselves for 21st-Century Capitalism*. New York: Random House.

Reid, A. 2000: *Brentham: A History of the Pioneer Garden Suburb 1901–2001*. Ealing: Brentham Heritage Society.

Reiner, T. A. 1963: *The Place of the Ideal Community in Urban Planning*. Philadelphia: University of Pennsylvania Press.

Reiss, R. L. 1918: *The Home I Want*. London: Hodder and Stoughton.

Reith, J. C. W. 1949: *Into the Wind*. London: Hodder and Stoughton.

Reps, J. W. 1965: *The Making of Urban America: A History of City Planning in the United States*. Princeton: Princeton University Press.

Reulecke, J. (ed.) 1978: *Die deutsche Stadt im Industriezeitalter*. Wuppertal: Peter Hammer.

Revell, K. D. 1992: Regulating the Landscape: Real Estate Values, City Planning, and the 1916 Zoning Ordinance. In: Ward, D. and Zunz, O. (eds.) *The Landscape of Modernity: Essays on New York City, 1900-1940*, 19-45. New York: Russell Sage Foundation.

Rex, J. 1973: *Race, Colonialism and the City*. London: Routledge and Kegan Paul.

Richards, J. M. 1946: *The Castles on the Ground*. London: Architectural Press.

Richards, J. M. 1953: The Failure of the New Towns. *Architectural Review*, 114, 29-32.

Richmond, J. E. D. 2005: *Transport of Delight: The Mythical Conception of Rail Transit in Los Angeles*. Akron: Akron University Press.

Rickaby, P. A. 1987: Six Settlement Patterns Compared. *Environment and Planning B*, 14, 193-223.

Rickaby, P. A. 1991: Energy and Urban Development in an Archetypal English Town. *Environment and Planning B*, 18, 153-176.

Rickaby, P. A., Steadman, J. B., and Barrett, M. 1992: Patterns of Land Use in English Towns: Implications for Energy Use and Carbon Monoxide Emissions. In: Breheny, M. J. (ed.) *Sustainable Development and Urban Form* (European Research in Regional Science, 2), 182-196. London: Pion.

Riesman, D. 1950: *The Lonely Crowd: A Study of the Changing American Character*. New Haven: Yale University Press.

Riis, J. A. 1890: *How the Other Half Lives: Studies among the Tenements of New York*. New York: Scribner's Sons.

Riis, J. A. 1901: *The Making of an American*. New York: Macmillan.

Riley, R. B. 1967: Urban Myths and the New Cities of the South-West. *Landscape*, 17, 21-23.

Rittel, H. W. J. and Webber, M. M. 1973: Dilemmas in a General Theory of Planning. *Policy Sciences*, 4, 155-169.

Robbins, G. W. and Tilton, L. D. (eds.) 1941: *Los Angeles: A Preface to a Master Plan*. Los Angeles: The Pacific Southwest Academy.

Roberts, S. I. 1961: Portrait of a Robber Baron, Charles T. Yerkes. *Business History Review*, 35, 344-371.

Robertson, D. S. 1998: Pulling in Opposite Directions: The Failure of Post War Planning to Regenerate Glasgow. *Planning Perspectives*, 13, 53-68.

Robertson, K. A. 1997: Downtown Retail Revitalization: A Review of American Development Strategies. *Planning Perspectives*, 12, 383-402.

Robinson, C. M. 1901: *The Improvement of Towns and Cities: Or, The Practical Basis of Civic Aesthetics*. New York: G. P. Putnam's Sons.

Robson, W. A. 1939: *The Government and Misgovernment of London*. London: George Allen and Unwin.

Robson, W. A. and Regan, D. E., 1972: *Great Cities of the World*. Third edition. 2 vols. London: George Allen and Unwin.

Rodgers, C. 1947: *American Planning: Past, Present and Future*. New York: Harper Bros.

Rodwin, L. 1965: Ciudad Guayana: A New City. *Scientific American*, 213/3, 122-132.

Rogers, R. and Power, A. 2000: *Cities for a Small Country*. London: Faber and Faber.

Romanos, A. G. 1969: Illegal Settlements in Athens. In: Oliver, P. (H.) (ed.) *Shelter and Society*, 137-155. London: Barrie Rokliff: The Cresset Press.

Rooijendijk, C. 2005: Urban Ideal Images in Post-War Rotterdam. *Planning Perspectives*, 20, 177-209.

Roos, D. and Altshuler, A. 1984: The Future of the Automobile: The Report of MIT's International Automobile Program. London: George Allen and Unwin.

Roosevelt, F. D. 1932: Growing Up by Plan. *Survey*, 67, 483-485, 506-507.

Roosevelt, F. D. 1938: *The Public Papers and Addresses of Franklin D. Roosevelt*, vol. 1, *The Genesis of the New Deal 1928-1932*. New York: Random House.

Roper, L. W. 1973: *F.L.O.: A Biography of Frederick Law Olmsted*. Baltimore and London: Johns Hopkins University Press.

Rose, M. H. 1979: *Interstate: Express Highway Politics, 1941-1956*. Lawrence: University of Kansas Press.

Rosenfeld, R. A. 1980: Who Benefits and Who Decides? The Uses of Community Development Block Grants. In: Rosenthal, D. B. (ed.) *Urban Revitalization* (*Urban Affairs Annual Reviews*, no. 18), 211-236. Beverly Hills: Sage.

Rosenthal, D. B. (ed.) 1980: *Urban Revitalization* (*Urban Affairs Annual Reviews*, no. 18). Beverly Hills: Sage.

Rosenwaike, I. 1972: *Population History of New York City*. Syracuse: Syracuse University Press.

Ross, R. and Telkamp, G. J. (eds.) 1985: *Colonial Cities: Essays on Urbanism in a Colonial Context*. (*Comparative Studies in Overseas History*, vol. 5). Dordrecht: Martinus Nijhof.

Rosser, C. 1971: Housing for the Lowest Income Groups—the Calcutta example. *Ekistics*, 31, 126-131.

Rosser, C. 1972a: Housing and Planned Urban Change: The Calcutta Experience. In: Dwyer, D. J. (ed.) *The City as a Centre of Change in Asia*, 179-190. Hong Kong: Hong Kong University Press.

Rosser, C. 1972b: *Urbanization in India*. (International Urbanization Survey. Working Papers 278.) New York: Ford Foundation.

Rossi, A. 1982: *The Architecture of the City*. Cambridge, MA: MIT Press.

Rossi, P. H. and Dentler, R. A. 1961: *The Politics of Urban Renewal: The Chicago Findings*. New York: The Free Press of Glencoe.

Roth, G. 1967: *Paying for Roads: The Economics of Traffic Congestion*. Harmondsworth: Penguin Books.

Roth, G. and Butler, E. 1982: *Private Road Ahead*. London: Adam Smith Institute. Roth, G. and Wynne, G. G. 1982: *Free Enterprise Urban Transportation* (Learning from Abroad, 5). New Brunswick and London: Transaction Books.

Rothenberg, J. 1967: *Economic Evaluation of Urban Renewal: Conceptual Foundation of Benefit—Cost Analysis*. Washington, DC: The Brookings Institution.

Royal Institute of British Architects 1911: *Town Planning Conference—Transactions*. London: RIBA.

Rubenstein, J. M. 1978: *The French New Towns*. Baltimore: Johns Hopkins University Press.

Ruble, B. A. 1994: Failures of Centralized Metropolitanism: Inter-War Moscow and New York. *Planning Perspectives*, 9, 353-376.

Ruskin, J. 1903-12: *The Works of John Ruskin*. Edited by E. T. Cook and A. Wedderburn. 39 vols. (20. *Oxford Lectures on Art*; 34. *To the Clergy on the Lord's Prayer*.) London: George Allen.

Ruttan, V. W. 1983: The TVA and Regional Development. In: Hargrove, E. C. and Conkin, P. K. (eds.) *TVA: Fifty Years of Grass-Roots Bureaucracy*, 150-163. Urbana: University of Illinois Press.

Sable, M. H. 1971: *Latin American Urbanization: A Guide to the Literature*. Metuchen, NJ: The Scarecrow Press.

Saint, A. 1976: *Richard Norman Shaw*. New Haven: Yale University Press.

St Clair, D. J. 1981: The Motorization and Decline of Urban Public Transit, 1935-1950. *Journal of Urban History*, 41, 579-600.

Salau, A. T. 1977: A New Capital for Nigeria: Planning, Problems and Prospects. *Africa Today*, 24/4, 11-22.

Salisbury, H. E. 1958: *The Shook-Up Generation*. New York: Harper and Brothers.

Salisbury, R. 1964: Urban Politics: The New Convergence of Power. *Journal of Politics*, 26, 775-797.

Sandercock, L. 1976: *Cities for Sale: Property, Politics and Urban Planning in Australia*. London: Heinemann.

Sandercock, L. 1998a: *Towards Cosmopolis: Planning for Multicultural Cities*. Chichester: John Wiley & Sons, Ltd.

Sandercock, L. (ed.) 1998b: *Making the Invisible Visible: A Multicultural Planning History*. Berkeley and Los Angeles: University of California Press.

Sanders, H. T. 1980: Urban Renewal and the Revitalized City: A Reconsideration of Recent History. In: Rosenthal, D. B. (ed.) *Urban Revitalization* (*Urban Affairs Annual Reviews, no. 18*), 103-126. Beverly Hills: Sage.

Sarin, M. 1979: Urban Planning, Petty Trading, and Squatter Settlements in Chandigarh, India. In: Bromley, R. and Gerry, C. (eds.) *Casual Work and Poverty in Third World Cities*, 133-160. Chichester: John Wiley & Sons, Ltd.

Sarin, M. 1982: *Urban Planning in the Third World: The Chandigarh Experience*. London: Mansell.

Sassen, S. 1991: *The Global City: New York, London, Tokyo*. Princeton: Princeton University Press.

Saunier, P.-Y. 1999: Changing the City: Urban International Information and the Lyon Municipality, 1900-1940. *Planning Perspectives*, 14, 19-48.

Saushkin, Y. G. 1966: *Moscow*. Moscow: Progress Publishers.

Savitch, H. V. 1988: *Post-Industrial Cities: Politics and Planning in New York, Paris and London*. Princeton: Princeton University Press.

Sawers, L. 1978: Cities and Countryside in the Soviet Union & China. In: Tabb, W. K. and Sawers, L. (eds.) *Marxism and the Metropolis: New Perspectives in Urban Political Economy*, 338-364. New York: Oxford University Press.

Sawers, L. 1984: The Political Economy of Urban Transportation: An Interpretative Essay. In: Tabb, W. K. and Sawers, L. (eds.) *Marxism and the Metropolis: New Perspectives in Urban Political Economy*, 223-254. New York: Oxford University Press.

Scarpa, L. 1983: *Martin Wagner e Berlino: casa e città nella Repubblica di Weimar 1918-1933*. Roma: Officina Edizioni.

Schaffer, D. 1982: *Garden Cities for America: The Radburn Experience*. Philadelphia: Temple University Press.

Schaffer, D. 1984: The Tennessee Transplant. *Town and Country Planning*, 53, 316-318.

Schaffer, D. 1986: Ideal and Reality in the 1930s: The Case of the Tennessee Valley Authority. *Planning Perspectives*, 1, 27-44.

Schaffer, D. (ed.) 1988: *Two Centuries of American Planning*. Baltimore: Johns Hopkins University Press.

Schaffer, D. 1990: Benton MacKaye: The TVA Years. *Planning Perspectives*, 5, 23-37.

Schaffer, D. 1992: The American Garden City: Lost Ideals. In: Ward, S. V. (ed.) *The Garden City: Past, Present and Future*, 127-145. London: Spon.

Schiffer, J. 1984: *Anatomy of a Laissez-Faire Government: The Hong Kong Growth Model Reconsidered*. Hong Kong: University, Centre of Urban Studies and Urban Planning, Working Paper.

Schill, M. H. and Nathan, R. P. 1983: *Revitalizing America's Cities: Neighborhood Reinvestment and Displacement*. Albany: State University of New York Press.

Schlereth, T. J. 1983: Burnham's *Plan* and Moody's *Manual*: City Planning as Progressive Reform. In: Krueckeberg, D. A. (ed.), 1983a: *The American Planner: Biographies and Recollections*, 75-99. New York and London: Methuen.

Schlesinger, A. M. 1933: *The Rise of the City, 1878-1898*. (A History of American Life, vol. X). New York: Macmillan.

Schlosser, E. 2001: *Fast Food Nation: What the All-American Meal Is Doing to the World*. Harmondsworth: Allen Lane the Penguin Press.

Schmetzer, H. and Wakely, P. 1974: Chandigarh: Twenty Years Later. *Architectural Design*, 44, 350-361.

Schmitt, P. J. 1969: *Back to Nature: The Arcadian Myth in Urban America*. New York: Oxford University Press.

Schnur, R. 1970: Entwicklung der Rechtsgrundlagen und der Organisation des SVR. In: Anon. *Siedlungsverband Ruhrkohlenbezirk 1920-1970*, 29. *Schriftenreihe Siedlungs verband Ruhrkohlenbezirk*. Essen: SVR.

Schoener, A. (ed.) 1967: *Portal to America: The Lower East Side, 1870-1925*. New York: Holt.

Schon, D. A. 1971: *Beyond the Stable State*. New York: Random House.

Schon, D. A., Cremer, N. S., Osterman, P., and Perry, C. 1976: Planners in Transition: Report on a Survey of Alumni of MIT's Department of Urban Studies, 1970-71. *Journal of the American Institute of Planners*, 42, 193-202.

Schorske, C. E. 1963: The Idea of the City in European Thought: Voltaire to Spengler. In: Handlin, O. and

Burchard, J. (eds.) *The Historian and the City*, 95-114. Cambridge, MA: MIT Press and Harvard University Press.

Schrader, B. 1999: Avoiding the Mistakes of the "Mother Country": The New Zealand Garden City Movement 1900-1926. *Planning Perspectives*, 14, 395-411.

Schubert, D. 2000: The Neighbourhood Paradigm: From Garden Cities to Gated Communities. In: Freestone, R. (ed.) *Urban Planning in a Changing World: The Twentieth Century Experience*, 118-38. London: Spon.

Schubert, D. 2004: Theodor Fritsch and the German (*volkische*) Version of the Garden City: The Garden City Invented Two Years before Ebenezer Howard. *Planning Perspectives*, 19, 3-35.

Schubert, D. and Sutcliffe, A. 1996: The "Haussmannization" of London? The Planning and Construction of Kingsway—Aldwych, 1889-1935. *Planning Perspectives*, 11, 115-144.

Schultz, S. K. 1989: *Constructing Urban Culture: American Cities and City Planning, 1800-1920*. Philadelphia: Temple University Press.

Schultz, S. K. and McShane, C. 1978: To Engineer the Metropolis: Sewers, Sanitation and City Planning in Late-Nineteenth-Century America. *Journal of American History*, 65, 389-411.

Schwartz, B. (ed.) 1976: *The Changing Face of the Suburbs*. Chicago: University of Chicago Press.

Schwartz, J. 1993: *The New York Approach: Robert Moses, Urban Liberals and Redevelopment of the Inner City*. Columbia: Ohio State University Press.

Scobie, J. R. 1974: *Buenos Aires: Plaza to Suburb, 1870-1910*. New York: Oxford University Press.

Scott, A. J. and Roweis, S. T. 1977: Urban Planning in Theory and Practice: An Appraisal. *Environment and Planning A*, 9, 1097-1119.

Scott, A. J. and Storper, M. (eds.) 1986: *Production, Work, Territory: The Geographical Anatomy of Industrial Capitalism*. London: Allen and Unwin.

Scott, M. 1969: *American City Planning since 1890: A History Commemorating the Fiftieth Anniversary of the American Institute of Planners*. Berkeley: University of California Press.

Scully, V. 1969: *American Architecture and Urbanism*. New York: Praeger.

Segal, H. P. 1985: *Technological Utopianism in American Culture*. Chicago: University of Chicago Press.

Sellier, H. and Bruggeman, A. 1927: *Le problème de logement: son influence sur les conditions de l'habitation et l'aménagement des villes*. Paris and New Haven: Presses Universitaires de France and Yale University Press.

Selznick, P. 1949: *TVA and the Grass Roots: A Study in the Sociology of Formal Organization*. Berkeley: University of California Press.

Sennett, R. 1971 (1970): *The Uses of Disorder: Personal Identity and City Life*. London: Allen Lane.

Shaffer, M. 2001: Scenery as an Asset: Assessing the 1930 Los Angeles Regional Park Plan. *Planning Perspectives*, 16, 357-382.

Shaftoe, H. and Tallon, A. 2010: Bristol: Not a Design-Led Urban Renaissance. In: Punter, J. (ed.) *Urban Design and the British Urban Renaissance*, 115-31. Abingdon: Routledge.

Shannon, A. H. 1930: *The Negro in Washington: A Study in Race Amalgamation*. New York: Walter Neale.

Sharp, T. 1932: *Town and Countryside: Some Aspects of Urban and Rural Development*. London: Oxford University Press.

Sharp, T. 1936: *English Panorama*. London: Dent.

Sharp, T. 1940: *Town Planning*. Harmondsworth: Pelican Books.

Shaw, C. R. et al. 1929: *Delinquency Areas: A Study of the Geographic Distribution of School Truants, Juvenile Delinquents, and Adult Offenders in Chicago*. Chicago: University of Chicago Press.

Shaw, C. R. and McKay, H. D. 1942: *Juvenile Delinquency and Urban Areas: A Study of Rates of Delinquents in Relation to Differential Characteristics of Local Communities in American Cities*. Chicago: University of Chicago Press.

Shaw, D. and Sykes, O. 2005: European Spatial Development Policy and Evolving Forms of Territorial Mobilisation in the United Kingdom. *Planning Practice & Research*, 20, 183-199.

Shaw, K. and Robinson, F. 2010: UK Urban Regeneration Policies in the Early Twenty-First Century: Continuity or Change? *Town Planning Review*, 81, 123-149.

Sheail, J. 1981: *Rural Conservation in Inter-War Britain*. Oxford: Oxford University Press.

Sheail, J. 1995: John Dower, National Parks, and Town and Country Planning in Britain. *Planning Perspectives*, 10, 1-16.

Sherrard, T. D. (ed.) 1968: *Social Welfare and Social Problems*. New York: Columbia University Press.

Short, J. R., Fleming, S., and Witt, S. J. G. 1986: *Housebuilding, Planning and Community Action: The Production and Negotiation of the Built Environment*. London: Routledge and Kegan Paul.

Shostak, L. and Lock, D. 1984: The Need for New Settlements in the South East. *The Planner*, 70/11, 9-13.

Shvidovsky, O. A. (ed.) 1970: Building in the USSR, 1917-1932. *Architectural Design*, 40, 71-107.

Sidenbladh, G. 1965: Stockholm: A Planned City. *Scientific American*, 213/3, 107-118.

Sidenbladh, G. 1968: Stockholm: A Planned City. In: (*Scientific American*) *Cities: Their Origin, Growth and Human Impact*, 75-87. New York: Knopf.

Sidenbladh, G. 1969: Debatt om samhällsplanering hösten—68. *Plan*, 23, 16-19.

Sidenbladh, G. 1977: Idedebatt och praxis i efterkrigstidens Samhällsplanering. *Plan*, 31, 196-202.

Sidenbladh, G. 1981: *Planering för Stockholm 1923 - 1958*. Uppsala: Almqvist and Wiksell. [Monografier Utgivna av Stockholms Kommunalförvaltning 22:V3.].

Sies, M. C. 1997: Paradise Retained: An Analysis of Persistence in Planned, Exclusive Suburbs, 1880 - 1980. *Planning Perspectives*, 12, 165-192.

Sigurdson, J. 1975: Rural Industrialization in China: Approaches and Results. *World Development*, 3, 527-538.

Simmance, A. J. F. 1974: Urbanization in Zambia. *Journal of Administration Overseas*, 13, 498-509.

Simmie, J. (ed.) 1994: *Planning London*. London: UCL Press.

Simon, E. D. et al. 1937a: *Moscow in the Making*. London: Longmans.

Simon, E. D. 1937b: Town Planning: Moscow or Manchester. *Journal of the Town Planning Institute*, 23, 381-389.

Simon, R. and Hookham, M. 1954: Moscow. In: Robson, W. A. and Regan, D. E. (eds.)*Great Cities of the World*, 383-441. Third edition. 2 vols. London: George Allen and Unwin.

Simpson, M. A. 1976: Two Traditions of American Planning: Olmsted and Burnham. *Town Planning Review*, 47, 174-179.

Simpson, M. A. 1985: *Thomas Adams and the Modern Planning Movement: Britain, Canada and the United States, 1900-1940*. London: Mansell.

Sinclair, R. 1937: *Metropolitan Man: The Future of the English*. London: George Allen and Unwin.

Sinha, P. 1978: *Calcutta in Urban History*. Calcutta: Firma K. M. Private Ltd.

Sit, V. F. S. 1978: Hong Kong's Approach to the Development of Small Manufacturing Enterprises. *U. N. Economic and Social Council, Small Industry Bulletin for Asia and the Pacific*, 15, 89-98.

Sitte, C. 1901: *Der Städte-Bau nach seinen künstlerischen Grundsätzen: ein Beitrag zur Lösung moderner Fragen der Architektur und monumentalen Plastik unter besonderer Beziehung auf Wien*. Third edition. Vienna: Graeser.

Sjöström, J. 1975: The Form and Design of Housing. In: Heineman, H. -E. (ed.) *New Town for Old: Housing and Services in Sweden*, 104-127. Stockholm: The Swedish Institute.

Skilleter, K. J. 1993: The Role of Public Utility Societies in Early British Town Planning and Housing Reform, 1901-36. *Planning Perspectives*, 8, 125-165.

Smith, A. E. 1925: Seeing a State Whole. *The Survey*, 54, 158-160.

Smith, D. H. 1933: *The Industries of Greater London*. London: P. S. King.

Smith, G. 1928: A Town for the Motor Age. *Survey*, 59, 694-698.

Smith, M. P. (ed.) 1991: *Breaking Chains: Social Movements and Collective Action*. (*Comparative Urban and Community Research*, 3). Brunswick: Transaction.

Smith, R. 1974: Multi-Dwelling Building in Scotland, 1750–1950; A Study Based on Housing in the Clyde Valley. In: Sutcliffe, A. (ed.) *Multi-Storey Living: The British Working-Class Experience*, 207–243. London: Croom Helm.

Smout, M. A. H. 1977: The Townscape. In Kay, G. and Smout, M. A. H. (eds.) *Salisbury: A Geographical Survey of the Capital of Rhodesia*, 26–40. London: Hodder and Stoughton.

Snell, B. C. 1974: *American Ground Transportation: A Proposal for Restructuring the Automobile, Truck, Bus, and Rail Industries. (Subcommittee on Antitrust and Monopoly, Committee on the Judiciary, US Senate).* Washington, DC: Government Printing Office.

Sociological Society, Cities Committee 1919: Towards the Third Alternative: I. The Civic School of Applied Sociology. *Sociological Review*, 11, 62–65.

Soja, E., Morales, R., and Wolff, G. 1983: Urban Restructuring: An Analysis of Social and Spatial Change in Los Angeles. *Economic Geography*, 59, 195–230.

Sommer, J. W. 1976: The Internal Structure of African Cities. In: Knight, C. G. and Newman, J. L. (eds.) *Contemporary Africa: Geography and Change*, 306–20. Englewood Cliffs: Prentice Hall.

Sonne, W. 2004: Specific Intentions—General Realities: On the Relation between Urban Forms and Political Aspirations in Berlin during the Twentieth Century. *Planning Perspectives*, 19, 283–310.

Soria y Puig, A. 1968: *Arturo Soria y la Ciudad Lineal*. Madrid: Revista de Occidente.

Southall, A. 1967: Kampala-Mengo. In: Miner, H. (ed.) *The City in Modern Africa*, 297–332. London: Pall Mall Press.

Southall, A. 1971: The Impact of Imperialism Upon Urban Development in Africa. In: Turner, V. (ed.) *Colonialism in Africa 1870–1960*, vol. 3. *Profiles of Change: African Society and Colonial Rule*, 216–255. Cambridge: Cambridge University Press.

Southall, A. W. 1966: The Growth of Urban Society. In: Diamond, S. and Burke, F. G. (eds.) *The Transformation of East Africa: Studies in Political Anthropology*, 463–492. New York: Basic Books.

Southall, A. W. 1973: *Urban Anthropology: Cross-Cultural Studies of Urbanization*. New York: Oxford University Press.

Spann, E. K. 1996: *Designing Modern America: The Regional Planning Association of America and its Members*. Columbus, OH: Ohio State University Press.

Spear, A. H. 1967: *Black Chicago: The Making of a Negro Ghetto, 1890–1920*. Chicago: University of Chicago Press.

Speer, A. 1970: *Inside the Third Reich*. London: Weidenfeld and Nicolson.

Spencer, J. E. and Thomas, W. L. 1948/9: The Hill Stations and Summer Resorts of the Orient. *Geographical Review*, 38, 637–651; 39, 671.

Spengler, J. J. 1967: Africa and the Theory of Optimum City Size. In: Miner, H. (ed.) *The City in Modern Africa*, 55–89. London: Pall Mall Press.

Spengler, O. 1934 (1918): *The Decline of the West*. London: George Allen and Unwin.

Stamp, G. 1982: New Delhi. In: Lutyens, E. *Lutyens: The Work of the English Architect Sir Edwin Lutyens (1869–1944)*, 33–43. London: Arts Council of Great Britain.

Stamp, L. D. 1962: *The Land of Britain: Its Use and Misuse*. London: Longman.

Starkie, D. 1982: *The Motorway Age: Road and Traffic Policies in Post-War Britain*. Oxford: Pergamon.

Starr, K. 1990: *Material Dreams: Southern California through the 1920s*. New York: Oxford University Press.

Starr, S. F. 1971: Writings from the 1960s on the Modern Movement in Russia. *Journal of the Society of American Architectural Historians*, 30, 170–178.

Starr, S. F. 1976: The Revival and Schism of Urban Planning in Twentieth-Century Russia. In: Hamm, M. F. (ed.) *The City in Russian History*, 222–242. Lexington: University of Kentucky Press.

Starr, S. F. 1977: L'Urbanisme utopique pendant la révolution culturelle soviétique. *Annales: économies, Sociétés, Civilisations*, 32, 87–105.

Stave, B. M. (ed.) 1981: *Modern Industrial Cities: History, Policy, and Survival*. Beverly Hills: Sage.

Stedman Jones, G. 1971: *Outcast London: A Study in the Relationship between Classes in Victorian Society*. Oxford: Oxford University Press.

Stein, C. 1958 (1951): *Toward New Towns for America*. Liverpool: Liverpool University Press.

Stein, C. S. 1925: Dinosaur Cities. *The Survey*, 54, 134–138.

Steinberg, S. 1981: *The Ethnic Myth: Race, Ethnicity, and Class in America*. New York: Atheneum.

Stern, R. A. M. 1986: *Pride of Place: Building the American Dream*. Boston: Houghton Mifflin.

Stern, R. A. M. and Massingale, J. M. (eds.) 1981: The Anglo American Suburb. *Architectural Design*, 50/10 and 11, entire double issue.

Sternlieb, G., Hughes, J. W., and Hughes, C. O. 1982: *Demographic Trends and Economic Reality: Planning and Markets in the 80s*. New Brunswick: Center for Urban Policy Research.

Sternlieb, G. and Listokin, D. 1981: *New Tools for Economic Development: The Enterprise Zone, Development Bank, and RFC*. Piscataway, NJ: Center for Urban Policy Research, Rutgers University.

Stewart, J. Q. 1947: Empirical Mathematical Rules Concerning the Distribution and Equilibrium of Population. *Geographical Review*, 37, 461–485.

Stewart, J. Q. 1956: The Development of Social Physics. *American Journal of Physics*, 18, 239–253.

Stewart, J. Q. 1959: Physics of Population Distribution. *Journal of Regional Science*, 1, 99–123.

Stewart, J. Q. and Warntz, W. 1958: Macrogeography and Social Science. *Geographical Review*, 48, 167–184.

Stewman, S. and Tarr, J. A. 1982: Four Decades of Public—Private Partnerships in Pittsburgh. In: Fosler, R. S. and Berger, R. A. (eds.) *Public—Private Partnership in American Cities: Seven Case Studies*, 59 – 128. Lexington, MA: Lexington Books.

Stilgoe, J. R. 1989: *Borderland: Origins of the American Suburb, 1820 – 1939*. New Haven: Yale University Press.

Stockard, J. 2012: Jane Jacobs and Citizen Participation. In: Hirt, S. (ed.) *The Urban Wisdom of Jane Jacobs*, 49–62. Abingdon: Routledge.

Stockholm, Information Board 1972: *Kista, Husby, Akala: A Digest for Planners, Politicians and Critics*. Stockholm: The Board.

Stockholm, Stadsplanekontor 1952: *Generalplan för Stockholm*. Stockholm: Stockholms Stads Stadsplanekontor.

Stockholm, Stadsplanekontorets Tjänsteutlåtande 1947: *Angående Ny Stadsoplan för Nedre Norrmalm avigivet den 31 Maj 1946*. Stockholm: K. L. Beckmans Boktrycken. [Stadskollegiets Utlåtenden och Memorial, supplement no. 60].

Stoddart, D. R. 1986: *On Geography: and its History*. Oxford: Blackwell.

Stöhr, W. B. 1981: Development from Below: The Bottom-Up and Periphery-Inward Development Paradigm. In: Stöhr, W. B. and Taylor, D. R. F. (eds.) *Development from Above or Below? The Dialectics of Regional Planning in Developing Countries*, 39–72. Chichester: John Wiley & Sons, Ltd.

Stöhr, W. B. and Taylor, D. R. F. (eds.), 1981: *Development from Above or Below? The Dialectics of Regional Planning in Developing Countries*. Chichester: John Wiley & Sons, Ltd.

Stokes, C. J. 1962: A Theory of Slums. *Land Economics*, 38, 187–197.

Stone, P. A. 1959: The Economics of Housing and Urban Development. *Journal of the Royal Statistical Society A*, 122, 417–476.

Stone, P. A. 1961: The Impact of Urban Development on the Use of Land and other Resources. *Journal of the Town Planning Institute*, 47, 128–134.

Stone, P. A. 1963: *Housing, Town Development, Land and Costs*. London: Estates Gazette.

Storper, M. 2001: The Poverty of Radical Theory Today: From the False Promises of Marxism to the Mirage of the Cultural Turn. *International Journal of Urban and Regional Research*, 25, 155–179.

Strauss, A. L. 1908: *The American City: A Sourcebook of Urban Imagery*. London: Allen Lane.

Stren, R. 1972: Urban Policy in Africa: A Political Analysis. *African Studies Review*, 15, 489–516.

Strömdahl, J. 1969: Vem planerar du för samhällsplanerare? *Plan*, 23, 26-28.

Strong, A. L. 1971: *Planned Urban Environments: Sweden, Finland, Israel, the Netherlands, France*. Baltimore: Johns Hopkins University Press.

Strong, A. L. 1979: *Land Banking: European Reality, American Prospect*. Baltimore: Johns Hopkins University Press.

Sussman, C. (ed.) 1976: *Planning the Fourth Migration: The Neglected Vision of the Regional Planning Association of America*. Cambridge, MA: MIT Press.

Sussman, E. 1989: Introduction. In: Sussman, E. (ed.) *On the Passage of a Few People through a Rather Brief Moment in Time: The Situationist International 1957-1972*, 1-15. Cambridge, MA: MIT Press.

Sutcliffe, A. 1970: *The Autumn of Central Paris: The Defeat of Town Planning 1850-1970*. London: Edward Arnold.

Sutcliffe, A. (ed.) 1974a: *Multi-Storey Living: The British Working-Class Experience*. London: Croom Helm.

Sutcliffe, A. 1974b: A Century of Flats in Birmingham, 1875-1973. In: Sutcliffe, A. (ed.) *Multi-Storey Living: The British Working-Class Experience*, 181-206. London: Croom Helm.

Sutcliffe, A. 1977: A Vision of Utopia: Optimistic Foundations of Le Corbusier's Doctrine d'Urbanisme. In: Walden, R. (ed.) *The Open Hand: Essays on Le Corbusier*, 216-243. Cambridge, MA: MIT Press.

Sutcliffe, A. 1979: Environmental Control and Planning in European Capitals 1850-1914: London, Paris and Berlin. In: Hammarström, I. and Hall, T. (eds.) *Growth and Transformation of the Modern City: The Stockholm Conference September 1978*, 71-88. Stockholm: Swedish Council for Building Research.

Sutcliffe, A. (ed.) 1984: *Metropolis 1890-1940*. London: Mansell.

Sutcliffe, A. 1990: From Town—Country to Town Planning: Changing Perspectives in the 2British Garden City Movement, 1899-1914. *Planning Perspectives*, 5, 271-283.

Sutcliffe, A. 1993: *Paris: An Architectural History*. New Haven: Yale University Press.

Svetlichny, B. 1960: Les villes de l'avenir. *Recherches Internationales*, 20-21, 208-229.

Swenarton, M., 1981: *Homes Fit for Heroes: The Politics and Architecture of Early State Housing in Britain*. London: Heinemann.

Swenarton, M. 1985: Sellier and Unwin. *Planning History Bulletin*, 7/2, 50-57.

Swenarton, M. 2002: Tudor Walters and Tudorbethan: Reassessing Britain's Inter-War Suburbs. *Planning Perspectives*, 17, 267-286.

Tabb, W. K. and Sawers, L. (eds.) 1978: *Marxism and the Metropolis: New Perspectives in Urban Political Economy*. New York: Oxford University Press.

Tabb, W. K. and Sawers, L. 1984: *Marxism and the Metropolis: New Perspectives in Urban Political Economy*. Second edition. New York: Oxford University Press.

Tahmankar, D. V. 1970: *Sardar Patel*. London: Allen and Unwin.

Taneja, K. L. 1971: *Morphology of Indian Cities*. Varanasi: National Geographic Society of India.

Taper, B. 1983: Charles Abrams: Lover of Cities. In: Krueckeberg, D. A. (ed.) *The American Planner: Biographies and Recollections*, 366-395. New York and London: Methuen.

Tarn, J. N. 1973: *Five Per Cent Philanthropy: An Account of Housing in Urban Areas between 1840 and 1914*. Cambridge: Cambridge University Press.

Taylor, N. 1998: *Urban Planning Theory since 1945*. London: Sage.

Taylor, N. 1999: Anglo-American Town Planning Theory since 1945: Three Significant Developments but No Paradigm Shifts. *Planning Perspectives*, 14, 327-346.

Taylor, R. R. 1974: *The World in Stone: The Role of Architecture in the National Socialist Ideology*. Berkeley: University of California Press.

Teaford, J. C. 1984: *The Unheralded Triumph: City Government in America, 1870-1900*. Baltimore: Johns Hopkins University Press.

Teitz, M. B. 1974: Toward a Responsive Planning Methodology. In: Godschalk, D. R. (ed.) *Planning in America*:

Learning from Turbulence, 86–110. Washington, DC: American Institute of Planners.

Teran, F. de. 1978: *Planeamiento urbano en la España contemporánea: Historia de un proceso imposible*. Barcelona: Gustavo Gili.

Tewdwr-Jones, M. 1999: Reasserting Town Planning: Challenging the Representation and Image of the Planning Profession. In: Allmendinger, P. and Chapman, M. (eds.) *Planning Beyond 2000*, 123–149. Chichester: John Wiley & Sons, Ltd.

The Editors of *Fortune* 1958: *The Exploding Metropolis*. Garden City, NY: Doubleday Anchor.

Thernstrom, S. 1973: *The Other Bostonians: Poverty and Progress in the American Metropolis 1880 – 1970*. Cambridge, MA: Harvard University Press.

Thernstrom, S. and Sennett, R. (eds.) 1969: *Nineteenth-Century Cities: Essays in the NewUrban History*. (Yale Studies of the City, 1.) New Haven: Yale University Press.

Thienel, I. 1973: *Städtewachstum im Industrialisierungsprozess der 19. Jahrhundert: der Berliner Beispiel*. Berlin: de Gruyter.

Thies, J. 1978: Hitler's European Building Programme. *Journal of Contemporary History*, 13, 413–431.

Thomas, D. 1970: *London's Green Belt*. London: Faber and Faber.

Thomas, M. J. 1978: City Planning in Soviet Russia (1917–1932). *Geoforum*, 9, 269–277.

Thomas, W. H. 1901: *The American Negro: What He Was, What He Is, and What He May Become*. New York: Macmillan.

Thomas, W. I. and Znaniecki, F. N. 1927 (1918): *The Polish Peasant in Europe and America*. 2 vols. New York: Knopf.

Thompson, F. M. L. (ed.) 1982: *The Rise of Suburbia*. Leicester: Leicester University Press.

Thompson, J. B. and Held, D. 1982: *Habermas: Critical Debates*. Cambridge, MA: MIT Press.

Thompson, R. 1975: City Planning in China. *World Development*, 3, 595–606.

Thompson, W. S. 1947: *Population: The Growth of Metropolitan Districts in the United States: 1900–1940*. (US Department of Commerce, Bureau of the Census.) Washington: Government Printing Office.

Thompson-Fawcett, M. 1998: Leon Krier and the Organic Revival within Urban Policy and Practice. *Planning Perspectives*, 13, 167–194.

Thomson, J. 1880: *The City of Dreadful Night, and Other Poems*. London: Reeves and Turner.

Thorne, D. C. 1972: *Suburbia*. London: Macgibbon and Kee.

Thorne, R. 1980: *Covent Garden Market: Its History and Restoration*. London: Architectural Press.

Thornley, A. 1991: *Urban Planning under Thatcherism: The Challenge of the Market*. London: Routledge.

Thornton White, L. W., Silberman, L., and Anderson, P. R. 1948: *Nairobi: Master Plan for a Colonial Capital. A Report Prepared for the Municipal Council of Nairobi*. London: HMSO.

Thrasher, F. M. 1926: The Gang as a Symptom of Community Disorganization. *Journal of Applied Sociology*, 11, 3–20.

Thünen, J. H. von. 1966 (1826): *Von Thünen's Isolated State*. Translated by C. M. Wartenberg, edited by P. Hall. Oxford: Pergamon Press.

Tilton, T. 1991: *The Political Theory of Swedish Social Democracy: Through the Welfare State to Socialism*. Oxford: Oxford University Press.

Titmuss, R. M. 1950: *Problems of Social Policy*. (History of the Second World War, United Kingdom Civil Series.) London: HMSO and Longmans, Green.

Tobe, E. 1977: Kommunal planering 1947-77. *Plan*, 31, 206–209.

Tobin, G. A. 1976: Suburbanization and the Development of Motor Transportation: Transportation Technology and the Suburbanization Process. In: Schwartz, B. (ed.) *The Changing Face of the Suburbs*, 95–111. Chicago: University of Chicago Press.

Toll, S. I. 1969: *Zoned American*. New York: Grossman.

Tomlinson, S. 1983: *Ethnic Minorities in British Schools: A Review of the Literature, 1960 – 1982*. London:

Heinemann Education.

Topalov, C. 1993: The City as *Terra Incognita*: Charles Booth's Poverty Survey and the People of London, 1886–1891. *Planning Perspectives*, 8, 395–425.

Towers, G. 1973: City Planning in China. *Journal of the Royal Town Planning Institute*, 59, 125–127.

Treves, A. 1980: The Anti-Urban Policy of Fascism and a Century of Resistance to Industrial Urbanization in Italy. *International Journal of Urban and Regional Research*, 4, 470–484.

Trip, J. J. 2008: Urban Quality in High-speed Train Station Area Redevelopment: The Cases of Amsterdam Zuidas and Rotterdam Centraal. *Planning Practice & Research*, 23, 383–401.

Tripp, H. A. 1938: *Road Traffic and its Control*. London: Edward Arnold.

Tripp, H. A. 1942: *Town Planning and Road Traffic*. London: Edward Arnold.

Tuck, M. and Southgate, P. 1981: *Ethnic Minorities, Crime and Policing: A Survey of the Experiences of West Indians and Whites* (Home Office Research Study, 70). London: HMSO.

Tugwell, R. G. and Banfield, E. C. 1950: Grass Roots Democracy—Myth or Reality? (Review of Selznick, P., 1949), *Public Administration Review*, 10, 47–55.

Tunnard, C. 1953: *The City of Man*. London: Architectural Press.

Tunnard, C. 1968: *The Modern American City*. Princeton: Van Nostrand.

Tunnard, C. and Reed, H. H. 1955: *American Skyline: The Growth and Form of our Cities and Towns*. Boston: Houghton Mifflin.

Turner, J. F. C. 1963: Village Artisan's Self-Built House. *Architectural Design*, 33, 361–362.

Turner, J. F. C. 1965: Lima's Barriadas and Corralones: Suburbs versus Slums. *Ekistics*, 19, 152–155.

Turner, J. F. C. 1967: Barriers and Channels for Housing Development in Modernising Countries. *Journal of the American Institute of Planners*, 33, 167–181.

Turner, J. F. C. 1968a: *Uncontrolled Urban Settlement: Problems and Policies*. (International Social Development Reviews, 1: Urbanization: Development Policies and Planning.) New York: United Nations.

Turner, J. F. C. 1968b: The Squatter Settlement: Architecture that Works. *Architectural Design*, 38, 355–360.

Turner, J. F. C. 1969: Uncontrolled Urban Settlement: Problems and Policies. In: Breese, G. (ed.) *The City in Newly Developing Countries: Readings on Urbanism and Urbanization*, 507–535. Englewood Cliffs: Prentice Hall.

Turner, J. F. C. 1970: Barriers and Channels for Housing Development in Modernizing Countries. In: Mangin, W. (P.) (ed.) *Peasants in Cities: Readings in the Anthropology of Urbanization*, 1–19. Boston: Houghton Mifflin.

Turner, J. F. C. 1971: Barriers and Channels for Housing Development in Modernizing Countries. In: Lewis, D. N. (ed.) *The Growth of Cities*, 70–83. (Architects' Year Book, XIII.) London: Elek Books.

Turner, J. F. C. 1972a: The Reeducation of a Professional. In: Turner, J. F. C. and Fichter, R. (eds.) *Freedom to Build: Dweller Control of the Housing Process*, 122–147. New York: Macmillan.

Turner, J. F. C. 1972b: Housing as a Verb. In: Turner, J. F. C. and Fichter, R. (eds.) *Freedom to Build: Dweller Control of the Housing Process*, 148–175. New York: Macmillan.

Turner, J. F. C. 1976: *Housing by People: Towards Autonomy in Building Environments*. London: Marion Boyars.

Turner, J. F. C. 1982: Issues in Self-Help and Self-Managed Housing. In: Ward, P. M. (ed.) *Self-Help Housing: A Critique*, 99–113. London: Mansell.

Turner, J. F. C. and Fichter, R. (eds.) 1972: *Freedom to Build: Dweller Control of the Housing Process*. New York: Macmillan.

Turner, J. F. C. and Roberts, B. 1975: The Self-Help Society. In: Wilsher, P. and Righter, R. (eds.) *The Exploding Cities*, 126–137. London: André Deutsch.

Turner, J. F. C., Turner, C., and Crooke, P. 1963: Conclusions (to special section, Dwelling Resources in South America). *Architectural Design*, 33, 389–393.

Turner, R. (ed.) 1962: *India's Urban Future*. Berkeley: University of California Press.

Turner, V. (ed.) 1971: *Colonialism in Africa 1870 – 1960*, vol. 3. *Profiles of Change: African Society and Colonial Rule*. Cambridge: Cambridge University Press.

Tuttle, W. M., Jr 1970: *Race Riot: Chicago in the Red Summer of 1919*. New York: Atheneum.

Tyler, W. R. 1939: The Neighbourhood Unit Principle in Town Planning. *Town Planning Review*, 18, 174–186.

Tym, R. and Partners 1984: *Monitoring Enterprise Zones: Year Three Report*. London: Roger Tym and Partners.

Tyrwhitt, J. (ed.) 1947: *Patrick Geddes in India*. London: Lund Humphries.

US Department of Housing and Urban Development 1986: *State-Designated Enterprise Zones: Ten Case Studies*. Washington: HUD.

US Housing and Home Finance Agency 1966: The Housing of Relocated Families: Summary of a Census Bureau Survey. In: Wilson, J. Q. (ed.) *Urban Renewal: The Record and the Controversy*, 336–352. Cambridge, MA: MIT Press.

US Library of Congress, Congressional Research Service 1973: *The Central City Problem and Urban Renewal Policy*. Washington, DC: Government Printing Office.

US National Advisory Committee on Civil Disorders 1968: *Report*. New York: Dutton.

US National Resources Committee 1935: *Regional Factors in National Planning and Development*. Washington, DC: US Government Printing Office.

US National Resources Planning Board 1937: *Our Cities: Their Role in the National Economy*. Washington, DC: Government Printing Office.

Uhlig, G. 1977: Stadtplanung in den Weimarer Republik: sozialistische Reformaspekte. In: Neue Gesellschaft für Bildende Kunst: *Wem gehört die Welt? Kunst und Gesellschaft in der Weimare Republik*, 50–71. Berlin: Neue Gesellschaft für Bildende Kunst.

Unikel, L. 1982: Regional Development Policies in Mexico. In: Gilbert, A. (ed.) *Urbanization in Contemporary Latin America: Critical Approaches to the Analysis of Urban Issues*, 263–278. Chichester: John Wiley & Sons, Ltd.

United Kingdom. 1991: *Hansard Parliamentary Debates*. Commons, written answers, 6th ser., vol. 190. http://www.publications.parliament.uk/pa/cm199091/cmhansrd/1991-05-08/Writtens-7.htmln (accessed March 10, 2014).

Unwin, R. 1902: *Cottage Plans and Common Sense* (Fabian Tract no. 109). London: The Fabian Society.

Unwin, R. 1912: *Nothing Gained by Overcrowding!: How the Garden City Type of Development May Benefit both Owner and Occupier*. London: P. S. King.

Unwin, R. 1920 (1909): *Town Planning in Practice: An Introduction to the Art of Designing Cities and Suburbs*. London: T. Fisher Unwin.

Unwin, R. 1921: Distribution. *Journal of the Town Planning Institute*, 7, 37–45.

Unwin, R. 1930: Regional Planning with Special Reference to the Greater London Regional Plan. *Journal of the Royal Institute of British Architects*, 37, 183–193.

Unsworth, R. and Smales, L. 2010: Leeds: Shaping Change and Guiding Success. In: Punter, J. (ed.) *Urban Design and the British Urban Renaissance*, 68–84. Abingdon: Routledge.

Urban Land Institute, Research Division 1980: *UDAG Partnerships: Nine Case Studies*. Washington, DC: Urban Land Institute.

Valladares, L. do P. 1978: Working the System: Squatter Response to the Resettlement in Rio de Janeiro. *International Journal of Urban and Regional Research*, 2, 12–25.

Van Rooijen, M. 1990: Garden City versus Green Town: The Case of Amsterdam 1910 – 1935. *Planning Perspectives*, 5, 285–293.

Van Velsen, J. 1975: Urban Squatters: Problem or Solution. In: Parkin, D. J. (ed.) *Town and Country in East and Central Africa*, 294–307. London: Oxford University Press (for International African Institute).

Van Zwanenberg, R. M. A. and King, A. 1975: *An Economic History of Kenya and Uganda: 1800 – 1970*. London: Macmillan.

Vance, J. E., Jr 1964: *Geography and Urban Evolution in the San Francisco Bay Area*. Berkeley: Institute of Governmental Studies.

Vandervelde, E. 1903: *L'exode rural et le retour aux champs*. Paris: Felix Alcan.

Veiller, L. 1900: *Tenement House Reform in New York, 1834 - 1900*. New York: The Tenement House Commission.

Venturi, R., Brown, D. S., and Izenour, S. 1972: *Learning from Las Vegas*. Cambridge, MA: MIT Press.

Veronesi, G. 1948: *Tony Garnier*. Milano: Il Balcone.

Vigar, G. 2001: Reappraising UK Transport Policy 1950–99: The Myth of "Mono-modality" and the Nature of "Paradigm Shifts." *Planning Perspectives*, 16, 269–291.

Ville de Suresnes 1998: *Idées de cité-jardins: L'exemplarité de Suresnes*. Suresnes: Ville de Suresnes.

Vogel, I. 1959: *Bottrop: eine Bergbaustadt in der Emscherzone des Ruhrgebietes* (Forschungen zur Deutschen Landeskunde, 114). Remagen: Bundesanstalt für Landeskunde.

Voigt, P. 1901: *Grundrente und Wohnungsfrage in Berlin und seinen Vororten*, part 1. Jena: Gustav Fischer.

Voigt, W. 1989: The Garden City as Eugenic Utopia. *Planning Perspectives*, 4, 295–312.

Wachs, M. 1984: Autos, Transit, and the Spread of Los Angeles: The 1920s. *Journal of the American Planning Association*, 5, 297–310.

Wachs, M. and Crawford, M. (eds.) 1992: *The Car and the City: The Automobile, the Built Environment, and Daily Urban Life*. Ann Arbor: University of Michigan Press.

Wade, R. C. 1968: Urbanization. In: Woodward, C. V. (ed.) *The Comparative Approach to American History*, 187–205. New York: Basic Books.

Walden, R. (ed.) 1977: *The Open Hand: Essays on Le Corbusier*. Cambridge, MA, MIT Press.

Walker, R. A. 1950: *The Planning Function in Urban Government*. (Social Science Committee, University of Chicago, Social Science Studies, 34.) Chicago: University of Chicago Press.

Wallman, S. (ed.) 1979: *Ethnicity at Work*. London: Macmillan.

Wallman, S. 1984: *Eight London Households*. London: Tavistock.

Wallman, S. et al. 1982: *Living in South London: Perspectives on Battersea 1971–1981*. Aldershot: Gower.

Walters, A. A. 1976: *The Outer Limits and Beyond*. (Discussion Paper no. 12). London: Foundation for Business Responsibilities.

Walters, A. A. 1979: *Costs and Scale of Bus Services*. (World Bank Staff Working Paper no. 325). Washington, DC: World Bank.

Walton, J. and Masotti, L. (eds.) 1976: *The City in Comparative Perspective*. New York: John Wiley & Sons, Inc.

Wang, G. (ed.) 1964: *Malaysia: A Survey*. London: Pall Mall Press.

Wannop, U. 1986: Regional Fulfilment: Planning into Administration in the Clyde Valley 1944–84. *Planning Perspectives*, 1, 207–229.

Ward, C. (ed.) 1973a: *Vandalism*. London: Architectural Press.

Ward, C. 1973b: *Anarchy in Action*. London: Allen and Unwin.

Ward, C. 1976: *Housing: An Anarchist Approach*. London: Freedom Press.

Ward, D. 1971: *Cities and Immigrants*. New York: Oxford University Press. Ward, D. and Zunz, O. (eds.) 1992: *The Landscape of Modernity: Essays on New York City, 1900–1940*. New York: Russell Sage Foundation.

Ward, P. M. 1976: The Squatter Settlement as Slum or Housing Solution: The Evidence from Mexico City. *Land Economics*, 52, 330–346.

Ward, P. M. (ed.) 1982: *Self-Help Housing: A Critique*. London: Mansell.

Ward, R. 1986: London: The Emerging Docklands City. *Built Environment*, 12, 117–127.

Ward, S. V. 1990: The Garden City Tradition Re-examined. *Planning Perspectives*, 5, 257–269.

Ward, S. V. (ed.) 1992a: *The Garden City: Past, Present and Future*. London: Spon.

Ward, S. V. 1992b: The Garden City Introduced. In: Ward, S. V. (ed.) *The Garden City: Past, Present and Future*,

1-27. London: Spon.

Ward, S. V. 1994: *Planning and Urban Change*. London: Paul Chapman.

Ward, S. V. 1998: *Selling Places: The Marketing and Promotion of Towns and Cities 1850-2000*. London: Spon.

Ward, S. V. 2000a: Practice: The Tony Garnier Urban Museum, Lyon, France. *Planning History*, 22/2, 29-35.

Ward, S. V. 2000b: Re-Examining the International Diffusion of Planning. In: Freestone, R. (ed.) *Urban Planning in a Changing World: The Twentieth Century Experience*, 40-60. London: Spon.

Ward, S. V. 2002a: Ebenezer Howard: His Life and Times. In: Parsons, K. C. and Schuyler, D. (eds.) *From Garden City to Green City: The Legacy of Ebenezer Howard*, 14-37. Baltimore and London: Johns Hopkins University Press.

Ward, S. V. 2002b: The Howard Legacy. In: Parsons, K. C. and Schuyler, D. (eds.) *From Garden City to Green City: The Legacy of Ebenezer Howard*, 222-244. Baltimore and London: Johns Hopkins University Press.

Ward, S. V. 2002c: *Planning the Twentieth-Century City: The Advanced Capitalist World*, Chichester: John Wiley & Sons, Ltd.

Ward, S. V. 2005: Consortium Developments Ltd and the Failure of "New Country Towns" in Mrs Thatcher's Britain. *Planning Perspectives*, 20, 329-359.

Ward, S. V. 2007: Cross-National Learning in the Formation of British Planning Policies 1940-99: A Comparison of the Barlow, Buchanan and Rogers Reports. *Town Planning Review*, 78, 369-400.

Ward, S. V. 2010: What Did the Germans Ever Do for Us? A Century of British Learning about and Imagining Modern Town Planning. *Planning Perspectives*, 25, 117-140.

Ward, S. V. 2012a: Soviet Communism and the British Planning Movement: Rational Learning or Utopian Imagining? *Planning Perspectives*, 27, 499-524.

Ward, S. V. 2012b: Gordon Stephenson and the "Galaxy of Talent": Planning for Post-War Reconstruction in Britain 1942-1947. *Town Planning Review*, 83, 279-296.

Ward, S. V., Freestone, R., and Silver, C. 2011: The "New" Planning History: Reflections, Issues and Directions. *Town Planning Review*, 82, 231-261.

Warner, S. B., Jr 1972: *The Urban Wilderness: A History of the American City*. New York: Harper and Row.

Warren, H. and Davidge, W. R. (eds.) 1930: *Decentralisation of Population and Industry: A New Principle of Town Planning*. London: P. S. King.

Watanabe, S. -I. J. 1980: Garden City Japanese-Style: The Case of the Den-en-Toshi Company Ltd., 1918-28. In: Cherry, G. E. (ed.) *Shaping an Urban World*, 129-143. London: Mansell.

Watanabe, S. -I. J. 1992: The Japanese Garden City. In: Ward, S. V. (ed.) *The Garden City: Past, Present and Future*, 69-87. London: Spon.

Wates, N. 1982a: Community Architecture Is Here to Stay. *Architects' Journal*, 175/23, 42-44.

Wates, N. 1982b: The Liverpool Breakthrough: or Public Sector Housing Phase 2. *Architects' Journal*, 176/36, 51-58.

Weaver, C. 1981: Development Theory and the Regional Question: A Critique of Spatial Planning and its Detractors. In: Stöhr, W. B. and Taylor, D. R. F. (eds.) *Development from Above or Below? The Dialectics of Regional Planning in Developing Countries*, 73-106. Chichester: John Wiley & Sons, Ltd.

Weaver, C. 1984a: *Regional Development and the Local Community: Planning, Politics and Social Context*. Chichester: John Wiley & Sons, Ltd.

Weaver, C. 1984b: Tugwell on Morningside Heights: A Review Article. *Town Planning Review*, 55, 228-236.

Weaver, R. C. 1964: *The Urban Complex: Human Values in Urban Life*. Garden City, NY: Doubleday.

Weaver, R. C. 1966: *Dilemmas of Urban America*. Cambridge, MA: Harvard University Press.

Weaver, R. C. 1967. The Urban Complex. In: Bellush, J. and Hausknecht, M. (eds.) *Urban Renewal: People, Politics and Planning*, 90-101. Garden City, NY: Anchor.

Webb, B. 1926: *My Apprenticeship*. London: Longmans Green.

Webber, M. M. 1963: Order in Diversity: Community without Propinquity. In: Wingo, L., Jr (ed.) *Cities and*

Space: The Future Use of Urban Land, 23-54. Baltimore: Johns Hopkins University Press.

Webber, M. M. (ed.) 1964a: *Explorations into Urban Structure*. Philadelphia: University of Pennsylvania Press.

Webber, M. M. 1964b: The Urban Place and the Nonplace Urban Realm. In: Webber, M. M. (ed.) *Explorations into Urban Structure*, 79-153. Philadelphia: University of Pennsylvania Press.

Webber, M. M. 1968/9: Planning in an Environment of Change. *Town Planning Review*, 39, 179-195, 277-295.

Webber, M. M. 1976: *The BART Experience—What Have We Learned?* Berkeley: University of California, Institute of Urban and Regional Development and Institute of Transportation Studies. (Monograph no. 26).

Weber, A. 1929 (1909): *Alfred Weber's Theory of the Location of Industries*. Translated by C. J. Friedrich. Chicago: University of Chicago Press.

Weber, M. 1966: *The City*. London: Collier-Macmillan.

Weimer, D. R. (ed.) 1962: *City and Country in America*. New York: Appleton-Century- Crofts.

Weis, D. 1951: *Die Grosstadt Essen: Die Siedlings-, Verkehrs- und Wirtschaftliche Entwicklung des heutigen Stadtgebietes von der Stiftsgrundung bis zur Gegenwart*. (Bonner Geographische Abhandlungen, 7). Bonn: Geographische Institut.

Weiss, M. A. 1980: The Origins and Legacy of Urban Renewal. In: Clavel, P., Forester, J., and Goldsmith, W. W. (eds.) *Urban and Regional Planning in an Age of Austerity*, 53-80. New York: Pergamon.

Weiss, M. A. 1990: Developing and Financing the "Garden Metropolis": Urban Planning and Housing Policy in Twentieth-Century America. *Planning Perspectives*, 5, 307-319.

Weiss, M. A. 1992: Density and Intervention: New York's Planning Traditions. In: Ward, D. and Zunz, O. (eds.) *The Landscape of Modernity: Essays on New York City, 1900 - 1940*, 46 - 75. New York: Russell Sage Foundation.

Welfeld, I. H., Muth, R. M., Wehner, H. G., Jr, and Weicher, J. C. 1974: *Perspectives on Housing and Urban Renewal*. (American Enterprise Institute Perspectives II.) New York: Praeger.

Wells, H. G. 1902: *Anticipations of the Reaction of Mechanical and Scientific Progress upon Human Life and Thought*. London: Chapman and Hall.

Wells, H. G. 1905: *A Modern Utopia*. London: Chapman and Hall.

Wells, H. G. 1994 (1899): *When the Sleeper Wakes*. Edited by John Lawton: London: Everyman.

Werner, F. 1976: *Stadtplanung Berlin: Theorie und Realität*. Teil 1: 1900-1960. Berlin: Verlag Kiepert.

Western, J. 1984: Autonomous and Directed Cultural Change: South African Urbanization. In: Agnew, J., Mercer, J., and Sopher, D. E. (eds.) *The City in Cultural Context*, 205-236. Boston: Allen and Unwin.

Westman, T. 1962: Cityregleringens Fortsättning. *Arkitektur*, 62, 288-297.

Westman, T. 1967: Cityreglering—nu. *Arkitektur*, 67, 348-349.

White, L. T., III 1971: Shanghai's Polity in Cultural Revolution. In: Lewis, J. W. (ed.) *The City in Communist China*, 325-370. Stanford, CA: Stanford University Press.

White, M. G. and White, L. 1962: *The Intellectual versus the City: From Thomas Jefferson to Frank Lloyd Wright*. Cambridge, MA: Harvard University Press and MIT Press.

White, P. M. 1979: *Urban Planning in Britain and the Soviet Union: A Comparative Analysis*. (CURS Research Memorandum, 70). Birmingham: University, *Centre for Urban and Regional Studies*.

Whyte, W. H. 1956: *The Organization Man*. New York: Simon and Schuster.

Whyte, W. H. 1958: Urban Sprawl. In: Editors of *Fortune* (ed.) *The Exploding Metropolis*, 115 - 139. Garden City, NY: Doubleday Anchor.

Wibberley, G. P. 1959: *Agriculture and Urban Growth*. London: Michael Joseph.

Wiebenson, D. 1969: *Tony Garnier and the Cité Industrielle*. London: Studio Vista.

Wiedenhoeft, R. 1985: *Berlin's Housing Revolution*. Ann Arbor: UMI Research Press.

Wiener, N. 1948: *Cybernetics*. Cambridge, MA: MIT Press.

Wigglesworth, J. M. 1971: The Development of New Towns. In: Dwyer, D.J. (ed.) *Asian Urbanization: A Hong Kong Casebook*, 48-69. Hong Kong: Hong Kong University Press.

Wildavsky, A. 1973: If Planning Is Everything, Maybe It's Nothing. *Policy Sciences*, 4, 127–153.

Wilde, A. (ed.) 1937: Famous Women Demand Planning for Health and Beauty. *Town and Country Planning*, 5, 132–135.

Wilde, A. (ed.) 1938: Wanted—A National Plan for Town and Countryside. *Town and Country Planning*, 6, 24–30.

William-Olsson, W. 1961: *Stockholm: Structure and Development*. Stockholm: Almqvist and Wiksell.

Williams, F. B. 1916: Public Control of Private Real Estate. In: Nolen, J. (ed.)*City Planning: A Series of Papers Presenting the Essential Elements of a City Plan*, 48–87. New York: D. Appleton.

Williams, F. B. 1922: *The Law of City Planning and Zoning*. New York: Macmillan.

Williams, S. 1992: The Coming of the Groundscrapers. In: Budd, L. and Whimster, S. *Global Finance and Urban Living: A Study of Metropolitan Change*, 246–259. London: Routledge.

Williams-Ellis, C. 1928: *England and the Octopus*. London: Geoffrey Bles.

Williams-Ellis, C. 1933: What's the Use? In: Council for the Preservation of Rural England: "Penn Country" Branch: *The Penn Country of Buckinghamshire*, 103–186. London: CPRE.

Williams-Ellis, C. (ed.) 1937: *Britain and the Beast*. London: J. M. Dent.

Wilsher, P. and Righter, R. (eds.) 1975: *The Exploding Cities*. London: André Deutsch.

Wilson, J. Q. (ed.) 1966: *Urban Renewal: The Record and the Controversy*. Cambridge, MA: MIT Press.

Wilson, W. H. 1974: *Coming of Age in Urban America, 1915–1945*. New York: John Wiley & Sons, Inc.

Wilson, W. H. 1983: Moses and Skylarks. In: Krueckeberg, D. A. (ed.) *Introduction to Planning History in the United States*, 88–121. New Brunswick, NJ: Rutgers University, Center for Urban Policy Research.

Wilson, W. H. 1989: *The City Beautiful Movement*. Baltimore: Johns Hopkins University Press.

Wilson, W. J. 1978: *The Declining Significance of Race: Blacks and Changing American Institutions*. Chicago: University of Chicago Press.

Wilson, W. J. 1987: *The Truly Disadvantaged: The Inner City, the Underclass, and Public Policy*. Chicago: University of Chicago Press.

Wilson, W. J. 1996: *When Work Disappears: The World of the New Urban Poor*. New York: Knopf.

Wingo, L., Jr (ed.) 1963: *Cities and Space: The Future Use of Urban Land*. Baltimore: Johns Hopkins University Press.

Witherspoon, R. 1982: *Codevelopment: City Rebuilding by Business and Government*. Washington: Urban Land Institute.

Wohl, A. S. (ed.) 1970: *The Bitter Cry of Outcast London*. Leicester: Leicester University Press.

Wohl, A. S. (ed.) 1977: *The Eternal Slum: Housing and Social Policy in Victorian London*. London: Edward Arnold.

Wohl, A. S. 1983: *Endangered Lives: Public Health in Victorian Britain*. London: J. M. Dent.

Wohlin, H. 1969: Plandemokrati. *Plan*, 23, 20–26.

Wohlin, H. 1977: Arvet. *Plan*, 31, 261–267.

Wolfe, T. 1987: *The Bonfire of the Vanities*. New York: Farrar, Straus.

Wollen, P. 1989: Bitter Victory: The Art and Politics of the Situationist International. In: Sussman, E. (ed.), *On the Passage of a Few People through a Rather Brief Moment in Time: The Situationist International 1957–1972*, 20–61. Cambridge, MA: MIT Press.

Wolters, R. 1978: *Stadtmitte Berlin: Stadtbaulich Entwicklungsphasen von den Anfängen bis zur Gegenwart*. Tübingen: Wasmuth.

Wood, R. C. 1959: *Suburbia: Its People and their Politics*. Boston: Houghton Mifflin.

Wood, S. E. and Heller, A. E. 1962: *California Going, Going* ⋯ Sacramento: California Tomorrow.

Woodcock, G. 1962: *Anarchism: A History of Liberation Ideas and Movements*. Cleveland and New York: Meridian Books.

Woods, R. A. 1914: The Neighborhood in Social Reconstruction. *Publications of the American Sociological*

Society, 8, 14-28.

Woodward, C. V. (ed.) 1968: *The Comparative Approach to American History*. New York: Basic Books.

Woolf, P. J. 1987: "Le Caprice du Prince"—The Problem of the Bastille Opera. *Planning Perspectives*, 2, 53-69.

Wright, F. L. 1916: Plan by Frank Lloyd Wright. In: Yeomans, A. (ed.) *City Residential Land Development*: *Studies in Planning*, 96-102. Chicago: University of Chicago Press.

Wright, F. L. 1945: *When Democracy Builds*. Chicago: University of Chicago Press.

Wright, G. 1981: *Building the Dream*: *A Social History of Housing in America*. Cambridge, MA: MIT Press.

Wright, H. 1925: The Road to Good Houses. *The Survey*, 54, 165-168, 189.

Wright, H. 1935: *Rehousing Urban America*. New York: Columbia University Press.

Wrigley, R. A. 1983: The Plan of Chicago. In: Krueckeberg, D. A. (ed.) *Introduction to Planning History in the United States*, 58-72. New Brunswick, NJ: Rutgers University, Center for Urban Policy Research.

Wu, C. T. and Ip, D. F. 1981: China: Rural Development—Alternating Combinations of Top- Down and Bottom-Up Strategies. In: Stöhr, W. B. and Taylor, D. R. F. (eds.) *Development from Above or Below? The Dialectics of Regional Planning in Developing Countries*, 155-182. Chichester: John Wiley & Sons, Ltd.

Wu, V. 1998: The Pudong Development Zone and China's Economic Reforms. *Planning Perspectives*, 13, 133-165.

Wu, Y. L. 1967: *The Spatial Economy of Communist China*: *A Study on Industrial Location and Transportation*. New York: Praeger.

Wynn, M. (ed.) 1984a: *Planning and Urban Growth in Southern Europe*. London: Mansell.

Wynn, M. 1984b: Spain. In: Wynn, M. (ed.) *Planning and Urban Growth in Southern Europe*, 111-163. London: Mansell.

Wynn, M. (ed.) 1984c: *Housing in Europe*. London: Croom Helm.

Yago, G. 1984: *The Decline of Transit*: *Urban Transportation in German and US Cities, 1900-1970*. Cambridge: Cambridge University Press.

Yazaki, T. 1973: The History of Urbanization in Japan. In: Southall, A. (ed.) *Urban Anthropology*: *Cross-Cultural Studies of Urbanization*, 139-161. New York: Oxford University Press.

Yelling, J. A. 1986: *Slums and Slum Clearance in Victorian London*. London: Allen & Unwin.

Yelling, J. A. 1989: The Origins of British Redevelopment Areas. *Planning Perspectives*, 3, 282-296.

Yelling, J. A. 1992: *Slums and Redevelopment*: *Policy and Practice in England, 1918-1945, with Particular Reference to London*. London: University College Press.

Yelling, J. A. 1994: Expensive Land, Subsidies and Mixed Development in London, 1943 – 56. *Planning Perspectives*, 9, 139-152.

Yelling, J. A. 1999a: The Development of Residential Urban Renewal Policies in England: Planning for Modernization in the 1960s. *Planning Perspectives*, 14, 1-18.

Yelling, J. A. 1999b: Residents' Reactions to Post-War Slum Clearance in England. *Planning History*, 21/3, 5-12.

Yeomans, A. B. (ed.) 1916: *City Residential Land Development*: *Studies in Planning*. Chicago: University of Chicago Press.

Young, K. and Mason, C. (eds.) 1983: *Urban Economic Development*: *New Roles and Relationships*. London: Macmillan.

Young, M. and Willmott, P. 1957: *Family and Kinship in East London*. London: Routledge and Kegan Paul.

Young, T. 1934: *Becontree and Dagenham*: *The Story of the Growth of a Housing Estate*. A Report Made for the Pilgrim Trust. London: Becontree Social Survey Committee.

Zimmer, B. 1966: The Small Businessman and Location. In: Wilson, J. Q. (ed.) *Urban Renewal*: *The Record and the Controversy*, 380-403. Cambridge, MA: MIT Press.

Zipf, G. K. 1949: *Human Behavior and the Principle of Least Effort*. Cambridge, MA: Addison-Wesley.

Zorbaugh, H. W. 1929: *The Gold Coast and the Slum*: *A Sociological Study of Chicago's Near North Side*. Chicago: University of Chicago Press.

Zukin, S. 1992: The City as a Landscape of Power: London and New York as Global Financial Capitals. In: Budd, L. and Whimster, S. *Global Finance and Urban Living: A Study of Metropolitan Change*, 195–223. London: Routledge.

Zwerling, S. 1974: *Mass Transit and the Politics of Technology: A Study of BART and the San Francisco Bay Area*. New York: Praeger.

索　引

L

V

W

插图索引

译　后　记

　　第四版的《明日之城》于 2014 年出版，与前一版的面世时间相距 12 年。而上一次的中译版完成于 2009 年，距离现在也已经长达 8 年。在此之间，世界已经发生了许多变化。

　　采用文字来捕获现实总会存在一点延迟性，但这种延迟是值得的，也是必要的，因为精彩纷呈的现实需要时间去进行理解和消化。8 年之后重拾《明日之城》的再版翻译工作，在一个又一个熟悉的旅程中，所获得的感受已经与 8 年前很不相同，因为在经历大量的专业领域阅历之后，对《明日之城》所描述的各种情景有了更好的理解，而对彼得·霍尔在书中的思想也有了更好的领会。

　　于是，也非常感谢这次机会，可以将上一版中的失误与错解进行修正，同时也能使字面性的阅读变得更为通顺，更能通达原文的本意。即便如此，在上一版翻译中所面临的难点依然存在。作为一名学识渊博、文风儒雅的学者，彼得·霍尔的许多措辞风格很难用中文完全重现。在英语原版中，经常可以遇见几百年前的旧式英语、特定社会环境中的地方方言，以及晦涩难通的专业术语。由于不同语言在转化之间缺少精确的对应关系，有时很难找到恰当的中文词语去表述那些难以言表、只可意会的专有说法。稍不留神，仅凭字面的判断就会导致与本意相去甚远的理解。因此，无论如何忠实地体现原书的文风，中文的表述仍然难以实现令人满意的效果。

　　本书的翻译工作系国家自然科学基金项目（51378362）的一部分。尽管此次翻译已紧随新版（英语第四版）的出版而启动，没有耽搁，整个翻译过程也是紧凑有序，没有拖沓，但是仍然一晃就是两年多的时间，因为这中间还涉及大量的校对、审核工作。

　　首先要感谢江岱女士，在此期间，她已任同济大学出版社副总编一职，却仍然对本书的出版倾尽全部的热忱，甚至以字斟句酌的方式参与了全文的推敲。没有她的严格督促，译文的水准将难以保证。本次的翻译也得到了编辑朱笑黎、罗璇的大力协助，她们的尽心尽责，以及在译稿中的多处建议，使得本次出版的文字润色很多。另外还需感谢翟宇琦、尹嘉晟、周云洁、谢超所做的译稿试读工作。

　　在上一版的中译版中,杨江淮、赵泽毓、李书音花费巨大精力针对译稿进行校对审校,提出了许多宝贵的修改意见。而在这一版译稿的校对工作中,徐春莲、孙彬、卢元姗的细致尽责更进一步提升了译稿质量。郭挺、彭晖、张敏、林育立、刘玉、陈淑雯、林辰芳、黄潇颖、陈天明、徐晓峰等参与了译稿的试读工作,杜建英小姐不厌其烦地承担了文字的电脑录入及修正工作,在此一并表示感谢。

　　直到本次书稿提交之前,仍然感到文字之中尚有不少值得推敲之处,但因时间原因只能告一段落。译文不免存有不当和粗疏之处,尚祈读者赐教,以便在将来有可能的情况下,会有更好的译本问世。

童　明

2017 年 6 月